PLC编程从入门到精通

向晓汉　刘摇摇　主编　　李霞　于多　副主编

化学工业出版社

·北京·

本书从 PLC 编程基础和实用出发，全面详细地介绍了电气控制基础、西门子 PLC 及三菱 PLC 编程及应用技术。全书共分 4 篇，第 1 篇为 PLC 编程基础，主要讲解电气控制基础和 PLC 基础；第 2、3 篇分别讲解西门子 PLC 和三菱 PLC 编程入门，包括硬件和接线、编程软件的使用和 PLC 的编程语言；第 4 篇为 PLC 编程高级应用，包括 PLC 的编程方法与调试、PLC 的工艺功能及应用、PLC 在运动控制中的应用、PLC 的通信及其应用以及 PLC、触摸屏、变频器和伺服系统编程综合应用。

本书内容全面系统、重点突出，强调知识的实用性。为便于读者更深入理解并掌握西门子 PLC、三菱 PLC 编程及应用，本书配有大量实用案例，实例包括详细的软、硬件配置清单、原理图和程序，便于读者模仿学习。另外每章还配有习题供读者训练之用。

为方便读者学习，书中的重点和复杂内容还专门配有微课讲解，读者用手机扫描书中二维码即可观看相关视频，辅助学习书本知识。

本书可供从事 PLC 技术学习和应用的人员使用，也可作为高等院校相关专业的教材。

图书在版编目（CIP）数据

PLC编程从入门到精通/向晓汉，刘摇摇主编．—北京：化学工业出版社，2019.4（2022.4 重印）

ISBN 978-7-122-33852-5

Ⅰ.①P…　Ⅱ.①向…②刘…　Ⅲ.①PLC技术-程序设计　Ⅳ.①TM571.61

中国版本图书馆CIP数据核字（2019）第024419号

责任编辑：李军亮　徐卿华　要利娜　万忻欣　　　装帧设计：刘丽华
责任校对：宋　夏

出版发行：化学工业出版社（北京市东城区青年湖南街 13 号　邮政编码 100011）
印　　装：大厂聚鑫印刷有限责任公司
787mm×1092mm　1/16　印张 36　字数 876 千字　2022 年 4 月北京第 1 版第 8 次印刷

购书咨询：010-64518888　　　售后服务：010-64518899
网　　址：http : //www.cip.com.cn
凡购买本书，如有缺损质量问题，本社销售中心负责调换。

定　　价：108.00 元

前言

FOREWORD

随着计算机技术的发展，以可编程控制器、变频器、伺服系统和计算机通信等技术为主体的新型电气控制系统已经逐渐取代传统的继电器电气控制系统，并广泛应用于各行业。由于西门子 S7-200 SMART PLC 和三菱 FX 系列 PLC 是中国市场主流机型，在工控市场占有非常大的份额，应用十分广泛。本书把 PLC 共性部分合并讲解，各 PLC 机型特色部分分别讲解，将常用的两种机型内容合并成一本书，便于读者同时学习两种机型的 PLC；特别在通信部分、运动控制部分、过程控制部分和工程应用部分，往往同一个例子，可以用两种机型 PLC 解题，非常适合读者掌握不同机型 PLC 的应用特色。

本书内容详略得当、重点突出，并用较多的小例子引领读者入门，使读者在掌握入门部分后，能完成简单的工程。应用部分精选工程实际案例，供读者模仿学习，提高读者解决实际问题的能力。为了使读者能更好地掌握相关知识，我们在总结长期的教学经验和工程实践的基础上，联合相关企业人员，共同编写了本书，使读者通过本书的学习就能学会西门子 S7-200 SMART PLC 和三菱 FX 系列 PLC 的编程和应用。

在编写过程中，我们将一些生动的操作实例融入书中，以提高读者的学习兴趣。本书具有以下特点。

（1）本书内容由浅入深、由基础到应用，理论与工程实际相结合，既适合初学者学习使用，也可供有一定基础的读者结合书中大量实例深入学习西门子 S7-200 SMART PLC 和三菱 FX 系列 PLC 工程应用。

（2）用实例引导读者学习。本书大部分章节采用精选的例子讲解，例如，用例子说明现场通信实现的全过程。重点的例子都包含软、硬件配置清单、原理图和程序，而且为确保程序的正确性，程序已经在 PLC 上运行通过。

（3）二维码辅助学习。对于重点和比较复杂的例子，本书专门配有微课视频讲解，读者用手机扫描书中二维码即可观看相关视频，辅助学习书本知识。

全书分为 4 篇 13 章，主要包括以下内容。

第 1 篇　PLC 编程基础，包括低压电器的工作原理、图形符号、文字符号、功能和选型；低压电气基本控制回路；电气控制回路的识读；PLC 的发展历史、PLC 的工作原理和学习 PLC 的一些前导知识。

第 2 篇　西门子 PLC 编程入门，包括西门子 S7-200 SMART PLC 的硬件及接线、西门子 S7-200 SMART PLC 的编程软件和西门子 S7-200 SMART PLC 的编程语言，章节中还有典型的工程应用实例讲解。

第 3 篇　三菱 PLC 编程入门，包括三菱 FX 系列 PLC 的硬件及接线、三菱 FX 系列 PLC 的编程软件和三菱 FX 系列 PLC 的指令及其应用，章节中还有典型的工程应用实例讲解。

第 4 篇　PLC 编程高级应用，包括 PLC 的编程方法与调试、PLC 的通信及其应用（详细讲解自由口通信、MODBUS 通信、PROFIBUS 通信、无协议通信、N:N 通信、PLC 与变频器的通信、CC-LINK 通信和工业以太网通信）、PLC 在运动控制中的应用、PLC 在过程控制中的应用及 PLC 编程综合实例。这部分包括了 PLC 在工程应用中常见的重点和难点内容，是本书最具特色的部分。

本书内容多，编写工作量大，我们邀请了具有实践经验且教学经验丰富的高校教师和具有丰富实践经验的企业专家参与讨论、提供案例和编写工作，具体如下：

第 1、3、4、5 章由无锡职业技术学院的向晓汉编写，第 2 章由无锡职业技术学院的黎雪芬编写，第 6、7 章由无锡职业技术学院的于多编写，第 8 章由无锡雷华科技有限公司的陆彬编写，第 9 章由无锡雪浪环境科技股份有限公司的刘摇摇编写，第 10 章由无锡雪浪环境科技股份有限公司的王飞飞编写，第 11、13 章由无锡职业技术学院的李霞编写，第 12 章由付东升和唐克彬共同编写。本书由向晓汉、刘摇摇任主编，李霞、于多任副主编，无锡职业技术学院的奚茂龙（博士）教授任主审。

由于编者水平有限，疏漏之处在所难免，敬请读者批评指正，编者将万分感激！

编　者

目录
CONTENTS

第1篇 PLC编程基础

01 第1章

02 第2章 可编程控制器（PLC）基础 63

第2篇 西门子 PLC 编程入门

03 第3章 西门子 S7-200 SMART PLC的硬件 76

第4章 西门子S7-200 SMART PLC的编程软件 96

第5章 西门子S7-200 SMART PLC的编程语言 133

第 3 篇 三菱 PLC 编程入门

第 4 篇　PLC 编程高级应用

09 第 9 章 PLC 的编程方法与调试 350

10 第 10 章 PLC 的工艺功能及应用 385

11 第 11 章 PLC 在运动控制中的应用 416

12

第 12 章

PLC的通信及其应用 457

第1篇

PLC编程基础

第1章 电气控制基础

低压电器通常是指用于交流 50Hz（60Hz）、额定电压 1200V 或以下和直流额定电压 1500V 或以下的电路中，起通断、保护、控制或调节作用的电器。

学习本章主要掌握开关电器、接触器、继电器、主令电器、传感器和变送器等低压电器的功能、符号和选型，了解开关电器、接触器和继电器等低压电器的工作原理，掌握配线的方法。

掌握电气原理图的识读方法，掌握继电接触器控制电路的基本控制规律，掌握三相异步电动机的启动、正 / 反转、制动与调速和电气控制系统常用的保护环节。本章的内容是 PLC 控制回路识图的基础，十分重要。

1.1 低压开关电器

开关电器（Switching Device）是指用于接通或分断一个或几个电路中电流的电器。一个开关电器可以完成一个或者两个操作。它是最普通、使用最早的电器之一，常用的有刀开关、隔离开关、负荷开关、组合开关、断路器等。

1.1.1 刀开关

刀开关（Knife Switch）是带有刀形动触点，在闭合位置与底座上的静触点相契合的开关。它是最普通、使用最早的电器之一，俗称闸刀开关。

（1）刀开关的功能

低压刀开关的作用是不频繁地手动接通和分断容量较小的交、直流低压电路，或者起隔离作用。刀开关如图 1-1 所示，其图形及文字符号如图 1-2 所示。

图1-1 刀开关

QS QS QS

(a) 单极 (b) 双极 (c) 三极

图1-2 刀开关的图形及文字符号

（2）刀开关的分类

刀开关结构简单，由手柄、刀片、触点、底板等组成。

刀开关的主要类型有大电流刀开关、负荷开关和熔断器式刀开关。常用的产品有HD11～HD14和HS11～HS13系列刀开关。按照极数分类，刀开关通常分为单极、双极和三极3种。

（3）刀开关的选用原则

① 刀开关结构形式的选择　刀开关结构形式应根据刀开关的作用和装置的安装形式来选择，如果刀开关用于分断负载电流，应选择带灭弧装置的刀开关。根据装置的安装形式可选择是否是正面、背面或侧面操作形式，是直接操作还是杠杆传动，是板前接线还是板后接线的结构形式。

② 刀开关额定电流的选择　刀开关的额定电流一般应等于或大于所分断电路中各个负载额定电流的总和。对于电动机负载，考虑其启动电流，应选用刀开关的额定电流不小于电动机额定电流的3倍。

③ 刀开关额定电压的选择　刀开关的额定电压一般应等于或大于电路中的额定电压。

④ 刀开关型号的选择　HD11、HS11用于磁力站中，不切断带有负载的电路，仅起隔离电流作用。

HD12、HS12用于正面侧方操作前面维修的开关柜中，其中有灭弧装置的刀开关可以切断带有额定电流以下的负载电路。

HD13、HS13用于正面后方操作前面维修的开关柜中，其中有灭弧装置的刀开关可以切断带有额定电流以下的负载电路。

HD14用于配电柜中，其中有灭弧装置的刀开关可以带负载操作。

另外，在选用刀开关时，还应考虑所需极数、使用场合、电源种类等。

（4）注意事项

① 在接线时，刀开关上面的接线端子应接电源线，下方的接线端子应接负荷线。

② 在安装刀开关时，处于合闸状态时手柄应向上，不得倒装或平装；如果倒装，拉闸后手柄可能因自重下落引起误合闸，造成人身和设备安全事故。

③ 分断负载时，要尽快拉闸，以减小电弧的影响。

④ 使用三相刀开关时，应保证合闸时三相触点同时合闸，若有一相没有合闸或接触不良，会造成电动机因缺相而烧毁。

⑤ 更换保险丝，应该在开关断电的情况下进行，不能用铁丝或者铜丝代替保险丝。

【例1-1】 刀开关和隔离开关是否可以互相替换使用？

【解】 通常不可以。隔离开关是指在断开位置上，能符合规定的隔离功能要求的一种机械开关电器，其作用是当电源切断后，保持有效的隔离距离，可以保证维修人员的安全，隔离开关通常不带载荷通断电路。刀开关一般不用作隔离器，因为它不具备隔离功能，但刀开关可以带小载荷通断电路。

当然，隔离开关也是一种特殊的刀开关，当满足隔离功能时，刀开关也可以用来隔离电源。

1.1.2 低压断路器

断路器（Circuit-Breaker）是指能接通、承载以及分断正常电路条件下的电流，也能

在规定的非正常电路条件（例如短路条件）下接通、承载一定时间和分断电流的一种机械开关电器，过去叫作自动空气开关，为了和 IEC（国际电工委员会）标准一致，改名为断路器。低压断路器如图 1-3 所示。

（1）低压断路器的功能

低压断路器是将控制电器和保护电器的功能合为一体的电器，其图形及文字符号如图 1-4 所示。在正常条件下，它常作为不频繁接通和断开的电路以及控制电动机的启动和停止。它常用作总电源开关或部分电路的电源开关。

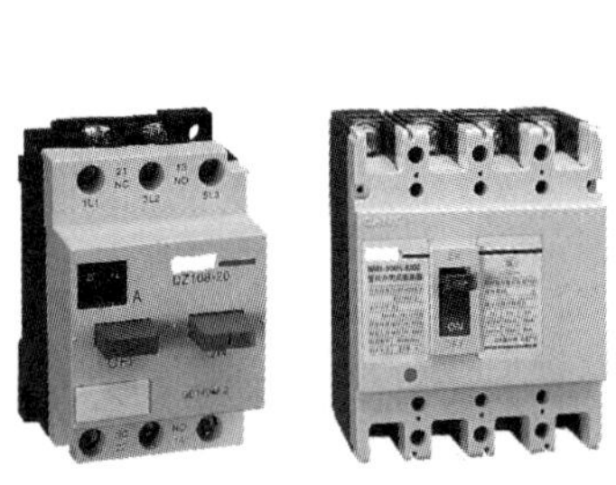

图1-3　低压断路器

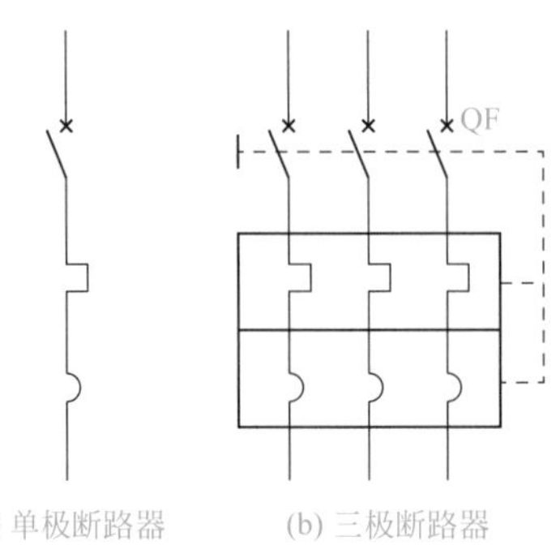

图1-4　低压断路器的图形及文字符号

断路器的动作值可调，同时具备过载和保护两种功能，当电路发生过载、短路或欠压等故障时能自动切断电路，有效地保护串接在它后面的电气设备。其安装方便，分断能力强，特别在分断故障电流后一般不需要更换零部件，这是大多数熔断器不具备的优点。因此，低压断路器使用越来越广泛。低压断路器能同时起到热继电器和熔断器的作用。

（2）低压断路器的结构和工作原理

低压断路器的种类虽然很多，但结构基本相同，主要由触点系统和灭弧装置、各种脱扣器与操作机构、自由脱扣机构部分组成。各种脱扣器包括过流、欠压（失压）脱扣器，热脱扣器等。灭弧装置因断路器的种类不同而不同，常采用狭缝式和去离子灭弧装置，塑料外壳式的灭弧装置采用硬钢纸板嵌上栅片制成。

当电路发生短路或过流故障时，过流脱扣器的电磁铁吸合衔铁，使自由脱扣机构的钩子脱开，自动开关触点在弹簧力的作用下分离，及时有效地切除高达数十倍额定电流的故障电流，如图 1-5 所示。当电路过载时，热脱扣器的热元件发热，使双金属片上弯曲，推

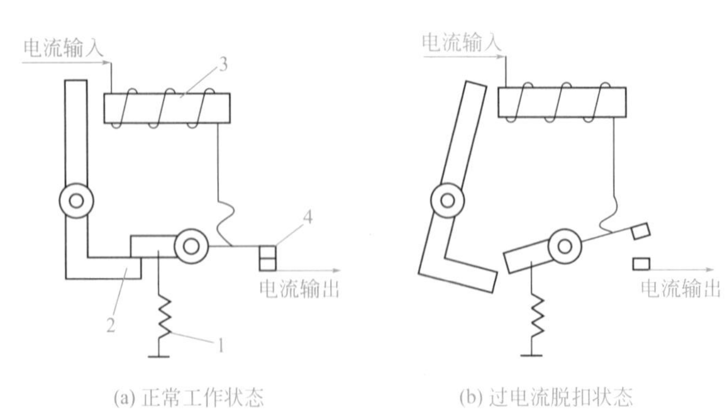

图1-5　低压断路器工作原理图（过电流保护）

1—弹簧；2—脱扣机构；3—电磁铁线圈；4—触点

动自由脱扣机构动作，如图 1-6 所示。分励脱扣器则作为远距离控制用，在正常工作时，其线圈是断电的，在需要距离控制时，按下启动按钮，使线圈通电，衔铁带动自由脱扣机构动作，使主触点断开。开关的主触点靠操作机构手动或电动合闸，在正常工作状态下能接通和分断工作电流，若电网电压过低或为零时，电磁铁释放衔铁，自由脱扣机构动作，使断路器触点分离，从而在过流与零压、欠压时保证了电路及电路中设备的安全。

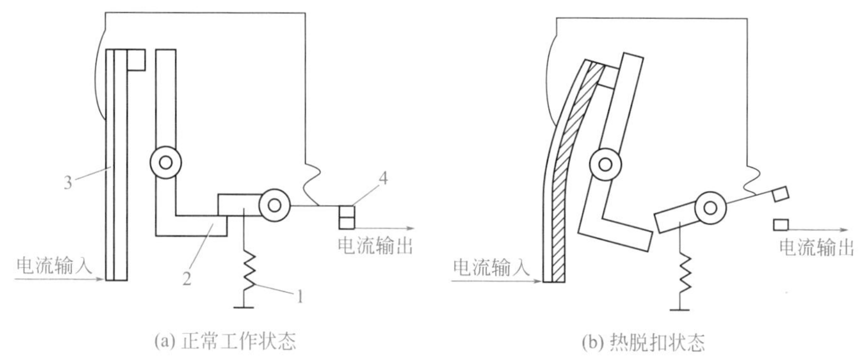

图1-6 低压断路器工作原理图（过载保护）

1—弹簧；2—脱扣机构；3—双金属片；4—触点

【例 1-2】 某质量检验局在监控本地区的低压塑壳式断路器的质量时发现：单极家用断路器的重量在 60g 以下的产品全部为不合格品。请从低压塑壳式断路器的结构和原理入手分析产生以上现象的原因。

【解】 家用断路器由触点系统和灭弧装置以及各种脱扣器与操作机构组成，而灭弧装置和脱扣器的重量较大，而且为核心部件，所以偷工减料是造成产品不合格的直接原因。该质监局检查发现，所有低于 60g 的断路器的灭弧栅片数量都较少，因而灭弧效果不达标，脱扣机构的铜质线圈线包很小或者没有，因而几乎起不到保护作用。通过称量判定重量过小的断路器为不合格品有一定的合理性，但这不能作为断路器产品检验的标准。

（3）低压断路器的典型产品

低压断路器主要分类方法是以结构形式分类，有开启式和装置式两种。开启式又称为框架式或万能式，装置式又称为塑料外壳式（简称塑壳式）。还有其他的分类方法，例如，按照用途分类，有配电用、电动机保护用、家用和类似场所用、漏电保护用和特殊用途；按照极数分类，有单极、两极、三极和四极；按照灭弧介质分类，有真空式和空气式。

① 装置式断路器 装置式断路器有绝缘塑料外壳，内装触点系统、灭弧室、脱扣器等，可手动或电动（对大容量断路器而言）合闸，有较高的分断能力和动稳定性，有较完善的选择性保护功能，广泛用于配电线路。

目前，常用的装置式断路器有 DZl5、DZ20、DZX19、DZ47、C45N（目前已升级为 C65N）等系列产品。T 系列为引进日本的产品，等同于国内的 DZ949，适用于船舶。H 系列为引进美国西屋公司的产品。3VE 系列为引进西门子公司的产品，等同于国内的 DZ108，适用于保护电动机。C45N（C65N）系列为引进法国梅兰日兰公司的产品，等同于国内的 DZ47 断路器，这种断路器具有体积小、分断能力高、限流性能好、操作轻便、型号规格齐全，可以方便地在单极结构基础上组合成二极、三极、四极断路器等优点，广泛使用在 60A 及以下的民用照明支干线及支路中（多用于住宅用户的进线开关及商场照明支路开关）或电动机动力配电系统和线路过载与短路保护。DZ47-63 系列断路器型号的含义如图 1-7 所示，DZ47-63 和 DZ15 系列低压断路器的主要技术参数见表 1-1 和表 1-2。

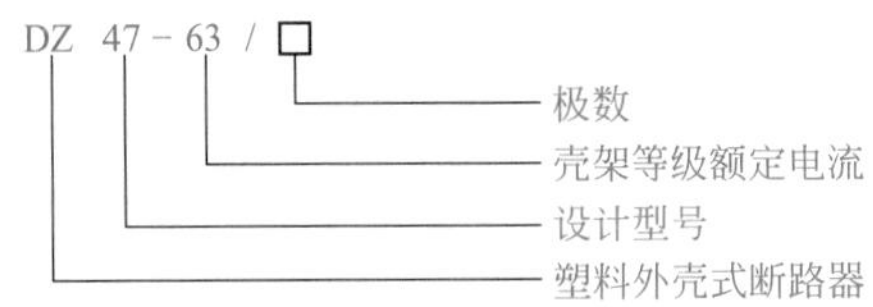

图1-7 断路器型号的含义

表 1-1 DZ47-63 系列低压断路器的主要技术参数

额定电流 /A	极数	额定电压 /V	分断能力 /A	瞬时脱扣类型	瞬时保护电流范围
1、3、6、10、16、20、25、32	1、2、3、4	230、400	6000	B	(3 ～ 5) I_n
				C	(5 ～ 10) I_n
				D	(10 ～ 14) I_n
40、50、60			4500	B	(3 ～ 5) I_n
				C	(5 ～ 10) I_n
				D	(10 ～ 14) I_n

表 1-2 DZ15 系列低压断路器的主要技术参数

型号	壳架等级电流 /A	额定电压 /V	极数	额定电流 /A
DZ15-40	40	220	1	6、10、16、20、25、32、40
			2	
		380	3	
DZ15-100	100	380	3	10、16、20、25、32、40、50、63、80、100

② 万能式断路器　万能式断路器曾称框架式断路器，这种断路器一般有一个钢制框架（小容量的也有用塑料底板加金属支架构成的），主要部件都在框架内，而且一般都是裸露在外，万能式断路器一般容量较大，额定电流一般为 630 ～ 6300A，具有较高的短路分断能力和较高的动稳定性。适用于在交流为 50Hz 或 60Hz、额定电压为 380V 或 660V 的配电网络中作为配电干线的主保护。

万能式断路器主要由触点系统、操作机构、过电流脱扣器、分励脱扣器及欠压脱扣器、附件及框架等部分组成，全部组件进行绝缘后装于框架结构底座中。

目前，我国常用的有 DW15、DW45、ME、AE、AH 等系列的万能式断路器。DW15 系列断路器是我国自行研制生产的，全系列具有 1000A、1500A、2500A、4000A 等几个型号。ME 系列（ME 系列开关电流等级范围为 630 ～ 5000A，共 13 个等级）技术生产的产品，等同于国内的 DW17 系列。AE 系列为引进日本三菱公司技术生产的产品，等同于国内的 DW18 系列，主要用作配电保护。AH 系列为引进日本技术生产的产品，等同于国内的 DW914 系列，用于一般工业电力线路中。

③ 智能化断路器　智能化断路器是把微电子技术、传感技术、通信技术、电力电子技术等新技术引入断路器的新产品，智能化断路器的特征是采用了以微处理器或单片机为核心的智能控制器（智能脱扣器），它一方面具有断路器的功能，另一方面可以实现与中央控制计算机双向构成智能在线监视、自行调节、测量、试验、自诊断、可通信等功能，

能够对各种保护功能的动作参数进行显示、设定和修改，保护电路动作时的故障参数能够存储在非易失存储器中以便查询。

目前，国内生产的智能化断路器有框架式和塑料外壳式两种。框架式智能化断路器主要用于智能化自动配电系统中的主断路器，塑料外壳式智能化断路器主要用在配电网络中分配电能和作为线路以及电源设备的控制与保护，亦可用作三相笼型异步电动机的控制。国内 DW45、DW40、DW914（AH）、DW18（AE-S）、DW48、DW19（3WE）、DW17（ME）等智能化框架式断路器和智能化塑料壳断路器都配有 ST 系列智能控制器及配套附件，ST 系列智能控制器采用积木式配套方案，可直接安装于断路器本体中，无需重复二次接线，并有多种方案任意组合。

（4）断路器的技术参数

断路器的主要技术参数有极数、电流种类、额定电压、额定电流、额定通断能力、线圈额定电压、允许操作频率、机械寿命、电气寿命、使用类别等。

① 额定工作电压。在规定的条件下，断路器长时间运行承受的工作电压，应大于或等于负载的额定电压。通常最大工作电压即为额定电压，一般指线电压。直流断路器常用的额定电压值为 110V、220V、440V 和 660V 等。交流断路器常用的额定电压值为 127V、220V、380V、500V 和 660V 等。

② 额定工作电流。在规定的条件下，断路器可长时间通过的电流值，又称为脱扣器额定电流。

③ 短路通断能力。在规定条件下，断路器可接通和分断的短路电流数值。

④ 电气寿命和机械寿命。电气寿命是指在规定的正常工作条件下，断路器不需要修理或更换的有载操作次数。机械寿命是指断路器不需要修理或更换的机构所承受的无载操作次数。目前断路器的机械寿命已达 1000 万次以上，电气寿命约是机械寿命的 5% ～ 20%。

（5）低压断路器的选用原则

① 应根据线路对保护的要求确定断路器的类型和保护形式，如万能式或塑壳式断路器，通常电流在 600A 以下时多选用塑壳式断路器，当然，现在也有塑壳式断路器的额定电流大于 600A。

② 断路器的额定电压 U_N 应等于或大于被保护线路的额定电压。

③ 断路器欠压脱扣器额定电压应等于被保护线路的额定电压。

④ 断路器的额定电流及过流脱扣器的额定电流应大于或等于被保护线路的计算电流。

⑤ 断路器的极限分断能力应大于线路的最大短路电流的有效值。

⑥ 配电线路中的上、下级断路器的保护特性应协调配合，下级的保护特性应位于上级保护特性的下方，并且不相交。

⑦ 断路器的长延时脱扣电流应小于导线允许的持续电流。

⑧ 选用断路器时，要考虑断路器的用途，如要考虑断路器是作保护电动机用、配电用还是照明生活用。这点将在后面的例子中提到。

⑨ 在直流控制电路中，直流断路器的额定电压应大于直流线路电压。若有反接制动和逆变条件，则直流断路器的额定电压应大于 2 倍的直流线路电压。

（6）注意事项

① 在接线时，低压断路器上面的接线端子应接电源线，下方的接线端子应接负荷线。

② 照明电路的瞬时脱扣电流类型常选用 C 型。

【例 1-3】 有一个照明电路，总负荷为 1.5kW，选用一个合适的断路器作为其总电源开关。

【解】 由于照明电路额定电压为 220V，因此选择断路器的额定电压为 230V。照明电路的额定电流为：$I_N=\dfrac{P}{U}=\dfrac{1500}{220}\approx 6.8\text{A}$，可选择断路器的额定电流为 10A。DZ47-63 系列的断路器比较适合用于照明电路中瞬时动作整定值为 6 ～ 20 倍的额定电流，查表 1-1 可知，C 型合适，因此，最终选择的低压断路器的型号为 DZ47-63/2、C10（C 型 10A 额定电流）。

【例 1-4】 CA6140A 车床上配有 3 台三相异步电动机，主电动机功率为 7.5kW，快速电动机功率为 275W，冷却电动机功率为 150W，控制电路的功率约为 500W，请选用合适的电源开关。

【解】 由于电动机额定电压为 380V，所以选择断路器的额定电压为 380V。电路的额定电流为：$I_N=\dfrac{P}{\sqrt{3}U\eta\cos\varphi}=\dfrac{7500+275+150+500}{\sqrt{3}\times380\times0.95\times0.85}\approx 15.9\text{A}$，可选择断路器的额定电流为 40A。DZ15-40 系列的断路器比较适合用作电源开关，因此，最终选择的低压断路器的型号为 DZ15-40/3902。

1.1.3 剩余电流保护电器

剩余电流保护电器（Residual Current Device，简称 RCD）是在正常运行条件下，能接通承载和分断电流，以及在规定条件下，当剩余电流达到规定值时，能使触点断开的机械开关电器或者组合电器。也称剩余电流动作保护电器（Residual Current Operated Protective Device）。

（1）剩余电流保护电器的功能

剩余电流保护电器的功能是：当电网发生人身（相与地之间）触电事故时，能迅速切断电源，可以使触电者脱离危险，或者使漏电设备停止运行，从而避免触电引起人身伤亡、设备损坏或火灾的发生，它是一种保护电器。剩余电流保护电器仅仅是防止发生触电事故的一种有效的措施，不能过分夸大其作用，最根本的措施是防患于未然。

（2）剩余电流保护电器的分类

① 按照保护功能和结构特征分类，剩余电流保护电器可分为剩余电流继电器、剩余电流开关、剩余电流断路器和漏电保护插座。

② 按照工作原理分类，可分为电压动作型和电流动作型剩余电流保护电器，前者很少使用，而后者则广泛应用。

③ 按照额定漏电动作电流值分类，可分为高灵敏剩余电流保护电器（额定漏电动作电流小于 30mA）、中灵敏剩余电流保护电器（额定漏电动作电流介于 30 ～ 1000mA 之间）和低灵敏剩余电流保护电器（额定漏电动作电流大于 1000mA）。家庭可选用高灵敏剩余电流保护电器。

④ 按照主开关的极数分类，可以分为单极二线剩余电流保护电器、二极剩余电流保护电器、二极三线剩余电流保护电器、三极剩余电流保护电器、三极四线剩余电流保护电器和四极剩余电流保护电器。

⑤ 按照动作时间分类，可分为瞬时型剩余电流保护电器、延时型剩余电流保护电器

和反时限剩余电流保护电器。其中，瞬时型的动作时间不超过 0.2s。

（3）剩余电流断路器的工作原理

在介绍剩余电流断路器的工作原理前，首先介绍剩余电流的概念。剩余电流（Residual Current）是指流过剩余电流保护器主回路的电流瞬时值的矢量和（以有效值表示）。

① 三极剩余电流断路器的工作原理　图 1-8 所示的剩余电流断路器是在普通塑料外壳式断路器中增加一个零序电流互感器和一个剩余电流脱扣器（又称为漏电脱扣器）组成的电器。

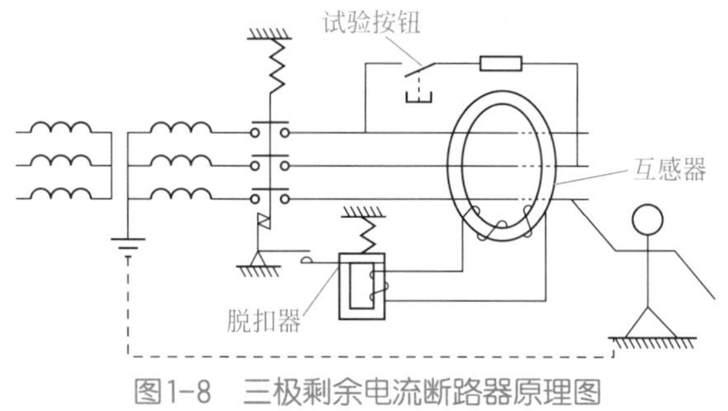

图1-8　三极剩余电流断路器原理图

根据基尔霍夫定律，三相电的矢量和为零，即

$$\dot{I}_{L1}+\dot{I}_{L2}+\dot{I}_{L3}=0$$

所以在正常情况下，零序电流互感器的二次侧没有感应电动势产生，剩余电流断路器不动作，系统保持正常供电。当被保护电路中出现漏电事故时，三相交流电的电流矢量和不为零，零序电流互感器的二次侧有感应电流产生，当剩余电流脱扣器上的电流达到额定剩余动作电流时，剩余电流脱扣器动作，使剩余电流断路器切断电源，从而达到防止触电事故的发生。每隔一段时间（如一个月），应该按下剩余电流保护电器的试验按钮一次，人为模拟漏电，以测试剩余电流保护电器是否具备剩余电流保护功能。四极剩余电流保护电器的工作原理与三极剩余电流保护电器类似，只不过四极剩余电流保护电器多了中性线这一极。

② 二极剩余电流断路器的工作原理　二极剩余电流断路器如图 1-9 所示，负载为单相电动机，I_{L1} 和 I_N 大小相等，方向相反，即

$$\dot{I}_{L1}+\dot{I}_{N}=0$$

当有漏电 I_F 时，$\dot{I}_{L1}+\dot{I}_{N}=-\dot{I}_{F}$，互感器中产生磁通，互感器的副边线圈产生感应电动势，使断路器的脱扣线圈动作，从而使电源切断，起到保护作用。

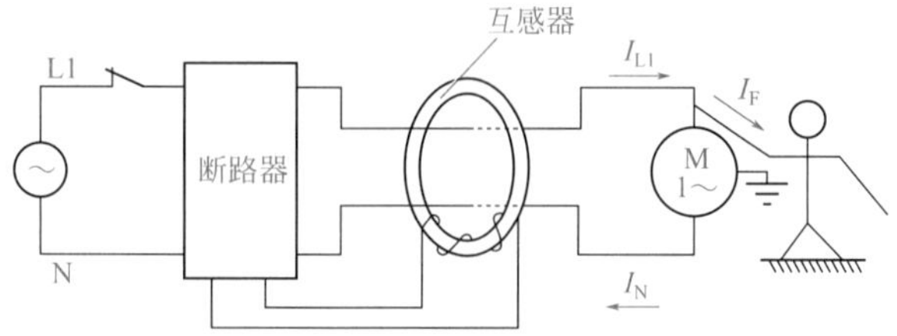

图1-9　二极剩余电流断路器原理图

③ 电子式剩余电流保护电器的工作原理　当发生漏电事故时，电流继电器将漏电信号传送给电子放大器，电子放大器将信号放大，从而断路器的脱扣机构使主开关断开，切

断故障电路。

（4）剩余电流断路器的性能指标

① 剩余动作电流。指使剩余电流保护电器在规定的条件下动作的剩余电流值。

② 分断时间。从达到剩余动作电流瞬间起到所有极电弧熄灭为止所经过的时间间隔。

以上两个指标是剩余电流断路器的动作性能指标，此外还有额定电流、额定电压等指标。

（5）剩余电流断路器的选用

剩余电流断路器的选用需要考虑的因素较多，下面仅讲解其中几个因素。

① 根据保护对象选用。若保护的对象是人，即直接接触保护，就应该选用剩余动作电流不高于 30mA、灵敏度高的漏电断路器；若防护电气设备，则其剩余动作电流可以高于 30mA。

② 根据使用环境选用。如家庭和办公室选用剩余动作电流不高于 30mA 的剩余电流断路器。具体请参考有关文献。

③ 额定电流、额定电压、极数的确定与前面介绍的低压断路器的选用一样。

通常家用剩余电流断路器的剩余动作电流小于 30mA，分断时间小于 0.1s。

1.2 接触器

1.2.1 接触器的功能

（机械的）接触器（Contactor）是指仅有一个起始位置，能接通、承载或分断正常条件（包括过载运行条件）下电流的非手动操作的机械开关电器。接触器不能切断短路电流，它可以频繁地接通或分断交、直流电路，并可实现远距离控制。其主要控制对象是交、直流电动机，也可用于电热设备、电焊机、电容器组等其他负载。它具有低电压释放保护功能，还具有控制容量大、过载能力强、寿命长、结构简单、价格便宜等特点，在电力拖动、自动控制线路中得到了广泛的应用。交流接触器的外形如图 1-10 所示，其图形和文字符号如图 1-11 所示。接触器常与熔断器和热继电器配合使用。

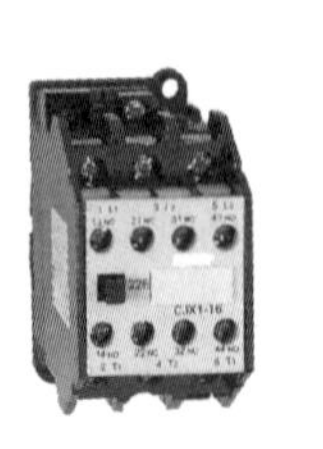

图1-10 交流接触器

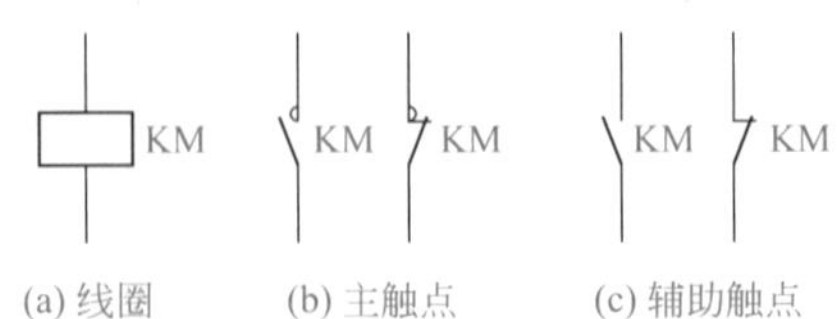

图1-11 接触器的图形和文字符号

1.2.2 接触器的结构及其工作原理

接触器主要由电磁机构和触点系统组成，另外，接触器还有灭弧装置、释放弹簧、触点弹簧、触点压力弹簧、支架、底座等部件。图 1-12 所示为三种结构形式的接触器结构简图。

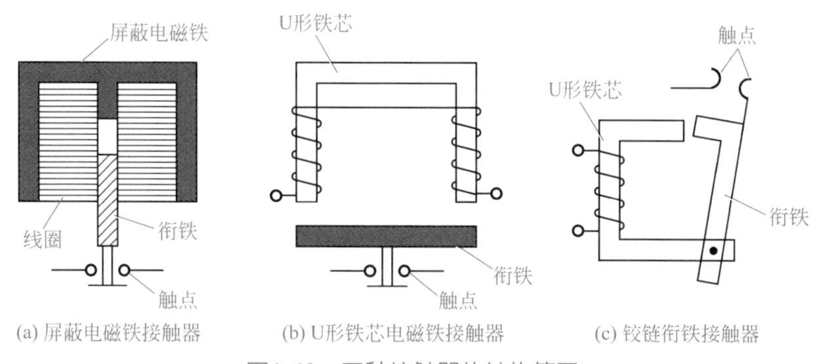

图1-12 三种接触器的结构简图

接触器的工作原理是：当线圈通电后，在铁芯中产生磁通及电磁吸力，电磁吸力克服弹簧反力使得衔铁吸合，带动触点机构动作，使常闭触点分断，常开触点闭合，互锁或接通线路。线圈失电或线圈两端电压显著降低时，电磁吸力小于弹簧反力，使得衔铁释放，触点机构复位，使得常开触点断开，常闭触点闭合。

1.2.3 常用的接触器

（1）按照操作方式分类

接触器按操作方式分类，有电磁接触器（MC）、气动接触器和液压接触器。

（2）按照灭弧介质分类

接触器按灭弧介质分类，有空气接触器、油浸式接触器和真空接触器。在接触器中，空气电磁式交流接触器应用最为广泛，产品系列较多，其结构和工作原理基本相同。典型产品有CJX1、CJ20、CJ21、CJ26、CJ29、CJ35、CJ40、NC、B、3TB、3TF等系列，其中，部分型号是从国外引进技术生产的。CJX1系列产品的性能等同于西门子公司的3TB和3TF系列产品，CDC1系列产品的性能等同于ABB公司的B系列产品。此外，CJ12、CJ15、CJ24等系列为大功率重负荷交流接触器。交流接触器型号的含义如图1-13所示。

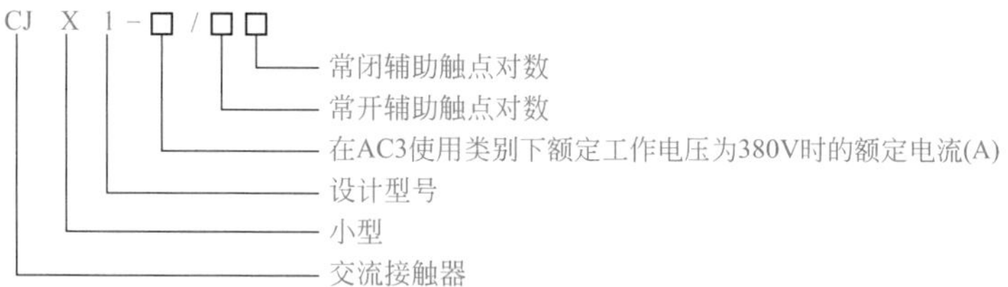

图1-13 交流接触器型号的含义

真空交流接触器以真空为灭弧介质，其触点密封在真空开关管内，特别适用于恶劣的环境中，常用的有CKJ和EVS等系列。

（3）按照接触器主触点控制电流种类分类

接触器按照主触点控制电流种类分类，有直流接触器和交流接触器。直流接触器应用于直流电力线路中，主要供远距离接通与断开直流电力线路之用，并适宜于直流电动机的频繁启动、停止、换向及反接制动，常用的直流接触器有CZ0、CZ18、CZ21等系列。对于同样的主触点额定电流的接触器，直流接触器线圈的阻值较大，而交流接触器线圈的阻值较小。

（4）按照接触器有无触点分类

接触器按照有无触点分类，分为有触点接触器和无触点接触器。

（5）按照主触点的极数分类

接触器按照主触点的极数分类，有单极、双极、三极、四极和五极接触器。

【例 1-5】 交流接触器能否作为直流接触器使用？为什么？

【解】 不能。对于同样的主触点额定电流的接触器，直流接触器线圈的阻值较大，而交流接触器的阻值较小。当交流接触器的线圈接入交流回路时，产生一个很大的感抗，此数值远大于接触器线圈的阻值，因此线圈电流的大小取决于感抗的大小。如果将交流接触器的线圈接入直流回路，通电时，线圈就是纯电阻，此时流过线圈的电流很大，使线圈发热，甚至烧坏。所以通常交流接触器不作为直流接触器使用。

1.2.4 接触器的技术参数

接触器的主要技术参数有极数、电流种类、额定电压、额定电流、额定通断能力、线圈额定电压、允许操作频率、机械寿命、电气寿命、使用类别等。

① 额定工作电压 接触器主触点的额定工作电压应大于或等于负载的额定电压。通常最大工作电压即为额定电压。直流接触器的常用额定电压值为 110V、220V、440V、660V 等。交流接触器的常用额定电压值为 127V、220V、380V、500V、660V 等。

② 额定工作电流 额定工作电流是指接触器主触点在额定工作条件下的电流值。在 380V 三相电动机控制电路中，额定工作电流可近似等于控制功率的两倍。常用的额定电流等级为 5A、10A、20A、40A、60A、100A、150A、250A、400A、600A；直流接触器的额定电流值有 40A、80A、100A、150A、250A、400A、600A。

③ 约定发热电流 约定发热电流是指在规定的条件下试验时，电流在 8h 工作制下，各部分温升不超过极限值时所承受的最大电流。对于老产品，只有额定电流，而对于新产品（如 CJX1 系列），则有约定发热电流和额定电流。约定发热电流比额定电流要大。

④ 额定通断能力 额定通断能力是指接触器主触点在规定条件下，可靠接通和分断的最大预期电流数值。在此电流下触点闭合时不会造成触点熔焊，触点断开时不能长时间燃弧。一般通断能力是额定电流的 5 ～ 10 倍。当然，这一数值与开断电路的电压等级有关，电压越高，通断能力越小。电路中超出此电流值的分断任务由熔断器、断路器等保护电器承担。

⑤ 接触器的极数和电流种类 接触器的极数和电流种类是指主触点的个数和接通或分断主回路的电流种类。按电流种类分类，有直流接触器和交流接触器；按极数分类，有两极、三极和四极接触器。

⑥ 线圈额定工作电压 线圈额定工作电压是指接触器正常工作时吸引线圈上所加的电压值。一般该电压数值以及线圈的匝数、线径等数据均标于线包上，而不是标于接触器外壳的铭牌上，在使用时应加以注意。直流接触器常用的线圈额定电压值为 24V、48V、110V、220V、440V 等。交流接触器常用的线圈额定电压值为 36V、110V、127V、220V、380V。

⑦ 允许操作频率 接触器在吸合瞬间，吸引线圈需消耗比额定电流大 5 ～ 7 倍的电流，如果操作频率过高，则会使线圈严重发热，直接影响接触器的正常使用。为此，人们规定了接触器的允许操作频率，一般为每小时允许操作次数的最大值。交流接触器一般为 600 次 / 时，直流接触器一般为 1200 次 / 时。

⑧ 电气寿命和机械寿命　电气寿命是指在规定的正常工作条件下，接触器不需要修理或更换的有载操作次数。机械寿命是指接触器不需要修理或更换的机构所承受的无载操作次数。目前接触器的机械寿命已达 1000 万次以上，电气寿命是机械寿命的 5% ～ 20%。

⑨ 使用类别　接触器用于不同的负载时，其对主触点的接通和分断能力要求不同，按不同的使用条件来选用相应的使用类别的接触器便能满足其要求。在电力拖动系统中，接触器的使用类别及其典型的用途见表 1-3，它们的主触点达到的接通和分断能力为：AC-1 和 DC-1 类型允许接通和分断额定电流；AC-2、DC-3 和 DC-5 类型允许接通和分断 4 倍额定电流；AC-3 类型允许接通 6 倍额定电流和分断额定电流；AC-4 类型允许接通和分断 6 倍额定电流。

表 1-3　接触器的使用类别及其典型的用途

电流类型	使用类别	典型用途
AC（交流）	AC-1	无感或微感负载、电阻炉
	AC-2	绕线式感应电动机的启动、分断
	AC-3	笼型电动机的启动和制动
	AC-4	笼型感应电动机的启动、分断
	AC-5a	放电灯的通断
	AC-5b	白炽灯的通断
	AC-6a	变压器的通断
	AC-6b	电容器组的通断
	AC-7a	家用电器和类似用途的低感负载
	AC-7b	家用的电动机负载
DC（直流）	DC-1	无感或微感负载、电阻炉
	DC-3	并励电动机的启动、反接制动或反向运转、点动、分断
	DC-5	串励电动机的启动、反接制动或反向的启动、点动、分断
	DC-6	白炽灯的通断

CJX1 系列交流接触器的主要技术参数见表 1-4。

表 1-4　CJX1 系列交流接触器的主要技术参数

型号	约定发热电流 /A	额定工作电流 /A		可控电动机功率 /kW		操作频率 /（次 / 时）	寿命 / 万次
		380V	660V	380V	660V		
CJX1-9	22	9	7.2	4	5.5	1200	电气寿命：120 机械寿命：1000
CJX1-12	22	12	9.5	5.5	7.5		
CJX1-16	35	16	13.5	7.5	11		
CJX1-22	35	22	13.5	11	11		
CJX1-32	55	32	18	15	15	600	
CJX1-45	70	45	45	22	39		

1.2.5　接触器的选用

交流接触器的选择需要考虑主触点的额定电压、额定电流、辅助触点的数量与种类、

吸引线圈的电压等级以及操作频率。

① 根据接触器所控制负载的工作任务（轻任务、一般任务或重任务）来选择相应使用类别的接触器。

a. 如果负载为一般任务（控制中小功率笼型电动机等），应选用 AC3 类接触器。

b. 如果负载属于重任务类（电动机功率大，且动作较频繁），则应选用 AC4 类接触器。

c. 如果负载为一般任务与重任务混合的情况，则应根据实际情况选用 AC3 类或 AC4 类接触器。若确定选用 AC3 类接触器，它的容量应降低一级使用，即使这样，其寿命仍将有不同程度的降低。

d. 适用于 AC2 类的接触器，一般也不宜用来控制 AC3 及 AC4 类的负载，因为它的接通能力较低，在频繁接通这类负载时容易发生触点熔焊现象。

② 交流接触器的额定电压（指触点的额定电压）一般为 500V 或 380V 两种，应大于或等于负载回路的电压。

③ 根据电动机（或其他负载）的功率和操作情况来确定接触器主触点的电流等级。

a. 接触器的额定电流（指主触点的额定电流）有 5A、10A、20A、40A、60A、100A、150A 等几种，应大于或等于被控回路的额定电流。

b. 对于电动机负载，可按下列公式计算：

$$I_N=\frac{P_N}{KU_N}$$

式中，I_N 为接触器主触点电流，A；P_N 为电动机的额定功率，kW；U_N 为电动机的额定电压，V；K 为经验系数，一般取 1 ～ 1.4。

c. 如果接触器控制电容器或白炽灯时，由于接通时的冲击电流可达额定值的几十倍，因此从接通方面来考虑，宜选用 AC4 类的接触器；若选用 AC3 类的接触器，则应降低到 70% ～ 80% 的额定功率来使用。

④ 接触器线圈的电流种类（交流和直流两种）和电压等级应与控制电路相同。

⑤ 触点数量和种类应满足电路和控制线路的要求。

【例 1-6】 CA6140A 车床的主电动机的功率为 7.5kW，控制电路电压为交流 24V，选用其控制用接触器。

【解】 电路中的电流$I_N=\frac{P_N}{KU}=\frac{7500}{1.3\times380}\approx$ 15.2A，因为电动机不频繁启动，而且无反转和反接制动，所以接触器的使用类别为 AC-3，选用的接触器额定工作电流应大于或等于 15.2A。又因为使用的是三相交流电动机，所以选用交流接触器。选择 CJX1-16 交流接触器，接触器额定工作电压为 380V；线圈额定工作电压和控制电路一致，为 24V；接触器额定工作电流为 16A，大于 15.2A，辅助触点为两个常开、两个常闭，可见选用 CJX1-16/22 是合适的。

这里若有反接制动，则应该选用大一个级别的接触器，即 CJX1-32/22。

1.3 继电器

电气继电器（Electrical Relay）是指当控制该元器件的输入电路中达到规定的条件时，在其一个或多个输出电路中，会产生预定的跃变的元器件。

它一般通过接触器或其他电器对主电路进行控制，因此继电器触点的额定电流较小（5～10A），无灭弧装置，但动作的准确性较高。它是自动和远距离操纵用电器，广泛应用于自动控制系统、遥控系统、测控系统、电力保护系统和通信系统中，起控制、检测、保护和调节作用，是电气装置中最基本的器件之一。继电器的输入信号可以是电流、电压等电量，也可以是温度、速度、压力等非电量，输出为相应的触点动作。继电器的图形和文字符号如图1-14所示。

图1-14 继电器的图形和文字符号

继电器按使用范围的不同可分为3类：保护继电器、控制继电器和通信继电器。保护继电器，主要用于电力系统，作为发电机、变压器及输电线路的保护；控制继电器，主要用于电力拖动系统，以实现控制过程的自动化；通信继电器，主要用于遥控系统。若按输入信号的性质不同，可分为中间继电器、热继电器、时间继电器、速度继电器和压力继电器等。继电器的作用如下：

① 输入与输出电路之间的隔离；

② 信号切换（从接通到断开）；

③ 增加输出电路（切换几个负载或者切换不同的电源负载）；

④ 切换不同的电压或者电流负载；

⑤ 闭锁电路；

⑥ 提供遥控功能；

⑦ 重复信号；

⑧ 保留输出信号。

1.3.1 电磁继电器

电磁继电器（Electromagnetic Relay）是由电磁力产生预定响应的机电继电器。它的结构和工作原理与电磁接触器相似，也是由电磁机构、触点系统、复位弹簧、反作用弹簧、支架及底座等组成。电磁继电器根据外来信号（电流或者电压）使衔铁产生闭合动作，从而带动触点系统动作，使控制电路接通或断开，实现控制电路状态改变。电磁继电器的外形如图1-15所示。

图1-15 电磁继电器

（1）电流继电器

电流继电器（Current Relay）是反映输入量为电流的继电器。电流继电器的线圈串联在被测量电路中，用来检测电路的电流。电流继电器的线圈匝数少，导线粗，线圈的阻抗小。

电流继电器有欠电流型和过电流型两类。欠电流继电器的吸引电流为线圈额定电流的30%～65%，释放电流为线圈额定电流的10%～20%，因此，在电路正常工作时，衔铁是吸合的。只有当电流低于某一整定数值时，欠电流继电器才释放，输出信号。过电流继电器在电路正常工作时不动作，当电流超过某一整定数值时才动作，整定范围通常为1.1～1.3倍的额定电流。

① 电流继电器的功能　欠电流继电器常用于直流电动机和电磁吸盘的失磁保护。而瞬动型过流继电器常用于电动机的短路保护，延时型继电器常用于过载兼短路保护。过流

继电器分为手动复位和自动复位两种。

② 电流继电器的结构和工作原理　常见的电流继电器有JL14、JL15、JL18等系列产品。电流继电器电磁机构、原理与接触器相似，由于其触点通过控制电路的电流容量较小，所以无需加装灭弧装置，触点形式多为双断点桥式触点。

（2）电压继电器

电压继电器（Voltage Relay）是指反映输入量为电压的继电器。它的结构与电流继电器相似，不同的是，电压继电器的线圈是并联在被测量的电路两端，以监控电路电压的变化。电压继电器的线圈的匝数多，导线细，线圈的阻抗大。

电压继电器按照动作数值的不同，分为过电压、欠电压和零电压3种。过电压继电器在电压为额定电压的110%～115%以上时动作，欠电压继电器在电压为额定电压的40%～70%时动作，零电压继电器在电压为额定电压的5%～25%时动作。过电压继电器在电路正常工作条件下（未出现过压），动铁芯不产生吸合动作，而欠电压继电器在电路正常工作条件下（未出现欠压），衔铁处于吸合状态。

常见的电压继电器有JT3、JT4等系列产品。

（3）中间继电器

中间继电器（Auxiliary Relay）是指用来增加控制电路中的信号数量或将信号放大的继电器。它实际上是电压继电器的一种，它的触点多，有的甚至多于6对，触点的容量大（额定电流为5～10A），动作灵敏（动作时间不大于0.05s）。

① 中间继电器的功能　中间继电器主要起中间转换（传递、放大、翻转分路和记忆）作用，其输入为线圈的通电和断电，输出信号是触点的断开和闭合，它可将输出信号同时传给几个控制元件或回路。中间继电器的触点额定电流要比线圈额定电流大得多，因此具有放大信号的作用，一般控制线路的中间控制环节基本由中间继电器组成。

② 中间继电器的结构和工作原理　常见的中间继电器有HH、JZ7、JZ14、JDZ1、JZ17和JZ18等系列产品。中间继电器主要分成直流与交流两种，也有交、直流电路中均可应用的交直流中间继电器，如JZ8和JZ14系列产品。中间继电器由电磁机构和触点系统等组成。电磁机构与接触器相似，由于其触点通过控制电路的电流容量较小，所以无需加装灭弧装置，触点形式多为双断点桥式触点。

在图1-16中，13和14是线圈的接线端子，1和2是常闭触点的接线端子，1和4是常开触点的接线端子。当中间继电器的线圈通电时，铁芯产生电磁力，吸引衔铁，使得常

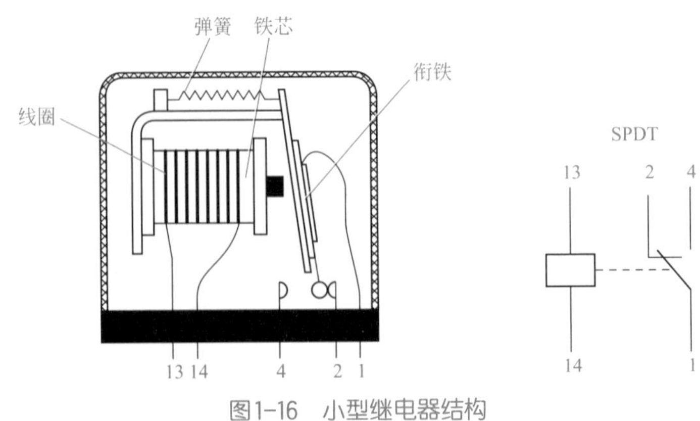

图1-16　小型继电器结构

闭触点分断，常开触点吸合在一起。当中间继电器的线圈不通电时，没有电磁力，在弹簧力的作用下衔铁使常闭触点闭合，常开触点分断。图 1-16 中的状态是继电器线圈不通电时的状态。

在图 1-16 中，只有一对常开与常闭触点，用 SPDT 表示，其含义是“单刀双掷”，若有两对常开与常闭触点，则用 DPDT 表示，详见表 1-5。

表 1-5　对照表

序号	含义	英文解释及缩写	符号
1	单刀单掷，常开	Single Pole Single Throw SPST（NO）	
2	单刀单掷，常闭	Single Pole Single Throw SPST（NC）	
3	双刀单掷，常开	Double Pole Single Throw DPST（NO）	
4	单刀双掷	Single Pole Double Throw SPDT	
5	双刀双掷	Double Pole Double Throw DPDT	

③ 中间继电器的选型　选用中间继电器时，主要应注意线圈额定电压、触点额定电压和触点额定电流。

a. 线圈额定电压必须与所控电路的电压相符，触点额定电压可为继电器的最高额定电压（即继电器的额定绝缘电压）。继电器的最高工作电流一般小于该继电器的约定发热电流。

b. 根据使用环境选择继电器，主要考虑继电器的防护和使用区域，如对于含尘、腐蚀性气体和易燃易爆的环境，应选用带罩的全封闭式继电器；对于高原及湿热带等特殊区域，应选用适合其使用条件的产品。

c. 按控制电路的要求选择触点的类型是常开还是常闭，以及触点的数量。

④ 注意问题

a. 在安装接线时，应检查接线是否正确、接线螺钉是否拧紧；对于很细的导线芯应对折一次，以增加线芯截面积，以免造成虚连。对于电磁式控制继电器，应在触点不带电的情况下，使吸引线圈带电操作几次，观察继电器的动作。对电流继电器的整定值应作最后的校验和整定，以免造成其控制及保护失灵。

b. 中间继电器的线圈额定电压不能同中间继电器的触点额定电压混淆，两者可以相同，也可以不同。

c. 接触器中有灭弧装置，而继电器中通常没有，但电磁继电器同样会产生电弧。由于电弧可使继电器的触点氧化或者熔化，从而造成触点损坏，此外，电弧会产生高频干扰信号，因此，直流回路中的继电器最好要进行灭弧处理。灭弧的方法有两种：一种是在按钮上并联一个电阻和电容进行灭弧，如图 1-17（a）所示；另一种是在继电器的线圈上并联一只二极管进行灭弧，如图 1-17（b）所示。对于交流继电器，不需要灭弧。

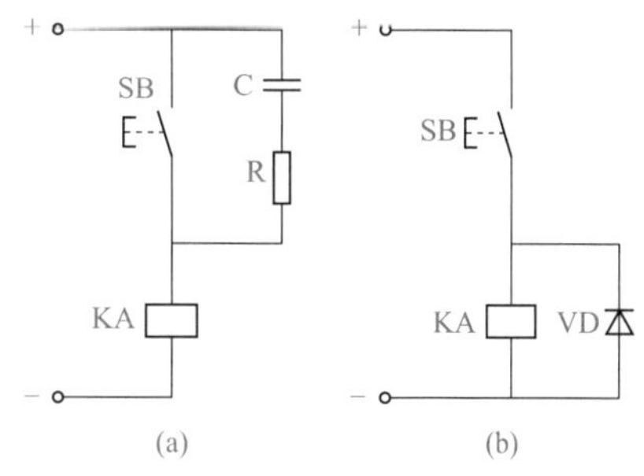

图1-17　直流继电器的灭弧方法

HH 系列小型继电器的主要技术参数见表 1-6，其型号的含义如图 1-18 所示。

表1-6　HH系列小型继电器的主要技术参数

型号	触点额定电流/A	触点数量		额定电压/V
		常开	常闭	
HH52P、HH52B、HH52S	5	2	2	AC：6、12、24、48、110、220 DC：6、12、24、48、110
HH53P、HH53B、HH53S	5	3	3	
HH54P、HH54B、HH54S	3	4	4	
HH62P、HH62B、HH62S	10	2	2	

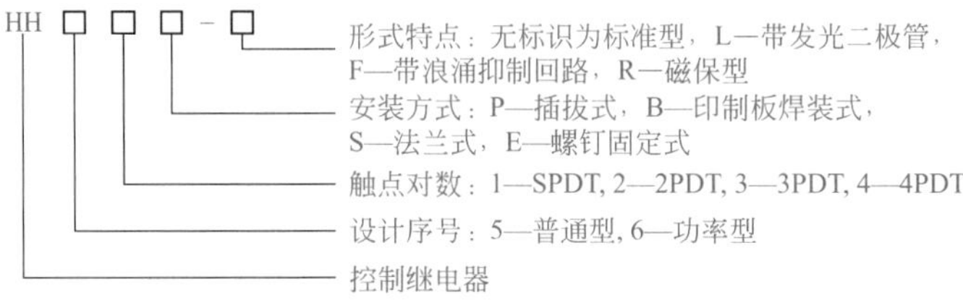

图1-18　小型继电器型号的含义

【例1-7】 想用一个小型继电器控制一个交流接触器CJX1-32（额定电压为380V，额定电流为32A），采用HH52P小型继电器是否可行？

【解】 选用的HH52P小型继电器的触点的额定电压为220V，额定电流为5A，容量足够，此小型继电器有2对常开触点和2对常闭触点，而控制接触器只需要一对，触点数量足够，此外，这类继电器目前很常用，因此可行（注意：本题中的小型继电器的220V电压是小型继电器的控制电压，不能同小型继电器的触点额定电压混淆）。小型继电器在此起信号放大的作用，在PLC控制系统中这种用法比较常见。

【例1-8】 指出图1-19小型继电器的接线的含义。

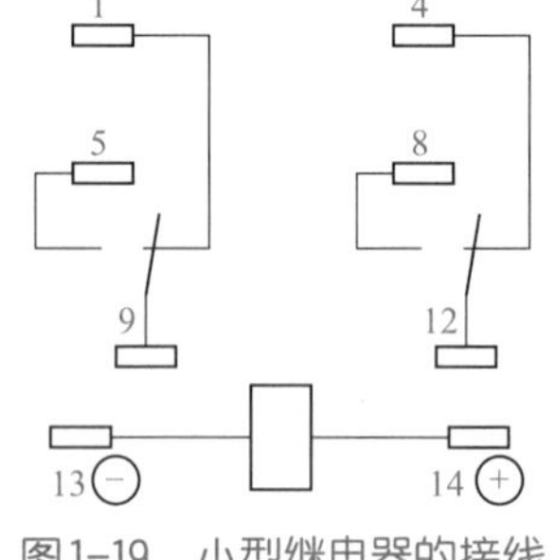

图1-19　小型继电器的接线

【解】 小型继电器的接线端子一般较多，用肉眼和万用表往往很难判断。通常，小型继电器的外壳上印有接线图。图1-19中的13号和14号端子是由线圈引出的，其中13号端子应该和电源的负极相连，而14号端子应该和电源的正极相连；1号端子和9号端子及4号端子和12号端子是由一对常闭触点引出的；5号端子和9号端子及8号端子和12号端子是由一对常开触点引出的。

1.3.2　时间继电器

时间继电器（Time Relay）是指自得到动作信号起至触点动作或输出电路产生跳跃式改变有一定延时，该延时又符合其准确度要求的继电器。简言之，它是一种触点的接通和断开要经过一定的延时的电器，而且延时符合其准确度的要求。时间继电器广泛用于电动机的启动和停止控制及其他自动控制系统中。时间继电器的图形和文字符号如图1-20所示。

时间继电器的种类很多，按照工作原理可分为电磁式、空气阻尼式、晶体管式和电动式。按照延时方式可分为通电延时型和断电延时型：通电延时型时间继电器在其感测部分接收信号后开始延时，一旦延时完毕，立即通过执行部分输出信号以操纵控制电路。当输入信号消失时，继电器立即恢复到动作前的状态（复位）；断电延时型时间继电器与通电延时型继电器不同，在其感测部分接收输入信号后，执行部分立即动作，但当输入信号消

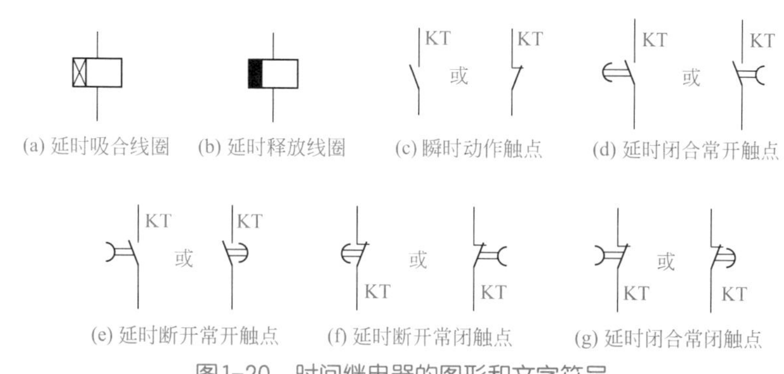

(a) 延时吸合线圈　(b) 延时释放线圈　(c) 瞬时动作触点　(d) 延时闭合常开触点

(e) 延时断开常开触点　(f) 延时断开常闭触点　(g) 延时闭合常闭触点

图1-20　时间继电器的图形和文字符号

失后，继电器必须经过一定的延时才能恢复到动作前的状态（复位），并且有信号输出。

（1）时间继电器的功能

时间继电器是一种利用电磁原理、机械动作原理、电子技术或计算机技术实现触点延时接通或断开的自动控制电器。当它的感测部分接收输入信号后，必须经过一定的时间延时，它的执行部分才会动作并输出信号以操纵控制电路。

（2）时间继电器的结构和工作原理

① 空气阻尼式时间继电器　空气阻尼式时间继电器也称为气囊式时间继电器，是利用空气阻尼原理获得延时的。它由电磁系统、延时机构和触点三部分组成，电磁系统为直动式双 E 型，触点系统借用 LX5 型微动开关，延时机构采用气囊式阻尼器。

空气阻尼式时间继电器既具有由空气室中的气动机构带动的延时触点，也具有由电磁机构直接带动的瞬动触点，可以做成通电延时型，也可做成断电延时型。电磁系统可以是直流的，也可以是交流的。

空气阻尼式时间继电器具有结构简单、延时范围大（0.4 ～ 180s）、价格便宜等优点，但其延时精度较低，体积大，没有调节指示，一般只用于要求不高的场合，目前已经很少使用。其典型产品有 JS7、JS23、JSK 等系列，JS7-A 系列时间继电器输出触点的形式及组合见表 1-7。

表 1-7　JS7-A 系列时间继电器输出触点的形式及组合

型号	延时触点数量				不延时触点数量	
	线圈通电延时		线圈断电延时			
	常开触点	常闭触点	常开触点	常闭触点	常开触点	常闭触点
JS7-1A	1	1	—	—	—	—
JS7-2A	1	1	—	—	1	1
JS7-3A	—	—	1	1	—	—
JS7-4A	—	—	1	1	1	1

② 晶体管式时间继电器（Transistor Timer）　晶体管式时间继电器又称为电子式时间继电器，它是利用延时电路来进行延时的。除了执行继电器外，均由电子元件组成，没有机械机构，具有寿命长、体积小、延时范围大和调节范围宽等优点，因而得到了广泛应用，已经成为时间继电器的主流产品。晶体管式时间继电器如图 1-21 所示。它在电路中的作用、图形和文字符号都与普通时间继电器相同。

晶体管式时间继电器的输出形式有两种：有触点式和无触点式。前者是用晶体管驱动小型电磁式继电器，后者是采用晶体管或晶闸管输出。

③ 数字时间继电器（Digital Timer） 近年来随着微电子技术的发展，采用集成电路、功率电路和单片机等电子元件构成的新型时间继电器大量面市。例如，DHC6 多制式单片机控制时间继电器，J5S17、J3320、JSZ13 等系列大规模集成电路数字时间继电器，J5145 等系列电子式数显时间继电器，J5G1 等系列固态时间继电器等。数显时间继电器如图 1-22 所示。

图1-21 晶体管式时间继电器

图1-22 数显时间继电器

DHC6 多制式时间继电器是为了适应工业自动化控制水平越来越高的要求而生产的。多制式时间继电器可使用户根据需要选择最合适的制式，使用简便方法达到以往需要经过较复杂的接线才能达到的控制功能，这样既节省了中间控制环节，又大大提高了电气控制的可靠性。

数显循环定时器是典型的数字时间继电器，一般由芯片控制，其功能比一般的定时器要强大，通过面板按钮分别设定输出继电器开（on）、关（off）定时时间，在开（on）计时段内，输出继电器动作，在关（off）计时段内，输出继电器不动作，按 on—off—on 循环，循环周期为开、关时间和，具体应用见后续例题。

随着电子行业的进步，电子产品的价格越来越低，数字时间继电器不再是高端时间继电器的象征，其价格和普通时间继电器差距已经缩小了很多，其使用已经越来越多。

（3）时间继电器的选用

时间继电器种类繁多，选择时应综合考虑适用性、功能特点、额定工作电压、额定工作电流、使用环境等因素，做到选择恰当，使用合理。

① 经济技术指标 在选择时间继电器时，应考虑控制系统对延时时间和精度的要求。若对时间精度的要求不高，且延时时间较短，宜选用价格低、维修方便的电磁式时间继电器；若控制简单且操作频率很低，如 Y- △启动，可选用热双金属片时间继电器；若对时间控制要求精度高，应选用晶体管式时间继电器。

② 控制方式 被控制对象如需要周期性的重复动作或要求多功能、高精度时，可选用晶体管式或数字式时间继电器。

目前，常用的晶体管式时间继电器有 JS20、JSB、JSF、JSS1、JSM8、JS14 等系列，其中部分产品为引进国外技术生产的。JS14 系列时间继电器的主要技术参数见表 1-8，时间继电器型号的含义如图 1-23 所示。

DHC6 多制式时间继电器采用单片机控制，LCD 显示，具有 9 种工作制式，正计时、倒计时任意设定，具有 8 种延时时段，延时范围从 0.01s ～ 999.9h 任意设定（键盘设定，设定完成之后可以锁定按键，防止误操作），可按要求任意选择控制模式，使控制线路最简单、可靠。

另外，数显时间继电器还有 DH11S、DH14S、DH48S 等系列产品，DH □ S 系列时间继电器的主要技术参数见表 1-9。

表 1-8 JS14 系列时间继电器的主要技术参数

<table>
<tr><th rowspan="2">型号</th><th rowspan="2">结构形式</th><th rowspan="2">延时范围 /s</th><th rowspan="2">工作电压 /V</th><th colspan="2">触点对数</th><th colspan="2">误差</th><th rowspan="2">复位时间 /s</th><th rowspan="2">消耗功率 /W</th></tr>
<tr><th>常开触点</th><th>常闭触点</th><th>常开触点</th><th>常闭触点</th></tr>
<tr><td>JS14- □ / □</td><td>交流装置式</td><td rowspan="6">1、5、10、30、60、120、180</td><td rowspan="6">AC：110、220、380
DC：24</td><td>2</td><td>2</td><td rowspan="6">≤ ±3%</td><td rowspan="6">≤ ±10%</td><td rowspan="6">1</td><td rowspan="6">1</td></tr>
<tr><td>JS14- □ / □ M</td><td>交流面板式</td><td>2</td><td>2</td></tr>
<tr><td>JS14- □ / □ Y</td><td>交流外接式</td><td>1</td><td>1</td></tr>
<tr><td>JS14- □ / □ Z</td><td>直流装置式</td><td>2</td><td>2</td></tr>
<tr><td>JS14- □ / □ ZM</td><td>直流面板式</td><td>2</td><td>2</td></tr>
<tr><td>JS14- □ / □ ZY</td><td>直流外接式</td><td>1</td><td>1</td></tr>
</table>

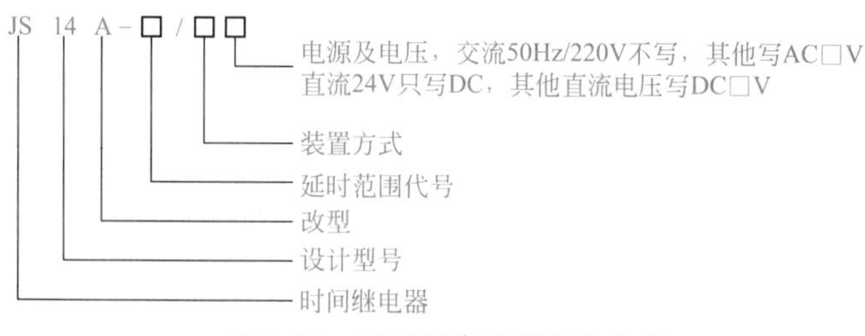

图1-23 时间继电器型号的含义

表 1-9 DH□S 系列时间继电器的主要技术参数

<table>
<tr><th>型号</th><th>DH11S</th><th>DH14S</th><th>DH48S1，DH48S-2Z</th></tr>
<tr><td rowspan="3">延时范围</td><td colspan="3">0.01 ～ 99.99s</td></tr>
<tr><td colspan="3">1s ～ 9min59s</td></tr>
<tr><td colspan="3">1min ～ 99h59min</td></tr>
<tr><td>工作方式</td><td colspan="3">断电延时、间隔定时、累计延时</td></tr>
<tr><td rowspan="2">触点数量</td><td>1 组瞬时转换</td><td rowspan="2">2 组延时转换</td><td>1 组瞬时转换</td></tr>
<tr><td>2 组延时转换</td><td>2 组延时转换</td></tr>
<tr><td>触点容量</td><td colspan="3">AC：220V，3A</td></tr>
<tr><td>机械寿命</td><td colspan="3">10^6</td></tr>
<tr><td>电气寿命</td><td colspan="3">10^5</td></tr>
<tr><td>工作电压</td><td colspan="3">AC：50/60Hz，380V、220V、127V、36V DC：12V、24V</td></tr>
<tr><td>安装方式</td><td colspan="2">面板式</td><td>面板式 / 装置式</td></tr>
</table>

另外，还有电动时间继电器，这种时间继电器的精度高，延时范围大（可达几十个小时），是电磁式、空气阻尼式和晶体管式时间继电器所不及的。

（4）注意事项

① 在使用时间继电器时，不能经常调整气囊式时间继电器的时间调整螺钉，调整时也不能用力过猛，否则会失去延时作用；电磁式时间继电器的调整应在线圈工作温度下进行，防止冷态和热态下对动作值产生影响。

② 使用晶体管式时间继电器时，要注意量程的选择。

【例 1-9】 有一个晶体管式时间继电器，型号是 JSZ3，其外壳上有图 1-24 所示的示

意图，指出其含义，并说明如何实现延时 30s 后闭合的功能。

【解】 图 1-24（a）的含义是：接线端子 2 和 7 是由线圈引出的；接线端子 1、3 和 4 是“单刀双掷”触点，其中，1 和 4 是常闭触点端子，1 和 3 是常开触点端子；同理，接线端子 5、6 和 8 是“单刀双掷”触点，其中，5 和 8 是常闭触点端子，6 和 8 是常开触点端子。图 1-24（b）的含义是：当时间继电器上的开关指向 2 和 4 时，量程为 1s；当时间继电器上的开关指向 1 和 4 时，量程为 10s；当时间继电器上的开关指向 2 和 3 时，量程为 60s；当时间继电器上的开关指向 1 和 3 时，量程为 6min，图中的黑色表示被开关选中。

显然，触点的接线端子可以选择 1 和 3 或者 6 和 8，线圈接线端子只能选择 2 和 7，拨指开关最好选择指向 2 和 3。

1.3.3 计数继电器

计数继电器（Counting Relay），简称计数器，适用于交流 50Hz、额定工作电压 380V 及以下或直流工作电压 24V 的控制电路中作计数元件，按预置的数字接通和分断电路。计数器采用单片机电路和高性能的计数芯片，具有计数范围宽、正 / 倒计数、多种计数方式和计数信号输入、计数性能稳定可靠等优点，广泛应用于工业自动化控制中。

计数继电器的功能：当计数继电器每收到一个计数信号时，其当前值增加 1（对于减计数继电器为减少 1），当当前值等于设定值时，计数继电器的常闭触点断开，常开触点闭合，而且计数继电器能显示当前计数值。

计数继电器的种类较多，但最为常见的是机械式计数继电器和电子式计数继电器。电子式计数继电器如图 1-25 所示。

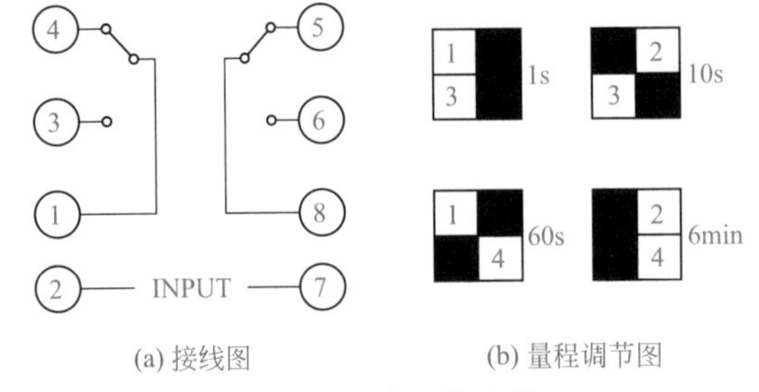

(a) 接线图　　(b) 量程调节图

图1-24　时间继电器的接线

图1-25　电子式计数继电器

【例 1-10】 有一个七段码数显计数继电器，型号是 JDM9-6，其接线如图 1-26 所示，指出其含义，并说明如何实现计数 30 次后闭合常开触点的功能。

【解】 1 号端子接 +24V，2 号端子接 0V；6 号是公共端子，5 号和 6 号组成常闭触点，6 号和 7 号组成常开触点；8 号是 0V，当其与 11 号端子接通时，计数继电器复位（当前值变成初始值，一般为 0），12 号是 +12V，当其和 10 号端子接通一次，当前值增加 1（计数一次）。

显然，要实现计数 30 次后，闭合常开触点的功能，先要把 1 号和 2 号端子接上电源，再把 9 号和 12 号接到计数信号端子上，但计数继电器接收到 30 次信号后，6 号和 7 号组成常开触点闭合。任何时候 8 号与 11 号端子

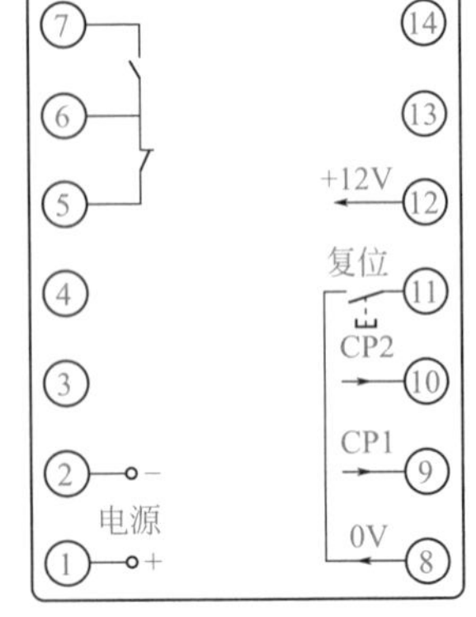

图1-26　电子式计数继电器的接线

接通时，计数继电器复位。

1.3.4 电热继电器

在解释电热继电器前，先介绍度量继电器，即在规定准确度下，当其特性量达到其动作值时进行动作的电气继电器。电热继电器（Thermal Electrical Relay），通过测量出现在被保护设备的电流，使该设备免受电热危害的它定时限量度继电器。电热继电器是一种用电流热效应来切断电路的保护电器，常与接触器配合使用，具有结构简单、体积小、价格低、保护性能好等优点。

（1）电热继电器的功能

为了充分发挥电动机的潜力，电动机短时过载是允许的，但无论过载量的大小如何，时间长了总会使绕组的温升超过允许值，从而加剧绕组绝缘的老化，缩短电动机的寿命，严重过载会很快烧毁电动机。为了防止电动机长期过载运行，可在线路中串入按照预定发热程度进行动作的电热继电器，以有效监视电动机是否长期过载或短时严重过载，并在超额过载预定值时有效切断控制回路中相应接触器的电源，进而切断电动机的电源，确保电动机的安全。总之，电热继电器具有过载保护、断相保护及电流不平衡运行保护和其他电气设备发热状态的控制。电热继电器的外形如图 1-27 所示，其图形和文字符号如图 1-28 所示。

图1-27 电热继电器

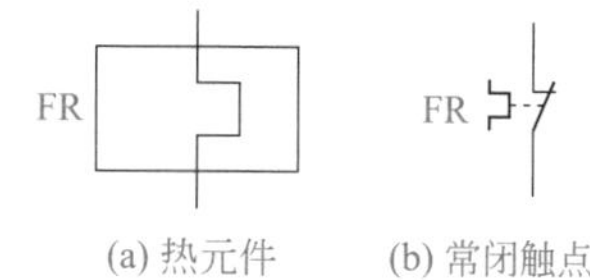

(a) 热元件 (b) 常闭触点

图1-28 电热继电器的图形和文字符号

（2）双金属片式电热继电器的结构和工作原理

按照动作方式分类，电热继电器可分为双金属片式、热敏电阻式和易熔合金式，其中，双金属片式电热继电器最为常见。按照极数分类，电热继电器可分为单极、双极和三极，其中，三极最为常见。按照复位方式分类，电热继电器可分为自动复位式和手动复位式。按照受热方式分类，电热继电器可分为直接加热式、复合加热式、间接加热式和电流电感加热式（主要是大容量以及重载启动的电热继电器）4 种。

电力拖动系统中应用最为广泛的是双金属片式电热继电器，其主要由热元件、双金属片、导板和触点系统组成，如图 1-29 所示，其热元件由发热电阻丝构成（这种电热继电器是间接加热方式），双金属片由两种热膨胀系数不同的金属碾压而成，当双金属片受热时，会出现弯曲变形，推动导板，进而使常闭触点断开，起到保护作用。在使用时，把热元件串接于电动机的主电路中，而常闭触点串接于电动机启停接触器的线圈回路中。

我国目前生产的电热继电器主要有 T、JR0、JR1、JR2、JR9、JR10、JR15、JR16、JR20、JRS1、JRS2、JRS3 等系列。其中，JRS2 和 JRS3 系列可与西门子的 3UA 系列互换使用。T 系列电热继电器是引进瑞典 ABB 公司的产品。JR1 和 JR2 系列的电热继电器采用间接受热方式，其主要缺点是双金属片靠发热元件间接加热，热耦合较差；双金属片的弯曲程度受环境温度影响较大，不能正确地反映负载的过流情况。JR15、JR16 等系列电热继电器采用复合加热方式并采用了温度补偿元件，因此能较正确地反映负载的工作情况。JRS2 系列电热继电器的主要技术参数见表 1-10。电热继电器型号的含义如图 1-30 所示。

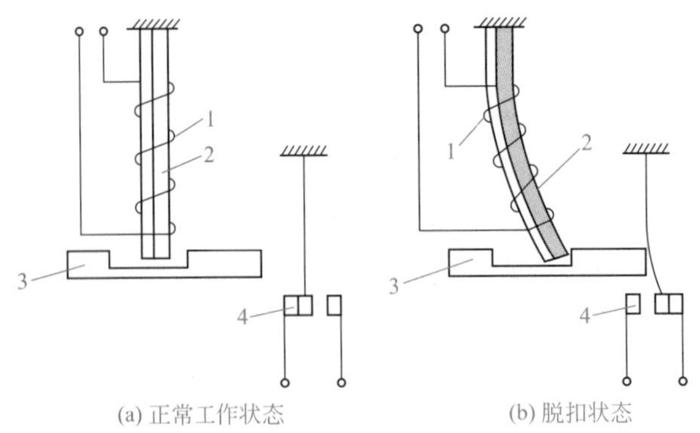

(a) 正常工作状态　　(b) 脱扣状态

图1-29　热继电器原理示意图

1—热元件；2—双金属片；3—导板；4—触点系统

表1-10　JRS2（3UA）系列电热继电器的主要技术参数

型号	JRS2-12.5/Z				JRS2-12.5/F	
额定电流	12.5A		25A		63A	
热元件整定电流调整范围 /A	0.1 ～ 0.16	0.16 ～ 0.25	0.1 ～ 0.16	0.16 ～ 0.25	0.1 ～ 0.16	0.16 ～ 0.25
	0.25 ～ 0.4	0.32 ～ 0.5	0.25 ～ 0.4		0.25 ～ 0.4	
	0.4 ～ 0.63	0.63 ～ 1	0.4 ～ 0.63	0.63 ～ 1	0.4 ～ 0.63	0.63 ～ 1
	0.8 ～ 1.25	1 ～ 1.6	0.8 ～ 1.25	1 ～ 1.6	0.8 ～ 1.25	1 ～ 1.6
	1.25 ～ 2	1.6 ～ 2.5	1.25 ～ 2	1.6 ～ 2.5	1.25 ～ 2	1.6 ～ 2.5
	2 ～ 3.2	2.5 ～ 4	2 ～ 3.2	2.5 ～ 4	2 ～ 3.2	2.5 ～ 4
	3.2 ～ 5	4 ～ 6.3	3.2 ～ 5	4 ～ 6.3	3.2 ～ 5	4 ～ 6.3
	5 ～ 8	6.3 ～ 10	5 ～ 8	6.3 ～ 10	5 ～ 8	6.3 ～ 10
	8 ～ 12.5	10 ～ 14.5	8 ～ 12.5	10 ～ 16	8 ～ 12.5	10 ～ 16
			12.5 ～ 20	16 ～ 25	12.5 ～ 20	16 ～ 25
					20 ～ 32	25 ～ 40
					32 ～ 45	40 ～ 57
					50 ～ 63	

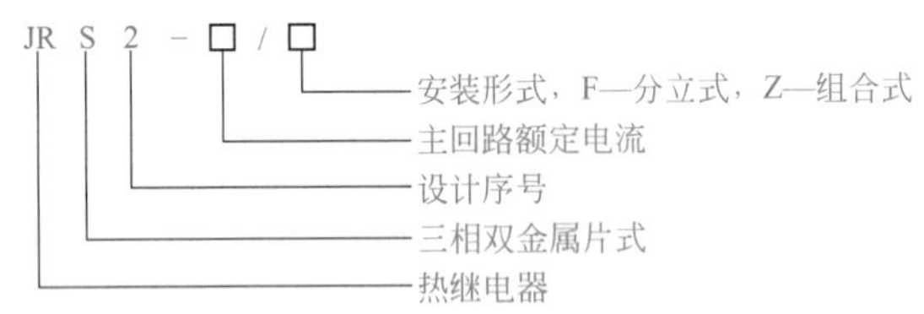

图1-30　电热继电器型号的含义

（3）电热继电器的选用

电热继电器选用是否得当，直接影响着对电动机进行过载保护的可靠性。选用时通常应按电动机形式、工作环境、启动情况及负荷情况等几方面综合考虑。

① 原则上，电热继电器的额定电流应按电动机的额定电流选择。对于过载能力较差的电动机，其配用的电热继电器（主要是发热元件）的额定电流可适当小些。通常，选取电热继电器的额定电流（实际上是选取发热元件的额定电流）为电动机额定电流的

60%～80%。当负载的启动时间较长，或者负载是冲击负载，如机床电动机的保护，电热继电器的整定电流数值应该略大于电动机的额定电流。对于三角形连接的电动机，三相电热继电器同时具备过载保护和断相保护。

② 在不频繁启动场合，要保证电热继电器在电动机的启动过程中不产生误动作。通常，当电动机启动电流为其额定电流的 6 倍，以及启动时间不超过 6s 时，若很少连续启动，就可按电动机的额定电流选取电热继电器。

③ 当电动机用于重复的短时工作时，首先注意确定电热继电器的允许操作频率。因为电热继电器的操作频率是有限的，如果用它保护操作频率较高的电动机，效果会很不理想，有时甚至不能使用。对于可逆运行和频繁通断的电动机，不宜采用电热继电器保护，必要时可采用装入电动机内部的温度继电器。

④ 对于工作时间很短、间歇时间较长的电动机（如摇臂的钻床电动机、某些机床的快速移动电动机）和虽然长时间工作，但过载可能性很小的电动机（如排风扇的电动机）可以不设计过载保护。

⑤ 双金属片式电热继电器一般用于轻载、不频繁启动电动机的过载保护。对于重载、频繁启动的电动机，可以采用过电流继电器（延时动作型）作它的过载和短路保护。

（4）注意事项

① 电热继电器只对长期过载或短时严重过载起保护作用，对瞬时过载和短路不起保护作用。

② JR1、JR2、JR0 和 JR15 系列的电热继电器均为两相结构，是双热元件的电热继电器，可以用作三相异步电动机的均衡过载保护和星形连接定子绕组的三相异步电动机的断相保护，但不能用作定子绕组为三角形连接的三相异步电动机的断相保护。

③ 电热继电器在出厂时，其触点一般为手动复位，若需自动复位，可将复位调整螺钉顺时针方向转动，用手拨动几次，若动触点没有处在断开位置，可将螺钉紧固。

④ 为了使电热继电器的整定电流和负载工作电流相符，可旋转调节旋钮，将其对准刻度定位标识，若整定值在两者之间，可按照比例在实际使用时适当调整。

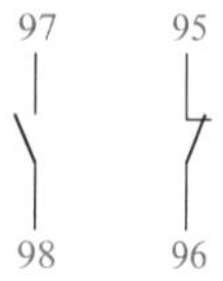

【例 1-11】 有一个型号为 JR36-20 的电热继电器，共有 5 对接线端子：1/L1 和 2/T1，3/L2 和 4/T2，5/L3 和 6/T3，这 3 对接线端子比较粗大；95 和 96，97 和 98，这两对接线端子比较细小，有如图 1-31 所示的控制回路接线图，应该如何接线？

97　95

98　96

图1-31　热继电器控制回路接线图

【解】 1/L1 和 2/T1，3/L2 和 4/T2，5/L3 和 6/T3 接线端子都比较粗大，说明用在主回路中，其中，1/L1、3/L2、5/L3 是输入端，2/T1、4/T2、6/T3 是输出端。95 和 96，97 和 98，这两对比较细小，说明是辅助触点，用在控制回路中，97 和 98 是常开触点的接线端子，95 和 96 是常闭触点的接线端子。注意：继电器接触器控制系统多用常闭触点，而 PLC 控制的系统多用常开触点。

【例 1-12】 CA6140A 车床的主电动机的额定电压为 380V，额定功率为 7.5kW，请选用合适的热过载继电器。

【解】 电路中的额定电流为 $I_N=\dfrac{P}{\sqrt{3}U\eta\cos\varphi}=\dfrac{7500}{\sqrt{3}\times380\times0.95\times0.85}\approx14.1\text{A}$。可选 3UA（JRS2）-12.5/Z12.5-20A 电热继电器，再将电热继电器的热元件的整定电流数值整定到 15.4A 即可。

1.3.5 其他继电器

继电器的种类繁多，除了上述介绍的继电器外，还有些继电器在控制系统中有着特殊的功能，如干簧继电器、压力继电器、温度继电器、过电流继电器、欠电压继电器、速度继电器和固态继电器等。限于篇幅在此不介绍。

1.4 熔断器

熔断器（Fuse）的定义为：当电流超过规定值足够长时间后，通过熔断一个或几个特殊设计的和相应的部件，断开其所接入的电路，并分断电流的电器。熔断器包括组成完整电器的所有部件。

熔断器是一种保护类电器，其熔体为保险丝（或片）。熔断器的外形如图 1-32 所示，其图形和文字符号如图 1-33 所示。在使用中，熔断器串联在被保护的电路中，当该电路中发生严重过载或短路故障时，如果通过熔体的电流达到或超过了某一定值，而且时间足够长，在熔体上产生的热量会使其温度升高到熔体金属的熔点，导致熔体自行熔断，并切断故障电流，以达到保护目的。这样，利用熔体的局部损坏可保护整个线路中的电气设备，防止它们因遭受过多的热量或过大的电动力而损坏。从这一点来看，相对被保护的电路，熔断器的熔体是一个“薄弱环节”，以人为的“薄弱环节”来限制乃至消灭事故。

图1-32　RT23熔断器

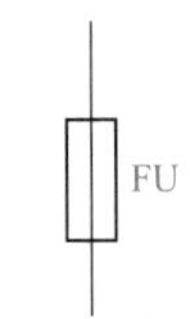

图1-33　熔断器的图形和文字符号

熔断器结构简单，使用方便，价格低廉，广泛用于低压配电系统中，主要用于短路保护，也常作为电气设备的过载保护元件。

1.4.1 熔断器的种类、结构和工作原理

（1）瓷插式熔断器

瓷插式熔断器指熔体靠导电插件插入底座的熔断器。这种熔断器由瓷盖、瓷底座、动触点、静触点及熔丝组成，如图 1-34 所示。熔断器的电源线和负载线分别接在瓷底座两端静触点的接线桩上，熔体接在瓷盖两端的动触点上，中间经过凸起的部分，如果熔体熔断，产生的电弧被凸出部分隔开，使其迅速熄灭。较大容量熔断器的灭弧室中还垫有熄灭电弧用的石棉织物。这种熔断器结构简单，使用方便，价格低廉，广泛用于照明电路和小功率电动机的短路保护。常用型号为 RC1A 系列。

（2）螺旋式熔断器

螺旋式熔断器是指带熔断体的载熔件借助螺纹旋入底座而固定于底座的熔断器，其外形如图 1-35 所示。熔体的上端盖有一个熔断指示器，一旦熔体熔断，指示器会马上弹出，可透过瓷帽上的玻璃孔观察到。它常用于机床电气控制设备中。螺旋式熔断器分断电流较大，可用于电压等级 500V 及以下、电流等级 200A 以下的电路中，起短路保护或过载保护作用。常见的有 RL1、RL2 和 RL5 等系列。

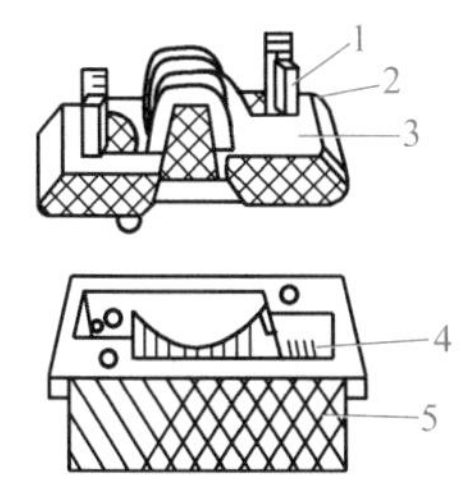

图1-34 瓷插式熔断器
1—动触点；2—熔丝；3—瓷盖；4—静触点；5—瓷底

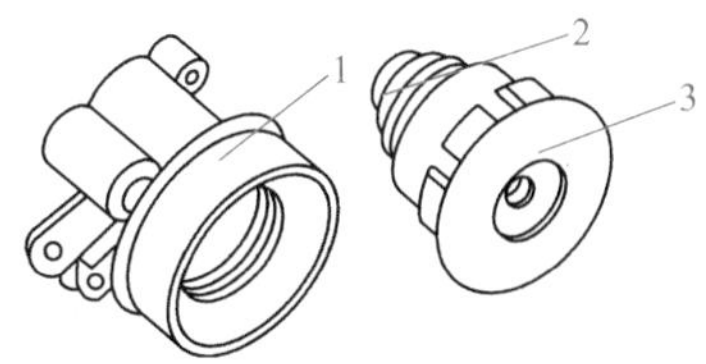

图1-35 螺旋式熔断器
1—瓷底；2—熔芯；3—瓷帽

（3）封闭式熔断器

封闭式熔断器是指熔体封闭在熔管的熔断器，如图1-36所示。封闭式熔断器分为有填料封闭式熔断器和无填料封闭式熔断器两种。有填料封闭式熔断器一般用瓷管制成，内装石英砂及熔体，分断能力强，用于电压等级500V以下、电流等级1kA以下的电路中。无填料封闭式熔断器将熔体装入封闭式筒中，如图1-37所示，分断能力稍小，用于500V以下、600A以下的电力网或配电设备中。常见的无填料封闭式熔断器有RM10系列。常见的有填料封闭式熔断器有RT0、RT10等系列。

图1-36 封闭式熔断器

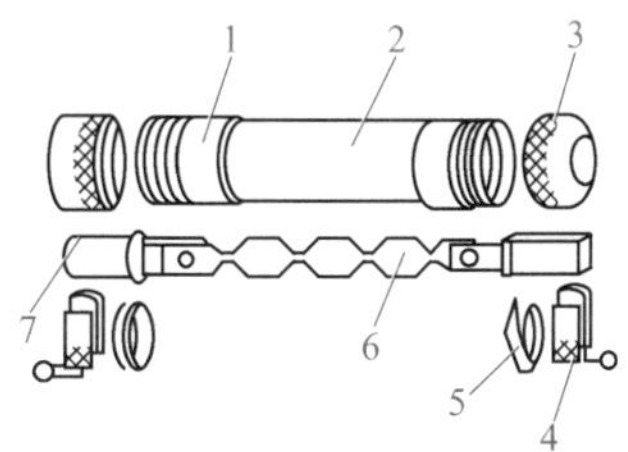

图1-37 无填料封闭式熔断器
1—黄铜管；2—绝缘管；3—黄铜帽；4—夹座；5—瓷盖；6—熔体；7—触刀

（4）快速熔断器

快速熔断器主要用于半导体整流元件或整流装置的短路保护。由于半导体元件的过载能力很低，只能在极短时间内承受较大的过载电流，因此要求短路保护具有快速熔断的能力。快速熔断器的结构和有填料封闭式熔断器基本相同，但熔体材料和形状不同，它是以银片冲制的有V形深槽的变截面熔体。常见的有RS0系列产品。

（5）自复熔断器

自复熔断器采用金属钠作熔体，在常温下具有高电导率。当电路发生短路故障时，短路电流产生高温使钠迅速汽化，气态钠呈现高阻态，从而限制了短路电流；当短路电流消失后，温度下降，金属钠恢复原来良好的导电性能。自复熔断器只能限制短路电流，不能真正分断电路。其优点是不必更换熔体，能重复使用。常见的有RZ系列产品。

我国常用的熔断器型号有RL1、RL6、RT0、RT14、RT15、RT16、RT18、RT19、RT23、RW等系列产品。

1.4.2 熔断器的技术参数

（1）额定电压

额定电压指熔断器长期工作时和分断后能够承受的电压，其数值一般等于或大于电气设备的额定电压。

（2）额定电流

额定电流指熔断器长期工作时，设备部件温升不超过规定值时所能承受的电流。厂家为了减少熔断器管额定电流的规格，熔断器管的额定电流等级比较少，而熔体的额定电流等级比较多，也即在一个额定电流等级的熔断器管内可以分装几个额定电流等级的熔体，但熔体的额定电流最大不能超过熔断器管的额定电流。

（3）极限分断能力

极限分断能力是指熔断器在规定的额定电压和功率因数（或时间常数）的条件下能分断的最大电流值，在电路中出现的最大电流值一般是指短路电流值。所以，极限分断能力也反映了熔断器分断短路电流的能力。RT23 系列熔断器的主要技术参数见表 1-11，其型号的含义如图 1-38 所示。

表 1-11　RT23 系列熔断器的主要技术参数

型号	熔断器额定电流 /A	熔体额定电流 /A
RT23-16	16	2、4、6、8、10、16
RT23-63	63	10、16、20、25、32、40、50、63
RT23-100	100	32、40、50、63、80、100

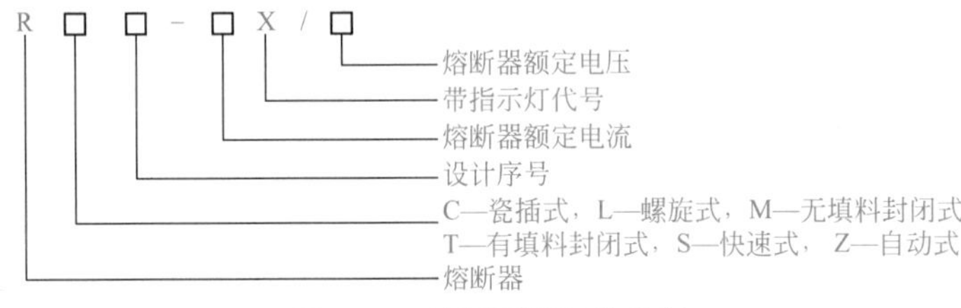

图1-38　熔断器型号的含义

1.4.3　熔断器的选用

选择熔断器主要是选择熔断器的类型、额定电压、额定电流及熔体的额定电流。熔断器的额定电压应大于或等于线路的工作电压。熔断器的额定电流应大于或等于熔体的额定电流。

下面详细介绍一下熔体的额定电流的选择。

① 用于保护照明或电热设备的熔断器。因为负载电流比较稳定，所以熔体的额定电流应等于或稍大于负载的额定电流，即 $I_{re} \geqslant I_e$，式中，I_{re} 为熔体的额定电流；I_e 为负载的额定电流。

② 用于保护单台长期工作电动机（即供电支线）的熔断器，考虑电动机启动时不应熔断，即 $I_{re} \geqslant (1.5 \sim 2.5)\ I_e$。式中，$I_{re}$ 为熔体的额定电流，I_e 为电动机的额定电流，轻载启动或启动时间比较短时，系数可以取 1.5，当带重载启动时间比较长时，系数可以取 2.5。

③ 用于保护频繁启动电动机（即供电支线）的熔断器，考虑频繁启动时发热，熔断器也不应熔断，即 $I_{re} \geqslant (3 \sim 3.5)I_e$。式中，$I_{re}$ 为熔体的额定电流，I_e 为电动机的额定电流。

④ 用于保护多台电动机（即供电干线）的熔断器，在出现尖峰电流时也不应熔断。通常，将其中功率最大的一台电动机启动，而其余电动机运行时出现的电流作为其尖峰电流，为此，熔体的额定电流应满足 $I_{re} \geqslant (1.5 \sim 2.5)\ I_{emax} + \sum I_e$。式中，$I_{re}$ 为熔体的额定电

流，I_{emax} 为多台电动机中功率最大的一台电动机额定电流，$\sum I_e$ 为其余电动机额定电流之和。

⑤ 为防止发生越级熔断，上、下级（即供电干、支线）熔断器间应有良好的协调配合，为此，应使上一级（供电干线）熔断器的熔断额定电流比下一级（供电支线）大 1 ～ 2 个级差。

【例 1-13】 一个电路上有一台不频繁启动的三相异步电动机，无反转和反接制动，轻载启动，此电动机的额定功率为 2.2kW，额定电压为 380V，请选用合适的熔断器（不考虑熔断器的外形）。

【解】 在电路中的额定电流为

$$I_N=\frac{P}{\sqrt{3}U\eta\cos\varphi}=\frac{2200}{\sqrt{3}\times380\times0.95\times0.85}\approx4.1\text{A}$$

因为电动机轻载启动，而且无反转和反接制动，所以熔体额定电流为 $I_{re}=1.6I_N=1.6\times4.1=6.6\text{A}$，取熔体的额定电流为 10A。

又因为熔断器的额定电流必须大于或等于熔体的额定电流，可选取熔断器的额定电流为 32A，确定熔断器的型号为 RT18-32/10。

【例 1-14】 CA6140A 车床的快速电动机的功率为 275W，请选用合适的熔断器。

【解】 在电路中的额定电流为

$$I_N=\frac{P}{\sqrt{3}U\eta\cos\varphi}=\frac{275}{\sqrt{3}\times380\times0.95\times0.85}\approx0.52\text{A}$$

因为电动机经常启动，而且无反转和反接制动，熔体额定电流为 $I_{re}=3.5I_N=3.5\times0.52=1.82\text{A}$，取熔体的额定电流为 4A。

又因为熔断器的额定电流必须大于或等于熔体的额定电流，可选取熔断器的额定电流为 16A，确定熔断器的型号为 RT23-16/4。

1.5 主令电器

在控制系统中，主令电器（Master Switch）用作闭合或断开控制电路，以发出指令或作为程序控制的开关电器。它一般用于控制接触器、继电器或其他电气线路，从而使电路接通或者分断，来实现对电力传输系统或者生产过程的自动控制。

主令电器应用广泛，种类繁多，按照其作用分类，常用的主令电器有控制按钮、行程开关、接近开关、万能转换开关、主令控制器及其他主令电器（如脚踏开关、倒顺开关、紧急开关、钮子开关等）。本节只介绍控制按钮、接近开关和行程开关。

1.5.1 按钮

按钮又称控制按钮（push-button），是具有用人体某一部分（通常为手指或手掌）施加力而操作的操动器，并具有储能（弹簧）复位的控制开关。它是一种短时间接通或者断开小电流电路的手动控制器。

（1）按钮的功能

按钮是一种结构简单、应用广泛的手动主令电器，一般用于发出启动或停止指令，它可以与接触器或继电器配合，对电动机等实现远距离的自动控制，用于实现控制线路的电气联锁。按钮的图形及文字符号如图 1-39 所示。

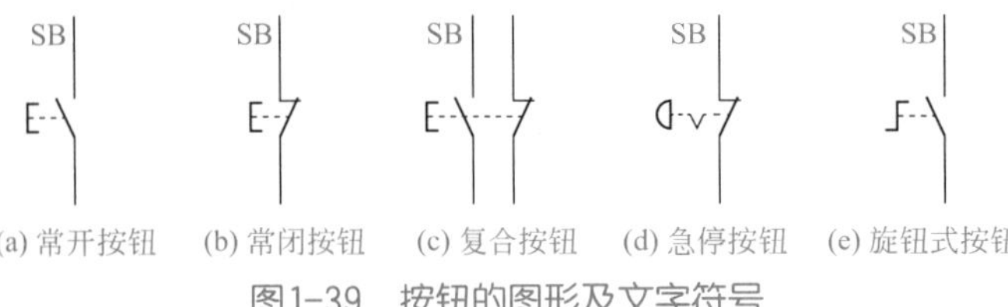

图1-39 按钮的图形及文字符号

在电气控制线路中，常开按钮常用来启动电动机，也称启动按钮；常闭按钮常用于控制电动机停车，也称停车按钮；复合按钮用于联锁控制电路中。

（2）按钮的结构和工作原理

如图 1-40 所示，控制按钮由按钮帽、复位弹簧、桥式触点、外壳等组成，通常做成复合式，即具有常闭触点和常开触点，原来就接通的触点称为常闭触点（也称为动断触点），原来就断开的触点称为常开触点（也称为动合触点）。当按下按钮时，先断开常闭触点，后接通常开触点；当按钮释放后，在复位弹簧的作用下，按钮触点自动复位的先后顺序相反。通常，在无特殊说明的情况下，有触点电器的触点动作顺序均为“先断后合”。按钮的外形如图 1-41 所示。

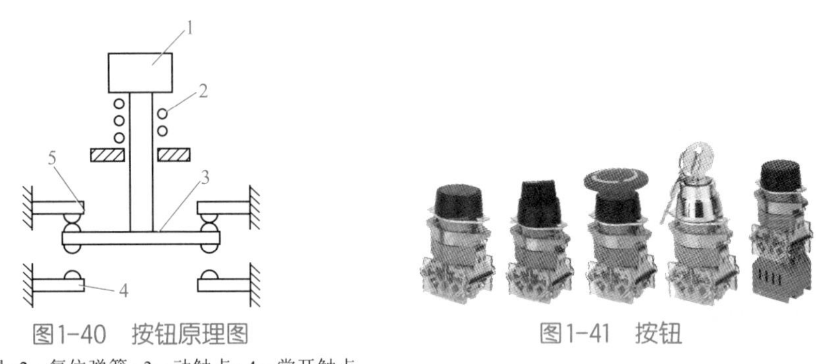

图1-40 按钮原理图

1—按钮帽；2—复位弹簧；3—动触点；4—常开触点的静触点；5—常闭触点的静触点

图1-41 按钮

（3）按钮的典型产品

常用的控制按钮有 LA2、LAY3、LA18、LA19、LA20、LA25、LA39、LA81、COB、LAY1 和 SFAN-1 系列。其中，SFAN-1 系列为消防打碎玻璃按钮；LA2 系列为仍在使用的老产品，新产品有 LA18、LA19、LA20 和 LA39 等系列。其中，LA18 系列采用积木式结构，触点可按需要拼装成 6 个常开、6 个常闭，而在一般情况下装成两个常开、两个常闭。LA19、LA20 系列有带指示灯和不带指示灯两种，前者的按钮帽用透明塑料制成，兼作指示灯罩。COB 系列按钮具有防雨功能。LAY3 系列按钮的主要技术参数见表 1-12，其型号含义如图 1-42 所示。

（4）按钮的选用

选择按钮的主要依据是使用场所、所需要的触点数量、种类及颜色。控制按钮在结构上有按钮式、紧急式、钥匙式、旋钮式和保护式 5 种。急停按钮装有蘑菇形的钮帽，便于紧急操作；旋钮式按钮常用于“手动 / 自动模式”转换；指示灯按钮则将按钮和指示灯组合在一起，用于同时需要按钮和指示灯的情况，可节约安装空间；钥匙式按钮用于重要的不常动作的场合。若将按钮的触点封闭于防爆装置中，还可构成防爆型按钮，适用于有爆

表1-12 LAY3系列按钮的主要技术参数

型号	额定电压/V		约定发热电流/A	额定工作电流		触点对数		结构形式
	交流	直流		交流	直流	常开触点	常闭触点	
LAY3-22	380	220	5	380V，0.79A；220V，2.26A	220V，0.27A；110V，0.55A	2	2	一般形式
LAY3-44	380	220	5			4	4	
LAY3-22M	380	220	5			2	2	蘑菇钮
LAY3-44M	380	220	5			4	4	
LAY3-22X2	380	220	5			2	2	二位旋钮
LAY3-22X3	380	220	5			2	2	三位旋钮
LAY3-22Y	380	220	5			2	2	钥匙钮
LAY3-44Y	380	220	5			4	4	

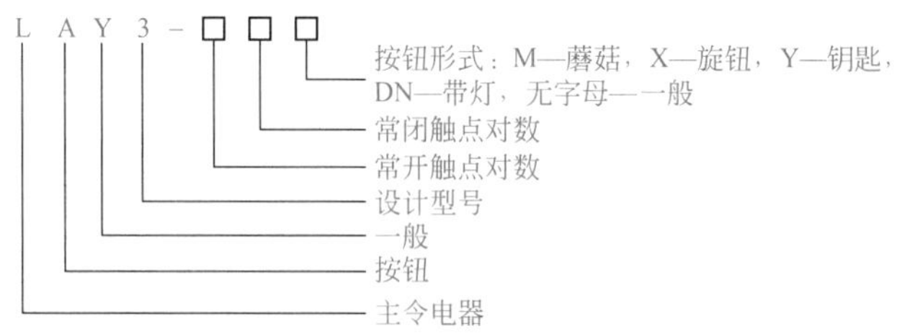

图1-42 按钮型号的含义

炸危险、有轻微腐蚀性气体或有蒸汽的环境，以及雨、雪和滴水的场合。因此，在矿山及化工部门广泛使用防爆型控制按钮。

急停和应急断开操作件应使用红色。启动/接通操作件颜色应为白、灰或黑色，优先用白色，也允许用绿色，但不允许用红色。停止/断开操作件应使用黑、灰或白色，优先用黑色，不允许用绿色，也允许选用红色，但靠近紧急操作件建议不使用红色。作为启动/接通与停止/断开交替操作的按钮操作件的首选颜色为白、灰或黑色，不允许使用红、黄或绿色。对于按动它们即引起运转而松开它们则停止运转（如保持-运转）的按钮操作件，其首选颜色为白、灰或黑色，不允许用红、黄或绿色。复位按钮应为蓝、白、灰或黑色。如果它们还用作停止/断开按钮，最好使用白、灰或黑色，优先选用黑色，但不允许用绿色。

由于用颜色区分按钮的功能致使控制柜上的按钮颜色过于繁复，因此近年来又流行趋于不用颜色区分按钮的功能，而是直接在按钮下用标牌标注按钮的功能，不过“急停”按钮必须选用红色。按钮的颜色代码及其含义见表1-13。

表1-13 按钮的颜色代码及其含义

颜色	含义	说明	应用示例
红	紧急	危险或紧急情况时操作	急停
黄	异常	异常情况时操作	干预制止异常情况，干预重新启动中断了的自动循环
绿	正常	启动正常情况时操作	
蓝	强制性	要求强制动作的情况下操作	复位
白	未赋予含义	除急停以外的一般功能的启动	启动/接通（优先），停止/断开
灰			启动/接通，停止/断开
黑			启动/接通，停止/断开（优先）

按钮的尺寸系列有 ϕ12mm、ϕ16mm、ϕ22mm、ϕ25mm 和 ϕ30mm 等，其中，ϕ22mm 尺寸较常用。

（5）应用注意事项

① 注意按钮颜色的含义。

② 在接线时，注意分辨常开触点和常闭触点。常开触点和常闭触点的区分可以采用肉眼观看方法，若不能确定，可用万用表欧姆挡测量。

【例 1-15】 CA6140A 车床上有主轴启动、急停按钮，请选择合适的按钮型号。

【解】 主轴急停按钮可选择红色的急停按钮，并且只需要一对常闭触点，因此选用 LAY3-01M。主轴启动按钮可选用绿色的按钮，需要一对常开触点，因此选用 LAY3-10。

1.5.2 行程开关

在生产机械中，常需要控制某些运动部件的行程，或者运动一定的行程停止，或者在一定的行程内自动往复返回，这种控制机械行程的方式称为“行程控制”。

行程开关（Travel Switches）又称限位开关（Limit Switches），是用以反映工作机械的行程，发出命令以控制其运动方向或行程大小的开关。它是实现行程控制的小电流（5A 以下）的主令电器。常见的行程开关有 LX1、LX2、LX3、LX4、LX5、LX6、LX7、LX8、LX10、LX19、LX25、LX44 等系列产品，行程开关外形如图 1-43 所示。LXK3 系列行程开关的主要技术参数见表 1-14。微动式行程开关的结构和原理与行程开关类似，其特点是体积小，其外形如图 1-44 所示。行程开关的图形及文字符号如图 1-45 所示，行程开关型号的含义如图 1-46 所示。

表 1-14 LXK3 系列行程开关的主要技术参数

型号	额定电压 /V		额定控制功率 /W		约定发热电流 /A	触点对数		额定操作频率 /（次 /h）
	交流	直流	交流	直流		常开	常闭	
LXK3-11K	380	220	300	60	5	1	1	300
LXK3-11H	380	220	300	60	5	1	1	300

图1-43 行程开关

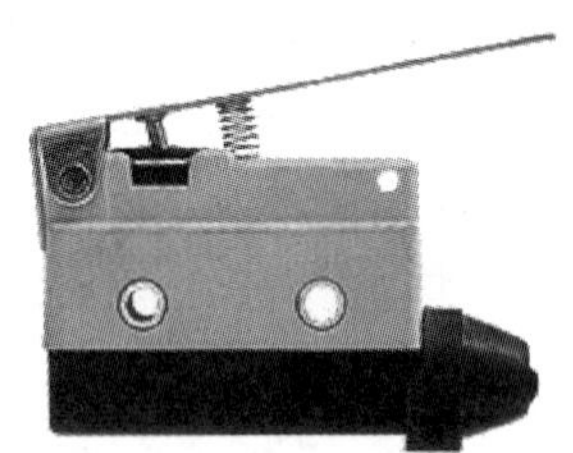

图1-44 微动式行程开关

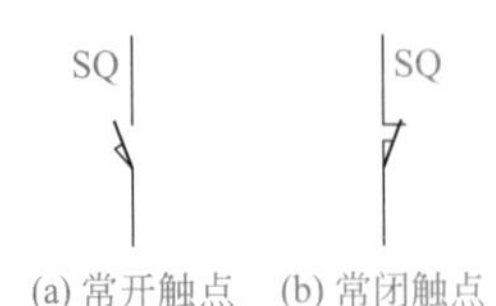

图1-45 行程开关的图形及文字符号

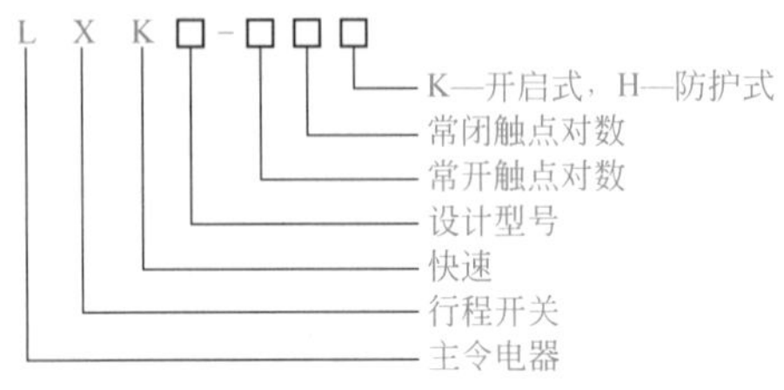

图1-46 行程开关型号的含义

(1)行程开关的功能

行程开关用于控制机械设备的运动部件行程及限位保护。在实际生产中，将行程开关安装在预先安排的位置，当安装在生产机械运动部件上的挡块撞击行程开关时，行程开关的触点动作，实现电路的切换。因此，行程开关是一种根据运动部件的行程位置而切换电路的电器，它的作用原理与按钮类似。行程开关广泛用于各类机床和起重机械，用以控制其行程，进行终端限位保护。在电梯的控制电路中，还利用行程开关来控制开关轿门的速度、自动开关门的限位和轿厢的上、下限位保护。

(2)行程开关的结构和工作原理

行程开关按其结构可分为直动式、滚轮式、微动式和组合式。

直动式行程开关的动作原理与按钮开关相同，但其触点的分合速度取决于生产机械的运行速度，不宜用于速度低于 0.4m/min 的场所。当行程开关没有受压时，如图 1-47(a)所示，常闭触点的接线端子 2 和共接线端子 1 之间接通，而常开触点的接线端子 4 和共接线端子 1 之间处于断开状态；当行程开关受压时，如图 1-47(b)所示，在拉杆和弹簧的作用下，常闭触点分断，接线端子 2 和共接线端子 1 之间断开，而常开触点接通，接线端子 4 和共接线端子 1 接通。行程开关的结构和外形多种多样，但工作原理基本相同。

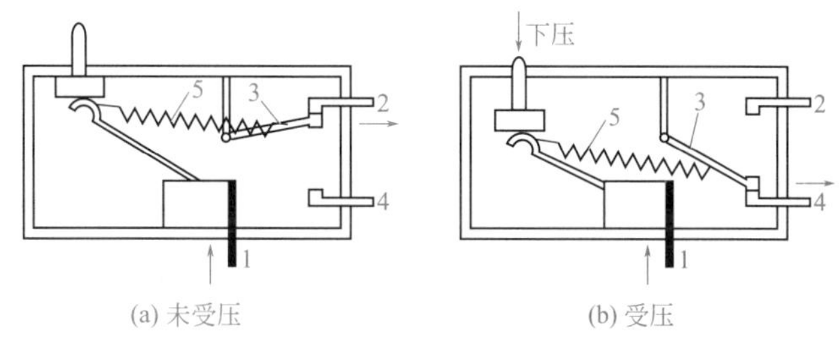

图1-47 行程开关的原理图

1—共接线端子；2—常闭触点的接线端子；3—拉杆；4—常开触点的接线端子；5—弹簧

(3)应用注意事项

在接线时，注意分辨常开触点和常闭触点。

【例 1-16】 CA6140A 车床上有一个皮带罩，当皮带罩取下时，车床的控制系统断电，起保护作用，请选择一个行程开关。

【解】 可供选择的行程开关很多，由于起限位作用，通常只需要一对常闭触点，因此选择 LXK3-11K 行程开关。

1.5.3 接近开关

接近开关(Proximity Switch)是与运动部件无机械接触而能动作的位置开关。

当运动的物体靠近开关到一定位置时，接近开关发出信号，达到行程控制及计数自动控制。也就是说，它是一种非接触式无触点的位置开关，是一种开关型的传感器，简称接近开关，又称接近传感器(Proximity Sensors)。接近开关有行程开关、微动开关的特性，又有传感性能，而且动作可靠，性能稳定，频率响应快，使用寿命长，抗干扰能力强等。它由感应头、高频振荡器、放大器和外壳组成。常见的接近开关有 LJ、CJ 和 SJ 等系列产品。接近开关的外形如图 1-48 所示，其图形符号如图 1-49(a)所示，图 1-49(b)所示为接近开关文字符号，表明接近开关为电容式接近开关，在画图时更加适用。

图1-48　接近开关

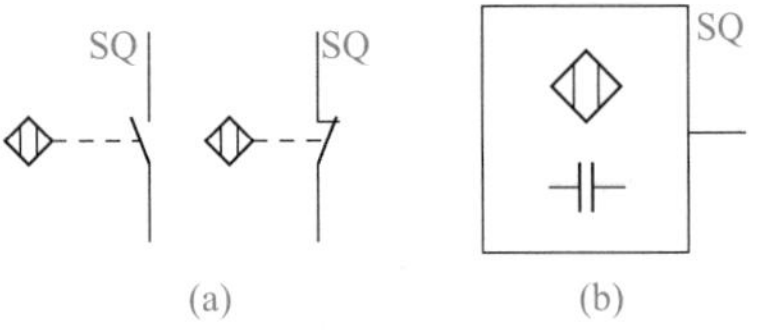

图1-49　接近开关的图形及文字符号

（1）接近开关的功能

当运动部件与接近开关的感应头接近时，就使其输出一个电信号。接近开关在电路中的作用与行程开关相同，都是位置开关，起限位作用，但两者是有区别的：行程开关有触点，是接触式的位置开关；而接近开关是无触点的，是非接触式的位置开关。

（2）接近开关的分类和工作原理

按照工作原理区分，接近开关分为电感式、电容式、光电式和磁感式等形式。另外，根据应用电路电流的类型分为交流型和直流型。

① 电感式接近开关的感应头是一个具有铁氧体磁芯的电感线圈，只能用于检测金属体，在工业中应用非常广泛。振荡器在感应头表面产生一个交变磁场，当金属快接近感应头时，金属中产生的涡流吸收了振荡的能量，使振荡减弱以至停振，因而产生振荡和停振两种信号，经整形放大器转换成二进制的开关信号，从而起到“开”“关”的控制作用。通常把接近开关刚好动作时感应头与检测物体之间的距离称为动作距离。

② 电容式接近开关的感应头是一个圆形平板电极，与振荡电路的地线形成一个分布电容，当有导体或其他介质接近感应头时，电容量增大而使振荡器停振，经整形放大器输出电信号。电容式接近开关既能检测金属，又能检测非金属及液体。电容式传感器体积较大，而且价格要贵一些。

③ 磁感式接近开关主要指霍尔接近开关，霍尔接近开关的工作原理是霍尔效应，当带磁性的靠近霍尔开关时，霍尔接近开关的状态翻转（如由“ON”变为“OFF”）。有的资料上将干簧继电器也归类为磁性接近开关。

④ 光电式传感器是根据投光器发出的光，在检测体上发生光量增减，用光电变换元件组成的受光器检测物体有无、大小的非接触式控制器件。光电式传感器的种类很多，按照其输出信号的形式，可以分为模拟式、数字式、开关量输出式。

利用光电效应制成的传感器称为光电式传感器。光电式传感器的种类很多，其中，输出形式为开关量的传感器为光电式接近开关。

光电式接近开关主要由光发射器和光接收器组成。光发射器用于发射红外光或可见光。光接收器用于接收发射器发射的光，并将光信号转换成电信号，以开关量形式输出。

按照接收器接收光的方式不同，光电式接近开关可以分为对射式、反射式和漫射式3种。光发射器和光接收器有一体式和分体式两种形式。

⑤ 此外，还有特殊种类的接近开关，如光纤接近开关和气动接近开关。特别是光纤接近开关在工业上使用越来越多，它非常适合在狭小的空间、恶劣的工作环境（高温、潮湿和干扰大）、易爆环境、精度要求高等条件下使用。光纤接近开关的问题是价格相对较高。

（3）接近开关的选型

常用的电感式接近开关（Inductive Sensor）型号有LJ系列产品，电容式接近开关（Capacitive Sensor）型号有CJ系列产品，磁感式接近开关有HJ系列产品，光电型接近开关有OJ系列。当然，还有很多厂家都有自己的产品系列，一般接近开关型号的含义如图1-50所示。接近开关的选择要遵循以下原则。

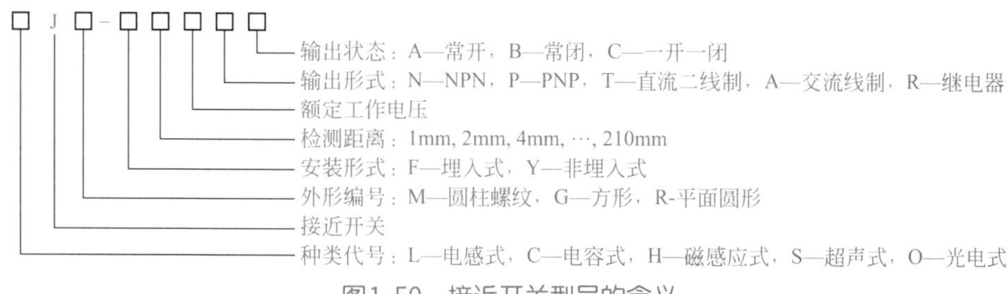

图1-50 接近开关型号的含义

① 接近开关类型的选择。检测金属时优先选用感应式接近开关，检测非金属时选用电容式接近开关，检测磁信号时选用磁感式接近开关。

② 外观的选择。根据实际情况选用，但圆柱螺纹形状的最为常见。

③ 检测距离（Sensing Range）的选择。根据需要选用，但注意同一接近开关检测距离并非恒定，接近开关的检测距离与被检测物体的材料、尺寸以及物体的移动方向有关。表1-15列出了目标物体材料对检测距离的影响。不难发现，感应式接近开关对于有色金属的检测明显不如检测钢和铸铁。常用的金属材料不影响电容式接近开关的检测距离。

表1-15 目标物体材料对检测距离的影响

序号	目标物体材料	影响系数	
		感应式	电容式
1	碳素钢	1	1
2	铸铁	1.1	1
3	铝箔	0.9	1
4	不锈钢	0.7	1
5	黄铜	0.4	1
6	铝	0.35	1
7	紫铜	0.3	1
8	水	0	0.9
9	PVC（聚氯乙烯）	0	0.5
10	玻璃	0	0.5

目标的尺寸同样对检测距离有影响。满足以下一个条件时，检测距离不受影响。

a. 当检测距离的3倍大于接近开关感应头的直径，而且目标物体的尺寸大于或等于3倍的检测距离×3倍的检测距离（长×宽）。

b. 当检测距离的3倍小于接近开关感应头的直径，而且目标物体的尺寸大于或等于检测距离×检测距离（长×宽）。

如果目标物体的面积达不到推荐数值，接近开关的有效检测距离将按照表1-16推荐的数值减少。

④ 信号的输出选择。交流接近开关输出交流信号，而直流接近开关输出直流信号。注意，负载的电流一定要小于接近开关的输出电流，否则应添加转换电路解决。接近开关的信号输出能力见表1-17。

表 1-16 目标物体的面积对检测距离的影响

占推荐目标面积的比例	影响系数	占推荐目标面积的比例	影响系数
75%	0.95	25%	0.85
50%	0.90		

表 1-17 接近开关的信号输出能力

接近开关种类	输出电流 /mA	接近开关种类	输出电流 /mA
直流二线制	50 ～ 100	直流三线制	150 ～ 200
交流二线制	200 ～ 350		

⑤ 触点数量的选择。接近开关有常开触点和常闭触点。可根据具体情况选用。

⑥ 开关频率的确定。开关频率是指接近开关每秒从“开”到“关”转换的次数。直流接近开关可达 200Hz；而交流接近开关要小一些，只能达到 25Hz。

⑦ 额定电压的选择。对于交流型的接近开关，优先选用 220V AC 和 36V AC，而对于直流型的接近开关，优先选用 12V DC 和 24V DC。

（4）应用接近开关的注意事项

① 单个 NPN 型和 PNP 型接近开关的接线　在直流电路中使用的接近开关有二线式（2 根导线）、三线式（3 根导线）和四线式（4 根导线）等多种，二线式、三线式、四线式接近开关都有 NPN 型和 PNP 型两种，通常日本和美国多使用 NPN 型接近开关，欧洲多使用 PNP 型接近开关，而我国则二者都有应用。NPN 型和 PNP 型接近开关的接线方法不同，正确使用接近开关的关键就是正确接线，这一点至关重要。

接近开关的导线有多种颜色，一般地，BN 表示棕色的导线，BU 表示蓝色的导线，BK 表示黑色的导线，WH 表示白色的导线，GR 表示灰色的导线。根据国家标准，各颜色导线的作用按照表 1-18 定义。对于二线式 NPN 型接近开关，棕色线与负载相连，蓝色线与零电位点相连；对于二线式 PNP 型接近开关，棕色线与高电位相连，负载的一端与接近开关的蓝色线相连，而负载的另一端与零电位点相连。图 1-51 和图 1-52 所示分别为二线式 NPN 型接近开关接线图和二线式 PNP 型接近开关接线图。

表 1-18 接近开关的导线颜色定义

种类	功能	接线颜色	端子号
交流二线式和直流二线式（不分极性）	NO（接通）	不分正负极，颜色任选，但不能为黄色、绿色或者黄绿双色	3、4
	NC（分断）		1、2
直流二线式（分极性）	NO（接通）	正极棕色，负极蓝色	1、4
	NC（分断）	正极棕色，负极蓝色	1、2
直流三线式（分极性）	NO（接通）	正极棕色，负极蓝色，输出黑色	1、3、4
	NC（分断）	正极棕色，负极蓝色，输出黑色	1、3、2
直流四线式（分极性）	正极	棕色	1
	负极	蓝色	3
	NO 输出	黑色	4
	NC 输出	白色	2

表 1-18 中的“NO”表示常开、输出，而“NC”表示常闭、输出。

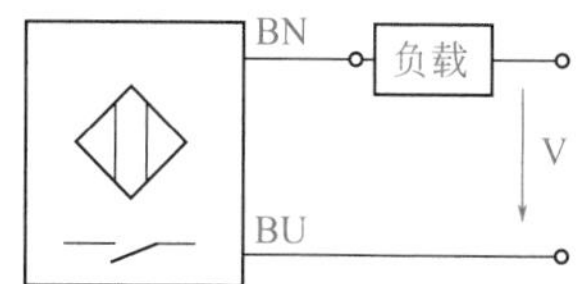

图1-51 二线式NPN型接近开关接线图

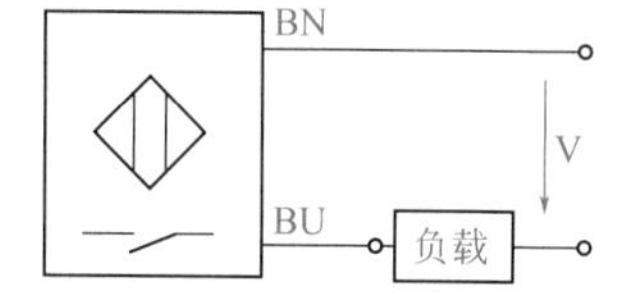

图1-52 二线式PNP型接近开关接线图

对于三线式 NPN 型接近开关，棕色的导线与一端负载，同时与电源正极相连；黑色的导线是信号线，与负载的另一端相连；蓝色的导线与电源负极相连。对于三线式 PNP 型接近开关，棕色的导线与电源正极相连；黑色的导线是信号线，与负载的一端相连；蓝色的导线与负载的另一端及电源负极相连，如图 1-53 和图 1-54 所示。

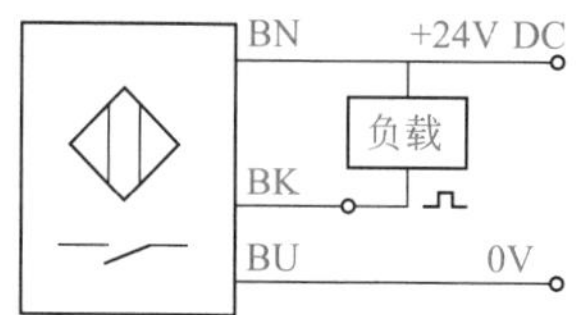

图1-53 三线式NPN型接近开关接线图

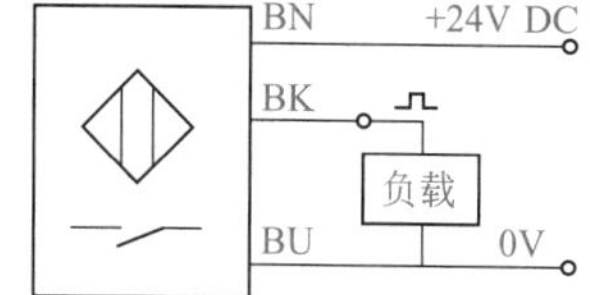

图1-54 三线式PNP型接近开关接线图

四线式接近开关的接线方法与三线式接近开关类似，只不过四线式接近开关多了一对触点而已，其接线图如图 1-55 和图 1-56 所示。

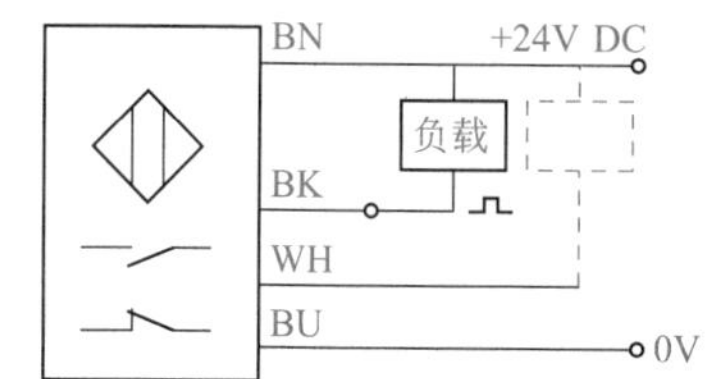

图1-55 四线式NPN型接近开关接线图

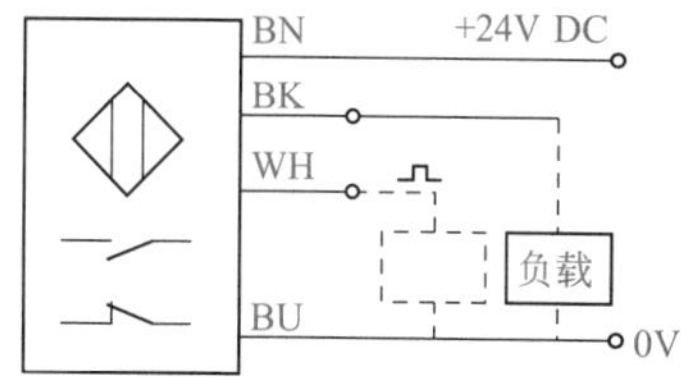

图1-56 四线式PNP型接近开关接线图

② 单个 NPN 型和 PNP 型接近开关的接线常识 初学者经常不能正确区分 NPN 型和 PNP 型的接近开关，其实只要记住一点：PNP 型接近开关是正极开关，也就是信号从接近开关流向负载；而 NPN 型接近开关是负极开关，也就是信号从负载流向接近开关。

【例 1-17】 在图 1-57 中，有一只 NPN 型接近开关与指示灯相连，当一个铁块靠近接近开关时，回路中的电流会怎样变化？

【解】 指示灯就是负载，当铁块到达接近开关的感应区时，回路突然接通，指示灯由暗变亮，电流从很小变化到 100% 的幅度，电流曲线如图 1-58 所示（理想状况）。

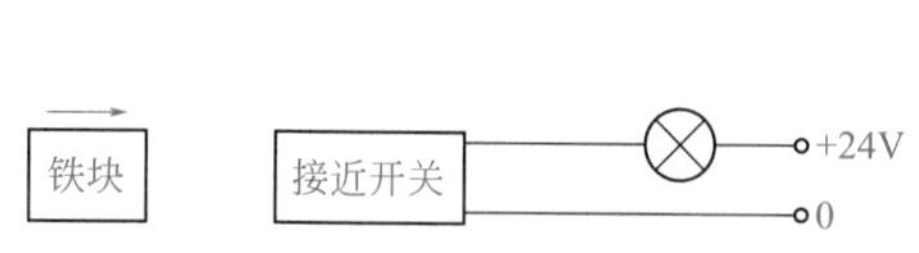

图1-57 接近开关与指示灯相连的示意图

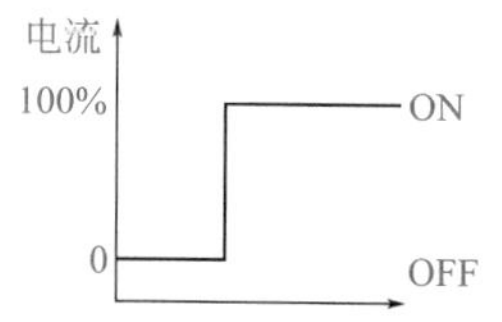

图1-58 回路电流变化曲线

【例 1-18】 某设备用于检测 PVC 物块，当检测物块时，设备上的 24V DC 功率为 12W 的报警灯亮，请选用合适的接近开关，并画出原理图。

【解】 因为检测物体的材料是 PVC，所以不能选用感应接近开关，但可选用电容式接近开关。报警灯的额定电流为：$I_N=\frac{P}{U}=\frac{12}{24}=0.5A$，查表 1-17 可知，直流接近开关承

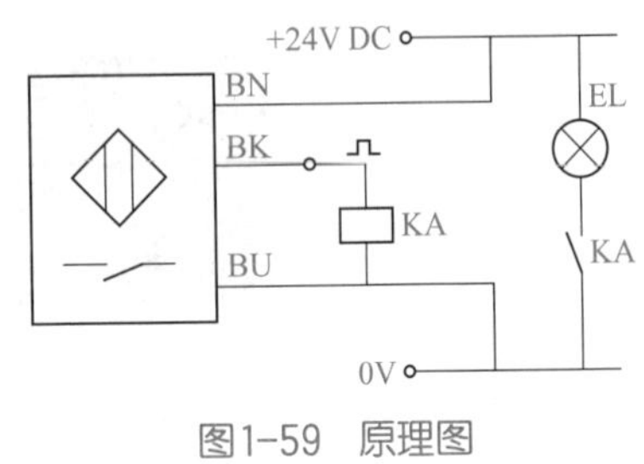

图1-59 原理图

受的最大电流为0.2A，所以采用图1-54的方案不可行，信号必须进行转换，原理图如图1-59所示，当物块靠近接近开关时，黑色的信号线上产生高电平，其负载继电器KA的线圈得电，继电器KA的常开触点闭合，所以报警灯EL亮。

由于没有特殊规定，所以PNP或NPN型接近开关以及二线式或三线式接近开关都可以选用。本例选用三线式PNP型接近开关。

1.6 变压器和电源

1.6.1 变压器

变压器（Transformer）是一种将某一数值的交流电压变换成频率相同但数值不同的交流电压的静止电器。

（1）控制变压器

常用的控制变压器有JBK、BKC、R、BK、JBK5等系列，其中，JBK系列是机床控制变压器，适用于交流50～60Hz，输入电压不超过660V的电路，BK系列控制变压器适用于交流50～60Hz的电路中，作为机床和机械设备中一般电器的控制电源、局部照明及指示电源；JBK5系列是引进德国西门子公司的产品。

现在普遍采用的三相交流系统中，三相电压的变换可用3台单相变压器，也可用一台三相变压器，从经济性和缩小安装体积等方面考虑，可优先选择三相变压器。图1-60所示为三相变压器图形及文字符号（星形－三角形连接），其外形如图1-61所示。

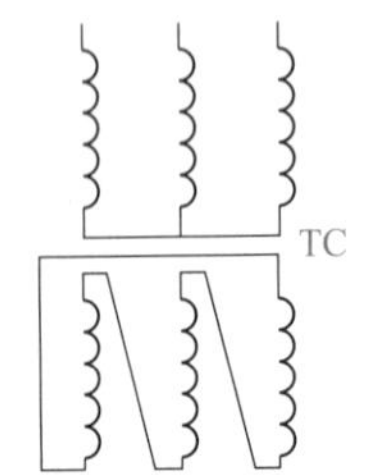

图1-60 三相变压器图形及文字符号

图1-61 三相变压器

（2）控制变压器的选用

选择变压器的主要依据是变压器的额定值，根据设备的需要，变压器有标准和非标准两类。下面只介绍标准变压器的选择方法。

① 根据实际情况选择一次侧额定电压 U_1（380V，220V），再选择二次侧额定电压 U_2、U_3，二次侧额定值是指一次侧加额定电压时，二次侧的空载输出，二次侧带有额定负载时输出电压下降5%，因此选择输出额定电压时应略高于负载额定电压。

② 根据实际负载情况，确定次级绕组额定电流 I_1、I_2、I_3…，一般绕组的额定输出电流应大于或等于额定负载电流。

③ 二次侧额定功率由总功率确定。总功率的算法如下：

$$P_2=U_2I_2+U_3I_3+U_4I_4+\cdots$$

根据二次侧电压、电流（或总功率）可选择变压器，三相变压器也是按以上方法进行选择的。控制变压器型号的含义如图 1-62 所示，JBK 变压器的主要技术参数见表 1-19。

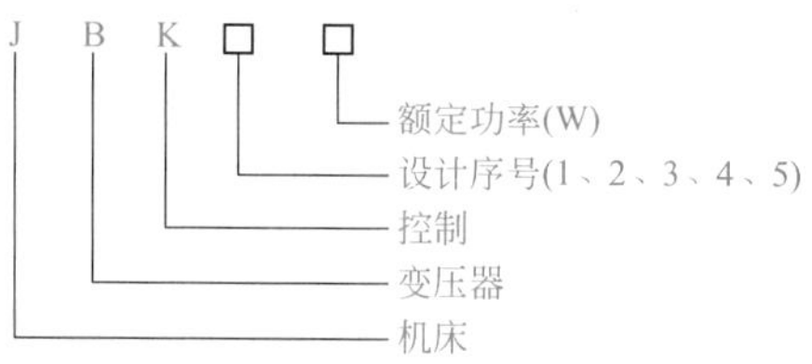

图1-62 控制变压器型号的含义

表 1-19 JBK变压器的主要技术参数

额定功率 /W	各绕组功率分配 /W		
	控制电路	照明电路	指示电路
160	160		
	90	60	10
	100	60	
	150		10
250	250		
	240		10
	170	80	
	160	80	10

【例 1-19】 CA6140A 车床上有额定电压为 24V、额定功率为 40W 的照明灯一盏，以及额定电压为 24V 的控制电路，据估算，控制电路的功率不大于 60W，请选用一个合适的变压器（可以不考虑尺寸）。

【解】 二次侧额定功率由总功率确定，总功率为

$$P_2=U_2I_2+U_3I_3=100\text{W}$$

一次侧线圈电压为380V，二次侧线圈电压为24V 和24V。具体型号为JBK2-160，其中，照明电路分配功率 60W，控制电路分配功率 100W。

1.6.2 直流稳压电源

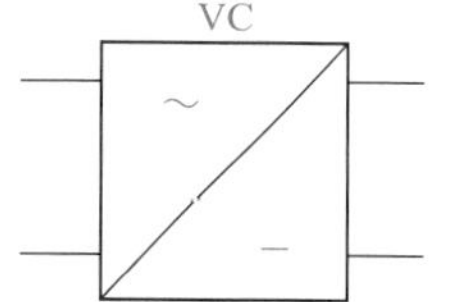

图1-63 直流稳压电源的图形和文字符号

直流稳压电源（Power）的功能是将非稳定交流电源变成稳定直流电源，其图形和文字符号如图 1-63 所示。在自动控制系统中，特别是数控机床系统中，需要稳压电源给步进驱动器、伺服驱动器、控制单元（如 PLC 或 CNC 等）、小直流继电器、信号指示灯等提供直流电源，而且直流稳压电源的好坏在一定程度上决定着控制系统的稳定性。

（1）开关电源

图1-64 开关电源

开关电源被称作高效节能电源，因为内部电路工作在高频开关状态，所以自身消耗的能量很低，电源效率可达 80% 左右，比普通线性稳压电源提高近一倍，其外形如图 1-64 所示。目前生

产的无工频变压器式和小功率开关电源中，仍普遍采用脉冲宽度调制器（简称脉宽调制器，PWM）或脉冲频率调制器（简称脉频调制器，PFM）专用集成电路。它们是利用体积很小的高频变压器来实现电压变化及电网隔离，因此能省掉体积笨重且损耗较大的工频变压器。

开关电源具有效率高、允许输入电压宽、输出电压纹波小、输出电压小幅度可调（一般调整范围为 ±10%）和具备过流保护功能等优点，因而得到了广泛的应用。

（2）电源的选择

在选择电源时需要考虑的问题主要有输入电压范围、电源的尺寸、电源的安装方式和安装孔位、电源的冷却方式、电源在系统中的位置及走线、环境温度、绝缘强度、电磁兼容、环境条件和纹波噪声。

① 电源的输出功率和输出路数。为了提高系统的可靠性，一般选用的电源工作在 50% ～ 80% 负载范围内为佳。由于所需电源的输出电压路数越多，挑选标准电源的机会就越小，同时增加输出电压路数会带来成本的增加，因此目前多电路输出的电源以三路、四路输出较为常见。所以，在选择电源时应该尽量选用多路输出共地的电源。

② 应选用厂家的标准电源，包括标准的尺寸和输出电压。标准的产品价格相对便宜，质量稳定，而且供货期短。

③ 输入电压范围。以交流输入为例，常用的输入电压规格有 110V、220V 和通用输入电压（AC 85 ～ 264V）3 种规格。在选择输入电压规格时，应明确系统将会用到的地区，如果要出口美国、日本等市电为 110V 交流的国家，可以选择 110V 交流输入的电源，而只在国内使用时，可以选择 220V 交流输入的电源。

④ 散热。电源在工作时会消耗一部分功率，并且产生热量释放出来，所以用户在进行系统设计时（尤其是封闭的系统）应考虑电源的散热问题。如果系统能形成良好的自然对流风道，且电源位于风道上时，可以考虑选择自然冷却的电源；如果系统的通风比较差，或者系统内部温度比较高，则应选择风冷式电源。另外，选择电源时还应考虑电源的尺寸、工作环境、安装形式和电磁兼容等因素。

【例 1-20】 某一电路有 10 只电压为 +12V 功率为 1.8W 的直流继电器和 5 只电压为 5V 功率为 0.8W 的直流继电器，请选用合适的电源（不考虑尺寸和工作环境等）。

【解】 选择输入电压为 220V，输出电压为 +5V、+12V 和 −12V 三路输出。

$P_{总}=P_1+P_2=18+4=22W$，因为一般选用的电源工作在 50% ～ 80% 负载范围内，所以电源功率应该不小于 1.15 倍的 $P_{总}$，即不小于 27.5W，最后选择 T-30B 开关电源，功率为 30W。

1.7 其他电器

1.7.1 传感器和变送器

传感器在 PLC 控制系统中很常用，在使用时也有一定的难度。

传感器（transducer/sensor）是一种检测装置，能感受到被测量的信息，并能将感受到的信息，按一定规律变换成为电信号或其他所需形式的信息输出，以满足信息的传输、处理、存储、显示、记录和控制等要求。

（1）传感器的分类

传感器的分类方法较多，常见的分类如下。

① 按用途　可分为压力和力传感器、位置传感器、液位传感器、能耗传感器、速度传感器、加速度传感器、射线辐射传感器和热敏传感器等。

② 按原理　可分为振动传感器、湿敏传感器、磁敏传感器、气敏传感器、真空度传感器和生物传感器等。

③ 按输出信号　可分为以下三种。

模拟传感器：将被测量的非电学量转换成模拟电信号。

数字传感器：将被测量的非电学量转换成数字输出信号（包括直接和间接转换）。

开关传感器：当一个被测量的信号达到某个特定的阈值时，传感器相应地输出一个设定的低电平或高电平信号。

（2）变送器简介

图1-65　变送器

变送器（transmitter）是把传感器的输出信号转变为可被控制器识别的信号（或将传感器输入的非电量转换成电信号，同时放大以供远方测量和控制的信号源）的转换器。传感器和变送器一同构成自动控制的监测信号源。不同的物理量需要不同的传感器和相应的变送器。变送器的种类很多，用在工控仪表上面的变送器主要有温度变送器、压力变送器、流量变送器、电流变送器、电压变送器等。变送器常与传感器做成一体，也可独立于传感器，单独作为商品出售，如压力变送器和温度变送器等。变送器外形如图 1-65 所示。

（3）传感器和变送器应用

变送器按照接线分有三种：两线式、三线式和四线式。

两线式的变送器两根线既是电源线又是信号线；三线式的变送器两根线是信号线（其中一根共地），一根线是电源正线；四线式的两根线是电源线，两根线是信号线（其中一根共地）。

两线式的变送器不易受寄生热电偶和沿电线电阻压降和温漂的影响，可用非常便宜的更细的导线，可节省大量电缆线和安装费用等优点，三线制和四线制变送器均不具上述优点，将逐渐被两线式变送器所取代。

① S7-200 SMART 的模拟量模块 EM AE04 与四线式变送器接法　四线式电压 / 电流变送器接法相对容易，两根线为电源线，两根线为信号线，接线如图 1-66 所示。

② S7-200 SMART 的模拟量模块 EM AE04 与三线式电流变送器接法　三线式电压 / 电流变送器，两根线为电源线，一根线为信号线，其中信号负（变送器负）和电源负为同一根线，接线图如图 1-67 所示。

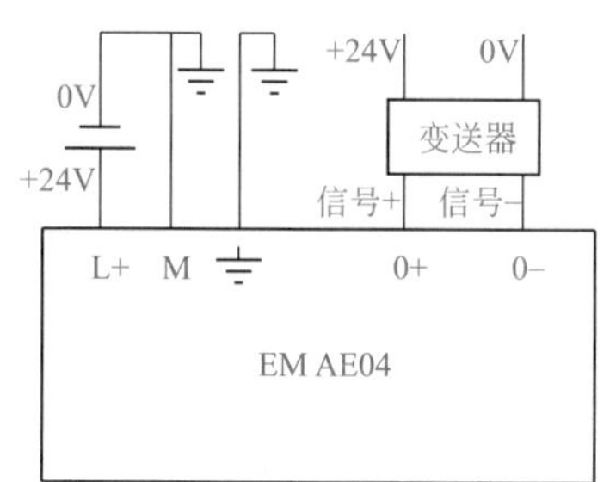

图1-66　四线式电压 / 电流变送器接线

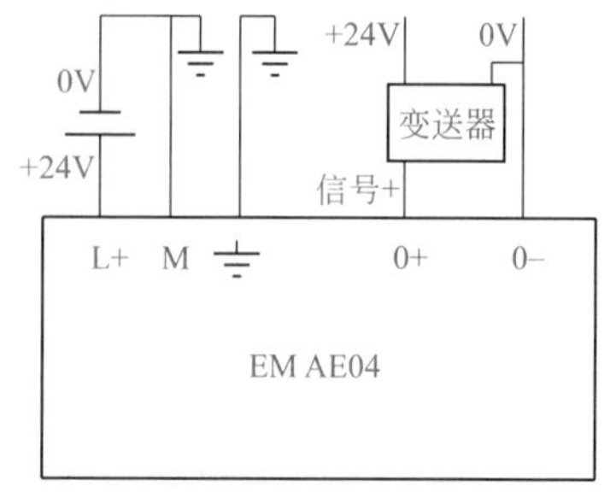

图1-67　三线式电压 / 电流变送器接线

③ S7-200 SMART 的模拟量模块 EM AE04 与二线式电流变送器接法　二线式电流变送器接线容易出错，其两根线既是电源线，同时也是信号线，接线如图 1-68 所示，电源、变送器和模拟量模块串联连接。

1.7.2 隔离器

隔离器是一种采用线性光耦隔离原理，将输入信号进行转换输出的器件。输入、输出和工作电源三者相互隔离，特别适合与需要电隔离的设备以及仪表等配合使用。隔离器又名信号隔离器，是工业控制系统中重要组成部分。某品牌的隔离器如图 1-69 所示。

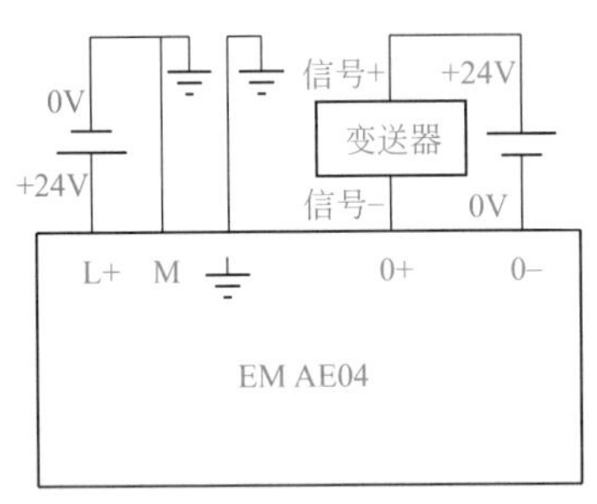

图1-68　二线式电流变送器接线

图1-69　隔离器

在 PLC 控制系统中，隔离器最常用于传感器与 PLC 的模拟量输入模块之间，以及执行器与 PLC 的模拟量输出模块之间，起抗干扰和保护模拟量模块的作用。隔离器的一个应用实例如图 1-70 所示。

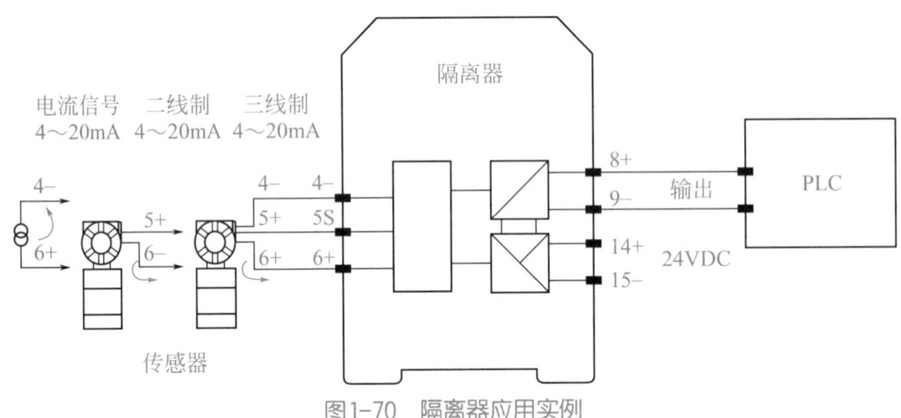

图1-70　隔离器应用实例

1.7.3 浪涌保护器

浪涌保护器（电涌保护器）又称防雷器，简称 SPD，适用于交流 50/60Hz，额定电压 220 ～ 380V 的供电系统（或通信系统）中，对间接雷电和直接雷电影响或其他瞬时过压的电涌进行保护，是一种保护电器。其外形如图 1-71 所示。

图1-71　浪涌保护器

浪涌保护器主要有信号浪涌保护器、直流电源浪涌保护器和交流电源浪涌保护器，主要用于防雷。

浪涌保护器的一个应用实例如图 1-72 所示。

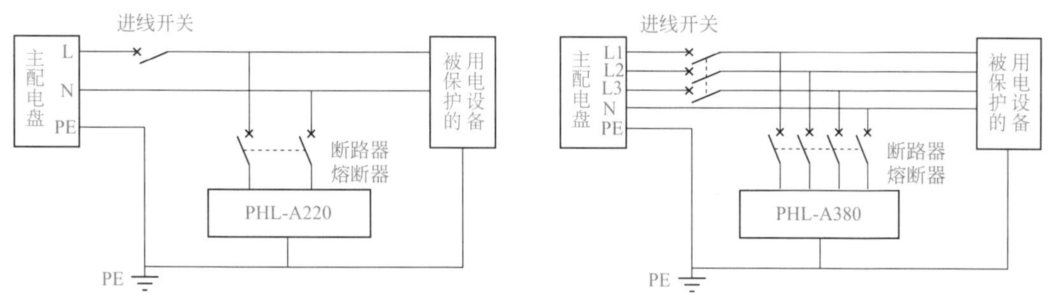

图1-72 浪涌保护器应用实例

1.7.4 安全栅

安全栅（safety barrier），接在本质安全电路和非本质安全电路之间。将供给本质安全电路的电压电流限制在一定安全范围内的装置。安全栅又称安全限能器。

图1-73 安全栅

本安型安全栅应用在本安防爆系统的设计中，它是安装于安全场所并含有本安电路和非本安电路的装置，电路中通过限流和限压电路，限制了送往现场本安回路的能量，从而防止非本安电路的危险能量串入本安电路，它在本安防爆系统中称为关联设备，是本安系统的重要组成部分。安全栅的外形如图 1-73 所示。

安全栅的一个应用实例如图 1-74 所示。

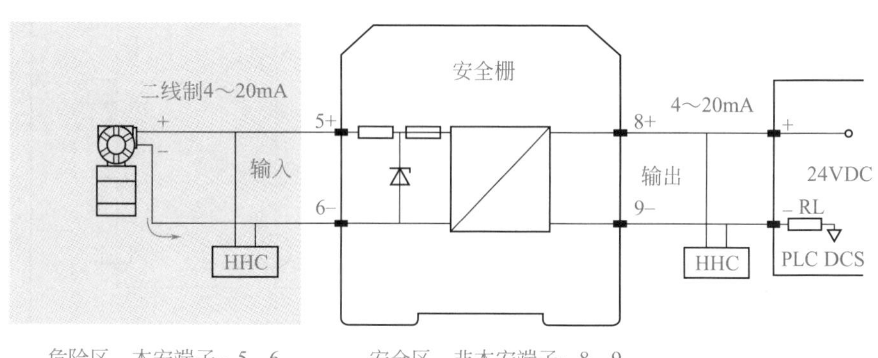

图1-74 安全栅

1.8 电气控制线路图

继电接触器控制系统是应用最早的控制系统。它具有结构简单、易于掌握、维护和调整简便、价格低廉等优点，获得了广泛的应用。不同机械的电气控制系统具有不同的电气控制线路，但是任何复杂的电气控制线路都是由基本的控制环节组合而成的，在进行控制线路的原理分析和故障判断时，一般都是从这些基本的控制环节入手。因此，掌握这些基本的控制原则和控制环节对学习电气控制线路的工作原理和维修是至关重要的，以下着重介绍交流电动机的启动、正 / 反转、制动和调速控制。

常用的电气控制线路图有电气原理图、电气布置图与安装接线图，下面简单介绍其中的电气原理图。

（1）电气原理图的用途

电气原理图是表示系统、分系统、成套装置、设备等实际电路以及各电气元器件中导线的连接关系和工作原理的图。绘制电气原理图时不必考虑其组成项目的实体尺寸、形状或位置。电气原理图为了解电路的作用、编制接线文件、测试、查找故障、安装和维修提供了必要的信息。

（2）电气原理图的内容

电气原理图应包含代表电路中元器件的图形符号、元器件或功能件之间的连接关系、参照代号、端子代号、电路寻迹（信号代号、位置索引标记）和了解功能件必需的补充信息。通常主回路或其中一部分采用单线表示法。

电气原理图结构简单，层次分明，关系明确，适用于分析研究电路的工作原理，并且作为其他电气图的依据，在设计部门和生产现场获得了广泛的应用。

（3）绘制电气原理图的原则

现以图 1-75 所示的电动机启 / 停控制电气原理图为例来阐明绘制电气原理图的原则。

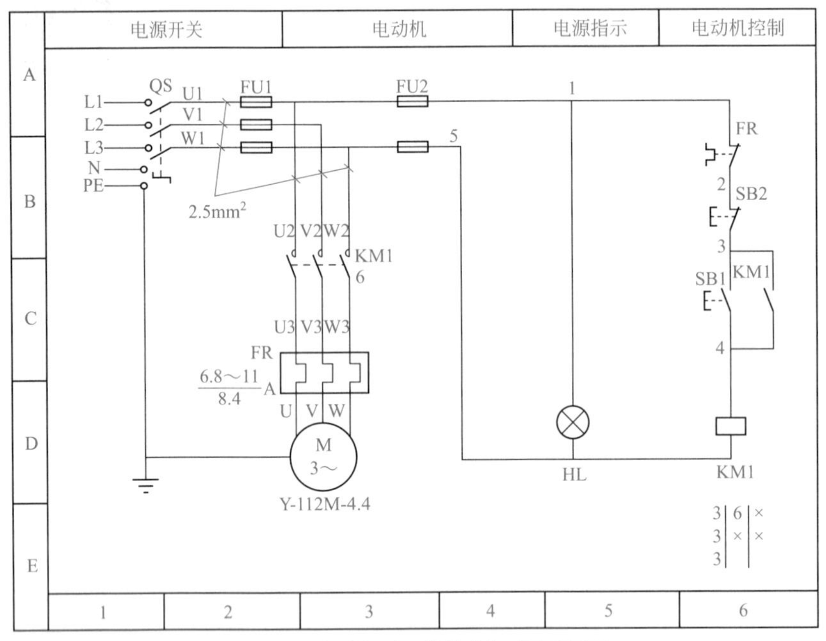

图1-75　电动机启/停控制电气原理图

① 电气原理图的绘制标准　电气原理图中所有的元器件都应采用国家统一规定的图形符号和文字符号。

② 电气原理图的组成　电气原理图由主电路和辅助电路组成。主电路是从电源到电动机的电路，其中有转换开关、熔断器、接触器主触点、热继电器发热元器件与电动机等。主电路用粗线绘制在电气原理图的左侧或上方。辅助电路包括控制电路、照明电路、信号电路及保护电路等。它们由继电器、接触器的电磁线圈，继电器、接触器的辅助触点，控制按钮，其他控制元器件触点、熔断器、信号灯及控制开关等组成，用细实线绘制在电气原理图的右侧或下方。

③ 电源线的画法　电气原理图中直流电源用水平线画出，一般直流电源的正极画在电气原理图的上方，负极画在电气原理图的下方。三相交流电源线集中水平画在电气原理图的上方，相序自上而下按照 L1、L2、L3 排列，中性线（N 线）和保护接地线（PE 线）排在相线之下。主电路垂直于电源线画出，控制电路与信号电路垂直于两条水平电源线之间画出。耗电元器件（如接触器、继电器的线圈、电磁铁线圈、照明灯、信号灯等）直接与下方的水平电源线相接，控制触点接在上方的水平电源线与耗电元器件之间。

④ 电气原理图中电气元器件的画法　电气原理图中的各电气元器件均不画实际的外形图，只是画出其带电部件，同一电气元器件上的不同带电部件是按电路中的连接关系画出的，但必须按国家标准规定的图形符号画出，并且用同一文字符号标明。对于几个同类电器，在表示名称的文字符号之后加上数字序号，以示区别。

⑤ 电气原理图中电气触点的画法　电气原理图中各元器件触点状态均按没有外力作用时或未通电时触点的自然状态画出。对于接触器、电磁式继电器按电磁线圈未通电时的触点状态画出；对于控制按钮、行程开关的触点按不受外力作用时的状态画出；对于断路器和开关电器触点按断开状态画出。当电气触点的图形符号垂直放置时，以“左开右闭”的原则绘制，即垂线左侧的触点为常开触点，垂线右侧的触点为常闭触点；当符号为水平放置时，以“上闭下开”的原则绘制，即在水平线上方的触点为常闭触点，水平线下方的触点为常开触点。

⑥ 电气原理图的布局　电气原理图按功能布置，即同一功能的电气元器件集中在一起，尽可能按动作顺序从上到下或从左到右的原则绘制。

⑦ 线路连接点、交叉点的绘制　在电路图中，对于需要测试和拆接的外部引线的端子，采用“空心圆”表示；有直接电联系的导线连接点，用“实心圆”表示；无直接电联系的导线交叉点不画黑圆点。在电气原理图中要尽量避免线条的交叉。

⑧ 电气原理图的绘制要求　电气原理图的绘制要层次分明，各电气元器件及触点的安排要合理，既要做到所用元器件、触点最少，耗能最少，又要保证电路运行可靠，节省连接导线及安装、维修方便。

（4）关于电气原理图图面区域的划分

为了便于确定电气原理图的内容和组成部分在图中的位置，有利于检索电气线路，因此常在各种幅面的图纸上分区。每个分区内竖边用大写的拉丁字母编号，横边用阿拉伯数字编号。编号的顺序应从与标题栏相对应的图幅的左上角开始，分区代号用该区的拉丁字母或阿拉伯数字表示，有时为了分析方便，也把数字区放在图的下面。为了方便理解电路工作原理，还常在图面区域对应的原理图上方标明该区域的元器件或电路的功能，以方便阅读分析。

（5）继电器、接触器触点位置的索引

在电气原理图中，继电器、接触器线圈的下方注有其触点在图中位置的索引代号，索引代号用图面区域号表示。其中，左栏为常开触点所在的图区号，右栏为常闭触点所在的图区号。

（6）电气原理图中技术数据的标注

在电气原理图中各电气元器件的相关数据和型号常在电气元器件文字符号下方标注。图 1-75 所示热继电器文字符号 FR 下方标有 6.8 ～ 11，此数据为该热继电器的动作电流值范围，而 8.4 为该继电器的整定电流值。

1.9 继电接触器控制电路基本控制规律

1.9.1 点动运行控制线路

在生产实践中，机械设备有时需要长时间运行，有时需要间断工作，因而控制电路要有连续工作和点动工作两种状态。

电动机点动控制线路如图 1-76 所示。当电源开关 QS 合上时，按下按钮 SB1，接触器线圈得电吸合，KM 的主触点吸合，电动机 M1 启动运行。当松开按钮 SB1，接触器 KM 的线圈断电释放，KM 的主触点断开，电动机 M1 断电停止转动。这个电路不能实现连续运转。

1.9.2 连续运行控制线路

连续运行控制也称为长动。在介绍连续运行控制前，首先介绍自锁的概念。所谓自锁就是利用继电器或接触器自身的辅助触点使其线圈保持通电的现象，也称作自保。自锁在电气控制中应用十分广泛。

图 1-77 所示是电动机的单向连续运转控制线路。这是典型的利用接触器的自锁实现连续运转的电气控制线路。当合上电源开关 QS，按下启动按钮 SB1，控制线路中接触器的线圈 KM 得电，接触器的衔铁吸合，使接触器的常开触点闭合，电动机的绕组通电，电动机全压启动，此时虽然 SB1 按钮松开，但接触器的线圈仍然通电，电动机正常运转。电动机停止时，只需要按下按钮 SB2，线圈回路断开，衔铁复位，主电路及自锁电路均断开，电动机失电停止。这个电路也称为“启 - 保 - 停”电路。

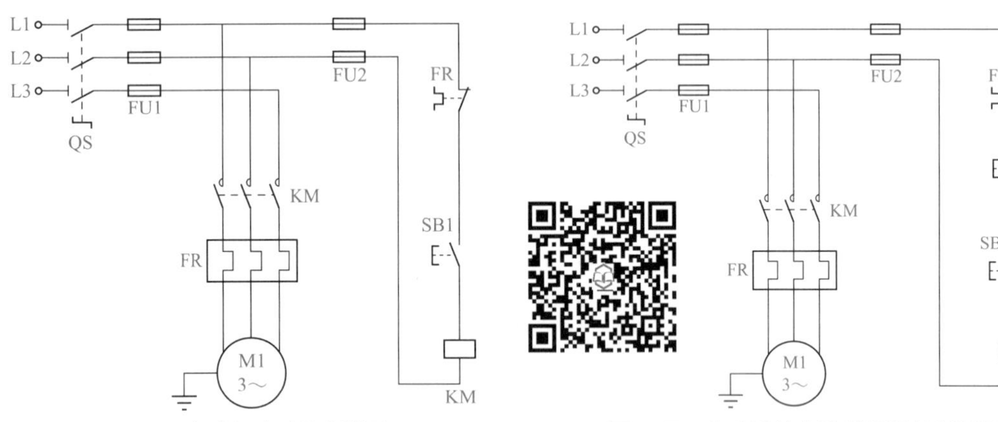

图1-76　电动机点动控制线路　　图1-77　电动机单向连续运转控制线路

1.9.3 正反转运行控制线路

图 1-78 所示是带互锁的三相异步电动机的正 / 反转控制线路。在生产实践中，有很多情况需要电动机正 / 反转运行，如夹具的夹紧与松开、升降机的提升与下降等。要改变电动机的转向，只需要改变三相电动机的相序，也就是说，将三相电动机的绕组任意两相换相即可。在图 1-78 中，KM1 是正转接触器，KM2 是反转接触器。当按下 SB1 按钮时，SB1 的常开触点接通，KM1 线圈得电，KM1 的常开辅助触点闭合自锁，KM1 的常闭

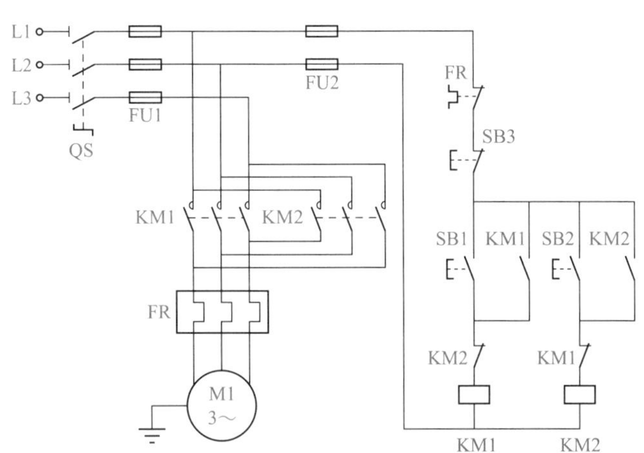

图1-78 按钮联锁正/反转控制线路

辅助触点使KM2的线圈不能得电，电动机通电正向运行。当按下SB3按钮使电动机停机后，再按下SB2按钮时，SB2的常开触点接通，KM2的线圈得电，KM2的常开辅助触点闭合自锁，电动机通电反向运行，KM2的常闭辅助触点使KM1的线圈不能得电。如果不使用KM1和KM2的常闭触点，那么当SB1和SB2同时按下时，电动机的绕组会发生短路，因此任何时候只允许一个接触器工作。为了适应这一要求，当按下正转按钮时，KM1通电，KM1使KM2不通电。同理，KM2通电，KM2使KM1不通电，构成这种制约关系称为互锁。利用接触器、继电器等电器的常闭触点的互锁称为电器互锁。自锁和互锁统称为电器的联锁控制。

这种按下SB1按钮就正转，按下SB3按钮使电动机停机后再按SB2按钮才反转的控制电路称为“正－停－反”电路，这种电路很有代表性。

1.9.4 多地控制线路

多地控制线路如图1-79所示。

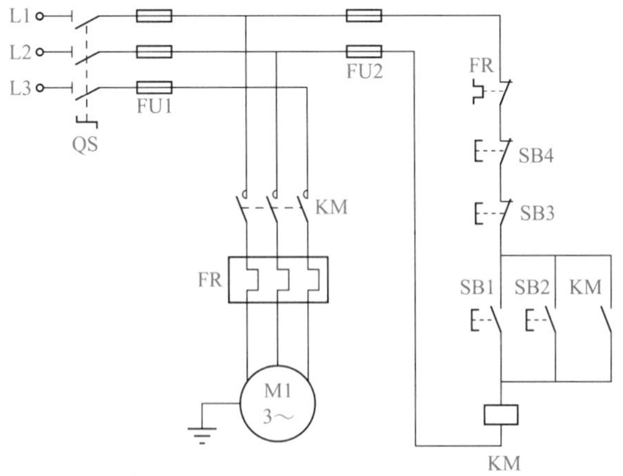

图1-79 多地控制线路

在一些大型生产机械设备上，要求操作人员在不同的方位进行操作与控制，即实现多地控制。多地控制是用多组启动按钮、停止按钮来进行的，这些按钮连接的原则是，启动按钮的常开触点要并联，即逻辑或的关系；停止按钮的常闭触点要串联，即逻辑与的关系。当要使电动机停机时，按下 SB3 或者 SB4 按钮均可，SB3 或者 SB4 按钮分别安装在不同的方位；要启动电动机时，按下 SB1 或者 SB2 按钮均可，SB1 或者 SB2 按钮分别安装在不同的方位。

1.9.5 自动循环控制线路

在生产中，某些设备的工作台需要进行自动往复运行（如平面磨床），而自动往复运行通常是利用行程开关来控制自动往复运动的行程，并由此来控制电动机的正 / 反转或电磁阀的通、断电，从而实现生产机械的自动往复运动。在图 1-80 中，在床身两端固定有行程开关 SQ1、SQ2，用来表明加工的起点与终点。在工作台上安有撞块，撞块随运动部件工作台一起移动，分别压下 SQ1、SQ2，以改变控制电路状态，实现电动机的正反向运转，拖动工作台实现工作台的自动往复运动。图 1-80 中的 SQ1 为反向转正向行程开关；SQ2 为正向转反向行程开关；SQ3 为正向限位开关，当 SQ1 失灵时起保护作用；SQ4 为反向限位开关，当 SQ2 失灵时起保护作用。

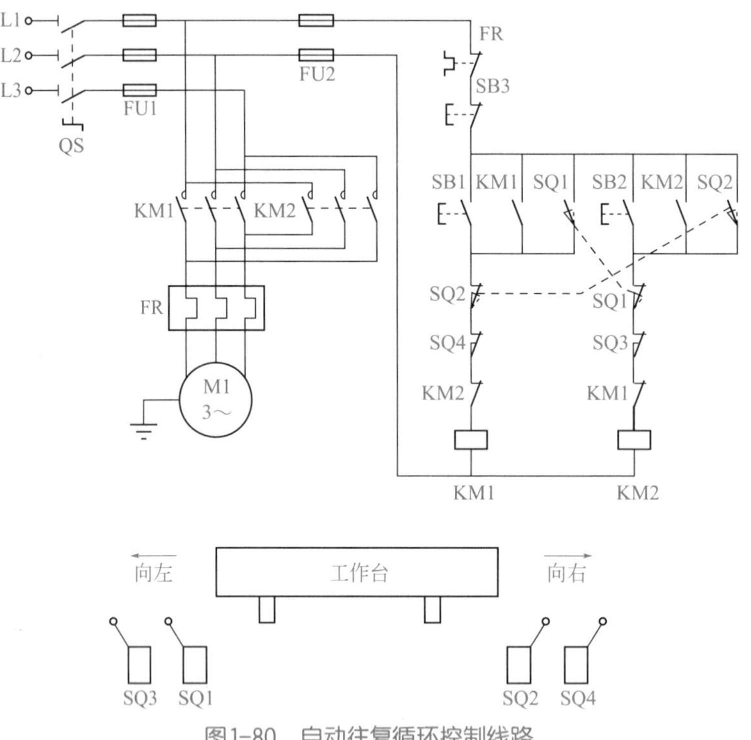

图1-80　自动往复循环控制线路

图 1-80 中的往复运动过程：合上主电路的电源开关 QS，按下正转启动按钮 SB1，KM1 的线圈通电并自锁，电动机M1 正转启动旋转，拖动工作台前进向右移动。当移动到位时，撞块压下 SQ2，其常闭触点断开，常开触点闭合，前者使 KM1 的线圈断电，后者使 KM2 的线圈通电并自锁，电动机 M1 正转变为反转，拖动工作台由前进变为后退，工作台向左移动。当后退到位时，撞块压下 SQ1，使 KM2 断电，KM1 通电，电动机 M1 由反转变为正转，拖动工作台变后退为前进，如此周而复始地实现自动往返工作。当按下停止按钮 SB3 时，电动机停止，工作台停下。

1.10 三相异步电动机的启动控制线路

三相异步电动机具有结构简单、运行可靠、价格便宜、坚固耐用和维修方便等一系列优点，因此，在工矿企业中三相异步电动机得到了广泛的应用。三相异步电动机的控制线路大多数由接触器、继电器、电源开关、按钮等有触点的电器组合而成。通常三相异步电动机的启动有直接启动（全压启动）和减压启动两种方式。

1.10.1 直接启动

所谓直接启动，就是将电动机的定子绕组通过电源开关或接触器直接接入电源，在额定电压下进行启动，也称为全压启动。本章 1.9 节的例子全部是直接启动。由于直接启动的启动电流很大，因此，在什么情况下才允许采用直接启动，有关的供电、动力部门都有规定，主要取决于电动机的功率与供电变压器的功率的比值。一般在有独立变压器供电（即变压器供动力用电）的情况下，若电动机启动频繁，则电动机功率小于变压器功率的 20% 时允许直接启动；若电动机不经常启动，电动机功率小于变压器功率的 30% 时才允许直接启动。如果在没有独立变压器供电（即与照明共用电源）的情况下，电动机启动比较频繁，则常按经验公式来估算，满足下列关系则可直接启动。

$$\frac{\text{启动电流 } I_{st}}{\text{额定电流 } I_N} \leqslant \frac{3}{4} + \frac{\text{电源总容量}}{4\times \text{ 电动机功率}}$$

直接启动因为无需附加启动设备，并且操作控制简单、可靠，所以在条件允许的情况下应尽量采用，考虑到目前在大中型厂矿企业中，变压器功率已足够大。因此绝大多数中、小型笼式异步电动机都采用直接启动。

由于笼式异步电动机的全压启动电流很大，空载启动时的启动电流为额定电流的 4 ～ 8 倍，带载启动时的电流会更大。特别是大型电动机，若采用全压启动，会引起电网电压的降低，使电动机的转矩降低，甚至启动困难，而且还会影响其他电网中设备的正常工作，所以大型笼式异步电动机不允许采用全压启动。一般而言，电动机启动时，供电母线上的电压降落不得超过 10% ～ 15%，电动机的最大功率不得超过变压器的 20% ～ 30%。下面将介绍两种常用的减压启动方法。

1.10.2 星形－三角形减压启动

所谓三角形连接（△）就是绕组首尾相连，如图 1-81 所示，当接触器 KM2 的主触点闭合和 KM3 的主触点断开时，电动机的三相绕组首尾相连组成三角形连接；所谓星形连接（Y）就是绕组只有一个公共连接点，当 KM3 的主触点闭合和 KM2 的主触点断开时，三相绕组只有一个公共连接点，即 KM3 的主触点处。

（1）星形－三角形减压启动的原理

星形连接用“Y”表示，三角形连接用“△”表示，星形－三角形连接用“Y-△”表示，同一台电动机以星形连接启动时，启动电压只有三角形连接的 $1/\sqrt{3}$，启动电流只有三角形连接启动时电流的 1/3，因此 Y-△启动能有效地减少启动电流。

Y-△启动的过程很简单，首先接触器 KM3 的主触点闭合，电动机以星形连接启动，

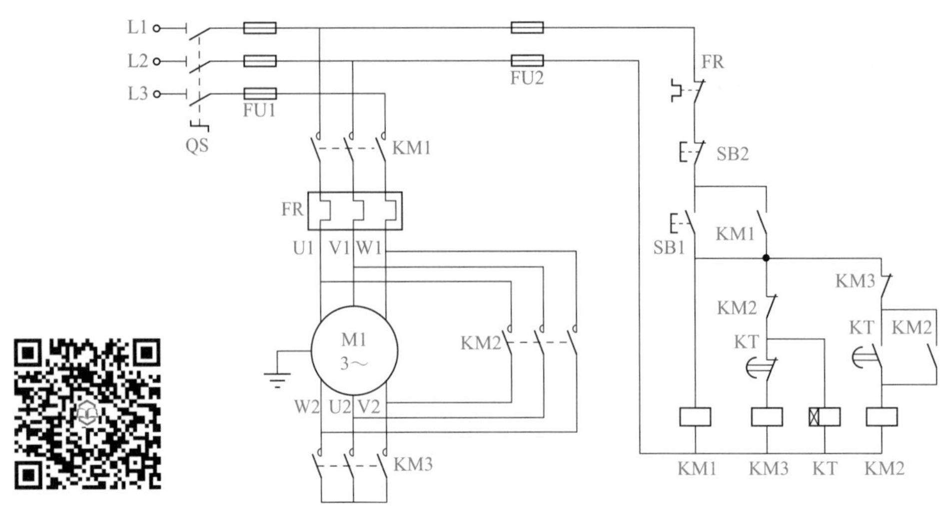

图1-81　星形-三角形减压启动线路

电动机启动后，KM3的主触点断开，接着接触器KM2的主触点闭合，以三角形连接运行。

（2）星形-三角形减压启动线路

图1-81所示是星形-三角形减压启动线路。星形-三角形减压启动的过程：合上主电路的电源开关QS，启动时按下SB1按钮，接触器KM1和KM3的线圈得电，定子的三相绕组交汇于一点，也就是KM3接触器的主触点处，以星形连接，电动机减压启动。同时时间继电器KT的线圈得电，延时一段时间后KT的常闭触点断开，KM3的线圈断电，使KM3的常闭触点闭合、常开触点断开，接着KM2的线圈得电，KM2的常开触点闭合自锁，三相异步电动机的三相绕组首尾相连，电动机以三角形连接运行，KM2的常闭触点断开，时间继电器的线圈断电。

星形-三角形减压启动除了可用接触器控制外，还有一种专用的手操式Y-△启动器，其特点是体积小，重量轻，价格便宜，不易损坏，维修方便，可以直接外购。

这种启动方法的优点是设备简单、经济，启动电流小；其缺点是启动转矩小，且启动电压不能按实际需要调节，故只适用于空载或轻载启动的场合，并且只适用于正常运行时定子绕组按三角形连接的异步电动机。由于这种方法应用广泛，我国规定4kW及以上的三相异步电动机的定子额定电压为380V，连接方法为星形连接。当电源线电压为380V时，它们就能采用Y-△换接启动。

1.10.3　自耦变压器减压启动

自耦变压器减压启动的原理如图1-82所示。启动时KM1、KM2闭合，KM3断开，三相自耦变压器TM的3个绕组连成星形接于三相电源，使接于自耦变压器二次侧的电动机减压启动，当转速上升到一定值后，KM1和KM2断开，自耦变压器TM被切除，同时KM3闭合，电动机接上全电压运行。

由变压器的工作原理得知，此时，TM的二次侧电压与一次侧电压之比为$K=\frac{U_2}{U_1}=\frac{N_2}{N_1}<1$，因此$U_2=KU_1$，启动时加在电动机定子每相绕组的电压是全压启动时的K倍，因而电流I_2也是全压启动时的K倍，即$I_2=KI_{st}$（注意：I_2为变压器二次侧电流，I_{st}为全压启

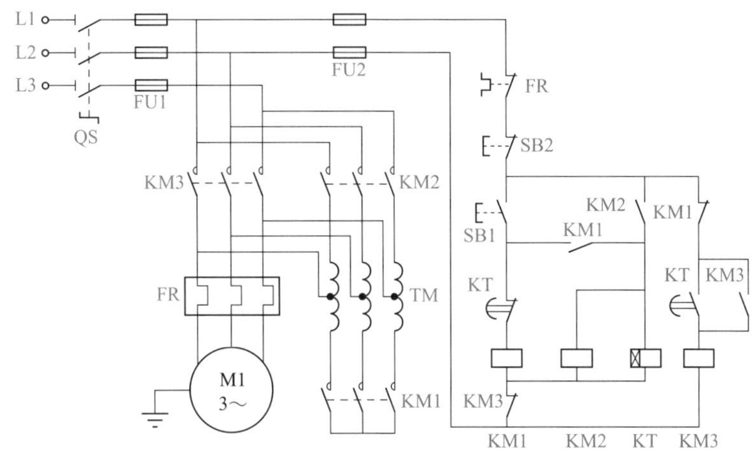

图1-82 自耦变压器减压启动线路

动时的启动电流）；而变压器一次侧电流 $I_1=KI_2=K^2I_{st}$，即此时从电网吸取的电流 I_1 是直接启动时 I_{st} 的 K^2 倍。这与 Y-△减压启动时情况一样，只是在 Y-△减压启动时的 $K=1/\sqrt{3}$ 为定值，而自耦变压器启动的 K 是可调节的，这就是此种启动方法优于 Y-△启动方法之处，当然它的启动转矩也是全压启动时的 K^2 倍。这种启动方法的缺点是变压器的体积大，价格高，维修麻烦，并且启动时自耦变压器处于过电流（超过额定电流）状态下运行，因此，不适用于启动频繁的电动机。所以，它在启动不太频繁，要求启动转矩较大，容量较大的异步电动机上应用较为广泛。通常把自耦变压器的输出端做成固定抽头（一般 K 为 80%、65% 或 50%，可根据需要进行选择），连同转换开关（图 1-82 中的 KM1、KM2 和 KM3 主触点）和保护用的继电器等组合成一个设备，称为启动补偿器。

还有其他降压启动方式，在此不作介绍。

1.11 三相异步电动机的调速控制

三相异步电动机的调速公式为

$$n=n_0(1-s)=\frac{60f}{p}(1-s) \tag{1-1}$$

其中，s 为转差率，n_0 为理想转速，f 为转子电流频率，p 为极对数。通过以上公式就可以得出相应的如下 3 种调速方法。

1.11.1 改变转差率的调速

改变转差率的调速方法又分为调压调速、串电阻调速、串极调速（不是串励电动机调速）和电磁离合器调速 4 种，下面仅介绍前两种调速方法。

① 调压调速方法能够实现无级调速，但当降低电压时，转矩也按电压的平方比例减小，所以调速范围不大。在定子电路中，串电阻（或电抗）和用晶闸管调压调速都是属于这种调速方法。

② 串电阻调速方法只适用于绕线式异步电动机，其启动电阻可兼作调速电阻用，不

过此时要考虑稳定运行时的发热，应适当增大电阻的容量。

转子电路中串电阻调速简单可靠，但它是有级调速，随着转速的降低，特性逐渐变软。转子电路电阻损耗与转差率成正比，低速时损耗大。所以，这种调速方法大多用在重复短期运转的生产机械中，如在起重运输设备中应用非常广泛。

1.11.2 改变极对数的调速

在生产中有大量的生产机械，它们并不需要连续平滑调速，只需要几种特定的转速即可，而且对启动性能没有高的要求，一般只在空载或轻载下启动，在这种情况下，用改变极对数调速的多数笼型异步电动机是合理的。

三相异步电动机的转速为

$$n_0=60f/p \tag{1-2}$$

由上式可知，同步转速n_0与极对数p成反比，故改变极对数p即可改变电动机的转速。多速电动机启动时最好先接成低速，然后再换接为高速，这样可获得较大的启动转矩。多速电动机虽然体积稍大，价格稍高，只能有级调速，但因结构简单，效率高，特性好，且调速时所需附加设备少，因此，广泛用于机电联合调速的场合，特别是中小型机床上用得极多，如镗床上就采用了多速电机。

1.11.3 变频调速

异步电动机的转速正比于定子电源的频率f，若连续地调节定子电源频率f，即可实现连续地改变电动机的转速。

1.11.3.1 变频器及其工作原理

（1）初识变频器

变频器一般是利用电力半导体器件的通断作用将工频电源变换为另一频率的电能控制装置。变频器有着“现代工业维生素”之称，在节能方面的效果不容忽视。随着各界对变频器节能技术和应用等方面认识的逐渐加深，目前我国的变频器市场变得异常活跃。

变频器产生的最初目的是速度控制，应用于印刷、电梯、纺织、机床和生产流水线等行业，而目前相当多的运用是以节能为目的。由于中国是能源消耗大国，而中国的能源储备又相对贫乏，因此国家大力提倡各种节能措施，其中着重推荐了变频器调速技术。在水泵、中央空调等领域，变频器可以取代传统的通过限流阀和回流旁路技术，充分发挥节能效果；在火电、冶金、矿山和建材行业，高压变频调速的交流电机系统的经济价值得以体现。

变频器是一种高技术含量、高附加值、高效益回报的高科技产品，符合国家产业发展政策。进入21世纪以来，我国中、低压变频器市场的增长速度很快。

从产品优势的角度看，通过高质量地控制电机转速，提高制造工艺水准，变频器不但有助于提高制造工艺水平（尤其在精细加工领域），而且可以有效节约电能，是目前最理想、最有前途的电机节能设备。

从变频器行业所处的宏观环境看，无论是国家中、长期规划，短期的重点工程、政策法规以及国民经济整体运行趋势，还是人们节能环保意识的增强、技术的创新、发展高科技产业的要求，从国家相关部委到各相关行业，变频器都受到了广泛的关注，市场吸引力巨大。

（2）交—直—交变频调速的原理

下面以图 1-83 说明交—直—交变频调速的原理，交—直—交变频调速就是变频器先将工频交流电整流成直流电，逆变器在微控制器（如 DSP）的控制下，将直流电逆变成不同频率的交流电。目前市面上的变频器多是这种原理工作的。

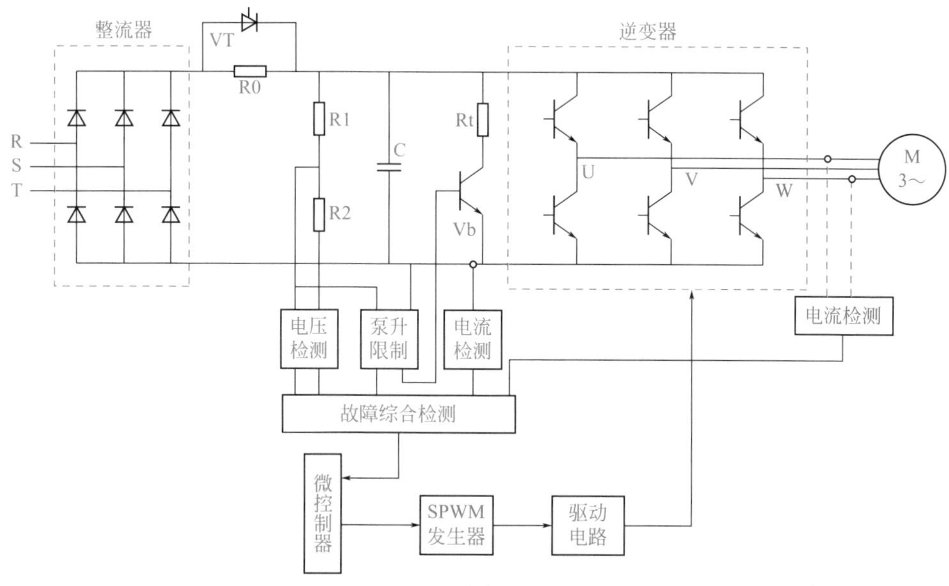

图1-83 变频器原理图

在图 1-83 中，R0 起限流作用，当 U1、V1、W1 端子上的电源接通时，R0 接入电路，以限制启动电流。延时一段时间后，晶闸管 VT 导通，将 R0 短路，避免造成附加损耗。Rt 为能耗制动电阻，当制动时，异步电动机进入发动机状态，逆变器向电容 C 反向充电，当直流回路的电压（即电阻 R1、R2 上的电压）升高到一定的值时（图中实际上测量的是电阻 R2 的电压），通过泵升电路使开关器件 Vb 导通，这样电容 C 上的电能就消耗在制动电阻 Rt 上。通常为了散热，制动电阻 Rt 安装在变频器外侧。电容 C 除了参与制动外，在电动机运行时，主要起滤波作用。顺便指出，起滤波作用是电容器的变频器称为电压型变频器；起滤波作用是电感器的变频器称为电流型变频器，其中比较多见的是电压型变频器。

微控制器经过运算输出控制正弦信号后，经过 SPWM（正弦脉宽调制）发生器调制，再由驱动电路放大信号，放大后的信号驱动 6 个功率晶体管，产生三相交流电压 U、V、W 驱动电动机运转。下面将以西门子 MM440 型变频器为例介绍相关内容。

【例 1-21】 如图 1-84 所示，若将输入端 L1 和 L2 的电源线对调，三相交流电动机 M1 的转向是否会改变？

【解】 不会。因为将输入端 L1 和 L2 的电源线对调，虽然改变了输入端电源的相序，但是输出端电压的相序并没有改变，因为输入端不同相序的电源经过整流后都得到相同的直流电，不会影响输出端的相序，其原理图参考图 1-83。

要改变电动机的转向，必须改变输出端的相序，若一定要想通过“调线”的方法改变三相电动机的转向，那么就将电动机接线端子上的任意两根火线对调即可。

1.11.3.2 变频器的控制

图 1-84 所示的电路图，可以实现电动机的正 / 反转。

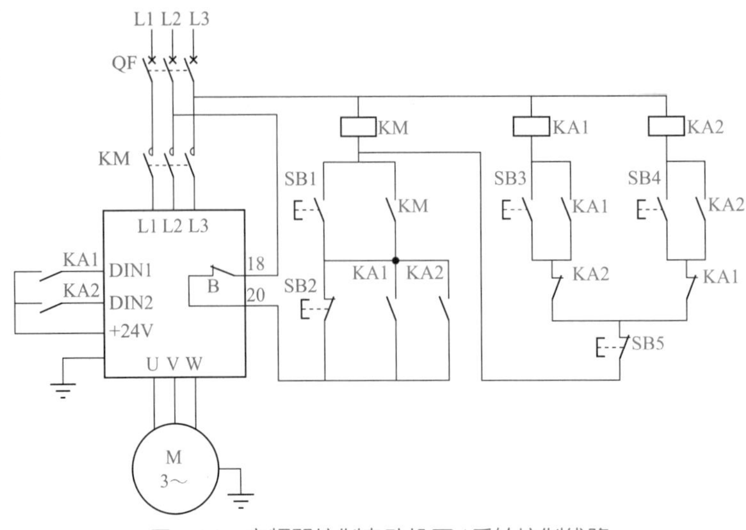

图1-84　变频器控制电动机正/反转控制线路

（1）电动机的正/反转

变频器控制电动机正反转的电路如图1-84所示，变频器以西门子MM440为例，DIN1实际是控制端子5，DIN2实际是控制端子6，+24V是端子9。当DIN1和+24V短接时，变频器正转；当DIN2与+24V短接时，变频器反转。

1）参数设置　变频器的参数设置见表1-20。电动机的参数，如额定电压、额定电流都应根据实际情况而定。

表1-20　变频器的参数设置

序号	变频器参数	出厂值	设定值	功能说明
1	P0304	230	380	额定电压380V
2	P0305	3.25	0.35	额定电流0.35A
3	P0307	0.75	0.06	额定功率0.06kW
4	P0310	50.00	50.00	额定频率50.00Hz
5	P0311	0	1440	额定转速1440r/min
6	P0700	2	2	选择命令源
7	P1000	2	1	频率源
8	P0701	1	1	正转
9	P0702	12	2	反转

2）电路中各元器件的作用

① SB1按钮，变频器通电；

② SB2按钮，变频器断电；

③ SB3按钮，正转启动；

④ SB4按钮，反转启动；

⑤ SB5按钮，电动机停止；

⑥ KA1继电器，正转控制；

⑦ KA2继电器，反转控制。

3）电路的设计要点

① KM 接触器仍只作为变频器的通、断电控制，而不作为变频器的运行与停止控制。因此，断电按钮 SB2 仍由运行继电器 KA1 或 KA2 封锁，使运行时 SB2 不起作用。

接触器 KM 的作用：变频器的保护功能动作时，可以通过接触器迅速切断电源；可以方便地实现自锁、互锁控制。

② 控制电路串接报警输出接点 18、20，当变频器故障报警时切断控制电路，KM 断开而停机。

③ 变频器的通、断电，正、反转运行控制均采用主令按钮。

④ 正反转继电器 KA1 和 KA2 互锁，正反转切换不能直接进行，必须先停机再改变转向。

4）变频器的正反转控制

① 正转　当按下 SB1，KM 线圈得电吸合，其主触点接通，变频器通电处于待机状态。与此同时，KM 的辅助常开触点使 SB1 自锁。这时如按下 SB3，KAl 线圈得电吸合，其常开触点 KA1 接通变频器的 DIN1 端子，电动机正转。与此同时，其另一常开触点闭合使 SB3 自锁，常闭触点断开，使 KA2 线圈不能通电。

② 反转　如果要使电动机反转，先按下 SB5 使电动机停止。然后按下 SB4，KA2 线圈得电吸合，其常开触点 KA2 闭合，接通变频器 DIN2 端子，电动机反转。与此同时，其另一常开触点 KA2 闭合使 SB4 自锁，常闭触点 KA2 断开，使 KAl 线圈不能通电。

③ 停止　当需要断电时，必须先按下 SB5，使 KA1 和 KA2 线圈失电，其常开触点断开（电动机减速停止），并解除对 SB2 的旁路，这时才能按下 SB2，使变频器断电。变频器故障报警时，控制电路被切断，变频器主电路断电。

④ 控制电路的特点

a. 自锁保持电路状态的持续，KM 自锁，持续通电；KA1 自锁，持续正转；KA2 自锁，持续反转。

b. 互锁保持变频器状态的平稳过渡，避免变频器受冲击。KA1、KA2 互锁，正、反转运行不能直接切换；KA1、KA2 对 SB2 的锁定，保证运行过程中不能直接断电停机。

c. 主电路的通断由控制电路控制，操作更安全可靠。

（2）调速

通常变频器有多种调速方式，下面介绍其中的 4 种。

① 调节控制电压（电流）调速　图 1-85 中，将 AIN− 与 0V 接线端子短接，再向 AIN+ 和 AIN− 之间输入 0 ～ 10V 电压，更换设置可接其他范围的电压，更换接线方式也可输入电流信号（如 4 ～ 20mA 信号）。当然，也可以外接一个旋转电位器在以上接线端子上，并引入电位，当转动旋转电位器时，AIN+ 和 AIN− 端子上得到不同的电压，电动机的转速与这个控制电压成正比，这种调速方法最简单。

【例 1-22】 在图 1-85 的变频器中，AIN+ 和 AIN− 接线端子上有 10V 的电压，电动机的额定转速是 1440r/min，则当电动机的转速是 720r/min 时，AIN+ 和 AIN− 端子上的控制电压应该是多少？

【解】 首先在变频器中将模拟量的信号范围设定为 0 ～ 10V，再将频率范围设置为 0 ～ 50Hz。可以求得 AIN+ 和 AIN− 端子上的控制电压为

$$U_K=\frac{10}{1440}\times 720=5V$$

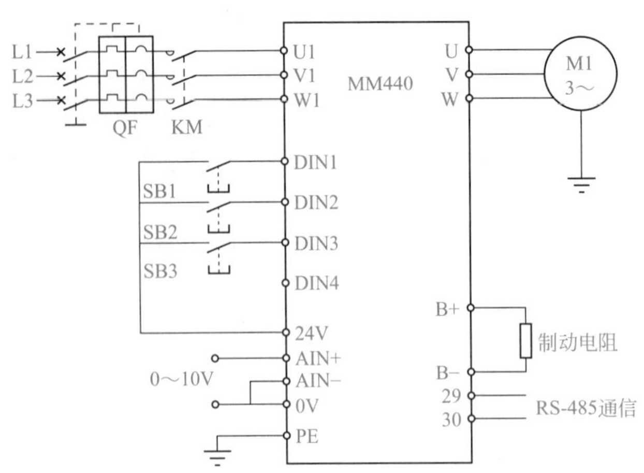

图1-85　变频器控制电动机线路

所以 AIN+ 和 AIN− 端子上的控制电压为 5V。

② 键盘调速　通常变频器有一个小键盘，对照变频器的说明书，在键盘上输入特定的指令就可以调速，这种调速方法简单，不需要购置其他设备，应优先使用。

③ 通信调速　通常变频器可以与其他智能设备（如 PLC 或计算机）进行通信，具有通信功能的变频器一般带有通信接口，如 RS-232C、RS-485、现场总线（如 PROFIBUS）等接口。图 1-85 所示的 MM440 变频器的 29 和 30 接口就是 RS-485 通信的接口，S7-200 系列 PLC 可以通过这些接口进行 USS 通信，从而进行调速。此外，此变频器若配上 PROFIBUS 现场总线模块，其他的主控设备还通过 PROFIBUS 现场总线对变频器进行调速。通信调速容易实现远程控制，应用比较广泛。

④ 多段调速　一般的变频器都有多段调速功能，多段调速就是在变频器中设定若干个对应一定转速的频率，每一个频率对应一个端子，当这个端子与 24V 接线端子（有的为 0）短接时，变频器控制的电动机就以对应的设定转速转动，频率数值可以通过键盘在一定的范围内任意设定。例如，变频器中设定 10Hz（假设电动机的转速为 288r/min）、20Hz、30Hz 分别对应 DIN1、DIN2、DIN3 三个端子，当 DIN1 与 24V 接线端子短接时，电动机的转速为 288r/min；当 DIN2 与 24V 接线端子短接时，电动机的转速为 576r/min；当 DIN3 与 24V 接线端子短接时，电动机的转速为 864r/min。可见，多段调速是不连续的，但速度可任意设定，很有使用价值。多段调速的线路如图 1-85 所示。

（3）制动

使用变频器时，电动机的制动比较简单，如图 1-85 中，只要在 B+ 和 B− 端子上连接一个制动电阻即可，当系统断电，制动开始（制动电阻通常作为附件在变频器供应商处购买）。

1.12　三相异步电动机的制动控制

三相异步电动机的制动方法有机械制动和电气制动。其中，电气制动又有 3 种制动方式：反接制动、能耗制动和再生发电制动。

1.12.1 机械制动

机械制动就是利用机械装置使电动机在断电后迅速停转的一种方法，较常用的就是电磁抱闸。

图1-86所示是机械制动线路，其制动过程是，合上电源开关QS，当SB1按钮按下时，接触器KM1带电，电磁抱闸线圈YA带电，闸瓦松开，接着接触器KM2带电，电动机开始运转。当按下SB2按钮时，KM1和KM2都断电，电磁抱闸的闸瓦在弹力的作用下抱紧闸轮，实施机械制动。

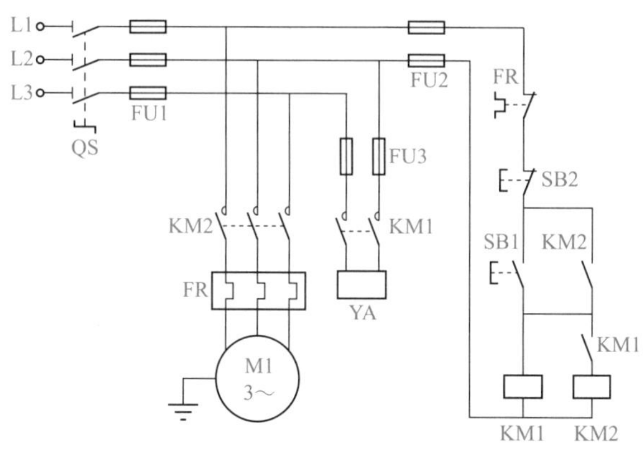

图1-86 机械制动线路

1.12.2 反接制动

（1）电源反接

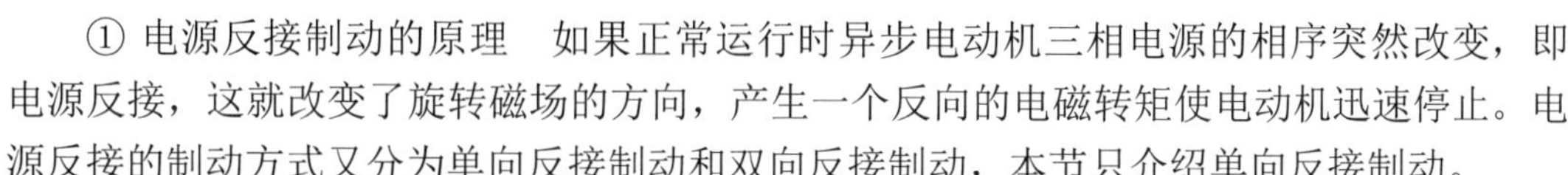

① 电源反接制动的原理 如果正常运行时异步电动机三相电源的相序突然改变，即电源反接，这就改变了旋转磁场的方向，产生一个反向的电磁转矩使电动机迅速停止。电源反接的制动方式又分为单向反接制动和双向反接制动，本节只介绍单向反接制动。

② 单向反接制动线路 单向反接制动线路如图1-87所示，速度继电器KS和电动机同轴安装，电动机的速度在120r/min时，其触点动作，当电动机的速度在100r/min时，

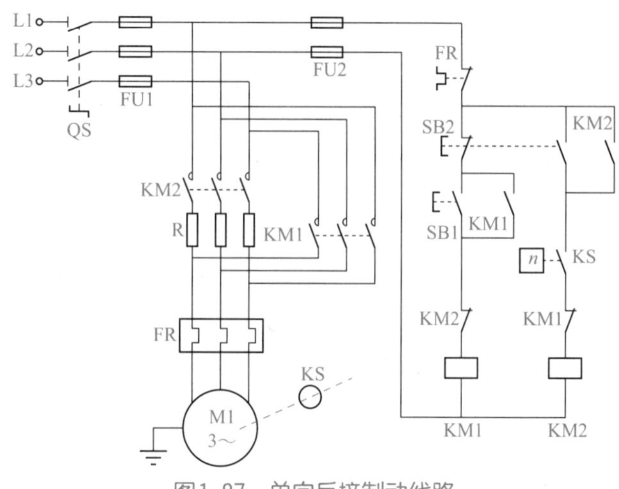

图1-87 单向反接制动线路

其触点复原。具体制动过程是，合上电源开关 QS，当按下按钮 SB1 时，接触器 KM1 的线圈得电，KM1 的常开触点自锁，电动机正转，速度继电器 KS 的常开触点闭合，为制动做准备；当按下 SB2 按钮时，接触器 KM1 的线圈断电，同时接触器 KM2 的线圈得电，反向磁场产生一个制动转矩，电动机的速度迅速降低，当转速低于 100r/min 时，速度继电器的常开触点断开，接触器 KM2 的线圈断电，反接制动完成，电动机自行停车。

由于反接制动时电流很大，因此笼型电动机常在定子电路中串接电阻；线绕式电动机则在转子电路中串接电阻。反接制动的控制可以不用速度继电器，而改用时间继电器。如何控制请读者自己思考。

③ 反接制动电阻估算　当电源的电压为 380V 时，若要反接制动电流 $I_Z=1/2I_{st}$，则三相电路中每相应串入的反接制动电阻 R_Z 用如下公式估算：

$$R_Z=1.5\times\frac{200}{I_{st}}$$

反接制动电阻的功率用如下公式估算：

$$P=(1/4\sim1/3)I_Z^2R_Z(\mathrm{W})$$

【例 1-23】 有一台电动机功率为 1.5kW，现要求其反接制动 $I_Z\leqslant 1/2I_{st}$，在三相电路中应该串入多大阻值和功率的电阻？

【解】 先估算电动机的额定电流和启动电流。额定电流约为

$$I=\frac{P}{U}=\frac{1500}{380}=3.95\mathrm{A}$$

一般 $I_{st}=(4\sim7)I$，可取 $I_{st}=5.5I=5.5\times3.95=21.7\mathrm{A}$

$$R_Z=1.5\times\frac{200}{I_{st}}=1.5\times\frac{200}{21.7}=13.8\Omega$$

$$P=(1/4\sim1/3)I_Z^2R_Z=1/3\times(0.5\times21.7)^2\times13.8\approx542\mathrm{W}$$

（2）倒拉反接制动

倒拉反接制动出现在位能负载转矩超过电磁转矩的时候。例如，起重机下放重物，为了使下降速度不致太快，就常用这种工作状态。在倒拉反接制动状态下，转子轴上输入的机械功率转变成电功率后，连同从定子输送来的电磁功率一起消耗在转子电路的电阻上。

1.12.3 能耗制动

异步电动机的反接制动用于准确停车有一定的困难，因为它容易造成反转，而且电能损耗也比较大。反馈制动虽是比较经济的制动方法，但它只能在高于同步转速下使用。能耗制动是比较常用的准确停车方法。

（1）能耗制动的原理

当电动机脱离三相交流电源后，向定子绕组内通入直流电，建立静止磁场，转子以惯性旋转，转子的导体切割定子磁场的磁力线，产生转子感应电动势和感应电流。转子的感应电流和静止磁场的作用产生制动电磁转矩，达到制动的目的。

（2）能耗制动的分类

根据电源的整流方式，能耗制动分为半波整流能耗制动和全波整流能耗制动；根据能耗制动的时间原则，有的能耗控制回路使用时间继电器，有的则用速度继电器。

(3) 速度继电器控制单向全波整流能耗制动线路

图 1-88 所示是速度继电器控制单向全波整流能耗制动线路，其工作过程是，在启动时，先合上电源开关 QS，然后按下按钮 SB1，接触器 KM1 的线圈得电吸合，KM1 的主触点闭合，电动机转动，当电动机的转速高于 120r/min 时，速度继电器 KS 的常开触点闭合，为能耗制动做准备。当按下按钮 SB2 时，先是 KM1 的线圈断电释放，KM1 的主触点断开，电动机在惯性作用下继续转动。接触器 KM2 的线圈得电吸合，KM2 的主触点闭合，整流器向电动机的定子绕组提供直流电，建立静止磁场，电动机进行全波能耗制动。电动机的速度急剧下降，当电动机的速度低于 100r/min 时，速度继电器的常开触点断开，KM2 的线圈断电，切断能耗制动的电源。

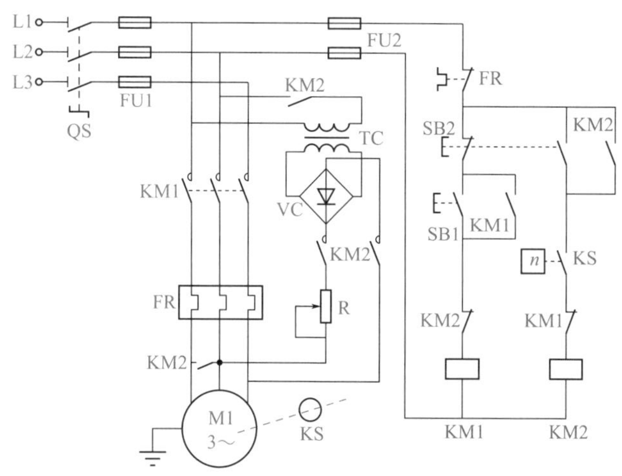

图1-88 速度继电器控制单向全波整流能耗制动线路

(4) 能耗制动的优缺点

能耗制动的优点是制动准确、平稳；其缺点是需要加装附加电源，制动力矩小，低速时制动力矩更小。

1.13 电气控制系统常用的保护环节

为了保证电力拖动控制系统中的电动机及各种电器和控制电路能正常运行，消除可能出现的有害因素，并在出现电气故障时，尽可能使故障缩小到最小范围，以保障人身和设备的安全，必须对电气控制系统设置必要的保护环节。常用的保护环节有过电流保护、过载保护、短路保护、过电压保护、失电压保护、断相保护、弱磁保护与超速保护等。本节主要介绍低压电动机常用的保护环节。

1.13.1 电流保护

电气元件在正常工作中，通过的电流一般在额定电流以内。短时间内，只要温升允许，超过额定电流也是可以的，这就是各种电气设备或元件根据其绝缘情况的不同，具有不同的过载能力的原因。电流保护的基本原理是将保护电器检测的信号经过变换或者放大后去控制被保护对象，当达到整定数值时，保护电器动作。电流型保护主要有过流、过载、短路和断相几种。

（1）短路保护

当电动机绕组和导线的绝缘损坏，或者控制电器及线路损坏发生故障时，线路将出现短路现象，产生很大的短路电流，可达额定电流的几十倍，使电动机、电器、导线等电气设备严重损坏，因此在发生短路故障时，保护电器必须立即动作，迅速将电源切断。

常用的短路保护电器是熔断器和断路器。熔断器的熔体与被保护的电路串联，当电路正常工作时，熔断器的熔体不起作用。当电路短路时，很大的短路电流流过熔体，使熔体立即熔断，切断电动机电源。同样，若在电路中接入自动空气断路器，当出现短路时，断路器会立即动作，切断电源使电动机停转。图1-89中就使用了熔断器作短路保护，若将电源开关QS换成断路器，同样可以起到短路保护作用。

（2）过载保护

当电动机负载过大，启动操作频繁或缺相运行时，会使电动机的工作电流长时间超过其额定电流，电动机绕组过热，温升超过其允许值，导致电动机的绝缘材料变脆，寿命缩短，严重时会使电动机损坏。因此，当电动机过载时，保护电器应动作，切断电源使电动机停转，避免电动机在过载下运行。

常用的过载保护电器是热继电器。当电动机的工作电流等于额定电流时，热继电器不动作，电动机正常工作；当电动机短时过载或过载电流较小时，热继电器不动作，或经过较长时间才动作；当电动机过载电流较大时，热继电器动作，先后切断控制电路和主电路的电源，使电动机停转。图1-89中就使用了热继电器作过载保护。

对于电动机进行缺相保护，可选用带断相保护的热继电器来实现过载保护。对于三相异步电动机，一般要进行短路保护和过载保护。

（3）断相保护

在故障发生时，三相异步电动机的电源有时出现断相，如果有两相电断开，电动机处于断电状态，只要注意防止触电事故，通常是没有危险的。但是如果只有一相电断开，电动机是可以运行的，但电动机的输出转矩很小，运行时容易产生烧毁电动机的事故，因此要进行断相保护。

图1-89所示是简单星形零序电压断相保护原理图，通常星形连接电动机的中性点对地电压为零，当发生断相时，会造成零电位点存在电位差，从而使继电器KA吸合，使控制回路的接触器线圈断电，从而切断主回路，进而使电动机停止转动。

图1-90所示是欠电流继电器断相保护原理图。图中使用3只继电器，当没有发生断相事故时，欠电流继电器的线圈带电，其常开触点闭合，电动机可以正常运行；而当有一相断路时，欠电流继电器的线圈断电，从而使接触器的线圈断电，使主电路断电，进而使电动机停止运行，起到断相保护作用。

（4）过电流、欠电流保护

过电流保护是区别于短路保护的一种电流型保护。所谓过电流，是指电动机或电气元件超过其额定电流的运行状态，它一般比短路电流小，不超过6倍的额定电流。在过电流的情况下，电气元件并不会马上损坏，只要在达到最大允许温升之前电流值能恢复正常，还是允许的。但过大的冲击负载会使电动机经受过大的冲击电流，以致损坏电动机。同时，过大的电动机电磁转矩也会使机械的传动部件受到损坏，因此要瞬时切断电源。电动机在运行中产生过电流的可能性要比发生短路时要大，特别是在频繁启动和正/反转、重

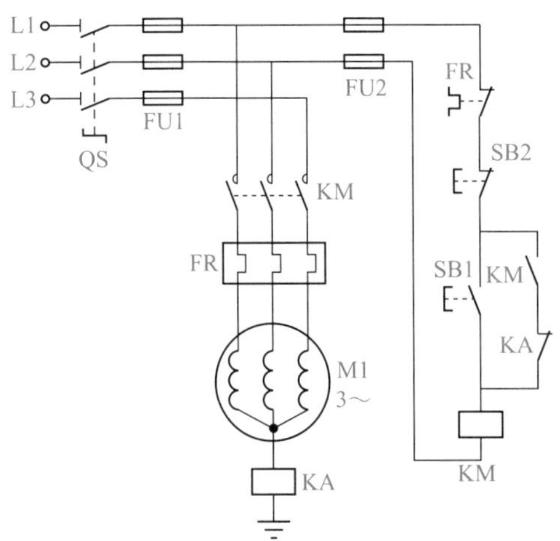

图1-89 简单星形零序电压断相保护原理图

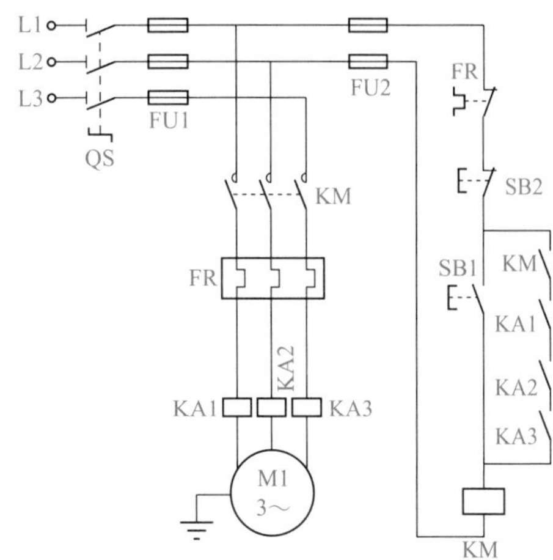

图1-90 欠电流继电器断相保护原理图

复短时工作电动机中更是如此。

过电流保护常用过电流继电器来实现，通常过电流继电器与接触器配合使用，即将过电流继电器线圈串接在被保护电路中，当电路电流达到其整定值时，过电流继电器动作，而过电流继电器的常闭触点串接在接触器的线圈电路中，使接触器的线圈断电释放，接触器的主触点断开来切断电动机电源。这种过电流保护环节常用于直流电动机和三相绕线转子电动机的控制电路中。若过流继电器动作电流为1.2倍电动机启动电流，则过流继电器亦可实现短路保护作用。

1.13.2 电压保护

电动机或者电气元件是在一定的额定电压下工作，电压过高、过低或者工作过程中人为因素的突然断电，都可能造成生产设备的损坏或者人员的伤亡，因此在电气控制线路设计中，应根据实际要求设置失压保护、过电压保护及欠电压保护。

（1）零电压、欠电压保护

生产机械在工作时若发生电网突然停电，则电动机将停转，生产机械运动部件也随之停止运转。一般情况下操作人员不可能及时拉开电源开关，如果不采取措施，当电源电压恢复正常时，电动机便会自行启动，很可能造成人身和设备事故，并引起电网过电流和瞬间网络电压下降。因此必须采取零电压保护措施。

在电气控制线路中，用接触器和中间继电器进行零电压保护。当电网停电时，接触器和中间继电器电流消失，触点复位，切断主电路和控制电路电源。当电源电压恢复正常时，若不重新按下启动按钮，则电动机不会自行启动，实现了零电压保护。

当电网电压降低时，电动机便在欠电压下运行，电动机转速下降，定子绕组电流增加。因为电流增加的幅度尚不足以使熔断器和热继电器动作，所以这两种电器起不到保护作用，如果不采取保护措施，随着时间延长会使电动机过热损坏。另一方面，欠电压将引起一些电器释放，使电路不能正常工作，也可能导致人身、设备事故。因此应避免电动机在欠电压下运行。

实际欠电压保护的电器是接触器和电磁式电压继电器。在机床电气控制线路中，只有少数线路专门装设了电磁式电压继电器以起欠电压保护作用，而大多数控制线路由于接触器已兼具欠电压保护功能，所以不必再加设欠电压保护电器。一般当电网电压降低到额定电压的85%以下时，接触器或电压继电器动作，切断主电路和控制电路电源，使电动机停转。

（2）过电压保护

电磁铁、电磁吸盘等大电感负载及直流电磁机构、直流继电器等在通、断电时会产生较高的感应电动势，将使电磁线圈绝缘击穿而损坏，因此必须采用过电压保护措施。通常对于交流回路，在线圈两端并联一个电阻和电容，而对于直流回路，则在线圈两端并联一个二极管，以形成一个放电回路，实现过电压的保护，如图1-91所示。

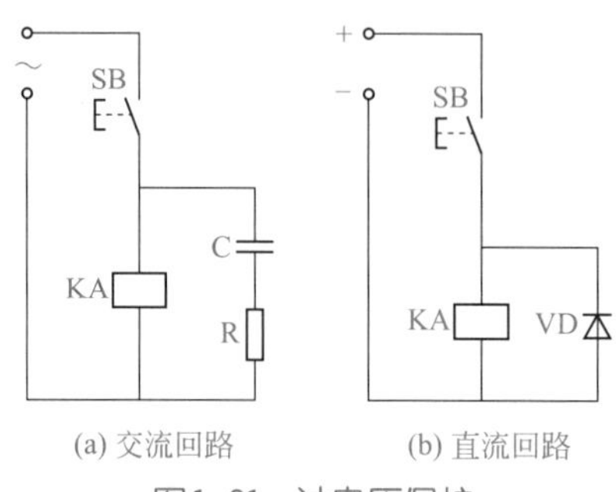

(a) 交流回路　　(b) 直流回路

图1-91　过电压保护

1.13.3　其他保护

除上述保护外，还有速度保护、漏电保护、超速保护、行程保护、油压（水压）等，这些都是在控制电路中串接一个受这些参量控制的常开触点或常闭触点来实现对控制电路的电源控制。这些装置有离心开关、测速发电机、行程开关和压力继电器等。

第2章 可编程控制器（PLC）基础

本章介绍可编程控制器的历史、功能、特点、应用范围、发展趋势、在我国的使用情况、结构和工作原理等知识，使读者初步了解可编程控制器，这是学习本书后续内容的必要准备。

2.1 概述

可编程序控制器（Programmable Logic Controller）简称 PLC，国际电工委员会（IEC）于 1985 年对可编程序控制器作了如下定义：可编程序控制器是一种数字运算操作的电子系统，专为在工业环境下应用而设计。它采用可编程序的存储器，用来在其内部存储执行逻辑运算、顺序控制、定时、计数和算术运算等操作的指令，并通过数字、模拟的输入和输出，控制各种类型的机械或生产过程。可编程序控制器及其有关设备，都应按易于与工业控制系统连成一个整体，易于扩充功能的原则设计。PLC 是一种工业计算机，其种类繁多，不同厂家的产品有各自的特点，但作为工业标准设备，可编程控制器又有一定的共性。

2.1.1 PLC 的发展历史

20 世纪 60 年代以前，汽车生产线的自动控制系统基本上都是由继电器控制装置构成的。当时每次改型都直接导致继电器控制装置的重新设计和安装，美国福特汽车公司创始人亨利·福特曾说过：“不管顾客需要什么，我生产的汽车都是黑色的。”从侧面反映汽车改型和升级换代比较困难。为了改变这一现状，1969 年，美国的通用汽车公司（GM）公开招标，要求用新的装置取代继电器控制装置，并提出十项招标指标，要求编程方便、现场可修改程序、维修方便、采用模块化设计、体积小及可与计算机通信等。同一年，美国数字设备公司（DEC）研制出了世界上第一台可编程序控制器 PDP-14，在美国通用汽车公司的生产线上试用成功，并取得了满意的效果，可编程序控制器从此诞生。由于当时的 PLC 只能取代继电器接触器控制，功能仅限于逻辑运算、计时及计数等，所以称为“可编程逻辑控制器”。伴随着微电子技术、控制技术与信息技术的不断发展，可编程序控制器的功能不断增强。美国电气制造商协会（NEMA）于 1980 年正式将其命名为“可编程序控制器”，简称PC，由于这个名称和个人计算机的简称相同，容易混淆，因此在我国，很多人仍然习惯称可编程序控制器为PLC。

由于PLC具有易学易用、操作方便、可靠性高、体积小、通用灵活和使用寿命长等一系列优点，因此很快就在工业中得到了广泛应用。同时，这一新技术也受到其他国家的重视。1971年日本引进这项技术，很快研制出日本第一台PLC；欧洲于1973年研制出第一台PLC；我国从1974年开始研制，1977年国产PLC正式投入工业应用。

进入20世纪80年代以来，随着电子技术的迅猛发展，以16位和32位微处理器构成的微机化PLC得到快速发展（例如GE的RX7i，使用的是赛扬CPU，其主频达1GHz，其信息处理能力几乎和个人电脑相当），使得PLC在设计、性能价格比以及应用方面有了突破，不仅控制功能增强、功耗和体积减小、成本下降、可靠性提高及编程和故障检测更为灵活方便，而且随着远程I/O和通信网络、数据处理和图像显示的发展，PLC已经普遍用于控制复杂的生产过程。PLC已经成为工厂自动化的三大支柱之一。

2.1.2　PLC的主要特点

PLC之所以高速发展，除了工业自动化的客观需要外，还有许多适合工业控制的独特优点，它较好地解决了工业控制领域中普遍关心的可靠、安全、灵活、方便以及经济等问题，其主要特点如下。

（1）抗干扰能力强，可靠性高

在传统的继电器控制系统中，使用了大量的中间继电器和时间继电器，由于器件的固有缺点，如器件老化、接触不良以及触点抖动等现象，大大降低了系统的可靠性。而在PLC控制系统中大量的开关动作由无触点的半导体电路完成，因此故障大大减少。

此外，PLC的硬件和软件方面采取了措施，提高了其可靠性。在硬件方面，所有的I/O接口都采用了光电隔离，使得外部电路与PLC内部电路实现了物理隔离。各模块均采用屏蔽措施，以防止辐射干扰。电路中采用了滤波技术，以防止或抑制高频干扰。在软件方面，PLC具有良好的自诊断功能，一旦系统的软硬件发生异常情况，CPU会立即采取有效措施，以防止故障扩大。通常PLC具有看门狗功能。

对于大型的PLC系统，还可以采用双CPU构成冗余系统或者三CPU构成表决系统，使系统的可靠性进一步提高。

（2）程序简单易学，系统的设计调试周期短

PLC是面向用户的设备。PLC的生产厂家充分考虑到现场技术人员的技能和习惯，可采用梯形图或面向工业控制的简单指令形式。梯形图与继电器原理图很相似，直观、易懂和易掌握，不需要学习专门的计算机知识和语言。设计人员可以在设计室设计、修改和模拟调试程序，非常方便。

（3）安装简单，维修方便

PLC不需要专门的机房，可以在各种工业环境下直接运行，使用时只需将现场的各种设备与PLC相应的I/O端相连接，即可投入运行。各种模块上均有运行和故障指示装置，便于用户了解运行情况和查找故障。

（4）采用模块化结构，体积小，重量轻

为了适应工业控制需求，除整体式PLC外，绝大多数PLC采用模块化结构。PLC的各部件，包括CPU、电源及I/O模块等都采用模块化设计。此外，PLC相对于通用工控机，

其体积和重量要小得多。

（5）丰富的I/O接口模块，扩展能力强

PLC针对不同的工业现场信号（如交流或直流、开关量或模拟量、电压或电流、脉冲或电位及强电或弱电等）有相应的I/O模块与工业现场的器件或设备（如按钮、行程开关、接近开关、传感器及变送器、电磁线圈和控制阀等）直接连接。另外，为了提高操作性能，它还有多种人－机对话的接口模块；为了组成工业局部网络，有多种通信联网的接口模块等。

2.1.3 PLC的应用范围

目前，PLC在国内外已广泛应用于专用机床、机床、控制系统、自动化楼宇、钢铁、石油、化工、电力、建材、汽车、纺织机械、交通运输、环保以及文化娱乐等各行各业。随着PLC性能价格比的不断提高，其应用范围还将不断扩大，其应用场合可以说是无处不在，具体应用大致可归纳为如下几类。

（1）顺序控制

顺序控制是PLC最基本、最广泛应用的领域，它取代传统的继电器顺序控制，PLC用于单机控制、多机群控制和自动化生产线的控制，例如数控机床、注塑机、印刷机械、电梯控制和纺织机械等。

（2）计数和定时控制

PLC为用户提供了足够的定时器和计数器，并设置相关的定时和计数指令，PLC的计数器和定时器精度高，使用方便，可以取代继电器系统中的时间继电器和计数器。

（3）位置控制

目前大多数的PLC制造商都提供拖动步进电动机或伺服电动机的单轴或多轴位置控制模块，这一功能可广泛用于各种机械，如金属切削机床和装配机械等。

（4）模拟量处理

PLC通过模拟量的输入/输出模块，实现模拟量与数字量的转换，并对模拟量进行控制，有的还具有PID控制功能。例如用于锅炉的水位、压力和温度控制。

（5）数据处理

现代的PLC具有数学运算、数据传递、转换、排序和查表等功能，也能完成数据的采集、分析和处理。

（6）通信联网

PLC的通信包括PLC相互之间、PLC与上位计算机以及PLC和其他智能设备之间的通信。PLC系统与通用计算机可以直接或通过通信处理单元、通信转接器相连构成网络，以实现信息的交换，并可构成“集中管理、分散控制”的分布式控制系统，满足工厂自动化系统的需要。

2.1.4 PLC的分类与性能指标

（1）PLC的分类

① 从组成结构形式分类　可以将PLC分为两类：一类是整体式PLC（也称单元式），其特点是电源、中央处理单元和I/O接口都集成在一个机壳内；另一类是标准模板式结构化的PLC（也称组合式），其特点是电源模板、中央处理单元模板和I/O模板等在结构上

是相互独立的，可根据具体的应用要求，选择合适的模块，安装在固定的机架或导轨上，构成一个完整的PLC应用系统。

② 按I/O点容量分类

a. 小型PLC。小型PLC的I/O点数一般在128点以下。

b. 中型PLC。中型PLC采用模块化结构，其I/O点数一般在256～1024点之间。

c. 大型PLC。一般I/O点数在1024点以上的称为大型PLC。

（2）PLC的性能指标

各厂家的PLC虽然各有特色，但其主要性能指标是相同的。

① 输入/输出（I/O）点数　输入/输出（I/O）点数是最重要的一项技术指标，是指PLC面板上连接外部输入、输出的端子数，常称为“点数”，用输入与输出点数的和表示。点数越多表示PLC可接入的输入器件和输出器件越多，控制规模越大。点数是PLC选型时最重要的指标之一。

② 扫描速度　扫描速度是指PLC执行程序的速度。以ms/K为单位，即执行1K步指令所需的时间。1步占1个地址单元。

③ 存储容量　存储容量通常用K字（KW）或K字节（KB）、K位来表示。这里1K=1024。有的PLC用“步”来衡量，一步占用一个地址单元。存储容量表示PLC能存放多少用户程序。例如，三菱型号为FX2N-48MR的PLC存储容量为8000步。有的PLC的存储容量可以根据需要配置，有的PLC的存储器可以扩展。

④ 指令系统　指令系统表示PLC软件功能的强弱。指令越多，编程功能就越强。

⑤ 内部寄存器（继电器）　PLC内部有许多寄存器用来存放变量、中间结果、数据等，还有许多辅助寄存器可供用户使用。因此寄存器的配置也是衡量PLC功能的一项指标。

⑥ 扩展能力　扩展能力是反映PLC性能的重要指标之一。PLC除了主控模块外，还可配置实现各种特殊功能的功能模块，例如AD模块、DA模块、高速计数模块和远程通信模块等。

2.1.5　PLC与继电器系统的比较

在PLC出现以前，继电器硬接线电路是逻辑、顺序控制的唯一执行者，它结构简单、价格低廉，一直被广泛应用。PLC出现后，几乎所有的方面都超过继电器控制系统，两者的性能比较见表2-1。

表2-1　可编程控制器与继电器控制系统的比较

序号	比较项目	继电器控制	可编程控制器控制
1	控制逻辑	硬接线多、体积大及连线多	软逻辑、体积小、接线少及控制灵活
2	控制速度	通过触点开关实现控制，动作受继电器硬件限制，通常超过10ms	由半导体电路实现控制，指令执行时间段，一般为微秒级
3	定时控制	由时间继电器控制，精度差	由集成电路的定时器完成，精度高
4	设计与施工	设计、施工及调试必须按照顺序进行，周期长	系统设计完成后，施工与程序设计同时进行，周期短
5	可靠性与维护	继电器的触点寿命短，可靠性和维护性差	无触点、寿命长、可靠性高和有自诊断功能
6	价格	价格低	价格高

2.1.6 PLC与微机的比较

采用微电子技术制造的PLC与微机一样，也由CPU、ROM（或者FLASH）、RAM及I/O接口等组成，但又不同于一般的微机，可编程控制器采用了特殊的抗干扰技术，是一种特殊的工业控制计算机，更加适合工业控制。两者的性能比较见表2-2。

表2-2 PLC与微机的比较

序号	比较项目	可编程控制器控制	微机控制
1	应用范围	工业控制	科学计算、数据处理、计算机通信
2	使用环境	工业现场	具有一定温度和湿度的机房
3	输入/输出	控制强电设备，需要隔离	与主机弱电联系，不隔离
4	程序设计	一般使用梯形图语言，易学易用	编程语言丰富，如C、BASIC等
5	系统功能	自诊断、监控	使用操作系统
6	工作方式	循环扫描方式和中断方式	中断方式

2.1.7 PLC的发展趋势

PLC的发展趋势主要有以下几个方面。

① 向高性能、高速度和大容量发展。

② 网络化。

强化通信能力和网络化，向下将多个可编程控制器或者多个I/O框架相连；向上与工业计算机、以太网等相连，构成整个工厂的自动化控制系统。即便是微型的S7-200 SMART PLC也能组成多种网络，通信功能十分强大。

③ 小型化、低成本和简单易用。目前，有的小型PLC的价格只需几百元人民币。

④ 不断提高编程软件的功能。

编程软件可以对PLC控制系统的硬件组态，在屏幕上可以直接生成和编辑梯形图、指令表、功能块图和顺序功能图程序，并可以实现不同编程语言的相互转换。程序可以下载、存盘和打印，通过网络或电话线，还可以实现远程编程。

⑤ 适合PLC应用的新模块。随着科技的发展，对工业控制领域将提出更高、更特殊的要求，因此，必须开发特殊功能模块来满足这些要求。

⑥ PLC的软件化与PC化。目前已有多家厂商推出了在PC上运行的可实现PLC功能的软件包，也称为“软PLC”，“软PLC”的性能价格比比传统的“硬PLC”更高，是PLC的一个发展方向。

PC化的PLC类似于PLC，但它采用了PC的CPU，功能十分强大，如GE的RX7i和RX3i使用的就是工控机用的赛扬CPU，主频已经达到1GHz。

2.1.8 PLC在我国的应用情况

（1）国外PLC品牌

目前PLC在我国得到了广泛的应用，很多知名厂家的PLC在我国都有应用。

① 美国是PLC生产大国，有一百多家PLC生产厂家。其中A-B公司的PLC产品规格比较齐全，主推大中型PLC，主要产品系列是PLC-5。通用电气也是知名PLC生产厂商，大中型PLC产品系列有RX3i和RX7i等。得州仪器也生产大、中和小全系列PLC产品。

② 欧洲的PLC产品也久负盛名。德国的西门子公司、AEG公司和法国的TE(施耐德)公司都是欧洲著名的PLC制造商。其中西门子公司的PLC产品与美国A-B公司的PLC产品齐名。

③ 日本的小型PLC具有一定的特色，性价比高，知名的品牌有三菱、欧姆龙、松下、富士、日立和东芝等，在小型机市场，日系PLC的市场份额曾经高达70%。

（2）国产PLC品牌

我国自主品牌的PLC生产厂家有近三十余家。在目前已经上市的众多PLC产品中，还没有形成规模化的生产和名牌产品，甚至还有一部分是以仿制、来件组装或“贴牌”方式生产。单从技术角度来看，国产小型PLC与国际知名品牌小型PLC差距正在缩小，使用越来越多。例如和利时、深圳汇川和无锡信捷等公司生产的微型PLC已经比较成熟，其可靠性在许多应用中得到了验证，逐渐被用户认可，但其知名度与世界先进水平还有一定的差距。

总的来说，我国使用的小型PLC主要以日本和国产的品牌为主，而大中型PLC主要以欧美品牌为主。目前大部分的PLC市场被国外品牌所占领。

2.2 PLC的结构和工作原理

2.2.1 可编程控制器的硬件组成

可编程控制器种类繁多，但其基本结构和工作原理相同。可编程控制器的功能结构区由CPU（中央处理器）、存储器和输入接口/输出接口三部分组成，如图2-1所示。

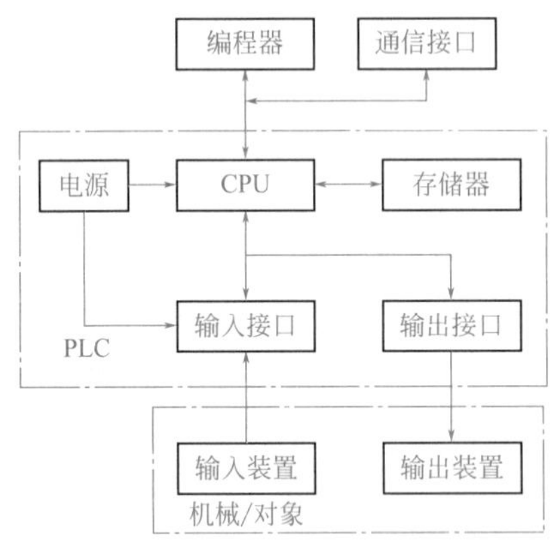

图2-1 PLC结构框图

2.2.1.1 CPU（中央处理器）

CPU的功能是完成PLC内所有的控制和监视操作。中央处理器一般由控制器、运算器和寄存器组成。CPU通过数据总线、地址总线和控制总线与存储器、输入输出接口电路连接。

2.2.1.2 存储器

在PLC中使用两种类型的存储器：一种是只读类型的存储器，如EPROM和EEPROM，

另一种是可读 / 写的随机存储器 RAM。PLC 的存储器分为 5 个区域，如图 2-2 所示。

图2-2　存储器的区域划分

程序存储器的类型是只读存储器（ROM），PLC 的操作系统存放在这里，操作系统的程序由制造商固化，通常不能修改。存储器中的程序负责解释和编译用户编写的程序、监控 I/O 口的状态、对 PLC 进行自诊断以及扫描 PLC 中的程序等。系统存储器属于随机存储器（RAM），主要用于存储中间计算结果、数据和系统管理，有的 PLC 厂家用系统存储器存储一些系统信息如错误代码等，系统存储器不对用户开放。I/O 状态存储器属于随机存储器，用于存储 I/O 装置的状态信息，每个输入模块和输出模块都在 I/O 映像表中分配一个地址，而且这个地址是唯一的。数据存储器属于随机存储器，主要用于数据处理功能，为计数器、定时器、算术计算和过程参数提供数据存储。有的厂家将数据存储器细分为固定数据存储器和可变数据存储器。用户编程存储器，其类型可以是随机存储器、可擦除存储器（EPROM）和电擦除存储器（EEPROM），高档的 PLC 还可以用 FLASH。用户编程存储器主要用于存放用户编写的程序。存储器的关系如图 2-3 所示。

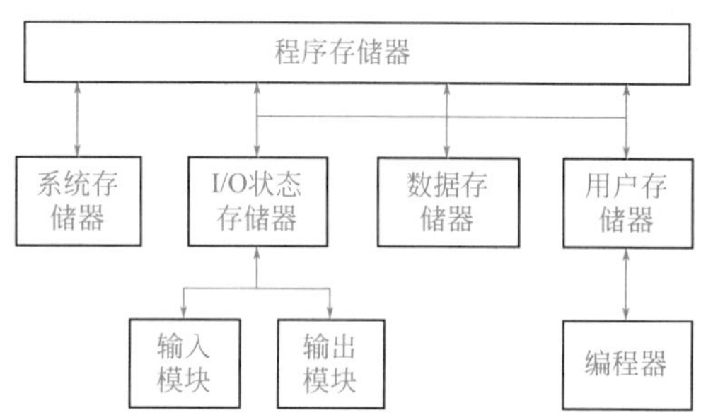

图2-3　存储器的关系

只读存储器可以用来存放系统程序，PLC 断电后再上电，系统内容不变且重新执行。只读存储器也可用来固化用户程序和一些重要参数，以免因偶然操作失误而造成程序和数据的破坏或丢失。随机存储器中一般存放用户程序和系统参数。当 PLC 处于编程工作时，CPU 从 RAM 中取指令并执行。用户程序执行过程中产生的中间结果也在 RAM 中暂时存放。RAM 通常由 CMOS 型集成电路组成，功耗小，但断电时内容消失，所以一般使用大电容或后备锂电池保证掉电后 PLC 的内容在一定时间内不丢失。

2.2.1.3　输入/输出接口

PLC 的输入和输出信号可以是开关量或模拟量。输入 / 输出接口是 PLC 内部弱电（low power）信号和工业现场强电（high power）信号联系的桥梁。输入 / 输出接口主要有两个作用，一是利用内部的电隔离电路将工业现场和 PLC 内部进行隔离，起保护作用；二是调理信号，可以把不同的信号（如强电、弱电信号）调理成 CPU 可以处理的信号（5V、3.3V 或 2.7V 等），如图 2-4 所示。

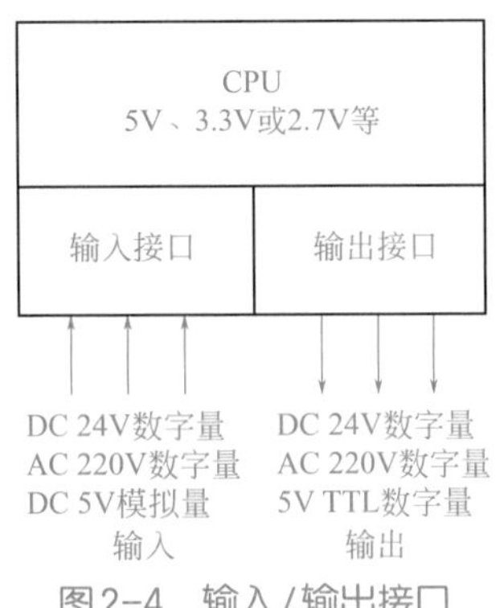

图2-4 输入/输出接口

输入 / 输出接口模块是 PLC 系统中最大的部分，输入 / 输出接口模块通常需要电源，输入电路的电源可以由外部提供，对于模块化的 PLC 还需要背板（安装机架）。

（1）输入接口电路

① 输入接口电路的组成和作用　输入接口电路由接线端子、输入调理电路和电平转换电路、模块状态显示电路、电隔离电路和多路选择开关模块组成，如图 2-5 所示。现场的信号必须连接在输入端子才可能将信号输入到 CPU 中，它提供了外部信号输入的物理接口。调理和电平转换电路十分重要，可以将工业现场的信号（如强电 AC 220V 信号）转化成电信号（CPU 可以识别的弱电信号）；电隔离电路主要是利用电隔离器件将工业现场的机械或者电输入信号和 PLC 的 CPU 的信号隔开，它能确保过高的电干扰信号和浪涌不串入 PLC 的微处理器，起保护作用，通常有三种隔离方式，用得最多的是光电隔离，其次是变压器隔离和干簧继电器隔离。当外部有信号输入时，输入模块上有指示灯显示，这个电路比较简单，当线路中有故障时，它帮助用户查找故障，由于氖灯或 LED 灯的寿命比较长，所以这个灯通常是氖灯或 LED 灯。多路选择开关接受调理完成的输入信号，并存储在多路开关模块中，当输入循环扫描时，多路开关模块中信号输送到 I/O 状态寄存器中。

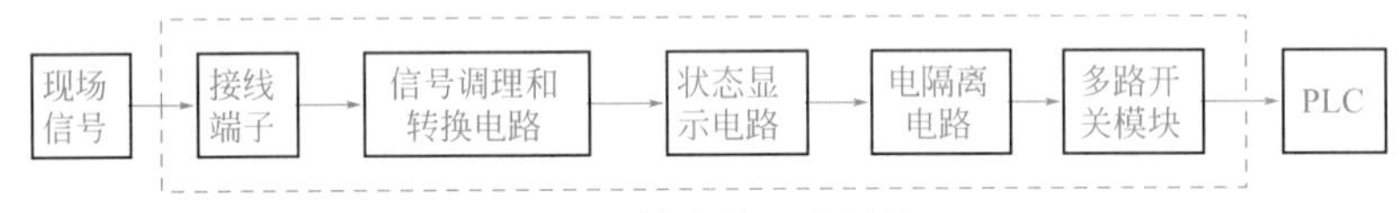

图2-5 输入接口的结构

② 输入信号设备的种类　输入信号可以是离散信号和模拟信号。当输入端是离散信号时，输入端的设备类型可以是限位开关、按钮、压力继电器、继电器触点、接近开关、选择开关以及光电开关等，如图 2-6 所示。当输入为模拟量输入时，输入设备的类型可以是压力传感器、温度传感器、流量传感器、电压传感器、电流传感器以及力传感器等。

（2）输出接口电路

① 输出接口电路的组成和作用　输出接口电路由多路选择开关模块、信号锁存器、电隔离电路、模块状态显示电路、输出电平转换电路和接线端子组成，如图 2-7 所示。在输出扫描期间，多路选择开关模块接受来自映像表中的输出信号，并对这个信号的状态和目标地址进行译码，最后将信息送给锁存器。信号锁存器是将多路选择开关模块的信号保存起来，直到下一次更新。输出接口的电隔离电路作用和输入模块的一样，但是由于输出模块输出的信号比输入信号要强得多，因此要求隔离电磁干扰和浪涌的能力更

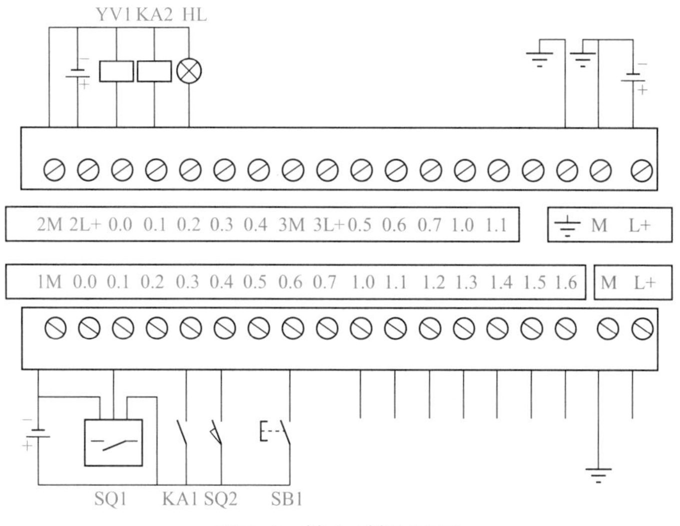

图2-6　输入/输出接口

高。输出电平转换电路将隔离电路送来的信号放大成可以足够驱动现场设备的信号，放大器件可以是双向晶闸管、三极管和干簧继电器等。输出的接线端子用于将输出模块与现场设备相连接。

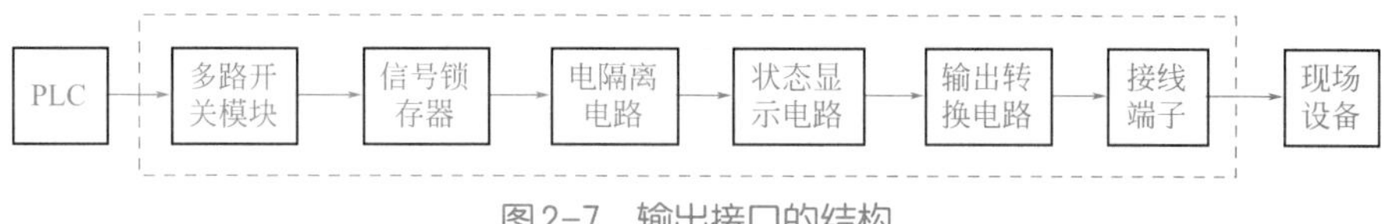

图2-7　输出接口的结构

PLC 有三种输出接口形式，即继电器输出、晶体管输出和晶闸管输出形式。继电器输出形式的 PLC 的负载电源可以是直流电源或交流电源，但其输出响应频率较慢，其内部电路如图 2-8 所示。晶体管输出的 PLC 负载电源是直流电源，其输出响应频率较快，其内部电路如图 2-9 所示。晶闸管输出形式的 PLC 的负载电源是交流电源，西门子 S7-1200 PLC 的 CPU 模块暂时还没有晶闸管输出形式的产品出售，但三菱 FX 系列有这种产品。选型时要特别注意 PLC 的输出形式。

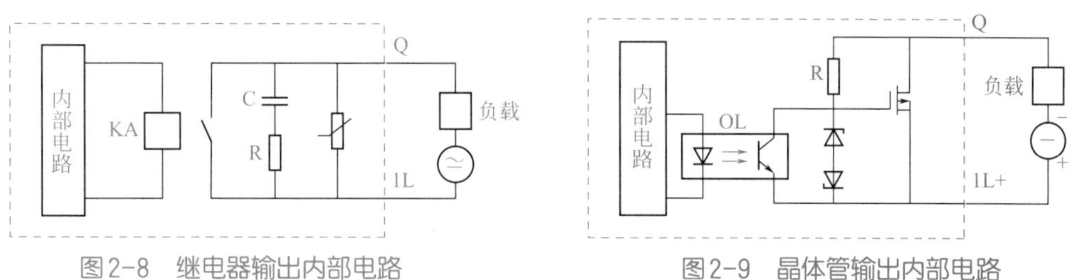

图2-8　继电器输出内部电路　　图2-9　晶体管输出内部电路

② 输出信号的设备种类　输出信号可以是离散信号和模拟信号。当输出端是离散信号时，输出端的设备类型可以是电磁阀的线圈、电动机启动器、控制柜的指示器、接触器线圈、LED 灯、指示灯、继电器线圈、报警器和蜂鸣器等。当输出为模拟量输出时，输出设备的类型可以是流量阀、AC 驱动器（如交流伺服驱动器）、DC 驱动器、模拟量仪表、温度控制器和流量控制器等。

【关键点】 PLC的继电器型输出虽然响应速度慢，但其驱动能力强，一般为2A，这是继电器型输出PLC的一个重要的优点。一些特殊型号的PLC，如西门子LOGO！的某些型号驱动能力可达5A和10A，能直接驱动接触器。此外，从图2-8中可以看出继电器型输出形式的PLC，对于一般的误接线，通常不会引起PLC内部器件的烧毁（高于交流220V电压是不允许的）。因此，继电器输出形式是选型时的首选，在工程实践中，用得比较多。

晶体管输出的PLC的输出电流一般小于1A，西门子S7-200 SMART的输出电流源是0.5A（西门子有的型号的PLC的输出电流为0.75A），可见晶体管输出的驱动能力较小。此外，由图2-9可以看出晶体管型输出形式的PLC，对于一般的误接线，可能会引起PLC内部器件的烧毁，所以要特别注意。

2.2.2 PLC的工作原理

PLC是一种存储程序的控制器。用户根据某一对象的具体控制要求，编制好控制程序后，用编程器将程序输入到PLC（或用计算机下载到PLC）的用户程序存储器中寄存。PLC的控制功能就是通过运行用户程序来实现的。

PLC运行程序的方式与微型计算机相比有较大的不同。微型计算机运行程序时，一旦执行到END指令，程序运行便结束；而PLC从0号存储地址所存放的第一条用户程序开始，在无中断或跳转的情况下，按存储地址号递增的方向顺序逐条执行用户程序，直到END指令结束。然后再从头开始执行，并周而复始地重复，直到停机或从运行（RUN）切换到停止（STOP）工作状态。把PLC这种执行程序的方式称为扫描工作方式。每扫描完一次程序就构成一个扫描周期。另外，PLC对输入、输出信号的处理与微型计算机不同。微型计算机对输入、输出信号实时处理，而PLC对输入、输出信号是集中批处理。下面具体介绍PLC的扫描工作过程。其运行和信号处理示意如图2-10所示。

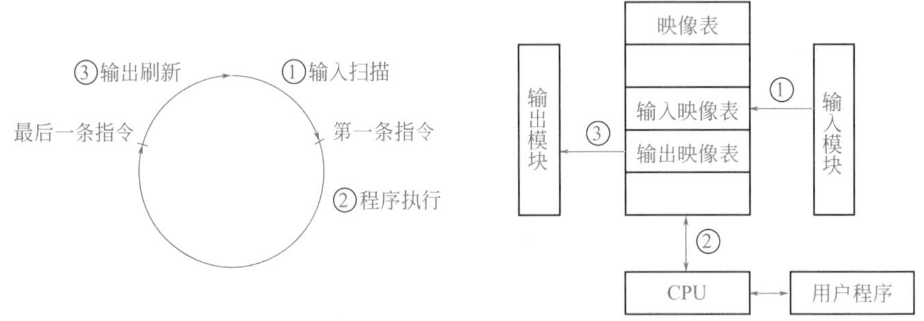

图2-10 PLC内部运行和信号处理示意图

PLC扫描工作方式主要分为三个阶段：输入扫描、程序执行和输出刷新。

（1）输入扫描

PLC在开始执行程序之前，首先扫描输入端子，按顺序将所有输入信号，读入到寄存器－输入状态的输入映像寄存器中，这个过程称为输入扫描。PLC在运行程序时，所需的输入信号不是现时取输入端子上的信息，而是取输入映像寄存器中的信息。在本工作周期内这个采样结果的内容不会改变，只有到下一个扫描周期输入扫描阶段才被刷新。PLC的扫描速度很快，取决于 CPU 的时钟速度。

（2）程序执行

PLC 完成了输入扫描工作后，按顺序从 0 号地址开始的程序进行逐条扫描执行，并分别从输入映像寄存器、输出映像寄存器以及辅助继电器中获得所需的数据进行运算处理。再将程序执行的结果写入输出映像寄存器中保存。但这个结果在全部程序未被执行完毕之前不会送到输出端子上，也就是物理输出是不会改变的。扫描时间取决于程序的长度、复杂程度和 CPU 的功能。

（3）输出刷新

在执行到 END 指令，即执行完用户所有程序后，PLC 上将输出映像寄存器中的内容送到输出锁存器中进行输出，驱动用户设备。扫描时间取决于输出模块的数量。

从以上的介绍可以知道，PLC 程序扫描特性决定了 PLC 的输入和输出状态并不能在扫描的同时改变，例如一个按钮开关的输入信号的输入刚好在输入扫描之后，那么这个信号只有在下一个扫描周期才能被读入。

上述三个步骤是 PLC 的软件处理过程，可以认为就是程序扫描时间。扫描时间通常由三个因素决定，一是 CPU 的时钟速度，越高档的 CPU，时钟速度越快，扫描时间越短；二是 I/O 模块的数量，模块数量越少，扫描时间越短；三是程序的长度，程序长度越短，扫描时间越短。一般的 PLC 执行容量为 1K 的程序需要的扫描时间是 1 ～ 10ms。

图 2-11 所示为 PLC 循环扫描工作过程。

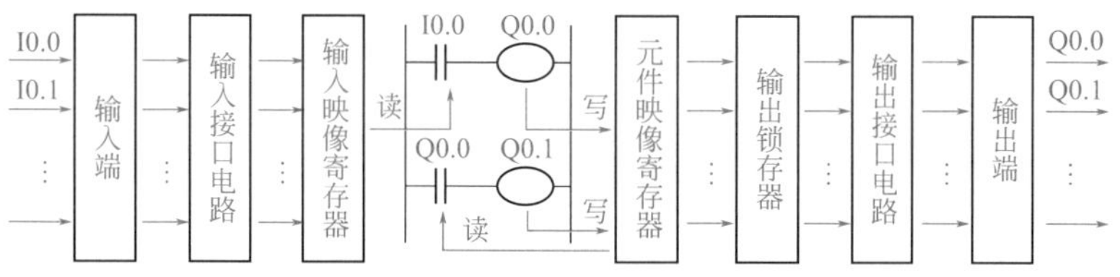

图2-11　PLC循环扫描工作过程

2.2.3　PLC的立即输入、输出功能

一般的 PLC 都有立即输入和立即输出功能。

（1）立即输出功能

所谓立即输出功能就是输出模块在处理用户程序时，能立即被刷新。PLC 临时挂起（中断）正常运行的程序，将输出映像表中的信息输送到输出模块，立即进行输出刷新，然后再回到程序中继续运行，立即输出的示意图如图 2-12 所示。注意，立即输出功能并不能立即刷新所有的输出模块。

（2）立即输入功能

立即输入适用于要求对反应速度很严格的场合，例如几毫秒的时间对于控制来说十分关键的情况下。立即输入时，PLC 立即挂起正在执行的程序，扫描输入模块，然后更新特定的输入状态到输入映像表，最后继续执行剩余的程序，立即输入的示意图如图 2-13 所示。

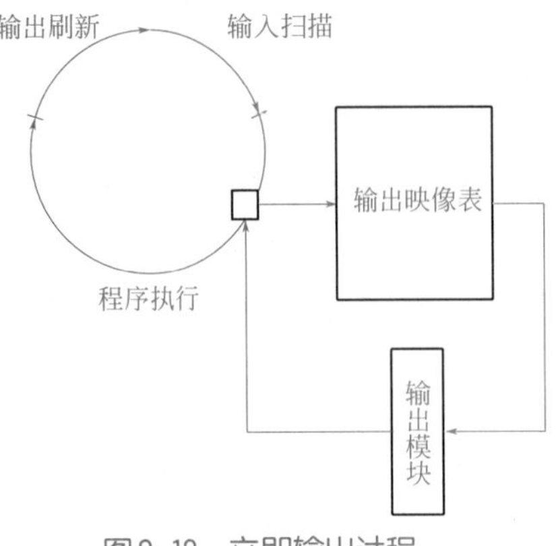

图2-12　立即输出过程

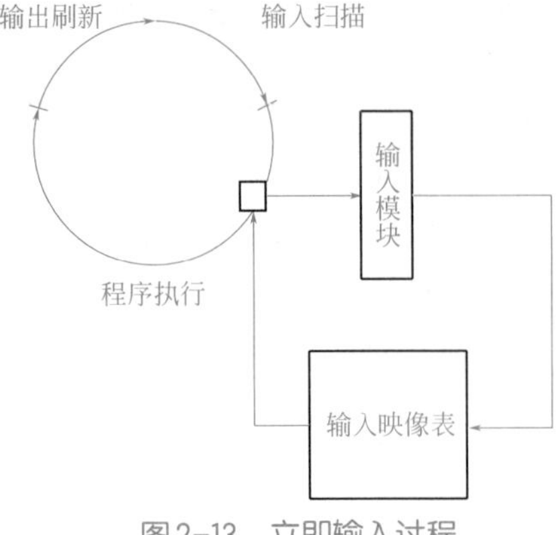

图2-13　立即输入过程

第2篇

西门子PLC编程入门

第3章 西门子 S7-200 SMART PLC 的硬件

本章主要介绍西门子 S7-200 SMART 的 CPU 模块及其扩展模块的技术性能和接线方法以及西门子 S7-200 SMART PLC 的安装和电源的需求计算。

3.1 西门子 S7-200 SMART PLC 概述

西门子 S7-200 SMART PLC 的 CPU 标准型模块中有 20 点、30 点、40 点和 60 点四类，每类中又分为继电器输出和晶体管输出两种。经济型 CPU 模块中也有 20 点、30 点、40 点和 60 点四类，目前只有继电器输出形式。

3.1.1 西门子 S7 系列模块简介

德国的西门子（SIEMENS）公司是欧洲最大的电子和电气设备制造商之一，生产的 SIMATIC 可编程控制器在欧洲处于领先地位。其第一代可编程控制器是 1975 年投放市场的 SIMATIC S3 系列的控制系统。在 1979 年，西门子公司将微处理器技术应用到可编程控制器中，研制出了 SIMATIC S5 系列，取代了 S3 系列，目前 S5 系列产品仍然有小部分在工业现场使用，在 20 世纪末，西门子又在 S5 系列的基础上推出了 S7 系列产品。最新的 SIMATIC 产品为 SIMATIC S7 和 C7 等几大系列。C7 是基于 S7-300 系列 PLC 性能，同时集成了 HMI（人机界面）。

SIMATIC S7 系列产品分为通用逻辑模块（LOGO!）、S7-200 PLC、S7-200 SMART PLC、S7-1200 PLC、S7-300 PLC、S7-400 PLC 和 S7-1500 PLC 七个产品系列。S7-200 是在西门子公司收购的小型 PLC 的基础上发展而来的，因此其指令系统、程序结构和编程软件同 S7-300/400 PLC 有区别，在西门子 PLC 产品系列中是一个特殊的产品。S7-200 SMART PLC 是 S7-200 PLC 的升级版本，是西门子家族的新成员，于 2012 年 7 月发布。其绝大多数的指令和使用方法与 S7-200 PLC 类似，其编程软件也和 S7-200 PLC 类似，而且在 S7-200 PLC 中运行的程序，大部分都可以在 S7-200 SMART PLC 中运行。S7-1200 PLC 是在 2009

年才推出的新型小型 PLC，定位于 S7-200 PLC 和 S7-300 PLC 产品之间。S7-300/400 PLC 是由西门子的 S5 系列发展而来，是西门子公司最具竞争力的 PLC 产品。2013 年西门子公司又推出了新品 S7-1500 系列产品。西门子 PLC 产品系列的定位见表 3-1。

表 3-1　西门子PLC产品系列的定位

序号	控制器	定位	主要任务和性能特征
1	LOGO！	低端的独立自动化系统中简单的开关量解决方案和智能逻辑控制器	简单自动化 作为时间继电器、计数器和辅助接触器的替代开关设备 模块化设计，柔性应用 有数字量、模拟量和通信模块 用户界面友好，配置简单 使用拖放功能和智能电路开发
2	S7-200/ S7-200CN	低端的离散自动化系统和独立自动化系统中使用的紧凑型逻辑控制器模块	串行模块结构、模块化扩展 紧凑设计，CPU 集成 I/O 实时处理能力，高速计数器和报警输入和中断 易学易用的软件 多种通信选项
3	S7-200 SMART	低端的离散自动化系统和独立自动化系统中使用的紧凑型逻辑控制器模块，是 S7-200 的升级版本	串行模块结构、模块化扩展 紧凑设计，CPU 集成 I/O 集成了 PROFINET 接口 实时处理能力，高速计数器和报警输入和中断 易学易用的软件 多种通信选项
4	S7-1200	低端的离散自动化系统和独立自动化系统中使用的小型控制器模块	可升级及灵活的设计 集成了 PROFINET 接口 集成了强大的计数、测量、闭环控制及运动控制功能 直观高效的 STEP7 Basic 工程系统可以直接组态控制器和 HMI
5	S7-300	中端的离散自动化系统中使用的控制器模块	通用型应用和丰富的 CPU 模块种类 高性能 模块化设计，紧凑设计 由于使用 MMC 存储程序和数据，系统免维护
6	S7-400	高端的离散和过程自动化系统中使用的控制器模块	特别强的通信和处理能力 定点加法或乘法的指令执行速度最快为 0.03μs 大型 I/O 框架和最高 20MB 的主内存 快速响应，实时性强，垂直集成 支持热插拔和在线 I/O 配置，避免重启 具备等时模式，可以通过 PROFIBUS 控制高速机器
7	S7-1500	中高端系统	S7-1500 控制器除了包含多种创新技术之外，还设定了新标准，最大程度提高生产效率。无论是小型设备还是对速度和准确性要求较高的复杂设备装置，都一一适用 SIMATIC S7-1500 无缝集成到 TIA 博途软件，极大提高了工程组态的效率

3.1.2　西门子 S7-200 SMART PLC 的产品特点

西门子 S7-200 SMART PLC 是在 S7-200 系列 PLC 的基础上发展而来，它具有一些新的优良特性，具体有以下几方面。

（1）机型丰富，更多选择

提供不同类型、I/O 点数丰富的 CPU 模块，单体 I/O 点数最高可达 60 点，可满足大部分小型自动化设备的控制需求。另外，CPU 模块配备标准型和经济型供用户选择，对于不同的应用需求，产品配置更加灵活，最大限度地控制成本。

（2）选件扩展，精确定制

新颖的信号板设计可扩展通信端口、数字量通道、模拟量通道。在不额外占用电控柜空间的前提下，信号板扩展能更加贴合用户的实际配置，提升产品的利用率，同时降低用户的扩展成本。

（3）高速芯片，性能卓越

配备西门子专用高速处理器芯片，基本指令执行时间可达 0.15μs，在同级别小型 PLC 中遥遥领先。一颗强有力的“芯”，能在应对繁琐的程序逻辑及复杂的工艺要求时表现得从容不迫。

（4）以太互联，经济便捷

CPU 模块本体标配以太网接口，集成了强大的以太网通信功能。通过一根普通的网线即可将程序下载到 PLC 中，方便快捷，省去了专用编程电缆。而且以太网接口还可与其他 CPU 模块、触摸屏、计算机进行通信，轻松组网。

（5）三轴脉冲，运动自如

CPU 模块本体最多集成 3 路高速脉冲输出，频率高达 100 kHz，支持 PWM/PTO 输出方式以及多种运动模式，可自由设置运动包络。配以方便易用的向导设置功能，快速实现设备调速、定位等功能。

（6）通用 SD 卡，方便下载

本机集成 Micro SD 卡插槽，使用市面上通用的 Micro SD 卡即可实现程序的更新和 PLC 固件升级，极大地方便了客户工程师对最终用户的服务支持，也省去了因 PLC 固件升级而返厂服务的不便。

（7）软件友好，编程高效

在继承西门子编程软件强大功能的基础上，STEP7-Micro/WIN SMART 编程软件融入了更多的人性化设计，如新颖的带状式菜单、全移动式界面窗口、方便的程序注释功能、强大的密码保护等。还能在体验强大功能的同时，大幅提高开发效率，缩短产品上市时间。

（8）完美整合，无缝集成

西门子 S7-200 SMART PLC、SMART LINE 触摸屏和 SINAMICS V20 变频器完美整合，为 OEM 客户带来高性价比的小型自动化解决方案，满足客户对于人机交互、控制和驱动等功能的全方位需求。

3.2 西门子 S7-200 SMART CPU 模块及其接线

3.2.1 西门子 S7-200 SMART CPU 模块的介绍

全新的 S7-200 SMART 带来两种不同类型的 CPU 模块——标准型和经济型，全方位满足不同行业、不同客户、不同设备的各种需求。标准型作为可扩展 CPU 模块，可满足对 I/O 规模有较大需求，逻辑控制较为复杂的应用；而经济型 CPU 模块直接通过单机本体满足相对简单的控制需求。

（1）S7-200 SMART CPU 的外部介绍

S7-200 SMART CPU 将微处理器、集成电源和多个数字量输入和输出点集成在一个紧凑的盒子中，形成功能比较强大的 S7-200 SMART PLC，如图 3-1 所示。

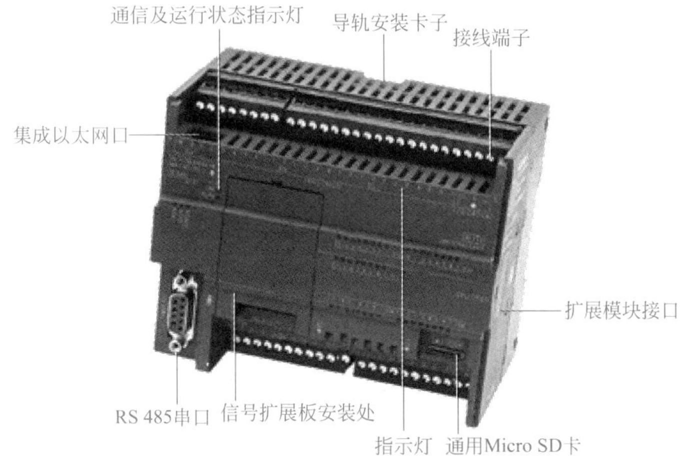

图3-1 S7-200 SMART PLC外形

① 集成以太网口。用于程序下载、设备组网。这使程序下载更加方便快捷，节省了购买专用通信电缆的费用。

② 通信及运行状态指示灯。显示 PLC 的工作状态，如运行状态、停止状态和强制状态等。

③ 导轨安装卡子。用于安装时将 PLC 锁紧在 35mm 的标准导轨上，安装便捷。同时此 PLC 也支持螺钉式安装。

④ 接线端子。S7-200 SMART 所有模块的输入、输出端子均可拆卸，而 S7-200 PLC 没有这个优点。

⑤ 扩展模块接口。用于连接扩展模块，插针式连接，模块连接更加紧密。

⑥ 通用 Micro SD 卡。支持程序下载和 PLC 固件更新。

⑦ 指示灯。I/O 点接通时，指示灯会亮。

⑧ 信号扩展板安装处。信号板扩展实现精确化配置，同时不占用电控柜空间。

⑨ RS485 串口。用于串口通信，如自由口通信、USS 通信和 Modbus 通信等。

（2）S7-200 SMART CPU 的技术性能

西门子公司的 CPU 是 32 位的。西门子公司提供多种类型的 CPU，以适应各种应用要求，不同的 CPU 有不同的技术参数，其规格（节选）见表 3-2。读懂这个性能表是很重要的，设计者在选型时，必须要参考这个表格，例如晶体管输出时，输出电流为 0.5A，若使用这个点控制一台电动机的启 / 停，设计者必须考虑这个电流是否能够驱动接触器，从而决定是否增加一个中间继电器。

（3）S7-200 SMART CPU 的工作方式

CPU 前面板即存储卡插槽的上部，有三盏指示灯显示当前工作方式。指示灯为绿色时，表示运行状态；指示灯为红色时，表示停止状态；标有“SF”的灯亮时，表示系统故

表 3-2　ST40 DC/DC/DC 的规格

常规规范			
序号	技术参数		说明
1	可用电流（EM 总线）		最大 1400mA（DC 5V）
2	功耗		18W
3	可用电流（DC 24V）		最大 300mA（传感器电源）
4	数字量输入电流消耗（DC 24V）		所用的每点输入 4mA
CPU 特征			
序号	技术参数		说明
1	用户存储器	程序	24KB
		用户数据	16KB
		保持性	最大 10 KB
2	板载数字量 I/O		24/16
3	过程映像大小		256 位输入（I）/256 位输出（Q）
4	位存储器（M）		256 位
5	信号模块扩展		最多 6 个
6	信号板扩展		最多 1 个
7	高速计数器		6 个时，4 个 200kHz，2 个 20kHz；A/B 相时，2 个 100kHz，2 个 20kHz
8	脉冲输出		3 个，每个 100kHz
9	存储卡		Micro SD 卡（可选）
10	实时时钟精度		120s/ 月
性能			
序号	技术参数		说明
1	布尔运算		0.15μs/ 指令
2	移动字		1.2μs/ 指令
3	实数数学运算		3.6μs/ 指令
支持的用户程序元素			
序号	技术参数		说明
1	累加器数量		4
2	定时器的类型 / 数量		非保持性（TON、TOF）：192 个 保持性（TONR）：64 个
3	计数器数量		256
通信			
序号	技术参数		说明
1	端口数		以太网：1 个 PN（LAN）口
			串行端口：1 个 RS485 口
			附加串行端口：仅在 SR40/ST40 上 1 个（带有可选 RS232/485 信号板）
2	HMI 设备		PN（LAN）：8 个连接 RS485 端口：4 个连接
3	数据传输速率		以太网：10/100Mbit/s RS485 系统协议：9600bit/s、19200bit/s 和 187500bit/s RS485 自由端口：1200 ～ 115200bit/s
4	隔离（外部信号与 PLC 逻辑侧）		以太网：变压器隔离，DC 1500V RS485：无
5	电缆类型		以太网：CAT5e 屏蔽电缆 RS485：PROFIBUS 网络电缆

续表

数字量输入 / 输出		
序号	技术参数	说明
1	电压范围（输出）	DC 20.4 ～ 28.8V
2	每点的额定最大电流（输出）	0.5A
3	额定电压（输入）	4mA 时 DC 24V，额定值
4	允许的连续电压（输入）	最大 DC 30V

障，PLC 停止工作。

CPU 处于停止工作方式时，不执行程序。进行程序的上传和下载时，都应将 CPU 置于停止工作方式。停止方式可以通过 PLC 上的旋钮设定，也可以在编译软件中设定。

CPU 处于运行工作方式时，PLC 按照自己的工作方式运行用户程序。运行方式可以通过 PLC 上的旋钮设定，也可以在编译软件中设定。

3.2.2 西门子 S7-200 SMART CPU 模块的接线

（1）CPU Sx40 输入端子的接线

S7-200 SMART 系列 CPU 的输入端接线与三菱的 FX 系列的输入端接线不同，后者不需要接入直流电源，其电源可以由系统内部提供，而 S7-200 SMART 系列 CPU 的输入端则必须接入直流电源。

下面以 CPU Sx40 为例介绍输入端的接线。“1M” 是输入端的公共端子，与 DC 24V 电源相连，电源有两种连接方法，对应 PLC 的 NPN 型和 PNP 型接法。当电源的负极与公共端子相连时，为 PNP 型接法，如图 3-2 所示，“N” 和 “L1” 端子为交流电的电源接入端子，通常为 AC 120 ～ 240V，为 PLC 提供电源，当然也有直流供电的；而当电源的正极与公共端子相连时，为 NPN 型接法，如图 3-3 所示。“M” 和 “L+” 端子为 DC 24V 的电源接入端子，为 PLC 提供电源，当然也有交流供电的，注意这对端子不是电源输出端子。

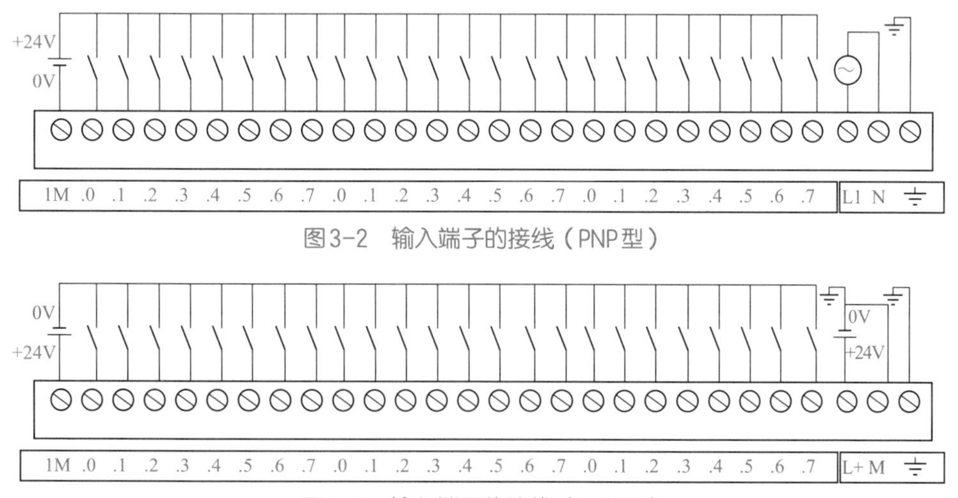

图3-2 输入端子的接线（PNP型）

图3-3 输入端子的接线（NPN型）

初学者往往不容易区分 PNP 型和 NPN 型的接法，经常混淆，若读者记住以下的方法，就不会出错：把 PLC 作为负载，以输入开关（通常为接近开关）为对象，若信号从开关流出（信号从开关流出，向 PLC 流入），则 PLC 的输入为 PNP 型接法；把 PLC 作为负载，以输入开关（通常为接近开关）为对象，若信号从开关流入（信号从 PLC 流出，向开关流入），则 PLC 的输入为 NPN 型接法。三菱的 FX 系列（FX3U 除外）PLC 只支持 NPN 型接法。

【例 3-1】 有一台 CPU Sx40，输入端有一只三线 PNP 型接近开关和一只二线 PNP 型接近开关，应如何接线？

【解】 对于 CPU Sx40，公共端接电源的负极。而对于三线 PNP 型接近开关，只要将其正、负极分别与电源的正、负极相连，将信号线与 PLC 的“I0.0”相连即可；而对于二线 PNP 型接近开关，只要将电源的正极与其正极相连，将信号线与 PLC 的“I0.1”相连即可，如图 3-4 所示。

图3-4　例3-1输入端子的接线

（2）CPU Sx40 输出端子的接线

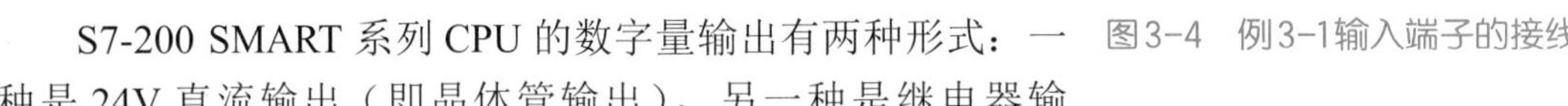

S7-200 SMART 系列 CPU 的数字量输出有两种形式：一种是 24V 直流输出（即晶体管输出），另一种是继电器输出。标注为“CPUST40（DC/DC/DC）”的含义是：第一个 DC 表示供电电源电压为 DC 24V，第二个 DC 表示输入端的电源电压为 DC 24V，第三个 DC 表示输出为 DC 24V，在 CPU 的输出点接线端子旁边印刷有“24V DC OUTPUTS”字样，“T”的含义就是晶体管输出。标注为“CPUSR40（AC/DC/ 继电器）”的含义是：AC 表示供电电源电压为 AC 120 ～ 240V，通常用 AC 220V，DC 表示输入端的电源电压为 DC 24V，“继电器”表示输出为继电器输出，在 CPU 的输出点接线端子旁边印刷有“RELAY OUTPUTS”字样，“RELAY”的含义就是继电器输出。

目前 24V 直流输出只有一种形式，即 PNP 型输出，也就是常说的高电平输出，这点与三菱 FX 系列 PLC 不同，三菱 FX 系列 PLC（FX3U 除外，FX3U 有 PNP 型和 NPN 型两种可选择的输出形式）为 NPN 型输出，也就是低电平输出，理解这一点十分重要，特别是利用 PLC 进行运动控制（如控制步进电动机时）时，必须考虑这一点。

晶体管输出如图 3-5 所示。继电器输出没有方向性，可以是交流信号，也可以是直流信号，但不能使用 220V 以上的交流电，特别是 380V 的交流电容易误接入。继电器输出如图 3-6 所示。可以看出，输出是分组安排的，每组既可以是直流也可以是交流电源，而且每组电源的电压大小可以不同，接直流电源时，没有方向性。在接线时，务必看清接线图。“M”和“L+”端子为 DC 24V 的电源输出端子，为传感器供电，注意这对端子不是电源输入端子。

在给 CPU 进行供电接线时，一定要分清是哪一种供电方式，如果把 AC 220V 接到

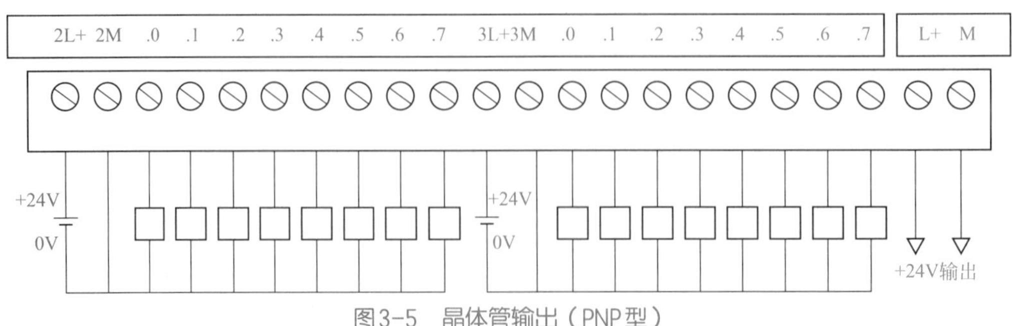

图3-5　晶体管输出（PNP型）

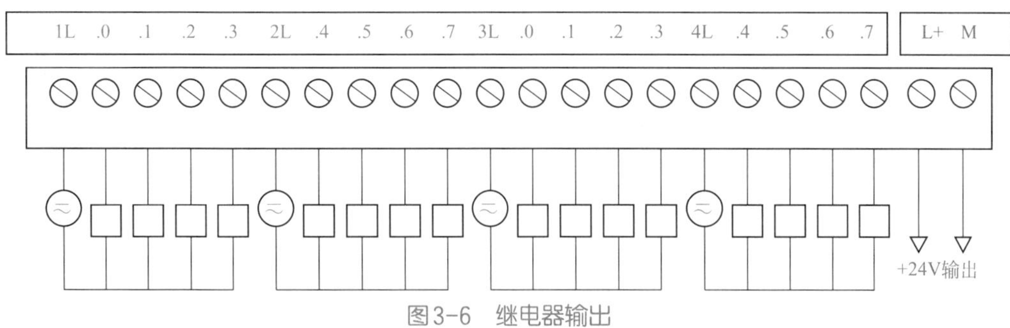

图3-6 继电器输出

DC 24V 供电的 CPU 上，或者不小心接到 DC 24V 传感器的输出电源上，都会造成 CPU 的损坏。

【例 3-2】 有一台 CPUSR40，控制一只 DC 24V 的电磁阀和一只 AC 220V 的电磁阀，输出端应如何接线？

【解】 因为两个电磁阀的线圈电压不同，而且有直流和交流两种电压，所以如果不经过转换，只能用继电器输出的 CPU，而且两个电磁阀分别在两个组中。其接线如图 3-7 所示。

【例 3-3】 有一台 CPUST40，控制两台步进电动机和一台三相异步电动机的启 / 停，三相电动机的启 / 停由一只接触器控制，接触器的线圈电压为 AC 220V，输出端应如何接线（步进电动机部分的接线可以省略）？

【解】 因为要控制两台步进电动机，所以要选用晶体管输出的 CPU，而且必须用 Q0.0 和 Q0.1 作为输出高速脉冲点控制步进电动机，但接触器的线圈电压为 AC 220V，所以电路要经过转换，增加中间继电器 KA，其接线如图 3-8 所示。

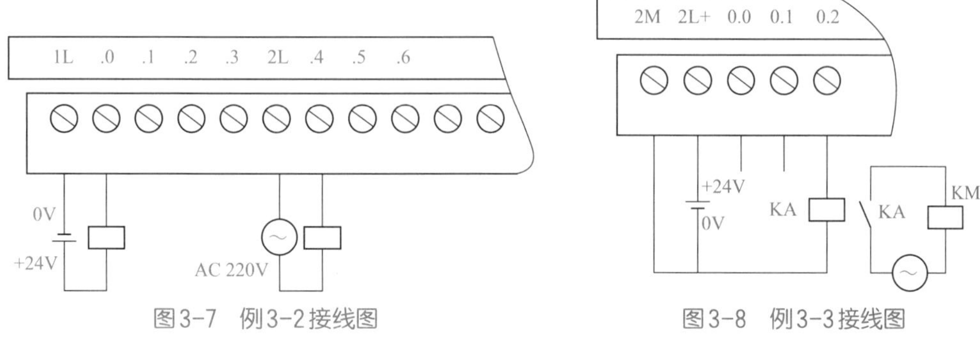

图3-7 例3-2接线图

图3-8 例3-3接线图

3.3 西门子 S7-200 SMART PLC 扩展模块及其接线

通常 S7-200 SMART CPU 只有数字量输入和数字量输出，要完成模拟量输入、模拟量输出、通信以及当数字输入、输出点不够时，都应该选用扩展模块来解决问题。S7-200 SMART CPU 中只有标准型 CPU 才可以连接扩展模块，而经济型 CPU 是不能连接扩展模块的。S7-200 SMART PLC 有丰富的扩展模块供用户选用。S7-200 SMART PLC 的扩展模块包括数字量、模拟量输入 / 输出和混合模块（既能用作输入，又能用作输出）。

3.3.1 数字量输入和输出扩展模块

（1）数字量输入和输出扩展模块的规格

数字量输入和输出扩展模块包括数字量输入模块、数字量输出模块和数字量输入输出混合模块，当数字量输入或者输出点不够时可选用。部分数字量输入和输出模块的规格见表 3-3。

表 3-3 数字量输入和输出扩展模块规格

型号	输入点	输出点	电压	功率 /W	电流	
					SM 总线	DC 24V
EM DE08	8	0	DC 24V	1.5	105mA	每点 4mA
EM DT08	0	8	DC 24V	1.5	120mA	—
EM DR08	0	8	DC 5 ～ 30V 或 AC 5 ～ 250V	4.5	120mA	每个继电器线圈 11mA
EM QT16	8	8		1.7	120mA	每点输入 4mA
EM QR16	8	8		4.5	110mA	每点输入 4mA，所用的每个继电器线圈 11mA

（2）数字量输入和输出扩展模块的接线

数字量输入和输出模块有专用的插针与 CPU 通信，并通过此插针由 CPU 向扩展 I/O 模块提供 DC 5V 的电源。EM DE08 数字量输入模块的接线如图 3-9 所示，图中为 PNP 型输入，也可以为 NPN 型输入。

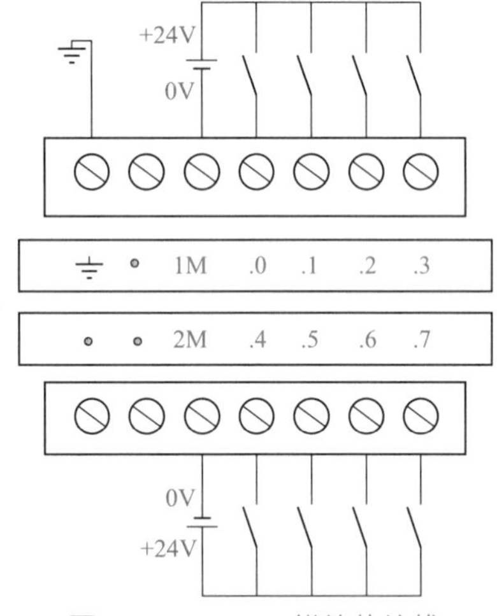

图3-9 EM DE08 模块的接线

EM DT08 数字量晶体管型输出模块，其接线如图 3-10 所示，只能为 PNP 型输出。EM DR08 数字量继电器型输出模块，其接线如图 3-11 所示，L+ 和 M 端子是模块的 DC 24V 供电接入端子，而 1L 和 2L 可以接入直流和交流电源，是给负载供电的，这点要特别注意。可以发现，数字量输入和输出扩展模块的接线与 CPU 的数字量输入输出端子的接线是类似的。

当 CPU 和数字量扩展模块的输入 / 输出点有信号输入或者输出时，LED 指示灯会亮，显示有输入 / 输出信号。

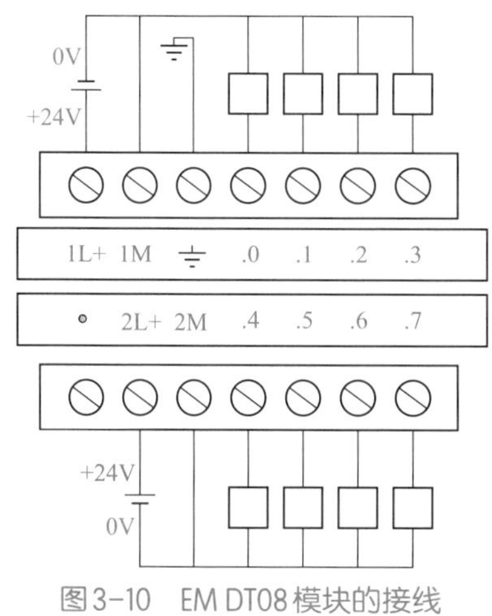

图3-10　EM DT08模块的接线

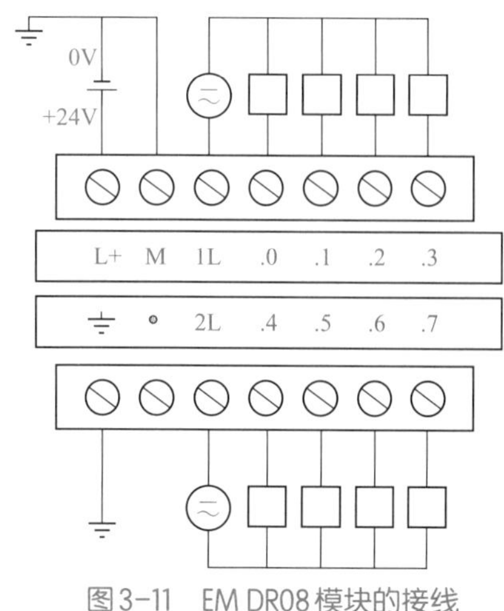

图3-11　EM DR08模块的接线

3.3.2　模拟量输入和输出扩展模块

（1）模拟量输入和输出扩展模块的规格

模拟量输入和输出扩展模块包括模拟量输入模块、模拟量输出模块和模拟量输入输出混合模块。部分模拟量输入和输出模块的规格见表3-4。

表3-4　模拟量输入和输出扩展模块规格

型号	输入点	输出点	电压	功率/W	电源要求	
					SM总线	DC 24V
EM AE04	4	0	DC 24V	1.5	80mA	40mA
EM AQ2	0	2	DC 24V	1.5	60mA	50/90mA
EM AM06	4	2	DC 24V	2	80mA	75/155mA

（2）模拟量输入和输出扩展模块的接线

西门子S7-200 SMART PLC的模拟量模块用于输入/输出电流或者电压信号。模拟量输入模块EM AE04的接线如图3-12所示，通道0和1不能同时测量电流和电压信号，只能二选一；通道2和3也是如此。信号范围：±10V、±5V、±2.5V和0～20mA。满量程数据字格式：−27648～+27648，这点与S7-300/400 PLC相同，但不同于S7-200 PLC（−32000～+32000）。

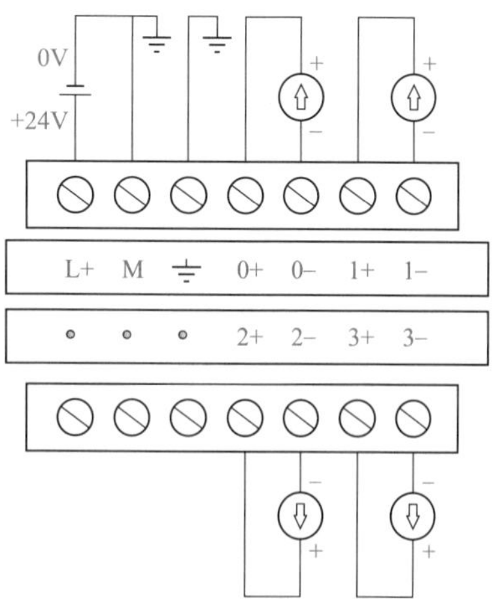

图3-12　EM AE04模块的接线

模拟量输出模块EM AQ02的接线如图3-13所示，两个模拟输出电流或电压信号，可以按需要选择。信号范围：±10V和0～20mA。满量程数据字格式：−27648～+27648，这点与S7-300/400 PLC相同，但不同于S7-200 PLC。

混合模块上有模拟量输入和输出，其接线如图3-14所示。

模拟量输入模块有两个参数容易混淆，即模拟量转换的分辨率和模拟量转换的精度（误差）。分辨率

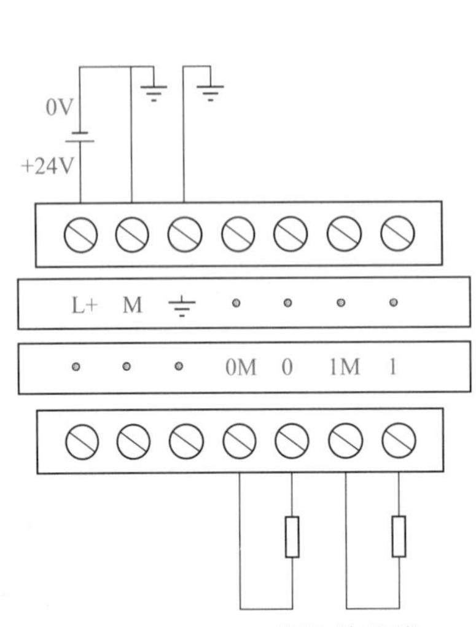

图3-13 EM AQ02模块的接线

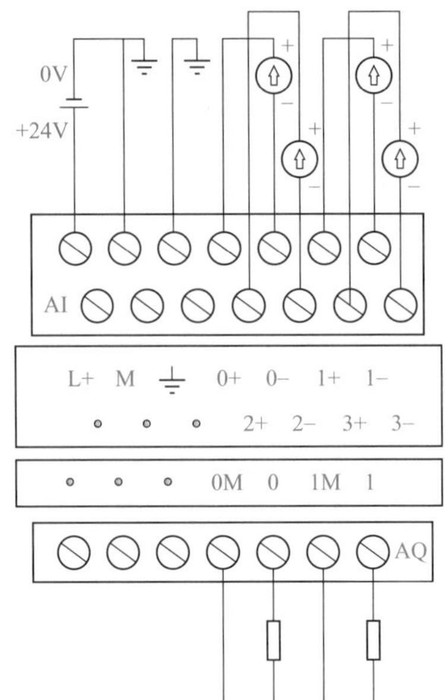

图3-14 EM AM06模块的接线

是 A-D 模拟量转换芯片的转换精度，即用多少位的数值来表示模拟量。若 S7-200 SMART 模拟量模块的转换分辨率是 12 位，能够反映模拟量变化的最小单位是满量程的 1/4096。模拟量转换的精度除了取决于 A-D 转换的分辨率，还受到转换芯片的外围电路的影响。在实际应用中，输入的模拟量信号会有波动、噪声和干扰，内部模拟电路也会产生噪声、漂移，这些都会对转换的最后精度造成影响。这些因素造成的误差要大于 A-D 芯片的转换误差。

当模拟量的扩展模块为正常状态时，LED 指示灯为绿色显示，而当为供电时，为红色闪烁。

使用模拟量模块时，要注意以下问题。

① 模拟量模块有专用的插针接头与 CPU 通信，并通过此电缆由 CPU 向模拟量模块提供 DC 5V 的电源。此外，模拟量模块必须外接 DC 24V 电源。

② 每个模块能同时输入 / 输出电流或者电压信号，对于模拟量输入的电压或者电流信号选择和量程的选择都是通过组态软件选择，如图 3-15 所示，模块 EM AM06 的通道 0 设定为电压信号，量程为 ±2.5V，而 S7-200 的信号类型和量程是由 DIP 开关设定的。

双极性就是信号在变化的过程中要经过“零”，单极性不过“零”。由于模拟量转换为数字量，是有符号整数，所以双极性信号对应的数值会有负数。在 S7-200 SMART 中，单极性模拟量输入 / 输出信号的数值范围是 0 ～ 27648；双极性模拟量信号的数值范围是 −27648 ～ 27648。

③ 对于模拟量输入模块，传感器电缆线应尽可能短，而且应使用屏蔽双绞线，导线应避免弯成锐角。靠近信号源屏蔽线的屏蔽层应单端接地。

④ 一般电压信号比电流信号容易受干扰，所以应优先选用电流信号。电压型的模拟量信号由于输入端的内阻很高（S7-200 SMART PLC 的模拟量模块为 10MΩ），极易引入干扰。一般电压信号是用在控制设备柜内电位器设置，或者距离非常近、电磁环境好的场合。电流信号不容易受到传输线沿途的电磁干扰，因而在工业现场获得广泛的应用。电流

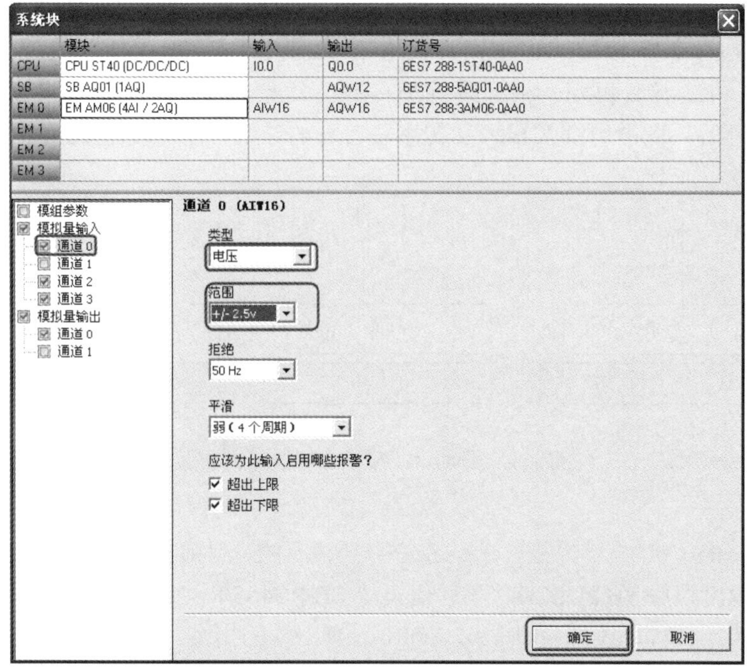

图3-15　EM AM06信号类型和量程选择

信号可以传输的距离比电压信号远得多。

⑤ 前述的CPU和扩展模块的数字量的输入点和输出点都有隔离保护，但模拟量的输入和输出则没有隔离。如果用户的系统中需要隔离，要另行购买信号隔离器件。

⑥ 模拟量输入模块的电源地和传感器的信号地必须连接（工作接地），否则将会产生一个很高的上下振动的共模电压，影响模拟量输入值，测量结果可能是一个变动很大的不稳定的值。

⑦ 西门子的模拟量模块的端子排是上下两排分布，容易混淆。在接线时要特别注意，先接下面端子的线，再接上面端子的线，而且不要弄错端子号。

3.3.3　其他扩展模块

（1）RTD模块

RTD传感器种类主要有Pt、Cu以及Ni热电偶和热敏电阻，每个大类中又分为不同小种类的传感器，用于采集温度信号。RTD模块将传感器采集的温度信号转化成数字量。EM AR02热电偶模块的接线如图3-16所示。

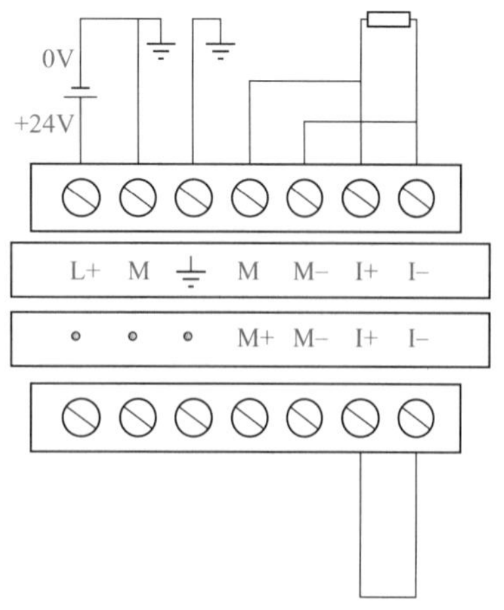

图3-16　EM AR02热电偶模块的接线

RTD传感器有四线式、三线式和二线式。四线式的精度最高，二线式精度最低，而三线式使用较多，其详细接线如图3-17所示。I+和I−端子是电流源，向传感器供电，而M+和M−是测量信号的端子。四线式的RTD传感器接线很容易，将传感器一端的两根线分别与M+和I+相连接，而传感器的另一端的两根线与M−和I−相连接；三线式的RTD传感器有三根线，将传感

器的一端的两根线分别与M−和I−相连接，而传感器的另一端的一根线与I+相连接，再用一根导线将M+和I+短接；二线式的RTD传感器有两根线，将传感器的两端的两根线分别与I+和I−相连接，再用一根导线将M+和I+短接，用另一根导线将M−和I−短接。为了方便读者理解，图中用细实线表示传感器自身的导线，用粗实线表示外接的短接线。

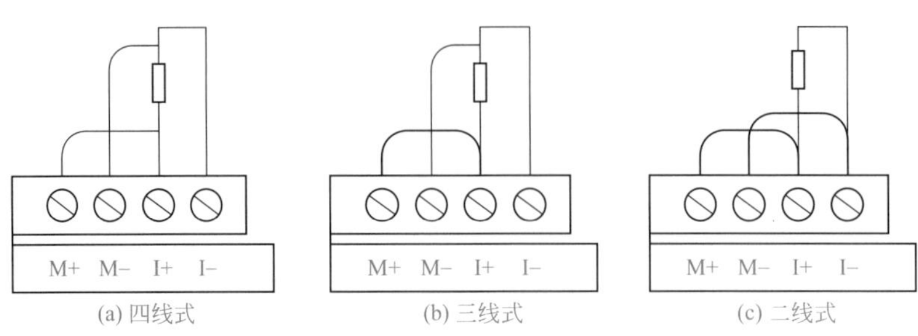

图3-17　EM AR02模块的接线（详图）

（2）信号板

S7-200 SMART CPU有信号板，这是S7-200所没有的。目前有模拟量输出模块SB AQ01、数字量输入/输出模块SB 2DI/2DQ和通信模块SB RS485/RS232，以下分别介绍。

① SB AQ01　模拟量输出模块SB AQ01只有一个输出点，由CPU供电，不需要外接电源。输出电压或者电流，电流范围是0～20mA，对应满量程为0～27648，电压范围是−10～10V，对应满量程为−27648～27648。SB AQ01模块的接线如图3-18所示。

② SB 2DI/2DQ模块　SB 2DI/2DQ模块是2个数字量输入和2个数字量输出，输入点是PNP型和NPN型可选，这与S7-200 SMART CPU相同，其输出点是PNP型输出。SB 2DI/2DQ模块的接线如图3-19所示。

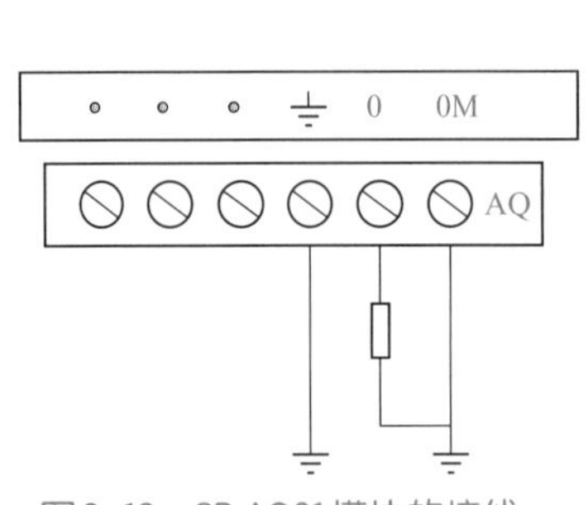

图3-18　SB AQ01模块的接线

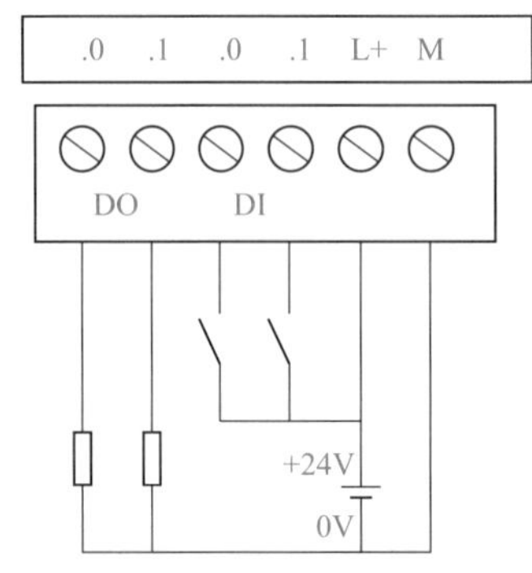

图3-19　SB 2DI/2DQ模块的接线

③ SB RS485/RS232模块　SB RS485/RS232模块可以作为RS232模块或者RS485模块使用，如设计时选择的是RS485模块，那么在硬件组态时，要选择RS485类型，如图3-20所示，在硬件组态时，选择“RS485”类型。

SB RS485/RS232模块不需要外接电源，它直接由CPU模块供电，此模块的引脚含义见表3-5。

当SB RS485/RS232模块作为RS232模块使用时，接线如图3-21所示，下侧的是DB9插头，代表的是与SB RS485/RS232模块通信的设备的插头，而上侧的是模块的接线端子，注意DB9的RxD接收数据与模块的Tx发送数据相连，DB9的TxD发送数据与模块的Rx接收数据相连，这就是俗称的“跳线”。

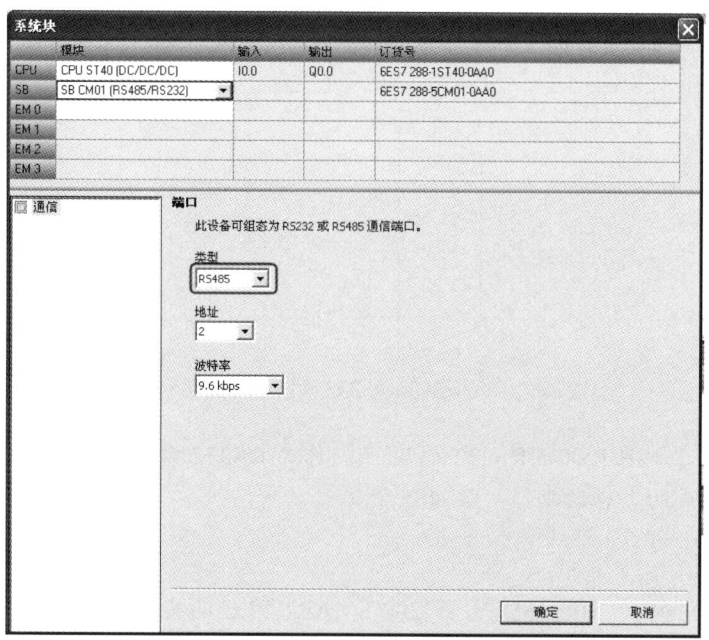

图3-20 SB RS485/RS232模块类型选择

表3-5 SB RS485/RS232模块的引脚含义

引脚号	功能	说明
1	功能性接地	
2	Tx/B	对于 RS485 是接收 +/ 发送 +，对于 RS232 是发送
3	RTS	
4	M	对于 RS232 是 GND 接地
5	Rx/A	对于 RS485 是接收 −/ 发送 −，对于 RS232 是接收
6	5V 输出（偏置电压）	

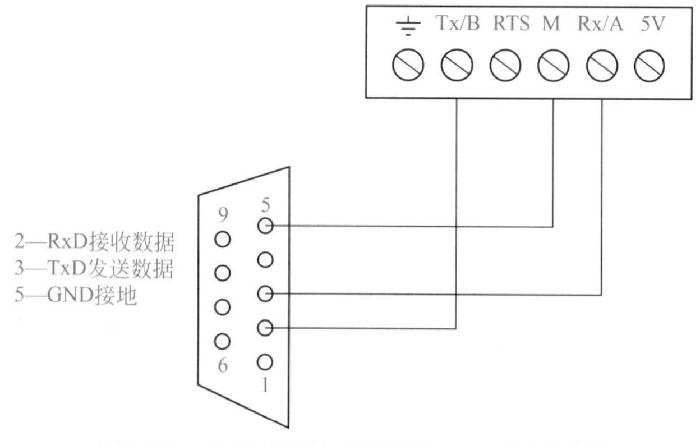

图3-21 SB RS485/RS232模块——RS232连接

当 SB RS485/RS232 模块作为 RS485 模块使用时，接线如图 3-22 所示，下侧的是 DB9 插头，代表的是与 SB RS485/RS232 模块通信的设备的插头，而上侧的是模块的接线端子，注意 DB9 的发送 / 接收 + 与模块的 TxB 相连，DB9 的发送 / 接收 − 与模块的 RxA 相连，RS485 无需“跳线”。

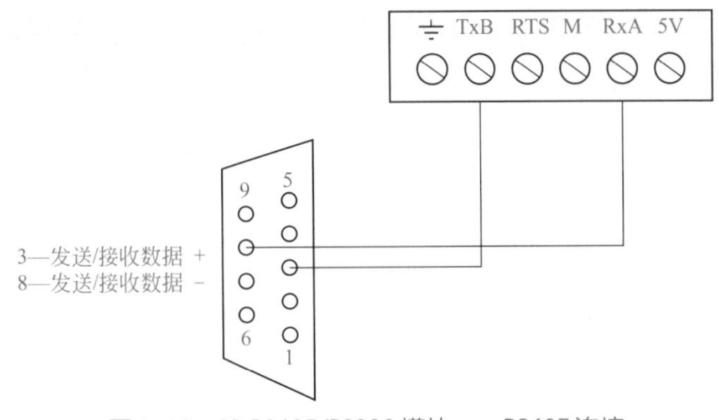

图3-22 SB RS485/RS232模块——RS485连接

【关键点】 SB RS485/RS232 模块可以作为 RS232 模块或者 RS485 模块使用，但 CPU 上集成的串口只能作为 RS485 使用。

（3）MicroSD

① MicroSD 简介 MicroSD 是 S7-200 SMART PLC 的特色功能，它支持商用手机卡，支持容量范围是 4 ～ 32GB。它有三项主要功能，具体如下。

a. 复位 CPU 到出厂设置。

b. 固件升级。

c. 程序传输。

② 用 MicroSD 复位 CPU 到出厂设置

a. 用普通读卡器将 CPU 复位到出厂设置，然后将文件复制到一个空的 MicroSD 卡中。

b. 在 CPU 断电状态下将包含固件文件的存储卡插入 CPU。

c. 给 CPU 上电，CPU 会自动复位到出厂设置。复位过程中 RUN 指示灯和 STOP 指示灯以 2Hz 的频率交替点亮。

d. 当 CPU 只有 STOP 灯开始闪烁，表示“固件更新”操作成功，从 CPU 上取下存储卡。

③ 用 MicroSD 进行固件升级

a. 用普通读卡器将固件文件复制到一个空 MicroSD 卡中。

b. 在 CPU 断电状态下将包含固件文件的存储卡插入 CPU。

c. 给 CPU 上电，CPU 会自动识别存储卡为固件更新卡并且自动更新 CPU 固件。更新过程中 RUN 指示灯和 STOP 指示灯以 2Hz 的频率交替点亮。

d. 当 CPU 只有 STOP 灯开始闪烁，表示“固件更新”操作成功，从 CPU 上取下存储卡。

3.4 西门子 S7-200 SMART PLC 的安装

西门子 S7-200 SMART PLC 设备易于安装。S7-200 SMART PLC 可采用水平或垂直方式安装在面板或标准 DIN 导轨上。而且 S7-200 SMART PLC 体积小，用户能更有效地利用空间。

3.4.1 安装的预留空间

S7-200 SMART 设备通过自然对流冷却。为保证适当冷却，必须在设备上方和下方留出至少 25mm 的间隙。此外，模块前端与机柜内壁间至少应留出 25mm 的深度。预留空间参考如图 3-23 所示。

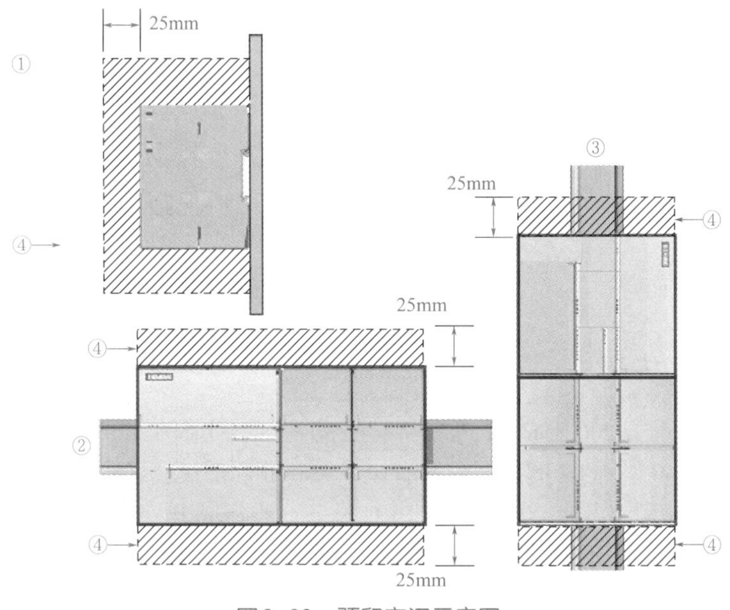

图3-23 预留空间示意图

3.4.2 安装CPU模块

CPU 可以很方便地安装到标准 DIN 导轨或面板上。可使用 DIN 导轨卡夹将设备固定到 DIN 导轨上。具体步骤如下。

① 将 DIN 导轨（35mm）按照每隔 75 mm 的间距固定到安装板上。

② 听到“咔嚓”一声，打开模块底部的 DIN 夹片，并将模块背面卡在 DIN 导轨上，如图 3-24 所示。

③ 如果使用扩展模块，则将其置于 DIN 导轨上的 CPU 旁。

④ 将模块向下旋转至 DIN 导轨，听到“咔嚓”一声闭合 DIN 夹片，如图 3-25 所示。仔细检查夹片是否将模块牢牢地固定到导轨上。为避免损坏模块，应按安装孔标记，而不要直接按模块前侧。

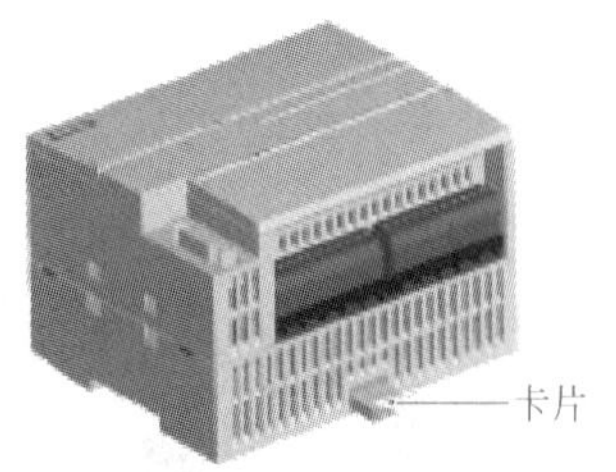

图3-24 打开卡片

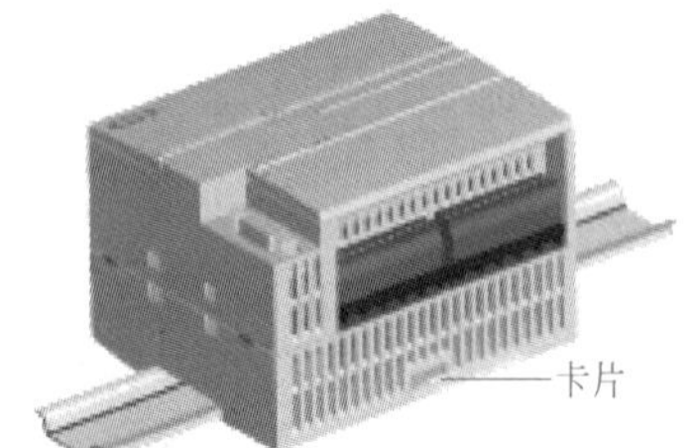

图3-25 闭合卡片

3.4.3 扩展模块的连接

扩展模块必须与 CPU 模块或者其前一个槽位的扩展模块连接，具体方法是先将 CPU（前一个槽位的扩展模块）连接插槽上的塑料小盖用一字螺钉旋具拨出来，插槽是母头，

然后将扩展模块的连接插头插入 CPU 的插槽即可，如图 3-26 所示。

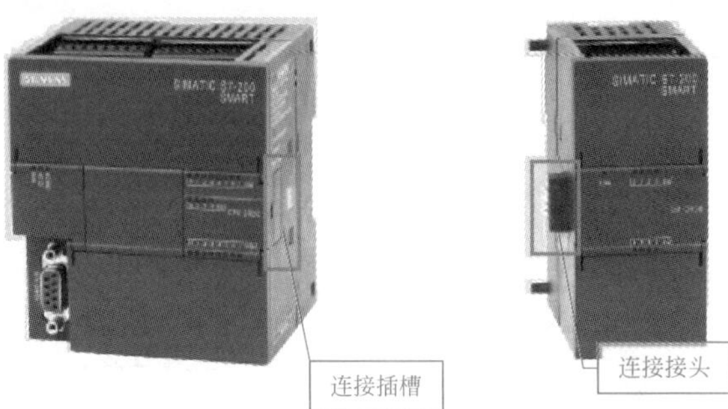

图3-26　扩展模块的连接

3.4.4　信号板的安装

信号板是西门子 S7-200 SMART PLC 特有的模块，西门子的其他产品并无信号板，信号板体积小，不占用控制柜的空间，信号板有模拟量和数字量模块。安装信号板的步骤如下。

① 确保 CPU 和所有 S7-200 SMART PLC 设备与电源断开连接。

② 卸下 CPU 上部和下部的端子块盖板。

③ 将螺钉旋具插入 CPU 上部接线盒盖背面的槽中。

④ 轻轻将盖撬起并从 CPU 上卸下。

⑤ 将信号板直接向下放入 CPU 上部的安装位置中。

⑥ 用力将模块压入该位置直到卡入就位，如图 3-27 所示。

⑦ 重新装上端子块盖板。

3.4.5　接线端子的拆卸和安装

西门子 S7-200 SMART PLC 的接线端子是可以拆卸的，非常方便维护，在不改换接线的情况下，可以很方便地更换 PLC，而 S7-200 PLC 的接线端子是固定的。

（1）接线端子的拆卸

拆卸接线端子的步骤如下。

① 确保 CPU 和所有 S7-200 SMART PLC 设备与电源断开连接。

② 查看连接器的顶部并找到可插入螺钉旋具头的槽。

③ 将小螺钉旋具插入槽中。

④ 轻轻撬起连接器顶部使其与 CPU 分离，连接器从夹紧位置脱离。

⑤ 抓住连接器并将其从 CPU 上卸下，如图 3-28 所示。

图3-27　信号板的连接

图3-28　接线端子的拆卸

（2）接线端子的安装

把接线端子对准插槽，压入直到卡入就位即可。

3.5　最大输入和输出点配置与电源需求计算

3.5.1　模块的地址分配

S7-200 SMART CPU 配置扩展模块后，扩展模块的起始地址根据其在不同的槽位而有所不同，这点与 S7-200 PLC 是不同的，读者不能随意给定。扩展模块的地址要在“系统块”的硬件组态时，由软件系统给定，如图 3-29 所示。

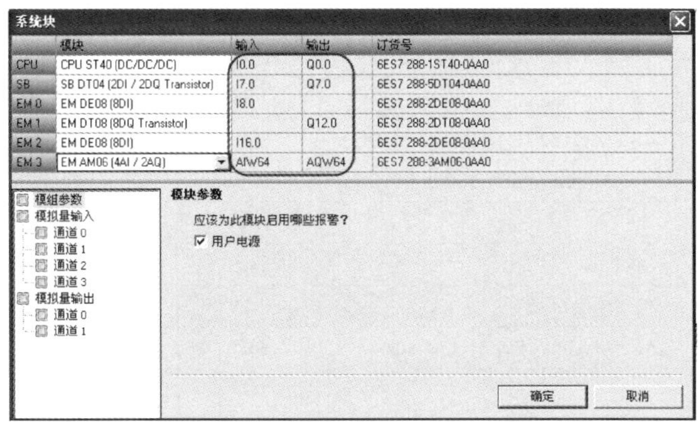

图3-29　扩展模块的起始地址示例

S7-200 SMART CPU 最多能配置 6 个（早期版本为 4 个）扩展模块和 1 个信号板，在不同的槽位配置不同模块的起始地址均不相同，见表 3-6。

表 3-6　不同的槽位扩展模块的地址

模块	CPU	信号面板	扩展模块 1	扩展模块 2	扩展模块 3	扩展模块 4
I/O 起始地址	I0.0	I7.0	I8.0	I12.0	I16.0	I20.0
	Q0.0	Q7.0	Q8.0	Q12.0	Q16.0	Q20.0
			AIW16	AIW32	AIW48	AIW64
		AQW12	AQW16	AQW32	AQW48	AQW64

3.5.2　最大输入和输出点配置

（1）最大 I/O 的限制条件

CPU 的输入和输出点映像区的大小限制，最大为 256 个输入和 256 个输出，但实际的 S7-200 SMART CPU 没有这么多，还要受到下面因素的限制。

① CPU 本体的输入和输出点数的不同。

② CPU 所能扩展的模块数目，标准型为 6 个，经济型不能扩展模块。

③ CPU 内部 +5V 电源是否满足所有扩展模块的需要，扩展模块的 +5V 电源不能外接电源，只能由 CPU 供给。

在以上因素中，CPU 的供电能力对扩展模块的个数起决定影响，因此最为关键。

（2）最大I/O扩展能力示例

不同型号的CPU的扩展能力不同，表3-7列举了CPU模块的最大扩展能力。

表3-7　CPU模块的最大扩展能力

CPU模块	可以扩展的最大DI/DO和AI/AO		5V电源/mA	DI	DO	AI	AO
CPU CR40		无	不能扩展				
CPU SR20	最大DI/DO	CPU	1400	12	8		
		6×EM DT32 16DT/16DO, DC/DC	−1110	96	96		
		6×EM DR32 16DT/16DO, DC/Relay	−1080				
		总计	>0	108	104		
	最大AI/AO	CPU	1400	12	8		
		1×SB 1AO	−15				1
		6×EM AE08或者6×EM AQ04	−480			48	24
		总计	>0	12	8	48	25
CPU SR40/ST40	最大DI/DO	CPU	1400	24	16		
		6×EM DT32 16DT/16DO, DC/DC	−1110	96	96		
		6×EM DR32 16DT/16DO, DC/Relay	−1080				
		总计	>0	120	112		
	最大AI/AO	CPU	1400	24	16		
		1×SB 1AO	−15				1
		6×EM AE08或者6×EM AQ04	−480			48	24
		总计	>0	24	16	48	25
CPU SR60/ST60	最大DI/DO	CPU	1400	36	24		
		6×EM DT32 16DT/16DO, DC/DC	−1110	96	96		
		6×EM DR32 16DT/16DO, DC/Relay	−1080				
		总计	≥0	132	120		
	最大AI/AO	CPU	1400	36	24		
		1×SB 1AO	−15				1
		6×EM AE08或者6×EM AQ04	−480			48	24
		总计	>0	36	24	48	25

以CPU SR20为例，对以上表格作一个解释。CPU SR20自身有12个DI（输入点），8个DO（输出点），由于受到总线电流（SM电流，即DC+5V）限制，可以扩展96个DI和96个DO，经过扩展后，DI/DO分别能达到108/104个。最大可以扩展48个AI（模拟量输入）和25个AO(模拟量输出)。表格其余的CPU的各项含义与上述类似，在此不再赘述。

3.5.3　电源需求计算

所谓电源计算，就是用CPU所能提供的电源容量减去各模块所需要的电源消耗量。S7-200 SMART CPU模块提供DC 5V和DC 24V电源。当有扩展模块时，CPU通过I/O总线为其提供5V电源，所有扩展模块的5V电源消耗之和不能超过该CPU提供的电源额定值。若不够用则不能外接5V电源。

每个CPU都有一个DC 24V传感器电源，它为本机输入点和扩展模块输入点及扩展模块继电器线圈提供DC 24V。如果电源要求超出了CPU模块的电源定额，可以增加一个外部 DC 24V 电源来供给扩展模块。各模块的电源需求见表 3-8。

表 3-8　各模块的电源需求

型号		电源供应	
		DC+5V	DC+24V
CPU 模块	CPUSR20	1400mA	300mA
	CPUST40/SR40	1400mA	300mA
	CPUST60/SR60	1400mA	300mA
扩展模块	EM DR16	145mA	4mA/ 输入，11mA/ 输出
	EM DT32	185mA	4mA/ 输入
	EM DR32	180mA	4mA/ 输入，11mA/ 输出
	EM AE04	80mA	40mA（无负载）
	EM AE08	80mA	70mA（无负载）
	EM AQ02	60mA	50mA（无负载）
	EM AQ04	60mA	75mA（无负载）
	EM AM03	60mA	30mA（无负载）
	EM AM06	80mA	60mA（无负载）
信号板	SB 1AO	15mA	40mA（无负载）
	SB 2DI/DO	50mA	4mA/ 输入
	SB RS485/RS232	50mA	—

下面举例说明电源的需求计算。

【例 3-4】 某系统由一台 CPU SR40 AC/DC/ 继电器、3 个 EM 8 点继电器型数字量输出（EM DR08）和 1 个 EM 8 点数字量输入（EM DE08），问电源是否足够？

【解】 首先查表 3-8，计算见表 3-9。

表 3-9　电源需求计算

CPU 功率预算	DC 5V	DC 24V
CPU SR40 AC/DC/ 继电器	1400mA	300 mA
减去		
系统要求	DC 5V	DC 24V
CPU SR40，24 点输入		24×4mA=96mA
插槽 0：EM DR08	120mA	8×11mA=88mA
插槽 1：EM DR08	120mA	8×11mA=88mA
插槽 2：EM DR08	120mA	8×11mA=88mA
插槽 3：EM DE08	105mA	8×4mA=32mA
总需求	465mA	392mA
电流总差额	935mA	−92mA

从表 3-9 可以得出，+5V 是足够的，而 +24V 不够，还缺 92mA，因此必须再外接一个大于 92mA 的电源给系统输入和输出供电。在工程中，一般 +24V 不使用 CPU 模块提供的电源，因此通常只需要计算 +5V 是否足够就可以了。

【关键点】 配置模块进行电源需求计算，一台 CPU 所扩展的模块不能超过 6 个。

第 4 章 西门子 S7-200 SMART PLC 的编程软件

本章主要介绍 STEP7-Micro/WIN SMART 软件的安装和使用方法、建立一个完整项目以及仿真软件的使用。

4.1 STEP7-Micro/WIN SMART 编程软件简介与安装步骤

4.1.1 STEP7-Micro/WIN SMART 编程软件简介

STEP7-Micro/WIN SMART 是一款功能强大的软件，此软件用于 S7-200 SMART PLC 编程，支持三种模式：LAD（梯形图）、FBD（功能块图）和 STL（语句表）。STEP7-Micro/WIN SMART 可提供程序的在线编辑、监控和调试。本书介绍的 STEP7-Micro/WIN SMART V2.3 版本，可以打开大部分 S7-200 PLC 的程序。

STEP7-Micro/WIN SMART 是免费软件，读者可在供货商处索要，或者在西门子（中国）自动化与驱动集团的网站（http://www.ad.siemens.com.cn/）上下载软件并安装使用。

安装此软件对计算机的要求有以下几方面。

① Windows XP Professional SP3 操作系统只支持 32 位，Windows 7 操作系统支持 32 位和 64 位，Windows 8/10 操作系统只支持 64 位。

② 软件安装程序需要至少 350MB 硬盘空间。

有了 PLC 和配置必要软件的计算机，两者之间必须有一根程序下载电缆，由于 S7-200 SMART PLC 自带 IE 网络接口，而计算机都配置了网卡，这样只需要一根普通的网线就可以把程序从计算机下载到 PLC 中去。个人计算机和 PLC 的连接如图 4-1 所示。

【关键点】 S7-200 SMART PLC 的 IE 网络接口有自动交叉线（auto-crossing）功能，所以网线可以是正连接也可以反连接。

图4-1 个人计算机与PLC的连接

4.1.2 STEP7-Micro/WIN SMART编程软件的安装步骤

STEP7-Micro/WIN SMART 编程软件的安装步骤如下。

① 打开 STEP7-Micro/WIN SMART 编程软件的安装包，双击可执行文件“SETUP.EXE”，软件安装开始，并弹出选择设置语言对话框，如图 4-2所示，共有两种语言供选择，选择“中文（简体）”，单击“确定”按钮。此时弹出安装向导对话框如图 4-3 所示，单击“下一步”按钮即可。之后弹出安装许可协议界面如图 4-4 所示，选择“我接受许可证协定和有关安全的信息的所有条件”，单击“下一步”按钮，表示同意许可协议，否则安装不能继续进行。

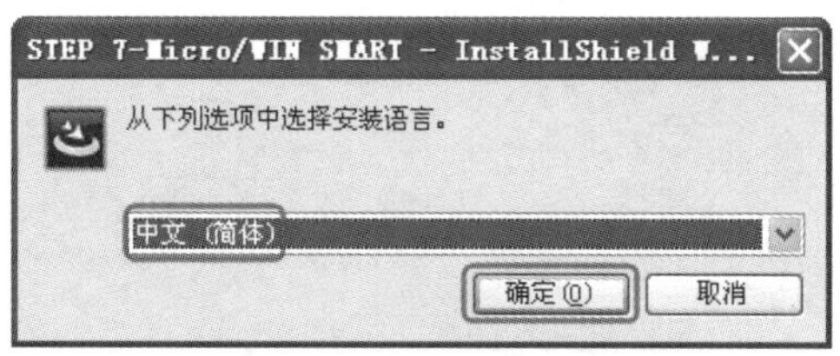

图4-2 选择设置语言

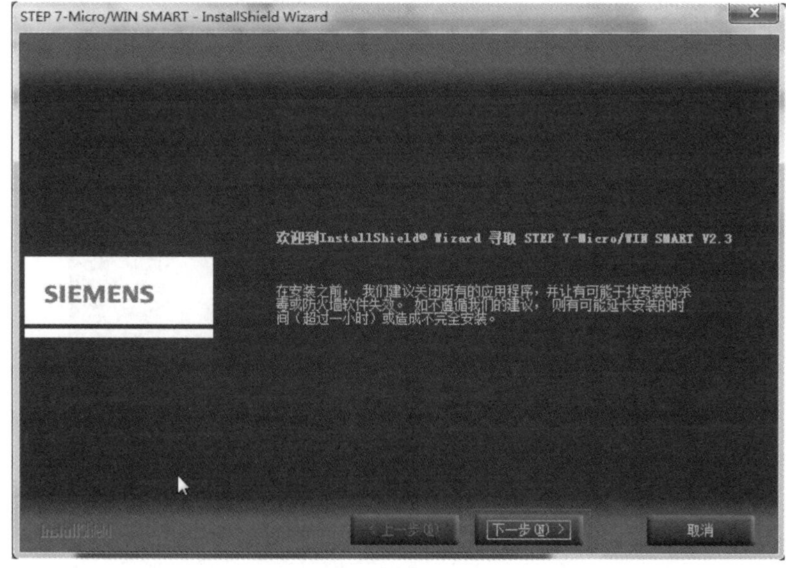

图4-3 安装向导

② 选择安装目录。如果要改变安装目录则单击“浏览”，选定想要安装的目录即可，如果不想改变目录，则单击“下一步”按钮，如图 4-5 所示，程序开始安装，并显示安装进程如图 4-6 所示。

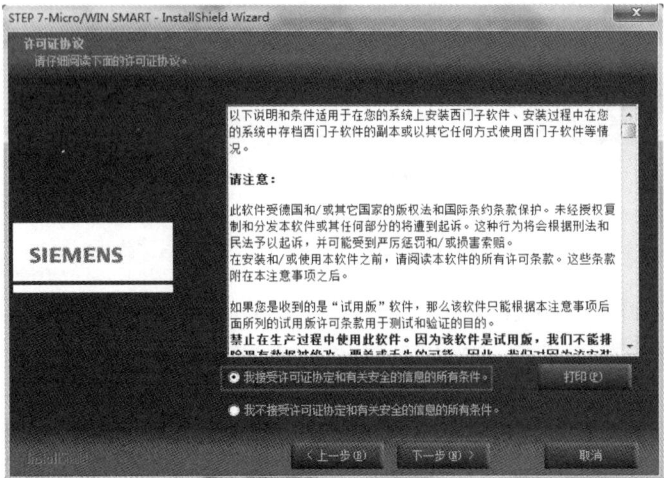

图4-4　安装许可协议

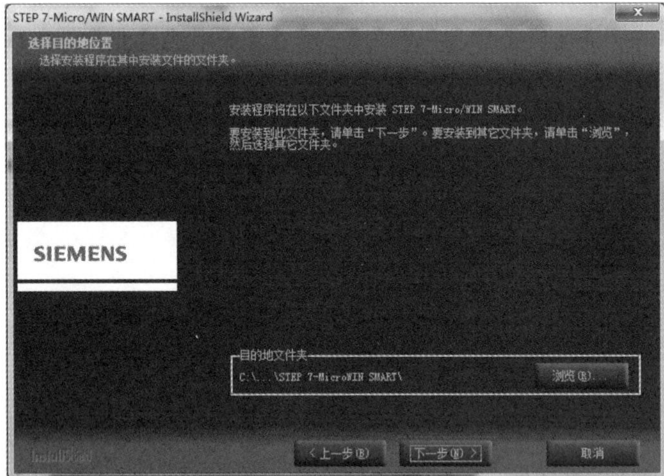

图4-5　选择安装目录

图4-6　安装进程

③ 当软件安装结束时，弹出如图 4-7 所示的界面，单击“完成”按钮，所有安装完成。

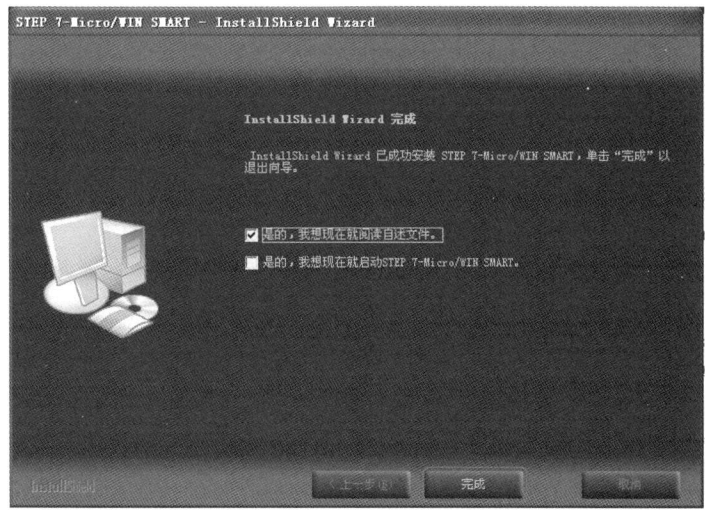

图4-7 设置PG/PC Interface

【关键点】

① 安装 STEP7-Micro/WIN SMART 软件前，最好关闭杀毒和防火墙软件，此外存放 STEP7-Micro/WIN SMART 软件的目录最好是英文。其他处于运行状态的程序最好也关闭。

② 选用正版操作系统是明智的举措，如果选用盗版的操作系统，可能导致不能安装此软件，或者软件安装完成后，丢失一些本应有的功能，例如可能导致不能下载程序。

③ 有的文献中不建议使用 Windows 7 家庭版安装 STEP7-Micro/WIN SMART 软件，但是作者使用 Windows 7 家庭版安装 STEP7-Micro/WIN SMART 软件，从使用情况看，没有不正常情况出现。

④ STEP7-Micro/WIN SMART V2.3 版本可以使用 USB/PPI 多主站电缆通过串行端口对所有 CPU 型号进行编程。这些串口包括 RS485 端口、信号板端口和 DP01 PROFIBUS 端口。早期版本无此功能。

⑤ STEP7-Micro/WIN SMART V2.3 版本软件与 Windows 10 操作系统兼容。

4.2 STEP7-Micro/WIN SMART 软件的使用

4.2.1 STEP7-Micro/WIN SMART 软件的打开

打开 STEP7-Micro/WIN SMART 软件通常有三种方法，分别介绍如下。

① 单击“所有程序”→“Simatic”→“STEP7-Micro/WIN SMART V2.3”→“STEP7-Micro/WIN SMART”，如图 4-8 所示，即可打开软件。

② 直接双击桌面上的 STEP7-Micro/WIN SMART 软件快捷方式，也可以打开软件，

这是较快捷的打开方法。

③ 在电脑的任意位置，双击以前保存的程序，即可打开软件。

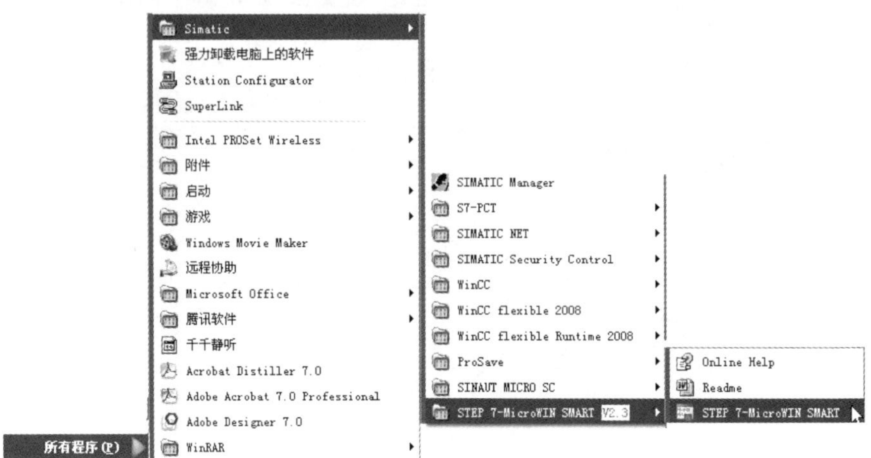

图4-8　打开STEP7-Micro/WIN SMART软件界面

4.2.2　STEP7-Micro/WIN SMART软件的界面介绍

STEP7-Micro/WIN SMART 软件的主界面如图 4-9 所示。其中包含快速访问工具栏、项目树、导航栏、菜单栏、程序编辑器、符号信息表、符号表、状态栏、输出窗口、状态图、变量表、数据块、交叉引用。STEP7-Micro/WIN SMART 的界面颜色为彩色，视觉效果更好。以下按照顺序依次介绍。

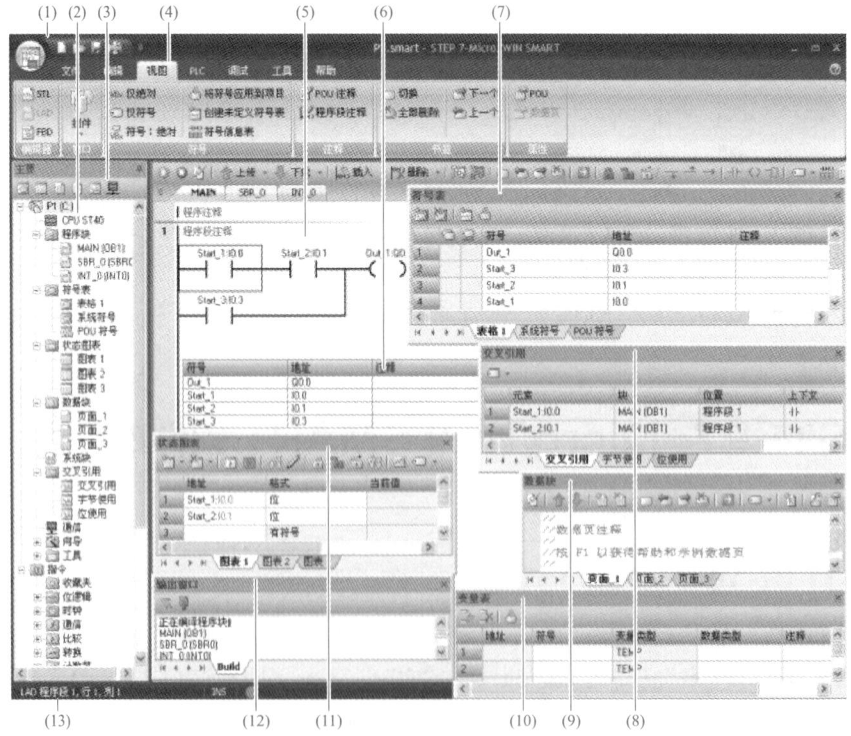

图4-9　STEP7-Micro/WIN SMART软件的主界面

（1）快速访问工具栏

快速访问工具栏显示在菜单选项卡正上方。通过快速访问文件按钮，可简单快速地访问“文件”菜单的大部分功能以及最近文档。快速访问工具栏上的其他按钮对应于文件功能“新建”“打开”“保存”和“打印”。单击“快速访问文件”按钮，弹出如图4-10所示的界面。

图4-10　快速访问文件界面

（2）项目树

编辑项目时，项目树非常必要。项目树可以显示也可以隐藏，如果项目树未显示，要查看项目树，可按以下步骤操作。

单击菜单栏上的“视图”→“组件”→“项目树”，如图4-11所示，即可打开项目树。展开后的项目树如图4-12所示，项目树中主要有两个项目，一是读者创建的项目（本例为：启停控制），二是指令，这些都是编辑程序最常用的。项目树中有“+”，其含义表明这个选项内包含有内容，可以展开。

在项目树的左上角有一个小钉“ ”，当这个小钉是横放时，项目树会自动隐藏，这样编辑区域会扩大。如果读者希望项目树一直显示，那么只要单击小钉，此时，这个横放的小钉，变成竖放“ ”，项目树就被固定了。以后读者使用西门子其他的软件也会碰到这个小钉，作用完全相同。

（3）导航栏

导航栏显示在项目树上方，可快速访问项目树上的对象。单击一个导航栏按钮相当于展开项目树并单击同一选择内容。如图4-13所示，如果要打开系统块，单击导航按钮上的“系统块”按钮，与单击“项目树”上的“系统块”选项的效果是相同的。其他的用法类似。

图4-11　打开项目树

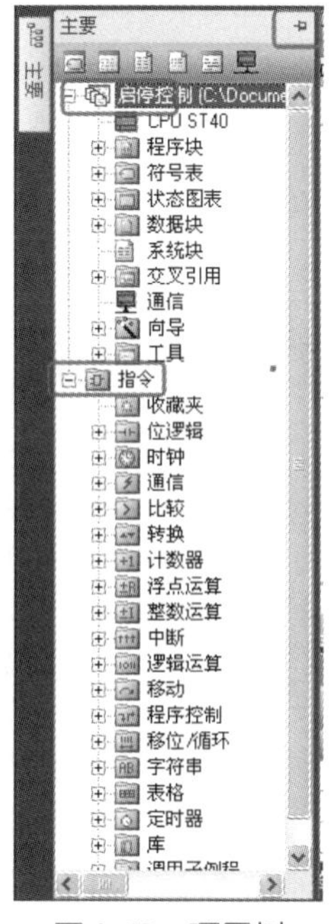

图4-12　项目树

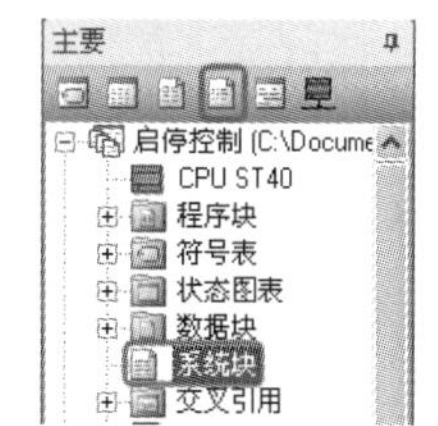

图4-13　导航栏使用对比

（4）菜单栏

菜单栏包括文件、编辑、PLC、调试、工具、视图和帮助7个菜单项。用户可以定制“工具”菜单，在该菜单中增加自己的工具。

（5）程序编辑器

程序编辑器是编写和编辑程序的区域，打开程序编辑器有两种方法。

① 单击菜单栏中的“文件”→“新建”（或者“打开”或“导入”按钮）打开STEP 7-Micro/WIN SMART项目。

② 在项目树中打开“程序块”文件夹，方法是单击分支展开图标或双击“程序块”文件夹。然后双击主程序（OB1）、子例程或中断例程，以打开所需的POU；也可以选择相应的POU并按〈Enter〉键。编辑器界面如图4-14所示。

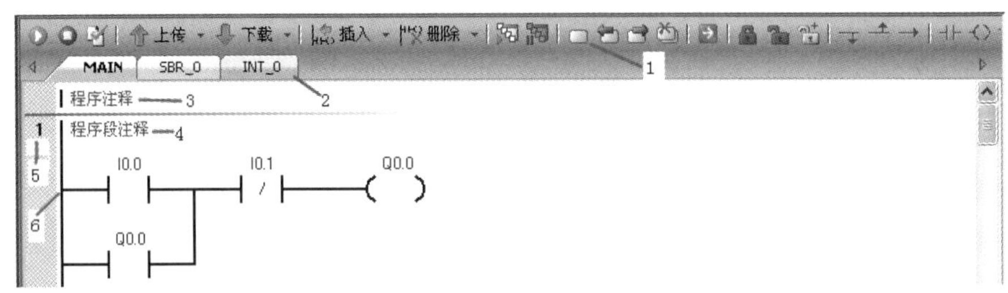

图4-14　编辑器界面

程序编辑器窗口包括以下组件，下面分别进行说明。

① 工具栏：常用操作按钮，以及可放置到程序段中的通用程序元素，各个按钮的作用说明见表4-1。

表4-1　编辑器常用按钮的作用

序号	按钮图形	含义
1		将CPU工作模式更改为RUN、STOP或者编译程序模式
2	上传 下载	上传和下载传送
3	插入 删除	针对当前所选对象的插入和删除功能
4		调试操作以启动程序监视和暂停程序监视
5		书签和导航功能：放置书签、转到下一书签、转到上一书签、移除所有书签和转到特定程序段、行或线
6		强制功能：强制、取消强制和全部取消强制
7		可拖动到程序段的通用程序元素
8		地址和注释显示功能：显示符号、显示绝对地址、显示符号和绝对地址、切换符号信息表显示、显示POU注释以及显示程序段注释
9		设置POU保护和常规属性

② POU选择器：能够实现在主程序块、子例程或中断编程之间进行切换。例如只要用鼠标单击POU选择器中“MAIN”，那么就切换到主程序块，单击POU选择器中“INT_0”，那么就切换到中断程序块。

③ POU注释：显示在POU中第一个程序段上方，提供详细的多行POU注释功能。每条POU注释最多可以有4096个字符。这些字符可以英语或者汉语，主要对整个POU

的功能等进行说明。

④ 程序段注释：显示在程序段旁边，为每个程序段提供详细的多行注释附加功能。每条程序段注释最多可有 4096 个字符。这些字符可以英语或者汉语等。

⑤ 程序段编号：每个程序段的数字标识符。编号会自动进行，取值范围为 1 ～ 65536。

⑥ 装订线：位于程序编辑器窗口左侧的灰色区域，在该区域内单击可选择单个程序段，也可通过单击并拖动来选择多个程序段。STEP 7-Micro/WIN SMART 还在此显示各种符号，例如书签和 POU 密码保护锁。

（6）符号信息表

要在程序编辑器窗口中查看或隐藏符号信息表，可使用以下方法之一。

① 在“视图”菜单功能区的“符号”区域单击“符号信息表”按钮 符号信息表。

② 按〈Ctrl+T〉快捷键组合。

③ 在“视图”菜单的“符号”区域单击“将符号应用到项目”按钮 将符号应用到项目。

“应用所有符号”命令使用所有新、旧和修改的符号名更新项目。如果当前未显示“符号信息表”，单击此按钮便会显示。

（7）符号表

符号是可为存储器地址或常量指定的符号名称。符号表是符号和地址对应关系的列表。打开符号表有三种方法，具体如下。

① 在导航栏上，单击“符号表”按钮。

② 在菜单栏上，单击“视图”→“组件”→“符号表”。

③ 在项目树中，打开“符号表”文件夹，选择一个表名称，然后按下〈Enter〉键或者双击表名称。

【例 4-1】 图 4-15 所示是一段简单的程序，要求显示其符号信息表和符号表，请写出操作过程。

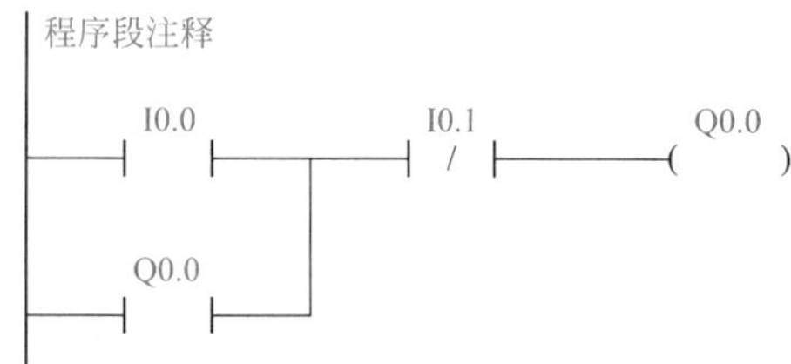

图4-15 程序

【解】 首先，在项目树中展开“符号表”，双击“表格 1”弹出符号表，如图 4-16 所示，在符号表中，按照如图 4-17 填写。符号“START”实际就代表地址“I0.0”，符号“STOPPING”实际就代表地址“I0.1”，符号“MOTOR”实际就代表地址“Q0.0”。

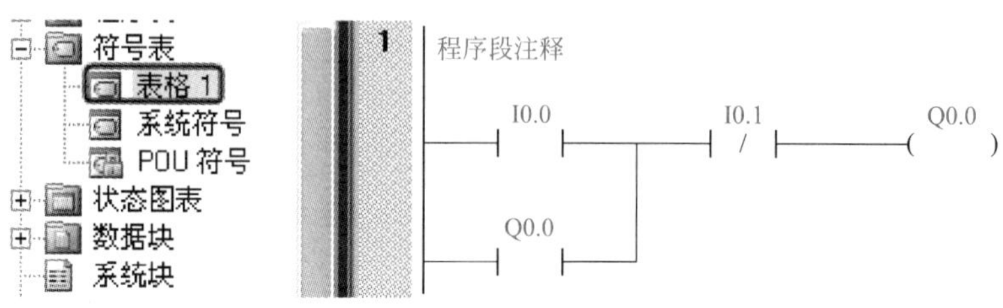

图4-16 打开符号表

接着，在视图功能区，单击“视图”→“符号”→“符号信息表”“将符号应用到项目”按钮 将符号应用到项目。此时，符号和地址的对应关系显示在梯形图中，如图 4-18 所示。

符号表

			符号	地址	注释
1			START	I0.0	
2			STOPPING	I0.1	
3			MOTOR	Q0.0	
4					

图4-17　符号表

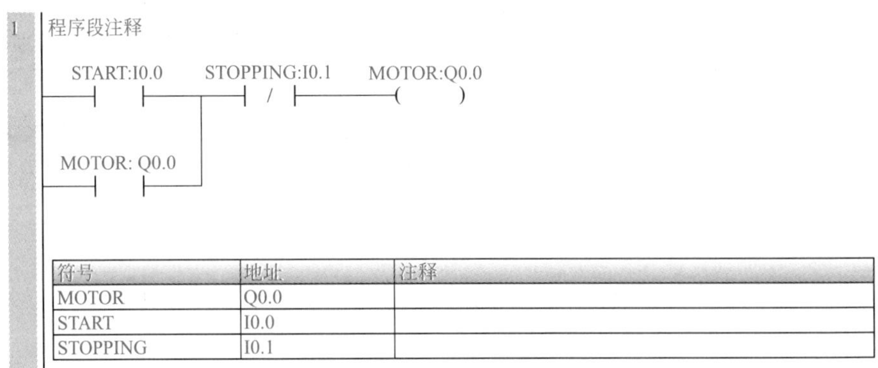

符号	地址	注释
MOTOR	Q0.0	
START	I0.0	
STOPPING	I0.1	

图4-18　信息符号表

如果读者仅显示符号（如 START），那么只要单击“视图”→“符号”→“仅符号”即可。

如果读者仅显示绝对地址（如 I0.0），那么只要单击“视图”→“符号”→“仅绝对”即可。

如果读者要显示绝对地址和符号（如图 4-17 所示），那么只要单击“视图”→“符号”→“符号：绝对”即可。

（8）交叉引用

使用“交叉引用”窗口查看程序中参数当前的赋值情况。这可防止无意间重复赋值。可通过以下方法之一访问交叉引用表。

① 在项目树中打开“交叉引用”文件夹，然后双击“交叉引用”“字节使用”或“位使用”。

② 单击导航栏中的“交叉引用” 图标。

③ 在视图功能区，单击“视图”→“组件”→“交叉引用”，即可打开“交叉引用”。

（9）数据块

数据块包含可向 V 存储器地址分配数据值的数据页。如果读者使用指令向导等功能，系统会自动使用数据块。可以使用下列方法之一来访问数据块。

① 在导航栏上单击“数据块” 按钮。

② 在视图功能区，单击“视图”→“组件”→“数据块”，即可打开数据块。

如图 4-19 所示，将 10 赋值给 VB0，其作用相当于图 4-20 所示的程序。

（10）变量表

初学者一般不会用到变量表，以下用一个例子来说明变量表的使用。

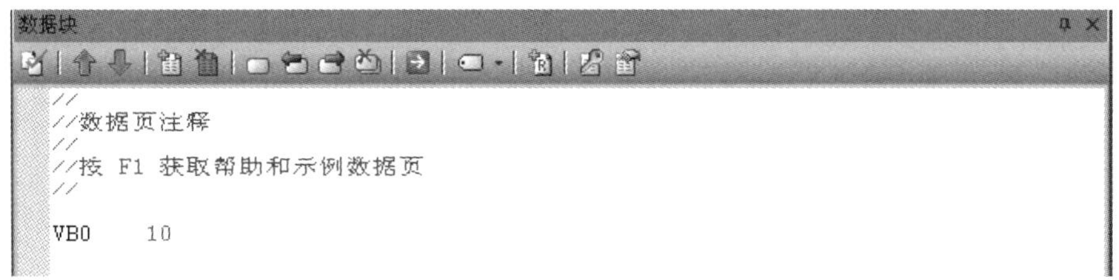

图4-19　数据块

图4-20　程序

【例 4-2】 用子程序表达算式 Ly=(La−Lb)×Lx。

【解】

① 首先打开变量表，单击菜单栏的“视图”→“组件”→“变量表”，即可打开变量表。

② 在变量表中，输入如图 4-21 所示的参数。

变量表

	地址	符号	变量类型	数据类型	注释
2	LW0	La	IN	INT	
3	LW2	Lb	IN	INT	
4	LW4	Lx	IN	INT	
5			IN		
6			IN_OUT		
7	LD6	Ly	OUT	DINT	
8			OUT		
9			TEMP		

图4-21　变量表

③ 再在子程序中输入如图 4-22 所示的程序。

图4-22　子程序

④ 在主程序中调用子程序，并将运算结果存入 MD0 中，如图 4-23 所示。

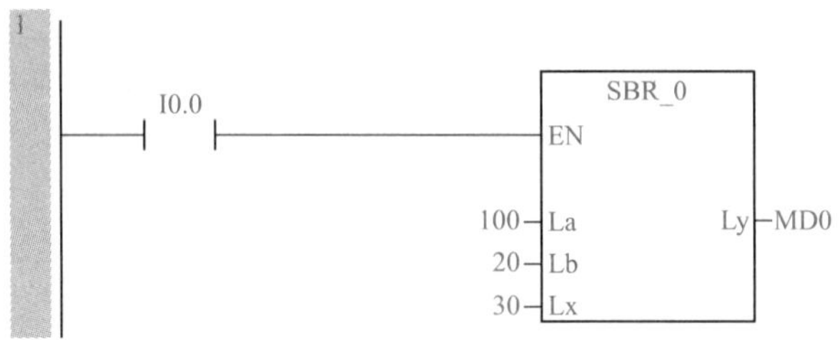

图4-23　主程序

（11）状态图

“状态”这一术语是指显示程序在PLC中执行时的有关PLC数据的当前值和能流状态的信息。可使用状态图表和程序编辑器窗口读取、写入和强制PLC数据值。在控制程序的执行过程中，可用三种不同方式查看PLC数据的动态改变，即状态图表、趋势显示和程序状态。

（12）输出窗口

“输出窗口”列出了最近编译的POU和在编译期间发生的所有错误。如果已打开“程序编辑器”窗口和“输出窗口”，可在“输出窗口”中双击错误信息使程序自动滚动到错误所在的程序段。纠正程序后，重新编译程序以更新“输出窗口”和删除已纠正程序段的错误参考。

如图4-24所示，将地址“I0.0”错误写成“I0.o”，编译后，在输出窗口显示了错误信息以及错误的发生位置。“输出窗口”对于程序调试是比较有用的。

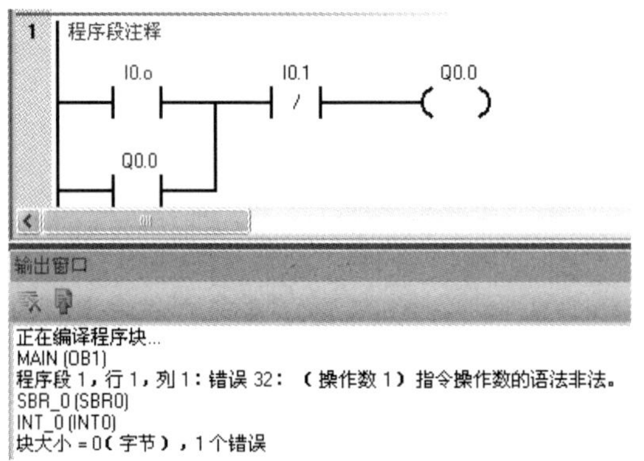

图4-24　输出窗口

打开“输出窗口”的方法如下。

在视图功能区，单击“视图”→“组件”→“输出窗口”。

（13）状态栏

状态栏位于主窗口底部，状态栏可以提供STEP 7-Micro/WIN SMART中执行的操作的相关信息。在编辑模式下工作时，显示编辑器信息。状态栏根据具体情形显示下列信息：

简要状态说明、当前程序段编号、当前编辑器的光标位置、当前编辑模式和插入或覆盖。

4.2.3　创建新项目

新建项目有三种方法：一是单击菜单栏中的“文件”→“新建”，即可新建项目，如

图 4-25 所示；二是单击工具栏上的图标即可；三是单击快捷工具栏，再单击“新建”选项，如图 4-26 所示。

图4-25　新建项目（1）

图4-26　新建项目（2）

4.2.4　保存项目

保存项目有三种方法：一是单击菜单栏中的“文件”→“保存”，即可保存项目，如图 4-27 所示；二是单击工具栏中的图标即可；三是单击快捷工具栏，再单击“保存”选项，如图 4-28 所示。

4.2.5　打开项目

打开项目的方法比较多，第一种方法是单击菜单栏中的“文件”→“打开”，如图 4-29 所示，找到要打开的文件的位置，选中要打开的文件，单击“打开”按钮即可打开项目，如图 4-30 所示；第二种方法是单击工具栏中的图标即可打开项目；第三种方法是直接

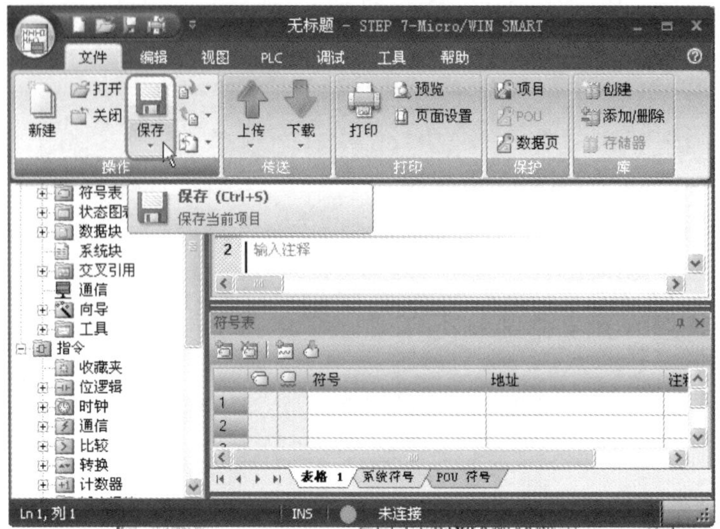

图4-27　保存项目（1）

图4-28　保存项目（2）

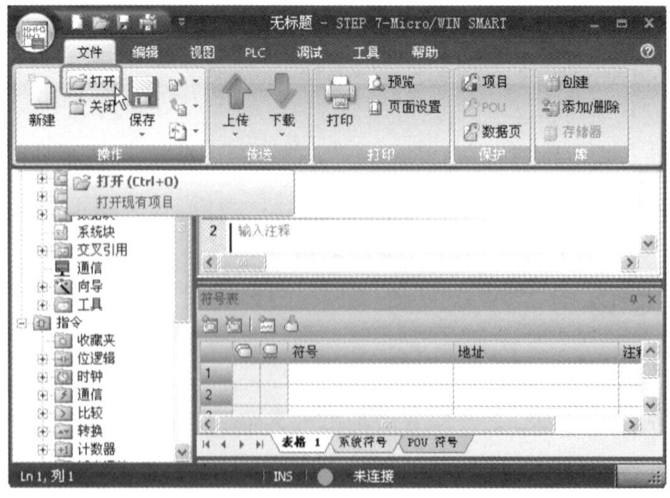

图4-29　打开项目（1）

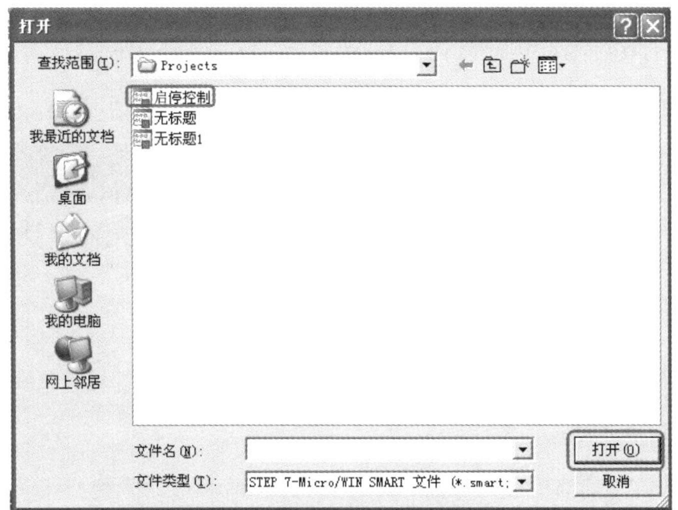

图4-30　打开项目（2）

在工程的存放目录下双击该工程，也可以打开此项目；第四种方法是单击快捷工具栏，再单击“打开”选项，如图4-31所示；第五种方法是单击快捷工具栏，再双击“最近文档”中的文档（如本例为：启停控制），如图4-32所示。

图4-31　打开项目（3）

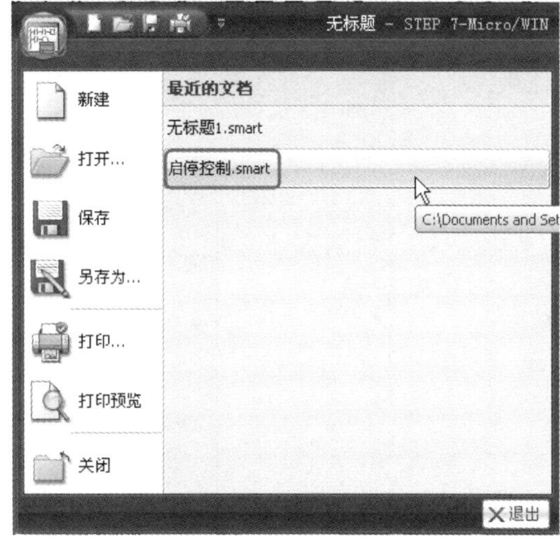

图4-32　打开项目（4）

4.2.6　系统块

对于S7-200 SMART CPU而言，系统块的设置是必不可少的，类似于S7-300/400的硬件组态，因此，以下将详细介绍系统块。

S7-200 SMART CPU提供了多种参数和选项设置以适应具体应用，这些参数和选项在“系统块”对话框内设置。系统块必须下载到CPU中才起作用。有的初学者修改程序后不会忘记重新下载程序，而在软件中更改参数后却忘记了重新下载，这样系统块则不起作用。

（1）打开系统块

打开系统块有三种方法，具体如下。

① 单击菜单栏中的“视图”→“组件”→“系统块”，打开“系统块”。

② 单击快速工具栏中的“系统块”按钮，打开“系统块”。

③ 展开项目树，双击“系统块”，如图4-33所示，打开“系统块”，如图4-34所示。

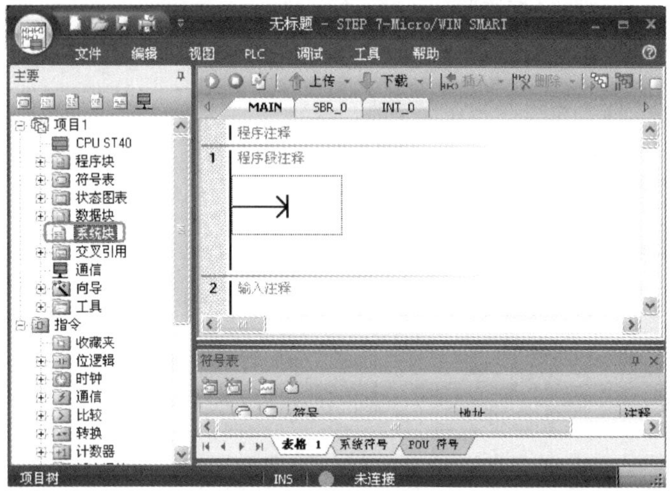

图4-33 打开“系统块”

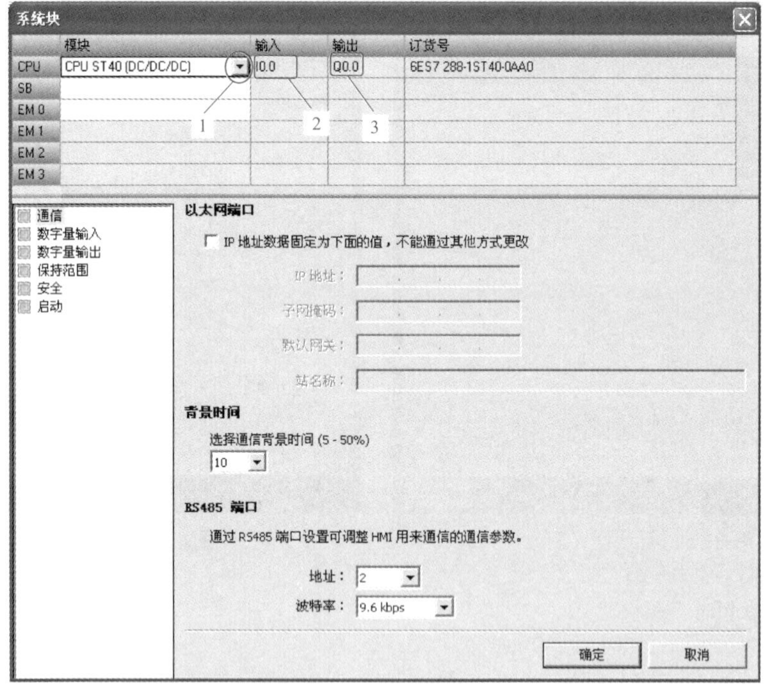

图4-34 “系统块”对话框

（2）硬件配置

“系统块”对话框的顶部显示已经组态的模块，并允许添加或删除模块。使用下拉列表更改、添加或删除CPU型号、信号板和扩展模块。添加模块时，输入列和输出列显示已分配的输入地址和输出地址。

如图4-34所示，顶部的表格中的第一行为要配置的CPU的具体型号，单击“1”处的“下三角”按钮，可以显示所有 CPU 的型号，读者选择适合的型号［本例为 CPU ST40（DC/DC/DC）］，“2”处为此 CPU 输入点的起始地址（I0.0），“3”处为此 CPU 输出点的起始地址（Q0.0），这些地址是软件系统自动生成，不能修改（S7-300/400 的地址是可以修改的）。

顶部的表格中的第二行为要配置的扩展板模块，可以是数字量模块、模拟量模块和通信模块。

顶部的表格中的第三行至第六行为要配置的扩展模块，可以是数字量模块、模拟量模块和通信模块。注意扩展模块和扩展板模块不能混淆。

为了使读者更好地理解硬件配置和地址的关系，以下用一个例子说明。

【例 4-3】 某系统配置了 CPU ST40、SB DT04、EM DE08、EM DR08、EM AE04 和 EM AQ02 各一块，如图 4-35 所示，请指出各模块的起始地址和占用的地址。

系统块

	模块	输入	输出	订货号
CPU	CPU ST40 (DC/DC/DC)	I0.0	Q0.0	6ES7 288-1ST40-0AA0
SB	SB DT04 (2DI / 2DQ Transistor)	I7.0	Q7.0	6ES7 288-5DT04-0AA0
EM 0	EM DE08 (8DI)	I8.0		6ES7 288-2DE08-0AA0
EM 1	EM DR08 (8DQ Relay)		Q12.0	6ES7 288-2DR08-0AA0
EM 2	EM AE04 (4AI)	AIW48		6ES7 288-3AE04-0AA0
EM 3	EM AQ02 (2AQ)		AQW64	6ES7 288-3AQ02-0AA0

图4-35　系统块配置实例

【解】

① CPU ST40 的 CPU 输入点的起始地址是 I0.0，占用 IB0 ～ IB2 三个字节，CPU 输出点的起始地址是 Q0.0，占用 QB0 和 QB1 两个字节。

② SB DT04 的输入点的起始地址是 I7.0，占用 I7.0 和 I7.1 两个点，模块输出点的起始地址是 Q7.0，占用 Q7.0 和 Q7.1 两个点。

③ EM DE08 输入点的起始地址是 I8.0，占用 IB8 一个字节。

④ EM DR08 输出点的起始地址是 Q12.0，占用 QB12，即一个字节。

⑤ EM AE04 为模拟量输入模块，起始地址为 AIW48，占用 AIW48 ～ AIW54，共四个字。

⑥ EM AQ02 为模拟量输出模块，起始地址为 AQW64，占用 AQW64 和 AQW66，共两个字。

【关键点】 读者很容易发现，有很多地址是空缺的，如 IB3 ～ IB6 就空缺不用。CPU 输入点使用的字节是 IB0 ～ IB2，读者不可以想当然认为 SB DT04 的起始地址从 I3.0 开始，一定要看系统块上自动生成的起始地址，这点至关重要。

（3）以太网通信端口的设置

以太网通信端口是 S7-200 SMART PLC 的特色配置，这个端口既可以用于下载程序，也可以用于与 HMI 通信，以后也可能设计成与其他 PLC 进行以太网通信。以太网通信端口的设置如下。

首先，选中 CPU 模块，勾选“通信”选项，再勾选“IP 地址数据固定为下面的值，不能通过其他方式更改”选项，如图 4-36 所示。如果要下载程序，IP 地址应该就是 CPU 的 IP 地址，如果 STEP 7-Micro/WIN SMART 和 CPU 已经建立了通信，那么可以把读者想

要设置的IP地址输入IP地址右侧的空白处。子网掩码一般设置为“255.255.255.0”，最后单击“确定”按钮即可。如果是要修改CPU的IP地址，则必须把“系统块”下载到CPU中，运行后才能生效。

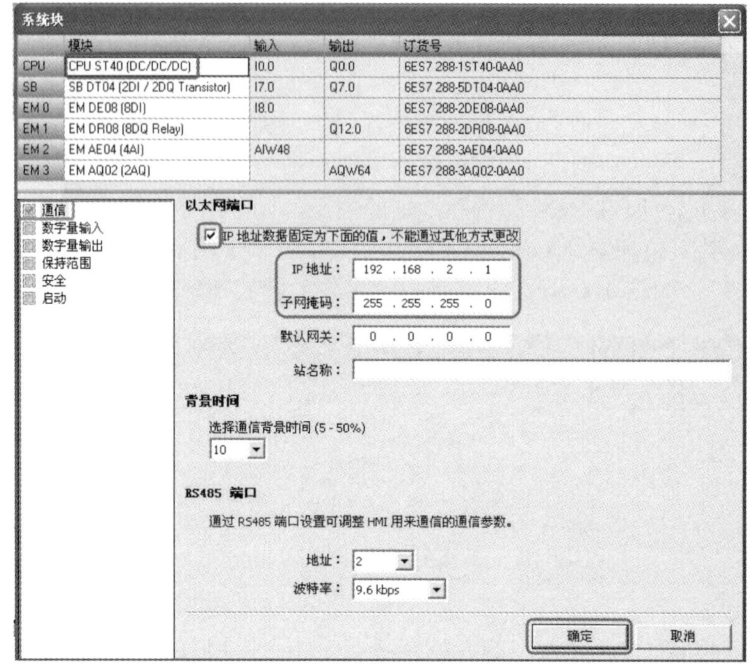

图4-36　通信设置（以太网IE口）

（4）串行通信端口的设置

CPU模块集成有RS485通信端口，此外扩展板也可以扩展RS485和RS232模块（同一个模块，二者可选），首先讲解集成串口的设置方法。

① 集成串口的设置方法　首先，选中CPU模块，再勾选“通信”选项，再设定CPU的地址，“地址”右侧有个下拉倒三角，读者可以选择，想要设定的地址，默认为“2”（本例设为3）。波特率的设置是通过“波特率”右侧的下拉倒三角按钮选择的，默认为9.6kbps，这个数值在串行通信中最为常用，如图4-37所示。最后单击“确定”按钮即可。如果是要修改CPU的串口地址，则必须把“系统块”下载到CPU中，运行后才能生效。

② 扩展板串口的设置方法　首先，选中扩展板模块，再选择是RS232或者RS485通信模式（本例选择RS232），“地址”右侧有个下拉倒三角，读者可以选择，想要设定的地址，默认为“2”（本例设为3）。波特率的设置是通过“波特率”右侧的下拉倒三角选择的，默认为9.6kbps，这个数值在串行通信中最为常用，如图4-38所示。最后单击“确定”按钮即可。如果是要修改CPU的串口地址，则必须把“系统块”下载到CPU中，运行后才能生效。

（5）集成输入的设置

① 修改滤波时间　S7-200 SMART CPU允许为某些或所有数字量输入点选择一个定义时延（可在0.2～12.8ms和0.2～12.8μs之间选择）的输入滤波器。该延迟可以减少例如按钮闭合或者分开瞬间的噪声干扰。设置方法是先选中CPU，再勾选“数字量输入”选

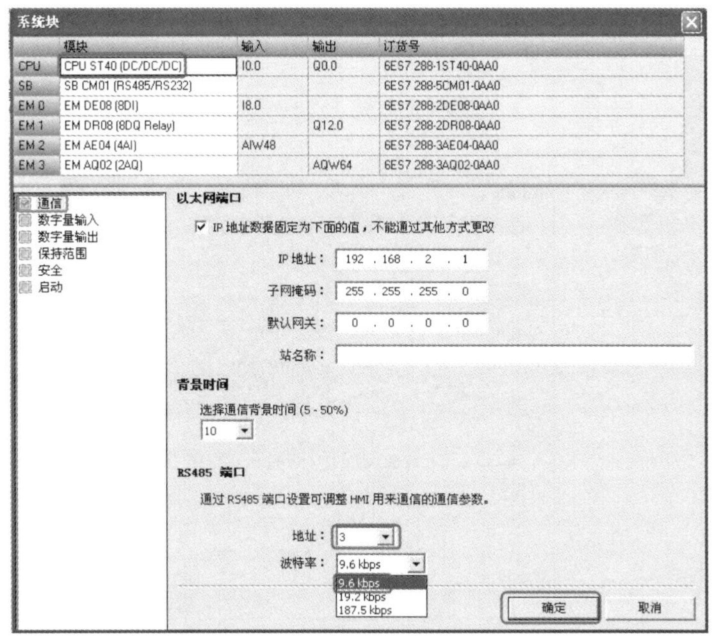

图4-37　通信设置（集成串口）

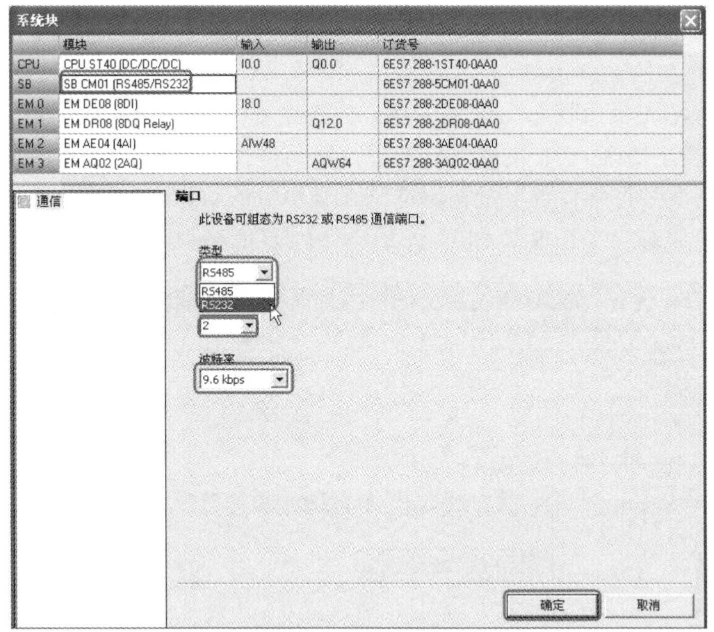

图4-38　通信设置（扩展板串口）

项，然后修改延时长短，最后单击“确定”按钮，如图 4-39 所示。

② 脉冲捕捉位　S7-200 SMART CPU 为数字量输入点提供脉冲捕捉功能。通过脉冲捕捉功能可以捕捉高电平脉冲或低电平脉冲。使用了“脉冲捕捉位”可以捕捉比扫描周期还短的脉冲。设置“脉冲捕捉位”的使用方法如下。

先选中 CPU，再勾选“数字量输入”选项，然后勾选对应的输入点（本例为 I0.0），最后单击“确定”按钮，如图 4-39 所示。

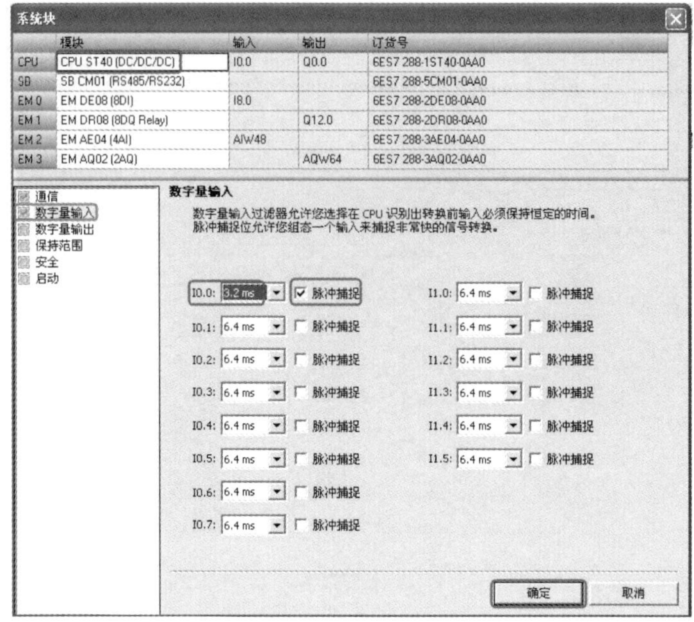

图4-39　设置滤波时间

（6）集成输出的设置

当CPU处于STOP模式时，可将数字量输出点设置为特定值，或者保持在切换到STOP模式之前存在的输出状态。

① 将输出冻结在最后状态　设置方法：先选中CPU，勾选“数字量输出”选项，再勾选“将输出冻结在最后一个状态”复选框，最后单击“确定”按钮。就可在CPU进行RUN到STOP转换时将所有数字量输出冻结在其最后的状态，如图4-40所示。例如CPU最后的状态Q0.0是高电平，那么CPU从RUN到STOP转换时，Q0.0仍然是高电平。

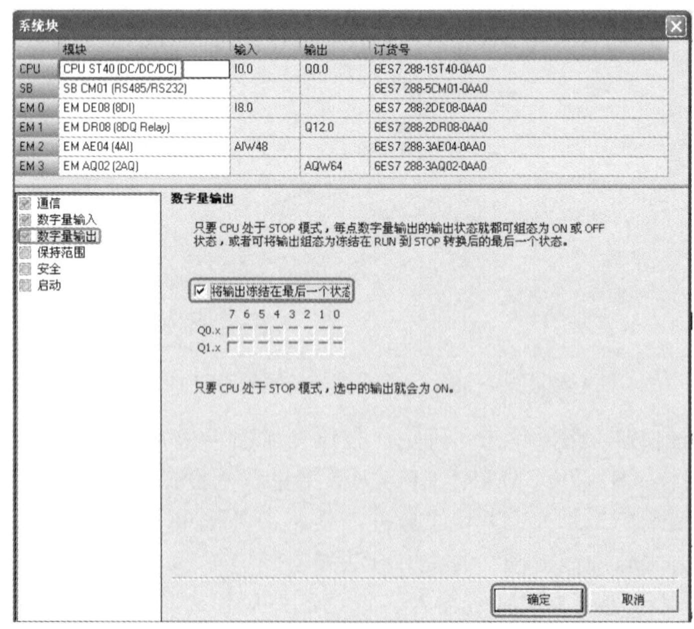

图4-40　将输出冻结在最后状态

② 替换值　设置方法：先选中 CPU，勾选“数字量输出”选项，再勾选“要替换的点”复选框（本例的替换值为 Q0.0 和 Q0.1），最后单击“确定”按钮，如图 4-41 所示，当 CPU 从 RUN 到 STOP 转换时，Q0.0 和 Q0.1 将是高电平，不管 Q0.0 和 Q0.1 之前是什么状态。

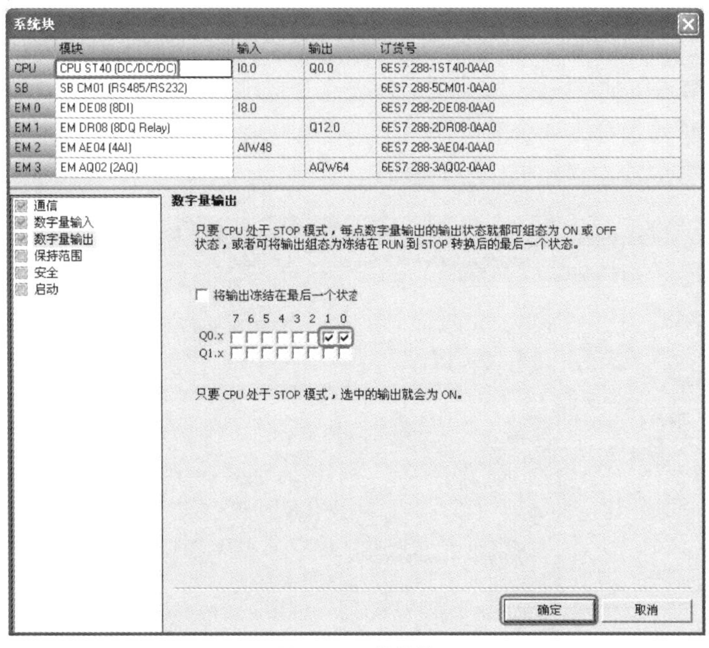

图4-41　替换值

（7）设置断电数据保持

在“系统块”对话框中，单击“系统块”节点下的“保持范围”，可打开“保持范围”对话框，如图 4-42 所示。

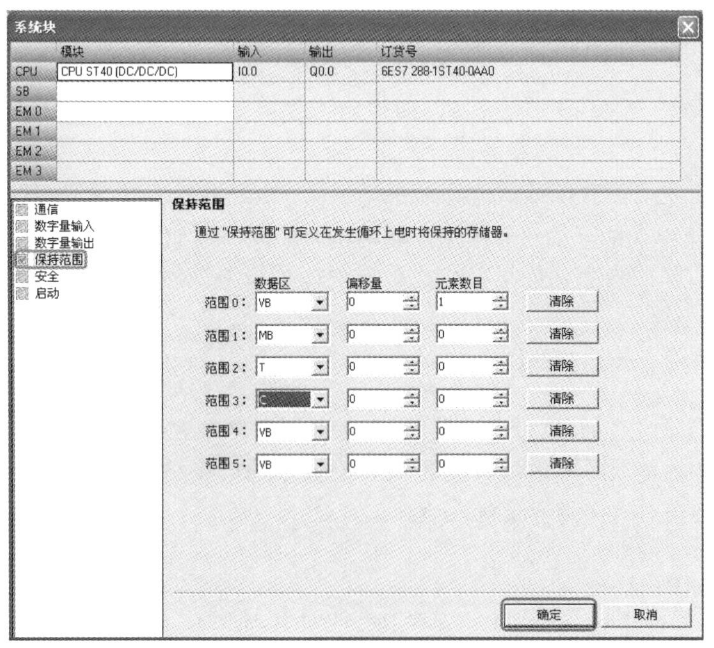

图4-42　设置断电数据保持

断电时，CPU将指定的保持性存储器范围保存到永久存储器。

上电时，CPU先将V、M、C和T存储器清零，将所有初始值都从数据块复制到V存储器，然后将保存的保持值从永久存储器复制到RAM。

（8）安全

通过设置密码可以限制对S7-200 SMART CPU的内容的访问。在“系统块”对话框中，单击“系统块”节点下的“安全”，可打开“安全”选项卡，设置密码保护功能，如图4-43所示。密码的保护等级分为4个等级，除了“完全权限（1级）”外，其他的均需在“密码”和“验证”文本框中输入起保护作用的密码。

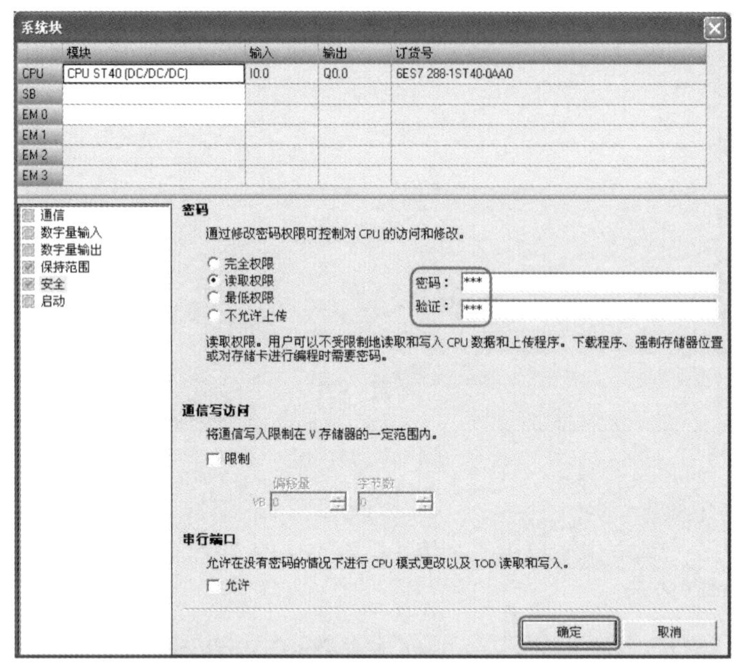

图4-43 设置密码

如果忘记密码，则只有一种选择，即使用“复位为出厂默认存储卡”。具体操作步骤如下。

① 确保PLC处于STOP模式。

② 在PLC菜单功能区的“修改”区域单击“清除”按钮。

③ 选择要清除的内容，如程序块、数据块、系统块或所有块，或选择“复位为出厂默认值”。

④ 单击“清除”按钮，如图4-44所示。

【关键点】 PLC的软件加密比较容易被破解，不能绝对保证程序的安全，目前网络上有一些破解软件可以轻易破解PLC用户程序的密码，编者强烈建议读者在保护自身权益的同时，必须尊重他人的知识产权。

（9）启动项的组态

在“系统块”对话框中，单击“系统块”节点下的“启动”，可打开“启动”选项卡，CPU启动的模式有三种，即STOP、RUN和LAST，如图4-45所示，可以根据需要选取。

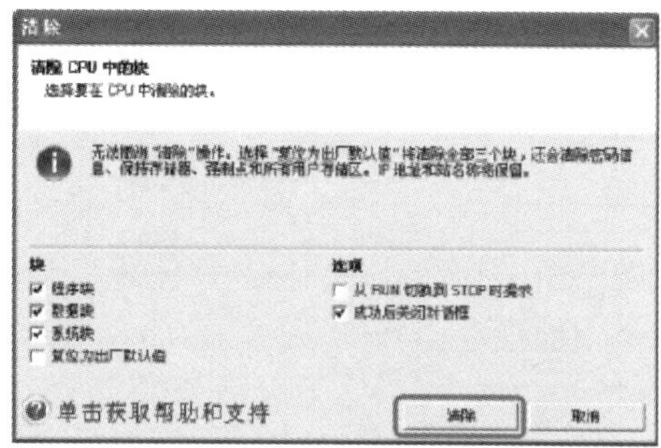

图4-44 清除密码

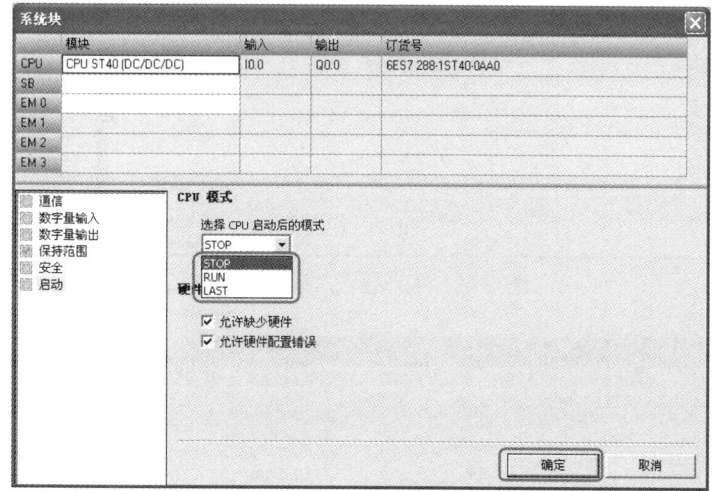

图4-45 CPU的启动模式选择

三种模式的含义如下。

① STOP 模式。CPU 在上电或重启后始终应该进入 STOP 模式，这是默认选项。

② RUN 模式。CPU 在上电或重启后始终应该进入 RUN 模式。对于多数应用，特别是对 CPU 独立运行而不连接 STEP 7-Micro/WIN SMART 的应用，RUN 启动模式选项是常用选择。

③ LAST 模式。CPU 应进入上一次上电或重启前存在的工作模式。

（10）模拟量输入模块的组态

熟悉 S7-200 的读者都知道，S7-200 的模拟量模块的类型和范围的选择都是靠拨码开关来实现的。而 S7-200 SMART 的模拟量模块的类型和范围是通过硬件组态实现的，以下是硬件组态的说明。

先选中模拟量输入模块，再选中要设置的通道，本例为 0 通道，如图 4-46 所示。对于每条模拟量输入通道，都将类型组态为电压或电流。0 通道和 1 通道的类型相同，2 通道和 3 通道类型相同，也就是说同为电流或者电压输入。

范围就是电流或者电压信号的范围，每个通道都可以根据实际情况选择。

（11）模拟量输出模块的组态

先选中模拟量输出模块，再选中要设置的通道，本例为 0 通道，如图 4-47 所示。对于每条模拟量输出通道，都将类型组态为电压或电流。也就是说同为电流或者电压输出。

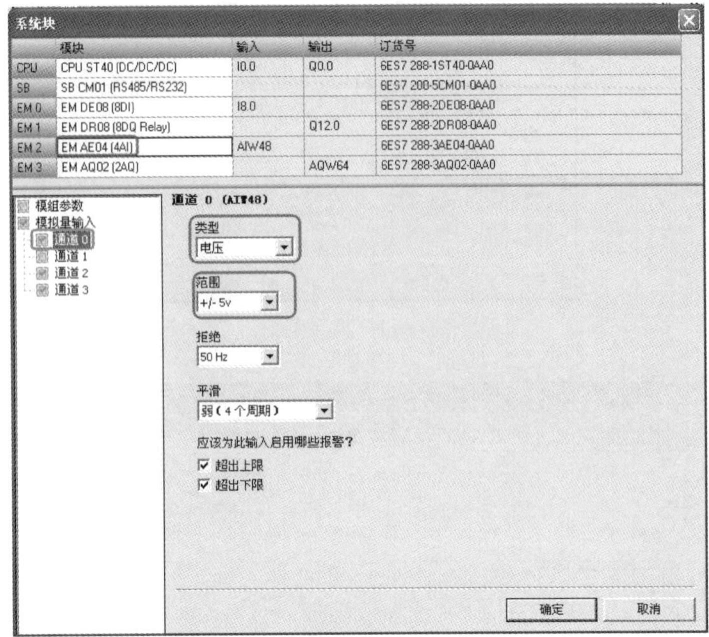

图4-46　模拟量输入模块的组态

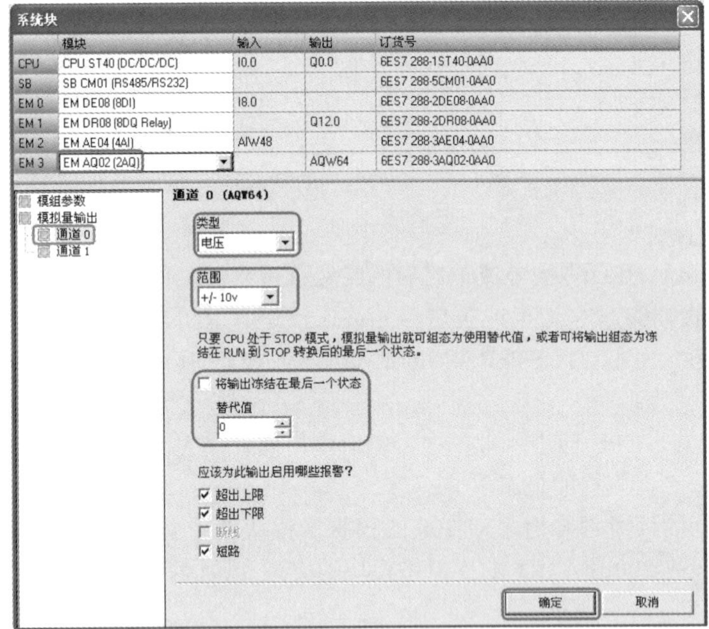

图4-47　模拟量输出模块的组态

范围就是电流或者电压信号的范围，每个通道都可以根据实际情况选择。

STOP 模式下的输出行为，当 CPU 处于 STOP 模式时，可将模拟量输出点设置为特定值，或者保持在切换到 STOP 模式之前存在的输出状态。

4.2.7　程序调试

程序调试是工程中的一个重要步骤，因为初步编写完成的程序不一定正确，有时虽然逻辑正确，但需要修改参数，因此程序调试十分重要。STEP7-Micro/WIN SMART 提供了丰富的程序调试工具供用户使用，下面分别进行介绍。

（1）状态图表

使用状态图表可以监控数据，各种参数（如 CPU 的 I/O 开关状态、模拟量的当前数值等）都在状态图表中显示。此外，配合“强制”功能还能将相关数据写入 CPU，改变参数的状态，如可以改变 I/O 开关状态。

打开状态图表有两种简单的方法：一种方法是先选中要调试的“项目”（本例项目名称为“调试用”），再双击“图表 1”，如图 4-48 所示，弹出状态图表，此时的状态图表是空的，并无变量，需要将要监控的变量手动输入，如图 4-49 所示；另一种方法是单击菜单栏中的“调试”→“图表状态”，如图 4-50 所示，即可打开状态图表。

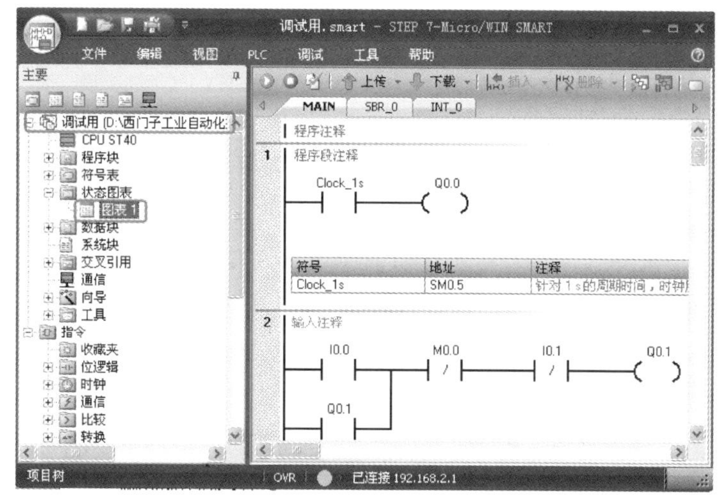

图4-48 打开状态图表-方法1

	地址	格式	当前值	新值
1	I0.0	位		
2	M0.0	位		
3	Q0.0	位		
4	Q0.1	位		
5		有符号		

图4-49 状态图表

图4-50 打开状态图表-方法2

（2）强制

S7-200 SMART PLC 提供了强制功能，以方便调试工作。在现场不具备某些外部条件的情况下模拟工艺状态。用户可以对数字量（DI/DO）和模拟量（AI/AO）进行强制。强制时，运行状态指示灯变成黄色，取消强制后指示灯变成绿色。

如果在没有实际的I/O连线时，可以利用强制功能调试程序。先打开“状态图表”窗口并使其处于监控状态，在“新值”数值框中写入要强制的数据（本例输入I0.0的新值为“2#1”），然后单击工具栏中的“强制”按钮，此时，被强制的变量数值上有一个标志，如图4-51所示。

单击工具栏中的“取消全部强制”按钮，可以取消全部的强制。

（3）写入数据

S7-200 SMART PLC提供了数据写入功能，以方便调试工作。例如，在“状态图表”窗口中输入M0.0的新值“1”，如图4-52所示，单击工具栏上的“写入”按钮，或者单击菜单栏中的“调试”→“写入”命令即可更新数据。

状态图表

	地址	格式	当前值	新值
1	I0.0	位	2#1	2#1
2	M0.0	位	2#0	
3	Q0.0	位	2#0	
4	Q0.1	位	2#1	
5		有符号		

图4-51　使用强制功能

状态图表

	地址	格式	当前值	新值
1	I0.0	位	2#0	
2	M0.0	位	2#1	2#1
3	Q0.0	位	2#0	
4	Q0.1	位	2#0	
5		有符号		

图4-52　写入数据

【关键点】利用“写入”功能可以同时输入几个数据。“写入”的作用类似于“强制”的作用。但两者是有区别的：强制功能的优先级别要高于“写入”，“写入”的数据可能改变参数状态，但当与逻辑运算的结果抵触时，写入的数值也可能不起作用。例如Q0.0的逻辑运算结果是“0”，可以用强制使其数值为“1”，但“写入”就不可达到此目的。

此外，“强制”可以改变输入寄存器的数值，例如I0.0，但“写入”就没有这个功能。

（4）趋势视图

前面提到的状态图表可以监控数据，趋势视图同样可以监控数据，只不过使用状态图表监控数据时的结果是以表格的形式表示的，而使用趋势视图时则以曲线的形式表达。利用后者能够更加直观地观察数字量信号变化的逻辑时序或者模拟量的变化趋势。

单击调试工具栏上的“切换图表和趋势视图”按钮，可以在状态图表和趋势视图形式之间切换，趋势视图如图4-53所示。

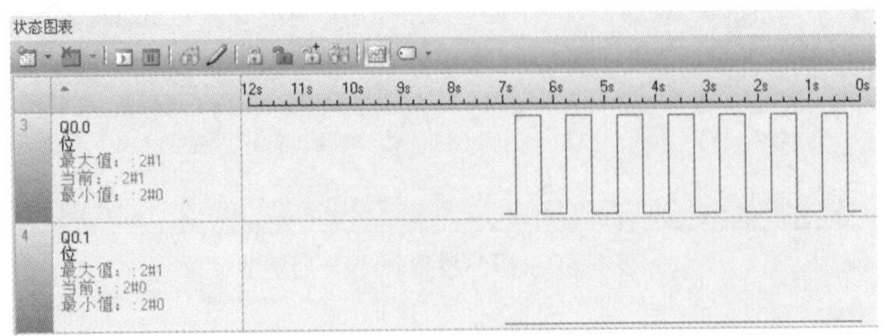

图4-53　趋势视图

趋势视图对变量的反应速度取决于STEP7-Micro/WIN SMART与CPU通信的速度以及图中的时间基准。在趋势视图中单击，可以选择图形更新的速率。当停止监控时，可以冻结图形以便仔细分析。

4.2.8　交叉引用

交叉引用表能显示程序中元件使用的详细信息。交叉引用表对查找程序中数据地址十分有用。在项目树的“项目”视图下双击“交叉引用”图标，可弹出如图4-54所示的界面。当双击交叉引用表中某个元素时，界面立即切换到程序编辑器中显示交叉引用对应元件的程序段。例如，双击“交叉引用表”中第一行的“I0.0”，界面切换到程序编辑器中，而且光标（方框）停留在“I0.0”上，如图4-55所示。

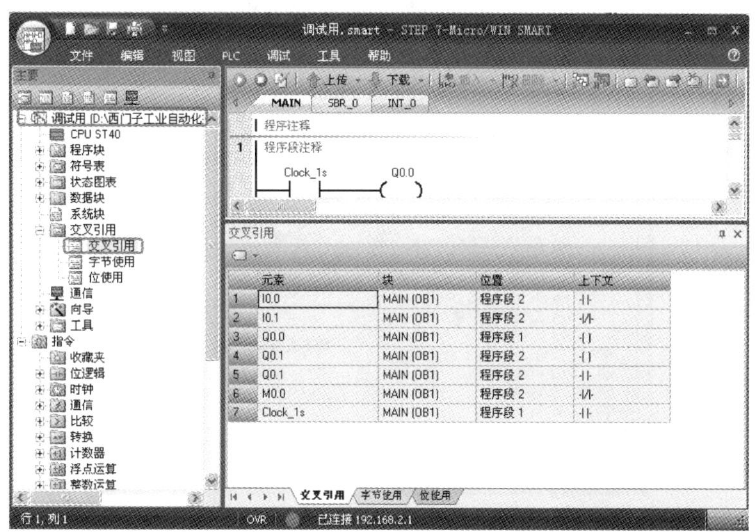

图4-54　交叉引用表

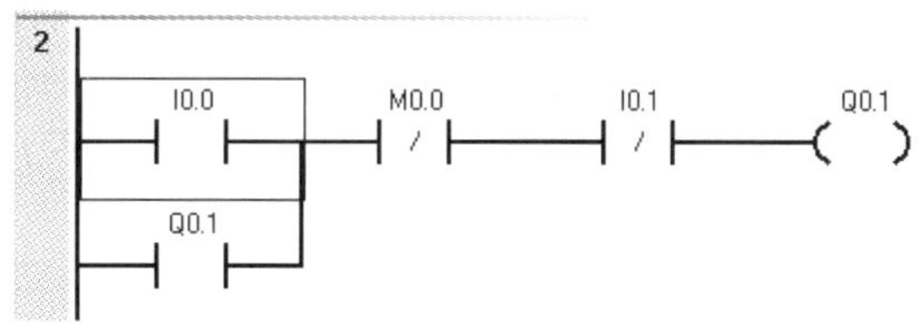

图4-55　交叉引用表对应的程序

4.2.9　工具

STEP7-Micro/WIN SMART中有高速计数器向导、运动向导、PID向导、PWM向导、文本显示、运动控制面板和PID控制面板等工具。这些工具很实用，能使比较复杂的编程变得简单，例如，使用“高速计数器向导”，就能将较复杂的高速计数器指令通过向导指引生成子程序。如图4-56所示。

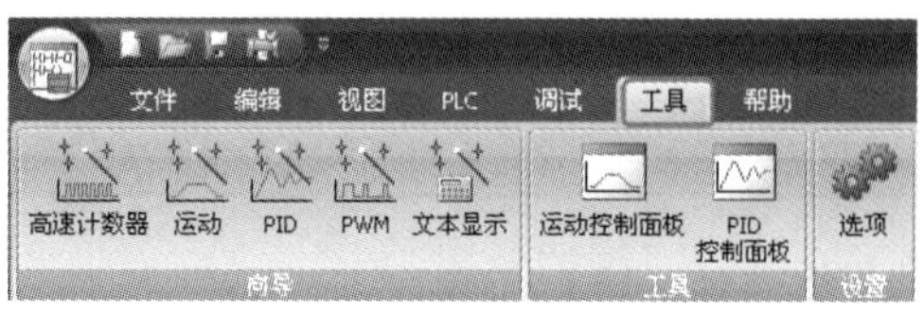

图4-56　工具

4.2.10 帮助菜单

STEP7-Micro/WIN SMART 软件虽然界面友好，易于使用，但在使用过程中遇到问题也是难免的。STEP7-Micro/WIN SMART 软件提供了详尽的帮助。菜单栏中的“帮助”→“帮助信息”命令，可以打开如图 4-57 所示的“帮助”对话框。其中有三个选项卡，分别是“目录”“索引”和“搜索”。“目录”选项卡中显示的是 STEP7-Micro/WIN SMART 软件的帮助主题，单击帮助主题可以查看详细内容。而在“索引”选项卡中，可以根据关键字查询帮助主题。此外，单击计算机键盘上的〈F1〉功能键，也可以打开在线帮助。

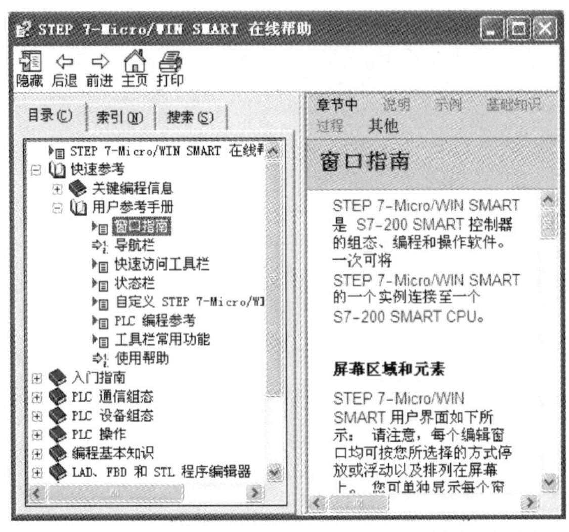

图4-57 使用STEP7-Micro/WIN SMART的帮助菜单

4.2.11 使用快捷键

在程序的输入和编辑过程中，使用快捷键能极大地提高项目编辑效率，使用快捷键是良好的工程习惯。常用的快捷键与功能的对照见表 4-2。

表4-2 常用的快捷键与功能的对照

序号	功能	快捷键	序号	功能	快捷键
1	插入触点 ┤├	F4	9	插入向下垂直线	Ctrl+ 向下键
2	插入线圈 ─( )─	F6	10	插入向上垂直线	Ctrl+ 向上键
3	插入空框	F9	11	插入水平线	Ctrl+ 向右键
4	绝对和符号寻址切换	Ctrl+Y	12	将光标移至同行的第一列	Home
5	上传程序 上传	Ctrl +U	13	将光标移至同行的最后一列	End
6	下载程序 下载	Ctrl +D	14	垂直向上移动一个屏幕	PgUp
7	插入程序段 插入	F3	15	垂直向下移动一个屏幕	PgDn
8	删除程序段 删除	Shift+F3	16	将光标移至第一个程序段的第一个单元格	Ctrl+ Home

以下用一个简单的例子介绍快捷键的使用。

在 STEP7-Micro/WIN SMART 的主程序中，选中“程序段 1”，依次按快捷键“F4”

和“F6”，则依次插入常开触点和线圈，如图 4-58 所示。

图4-58 用快捷键输入程序

4.3 用 STEP7-Micro/WIN SMART 软件建立一个完整的项目

下面以图 4-59 所示的启 / 停控制梯形图为例，完整地介绍一个程序从输入到下载、运行和监控的全过程。

图4-59 启/停控制梯形图

（1）启动 STEP7-Micro/WIN SMART 软件

启动 STEP7-Micro/WIN SMART 软件，弹出如图 4-60 所示的界面。

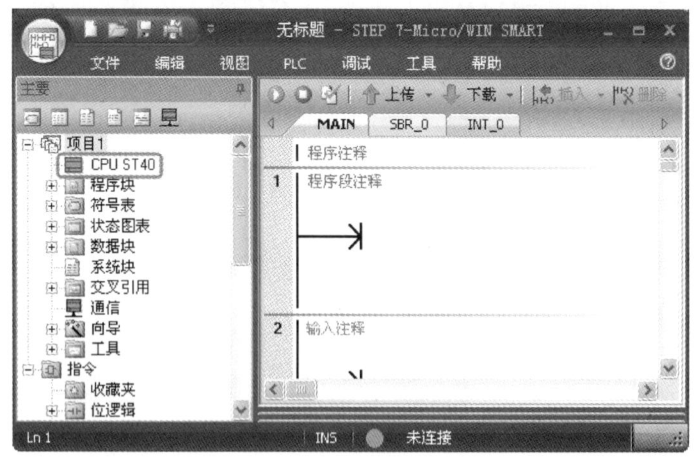

图4-60 STEP7-Micro/WIN SMART 软件初始界面

（2）硬件配置

展开指令树中的“项目 1”节点，选中并双击“CPU ST40”（也可能是其他型号的 CPU），这时弹出“系统块”界面，单击“下三角”按钮，在下拉列表框中选定“CPU ST40（DC/DC/DC）”（这是本例的机型），然后单击“确认”按钮，如图 4-61 所示。

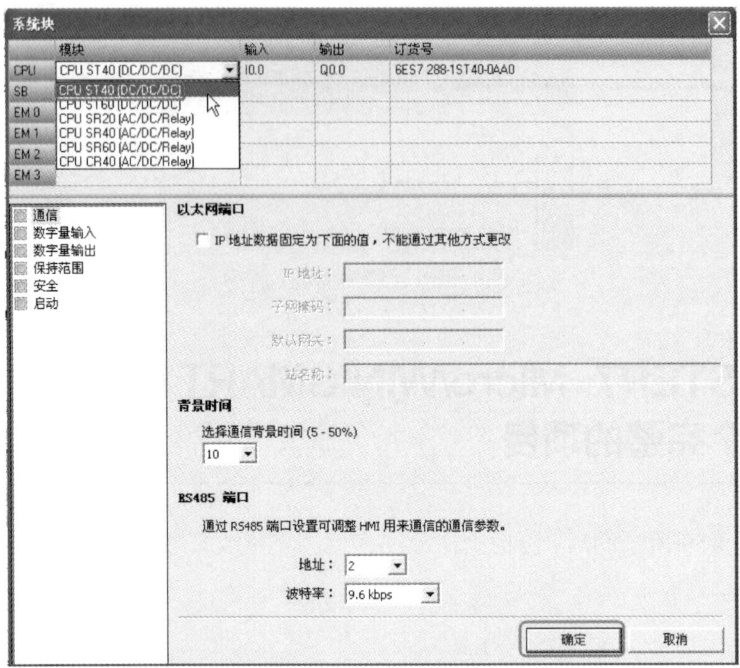

图4-61 PLC类型选择界面

（3）输入程序

展开指令树中的“指令”节点，依次双击常开触点按钮“⊣⊢”（或者拖入程序编辑窗口）、常闭触点按钮“⊣/⊢”、输出线圈按钮“( )”，换行后再双击常开触点按钮“⊣⊢”，出现程序输入界面，如图4-62所示。接着单击红色的问号，输入寄存器及其地址（本例为I0.0、Q0.0等），输入完毕后如图4-63所示。

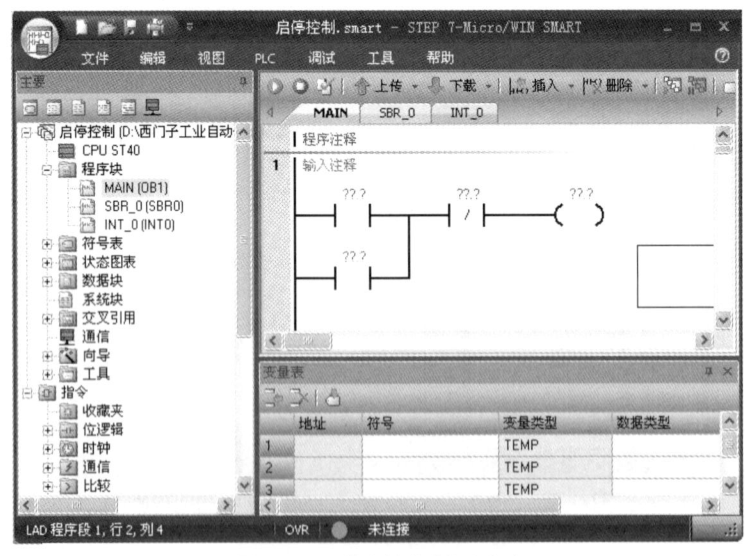

图4-62 程序输入界面（1）

【关键点】有的初学者在输入时会犯这样的错误，将“Q0.0”错误地输入成“QO.O”，此时“QO.O”下面将有红色的波浪线提示错误。

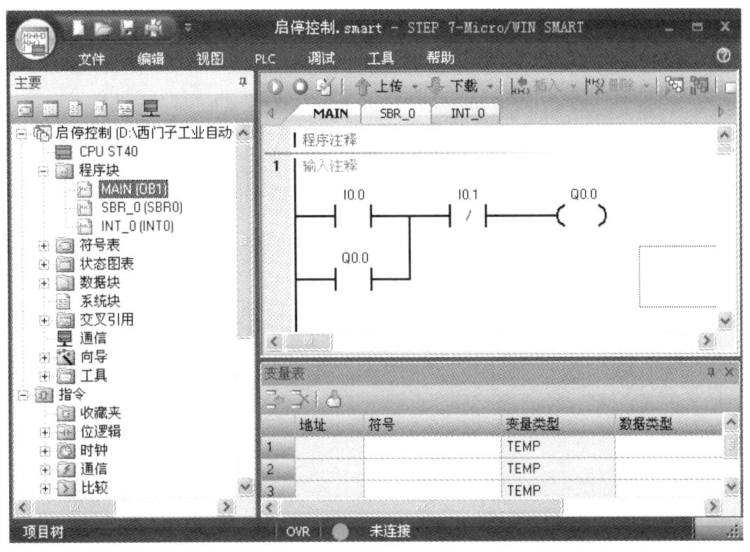

图4-63　程序输入界面（2）

（4）编译程序

单击标准工具栏的“编译”按钮进行编译，若程序有错误，则输出窗口会显示错误信息。

编译后如果有错误，可在下方的输出窗口查看错误，双击该错误即跳转到程序中该错误的所在处，根据系统手册中的指令要求进行修改，如图4-64所示。

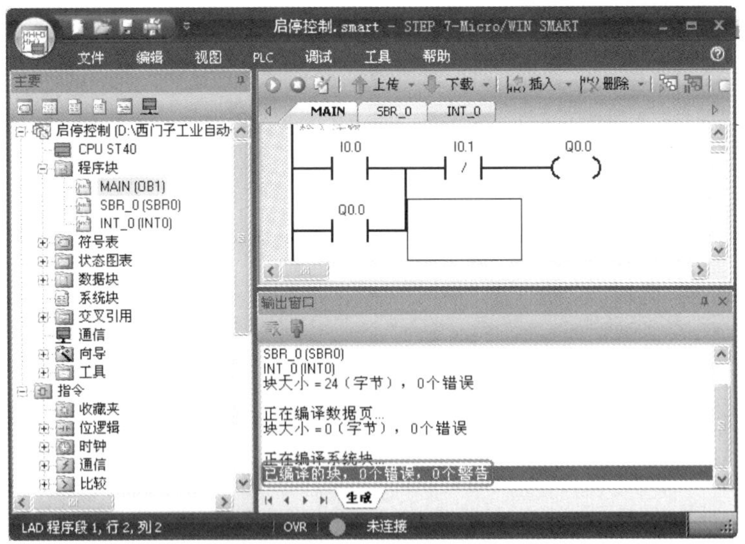

图4-64　编译程序

（5）联机通信

选中项目树中的项目（本例为“启停控制”）下的“通信”，如图4-65所示，并双击该项目，弹出“通信”对话框。单击“下三角”按钮，选择个人计算机的网卡，这个网卡与计算机的硬件有关［本例的网卡为“Broadcom Netlink（TM）”］，如图4-66所示。再用鼠标双击“更新可访问的设备”选项，如图4-67所示，弹出如图4-68所示的界面，表明PLC的地址是“192.168.2.1”。这个IP地址很重要，是设置个人计算机时，必须要参考的。

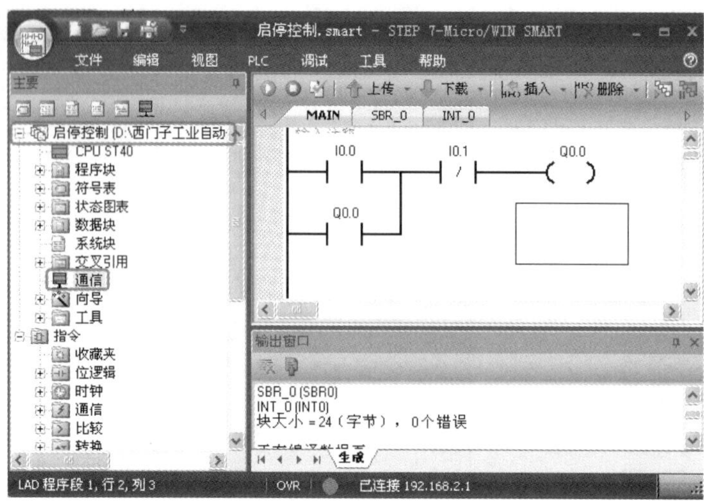

图4-65　打开通信界面

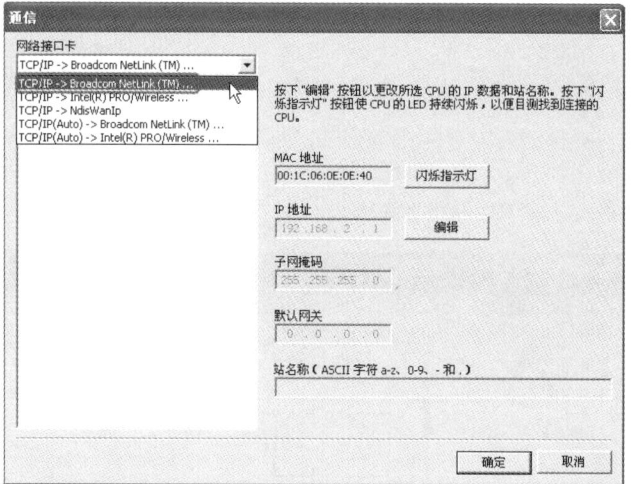

图4-66　通信界面（1）

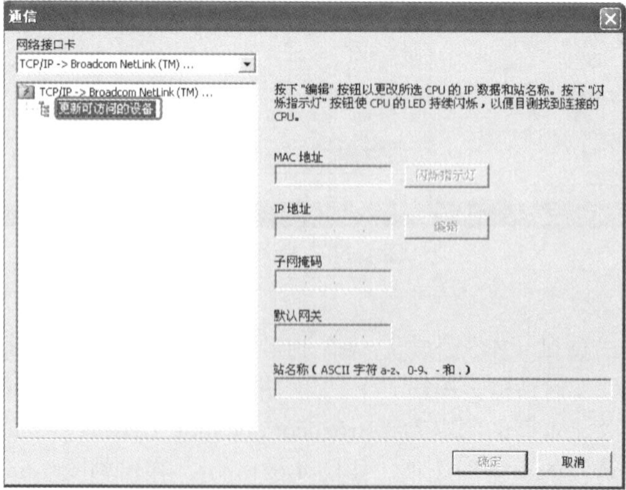

图4-67　通信界面（2）

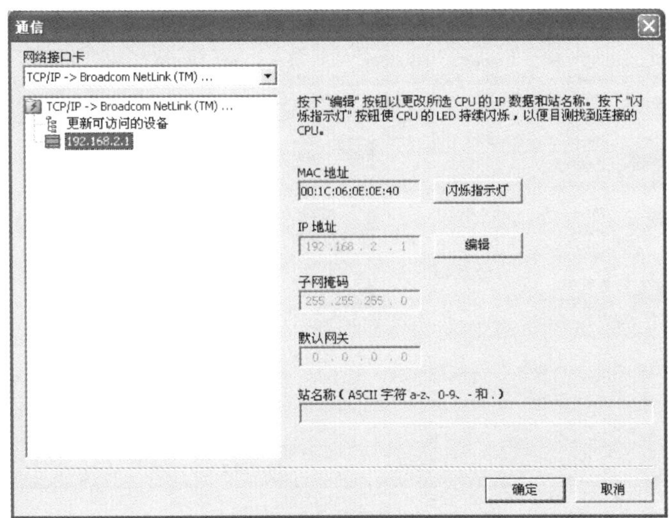

图4-68　通信界面（3）

【关键点】 不设置个人计算机，也可以搜索到"可访问的设备"，即PLC，但如果个人计算机的IP地址设置不正确，就不能下载程序。

（6）设置计算机IP地址

以前向S7-200 SMART下载程序，只能使用PLC集成的IE口（软件V2.3版本后可以使用PPI适配器），因此首先要对计算机的IP地址进行设置，这是建立计算机与PLC通信首先要完成的步骤，具体如下。

首先打开个人计算机的"控制面板"→"网络和共享中心"（本例的操作系统为Windows 7 64位，其他操作系统的步骤可能有所差别），单击"更改适配器设置"按钮，如图4-69所示。在弹出的界面中，选中"本地连接"，单击鼠标右键，弹出快捷菜单，单击"属性"选项，如图4-70所示，弹出如图4-71所示的界面，选中"Internet协议版本4（TCP/IPv4）"选项，单击"属性"按钮，弹出图4-72所示的界面，选择"使用下面的IP地址"选项，按照如图4-72所示设置IP地址和子网掩码，单击"确定"按钮即可。

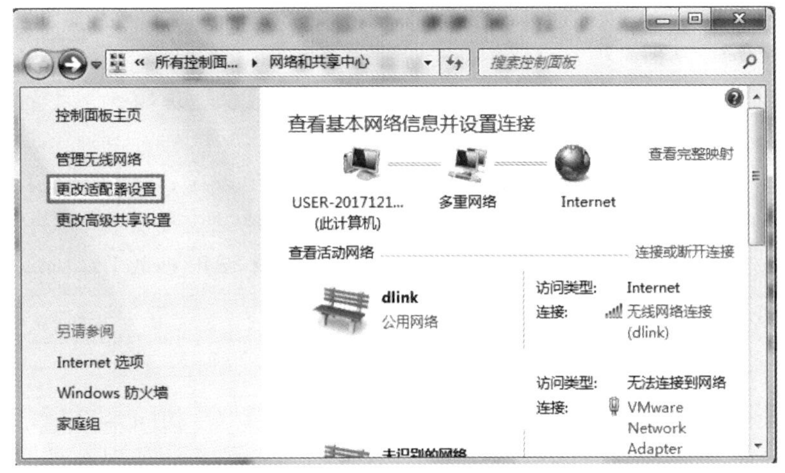

图4-69　设置计算机IP地址（1）

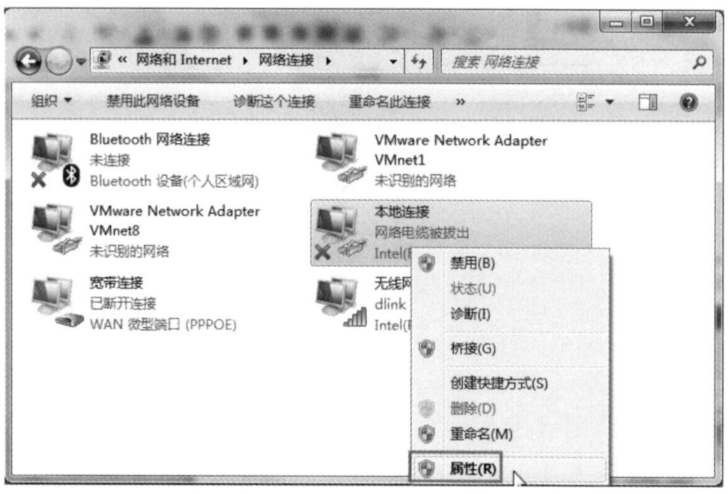

图4-70　设置计算机IP地址（2）

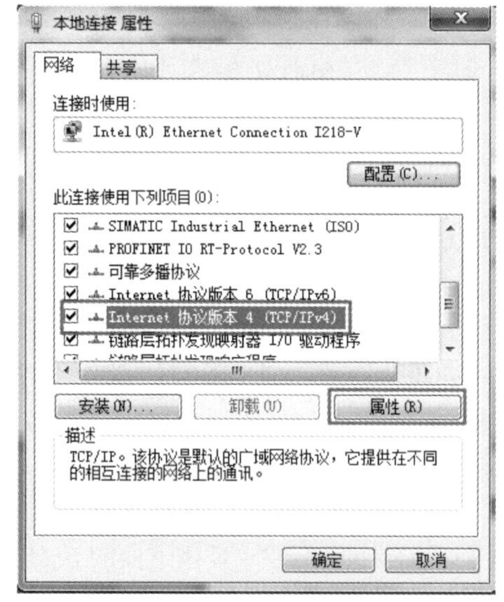

图4-71　设置计算机IP地址（3）

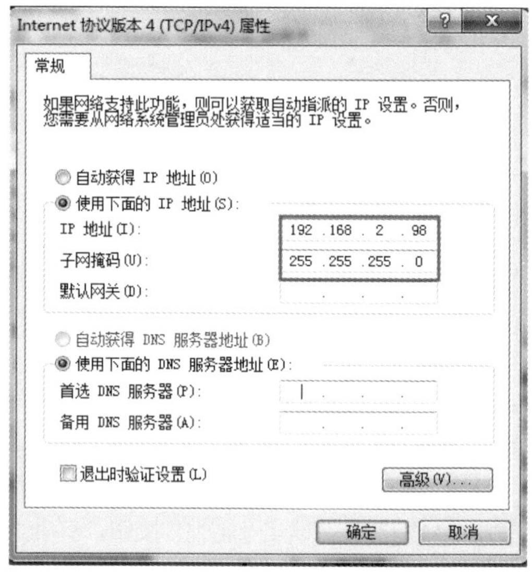

图4-72　设置计算机IP地址（4）

【关键点】 以上的操作中，不能选择“自动获得 IP 地址”选项。但如读者不知道一台 PLC 的 IP 地址时，可以选择“自动获得 IP 地址”选项，先搜到 PLC 的 IP 地址，然后再进行以上操作。

此外，要注意的是 S7-200 SMART 出厂时的 IP 地址是“192.168.2.1”，因此在没有修改的情况下下载程序，必须要将计算机的 IP 地址设置成与 PLC 在同一个网段。简单地说，就是计算的 IP 地址的最末一个数字要与 PLC 的 IP 地址的末尾数字不同，而其他的数字要相同，这是非常关键的，读者务必要牢记。

（7）下载程序

单击工具栏中的下载按钮 下载 ，弹出“下载”对话框，如图 4-73 所示，将“选项”栏中的“程序块”“数据块”和“系统块”三个选项全部勾选，若 PLC 此时处于“运行”模式，再将 PLC 设置成“停止”模式，如图 4-74 所示，然后单击“是”按钮，则程序自动下载到 PLC 中。下载成功后，输出窗口中有“下载已成功完成！”字样的提示，如图 4-75 所示，最后单击“关闭”按钮。

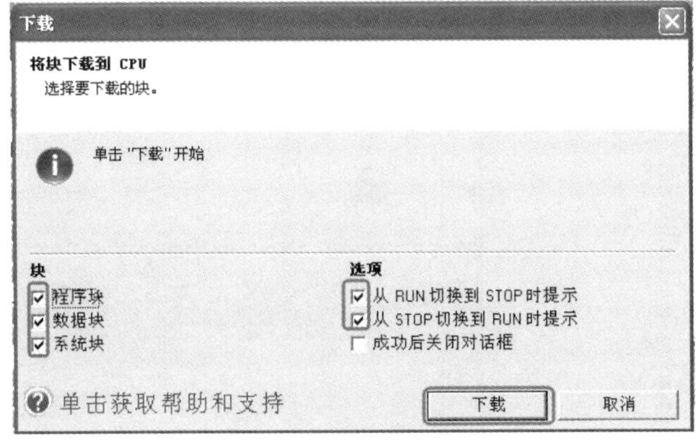

图4-73 下载程序

图4-74 停止运行

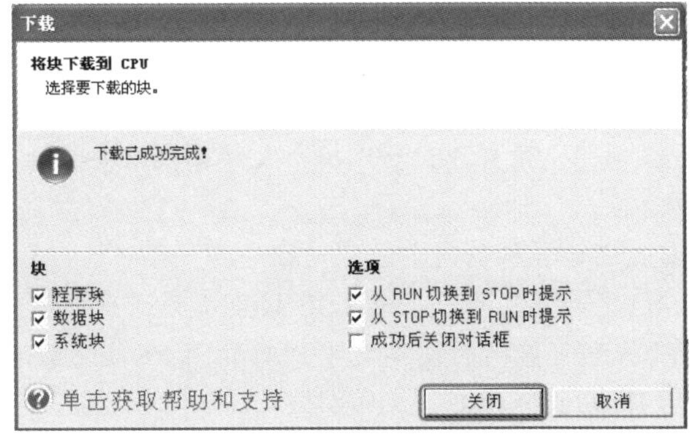

图4-75 下载成功完成界面

（8）运行和停止运行模式

要运行下载到 PLC 中的程序，只要单击工具栏中“运行”按钮即可，同理要停止运行程序，只要单击工具栏中“停止”按钮即可。

（9）程序状态监控

在调试程序时，“程序状态监控”功能非常有用，当开启此功能时，闭合的触点中有蓝色的矩形，而断开的触点中没有蓝色的矩形，如图 4-76 所示。要开启“程序状态监控”功能，只需要单击菜单栏上的“调试”→“程序状态”按钮程序状态即可。监控程序之前，程序应处于“运行”状态。

【关键点】 程序不能下载有以下几种情况。

① 双击“更新可访问的设备”选项时，仍然找不到可访问的设备（即 PLC）。

读者可按以下几种方法进行检修。

a. 读者要检查网线是否将 PLC 与个人计算机连接完好，如果网络连接中显示，或者个人计算机的右下角显示，则表明网线没有将个人计算机与 PLC 连接上，解决方案是更换网线或者重新拔出和插上网线，检查 PLC 是否正常供电，直到以上两图标上的红色叉号消失为止。

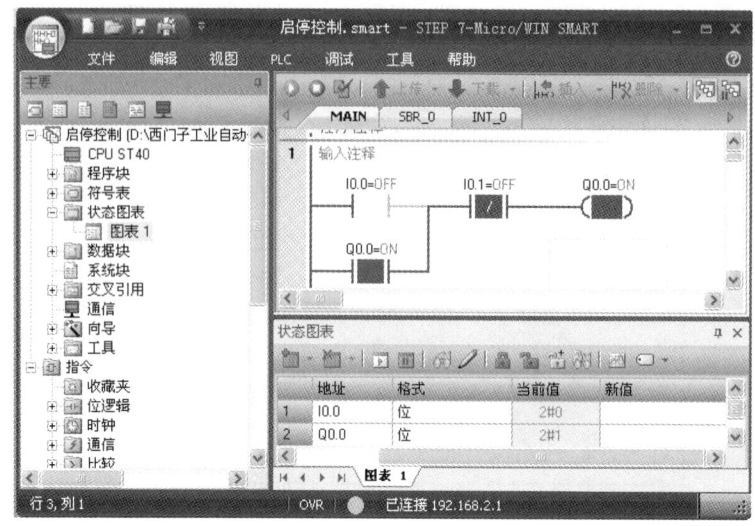

图4-76 程序状态监控

b. 如果读者安装了盗版的操作系统，也可能造成找不到可访问的设备，对于初学者，遇到这种情况特别不容易发现，因此安装正版操作系统是必要的。

c. “通信”设置中，要选择个人计算机中安装的网卡的具体型号，不能选择其他的选项。

d. 更新计算机的网卡的驱动程序。

e. 调换计算机的另一个 USB 接口（利用串口下载时）。

② 找到可访问的设备（即 PLC），但不能下载程序。最可能的原因是，个人计算机的 IP 地址和 PLC 的 IP 地址不在一个网段中。

程序不能下载操作过程中的几种误解。

① 将反连接网线换成正连接网线。尽管西门子公司建议 PLC 的以太网通信使用正线连接，但在 S7-200 SMART 的程序下载中，这个做法没有实际意义，因为 S7-200 SMART 的 IE 口有自动交叉线功能，网线的正连接和反连接都可以下载程序。

② 双击“更新可访问的设备”选项时，仍然找不到可访问的设备。这是因为个人计算机的网络设置不正确。其实，个人计算机的网络设置只会影响到程序的下载，并不影响 STEP7-Micro/WIN SMART 访问 PLC。

4.4 仿真软件的使用

4.4.1 仿真软件简介

仿真软件可以在计算机或者编程设备（如 Power PG）中模拟 PLC 运行和测试程序，就像运行在真实的硬件上一样。西门子公司为 S7-300/400 系列 PLC 设计了仿真软件 PLC SIM，但遗憾的是没有为 S7-200 SMART PLC 设计仿真软件。下面将介绍应用较广泛的仿真软件 S7-200 SIM 2.0，这个软件是为 S7-200 系列 PLC 开发的，部分 S7-200 SMART 程序也可以用 S7-200 SIM 2.0 进行仿真。

4.4.2 仿真软件S7-200 SIM 2.0的使用

S7-200 SIM 2.0 仿真软件的界面友好，使用非常简单，下面以图 4-77 所示的程序的仿真为例介绍 S7-200 SIM 2.0 的使用。

① 在 STEP7-Micro/WIN SMART 软件中编译如图 4-77 所示的程序，再选择菜单栏中的“文件”→“导出”命令，并将导出的文件保存，文件的扩展名为默认的“.awl”（文件的全名保存为 123.awl）。

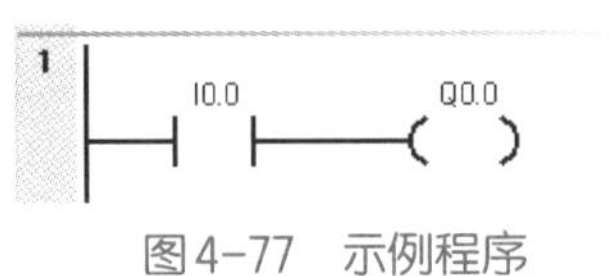

图4-77 示例程序

② 打开 S7-200 SIM 2.0 软件，选择菜单栏中的“配置”→“CPU 型号”命令，弹出“CPU Type”（CPU 型号）对话框，选定所需的 CPU，如图 4-78 所示，再单击“Accept”（确定）按钮即可。

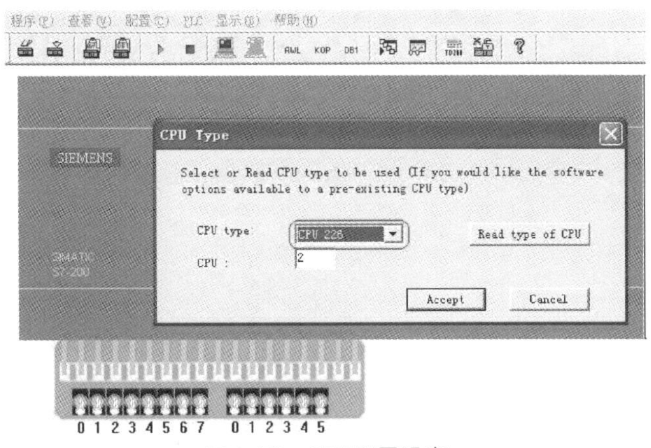

图4-78 CPU型号设定

③ 装载程序。单击菜单栏中的“程序”→“装载程序”命令，弹出“装载程序”对话框，设置如图 4-79 所示，再单击“确定”按钮，弹出“打开”对话框，如图 4-80 所示，选中要装载的程序“123.awl”，最后单击“打开”按钮即可。此时，程序已经装载完成。

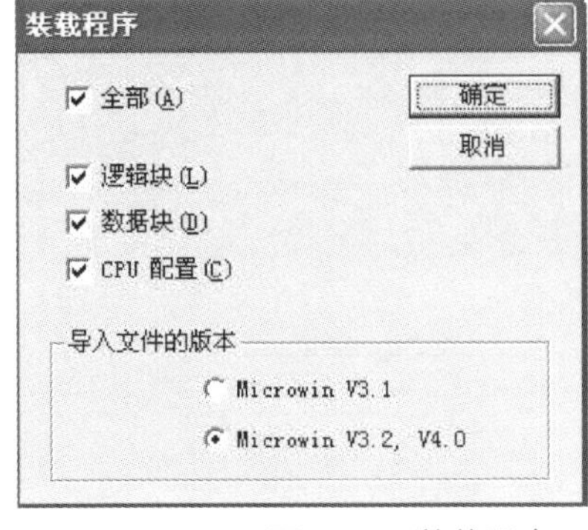

图4-79 装载程序

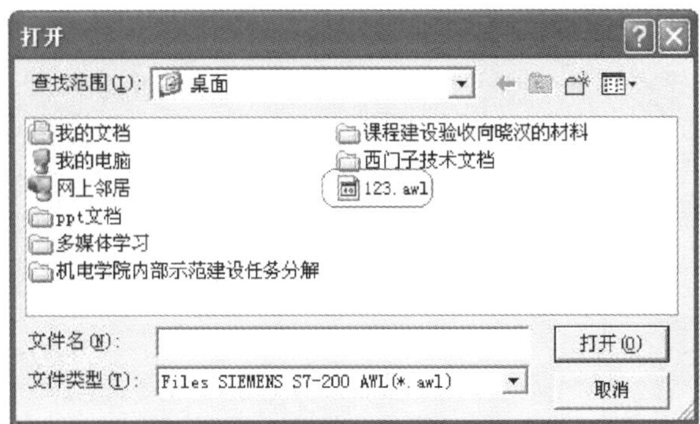

图4-80 打开文件

④ 开始仿真。单击工具栏上的“运行”按钮▶，运行指示灯亮，如图4-81所示，单击按钮“I0.0”，按钮向上合上，PLC的输入点“I0.0”有输入，输入指示灯亮，同时输出点“Q0.0”输出，输出指示灯亮。

与PLC相比，仿真软件有省钱、方便等优势，但仿真软件毕竟不是真正的PLC，它只具备PLC的部分功能，不能实现完全仿真。

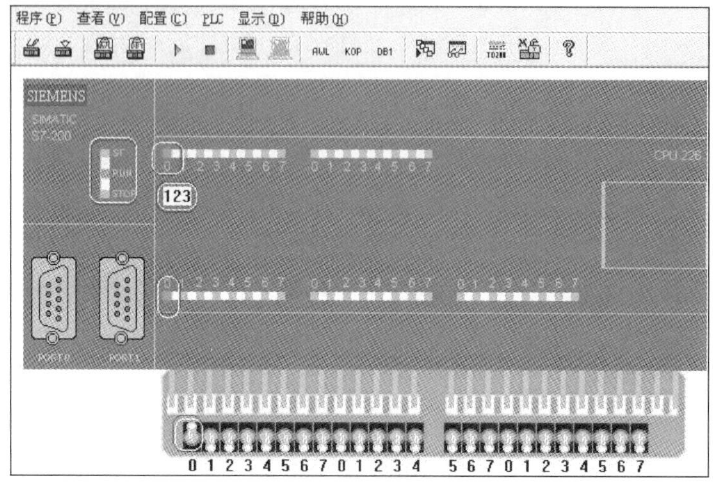

图4-81 进行仿真

第5章 西门子 S7-200 SMART PLC 的编程语言

本章主要介绍 S7-200 SMART PLC 的编程基础知识、各种指令等；本章内容较多，但非常重要。学习完本章内容就能具备编写简单程序的能力。

5.1 西门子 S7-200 SMART PLC 的编程基础

5.1.1 数据的存储类型

（1）数制

① 二进制　二进制数的 1 位（bit）只能取 0 和 1 两个不同的值，可以用来表示开关量的两种不同的状态，例如触点的断开和接通、线圈的通电和断电以及灯的亮和灭等。在梯形图中，如果该位是 1 可以表示常开触点的闭合和线圈的得电，反之，该位是 0 则表示常开触点的断开和线圈的断电。二进制用前缀 2# 加二进制数据表示，例如 2#1001 1101 1001 1101 就是 16 位二进制常数。十进制的运算规则是逢 10 进 1，二进制的运算规则是逢 2 进 1。

② 十六进制　十六进制的 16 个数字是 0 ～ 9 和 A ～ F（对应于十进制中的 10 ～ 15），每个十六进制数字可用 4 位二进制表示，例如 16#A 用二进制表示为 2#1010。前缀 B#16#、W#16# 和 DW#16# 分别表示十六进制的字节、字和双字。十六进制的运算规则是逢 16 进 1。学会二进制和十六进制之间的转化对于学习西门子 PLC 来说是十分重要的。

③ BCD 码　BCD 码用 4 位二进制数（或者 1 位十六进制数）表示一位十进制数，例如一位十进制数 9 的 BCD 码是 1001。4 位二进制有 16 种组合，但 BCD 码只用到前十种，而后六种（1010 ～ 1111）没有在 BCD 码中使用。十进制的数字转换成 BCD 码是很容易的，例如十进制数 366 转换成十六进制 BCD 码则是 W#16#0366。

【关键点】 十进制数 366 转换成十六进制数是 W#16#16E，这是要特别注意的。

BCD码的最高4位二进制数用来表示符号，16位BCD码字的范围是−999～+999。32位BCD码双字的范围是−9999999～+9999999。不同数制的数的表示方法见表5-1。

表5-1　不同数制的数的表示方法

十进制	十六进制	二进制	BCD码	十进制	十六进制	二进制	BCD码
0	0	0000	00000000	8	8	1000	00001000
1	1	0001	00000001	9	9	1001	00001001
2	2	0010	00000010	10	A	1010	00010000
3	3	0011	00000011	11	B	1011	00010001
4	4	0100	00000100	12	C	1100	00010010
5	5	0101	00000101	13	D	1101	00010011
6	6	0110	00000110	14	E	1110	00010100
7	7	0111	00000111	15	F	1111	00010101

（2）数据的长度和类型

S7-200 SMART PLC将信息存于不同的存储器单元，每个单元都有唯一的地址。该地址可以明确指出要存取的存储器位置。这就允许用户程序直接存取这个信息。表5-2列出了不同长度的数据所能表示的十进制数值范围。

表5-2　不同长度的数据所能表示的十进制数值范围

数据类型	数据长度	取值范围
字节（Byte）	8位（1字节）	0～255
字（Word）	16位（2字节）	0～65 535
位（Bit）	1位	0、1
整数（Int）	16位（2字节）	0～65 535（无符号），−32 768～32 767（有符号）
双精度整数（DInt）	32位（4字节）	0～4 294 967 295（无符号） −2 147 483 648～2 147 483 647（有符号）
双字（DWord）	32位（4字节）	0～4 294 967 295
实数（Real）	32位（4字节）	1.175 495E−38～3.402 823E+38（正数） −1.175 495E−38～−3.402 823E+38（负数）
字符串（String）	8位（1字节）	

【关键点】 西门子PLC的数据类型的关键字不区分大小写，例如Real和REAL都是合法的，表示实数（浮点数）数据类型。

（3）常数

在S7-200 SMART PLC的许多指令中都用到常数，常数有多种表示方法，如二进制、十进制和十六进制等。在表示二进制和十六进制时，要在数据前分别加前缀“2#”或“16#”，格式如下。

二进制常数：2#1100，十六进制常数：16#234B1。其他的数据表示方法举例如下。

ASCII码：“HELLOW”，实数：−3.141 592 6，十进制数：234。

几种错误表示方法：八进制的“33”表示成“8#33”，十进制的“33”表示成“10#33”，“2”用二进制表示成“2#2”，读者要避免这些错误。

若要存取存储区的某一位，则必须指定地址，包括存储器标识符、字节地址和位号。图 5-1 是一个位寻址的例子。其中，存储器区、字节地址（I 代表输入，2 代表字节 2）和位地址之间用点号“.”隔开。

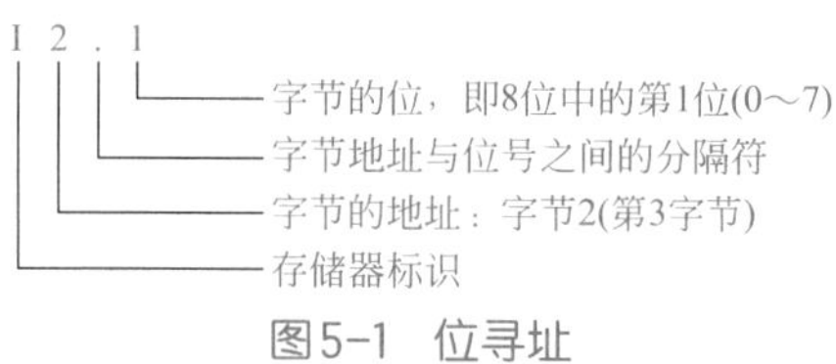

图5-1 位寻址

【例 5-1】 如图 5-2 所示，如果 MD0=16#1F，那么，MB0、MB1、MB2 和 MB3 的数值是多少？ M0.0 和 M3.0 是多少？

【解】 因为一个双字包含 4 个字节，一个字节包含 2 个十六进制位，所以 MD0=16#1F=16#0000001F，根据图 5-2 可知，MB0=0，MB1=0，MB2=0，MB3=16#1F。由于 MB0=0，所以 M0.0=0，由于 MB3=16#1F=2#00011111，所以 M3.0=1。这点不同于三菱 PLC，注意区分。

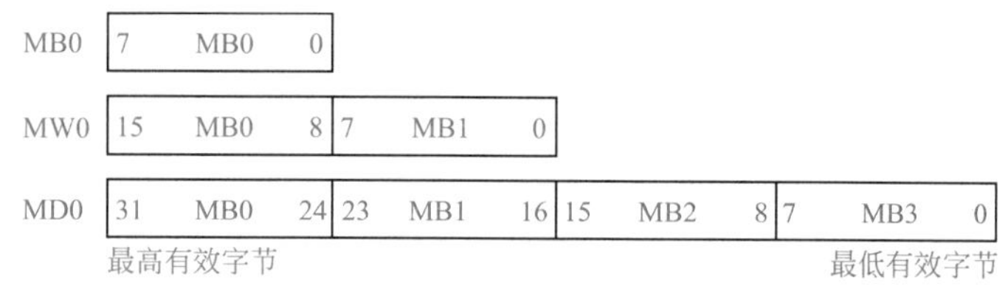

图5-2 字节、字和双字的起始地址

【例 5-2】 如图 5-3 所示的梯形图，试查看有无错误。

【解】 这个程序从逻辑上看没有问题，但这个程序在实际运行时是有问题的。程序段 1 是启停控制，当 V0.0 常开触点闭合后开始采集数据，而且 A/D 转换的结果存放在 VW0 中，VW0 包含 2 个字节 VB0 和 VB1，而 VB0 包含 8 个位即 V0.0 ～ V0.7。只要采集的数据经过 A/D 转换，使 V0.0 位为 0，则整个数据采集过程自动停止。初学者很容易犯类似的错误。读者可将 V0.0 改为 V2.0 即可，只要避开 VW0 中包含的 16 个位（V0.0 ～ V0.7 和 V1.0 ～ V1.7）即可。

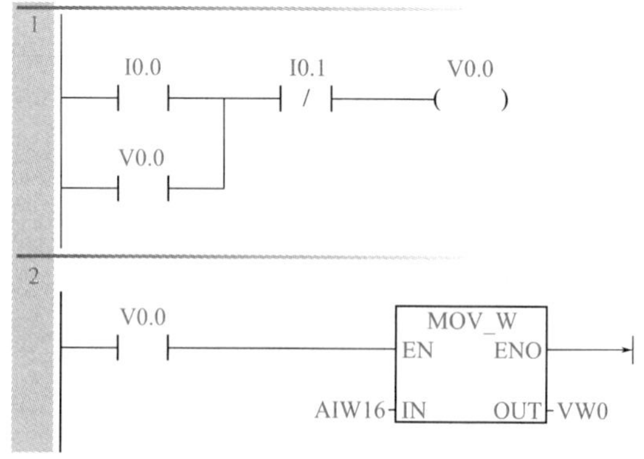

图5-3 梯形图

数值和数据类型是十分重要的，但往往被很多初学者忽视，如果没有掌握数值和数据类型，学习后续章节时，出错将是不可避免的。

5.1.2 元件的功能与地址分配

（1）输入过程映像寄存器 I

输入过程映像寄存器与输入端相连，它是专门用来接收 PLC 外部开关信号的元件。在每次扫描周期的开始，CPU 对物理输入点进行采样，并将采样值写入输入过程映像寄存器中。CPU 可以按位、字节、字或双字来存取输入过程映像寄存器中的数据，输入寄存器等效电路如图 5-4 所示。

位格式：I[字节地址].[位地址]，如 I0.0。

字节、字或双字格式：I[长度][起始字节地址]，如 IB0、IW0 和 ID0。

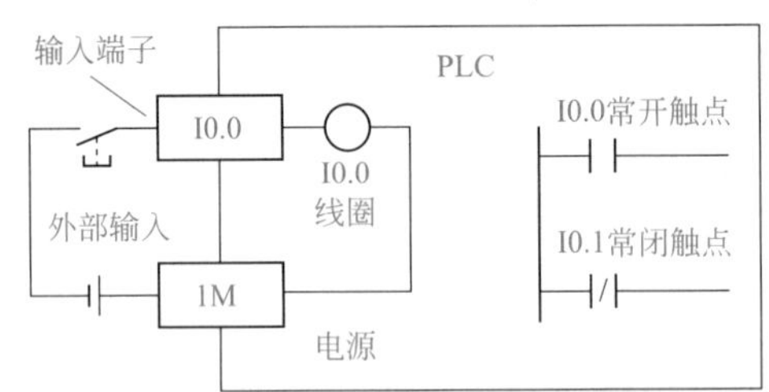

图5-4 输入过程映像寄存器I0.0的等效电路

（2）输出过程映像寄存器 Q

输出过程映像寄存器是用来将 PLC 内部信号输出传送给外部负载（用户输出设备）。输出过程映像寄存器线圈是由 PLC 内部程序的指令驱动，其线圈状态传送给输出单元，再由输出单元对应的硬触点来驱动外部负载，输出寄存器等效电路如图 5-5 所示。在每次扫描周期的结尾，CPU 将输出过程映像寄存器中的数值复制到物理输出点上。可以按位、字节、字或双字来存取输出过程映像寄存器。

位格式：Q[字节地址].[位地址]，如 Q1.1。

字节、字或双字格式，Q[长度][起始字节地址]，如 QB0、QW2 和 QD0。

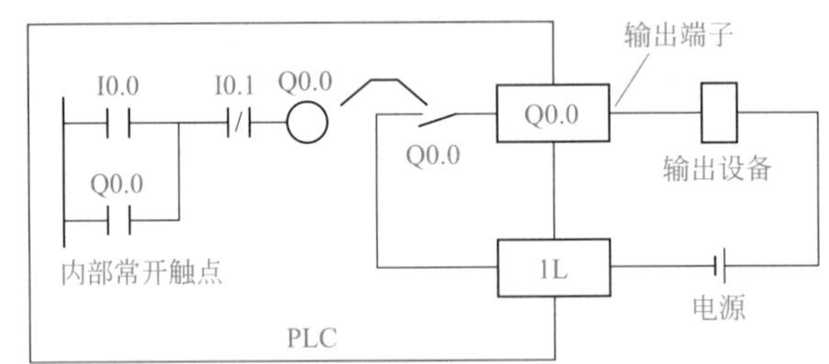

图5-5 输出过程映像寄存器Q0.0的等效电路

（3）变量存储器 V

可以用 V 存储器存储程序执行过程中控制逻辑操作的中间结果，也可以用它来保存与工序或任务相关的其他数据，变量存储器不能直接驱动外部负载。它可以按位、字节、字或双字来存取 V 存储区中的数据。

位格式：V[字节地址].[位地址]，如 V10.2。

字节、字或双字格式：V[长度][起始字节地址]，如 VB100、VW100 和 VD100。

（4）位存储器 M

位存储器是 PLC 中常用的一种存储器，一般的位存储器与继电器控制系统中的中间继电器相似。位存储器不能直接驱动外部负载，负载只能由输出过程映像寄存器的外部触点驱动。位存储器的常开与常闭触点在 PLC 内部编程时可无限次使用。可以用位存储区作为控制继电器来存储中间操作状态和控制信息，并且可以按位、字节、字或双字来存取位存储区。

位格式：M[字节地址].[位地址]，如 M2.7。

字节、字或双字格式：M[长度][起始字节地址]，如 MB10、MW10 和 MD10。

注意：有的用户习惯使用 M 区作为中间地址，但 S7-200 SMART PLC 中 M 区地址空间很小，只有 32 个字节，往往不够用。而 S7-200 SMART PLC 中提供了大量的 V 区存储空间，即用户数据空间。V 存储区相对很大，其用法与 M 区相似，可以按位、字节、字或双字来存取 V 区数据，例如 V10.1、VB20、VW100 和 VD200 等。

【例 5-3】 图 5-6 所示的梯形图中，Q0.0 控制一盏灯，试分析当系统上电后接通 I0.0 和系统断电后又上电时灯的明暗情况。

【解】 当系统上电后接通 I0.0，Q0.0 线圈带电并自锁，灯亮；系统断电后又上电，Q0.0 线圈处于断电状态，灯不亮。

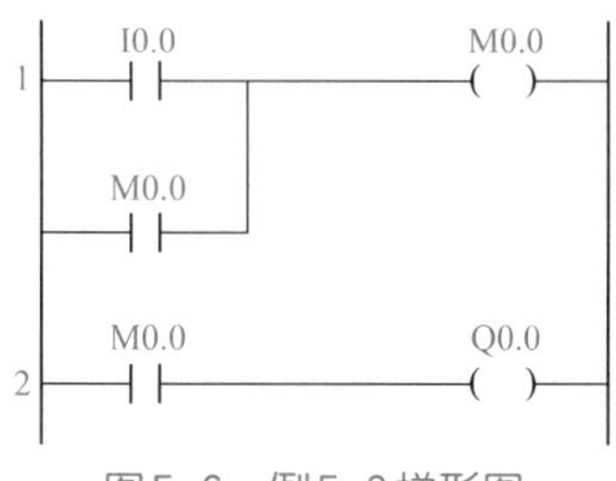

图5-6 例5-3梯形图

（5）特殊存储器 SM

SM 位为 CPU 与用户程序之间传递信息提供了一种手段。可以用这些位选择和控制 S7-200 SMART PLC 的一些特殊功能。例如，首次扫描标志位（SM0.1）、按照固定频率开关的标志位或者显示数学运算或操作指令状态的标志位，并且可以按位、字节、字或双字来存取 SM 位。

位格式：SM[字节地址].[位地址]，如 SM0.1。

字节、字或双字格式：SM[长度][起始字节地址]，如 SMB86、SMW22 和 SMD42。

特殊寄存器的范围为 SMB0 ～ SMB1549，其中 SMB0 ～ SMB29 和 SMB1000 ～ SMB1535 是只读存储器。具体如下。

只读特殊存储器如下。

SMB0：系统状态位。

SMB1：指令执行状态位。

SMB2：自由端口接收字符。

SMB3：自由端口奇偶校验错误。

SMB4：中断队列溢出、运行时程序错误、中断已启用、自由端口发送器空闲和强制值。

SMB5：I/O 错误状态位。

SMB6、SMB7：CPU ID、错误状态和数字量 I/O 点。

SMB8 ～ SMB21：I/O 模块 ID 和错误。

SMW22 ～ SMW26：扫描时间。

SMB28、SMB29：信号板 ID 和错误。

SMB1000 ～ SMB1049：CPU 硬件 / 固件 ID。

SMB1050 ～ SMB1099 SB：信号板硬件 / 固件 ID。

SMB1100 ～ SMB1299 EM：扩展模块硬件 / 固件 ID。

读写特殊存储器如下。

SMB30（端口 0）和 SMB130（端口 1）：集成 RS485 端口（端口 0）和 CM01 信号板（SB）RS232/RS485 端口（端口 1）的端口组态。

SMB34 ～ SMB35：定时中断的时间间隔。

SMB36 ～ SMB45（HSC0）、SMB46 ～ SMB55（HSC1）、SMB56 ～ SMB65（HSC2）、SMB136 ～ SMB145（HSC3）：高速计数器组态和操作。

SMB66 ～ SMB85：PWM0 和 PWM1 高速输出。

SMB86 ～ SMB94 和 SMB186 ～ SMB194：接收消息控制。

SMW98：I/O 扩展总线通信错误。

SMW100 ～ SMW110：系统报警。

SMB566 ～ SMB575：PWM2 高速输出。

SMB600 ～ SMB649：轴 0 开环运动控制。

SMB650 ～ SMB699：轴 1 开环运动控制。

SMB700 ～ SMB749：轴 2 开环运动控制。

全部掌握是比较困难的，具体使用特殊存储器请参考系统手册，系统状态位是常用的特殊存储器，见表 5-3。SM0.0、SM0.1 和 SM0.5 的时序图如图 5-7 所示。

表 5-3　特殊存储器字节 SMB0（SM0.0 ～ SM0.7）

SM 位	符号名	描述
SM0.0	Always_On	该位始终为 1
SM0.1	First_Scan_On	该位在首次扫描时为 1，用途之一是调用初始化子程序
SM0.2	Retentive_Lost	在以下操作后，该位会接通一个扫描周期： • 重置为出厂通信命令 • 重置为出厂存储卡评估 • 评估程序传送卡（在此评估过程中，会从程序传送卡中加载新系统块） • NAND 闪存上保留的记录出现问题 该位可用作错误存储器位或用作调用特殊启动顺序的机制
SM0.3	RUN_Power_Up	从上电或暖启动条件进入 RUN 模式时，该位接通一个扫描周期。该位可用于在开始操作之前给机器提供预热时间
SM0.4	Clock_60s	该位提供时钟脉冲，该脉冲的周期时间为 1min，OFF（断开）30s，ON（接通）30s。该位可简单轻松地实现延时或 1min 时钟脉冲
SM0.5	Clock_1s	该位提供时钟脉冲，该脉冲的周期时间为 1s，OFF（断开）0.5s，然后 ON（接通）0.5s。该位可简单轻松地实现延时或 1s 时钟脉冲
SM0.6	Clock_Scan	该位是扫描周期时钟，接通一个扫描周期，然后断开一个扫描周期，在后续扫描中交替接通和断开。该位可用作扫描计数器输入
SM0.7	RTC_Lost	如果实时时钟设备的时间被重置或在上电时丢失（导致系统时间丢失），则该位将接通一个扫描周期。该位可用作错误存储器位或用来调用特殊启动顺序

【例 5-4】 图 5-8 所示的梯形图中，Q0.0 控制一盏灯，试分析当系统上电后灯的明暗情况。

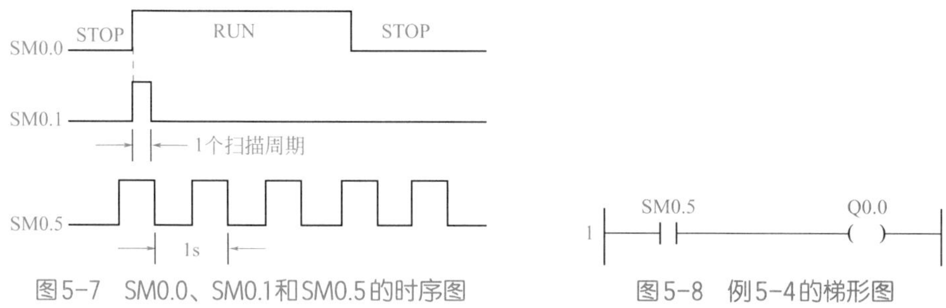

图5-7　SM0.0、SM0.1和SM0.5的时序图　　图5-8　例5-4的梯形图

【解】 因为 SM0.5 是周期为 1s 的脉冲信号，所以灯亮 0.5s，然后暗 0.5s，以 1s 为周期闪烁。SM0.5 常用于报警灯的闪烁。

（6）局部存储器 L

S7-200 SMART PLC 有 64B 的局部存储器，其中 60B 可以用作临时存储器或者给子程序传递参数。如果用梯形图或功能块图编程，STEP7-Micro/WIN SMART 保留这些局部存储器的最后 4B。局部存储器和变量存储器 V 很相似，但有一个区别：变量存储器是全局有效的，而局部存储器只在局部有效。全局是指同一个存储器可以被任何程序存取（包括主程序、子程序和中断服务程序），局部是指存储器区和特定的程序相关联。S7-200 SMART PLC 给主程序分配 64B 的局部存储器，给每一级子程序嵌套分配 64B 的局部存储器，同样给中断服务程序分配 64B 的局部存储器。

子程序不能访问分配给主程序、中断服务程序或者其他子程序的局部存储器。同样，中断服务程序也不能访问分配给主程序或子程序的局部存储器。S7-200 SMART PLC 根据需要来分配局部存储器。也就是说，当主程序执行时，分配给子程序或中断服务程序的局部存储器是不存在的。当发生中断或者调用一个子程序时，需要分配局部存储器。新的局部存储器地址可能会覆盖另一个子程序或中断服务程序的局部存储器地址。

在分配局部存储器时，PLC 不进行初始化，初值可能是任意的。当在子程序调用中传递参数时，在被调用子程序的局部存储器中，由 CPU 替换其被传递的参数的值。局部存储器在参数传递过程中不传递值，在分配时不被初始化，可能包含任意数值。L 可以作为地址指针。

位格式：L[字节地址].[位地址]，如 L0.0。

字节、字或双字格式：L[长度] [起始字节地址]，如 LB33。下面的程序中，LD10 作为地址指针。

```
LD    SM0.0
MOVD &VB0, LD10          // 将 V 区的起始地址装载到指针中
```

（7）模拟量输入映像寄存器 AI

S7-200 SMART PLC 能将模拟量值（如温度或电压）转换成 1 个字长（16 位）的数字量。可以用区域标识符（AI）、数据长度（W）及字节的起始地址来存取这些值。因为模拟输入量为 1 个字长，并且从偶数位字节（如 0、2、4）开始，所以必须用偶数字节地址（如 AIW16、AIW18、AIW20）来存取这些值。如 AIW1 是错误的数据，则模拟量输入值为只读数据。

格式：AIW[起始字节地址]，如 AIW16。以下为模拟量输入的程序。

```
LD    SM0.0
MOVW    AIW16, MW10        // 将模拟量输入量转换为数字量后存入 MW10 中
```

（8）模拟量输出映像寄存器 AQ

S7-200 SMART PLC 能把 1 个字长的数字值按比例转换为电流或电压。可以用区域标识符（AQ）、数据长度（W）及字节的起始地址来改变这些值。因为模拟量为 1 个字长，且从偶数字节（如 0、2、4）开始，所以必须用偶数字节地址（如 AQW10、AQW12、AQW14）来改变这些值。模拟量输出值时只写数据。

格式：AQW[起始字节地址]，如 AQW20。以下为模拟量输出的程序。

```
LD    SM0.0
MOVW    1234, AQW20        // 将数字量 1234 转换成模拟量（如电压）从通道 0 输出
```

（9）定时器 T

在 S7-200 SMART PLC 中，定时器可用于时间累计，其分辨率（时基增量）分为 1ms、10ms 和 100ms 三种。定时器有以下两个变量。

① 当前值：16 位有符号整数，存储定时器所累计的时间。

② 定时器位：按照当前值和预置值的比较结果置位或者复位（预置值是定时器指令的一部分）。

可以用定时器地址来存取这两种形式的定时器数据。究竟使用哪种形式取决于所使用的指令：如果使用位操作指令，则是存取定时器位；如果使用字操作指令，则是存取定时器当前值。存取格式为：T[定时器号]，如 T37。

S7-200 SMART PLC 系列中定时器可分为接通延时定时器、有记忆的接通延时定时器和断开延时定时器三种。它们是通过对一定周期的时钟脉冲进行累计而实现定时功能的，时钟脉冲的周期（分辨率）有 1ms、10ms 和 100ms 三种，当计数达到设定值时触点动作。

（10）计数器存储区 C

在 S7-200 SMART PLC 中，计数器可以用于累计其输入端脉冲电平由低到高的次数。CPU 提供了三种类型的计数器：一种只能增加计数；一种只能减少计数；另外一种既可以增加计数，又可以减少计数。计数器有以下两种形式。

① 当前值：16 位有符号整数，存储累计值。

② 计数器位：按照当前值和预置值的比较结果置位或者复位（预置值是计数器指令的一部分）。

可以用计数器地址来存取这两种形式的计数器数据。究竟使用哪种形式取决于所使用的指令：如果使用位操作指令，则是存取计数器位；如果使用字操作指令，则是存取计数器当前值。存取格式为：C[计数器号]，如 C24。

（11）高速计数器 HC

高速计数器用于对高速事件计数，它独立于 CPU 的扫描周期。高速计数器有一个 32 位的有符号整数计数值（或当前值）。若要存取高速计数器中的值，则应给出高速计数器的地址，即存储器类型（HC）加上计数器号（如 HC0）。高速计数器的当前值是只读数据，仅可以作为双字（32 位）来寻址。

格式：HC[高速计数器号]，如 HC1。

（12）累加器 AC

累加器是可以像存储器一样使用的读写设备。例如，可以用它来向子程序传递参数，也可以从子程序返回参数，以及用来存储计算的中间结果。S7-200 SMART PLC 提供 4 个 32 位累加器（AC0、AC1、AC2 和 AC3），并且可以按字节、字或双字的形式来存取累加器中的数值。

被访问的数据长度取决于存取累加器时所使用的指令。当以字节或者字的形式存取累加器时，使用的是数值的低8位或低16位。当以双字的形式存取累加器时，使用全部32位。

格式：AC[累加器号]，如 AC0。以下为将常数 18 移入 AC0 中的程序。

```
LD   SM0.0
MOVB  18，AC0   // 将常数 18 移入 AC0
```

（13）顺控继电器存储 S

顺控继电器位（S）用于组织机器操作或者进入等效程序段的步骤。SCR 提供控制程序的逻辑分段。可以按位、字节、字或双字来存取 S 位。

位：S[字节地址].[位地址]，如 S3.1。

字节、字或者双字：S[长度][起始字节地址]。

5.1.3 STEP7 中的编程语言

STEP7 中有梯形图、语句表和功能块图三种基本编程语言，可以相互转换。此外，还有其他的编程语言，以下简要介绍。

（1）顺序功能图（SFC）

STEP7 中为 S7-Graph，不是 STEP7 的标准配置，需要安装软件包，是针对顺序控制系统进行编程的图形编程语言，特别适合编写顺序控制程序。

（2）梯形图（LAD）

直观易懂，适合于数字量逻辑控制。梯形图适合于熟悉继电器电路的人员使用，其应用最为广泛。

（3）功能块图（FBD）

“LOGO！”系列微型 PLC 使用功能块图编程。功能块图适合于熟悉数字电路的人员使用。

（4）语句表（STL）

功能比梯形图或功能块图强。语句表可供擅长用汇编语言编程的用户使用。语句表输入快，可以在每条语句后面加上注释。语句表使用在减少，发展趋势是有的 PLC 不再支持语句表。

（5）S7-SCL 编程语言（ST）

STEP7 的 S7-SCL（结构化控制语言）符合 EN61131-3 标准。SCL 适合于复杂的公式计算、复杂的计算任务和最优化算法，或管理大量的数据等。S7-SCL 编程语言适合于熟悉高级编程语言（例如 PASCAL 或 C 语言）的人员使用。S7-200 SMART PLC 不支持此功能。

（6）S7-HiGraph 编程语言

图形编程语言 S7-HiGraph 属于可选软件包，它用状态图（stategraphs）来描述异步、非顺序过程的编程语言。HiGraph 适合于异步非顺序过程的编程。S7-200 SMART PLC 不支持此功能。

在 STEP7 编程软件中，如果程序块没有错误，并且被正确地划分为程序段，则可在梯形图、功能块图和语句表之间转换。

5.2 位逻辑指令

基本逻辑指令是指构成基本逻辑运算功能指令的集合，包括基本位操作、置位/复位、边沿触发、逻辑栈、定时、计数和比较等逻辑指令。西门子 S7-200 SMART PLC 系列 PLC 共有 20 多条逻辑指令，现按用途分类如下。

5.2.1 基本位操作指令

（1）装载及线圈输出指令

LD（Load）：常开触点逻辑运算开始。

LDN（Load Not）：常闭触点逻辑运算开始。

=（Out）：线圈输出。

图 5-9 所示梯形图及语句表表示上述三条指令的用法。

装载及线圈输出指令使用说明有以下几方面。

① LD（Load）：装载指令，对应梯形图从左侧母线开始，连接常开触点。

② LDN（Load Not）：装载指令，对应梯形图从左侧母线开始，连接常闭触点。

③ =（Out）：线圈输出指令，可用于输出过程映像寄存器、辅助继电器和定时器及计数器等，一般不用于输入过程映像寄存器。

④ LD、LDN 的操作数：I、Q、M、SM、T、C 和 S。= 的操作数：Q、M、SM、T、C 和 S。

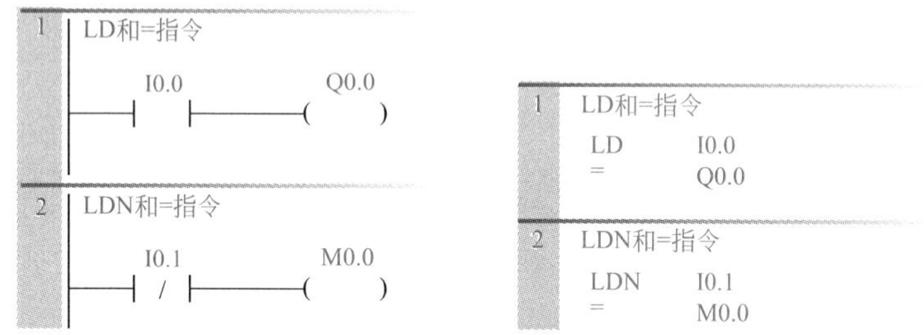

图5-9 LD、LDN、=指令应用举例

图 5-9 中梯形图的含义解释为：当程序段 1 中的常开触点 I0.0 接通，则线圈 Q0.0 得电，当程序段 2 中的常闭触点 I0.1 接通，则线圈 M0.0 得电。此梯形图的含义与之前的电气控制中的电气图类似。

（2）与和与非指令

A（And）：与指令，即常开触点串联。

AN（And Not）：与非指令，即常闭触点串联。

图 5-10 所示梯形图及指令表表示了上述两条指令的用法。

触点串联指令使用说明有以下几方面。

① A、AN：与和与非操作指令，是单个触点串联指令，可连续使用。

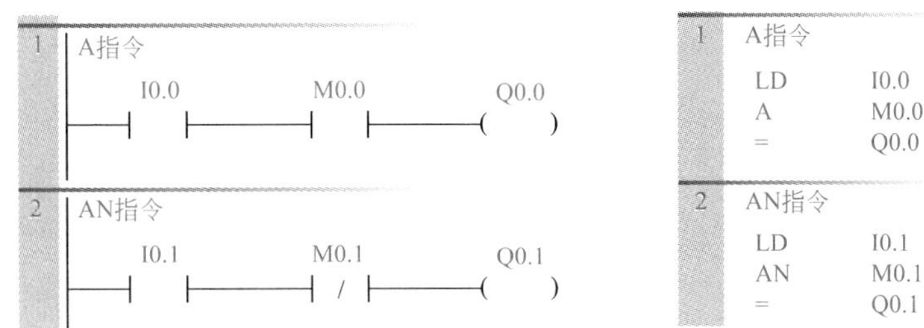

图5-10 A和AN指令应用举例

② A、AN 的操作数：I、Q、M、SM、T、C 和 S。

图 5-10 中梯形图的含义解释为：当程序段 1 中的常开触点 I0.0 和 M0.0 同时接通，则线圈 Q0.0 得电，常开触点 I0.0 和 M0.0 都不接通，或者只有一个接通，线圈 Q0.0 不得电，常开触点 I0.0、M0.0 是串联（与）关系；当程序段 2 中的常开触点 I0.1、常闭触点 M0.1 同时接通，则线圈 Q0.1 得电，常开触点 I0.1 和常闭触点 M0.1 是串联（与非）关系。

（3）或和或非指令

O（Or）：或指令，即常开触点并联。

ON（Or Not）：或非指令，即常闭触点并联。

图 5-11 所示梯形图及指令表表示了上述两条指令的用法。

① O、ON：或和或非操作指令，是单个触点并联指令，可连续使用。

② O、ON 的操作数：I、Q、M、SM、T、C 和 S。

图 5-11 中梯形图的含义解释为：当程序段 1 中的常开触点 I0.0 和 M0.0，常闭触点 M0.1 有一个或者多个接通，则线圈 Q0.0 得电，常开触点 I0.0、M0.0 和常闭触点 M0.1 是并联（或、或非）关系。

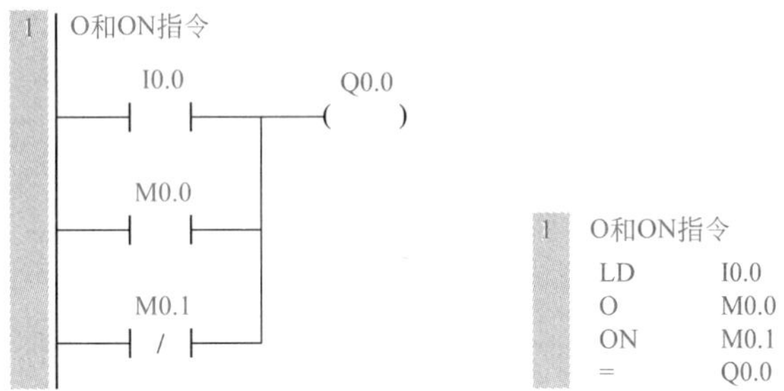

图5-11 O和ON指令应用举例

（4）与装载和或装载指令

ALD（And Load）：与装载指令对堆栈第一层和第二层中的值进行逻辑与运算，结果装载到栈顶。

图 5-12 表示了 ALD 指令的用法。

与装载指令使用说明有以下几方面。

① 与装载指令与前面电路串联时，使用 ALD 指令。电路块的起点用 LD 或 LDN 指令，并联电路块结束后，使用 ALD 指令与前面电路块串联。

② ALD 无操作数。

图 5-12 中梯形图的含义解释为：实际上就是把第一个虚线框中的触点 I0.0 和触点 Q0.1 并联，再将第二个虚线框中的触点 I0.1 和触点 Q0.0 并联，最后把两个虚线框中并联

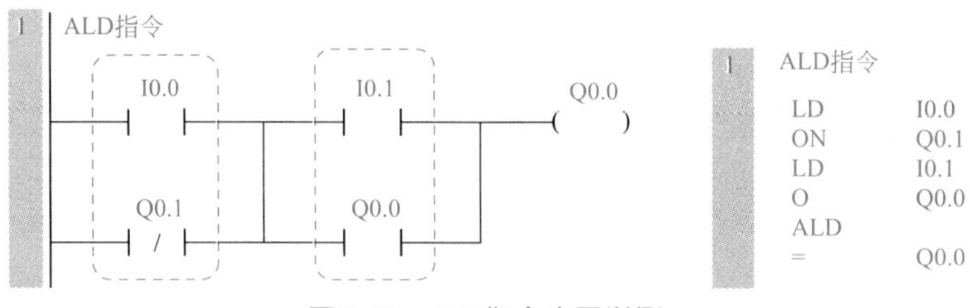

图5-12 ALD指令应用举例

后的结果串联。

（5）或装载指令

OLD（Or Load）：或装载指令对堆栈第一层和第二层中的值进行逻辑或运算，结果装载到栈顶。

图 5-13 表示了 OLD 指令的用法。

串联电路块的并联指令使用说明有以下几方面。

① 或装载并联连接时，其支路的起点均以 LD 或 LDN 开始，终点以 OLD 结束。

② OLD 无操作数。

图 5-13 中梯形图的含义解释为：实际上就是把第一个虚线框中的触点 I0.0 和触点 I0.1 串联，再将第二个虚线框中的触点 Q0.1 和触点 Q0.0 串联，最后把两个虚线框中串联后的结果并联。

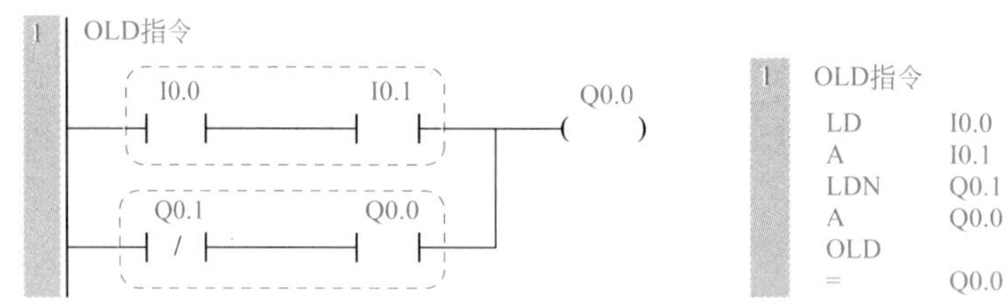

图5-13 OLD指令应用举例

图 5-14 所示是 OLD 和 ALD 指令的使用。

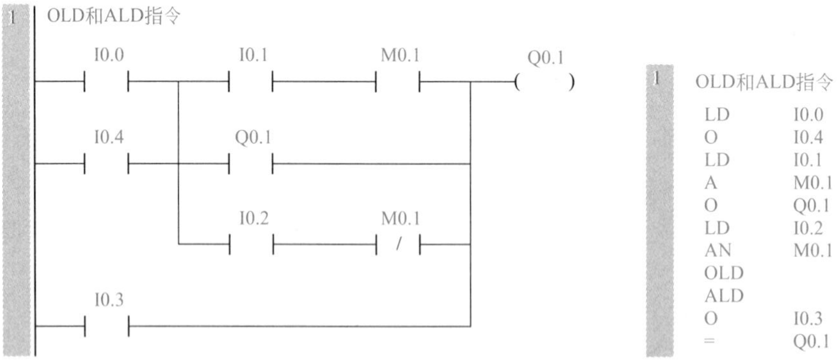

图5-14 OLD和ALD指令的使用

5.2.2 置位/复位指令

普通线圈获得能量流时，线圈通电（存储器位置 1），能量流不能到达时，线圈断电（存储器位置 0）。置位 / 复位指令将线圈设计成置位线圈和复位线圈两大部分。置位线圈受到脉冲前沿触发时，线圈通电锁存（存储器位置1），复位线圈受到脉冲前沿触发时，线圈断电锁存（存储器位置0），下次置位、复位操作信号到来前，线圈状态保持不变（自锁）。置位/复位指令格式见表5-4。

表5-4　置位/复位指令格式

LAD	STL	功能
S-BIT —(S) N	S　S-BIT，N	从起始位（S-BIT）开始的 N 个元件置1并保持
S-BIT —(R) N	R　S-BIT，N	从起始位（S-BIT）开始的 N 个元件清0并保持

R、S指令的使用如图5-15所示，当PLC上电时，Q0.0和Q0.1都通电，当I0.1接通时，Q0.0和Q0.1都断电。

【关键点】置位、复位线圈之间间隔的程序段个数可以任意设置，置位、复位线圈通常成对使用，也可单独使用。

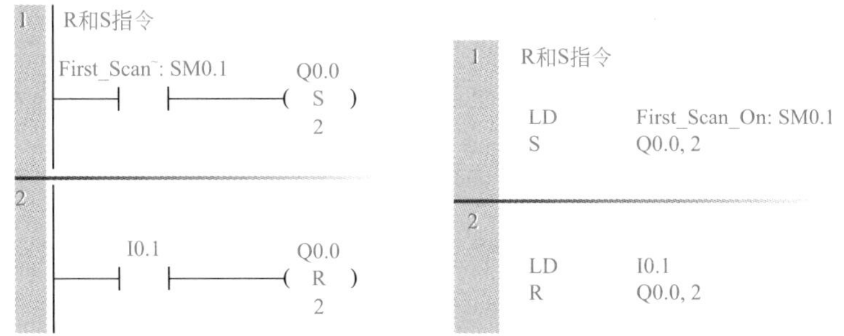

图5-15　R、S指令的使用

5.2.3　置位优先双稳态触发器和复位优先双稳态指令（SR/RS）

RS/SR触发器具有置位与复位的双重功能。

RS触发器是复位优先双稳态指令，当置位（S）和复位（R1）同时为真时，输出为假。当置位（S）和复位（R1）同时为假时，保持以前的状态。当置位（S）为真和复位（R1）为假时，置位。当置位（S）为假和复位（R1）为真时，复位。

SR触发器是置位优先双稳态指令，当置位（S1）和复位（R）同时为真时，输出为真。当置位（S1）和复位（R）同时为假时，保持以前的状态。当置位（S1）为真和复位（R）为假时，置位。当置位（S1）为假和复位（R）为真时，复位。

RS和SR触发指令应用如图5-16所示。

5.2.4　边沿触发指令

边沿触发是指用边沿触发信号产生一个机器周期的扫描脉冲，通常用作脉冲整形。边沿触发指令分为上升沿（正跳变触发）和下降沿（负跳变触发）两大类。正跳变触发指输入脉冲的上升沿使触点闭合（ON）一个扫描周期。负跳变触发指输入脉冲的下降沿使触点闭合（ON）一个扫描周期。边沿触发指令格式见表5-5。

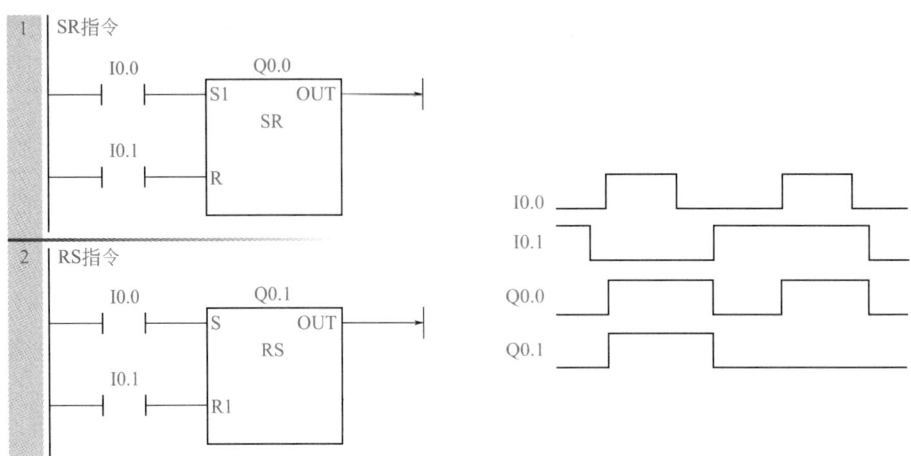

图5-16　RS和SR触发指令应用

表5-5　边沿触发指令格式

LAD	STL	功能
—|P|—	EU	正跳变，无操作元件
—|N|—	ED	负跳变，无操作元件

【例5-5】 如图5-17所示的程序，若I0.0上电一段时间后再断开，要求绘制I0.0、Q0.0、Q0.1和Q0.2的时序图。

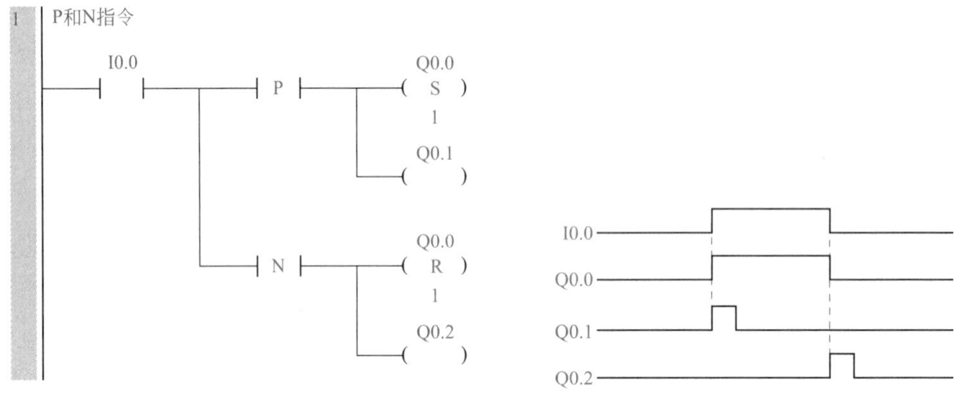

图5-17　边沿触发指令应用示例

【解】 如图5-17所示，I0.0接通时，I0.0触点（EU）产生一个扫描周期的时钟脉冲，驱动输出线圈Q0.1通电一个扫描周期，Q0.0通电，使输出线圈Q0.0置位并保持。

I0.0断开时，I0.0触点（ED）产生一个扫描周期的时钟脉冲，驱动输出线圈Q0.2通电一个扫描周期，使输出线圈Q0.0复位并保持。

【例5-6】 设计程序，实现用一个按钮控制一盏灯的亮和灭，即压下奇数次按钮灯亮，压下偶数次按钮灯灭（有的资料称为乒乓控制）。

【解】 当I0.0第一次合上时，V0.0接通一个扫描周期，使得Q0.0线圈得电一个扫描周期，当下一次扫描周期到达，Q0.0常开触点闭合自锁，灯亮。

当I0.0第二次合上时，V0.0接通一个扫描周期，使得Q0.0线圈闭合一个扫描周期，切断Q0.0的常开触点和V0.0的常开触点，使得灯灭。梯形图如图5-18所示。

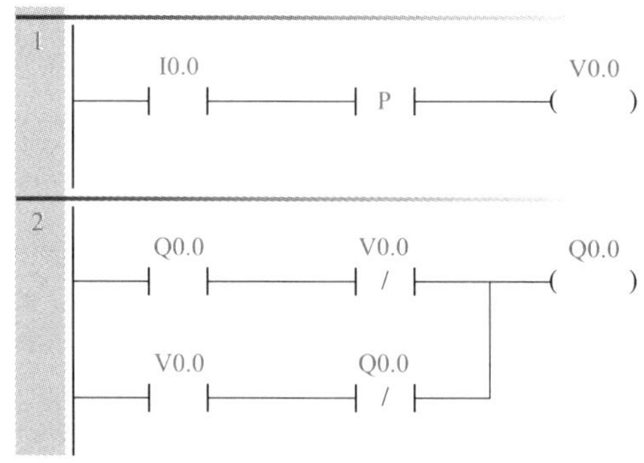

图5-18　例5-6梯形图（1）

此外，还有两种编程方法，如图 5-19 和图 5-20 所示。

图5-19　例5-6梯形图（2）

图5-20　例5-6梯形图（3）

5.2.5　逻辑栈操作指令

LD 装载指令是从梯形图最左侧的母线画起的，如果要生成一条分支的母线，则需要利用语句表的栈操作指令来描述。

栈操作语句表指令格式如下。

LPS：逻辑堆栈指令，即把栈顶值复制后压入堆栈，栈底值丢失。

LRD：逻辑读栈指令，即把逻辑堆栈第二级的值复制到栈顶，堆栈没有压入和弹出。

LPP：逻辑弹栈指令，即把堆栈弹出一级，原来第二级的值变为新的栈顶值。

图 5-21 所示为逻辑栈操作指令对栈区的影响，图中“ivx”表示存储在栈区某个程序断点的地址。

图 5-22 所示的例子说明了这几条指令的作用。其中只用了 2 层栈，实际上逻辑堆栈有 9 层，故可以连续使用多次 LPS 指令。但要注意 LPS 和 LPP 必须配对使用。

5.2.6　取反指令（NOT）

取反指令（NOT）取反能流输入的状态。

NOT 触点能改变能流输入的状态。能流到达 NOT 触点时将停止。没有能流到达 NOT

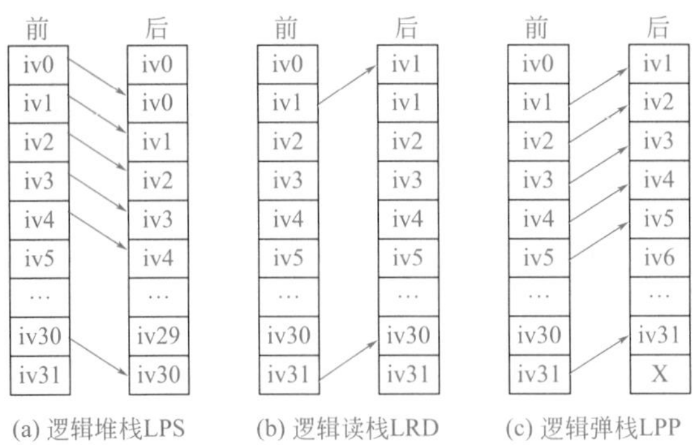

图5-21 栈操作指令的操作过程

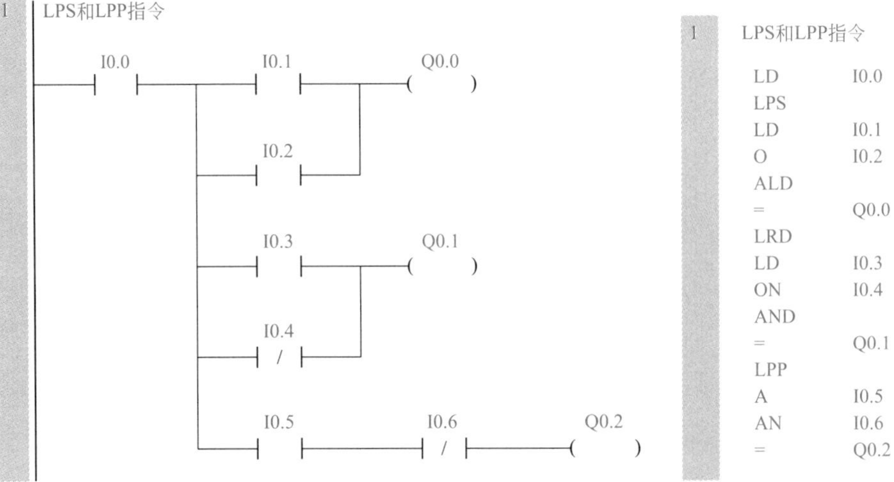

图5-22 LPS、LRD、LPP指令应用示例

触点时，该触点会提供能流。

【例 5-7】 某设备上有“就地 / 远程”转换开关，当其设为“就地”挡时，就地灯亮，设为“远程”挡时，远程灯亮，要求设计梯形图。

【解】 梯形图如图 5-23 所示。

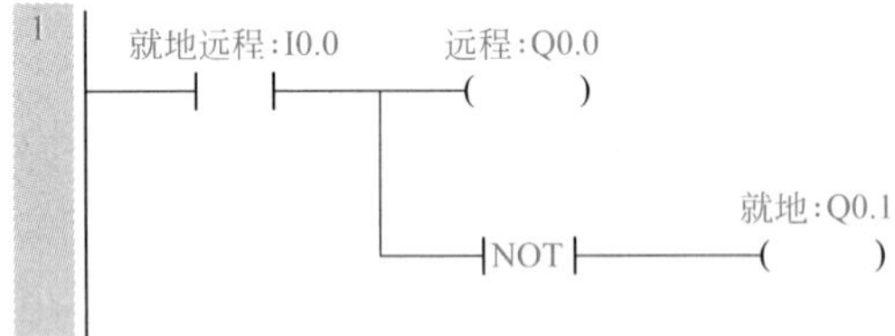

图5-23 例5-7梯形图

5.3 定时器与计数器指令

5.3.1 定时器指令

西门子 S7-200 SMART PLC 的定时器为增量型定时器，用于实现时间控制，它可以按

照工作方式和时间基准分类。

5.3.1.1　工作方式

按照工作方式，定时器可分为通电延时型（TON）、有记忆的通电延时型或保持型（TONR）、断电延时型（TOF）三种类型。

5.3.1.2　时间基准

按照时间基准（简称时基），定时器可分为1ms、10ms和100ms三种类型，时间基准不同，定时精度、定时范围和定时器的刷新方式也不同。

定时器的工作原理是定时器的使能端输入有效后，当前值寄存器对PLC内部的时基脉冲增1计数，最小计时单位为时基脉冲的宽度。故时间基准代表着定时器的定时精度（分辨率）。

定时器的使能端输入有效后，当前值寄存器对时基脉冲递增计数，当计数值大于或等于定时器的预置值后，状态位置1。从定时器输入有效到状态位置1经过的时间称为定时时间。定时时间等于时基乘以预置值，时基越大，定时时间越长，但精度越差。

1ms定时器每隔1ms刷新一次，与扫描周期和程序处理无关。因而当扫描周期较长时，定时器在一个周期内可能被多次刷新，其当前值在一个扫描周期内不一定保持一致。

10ms定时器在每个扫描周期开始时自动刷新。由于每个扫描周期只刷新一次，故在每次程序处理期间，其当前值为常数。

100ms定时器在定时器指令执行时被刷新，下一条执行的指令即可使用刷新后的结果，使用方便可靠。但应当注意，如果定时器的指令不是每个周期都执行（条件跳转时），定时器就不能及时刷新，可能会导致出错。

CPU SX的256个定时器分属TON/TOF和TONR工作方式，以及三种时基标准（TON和TOF共享同一组定时器，不能重复使用）。其详细分类方法见表5-6。

表5-6　定时器工作方式及类型

工作方式	时间基准/ms	最大定时时间/s	定时器型号
TONR	1	32.767	T0，T64
	10	327.67	T1～T4，T65～T68
	100	3276.7	T5～T31，T69～T95
TON/TOF	1	32.767	T32，T96
	10	327.67	T33～T36，T97～T100
	100	3276.7	T37～T63，T101～T255

5.3.1.3　工作原理分析

下面分别叙述TON、TONR和TOF三种类型定时器的使用方法。这三类定时器均有使能输入端IN和预置值输入端PT。PT预置值的数据类型为INT，最大预置值是32767。

（1）通电延时型定时器（TON）

使能端（IN）输入有效时，定时器开始计时，当前值从0开始递增，大于或等于预置值（PT）时，定时器输出状态位置1。使能端输入无效（断开）时，定时器复位（当前值清0，输出状态位置0）。通电延时型定时器指令和参数见表5-7。

【例5-8】 已知梯形图和I0.1时序如图5-24所示，要求绘制Q0.0的时序图。

【解】 当接通I0.1，延时3s后，Q0.0得电，如图5-24所示。

表5-7　通电延时型定时器指令和参数

LAD	参数	数据类型	说明	存储区
Txxx IN　TON PT-PT　??? ms	T xxx	WORD	表示要启动的定时器号	T32、T96、T33 ~ T36、T97 ~ T100、T37 ~ T63、T101 ~ T255
	PT	INT	定时器时间值	I、Q、M、D、L、T、S、SM、AI、T、C、AC、常数、*VD、*LD、*AC
	IN	BOOL	使能	I、Q、M、SM、T、C、V、S、L

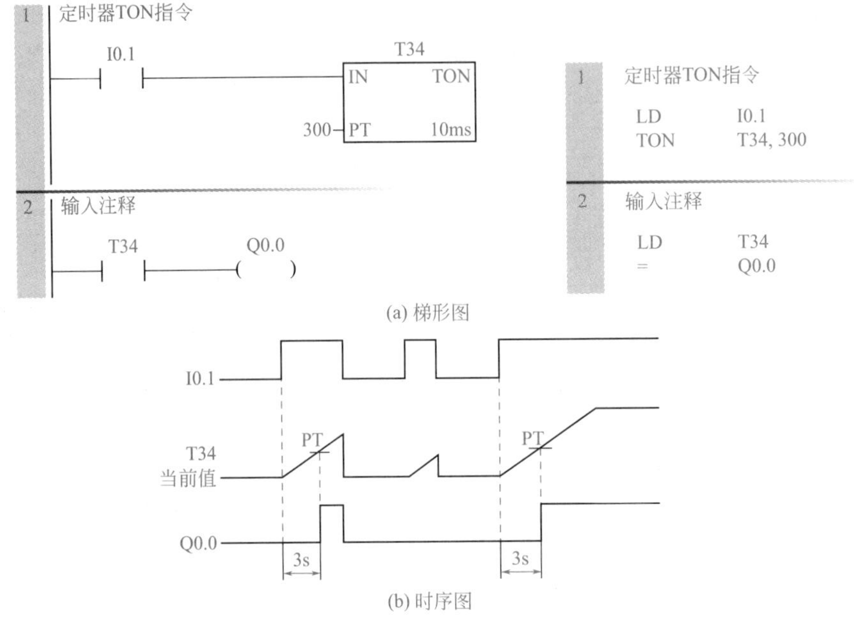

图5-24　通电延时型定时器应用示例

【例5-9】 设计一段程序，实现一盏灯亮3s，灭3s，不断循环，且能实现启停控制。

【解】 当按下SB1按钮，灯HL1亮，T37延时3s后，灯HL1灭，T38延时3s后，切断T37，灯HL1亮，如此循环。原理图如图5-25所示，梯形图如图5-26所示。

【关键点】 按照工程规范，原理图中的停止按钮SB2为常闭触点，所以梯形图中与之对应的I0.1为常开触点，后续章节未作特殊说明都遵循此规范。

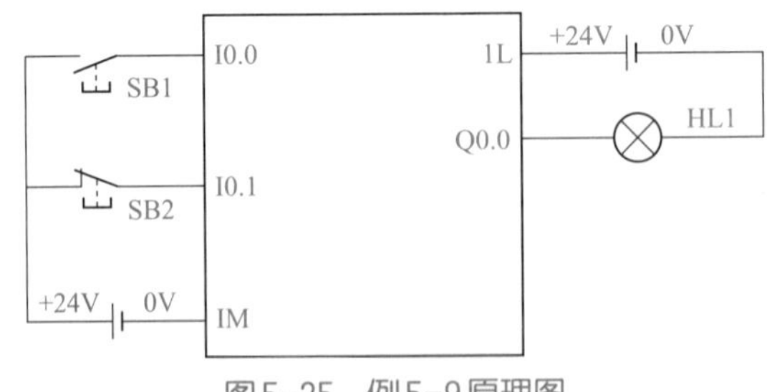

图5-25　例5-9原理图

（2）有记忆的通电延时型定时器（TONR）

使能端输入有效时，定时器开始计时，当前值递增，当前值大于或等于预置值时，输出状态位置1。使能端输入无效时，当前值保持（记忆），使能端再次接通有效时，在原记忆值的基础上递增计时。有记忆通电延时型定时器采用线圈的复位指令进行复位操作，

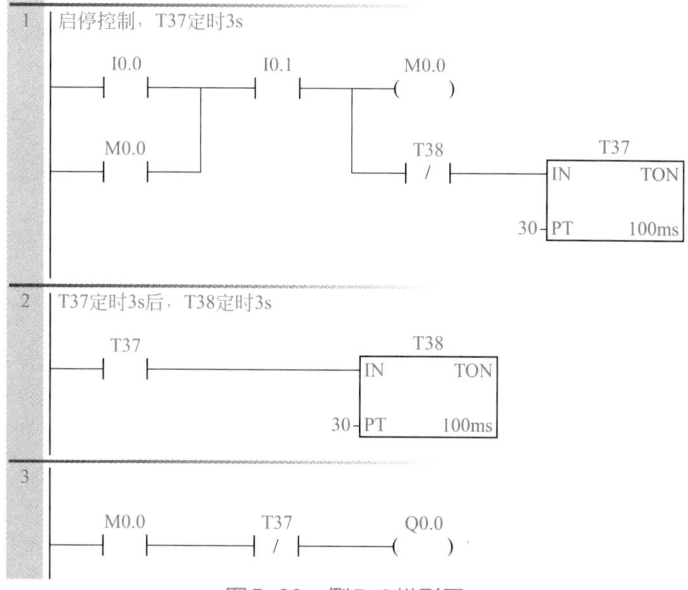

图5-26　例5-9梯形图

当复位线圈有效时，定时器当前值清0，输出状态位置0。有记忆的通电延时型定时器指令和参数见表5-8。

表5-8　有记忆的通电延时型定时器指令和参数

LAD	参数	数据类型	说明	存储区
Txxx IN　TONR PT-PT　???ms	T xxx	WORD	表示要启动的定时器号	T0、T64、T1～T4、T65～T68、T5～T31、T69～T95
	PT	INT	定时器时间值	I、Q、M、D、L、T、S、SM、AI、T、C、AC、常数、*VD、*LD、*AC
	IN	BOOL	使能	I、Q、M、SM、T、C、V、S、L

【例5-10】　已知梯形图以及I0.0和I0.1的时序如图5-27所示，画出Q0.0的时序图。

【解】　当接通I0.0，延时3s后，Q0.0得电；I0.0断电后，Q0.0仍然保持得电，当I0.1接通时，定时器复位，Q0.0断电，如图5-27所示。

> 【关键点】　有记忆的通电延时型定时器的线圈带电后，必须复位才能断电。达到预设时间后，TON和TONR定时器继续定时，直到达到最大值32767时才停止定时。

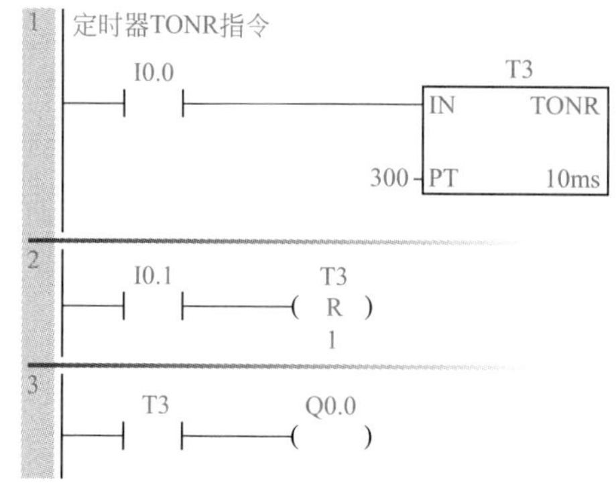


```
1  定时器TONR指令
   LD     I0.0
   TONR   T3, 300
2
   LD     I0.1
   R      T3, 1
3
   LD     T3
   =      Q0.0
```

(a) 梯形图

图5-27

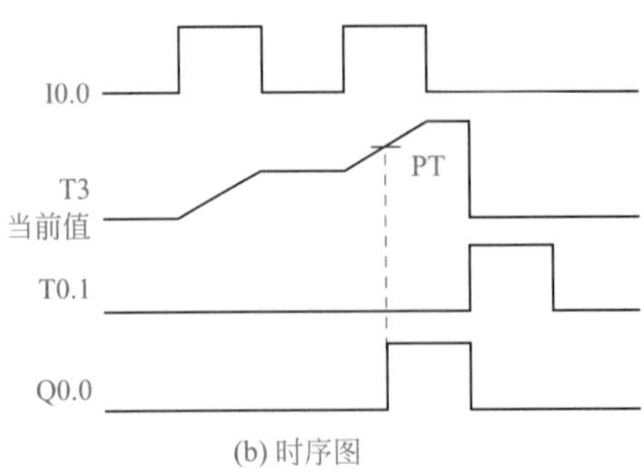

(b) 时序图

图5-27 有记忆的通电延时型定时器应用示例

（3）断电延时型定时器（TOF）

使能端输入有效时，定时器输出状态位立即置 1，当前值清 0。使能端断开时，开始计时，当前值从 0 递增，当前值达到预置值时，定时器状态位复位置 0，并停止计时，当前值保持。断电延时型定时器指令和参数见表 5-9。

表 5-9 断电延时型定时器指令和参数

LAD	参数	数据类型	说明	存储区
Txxx IN TOF PT-PT ???ms	T xxx	WORD	表示要启动的定时器号	T32、T96、T33 ～ T36、T97 ～ T100、T37 ～ T63、T101 ～ T255
	PT	INT	定时器时间值	I、Q、M、D、L、T、S、SM、AI、T、C、AC、常数、*VD、*LD、*AC
	IN	BOOL	使能	I、Q、M、SM、T、C、V、S、L

【例 5-11】 已知梯形图以及 I0.0 的时序如图 5-28 所示，画出 Q0.0 的时序图。

【解】 当接通 I0.0，Q0.0 得电；I0.0 断电 5s 后，Q0.0 也失电，如图 5-28 所示。

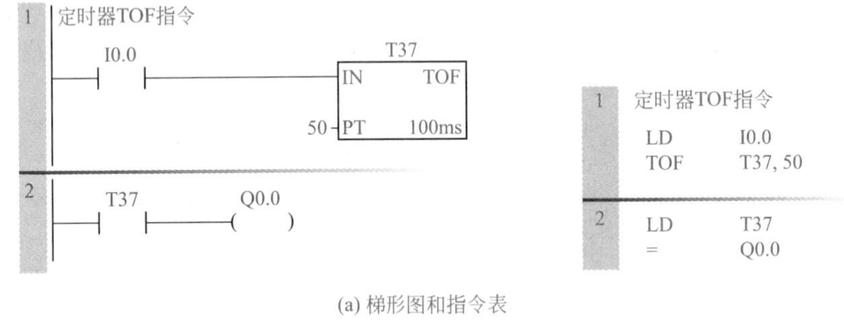

(a) 梯形图和指令表

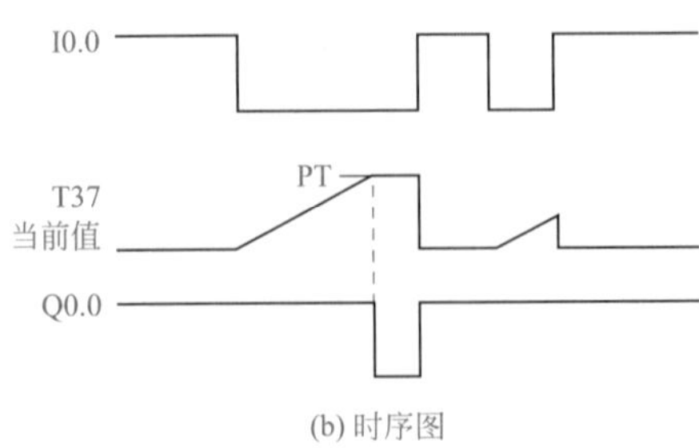

(b) 时序图

图5-28 断电延时型定时器应用示例

【例 5-12】 某车库中有一盏灯，当人离开车库后，按下停止按钮，5s 后灯熄灭，编写程序。

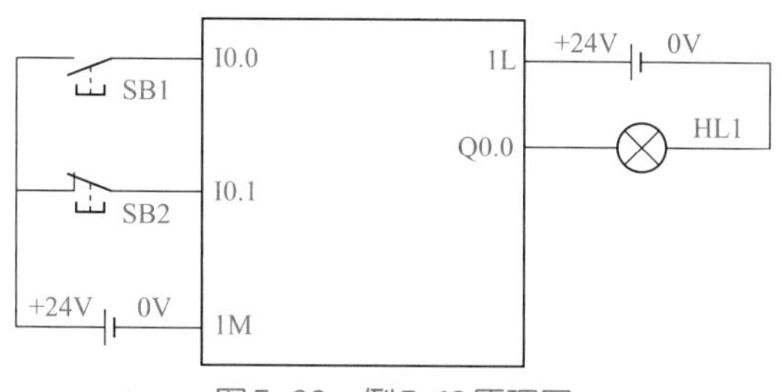

图5-29　例5-12原理图

【解】 当按下 SB1 按钮，灯 HL1 亮；按下 SB2 按钮 5s 后，灯 HL1 灭。原理图如图 5-29 所示，梯形图如图 5-30 所示。

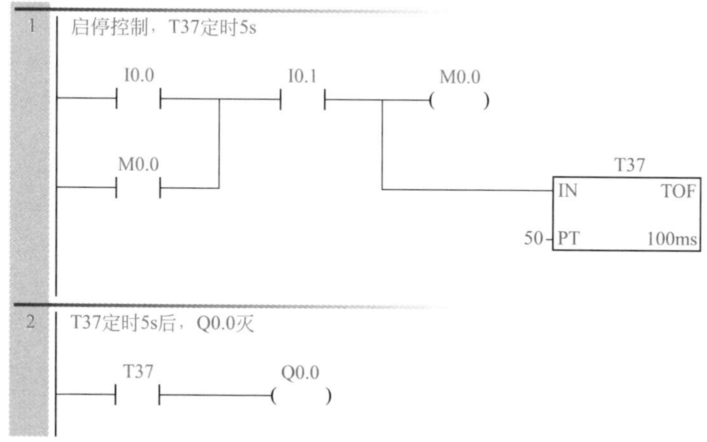

图5-30　例5-12梯形图

【例 5-13】 鼓风机系统一般用引风机和鼓风机两级构成。当按下启动按钮之后，引风机先工作，工作 5s 后，鼓风机工作。按下停止按钮之后，鼓风机先停止工作，5s 之后，引风机才停止工作。编写梯形图程序。

【解】 鼓风机控制系统按照图 5-31 接线，梯形图如图 5-32 所示。

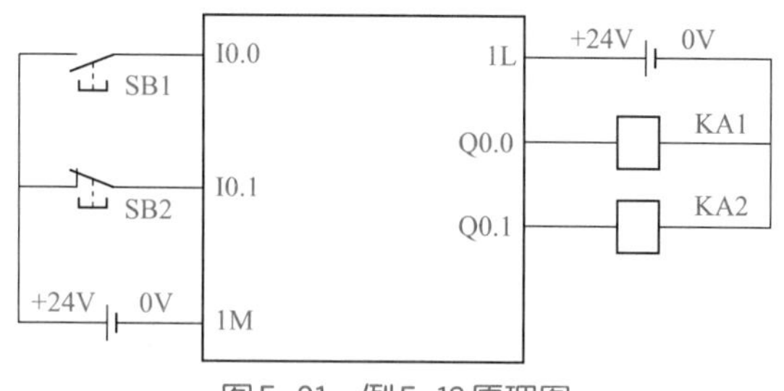

图5-31　例5-13原理图

【例 5-14】 常见的小区门禁，用来阻止陌生车辆直接出入。现编写门禁系统控制程序。小区保安可以手动控制门开，到达开门限位开关时停止，20s 后自动关闭，在关闭过程中如果检测到有人通过（用一个按钮模拟），则停止 5s，然后继续关闭，到达关门限位时停止。

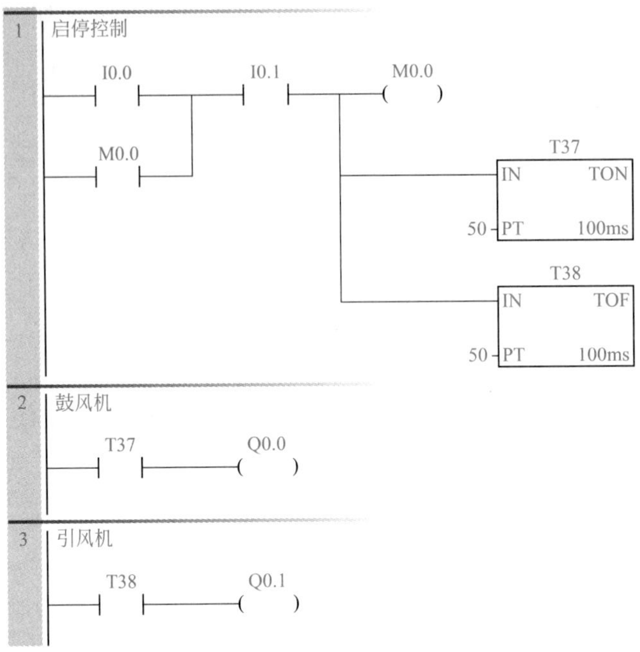

图5-32 例5-13梯形图

【解】

（1）PLC 的 I/O 分配

PLC 的 I/O 分配见表 5-10。

表5-10 PLC的I/O分配

输入			输出		
名称	符号	输入点	名称	符号	输出点
开始按钮	SB1	I0.0	开门	KA1	Q0.0
停止按钮	SB2	I0.1	关门	KA2	Q0.1
行人通过	SB3	I0.2			
关门限位开关	SQ1	I0.3			
开门限位开关	SQ2	I0.4			

（2）系统的原理图

系统的原理图如图 5-33 所示。

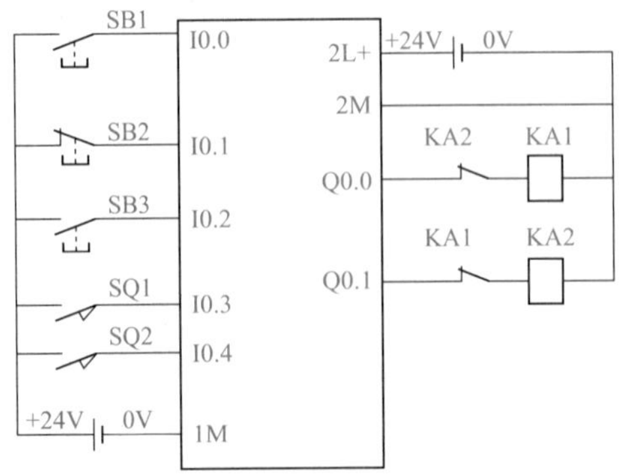

图5-33 例5-14原理图

（3）编写程序

设计梯形图，如图 5-34 所示。

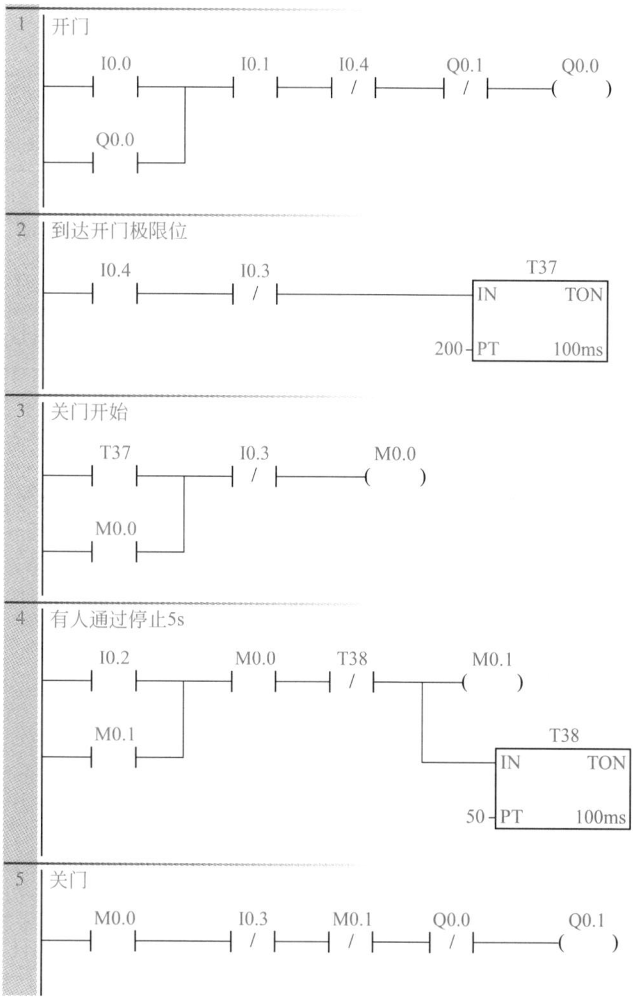

1 开门
I0.0 I0.1 I0.4 Q0.1 Q0.0
Q0.0

2 到达开门极限位
I0.4 I0.3 T37
IN TON
200 PT 100ms

3 关门开始
T37 I0.3 M0.0
M0.0

4 有人通过停止5s
I0.2 M0.0 T38 M0.1
M0.1
T38
IN TON
50 PT 100ms

5 关门
M0.0 I0.3 M0.1 Q0.0 Q0.1

图5-34 例5-14梯形图

5.3.2 计数器指令

计数器利用输入脉冲上升沿累计脉冲个数，西门子 S7-200 SMART PLC 有加计数（CTU）、加 / 减计数（CTUD）和减计数（CTD）共三类计数指令。有的资料上将“加计数器”称为“递加计数器”。计数器的使用方法和结构与定时器基本相同，主要由预置值寄存器、当前值寄存器和状态位等组成。

在梯形图指令符号中，CU 表示增 1 计数脉冲输入端，CD 表示减 1 计数脉冲输入端，R 表示复位脉冲输入端，LD 表示减计数器复位脉冲输入端，PV 表示预置值输入端，数据类型为 INT，预置值最大为 32767。计数器的范围为 C0 ～ C255。

下面分别叙述 CTU、CTUD 和 CTD 三种类型计数器的使用方法。

（1）加计数器（CTU）

当 CU 端输入上升沿脉冲时，计数器的当前值增 1，当前值保存在 Cxxx（如 C0）中。

当前值大于或等于预置值（PV）时，计数器状态位置1。复位输入（R）有效时，计数器状态位复位，当前计数器值清0。当计数值达到最大（32767）时，计数器停止计数。加计数器指令和参数见表5-11。

表5-11　加计数器指令和参数

LAD	参数	数据类型	说明	存储区
Cxxx CU　CTU R PV—PV	C xxx	常数	要启动的计数器号	C0～C255
	CU	BOOL	加计数输入	I、Q、M、SM、T、C、V、S、L
	R	BOOL	复位	
	PV	INT	预置值	V、I、Q、M、SM、L、AI、AC、T、C、常数、*VD、*AC、*LD、S

【例5-15】 已知梯形图如图5-35所示，I0.0和I0.1的时序如图5-36所示，要求绘制Q0.0的时序图。

【解】 CTU为加计数器，当I0.0闭合2次时，常开触点C0闭合，Q0.0输出为高电平“1”。当I0.1闭合时，计数器C0复位，Q0.0输出为低电平“0”。

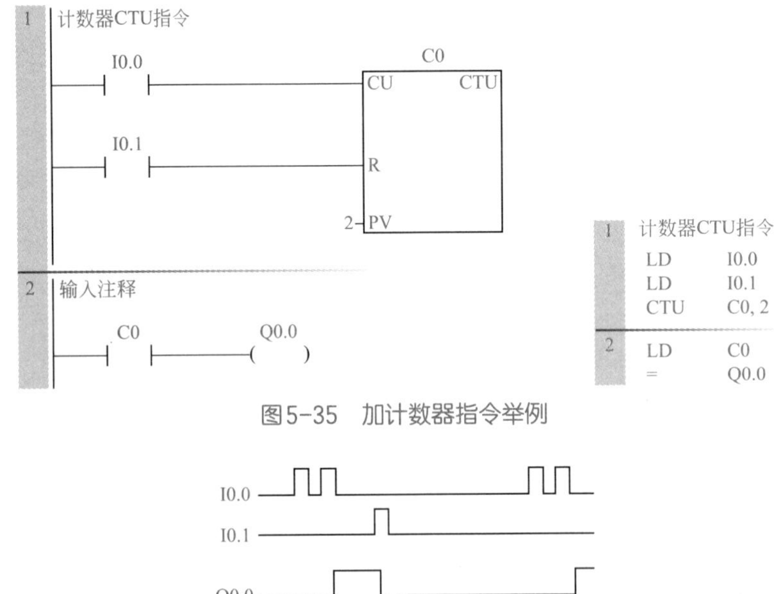

图5-35　加计数器指令举例

图5-36　加计数器指令举例时序图

【例5-16】 设计用一个按钮控制一盏灯的亮和灭，即压下奇数次按钮时，灯亮；压下偶数次按钮时，灯灭。

【解】 当I0.0第一次合上时，V0.0接通一个扫描周期，使得Q0.0线圈得电一个扫描周期，当下一次扫描周期到达，Q0.0常开触点闭合自锁，灯亮。

当I0.0第二次合上时，V0.0接通一个扫描周期，C0计数为2，Q0.0线圈断电，使得灯灭，同时计数器复位。梯形图如图5-37所示。

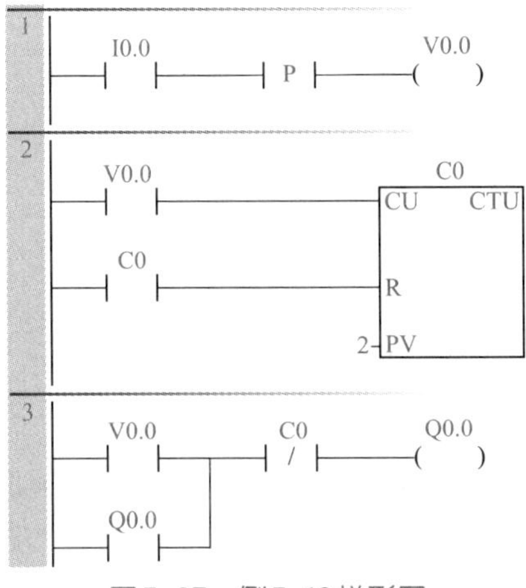

图5-37　例5-16梯形图

【例5-17】 编写一段程序，实现延时6h后，点亮一盏灯，要求设计启停控制。

【解】 S7-200 SMART PLC的定时器的最大定时时间是3276.7s，还不到1h，因此要延时6h需要特殊处理，具体方法是用一个定时器T37定时30min，每次定时30min，计数器计数增加1，直到计数12次，定时时间就是6h。梯形图如图5-38所示。本例的停止按钮接线时，应接常闭触点，这是一般规范。在后续章节将不再重复说明。

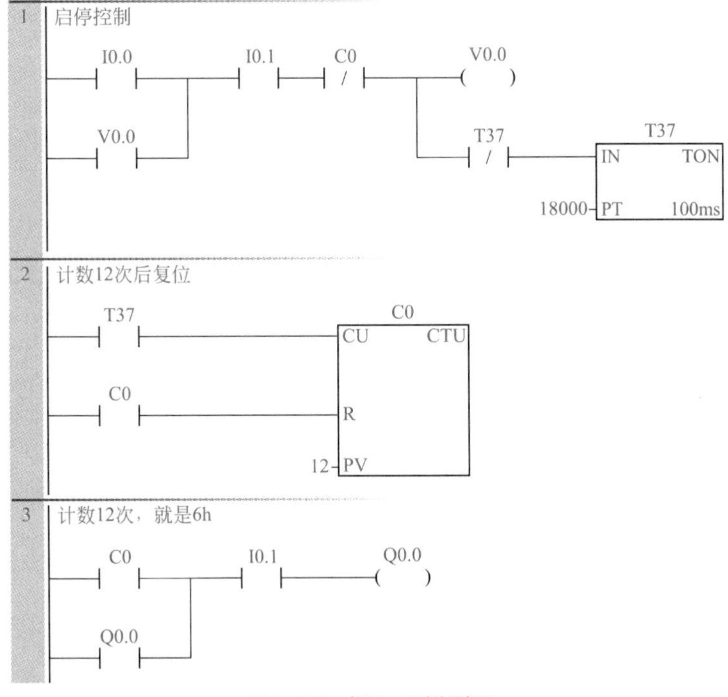

图5-38　例5-17梯形图

（2）加/减计数器（CTUD）

加/减计数器有两个脉冲输入端，其中，CU用于加计数，CD用于递减计数，执行加/减计数指令时，CU/CD端的计数脉冲上升沿进行增1/减1计数。当前值大于或等于计数器的预置值时，计数器状态位置位。复位输入（R）有效时，计数器状态位复位，当前值清0。有的资料称“加/减计数器”为“增/减计数器”。加/减计数器指令和参数见表5-12。

表5-12 加/减计数器指令和参数

LAD	参数	数据类型	说明	存储区
Cxxx CU CTUD CD R PV-PV	C xxx	常数	要启动的计数器号	C0 ～ C255
	CU	BOOL	加计数输入	I、Q、M、SM、T、C、V、S、L
	CD	BOOL	减计数输入	
	R	BOOL	复位	
	PV	INT	预置值	V、I、Q、M、SM、LW、AI、AC、T、C、常数、*VD、*AC、*LD、S

【例5-18】 已知梯形图以及I0.0、I0.1和I0.2的时序如图5-39所示，要求绘制Q0.0的时序图。

【解】 利用加/减计数器输入端的通断情况分析Q0.0的状态。当I0.0接通4次时（4个上升沿），C48的常开触点闭合，Q0.0上电；当I0.0接通5次时，C48的计数为5；接着当I0.1接通2次，此时C48的计数为3，C48的常开触点断开，Q0.0断电；接着当I0.0接通2次，此时C48的计数为5，C48的计数大于或等于4时，C48的常开触点闭合，Q0.0上电；当I0.2接通时计数器复位，C48的计数等于0，C48的常开触点断开，Q0.0断电。Q0.0的时序图如图5-39所示。

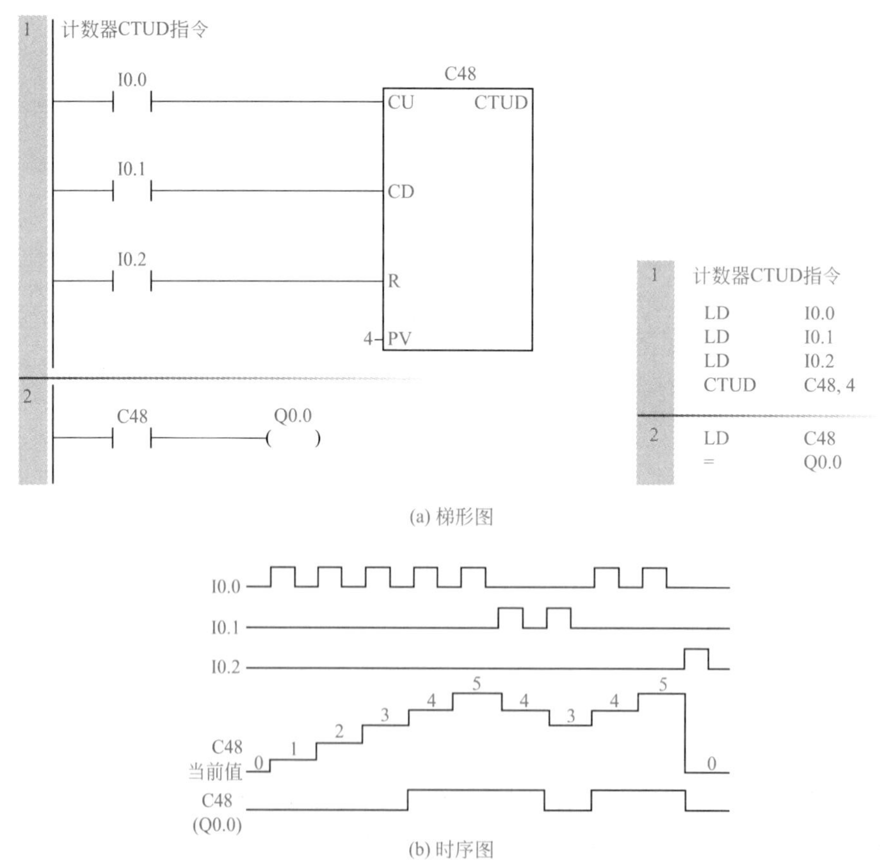

(a) 梯形图

(b) 时序图

图5-39 加/减计数器应用举例

【例 5-19】 对某一端子上输入的信号进行计数，当计数达到某个变量存储器的设定值10 时，PLC 控制灯泡发光，同时对该端子的信号进行减计数，当计数值小于另外一个变量存储器的设定值 5 时，PLC 控制灯泡熄灭，同时计数值清零。要求编写以上梯形图程序。

【解】 梯形图如图 5-40 所示。

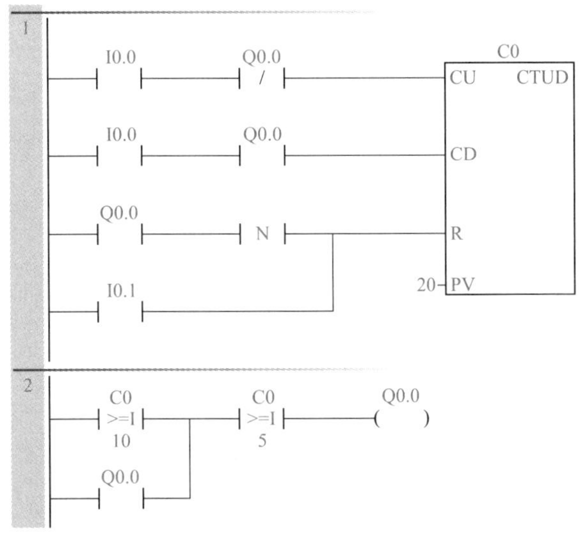

图5-40 例5-19梯形图

（3）减计数器（CTD）

复位输入（LD）有效时，计数器把预置值（PV）装入当前值寄存器，计数器状态位复位。在 CD 端的每个输入脉冲上升沿，减计数器的当前值从预置值开始递减计数，当前值等于 0 时，计数器状态位置位，并停止计数。有的资料称“减计数器”为“递减计数器”。减计数器指令和参数见表 5-13。

表 5-13 减计数器指令和参数

LAD	参数	数据类型	说明	存储区
Cxxx CD CTD LD PV-PV	C xxx	常数	要启动的计数器号	C0 ～ C255
	CD	BOOL	减计数输入	I、Q、M、SM、T、C、V、S、L
	LD	BOOL	预置值（PV）载入当前值	
	PV	INT	预置值	V、I、Q、M、SM、L、AI、AC、T、C、常数、*VD、*AC、*LD、S

【例 5-20】 已知梯形图以及 I0.0 和 I0.1 的时序如图 5-41 所示，画出 Q0.0 的时序图。

【解】 利用减计数器输入端的通断情况，分析 Q0.0 的状态。当 I0.1 接通时，计数器状态位复位，预置值 3 被装入当前值寄存器；当 I0.0 接通 3 次时，当前值等于 0，Q0.0 上电；当前值等于 0 时，尽管 I0.1 接通，当前值仍然等于 0。当 I0.0 接通期间，I0.1 接通，当前值不变。Q0.0 的时序图如图 5-41（b）所示。

5.3.3 基本指令的应用实例

在编写 PLC 程序时，基本逻辑指令是最为常用的，下面用几个例子说明用基本指令编写程序的方法。

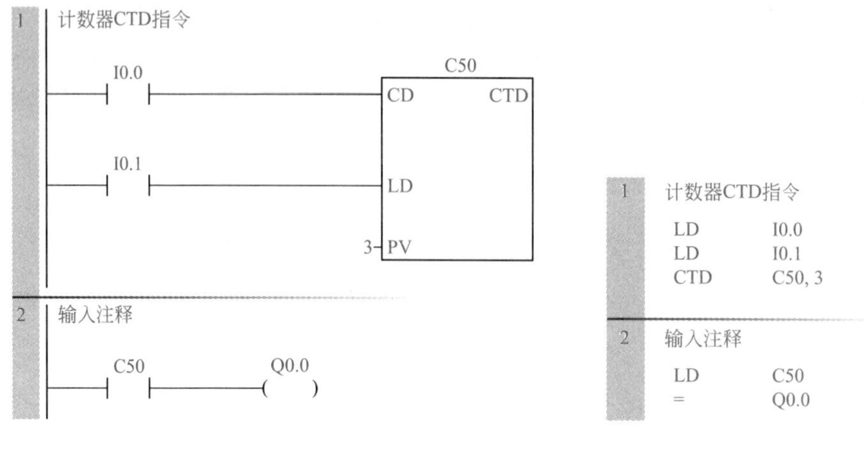

(a) 梯形图

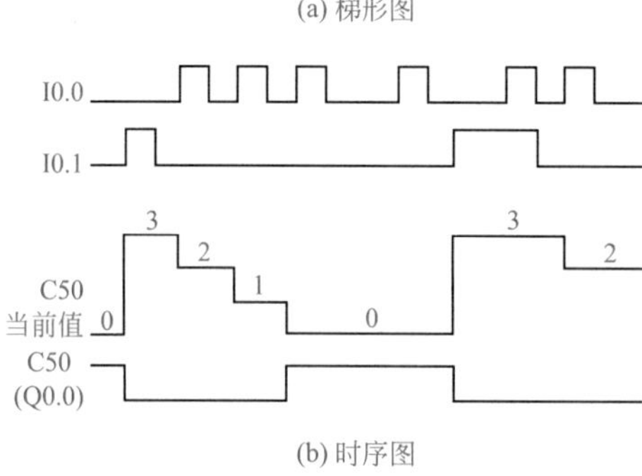

(b) 时序图

图5-41 减计数器应用举例

5.3.3.1 电动机的控制

电动机的控制在梯形图的编写中极为常见，多为一个程序中的一个片段出现，以下列举几个常见的例子。

【例 5-21】 设计电动机点动控制的梯形图和原理图。

【解】

（1）方法 1

比较常用的原理图和梯形图如图 5-42 和图 5-43 所示。但如果程序用到置位指令（S Q0.0），则这种解法不适用。

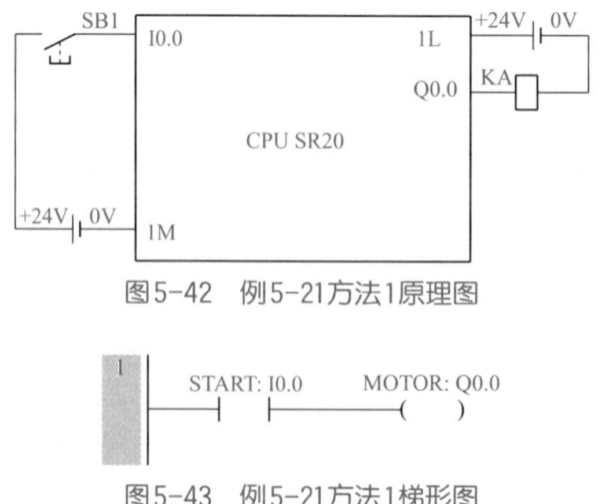

图5-42 例5-21方法1原理图

图5-43 例5-21方法1梯形图

（2）方法 2

如图 5-44 所示。

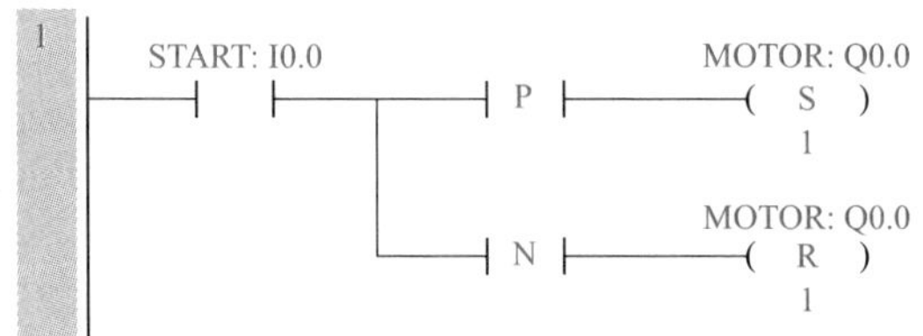

图5-44　例5-21方法2梯形图

【例 5-22】 设计两地控制电动机启停的梯形图和原理图。

【解】

（1）方法 1

比较常用的原理图和梯形图如图 5-45 和图 5-46 所示。这种解法是正确的，但不是最优方案，因为这种解法占用了较多的 I/O 点。

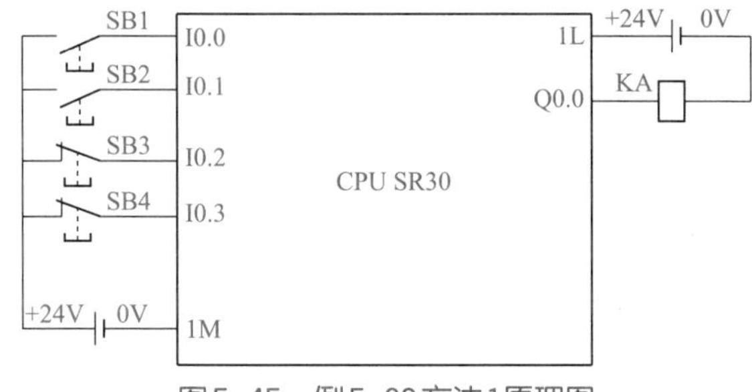

图5-45　例5-22方法1原理图

1
START1: I0.0
STOP1: I0.2
STOP2: I0.3
MOTOR: Q0.0
START2: I0.1
MOTOR: Q0.0

图5-46　例5-22方法1梯形图

（2）方法 2

如图 5-47 所示。

1
START1: I0.0
STOP1: I0.2
STOP2: I0.3
MOTOR: Q0.0
MOTOR: Q0.0
START2: I0.1

图5-47　例5-22方法2梯形图

（3）方法 3

优化后的方案的原理图如图 5-48 所示，梯形图如图 5-49 所示。可见节省了 2 个输入点，但功能完全相同。

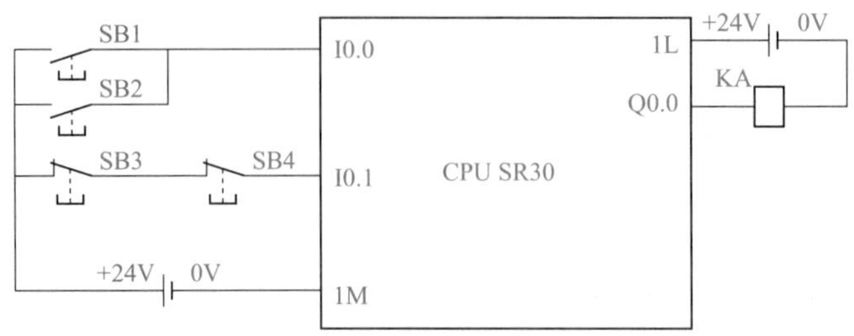

图5-48　优化后的原理图

1
START: I0.0
STOP1: I0.1
MOTOR: Q0.0
MOTOR: Q0.0

图5-49　例5-22方法3梯形图

【例 5-23】 编写电动机启动优先的控制程序。

【解】 I0.0 是启动按钮接常开触点，I0.1 是停止按钮接常闭触点。启动优先于停止的程序如图 5-50 所示。优化后的程序如图 5-51 所示。

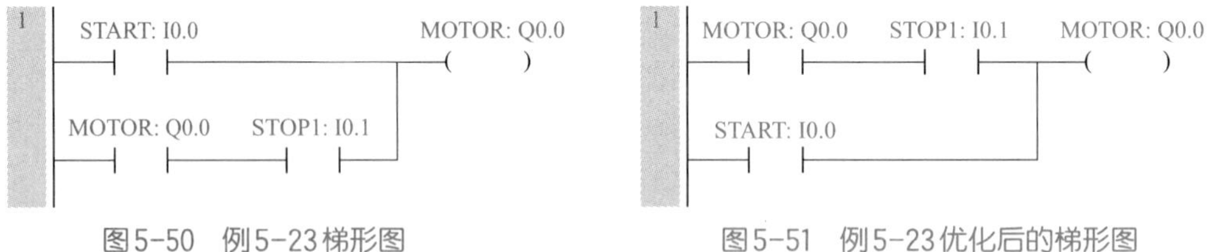

图5-50　例5-23梯形图　　　　图5-51　例5-23优化后的梯形图

【例 5-24】 编写程序，实现电动机启 / 停控制和点动控制，要求设计梯形图和原理图。

【解】 输入点：启动—I0.0，停止—I0.2，点动—I0.1。

输出点：正转—Q0.0。

原理图如图 5-52 所示，梯形图如图 5-53 所示，这种编程方法在工程实践中很常用。

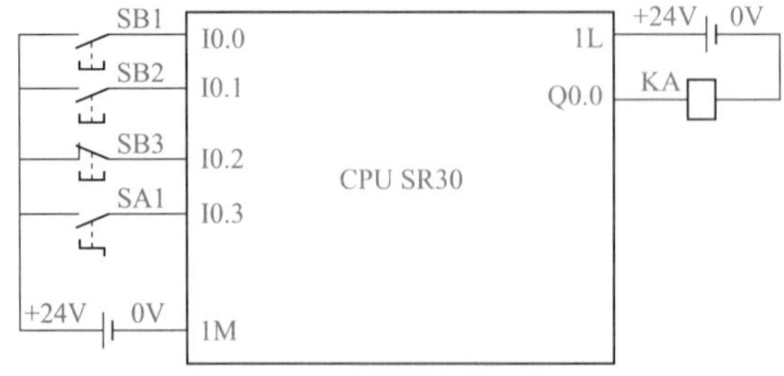

图5-52　例5-24原理图

【例 5-25】 设计一段梯形图程序，启动时可自锁和立即停止，在停机时，要报警 1s。

【解】 原理图如图 5-54 所示，梯形图如图 5-55 所示。

图5-53　例5-24梯形图

图5-54　例5-25原理图

图5-55　例5-25梯形图

【例5-26】 设计电动机的“正转—停—反转”的梯形图，其中I0.0是正转按钮，I0.1是反转按钮，I0.2是停止按钮，Q0.0是正转输出，Q0.1是反转输出。

【解】 先设计PLC的原理图，如图5-56所示。

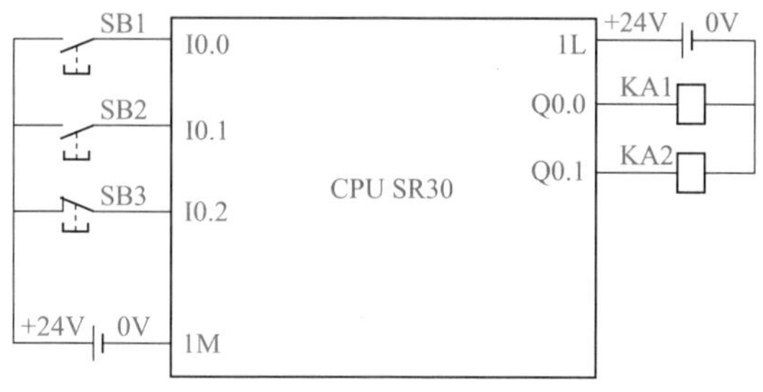

图5-56　例5-26原理图

借鉴继电器接触器系统中的设计方法，不难设计“正转—停—反转”的梯形图，如图 5-57 所示。常开触点 Q0.0 和常开触点 Q0.1 起自保（自锁）作用，而常闭触点 Q0.0 和常闭触点 Q0.1 起互锁作用。

1 正转

START1: I0.0　MOTOR2: Q0.1　STOP1: I0.2　MOTOR1: Q0.0

MOTOR1: Q0.0

2 反转

START2: I0.1　MOTOR1: Q0.0　STOP1: I0.2　MOTOR2: Q0.1

MOTOR2: Q0.1

图5-57　“正转—停—反转”梯形图

【例 5-27】 编写三相异步电动机 Y-△（星形 - 三角形）启动控制程序。

【解】 首先按下电源开关（I0.0），接通总电源（Q0.0），同时使电动机绕组实现 Y 形连接（Q0.1），延时 5s 后，电动机绕组改为△形连接（Q0.2）。按下停止按钮（I0.1），电动机停转。Y-△减压启动原理如图 5-58 所示，梯形图如图 5-59 所示。

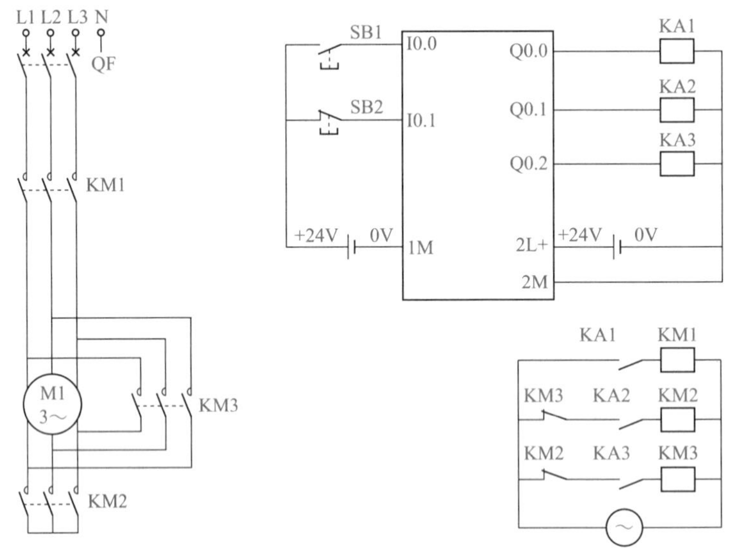

图5-58　Y-△减压启动控制原理图

5.3.3.2　定时器和计数器应用

【例 5-28】 编写一段程序，实现分脉冲功能。

【解】 梯形图如图 5-60 所示。

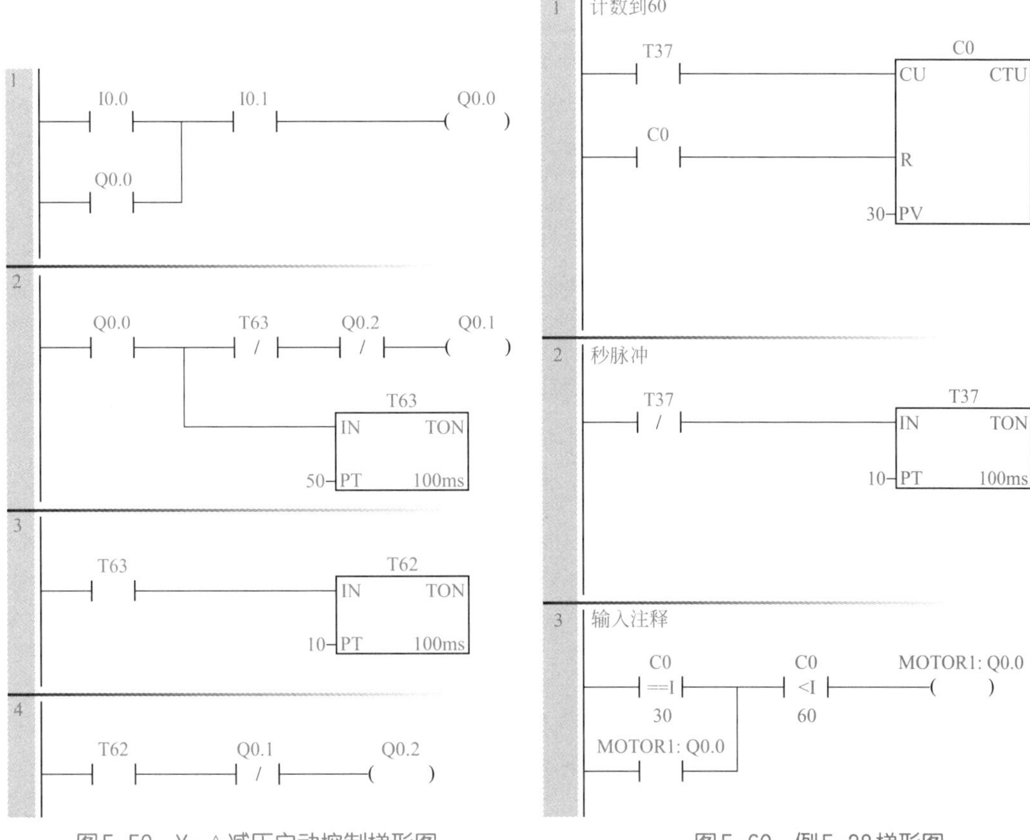

图5-59　Y-△减压启动控制梯形图　　　　图5-60　例5-28梯形图

5.3.3.3　取代特殊功能的小程序

【例5-29】 CPU上电运行后，对M0.0置位，并一直保持为1，设计此梯形图。

【解】 在S7-200 SMART PLC中，此程序的功能可取代特殊寄存器SM0.0，设计梯形图如图5-61和图5-62所示。

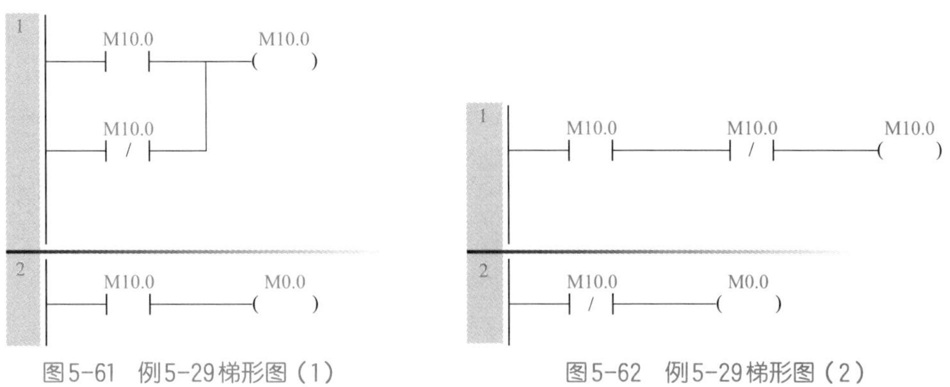

图5-61　例5-29梯形图（1）　　　　图5-62　例5-29梯形图（2）

【例5-30】 CPU上电运行后，对MB0～MB3清零复位，设计此梯形图。

【解】 在S7-200 SMART PLC中，此程序的功能可取代特殊寄存器SM0.1，设计梯形图如图5-63所示。

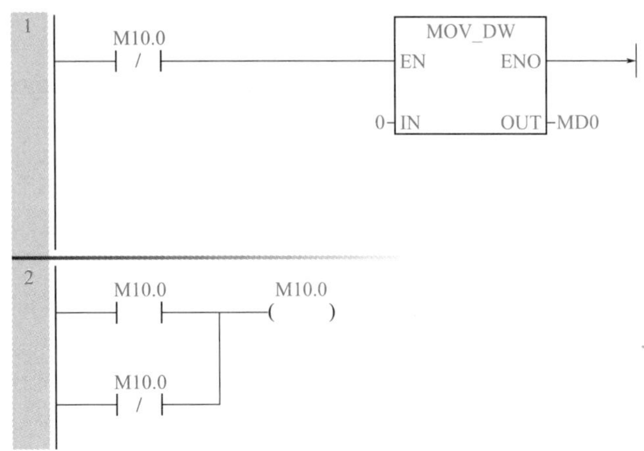

图5-63　例5-30梯形图

5.3.3.4　综合应用

【例5-31】 现有一套三级输送机，用于实现货料的传输，每一级输送机由一台交流电动机进行控制，电机为Ml、M2和M3，分别由接触器KM1、KM2、KM3、KM4、KM5和KM6控制电机的正、反转运行。

系统的结构示意图如图5-64所示。

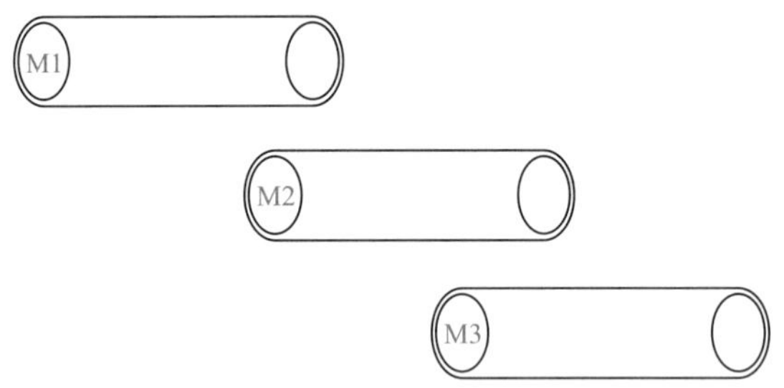

图5-64　系统的结构示意图

（1）控制任务描述

① 当装置上电时，系统进行复位，所有电机停止运行。

② 当手/自动转换开关SA1打到左边时，系统进入自动状态。按下系统启动按钮SB1时，电机M1首先正转启动，运转10s以后，电机M2正转启动，电机M2运转10s以后，电机M3正转启动，此时系统完成启动过程，进入正常运转状态。

③ 当按下系统停止按钮SB2时，电机Ml首先停止，电机M1停止10s以后，电机M2停止，M2停止10s以后，电机M3停止。系统在启动过程中按下停止按钮SB2，电机按启动的顺序反向停止运行。

④ 当系统按下急停按钮SB9时三台电机要求停止工作，直到急停按钮取消时，系统恢复到当前状态。

⑤ 当手/自动转换开关SA1打到右边时系统进入手动状态，系统只能由手动开关控制电机的运行。通过手动开关（SB3～SB8），操作者能控制三台电机的正反转运行，实现货物的手动运行。

（2）编写程序

根据系统的功能要求，编写控制程序。

【解】 电气原理图如图5-65所示，梯形图如图5-66所示。

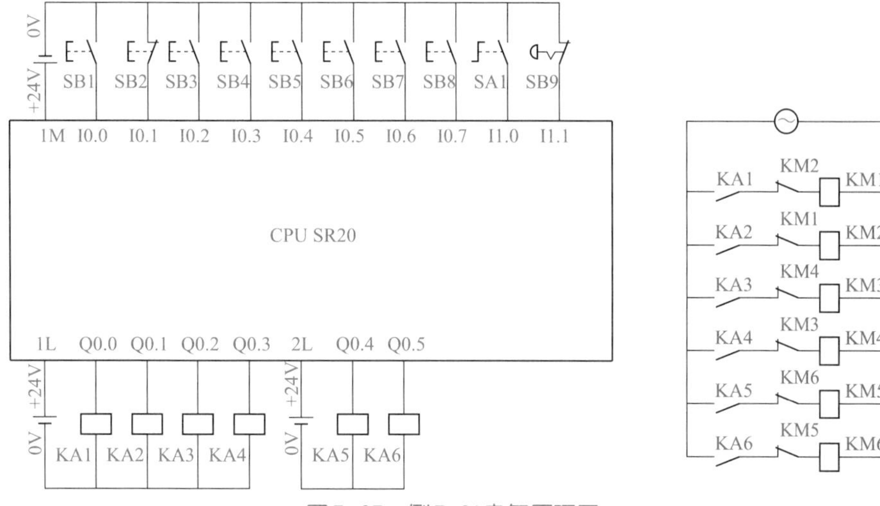

图5-65 例5-31电气原理图

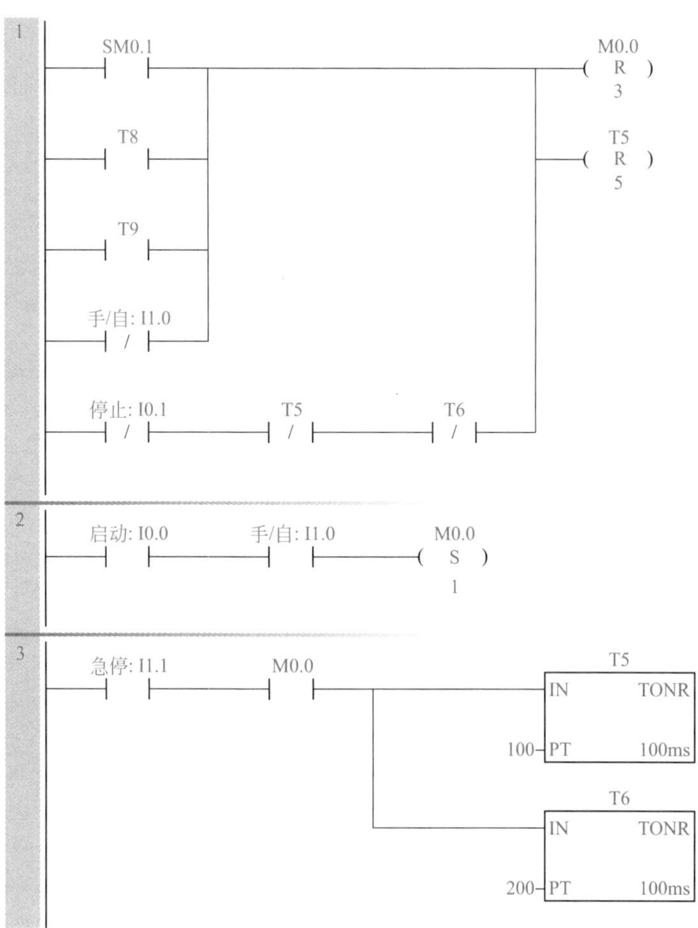

图5-66

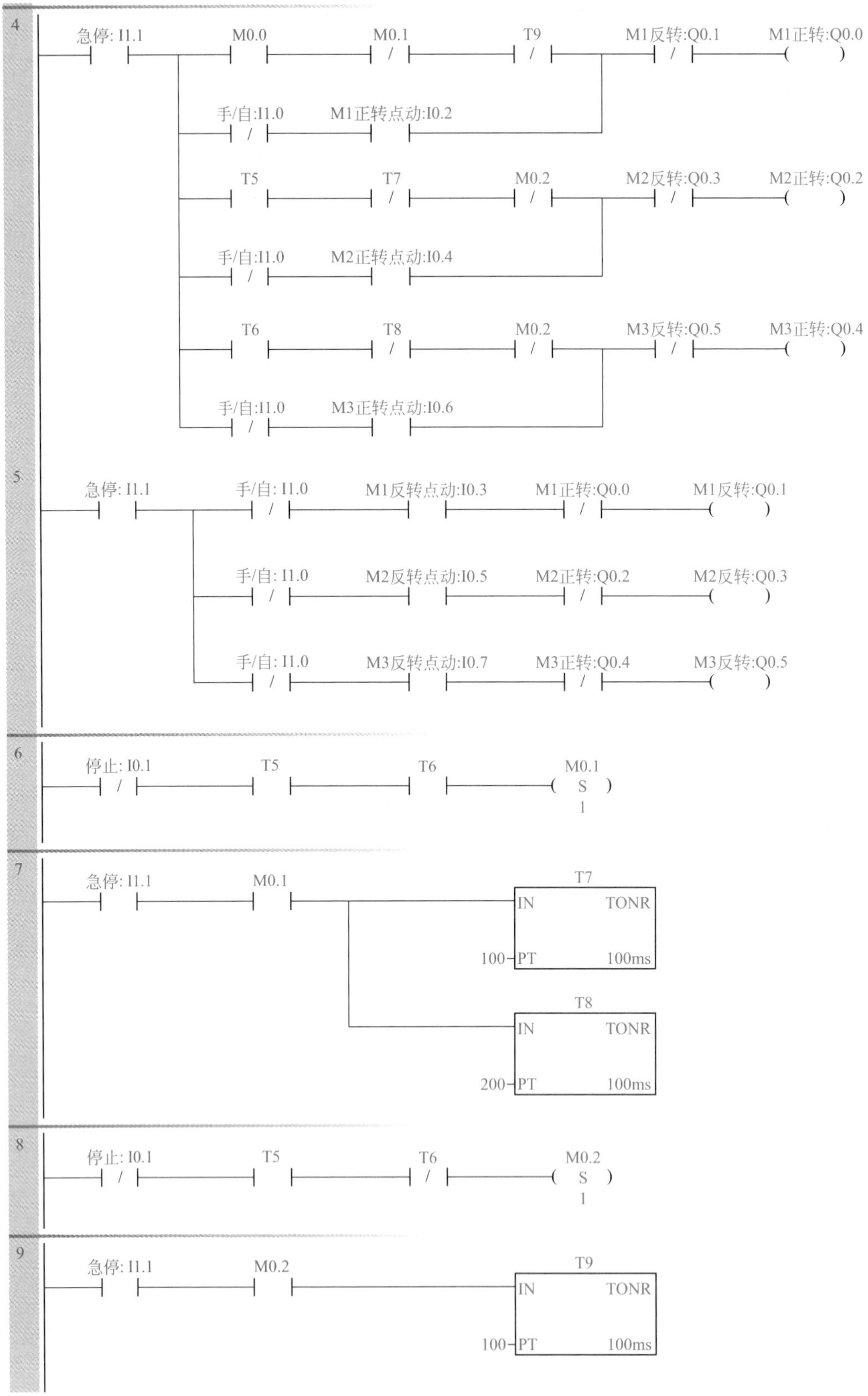

4

急停: I1.1　M0.0　M0.1　T9　M1反转:Q0.1　M1正转:Q0.0

手/自:I1.0　M1正转点动:I0.2

T5　T7　M0.2　M2反转:Q0.3　M2正转:Q0.2

手/自:I1.0　M2正转点动:I0.4

T6　T8　M0.2　M3反转:Q0.5　M3正转:Q0.4

手/自:I1.0　M3正转点动:I0.6

5

急停: I1.1　手/自: I1.0　M1反转点动:I0.3　M1正转:Q0.0　M1反转:Q0.1

手/自: I1.0　M2反转点动:I0.5　M2正转:Q0.2　M2反转:Q0.3

手/自: I1.0　M3反转点动:I0.7　M3正转:Q0.4　M3反转:Q0.5

6

停止: I0.1　T5　T6　M0.1 S 1

7

急停: I1.1　M0.1　T7 IN TONR 100-PT 100ms

T8 IN TONR 200-PT 100ms

8

停止: I0.1　T5　T6　M0.2 S 1

9

急停: I1.1　M0.2　T9 IN TONR 100-PT 100ms

图5-66　例5-31梯形图

5.4　功能指令

为了满足用户的一些特殊要求，20 世纪 80 年代开始，众多 PLC 制造商就在小型机上加入了功能指令（或称应用指令）。这些功能指令的出现，大大拓宽了 PLC 的应用范围。S7-200 SMART PLC 的功能指令很丰富，主要包括算术运算、数据处理、逻辑运算、高速处理、PID、中断、实时时钟和通信指令。PLC 在处理模拟量时，一般要进行数据处理。

5.4.1　比较指令

STEP7 提供了丰富的比较指令，可以满足用户的多种需要。STEP7 中的比较指令可以对下列数据类型的数值进行比较。

① 两个字节的比较（每个字节为 8 位）。

② 两个字符串的比较（每个字符串为 8 位）。

③ 两个整数的比较（每个整数为 16 位）。

④ 两个双精度整数的比较（每个双精度整数为 32 位）。

⑤ 两个实数的比较（每个实数为 32 位）。

【关键点】 一个整数和一个双精度整数是不能直接进行比较的，因为它们之间的数据类型不同。一般先将整数转换成双精度整数，再对两个双精度整数进行比较。

比较指令有等于（EQ）、不等于（NQ）、大于（GT）、小于（LQ）、大于或等于（GE）和小于或等于（LE）。比较指令对输入 IN1 和 IN2 进行比较。

比较指令是将两个操作数按指定的条件作比较，比较条件满足时，触点闭合，否则断开。比较指令为上、下限控制等提供了极大的方便。在梯形图中，比较指令可以装入，也可以串、并联。

（1）等于比较指令

等于比较指令有等于字节比较指令、等于整数比较指令、等于双精度整数比较指令、等于符号比较指令和等于实数比较指令五种。等于整数比较指令和参数见表 5-14。

表 5-14　等于整数比较指令和参数

LAD	参数	数据类型	说明	存储区
IN1 ─┤==I├─ IN2	IN1	INT	比较的第一个数值	I、Q、M、S、SM、T、C、V、L、AI、AC、常数、*VD、*LD、*AC
	IN2	INT	比较的第二个数值	

用一个例子来说明等于整数比较指令，梯形图和指令表如图 5-67 所示。当 I0.0 闭合时，激活比较指令，MW0 中的整数和 MW2 中的整数比较，若两者相等，则 Q0.0 输出为

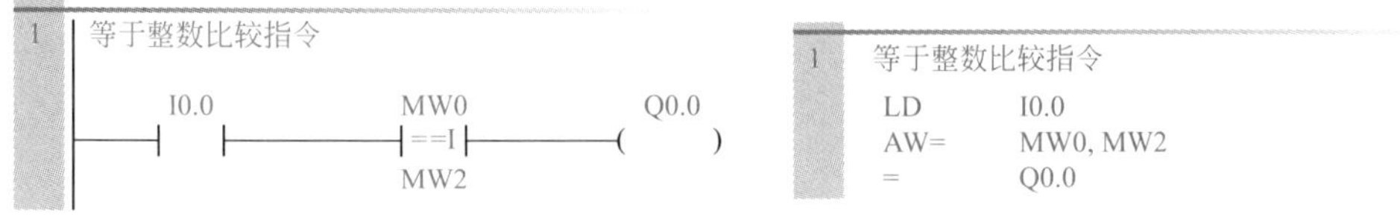

图5-67　等于整数比较指令举例

“1”，若两者不相等，则 Q0.0 输出为“0”。在 I0.0 不闭合时，Q0.0 的输出为“0”。IN1 和 IN2 可以为常数。

图 5-67 中，若无常开触点 I0.0，则每次扫描时都要进行整数比较运算。

等于双精度整数比较指令和等于实数比较指令的使用方法与等于整数比较指令类似，只不过 IN1 和 IN2 的参数类型分别为双精度整数和实数。

（2）不等于比较指令

不等于比较指令有不等于字节比较指令、不等于整数比较指令、不等于双精度整数比较指令、不等于符号比较指令和不等于实数比较指令五种。不等于整数比较指令和参数见表 5-15。

表 5-15　不等于整数比较指令和参数

LAD	参数	数据类型	说明	存储区
IN1 ┤<>I├ IN2	IN1	INT	比较的第一个数值	I、Q、M、S、SM、T、C、V、L、AI、AC、常数、*VD、*LD、*AC
	IN2	INT	比较的第二个数值	

用一个例子来说明不等于整数比较指令，梯形图和指令表如图 5-68 所示。当 I0.0 闭合时，激活比较指令，MW0 中的整数和 MW2 中的整数比较，若两者不相等，则 Q0.0 输出为“1”，若两者相等，则 Q0.0 输出为“0”。在 I0.0 不闭合时，Q0.0 的输出为“0”。IN1 和 IN2 可以为常数。

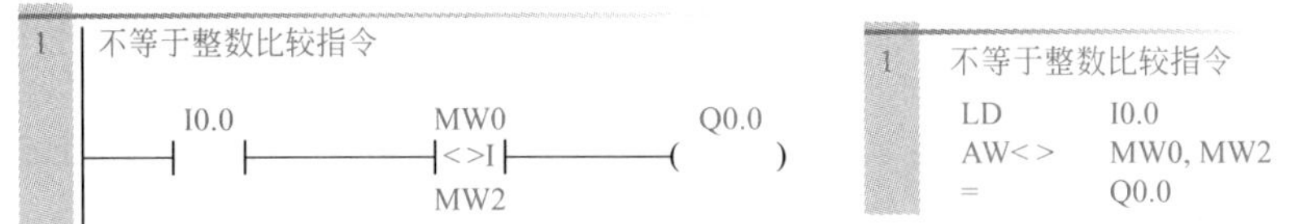

图5-68　不等于整数比较指令举例

不等于双精度整数比较指令和不等于实数比较指令的使用方法与不等于整数比较指令类似，只不过 IN1 和 IN2 的参数类型分别为双精度整数和实数。使用比较指令的前提是数据类型必须相同。

（3）小于比较指令

小于比较指令有小于字节比较指令、小于整数比较指令、小于双精度整数比较指令和小于实数比较指令四种。小于双精度整数比较指令和参数见表 5-16。

表 5-16　小于双精度整数比较指令和参数

LAD	参数	数据类型	说明	存储区
IN1 ┤<D├ IN2	IN1	DINT	比较的第一个数值	I、Q、M、S、SM、V、L、HC、AC、常数、*VD、*LD、*AC
	IN2	DINT	比较的第二个数值	

用一个例子来说明小于双精度整数比较指令，梯形图和指令表如图 5-69 所示。当 I0.0

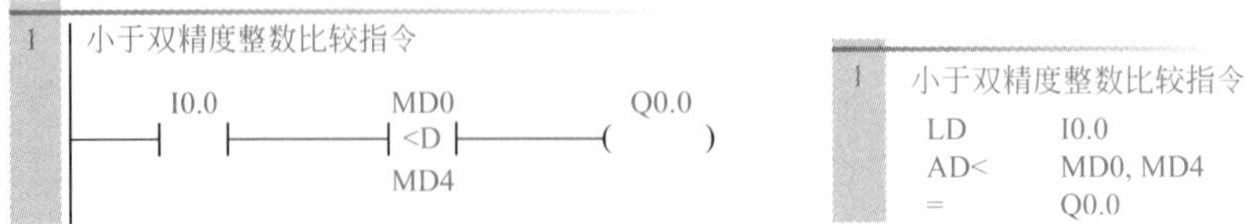

图5-69　小于双精度整数比较指令举例

闭合时，激活小于双精度整数比较指令，MD0 中的双精度整数和 MD4 中的双精度整数比较，若前者小于后者，则 Q0.0 输出为“1”，否则，Q0.0 输出为“0”。在 I0.0 不闭合时，Q0.0 的输出为“0”。IN1 和 IN2 可以为常数。

小于整数比较指令和小于实数比较指令的使用方法与小于双精度整数比较指令类似，只不过 IN1 和 IN2 的参数类型分别为整数和实数。使用比较指令的前提是数据类型必须相同。

（4）大于或等于比较指令

大于或等于比较指令有大于或等于字节比较指令、大于或等于整数比较指令、大于或等于双精度整数比较指令和大于或等于实数比较指令四种。大于或等于实数比较指令和参数见表 5-17。

表 5-17　大于或等于实数比较指令和参数

LAD	参数	数据类型	说明	存储区
IN1 ─┤>=R├─ IN2	IN1	REAL	比较的第一个数值	I、Q、M、S、SM、V、L、AC、常数、*VD、*LD、*AC
	IN2	REAL	比较的第二个数值	

用一个例子来说明大于或等于实数比较指令，梯形图和指令表如图 5-70 所示。当 I0.0 闭合时，激活比较指令，MD0 中的实数和 MD4 中的实数比较，若前者大于或者等于后者，则 Q0.0 输出为“1”，否则，Q0.0 输出为“0”。在 I0.0 不闭合时，Q0.0 的输出为“0”。IN1 和 IN2 可以为常数。

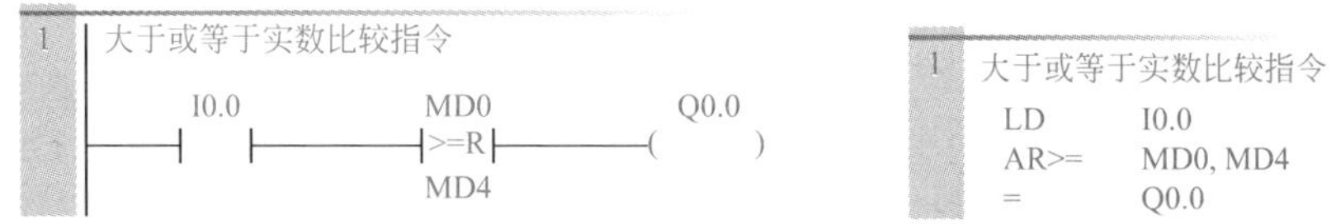

图5-70　大于或等于实数比较指令举例

大于或等于整数比较指令和大于或等于双精度整数比较指令的使用方法与大于或等于实数比较指令类似，只不过 IN1 和 IN2 的参数类型分别为整数和双精度整数。使用比较指令的前提是数据类型必须相同。

小于或等于比较指令和小于比较指令类似，大于比较指令和大于或等于比较指令类似，在此不再赘述。

5.4.2　数据处理指令

数据处理指令包括数据移动指令、交换 / 填充存储器指令及移位指令等。数据移动指令非常有用，特别在数据初始化、数据运算和通信时经常用到。

（1）数据移动指令

数据移动指令也称传送指令。数据移动指令有字节、字、双字和实数的单个数据移动指令，还有以字节、字、双字为单位的数据块移动指令，用以实现各存储器单元之间的数据移动和复制。

单个数据移动指令一次完成一个字节、字或双字的传送。以下仅以移动字节指令为例说明移动指令的使用方法，移动字节指令格式见表 5-18。

当使能端输入 EN 有效时，将输入端 IN 中的字节移动至 OUT 指定的存储器单元输出。输出端 ENO 的状态和使能端 EN 的状态相同。

表5-18　移动字节指令格式

LAD	参数	数据类型	说明	存储区
MOV_B EN ENO IN OUT	EN	BOOL	允许输入	V、I、Q、M、S、SM、L
	ENO	BOOL	允许输出	
	OUT	BYTE	目的地地址	V、I、Q、M、S、SM、L、AC、*VD、*LD、*AC、常数（OUT 中无常数）
	IN	BYTE	源数据	

【例 5-32】 VB0 中的数据为 20，程序如图 5-71 所示，试分析运行结果。

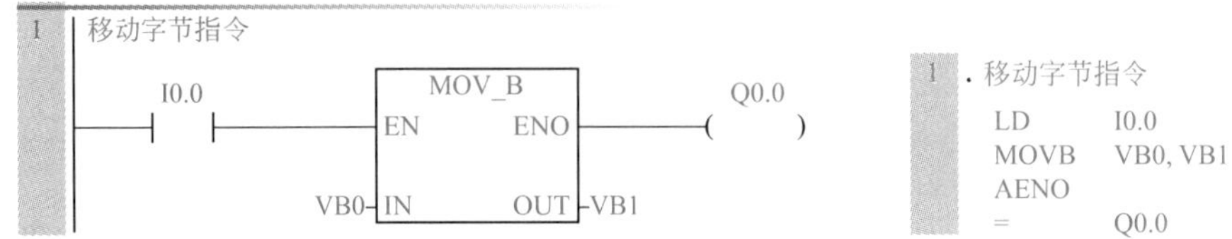

图5-71　移动字节指令应用举例

【解】 当 I0.0 闭合时，执行移动字节指令，VB0 和 VB1 中的数据都为 20，同时 Q0.0 输出高电平；当 I0.0 闭合后断开，VB0 和 VB1 中的数据都仍为 20，但 Q0.0 输出低电平。

移动字、双字和实数指令的使用方法与移动字节指令类似，在此不再说明。

【关键点】 读者若将输出 VB1 改成 VW1，则程序出错。因为移动字节的操作数不能为字。

（2）成块移动指令（BLKMOV）

成块移动指令即一次完成 N 个数据的成块移动，成块移动指令是一个效率很高的指令，应用很方便，有时使用一条成块移动指令可以取代多条移动指令，其指令格式见表 5-19。

表5-19　成块移动指令格式

LAD	参数	数据类型	说明	存储区
BLKMOV_B EN ENO IN OUT N	EN	BOOL	允许输入	V、I、Q、M、S、SM、L
	ENO	BOOL	允许输出	
	N	BYTE	要移动的字节数	V、I、Q、M、S、SM、L、AC、常数、*VD、*AC、*LD
	OUT	BYTE	目的地首地址	V、I、Q、M、S、SM、L、AC、*VD、*LD、*AC、常数（OUT 中无常数）
	IN	BYTE	源数据首地址	

【例 5-33】 编写一段程序，将 VB0 开始的 4 个字节的内容移动至 VB10 开始的 4 个字节存储单元中，VB0 ～ VB3 的数据分别为 5、6、7、8。

【解】 程序运行结果如图 5-72 所示。

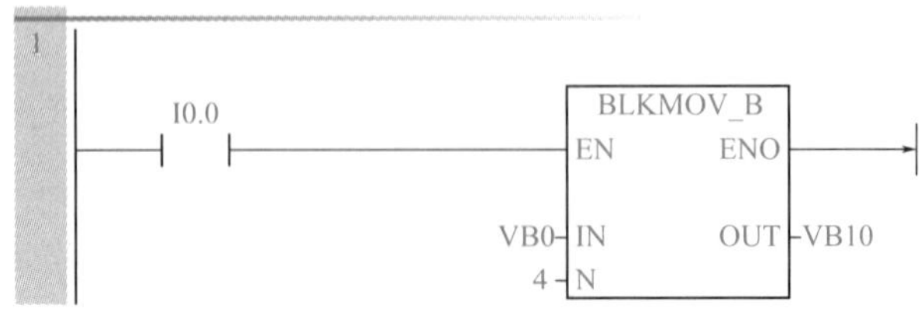

图5-72　成块移动字节程序示例

数组 1 的数据：5　　6　　7　　8
数据地址：　VB0　VB1　VB2　VB3
数组 2 的数据：5　　6　　7　　8
数据地址：　VB10　VB11　VB12　VB13

成块移动指令还有成块移动字和成块移动双字，其使用方法和成块移动字节类似，只不过其数据类型不同而已。

（3）字节交换指令（SWAP）

字节交换指令用来实现字中高、低字节内容的交换。当使能端（EN）输入有效时，将输入字 IN 中的高、低字节内容交换，结果仍放回字 IN 中。其指令格式见表 5-20。

表 5-20　字节交换指令格式

LAD	参数	数据类型	说明	存储区
SWAP（EN、ENO、IN）	EN	BOOL	允许输入	V、I、Q、M、S、SM、L
	ENO	BOOL	允许输出	
	IN	WORD	源数据	V、I、Q、M、S、SM、T、C、L、AC、*VD、*AC、*LD

【例 5-34】 如图 5-73 所示的程序，若 QB0=FF，QB1=0，在接通 I0.0 的前后，PLC 的输出端的指示灯有何变化？

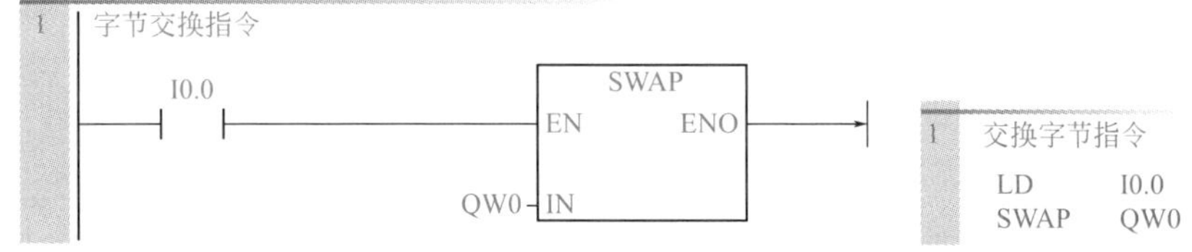

图 5-73　字节交换指令程序示例

【解】 执行程序后，QB1=FF，QB0=0，因此运行程序前 PLC 的输出端的 Q0.0 ～ Q0.7 指示灯亮，执行程序后 Q0.0 ～ Q0.7 指示灯灭，而 Q1.0 ～ Q1.7 指示灯亮。

（4）填充存储器指令（FILL）

填充存储器指令用来实现存储器区域内容的填充。当使能端输入有效时，将输入字 IN 填充至从 OUT 指定单元开始的 N 个字存储单元。

填充存储器指令可归类为表格处理指令，用于数据表的初始化，特别适合于连续字节的清零，填充存储器指令格式见表 5-21。

表 5-21　填充存储器指令格式

LAD	参数	数据类型	说明	存储区
FILL_N（FN、ENO、IN、OUT、N）	EN	BOOL	允许输入	V、I、Q、M、S、SM、L
	ENO	BOOL	允许输出	
	IN	INT	要填充的数	V、I、Q、M、S、SM、L、T、C、AI、AC、常数、*VD、*LD、*AC
	OUT	INT	目的数据首地址	V、I、Q、M、S、SM、L、T、C、AQ、*VD、*LD、*AC
	N	BYTE	填充的个数	V、I、Q、M、S、SM、L、AC、常数、*VD、*LD、*AC

【例 5-35】 编写一段程序，将从 VW0 开始的 10 个字存储单元清零。

【解】 程序如图 5-74 所示。FILL 是表指令，使用比较方便，特别是在程序的初始化时，常使用 FILL 指令，将要用到的数据存储区清零。在编写通信程序时，通常在程序的初始化时，将数据发送缓冲区和数据接收缓冲区的数据清零，就要用到 FILL 指令。此外，表指令中还有 FIFO、LIFO 等指令，读者可参考相关手册。

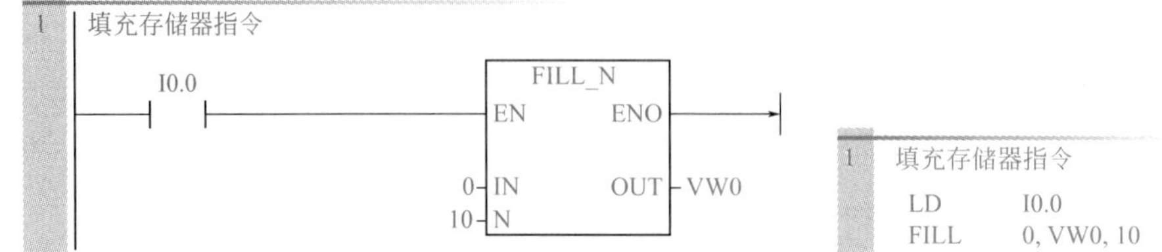

图5-74 填充存储器指令程序示例

当然也可以使用 BLKMOV 指令完成以上功能。

【例 5-36】 如图 5-75 所示为电动机 Y-△启动的电气原理图，要求编写控制程序。

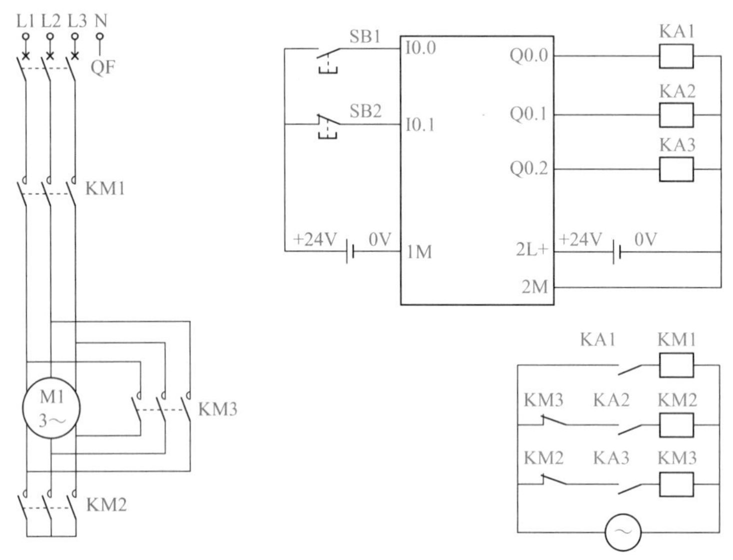

图5-75 电气原理图

【解】 前 10s，Q0.0 和 Q0.1 线圈得电，星形启动，从第 10 ～ 11s 只有 Q0.0 得电，从 11s 开始，Q0.0 和 Q0.2 线圈得电，电动机为三角形运行。梯形图如图 5-76 所示。这种解决方案，逻辑是正确的，但浪费了 5 个宝贵的输出点（Q0.3 ～ Q0.7），因此这种解决方案不实用。经过优化后，梯形图如图 5-77 所示。

5.4.3 移位与循环指令

STEP7-Micro/WIN SMART 提供的移位指令能将存储器的内容逐位向左或者向右移动。移动的位数由 N 决定。向左移 N 位相当于累加器的内容乘以 2^N，向右移相当于累加器的内容除以 2^N。移位指令在逻辑控制中使用也很方便。移位与循环指令见表 5-22。

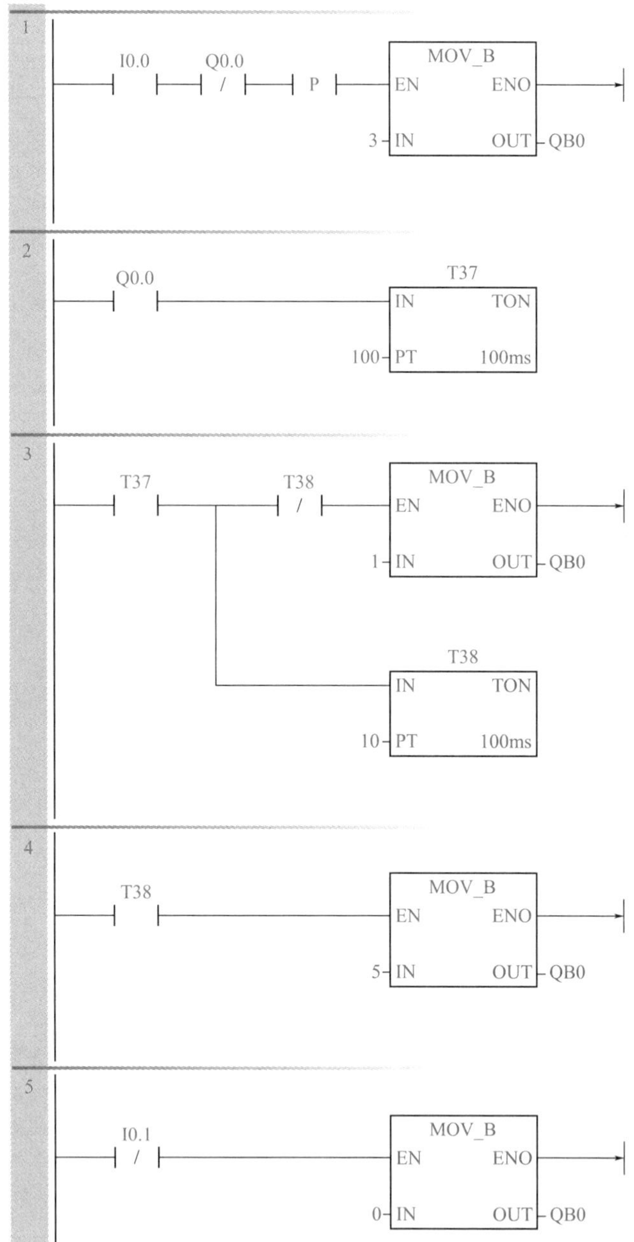

图5-76　例5-36电动机Y-△启动梯形图（1）

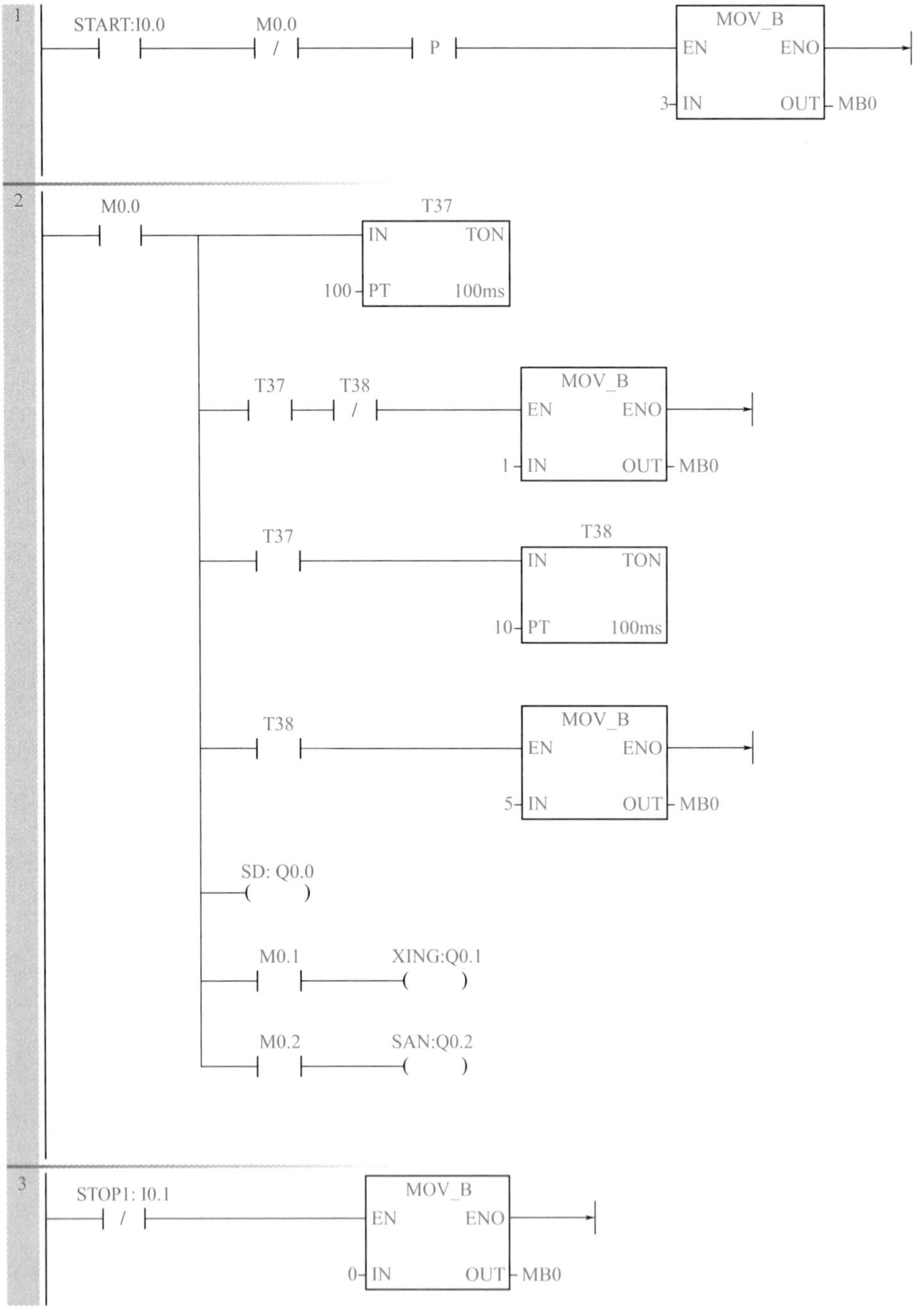

图5-77　例5-36电动机Y-△启动梯形图（2）

表5-22 移位与循环指令汇总

名称	语句表	梯形图	描述
字节左移	SLB	SHL_B	字节逐位左移，空出的位添0
字左移	SLW	SHL_W	字逐位左移，空出的位添0
双字左移	SLD	SHL_DW	双字逐位左移，空出的位添0
字节右移	SRB	SHR_B	字节逐位右移，空出的位添0
字右移	SRW	SHR_W	字逐位右移，空出的位添0
双字右移	SRD	SHR_DW	双字逐位右移，空出的位添0
字节循环左移	RLB	ROL_B	字节循环左移
字循环左移	RLW	ROL_W	字循环左移
双字循环左移	RLD	ROL_DW	双字循环左移
字节循环右移	RRB	ROR_B	字节循环右移
字循环右移	RRW	ROR_W	字循环右移
双字循环右移	RRD	ROR_DW	双字循环右移
移位寄存器	SHRB	SHRB	将DATA数值移入移位寄存器

（1）字左移（SHL_W）

当字左移指令（SHL_W）的EN位为高电平“1”时，执行移位指令，将IN端指定的内容左移N端指定的位数，然后写入OUT端指定的目的地址中。如果移位数目（N）大于或等于16，则数值最多被移位16次。最后一次移出的位保存在SM1.1中。字左移指令（SHL_W）和参数见表5-23。

表5-23 字左移指令（SHL_W）和参数

LAD	参数	数据类型	说明	存储区
SHL_W EN ENO IN OUT N	EN	BOOL	允许输入	I、Q、M、D、L
	ENO	BOOL	允许输出	
	N	BYTE	移动的位数	V、I、Q、M、S、SM、L、AC、常数、*VD、*LD、*AC
	IN	WORD	移位对象	V、I、Q、M、S、SM、L、T、C、AC、*VD、*LD、*AC、AI和常数（OUT无）
	OUT	WORD	移动操作结果	

【例5-37】 梯形图和指令表如图5-78所示。假设IN中的字MW0为2#1001 1101 1111 1011，当I0.0闭合时，OUT端的MW0中的数是多少？

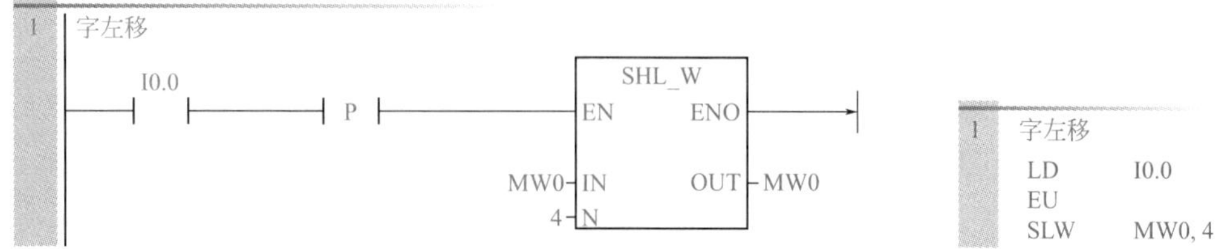

图5-78 字左移指令应用的梯形图和指令表

【解】 当I0.0闭合时，激活左移指令，IN中的字存储在MW0中的数为2#1001 1101 1111 1011，向左移4位后，OUT端的MW0中的数是2#1101 1111 1011 0000，字左移指令示意图如图5-79所示。

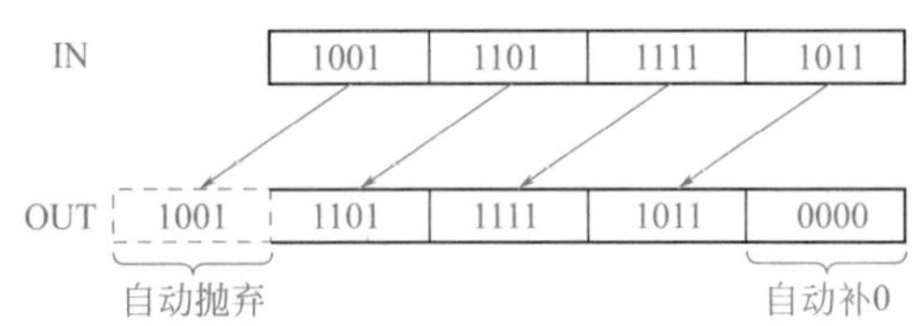

图5-79　字左移指令示意图

【关键点】 图5-78中的梯形图有一个上升沿，这样I0.0每闭合一次，左移4位，若没有上升沿，那么闭合一次，则可能左移很多次。这点读者要特别注意。

（2）字右移（SHR_W）

当字右移指令（SHR_W）的EN位为高电平“1”时，将执行移位指令，将IN端指定的内容右移N端指定的位数，然后写入OUT端指定的目的地址中。如果移位数目（N）大于或等于16，则数值最多被移位16次。最后一次移出的位保存在SM1.1中。字右移指令（SHR_W）和参数见表5-24。

表5-24　字右移指令（SHR_W）和参数

LAD	参数	数据类型	说明	存储区
SHR_W EN ENO IN OUT N	EN	BOOL	允许输入	I、Q、M、S、L、V
	ENO	BOOL	允许输出	
	N	BYTE	移动的位数	V、I、Q、M、S、SM、L、AC、常数、*VD、*LD、*AC
	IN	WORD	移位对象	V、I、Q、M、S、SM、L、T、C、AC、*VD、*LD、*AC、AI和常数（OUT无）
	OUT	WORD	移动操作结果	

【例5-38】 梯形图和指令表如图5-80所示。假设IN中的字MW0为2#1001 1101 1111 1011，当I0.0闭合时，OUT端的MW0中的数是多少？

【解】 当I0.0闭合时，激活右移指令，IN中的字存储在MW0中，假设这个数为2#1001 1101 1111 1011，向右移4位后，OUT端的MW0中的数是2#0000 1001 1101 1111，字右移指令示意图如图5-81所示。

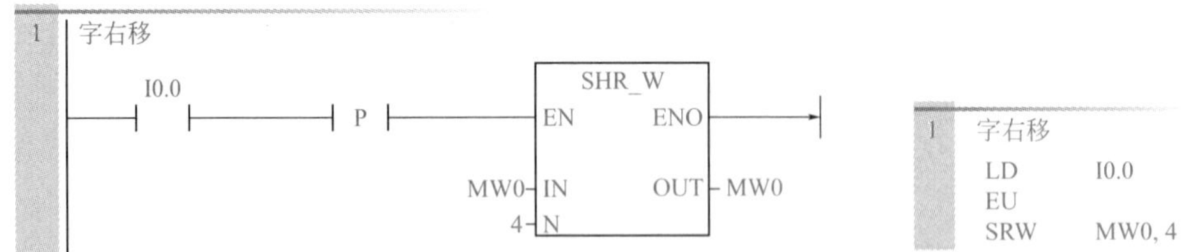

图5-80　字右移指令应用的梯形图和指令表

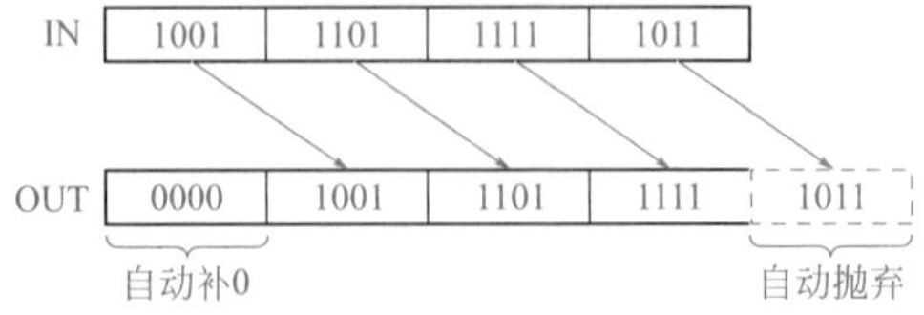

图5-81　字右移指令示意图

字节的左移位、字节的右移位、双字的左移位、双字的右移位和字的移位指令类似，在此不再赘述。

（3）双字循环左移（ROL_DW）

当双字循环左移（ROL_DW）的EN位为高电平“1”时，将执行双字循环左移指令，将IN端指令的内容循环左移N端指定的位数，然后写入OUT端指令的目的地址中。如果移位数目（N）大于或等于32，执行循环之前在移动位数（N）上执行模数32操作，从而使位数在0～31之间，例如当N=34时，通过模运算，实际移位为2。双字循环左移（ROL_DW）指令和参数见表5-25。

表5-25　双字循环左移（ROL_DW）指令和参数

LAD	参数	数据类型	说明	存储区
ROL_DW EN ENO IN OUT N	EN	BOOL	允许输入	I、Q、M、S、L、V
	ENO	BOOL	允许输出	
	N	BYTE	移动的位数	V、I、Q、M、S、SM、L、AC、常数、*VD、*LD、*AC
	IN	DWORD	移位对象	V、I、Q、M、S、SM、L、AC、*VD、*LD、*AC、HC和常数（OUT无）
	OUT	DWORD	移动操作结果	

【例5-39】 梯形图和指令表如图5-82所示。假设IN中的字MD0为2#1001 1101 1111 1011 1001 1101 1111 1011，当I0.0闭合时，OUT端的MD0中的数是多少？

【解】 当I0.0闭合时，激活双字循环左移指令，IN中的双字存储在MD0中，除最高4位外，其余各位向左移4位后，双字的最高4位，循环到双字的最低4位，结果是OUT端的MD0中的数是2#1101 1111 1011 1001 1101 1111 1011 1001，其示意图如图5-83所示。

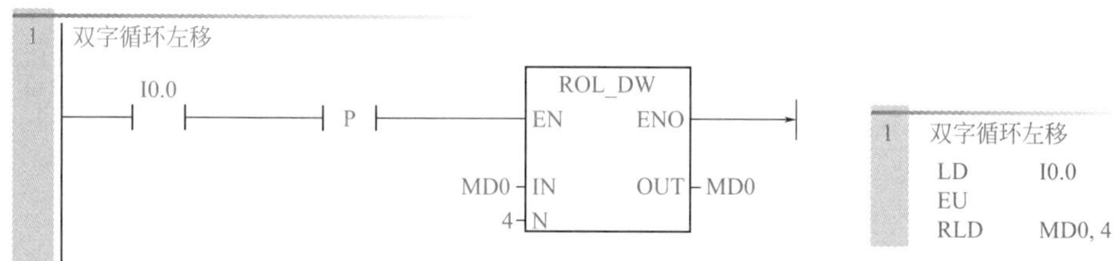

图5-82　双字循环左移指令应用的梯形图和指令表

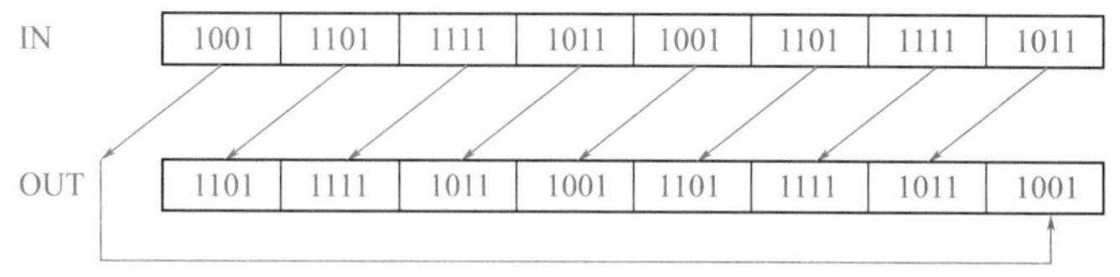

图5-83　双字循环左移指令示意图

（4）双字循环右移（ROR_DW）

当双字循环右移（ROR_DW）的EN位为高电平“1”时，将执行双字循环右移指令，将IN端指令的内容向右循环移动N端指定的位数，然后写入OUT端指令的目的地址中。如果移位数目（N）大于或等于32，执行循环之前在移动位数（N）上执行模数32操作，从而使位数在0～31之间，例如当N=34时，通过模运算，实际移位为2。双字循环右移（ROR_DW）指令和参数见表5-26。

表5-26　双字循环右移（ROR_DW）指令和参数

LAD	参数	数据类型	说明	存储区
ROR_DW EN ENO IN OUT N	EN	BOOL	允许输入	I、Q、M、S、L、V
	ENO	BOOL	允许输出	
	N	BYTE	移动的位数	V、I、Q、M、S、SM、L、AC、常数、*VD、*LD、*AC
	IN	DWORD	移位对象	V、I、Q、M、S、SM、L、AC、*VD、*LD、*AC、HC 和常数（OUT 无）
	OUT	DWORD	移动操作结果	

【例5-40】 梯形图和指令表如图5-84所示。假设IN中的字MD0为2#1001 1101 1111 1011 1001 1101 1111 1011，当I0.0闭合时，OUT端的MD0中的数是多少？

【解】 当I0.0闭合时，激活双字循环右移指令，IN中的双字存储在MD0中，这个数为2#1001 1101 1111 1011 1001 1101 1111 1011，除最低4位外，其余各位向右移4位后，双字的最低4位，循环到双字的最高4位，结果是OUT端的MD0中的数是2#1011 1001 1101 1111 1011 1001 1101 1111，其示意图如图5-85所示。

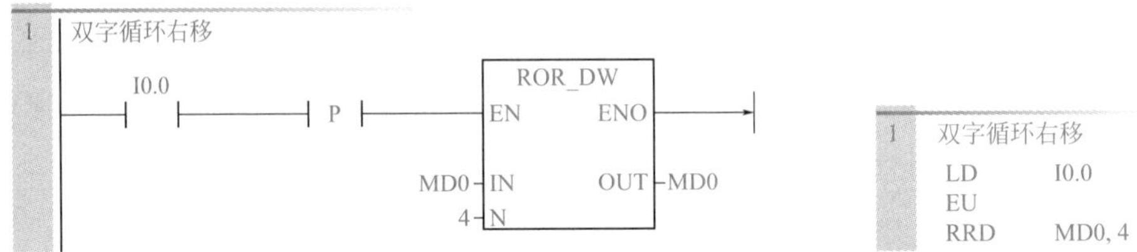

图5-84　双字循环右移指令应用的梯形图和指令表

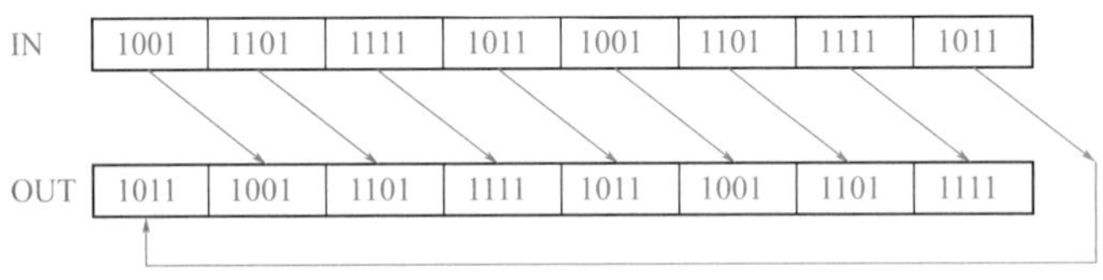

图5-85　双字循环右移指令示意图

字节的左循环、字节的右循环、字的左循环、字的右循环和双字的循环指令类似，在此不再赘述。

5.4.4 算术运算指令

5.4.4.1 整数算术运算指令

S7-200 SMART PLC的整数算术运算分为加法运算、减法运算、乘法运算和除法运算，其中每种运算方式又有整数型和双精度整数型两种。

（1）加整数（ADD_I）

当允许输入端EN为高电平时，输入端IN1和IN2中的整数相加，结果送入OUT中。IN1和IN2中的数可以是常数。加整数的表达式是：IN1+IN2=OUT。加整数（ADD_I）指令和参数见表5-27。

【例5-41】 梯形图和指令表如图5-86所示。MW0中的整数为11，MW2中的整数为21，则当I0.0闭合时，整数相加，结果MW4中的数是多少？

表5-27 加整数（ADD_I）指令和参数

LAD	参数	数据类型	说明	存储区
ADD_I（EN ENO / IN1 / IN2 OUT）	EN	BOOL	允许输入	V、I、Q、M、S、SM、L
	ENO	BOOL	允许输出	
	IN1	INT	相加的第1个值	V、I、Q、M、S、SM、T、C、AC、L、AI、常数、*VD、*LD、*AC
	IN2	INT	相加的第2个值	
	OUT	INT	和	V、I、Q、M、S、SM、T、C、AC、L、*VD、*LD、*AC

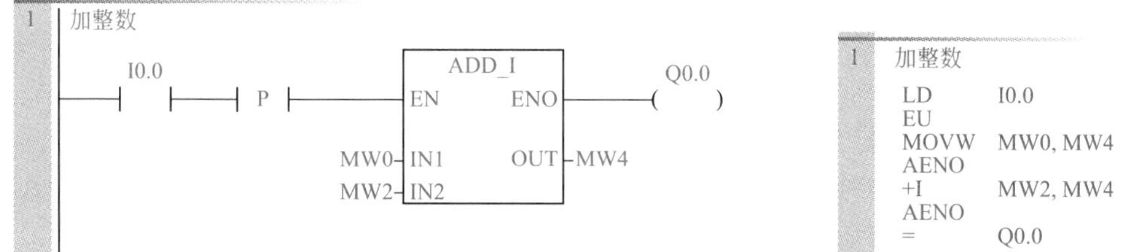

图5-86 加整数（ADD_I）指令应用的梯形图和指令表

【解】 当I0.0闭合时，激活加整数指令，IN1中的整数存储在MW0中，这个数为11，IN2中的整数存储在MW2中，这个数为21，整数相加的结果存储在OUT端的MW4中的数是32。由于没有超出计算范围，所以Q0.0输出为“1”。假设IN1中的整数为9999，IN2中的整数为30000，则超过整数相加的范围。由于超出计算范围，所以Q0.0输出为“0”。

【关键点】 整数相加未超出范围时，当I0.0闭合时，Q0.0输出为高电平，否则Q0.0输出为低电平。

加双精度整数（ADD_DI）指令与加整数（ADD_I）类似，只不过其数据类型为双精度整数，在此不再赘述。

（2）减双精度整数（SUB_DI）

当允许输入端EN为高电平时，输入端IN1和IN2中的双精度整数相减，结果送入OUT中。IN1和IN2中的数可以是常数。减双精度整数的表达式是：IN1−IN2 = OUT。

减双精度整数（SUB_DI）指令和参数见表5-28。

表5-28 减双精度整数（SUB_DI）指令和参数

LAD	参数	数据类型	说明	存储区
SUB_DI（EN ENO / IN1 / IN2 OUT）	EN	BOOL	允许输入	V、I、Q、M、S、SM、L
	ENO	BOOL	允许输出	
	IN1	DINT	被减数	V、I、Q、M、SM、S、L、AC、HC、常数、*VD、*LD、*AC
	IN2	DINT	减数	
	OUT	DINT	差	V、I、Q、M、SM、S、L、AC、*VD、*LD、*AC

【例5-42】 梯形图和指令表如图5-87所示，IN1中的双精度整数存储在MD0中，数值为22，IN2中的双精度整数存储在MD4中，数值为11，当I0.0闭合时，双精度整数相减的结果存储在OUT端的MD4中，其结果是多少？

【解】 当I0.0闭合时，激活减双精度整数指令，IN1中的双精度整数存储在MD0中，

假设这个数为22，IN2中的双精度整数存储在MD4中，假设这个数为11，双精度整数相减的结果存储在OUT端的MD4中的数是11。由于没有超出计算范围，所以Q0.0输出为“1”。

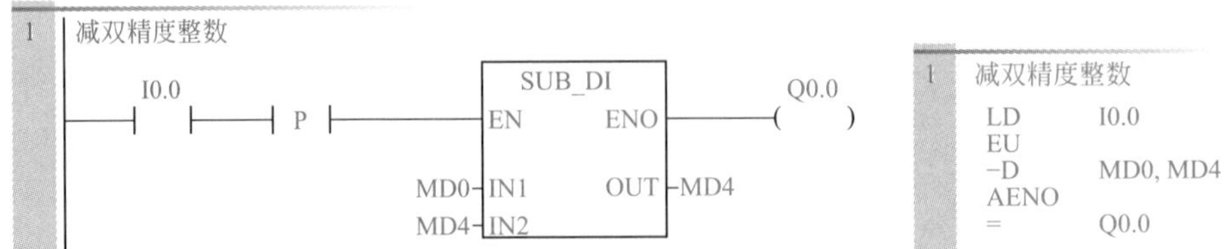

图5-87　减双精度整数（SUB_DI）指令应用的梯形图和指令表

减整数（SUB_I）指令与减双精度整数（SUB_DI）类似，只不过其数据类型为整数，在此不再赘述。

（3）乘整数（MUL_I）

当允许输入端EN为高电平时，输入端IN1和IN2中的整数相乘，结果送入OUT中。IN1和IN2中的数可以是常数。乘整数的表达式是：IN1×IN2 = OUT。乘整数（MUL_I）指令和参数见表5-29。

表5-29　乘整数（MUL_I）指令和参数

LAD	参数	数据类型	说明	存储区
MUL_I EN ENO IN1 IN2 OUT	EN	BOOL	允许输入	V、I、Q、M、S、SM、L
	ENO	BOOL	允许输出	
	IN1	INT	相乘的第1个值	V、I、Q、M、S、SM、T、C、L、AC、AI、常数、*VD、*LD、*AC
	IN2	INT	相乘的第2个值	
	OUT	INT	相乘的结果（积）	V、I、Q、M、S、SM、L、T、C、AC、*VD、*LD、*AC

【例5-43】 梯形图和指令表如图5-88所示。IN1中的整数存储在MW0中，数值为11，IN2中的整数存储在MW2中，数值为11，当I0.0闭合时，整数相乘的结果存储在OUT端的MW4中，其结果是多少？

【解】 当I0.0闭合时，激活乘整数指令，OUT =IN1×IN2，整数相乘的结果存储在OUT端的MW4中，结果是121。由于没有超出计算范围，所以Q0.0输出为“1”。

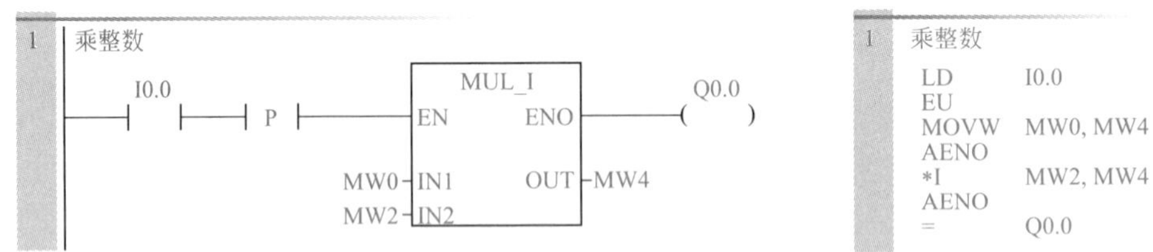

图5-88　乘整数（MUL_I）指令应用的梯形图和指令表

两个整数相乘得双精度整数的乘积指令（MUL），其两个乘数都是整数，乘积为双精度整数，注意MUL和MUL_I的区别。

双精度乘整数（MUL_DI）指令与乘整数（MUL_I）类似，只不过双精度乘整数数据类型为双精度整数，在此不再赘述。

（4）除双精度整数（DIV_DI）

当允许输入端EN为高电平时，输入端IN1中的双精度整数除以IN2中的双精度整数，结果为双精度整数，送入 OUT 中，不保留余数。IN1 和 IN2 中的数可以是常数。除双精度整数（DIV_DI）指令和参数见表 5-30。

表 5-30 除双精度整数（DIV_DI）指令和参数

LAD	参数	数据类型	说明	存储区
DIV_DI EN ENO IN1 IN2 OUT	EN	BOOL	允许输入	V、I、Q、M、S、SM、L
	ENO	BOOL	允许输出	
	IN1	DINT	被除数	V、I、Q、M、SM、S、L、HC、AC、常数、*VD、*LD、*AC
	IN2	DINT	除数	
	OUT	DINT	除法的双精度整数结果（商）	V、I、Q、M、SM、S、L、AC、*VD、*LD、*AC

【例 5-44】 梯形图和指令表如图 5-89 所示。IN1 中的双精度整数存储在 MD0 中，数值为 11，IN2 中的双精度整数存储在 MD4 中，数值为 2，当 I0.0 闭合时，双精度整数相除的结果存储在 OUT 端的 MD8 中，其结果是多少？

【解】 当 I0.0 闭合时，激活除双精度整数指令，IN1 中的双精度整数存储在 MD0 中，数值为 11，IN2 中的双精度整数存储在 MD4 中，数值为 2，双精度整数相除的结果存储在 OUT 端的 MD8 中的数是 5，不产生余数。由于没有超出计算范围，所以 Q0.0 输出为“1”。

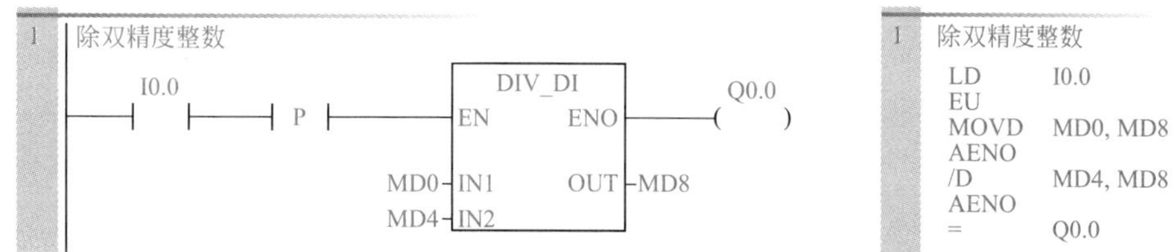

图5-89 除双精度整数（DIV_DI）指令应用的梯形图和指令表

【关键点】 除双精度整数法不产生余数。

整数除（DIV_I）指令与除双精度整数（DIV_DI）类似，只不过其数据类型为整数，在此不再赘述。整数相除得商和余数指令（DIV），其除数和被除数都是整数，输出 OUT 为双精度整数，其中高位是一个 16 位余数，其低位是一个 16 位商，注意 DIV 和 DIV_I 的区别。

【例 5-45】 算术运算程序示例如图 5-90 所示，其中开始时 AC1 中内容为 4000，AC0 中内容为 6000，VD100 中内容为 200，VW200 中内容为 41，执行运算后，AC0、VD100 和 VD202 中的数值是多少？

【解】 程序运行结果如图 5-91 所示，累加器 AC0 和 AC1 中可以装入字节、字、双字和实数等数据类型的数据，可见其使用比较灵活。DIV 指令的除数和被除数都是整数，而结果为双精度整数，对于本例被除数为 4000，除数为 41，双精度整数结果存储在 VD202 中，其中余数 23 存储在高位 VW202 中，商 97 存储在低位 VW204 中。

（5）递增 / 递减运算指令

递增 / 递减运算指令，在输入端（IN）上加 1 或减 1，并将结果置入 OUT。递增 / 递减指令的操作数类型为字节、字和双字。递增字的指令格式见表 5-31。

① 递增字节 / 递减字节运算（INC_B/DEC_B）。使能端输入有效时，将一个字节的无符号数 IN 增 1/ 减 1，并将结果送至 OUT 指定的存储器单元输出。

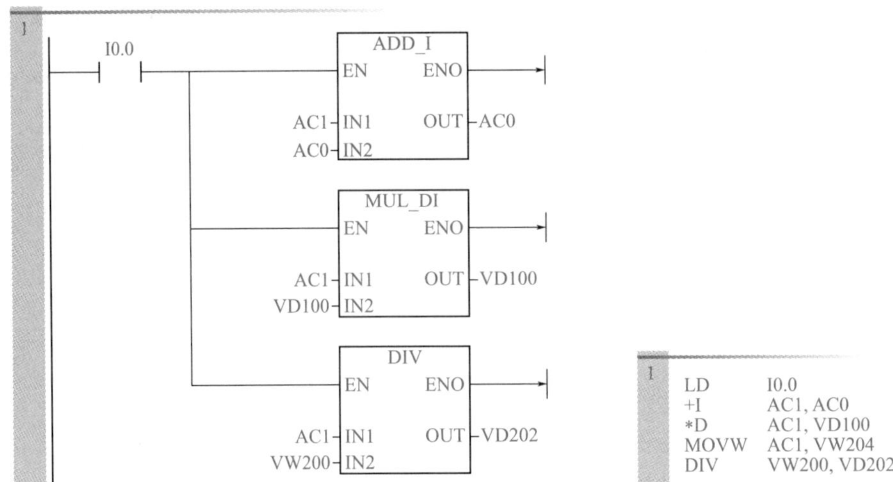

图5-90 算术运算程序的梯形图和指令表

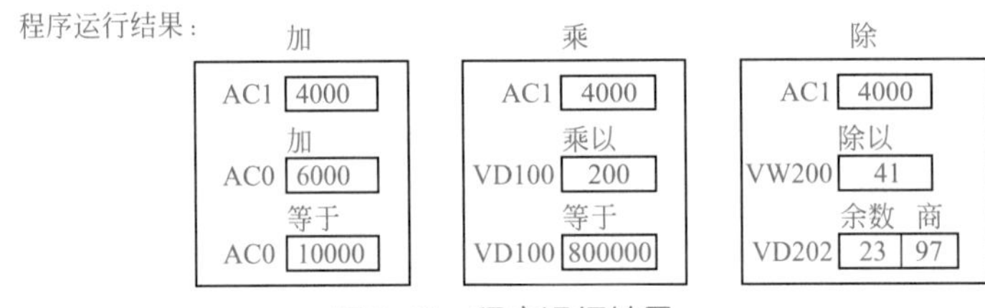

图5-91 程序运行结果

表5-31 递增字运算指令格式

LAD	参数	数据类型	说明	存储区
INC_W EN ENO IN OUT	EN	BOOL	允许输入	V、I、Q、M、S、SM、L
	ENO	BOOL	允许输出	
	IN	INT	将要递增1的数	V、I、Q、M、S、SM、AC、AI、L、T、C、常数、*VD、*LD、*AC
	OUT	INT	递增1后的结果	V、I、Q、M、S、SM、L、AC、T、C、*VD、*LD、*AC

② 双字递增/双字递减运算（INC_DW/DEC_DW）。使能端输入有效时，将双字长的符号数IN增1/减1，并将结果送至OUT指定的存储器单元输出。

【例5-46】 递增/递减运算程序如图5-92所示。初始时AC0中的内容为125，VD100中的内容为128000，试分析运算结果。

【例5-47】 有一个电炉，加热功率有1000W、2000W和3000W三个挡次，电炉有1000W和2000W两种电加热丝。要求用一个按钮选择三个加热挡，当按一次按钮时，1000W电阻丝加热，即第一挡；当按两次按钮时，2000W电阻丝加热，即第二挡；当按三次按钮时，1000W和2000W电阻丝同时加热，即第三挡；当按四次按钮时停止加热，编写程序。

【解】 梯形图如图5-93所示。

这种解决方案，逻辑是正确的，但浪费了6个宝贵的输出点（Q0.2 ~ Q0.7），因此这种解决方案不实用。经过优化后，梯形图如图5-94所示。

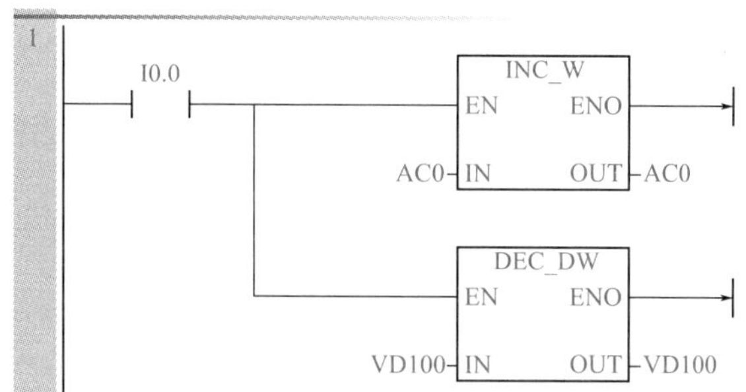

程序运行结果：

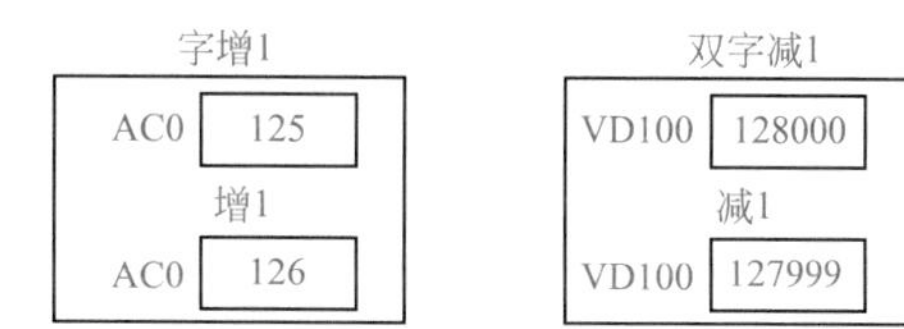

图5-92　例5-46程序和运行结果

1
I0.0
P
INC_B
EN ENO
QB0 IN OUT QB0
2
QB0
>=B
4
Q0.0
R
4

图5-93　例5-47梯形图（1）

1
START: I0.0
P
INC_B
EN ENO
MB0 IN OUT MB0
2
M0.0
JR1:Q0.0
3
M0.1
JR2:Q0.1
4
STOP1:I0.1
/
MOV_B
EN ENO
0 IN OUT MB0
MB0
>=B
4

图5-94　例5-47梯形图（2）

5.4.4.2　浮点数运算函数指令

浮点数运算函数有浮点算术运算函数、三角函数、对数函数、幂函数和 PID 等。浮点算术运算函数又分为加法运算、减法运算、乘法运算和除法运算函数。浮点数运算函数见表 5-32。

表 5-32　浮点数运算函数

语句表	梯形图	描述
+R	ADD_R	将两个 32 位实数相加，并产生一个 32 位实数结果（OUT）
−R	SUB_R	将两个 32 位实数相减，并产生一个 32 位实数结果（OUT）
*R	MUL_R	将两个 32 位实数相乘，并产生一个 32 位实数结果（OUT）
/R	DIV_R	将两个 32 位实数相除，并产生一个 32 位实数商
SQRT	SQRT	求浮点数的平方根
EXP	EXP	求浮点数的自然指数
LN	LN	求浮点数的自然对数
SIN	SIN	求浮点数的正弦函数
COS	COS	求浮点数的余弦函数
TAN	TAN	求浮点数的正切函数
PID	PID	PID 运算

加实数（ADD_R）。当允许输入端 EN 为高电平时，输入端 IN1 和 IN2 中的实数相加，结果送入 OUT 中。IN1 和 IN2 中的数可以是常数。加实数的表达式是：IN1+IN2=OUT。加实数（ADD_R）指令和参数见表 5-33。

表 5-33　加实数（ADD_R）指令和参数

LAD	参数	数据类型	说明	存储区
ADD_R EN ENO IN1 IN2 OUT	EN	BOOL	允许输入	V、I、Q、M、S、SM、L
	ENO	BOOL	允许输出	
	IN1	REAL	相加的第 1 个值	V、I、Q、M、S、SM、L、AC、常数、*VD、*LD、*AC
	IN2	REAL	相加的第 2 个值	
	OUT	REAL	相加的结果（和）	V、I、Q、M、S、SM、L、AC、*VD、*LD、*AC

用一个例子来说明加实数（ADD_R）指令，梯形图和指令表如图 5-95 所示。当 I0.0 闭合时，激活加实数指令，IN1 中的实数存储在 MD0 中，假设这个数为 10.1，IN2 中的实数存储在 MD4 中，假设这个数为 21.1，实数相加的结果存储在 OUT 端的 MD8 中的数是 31.2。

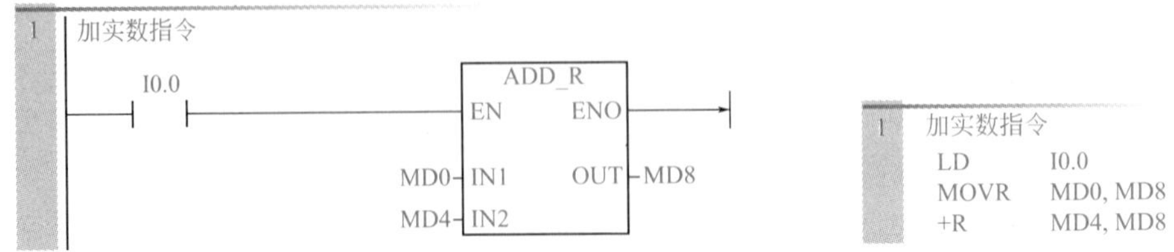

图5-95　加实数（ADD_R）指令应用的梯形图和指令表

减实数（SUB_R）、乘实数（MUL_R）和除实数（DIV_R）指令的使用方法与前面的指令用法类似，在此不再赘述。

MUL_DI/DIV_DI 和 MUL_R/DIV_R 的输入都是 32 位，输出的结果也是 32 位，但前者的输入和输出是双精度整数，属于双精度整数运算，而后者输入和输出的是实数，属于浮点运算，简单地说，后者的输入和输入数据中有小数点，而前者没有，后者的运算速度要慢得多。

值得注意的是，乘 / 除运算对特殊标志位 SM1.0（零标志位）、SM1.1（溢出标志位）、SM1.2（负数标志位）、SM1.3（被 0 除标志位）会产生影响。若 SM1.1 在乘法运算中被置 1，表明结果溢出，则其他标志位状态均置 0，无输出。若 SM1.3 在除法运算中被置 1，说明除数为 0，则其他标志位状态保持不变，原操作数也不变。

【关键点】 浮点数的算术指令的输入端可以是常数，必须是带有小数点的常数，如 5.0，不能为 5，否则会出错。

5.4.4.3　转换指令

转换指令是将一种数据格式转换成另外一种格式进行存储。例如，要让一个整型数据和双整型数据进行算术运算，一般要将整型数据转换成双整型数据。STEP7-Micro/WIN 的转换指令见表 5-34。

表 5-34　转换指令

STL	LAD	说明
BTI	B_I	将字节数值（IN）转换成整数值，并将结果置入 OUT 指定的变量中
ITB	I_B	将整数（IN）转换成字节值，并将结果置入 OUT 指定的变量中
ITD	I_DI	将整数值（IN）转换成双精度整数值，并将结果置入 OUT 指定的变量中
ITS	I_S	将整数 IN 转换为长度为 8 个字符的 ASCII 字符串
DTI	DI_I	双精度整数值（IN）转换成整数值，并将结果置入 OUT 指定的变量中
DTR	DI_R	将 32 位带符号整数 IN 转换成 32 位实数，并将结果置入 OUT 指定的变量中
DTS	DI_S	将双精度整数 IN 转换为长度为 12 个字符的 ASCII 字符串
BTI	BCD_I	将二进制编码的十进制值 IN 转换成整数值，并将结果置入 OUT 指定的变量中
ITB	I_BCD	将输入整数值 IN 转换成二进制编码的十进制数，并将结果置入 OUT 指定的变量中
RND	ROUND	将实值（IN）转换成双精度整数值，并将结果置入 OUT 指定的变量中
TRUNC	TRUNC	将 32 位实数（IN）转换成 32 位双精度整数，并将结果的整数部分置入 OUT 指定的变量中
RTS	R_S	将实数值 IN 转换为 ASCII 字符串
ITA	ITA	将整数（IN）转换成 ASCII 字符数组
DTA	DTA	将双字（IN）转换成 ASCII 字符数组
RTA	RTA	将实数值（IN）转换成 ASCII 字符
ATH	ATH	指令将从 IN 开始的 ASCII 字符号码（LEN）转换成从 OUT 开始的十六进制数字
HTA	HTA	将从 IN 开始的十六进制数字转换成从 OUT 开始的 ASCII 字符号码（LEN）
STI	S_I	将字符串数值 IN 转换为存储在 OUT 中的整数值，从偏移量 INDX 位置开始
STD	S_DI	将字符串值 IN 转换为存储在 OUT 中的双精度整数值，从偏移量 INDX 位置开始
STR	S_R	将字符串值 IN 转换为存储在 OUT 中的实数值，从偏移量 INDX 位置开始
DECO	DECO	设置输出字（OUT）中与用输入字节（IN）最低“半字节”（4 位）表示的位数相对应的位
ENCO	ENCO	将输入字（IN）最低位的位数写入输出字节（OUT）的最低“半字节”（4 位）中
SEG	SEG	生成照明七段显示段的位格式

（1）整数转换成双精度整数（ITD）

整数转换成双精度整数指令是将 IN 端指定的内容以整数的格式读入，然后将其转换为双精度整数码格式输出到 OUT 端。整数转换成双精度整数指令和参数见表 5-35。

表 5-35　整数转换成双精度整数指令和参数

LAD	参数	数据类型	说明	存储区
I_DI EN ENO IN OUT	EN	BOOL	使能（允许输入）	V、I、Q、M、S、SM、L
	ENO	BOOL	允许输出	
	IN	INT	输入的整数	V、I、Q、M、S、SM、L、T、C、AI、AC、常数、*VD、*LD、*AC
	OUT	DINT	整数转化成的 BCD 数	V、I、Q、M、S、SM、L、AC、*VD、*LD、*AC

【例 5-48】 梯形图和指令表如图 5-96 所示。IN 中的整数存储在 MW0 中（用十六进制表示为 16#0016），当 I0.0 闭合时，转换完成后 OUT 端的 MD2 中的双精度整数是多少？

【解】 当 I0.0 闭合时，激活整数转换成双精度整数指令，IN 中的整数存储在 MW0 中（用十六进制表示为 16#0016），转换完成后 OUT 端的 MD2 中的双精度整数是 16#0000 0016。但要注意，MW2=16#0000，而 MW4=16#0016。

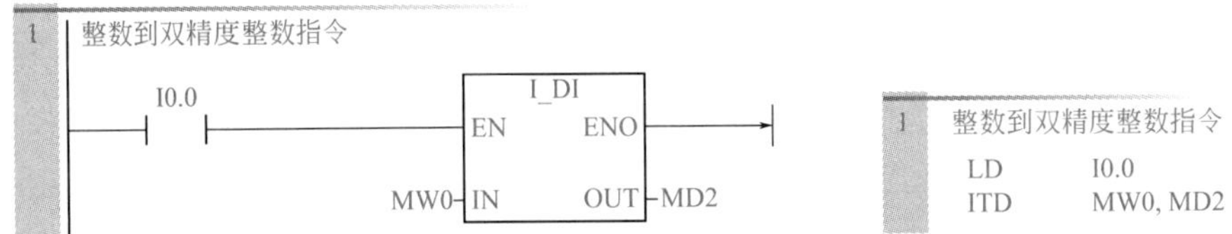

图5-96　整数转换成双精度整数指令应用的梯形图和指令表

（2）双精度整数转换成实数（DTR）

双精度整数转换成实数指令是将 IN 端指定的内容以双精度整数的格式读入，然后将其转换为实数格式输出到 OUT 端。实数格式在后续算术计算中是很常用的，如 3.14 就是实数形式。双精度整数转换成实数指令和参数见表 5-36。

表 5-36　双精度整数转换成实数指令和参数

LAD	参数	数据类型	说明	存储区
DI_R EN ENO IN OUT	EN	BOOL	使能（允许输入）	V、I、Q、M、S、SM、L
	ENO	BOOL	允许输出	
	IN	DINT	输入的双精度整数	V、I、Q、M、S、SM、L、HC、AC、常数、*VD、*AC、*LD
	OUT	REAL	双精度整数转化成的实数	V、I、Q、M、S、SM、L、AC、*VD、*LD、*AC

【例 5-49】 梯形图和指令表如图 5-97 所示。IN 中的双精度整数存储在 MD0 中（用十进制表示为 16），转换完成后 OUT 端的 MD4 中的实数是多少？

【解】 当 I0.0 闭合时，激活双精度整数转换成实数指令，IN 中的双精度整数存储在 MD0 中（用十进制表示为 16），转换完成后 OUT 端的 MD4 中的实数是 16.0。一个实数要用 4 个字节存储。

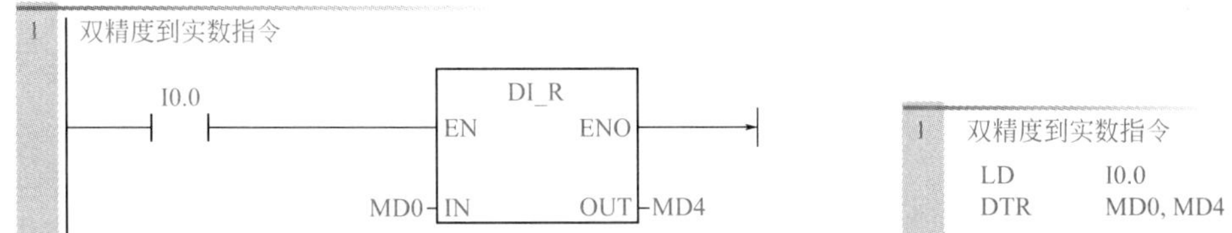

图5-97 双精度整数转换成实数指令应用的梯形图和指令表

【关键点】 应用 I_DI 转换指令后，数值的大小并未改变，但转换是必需的，因为只有相同的数据类型，才可以进行数学运算，例如要将一个整数和双精度整数相加，则比较保险的做法是先将整数转化成双精度整数，再作双精度加整数法。

DI_I 是双精度整数转换成整数的指令，并将结果存入 OUT 指定的变量中。若双精度整数太大，则会溢出。

DI_R 是双精度整数转换成实数的指令，并将结果存入 OUT 指定的变量中。

（3）BCD 码转换为整数（BCD_I）

BCD_I 指令是将二进制编码的十进制 WORD 数据类型值从“IN”地址输入，转换为整数 WORD 数据类型值，并将结果载入分配给“OUT”的地址处。IN 的有效范围为 0 ～ 9999 的 BCD 码。BCD 码转换为整数指令和参数见表 5-37。

表 5-37 BCD 码转换为整数指令和参数

LAD	参数	数据类型	说明	存储区
BCD_I EN ENO IN OUT	EN	BOOL	允许输入	V、I、Q、M、S、SM、L
	ENO	BOOL	允许输出	
	IN	WORD	输入的 BCD 码	V、I、Q、M、S、SM、L、AC、常数、*VD、*LD、*AC
	OUT	WORD	输出结果为整数	V、I、Q、M、S、SM、L、AC、*VD、*LD、*AC

（4）取整指令（ROUND）

ROUND 指令是将实数进行四舍五入取整后转换成双精度整数的格式。实数四舍五入为双精度整数指令和参数见表 5-38。

表 5-38 实数四舍五入为双精度整数指令和参数

LAD	参数	数据类型	说明	存储区
ROUND EN ENO IN OUT	EN	BOOL	允许输入	V、I、Q、M、S、SM、L
	ENO	BOOL	允许输出	
	IN	REAL	实数（浮点型）	V、I、Q、M、S、SM、L、AC、常数、*VD、*LD、*AC
	OUT	DINT	四舍五入后为双精度整数	V、I、Q、M、S、SM、L、AC、*VD、*LD、*AC

【例 5-50】 梯形图和指令表如图 5-98 所示。IN 中的实数存储在 MD0 中，假设这个实数为 3.14，进行四舍五入运算后 OUT 端的 MD4 中的双精度整数是多少？假设这个实数为 3.88，进行四舍五入运算后 OUT 端的 MD4 中的双精度整数是多少？

【解】 当 I0.0 闭合时，激活实数四舍五入指令，IN 中的实数存储在 MD0 中，假设这个实数为3.14，进行四舍五入运算后OUT端的MD4中的双精度整数是3，假设这个实数为3.88，进行四舍五入运算后OUT端的MD4中的双精度整数是4。

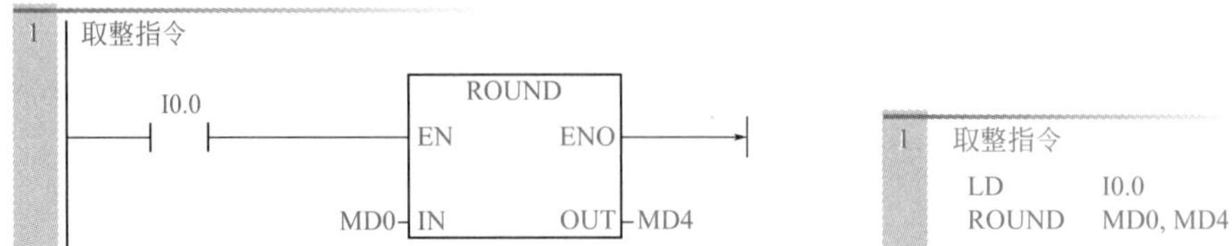

图5-98 取整指令应用的梯形图和指令表

【关键点】ROUND是取整（四舍五入）指令，而TRUNC是截取指令，将输入的32位实数转换成整数，只有整数部分保留，舍去小数部分，结果为双精度整数，并将结果存入OUT指定的变量中。例如输入是32.2，执行ROUND或者TRUNC指令，结果转换成32。而输入是32.5，执行TRUNC指令，结果转换成32；执行ROUND指令，结果转换成33。应注意区分。

【例5-51】将英寸转换成厘米，已知单位为英寸的长度保存在VW0中，数据类型为整数，英寸和厘米的转换单位为2.54，保存在VD12中，数据类型为实数，要将最终单位厘米的结果保存在VD20中，且结果为整数。编写程序实现这一功能。

【解】要将单位为英寸的长度转化成单位为厘米的长度，必须要用到实数乘法，因此乘数必须为实数，而已知的英寸长度是整数，所以先要将整数转换成双精度整数，再将双精度整数转换成实数，最后将乘积取整就得到结果。梯形图和指令表如图5-99所示。

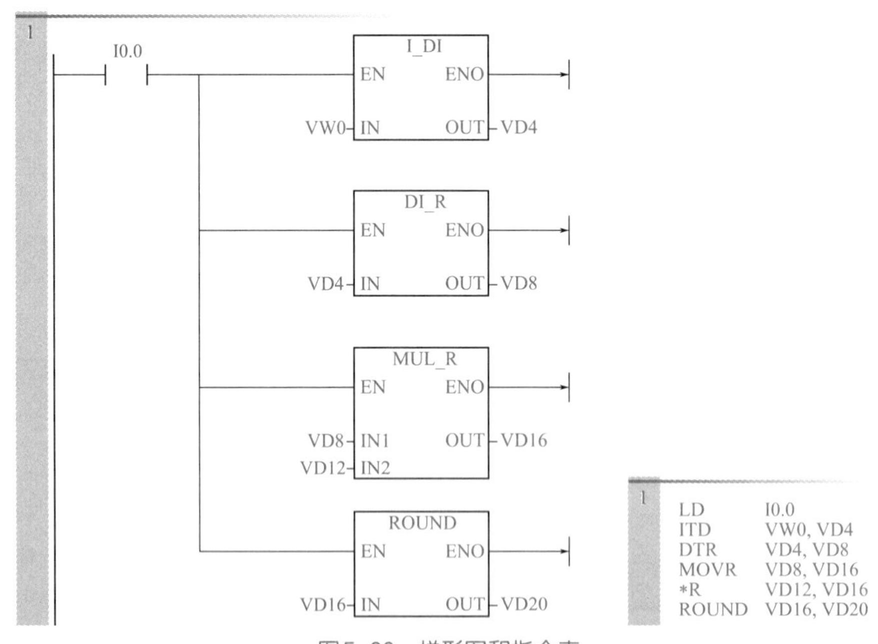

图5-99 梯形图和指令表

5.4.4.4 数学功能指令

数学功能指令包含正弦（SIN）、余弦（COS）、正切（TAN）、自然对数（LN）、自然指数（EXP）和平方根（SQRT）等。这些指令的使用比较简单，仅以正弦（SIN）为例说明数学功能指令的使用，见表 5-39。

表 5-39　求正弦值（SIN）指令和参数

LAD	参数	数据类型	说明	存储区
SIN EN ENO IN OUT	EN	BOOL	允许输入	V、I、Q、M、S、SM、L
	ENO	BOOL	允许输出	
	IN	REAL	输入值	V、I、Q、M、SM、S、L、AC、常数、*VD、*LD、*AC
	OUT	REAL	输出值（正弦值）	V、I、Q、M、SM、S、L、AC、*VD、*LD、*AC

用一个例子来说明求正弦值（SIN）指令，梯形图和指令表如图 5-100 所示。当 I0.0 闭合时，激活求正弦值指令，IN 中的实数存储在 VD0 中，假设这个数为 0.5，实数求正弦的结果存储在 OUT 端的 VD8 中的数是 0.479。

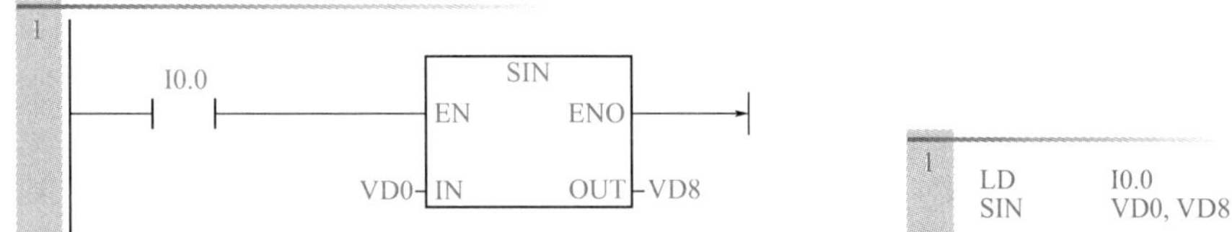

图5-100　正弦运算指令应用的梯形图和指令表

【关键点】 三角函数的输入值是弧度，而不是角度。

求余弦（COS）和求正切（TAN）的使用方法与前面的指令用法类似，在此不再赘述。

5.4.4.5　编码和解码指令

编码指令（ENCO）将输入字 IN 的最低有效位的位号写入输出字节 OUT 的最低有效“半字节”（4 位）中。解码指令（DECO）根据输入字的 IN 中设置的最低有效位的位编号写入输出字 OUT 的最低有效“半字节”（4 位）中。也有人称解码指令为译码指令。编码和解码指令的格式见表 5-40。

表 5-40　编码和解码指令格式

LAD	参数	数据类型	说明	存储区
ENCO EN ENO IN OUT	EN	BOOL	允许输入	V、I、Q、M、S、SM、L
	ENO	BOOL	允许输出	
	IN	WORD	输入值	V、I、Q、M、SM、L、S、AQ、T、C、AC、*VD、*AC、*LD
	OUT	BYTE	输出值	V、I、Q、M、SM、S、L、AC、常数、*VD、*LD、*AC
DECO EN ENO IN OUT	EN	BOOL	允许输入	V、I、Q、M、S、SM、L
	ENO	BOOL	允许输出	
	IN	BYTE	输入值	V、I、Q、M、SM、S、L、AC、常数、*VD、*LD、*AC
	OUT	WORD	输出值	V、I、Q、M、SM、L、S、AQ、T、C、AC、*VD、*AC、*LD

用一个例子说明以上指令的应用，如图 5-101 所示为编码和解码指令程序示例。

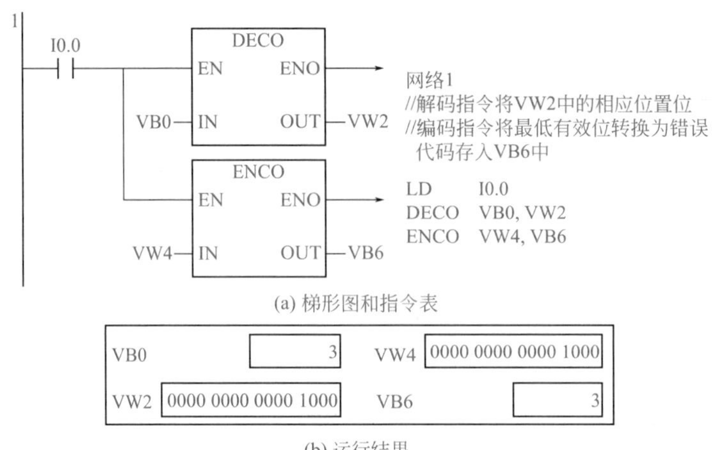

(a) 梯形图和指令表

(b) 运行结果

图5-101 编码和解码指令程序示例

5.4.4.6 时钟指令

（1）读取实时时钟指令

读取实时时钟指令（TODR）从硬件时钟中读当前时间和日期，并把它装载到一个8字节，起始地址为T的时间缓冲区中。设置实时时钟指令（TODW）将当前时间和日期写入硬件时钟，当前时钟存储在以地址T开始的8字节时间缓冲区中。必须按照BCD码的格式编码所有的日期和时间值（例如：用16#97表示1997年）。梯形图如图5-102所示。如果PLC系统的时间是2009年4月8日8时6分5秒，星期六，则运行的结果如图5-103所示。年份存入VB0存储单元，月份存入VB1单元，日存入VB2单元，小时存入VB3单元，分钟存入VB4单元，秒钟存入VB5单元，VB6单元为0，星期存入VB7单元，可见共占用8个存储单元。读实时时钟（TODR）指令和参数见表5-41。

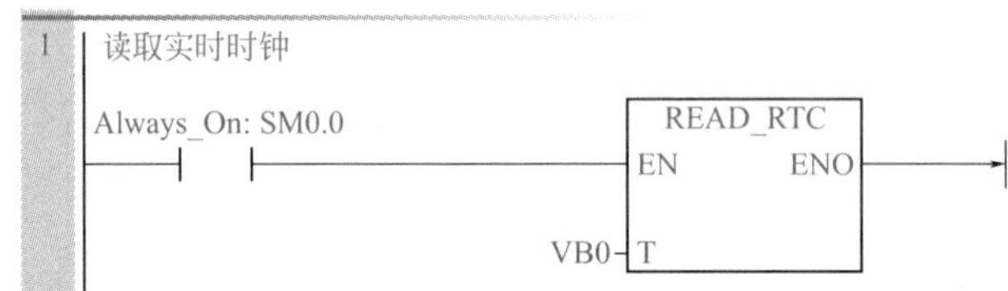

图5-102 读取实时时钟指令应用的梯形图

VB0	VB1	VB2	VB3	VB4	VB5	VB6	VB7
09	04	08	08	06	05	00	07

图5-103 读取实时时钟指令的结果（BCD码）

表5-41 读实时时钟（TODR）指令和参数

LAD	参数	数据类型	说明	存储区
READ_RTC EN ENO T	EN	BOOL	允许输入	V、I、Q、M、S、SM、L
	ENO	BOOL	允许输出	
	T	BYTE	存储日期的起始地址	V、I、Q、M、SM、S、L、*VD、*AC、*LD

【关键点】 读实时时钟（TODR）指令读取出来的日期是用BCD码表示的，这点要特别注意。

（2）设置实时时钟指令

设置实时时钟（TODW）指令将当前时间和日期写入用 T 指定的在 8 个字节的时间缓冲区开始的硬件时钟。设置实时时钟指令和参数见表 5-42。

表 5-42　设置实时时钟（TODW）指令和参数

LAD	参数	数据类型	说明	存储区
SET_RTC EN　ENO T	EN	BOOL	允许输入	V、I、Q、M、S、SM、L
	ENO	BOOL	允许输出	
	T	BYTE	存储日期的起始地址	V、I、Q、M、SM、S、L、*VD、*AC、*LD

用一个例子说明设置实时时钟指令，假设要把 2012 年 9 月 18 日 8 时 6 分 28 秒设置成 PLC 的当前时间，先要做这样的设置：VB0=16#12，VB1=16#09，VB2=16#18，VB3=16#08，VB4=16#06，VB5=16#28，VB6=16#00，VB7=16#03（星期二），然后运行如图 5-104 所示的程序。

网络1

SM0.0　SET_RTC　EN　ENO

VB0　T

图 5-104　设置实时时钟指令的梯形图

还有一个简单的方法设置时钟，不需要编写程序。只要进行简单设置即可，设置方法如下。

单击菜单栏中的“PLC”→“设置时钟”，如图 5-105 所示，弹出“时钟操作”界面，如图 5-106 所示，单击“读取 PC”按钮，读取计算机的当前时间。

图 5-105　打开“时钟操作”界面

如图 5-107 所示，单击“设置”按钮可以将当前计算机的时间设置到 PLC 中，当然读者也可以设置其他时间。

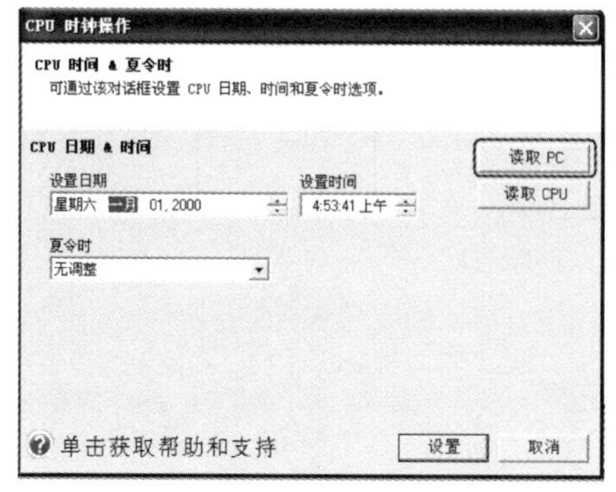

图 5-106　“时钟操作”界面

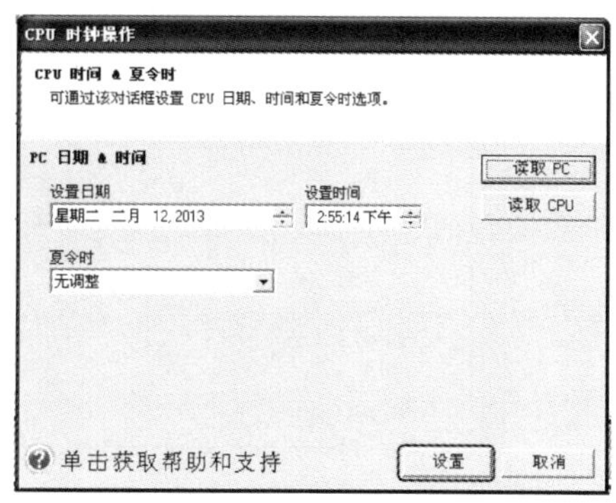

图 5-107　设置实时时钟

【例 5-52】 记录一台设备损坏时的时间，要求用 PLC 实现此功能。

【解】 梯形图如图 5-108 所示。

1
1、I0.0的上升沿时，执行0号中断；
2、允许中断。
SM0.1
ATCH
EN ENO
INT_0-INT
0-EVNT
(ENI)

(a) 主程序

1
1、立即对Q0.0置位；
2、读取当前时间
SM0.0
Q0.0
(SI)
1
READ_RTC
EN ENO
VB10-T

(b) 中断程序

图5-108 例5-52梯形图

【例 5-53】 某实验室的一个房间，要求每天 16:30 ～ 18:00 开启一个加热器，用 PLC 实现此功能。

【解】 先用 PLC 读取实时时间，因为读取的时间是 BCD 码格式，所以之后要将 BCD 码转化成整数，如果实时时间在 16:30 ～ 18:00，那么则开启加热器，梯形图如图 5-109 所示。

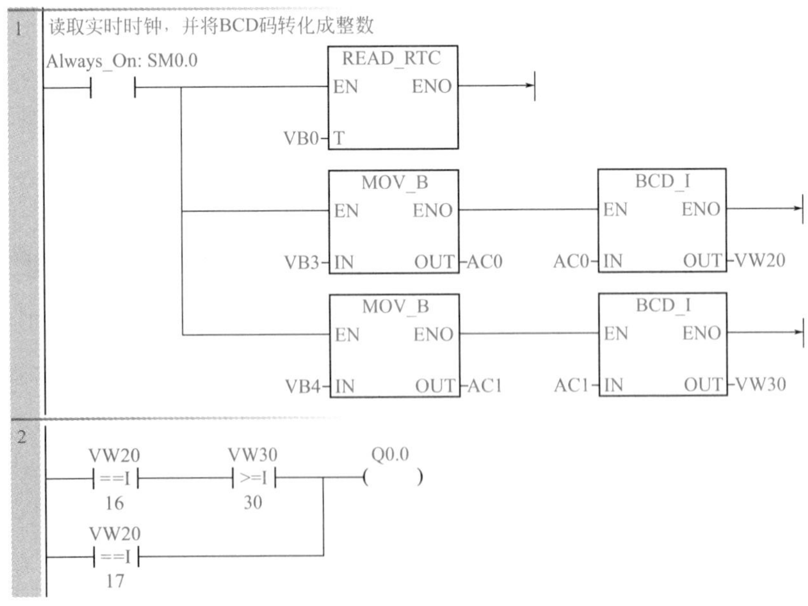

图5-109 梯形图

5.4.5　功能指令的应用

功能指令主要用于数字运算及处理场合，完成运算、数据的生成、存储以及某些规律的实现任务。功能指令除了能处理以上特殊功能外，也可用于逻辑控制程序中，这为逻辑控制类编程提供了新思路。

【例 5-54】 十字路口的交通灯控制，当合上启动按钮时，东西方向绿灯亮 4s，闪烁 2s 后灭；黄灯亮 2s 后灭；红灯亮 8s 后灭；绿灯亮 4s。如此循环，而对应东西方向绿灯、红灯、黄灯亮时，南北方向红灯亮 8s 后灭；接着绿灯亮 4s，闪烁 2s 后灭；黄灯亮 2s 后灭；红灯又亮。如此循环。设计原理图，并编写 PLC 控制程序。

【解】 首先根据题意画出东西和南北方向三种颜色灯亮灭的时序图，再进行 I/O 分配。

输入：启动—I0.0；停止—I0.1。

输出（南北方向）：红灯—Q0.3，黄灯—Q0.4，绿灯—Q0.5。

输出（东西方向）：红灯—Q0.0，黄灯—Q0.1，绿灯—Q0.2。

东西和南北方向各有三盏，从时序图容易看出，共有 6 个连续的时间段，因此要用到 6 个定时器，这是解题的关键，用这 6 个定时器控制两个方向 6 盏灯的亮或灭，不难设计出梯形图。交通灯时序图和原理图分别如图 5-110 和图 5-111 所示。

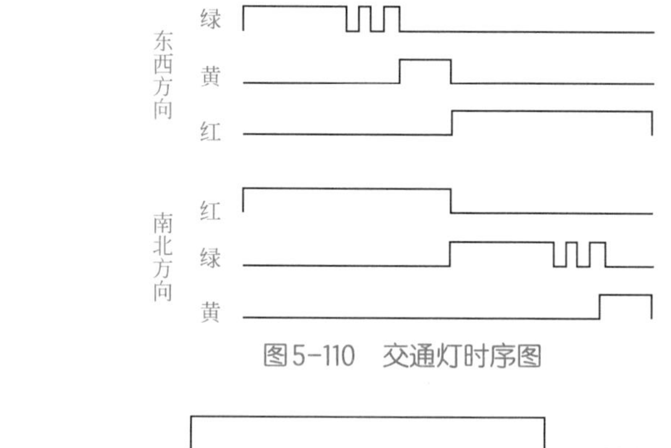

图5-110　交通灯时序图

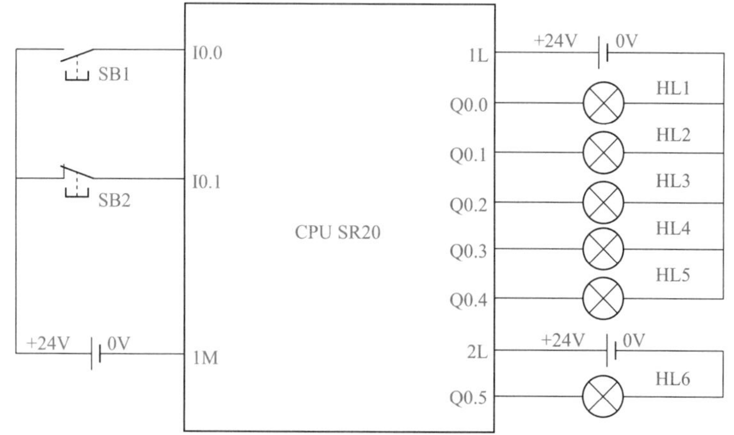

图5-111　交通灯原理图

梯形图程序如图 5-112 所示。

【例 5-55】 抢答器外形如图 5-113 所示，根据控制要求编写梯形图程序，其控制要求如下。

1 启停控制

I0.0 I0.1 V0.0

V0.0 T37 T37

IN TON

160 PT 100ms

2 东西方向

V0.0 T37 <I 40 Q0.2

T37 >=I 40 T37 <I 60 Clock_1s: SM0.5

T37 >=I 60 T37 <I 80 Q0.1

T37 >=I 80 Q0.0

3 南北方向

V0.0 T37 <I 80 Q0.3

T37 >=I 80 T37 <I 120 Q0.5

T37 >=I 120 T37 <I 140 Clock_1s: SM0.5

T37 >=I 140 Q0.4

图5-112 交通灯梯形图

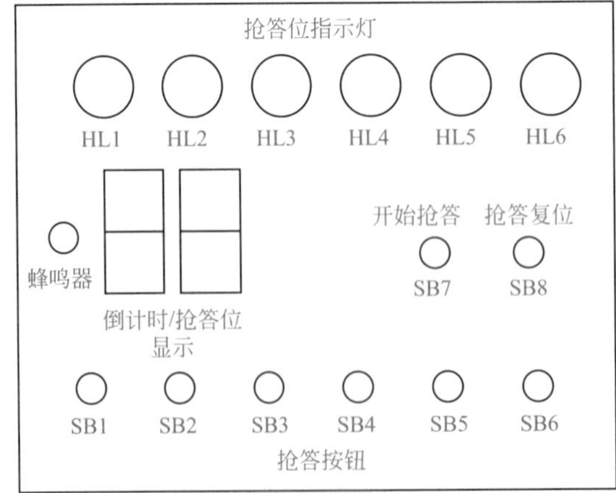

图5-113 抢答器外形

① 主持人按下“开始抢答”按钮后开始抢答，倒计时数码管倒计时 15s，超过时间抢答按钮按下无效。

② 某一抢答按钮抢按下后，蜂鸣器随按钮动作发出“嘀”的声音，相应抢答位指示灯亮，倒计时显示器切换显示抢答位，其余按钮无效。

③ 一轮抢答完毕，主持人按“抢答复位”按钮后，倒计时显示器复位（熄灭），各抢答按钮有效，可以再次抢答。

④ 在主持人按“开始抢答”按钮前抢答属于“违规”抢答，相应抢答位的指示灯闪烁，闪烁周期 1s，倒计时显示器显示违规抢答位，其余按钮无效。主持人按下“抢答复位”清除当前状态后可以开始新一轮抢答。

【解】 电气原理图如图 5-114 所示，因为本项目数码管模块自带译码器，所以四个输出点即可显示一个十进制位，如数码管不带译码器，则需要八个输出点显示一个十进制位。

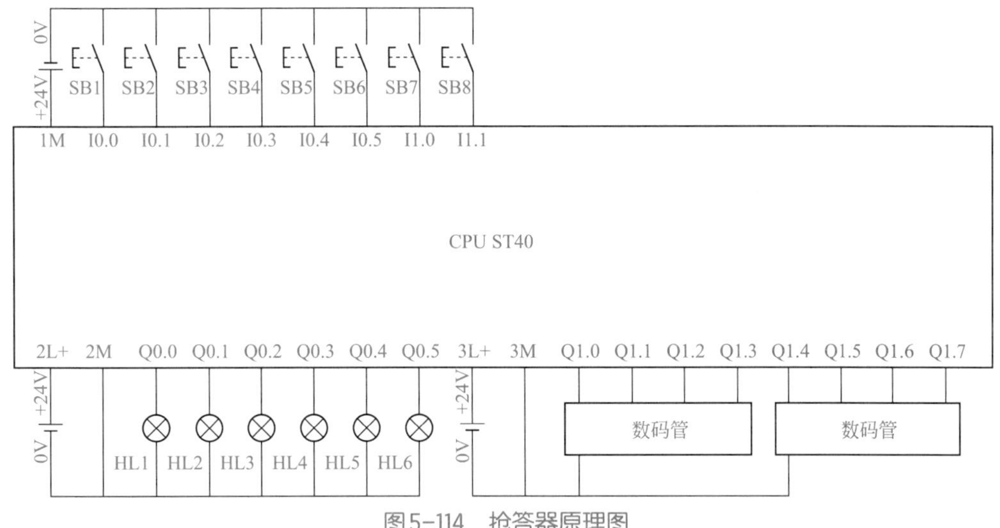

图5-114 抢答器原理图

梯形图如图 5-115 所示。

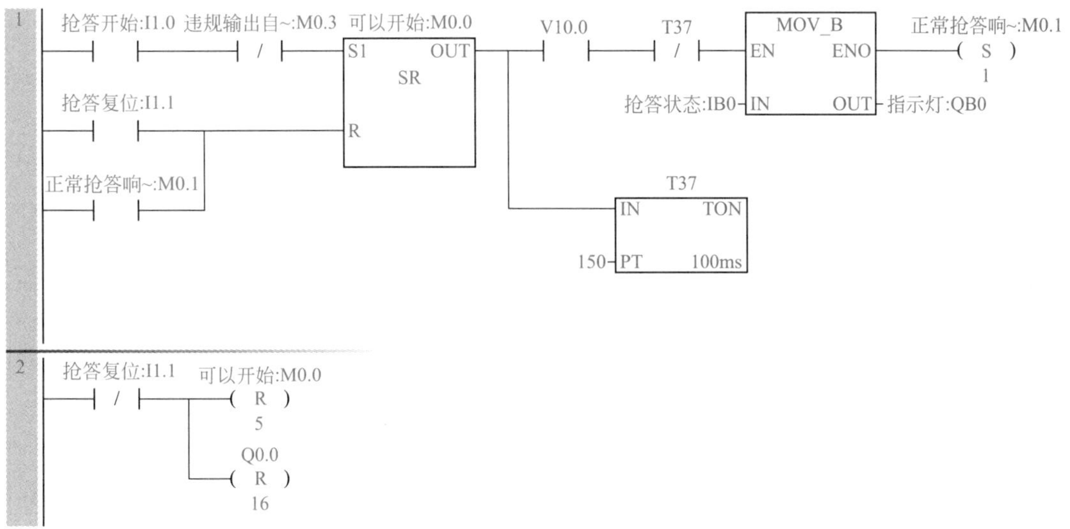

图5-115

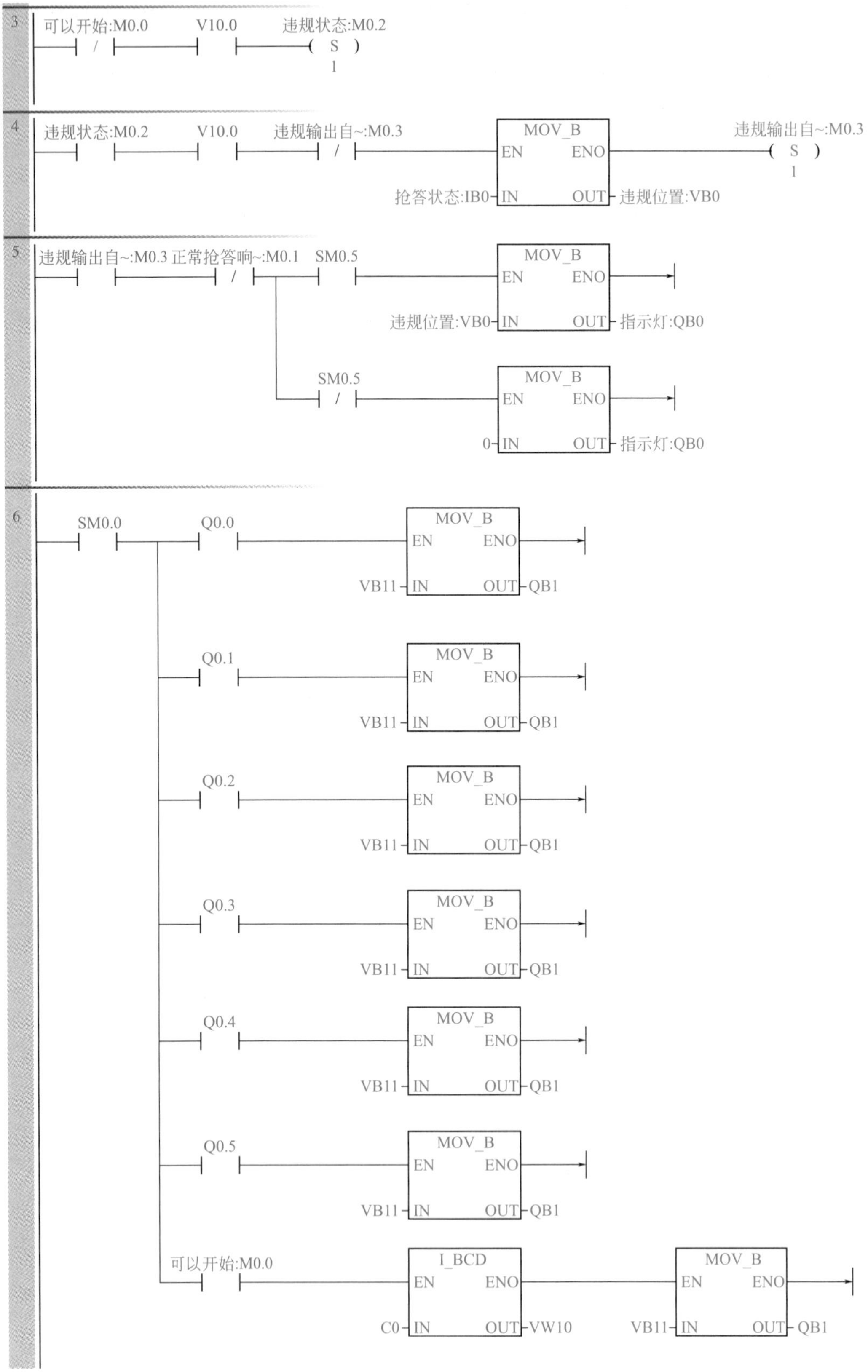

3
可以开始:M0.0　V10.0　违规状态:M0.2
(S)
1

4
违规状态:M0.2　V10.0　违规输出自~:M0.3
MOV_B
EN　ENO
抢答状态:IB0-IN　OUT-违规位置:VB0
违规输出自~:M0.3
(S)
1

5
违规输出自~:M0.3 正常抢答响~:M0.1　SM0.5
MOV_B
EN　ENO
违规位置:VB0-IN　OUT-指示灯:QB0
SM0.5
MOV_B
EN　ENO
0-IN　OUT-指示灯:QB0

6
SM0.0　Q0.0
MOV_B
EN　ENO
VB11-IN　OUT-QB1
Q0.1
MOV_B
EN　ENO
VB11-IN　OUT-QB1
Q0.2
MOV_B
EN　ENO
VB11-IN　OUT-QB1
Q0.3
MOV_B
EN　ENO
VB11-IN　OUT-QB1
Q0.4
MOV_B
EN　ENO
VB11-IN　OUT-QB1
Q0.5
MOV_B
EN　ENO
VB11-IN　OUT-QB1
可以开始:M0.0
I_BCD
EN　ENO
C0-IN　OUT-VW10
MOV_B
EN　ENO
VB11-IN　OUT-QB1

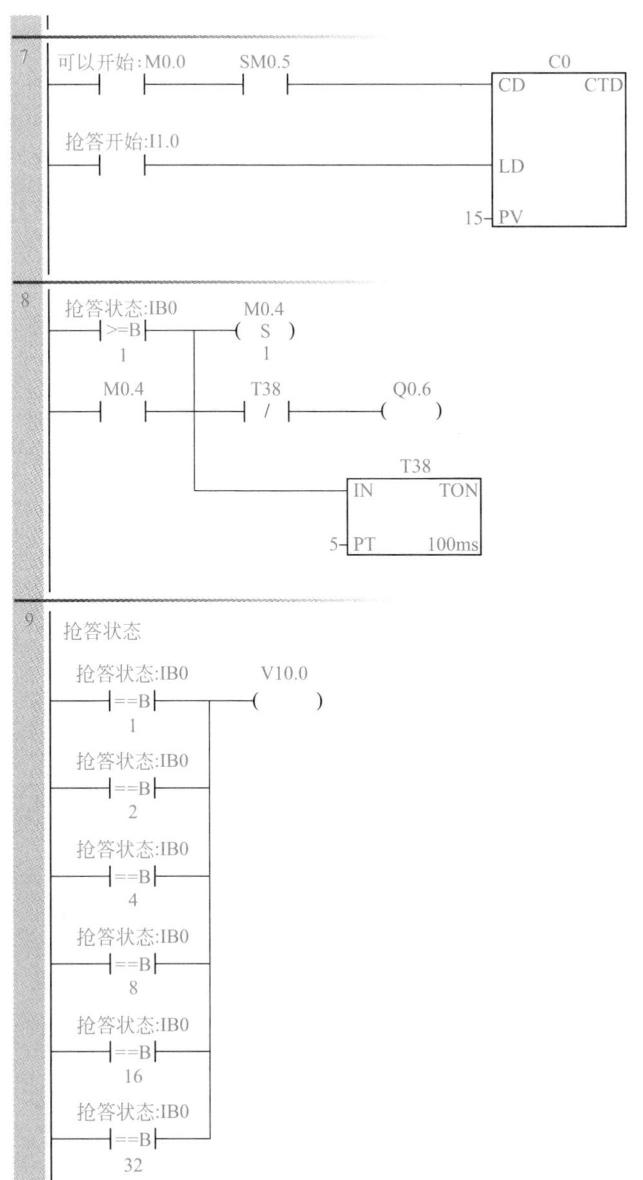

图5-115　抢答器梯形图

5.5　西门子S7-200 SMART PLC的程序控制指令及其应用

程序控制指令包含跳转指令、循环指令、子程序指令、中断指令和顺控继电器指令。程序控制指令用于程序执行流程的控制。对于一个扫描周期而言，跳转指令可以使程序出现跳跃以实现程序段的选择；循环指令可用于一段程序的重复循环执行；子程序指令可调用某些子程序，增强程序的结构化，使程序的可读性增强，使程序更加简洁；中断指令则是用于中断信号引起的子程序调用；顺控继电器指令可形成状态程序段中各状态的激活及隔离。

5.5.1 跳转指令

跳转指令（JMP）和跳转地址标号（LBL）配合实现程序的跳转。使能端输入有效时，程序跳转到指定标号 n 处（同一程序内），跳转标号 n=0 ～ 255；使能端输入无效时，程序顺序执行。跳转指令格式见表 5-43。

表 5-43 跳转指令格式

LAD	功能
n –(JMP)	跳转到标号 n 处（n=0 ～ 255）
n LBL	跳转标号 n（n=0 ～ 255）

跳转指令的使用要注意以下几点。

① 允许多条跳转指令使用同一标号，但不允许一个跳转指令对应两个标号，同一个指令中不能有两个相同的标号。

② 跳转指令具有程序选择功能，类似于 BASIC 语言的 GOTO 指令。

③ 主程序、子程序和中断服务程序中都可以使用跳转指令，SCR 程序段中也可以使用跳转指令，但要特别注意。

④ 若跳转指令中使用上升沿或者下降沿脉冲指令时，跳转只执行一个周期，但若使用 SM0.0 作为跳转条件，跳转则称为无条件跳转。

跳转指令程序示例如图 5-116 所示。

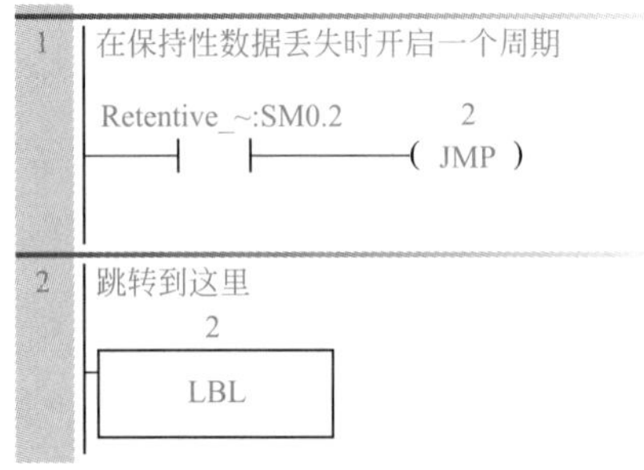

图5-116 跳转指令程序示例

5.5.2 指针

间接寻址是指用指针来访问存储区数据。指针以双字的形式存储其他存储区的地址。只能用 V 存储器、L 存储器或者累加器寄存器（AC1、AC2、AC3）作为指针。要建立一个指针，必须以双字的形式，将需要间接寻址的存储器地址移动到指针中。指针也可以为子程序传递参数。

S7-200 SMART PLC 允许指针访问以下存储区：I、Q、V、M、S、AI、AQ、SM、T（仅限于当前值）和 C（仅限于当前值）。无法用间接寻址的方式访问位地址，也不能访问 HC 或者 L 存储区。

要使用间接寻址，应该用“&”符号加上要访问的存储区地址来建立一个指针。指令的输入操作数应该以“&”符号开头来表明是存储区的地址，而不是其内容将移动到指令的输出操作数（指针）中。

当指令中的操作数是指针时，应该在操作数前面加上“*”号。如图5-117所示，输入*AC1指定AC1是一个指针，MOVW指令决定了指针指向的是一个字长的数据。在本例中，存储在VB200和VB201中。

图5-117 指针的使用

例如：MOVD &VB200, AC1。其含义是将VB200的地址（VW200的初始字节）作为指针存入AC1中。MOVW *AC1, AC0。其含义是将AC1指向的字送到AC0中去。

5.5.3 循环指令

（1）指令格式

循环指令包括FOR和NEXT，用于程序执行顺序的控制，其指令格式见表5-44。

表5-44 循环指令格式

LAD	参数	数据类型	说明	存储区
FOR EN ENO INDX INIT FINAL	EN	BOOL	允许输入	V、I、Q、M、S、SM、L
	ENO	BOOL	允许输出	
	INDX	INT	索引值或当前循环计数	VW、IW、QW、MW、SW、SMW、LW、T、C、AC、*VD、*LD、*AC
	INIT	INT	起始值	VW、IW、QW、MW、SW、SMW、T、C、AC、LW、AIW、常数、*VD、*LD、*AC
	FINAL	INT	结束值	VW、IW、QW、MW、SW、SMW、LW、T、C、AC、AIW、常数、*VD、*LD、*AC
—(NEXT)	无		循环返回	无

（2）循环控制指令（FOR）

循环控制指令用于一段程序的重复循环执行，由FOR指令和NEXT指令构成程序的循环体，FOR标记循环的开始，NEXT为循环体的结束指令。FOR指令的主要参数有使能输入EN，当前值计数器INDX，循环次数初始值INIT，循环计数终值FINAL。

当使能输入EN有效时，循环体开始执行，执行到NEXT指令时返回。每执行一次循环体，当前计数器INDX增1，达到终值FINAL时，循环结束。FINAL为10，使能有效时，执行循环体，同时INDX从1开始计数，每执行一次循环体，INDX当前值加1，执行到10次时，当前值也计到11，循环结束。

使能输入无效时，循环体程序不执行。FOR指令和NEXT指令必须成对使用，循环可以嵌套，最多为8层。

【例5-56】 循环指令应用程序如图5-118所示，单击2次按钮I0.0后，VW0和VB10中的数值是多少？

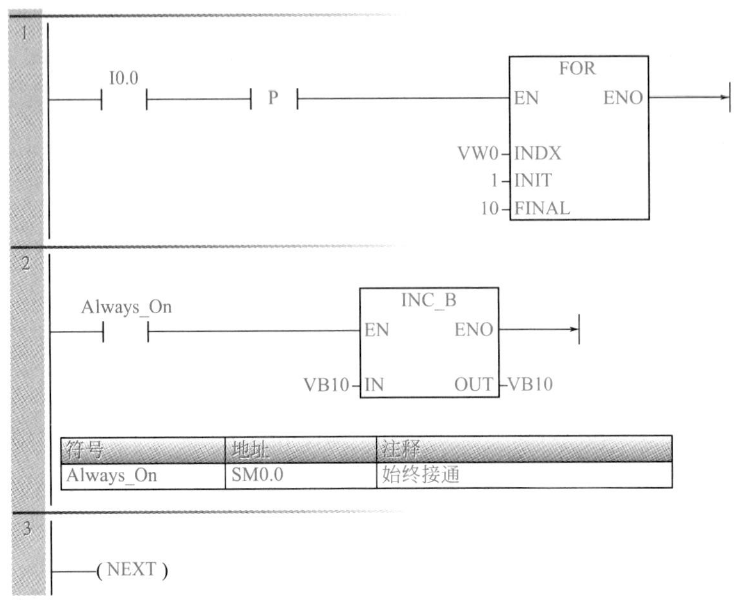

符号	地址	注释
Always_On	SM0.0	始终接通

图5-118　循环指令应用举例

【解】 单击2次按钮，执行2次循环程序，VB10执行20次加1运算，所以VB10结果为20。执行1次或者2次循环程序，VW0中的值都为11。

【关键点】 I0.0后面要有一个上升沿“P”（或者“N”），否则按下一次按钮，运行INC指令的次数是不确定数，一般远多于程序中的10次。

5.5.4　子程序调用指令

子程序有子程序调用和子程序返回两大类指令，子程序返回又分为条件返回和无条件返回。子程序调用指令（SBR）用在主程序或其他调用子程序的程序中，子程序的无条件返回指令在子程序的最后程序段。子程序结束时，程序执行应返回原调用指令（CALL）的下一条指令处。

建立子程序的方法是：在编程软件的程序窗口的上方有主程序（MAIN）、子程序（SBR_0）、中断服务程序（INT_0）的标签，单击子程序标签即可进入SBR_0子程序显示区。添加一个子程序时，可以选择菜单栏中的“编辑”→“对象”→“子程序”命令增加一个子程序，子程序编号n从0开始自动向上生成。建立子程序最简单的方法是在程序编辑器中的空白处单击鼠标右键，再选择“插入”→“子程序”命令即可，如图5-119所示。

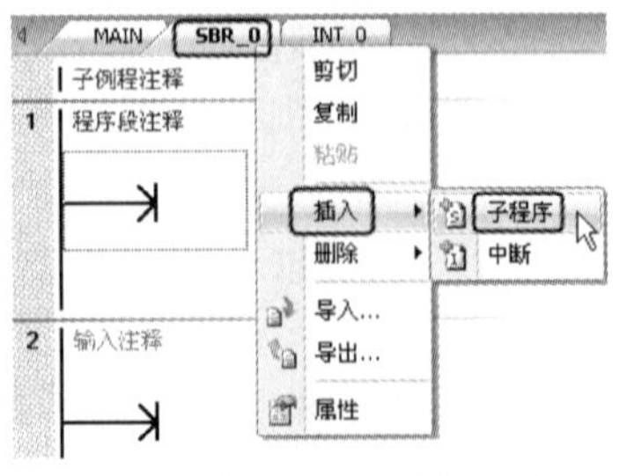

图5-119　插入“子程序”命令

通常将具有特定功能并且将能多次使用的程序段作为子程序。子程序可以多次被调用，也可以嵌套（最多 8 层）。子程序的调用和返回指令的格式见表 5-45。调用和返回指令示例如图 5-120 所示，当首次扫描时，调用子程序，若条件满足（M0.0=1）则返回，否则执行 FILL 指令。

表 5-45　子程序的调用和返回指令的格式

LAD	STL	功能
SBR_0 EN	CALL SBR0	子程序调用
—(RET)	CRET	子程序条件返回

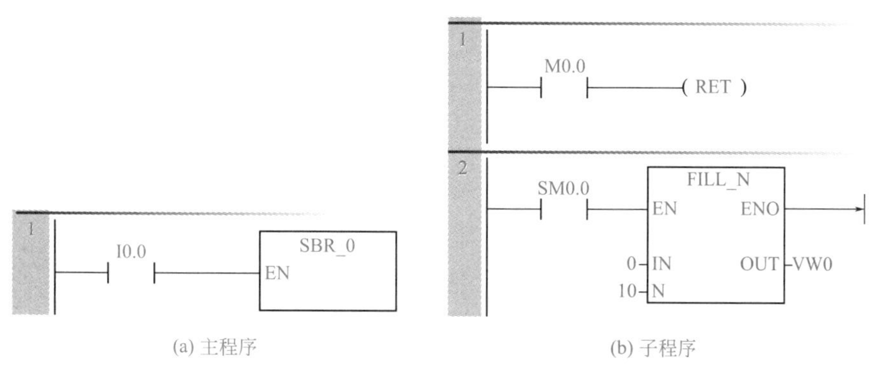

(a) 主程序　(b) 子程序

图5-120　子程序的调用和返回指令程序示例

【例 5-57】 设计 V 存储区连续的若干个字的累加和的子程序，在 OB1 中调用它，在 I0.0 的上升沿，求 VW100 开始的 10 个数据字的和，并将运算结果存放在 VD0。

【解】 变量表如图 5-121 所示，主程序如图 5-122 所示，子程序如图 5-123 所示。当 I0.0 的上升沿到来时，计算 VW100 ～ VW118 中 10 个字的和。调用指定的 POINT 的值“&VB100”是源地址指针的初始值，即数据从 VW100 开始存放，数据字个数 NUM 为常数 10，求和的结果存放在 VD0 中。

变量表

	地址	符号	变量类型	数据类型	注释
1		EN	IN	BOOL	
2	LD0	POINT	IN	DWORD	地址指针初值
3	LW4	NUMB	IN	WORD	要求和字数
4			IN_OUT		
5	LD6	RESULT	OUT	DINT	求和结果
6	LD10	TEMP1	TEMP	DINT	存储待累加的数
7	LW14	COUNT	TEMP	INT	循环次数计数器
8			TEMP		

图5-121　变量表

1　调用子程序

I0.0　P　求和 EN　&VB100-POINT RESULT-VD0　10-NUMB

图5-122　主程序

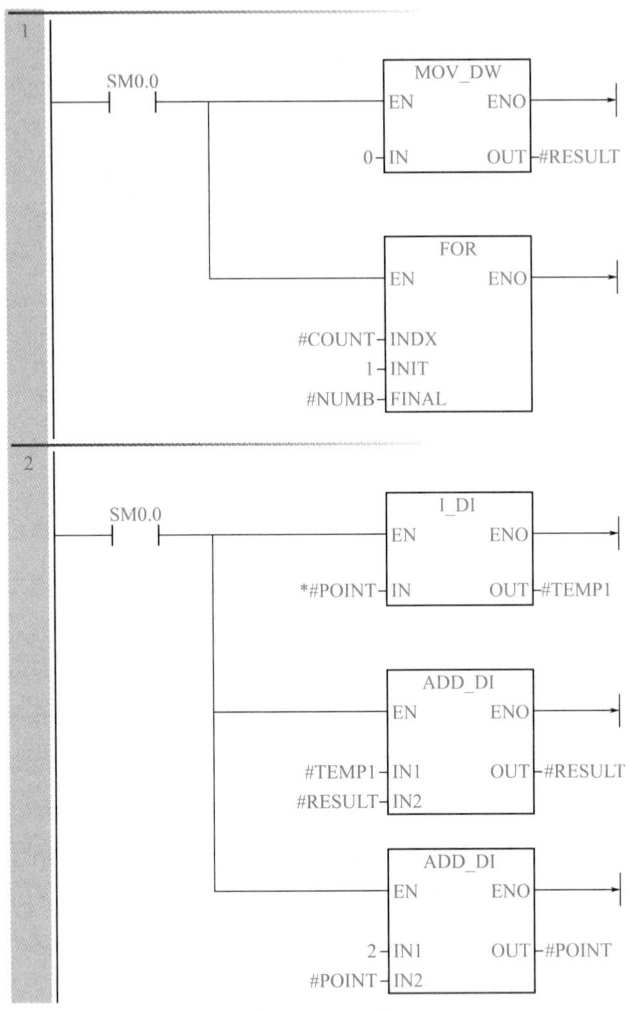

图5-123　子程序

5.5.5 中断指令

中断是计算机特有的工作方式，即在主程序的执行过程中中断主程序，执行子程序的过程中中断子程序。中断子程序是为某些特定的控制功能而设定的。与子程序不同，中断是为随机发生的且必须立即响应的时间安排，其响应时间应小于机器周期。引发中断的信号称为中断源，S7-200 SMART PLC 最多有 38 个中断源，不同的型号的中断源的数量也不一样，早期版本的中断源数量要少一些，中断源的种类见表 5-46。

（1）中断的分类

S7-200 SMART PLC 的 38 个中断事件可分为三大类，即 I/O 口中断、通信口中断和时基中断。

① I/O 口中断　I/O 口中断包括上升沿和下降沿中断、高速计数器中断和脉冲串输出中断。S7-200 SMART PLC 可以利用 I0.0 ～ I0.3 都有上升沿和下降沿这一特性产生中断事件。

【例 5-58】 在 I0.0 的上升沿，通过中断使 Q0.0 立即置位，在 I0.1 的下降沿，通过中断使 Q0.0 立即复位。

表 5-46 S7-200 SMART PLC 的 38 种中断源

序号	中断描述	CR40	SR20/SR40/ST40/SR60/ST60	序号	中断描述	CR40	SR20/SR40/ST40/SR60/ST60
0	上升沿 I0.0	Y	Y	21	定时器 T32 CT=PT（当前时间 = 预设时间）	Y	Y
1	下降沿 I0.0	Y	Y	22	定时器 T96 CT=PT（当前时间 = 预设时间）	Y	Y
2	上升沿 I0.1	Y	Y	23	端口 0 接收消息完成	Y	Y
3	下降沿 I0.1	Y	Y	24	端口 1 接收消息完成	N	Y
4	上升沿 I0.2	Y	Y	25	端口 1 接收字符	N	Y
5	下降沿 I0.2	Y	Y	26	端口 1 发送完成	N	Y
6	上升沿 I0.3	Y	Y	27	HSC0 方向改变	Y	Y
7	下降沿 I0.3	Y	Y	28	HSC0 外部复位	Y	Y
8	端口 0 接收字符	Y	Y	29	HSC4 CV=PV	N	Y
9	端口 0 发送完成	Y	Y	30	HSC4 方向改变	N	Y
10	定时中断 0（SMB34 控制时间间隔）	Y	Y	31	HSC4 外部复位	N	Y
11	定时中断 1（SMB35 控制时间间隔）	Y	Y	32	HSC3 CV=PV（当前值 = 预设值）	Y	Y
12	HSC0 CV=PV（当前值 = 预设值）	Y	Y	33	HSC5 CV=PV	N	Y
13	HSC1 CV=PV（当前值 = 预设值）	Y	Y	34	PTO2 脉冲计数完成	N	Y
14～15	保留	N	N	35	上升沿，信号板输入 0	N	Y
16	HSC2 CV=PV（当前值 = 预设值）	Y	Y	36	下降沿，信号板输入 0	N	Y
17	HSC2 方向改变	Y	Y	37	上升沿，信号板输入 1	N	Y
18	HSC2 外部复位	Y	Y	38	下降沿，信号板输入 1	N	Y
19	PTO0 脉冲计数完成	N	Y	43	HSC5 方向改变	N	Y
20	PTO0 脉冲计数完成	N	Y	44	HSC5 外部复位	N	Y

注：“Y”表明对应的 CPU 有相应的中断功能，“N”表明对应的 CPU 没有相应的中断功能。

【解】 图 5-124 所示为梯形图。

② 通信口中断 通信口中断包括端口 0（Port0）和端口 1（Port1）接收和发送中断。PLC 的串行通信口可由程序控制，这种模式称为自由口通信模式，在这种模式下通信，接收和发送中断可以简化程序。

③ 时基中断 时基中断包括定时中断及定时器 T32/T96 中断。定时中断可以反复执行，定时中断是非常有用的。

（2）中断指令

中断指令共有 6 条，包括中断连接、中断分离、清除中断事件、中断禁止、中断允许和中断条件返回，见表 5-47。

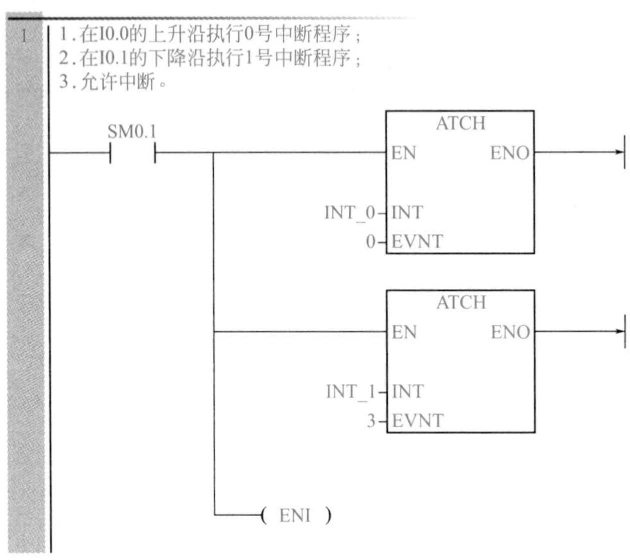

(a) 主程序

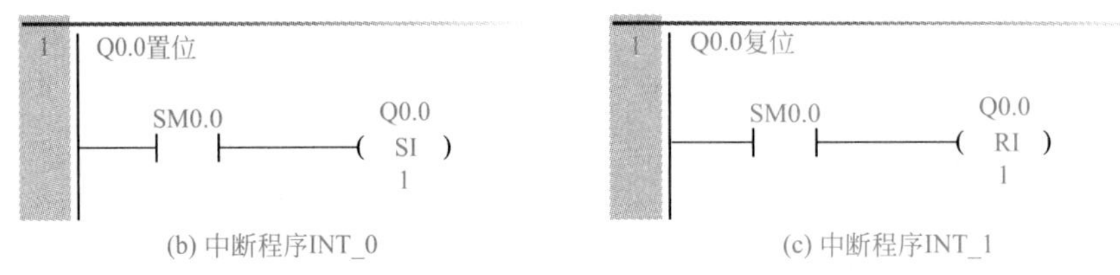

(b) 中断程序INT_0　　(c) 中断程序INT_1

图5-124　例5-58梯形图

表5-47　中断指令

LAD	STL	功能
ATCH EN　ENO INT EVNT	ATCH，INT，EVNT	中断连接
DTCH EN　ENO EVNT	DTCH，EVNT	中断分离
CLR_EVNT EN　ENO EVNT	CENT，EVNT	清除中断事件
—(DISI)	DISI	中断禁止
—(RET)	ENI	中断允许
—(RETI)	CRETI	中断条件返回

（3）使用中断注意事项

① 一个事件只能连接一个中断程序，而多个中断事件可以调用同一个中断程序，但一个中断事件不可能在同一时间建立多个中断程序。

② 在中断子程序中不能使用 DISI、ENI、HDFE、FOR-NEXT 和 END 等指令。

③ 程序中有多个中断子程序时，要分别编号。在建立中断程序时，系统会自动编号，也可以更改编号。

【例 5-59】 设计一段程序，VD0 中的数值每隔 100ms 增加 1。

【解】 图 5-125 所示为梯形图。

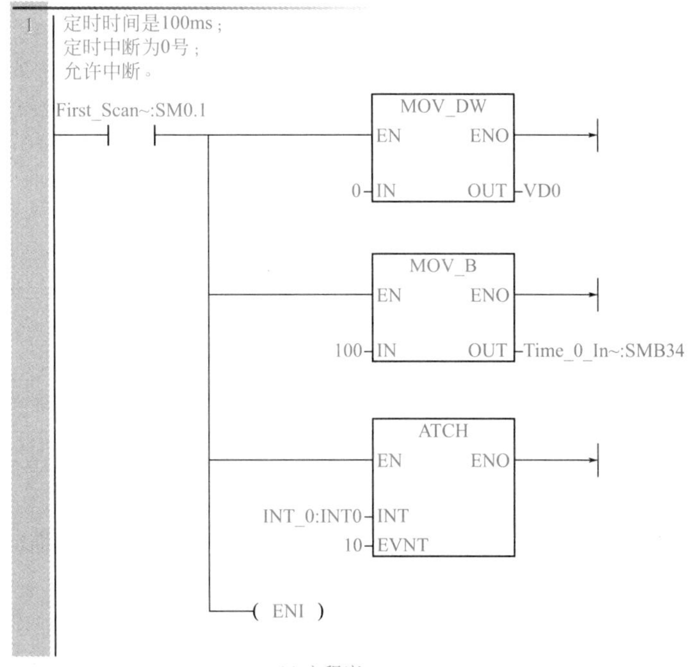

(a) 主程序

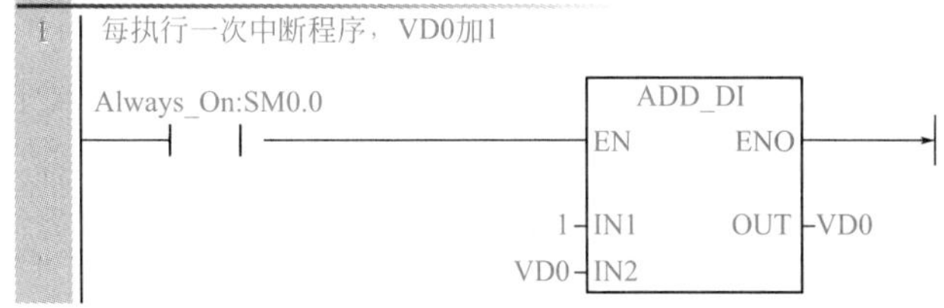

(b) 中断程序

图5-125　例5-59梯形图

【例 5-60】 用定时中断 0，设计一段程序，实现周期为 2s 的精确定时。

【解】 SMB34 是存放定时中断 0 的定时长短的特殊寄存器，其最大定时时间是 255ms，2s 就是 8 次 250ms 的延时。图 5-126 所示为梯形图。

5.5.6　暂停指令

暂停指令的使能端输入有效时，立即停止程序的执行。指令执行的结果是，CPU 的工作方式由 RUN 切换到 STOP 方式。暂停指令（STOP）格式见表 5-48。

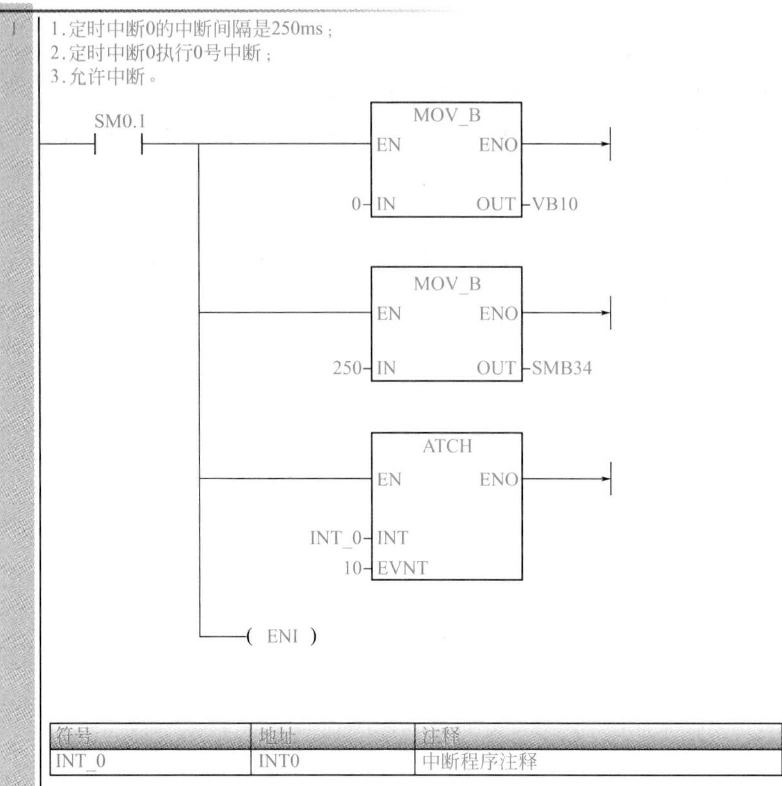

(a) 主程序

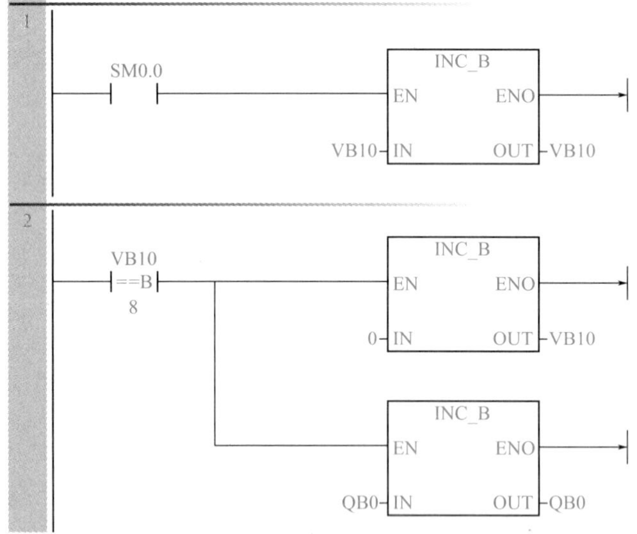

(b) 子程序

图5-126 例5-60梯形图

表5-48 暂停指令格式

LAD	STL	功能
—(STOP)	STOP	暂停程序执行

暂停指令应用举例如图 5-127 所示。其含义是当有 I/O 错误时，PLC 从“RUN”运行状态切换到“STOP”状态。

5.5.7　结束指令

结束指令（END/MEND）直接连在左侧母线时，为无条件结束指令（MEND），不连在左侧母线时，为条件结束指令。结束指令格式见表 5-49。

表 5-49　结束指令格式

LAD	STL	功能
——(END)	END	条件结束指令
├—(END)	MEND	无条件结束指令

条件结束指令在使能端输入有效时，终止用户程序的执行，返回主程序的第一条指令行（循环扫描方式）。结束指令只能在主程序中使用，不能在子程序和中断服务程序中使用。结束指令应用举例如图 5-128 所示。

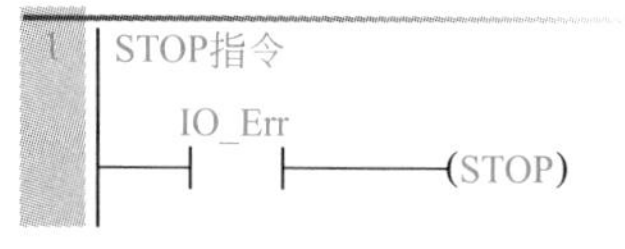

图5-127　暂停指令应用举例

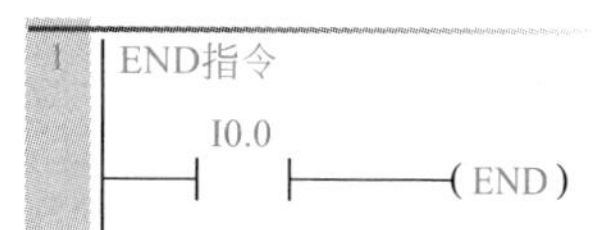

图5-128　结束指令应用举例

STEP7-Micro/WIN SMART 编程软件会在主程序的结尾处自动生成无条件结束指令，用户不得输入无条件结束指令，否则编译出错。

5.5.8　顺控继电器指令

顺控继电器指令又称 SCR，西门子 S7-200 SMART PLC 有三条顺控继电器指令，指令格式见表 5-50。

表 5-50　顺控继电器指令格式

LAD	STL	功能
n ├[SCR]	LSCR, n	装载顺控继电器指令，将 S 位的值装载到 SCR 和逻辑堆栈中，实际是步指令的开始
n —(SCRT)	SCRT, n	使当前激活的 S 位复位，使下一个将要执行的程序段 S 置位，实际上是步转移指令
├(SCRE)	SCRE	退出一个激活的程序段，实际上是步的结束指令

顺控继电器指令编程时应注意以下几方面。

① 不能把 S 位用于不同的程序中。例如 S0.2 已经在主程序中使用了，就不能在子程序中使用。

② 顺控继电器指令 SCR 只对状态元件 S 有效。

③ 不能在 SCR 段中使用 FOR、NEXT 和 END 指令。

④ 在 SCR 之间不能有跳入和跳出，也就是不能使用 JMP 和 LBL 指令。但应注意，可以在 SCR 程序段附近和 SCR 程序段内使用跳转指令。

【例 5-61】 用 PLC 控制一盏灯亮 1s 后熄灭，再控制另一盏灯亮 1s 后熄灭，周而复始重复以上过程，要求根据图 5-129 所示的功能图，使用顺控继电器指令编写程序。

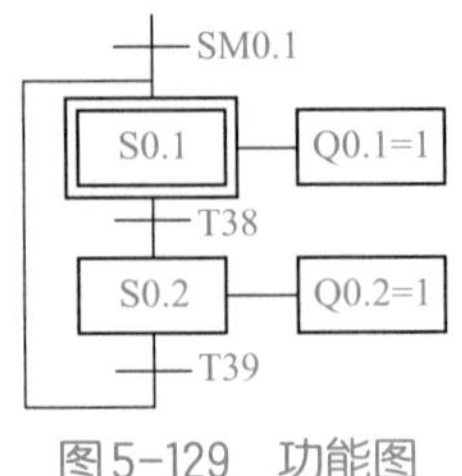

图5-129 功能图

【解】 在已知功能图的情况下，用顺控指令编写程序是很容易的，程序如图 5-130 所示。

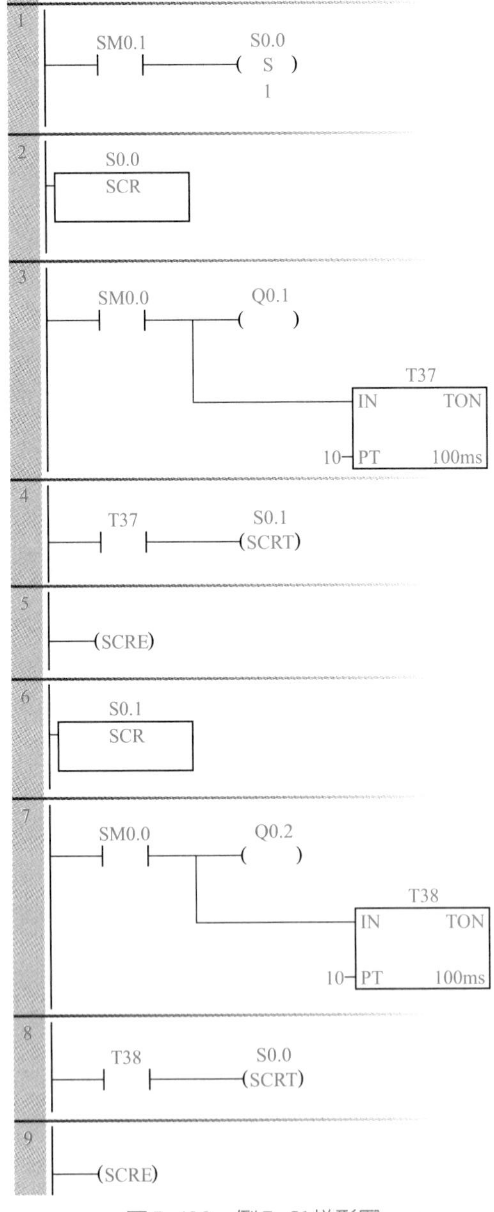

图5-130 例5-61梯形图

5.5.9 程序控制指令的应用

【例 5-62】 某系统测量温度，当温度超过一定数值（保存在 VW10 中）时，报警灯以 1s 为周期闪光，警铃鸣叫，使用 S7-200 SMART PLC 和模块 EM AE04，编写此程序。

【解】 温度是一个变化较慢的量，可每 100ms 从模块 EM AE04 的通道 0 中采样 1 次，并将数值保存在 VW0 中。梯形图如图 5-131 所示。

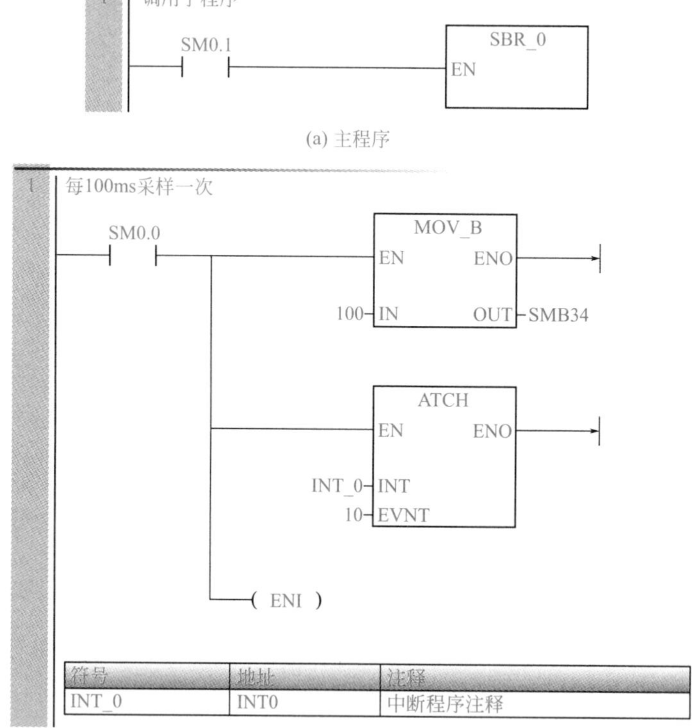

(a) 主程序

(b) 子程序

1 温度采样
SM0.0
MOV_W
EN ENO
AIW16 IN OUT VW0
2 报警
VW0
>=I
VW10
SM0.5
Q0.0
Q0.1

(c) 中断程序

图5-131 梯形图

第3篇

三菱PLC编程入门

第6章 三菱FX系列PLC的硬件

本章介绍三菱FX系列PLC的产品系列和硬件接线，由于FX3U是FX系列中最具代表的产品，所以重点介绍FX系列PLC，这是学习本书后续内容的必要准备。

6.1 三菱PLC简介

6.1.1 三菱PLC系列

三菱的可编程控制器（PLC）是比较早进入我国市场的产品，由于三菱PLC有较高的性价比，而且易学易用，所以在中国的PLC市场上有很大的份额，特别是FX系列小型PLC，有比较大的市场占有率。以下将简介三菱的PLC的常用产品系列。

（1）FX系列PLC

FX系列PLC是从F系列、F1系列、F2系列发展起来的小型PLC产品，FX系列PLC包括FX1S/FX1N/FX2N/FX3U/FX3G五种基本类型产品。以前还有FX0S和FX0N系列产品，三菱公司已经于2006年宣布停产。

FX1S系列：是一种集成型小型单元式PLC。具有完整的性能和通讯功能等扩展性。如果考虑安装空间和成本是一种理想的选择。是FX系列中的低端PLC，除了可以扩展通信模块外，不能扩展其他模块，最大I/O点为40点。

FX1N系列：是三菱电机推出的功能强大的普及型PLC。具有扩展输入输出，模拟量控制和通讯、链接功能等扩展性。是一款广泛应用于一般的顺序控制三菱PLC。

FX2N系列：是三菱PLC是FX家族中较先进的系列，是第二代产品。具有高速处理及可扩展大量满足单个需要的特殊功能模块等特点，为工厂自动化应用提供很大的灵活性和控制能力。

FX3U系列：是三菱电机公司推出的新型第三代PLC，可能称得上是小型至尊产品。基本性能大幅提升，晶体管输出型的基本单元内置了三轴独立最高100kHz的定位功能，并且增加了新的定位指令，从而使得定位控制功能更加强大，使用更为方便。

FX3G系列：是三菱电机公司2008年才推出的新型第三代PLC，基本单元自带两路高速通信接口（RS422&USB）；内置高达32K大容量存储器；标准模式时基本指令处理速度可达0.21μs；控制规模：14～256点（包括CC-LINK网络I/O）；定位功能设置简便（最多三轴）；基本单元左侧最多可连接4台FX3U特殊适配器；可实现浮点数运算；可设置两级密码，每级16字符，增强密码保护功能。增加了新的定位指令，从而使得定位控制功能更加强大，使用更为方便。

FX1NC/FX2NC/FX3UC系列：在保持了原有强大功能的基础上，连接方式采用插接方式，其体积更小。此外，其供电电源只能采用DC24V电源。其价格较FX1N/FX2N/FX3U低。

（2）A系列PLC

三菱A系列PLC使用了三菱专用顺控芯片（MSP），速度/指令可媲美大型三菱PLC。A2AS CPU支持32个PID回路。而QnASCPU的回路数目无限制，可随内存容量的大小而改变；程序容量由8K步至124K步，如使用存储器卡，QnASCPU则内存量可扩充到2M字节；有多种特殊模块可选择，包括网络，定位控制，高速计数，温度控制等模块。三菱A系列PLC是模块式的PLC，其功能比FX系列PLC要强大得多。

（3）Q系列PLC

三菱Q系列PLC是三菱电机公司推出的大型PLC，CPU类型有基本型CPU、高性能型CPU、过程控制CPU、运动控制CPU、冗余CPU等，可以满足各种复杂的控制需求。为了更好地满足国内用户对三菱PLC Q系列产品高性能、低成本的要求，三菱电机自动化特推出经济型QUTESET型三菱PLC，即一款以自带64点高密度混合单元的5槽Q00JCOUSET；另一款自带2块16点开关量输入及2块16点开关量输出的8槽Q00JCPU-S8SET，其性能指标与Q00J完全兼容，也完全支持GX-Developer等软件，故具有极佳的性价比。

（4）L系列PLC

L系列可编程控制器机身小巧，但集高性能、多功能及大容量等特点于一身。CPU具备9.5ns的基本运算处理速度和260K步的程序容量，最大I/O可扩展8129点。内置定位、高速计数器、脉冲捕捉、中断输入、通用I/O等功能，集众多功能于一体。硬件方面，内置以太网及USB接口，便于编程及通信，配置了SD存储卡，可存放最大4G的数据。无需基板，可任意增加不同功能的模块。L系列PLC与Q系列PLC相比，性能更加强大。

6.1.2 三菱FX系列可编程控制器的特点

三菱FX系列可编程控制器的特点如下：

- 系统配置既固定又灵活；
- 编程简单；
- 备有可自由选择、丰富的品种；
- 令人放心的高性能；
- 高速运算；
- 使用于多种特殊用途；
- 外部机器通信简单化；
- 共同的外部设备。

6.2 三菱FX系列PLC基本单元及其接线

前面已经叙述过，三菱FX系列PLC有五大类基本产品，其中第一代和第二代产品（FX1S/FX1N/FX2N）的使用和接线比较类似，第三代PLC有FX3U/FX3G，加之限于篇幅，本书主要以使用较为广泛的FX3U为例讲解。

6.2.1 三菱FX系列PLC基本单元介绍

FX3U是三菱电机公司推出的新型第三代PLC，可称得上是小型至尊产品。基本性能大幅提升，晶体管输出型的基本单元内置了三轴独立最高100kHz的定位功能，并且增加了新的定位指令，从而使得定位控制功能更加强大，使用更为方便。

FX系列PLC基本单元的型号的说明如图6-1所示。

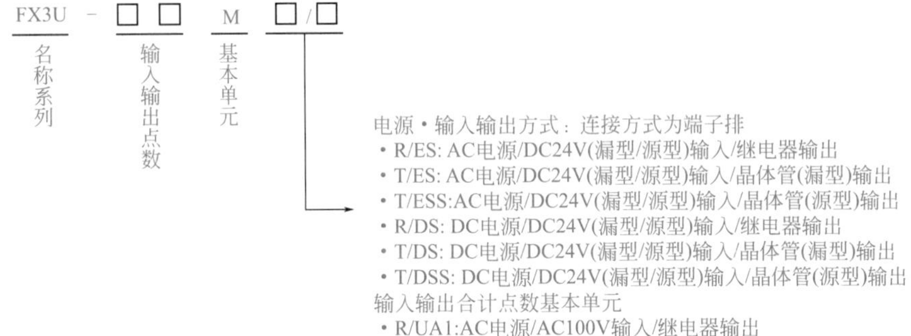

图6-1 FX系列PLC的基本单元型号说明

FX系列PLC的基本单元有多种类型。

按照点数分，有16点、32点、48点、64点、80点和128点共六种。

按照供电电源分，有交流电源和直流电源两种。

按照输出形式分，有继电器输出、晶体管输出和晶闸管输出三种。晶体管输出的PLC又分为源型输出和漏型输出。

按照输入形式分，有直流源型输入和漏型输入。没有交流电输入形式。

AC电源、DC24V漏型、源型输入通用型基本单元见表6-1，DC电源、DC24V漏型、源型输入通用型基本单元见表6-2。

表6-1 AC电源、DC24V漏型、源型输入通用型基本单元

型号	输出形式	输入点数	输出点数	合计点数
FX3U-16MR/ES（-A）	继电器	8	8	16
FX3U-16MT/ES（-A）	晶体管（漏型）	8	8	16
FX3U-16MT/ESS	晶体管（源型）	8	8	16
FX3U-32MR/ES（-A）	继电器	16	16	32
FX3U-32MT/ES（-A）	晶体管（漏型）	16	16	32
FX3U-32MT/ESS	晶体管（源型）	16	16	32
FX3U-32MS/ES	晶闸管	16	16	32

续表

型号	输出形式	输入点数	输出点数	合计点数
FX3U-48MR/ES（-A）	继电器	24	24	48
FX3U-48MT/ES（-A）	晶体管（漏型）	24	24	48
FX3U-48MT/ESS	晶体管（源型）	24	24	48
FX3U-64MR/ES（-A）	继电器	32	32	64
FX3U-64MT/ES（-A）	晶体管（漏型）	32	32	64
FX3U-64MT/ESS	晶体管（源型）	32	32	64
FX3U-64MS/ES	晶闸管	32	32	64
FX3U-80MR/ES（-A）	继电器	40	40	80
FX3U-80MT/ES（-A）	晶体管（漏型）	40	40	80
FX3U-80MT/ESS	晶体管（源型）	40	40	80
FX3U-128MR/ES（-A）	继电器	64	64	128
FX3U-128MT/ES（-A）	晶体管（漏型）	64	64	128
FX3U-128MT/ESS	晶体管（源型）	64	64	128

表6-2　DC电源、DC24V漏型、源型输入通用型基本单元

型号	输出形式	输入点数	输出点数	合计点数
FX3U-16MR/DS	继电器	8	8	16
FX3U-16MT/DS	晶体管（漏型）	8	8	16
FX3U-16MT/DSS	晶体管（源型）	8	8	16
FX3U-32MR/DS	继电器	16	16	32
FX3U-32MT/DS	晶体管（漏型）	16	16	32
FX3U-32MT/DSS	晶体管（源型）	16	16	32
FX3U-48MR/DS	继电器	24	24	48
FX3U-48MT/DS	晶体管（漏型）	24	24	48
FX3U-48MT/DSS	晶体管（源型）	24	24	48
FX3U-64MR/DS	继电器	32	32	64
FX3U-64MT/DS	晶体管（漏型）	32	32	64
FX3U-64MT/DSS	晶体管（源型）	32	32	64
FX3U-80MR/DS	继电器	40	40	80
FX3U-80MT/DS	晶体管（漏型）	40	40	80
FX3U-80MT/DSS	晶体管（源型）	40	40	80

【关键点】 FX2N系列PLC的直流输入为漏型（即低电平有效），但FX3U直流输入为源型输入和漏型入可选，也就是说通过不同的接线选择是源型输入还是漏型输入，这无疑为工程设计带来极大的便利。FX3U的晶体管输出也有漏型输出和源型输出两种，但在订购设备时就必须确定需要购买哪种输出类型的PLC。

6.2.2 三菱FX系列PLC基本单元的接线

在讲解 FX 系列 PLC 基本模块接线前，先要熟悉基本模块的接线端子。FX 系列的接线端子（以 FX3U-32MR 为例）一般由上下两排交错分布，如图 6-2 所示，这样排列方便接线，接线时一般先接下面一排（对于输入端，先接 X0、X2、X4、X6…接线端子，后接 X1、X3、X5、X7…接线端子）。图 6-2 中，“1”处的三个接线端子是基本模块的交流电源接线端子，其中 L 接交流电源的火线，N 接交流电源的零线，⏚接交流电源的地线；“2”处的 24V 是基本模块输出的 DC24V 电源的 +24V，这个电源可供传感器使用，也可供扩展模块使用，但通常不建议使用此电源；“3”处的接线端子是数字量输入接线端子，通常与按钮、开关量的传感器相连；“4”处的圆点表示此处是空白端子，不用；很明显“5”处的粗线是分割线，将第三组输出点和第四组输出点分开；“6”处的 Y5 是数字量输出端子；“7”处的 COM1 是第一组输出端的公共接线端子，这个公共接线端子是输出点 Y0、Y1、Y2、Y3 的公共接线端子。

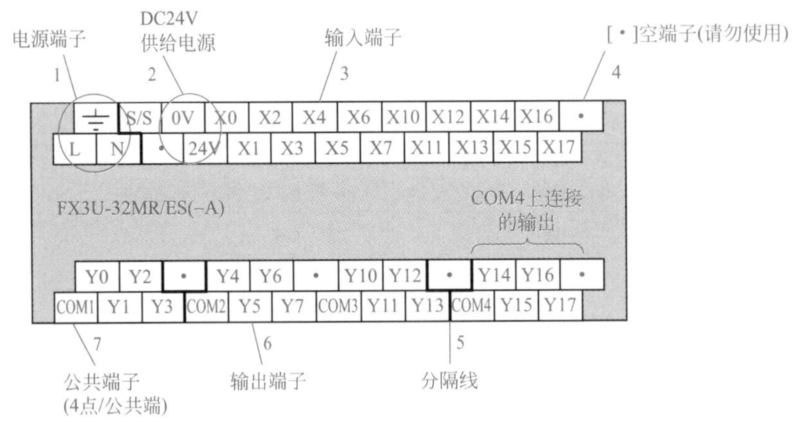

图6-2 FX3U-32MR的端子分布图

FX 系列 PLC 基本模块的输入端是 NPN（漏型，低电平有效）输入和 PNP（源型，高电平有效）输入可选，只要改换不同的接线即可选择不同的输入形式。当输入端与数字量传感器相连时，能使用 NPN 和 PNP 型传感器，FX3U 的输入端在连接按钮时，并不需要外接电源。FX3U 系列 PLC 的输入端的接线示例如图 6-3 ～图 6-6 所示，不难看出 FX3U 系列 PLC 基本模块的输入端接线和 FX2N 系列 PLC 基本模块的输入端有所不同。

如图 6-3 所示，模块供电电源为交流电，输入端是漏型接法，24V 端子与 S/S 端子短接，0V 端子是输入端的公共端子，这种接法是低电平有效，也叫 NPN 输入。

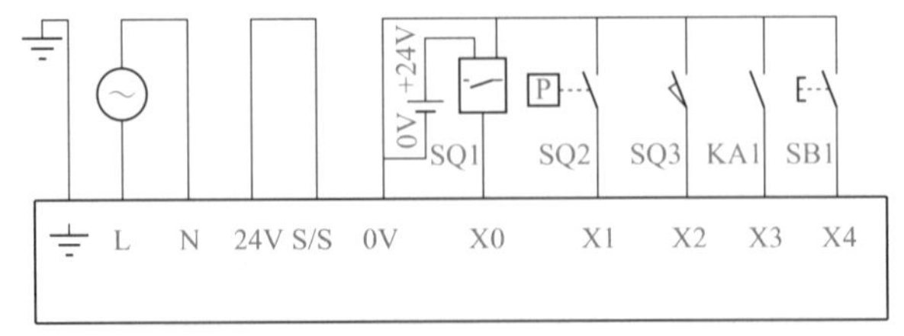

图6-3 FX3U系列PLC的输入端的接线图（漏型，交流电源）

如图 6-4 所示，模块供电电源为交流电，输入端是源型接法，0V 端子与 S/S 端子短接，24V 端子是输入端的公共端子，这种接法是高电平有效，也叫 PNP 输入。

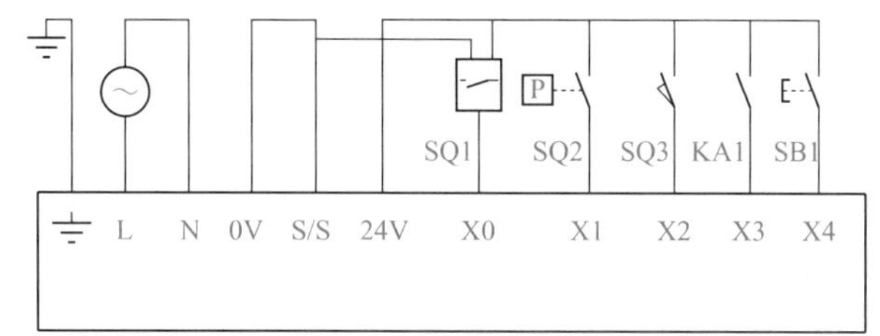

图6-4　FX3U系列PLC的输入端的接线图（源型，交流电源）

如图6-5所示，模块供电电源为直流电，输入端是漏型接法，S/S端子与模块供电电源的24V短接，模块供电电源0V是输入端的公共端子，这种接法是低电平有效，也叫NPN输入。

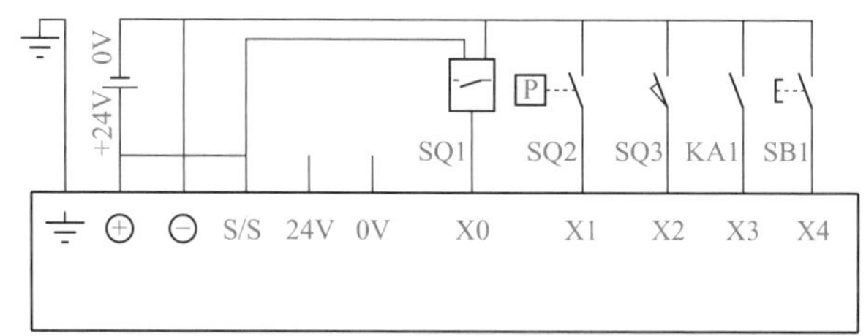

图6-5　FX3U系列PLC的输入端的接线图（漏型，直流电源）

如图6-6所示，模块供电电源为直流电，输入端是源型接法，S/S端子与模块供电电源的0V短接，模块供电电源24V是输入端的公共端子，这种接法是高电平有效，也叫PNP输入。

FX3U系列中还有AC100V输入型PLC，也就是输入端使用不超过120V的交流电源，其接线图如图6-7所示。

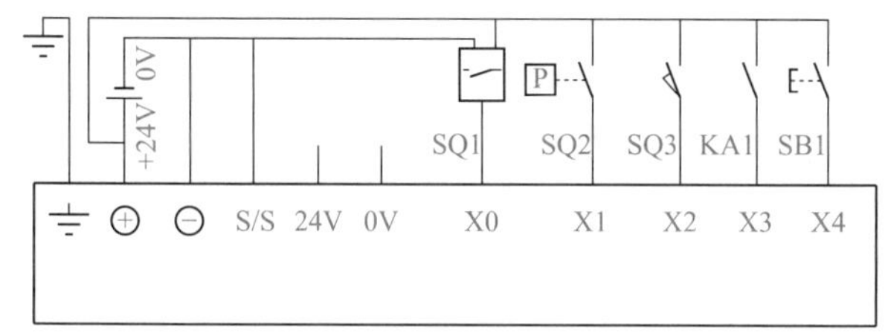

图6-6　FX系列PLC的输入端的接线图（源型，直流电源）

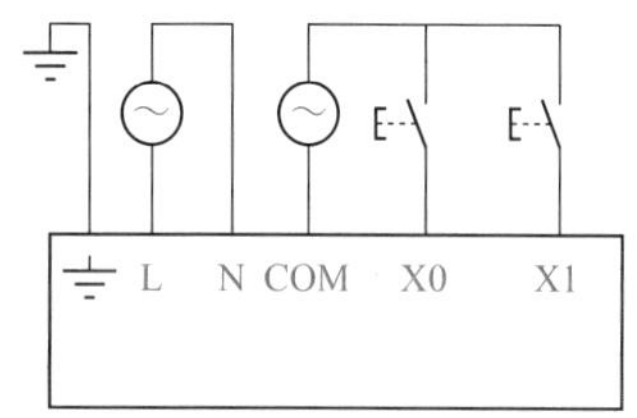

图6-7　AC100V输入型的接线图

【关键点】FX系列PLC的输入端和PLC的供电电源很近，特别是使用交流电源时，要注意不要把交流电误接入到信号端子。

【例6-1】有一台FX3U-32MR，输入端有一只三线NPN接近开关和一只二线NPN式接近开关，应如何接线？

【解】对于FX3U-32MR，公共端是0V端子。而对于三线NPN接近开关，只要将其棕线与24V端子、蓝线与0V端子相连，将信号线与PLC的“X1”相连即可；而对于二线NPN接近开关，只要将0V端子与其蓝色线相连，将信号线（棕色线）与PLC的“X0”相连即可，如图6-8所示。

FX系列PLC的输出形式有三种：继电器输出、晶体管输出和晶闸管输出。继电器型输出用得比较多，输出端可以连接直流或者交流电源，无极性之分，但交流电源不超过220V，FX3U系列PLC的继电器型输出端接线与FX2N系列PLC的继电器型输出端的接线类似，如图6-9所示。

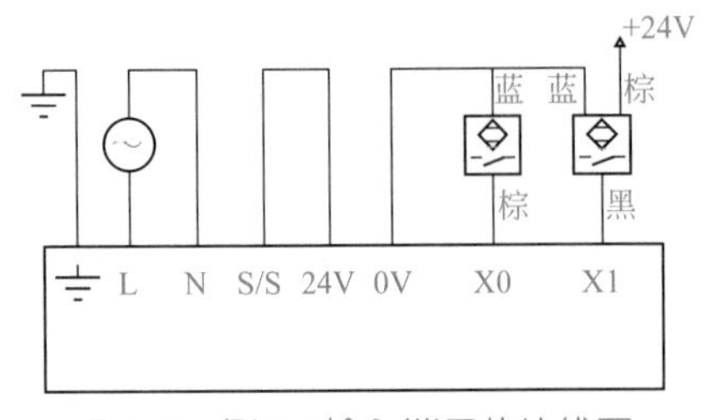

图6-8　例6-1输入端子的接线图

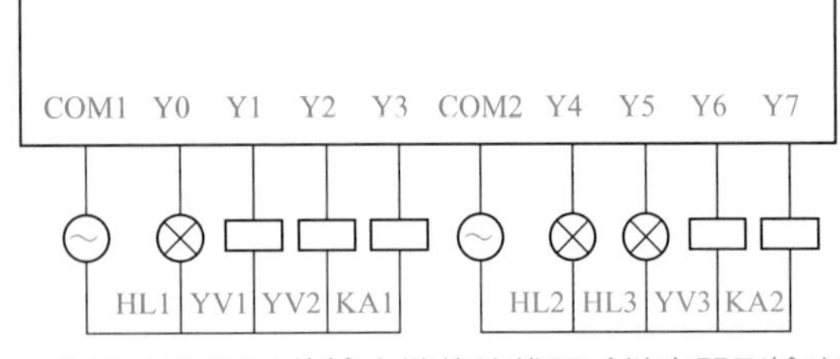

图6-9　FX3U系列PLC的输出端的接线图（继电器型输出）

晶体管输出只有NPN输出和PNP输出两种形式，用于输出频率高的场合，通常，相同点数的三菱PLC，三菱FX系列晶体管输出形式的PLC要比继电器输出形式的贵一点。晶体管输出的PLC的输出端只能使用直流电源，对于NPN输出形式，其公共端子和电源的0V接在一起，FX3U系列PLC的晶体管型NPN输出的接线示例如图6-10所示。晶体管型NPN输出是三菱FX系列PLC的主流形式，在FX3U以前的FX系列PLC的晶体管输出形式中，只有NPN输出一种。此外，在FX3U系列PLC中，晶体管输出中增加了PNP型输出，其公共端子是+V，接线如图6-11所示。

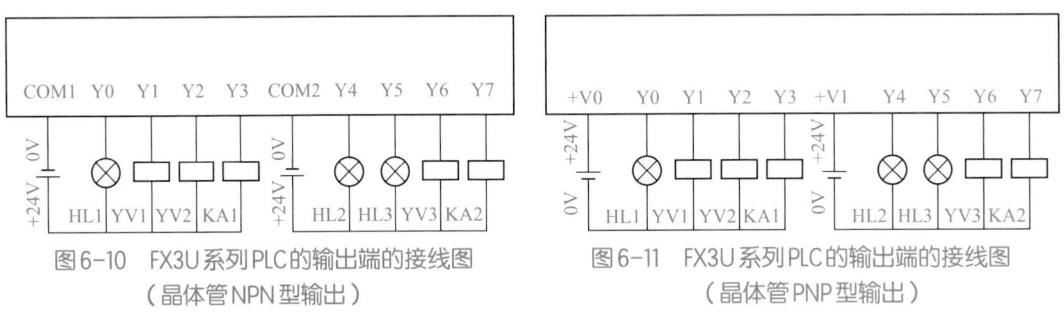

图6-10　FX3U系列PLC的输出端的接线图（晶体管NPN型输出）

图6-11　FX3U系列PLC的输出端的接线图（晶体管PNP型输出）

晶闸管输出的PLC的输出端只能使用交流电源，FX3U系列PLC的晶闸管型输出端的接线与FX2N系列PLC的晶闸管型输出接线类似，在此不再赘述。

【例6-2】 有一台FX3U-32M，控制两台步进电动机（步进电动机控制端是共阴接法）和一台三相异步电动机的启停，三相电动机的启停由一只接触器控制，接触器的线圈电压为220V AC，输出端应如何接线（步进电动机部分的接线可以省略）？

【解】 因为要控制两台步进电动机，所以要选用晶体管输出的PLC，而且必须用Y0和Y1作为输出高速脉冲点控制步进电动机，又由于步进电动机控制端是共阴接法，所以PLC的输出端要采用PNP输出型。接触器的线圈电压为220V AC，所以电路要经过转换，增加中间继电器KA，其接线如图6-12所示。

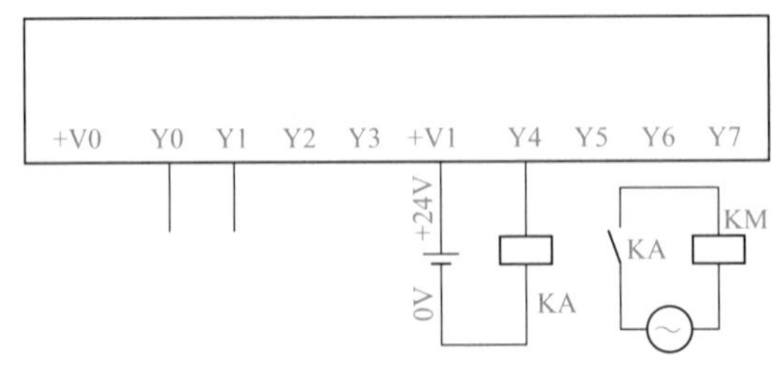

图6-12　例6-2接线图

6.3 三菱 FX 系列 PLC 的扩展单元和扩展模块及其接线

FX 系列 PLC 的扩展模块有数字量输入模块、数字量输出模块；FX 系列 PLC 的扩展单元实际上就是数字量输入输出模块，内部集成有 24V 电源，有的 PLC 将这类模块成为混合模块。FX2N 系列 PLC 和 FX 系列 PLC 使用的扩展单元和扩展模块的类型是相同。以下仅介绍常用的几个模块。

6.3.1 三菱 FX 系列 PLC 扩展单元及其接线

在使用 FX 的基本单元时，如数字量 I/O 点不够用，这种情况下就要使用数字量扩展模块或者扩展单元，以下将对数字量模块进行介绍。

（1）常用的扩展单元简介

当基本单元的输入输出点不够用时，通常用添加扩展单元的办法解决，FX2N 系列 PLC 扩展单元型号的说明如图 6-13 所示。

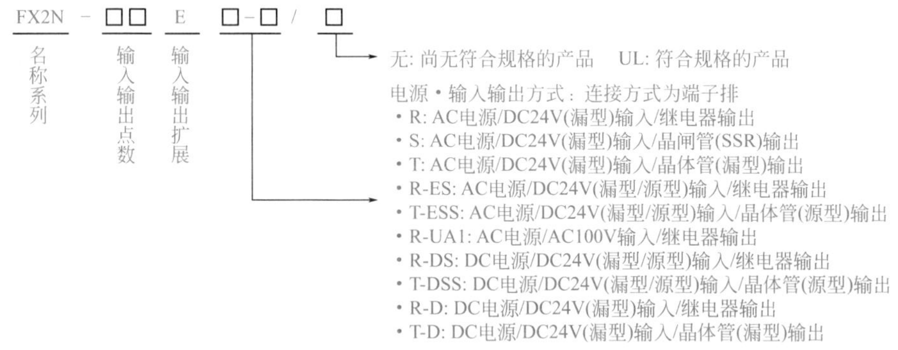

图6-13 FX2N系列PLC扩展单元型号说明

扩展单元也有多种类型，按照点数分有 32 点和 48 点两种。

按照供电电源分，有交流电源和直流电源两种。

按照输出形式分，有继电器输出、晶闸管和晶体管输出共三种。

按照输入形式分，有交流电源和直流电源两种。直流电源输入又可分为源型输入和漏型输入。

AC 电源、DC24V 漏型、源型输入通用型扩展单元见表 6-3，AC 电源、DC24V 漏型输入专用型扩展单元见表 6-4，DC 电源、DC24V 漏型、源型输入通用型扩展单元见表 6-5，DC 电源、DC24V 漏型输入专用型扩展单元见表 6-6，AC 电源、110V 交流输入专用型扩展单元见表 6-7。

表6-3 AC电源、DC24V漏型、源型输入通用型扩展单元

型号	输出形式	输入点数	输出点数	合计点数
FX2N-32ER-ES/UL	继电器	16	16	32
FX2N-32ET-ESS/UL	晶体管（源型）	16	16	32
FX2N-48ER-ES/UL	继电器	24	24	48
FX2N-48ET-ESS/UL	晶体管（源型）	24	24	48

表6-4　AC电源、DC24V漏型输入专用型扩展单元

型号	输出形式	输入点数	输出点数	合计点数
FX2N-32ER	继电器	16	16	32
FX2N-32ET	晶体管（漏型）	16	16	32
FX2N-32ES	晶闸管	16	16	32
FX2N-48ER	继电器	24	24	48
FX2N-48ET	晶体管（漏型）	24	24	48

表6-5　DC电源、DC24V漏型、源型输入通用型扩展单元

型号	输出形式	输入点数	输出点数	合计点数
FX2N-48ER-DS	继电器	24	24	48
FX2N-48ET-DSS	晶体管（源型）	24	24	48

表6-6　DC电源、DC24V漏型输入专用型扩展单元

型号	输出形式	输入点数	输出点数	合计点数
FX2N-48ER-D	继电器	24	24	48
FX2N-48ET-D	晶体管（漏型）	24	24	48

表6-7　AC电源、110V交流输入专用型扩展单元

型号	输出形式	输入点数	输出点数	合计点数
FX2N-48ER-UA1/UL	继电器	24	24	48

（2）常用的扩展单元的接线

扩展单元的外形、接线端子的排列和接线方法，与FX系列PLC基本单元很类似，以下仅举几个例简介，其余的都类似。

① FX2N-32ER-ES/UL扩展单元的接线　FX2N-32ER-ES/UL扩展单元的输入是源型和漏型输入可选，而输出是继电器输出，继电器输出的负载电源可以是交流电也可以是直流电，本例的FX2N-32ER-ES/UL是16点输入和16点输出（本例只画出部分I/O点），这个型号有人也称为“欧洲版”模块。其接线如图6-14和图6-15所示。

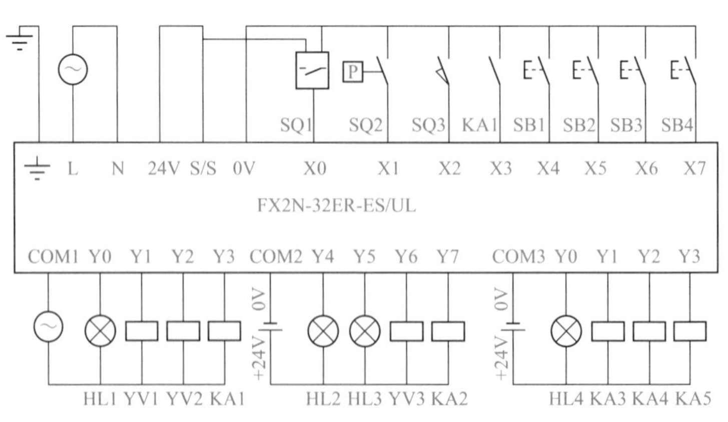

图6-14　FX2N-32ER-ES/UL扩展单元的接线（漏型输入）

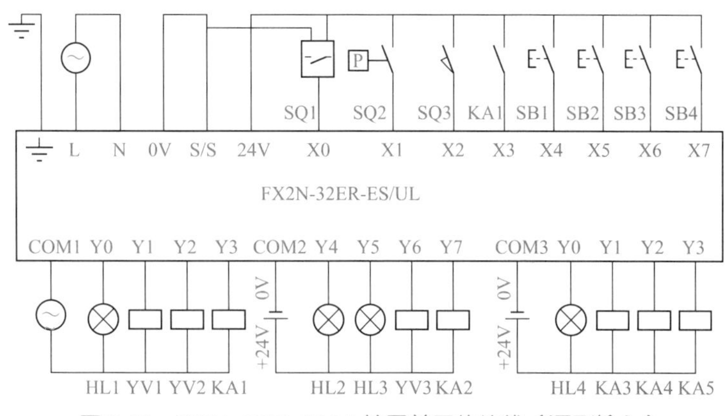

图6-15　FX2N-32ER-ES/UL扩展单元的接线（源型输入）

注意：图 6-15 第二组和第三组的直流电源既可以把电源 + 接在 COM 上，也可以把电源 − 接在 COM 上。

② FX2N-32ET-ESS/UL 扩展单元的接线　FX2N-32ET-ESS/UL 扩展单元的输入是源型和漏型输入可选，而输出是晶体管源型输出，本例的 FX2N-32ET-ESS/UL 是 16 点输入和 16 点输出（本例只画出部分 I/O 点），这个型号有人也称为“欧洲版”模块。其接线如图 6-16 和图 6-17 所示。

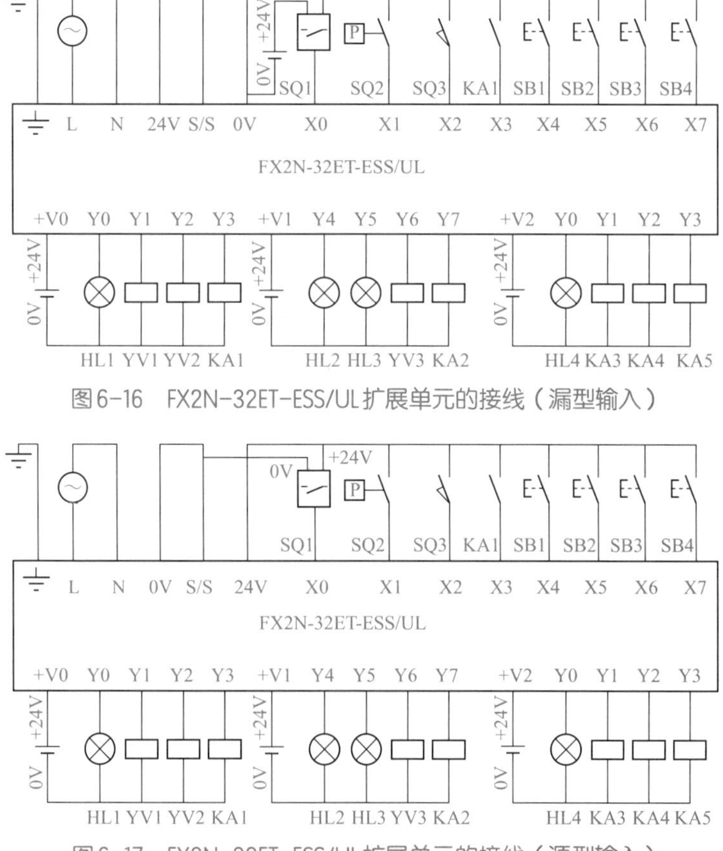

图6-16　FX2N-32ET-ESS/UL扩展单元的接线（漏型输入）

图6-17　FX2N-32ET-ESS/UL扩展单元的接线（源型输入）

③ FX2N-32ET 扩展单元的接线　FX2N-32ET 扩展单元的输入是漏型输入，输出也是晶体管漏型输出，本例的 FX2N-32ET 是 16 点输入和 16 点输出（本例只画出部分 I/O 点）。其接线如图 6-18 所示。

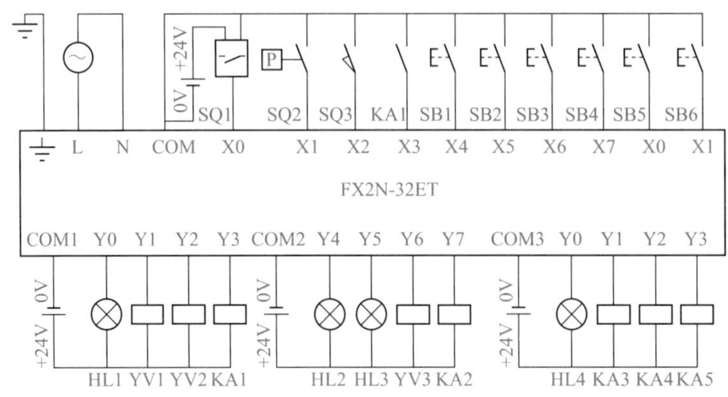

图6-18　FX2N-32ET扩展单元的接线（漏型输入）

④ FX2N-32ER 扩展单元的接线　FX2N-32ER 扩展单元的输入是漏型输入，继电器输出，本例的 FX2N-32ER 是 16 点输入和 16 点输出（本例只画出部分 I/O 点）。其接线如图 6-19 所示。

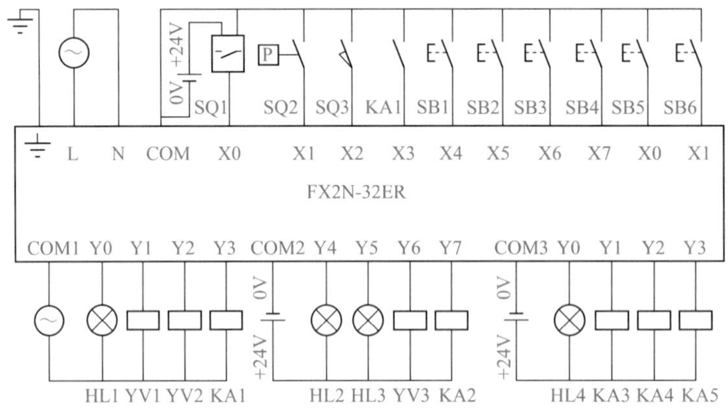

图6-19　FX2N-32ER扩展单元的接线（漏型输入）

6.3.2　三菱 FX 系列 PLC 扩展模块及其接线

在使用 FX 的基本单元时，如数字量 I/O 点不够用，这种情况下就要使用数字量扩展模块或者扩展单元，以下将对数字量扩展模块进行介绍。

（1）常用的数字量扩展模块的简介

数字量的扩展模块有数字量输入模块和数字量输出模块，数量模块中没有 24V 电源，而扩展单元中内置有 24V 电源。FX2N 系列的扩展模块见表 6-8。但要说明这类模块也可以供 FX3U、FX3G 使用。

（2）常用的数字量模块的接线

① FX2N-8EX 扩展模块的接线　FX2N-8EX 扩展模块的输入是漏型输入，其接线如图 6-20 所示，输入端需要外接 24V 电源。

表6-8 FX2N系列的扩展模块

型号	总 I/O 数目	输入			输出	
		数目	电压	类型	数目	类型
FX2N-16EX	16	16	24V 直流	漏型		
FX2N-16EYT	16				16	晶体管
FX2N-16EYR	16				16	继电器

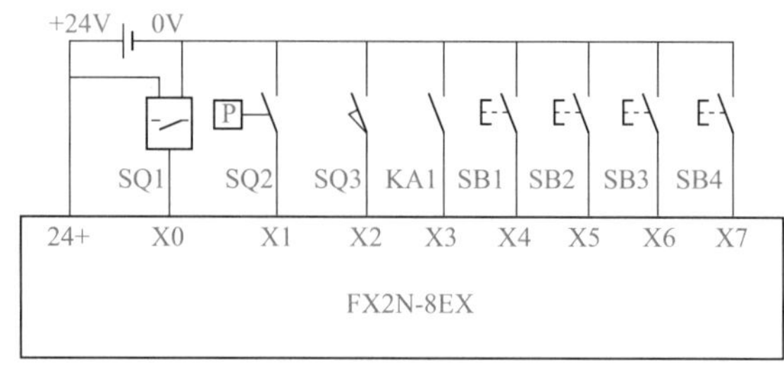

图6-20 FX2N-8EX扩展模块的接线（漏型输入）

② FX2N-8EYT扩展模块的接线 FX2N-8EYT扩展模块的输出是漏型晶体管输出，其接线如图6-21所示，负载电源外接24V电源，不能接交流电源。

③ FX2N-8EYR扩展模块的接线 FX2N-8EYR扩展模块的输出是继电器输出，其接线如图6-22所示，负载电源既可以外接24V电源，也可以接交流电源。

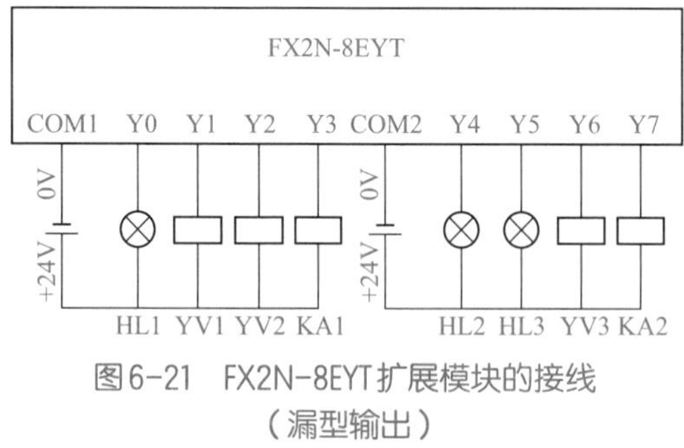

图6-21 FX2N-8EYT扩展模块的接线（漏型输出）

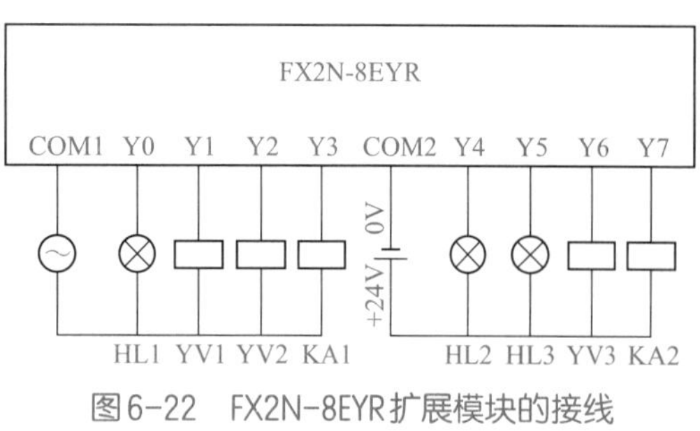

图6-22 FX2N-8EYR扩展模块的接线（继电器输出）

欧洲版的扩展模块（FX2N-8EX-ES/UL、FX2N-8EYR-ES/UL）的接线与FX2N-32ER-ES/UL扩展单元类似，在此不作赘述。

6.4 三菱FX系列PLC的模拟量模块及其接线

FX系列PLC的特殊模块有模拟量输入模块、模拟量输出模块和模拟量量输入输出模块（混合模块），FX2N的模拟量模块仍然可以用在FX3系列PLC上，FX3系列PLC也有专门设计的模拟量模块，其使用更加便捷，以下仅介绍常用的几个模块。

6.4.1 三菱FX模拟量输入模块（A/D）

所谓的模拟量输入模块就是将模拟量（如电流、电压等信号）转换成PLC可以识别的数字量的模块，在工业控制中应用非常广泛。FX2N系列PLC的A/D转换模块主要有

FX2N-2AD、FX2N-4AD 和 FX2N-8AD 三种。FX3 系列 PLC 的 A/D 转换模块主要有 FX3U-4AD、FX3UC-4AD、FX3U-4AD-ADP 和 FX3G-2AD-BD。

本章只讲解 FX2N-4AD、FX3UC-4AD 和 FX3U-4AD-ADP。

（1）FX2N-4AD 模块

FX2N-4AD 模块有 4 个通道，也就是说最多只能和四路模拟量信号连接，其转换精度为 12 位。与 FX2N-2AD 模块不同的是：FX2N-4AD 模块需要外接电源供电，FX2N-4AD 模块的外接信号可以是双极性信号（信号可以是正信号也可以是负信号）。此模块安装在基本单元的右侧。

① FX2N-4AD 模块的参数　FX2N-4AD 模块的参数表见表 6-9。

表6-9　FX2N-4AD模块的参数

项目	参数		备注
	电压	电流	
输入通道	4 通道		4 通道输入方式可以不同
输入要求	−10 ～ 10V	4 ～ 20mA，−20 ～ 20mA	
输入极限	−15 ～ 15V	−2 ～ 60mA	
输入阻抗	≤ 200kΩ	≤ 250Ω	
数字量输入	12 位		−2048 ～ 2047
分辨率	5mV（−10 ～ 10V）	20μA（−20 ～ 20mA）	
处理时间	15ms/ 通道		
消耗电流	24V/55mA，5V/30mA		24V 由外部供电
编程指令	FROM/TO		

② FX2N-4AD 模块的连线　FX2N-4AD 模块可以转换电流信号和电压信号，但其接线有所不同，外部电压信号与 FX2N-4AD 模块的连接如图 6-23 所示（只画了 2 个通道），传感器与模块的连接最好用屏蔽双绞线，当模拟量的噪声或者波动较大时，在图中连接一个 0.1 ～ 4.7μF 的电容，V+ 与电压信号的正信号相连，VI− 与信号的低电平相连，FG 与屏蔽层相连。FX2N-4AD 模块的 24V 供电要外接电源，而 +5V 直接由 PLC 通过扩展电缆提供，并不需要外接电源。

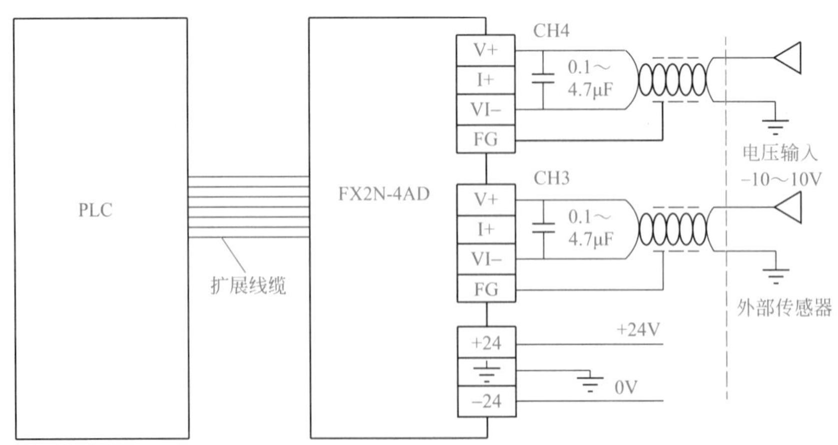

图6-23　外部电压信号与FX2N-4AD模块的连接

外部电流信号与 FX2N-4AD 模块的连接如图 6-24 所示，传感器与模块的连接最好用屏蔽双绞线，I+ 与电流信号的正信号相连，VI− 与信号的低电平相连。V+ 和 I+ 短接。

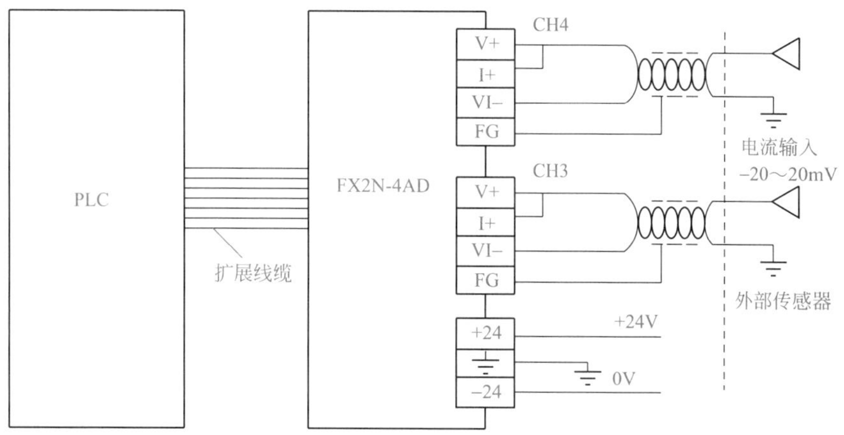

图6-24 外部电流信号与FX2N-4AD模块的连接

【关键点】 此模块的不同的通道可以同时连接电压或者电流信号，如通道 1 输入电压信号，而通道 2 输入电流信号。

（2）FX3U-4AD 模块

FX3U-4AD 可以连接在 FX3G/FX3GC/FX3U/FX3UC 可编程控制器上，是模拟量特殊功能模块。FX3UC-4AD 不能连接在 FX3G/FX3U 可编程控制器上。FX3U-4AD 模块有如下特性。

a. 一台 FX3G/FX3GC/FX3U/FX3UC 可编程控制器上最多可以连接 8 台 FX3U-4AD 模块。

b. 可以对 FX3U-4AD 各通道指定电压输入、电流输入。

c. A/D 转换值保存在 4AD 的缓冲存储区（BFM）中。

d. 通过数字滤波器的设定，可以读取稳定的 A/D 转换值。

e. 各通道中，最多可以存储 1700 次 A/D 转换值的历史记录。

① FX3U-4AD 的性能规格　FX3U-4AD 的性能规格见表 6-10。

表6-10　FX3U-4AD模块的性能规格

项目	规格	
	电压输入	电流输入
模拟量输入范围	DC −10 ～ +10V（输入电阻 200kΩ）	DC −20 ～ +20mA、4 ～ 20mA（输入电阻 250kΩ）
偏置值	−10 ～ +9V	−20 ～ +17mA
增益值	−9 ～ +10V	−17 ～ +30mA
最大绝对输入	±15V	±30mA
数字量输出	带符号 16 位　二进制	带符号 15 位　二进制
分辨率	0.32mV（20V×1/64000） 2.5mV（20V×1/8000）	1.25μA（40mA×1/32000） 5.00μA（40mA×1/8000）
综合精度	• 环境温度 25℃ ±5℃ 针对满量程 20V±0.3%（±60mV） • 环境温度 0 ～ 55℃ 针对满量程 20V±0.5%（±100mV）	• 环境温度 25℃ ±5℃ 针对满量程 40mA±0.5%（±200μA） 4 ～ 20mA 输入时也相同（±200μA） • 环境温度 0 ～ 55℃ 针对满量程 40mA±1%（±400μA） 4 ～ 20mA 输入时也相同（±400μA）

续表

项目	规格	
	电压输入	电流输入
A/D 转换时间	500μs× 使用通道数 （在 1 个通道以上使用数字滤波器时，5ms× 使用通道数）	
绝缘方式	• 模拟量输入部分和可编程控制器之间，通过光耦隔离 • 模拟量输入部分和电源之间，通过 DC/DC 转换器隔离 • 各 ch（通道）间不隔离	
输入输出占用点数	8 点（在输入、输出点数中的任意一侧计算点数。）	

② FX3U-4AD 的输入特性　FX3U-4AD 的输入特性分为电压（−10 ～ +10V）、电流（4 ～ 20mA）和电流（−20 ～ +20mA）三种，根据各自的输入模式设定，以下分别介绍。

a. 电压输入特性（范围为 −10 ～ +10V，输入模式为 0 ～ 2），其模拟量和数字量的对应关系如图 6-25 所示。

输入模式设定：　0
输入形式：　电压输入
模拟量输入范围：　−10～+10V
数字量输出范围：　−32000～+32000
偏置、增益调整：　可以

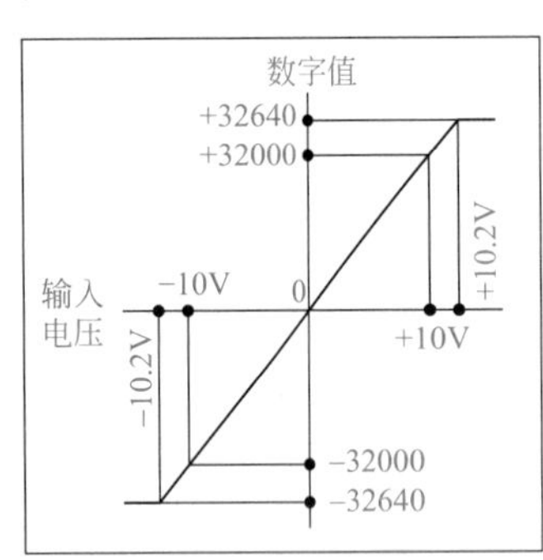

输入模式设定：　1
输入形式：　电压输入
模拟量输入范围：　−10～+10V
数字量输出范围：　−4000～+4000
偏置、增益调整：　可以

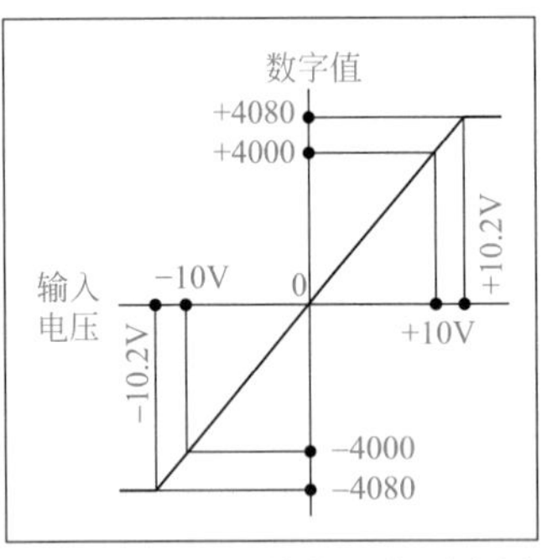

输入模式设定：　2
输入形式：　电压输入(模拟量直接显示)
模拟量输入范围：　−10～+10V
数字量输出范围：　−10000～+10000
偏置、增益调整：　不可以

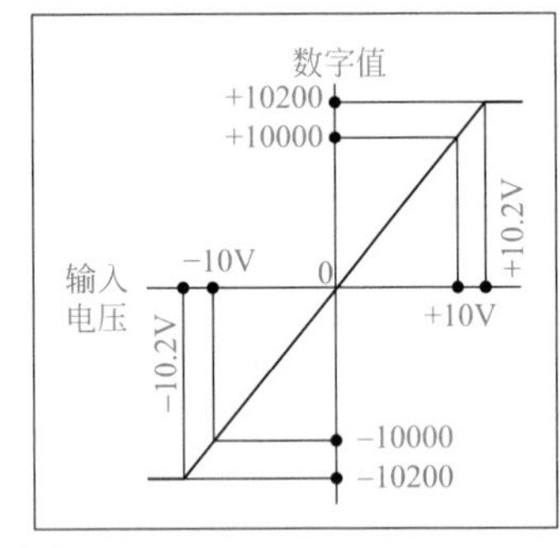

图6-25　模拟量和数字量的对应关系（1）

b. 电流输入特性（范围为 4 ～ 20mA，输入模式为 3 ～ 5），其模拟量和数字量的对应关系如图 6-26 所示。

输入模式设定：　3
输入形式：　电流输入
模拟量输入范围：　4～20mA
数字量输出范围：　0～16000
偏置、增益调整：　可以

数字值
16400
16000
20.4mA
0　4mA　20mA　输入电流

输入模式设定：　4
输入形式：　电流输入
模拟量输入范围：　4～20mA
数字量输出范围：　0～4000
偏置、增益调整：　可以

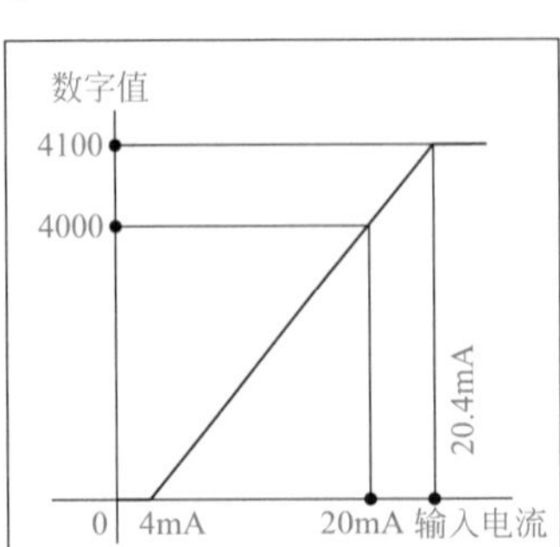

输入模式设定：　5
输入形式：　电流输入(模拟量直接显示)
模拟量输入范围：　4～20mA
数字量输出范围：　4000～20000
偏置、增益调整：　不可以

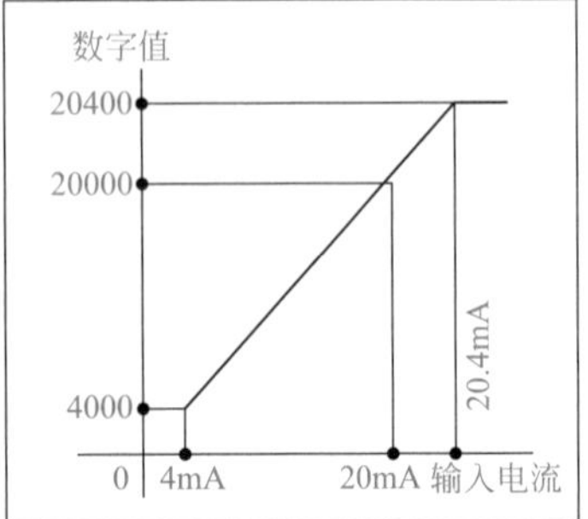

图6-26　模拟量和数字量的对应关系（2）

c. 电流输入特性（范围为 −20 ～ +20mA，输入模式为 6 ～ 8），其模拟量和数字量的对应关系如图 6-27 所示。

输入模式设定：　6
输入形式：　电流输入
模拟量输入范围：　−20～+20mA
数字量输出范围：　−16000～+16000
偏置、增益调整：　可以

输入模式设定：　7
输入形式：　电流输入
模拟量输入范围：　−20～+20mA
数字量输出范围：　−4000～+4000
偏置、增益调整：　可以

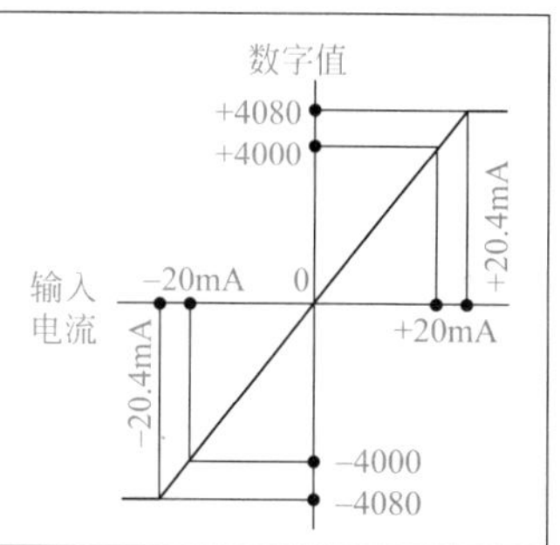
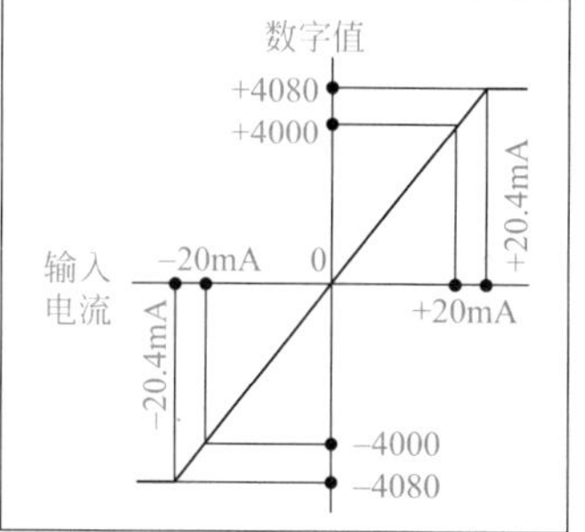

输入模式设定：　8
输入形式：　电流输入(模拟量直接显示)
模拟量输入范围：　−20～+20mA
数字量输出范围：　−20000～+20000
偏置、增益调整：　不可以

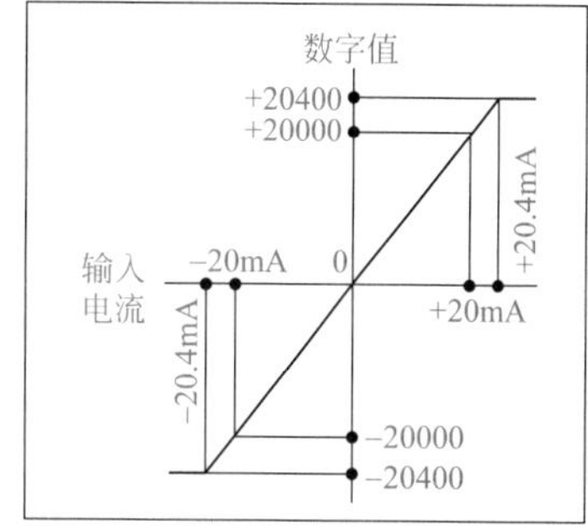

图6-27　模拟量和数字量的对应关系（3）

③ FX3U-4AD 的接线　FX3U-4AD 的接线如图 6-28 所示，图中仅绘制了 2 个通道。注意：当输入信号是电压信号时，仅仅需要连接 V+ 和 VI− 端子，而信号是电流信号时，V+ 和 I+ 端子应短接。

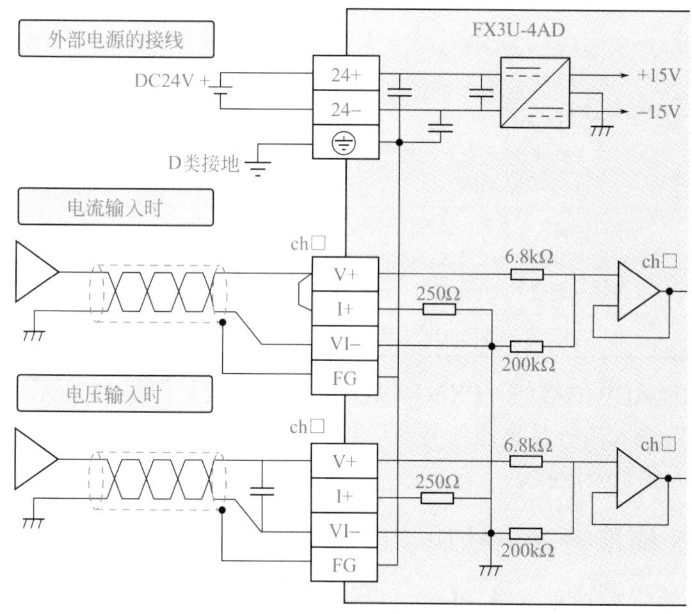

图6-28　模拟量的FX3U-4AD的接线

（3）FX3U-4AD-ADP 模块

FX3U-4AD-ADP 可连接在 FX3S、FX3G、FX3GC、FX3U、FX3UC 可编程控制器上，是获取 4 通道的电压、电流数据的模拟量特殊适配器。

a. FX3S 可编程控制器上只能连接 1 台 FX3U-4AD-ADP。FX3G、FX3GC 可编程控制器上最多可连接 2 台 FX3U-4AD-ADP。FX3U、FX3UC 可编程控制器上最多可连接 4 台 FX3U-4AD-ADP。

b. 各通道中可以获取电压输入、电流输入。

c. 各通道的 A/D 转换值被自动写入 FX3S、FX3G、FX3GC、FX3U、FX3UC 可编程控制器的特殊数据寄存器中。

① FX3U-4AD-ADP 的性能规格　FX3U-4AD-ADP 的性能规格见表 6-11。

表 6-11　FX3U-4AD-ADP 的性能规格

项目	规格	
	电压输入	电流输入
模拟量输入范围	DC 0 ~ 10V（输入电阻 194kΩ）	DC 4 ~ 20mA（输入电阻 250Ω）
最大绝对输入	−0.5V、+15V	−2mA、+30mA
数字量输出	12 位　二进制	11 位　二进制
分辨率	2.5mV（10V/4000）	10μA（16mA/1600）
综合精度	• 环境温度 25℃ ±5℃时 针对满量程 10V±0.5%（±50mV） • 环境温度 0 ~ 55℃时 针对满量程 10V±1.0%（±100mV）	• 环境温度 25℃ ±5℃时 针对满量程 16mA±0.5%（±80μA） • 环境温度 0 ~ 55℃时 针对满量程 16mA±1.0%（±160μA）
A/D 转换时间	• FX3U/FX3UC 可编程控制器：200μs（每个运算周期更新数据） • FX3S/FX3G/FX3GC 可编程控制器：250μs（每个运算周期更新数据）	
输入特性	4080 4000 数字量输出 0 10V 10.2V 模拟量输入	1640 1600 数字量输出 0 4mA 20mA 20.4mA 模拟量输入
绝缘方式	• 模拟量输入部分和可编程控制器之间，通过光耦隔离 • 驱动电源和模拟量输入部分之间，通过 DC/DC 转换器隔离 • 各 ch（通道）间不隔离	
输入输出占用点数	0 点（与可编程控制器的最大输入输出点数无关）	

② FX3U-4AD-ADP 的接线　FX3U-4AD-ADP 的接线如图 6-29 所示，图中仅绘制了 2 个通道。注意：当输入信号是电压信号时，仅仅需要连接 V+ 和 VI− 端子，而信号是电流信号时，V+ 和 I+ 端子应短接。

6.4.2　三菱 FX 模拟量输出模块（D/A）

所谓模拟量输出模块就是将 PLC 可以识别的数字量转换成模拟量（如电流、电压等信号）的模块，在工业控制中应用非常广泛。FX2N 系列 PLC 的 D/A 转换模块主要有 FX2N-2DA 和 FX2N-4DA 两种。其中 FX2N-2DA 是两个通道的模块，FX2N-4DA 是四个通道的模块。FX3 系列 PLC 的 D/A 转换模块主要有 FX3U-4DA、FX3U-4DA-ADP 和 FX3G-1DA-BD。

以下分别介绍 FX2N-4DA、FX3U-4DA 和 FX3U-4DA-ADP。

（1）FX2N-4DA 模块

① FX2N-4DA 模块的技术参数　FX2N-4DA 模块的参数见表 6-12。

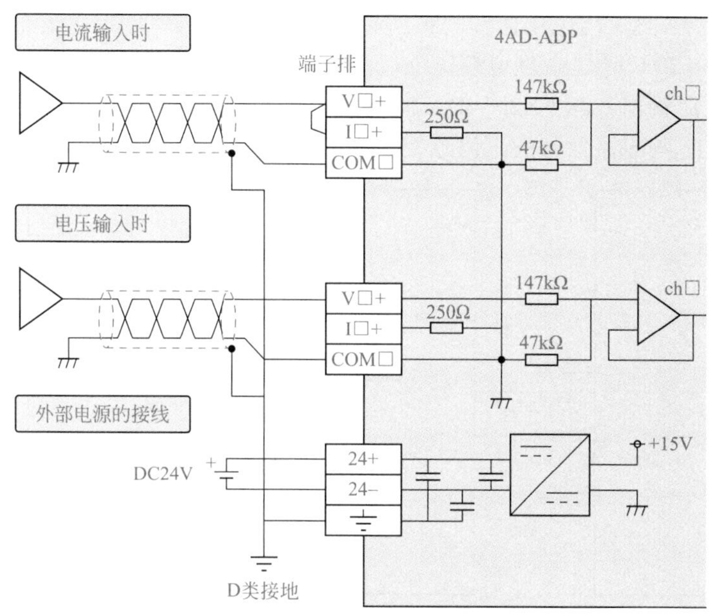

图6-29 FX3U-4AD-ADP的接线

表6-12 FX2N-4DA模块的参数

项目	参数		备注
	电压	电流	
输出通道	4 通道		4 通道输入方式可以不一致
输出要求	−10 ～ 10V	0 ～ 20mA	
输出阻抗	≥ 2kΩ	≤ 500Ω	
数字量输入	12 位		−2048 ～ 2047
分辨率	5mV	20μA	
处理时间	2.1ms/ 通道		
消耗电流	24V/200mA，5V/30mA		
编程指令	FROM/TO		

② FX2N-4DA 模块的连线 FX2N-4DA 模块可以转换电流信号和电压信号，但其接线有所不同，外部控制器与 FX2N-4DA 模块的连接（电压输出）如图 6-30 所示，控制器与模块的连接最好用双绞线，当模拟量的噪声或者波动较大时，在图中连接一个

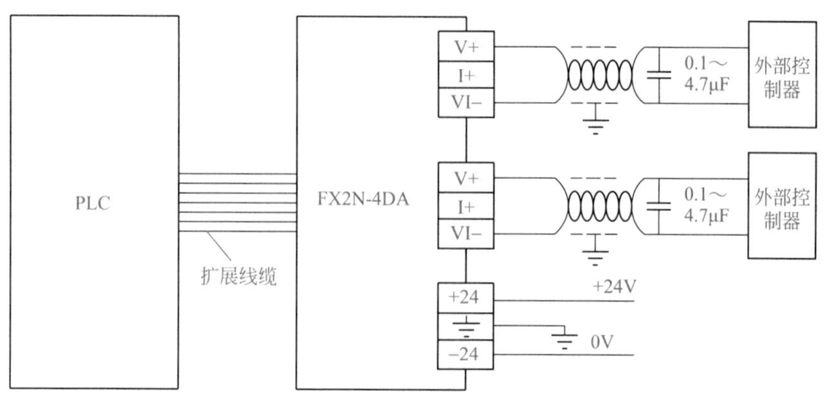

图6-30 FX2N-4DA模块与外部控制器的连接（电压输出）

0.1 ～ 4.7μF 的电容，V+ 与电压信号的正信号相连，VI− 和信号的低电平相连。FX2N-4DA 模块的 5V 电源由 PLC 通过扩展电缆提供，而 24V 需要外接电源。

控制器（电流输出）与 FX2N-4DA 模块的连接如图 6-31 所示，控制器与模块的连接最好用双绞线，I+ 与电流信号的正信号相连，VI− 与信号的低电平相连。

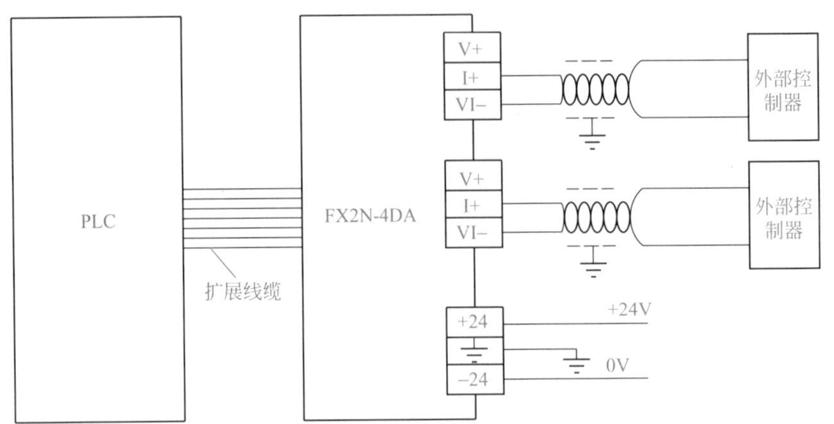

图 6-31　FX2N-4DA 模块与外部控制器的连接（电流输出）

【关键点】此模块的不同的通道可以同时连接电压或者电流信号，如通道 1 输出电压，而通道 2 输出电流信号。

（2）FX3U-4DA 模块

FX3U-4DA 可连接在 FX3G/FX3GC/FX3U/FX3UC 可编程控制器上，是将来自可编程控制器的 4 个通道的数字值转换成模拟量值（电压、电流）并输出的模拟量特殊功能模块。

a. FX3G/FX3GC/FX3U/FX3UC 可编程控制器上最多可以连接 8 台 FX3U-4DA 模块。

b. 可以对各通道指定电压输出、电流输出。

c. 将 FX3U-4DA 的缓冲存储区（BFM）中保存的数字值转换成模拟量值（电压、电流），并输出。

d. 可以用数据表格的方式，预先对决定好的输出形式做设定，然后根据该数据表格进行模拟量输出。

① FX3U-4DA 的性能规格　FX3U-4DA 的性能规格见表 6-13。

表 6-13　FX3U-4DA 的性能规格

项目	规格	
	电压输出	电流输出
模拟量输出范围	DC −10 ～ +10V（外部负载 1kΩ ～ 1MΩ）	DC 0 ～ 20mA、4 ～ 20mA（外部负载 500Ω 以下）
偏置值	−10 ～ +9V	0 ～ 17mA
增益值	−9 ～ +10V	3 ～ 30mA
数字量输入	带符号 16 位二进制	15 位二进制
分辨率	0.32mV（20V/64000）	0.63μA（20mA/32000）
综合精度	• 环境温度 25℃ ±5℃ 针对满量程 20V±0.3%（±60mV） • 环境温度 0 ～ 55℃ 针对满量程 20V±0.5%（±100mV）	• 环境温度 25℃ ±5℃ 针对满量程 20mA±0.3%（±60μA） • 环境温度 0 ～ 55℃ 针对满量程 20mA±0.5%（±100μA）

续表

项目	规格	
	电压输出	电流输出
D/A 转换时间	1ms（与使用的通道数无关）	
绝缘方式	• 模拟量输出部分和可编程控制器之间，通过光耦隔离 • 模拟量输出部分和电源之间，通过 DC/DC 转换器隔离 • 各 ch（通道）间不隔离	
输入输出占用点数	8 点（在输入、输出点数中的任意一侧计算点数。）	

② FX3U-4DA 的性能规格　FX3U-4AD 的输入特性分为电压（−10 ～ +10V）、电流（0 ～ 20mA）和电流（4 ～ 20mA）三种，根据各自的输入模式设定，以下分别介绍。

a. 电压输入特性（范围为 −10 ～ +10V，输入模式为 0、1），其模拟量和数字量的对应关系如图 6-32 所示。

输出模式设定:　0
输出形式:　电压输出
模拟量输出范围:　−10～+10V
数字量输入范围:　−32000～+32000
偏置、增益调整:　可以

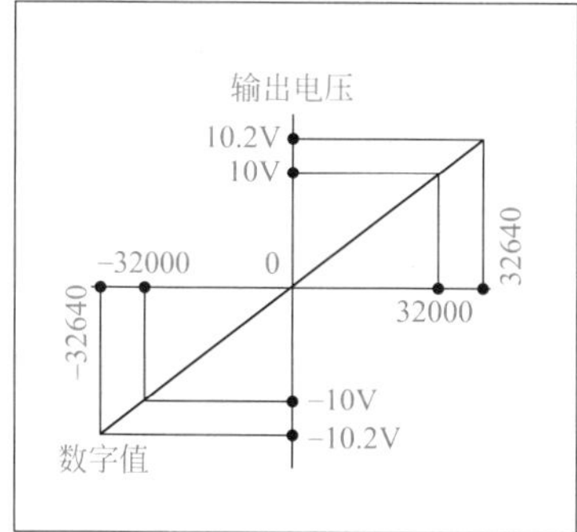

输出模式设定:　1
输出形式:　电压输出(模拟量值mV指定)
模拟量输出范围:　−10～+10V
数字量输入范围:　−10000～+10000
偏置、增益调整:　不可以

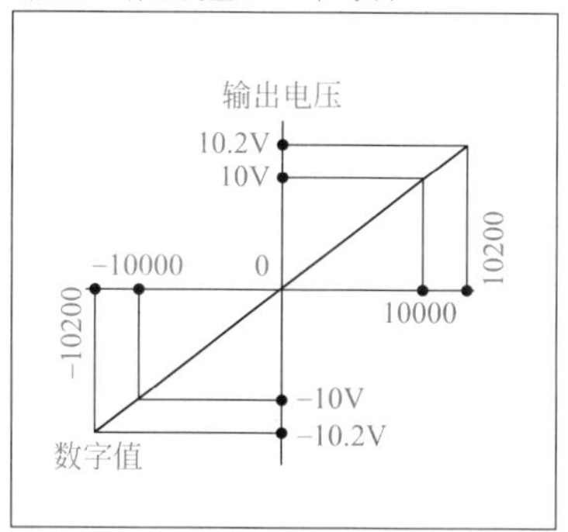

图6-32　模拟量和数字量的对应关系（1）

b. 电流输入特性（范围为 0 ～ 20mA，输入模式为 2、4），其模拟量和数字量的对应关系如图 6-33 所示。

输出模式设定:　2
输出形式:　电流输出
模拟量输出范围:　0～20mA
数字量输入范围:　0～32000
偏置、增益调整:　可以

输出模式设定:　4
输出形式:　电流输出(模拟量值μA指定)
模拟量输出范围:　0～20mA
数字量输入范围:　0～20000
偏置、增益调整:　不可以

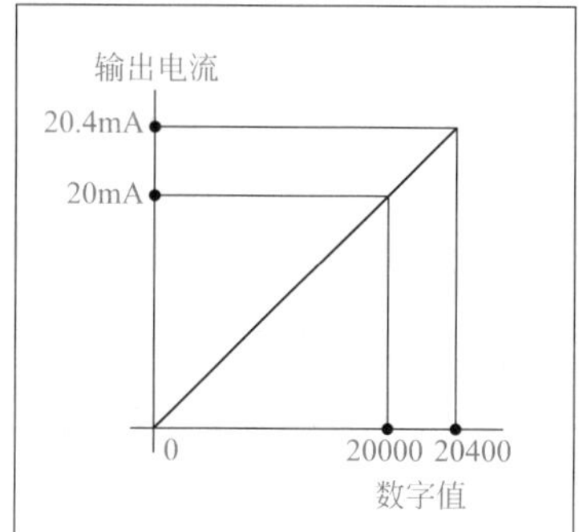

图6-33　模拟量和数字量的对应关系（2）

c. 电流输入特性（范围为 4 ～ 20mA，输入模式为 3），其模拟量和数字量的对应关系如图 6-34 所示。

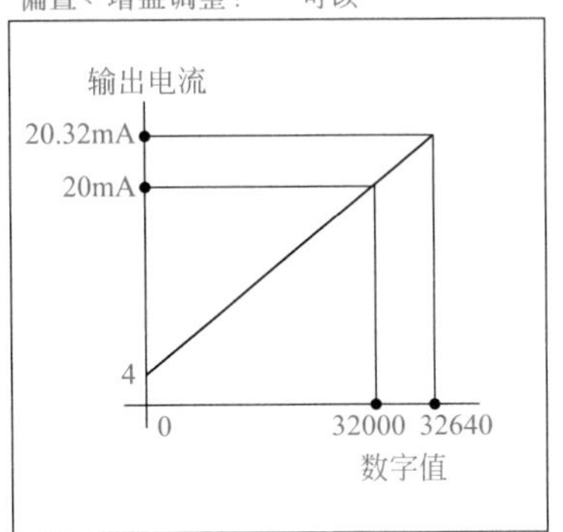

图6-34 模拟量和数字量的对应关系（3）

③ FX3U-4DA 的接线 FX3U-4DA 的接线如图 6-35 所示，图中仅绘制了 2 个通道。

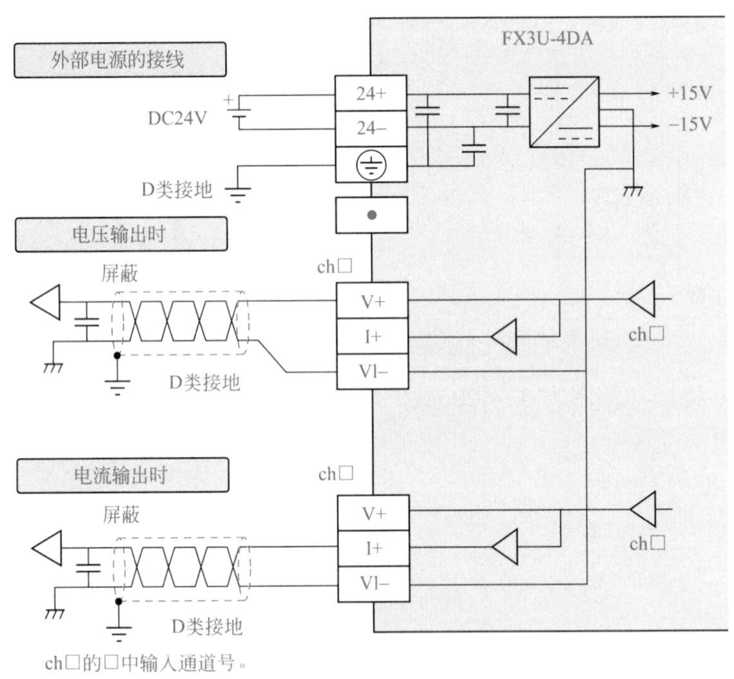

图6-35 FX3U-4DA的接线

6.4.3 三菱FX模拟量输入输出模块

模拟量输入输出模块应用比较广泛，以下仅介绍 FX3U-3A-ADP 模块。

FX3U-3A-ADP 模块安装在基本单元的左侧，包含 2 个模拟量输入通道和 1 个模拟量输出通道。

① FX3U-3A-ADP 模块的性能规格　FX3U-3A-ADP 的性能规格见表 6-14。

表 6-14　FX3U-3A-ADP 的性能规格

项目		规格			
		电压输入	电流输入	电压输出	电流输出
输入输出点数		2 通道		1 通道	
模拟量输入输出范围		DC 0 ～ 10V（输入电阻 198.7kΩ）	DC 4 ～ 20mA（输入电阻 250kΩ）	DC 0 ～ 10V（外部负载 5kΩ ～ 1MΩ）	DC 4 ～ 20mA（外部负载 500Ω 以下）
最大绝对输入		−0.5V，+15V	−2mA，+30mA	—	—
数字量输入输出		12 位二进制			
分辨率		2.5mV（10V×1/4000）	5μA（16mA×1/3200）	2.5mV（10V×1/4000）	4μA（16mA×1/4000）
综合精度	环境温度 25℃ ±5℃	针对满量程 10V ±0.5%（±50mV）	针对满量程 16mA ±0.5%（±80μA）	针对满量程 10V ±0.5%（±50mV）	针对满量程 16mA ±0.5%（±80μA）
	环境温度 0 ～ 55℃	针对满量程 10V ±1.0%（±100mV）	针对满量程 16mA ±1.0%（±160μA）	针对满量程 10V ±1.0%（±100mV）	针对满量程 16mA ±1.0%（±160μA）
	备注	—	—	外部负载电阻（R_s）不满 5kΩ 时，增加下述计算部分。（每 1% 增加 100mV）针对满量程 10V $\left[\frac{47\times100}{R_s+47}-0.9\right]\%$	—
转换时间		• FX3U/FX3UC 可编程控制器 80μs× 使用输入 ch（通道）数 +40μs× 使用输出 ch（通道）数（每个运算周期更新数据） • FX3S/FX3G/FX3GC 可编程控制器 90μs× 使用输入 ch（通道）数 +50μs× 使用输出 ch（通道）数（每个运算周期更新数据）			
输入输出特性		4080, 4000, 数字量输出, 0, 10V, 102V, 模拟量输入	3280, 3200, 数字量输出, 0, 4mA, 20mA, 20.4mA, 模拟量输入	10V, 模拟量输出, 0, 4000, 4080, 数字量输入	20mA, 4mA, 模拟量输出, 0, 4000, 4080, 数字量输入
绝缘方式		• 模拟量输入输出部分和可编程控制器之间，通过光耦隔离 • 电源和模拟量输入之间，通过 DC/DC 转换器隔离 • 各 ch（通道）间不隔离			
输入输出占用点数		0 点（与可编程控制器的最大输入输出点数无关）			

② FX3U-3A-ADP 模块的接线　FX3U-3A-ADP 模块的接线的模拟量输入通道接线如图 6-36 所示，模拟量输出通道接线如图 6-37 所示。

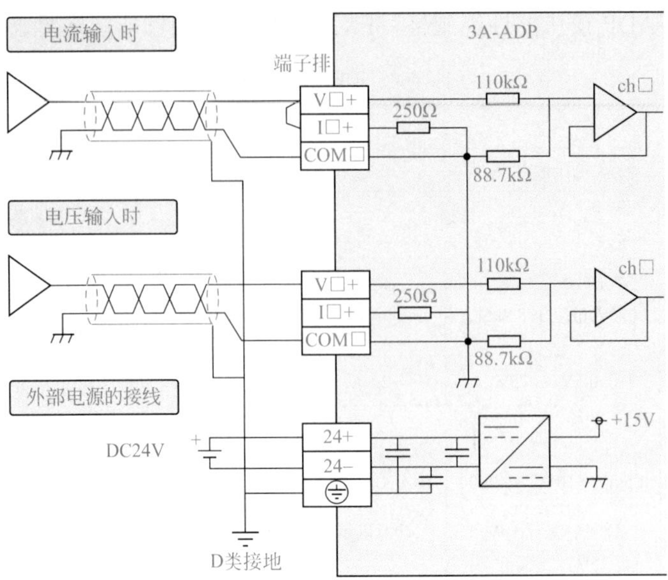

图6-36　FX3U-3A-ADP模块模拟量输入通道接线

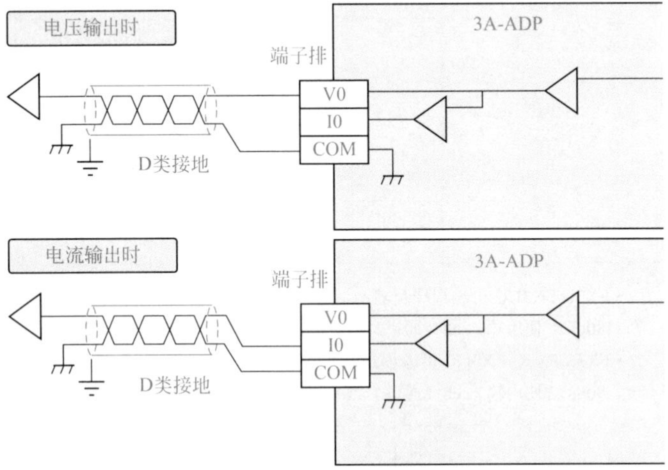

图6-37　FX3U-3A-ADP模块模拟量输出通道接线

第7章 三菱FX系列PLC的编程软件

PLC是一种工业计算机，不只是有硬件，必须有软件程序，PLC的程序分为系统程序和用户程序，系统程序已经固化在PLC内部。一般而言用户程序要用编程软件输入，编程软件是编写、调试用户程序不可或缺的软件，本章介绍两款常用的三菱可编程控制器的编程软件的安装、使用，为后续章节奠定学习基础。

7.1 GX Developer编程软件的安装

7.1.1 GX Developer编程软件的概述

目前常用于FX系列PLC的编程软件有三款，分别是FX-GP/WIN-C、GX Developer和GX Works3，其中FX-GP/WIN-C是一款简易的编程软件，虽然易学易用，适合初学者使用，但其功能比较少，使用的人相对较少，因此本章不作介绍。GX Developer编程软件功能比较强大，应用广泛，因此本书将重点介绍。GX Works3推出时间不久，此软件吸收了欧系PLC编程软件结构化的优点，是一款功能强大软件，本书将作介绍。

（1）软件简介

GX Developer编程软件可以在三菱电机自动化（中国）有限公司的官方网站上免费下载（http://www.mitsubishielectric-automation.cn），并可免费申请安装系列号。

GX Developer编程软件能够完成Q系列、QnA系列、A系列、FX系列（含FX0、FX0S、FX0N系列，FX1、FX2、FX2C系列，FX1S，FX1N、FX2N、FX2NC、FX3G、FX3U、FX3UC和FX3S系列）的PLC的梯形图、指令表和SFC的编辑。该编程软件能将编辑的程序转换成GPPQ、GPPA等格式文档，当使用FX系列PLC时，还能将程序存储为FXGP(DOS)和FXGP（WIN）格式的文档。此外，该软件还能将EXCEL、WORD文档等软件编辑的说明文字、数据，通过复制等简单的操作导入程序中，使得软件的使用和程序编辑变得更加便捷。

（2）GX Developer 编程软件的特点

① 操作简单

a. 标号编程。用标号，就不需要认识软元件的号码（地址）而能根据标识制成标准程序。

b. 功能块。功能块是提高程序的开发效率而开发的一种功能。把需要反复执行的程序制成功能块，使得顺序程序的开发变得容易。功能块类似于 C 语言的子程序。

c. 使用宏。只要在任意的回路模式上加上名字（宏定义名）登录（宏登录）到文档，然后输入简单的命令，就能读出登录过的回路模式，变更软元件就能灵活利用了。

② 与 PLC 连接的方式灵活

a. 通过串口（RS232C、RS422、RS485）通信与可编程控制器 CPU 连接。

b. 通过 USB 接口通信与可编程控制器 CPU 连接。

c. 通过 MELSEC NET/10（H）与可编程控制器 CPU 连接。

d. 通过 MELSEC NET（II）与可编程控制器 CPU 连接。

e. 通过 CC-LINK 与可编程控制器 CPU 连接。

f. 通过 Ethernet 与可编程控制器 CPU 连接。

g. 通过计算机接口与可编程控制器 CPU 连接。

③ 强大的调试功能

a. 由于运用了梯形图逻辑测试功能，能够更加简单地进行调试作业。通过该软件能进行模拟在线调试，不需要真实的 PLC。

b. 在帮助菜单中有 CPU 的出错信息、特殊继电器 / 特殊存储器的说明内容，所以对于在线调试过程中发生的错误，或者在程序编辑过程中想知道特殊继电器 / 特殊存储器的内容的情况下，通过帮助菜单可非常容易查询到相关信息。

c. 程序编辑过程中发生错误时，软件会提示错误信息或者错误原因，所以能大幅度缩短程序编辑的时间。

（3）操作界面

如图 7-1 所示为 GX Developer 编程软件的操作界面，该操作界面由下拉菜单、工具条、编程区、工程数据列表、状态条等部分组成。整个程序在 GX Developer 编程软件中成为工程。

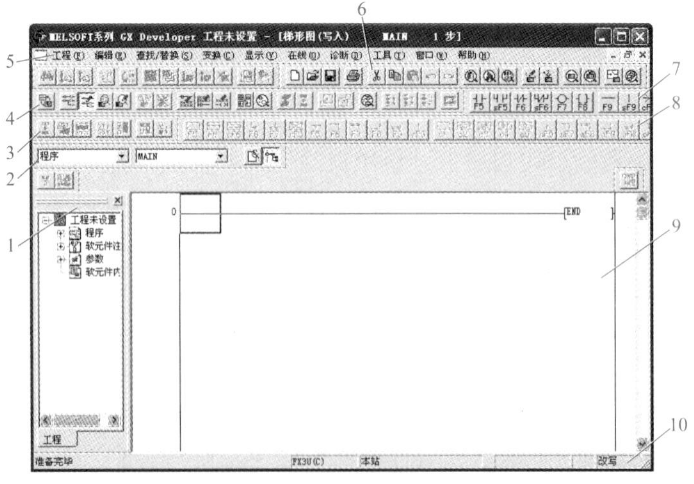

图7-1　GX Developer编程软件操作界面

图 7-1 中各个序号对应名称和含义见表 7-1。

表7-1 GX Developer编程软件操作界面中名称及其含义

序号	名称	含义
1	工程参数列表	显示程序、编程元件注释、参数、编程元件内存等内容，可实现这项目数据设定
2	数据切换工具条	可在程序、注释、参数、编程元件内存之间切换
3	SFC 工具条	可对 SFC 程序进行块变换、块信息设置、排序、块监视操作
4	程序工具条	可进行梯形图模式，指令表模式转换；进行读出模式，写入模式，监视模式和监视写入模式转换
5	菜单栏	包括工程、编辑、查找 / 替换、交换、显示、在线、诊断、工具、窗口、帮助等菜单
6	标准工具条	由工具菜单、编辑菜单、在线菜单等组成
7	梯形图标记工具条	包含梯形图所需要的常开触点、常闭触点、应用指令等内容
8	SFC 符号工具条	包含 SFC 程序编辑所需要使用的步、块启动步、结束步、选择合并、平行合并等功能键
9	操作编辑区	完成程序编辑、修改、监控的区域
10	状态栏	提示当前操作，显示 PLC 的类型以及当前操作状态

7.1.2 GX Developer编程软件的安装

（1）计算机的软硬件条件

① 软件：Windows XP/7；

② 硬件：至少得有 512MB 内存，以及 100MB 空余的硬盘。

（2）安装方法

打开安装目录，先安装环境包，具体为：EnvMEL\SETUP.EXE，再返回主目录，安装主目录下的 SETUP.EXE 即可。安装前最好关闭杀毒监控软件。安装的具体过程如下。

① 安装环境包。先单击环境包 EnvMEL 中的可执行文件 SETUP.EXE，弹出“欢迎”界面，如图 7-2 所示；单击“下一个”按钮，弹出“信息”界面，如图 7-3 所示；单击“下一个”按钮，弹出“设置完成”界面，如图 7-4 所示，单击“结束”，环境包安装完成。

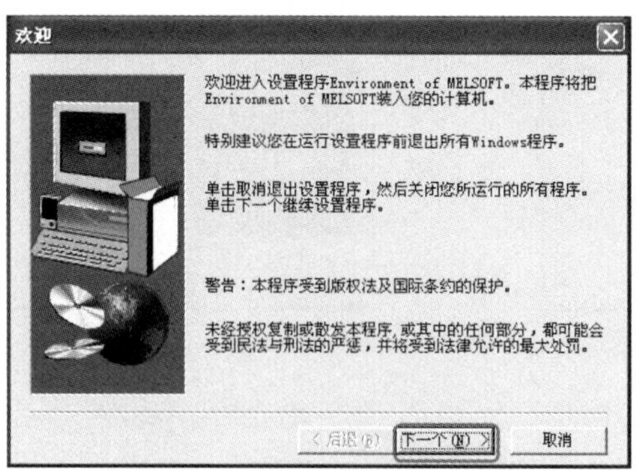

图7-2 欢迎界面

② 安装主目录下的文件。先单击主目录中的可执行文件 SETUP.EXE，弹出“欢迎”界面，如图 7-5 所示；单击“下一个”按钮，弹出“用户信息”界面，如图 7-6 所示，在“姓名”中填入操作者的姓名，也可以是默认值；在“公司”中填入您的公司名称，也可以是系统默认值，最后单击“下一个”按钮即可。

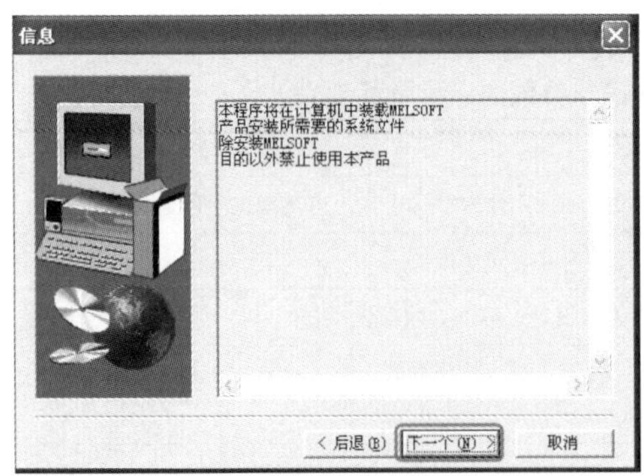

图7-3　信息界面

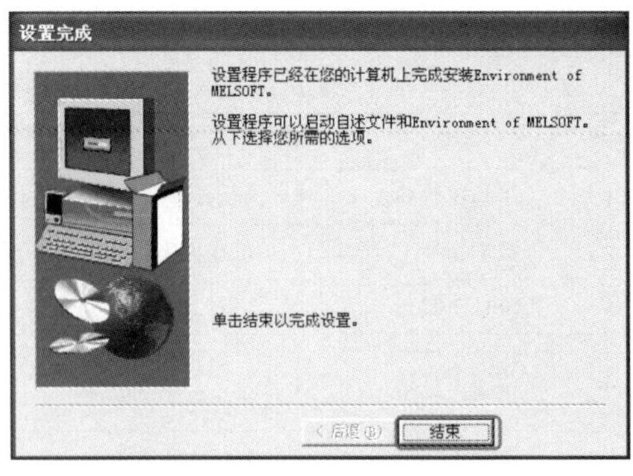

图7-4　设置完成界面

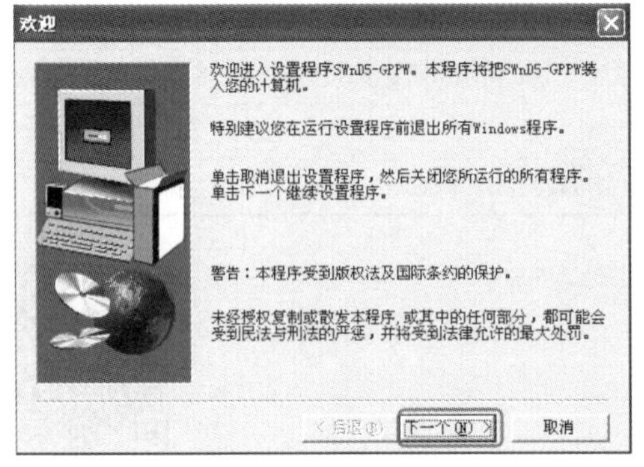

图7-5　欢迎界面

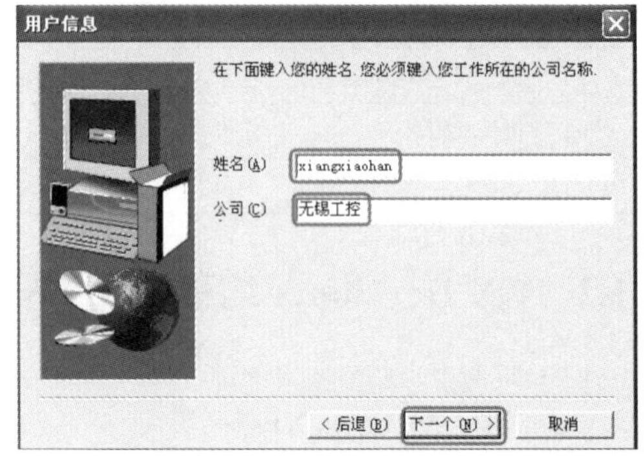

图7-6　用户信息界面

③ 注册信息。如图7-7所示的“注册确认”界面，单击“是”按钮，弹出“输入产品序列号”界面，如图7-8所示，输入序列号，此系列号可到三菱公司免费申请，再单击“下一个”按钮。

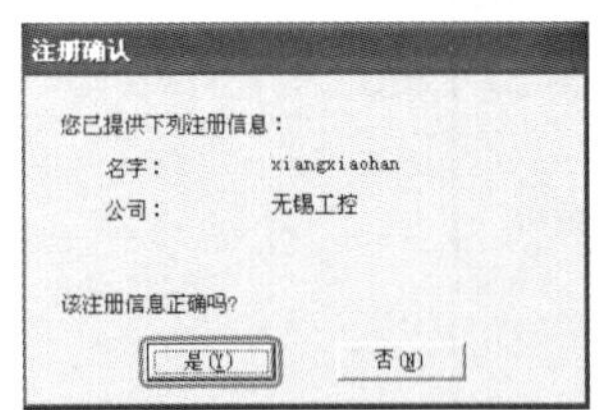

图7-7　注册确认界面

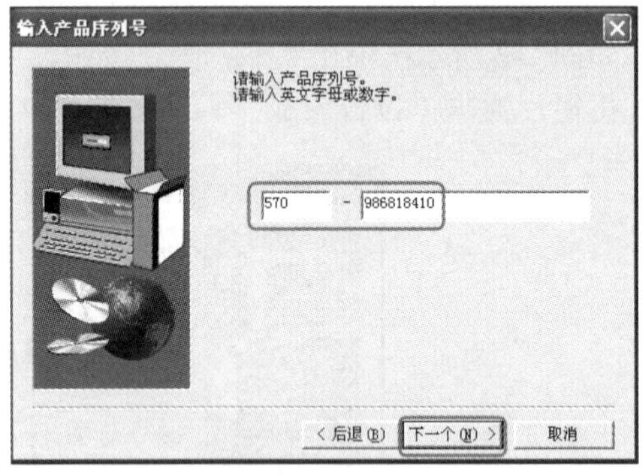

图7-8　输入产品序列号界面

④ 选择部件。如图7-9所示，先勾选“ST语言程序功能”，再单击“下一个”按钮，弹出“选择部件”界面，如图7-10所示，一定不能勾选“监视专用GX Developer”，单击“下一个”按钮，弹出“选择部件”界面，如图7-11所示，三个选项都要勾选，单击“下一个”按钮。

⑤ 选择目标位置。如果您想安装在默认目录下，只要单击“下一个”按钮就可以等待程序完成安装，如果您的C盘不够大，希望把软件安装在其他目录下，则先单击“浏览”按钮指定所希望安装的目录，再单击“下一个”按钮，如图7-12所示。

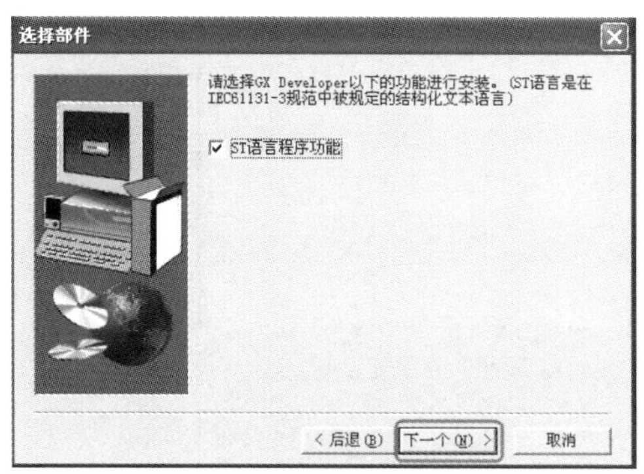

图7-9　选择部件界面（1）

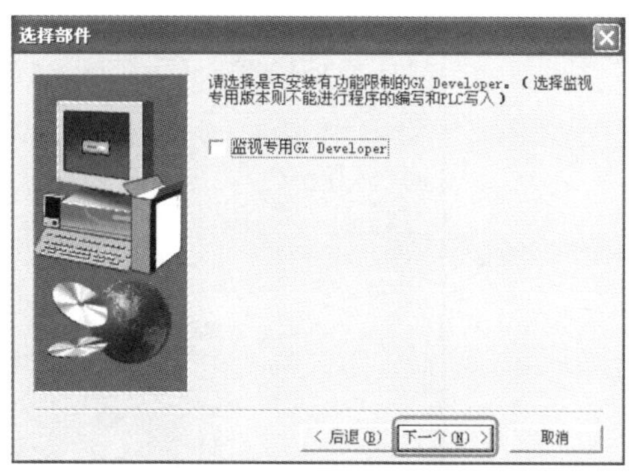

图7-10　选择部件界面（2）

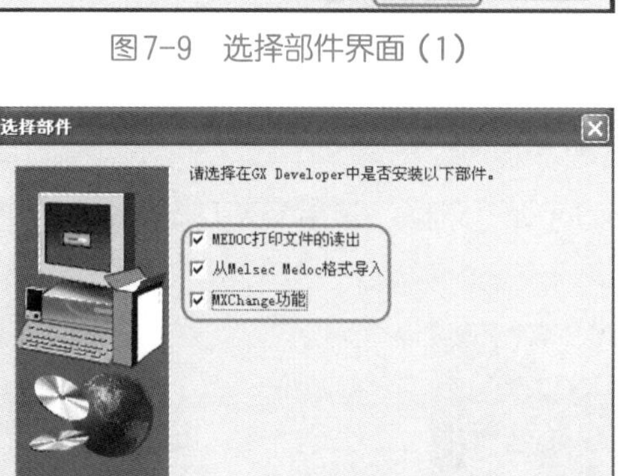

图7-11　选择部件界面（3）

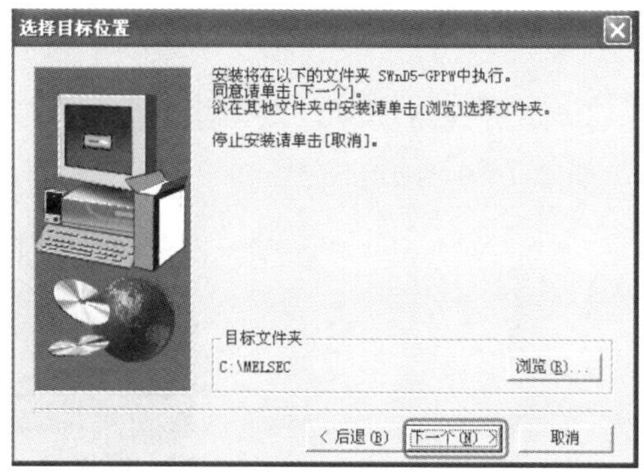

图7-12　选择目标位置界面

7.2　GX Developer 编程软件的使用

7.2.1　GX Developer 编程软件工作界面的打开

打开工作界面通常有三种方法，一是从开始菜单中打开，二是直接双击桌面上的快捷图标打开，三是通过双击已经创建完成的程序打开工作界面，以下介绍前两种方法。

① 用鼠标左键单击“开始”→“GX Developer”，如图 7-13 所示，弹出 GX Developer 工作界面，如图 7-14 所示。

图7-13　选中软件图标

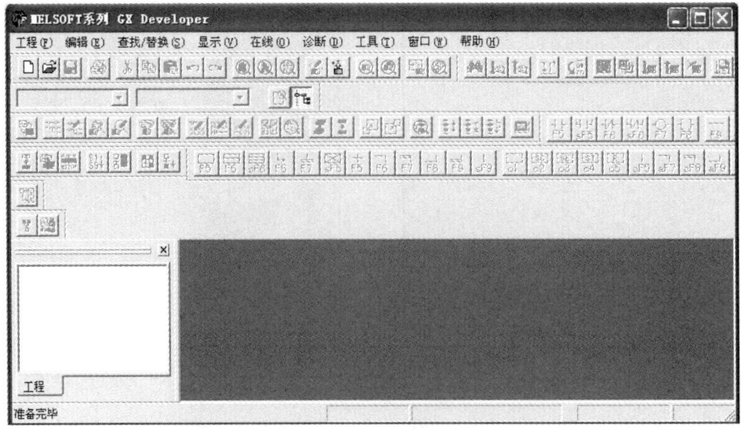

图7-14 GX Developer工作界面

② 如图 7-15 所示，双击桌面上的“GX Developer”图标，弹出 GX Developer 工作界面，如图 7-14 所示。

图7-15 用鼠标左键双击“GX Developer”

7.2.2 创建新工程

① 在创建新工程前，先将对话框中的内容简要说明一下。

a. PLC 系列：选择 PLC 的 CPU 类型，三菱的 CPU 类型有 Q、A、FX 和 QnA 等系列。

b. PLC 类型：根据已经选择的 PLC 系列，选择 PLC 的型号，例如三菱的 FX 系列有 FX3U、FX3G、FX2N 和 FX1S 等型号。

c. 程序类型：编写程序使用梯形图、还是 SFC（顺序功能图）等。

d. 标签设定：默认为“不设定”。

e. 生成和程序同名称的软元件内存数据：选中后，新建工程时生成和程序同名的软元件内存数据。

f. 工程名称设定：工程名可以编程前设定，也可以在编程完成后设定，在编程前设定时，在如图 7-16 所示的对话框中选中“设定工程名”。

② 单击工具栏上的“新建”按钮 🗋，弹出“创建新工程”对话框，如图 7-16 所示。先点击下三角，选中“PLC 系列”中的选项，本例为：FXCPU，再选中“PLC 类型”中的选项，本例为：FX2N，再勾选“设置工程名称”，在工程名栏中输入“电动机”，再单击“确定”按钮，弹出对话框。如图 7-17 所示，最后单击“是”按钮。

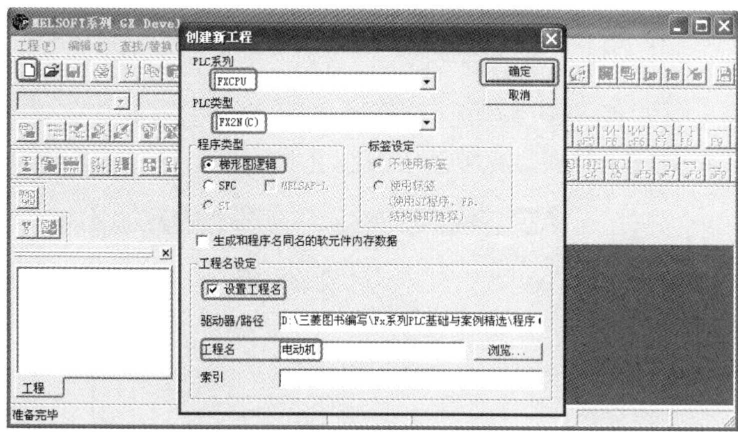

图7-16　创建新工程

图7-17　对话框

7.2.3　保存工程

保存工程是至关重要的，在构建工程的过程中，要养成常保存工程的好习惯。保存工程很简单，如果一个工程已经存在，只要单击“保存”按钮即可，如图7-18所示。如果这个工程没有保存过，那么单击“保存”按钮后会弹出“另存工程为”界面，如图7-19所示，在“工程名”中输入要保存的工程名称，本例为：电动机，单击“保存”按钮即可。

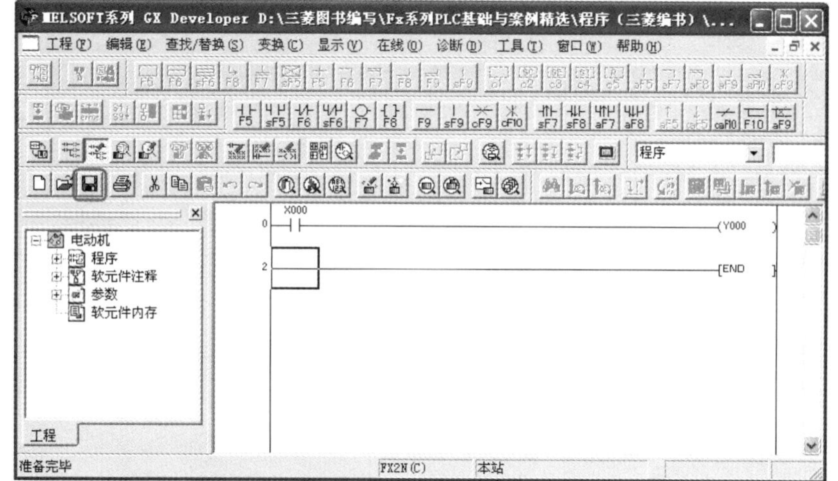

图7-18　保存工程

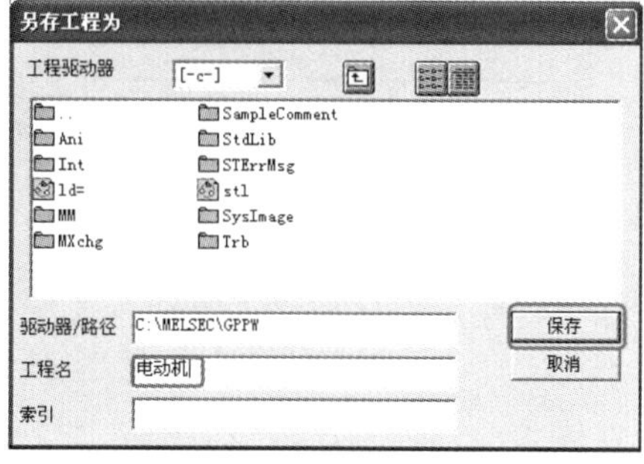

图7-19　另存工程为

7.2.4 打开工程

打开工程就是读取已保存的工程的程序。操作方法是在编程界面上点击“工程”→“打开工程”，如图7-20所示，之后弹出“打开工程”对话框，如图7-21所示，先选取要打开的工程，再单击“打开”按钮，被选取的工程（本例为“电动机”）便可打开。

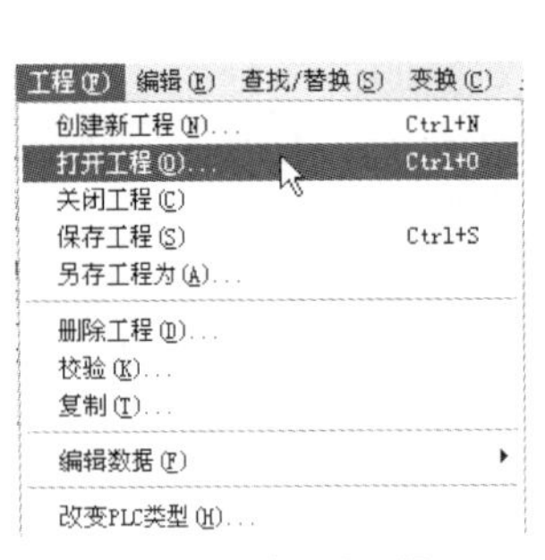

图7-20 打开工程

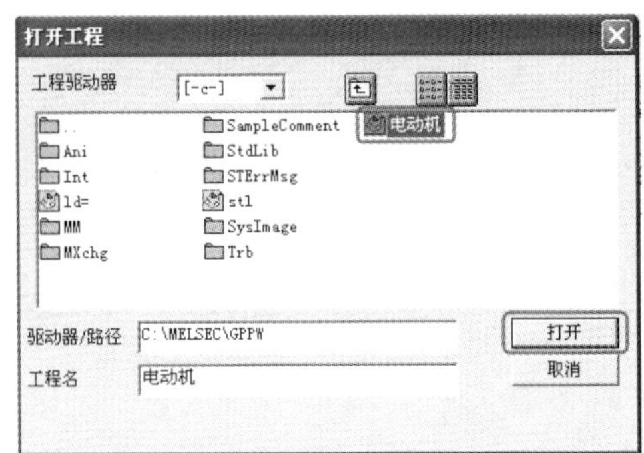

图7-21 “打开工程”对话框

7.2.5 改变程序类型

可以把梯形图程序的类型改为SFC程序，或者把SFC程序改为梯形图程序。操作方法是：点击“工程”→“编辑数据”→“改变程序类型”，如图7-22所示，之后弹出“改变程序类型”对话框，如图7-23所示，单击“确定”按钮即可。

图7-22 改变程序类型

图7-23 “改变程序类型”对话框

7.2.6 程序的输入方法

要编译程序，必须要先输入程序，程序的输入有四种方法，以下分别进行介绍。

（1）直接从工具栏输入

在软元件工具栏中选择要输入的软元件，假设要输入“常开触点X0”，则单击工具栏中的“F5”按钮，弹出“梯形图输入”对话框，输入“X0”，单击“确定”按钮，如图7-24

所示。之后，常开触点出现在相应位置，如图 7-25 所示，不过此时的触点是灰色的。

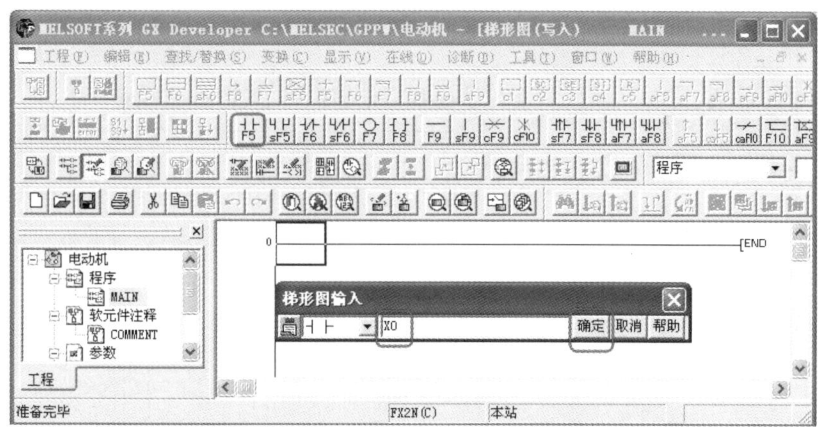

图7-24 “梯形图输入”对话框

（2）直接双击输入

如图 7-25 所示，双击“1”处，弹出“梯形图输入”对话框，单击下拉按钮，选择输出线圈，如图 7-26 所示。之后在“梯形图输入”对话框中输入“Y0”，单击“确定”按钮，如图 7-27 所示。则一个输出线圈“Y0”输入完成。

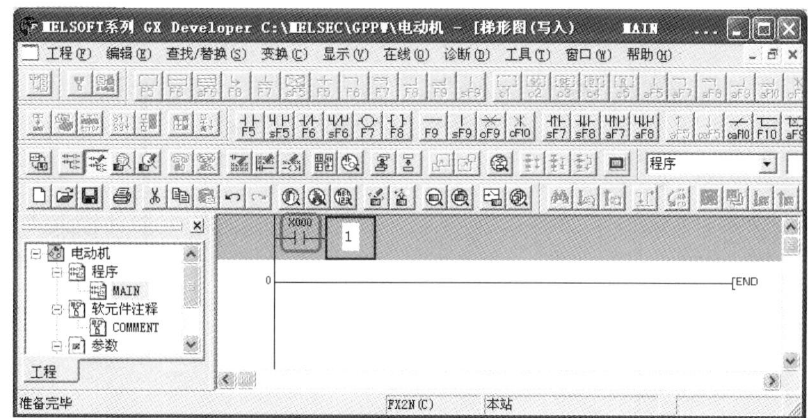

图7-25 梯形图输入（1）

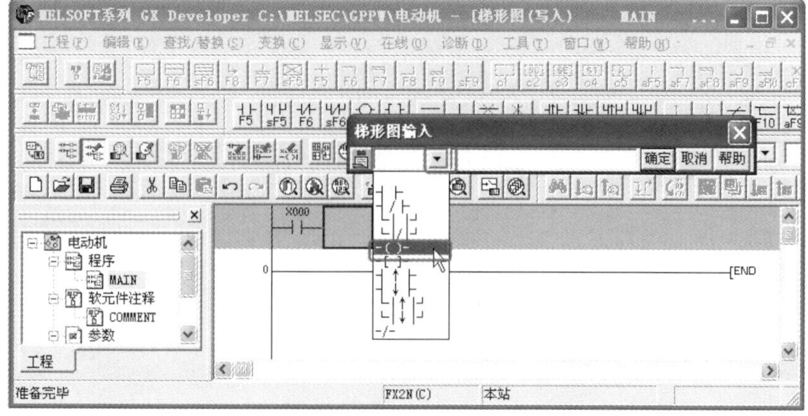

图7-26 梯形图输入（2）

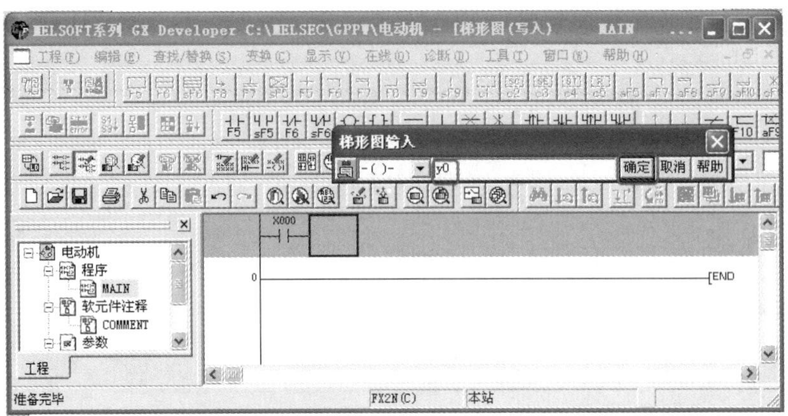

图7-27　梯形图输入（3）

（3）用键盘上的功能键输入

用功能键输入是比较快的输入方式，但并不适合初学者，一般被比较熟练的编程者使用。软元件和功能键的对应关系如图 7-28 所示，单击键盘上的 F5 功能键和单击按钮 F5 的作用是一致的，都会弹出常开触点的梯形图对话框，同理单击键盘上的 F6 功能键和单击按钮 F6 的作用是一致的，都会弹出常闭触点的梯形图对话框。sF5、cF9、aF7、caF10 中的 s、c、a、ca 分别表示按下键盘上的 Shift、Ctrl、Alt、Ctrl+Alt。caF10 的含义是同时按下键盘上的 Ctrl、Alt 和 F10，就是运算结果取反。

F5 sF5 F6 sF6 F7 F8 F9 sF9 cF9 cF10 sF7 sF8 aF7 aF8 aF5 caF5 caF10 F10 aF9

图7-28　软元件和功能键的对应关系

（4）指令直接输入对话框

指令直接输入对话框方式如图 7-29 所示，只要在要输入的空白处输入“and x2”（指令表），则自动弹出梯形图对话框，单击“确定”按钮即可。指令直接输入对话框方式是很快的输入方式，适合对指令表比较熟悉的用户。

图7-29　指令直接输入对话框

7.2.7　连线的输入和删除

在 GX Developer 的编程软件中，连线的输入用 F9 和 sF9 功能键，而删除连线用 cF9 和 cF10

功能键。F9是输入水平线功能键，sF9是输入垂直线功能键，cF9是删除水平线功能键，cF10是删除垂直线功能键。F10用于画规则线，而aF9用于删除规则线。以下用一个例子说明连接竖线的方法。要在如图7-30的“1”处加一条竖线，先把光标移到“1”处，单击功能键F9，弹出“竖线输入”对话框，单击“确定”按钮即可。

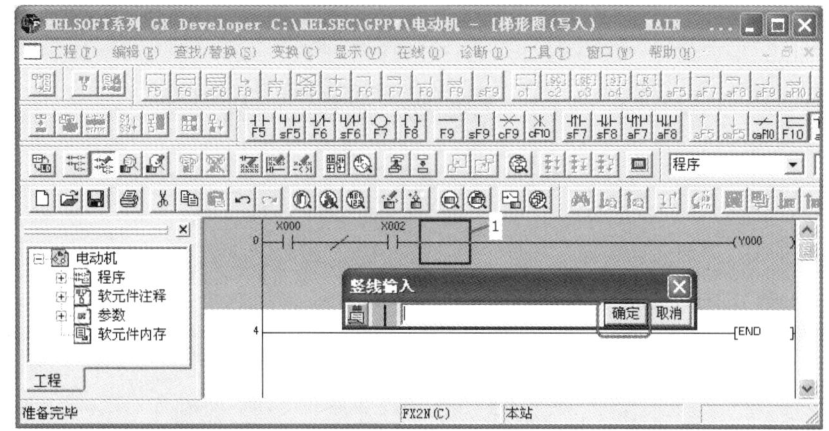

图7-30　连接竖线

7.2.8　注释

一个程序，特别是比较长的程序，要容易被别人读懂，做好注释是很重要的。注释编辑的实现方法是：单击“编辑”→“文档生成”→“注释编辑”，如图7-31所示，之后梯形图的间距加大。

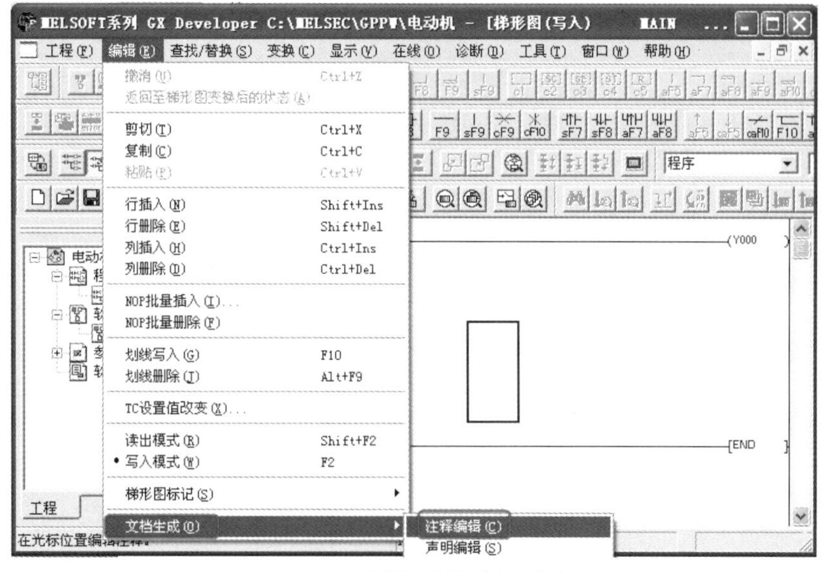

图7-31　注释编辑的方法（1）

如图7-32所示，双击要注释的软元件，弹出“注释输入”对话框，输入X0的注释（本例为“启动”），单击“确定”按钮，弹出如图7-33所示的界面，可以看到X000下方有“启动”字样，其他的软元件的注释方法类似。

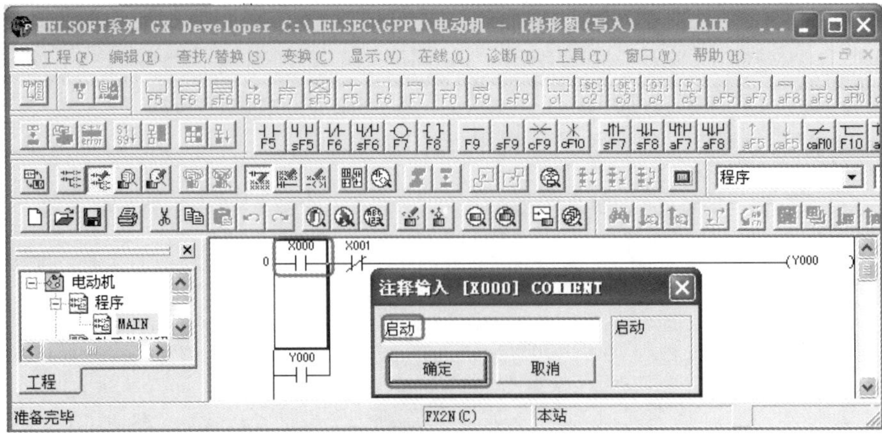

图7-32 注释编辑的方法（2）

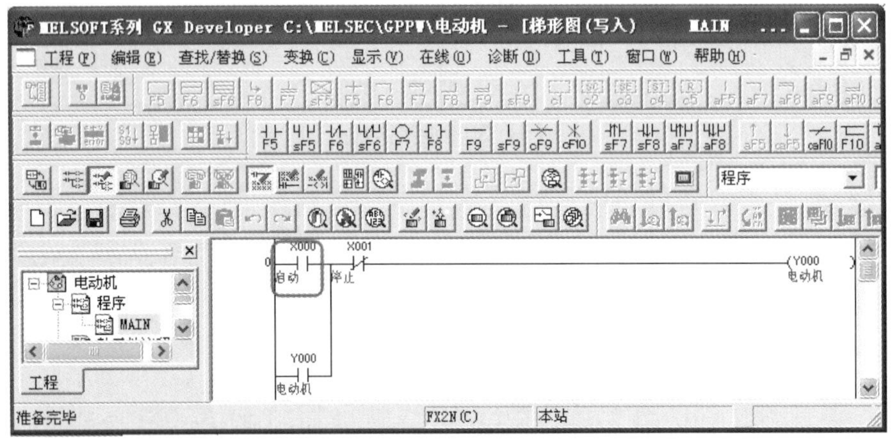

图7-33 注释编辑的方法（3）

展开软元件注释，如图7-34所示，双击“COMMENT”，在软元件名中输入X0，单击“显示”按钮，可以看到软元件“X000”和“X001”的注释。当然，如果要注释“X002”和“X003”，也可以直接在表格中输入要注释的内容。

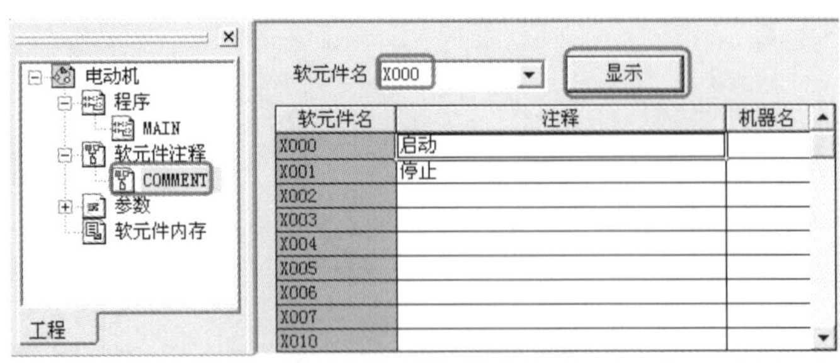

图7-34 注释编辑的方法（4）

声明和注解编辑的方法与元件注释类似，主要用于大程序的注释说明，以利于读懂程序和运行监控。具体做法是：单击“编辑”→“文档生成”→“声明/注释批量编辑”，如图7-35所示，之后弹出声明/注释批量编辑界面，如图7-36所示，输入每一段程序的说明，单击“确定”按钮，最终程序的注释如图7-37所示。

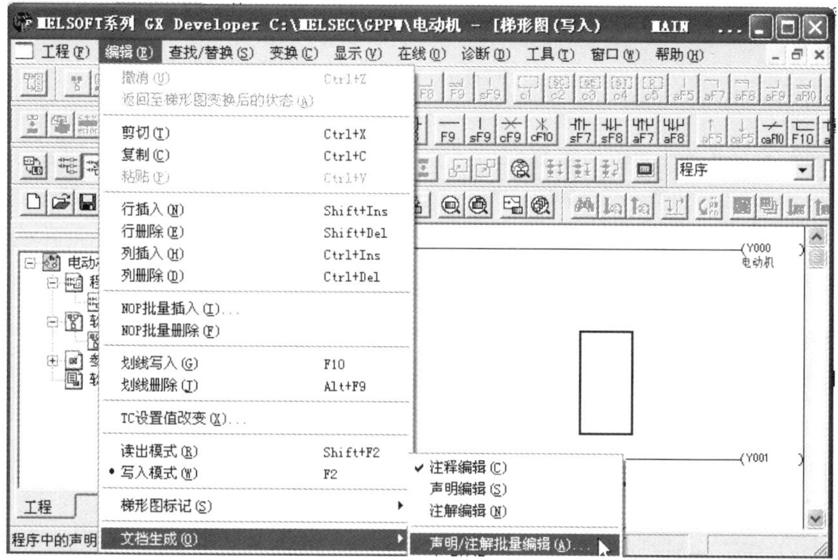

图7-35　声明/注释批量编辑（1）

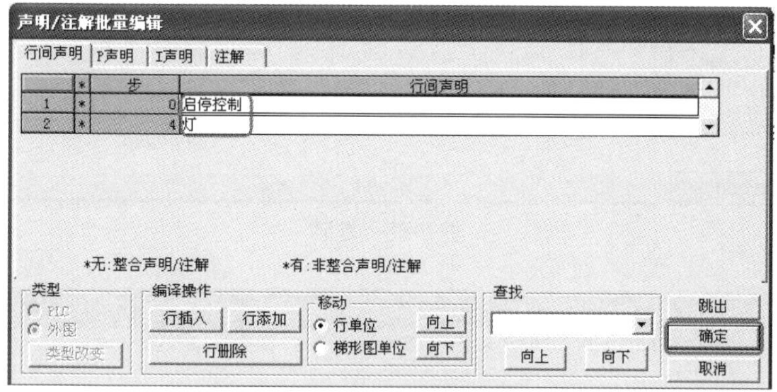

图7-36　声明/注释批量编辑（2）

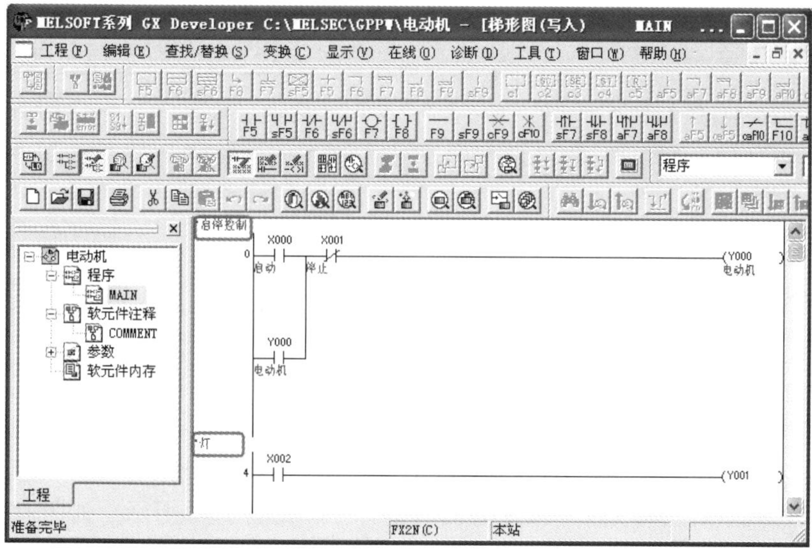

图7-37　声明/注释批量编辑（3）

7.2.9 程序的复制、修改与清除

程序的复制、修改与清除的方法与Office中的文档的编辑方法是类似的，下面分别介绍。

（1）复制

用一个例子来说明，假设要复制一个常开触点。先选中如图7-38所示的常开触点X0，再单击工具栏中的“复制”按钮，接着选中将要粘贴的地方，最后单击工具栏中的“粘贴”按钮，如图7-39所示，这样常开触点X0就复制到另外一个位置了。当然以上步骤也可以使用快捷键的方式实现，此方法类似office中的复制和粘贴的操作。

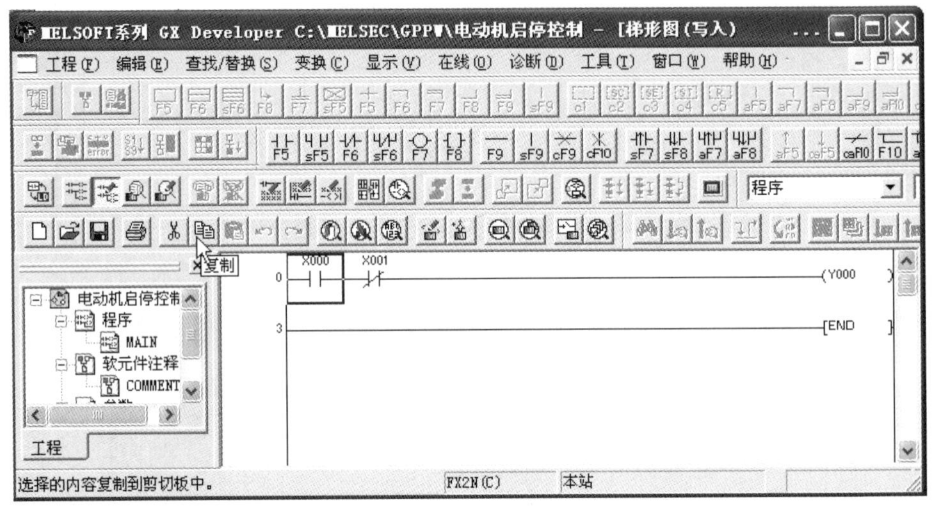

图7-38 复制

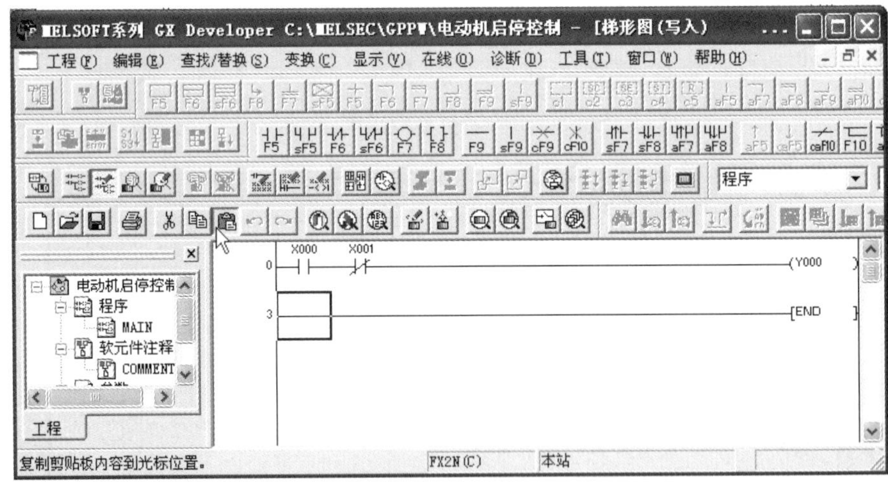

图7-39 粘贴

（2）修改

编写程序时，修改程序是不可避免的，如行插入和列插入等。例如要在如图7-40所示的M0触点的上方插入一行，先选中常开触点M0，再单击“编辑”→“行插入”，如图7-41所示，可以看到常开触点M0上方插入了一行，如图7-42所示。列插入和行插入是类似的，在此不再赘述。

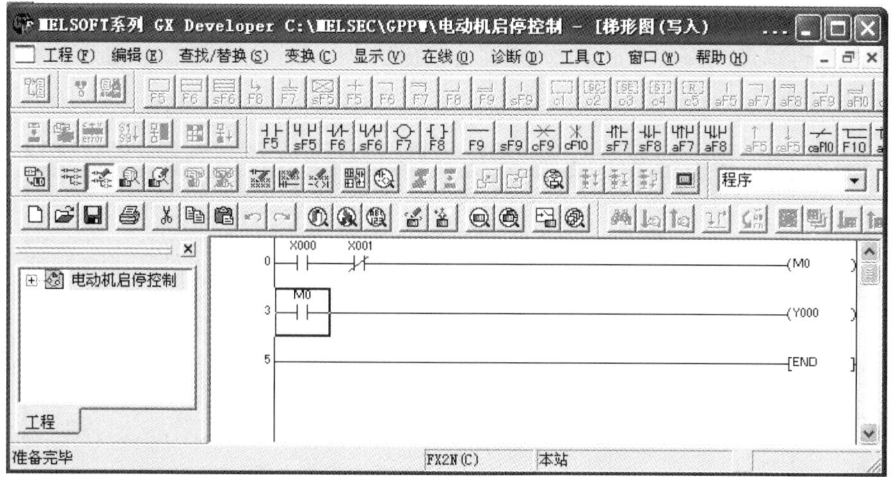

图7-40 行插入（1）

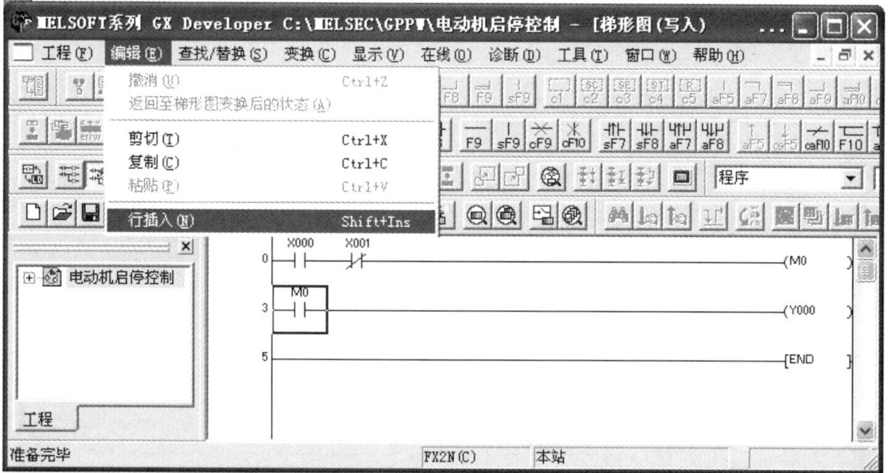

图7-41 行插入（2）

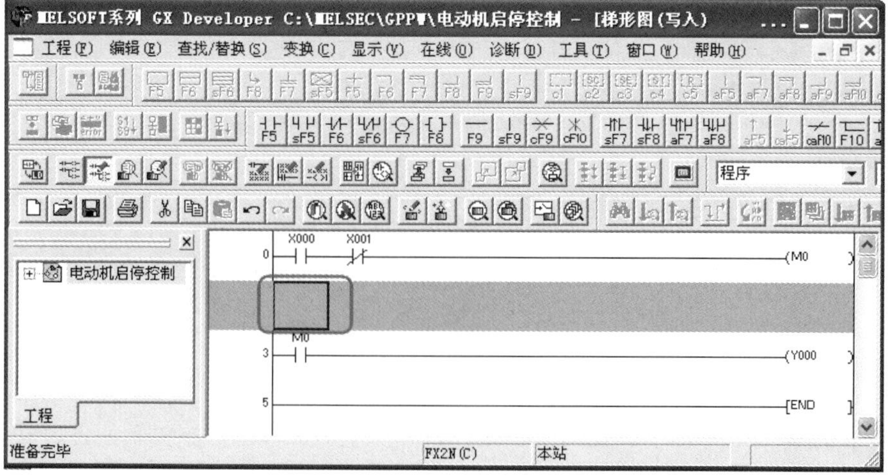

图7-42 行插入（3）

行的删除。例如要在如图 7-42 所示的 M0 触点的上方删除一行，先选中常开触点 M0 上方的一行，再单击“编辑”→“行删除”，如图 7-43 所示，可以看到常开触点 M0 上方删除了一行。

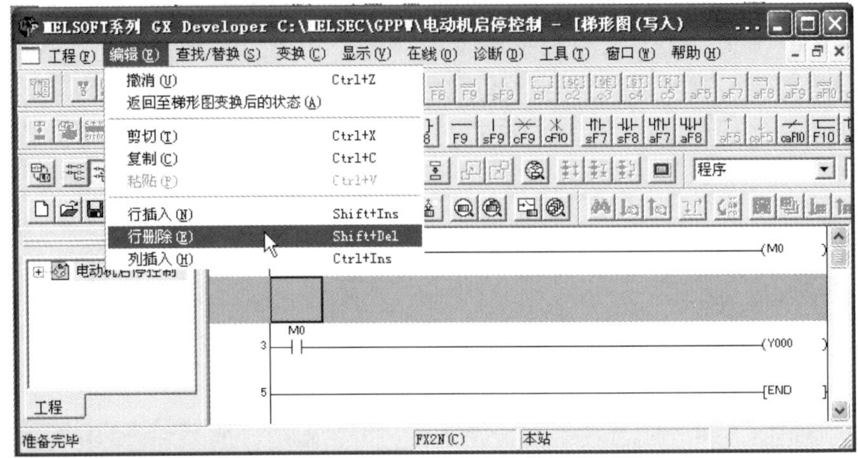

图7-43　行删除

撤销操作。撤销操作就是把上一步的操作撤销。操作方法是：单击“操作返回到原来”按钮 ，如图 7-44 所示。

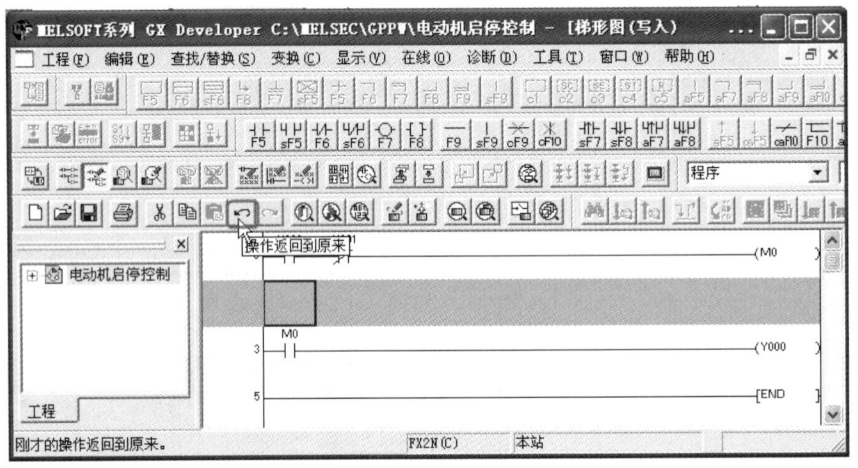

图7-44　撤销操作

7.2.10　软元件查找与替换

软元件查找与替换与 Office 中的“查找与替换”的功能和使用方法是一致，以下分别介绍。

（1）元件的查找

如果一个程序比较长，肉眼查找一个软元件是比较困难的，但使用 GX Developer 软件中的查找功能就很方便了。使用方法是：单击“查找 / 替换”→“软元件查找”，如图 7-45 所示，弹出“软元件查找”对话框，在方框中输入要查找的软元件（本例为 X001），单击“查找下一个”按钮，可以看到，光标移到要查找的软元件上，如图 7-46 所示。

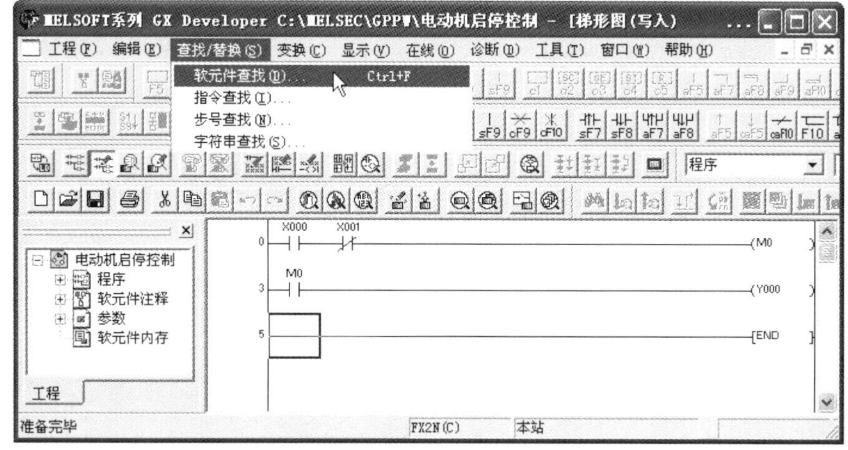

图7-45 软元件查找（1）

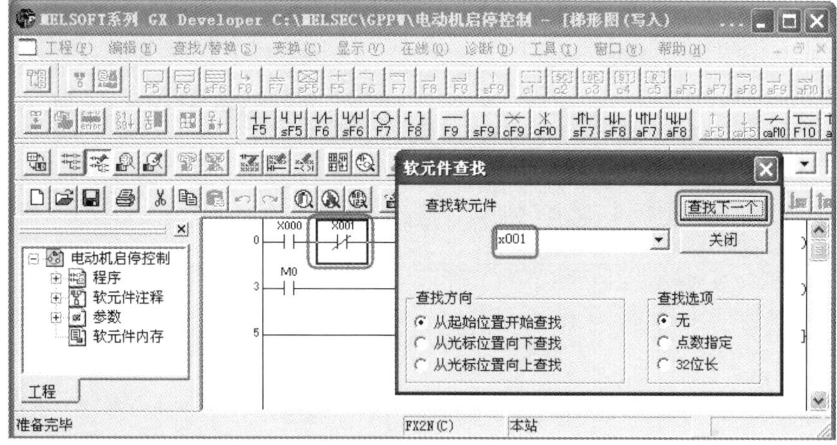

图7-46 软元件查找（2）

（2）元件的替换

如果一个程序比较长，要将一个软元件替换成另一个软元件，使用GX Developer软件中的替换功能就很方便，而且不容易遗漏。操作方法是：单击“查找/替换”→“软元件替换”，如图7-47所示，弹出“软元件替换”对话框，在“旧软元件”方框中输入被替换的软元件（本例为X001），在“新软元件”对话框中输入新软元件（本例为X002），单击“替换”按钮一次，则程序中的旧的软件“X001”被新的软元件“X002”替换一个，如图7-48所示。如果要把所有的旧的软件“X001”被新的软元件“X002”替换，则单击“全部替换”按钮。

7.2.11 常开常闭触点互换

在许多编程软件中常开触点称为A触点，常闭触点称为B触点，所以有的资料上将常开常闭触点互换称为A/B触点互换。操作方法是：单击“查找/替换”→“常开常闭触点互换”，如图7-49所示，弹出常开常闭触点互换对话框，单击“替换”按钮，如图7-50所示，则图中的X001常闭触点替换成常开触点。替换完成后弹出如图7-51所示的界面，单击“确定”按钮即可。

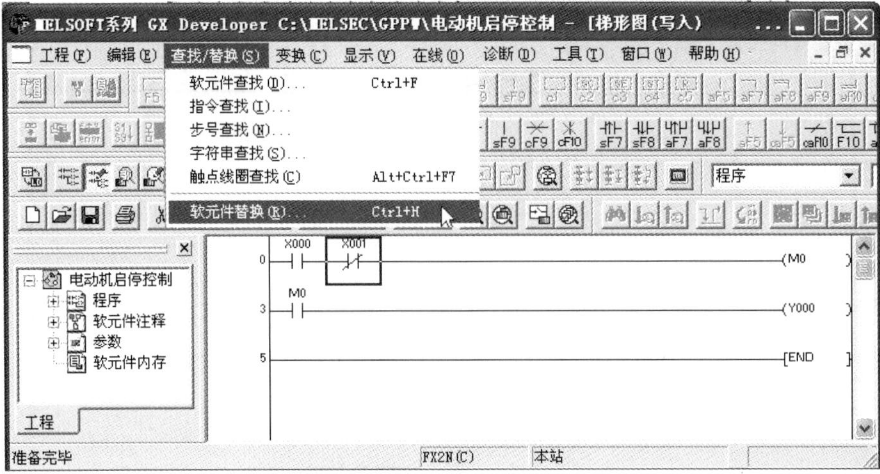

图7-47 软元件替换（1）

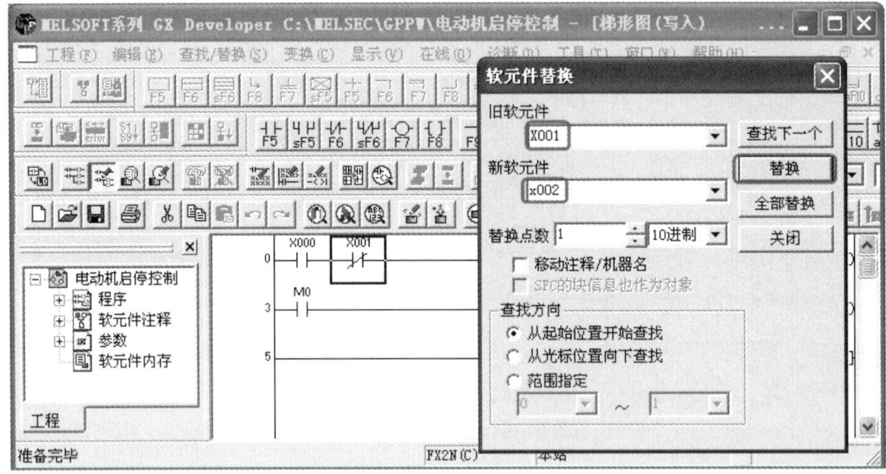

图7-48 软元件替换（2）

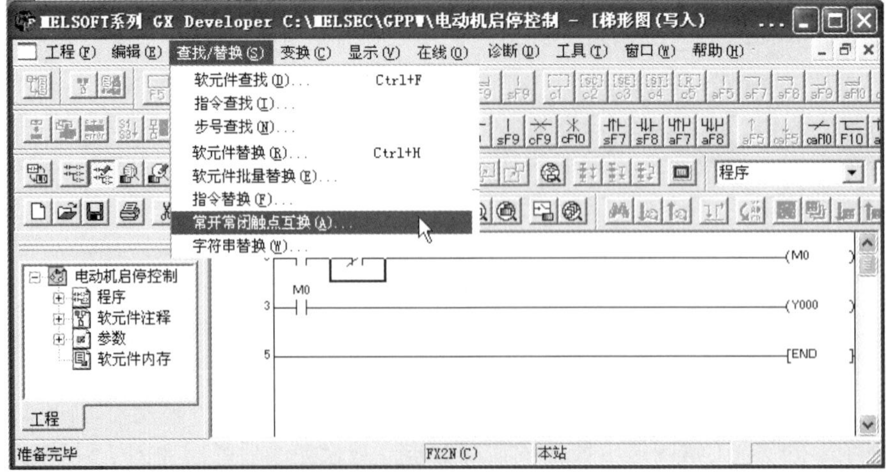

图7-49 常开常闭触点互换（1）

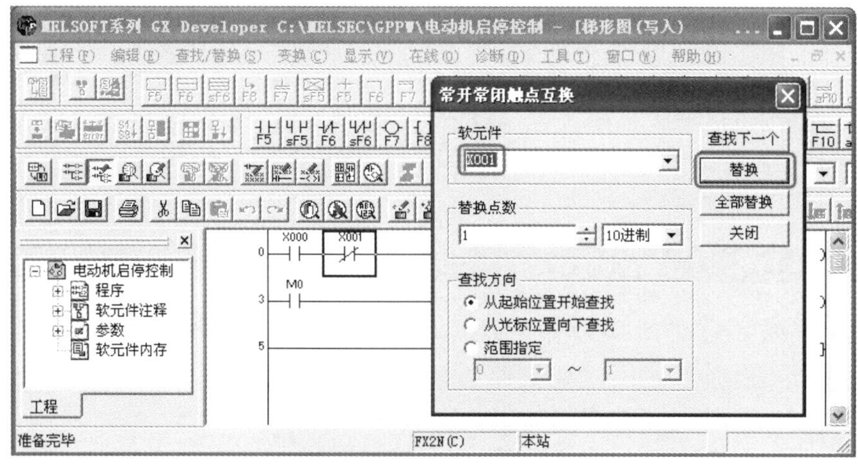

图7-50　常开常闭触点互换（2）

图7-51　常开常闭触点互换（3）

7.2.12　程序变换

程序输入完成后，程序变换是必不可少的，否则程序既不能保存，也不能下载。当程序没有经过变换时，程序编辑区是灰色的，但经过变换后，程序编辑区则是白色的。程序变换有三种方法。第一种方法最简单，只要单击键盘上的 F4 功能键即可。第二种方法是单击程序变换按钮即可。第三种方法是：单击“变换”→“变换”，如图 7-52 所示。

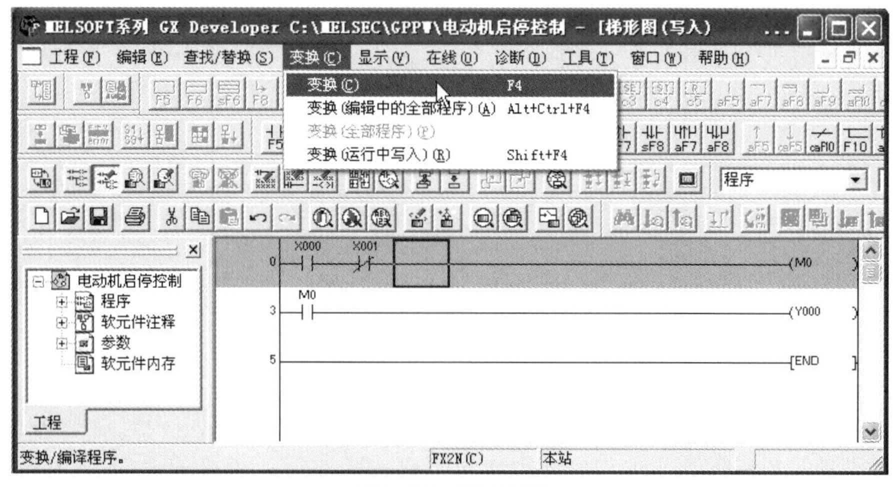

图7-52　程序变换

【关键点】 当程序有语法错误时，程序变换是不能被执行的。

7.2.13 程序检查

在程序下载到PLC之前最好要进行程序检查，以防止程序中的错误造成PLC无法正常运行。程序检查的方法是：单击“工具”→“程序检查”，如图7-53所示，之后弹出“程序检查”对话框，单击“执行”按钮，开始执行程序检查，如果没有错误则在界面中显示“没有错误”字样，如图7-54所示。

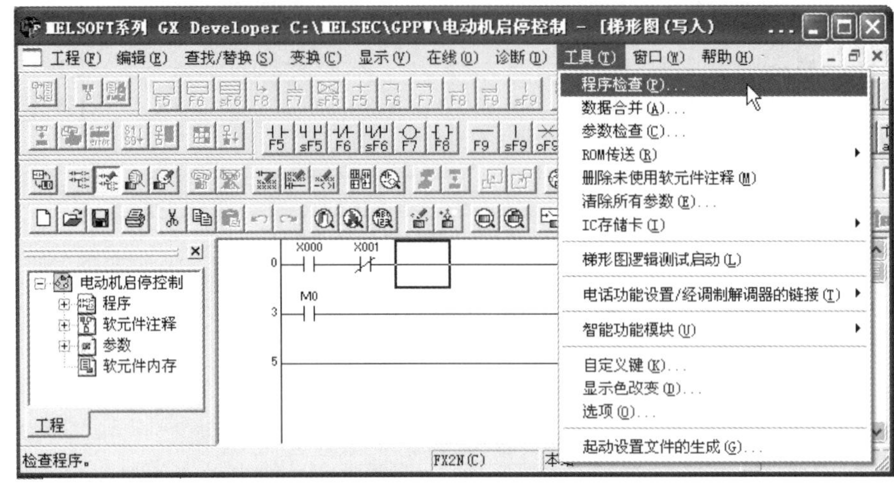

图7-53 程序检查（1）

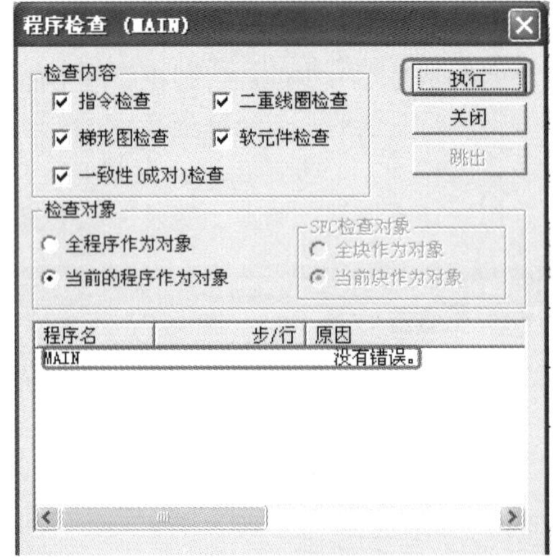

图7-54 程序检查（2）

7.2.14 程序的下载和上传

程序下载是把编译好的程序写入到PLC内部，而上传（也称上载）是把PLC内部的程序读出到计算机的编程界面中。在上传和下载前，先要将PLC的编程口和计算机的通信口用编程电缆进行连接，FX系列PLC常用的编程电缆是SC-09。

（1）下载程序

先单击工具栏中的“PLC写入”按钮，弹出如图7-55所示的界面，勾选图中左侧的三个选项，单击“传输设置”按钮，弹出“传输设置”界面，如图7-56所示。有多种下载程序的方法，本例采用串口下载，因此单击“串行”，如图7-56所示，弹出“串口详细设置”窗口，可设置详细参数，本例使用默认值，单击“确认”按钮。返回图7-55，单击“执行”按钮，弹出“是否执行写入”界面，如图7-57所示，单击“是”按钮；弹出“是否停止PLC运行”界面，如图7-58所示，单击“是”按钮，PLC停止运行；程序、参数和注释开始向PLC中下载，下载过程如图7-59所示；当下载完成后，弹出如图7-60所示的界面，最后单击“确定”按钮。

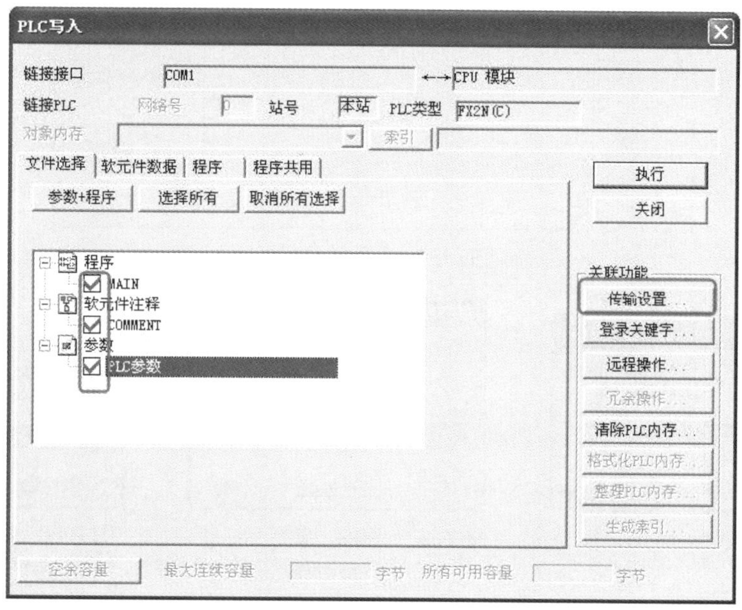

图7-55 PLC写入

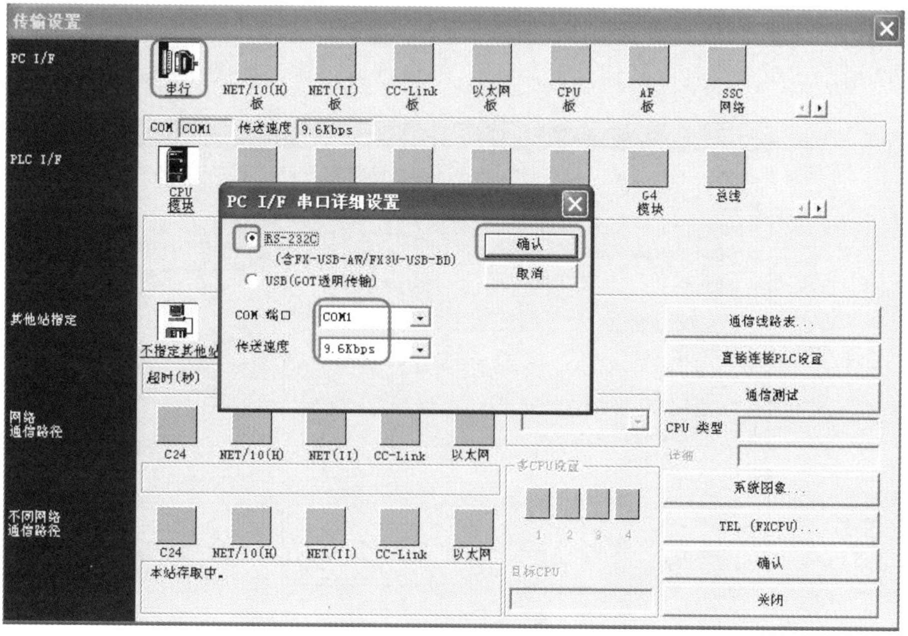

图7-56 传输设置

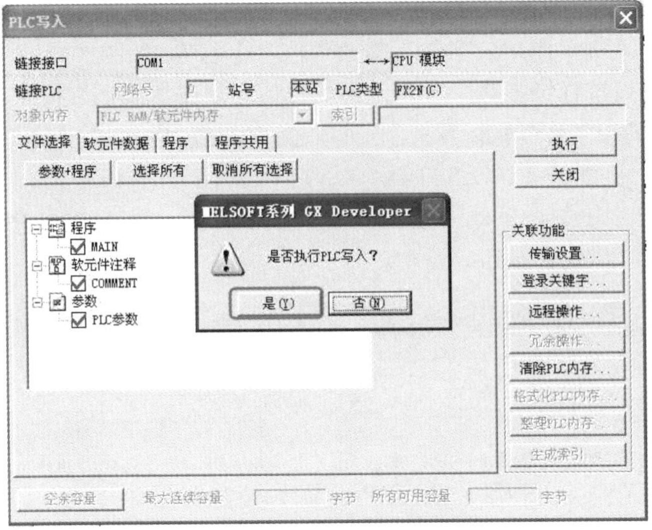

图7-57　是否执行写入

图7-58　是否停止PLC运行

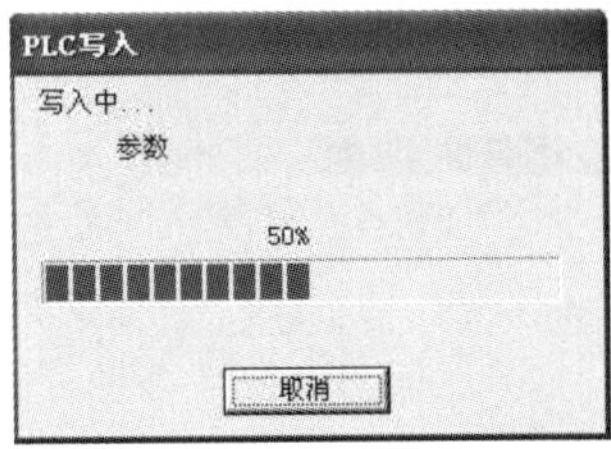

图7-59　程序、参数和注释下载过程

图7-60　程序、参数和注释下载完成

（2）上传程序

先单击工具栏中的“PLC读取”按钮，弹出PLC读取界面，如图7-61所示，勾选“MAIN”“PLC参数”“软元件数据”，单击“执行”按钮，弹出“是否执行PLC读取”界面，如图7-62所示，单击“是”按钮，开始执行PLC读取过程，如图7-63所示。

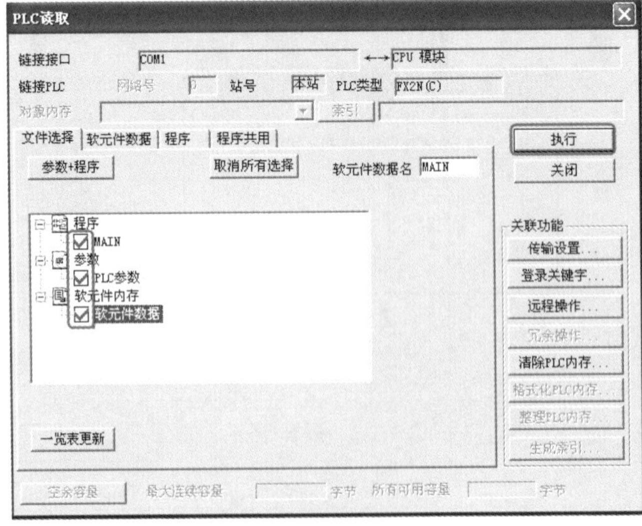

图7-61　PLC读取界面

图7-62　是否执行PLC读取

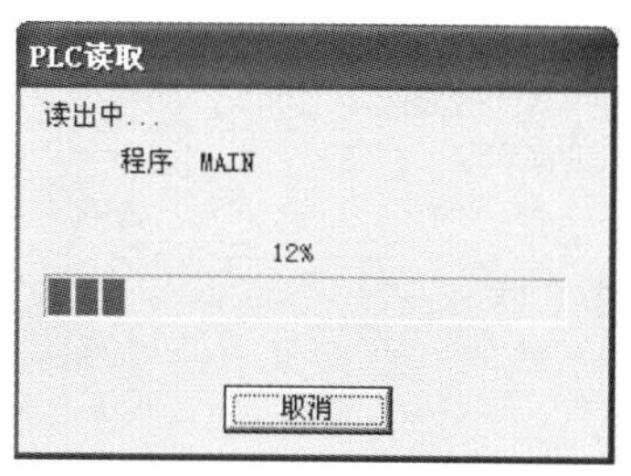

图7-63　执行PLC读取过程

7.2.15　远程操作（RUN/STOP）

FX 系列 PLC 上有拨指开关，可以将拨指开关拨到 RUN 或者 STOP 状态，当 PLC 安装在控制柜中时，用手去搬动拨指开关就显得不那么方便，GX Developer 编程软件提供了 RUN/STOP 相互切换的远程操作功能，具体做法是：单击“在线”→“远程操作”，如图 7-64 所示，弹出“远程操作”界面，如图 7-65 所示，将目前的“RUN”状态改为“STOP”状态，再单击“执行”按钮，弹出“是否要执行远程操作”界面，如图 7-66 所示，单击“是”按钮，PLC 的由目前的“RUN”状态改为“STOP”状态。

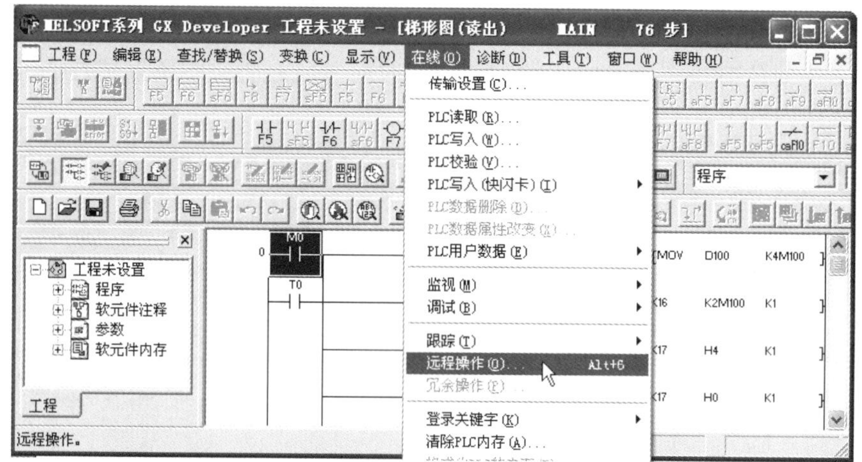

图7-64　远程操作（1）

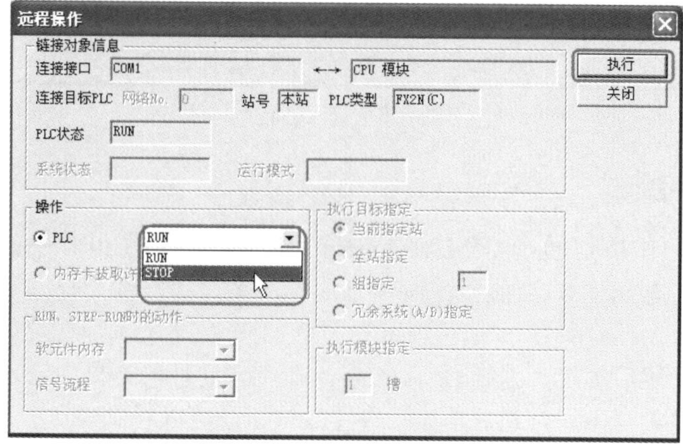

图7-65　远程操作（2）

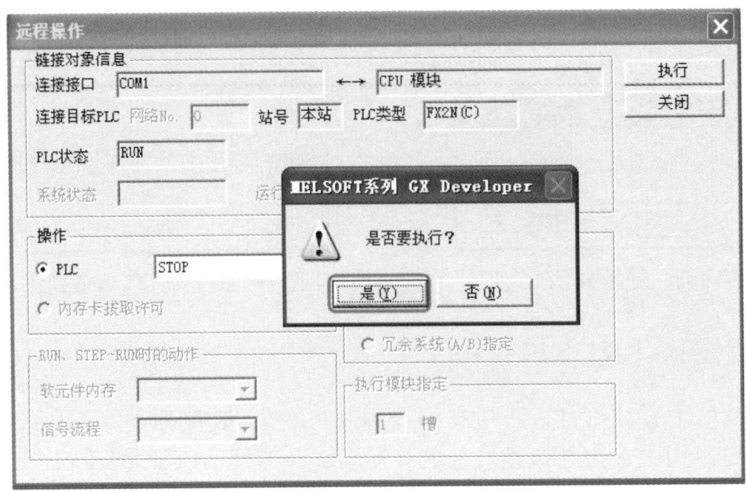

图7-66　远程操作（3）

7.2.16　在线监视

在线监视是通过电脑界面，实时监视PLC的程序执行情况。操作方法是单击“监视模式”按钮，可以看到如图7-67所示的界面中弹出监视状态的小窗，所有的闭合状态的触点显示为蓝色方块（如T0常开触点），实时显示所有的字中所存储数值的大小（如D100中的数值为0）。

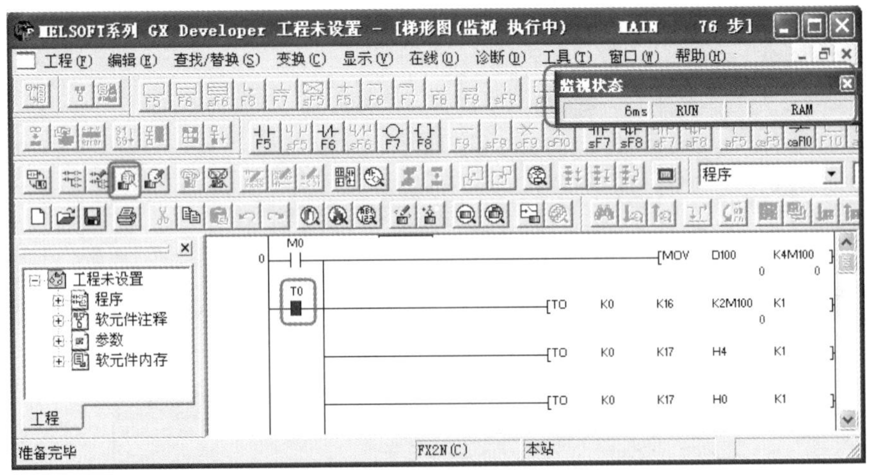

图7-67　在线监视

7.2.17　软元件测试

软元件测试的作用是通过GX Developer的界面强制执行PLC中的位软元件的ON/OFF操作和变更字软元件的当前值。操作方法是：单击“在线”→“调试”→“软元件测试”，如图7-68所示，弹出软元件测试界面，如图7-69所示，在位软元件的方框中输入软元件“M0”，然后单击“强制ON”按钮，在字软元件的方框中输入软元件“D100”，在设置值方框中输入“100”，最后单击“设置”按钮，可以看到M0常开触点闭合，D100中的数值为100。

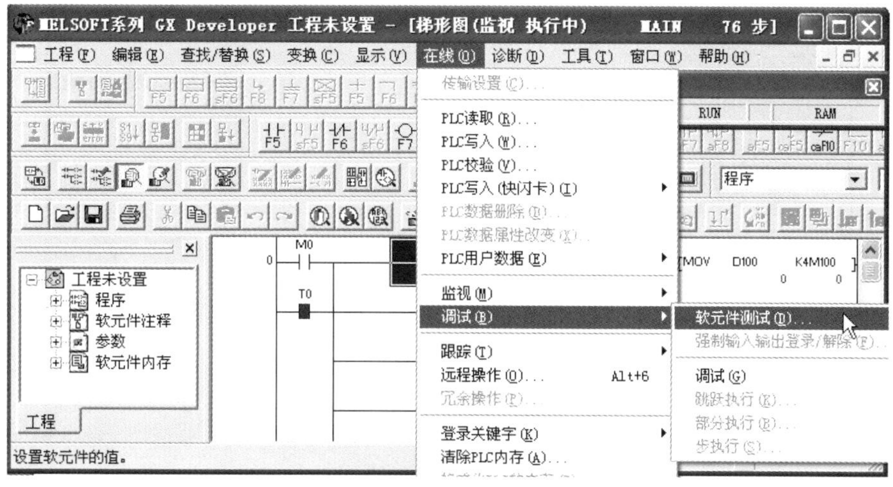

图7-68　软元件测试（1）

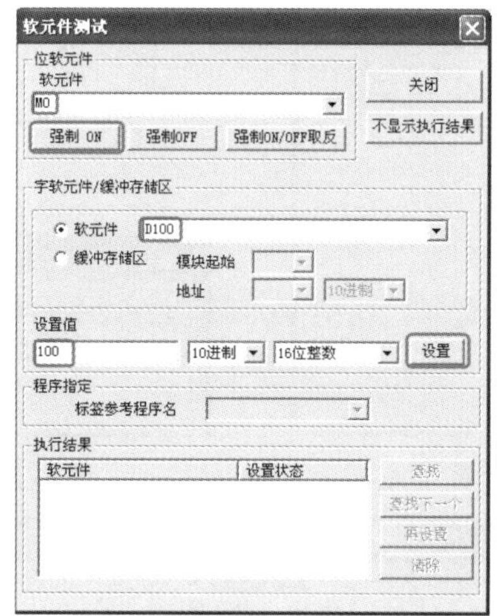

图7-69　软元件测试（2）

7.2.18　设置密码

（1）设置密码

为了保护知识产权和设备的安全运行，设置密码是有必要的。操作方法是：单击“在线”→“登录关键字”→“新建登录，改变”，如图7-70所示，弹出“新建登录关键字”界面，如图7-71所示，在“关键字”中输入8位由数字和A～F字母组成的密码，单击“执行”按钮，弹出“关键字确认”界面，在关键字中输入8位由数字和A～F字母组成的密码，单击“确定”按钮，如图7-72所示，密码设置完成。

（2）取消密码

如果PLC的程序进行了加密，如果要查看和修改程序，首先要取消密码，取消密码的方法是：单击“在线”→“登录关键字”→“取消”，如图7-73所示，弹出“取消关键字”对话框，如图7-74所示，在关键字中输入8位由数字和A～F字母组成的密码，单击“执行”按钮，弹出“关键字确认”界面，在关键字中输入8位由数字和A～F字母组成的密码，单击“执行”按钮，密码取消完成。

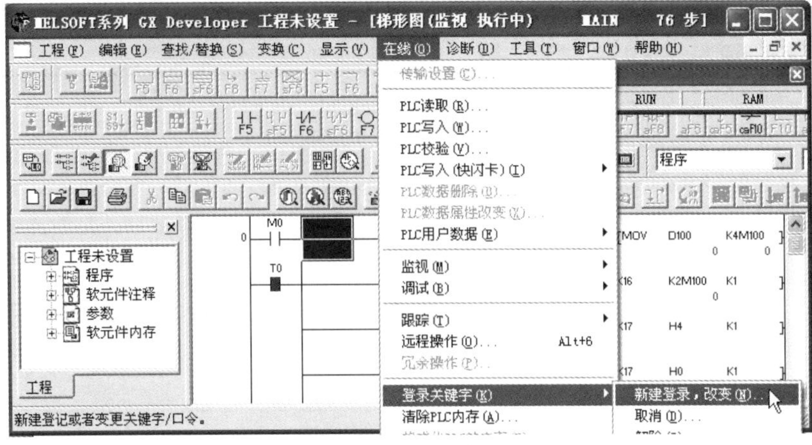

图7-70 设置密码

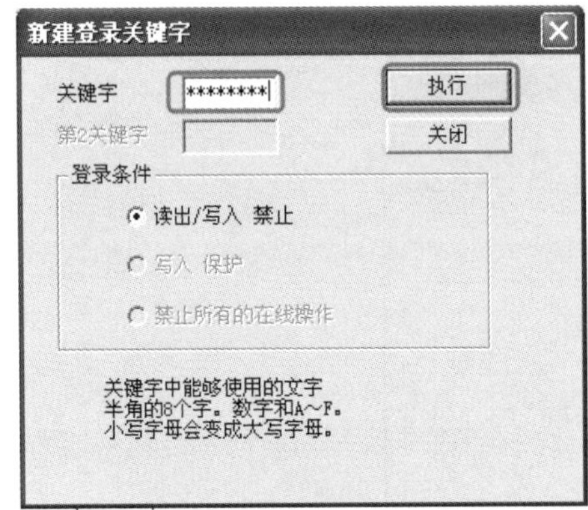

图7-71 新建登录关键字

图7-72 关键字确认

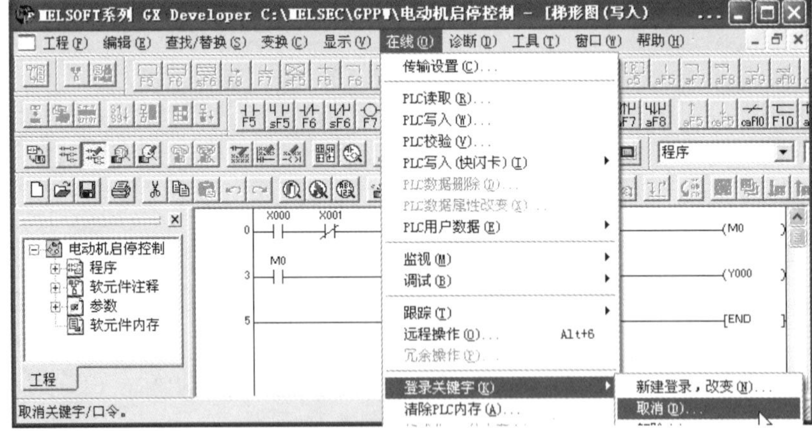

图7-73 取消关键字（1）

图7-74 取消关键字（2）

【关键点】设置密码并不能完全保证程序的安全，很多网站上都提供PLC的解密软件，可以很轻易地破解FX系列PLC的密码，在此强烈建议读者尊重他人的知识产权。

7.2.19　仿真

（1）GX-Simulator简介

三菱为PLC设计了一款可选仿真软件程序GX-Simulator，此仿真软件包可以在计算机中模拟可编程控制器运行和测试程序，它不能脱离GX Developer独立运行。如果GX Developer中已经安装仿真软件，工具栏中的“仿真开关”按钮是亮色的，否则是灰色的，只有“仿真开关”按钮是亮色才可以用于仿真。

GX-Simulator提供了简单的用户界面，用于监视和修改在程序中使用各种参数（如开关量输入和开关量输出）。当程序由GX-Simulator处理时，也可以在GX Developer软件中使用各种软件功能，如使用变量表监视、修改变量和断点测试功能。

（2）GX-Simulator应用

GX-Simulator仿真软件使用比较简单，以下用一个简单的例子介绍其使用方法。

【例7-1】将如图7-75所示的程序，用GX-Simulator进行仿真。

图7-75　例7-1图

【解】打开位软元件测试界面，如图7-76所示，在软元件方框中输入“X0”，再单击“强制ON”按钮，可以看到梯形图中的常开触点X0闭合，线圈Y0得电，自锁后Y0线圈持续得电输出，如图7-77所示。

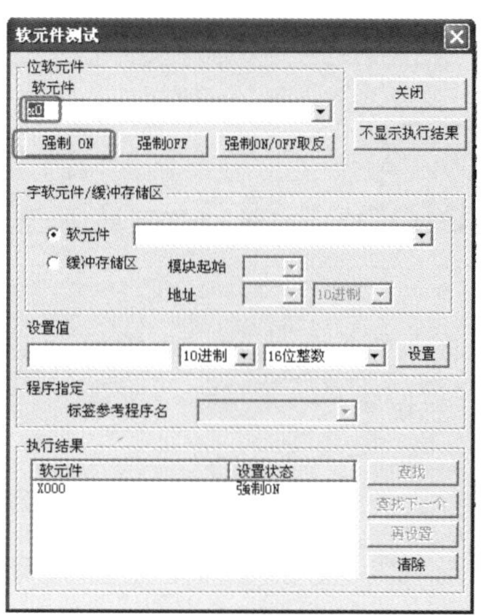

图7-76　位软元件测试

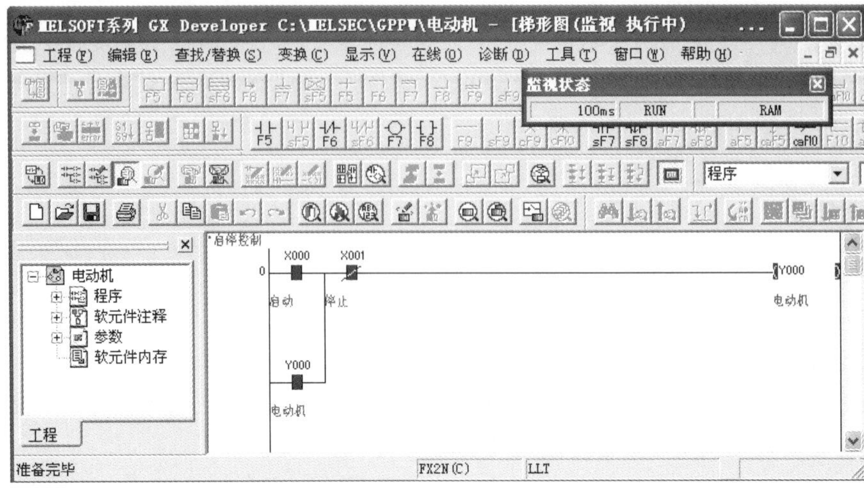

图7-77 程序仿真效果

7.2.20 PLC诊断

PLC 诊断主要是通过“PLC 诊断窗口”来检测 PLC 是否出错、扫描周期时间以及运行 / 中止状态等相关信息。其关键做法是：在编程界面中点击“诊断”→“PLC 诊断”，弹出如图 7-78 所示的对话框，诊断结束，单击“关闭”按钮即可。

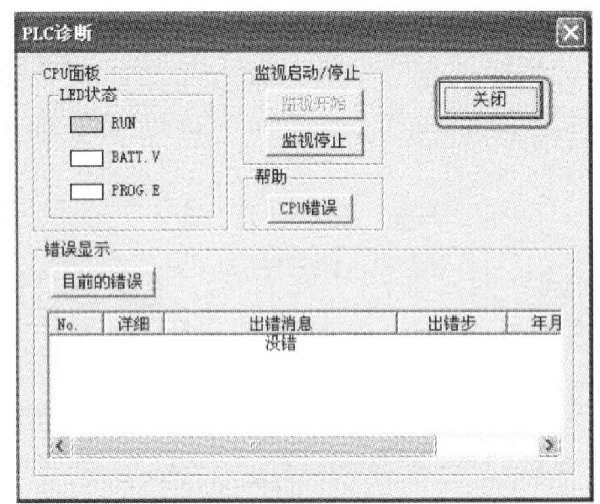

图7-78 PLC诊断

7.3 用 GX Developer 建立一个完整的工程

以如图 7-79 所示的梯形图为例，介绍一个用 GX Developer 建立工程、输入梯形图、调试程序和下载程序的完整过程。

图7-79 梯形图

（1）新建工程

先打开 GX Developer 编程软件，如图 7-80 所示。单击“工程”→“创建新工程”菜单，如图 7-81 所示，弹出“创建新工程”，如图 7-82 所示，在 PLC 系列中选择所选用的 PLC 系列，本例为“FXCPU”；PLC 的类型中输入具体类型，本例为“FX2N（C）”；程序类型选择“梯形图逻辑”，单击“确定”按钮，完成创建一个新的工程。

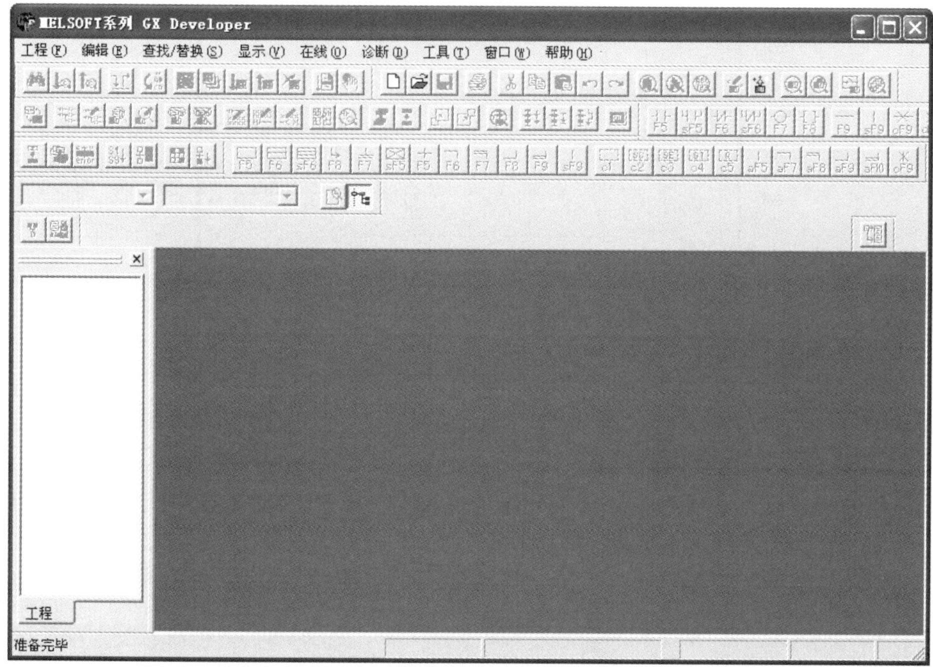

图7-80 打开GX Developer

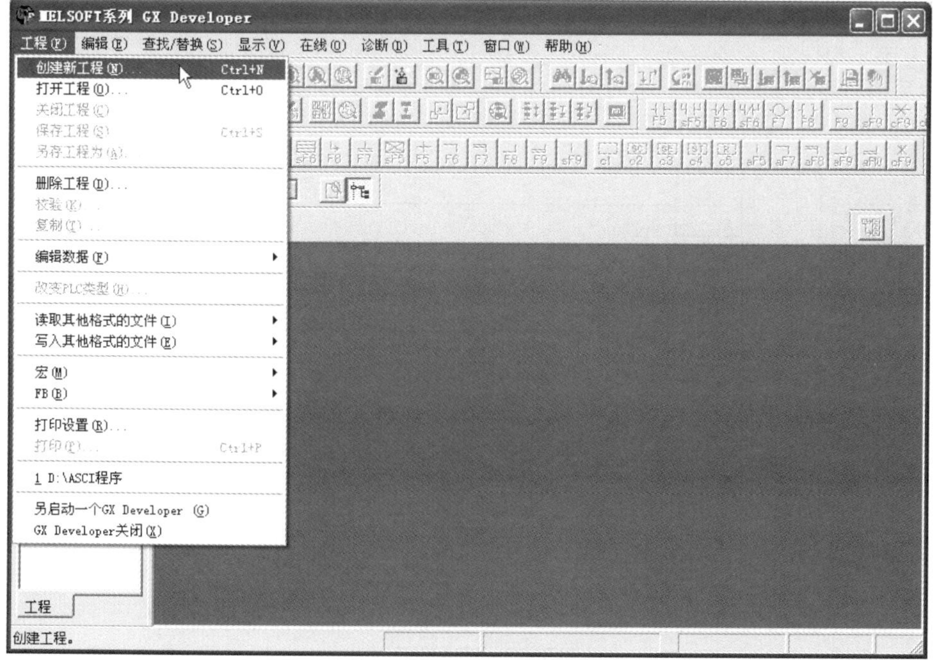

图7-81 新建工程（1）

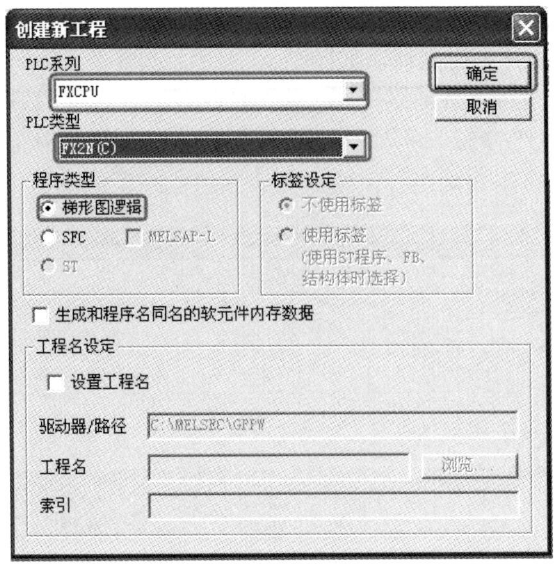

图7-82　新建工程（2）

（2）输入梯形图

如图 7-83 所示，将光标移到“1”处，单击工具栏中的常开触点按钮（或者单击功能键 F5），弹出“梯形图输入”，在中间输入“X0”，单击“确定”按钮。如图 7-84 所示，将光标移到“1”处，单击工具栏中的线圈按钮（或者单击功能键 F7），弹出“梯形图输入”，在中间输入“Y0”，单击“确定”按钮，梯形图输入完成。

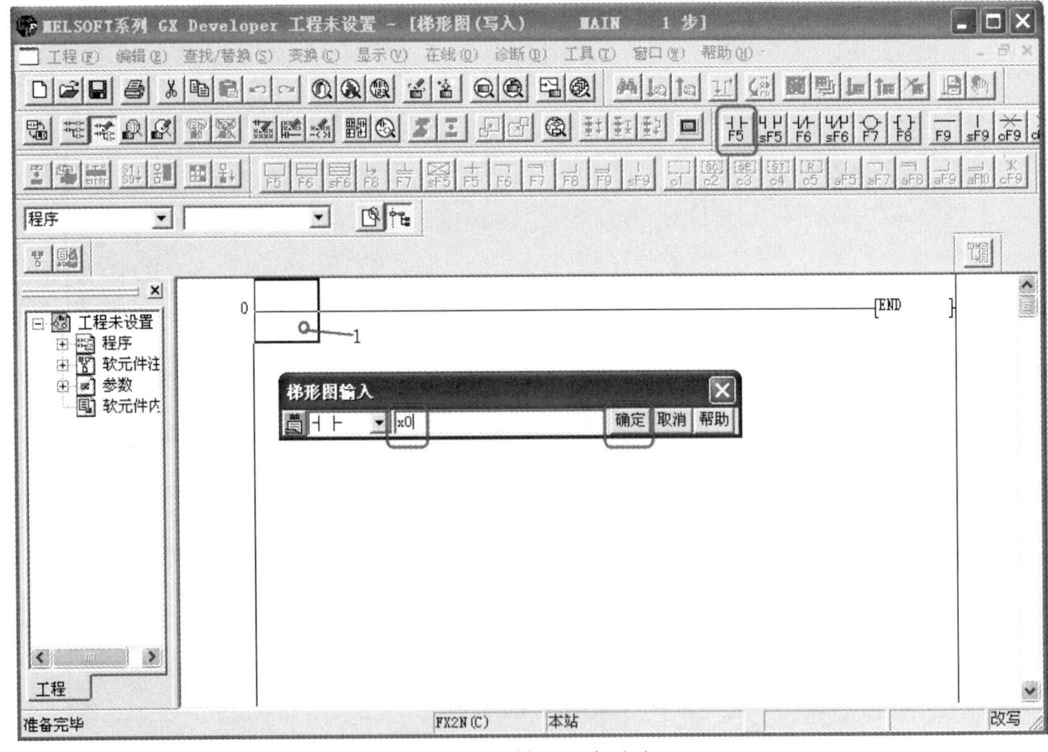

图7-83　输入程序（1）

（3）程序编译

如图 7-85 所示，刚输入完成的程序，程序区是灰色的，是不能下载到 PLC 中去的，还必须进行编译。如果程序没有语法错误，只要单击编译按钮，即可完成编译，编译成功后，程序区变成白色，如图 7-86 所示。

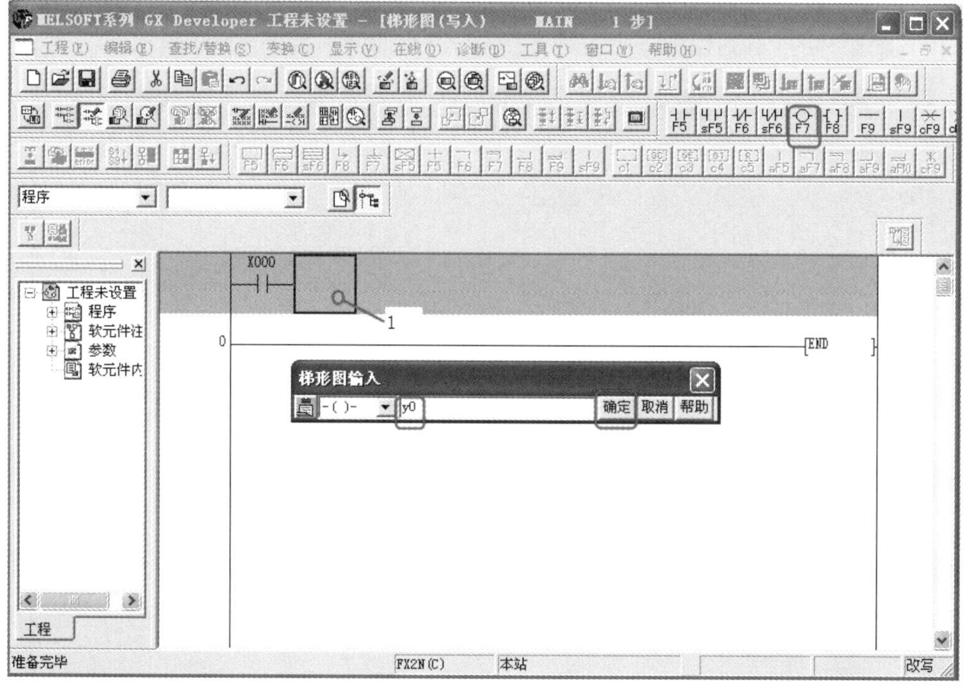

图7-84　输入程序（2）

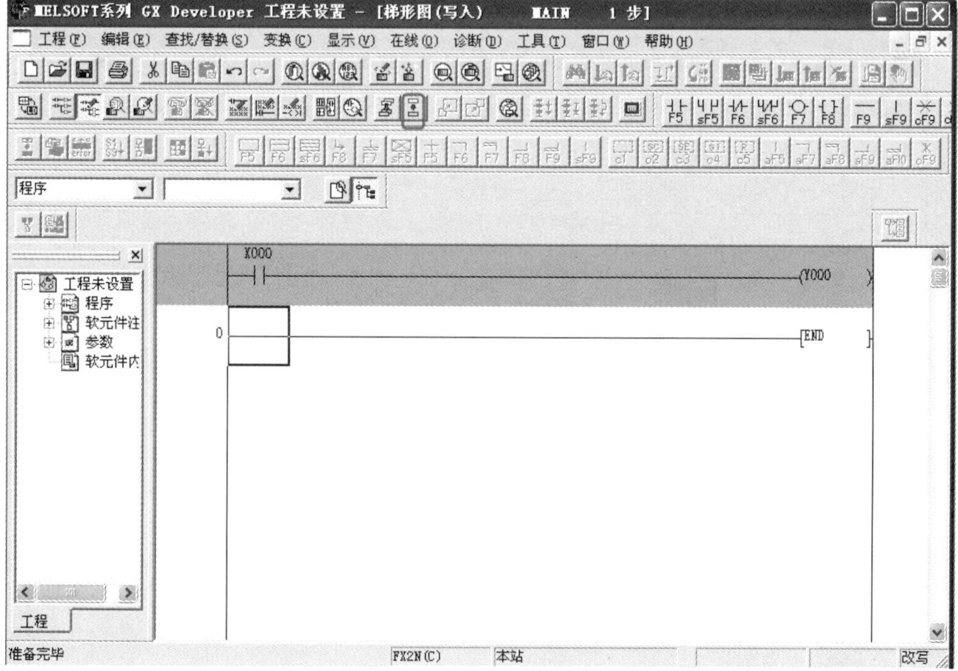

图7-85　程序编译

（4）梯形图逻辑测试（仿真）

如图 7-86 所示，单击梯形图逻辑测试启动 / 停止按钮，启动梯形图逻辑测试功能。如图 7-87 所示，选中梯形图中的常开触点“X000”，单击鼠标右键，弹出快捷菜单，单击“软元件测试”菜单，弹出“软元件测试”界面，如图 7-88 所示，单击“强制 ON”按钮，可以看到，图 7-89 中的常开触点 X000 接通，线圈 Y000 得电。如图 7-90 所示，单击“强制 OFF”按钮，可以看到梯形图中的常开触点 X000 断开，线圈 Y000 断电。

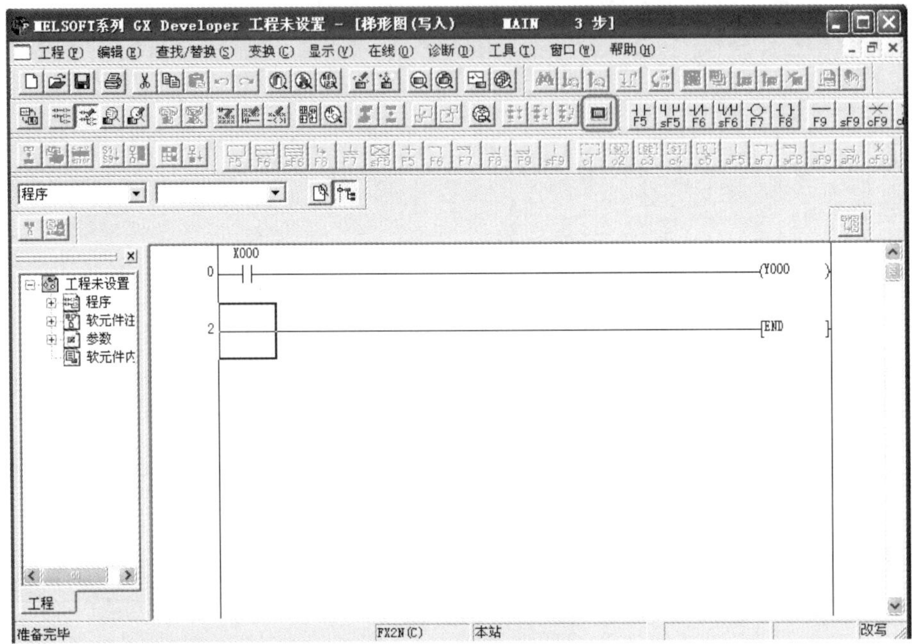

图7-86 梯形图逻辑测试（1）

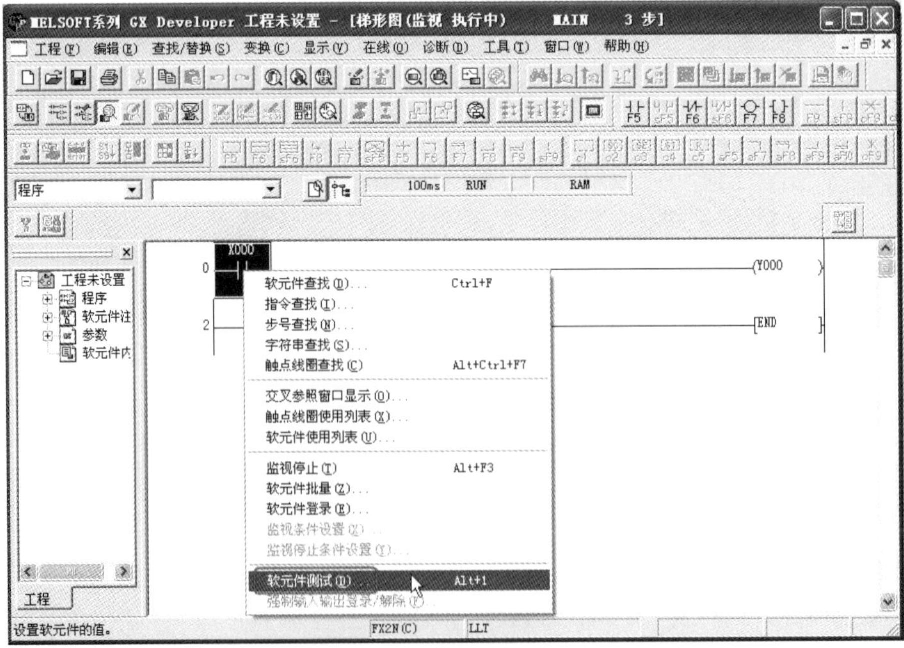

图7-87 梯形图逻辑测试（2）

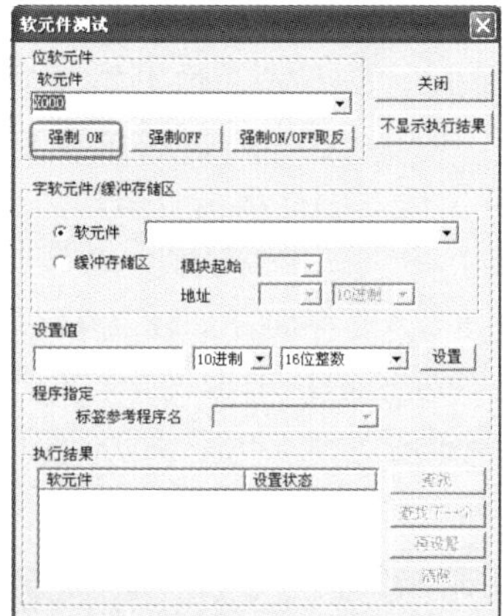

图7-88 软元件测试（1）

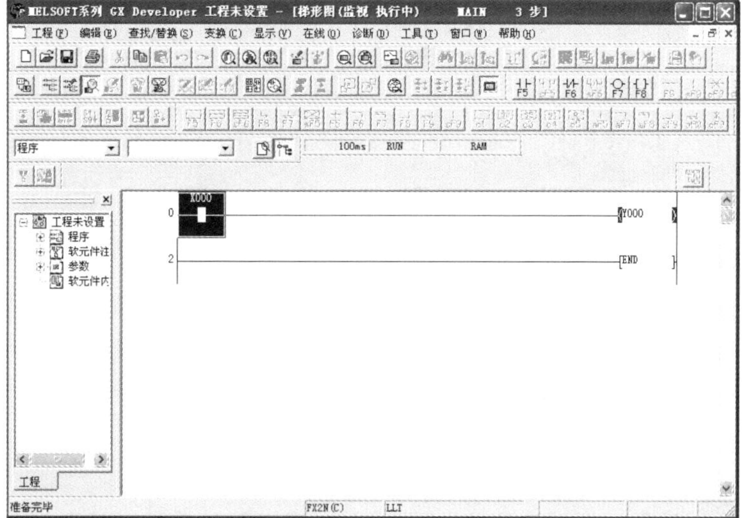

图7-89 软元件测试（2）

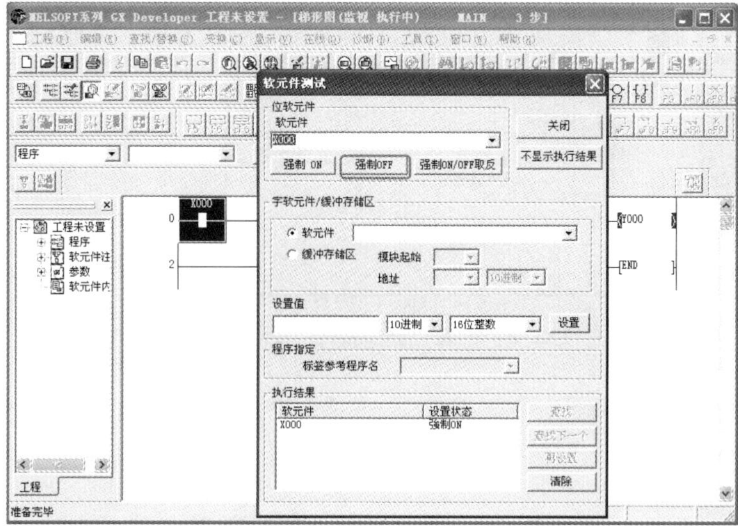

图7-90 软元件测试（3）

（5）下载程序

先单击工具栏中的“PLC写入”按钮，弹出如图7-91所示的界面，勾选图中左侧的三个选项，单击“传输设置”按钮，弹出“传输设置”界面，如图7-92所示。有多种下载程序的方法，本例采用串口下载，因此单击“串口”，如图7-92所示，弹出“串口详细设置”窗口，可设置详细参数，本例使用默认值，单击“确认”按钮。返回图7-91，单击“执行”按钮，弹出“是否执行写入”界面，如图7-93所示，单击“是”按钮；弹出“是否停止PLC运行”界面，如图7-94所示，单击“是”按钮，PLC停止运行；程序、参数和注释开始向PLC中下载，下载过程如图7-95所示；当下载完成后，弹出如图7-96所示的界面，最后单击“确定”按钮。

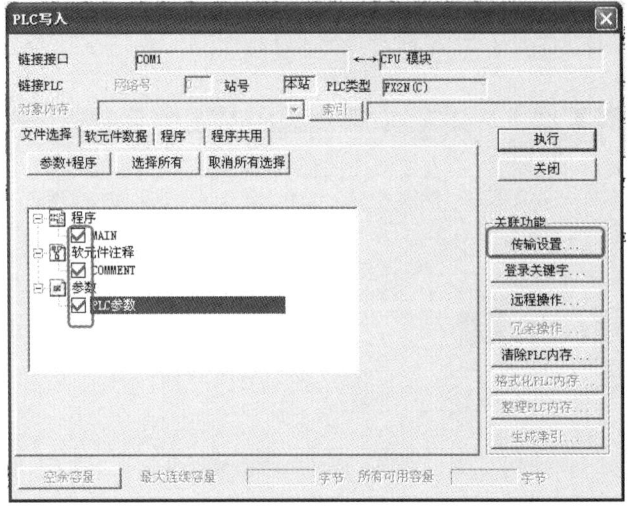

图7-91 PLC写入

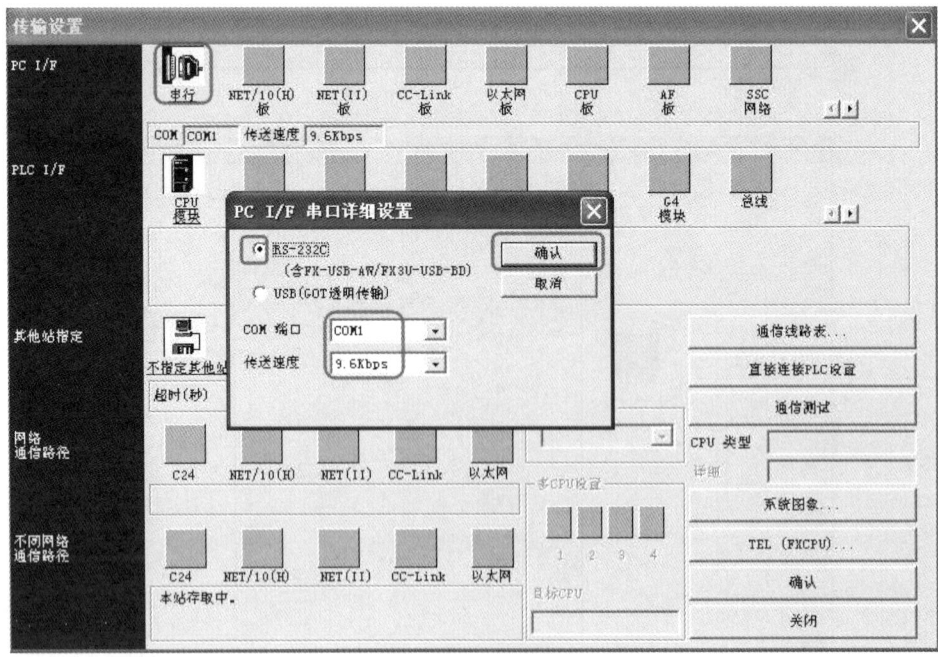

图7-92 传输设置

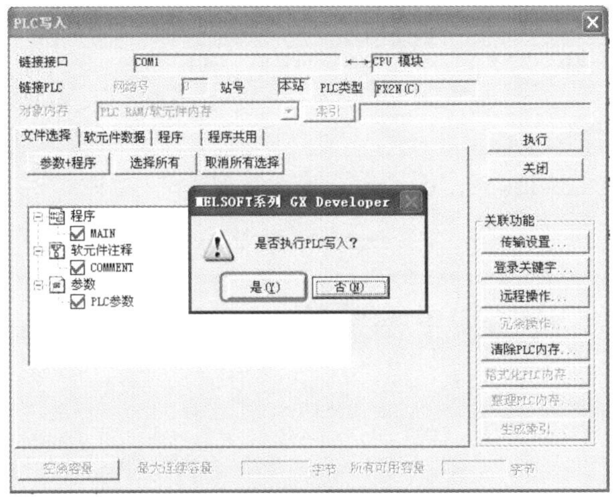

图7-93　是否执行写入

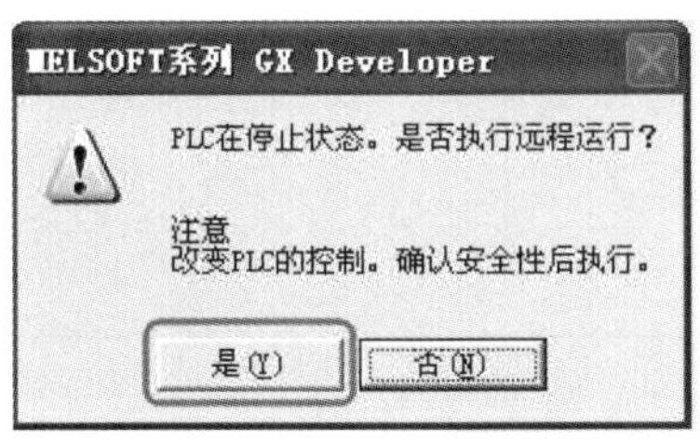

图7-94　是否停止PLC运行

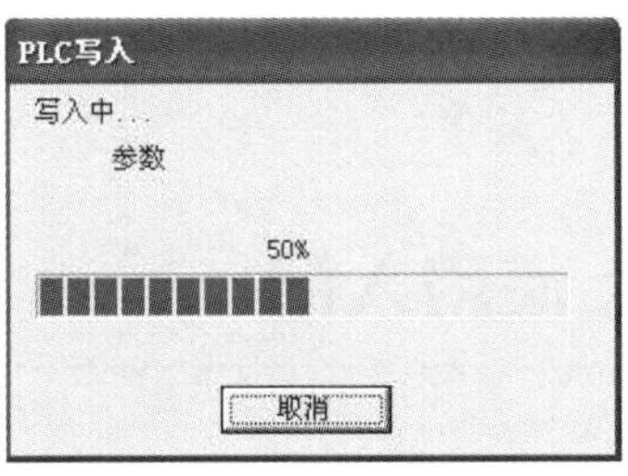

图7-95　程序、参数和注释下载过程

图7-96　程序、参数和注释下载完成

（6）监视

单击工具栏中的“监视”按钮，如图7-97所示，界面可监视PLC的软元件和参数，当外部的常开触点“X000”闭合时，GX Developer编程软件界面中的“X000”闭合，线圈“Y000”也得电，如图7-98所示。

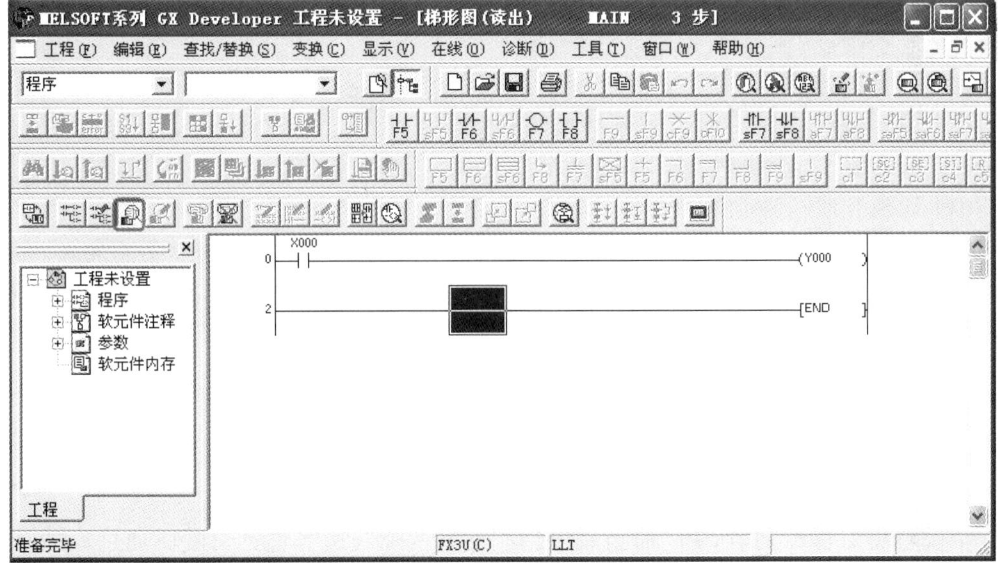

图7-97　监视开始

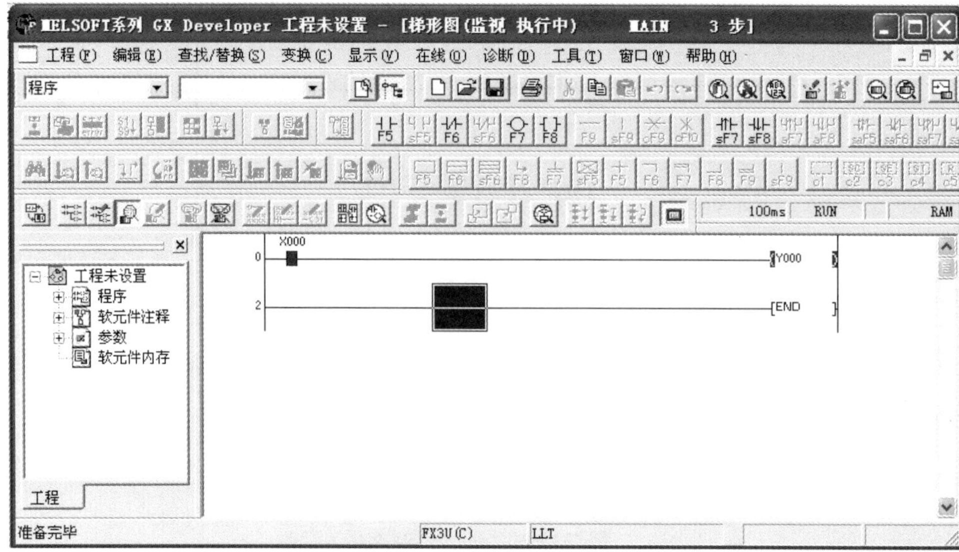

图7-98　监视中

7.4　GX Works 使用入门

GX Works3 是基于 Windows 运行的，用于进行设计、调试、维护的编程工具。与传统的 GX Developer 相比，提高了功能及操作性能，变得更加容易使用。GX Works3 支持 Windows10 操作系统。

7.4.1　GX Works3 的功能

（1）程序创建

通过简单工程可以与传统 GX Developer 一样进行编程以及通过结构化工程进行结构化编程。

（2）参数设置

可以对可编程控制器 CPU 的参数及网络参数进行设置。此外，也可对智能功能模块的参数进行设置（FXCPU 中没有网络参数设置）。

（3）可编程控制器 CPU 的写入 / 读取功能

通过可编程控制器读取 / 写入功能，可以将创建的顺控程序写入 / 读取到可编程控制器 CPU 中。此外，通过运行中写入功能，可以在可编程控制器 CPU 处于运行状态下对顺控程序进行变更。

（4）监视 / 调试

将创建的顺控程序写入到可编程控制器 CPU 中，可对运行时的软元件值等进行离线 / 在线监视。

（5）诊断

可以对可编程控制器 CPU 的当前出错状态及故障履历等进行诊断。通过诊断功能，可以缩短恢复作业的时间。此外，通过系统监视［QCPU（Q 模式）/LCPU 的情况下］，可以了解智能功能模块等的相关详细信息。由此，可以减少出错时的恢复作业所需时间。

7.4.2　GX Works3的特点

（1）在GX Works3中，可以对简单工程及结构化工程进行选择

在简单工程中，可以通过与传统GX Developer相同的操作创建程序。对于结构化工程，可以通过结构化编程创建程序。通过将控制细分化，将程序的公共部分执行部件化，可以实现易于阅读的、高引用性的编程（结构化编程）。

（2）已有程序资源的利用

在简单工程中，可以对传统GX Developer中创建的工程进行引用。通过利用已有资源，提高了程序的设计效率。

（3）丰富的程序语言

通过丰富的程序语言，可以在GX Works3中根据控制选择最合适的程序语言。有梯形图、SFC、结构化梯形图和ST。

（4）离线调试

在GX Works3中，通过模拟功能可以进行离线调试。由此，可以在不连接可编程控制器CPU的状况下，对创建的顺控程序进行调试以确认能否正常动作。

（5）可以根据用户喜好进行画面排列

通过拖动悬浮窗口，可以对GX Works3的画面排列进行自由变更。

7.4.3　GX Works3的使用简介

由于GX Works3继承了GX Developer的一些特点，所以其使用方法和GX Developer类似，以下将用一个简单的例子介绍GX Works3的使用方法，示例梯形图如图7-99所示。

X000　X001　(Y000)　Y000

图7-99　示例梯形图

（1）新建工程

启动GX Works3软件，如图7-100所示，单击“新建”按钮，弹出“新建工程”对话框，如图7-101所示，工程类型中有简单工程和结构化工程两个选项，如果选择“简单工程”选项，后续的程序编辑与GX Developer软件类似，在此不作介绍，选择“系列(S)”和“机型（T)”后，单击“确定”按钮。

（2）输入程序

单击工具栏中的常开触点按钮，将其放在编辑窗口中的合适位置，再依次单击常闭触点按钮和线圈按钮，也将其放在编辑窗口中的合适位置，如图7-102所示，单击软元件上的“？”，分别输入“Start”“Stop1”和“Lamp”，如图7-103所示，并将“Start”“Stop1”和“Lamp”分别和“X0”“X1”“Y0”关联，再单击“划线写入模式”按钮，将“Start”“Stop1”和“Lamp”连接起来，如图7-104所示，最后将并联触点输入完成。

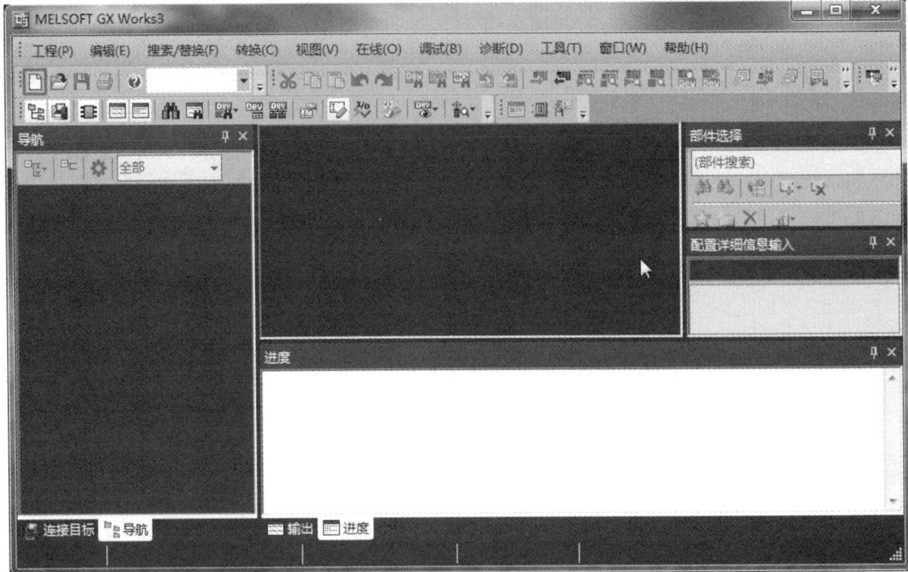

图7-100　新建工程（1）

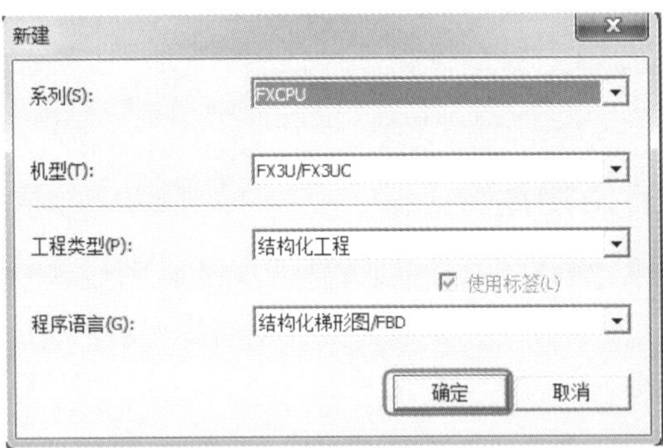

图7-101　新建工程（2）

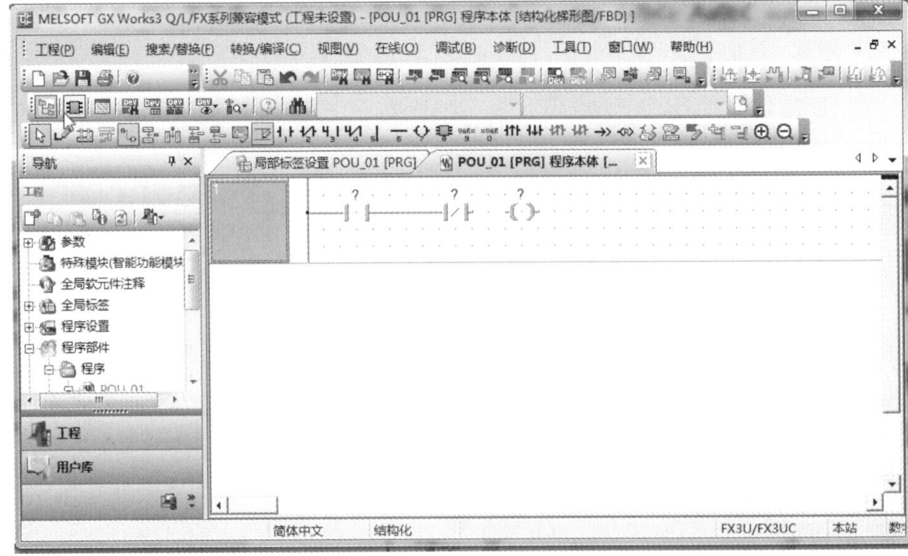

图7-102　输入程序（1）

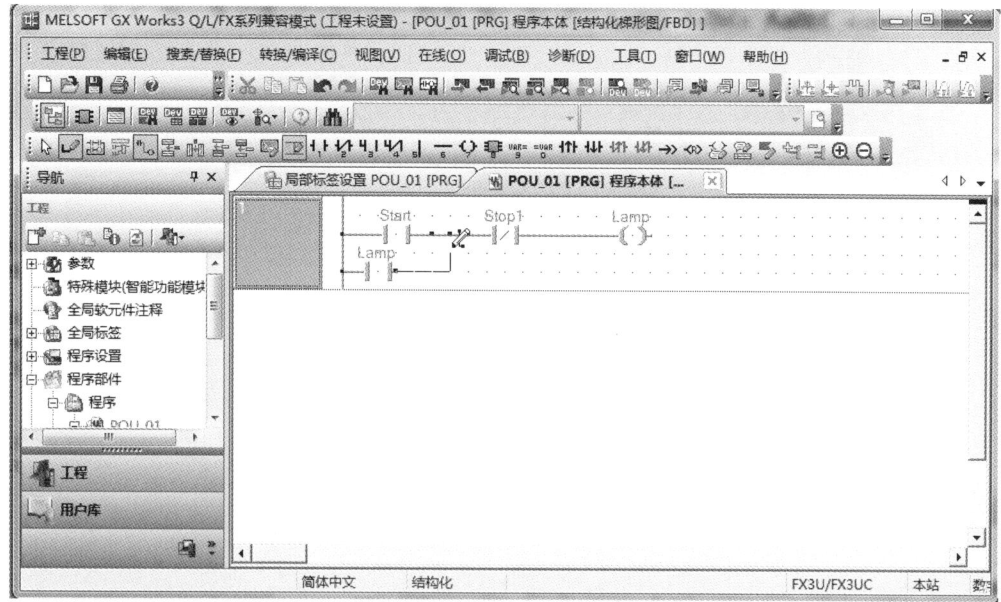

图7-103 输入程序（2）

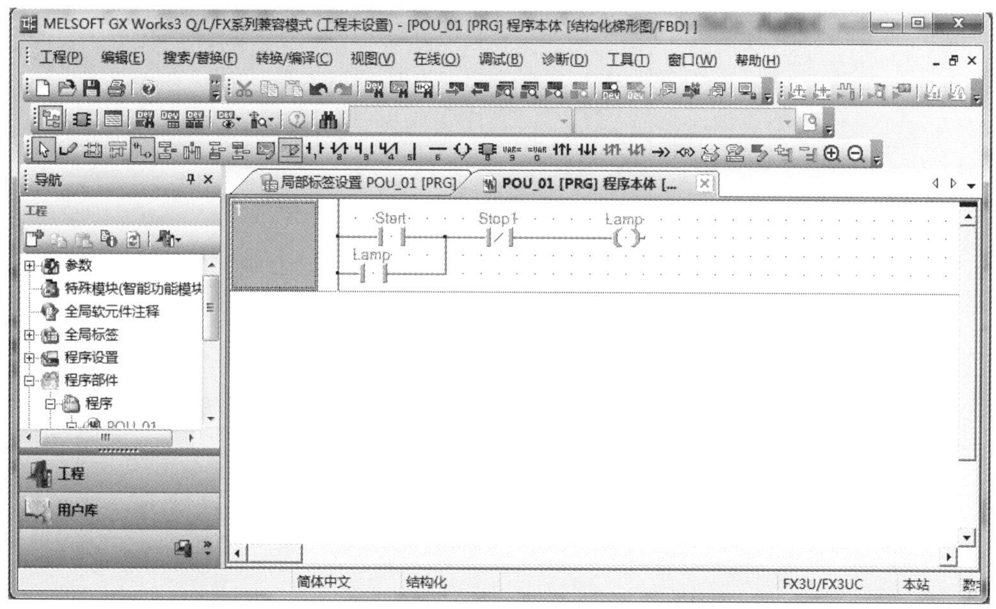

图7-104 输入程序（3）

（3）程序变换和编译

程序输入完成后，必须进行变换和编译，单击工具栏上的“变换和全编译”按钮或者 F4 快捷键即可，如图 7-105 所示。

（4）程序仿真

在没有硬件 PLC 的时候，程序仿真可以在一定程度上验证程序的正确性，单击工具栏上的“模拟开始 / 停止”按钮，弹出如图 7-106 所示的界面，再单击“关闭”按钮。选中“Start”，单击鼠标右键，弹出快捷菜单，单击“当前值更改”，如图 7-107 所示，之后弹出如图 7-108 所示的界面，单击“ON”按钮，梯形图的运行如图 7-109 所示。

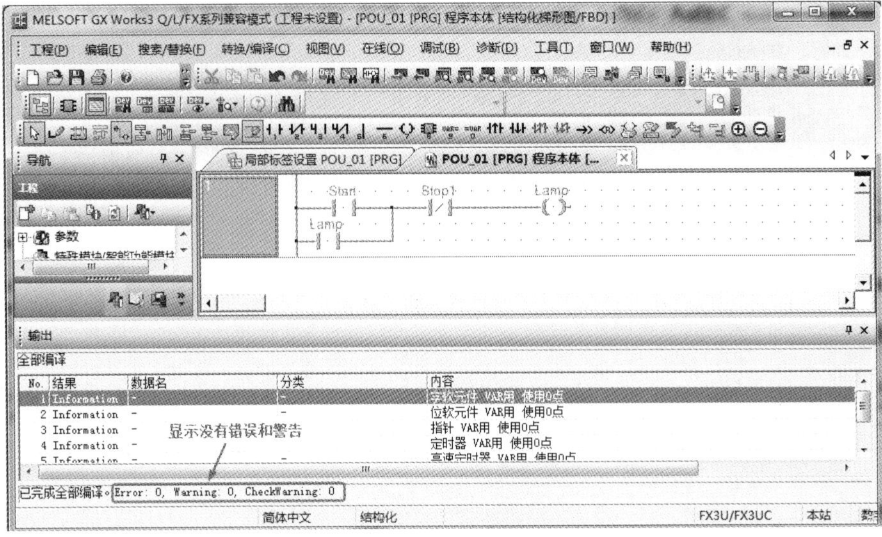

图7-105 程序变换和编译

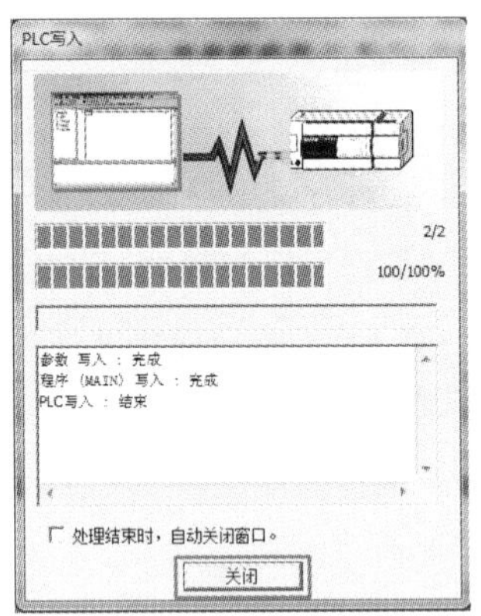

图7-106 程序仿真写入

图7-107 改变Start的状态（1）

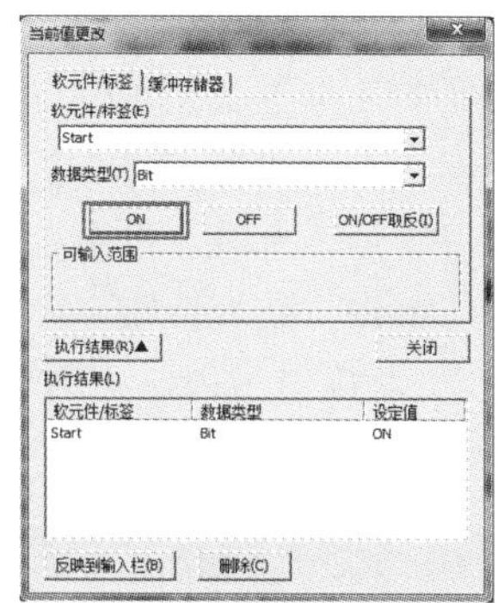

图7-108　改变Start的状态（2）

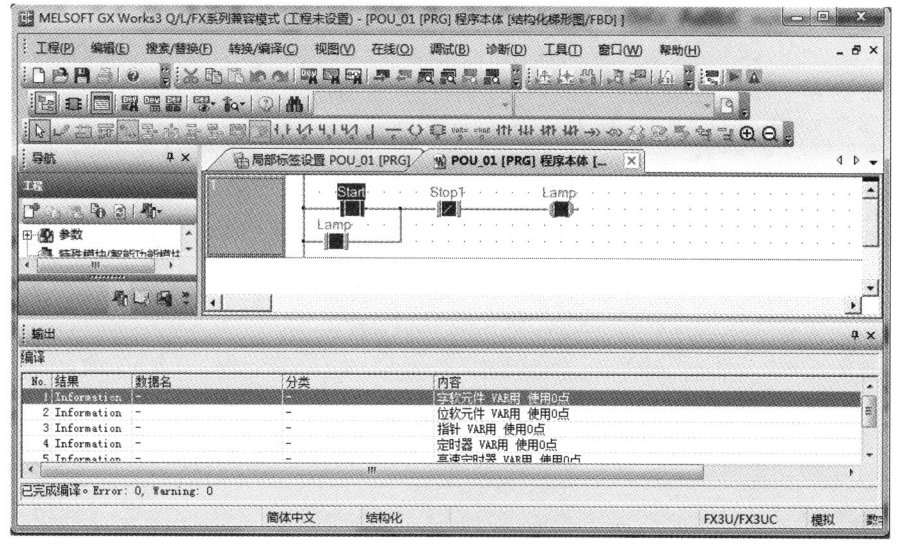

图7-109　梯形图仿真

（5）工程保存

单击工具栏中的“保存”按钮，弹出“工程另存为”对话框，如图7-110所示，在工程区名和工程名后的方框中填入“启停控制”，再单击“保存”按钮，工程保存完成。

图7-110　工程另存为

（6）程序下载

经过 GX Works3 软件编译的程序只有下载到 PLC 中才有意义。下载程序的方法是：单击工具栏上的“下载”按钮，弹出“在线数据操作”界面，如图 7-111 所示，单击“全选”按钮，意思是将选中“勾选”的所有选项，再单击“执行”按钮。弹出“是否执行 PLC 写入”界面，如图 7-112 所示，单击“是”按钮，弹出“PLC 写入”界面，与此同时，数据向 PLC 写入，如图 7-113 所示，当数据写入结束时，弹出“是否执行远程运行操作”界面，单击“是”按钮，PLC 处于“RUN”状态，如图 7-114 所示。

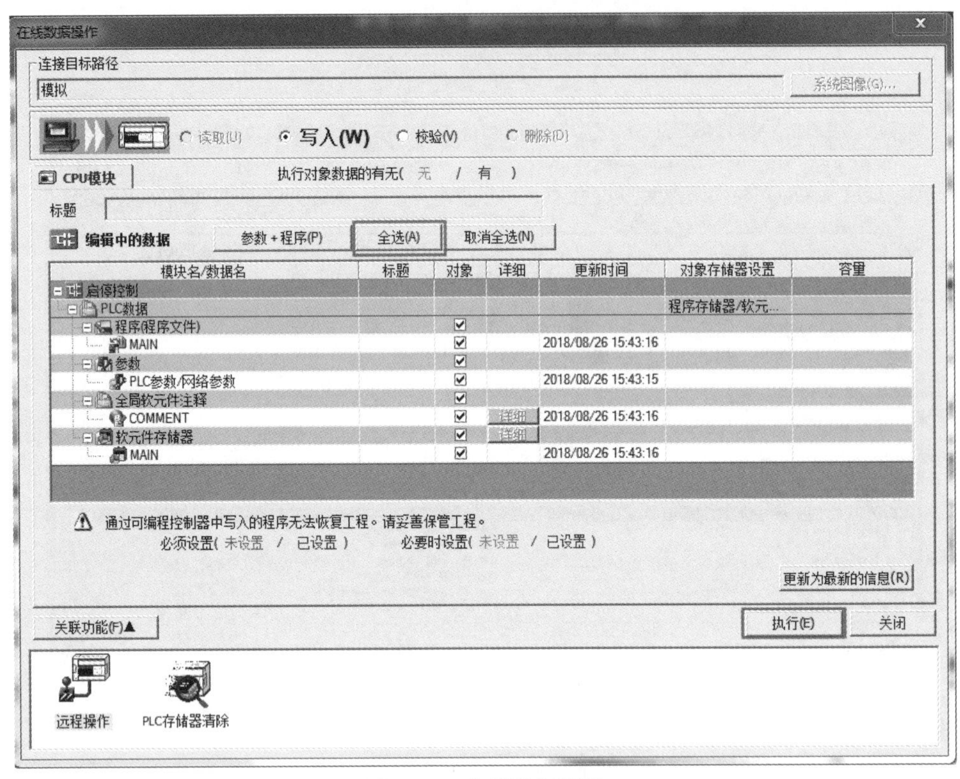

图7-111　在线数据操作

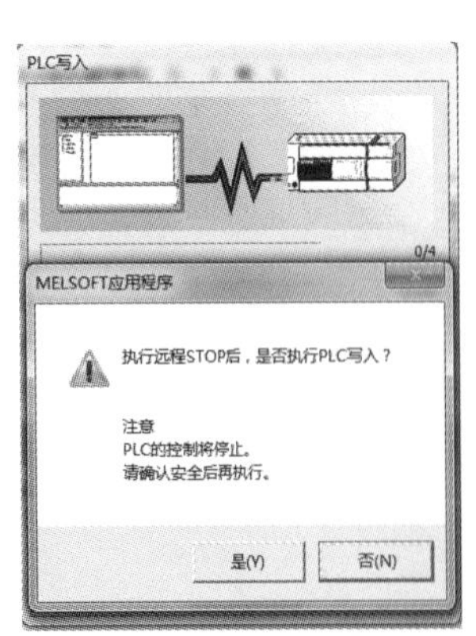

图7-112　是否执行PLC写入

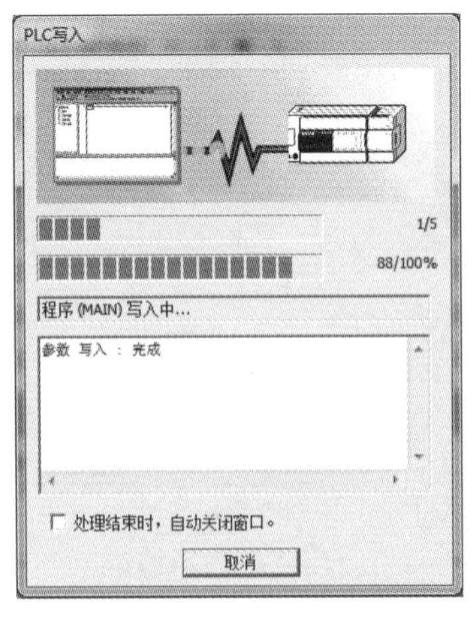

图7-113　PLC写入

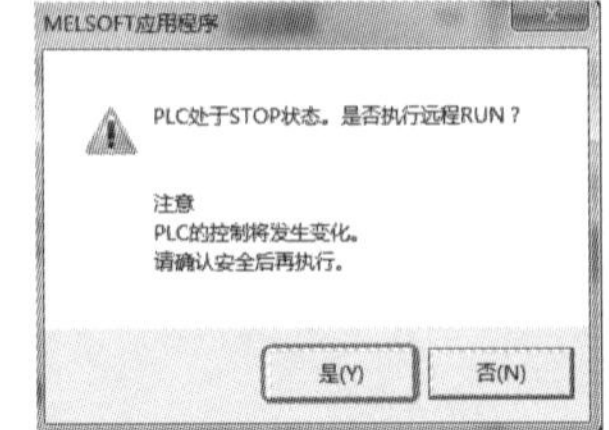

图7-114　是否执行远程运行操作

（7）监控运行

将 GX Works3 软件置于“监控运行”状态的操作方法是：单击工具栏上的“监视开始”按钮，GX Works3 软件开始监视 PLC 的状态，如图 7-115 所示。如果要停止监视 PLC 的运行状态，则单击“监视停止”按钮即可。

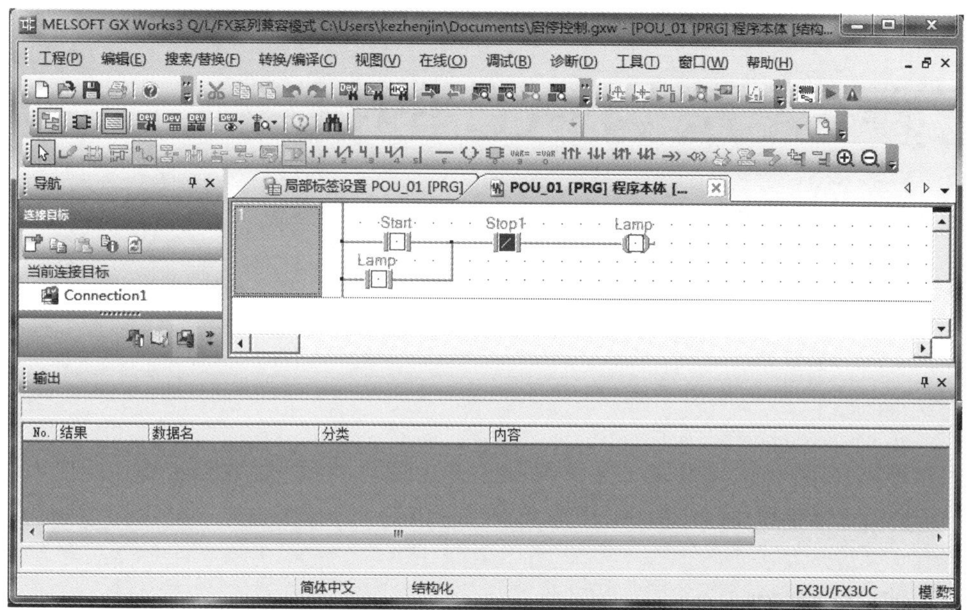

图7-115　GX Works3 软件处于“监控运行”状态

第 8 章 三菱 FX 系列 PLC 的指令及其应用

用户程序是用户根据控制要求，利用 PLC 厂家提供的程序编辑语言编写的应用程序。因此，所谓编程就是编写用户程序。本章将对编程语言、存储区分配和指令系统进行介绍。

8.1 编程基础

8.1.1 数制

数制相关内容请阅读 5.1.1

8.1.2 编程语言简介

PLC 的控制作用是靠执行用户程序来实现的，因此须将控制系统的控制要求用程序的形式表达出来。程序编制就是通过 PLC 的编程语言将控制要求描述出来的过程。

国际电工委员会（IEC）规定的 PLC 的编程语言有 5 种：分别是梯形图编程语言、指令语句表编程语言、顺序功能图编程语言（也称状态转移图）、功能块图编程语言、结构文本编程语言，其中最为常用的是前 3 种，下面将分别介绍。

（1）梯形图编程语言

梯形图编程语言是目前用得最多的 PLC 编程语言。梯形图是在继电器 - 接触器控制电路的基础上简化符号演变而来的，也就是说，它是借助类似于继电器的常开、常闭触点、线圈及串联与并联等术语和符号，根据控制要求连接而成的表示 PLC 输入与输出之间逻辑关系的图形，在简化的同时还增加了许多功能强大、使用灵活的基本指令和功能指令等，同时将计算机的特点结合进去，使得编程更加容易，而实现的功能却大大超过传统继电器控制电路，梯形图形象、直观、实用。触点、线圈的表示符号见表 8-1。

FX 系列 PLC 的一个梯形图例子如图 8-1 所示。

表8-1 触点、线圈的表示符号

符号	说明	符号	说明
┤├	常开触点	┌─┬─┬─┐	功能指令用
┤/├	常闭触点	( )	编程软件的线圈
○	输出线圈	[ ]	编程软件中功能指令用

图8-1 梯形图

（2）指令语句表编程语言

指令语句表编程语言是一种类似于计算机汇编语言的助记符编程方式，用一系列操作指令组成的语句将控制流程表达出来，并通过编程器送到PLC中去。需要指出的是，不同的厂家的PLC的指令语句表使用助记符有所不同。下面用图8-1所示的梯形图来说明指令语句表语言，见表8-2。

表8-2 指令表编程语言

助记符	编程软元件	说明
LD	X000	逻辑行开始，输入X000常开触点
OR	Y000	并联常开触点
ANI	X001	串联常闭触点
OUT	Y000	输出线圈Y000
END		结束程序

指令语句表是由若干个语句组成的程序。语句是程序的最小独立单元。PLC的指令语句表的表达式与一般的微机编程语言的表达式类似，也是由操作码和操作数两部分组成。操作码由助记符表示，如LD、ANI等，用来说明要执行的功能。操作数一般由标识符和参数组成。标识符表示操作数的类型，例如表明输入继电器、输出继电器、定时器、计数器和数据寄存器等。参数表明操作数的地址或一个预先设定值。指令表使用将越来越少。

（3）顺序功能图编程语言

顺序功能图编程语言是一种比较通用的流程图编程语言，主要用于编制比较复杂的顺序控制程序。顺序功能图提供了一种组织程序的图形方法，在顺序功能图中可以用别的语言嵌套编程。其最主要的部分是步、转换条件和动作三种元素，如图8-2所示。顺序功能图是用来描述开关量控制系统的功能，根据它可以很容易地画出顺序控制梯形图。

（4）功能块图编程语言

功能块图编程语言是一种类似于数字逻辑门的编程语言，用类似与门、或门的方框表示逻辑运算关系，方框的左侧为逻辑运算输入变量，右侧为输出变量，输入、输出端的小圆圈表示“非”运算，方框被“导线”连接在一起，信号从左向右流动，西门子系列的PLC把功能块图作为三种最常用的编程语言之一，在其编程软件中配置，如图8-3所示，是西门子S7-200的功能块图。

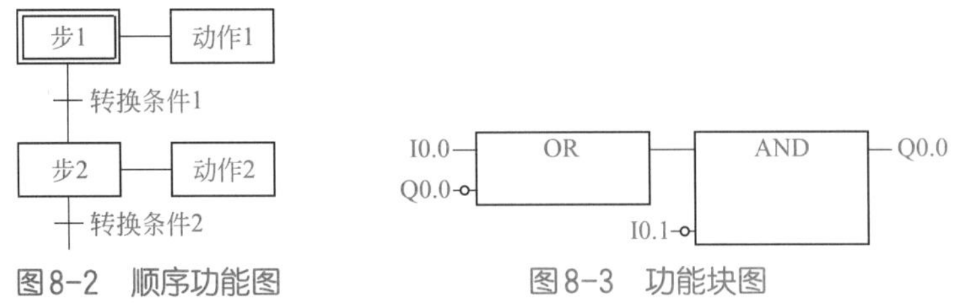

图8-2　顺序功能图　　图8-3　功能块图

（5）结构文本编程语言

随着PLC的飞速发展，如果很多高级的功能还用梯形图表示，会带来很大的不方便。为了增强PLC的数字运算、数据处理和图标显示和报表打印等功能，为了方便用户的使用，许多大中型PLC配备了PASCAL、BASIC和C等语言。这些编程方式叫作结构文本。与梯形图相比，结构文本有很大的优点。

① 能实现复杂的数学运算，编程逻辑也比较容易实现。

② 编写的程序简洁和紧凑。

除了以上的编程语言外，有的PLC还有状态图、连续功能图等编程语言。有的PLC允许一个程序中有几种语言，如西门子的指令表功能比梯形图功能强大，所以其梯形图中允许有不能被转化成梯形图的指令表。

8.1.3　三菱FX系列PLC内部软组件

在FX系列的PLC中，对于每种继电器都用一定的字母来表示，X表示输入继电器，Y表示输出继电器，M表示辅助继电器，D表示数据继电器，T表示时间继电器，S表示状态继电器等，并对这些软继电器进行编号，X和Y的编号用八进制表示。本节主要对FX3U的内部继电器进行说明，其余型号如FX3S可能与FX3U略有不同。

（1）输入继电器（X）

输入继电器与输入端相连，它是专门用来接受PLC外部开关信号的元件。PLC通过输入接口将外部输入信号状态（接通时为“1”，断开时为“0”）读入并存储在输入映象寄存器中。如图8-4所示，当按钮闭合时，硬件线路中的X1线圈得电，经过PLC内部电路一系列的变换，使得梯形图（软件）中X1常开触点闭合，而常闭触点X1断开。正确理解这一点是十分关键的。

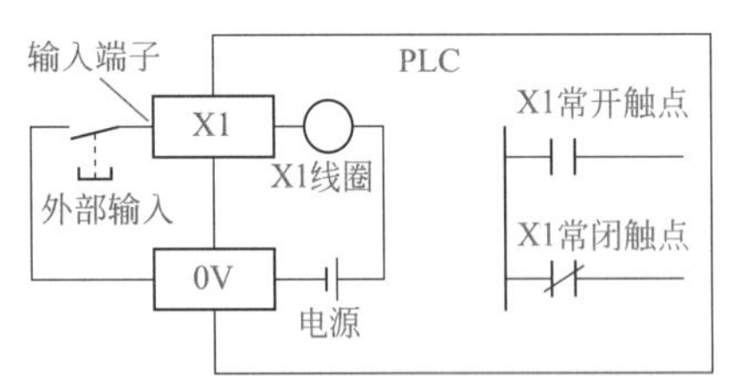

图8-4　输入继电器X1的等效电路

输入继电器是用八进制编号的，如X0～X7，不可以出现X8和X9，FX3U系列PLC输入、输出继电器编号见表8-3，可见输入最多扩展到248点，输出最多到248点。但Q系列用十六进制编号，则可以有X8和X9。

【关键点】在FX系列PLC的梯形图中不能出现输入继电器X的线圈，否则会出错，但有的PLC的梯形图中允许输入线圈。

表8-3 FX3U系列PLC输入、输出继电器编号

型号	FX3U-16M	FX3U-32M	FX3U-48M	FX3U-64M	FX3U-80M	FX3U-128M	扩展单元
输入继电器X	X000 ~ X007	X000 ~ X017	X000 ~ X027	X000 ~ X037	X000 ~ X047	X000 ~ X077	X000 ~ X267
输出继电器Y	Y000 ~ Y007	Y000 ~ Y017	Y000 ~ Y027	Y000 ~ Y037	Y000 ~ Y047	Y000 ~ Y077	Y000 ~ Y267

（2）输出继电器（Y）

输出继电器是用来将PLC内部信号输出传送给外部负载（用户输出设备）。输出继电器线圈是由PLC内部程序的指令驱动，其线圈状态传送给输出单元，再由输出单元对应的硬触点来驱动外部负载，其等效电路如图8-5所示。简单地说，当梯形图的Y0线圈（软件）得电时，经过PLC内部电路的一系列转换，使得继电器Y0常开触点（硬件，即真实的继电器，不是软元件）闭合，从而使得PLC外部的输出设备得电。正确理解这一点是十分关键的。

输出继电器是用八进制编号的，如Y0～Y7，不可以出现Y8和Y9。但Q系列用十六进制编号，则可以有Y8和Y9。

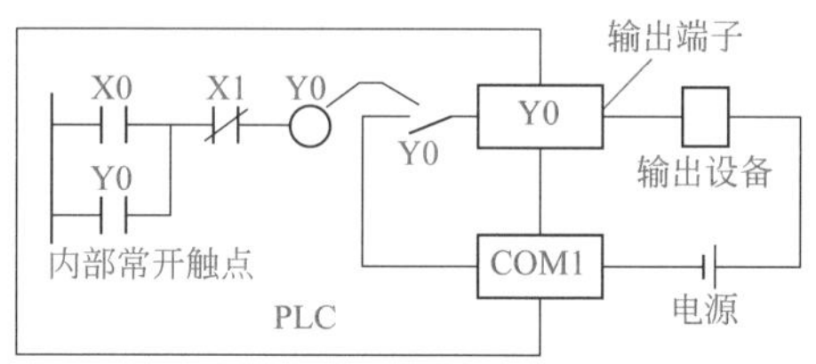

图8-5 输出继电器Y0的等效电路

以下将对PLC是怎样读入输入信号和输出信号做一个完整的说明，输入输出继电器的等效电路如图8-6所示。当按钮闭合时，硬件线路中的X0线圈得电，经过PLC内部电路一系列的转换，使得梯形图（软件）中X0常开触点闭合，从而Y0线圈得电，自锁。由于梯形图的Y0线圈（软件）得电时，经过PLC内部电路的一系列转换，使得继电器Y0常开触点（硬件，即真实的继电器，不是软元件）闭合，从而使得PLC外部的输出设备得电。这实际就是信号从输入端送入PLC，经过PLC逻辑运算，把逻辑运算结果送到输出设备的一个完整的过程。

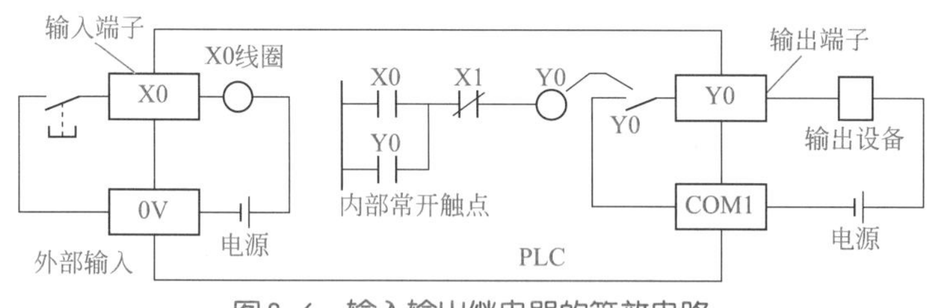

图8-6 输入输出继电器的等效电路

【关键点】 如图8-6所示，左侧的X0线圈和右侧的Y0触点都是真实硬件，而中间的梯形图是软件，弄清楚这点十分重要。

（3）辅助继电器（M）

辅助继电器是PLC中数量最多的一种继电器，一般的辅助继电器与继电器控制系统中的中间继电器相似。辅助继电器不能直接驱动外部负载，负载只能由输出继电器的外部

触点驱动。辅助继电器的常开与常闭触点在 PLC 内部编程时可无限次使用。辅助继电器采用 M 与十进制数共同组成编号（只有输入、输出继电器才用八进制数）。PLC 内部常用继电器见表 8-4。

表 8-4　PLC 内部常用继电器

软元件名	内容		
输入输出继电器			
输入继电器	X000 ～ X367	248 点	软元件的编号为 8 进制编号 输入输出合计为 256 点
输出继电器	Y000 ～ Y367	248 点	
辅助继电器			
一般用［可变］	M0 ～ M499	500 点	通过参数可以更改保持 / 非保持的设定
保持用［可变］	M500 ～ M1023	524 点	
保持用［固定］	M1024 ～ M7679	6656 点	
特殊用	M8000 ～ M8511	512 点	
状态			
初始化状态（一般用［可变］）	S0 ～ S9	10 点	通过参数可以更改保持 / 非保持的设定
一般用［可变］	S10 ～ S499	490 点	
保持用［可变］	S500 ～ S899	400 点	
信号报警器用（保持用［可变］）	S900 ～ S999	100 点	
保持用［固定］	S1000 ～ S4095	3096 点	
定时器（ON 延迟定时器）			
100ms	T0 ～ T191	192 点	0.1 ～ 3,276.7s
100ms［子程序、中断子程序用］	T192 ～ T199	8 点	0.1 ～ 3,276.7s
10ms	T200 ～ T245	46 点	0.01 ～ 327.67s
1ms 累计型	T246 ～ T249	4 点	0.001 ～ 32.767s
100ms 累计型	T250 ～ T255	6 点	0.1 ～ 3,276.7s
1ms	T256 ～ T511	256 点	0.001 ～ 32.767s
计数器			
一般用增计数（16 位）［可变］	C0 ～ C99	100 点	0 ～ 32,767 的计数器 通过参数可以更改保持 / 非保持的设定
保持用增计数（16 位）［可变］	C100 ～ C199	100 点	
一般用双方向（32 位）［可变］	C200 ～ C219	20 点	−2147483648 ～ +2147483647 的计数器通过参数可以更改保持 / 非保持的设定
保持用双方向（32 位）［可变］	C220 ～ C234	15 点	
高速计数器			
单相单计数的输入 双方向（32 位）	C235 ～ C245	C235 ～ C255 中最多可以使用 8 点［保持用］ 通过参数可以更改保持 / 非保持的设定 −2147483648 ～ +2147483647 的计数器 硬件计数器 单相：100kHz×6 点，10kHz×2 点 双相：50kHz（1 倍）、50kHz（4 倍） 软件计数器 单相：40kHz 双相：40kHz（1 倍）、10kHz（4 倍）	
单相双计数的输入 双方向（32 位）	C246 ～ C250		
双相双计数的输入 双方向（32 位）	C251 ～ C255		

① 通用辅助继电器（M0 ～ M499） FX3U 系列共有 500 点通用辅助继电器。通用辅助继电器在 PLC 运行时，如果电源突然断电，则全部线圈均断电（OFF）。当电源再次接通时，除了因外部输入信号而变为通电（ON）的以外，其余的仍将保持断电状态，它们没有断电保护功能。通用辅助继电器常在逻辑运算中作为辅助运算、状态暂存、移位等。根据需要可通过程序设定，将 M0 ～ M499 变为断电保持辅助继电器。

【例 8-1】 图 8-7 的梯形图，Y0 控制一盏灯，试分析：当系统上电后，接通 X0 和系统断电后接着系统又上电，灯的明暗情况。

【解】 当系统上电后接通 X0，M0 线圈带电，并自锁，灯亮；系统断电后接着系统又上电，M0 线圈断电，灯不亮。

② 断电保持辅助继电器（M500 ～ M7679） FX3U 系列有 M500 ～ M7679 共 7180 个断电保持辅助继电器。它与普通辅助继电器不同的是具有断电保护功能，即能记忆电源中断瞬时的状态，并在重新通电后再现其状态。它之所以能在电源断电时保持其原有的状态，是因为电源中断时用 PLC 中的锂电池保持它们映像寄存器中的内容。其中 M500 ～ M1023 可由软件将其设定为通用辅助继电器。

【例 8-2】 图 8-8 的梯形图，Y0 控制一盏灯，试分析：当系统上电后合上按钮 X0 和系统断电后接着系统又上电，灯的明暗情况。

【解】 当系统上电后接通 X0，M600 线圈带电，并自锁，灯亮；系统断电后，Y0 线圈断电，灯不亮，但系统内的电池仍然使线圈 M600 带电；接着系统又上电，即使 X0 不接通，Y0 线圈也会因为 M600 的闭合而上电，所以灯亮。

一旦 M600 上电，要 M600 断电，应使用复位指令，关于这点将在后续课程中讲解。

将以上两个例题对比，不难区分通用辅助继电器和断电保持辅助继电器。

③ 特殊辅助继电器 PLC 内有大量的特殊辅助继电器，它们都有各自的特殊功能。FX3U 系列中有 512 个特殊辅助继电器，可分成触点型和线圈型两大类。

a. 触点型 其线圈由 PLC 自动驱动，用户只可使用其触点。例如：

M8000：运行监视器（在 PLC 运行中接通），M8001 与 M8000 相反逻辑。

M8002：初始脉冲（仅在运行开始时瞬间接通），M8003 与 M8002 相反逻辑。

M8011、M8012、M8013 和 M8014 分别是产生 10ms、100ms、1s 和 1min 时钟脉冲的特殊辅助继电器。

M8000、M8002 和 M8012 的波形图如图 8-9 所示。

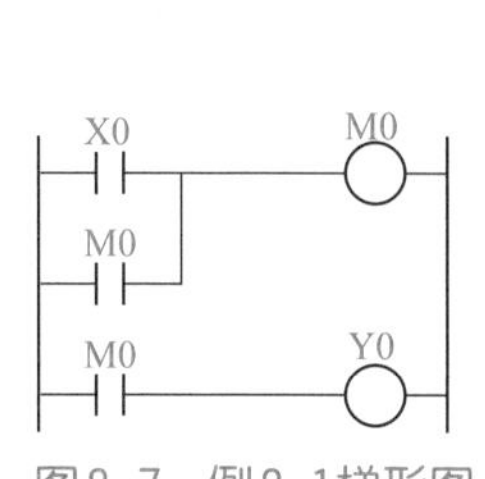

图8-7 例8-1梯形图

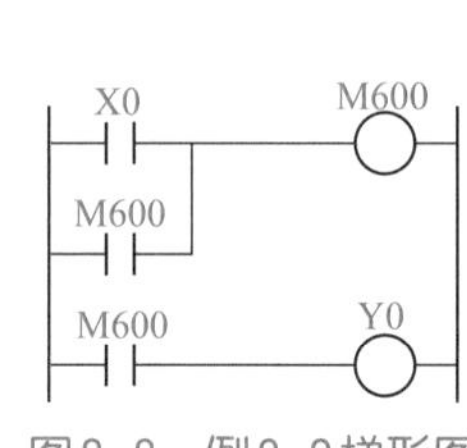

图8-8 例8-2梯形图

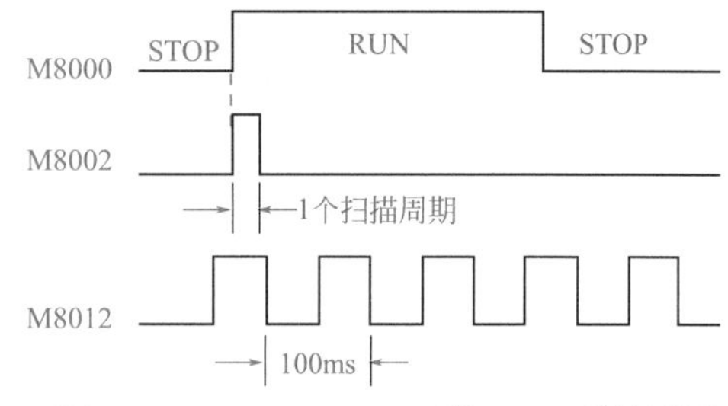

图8-9 M8000、M8002和M8012的波形图

【例 8-3】 图 8-10 的梯形图，Y0 控制一盏灯，试分析：当系统上电后灯的明暗情况。

图8-10 例8-3的梯形图

【解】 因为 M8013 是周期为 1s 的脉冲信号，所以灯亮 0.5s，

然后暗 0.5s，以 1s 为周期闪烁。

M8013 常用于报警灯的闪烁。

b. 线圈型　由用户程序驱动线圈后 PLC 执行特定的动作。例如：

M8033：若使其线圈得电，则 PLC 停止时保持输出映像存储器和数据寄存器内容。

M8034：若使其线圈得电，则将 PLC 的输出全部禁止。

M8039：若使其线圈得电，则 PLC 按 D8039 中指定的扫描时间工作。

（4）状态器 S

状态器用来纪录系统运行中的状态，是编制顺序控制程序的重要编程元件，它与后述的步进顺控指令 STL 配合应用。

状态器有五种类型：初始状态器 S0 ～ S9 共 10 点；回零状态器 S10 ～ S19 共 10 点；通用状态器 S1000 ～ S4095 共 3096 点；具有状态断电保持的状态器有 S10 ～ S899，共 890 点；供报警用的状态器（可用作外部故障诊断输出）S900 ～ S999 共 100 点。

在使用状态器时应注意：

① 状态器与辅助继电器一样有无数的常开和常闭触点；

② 状态器不与步进顺控指令 STL 配合使用时，可作为辅助继电器 M 使用；

③ FX3U 系列 PLC 可通过程序设定将 S1000 ～ S4095 设置为有断电保持功能的状态器。

（5）定时器 T

PLC 中的定时器 T 相当于继电器控制系统中的通电型时间继电器。它可以提供无限对常开常闭延时触点，这点有别于中间继电器，中间继电器的触点通常少于 8 对。定时器中有一个设定值寄存器（一个字长），一个当前值寄存器（一个字长）和一个用来存储其输出触点的映像寄存器（一个二进制位），这三个量使用同一地址编号。但使用场合不一样，意义也不同。

FX3U 系列中定时器时可分为通用定时器、累积型定时器两种。它们是通过对一定周期的时钟脉冲进行累计而实现定时的，时钟脉冲有周期为 1ms、10ms 和 100ms 三种，当所计数达到设定值时触点动作。设定值可用常数 K 或数据寄存器 D 的内容来设置。

① 通用定时器　通用定时器的特点是不具备断电的保持功能，即当输入电路断开或停电时定时器复位。通用定时器有 100ms 和 10ms 通用定时器两种。

a. 100ms 通用定时器（T0 ～ T199）　共 200 点。其中，T192 ～ T199 为子程序和中断服务程序专用定时器。这类定时器是对 100ms 时钟累积计数，设定值为 1 ～ 32767，所以其定时范围为 0.1 ～ 3276.7s。

b. 10ms 通用定时器（T200 ～ T245）　共 46 点。这类定时器是对 10ms 时钟累积计数，设定值为 1 ～ 32767，所以其定时范围为 0.01 ～ 327.67s。

【例 8-4】　如图 8-11 所示的梯形图，Y0 控制一盏灯，当输入 X0 接通时，试分析：灯的明暗状况。若当输入 X0 接通 5s 时，输入 X0 突然断开，接着又接通，灯的明暗状况如何？

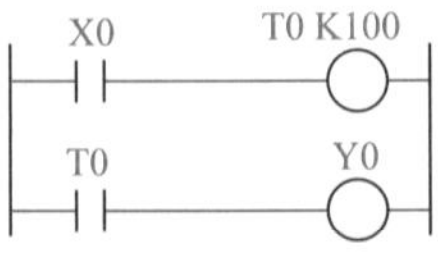

图 8-11　例 8-4 的梯形图

【解】　当输入 X0 接通后，T0 线圈上电，延时开始，此时灯并不亮，10s（100×0.1=10s）后 T0 的常开触点闭合，灯亮。

当输入 X0 接通 5s 时，输入 X0 突然断开，接着再接通 10s 后灯亮。

【例 8-5】　当压下启动按钮 SB1 后电动机 1 启动，2s 后电动机 1 停止，电动机 2 启动，任何时候压下按钮 SB2 时，电动机 1 或者 2 都停止运行。

【解】 原理图如图 8-12 所示，梯形图如图 8-13 所示。

【关键点】 按照工程规范，原理图中的停止按钮 SB2 为常闭触点，所以梯形图中与之对应的 X001 为常开触点，后续章节未作特殊说明都遵循此规范。

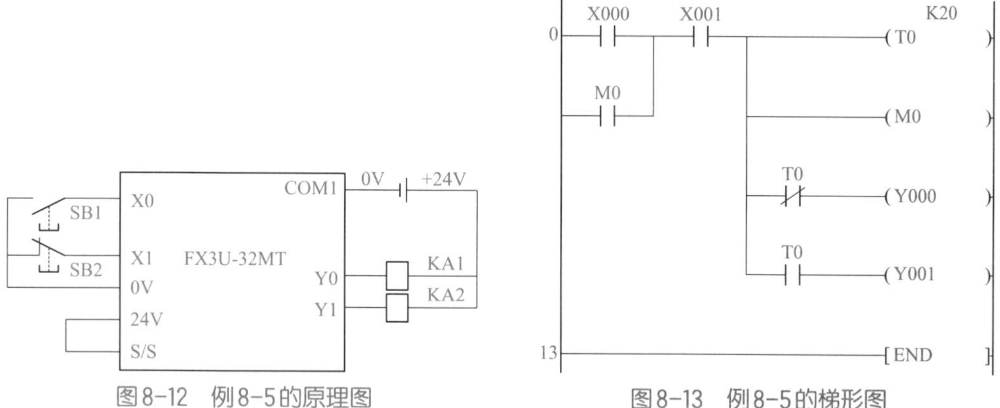

图 8-12 例 8-5 的原理图

图 8-13 例 8-5 的梯形图

【例 8-6】 当按钮 SA1 闭合时灯亮，断电后，过一段时间灯灭。

【解】 原理图如图 8-14 所示，梯形图如图 8-15 所示。

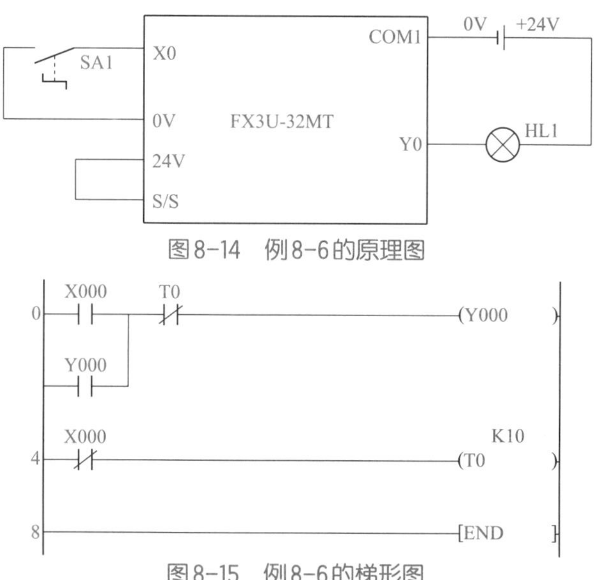

图 8-14 例 8-6 的原理图

图 8-15 例 8-6 的梯形图

② 累积型定时器 累积型定时器具有计数累积的功能。在定时过程中如果断电或定时器线圈 OFF，累积型定时器将保持当前的计数值（当前值），通电或定时器线圈 ON 后继续累积，即其当前值具有保持功能，只有将累积型定时器复位，当前值才变为 0。

a. 1ms 累积型定时器（T246 ～ T249） 共 4 点，是对 1ms 时钟脉冲进行累积计数的，定时的时间范围为 0.001 ～ 32.767s。

b. 100ms 累积型定时器（T250 ～ T255） 共 6 点，是对 100ms 时钟脉冲进行累积计数的定时的时间范围为 0.1 ～ 3276.7s。

【关键点】 初学者经常会提出这样的问题：定时器如何接线？ PLC 中的定时器是不需要接线的，这点不同于 J-C 系统中的时间继电器。

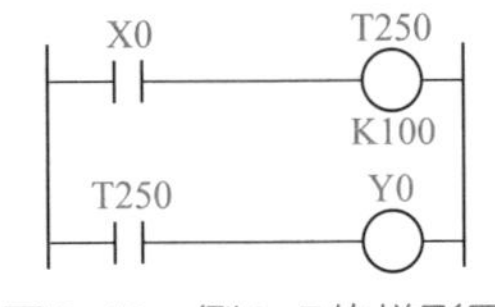

图8-16 例8-7的梯形图

【例 8-7】 如图 8-16 所示的梯形图，Y0 控制一盏灯，当输入 X0 接通时，试分析：灯的明暗状况。若当输入 X0 接通 5s 时，输入 X0 突然断开，接着又接通，灯的明暗状况如何。

【解】 当输入 X0 接通后，T250 线圈上电，延时开始，此时灯并不亮，10s（100×0.1=10s）后 T250 的常开触点闭合，灯亮。

当输入 X0 接通 5s 时，输入 X0 突然断开，接着再接通 5s 后灯亮。

通用定时器和累积型定时器的区分从例 8-4 和例 8-7 很容易看出。

（6）计数器 C

FX3U 系列计数器分为内部计数器和高速计数器两类。

① 内部计数器

a. 16 位增计数器（C0 ～ C199） 共 200 点。其中 C0 ～ C15 为通用型，C16 ～ C199 共 184 点为断电保持型（断电保持型即断电后能保持当前值待通电后继续计数）。这类计数器为递加计数，应用前先对其设置设定值，当输入信号（上升沿）个数累加到设定值时，计数器动作，其常开触点闭合、常闭触点断开。计数器的设定值为 1 ～ 32767（16 位二进制），设定值除了用常数 *K* 设定外，还可间接通过指定数据寄存器设定。

【例 8-8】 如图 8-17 所示的梯形图，Y0 控制一盏灯，请分析：当输入 X11 接通 10 次时，灯的明暗状况？若当输入 X11 接通 10 次后，再将 X10 接通，灯的明暗状况如何？

【解】 当输入 X11 接通 10 次时，C0 的常开触点闭合，灯亮。若当输入 X11 接通 10 次后，灯先亮，再将 X10 接通，灯灭。

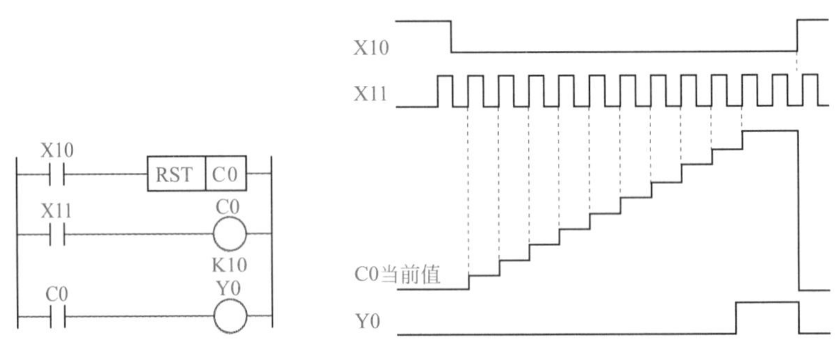

图8-17 例8-8的梯形图和时序图

b. 32 位增、减计数器（C200 ～ C234） 共有 35 点 32 位加、减计数器，其中，C200 ～ C219（共 20 点）为通用型，C220 ～ C234（共 15 点）为断电保持型。这类计数器与 16 位增计数器除了位数不同外，还在于它能通过控制实现加、减双向计数。设定值范围均为 −2147483648 ～ +2147483647（32 位）。

C200 ～ C234 是增计数还是减计数，分别由特殊辅助继电器 M8200 ～ M8234 设定。对应的特殊辅助继电器被置为 ON 时为减计数，置为 OFF 时为增计数。

计数器的设定值与 16 位计数器一样，可直接用常数 *K* 或间接用数据寄存器 D 的内容作为设定值。在间接设定时，要用编号紧连在一起的两个数据计数器。

【关键点】 初学者经常会提出这样的问题：计数器如何接线？ PLC 中的计数器是不需要接线的，这点不同于 J-C 系统中的计数器。

【例 8-9】 指出如图 8-18 所示的梯形图有什么功能？

【解】 如图 8-18 所示的梯形图实际是一个乘法电路表示当 100×10=1000 时，Y000 得电。

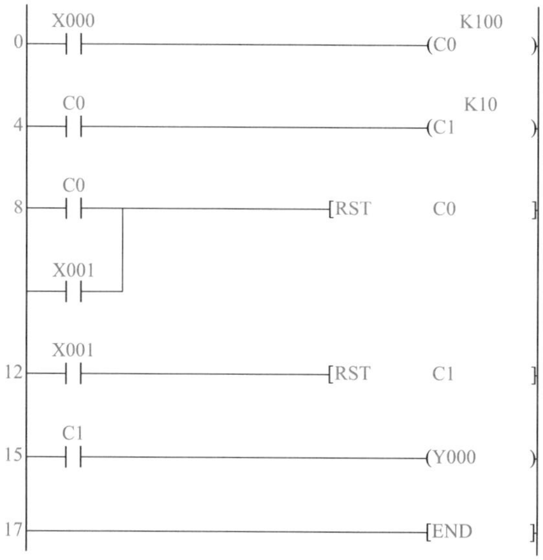

```
0   X000                         K100
    -| |--------------------(C0      )
4   C0                           K10
    -| |--------------------(C1      )
8   C0
    -| |--+-------------[RST    C0  ]
    X001  |
    -| |--+
12  X001
    -| |----------------[RST    C1  ]
15  C1
    -| |--------------------(Y000    )
17
    ------------------------[END     ]
```

图8-18 例8-9的梯形图

② 高速计数器（C235 ～ C255） 高速计数器与内部计数器相比除了允许输入频率高之外，应用也更为灵活，高速计数器均有断电保持功能，通过参数设定也可变成非断电保持。FX3U 有 C235 ～ C255 共 21 点高速计数器。适合用来作为高速计数器输入的 PLC 输入端口有 X0 ～ X7。X0 ～ X7 不能重复使用，即某一个输入端已被某个高速计数器占用，它就不能再用于其他高速计数器，也不能用作他用。

（7）数据寄存器 D

PLC 在进行输入输出处理、模拟量控制、位置控制时，需要许多数据寄存器存储数据和参数。数据寄存器为 16 位，最高位为符号位。可用两个数据寄存器来存储 32 位数据，最高位仍为符号位。PLC 内部常用继电器见表 8-5。

① 通用数据寄存器（D0 ～ D199） 通用数据寄存器（D0 ～ D199）共 200 点。当 M8033 为 ON 时，D0 ～ D199 有断电保护功能；当 M8033 为 OFF 时则它们无断电保护，这种情况 PLC 由 RUN → STOP 或停电时，数据全部清零。数据寄存器是 16 位的，最高位是符号位数据范围 −32768 ～ +32767。2 个数据寄存器合并使用可达 32 位，数据范围是 −2147483648 ～ +2147483647。数据寄存器通常作为输入输出处理、模拟量控制和位置控制的情况下使用。数据寄存器的内容将在后面章节中讲到。

② 断电保持数据寄存器（D200 ～ D7999） 断电保持数据寄存器（D200 ～ D7999）共 7800 点，其中 D200 ～ D511（共 312 点）有断电保持功能，可以利用外部设备的参数设定改变通用数据寄存器与有断电保持功能数据寄存器的分配；D490 ～ D509 供通信用；D512 ～ D7999 的断电保持功能不能用软件改变，但可用指令清除它们的内容。根据参数设定可以将 D1000 以上作为文件寄存器。

③ 特殊数据寄存器（D8000 ～ D8511） 特殊数据寄存器（D8000 ～ D8211）共 512 点。特殊数据寄存器的作用是用来监控 PLC 的运行状态。例如扫描时间、电池电压等。未加

表 8-5　PLC 内部常用继电器

软元件名	内容		
数据寄存器（成对使用时 32 位）			
一般用（16 位）［可变］	D0 ～ D199	200 点	通过参数可以更改保持 / 非保持的设定
保持用（16 位）［可变］	D200 ～ D511	312 点	
保持用（16 位）［固定］ 〈文件寄存器〉	D512 ～ D7999 〈D1000 ～ D7999〉	7488 点 〈7000 点〉	通过参数可以将寄存器 7488 点中 D1000 以后的软元件以每 500 点为单位设定为文件寄存器
特殊用（16 位）	D8000 ～ D8511	512 点	
变址用（16 位）	V0 ～ V7，Z0 ～ Z7	16 点	
扩展寄存器 • 扩展文件寄存器			
扩展寄存器（16 位）	R0 ～ R32767	32768 点	通过电池进行停电保持
扩展文件寄存器（16 位）	ER0 ～ ER32767	32768 点	仅在安装存储器盒时可用
指针			
JUMP、CALL 分支用	P0 ～ P4095	4096 点	CJ 指令、CALL 指令用
输入中断 输入延迟中断	I00 □～ I50 □	6 点	
定时器中断	I6 □□～ I8 □□	3 点	
计数器中断	I010 ～ I060	6 点	HSCS 指令用
嵌套			
主控用	N0 ～ N7	8 点	MC 指令用
常数			
10 进制数（K）	16 位	−32768 ～ +32767	
	32 位	−2147483648 ～ +2147483647	
16 进制数（H）	16 位	0 ～ FFFF	
	32 位	0 ～ FFFFFFFF	
实数（E）	32 位	-1.0×2^{120} ～ -1.0×2^{-126}，0，1.0×2^{-126} ～ 1.0×2^{120} 可以用小数点和指数形式表示	
字符串（“”）	字符串	用“”框起来的字符进行指定。 指令上的常数中，最多可以使用到半角的 32 个字符	

定义的特殊数据寄存器，用户不能使用。具体可参见用户手册。

④ 变址寄存器（V、Z） FX2N 系列 PLC 有 V0 ～ V7 和 Z0 ～ Z7 共 16 个变址寄存器，它们都是 16 位的寄存器。变址寄存器 V、Z 实际上是一种特殊用途的数据寄存器，其作用相当于计算机中的变址寄存器，用于改变元件的编号（变址）。例如 V0=5，则执行 D20V0 时，被执行的编号为 D25（D20+5）。变址寄存器可以像其他数据寄存器一样进行读 / 写，需要进行 32 位操作时，可将 V、Z 串联使用（Z 为低位，V 为高位）。

（8）指针（P、I）

在 FX 系列中，指针用来指示分支指令的跳转目标和中断程序的入口标号，分为分支用指针、输入中断指针及定时器中断指针和计数器中断指针。

① 分支用指针（P0 ～ P127） FX3U 有 P0 ～ P4095 共 4096 点分支用指针。分支指针用来指示跳转指令（CJ）的跳转目标或子程序调用指令（CALL）调用子程序的入口地址。

中断指针是用来指示某一中断程序的入口位置。执行中断后遇到 IRET（中断返回）指令，则返回主程序。中断用指针有以下三种类型。

② 输入中断指针（I00 □～ I50 □）　输入中断指针（I00 □～ I50 □）共 6 点，它是用来指示由特定输入端的输入信号而产生中断的中断服务程序的入口位置，这类中断不受 PLC 扫描周期的影响，可以及时处理外界信息。

例如：I101 为当输入 X1 从 OFF → ON 变化时，执行以 I101 为标号后面的中断程序，并根据 IRET 指令返回。

③ 定时器中断指针（I6 □□～ I8 □□）　定时器中断指针（I6 □□～ I8 □□）共 3 点，是用来指示周期定时中断的中断服务程序的入口位置，这类中断的作用是 PLC 以指定的周期定时执行中断服务程序，定时循环处理某些任务。处理的时间也不受 PLC 扫描周期的限制。□□表示定时范围，可在 10 ～ 99ms 中选取。

④ 计数器中断指针（I010 ～ I060）　计数器中断指针（I010 ～ I060）共 6 点，它们用在 PLC 内置的高速计数器中。根据高速计数器的计数当前值与计数设定值的关系确定是否执行中断服务程序。它常用于利用高速计数器优先处理计数结果的场合。

（9）常数（K、H、E）

K 是表示十进制整数的符号，主要用来指定定时器或计数器的设定值及应用功能指令操作数中的数值；H 是表示十六进制数，主要用来表示应用功能指令的操作数值。例如，20 用十进制表示为 K20，用十六进制则表示为 H14。E123 表示实数用于 FX3 系列 PLC，也可以用 E1.23+2 表示。

8.1.4　存储区的寻址方式

PLC 将数据存放在不同的存储单元，每个存储单元都有唯一确定地址编号，要想根据地址编号找到相应的存储单元，这就需要 PLC 的寻址。根据存储单元在 PLC 中数据存取方式的不同，FX2N 系列 PLC 存储器常见的寻址方式有直接寻址和间接寻址，具体如下。

（1）直接寻址

直接寻址可分为位寻址、字寻址和位组合寻址。

① 位寻址　位寻址是针对逻辑变量存储的寻址方式。FX 系列 PLC 中输入继电器、输出继电器、辅助继电器、状态继电器、定时器和计数器在一般情况下都采用位寻址。位寻址方式地址中含存储器的类型和编号，如 X001、Y006、T0 和 M600 等。

② 字寻址　字寻址在数字数据存储时用。FX 系列 PLC 中的字长一般为 16 位，地址可表示成存储区类别的字母加地址编号组成。如 D0 和 D200 等。FX 系列 PLC 可以双字寻址。在双字寻址的指令中，操作数地址的编号（低位）一般用偶数表示，地址加 1(高位）的存储单元同时被占用，双字寻址时存储单元为 32 位。

③ 位组合寻址　FX 系列 PLC 中，为了编程方便，使位元件联合起来存储数据，提供了位组合寻址方式，位组合寻址是以 4 个位软元件为一组组合单元，其通用的表示方法是 Kn 加起始元件的软元件号组成，起始软元件有输入继电器、输出继电器和辅助继电器等，n 为单元数，16 位数为 K1 ～ K4，32 位数为 K1 ～ K8。例如 K2M10 表示有 M10 ～ M17 组成的两个位元件组，它是一个 8 位的数据，M10 是最低位。K4X0 表示有 X0 ～ X17 组成的 4 个位元件组，它是一个 16 位数据，X0 是最低位。

当一个 16 位的数据传送到 K1M0、K2M0、K3M0 时，只传送相应的低位数据，较高

位的数据不传送，32 位数据也一样。在作 16 位操作时，参与操作的位元件由 K1 ～ K4 指定。若仅由 K1 ～ K3 指定，不足的部分的高位均作 0 处理。

（2）间接寻址

间接寻址是指数据存放在变址寄存器（V、Z）中，在指令只出现所需数据的存储单元内存地址即可。关于间接寻址在功能指令章节再介绍。

8.2 三菱 FX 系列 PLC 的基本指令

FX2N 共有 27 条基本逻辑指令，FX2N 的指令 FX3U 都可使用，其中包含了有些子系列 PLC 的 20 条基本逻辑指令。

8.2.1 输入指令与输出指令（LD、LDI、OUT）

输入与输出指令的含义见表 8-6。

表 8-6 输入指令与输出指令含义

助记符	名称	软元件	功能
LD	取	X、Y、M、S、T、C	常开触点的逻辑开始
LDI	取反		常闭触点的逻辑开始
OUT	输出	Y、M、S、T、C	线圈驱动

LD 是取指令，LDI 是取反指令，LD 和 LDI 指令主要用于将触点连接到母线上。其他用法将在后面讲述 ANB 和 ORB 指令时介绍，在分支点也可以使用。其目标元件是 X、Y、M、S、T 和 C。

OUT 指令是对输出继电器、辅助继电器、状态、定时器、计数器的线圈驱动的指令，对于输入继电器不能使用。其目标软件是 Y、M、S、T 和 C。并列的 OUT 指令能多次使用。对于定时器的计时线圈或计数器的计数线圈，使用 OUT 指令后，必须设定常数 K。此外，也可以用数据寄存器编号间接指定。

用如图 8-19 所示的例子来解释输入与输出指令，当常开触点 X0 闭合时（如果与 X0 相连的按钮是常开触点，则需要压下按钮），中间继电器 M0 线圈得电。当常闭触点 X1 闭合时（如果与 X1 相连的按钮是常开触点，则不需要压下按钮），输出继电器 Y0 线圈得电。

【关键点】 PLC 中的中间继电器并不需要接线，它通常只参与中间运算，而输入输出继电器是要接线的，这一点请读者注意。

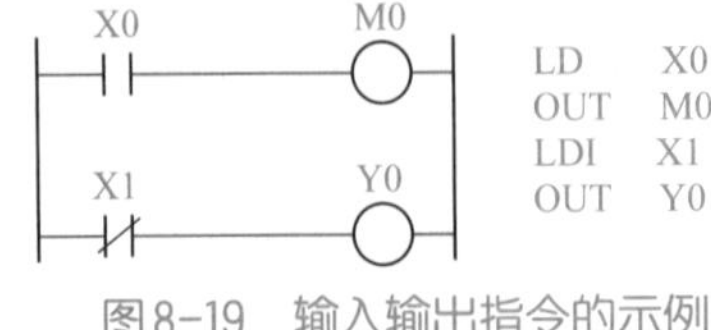

图 8-19 输入输出指令的示例

8.2.2 触点的串联指令（AND、ANI）

触点的串联指令的含义见表8-7。

表8-7 触点的串联指令含义

助记符	名称	软元件	功能
AND	与	X、Y、M、S、T、C	与常开触点串联
ANI	与非		与常闭触点串联

AND是与指令，用于一个常开触点串联连接指令，完成逻辑“与”运算。

ANI是与非指令，用于一个常闭触点串联连接指令，完成逻辑“与非”运算。

触点串联指令的使用说明：

① AND、ANI都是指单个触点串联连接的指令，串联次数没有限制，可反复使用；

② AND、ANI的目标元件为X、Y、M、T、C和S。

用图8-20所示的例子来解释触点串联指令。当常开触点X0、常闭触点X1闭合，而常开触点X2断开时，线圈M0得电，线圈Y0断电；当常开触点X0、常闭触点X1、常开触点X2都闭合时，线圈M0和线圈Y0得电；只要常开触点X0或者常闭触点X1有一个或者两个断开，则线圈M0和线圈Y0断电。注意如果与X0、X1相连的按钮是常开触点，那么按钮不压下时，常开触点X0是断开的，而常闭触点X1是闭合的，这点读者务必要搞清楚。

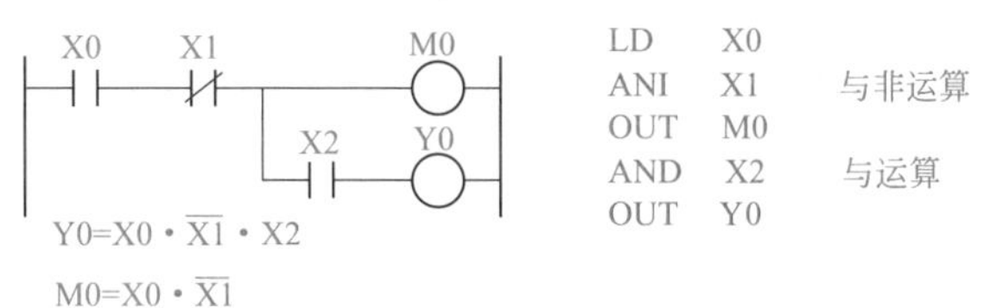

图8-20 触点串联指令的示例

8.2.3 触点的并联指令（OR、ORI）

触点的并联指令的含义见表8-8。

表8-8 触点的并联指令含义

助记符	名称	软元件	功能
OR	或	X、Y、M、S、T、C	与常开触点并联
ORI	或非		与常闭触点并联

OR是或指令，用于单个常开触点的并联，实现逻辑“或”运算。

ORI是或非指令，用于单个常闭触点的并联，实现逻辑“或非”运算。

触点并联指令的使用说明：

① OR、ORI指令都是指单个触点的并联，并联触点的左端接到LD、LDI，右端与前一条指令对应触点的右端相连，触点并联指令连续使用的次数不限；

② OR、ORI指令的目标元件为X、Y、M、T、C、S。

用如图8-21所示的例子来解释触点并联指令。当常开触点X0、常闭触点X1闭合或者常开触点X2有一个或者多个闭合时，线圈Y0得电。

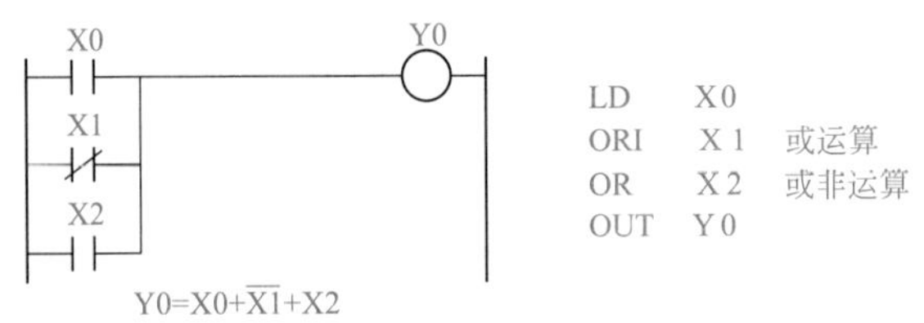

图8-21 触点并联指令的示例

8.2.4 脉冲式触点指令（LDP、LDF、ANDP、ANDF、ORP、ORF）

脉冲式触点指令（LDP、LDF、ANDP、ANDF、ORP、ORF）的含义见表8-9。

表8-9 脉冲式触点指令含义

助记符	名称	软元件	功能
LDP	取脉冲上升沿	X、Y、M、S、T、C	上升沿检出运算开始
LDF	取脉冲下降沿	X、Y、M、S、T、C	下降沿检出运算开始
ANDP	与脉冲上升沿	X、Y、M、S、T、C	上升沿检出串联连接
ANDF	与脉冲下降沿	X、Y、M、S、T、C	下降沿检出串联连接
ORP	或脉冲上升沿	X、Y、M、S、T、C	上升沿检出并联连接
ORF	或脉冲下降沿	X、Y、M、S、T、C	下降沿检出并联连接

用一个例子来解释LDP、ANDP、ORP操作指令，梯形图（左侧）和时序图（右侧）如图8-22所示，当X0或者X1的上升沿时，线圈M0得电；当X2上升沿时，线圈Y0得电。

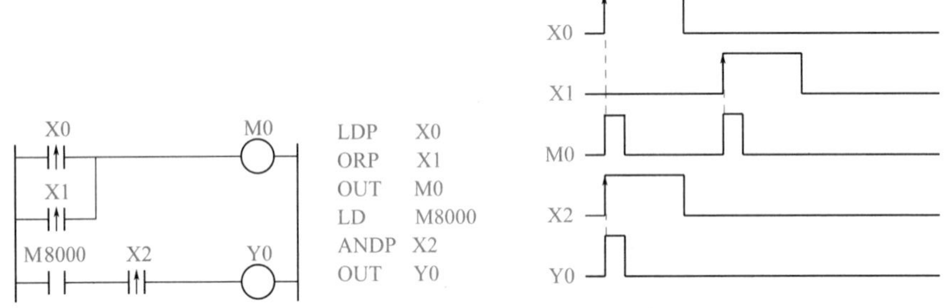

图8-22 LDP、ANDP、ORP操作指令的示例

LDP、LDF、ANDP、ANDF、ORP、ORF指令使用注意事项：

① LDP、ANDP、ORP是上升沿检出的触点指令，仅在指定的软元件的上升沿（OFF → ON变化时）接通一个扫描周期；

② LDF、ANDF、ORF是下降沿检出的触点指令，仅在指定的软元件的下降沿（ON → OFF变化时）接通一个扫描周期。

8.2.5 脉冲输出指令（PLS、PLF）

脉冲输出指令（PLS、PLF）的含义见表8-10。

PLS是上升沿脉冲输出指令，在输入信号上升沿产生一个扫描周期的脉冲输出。PLF是下降沿脉冲输出指令，在输入信号下降沿产生一个扫描周期的脉冲输出。

PLS、PLF指令的使用说明：

表8-10　脉冲输出指令含义

助记符	名称	软元件	功能
PLS	上升沿脉冲输出	Y、M（特殊M除外）	产生脉冲
PLF	下降沿脉冲输出	Y、M（特殊M除外）	产生脉冲

① PLS、PLF 指令的目标元件为 Y 和 M；

② 使用 PLS 时，仅在驱动输入为 ON 后的一个扫描周期内目标元件 ON，如图 8-23 所示，M0 仅在 X0 的常开触点由断到通时的一个扫描周期内为 ON，使用 PLF 指令时只是利用输入信号的下降沿驱动，其他与 PLS 相同。

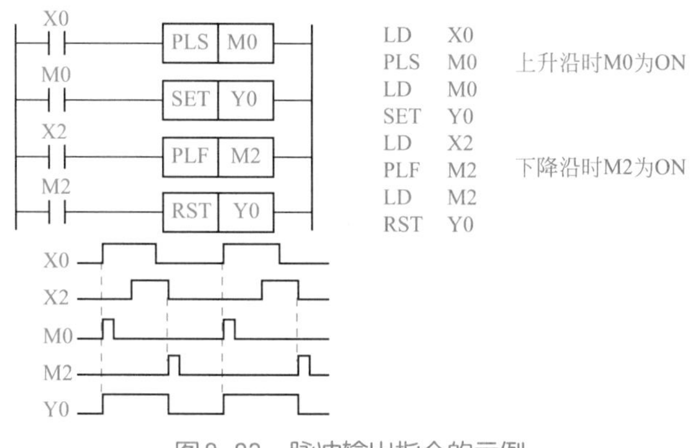

图8-23　脉冲输出指令的示例

【例8-10】 已知两个梯形图及 X0 的波形图，要求绘制 Y0 的输出波形图。

【解】 图 8-24 中的两个梯形图的回路的动作相同，Y0 的波形图如图 8-25 所示。

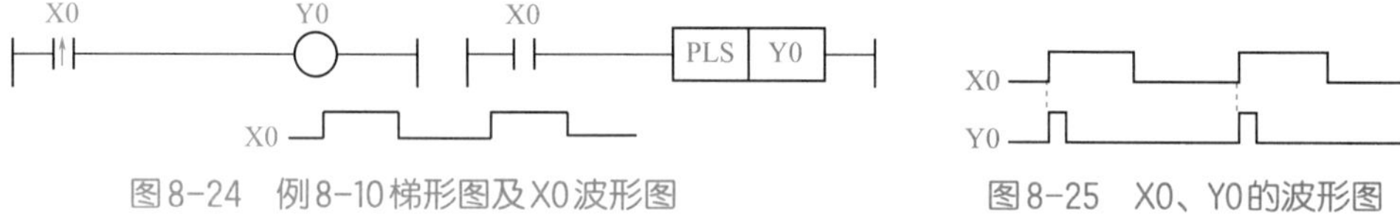

图8-24　例8-10梯形图及X0波形图　　图8-25　X0、Y0的波形图

【例8-11】 一个按钮控制一盏灯，当压下按钮灯立即亮，按钮弹起后 1s 后灯熄灭，要求编写程序实现此功能。

【解】 梯形图如图 8-26 所示。

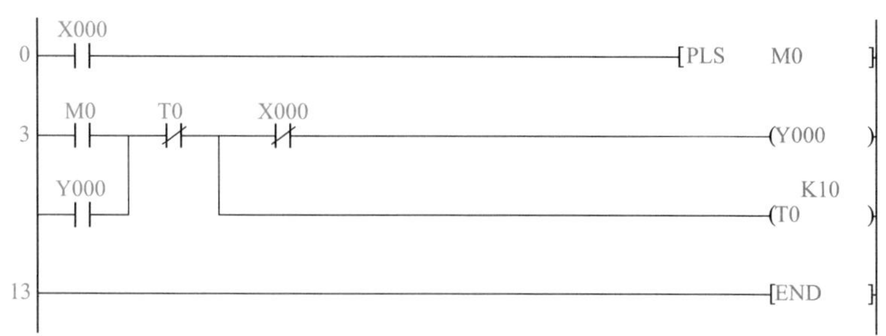

图8-26　例8-11的梯形图

8.2.6　置位与复位指令（SET、RST）

SET 是置位指令，它的作用是使被操作的目标元件置位并保持。RST 是复位指令，使

被操作的目标元件复位，并保持清零状态。用 RST 指令可以对定时器、计数器、数据存储器和变址存储器的内容清零。对同一软元件的 SET、RST 可以使用多次，并不是双线圈输出，但有效的是最后一次。置位与复位指令（SET、RST）的含义见表 8-11。

表8-11　置位与复位指令含义

助记符	名称	软元件	功能
SET	置位	Y、M、S	动作保持
RST	复位	Y、M、S、D、V、Z、T、C	清除动作保持，当前值及寄存器清零

置位指令与复位指令的使用如图 8-27 所示。当 X0 的常开触点接通时，Y0 变为 ON 状态并一直保持该状态，即使 X0 断开 Y0 的 ON 状态仍维持不变；只有当 X1 的常开触点闭合时，Y0 才变为 OFF 状态并保持，即使 X1 的常开触点断开，Y0 也仍为 OFF 状态。

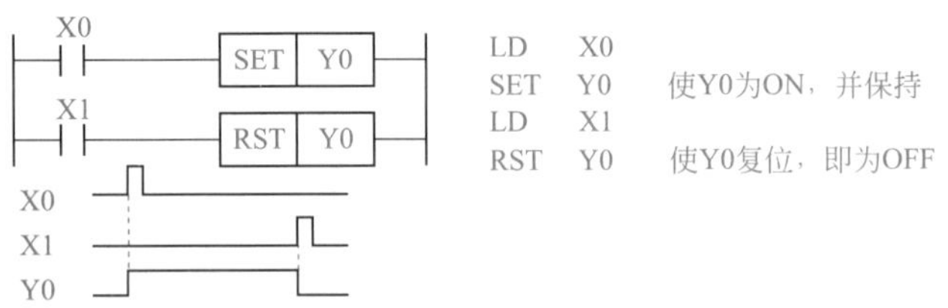

图8-27　置位指令与复位指令的使用

【例 8-12】 梯形图如图 8-28 所示，试指出此梯形图的含义。

【解】 即当 X000 按钮下压时，Y000 得电，而当 X000 松开时，Y000 断电，其功能就是点动。

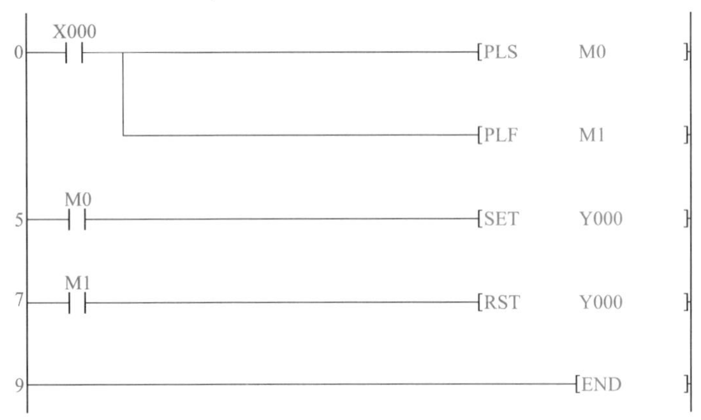

图8-28　例8-12梯形图

8.2.7　逻辑反、空操作与结束指令（INV、NOP、END）

① INV 是反指令，执行该指令后将原来的运算结果取反。反指令没有软元件，因此使用时不需要指定软元件，也不能单独使用，反指令不能与母线相连。图 8-29 中，当 X0 断开，则 Y0 为 ON，当 X0 接通，则 Y0 断开。

X0　Y0

LD X0
INV 取反
OUT Y0

图8-29　反指令的使用

② NOP 是空操作指令，不执行操作，但占一个程序步。执行 NOP 时并不做任何事，有时可用 NOP 指令短接某些触点或用 NOP 指令将不要的指令覆盖。空操作指令有两个作用：一个作用是当 PLC 执行了清除用户存储器操作后，用户存储器的内容全部变为空操作指令；另一个作用是用于修改程序。

③ END 是结束指令，表示程序结束。若程序的最后不写 END 指令，则 PLC 不管实际用户程序多长，都从用户程序存储器的第一步执行到最后一步。

8.3 基本指令应用

至此，读者对 FX 系列 PLC 的基本指令有了一定的了解，以下举几个例子供读者模仿学习，以巩固前面所学的知识。

8.3.1 单键启停控制（乒乓控制）

【例 8-13】 编写程序，实现当压下 SB1 按钮奇数次，灯亮，当压下 X0 按钮偶数次，灯灭，即单键启停控制，原理图如图 8-30 所示。

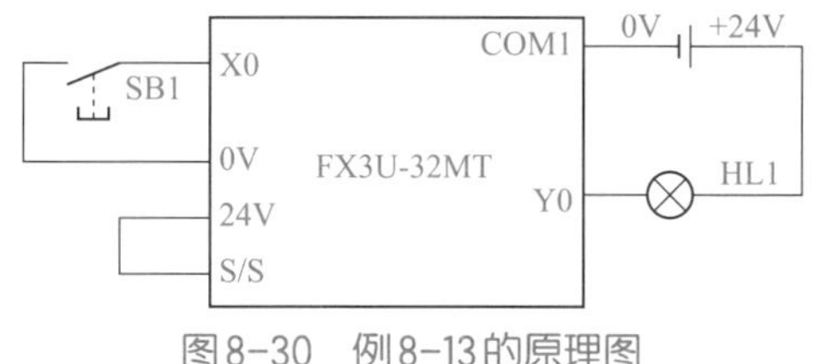

图8-30 例8-13的原理图

【解】 ①方法 1 梯形图如图 8-31 所示。这个程序在有的文献上也称为“微分电路”。微分电路一般要用到微分指令 PLS。

图8-31 方法1的梯形图

② 方法 2 从前面的例子得知：一般“微分电路”要用微分指令，如果有的 PLC 没有微分指令该怎样解决呢？程序如图 8-32 所示。

③ 方法 3 这种方法相对容易想到，但梯形图相对复杂。主要思想是用计数器计数，当计数为 1 时，灯亮，当计数为 2 时，灯灭，同时复位。梯形图如图 8-33 所示。

这个题目还有其他的解法，在后续章节会介绍。

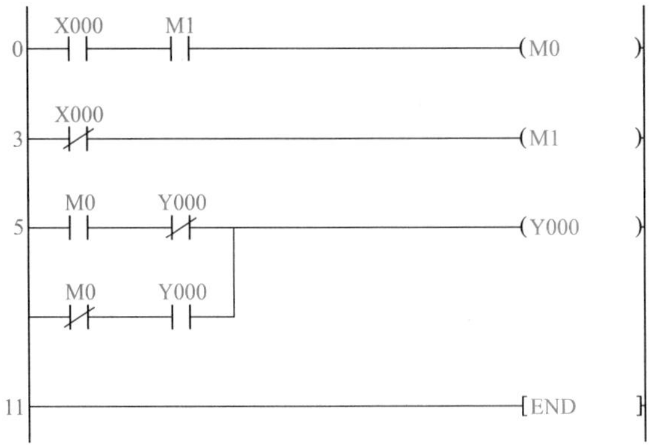

图8-32　方法2的程序

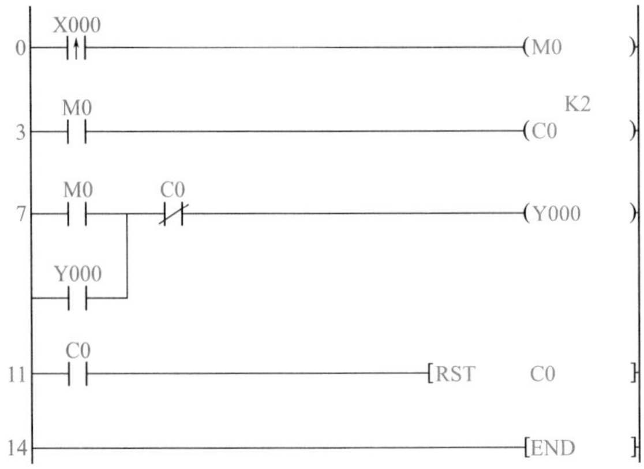

图8-33　方法3的梯形图

8.3.2　定时器和计数器应用

定时器和计数器在工程中十分常用，特别是定时器，更是常用，以下用几个例子介绍定时器和计数器应用。

【例 8-14】 设计一个可以定时 12h 的程序。

【解】 FX 上的定时器最大定时时间是 3276.7s，所以要长时间定时不能只简单用一个定时器。本例的方案是用一个定时器定时 1800s（0.5h），要定时 12h，实际就是要定时 24 个 0.5h 即可，梯形图如图 8-34 所示。

图8-34　例8-14的梯形图

【例 8-15】　设计一个可以定时 32767min 的程序。

【解】　这是长时间定时的典型例子，用上面的方法也可以解题，今利用特殊继电器 M8014，当特殊开关 32767 次时，定时 32767min，梯形图如图 8-35 所示。

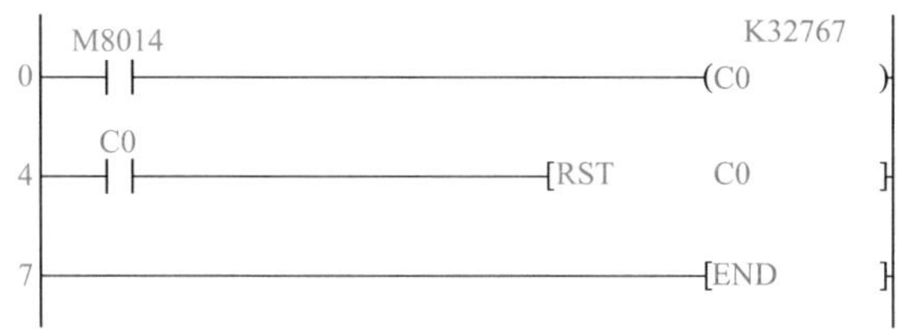

图8-35　例8-15的梯形图

【例 8-16】　设计一个可以定时 2147483647min 的程序。

【解】　这是超长延时程序。X001 控制定时方向。梯形图如图 8-36 所示。

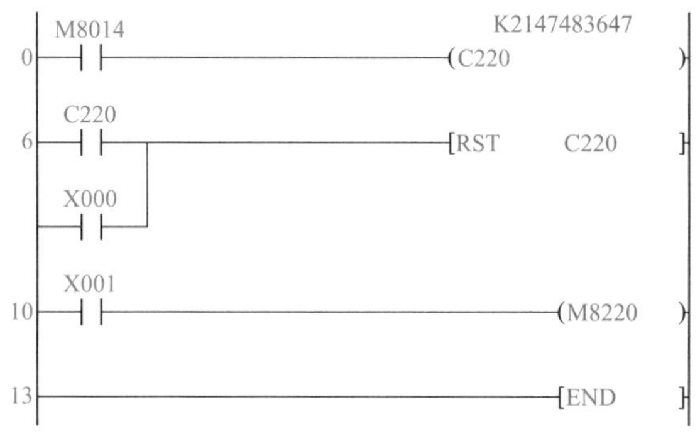

图8-36　例8-16的梯形图

【例 8-17】　十字路口的交通灯控制，当合上启动按钮，东西方向亮 4s，闪烁 2s 后灭；黄灯亮 2s 后灭；红灯亮 8s 后灭；绿灯亮 4s，如此循环，而对应东西方向绿灯、红灯、黄灯亮时，南北方向红灯亮 8s 后灭；接着绿灯亮 4s，闪烁 2s 后灭；黄灯亮 2s 后灭；红灯又亮 8s 后灭，如此循环。

【解】　首先根据题意画出东西南北方向三种颜色灯的亮灭的时序图，再进行 I/O 分配。

输入：启动——X0；停止——X1。

输出（南北方向）：红灯——Y4，黄灯——Y5；绿灯——Y6。

输出（东西方向）：红灯——Y0，黄灯——Y1；绿灯——Y2。

东西方向和南北方向各有 3 盏，从时序图容易看出，共有 6 个连续的时间段，因此要用到 6 个定时器，这是解题的关键，用这 6 个定时器控制两个方向 6 盏灯的亮或灭，不难设计梯形图。灯交通灯时序图、原理图和交通灯梯形图如图 8-37、图 8-38 所示。

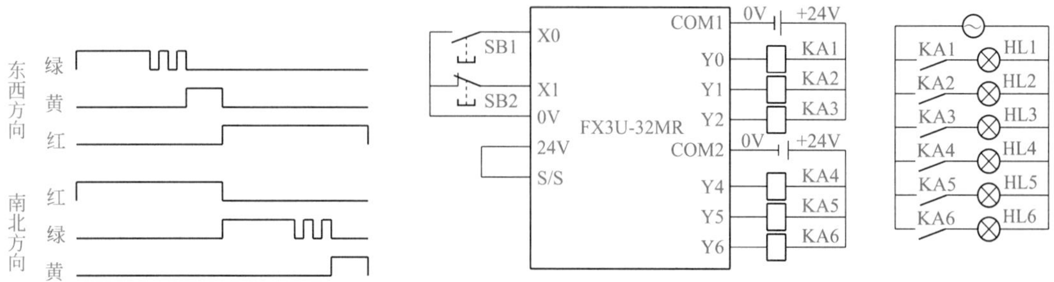

图8-37　交通灯时序图和原理图

【例 8-18】 编写一段程序，实现分脉冲功能。

【解】 先用定时器产生秒脉冲，再用 30 个秒脉冲作为高电平，30 个脉冲作为低电平，梯形图如图 8-39 所示。

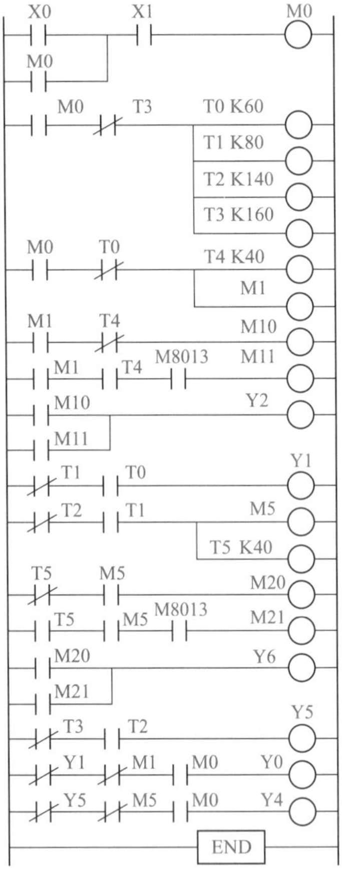

图8-38 交通灯梯形图

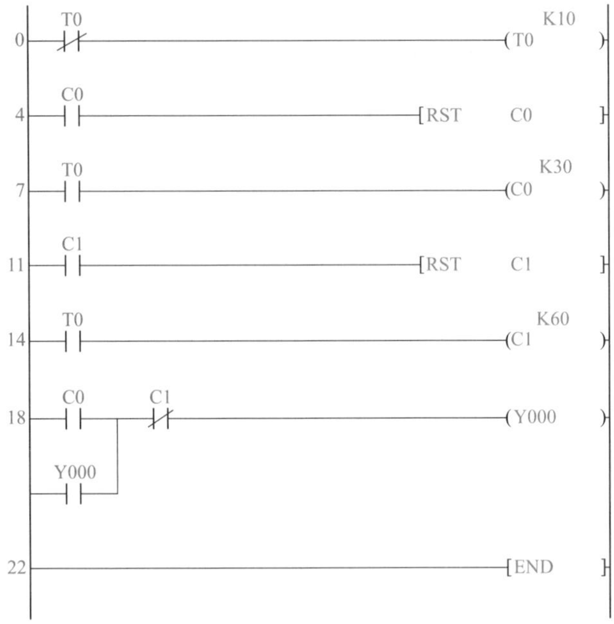

图8-39 例8-18的梯形图

8.3.3 取代特殊继电器的梯形图

特殊继电器如 M8000、M8002 等在编写程序时非常有用，那么如果有的 PLC 没有特殊继电器，将怎样编写程序呢，以下介绍几个例子，可以取代几个常用的特殊继电器。

（1）取代 M8002 的例子

【例 8-19】 编写一段程序，实现上电后 M0 清零，但不能使用 M8002。

【解】 梯形图如图 8-40 所示。

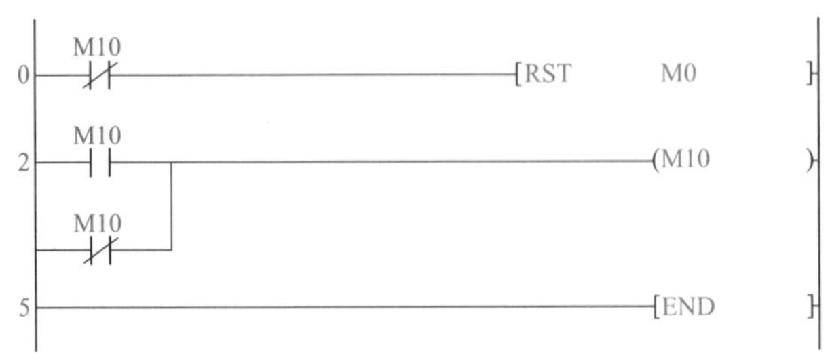

图8-40 例8-19的梯形图

（2）取代 M8000 的例子

【例 8-20】 编写一段程序，实现上电后一直使 M0 清零，但不能使用 M8000。

【解】 梯形图如图 8-41 所示。

（3）取代 M8013 的例子

【例 8-21】 编写一段程序，实现上电后，使 Y000 以 1s 为周期闪烁，但不能使用 M8013。

【解】 梯形图如图 8-42 所示。

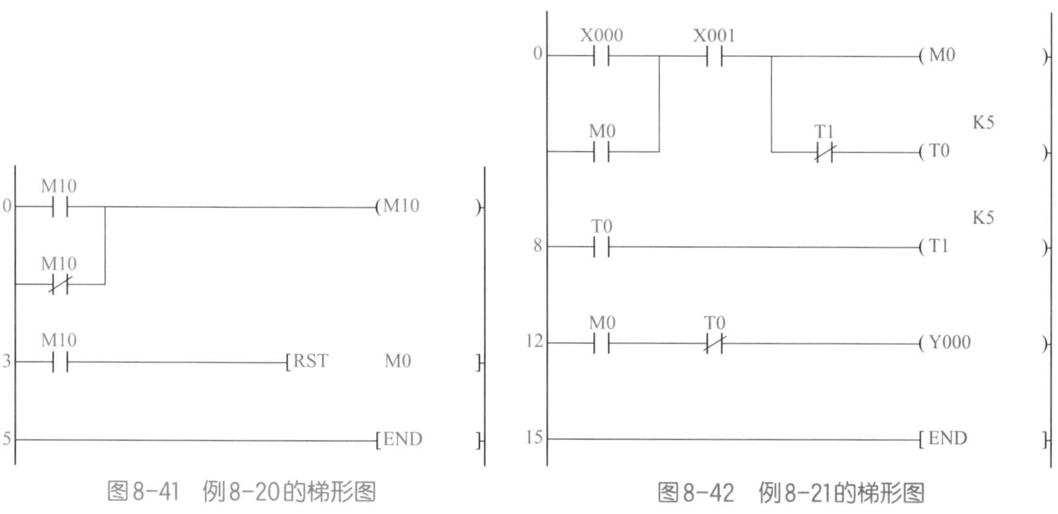

图8-41　例8-20的梯形图　　图8-42　例8-21的梯形图

8.3.4　电动机的控制

【例 8-22】 设计两地控制电动机的启停的梯形图和原理图。

【解】 ①方法 1　最容易想到的原理图和梯形图如图 8-43 和图 8-44 所示。但这种解法是正确的解法，但不是最优方案，因为这种解法占用了较多的 I/O 点。

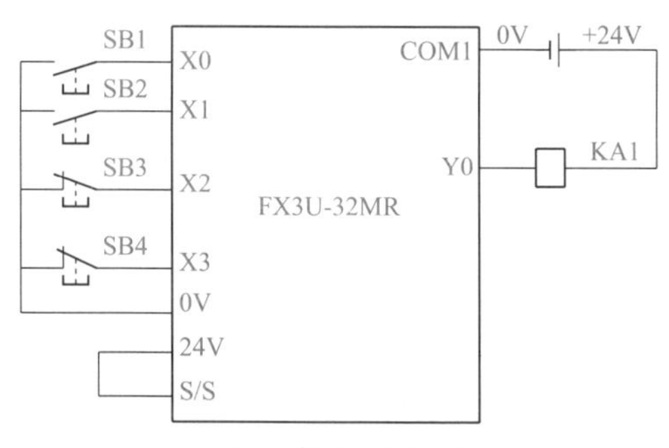

图8-43　方法1的原理图

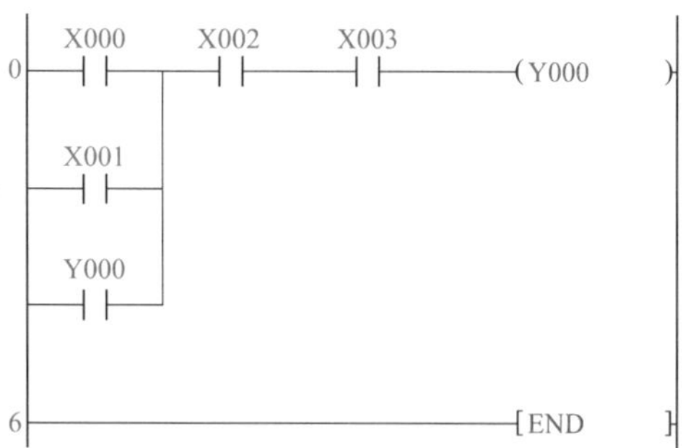

图8-44　方法1的梯形图

② 方法 2　梯形图如图 8-45 所示。

③ 方法 3　优化后的方案的原理图如图 8-46 所示，梯形图如图 8-47 所示。可见节省了 2 个输入点，但功能完全相同。

【例 8-23】 电动机的正反转控制，要求设计梯形图和原理图。

【解】 输入点：正转——X0，反转——X1，停止——X2；

输出点：正转——Y0，反转——Y1。

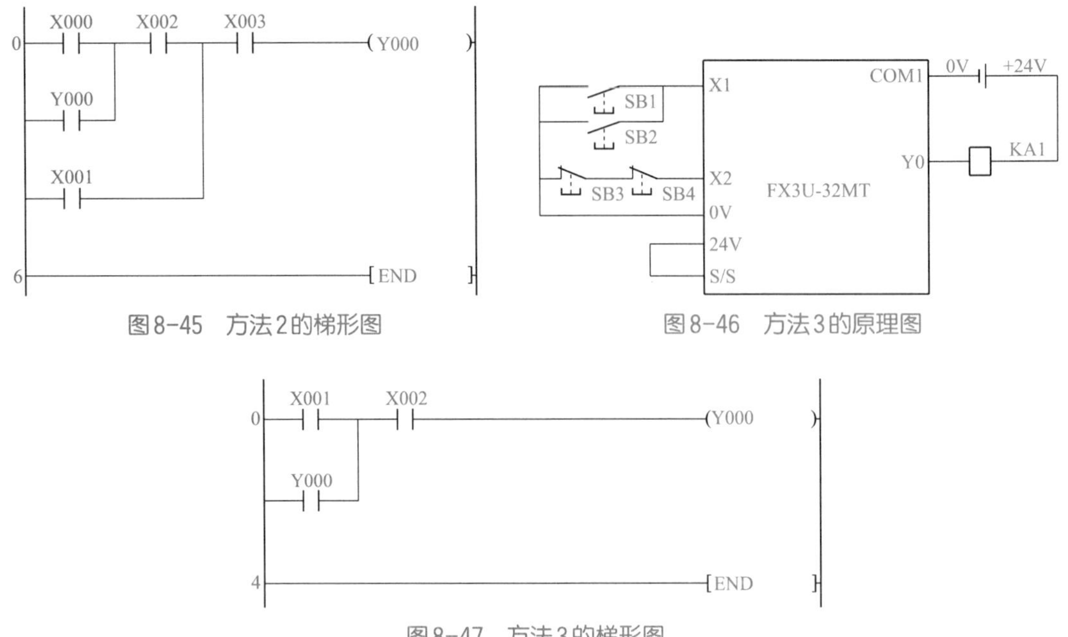

图8-45 方法2的梯形图

图8-46 方法3的原理图

图8-47 方法3的梯形图

原理图如图 8-48 所示，梯形图如图 8-49 所示，梯形图中虽然有 Y0 和 Y1 常闭触点互锁，但由于 PLC 的扫描速度极快，Y0 的断开和 Y1 的接通几乎是同时发生的，若 PLC 的外围电路无互锁触点，就会使正转接触器断开，其触点间电弧未灭时，反转接触器已经接通，可能导致电源瞬时短路。为了避免这种情况的发生外部电路需要互锁，图 8-48 用 KM1 和 KM2 实现这一功能。

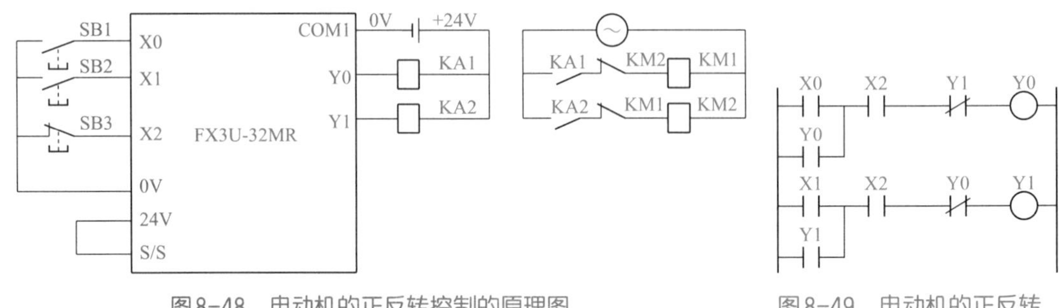

图8-48 电动机的正反转控制的原理图

图8-49 电动机的正反转控制的梯形图

【例 8-24】 编写电动机的启动优先的控制程序。

【解】 X000 是启动按钮接常开触点，X001 是停止按钮接常闭触点。启动优先于停止的程序如图 8-50 所示。优化后的程序如图 8-51 所示。

图8-50 启动优先于停止的程序

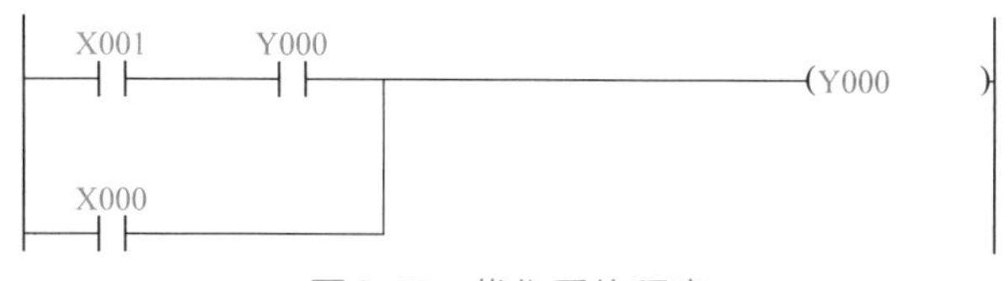

图8-51 优化后的程序

【例8-25】 编写程序，实现电动机的启/停控制和点动控制，要求设计出梯形图和原理图。

【解】 输入点：启动——X1，停止——X2，点动——X3，手自转换——X4；

输出点：正转——Y0。

原理图如图8-52所示，梯形图如图8-53所示，这种编程方法在工程实践中非常常用。

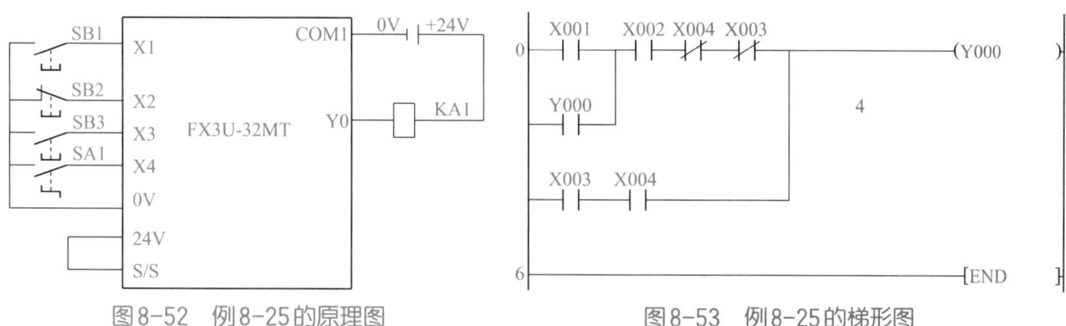

图8-52 例8-25的原理图　　图8-53 例8-25的梯形图

最后用一个例子展示一个完整的三菱实例的过程。

【例8-26】 编写三相异步电动机的Y-△（星-三角）启动控制程序。

【解】 为了让读者对用FX系列PLC的工程有一个完整的了解，本例比较详细地描述整个控制过程。

（1）软硬件的配置

① 1套GX Developer 8.86；

② 1台FX3U-32MR；

③ 1根编程电缆；

④ 电动机、接触器和继电器等。

（2）硬件接线

电动机Y-△减压启动原理图如图8-54所示。FX3U-32MR虽然是继电器输出形式，但PLC要控制接触器，最好加一级中间继电器。

【关键点】 停止和急停按钮一般使用常闭触点，若使用常开触点，单从逻辑上是可行的，但在某些极端情况下，当接线意外断开时，急停按钮是不能起停机作用的，容易发生事故。这一点读者务必注意。

（3）编写程序

① 新建项目。先打开GX Developer编程软件，如图8-55所示。单击“工程”→“创建新工程”菜单弹出“新建工程”，如图8-56所示，在PLC系列中选择所选用的PLC系列，本例为“FXCPU”；PLC的类型中输入具体类型，本例为“FX3U（C）”；程序类型选择“梯形图”，单击“确定”按钮，完成创建一个新的项目。

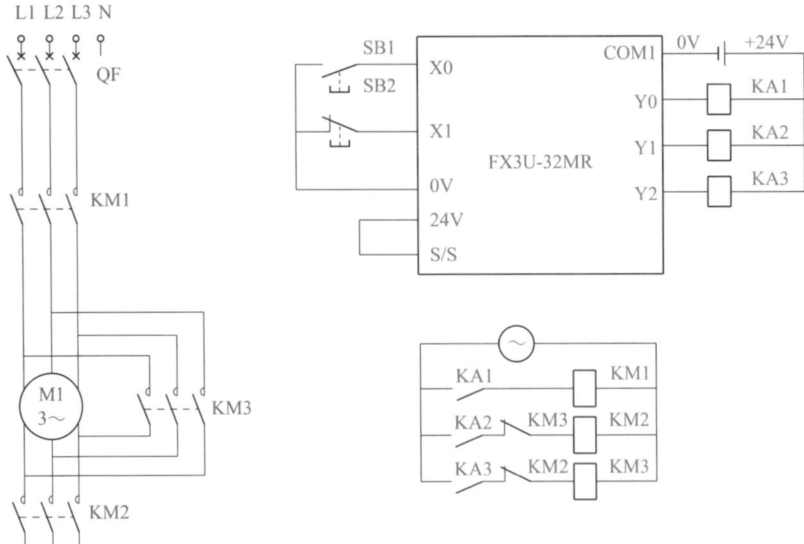

图8-54　电动机Y-△减压启动原理图

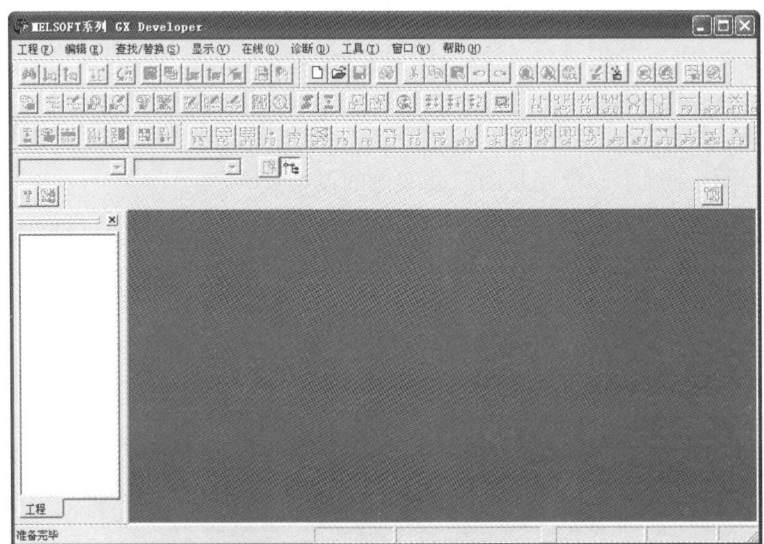

图8-55　打开GX Developer

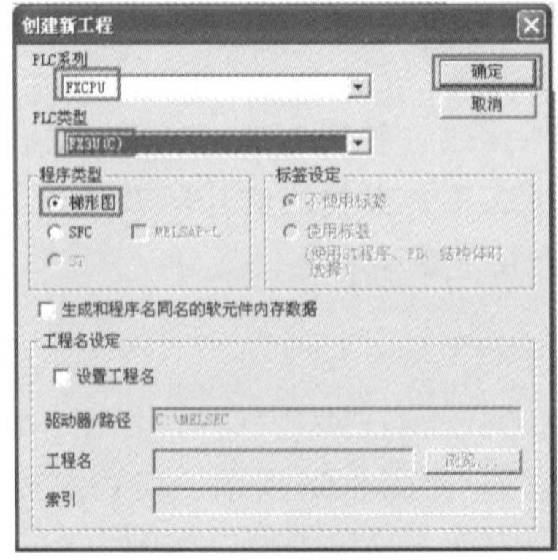

图8-56　新建工程

② 输入并编译梯形图。刚输入完成的程序，程序区是灰色的，是不能下载到PLC中去的，还必须进行编译。如果程序没有语法错误，只要单击编译按钮，即可完成编译，编译成功后，程序区变成白色，如图8-57所示。

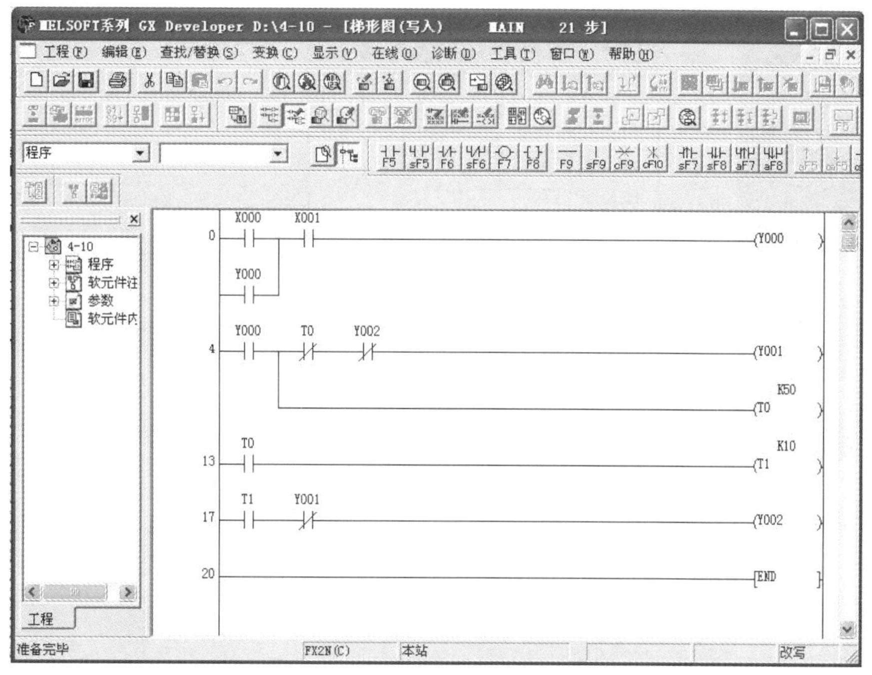

图8-57 程序输入和编译

③ 下载程序。先单击工具栏中的“PLC写入”按钮，弹出如图8-58所示的界面，勾选图中左侧的三个选项，单击“传输设置”按钮，弹出“传输设置”界面，如图8-59所示。有多种下载程序的方法，本例采用串口下载，因此单击“串口”，如图8-59所示，弹出“串口详细设置”窗口，可设置详细参数，本例使用默认值，单击“确认”按钮。返回图8-58，单击“执行”按钮，弹出“是否执行写入”界面，如图8-60所示，单击“是”按钮；弹出“是否停止PLC运行”界面，如图8-61所示，单击“是”按钮，PLC停止运行；程序、参数和注释开始向PLC中下载，下载过程如图8-62所示；当下载完成后，弹出如图8-63所示的界面，最后单击“是”按钮。

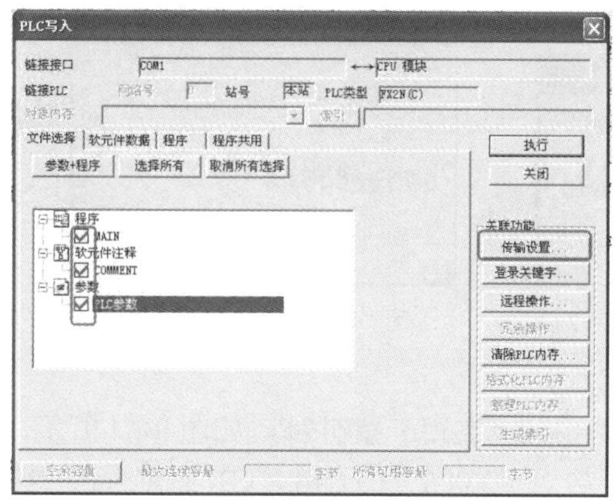

图8-58 PLC写入

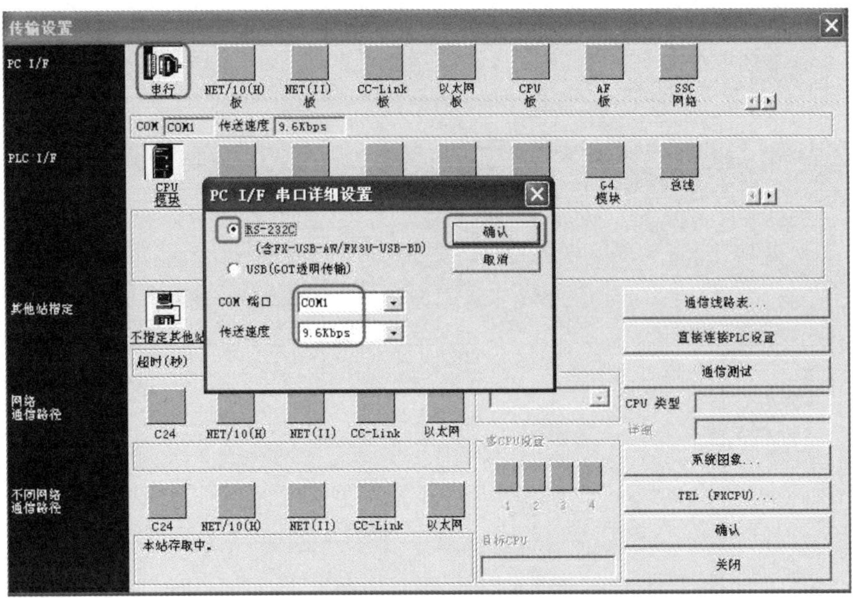

图8-59 传输设置

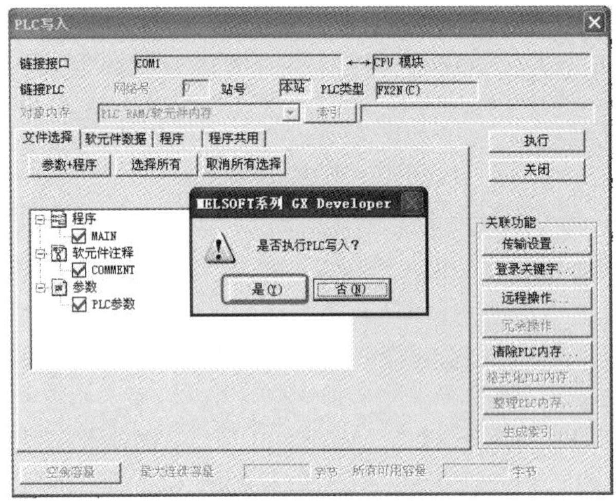

图8-60 是否执行写入

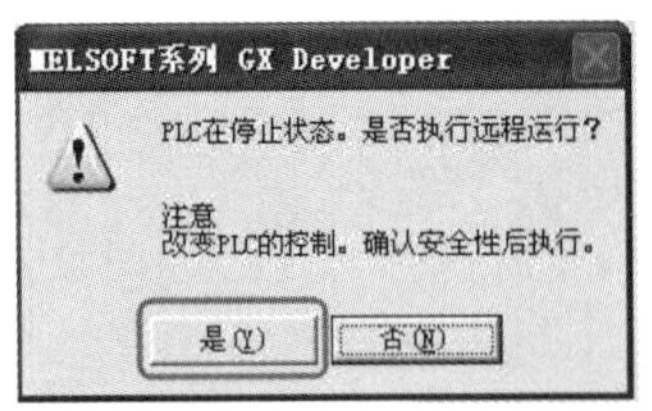

图8-61 是否停止PLC运行

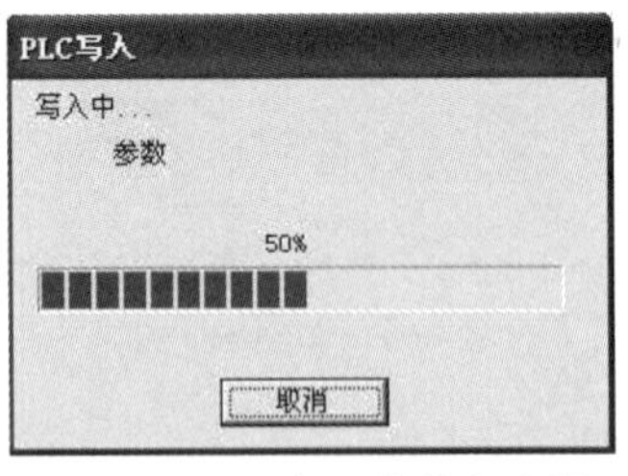

图8-62 程序、参数和注释下载过程

图8-63 程序、参数和注释下载完成

④ 监视。单击工具栏中的“监视”按钮，如图8-64所示，界面可监视PLC的软元件和参数。当外部的常开触点“X000”闭合时，GX Developer编程软件界面中的“X000”闭合，随后产生一系列动作都可以在GX Developer编程软件界面中看到。

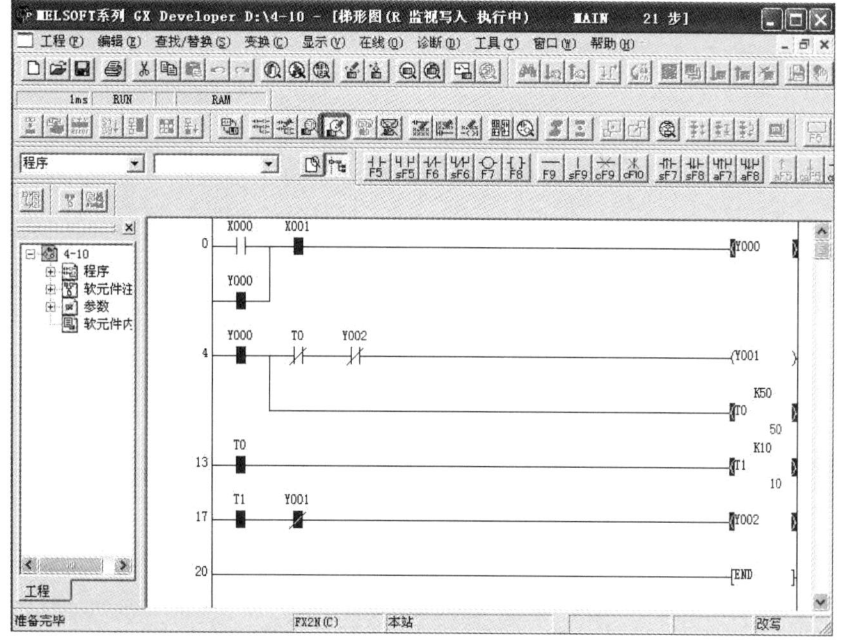

图8-64　监视

梯形图如图8-65所示。

0　X000　X001　(Y000)
Y000
4　Y000　T0　Y002　(Y001)
K50
(T0)
13　T0　K10
(T1)
17　T1　Y001　(Y002)
20　[END]

图8-65　电动机Y-△减压启动梯形图

8.4　三菱FX系列PLC的功能指令

功能指令主要可分为传送指令与比较指令、程序流指令、四则逻辑运算指令、循环指令、数据处理指令、高速处理指令、方便指令、外围设备指令、浮点数指令、定位指令、接点比较、外围设备I/O指令和外围设备SER指令。本章仅介绍常用的功能指令，其余可以参考三菱公司的应用指令说明书。

8.4.1 功能指令的格式

（1）指令与操作数

FX2N 系列 PLC 的功能指令从 FNC0 ～ FNC246，每条功能指令应该用助记符或功能编号（FNC NO.）表示，有些助记符后有 1 ～ 4 个操作数，这些操作数的形式如下：

① 位元件 X、Y、M 和 S，它们只处理 ON/OFF 状态；

② 常数 T、C、D、V、Z，它们可以处理数字数据；

③ 常数 K、H 或指针 P；

④ 由位软元件 X、Y、M 和 S 的位指定组成的字软元件。

K1X000：表示 X000 ～ X004 的 4 位数，X000 是最低位；

K4M10：表示 M10 ～ M25 的 16 位数，M10 是最低位；

K8M100：表示 M100 ～ M131 的 32 位数，M100 是最低位。

⑤ [S] 表示源操作数，[D] 表示目标操作数，若使用变址功能，则用 [S•] 和 [D•] 表示。

（2）数据的长度和指令执行方式

处理数据类指令时，数据的长度有 16 位和 32 位之分，带有 [D] 标号的是 32 位，否则为 16 位数据。但高速计数器 C235 ～ C254 本身就是 32 位的，因此不能使用 16 位指令操作数。有的指令要脉冲驱动获得，其操作符后要有 [P] 标记，如图 8-66 所示。

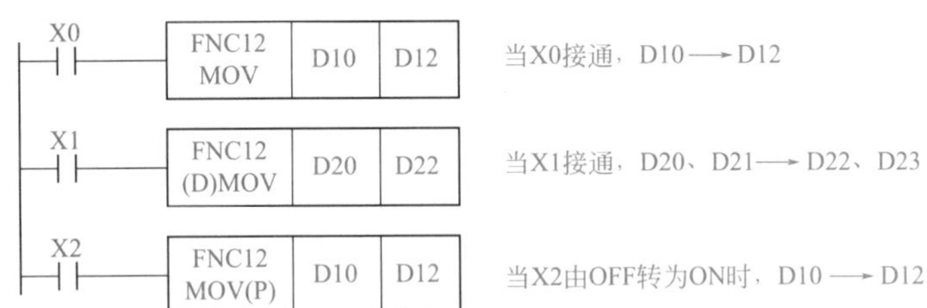

图8-66 数据的长度和指令执行方式举例

（3）变址寄存器的处理

V 和 Z 都是 16 位寄存器，变址寄存器在传送、比较中用来修改操作对象的元件号。变址寄存器的应用如图 8-67 所示。

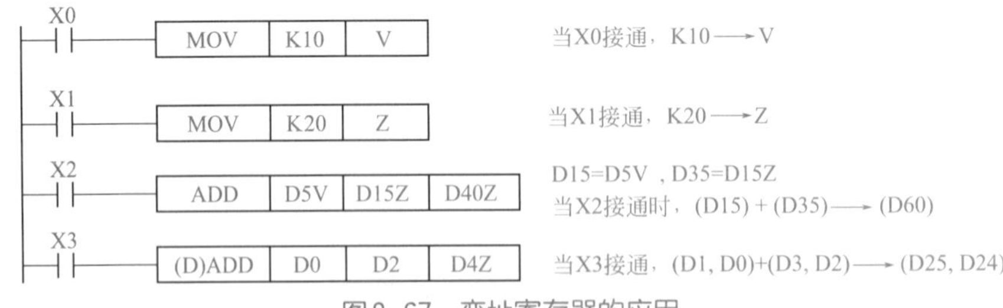

图8-67 变址寄存器的应用

8.4.2 传送和比较指令

（1）比较指令

① 比较指令（CMP） 比较指令（CMP）的功能编号为 FNC10，是将源操作数 [S1 •]

和源操作数 [S2・] 的数据进行比较，比较结果用目标操作数 [D・] 的状态来表示，其目标元件及指令格式如图 8-68、图 8-69 所示。

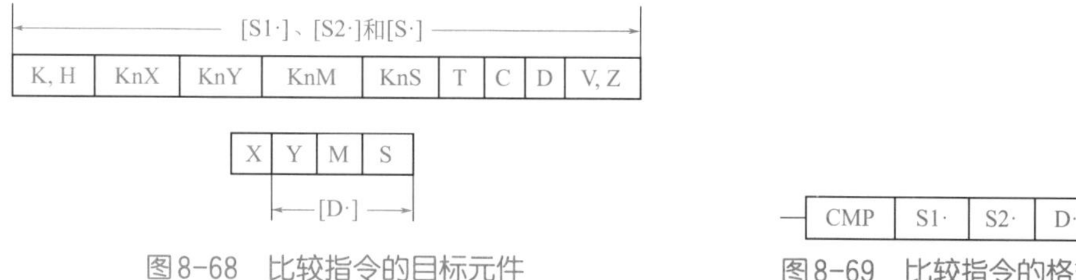

图 8-68　比较指令的目标元件　　图 8-69　比较指令的格式

如图 8-70 所示，当 X1 为接通时，把常数 200 与 C20 的当前值进行比较，比较的结果送入 M0 ～ M2 中。X1 为 OFF 时不执行，M0 ～ M2 的状态也保持不变。当 C20 ＞ 200 时，常开触点 M2 闭合，当 C20=200 时，常开触点 M1 闭合，当 C20 ＜ 200 时，常开触点 M0 闭合。

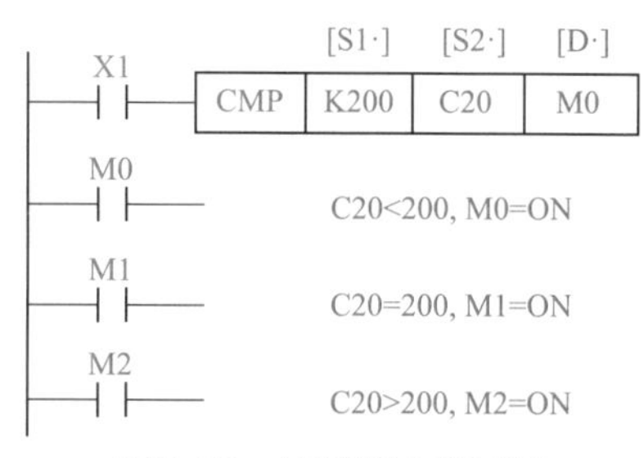

图 8-70　比较指令的示例

使用比较指令 CMP 时应注意：

a. [S1・]、[S2・] 可取任意数据格式，目标操作数 [D・] 可取 Y、M 和 S，见图 8-36；

b. 所有的源数据都被看成二进制值处理。

【例 8-27】 某设备上有一个三色灯，当水位高于 1000 时，高位报警，红灯亮，并闪烁；当水位低于 300 时，低位报警，黄灯亮，并闪烁；水位介于 300 到 1000 时，正常，绿灯亮。编写此程序实现该功能。

【解】 水位数值存储在数据存储器 D0 中，三色灯的红灯由 Y0 控制，黄灯由 Y1 控制，绿灯由 Y2 控制。梯形图程序如图 8-71 所示。

```
    M8000
0 ──┤ ├──┬──────────────────[CMP   D0   K1000   M0  ]
         └──────────────────[CMP   D0   K300    M10 ]
    M0      M8013
15──┤ ├─────┤ ├─────────────────────────────(Y000   )
    M12     M8013
18──┤ ├─────┤ ├─────────────────────────────(Y001   )
    M0      M12
21──┤/├─────┤/├─────────────────────────────(Y002   )
24──────────────────────────────────────────[END    ]
```

图 8-71　例 8-27 的梯形图

② 区间比较指令（ZCP） 区间比较指令（ZCP）是将一个操作数 [S・] 与两个操作数 [S1・] 和 [S2・] 形成的区间相比较，[S1・] 不得大于 [S2・]，结果送到 [D・] 中。区间比较指令的应用如图 8-72 所示。

图 8-72 区间比较指令应用示例

【例 8-28】 控制要求同【例 8-27】。

【解】 梯形图如图 8-73 所示，可见要比例 8-1 的解法容易，指令也少。

```
0   M8000 ──[ZCP K300 K1000 D0 M0]
10  M8013  M0 ──(Y001)
13  M8013  M2 ──(Y000)
16  M1 ──(Y002)
18  ──[END]
```

图 8-73 例 8-28 的梯形图

（2）传送指令

① 传送指令（MOV） 传送指令（MOV）的功能编号是 FNC12，其功能是把源操作数送到目标元件中去，其目标元件及指令格式如图 8-74、图 8-75 所示。

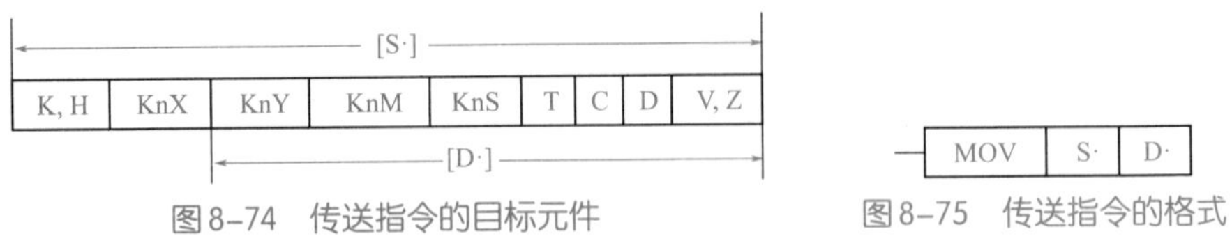

图 8-74 传送指令的目标元件　　图 8-75 传送指令的格式

用一个例子说明传送指令的使用方法，如图 8-76 所示，当 X0 闭合后，将源操作数 10 传送到目标元件 D10 中，一旦执行传送指令，即使 X0 断开，D10 中的数据仍然不变，有的资料称这个指令是复制指令。

图 8-76 传送指令应用示例

使用 MOV 指令时应注意：

a. 源操作数可取所有数据类型，目标操作数可以是 KnY、KnM、KnS、T、C、D、V、Z；

b. 16 位运算时占 5 个程序步，32 位运算时则占 9 个程序步。

以上介绍的是 16 位数据传送指令，还有 32 位数据传送指令，格式与 16 位传送指令类似，以下用一个例子说明其应用。如图 8-77 所示，当 X2 闭合，源数据 D1 和 D0 分别传送到目标地址 D11 和 D10 中去。

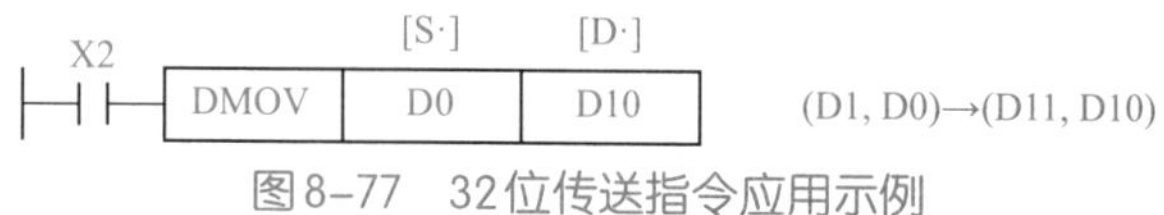

图8-77 32位传送指令应用示例

【例 8-29】 将如图 8-78 所示的梯形图简化成一条指令的梯形图。

```
     X000
0 ───┤├──────────────────────────(Y000   )
     X001
2 ───┤├──────────────────────────(Y001   )
     X002
4 ───┤├──────────────────────────(Y002   )
     X003
6 ───┤├──────────────────────────(Y003   )

8 ───────────────────────────────(END    )
```

图8-78 例8-29的梯形图

【解】 简化后的梯形图如图 8-79 所示，其执行效果完全相同。

```
     M8000
0 ───┤├────────────────[MOV   K1X000   K1Y000  ]

6 ───────────────────────────────[END          ]
```

图8-79 梯形图

② 块传送指令（BMOV） 块传送指令（BMOV）是从源操作数指定的元件开始的 n 个数组成的数据块传送到目标指定的软元件为开始的 n 个软元件中。

用一个例子来说明块传送指令的应用，如图 8-80 所示，当 X2 闭合执行块传送指令后，D0 开始的 3 个数（即 D0、D1、D2），分别传送到 D10 开始的 3 个数（即 D10、D11、D12）中去。

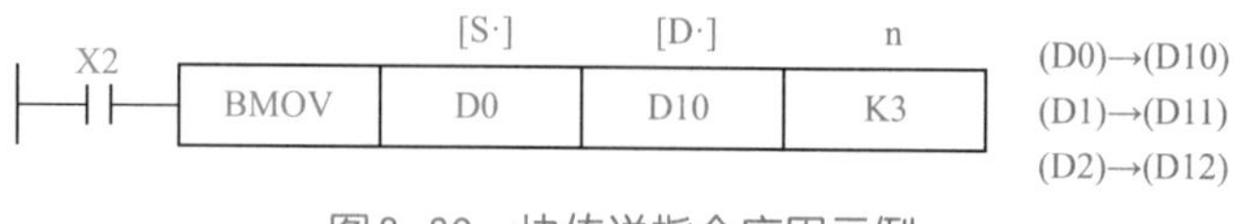

图8-80 块传送指令应用示例

③ 多点传送指令（FMOV） 多点传送指令（FMOV）是将源元件中的数据传送到指定目标开始的 n 个目标单元中，这 n 个目标单元中的数据完全相同。此指令用于初始化时清零较方便。

用一个例子来说明多点传送指令的应用，如图 8-81 所示，当 X2 闭合执行多点传送指令后，0 传送到 D10 开始的 3 个数（D10、D11、D12）中，D10、D11、D12 中的数为 0，当然就相等。

图8-81　多点传送指令应用示例

④ BCD 与 BIN 指令　BCD 指令的功能编码是 FNC18，其功能是将源元件中的二进制数转换成 BCD 数据，并送到目标元件中。转换成的 BCD 码可以驱动 7 段码显示。BIN 的功能编码是 FNC19，其功能是将源元件中的 BCD 码转换成二进制数数据送到目标元件中。其目标元件及指令格式如图 8-82、图 8-83 所示。应用示例如图 8-84 所示。

图8-82　BCD指令的目标元件　　图8-83　BCD指令的格式

使用 BCD、BIN 指令时应注意：

a. 源操作数可取 KnX、KnY、KnM、KnS、T、C、D、V 和 Z，目标操作数可取 KnY、KnM、KnS、T、C、D、V 和 Z；

b. 16 位运算占 5 个程序步，32 位运算占 9 个程序步。

8.4.3　程序流指令

程序流功能指令（FNC00 ~ FNC09）主要用于程序的结构及流程控制，这类功能指令包括跳转、子程序、中断和循环等指令。

（1）条件跳转指令（CJ、CJP）

条件跳转指令的功能代码是 FNC00，其操作元件指针是 P0 ~ P127，P× 为标号。条件跳转指令的应用如图 8-85 所示，当 X0 接通，程序跳转到 CJ 指令指定的标号 P8 处，CJ 指令与标号之间的程序被跳过，不执行。如果 X0 不接通，则程序不发生跳转，所以 X0 就是跳转的条件。CJ 指令类似于 BASIC 语言重的“GOTO”语句。

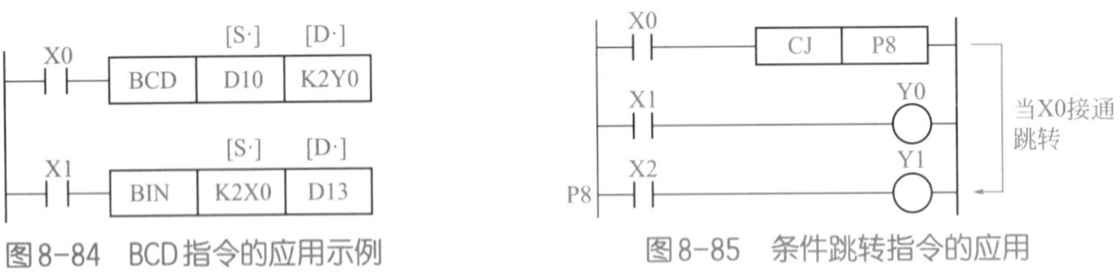

图8-84　BCD指令的应用示例　　图8-85　条件跳转指令的应用

使用跳转指令时应注意：

① CJP 指令表示为脉冲执行方式，如图 8-85 所示，当 X0 由 OFF 变成 ON 时执行跳转指令；

② 在一个程序中一个标号只能出现一次，否则将出错；

③ 在跳转执行期间，即使被跳过程序的驱动条件改变，但其线圈（或结果）仍保持跳转前的状态，因为跳转期间根本没有执行这段程序；

④ 如果在跳转开始时，定时器和计数器已在工作，则在跳转执行期间它们将停止工作，到跳转条件不满足后又继续工作。但对于正在工作的定时器 T192 ～ T199 和高速计数器 C235 ～ C255 不管有无跳转仍连续工作；

⑤ 若积算定时器和计数器的复位指令 RST 在跳转区外，即使它们的线圈被跳转，但对它们的复位仍然有效。

（2）循环指令

循环指令的功能代码是 FNC08、FNC09，分别对应 FOR 和 NEXT，其功能是对“FOR-NEXT”间的指令执行 *n* 次处理后，再进行 NEXT 后的步处理。循环指令的目标元件及指令格式如图 8-86、图 8-87 所示。

图8-86　循环指令的目标元件　　图8-87　循环指令的格式

使用注意事项：

① 循环指令最多可以嵌套 5 层其他循环指令；

② NEXT 指令不能在 FOR 指令之前；

③ NEXT 指令不能用在 FEND 或 END 指令之后；

④ 不能只有 FOR，而没有 NEXT 指令；

⑤ NEXT 指令数量要与 FOR 相同，即必须成对使用；

⑥ NEXT 没有目标元件。

用一个例子说明循环指令的应用，如图 8-88 所示，当 X1 接通时，连续做 8 次将 X0 ～ X15 的数据传送到 D10 数据寄存器中。

（3）子程序调用和返回指令（CALL、SRET）

子程序应该写在主程序之后，即子程序的标号应写在指令 FEND 之后，且子程序必须以 SRET 指令结束。子程序的格式如图 8-89 所示。把经常使用的程序段做成子程序，可以提高程序的运行效率。

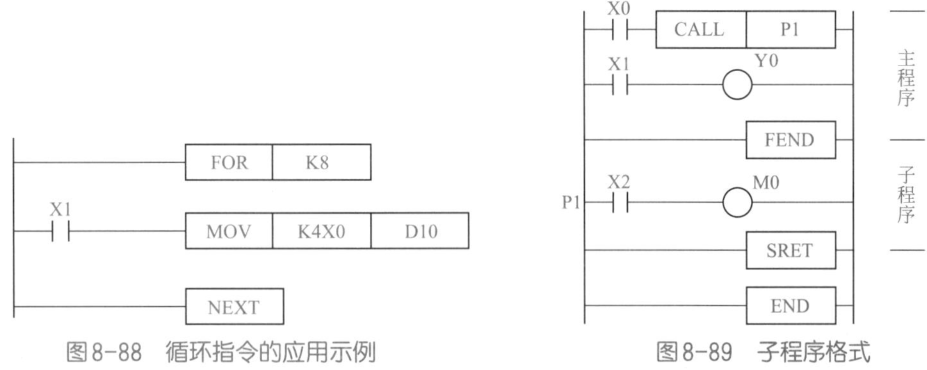

图8-88　循环指令的应用示例　　图8-89　子程序格式

子程序中再次使用 CALL 子程序，形成子程序嵌套。包括第一条 CALL 指令在内，子程序的嵌套最多不大于 5。

用一个例子说明子程序的应用，如图 8-90 所示，当 X0 接通时，调用子程序，K10 传送到 D0 中，然后返回主程序，D0 中的 K10 传送到 D2 中。

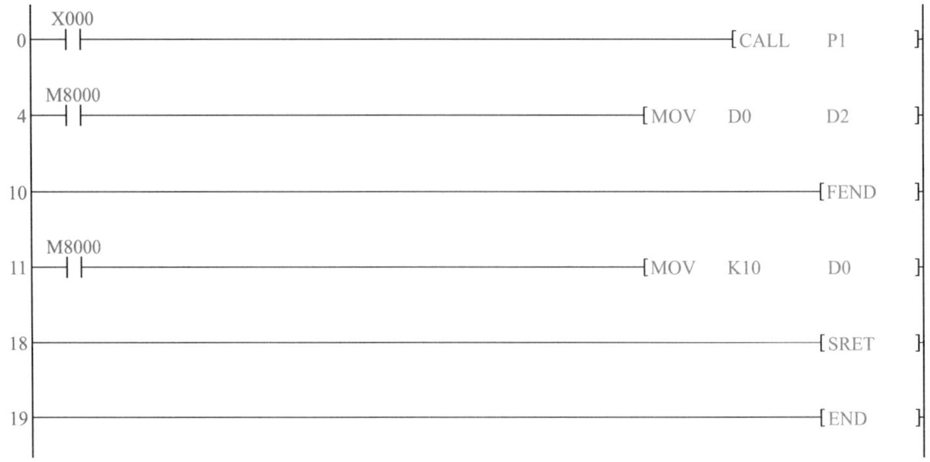

```
    X000
0 ──┤ ├──────────────────────────────────[CALL    P1      ]
    M8000
4 ──┤ ├──────────────────────────[MOV    D0      D2       ]
10 ──────────────────────────────────────[FEND            ]
P1  M8000
11 ─┤ ├──────────────────────────[MOV    K10     D0       ]
18 ──────────────────────────────────────[SRET            ]
19 ──────────────────────────────────────[END             ]
```

图8-90 子程序的应用示例

（4）允许中断程序、禁止中断程序和返回指令（EI、DI、IRET）

中断是计算机特有的工作方式，指在主程序的执行过程中，中断主程序，去执行中断子程序。中断子程序是为某些特定的控制功能而设定的。与前叙的子程序不同，中断是为随机发生的且必须立即响应的事件安排的，其响应时间应小于机器周期。引发中断的信号叫中断源。

FX 系列 PLC 中断事件可分为三大类，即输入中断、计数器中断和定时器中断。以下分别予以介绍。

① 输入中断 外部输入中断通常是用来引入发生频率高于机器扫描频率的外部控制信号，或者用于处理那些需要快速响应的信号。输入中断和特殊辅助继电器（M8050 ~ M8055）相关，M8050 ~ M8055 的接通状态（1 或者 0）可以实现对应的中断子程序是否允许响应的选择，其对应关系见表 8-12。

表 8-12 M8050 ~ M8055 与指针编号、输入编号的对应关系

序号	输入编号	指针编号		禁止中断指令
		上升沿	下降沿	
1	X000	I001	I000	M8050
2	X001	I101	I100	M8051
3	X002	I201	I200	M8052
4	X003	I301	I300	M8053
5	X004	I401	I400	M8054
6	X005	I501	I500	M8055

用一个例子来解释输入中断的应用，如图 8-91 所示，主程序在前面，而中断程序在后面。当 X010=OFF（断开）时，特殊继电器 M8050 为 OFF，所以中断程序不禁止，也就是说与之对应的标号为 I001 的中断程序允许执行，即每当 X000 接收到一次上升沿中断申请信号时，就执行中断子程序一次，使 Y001=ON；从而使 Y002 每秒接通和断开一次，中断程序执行完成后返回主程序。

② 定时器中断 定时器中断就是每隔一段时间（10 ~ 99ms），执行一次中断程序。特殊继电器 M8056 ~ M8058 与输入编号的对应关系见表 8-13。

图8-91　输入中断程序的应用示例

表8-13　M8056 ~ M8058与输入编号的对应关系

序号	输入编号	中断周期（ms）	禁止中断指令
1	I6 □□	在指针名称的□□部分中，输入10 ~ 99的整数，I610=每10ms执行一次定时器中断	M8056
2	I7 □□		M8057
3	I8 □□		M8058

用一个例子来解释定时器中断的应用，如图8-92所示，主程序在前面，而中断程序在后面。当X001闭合，M0置位，每10ms执行一次定时器中断程序，D0的内容加1，当D0=100时，M1=ON，M1常闭触点断开，D0的内容不再增加。

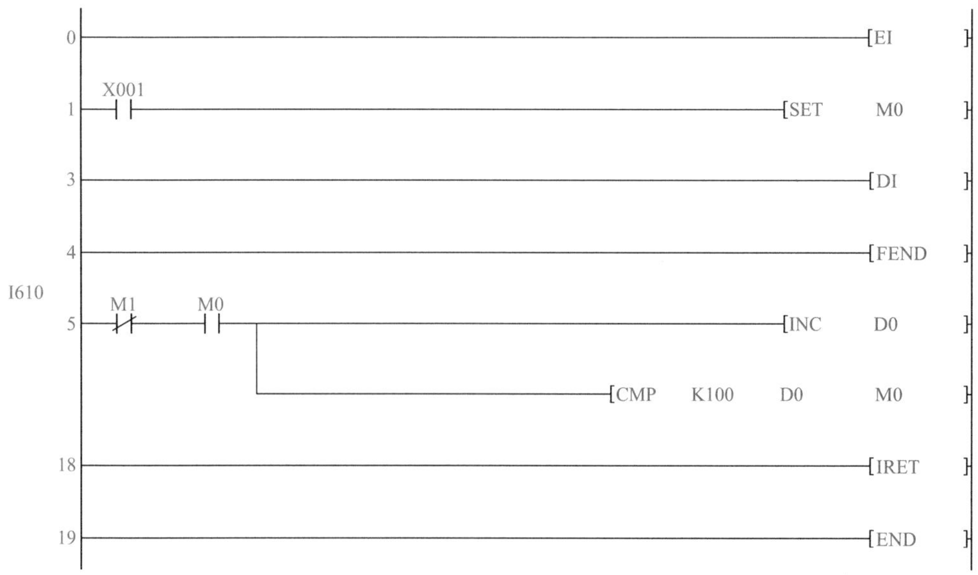

图8-92　定时器中断程序的应用示例

③ 计数器中断　计数器中断是用 PLC 内部的高速计数器对外部脉冲计数，若当前计数值与设定值进行比较相等时，执行子程序。计数器中断子程序常用于利用高速计数器计数进行优先控制的场合。

计数器中断指针为 I0 □ 0（□ =1 ～ 6）共六个，它们的执行与否会受到 PLC 内特殊继电器 M8059 状态控制。

8.4.4　四则运算

（1）加法运算指令

加法运算指令的功能代码为 FNC20，其功能是将两个源数据的二进制相加，并将结果送入目标元件中，其目标元件及指令格式如图 8-93、图 8-94 所示。如图 8-95 所示，当 X0 接通将 D5 与 D15 的内容相加结果送入 D40 中。

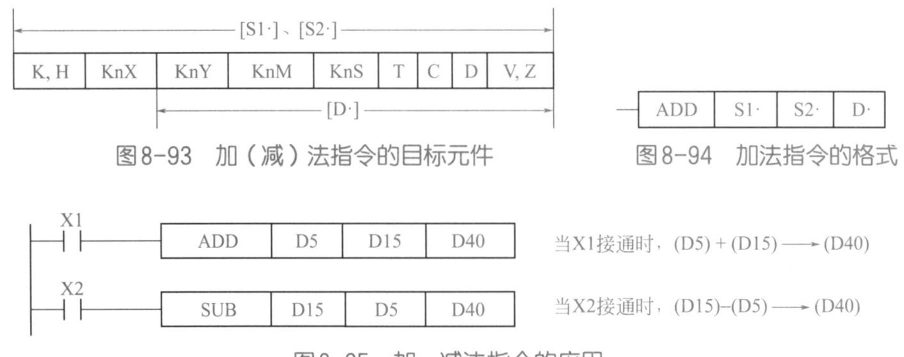

图8-93　加（减）法指令的目标元件

图8-94　加法指令的格式

图8-95　加、减法指令的应用

使用加法和减法指令时应该注意：

① 操作数可取所有数据类型，目标操作数可取 KnY、KnM、KnS、T、C、D、V 和 Z；

② 16 位运算占 7 个程序步，32 位运算占 13 个程序步；

③ 数据为有符号二进制数，最高位为符号位（0 为正，1 为负）；

④ 数据的最高位是符号位，0 为正，1 为负，如果运算结果为 0，则 0 标志 M8020 置 ON，若为 16 位运算，结果大于 32767，或 32 位运算结果大于 2147483647 时，则进位标志位 M8022 为 ON，如果为 16 位运算，结果小于 –32767，或 32 位运算结果小于 –2147483648 时，则借位标志位 M8021 为 ON；

⑤ ADDP 的使用与 ADD 类似，为脉冲加法，用一个例子说明其使用方法，如图 8-96 所示，当 X2 从 OFF 到 ON，执行一次加法运算，此后即使 X2 一直闭合也不执行加法运算；

[S1·]　[S2·]　[D·]
X2　ADDP　D0　D2　D4　(D0)+(D2)→(D4)

图8-96　ADDP指令的应用

⑥ 32 位加法运算的使用方法，用一个进行说明，如图 8-97 所示。

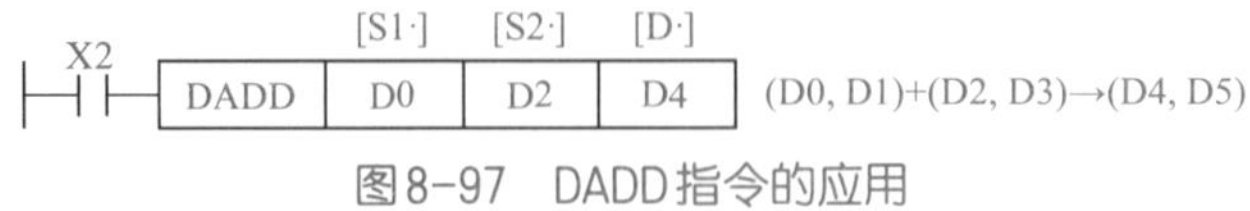

图8-97　DADD指令的应用

（2）加 1 指令 / 减 1 指令

加 1 指令的功能代码是 FNC24，减 1 指令的功能代码是 FNC25，其功能是使目标元件中的内容加（减）1，其目标元件及指令格式如图 8-98、图 8-99 所示。

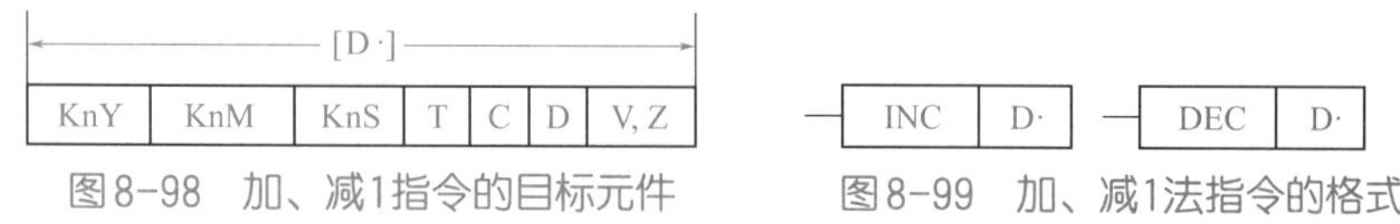

图8-98 加、减1指令的目标元件　　图8-99 加、减1法指令的格式

加、减 1 指令的应用如图 8-100 所示，每次 X0 接通产生一个 M0 接通的脉冲，从而使 D10 的内容加 1，同时 D12 的内容减 1。加（减）1 指令与 MCS-51 单片机中加（减）1 指令类似。

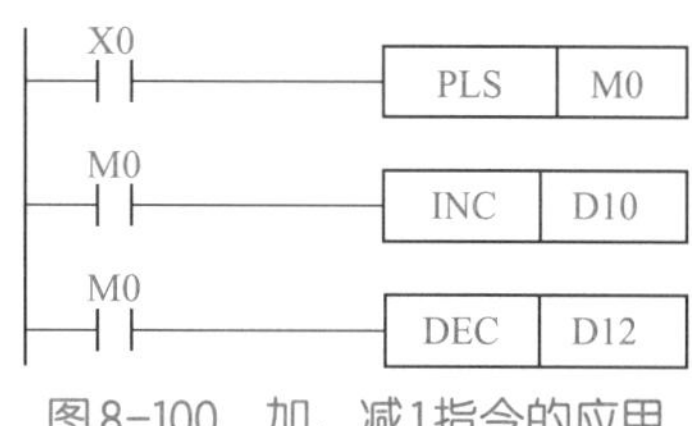

图8-100 加、减1指令的应用

使用加 1/ 减 1 指令时应注意：

① 指令的操作数可为 KnY、KnM、KnS、T、C、D、V、Z；

② 当进行 16 位操作时为 3 个程序步，32 位操作时为 5 个程序步。

③ 在 INC 运算时，如数据为 16 位，则由 +32767 再加 1 变为 –32768，但标志不置位，同样，32 位运算由 +2147483647 再加 1 就变为 –2147483648 时，标志也不置位；

④ 在 DEC 运算时，16 位运算 –32768 减 1 变为 +32767，且标志不置位，32 位运算由 –2147483648 减 1 变为 2147483647，标志也不置位。

（3）乘法和除法指令（MUL、DIV）

① 乘法指令　乘法指令是将两个源元件中的操作数的乘积送到指定的目标元件。如果是 16 位的乘法，乘积是 32 位，如果是 32 位的乘法，乘积是 64 位，数据的最高位是符号位。

用两个例子说明讲解乘法指令的应用方法。如图 8-101 所示，是 16 位乘法，若 D0=2，D2=3，执行乘法指令后，乘积为 32 位占用 D5 和 D4，结果是 6。如图 8-102 所示，是 32 位乘法，若（D1，D0）=2，（D3，D2）=3，执行乘法指令后，乘积为 64 位，占用 D7、D6、D5 和 D4，结果是 6。

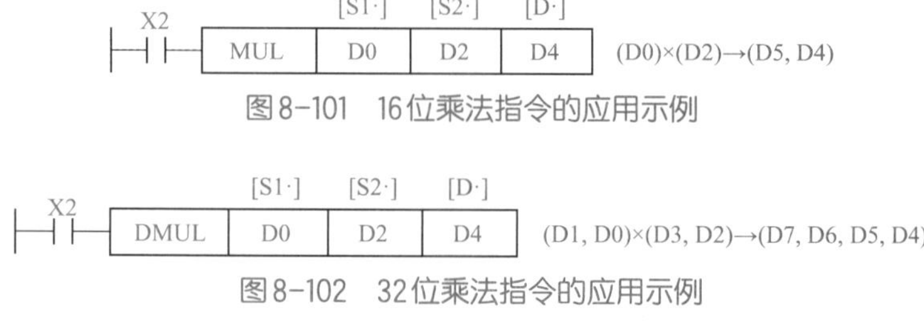

图8-101 16位乘法指令的应用示例

图8-102 32位乘法指令的应用示例

② 除法指令　除法也有 16 位和 32 位除法，得到商和余数。如果是 16 位除法，商和余数都是 16 位，商在低位，而余数在高位。

用两个例子说明讲解除法指令的应用方法。如图 8-103 所示，是 16 位除法，若 D0=7，

D2=3，执行除法指令后，商为 2，在 D4 中，余数为 1，在 D5 中。如图 8-104 所示，是 32 位除法，若（D1，D0）=7，（D3，D2）=3，执行除法指令后，商为 32 位在（D5、D4），余数为 1，在（D7，D6）中。

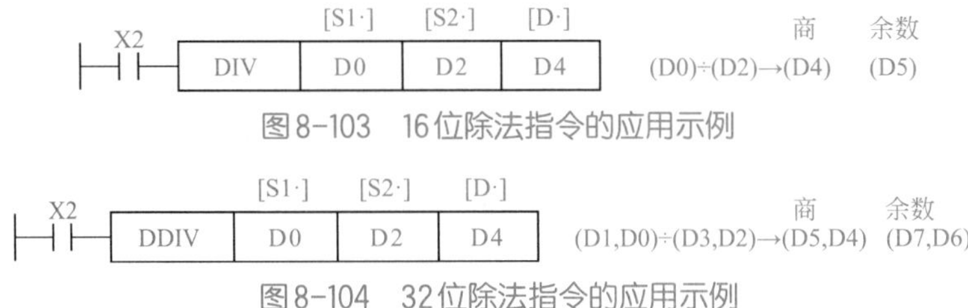

图 8-103　16 位除法指令的应用示例

图 8-104　32 位除法指令的应用示例

（4）字逻辑运算指令（WAND、WOR、WXOR、NEG）

字逻辑运算指令（WAND、WOR、WXOR、NEG）是以位为单位作相应运算的指令，其逻辑运算关系见表 8-14。

表 8-14　字逻辑运算关系

与（WAND）			或（WOR）			异或（WXOR）		
C=A · B			C=A+B			C=A ⊕ B		
A	B	C	A	B	C	A	B	C
0	0	0	0	0	0	0	0	0
0	1	0	0	1	1	0	1	1
1	0	0	1	0	1	1	0	1
1	1	1	1	1	1	1	1	0

① 与（WAND）指令　用一个例子解释逻辑字与指令的使用方法，如图 8-105 所示，若 D0=0000,0000,0000,0101，D2=0000,0000,0000,0100，每个对应位进行逻辑与运算，结果为 0000,0000,0000,0100（即 4）。

X2　WAND　[S1·] D0　[S2·] D2　[D·] D4　(D1)·(D2)→(D4)

图 8-105　逻辑字与运算指令的应用示例

② 或（WOR）　用一个例子解释逻辑字或指令的使用方法，如图 8-106 所示，若 D0=0000,0000,0000,0101，D2=0000,0000,0000,0100，每个对应位进行逻辑或运算，结果为 0000,0000,0000,0101（即 7）。

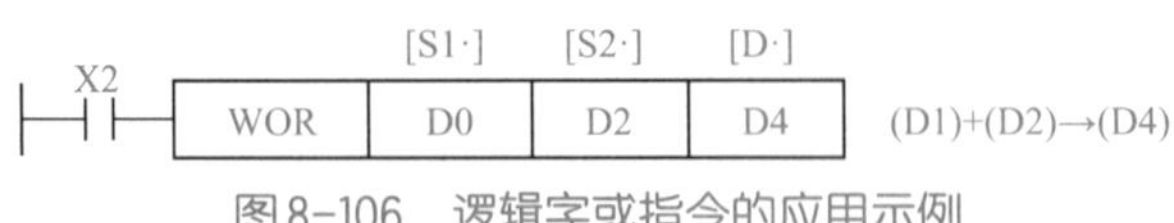

图 8-106　逻辑字或指令的应用示例

③ 异或（WXOR）指令　用一个例子解释逻辑字异或指令的使用方法，如图 8-107 所示，若 D0=0000,0000,0000,0101，D2=0000,0000,0000,0100，每个对应位进行逻辑异或运算，结果为 0000,0000,0000,0001（即 1）。

图 8-107　逻辑字异或指令的应用示例

8.4.5　移位和循环指令

（1）左移位和右移位指令（SFTL、SFTR）

左移位指令的功能代码是FNC35，其功能是使元件中的状态向左移位，由n1指定移位元件的长度，由n2指定移位的位数。一般将驱动输入换成脉冲。若连续执行移位指令，则在每个运算周期都要移位1次，其目标元件及指令格式如图8-108、图8-109所示。左移位指令的应用如图8-110所示，当X6接通后，M15～M12输出，M11～M8的内容送入M15～M12，M7～M4的内容送入M11～M8，M3～M0的内容送入M7～M4，X3～X0的内容送入M3～M0。其功能示意图如图8-111所示。

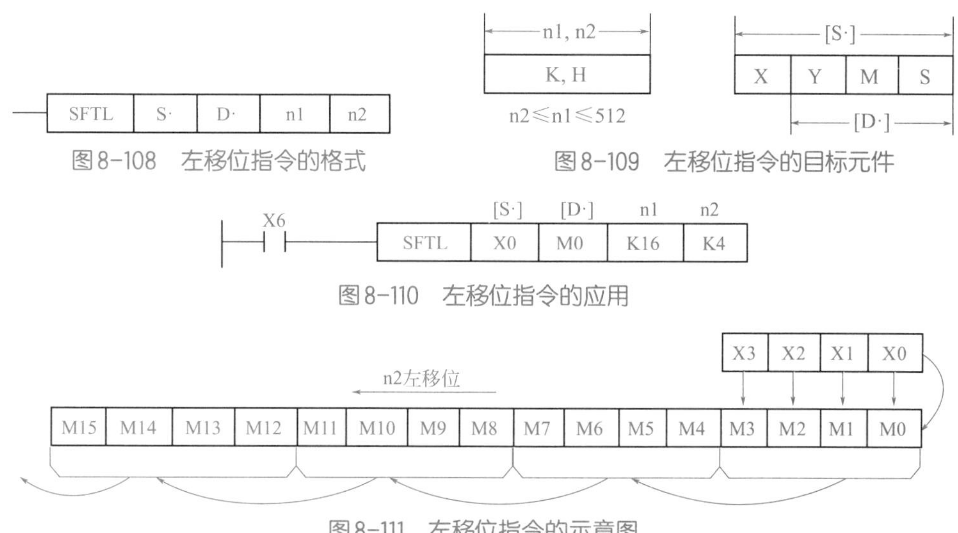

图8-108　左移位指令的格式

图8-109　左移位指令的目标元件

图8-110　左移位指令的应用

图8-111　左移位指令的示意图

使用右位移和左位移指令时应注意：

① 源操作数可取X、Y、M和S，目标操作数可取Y、M、S；

② 只有16位操作，占9个程序步；

③ 右移位指令除了移动方向与左移指令相反外，其他的使用规则与左移指令相同。

（2）左循环和右循环指令（ROL、ROR）

左循环指令ROL和左移位指令STFL类似，只不过STFL高位数据会溢出，而循环则不会。用一个例子说明ROL的使用方法，如图8-112所示，当X2闭合一次，D0中的数据向左移动4位，最高4位移到最低4位。

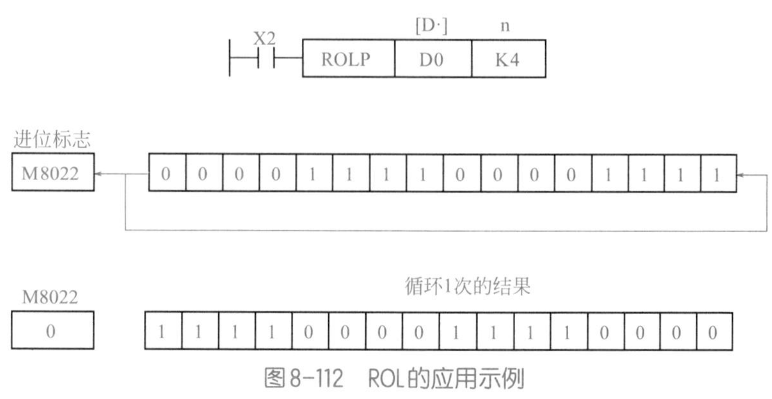

图8-112　ROL的应用示例

8.4.6 数据处理指令

数据处理指令（FNC40 ～ FNC49、FNC147）用于处理复杂数据或作为满足特殊功能的指令。

（1）区间复位指令（ZRST）

区间复位指令（ZRST）的功能是使 [D1•] ～ [D2•] 区间的元件复位，[D1•] ～ [D2•] 指定的应该是同类元件，一般 [D1 •] 的元件号小于 [D2 •] 的元件号，若 [D1 •] 的元件号大于 [D2 •] 的元件号，则只对 [D1 •] 复位。区间复位指令参数见表 8-15。

表8-15　区间复位指令参数表

指令名称	FNC NO.	[D1 •]	[D2 •]
区间复位	FNC40	Y、M、S、T、C、D（D1 ≤ D2）	

用一个例子解释区间复位指令（ZRST）的使用方法，如图 8-113 所示，PLC 上电后，将 M0 ～ M10 共 11 点继电器整体复位。

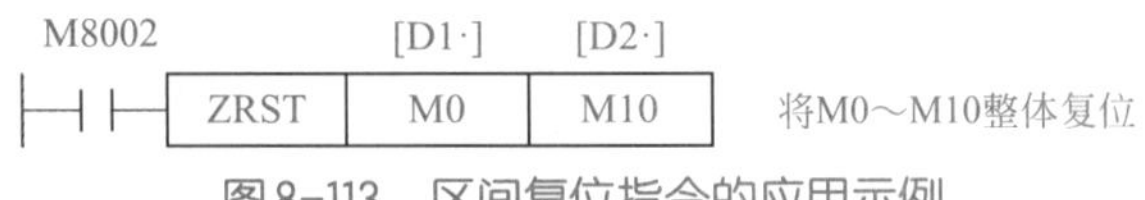

图8-113　区间复位指令的应用示例

（2）解码和编码指令（DECO、ENCO）

① 解码指令（DECO）　解码指令（DECO）也称为译码指令，把目标元件的指定位置位。编码指令（ENCO）把源元件的 ON 的位最高位存放在目标元件中。解码和编码指令参数见表 8-16。

表8-16　解码指令参数表

指令名称	FNC NO.	[S •]	[D •]	n
解码	FNC41	K、H、X、Y、M、S、T、C、D、VZ	Y、M、S、T、C、D	K、H n 为 1 ～ 8

用一个例子解释解码指令（DECO）的使用方法，如图 8-114 所示，源操作数（X2,X1,X0）=2 时，从 M0 开始的第 2 个元件置位，即 M2 置位，注意 M0 是第 0 个元件。

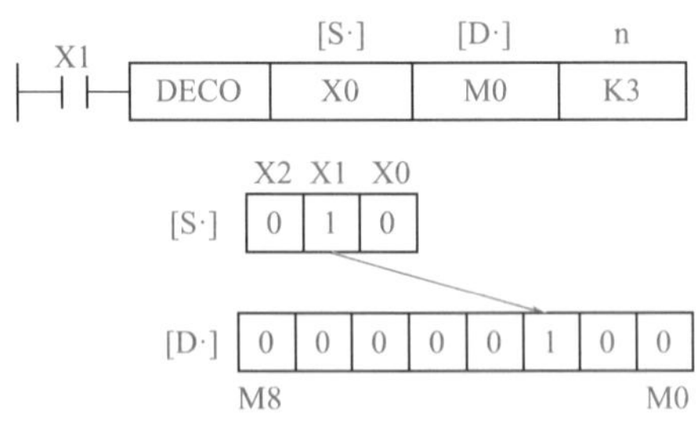

图8-114　解码指令的应用示例

② 编码指令（ENCO）　编码指令参数见表 8-17。

表8-17　编码指令参数表

指令名称	FNC NO.	[S •]	[D •]	n
编码	FNC42	X、Y、M、S、T、C、D、VZ	T、C、D、VZ	K、H n 为 1 ～ 8

用一个例子解释编码指令（ENCO）的使用方法，如图8-115所示，当源操作数的第三位为1（从第0位算起），经过解码后，将3存放在D0中，所以D0的最低两位都为1，即为3。

（3）7段解码指令（SEGD）

7段解码指令（SEGD）数码译码后，点亮7段数码管（1位数）的指令。具体为将源地址S的低4位（1位数）的0～F（16位进制数）译码成7段码显示用的数据，并保存到目标地址D的低8位中，7段解码指令的应用示例如图8-116所示。

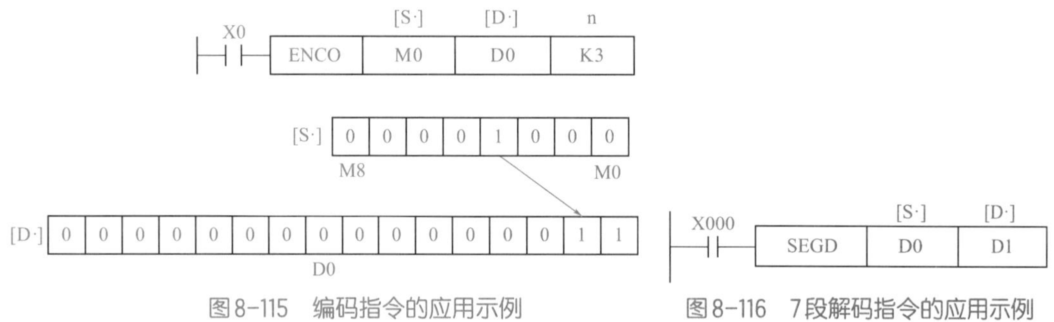

图8-115 编码指令的应用示例

图8-116 7段解码指令的应用示例

（4）浮点数转换指令（FLT）

浮点数转换指令（FLT）就是对BIN整数到二进制浮点数转换。浮点数转换指令参数见表8-18。

表8-18 浮点数转换指令参数表

指令名称	FNC NO.	[S·]	[D·]
浮点数转换	FNC49	D	D

用一个例子解释浮点数转换指令的使用方法，如图8-117所示，当X0闭合时，把D0中的数转化成浮点数存入（D3,D2）。而为双整数时，把（D11,D10）中的数转化成浮点数存入（D13,D12）。

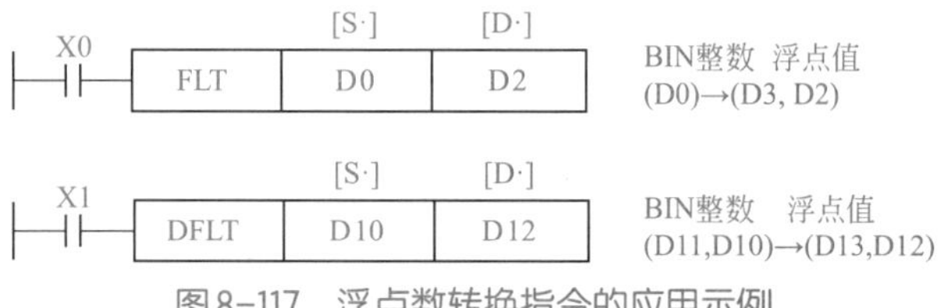

图8-117 浮点数转换指令的应用示例

8.4.7 高速处理指令

高速处理指令（FNC50～FNC59）用于利用最新的输入输出信息进行顺序控制，还能有效利用PLC的高速处理能力进行中断处理。

（1）脉冲输出指令

脉冲输出指令的功能代号是FNC57，其功能是以指定的频率产生定量的脉冲，其目标元件及指令格式如图8-118、图8-119所示。[S1•]指定频率，[S2•]指定定量脉冲个数，[D]指定Y的地址。FX2N系列有Y0、Y1两个高速输出，并且为晶体管输出形式。当定量输出执行完成后，标志M8029置ON。如图8-120所示，当X0接通，在Y0上输出频率为1000Hz的脉冲D0个。这个指令用于控制步进电动机很方便。

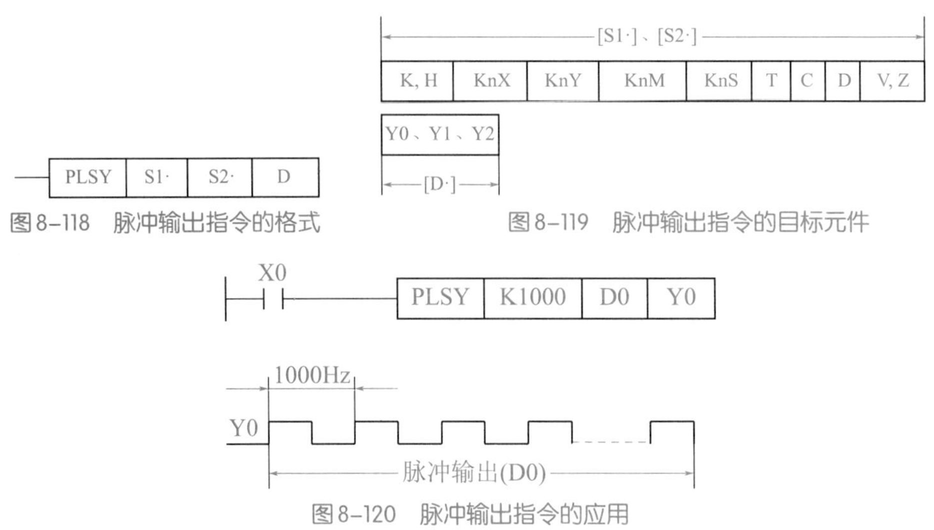

图 8-118 脉冲输出指令的格式

图 8-119 脉冲输出指令的目标元件

图 8-120 脉冲输出指令的应用

使用脉冲输出指令时应注意：

① [S1 •]、[S2 •] 可取所有的数据类型，[D •] 为 Y0、Y1 和 Y2；

② 该指令可进行 16 位和 32 位操作，分别占用 7 个和 13 个程序步；

③ 该指令在程序中只能使用一次。

（2）脉宽调制指令（PWM）

脉宽调制指令（PWM）就是按照指定要求宽度、周期，[S1 •] 指定脉冲宽度，[S2 •] 指定脉冲周期，产生脉宽可调的脉冲输出，控制变频器实现电机调速场合。脉宽调制输出波形如图 8-121 所示，t 是脉冲宽度，T 是周期。

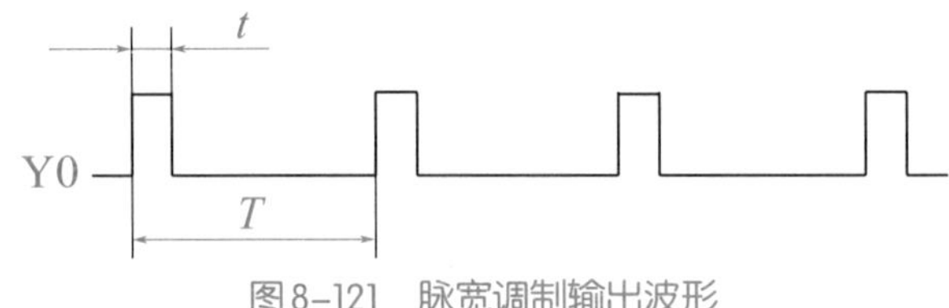

图 8-121 脉宽调制输出波形

脉宽调制指令（PWM）参数见表 8-19。

表 8-19 脉宽调制指令（PWM）参数表

指令名称	FNC NO.	[S1 •]	[S2 •]	[D •]
脉宽调制	FNC58	K、H、KnX、KnY、KnM、KnS、T、C、D、VZ		Y0、Y1

用一个例子解释脉宽调制指令（PWM）的使用方法，如图 8-122 所示，当 X10 闭合时，D0 中是脉冲宽度，本例小于 100ms，K100 是周期为 100ms，波形图如图 8-121 所示，由 Y0 输出。

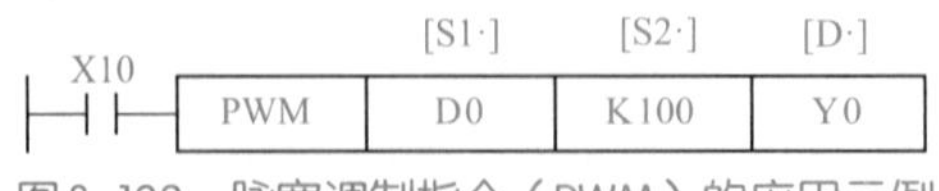

图 8-122 脉宽调制指令（PWM）的应用示例

8.4.8 方便指令

方便指令（FNC60～FNC69）用于将复杂的控制程序简单化。该类指令有状态初始化、数据查找、示教、旋转工作台和列表等十几种，以下分别介绍。

（1）初始化状态指令（IST）

初始化状态指令（IST）可以对步进梯形图中的状态初始化和一些特殊辅助继电器进行自行切换控制。初始化状态指令（IST）参数见表 8-20。

表 8-20 初始化状态指令（IST）参数表

指令名称	FNC NO.	[S1 •]	[D1 •]	[D2 •]
初始化状态	FNC60	X、Y、M	S20 ～ S899	

用一个例子解释初始化状态指令（IST）的使用方法，如图 8-123 所示。

X20：手动操作；X21：返回原点；X22：单步操作；X23：循环运行；X24：自动操作；X25：停止。[D1 •]：实际用到的最小状态号，[D2 •]：实际用到的最大状态号。

M8000 [S1·] [D1·] [D2·]
IST X20 S20 S40

图 8-123 初始化状态指令（IST）的应用示例

（2）交替输出指令

交替输出指令的功能代码是 FNC66，其功能以图 8-124 说明，每次由 OFF 到 ON 时，M0 就翻转动作一次，如果连续执行指令 ALT 时，M1 的状态在每个周期改变一次。例题中每次 X0 有上升沿时，Y0 与 Y1 交替动作。

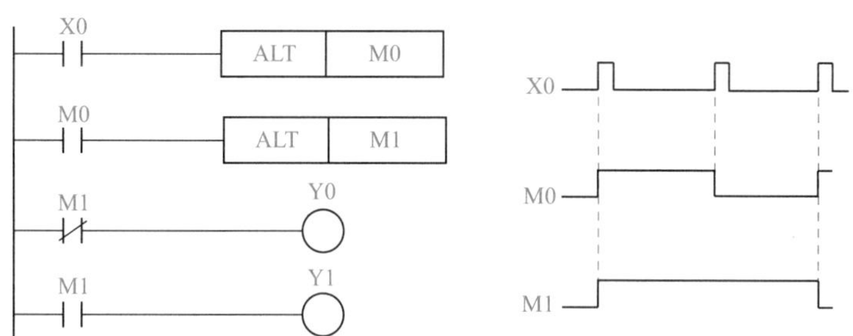

图 8-124 交替输出指令的应用

8.4.9 外部 I/O 设备指令

外部 I/O 设备指令（FNC70 ～ FNC79）用于 PLC 输入输出与外部设备进行数据交换。该类指令可简化处理复杂的控制，以下仅介绍最常用的 2 个。

（1）读特殊模块指令（FROM）

读特殊模块指令（FROM）可以将指定的特殊模块号中指定的缓冲存储器的（BFM）的内容读到可编程控制器的指定元件的功能。FX2N 系列 PLC 最多可以连接 8 台特殊模块，并且赋予模块号，编号从靠近基本单元开始，编号顺序为 0 ～ 7。有的模块内有 16 位 RAM（如四通道的 FX2N-4DA、FX2N-4AD），称为缓冲存储器（BFM），缓冲存储器的编号范围是 0 ～ 31，其内容根据各模块的控制目的而设定。读特殊模块指令（FROM）参数见表 8-21。

表 8-21 读特殊模块指令（FROM）参数表

指令名称	FNC NO.	m1	m2	[D •]	n
读特殊模块	FNC78	K、H 模块号	K、H BFM 号	KnX、KnY、KnM、KnS、 T、C、D、VZ	K、H 传送字数

用一个例子解释读特殊模块指令（FROM）的使用方法，如图 8-125 所示。当 X10 为 ON 时，将模块号为 1 的特殊模块，29 号缓冲存储器（BFM）内的 16 位数据，传送到可编程控制器的 K4M0 存储单元中，每次传送一个字长。

图 8-125　读特殊模块指令（FROM）的应用示例

（2）写特殊模块指令（TO）

写特殊模块指令（TO）可以对步进梯形图中的状态初始化和一些特殊辅助继电器进行自行切换控制。写特殊模块指令（TO）参数见表 8-22。

表 8-22　写特殊模块指令（TO）参数表

指令名称	FNC NO.	m1	m2	[S・]	n
写特殊模块	FNC79	K、H 模块号	K、H BFM 号	K、H、KnX、KnY、KnM、KnS、T、C、D、VZ	K、H、D

用一个例子解释写特殊模块指令（TO）的使用方法，如图 8-126 所示。当 X10 为 ON 时，将可编程控制器的 D0 存储单元中的数据，传送到模块号为 1 的特殊模块，12 号缓冲存储器（BFM）中，每次传送一个字长。

图 8-126　写特殊模块指令（TO）的应用示例

8.4.10　外部串口设备指令

外部串口设备指令（FNC80 ～ FNC89）用于对连接串口的特殊附件进行的控制指令。使用 RS-232、RS422/RS485 接口，可以很容易配置一个与外部计算机进行通信的局域网系统，PLC 接受各种控制信息，处理后转化为 PLC 中软元件的状态和数据；PLC 又将处理后的软元件的数据送到计算机，计算机对这些数据进行分析和监控。以下介绍 PID 运算指令。

PID 运算指令即（比例、积分、微分运算），该指令的功能是进行 PID 运算，指令在达到采样时间后的扫描时进行 PID 运算。PID 运算指令参数见表 8-23。

表 8-23　PID 运算指令参数表

指令名称	FNC NO.	[S1・]	[S2・]	[S3・]	[D・]
PID 运算	FNC88	D 目标值 SV	D 测定值 PV	D0 ～ D975 参数	D 输出值 MV

用一个例子解释 PID 运算指令的使用方法，如图 8-127 所示。

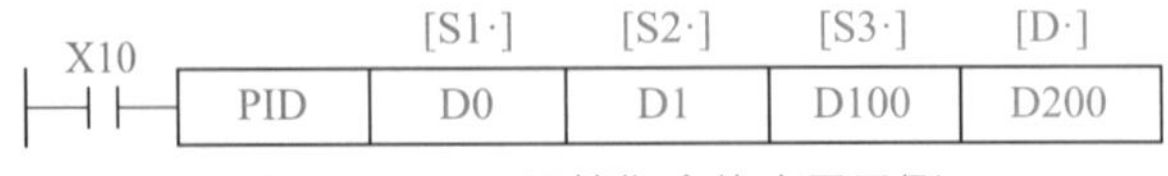

图 8-127　PID 运算指令的应用示例

[S3・] 中的参数表的各参数的含义见表 8-24。

表8-24　[S3・]中的参数表的各参数的含义

参数	名称	设定范围和说明
[S3・]+0	采样时间	1～32767ms
[S3・]+1	动作方向（ACT）	Bit0：0正动作，1反动作 Bit1：0无输入变化量报警，1输入变化量报警有效 Bit2：0无输出变化量报警，1输出变化量报警有效 Bit3：不可使用 Bit4：0不执行自动调节，1执行自动调节 Bit5：0不设定输出值上下限，1设定输出值上下限 Bit6～Bit15：不使用
[S3・]+2	输入滤波常数	0～99%
[S3・]+3	比例增益（Kp）	1～32767
[S3・]+4	积分时间（TI）	0～32767，单位是100ms
[S3・]+5	微分增益（KD）	0～100%
[S3・]+6	微分时间（KI）	0～32767，单位是10ms
[S3・]+7 … [S3・]+19	PID内部使用	
[S3・]+20	输入变化量（增加方向）报警值设定	0～32767，动作方向的Bit1=1
[S3・]+21	输入变化量（减小方向）报警值设定	-32768～32767，动作方向的Bit1=1
[S3・]+22	输出变化量（增加方向）报警值设定 输出下限设定	0～32767，动作方向的Bit2=1，Bit5=0 -32768～32767，动作方向的Bit2=0，Bit5=1
[S3・]+23	输出变化量（减小方向）报警值设定 输出下限设定	0～32767，动作方向的Bit2=1，Bit5=0 -32768～32767，动作方向的Bit2=0，Bit5=1
[S3・]+24	报警输出	输入变化量（增加方向）溢出 输入变化量（减小方向）溢出 输出变化量（增加方向）溢出 输出变化量（减小方向）溢出 （动作方向的Bit1=1或者Bit2=1）

8.4.11　浮点数运算指令

FX系列PLC不仅可以进行整数运算，还可以进行二进制比较运算、四则运算、开方、三角运算，而且还能将浮点数转换成整数。以下介绍几个常用的指令。

（1）二进制浮点数比较指令（ECMP）

二进制浮点数比较指令（ECMP）可以对源操作数[S1・]和[S2・]进行比较，再通断目标元件[D・]。二进制浮点数比较指令（ECMP）参数见表8-25。

表8-25　二进制浮点数比较指令（ECMP）参数表

指令名称	FNC NO.	[S1・]	[S2・]	[D・]
二进制浮点数比较	FNC110	K、H、D	K、H、D	Y、M、S

用一个例子解释二进制浮点数比较指令（ECMP）的使用方法，如图8-128所示。当X10为ON时，将（D1,D0）与（D3,D2）进行比较，前者大于后者，常开触点M0闭合；前者等于后者，常开触点M1闭合；前者小于后者，常开触点M2闭合。

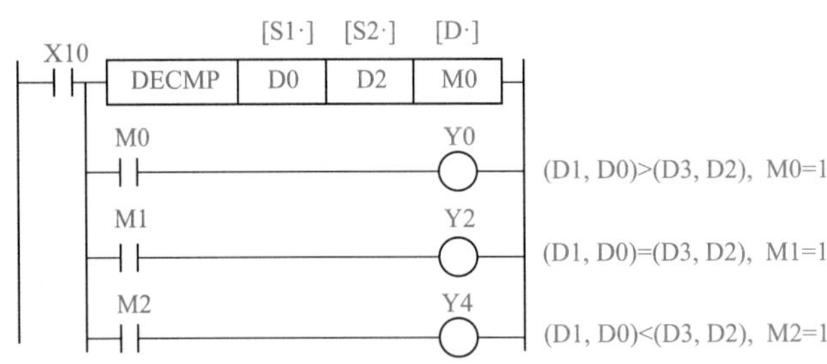

图8-128 二进制浮点数比较指令（ECMP）的应用示例

（2）二进制浮点数加法指令和二进制浮点数减法指令（EADD、ESUB）

二进制浮点数加法（EADD）将两个源操作数 [S•] 的二进制浮点数进行加法运算，再将结果存入 [D•]。二进制浮点数减法（ESUB）将两个源操作数 [S•] 的二进制浮点数进行减法运算，再将结果存入 [D•]。二进制浮点数加法和二进制浮点数减法转换指令（EADD、ESUB）见表 8-26。

表8-26 二进制浮点数加法指令和二进制浮点数减法指令（EADD、ESUB）参数表

指令名称	FNC NO.	[S1 •]	[S2 •]	[D •]
二进制浮点数加法	FNC120	K、H、D	K、H、D	D
二进制浮点数减法	FNC121			

用一个例子解释二进制浮点数加法指令和二进制浮点数减法指令（EADD、ESUB）的使用方法，如图 8-129 所示。

```
          [S1·]  [S2·]  [D·]
X10
DEADD     D0     D2     D4
          [S1·]  [S2·]  [D·]
X11
DESUB     D6     D8     D10
```

图8-129 二进制浮点数加法指令和二进制浮点数减法指令（EADD、ESUB）的应用示例

（3）二进制浮点数和十进制浮点数转换指令（EBCD、EBIN）

二进制浮点数转换成十进制浮点数指令（EBCD）可以对源操作数 [S •] 的二进制转换成十进制浮点数，存入 [D •]。十进制浮点数转换成二进制浮点数指令（EBIN）可以对源操作数 [S •] 的十进制转换成二进制浮点数，存入 [D •]。二进制浮点数和十进制浮点数转换指令（EBCD、EBIN）见表 8-27。

表8-27 二进制浮点数和十进制浮点数转换指令（EBCD、EBIN）参数表

指令名称	FNC NO.	[S •]	[D •]
二进制浮点数转换成十进制	FNC118	D	D
十进制浮点数转换成二进制	FNC119		

用一个例子解释二进制浮点数和十进制浮点数转换指令（EBCD、EBIN）的使用方法，如图 8-130 所示。

（4）二进制浮点数乘法和二进制浮点数除法指令（EMUL、EDIV）

二进制浮点数乘法指令（EMUL）将两个源操作数 [S •] 的二进制浮点数进行乘法运算，再将结果存入 [D •]。二进制浮点数除法（EDIV）将两个源操作数 [S •] 的二进制浮

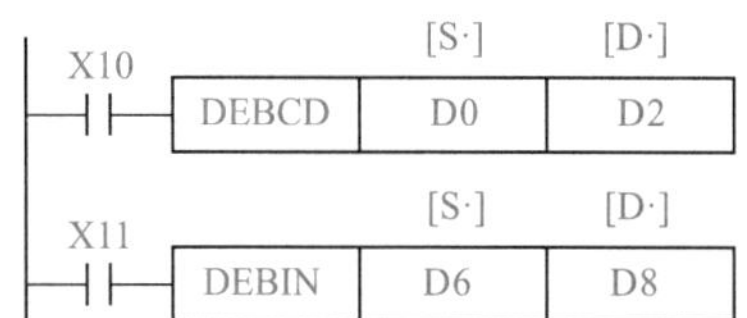

图8-130　二进制浮点数和十进制浮点数转换指令（EBCD、EBIN）的应用示例

点数进行除法运算，再将结果存入 [D •]。二进制浮点数乘法指令和二进制浮点数除法指令（EMUL、EDIV）见表 8-28。

表8-28　二进制浮点数乘法指令和二进制浮点数除法指令（EMUL、EDIV）参数表

指令名称	FNC NO.	[S1 •]	[S2 •]	[D •]
二进制浮点数乘法	FNC122	K、H、D	K、H、D	D
二进制浮点数除法	FNC123			

用一个例子解释二进制浮点数乘法和二进制浮点数除法指令（EMUL、EDIV）的使用方法，如图 8-131 所示。

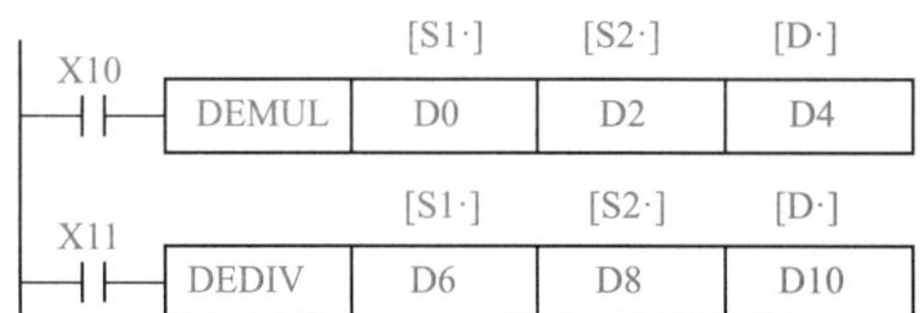

图8-131　二进制浮点数乘法和二进制浮点数除法指令（EMUL、EDIV）的应用示例

（5）二进制浮点数转换成 BIN 整数指令

二进制浮点数转换成 BIN 整数指令将二进制浮点数转换成 BIN 数，舍去小数点后的值，取其 BIN 整数存入目标数据 [D •]。二进制浮点数转换成 BIN 整数指令见表 8-29。

表8-29　二进制浮点数转换成BIN整数指令参数表

指令名称	FNC NO.	[S •]	[D •]
二进制浮点数转换成 BIN 整数	FNC129	D	D

用一个例子解释二进制浮点数转换成 BIN 整数指令的使用方法，如图 8-132 所示。

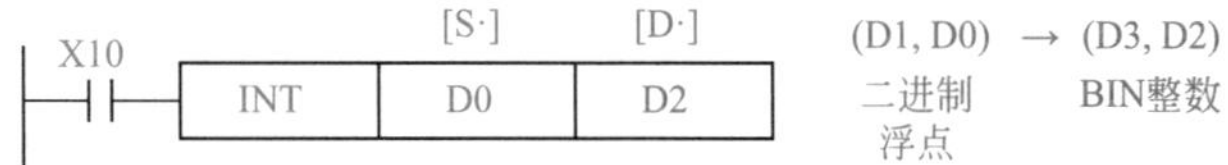

图8-132　二进制浮点数转换成BIN整数指令的应用示例

8.4.12　触点比较指令

FX系列PLC触点比较指令相当于一个有比较功能的触点，执行比较两个源操作数[S1•]和 [S2 •]，满足条件则触点闭合。以下介绍触点比较指令。

（1）触点比较指令（LD）

触点比较指令（LD）可以对源操作数 [S1•] 和 [S2•] 进行比较，满足条件则触点闭合。触点比较指令（LD）参数见表 8-30。

表 8-30　触点比较指令（LD）参数表

助记符		[S1 •]	[S2 •]	功能	功能
16 位	32 位				
LD=	DLD=	[S1 •]=[S2 •]	K、H、KnX、KnY、KnM、KnS、T、C、D、VZ	K、H、KnX、KnY、KnM、KnS、T、C、D、VZ	触点比较指令运算开始 [S1 •]=[S2 •] 导通
LD>	DLD>	[S1 •]>[S2 •]			触点比较指令运算开始 [S1 •]>[S2 •] 导通
LD<	DLD<	[S1 •]<[S2 •]			触点比较指令运算开始 [S1 •]<[S2 •] 导通
LD<>	DLD<>	[S1 •] ≠ [S2 •]			触点比较指令运算开始 [S1 •] ≠ [S2 •] 导通
LD ≤	DLD ≤	[S1 •] ≤ [S2 •]			触点比较指令运算开始 [S1 •] ≤ [S2 •] 导通
LD ≥	DLD ≥	[S1 •] ≥ [S2 •]			触点比较指令运算开始 [S1 •] ≥ [S2 •] 导通

用一个例子解释触点比较指令（LD）的使用方法，如图 8-133 所示。当 D2<K200 时，触点比较导通，Y0 得电，否则 Y0 断电。

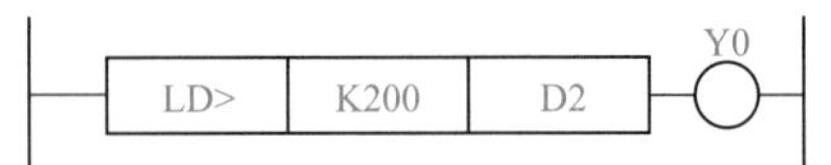

图 8-133　触点比较指令（LD）的应用示例

（2）触点比较指令（OR）

触点比较指令（OR）与其他的触点或者回路并联。触点比较指令（OR）参数见表 8-31。

表 8-31　触点比较指令（OR）参数表

助记符		[S1 •]	[S2 •]	功能	功能
16 位	32 位				
OR=	DOR=	[S1 •]=[S2 •]	K、H、KnX、KnY、KnM、KnS、T、C、D、VZ	K、H、KnX、KnY、KnM、KnS、T、C、D、VZ	触点比较指令并联连接 [S1 •]=[S2 •] 导通
OR>	DOR>	[S1 •]>[S2 •]			触点比较指令并联连接 [S1 •]>[S2 •] 导通
OR<	DOR<	[S1 •]<[S2 •]			触点比较指令并联连接 [S1 •]<[S2 •] 导通
OR<>	DOR<>	[S1 •] ≠ [S2 •]			触点比较指令并联连接 [S1 •] ≠ [S2 •] 导通
OR ≤	DOR ≤	[S1 •] ≤ [S2 •]			触点比较指令并联连接 [S1 •] ≤ [S2 •] 导通
OR ≥	DOR ≥	[S1 •] ≥ [S2 •]			触点比较指令并联连接 [S1 •] ≥ [S2 •] 导通

用一个例子解释触点比较指令（OR）的使用方法，如图 8-134 所示。当（D1, D0）=K200 或者 X10 闭合时，Y0 得电。

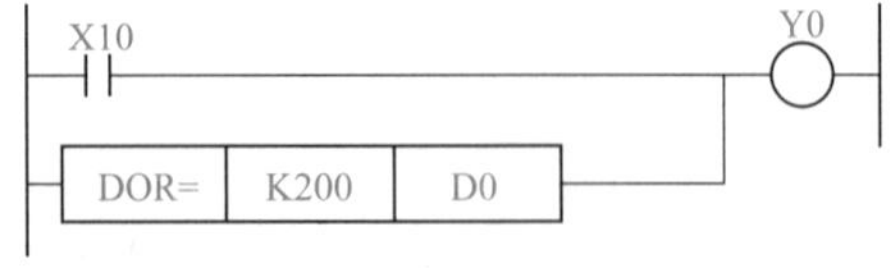

图 8-134　触点比较指令（OR）的应用示例

（3）触点比较指令（AND）

触点比较指令（AND）与其他触点或者回路串联。触点比较指令（AND）参数见表 8-32。

用一个例子解释触点比较指令（AND）的使用方法，如图 8-135 所示。当 D2=K200 时，触点比较导通，Y0 得电，否则 Y0 断电。

表 8-32 触点比较指令（AND）参数表

助记符		[S1·]	[S2·]	功能	功能
16 位	32 位				
AND=	DAND=	[S1·]=[S2·]	K、H、KnX、KnY、KnM、KnS、T、C、D、VZ	K、H、KnX、KnY、KnM、KnS、T、C、D、VZ	触点比较指令串联连接 [S1·]=[S2·] 导通
AND>	DAND>	[S1·]>[S2·]			触点比较指令串联连接 [S1·]>[S2·] 导通
AND<	DAND<	[S1·]<[S2·]			触点比较指令串联连接 [S1·]<[S2·] 导通
AND< >	DAND< >	[S1·] ≠ [S2·]			触点比较指令串联连接 [S1·] ≠ [S2·] 导通
AND ≤	DAND ≤	[S1·] ≤ [S2·]			触点比较指令串联连接 [S1·] ≤ [S2·] 导通
AND ≥	DAND ≥	[S1·] ≥ [S2·]			触点比较指令串联连接 [S1·] ≥ [S2·] 导通

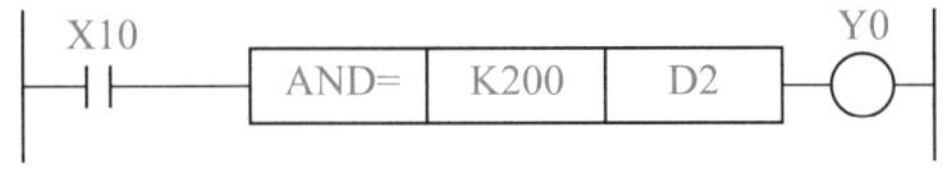

图 8-135 触点比较指令（AND）的应用示例

8.5 功能指令应用实例

（1）步进电动机控制 - 高速输出指令的应用

高速输出指令在运动控制中要用到，以下用一个简单的例子介绍。

【例 8-30】 有一台步进电动机，其脉冲当量是 3° / 脉冲，此步进电动机转速为 250r/min 时，转 10 圈，若用 FX3U-32MT PLC 控制，要求设计原理图，并编写梯形图程序。

【解】 ①设计原理图

用 FX3U–32MT PLC 控制步进电动机，只能用 Y0 或 Y1 高速输出，本例用 Y0。原理图和梯形图如图 8-136 和图 8-137 所示。

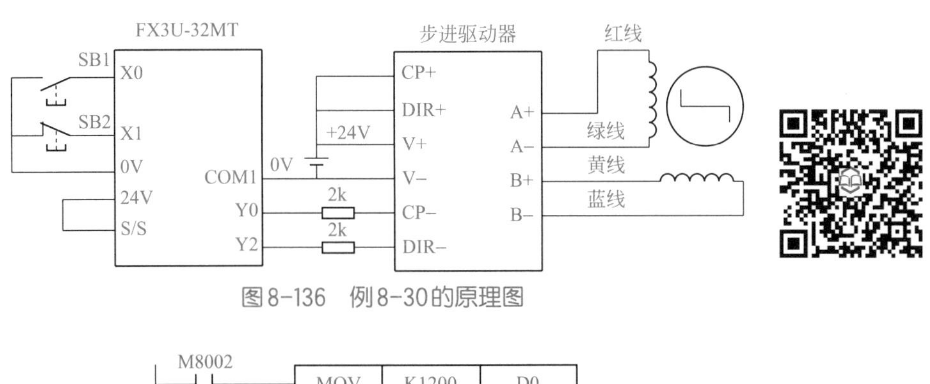

图 8-136 例 8-30 的原理图

M8002 ─┤├─ [MOV K1200 D0]

X0 ─┤├─ [PLSY K500 D0 Y0]

图 8-137 例 8-30 的梯形图

② 求脉冲频率和脉冲数

FX3U-32MT PLC 控制步进电动机，首先要确定脉冲频率和脉冲数。步进电动机脉冲

当量就是步进电动机每收到一个脉冲时，步进电动机转过的角度。步进电动机的转速为

$$n=\frac{250\times360}{60}=1500°/\text{s} \tag{8-1}$$

所以电动机的脉冲频率为

$$f=\frac{1500°/\text{s}}{3°/\text{脉冲}}=500\text{ 脉冲}/\text{s} \tag{8-2}$$

10 圈就是 10×360°=3600°，因此步进电动机要转动 10 圈，步进电动机需要收到 3600°/3°=1200 个脉冲。

注意：当 Y2 有输出时步进电动机反转，如何控制请读者思考。

（2）交通灯控制 - 比较指令的应用

比较指令虽然不像基本指令那么常用，但在以下的“交通控制”实例中，使用比较指令解题就显得非常容易。

【例 8-31】 十字路口的交通灯控制，当合上启动按钮，东西方向亮 4s，闪烁 2s 后灭；黄灯亮 2s 后灭；红灯亮 8s 后灭；绿灯亮 4s，如此循环，而对应东西方向绿灯、红灯、黄灯亮时，南北方向红灯亮 8s 后灭；接着绿灯亮 4s，闪烁 2s 后灭；红灯又亮，如此循环。

【解】 首先根据题意画出东西南北方向三种颜色灯的亮灭的时序图，再进行 I/O 分配。

输入：启动——X0；停止——X1。

输出（东西方向）：红灯——Y4，黄灯——Y5；绿灯——Y6。

输出（南北方向）：红灯——Y0，黄灯——Y1；绿灯——Y2。

交通灯时序图、原理图和交通灯梯形图如图 8-138、图 8-139 所示。

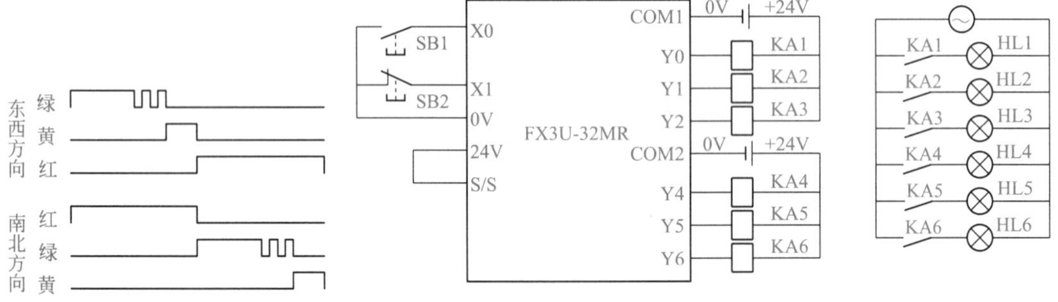

图 8-138 交通灯时序图和原理图

（3）彩灯的控制 - 译码指令和移位指令的应用

在前面的例子中，已经介绍了移位指令在逻辑控制中的妙用，以下再举一个例子，介绍其在逻辑控制中的应用，用好移位指令，程序会变得很简洁。

【例 8-32】 有 4 盏灯，有两种模式运行，模式 1，按照 Y20 → Y20、Y21 → Y21、Y22 → Y22、Y23 → Y20、Y23，循环闪亮，亮的时间为 1s；模式 2，按照 Y20 → Y20、Y21 → Y20、Y21、Y22 → Y20、Y21、Y22、Y23 → Y21、Y22、Y23 → Y22、Y23 → Y23，循环闪亮，亮的时间为 1s；要求编写控制程序。

【解】 彩灯控制梯形图如图 8-140 所示，本例用移位指令编写。

```
0   X000   X001                                              (M0     )
  ──┤├──┬──┤├──┬─────────────────────────────────────────────
    M0  │      │  T0                                         K160
  ──┤├──┘      └──┤/├──────────────────────────────────────(T0     )

    M0
8 ──┤├──┬─[>    K80   T0  ]─────────────────────────────────(Y000   )
        ├─[>=   K140  T0  ]─[<=   K80   T0  ]─┤/├ M1────────(Y002   )
        ├─[>=   K140  T0  ]─[<=   K120  T0  ]─┤├ M8013──────(M1     )
        ├─[<    K140  T0  ]─────────────────────────────────(Y001   )
        ├─[>=   K60   T0  ]─┤/├ M2──────────────────────────(Y006   )
        ├─[>=   K60   T0  ]─[<=   K40   T0  ]─┤├ M8013──────(M2     )
        ├─[>=   K80   T0  ]─[<    K60   T0  ]───────────────(Y005   )
        └─[<=   K80   T0  ]─────────────────────────────────(Y004   )

89 ─────────────────────────────────────────────────────────[END    ]
```

图8-139　交通灯程序

```
0   X000   T200
  ──┤/├────┤├──┬────────────────────[SFTLP  M6   Y020   K4   K1 ]
               └────────────────────[SET    M6                  ]
    Y021
12──┤├──────────────────────────────[RST    M6                  ]
    X000   T200
14──┤├─────┤├──┬────────────────────[SFTLP  M7   Y020   K4   K1 ]
               └────────────────────[SET    M7                  ]
    Y023
26──┤├──────────────────────────────[RST    M7                  ]
    M8002
28──┤├──────────────────────────────[MOV    K50   D0            ]
    T200                                              D0
34──┤/├─────────────────────────────────────────────(T200       )
    M9     M8013
38──┤├─────┤├───────────────────────[INCP   D0                  ]
    M9     M8013
43──┤/├────┤├───────────────────────[DECP   D0                  ]
    T90                                               K48
48──┤/├─────────────────────────────────────────────(T90        )
    T90
52──┤├──────────────────────────────[ALTP   M9                  ]

56──────────────────────────────────[END                        ]
```

图8-140　例8-32的梯形图

【例 8-33】 当压下按钮 SB1 是手动 / 自动按钮，SB2 是交替按钮，自动挡时，灯的状态是：Y4、Y5 亮 3s 之后灭 2s→Y5、Y6 亮 3s 之后灭 2s→Y4、Y6 亮 3s 之后灭 2s，如此循环。而在手动挡时，灯亮灭的顺序按照以上执行，但时间完全人为掌握。设计此程序。

【解】 彩灯控制原理图如图 8-141 所示，梯形图如图 8-142 所示，本例用译码指令编写。

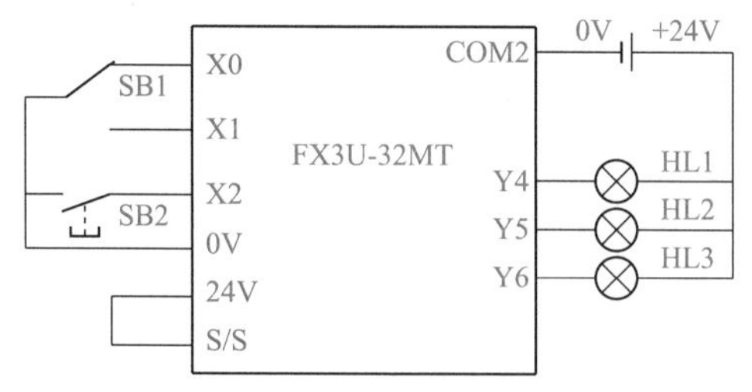

图 8-141 彩灯控制原理图

```
0   X000  X002
  --| |---| |---+--------------------------[DECOP  M5     M5     K2     ]
    T4          |
  --| |---------+
10  X001
  --| |---+--------------------------------[PLF    M2                   ]
    X002  |
  --| |---+
14  M2
  --| |---+--------------------------------[MOV    K0     K1Y004        ]
    T3    |
  --| |---+
21  X000  X002      M5
  --| |---| |---+---| |--------------------[MOV    K3     K1Y004        ]
    T3    T4    |   M6
  --|/|---| |---+---| |--------------------[MOV    K6     K1Y004        ]
                |   M7
                +---| |--------------------[MOV    K5     K1Y004        ]
47  X001  T3                                                    K30
  --| |---|/|------------------------------------------------(T4        )
52  T4                                                          K20
  --| |----------------------------------------------------------(T3        )
56
  -----------------------------------------------------------[END       ]
```

图 8-142 例 8-33 的梯形图

（4）单键启停控制 - 译码指令和翻转指令的应用

单键启停控制的梯形图，在前面的章节已经介绍过多种方法，以下再用 3 种方法介绍，但译码指令编写，一般的人想不到，后两种方法是最简单的方法。

【例 8-34】 当压下按钮 SB1 第 1 次，电动机正转，按第 2 次电动机停转，按第 3 次电动机反转，按第 4 次电动机停转，如此循环，要求设计梯形图程序。

【解】 单键启停原理图如图 8-143 所示，梯形图如图 8-144 所示，本例用译码指令编写。

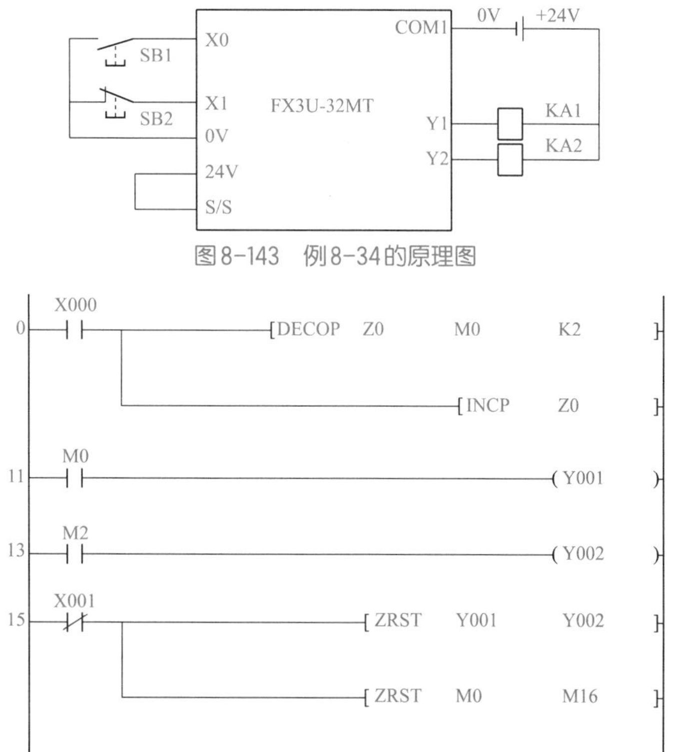

图8-143 例8-34的原理图

图8-144 例8-34的梯形图

【例8-35】 编写程序，实现当压下SB1按钮奇数次，灯亮，当压下SB1按钮偶数次，灯灭，即单键启停控制。

【解】 单键启停原理图如图8-143所示，梯形图如图8-145所示，此梯形图的另一种表达方式如图8-146所示。

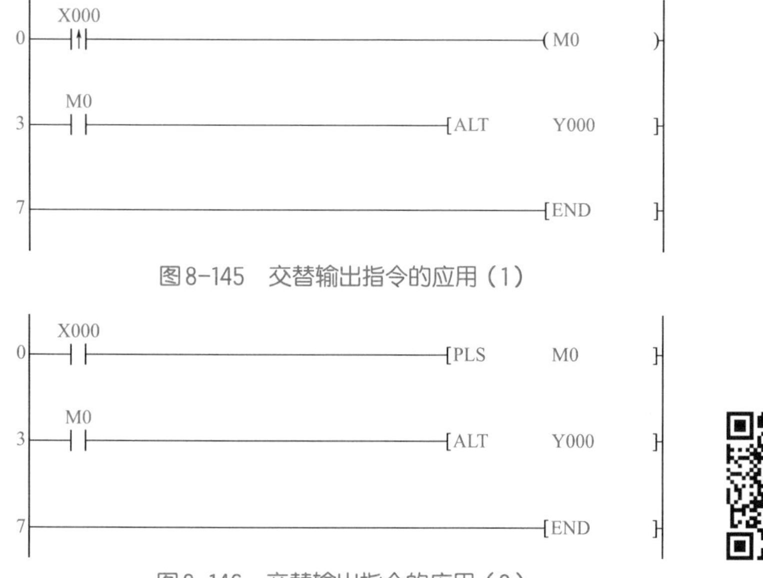

图8-145 交替输出指令的应用（1）

图8-146 交替输出指令的应用（2）

（5）自动往复运动控制 - 多个功能指令的综合应用

用一种方法编写小车的自动往复运行梯形图程序，对多数入门者来说并不是难事，但如果需要用 3 种以上的方法编写梯形图程序，恐怕就不那么容易了，以下介绍 4 种方法实现自动往复运动。

【例 8-36】 压下 SB1 按钮，小车自动往复运行，正转 3s，停 1.5s，反转 3s，停 1.5s，压下 SB2 按钮，停止运行。

【解】 自动往复运行的解题方法很多，以下用 ALT 解题，原理图如图 8-147 所示，梯形图如图 8-148 所示。

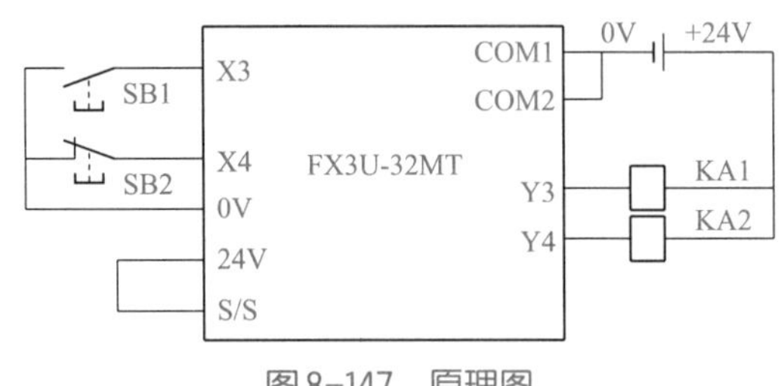

图8-147 原理图

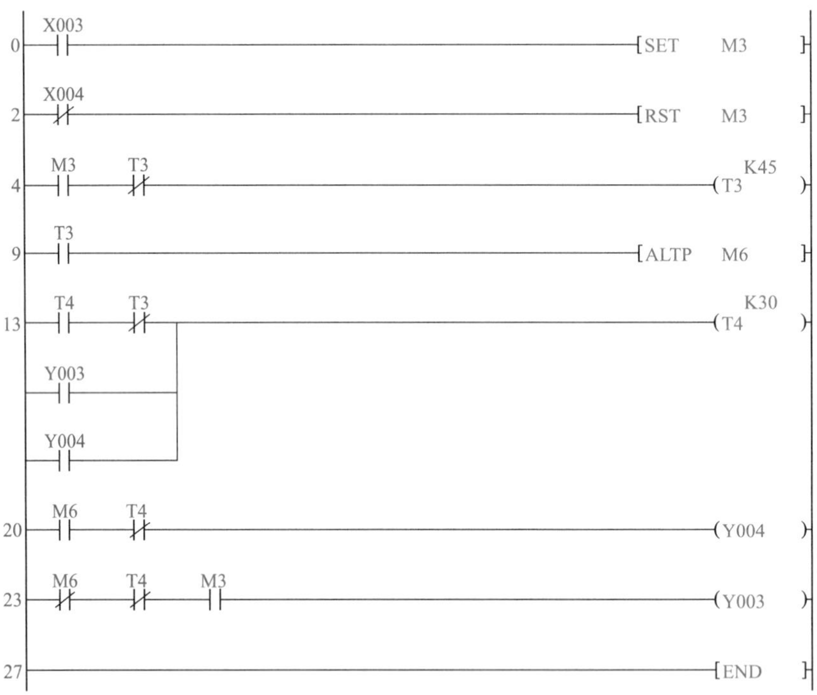

图8-148 梯形图

【例 8-37】 当压下 SB1 按钮，小车正转 2s，停 2s，再反转 2s，如此往复运行，当压下 SB2 按钮，小车停止运行，要求编写程序。

【解】 这个题目的解法很多，有超过十种解法。其原理图如图 8-149 所示，用 MOV 指令，梯形图如图 8-150 所示。

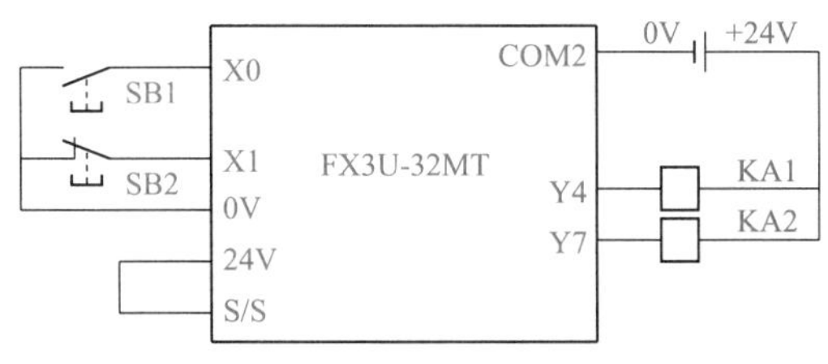

图8-149　例8-37的原理图

```
    X000     X001
0 ──┤├──┬───┤├──────────────────────────────(M10      )
    M10 │
  ──┤├──┘

    M10     Y004     Y007                          K20
4 ──┤├──────┤/├──────┤/├────────────────────(T0       )

    T0
10──┤├─────────────────────────────[ALT      M0       ]

    M0
14──┤├───────────────────────[MOV    K1      K1Y004   ]

    Y004                                           K20
20──┤├──┬───────────────────────────────────(T1       )
    Y007│
  ──┤├──┘

    M0       T0
25──┤/├──────┤├──────────────[MOV    K8      K1Y004   ]

    T1
32──┤├──┬────────────────────[MOV    K0      K1Y004   ]
    X000│
  ──┤├──┘

39──────────────────────────────────────────[END      ]
```

图8-150　例8-37的梯形图

【例 8-38】 压下 SB1 按钮，小车自动往复运行，正转 3.3s，停 3.3s，反转 3.3s，停 3.3s，如此循环运行。

【解】 自动往复运行的解题方法很多，以下用 SFTL 和 ZRST 指令解题，其原理图如图 8-151 所示，梯形图如图 8-152 所示。

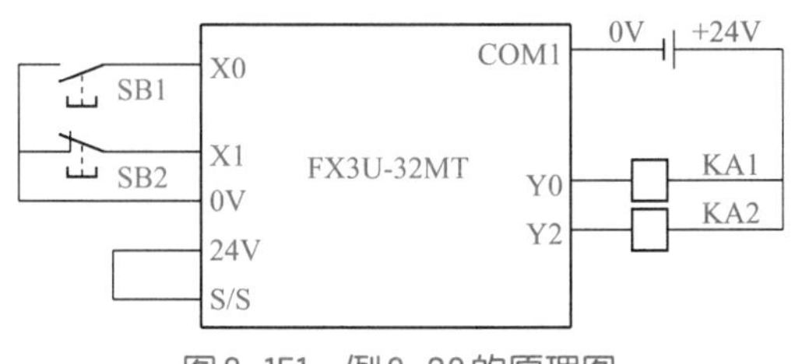

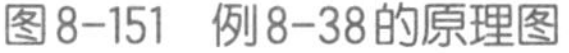

图8-151　例8-38的原理图

```
0   ─┤ ├X000─┬─┤ ├X001──────────────────────(M10)
    ─┤ ├M10──┘
4   ─┤/├M0──────────────────────────────────(M5)
6   ─┤ ├T3──────────────[SFTLP M5 M0 K4 K1]
16  ─┤/├X001─┬──────────────────[ZRST M0 M4]
    ─┤ ├M3───┴──────────────────[RST Y000]
24  ─┤/├M2──┤ ├M0───────────────────────────(Y000)
27  ─┤ ├M2──────────────────────────────────(Y002)
29  ─┤/├T3──┤ ├M10──────────────────────────(T3 K33)
34  ────────────────────────────────────────[END]
```

图8-152　例8-38的梯形图

【例 8-39】 压下 SB1 按钮，小车自动往复运行，正转 3s，停 3s，反转 3s，停 3s，如此循环，压下 SB2 按钮，停止运行。

【解】 自动往复运行的解题方法很多，以下用 SFTL 解题，其梯形图程序如图 8-153 所示。

```
0   ─┤ ├X000─┬──────────────────[SET M5]
    ─┤ ├M3───┴──────────────────[ZRST M0 M3]
8   ─┤ ├M0──────────────────────[RST M5]
10  ─┤ ├T3──────────────[SFTLP M5 M0 K4 K1]
20  ─┤ ├M0──────────────────────────────────(Y000)
22  ─┤ ├M2──────────────────────────────────(Y002)
24  ─┤/├T3──┤/├X000─────────────────────────(T3 K30)
29  ─┤/├X001────────────────────[ZRST M0 M5]
35  ────────────────────────────────────────[END]
```

图8-153　例8-39的梯形图

（6）数码管显示控制－多个功能指令的综合应用

数码管的显示对于初学者并不容易，以下给出了几个数码管显示的例子。

【例 8-40】 设计一段梯形图程序，实现在一个数码管上循环显示 0 ～ F。

【解】 用 Y000 ～ Y007 驱动数码管，梯形图如图 8-154 所示。

```
0   T0 (常闭)                 (T0  K10)
4   C0                        [RST  C0]
7   T0                        (C0  K16)
11  M8000                     [SEGD  C0  K2Y000]
17                            [END]
```

图8-154　例8-40的梯形图

【例 8-41】 设计一段梯形图程序，实现在 1 个数码管上循环显示 0 ～ 9s，采用倒计时模式。

【解】 用 Y000 ～ Y007 驱动数码管，梯形图如图 8-155 所示。

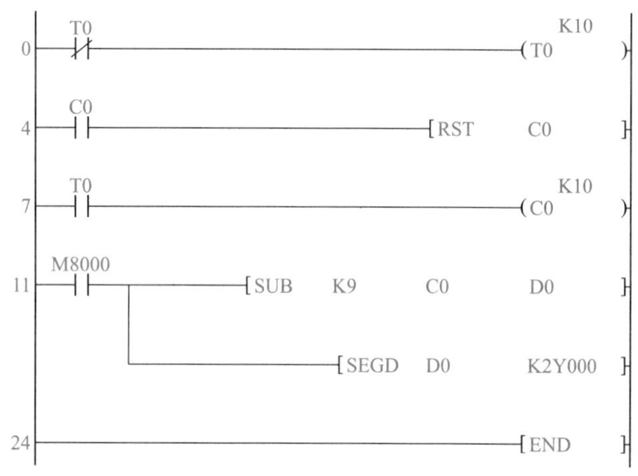

图8-155　例8-41的梯形图

【例 8-42】 设计一段梯形图程序，实现在 2 个数码管上循环显示 0 ～ 59s，采用倒计时模式。

【解】 用 Y000 ～ Y007 显示个位和 Y010 ～ Y017 显示十位驱动数码管，梯形图如图 8-156 所示。

还有另外一种解法，如图 8-157 所示。

```
0   ─┤/├ T0 ──────────────────────────────(T0 K10)
4   ─┤ ├ C0 ──────────────────────────────[RST C0]
7   ─┤ ├ T0 ──────────────────────────────(C0 K60)
11  ─┤ ├ M8000 ─┬─────────────────────────[SUB K59 C0 D0]
                ├─────────────────────────[BCD D0 D2]
                ├─────────────────────────[WAND D2 H0F D4]
                ├─────────────────────────[SEGD D4 K2Y000]
                ├─────────────────────────[WAND D2 H0F0 D6]
                ├─────────────────────────[DIV D6 K16 D8]
                ├─────────────────────────[SEGD D8 K2Y010]
                └─[= D8 K0]───────────────[SEGD K0 K2Y010]
65  ──────────────────────────────────────[END]
```

图8-156　例8-42的梯形图（1）

```
0   ─┤/├ T0 ──────────────────────────────(T0 K10)
4   ─┤ ├ C0 ──────────────────────────────[RST C0]
7   ─┤ ├ T0 ──────────────────────────────(C0 K60)
11  ─┤ ├ M8000 ─┬─────────────────────────[SUB K59 C0 D0]
                ├─────────────────────────[BCD D0 D2]
                ├─────────────────────────[SEGD D2 K2Y000]
                ├─────────────────────────[WAND D2 H0F0 D4]
                ├─────────────────────────[DIV D4 K16 D6]
                ├─────────────────────────[SEGD D6 K2Y010]
                └─[= D6 K0]───────────────[SEGD K0 K2Y010]
58  ──────────────────────────────────────[END]
```

图8-157　例8-42的梯形图（2）

【例 8-43】 有一组霓虹灯，由 FX3U-48MR 控制，Y0 和 Y1 每隔 1s 交替闪亮，Y4 ~ Y7 依次循环亮，亮的时间为 1s，Y20 ~ Y27 依次循环亮，亮的时间为 1s。

【解】 梯形图如图 8-158 所示。

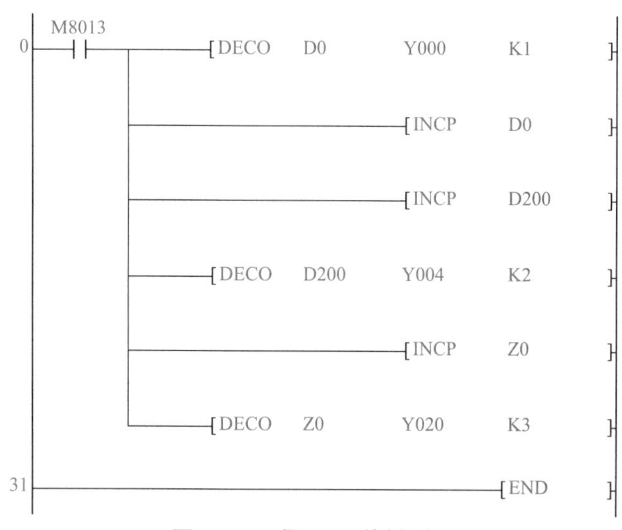

图 8-158 例 8-43 的梯形图

8.6 步进梯形图指令

三菱的步进指令又称 STL 指令。FX3U 系列 PLC 有两条步进指令，分别是 STL（步进触点指令）和 RET（步进返回指令）。步进指令只有与状态继电器 S 配合使用才有步进功能，状态继电器的触点、线圈的表示符号见表 8-1。

根据 SFC 的特点，步进指令是使用内部状态元件（S），在顺控程序上进行工序步进控制。也就是说，步进顺控指令只有与状态元件配合才能有步进功能。使用 STL 指令的状态继电器的常开触点，称为 STL 触点，没有 STL 常闭触点，功能图与梯形图有对应关系，从图 8-159 可以看出。用状态继电器代表功能图的各步，每一步都有三种功能：负载驱动处理、指定转换条件和指定转换目标。且在语句表中体现了 STL 指令的用法。

当前步 S20 为活动步时，S20 的 STL 触点导通，负载 Y1 输出，若 X0 也闭合（即转换条件满足），后续步 S21 被置位变成活动步，同时 S20 自动变成不活动步，输出 Y1 随之断开。

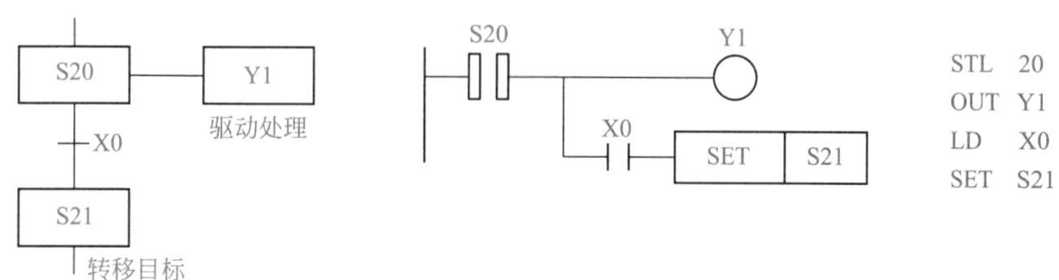

图 8-159 STL 指令与功能图

步进梯形图编程时应注意：

① STL 指令只有常开触点，没有常闭触点；

② 与 STL 相连的触点用 LD、LDI 指令，即产生母线右移，使用完 STL 指令后，应该用 RET 指令使 LD 点返回母线；

③ 梯形图中同一元件可以被不同的 STL 触点驱动，也就说使用 STL 指令允许双线圈输出；

④ STL 触点之后不能使用主控指令 MC/MCR ；

⑤ STL 内可以使用跳转指令，但比较复杂，不建议使用；

⑥ 规定步进梯形图必须有一个初始状态（初始步），并且初始状态必须在最前面。初始状态的元件必须是 S0 ～ S9，否则 PLC 无法进入初始状态。其他状态的元件参见表 8-33。

表 8-33　FX2N 系列 PLC 状态继电器一览表

类别	状态继电器号	点数	功能
初始状态继电器	S0 ～ S9	10	初始化
返回状态继电器	S10 ～ S19	10	用 ITS 指令时原点返还
普通状态继电器	S20 ～ S499	480	用在 SFC 中间状态
掉电保护型继电器	S500 ～ S899	400	具有停电记忆功能
诊断、保护继电器	S900 ～ S999	100	用于故障、诊断或报警

【例 8-44】 根据图 8-160 的状态图，编写步进梯形图程序。

【解】 状态转移图和步进梯形图的对应关系如图 8-160 所示。

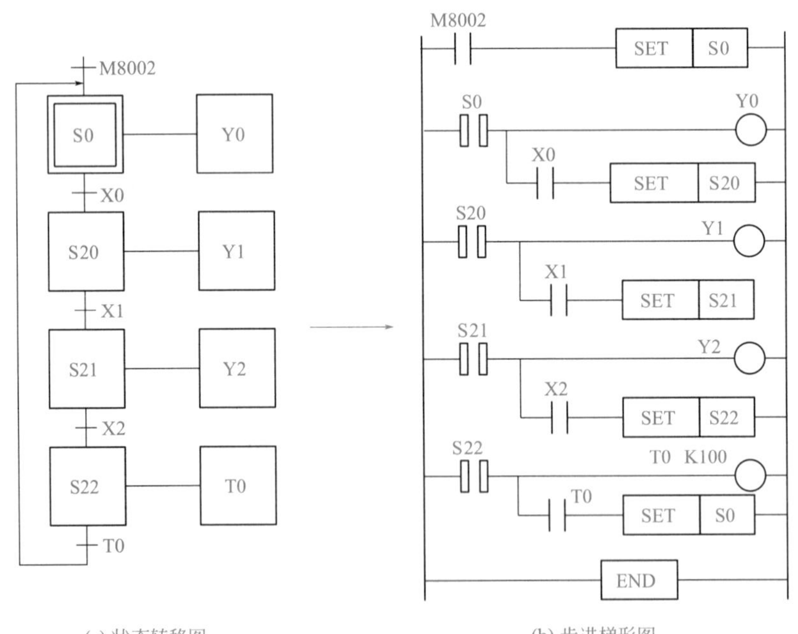

(a) 状态转移图　　(b) 步进梯形图

图 8-160　例 8-44 的状态转移图和步进梯形图

8.7 模拟量模块相关指令应用实例

8.7.1 FX2N-4AD模块

FX2N-4AD 模块有 4 个通道，也就是说最多只能和四路模拟量信号连接，其转换精度为 12 位。与 FX2N-2AD 模块不同的是：FX2N-4AD 模块需要外接电源供电，FX2N-4AD 模块的外接信号可以是双极性信号（信号可以是正信号也可以是负信号）。此模块可以与 FX2 和 FX3 系列 PLC 配套使用。

如果读者是第一次使用 FX2N-4AD 模块，很可能会以为此模块的编程和 FX2N-2AD 模块是一样的，如果这样想那就错了，两者的编程是有区别的。FX2N-4AD 模块的 A/D 转换的输出特性见表 8-34。

表 8-34　A/D 转换的输出特性

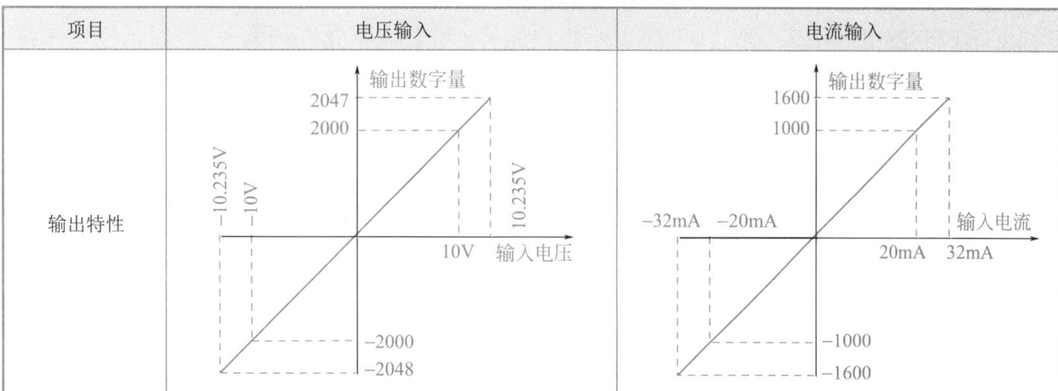

从前面的学习知道，使用特殊模块时，搞清楚缓冲存储器的分配特别重要，FX2N-4AD 模块的缓冲存储器的分配如下。

① BFM#0：通道初始化，缺省值 H0000，低位对应通道 1，依此对应 1 ～ 4 通道。

“0”表示通道模拟量输入为 −10 ～ 10V；

“1”表示通道模拟量输入为 4 ～ 20mA；

“2”表示通道模拟量输入为 −20 ～ 20mA；

“3”表示通道关闭。

例如：H1111 表示 1 ～ 4 每个通道的模拟量输入为 4 ～ 20mA。

② BFM#1 ～ BFM#4：对应通道 1 ～ 4 的采样次数设定，用于平均值时；

③ BFM#5：通道 1 的转换结果（采样平均数）。

④ BFM#6：通道 2 的转换结果（采样平均数）。

⑤ BFM#7：通道 3 的转换结果（采样平均数）。

⑥ BFM#8：通道 4 的转换结果（采样平均数）。

⑦ BFM#9 ～ BFM#12：对应通道 1 ～ 4 的当前采样值。

⑧ BFM#15：采样速度的设置。

“0”表示 15ms/ 通道；

"1"表示60ms/通道。

⑨ BFM#20：通道控制数据初始化。

"0"表示正常设定；

"1"表示恢复出厂值。

⑩ BFM#29：模块工作状态信息，以二进制形式表示。

a. BFM#29的bit0：为"0"时表示模块正常工作，为"1"表示模块有报警。

b. BFM#29的bit1：为"0"时表示模块偏移/增益调整正确，为"1"表示模块偏移/增益调整有错误。

c. BFM#29的bit2：为"0"时表示模块输入电源正确，为"1"表示模块输入电源有错误。

d. BFM#29的bit3：为"0"时表示模块硬件正常，为"1"表示模块硬件有错误。

e. BFM#29的bit10：为"0"时表示数字量输出正常，为"1"表示数字量超过正常范围。

f. BFM#29的bit11：为"0"时表示采样次数设定正确，为"1"表示模块采样次数设定超过允许范围。

g. BFM#29的bit12：为"0"时表示模块偏移/增益调整允许，为"1"表示模块偏移/增益调整被禁止。

【例8-45】 特殊模块FX2N-4AD的通道1和通道2为电压输入，模块连接在0号位置，平均数设定为4，将采集到的平均数分别存储在PLC的D0和D1中。

【解】 梯形图如图8-161所示。

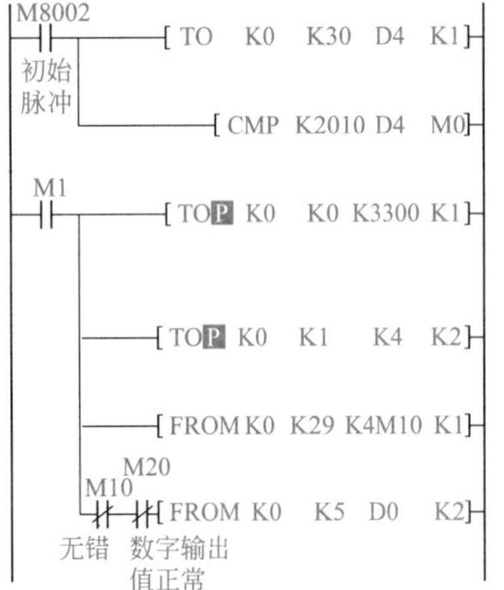

在"0"位置的特殊功能模块的ID号由BFM #30中读出，并保存在主单元的D4中。比较该值以检查模块是否是FX2N-4AD，如是则M1变为ON。这两个程序步对完成模拟量的读入来说不是必需的，但它们确实是有用的检查，因此推荐使用。

将K3300写入FX2N-4AD的BFM #0，建立模拟输入通道(CH1、CH2)。

分别将4写入BFM #1和#2，将CH1和CH2的平均采样数设为4。

FX2N-4AD的操作状态由BFM #29中读出，并作为FX2N主单元的位设备输出。

如果操作FX2N-4AD没有错误，则读取BFM的平均数据。
此例中，BFM #5和#6被读入FX2N主单元，并保存在D0到D1中，这些设备中分别包含了CH1和CH2的平均数据。

图8-161 例8-45的梯形图

FX2N-2AD和FX2N-4AD的编程有差别的。FX2N-8AD与FX2N-4AD模块类似，但前者的功能更加强大，它可以与热电偶连接，用于测量温度信号。

8.7.2 FX2N-4DA模块

相对于其他的PLC（如西门子S7-200），FX2N-4DA模块的使用相对复杂，要使用FROM/TO指令，如要使用TO指令启动D/A转换。此模块可以与FX2和FX3系列PLC配套使用。FX2N-4DA模块的D/A转换的输出特性见表8-35。

转换结果数据在模块缓冲存储器（BFM）中的存储地址如下。

表8-35 D/A转换的输出特性

<table>
<tr><th>项目</th><th>电压输出</th><th>电流输出</th></tr>
<tr><td>输出特性</td><td colspan="2">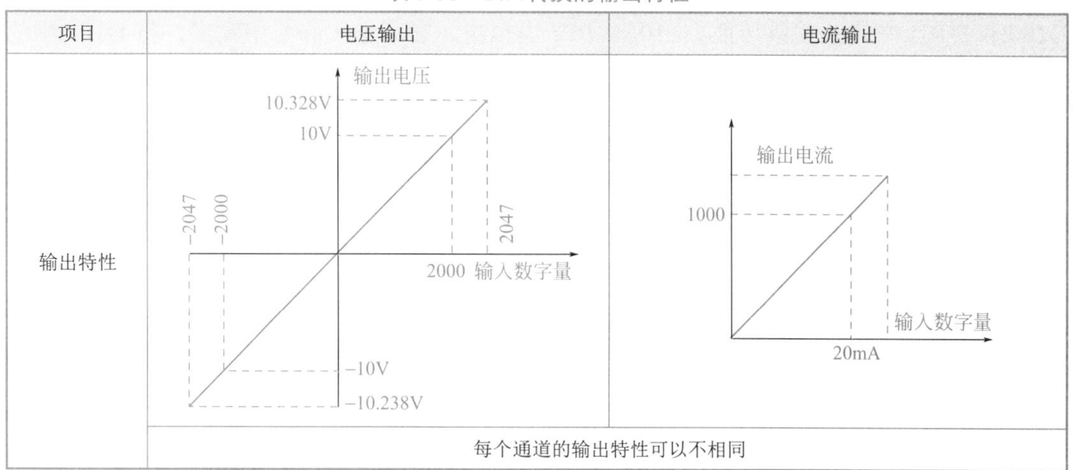
</td></tr>
<tr><td></td><td colspan="2">每个通道的输出特性可以不相同</td></tr>
</table>

① BFM#0：通道选择与启动控制字。控制字共4位，每一位对应一个通道，其对应关系如图8-162所示。每一位中的数值的含义如下：

“0”表示通道模拟量输出为-10～10V；

“1”表示通道模拟量输出为4～20mA；

“2”表示通道模拟量输出为0～20mA。

例如：H0022表示通道1和2输出为0～20mA；而通道3和4输出为-10～10V。

图8-162 控制字与通道的对应关系

② BFM#1～4：通道1～4的转换数值。BFM#5：数据保持模式设定。其对应关系如图8-162所示。每一位中的数值的含义如下：

“0”转换数据在PLC停止运行时，仍然保持不变；

“1”表示转换数据复位，成为偏移设置值；

③ BFM#8/#9：偏移/增益设定指令。

④ BFM#10～17：偏移/增益设定值。

⑤ BFM#29：模块的工作状态信息，以二进制的状态表示。

a. BFM#29的bit0：为“0”表示没有报警，为“1”表示有报警。

b. BFM#29的bit1：为“0”时表示模块偏移/增益调整正确，为“1”表示模块偏移/增益调整有错误。

c. BFM#29的bit2：为“0”时表示模块输入电源正确，为“1”表示模块输入电源有错误。

d. BFM#29的bit3：为“0”时表示模块硬件正常，为“1”表示模块硬件有错误。

e. BFM#29的bit10：为“0”时表示数字量输出正常，为“1”表示数字量超过正常范围。

f. BFM#29的bit11：为“0”时表示采样次数设定正确，为“1”表示模块采样次数设定超过允许范围。

g. BFM#29的bit12：为“0”时表示模块偏移/增益调整允许，为“1”表示模块偏移/增益调整被禁止。

【例 8-46】 某系统上的控制器为 FX2N-32MR，特殊模块 FX2N-4DA，要求：将 D100 和 D101 中的数字量转换成 -10 ～ 10V 模拟量，在通道 1 和 2 中输出；将 D102 中的数字量转换成 4 ～ 20mA 模拟量，在通道 3 中输出；将 D103 中的数字量转换成 0 ～ 20mA 模拟量，在通道 4 中输出。

【解】 梯形图如图 8-163 所示。

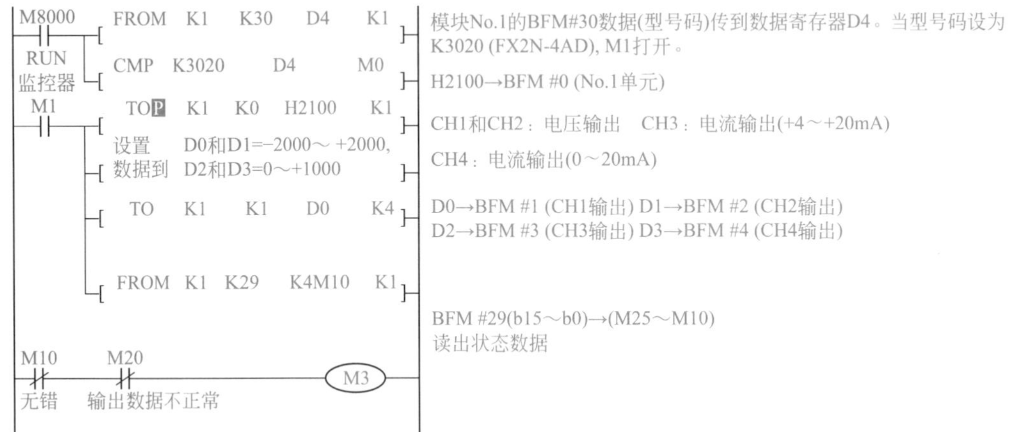

图8-163 例8-46的梯形图

【例 8-47】 压力变送器的量程为 0 ～ 20MPa，输出信号为 0 ～ 10V，FX2N-2AD 的模拟量输入模块的量程为 0 ～ 10V，转换后的数字量为 0 ～ 4000，设转换后的数字为 N，试求以 kPa 为单位的压力值。

【解】 0 ～ 20MPa（0 ～ 20000kPa）对应于转换后的数字 0 ～ 4000，转换公式为

$$P=(20000\times N)/4000=5\times N\text{(kPa)} \tag{8-3}$$

本例采用的 PLC 是 FX2N-16MR，AD 转换模块是 FX2N-2AD，图 8-164 是实现式（8-3）中的运算的梯形图程序。D2 中的数据是压力值。

```
0  M8000
   ─┤ ├─┬──────[TO    K0   K17    H0   K1 ]
        ├──────[TO    K0   K17    H2   K1 ]
        ├──────[FROM  K0   K0     K2M100 K2 ]
        ├──────[MOV   K4M100 D0 ]
        └──────[MUL   D0   K5     D2 ]
40 ────────────[END ]
```

图8-164 例8-47的梯形图

8.7.3 FX3U-4AD-ADP 模块

FX3U-4AD-ADP 模块有 4 个通道，也就是说最多只能和四路模拟量信号连接，FX3U-4AD-ADP 模块需要外接电源供电，FX3U-4AD-ADP 模块的外接信号可以是双极性信号（信号可以是正信号也可以是负信号）。

FX3U-4AD-ADP 安装在不同的位置，其对应的特殊软元件就不同，具体对应关系如图 8-165 所示，当 FX3U-4AD-ADP 安装在第一个位置时，其特殊辅助继电器的范围是 M8260 ～ M8269，特殊数据寄存器的范围是 D8260 ～ D8269。注意不同规格的基本模块，特殊软元件也不同，这点非常重要。

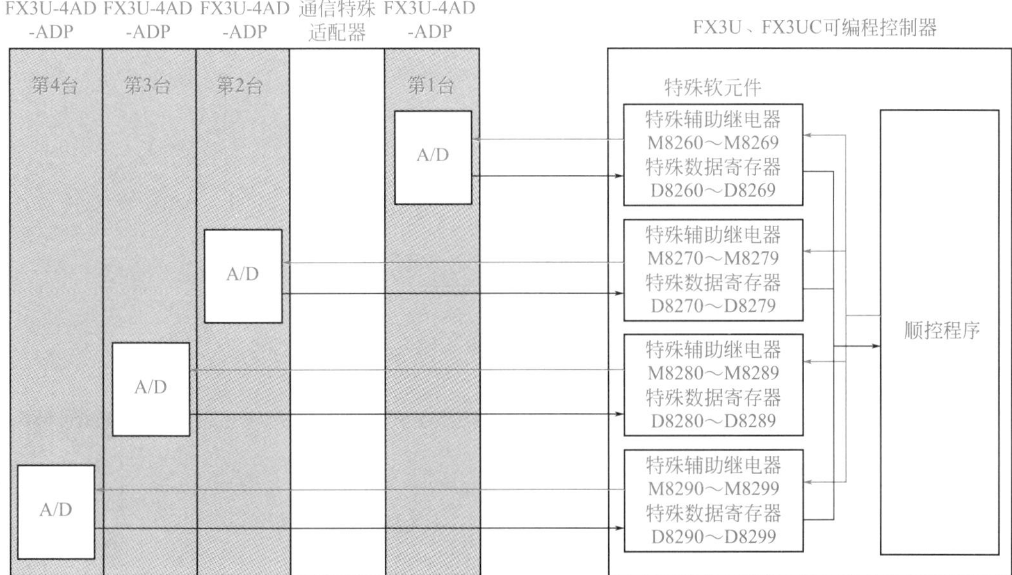

图 8-165 FX3U-4AD-ADP 安装位置与特殊软元件对应关系的示意图

FX3U-4AD-ADP 安装位置与特殊软元件对应关系，见表 8-36。例如 FX3U-4AD-ADP 安装第一个位置，其第 1 通道的特殊辅助继电器是 M8260，当输入信号为电压信号时，

表 8-36 FX3U-4AD-ADP 安装位置与特殊软元件对应关系

特殊软元件	软元件编号				内容
	第 1 台	第 2 台	第 3 台	第 4 台	
特殊辅助继电器	M8260	M8270	M8280	M8290	通道 1 输入模式切换
	M8261	M8271	M8281	M8291	通道 2 输入模式切换
	M8262	M8272	M8282	M8292	通道 3 输入模式切换
	M8263	M8273	M8283	M8293	通道 4 输入模式切换
	M8264 ～ M8269	M8274 ～ M8279	M8284 ～ M8289	M8294 ～ M8299	未使用（请不要使用）
特殊数据寄存器	D8260	D8270	D8280	D8290	通道 1 输入数据
	D8261	D8271	D8281	D8291	通道 2 输入数据
	D8262	D8272	D8282	D8292	通道 3 输入数据
	D8263	D8273	D8283	D8293	通道 4 输入数据
	D8264	D8274	D8284	D8294	通道 1 平均次数（设定范围：1 ～ 4095）
	D8265	D8275	D8285	D8295	通道 2 平均次数（设定范围：1 ～ 4095）
	D8266	D8276	D8286	D8296	通道 3 平均次数（设定范围：1 ～ 4095）
	D8267	D8277	D8287	D8297	通道 4 平均次数（设定范围：1 ～ 4095）
	D8268	D8278	D8288	D8298	错误状态
	D8269	D8279	D8289	D8299	机型代码 =1

M8260 设置为 0。当输入信号为电流信号时，M8260 设置为 1。A/D 转换的结果直接采集在特殊寄存器 D8260 中。

【例 8-48】 传感器输出信号范围为 0 ~ 10V，连接在 FX3U-4AD-ADP 的第 1 个通道上，FX3U-4AD-ADP 安装在 FX3U-16MT 的左侧第 1 个槽位上，将 A/D 转换值保存在 D100 中，要求编写此程序。

【解】 梯形图如图 8-166 所示。

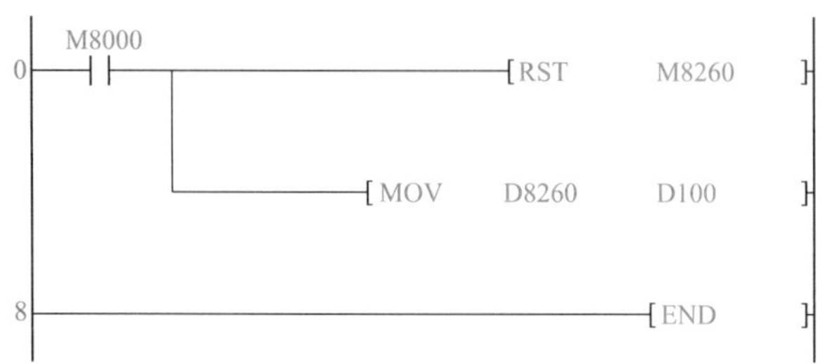

图 8-166 例 8-48 的梯形图

8.7.4 FX3U-3A-ADP 模块

FX3U-3A-ADP 模块有 3 个通道，2 个模拟量输入通道和 1 个模拟量输出通道，FX3U-3A-ADP 模块需要外接电源供电，FX3U-3A-ADP 模块的外接信号可以是双极性信号（信号可以是正信号也可以是负信号）。

FX3U-3A-ADP 安装在不同的位置，其对应的特殊软元件就不同，具体对应关系如图 8-167 所示，当 FX3U-3A-ADP 安装在第一个位置时，其特殊辅助寄存器的范围是 M8260 ~ M8269，特殊数据寄存器的范围是 D8260 ~ D8269。注意不同规格的基本模块，特殊软元件也不同，这点非常重要。

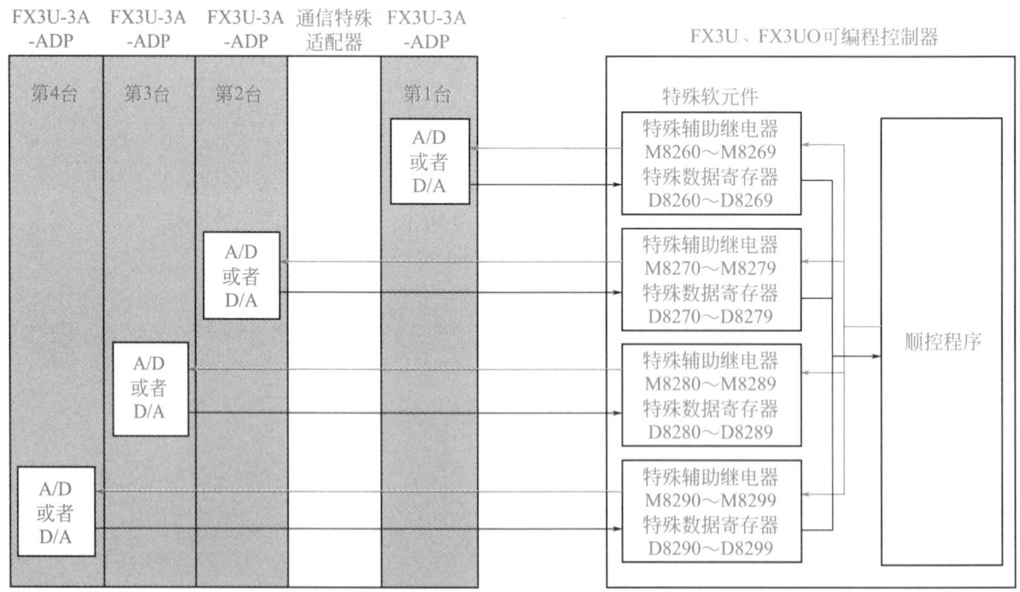

图 8-167 FX3U-3A-ADP 安装位置与特殊软元件对应关系的示意图

FX3U-3A-ADP 安装位置与特殊软元件对应关系，见表 8-37。例如 FX3U-3A-ADP 安装第一个位置，其第 1 通道的特殊辅助继电器是 M8260，当输入信号为电压信号时，M8260 设置为 0。当输入信号为电流信号时，M8260 设置为 1。A/D 转换的结果直接采集在特殊寄存器 D8260 中。第 3 通道是 D/A 转换通道，其特殊辅助继电器是 M8262，当输出信号为电压信号时，M8262 设置为 0。当输出信号为电流信号时，M8262 设置为 1。要 D/A 转换的数值保存在特殊寄存器 D8262 中。

表 8-37 FX3U-3A-ADP 安装位置与特殊软元件对应关系

特殊软元件	软元件编号				内容
	第 1 台	第 2 台	第 3 台	第 4 台	
特殊辅助继电器	M8260	M8270	M8280	M8290	通道 1 输入模式切换
	M8261	M8271	M8281	M8291	通道 2 输入模式切换
	M8262	M8272	M8282	M8292	输出模式切换
	M8263	M8273	M8283	M8293	未使用（请不要使用）
	M8264	M8274	M8284	M8294	
	M8265	M8275	M8285	M8295	
	M8266	M8276	M8286	M8296	输出保持解除设定
	M8267	M8277	M8287	M8297	设定输入通道 1 是否使用
	M8268	M8278	M8288	M8298	设定输入通道 2 是否使用
	M8269	M8279	M8289	M8299	设定输出通道是否使用
特殊数据寄存器	D8260	D8270	D8280	D8290	通道 1 输入数据
	D8261	D8271	D8281	D8291	通道 2 输入数据
	D8262	D8272	D8282	D8292	输出设定数据
	D8263	D8273	D8283	D8293	未使用（请不要使用）
	D8264	D8274	D8284	D8294	通道 1 平均次数（设定范围：1 ～ 4095）
	D8265	D8275	D8285	D8295	通道 2 平均次数（设定范围：1 ～ 4095）
	D8266	D8276	D8286	D8296	未使用（请不要使用）
	D8267	D8277	D8287	D8297	
	D8268	D8278	D8288	D8298	错误状态
	D8269	D8279	D8289	D8299	机型代码 =50

【例 8-49】 传感器输出信号范围为 4 ～ 20mA，连接在 FX3U-4AD-ADP 的第 1 个通道上，变频器连接在 FX3U-3A-ADP 模拟量输出通道上，FX3U-3A-ADP 安装在 FX3U-16MT 的左侧第 1 个槽位上，将 A/D 转换值保存在 D100 中，变频器的频率保存在 D101 中，编写此程序。

【解】 梯形图如图 8-168 所示。

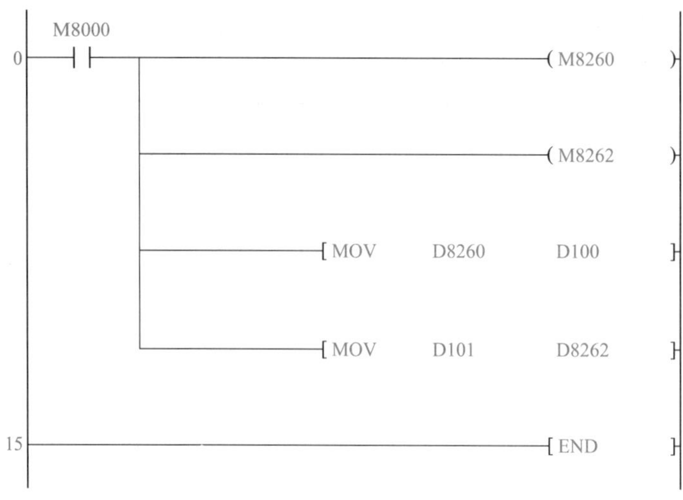

图8-168 例8-49的梯形图

第4篇

PLC编程高级应用

第 9 章 PLC 的编程方法与调试

本章介绍功能图的画法、梯形图的禁忌以及如何根据功能图用基本编程指令、功能指令和置位 / 复位指令三种方法编写顺序控制梯形图。基础部分以西门子 S7-200 SMART PLC 为例讲解，实例部分则涉及两种类型的 PLC。

9.1 功能图

9.1.1 功能图的画法

功能图（SFC）是描述控制系统的控制过程、功能和特征的一种图解表示方法。它具有简单、直观等特点，不涉及控制功能的具体技术，是一种通用的语言，是 IEC（国际电工委员会）首选的编程语言，近年来在 PLC 的编程中已经得到了普及与推广。在 IEC60848 中称顺序功能图，在我国国家标准 GB 6988—2008 中称功能表图。西门子称为图形编程语言 S7-Graph 和 S7-HiGraph。

顺序功能图是设计 PLC 顺序控制程序的一种工具，适合用于系统规模较大、程序关系较复杂的场合，特别适合用于对顺序操作的控制。在编写复杂的顺序控制程序时，采用 S7-Graph 和 S7-HiGraph 比梯形图更加直观。

功能图的基本思想是：设计者按照生产要求，将被控设备的一个工作周期划分成若干个工作阶段（简称“步”），并明确表示每一步要执行的输出，“步”与“步”之间通过设定的条件进行转换，在程序中，只要通过正确连接进行“步”与“步”之间的转换，就可以完成被控设备的全部动作。

PLC 执行功能图程序的基本过程是：根据转换条件选择工作“步”，进行“步”的逻辑处理。组成功能图程序的基本要素是步、转换条件和有向连线，如图 9-1 所示。

（1）步

一个顺序控制过程可分为若干个阶段，也称为步或状态。系统初始状态对应的步称为初始步，初始步一般用双线框表示。在每一步中施控系统要发出某些“命令”，而被控系统要完成某些“动作”，“命令”和“动作”都称为动作。当系统处于某一工作阶段时，则该步处于激活状态，称为活动步。

（2）转换条件

使系统由当前步进入下一步的信号称为转换条件。顺序控制设计法用转换条件控制代表各步的编程元件，让它们的状态按一定的顺序变化，然后用代表各步的编程元件去控制输出。不同状态的“转换条件”可以不同，也可以相同。当“转换条件”各不相同时，在功能图程序中每次只能选择其中一种工作状态（称为“选择分支”）；当“转换条件”都相同时，在功能图程序中每次可以选择多个工作状态（称为“选择并行分支”）。只有满足条件状态，才能进行逻辑处理与输出。因此，“转换条件”是功能图程序选择工作状态（步）的“开关”。

（3）有向连线

步与步之间的连接线称为“有向连线”，“有向连线”决定了状态的转换方向与转换途径。在有向连线上有短线，表示转换条件。当条件满足时，转换得以实现，即上一步的动作结束而下一步的动作开始，因而不会出现动作重叠。步与步之间必须要有转换条件。

图 9-1 中的双框为初始步，M0.0 和 M0.1 是步名，I0.0、I0.1 为转换条件，Q0.0、Q0.1 为动作。当 M0.0 有效时，输出指令驱动 Q0.0。步与步之间的连线为有向连线，它的箭头省略未画。

（4）功能图的结构分类

根据步与步之间的进展情况，功能图分为以下五种结构。

① 单一顺序　单一顺序动作是一个接一个地完成，完成每步只连接一个转移，每个转移只连接一个步，如图 9-3 和图 9-4 所示的功能图和梯形图是一一对应的。以下用“启保停”电路来讲解功能图和梯形图的对应关系。

为了便于将顺序功能图转换为梯形图，采用代表各步的编程元件的地址（比如 M0.2）作为步的代号，并用编程元件的地址来标注转换条件和各步的动作和命令，当某步对应的编程元件置 1，代表该步处于活动状态。

a.“启保停”电路对应的布尔代数式。标准的“启保停”梯形图如图 9-2 所示，图中 I0.0 为 M0.2 的启动条件，当 I0.0 置 1，M0.2 得电；I0.1 为 M0.2 的停止条件，当 I0.1 置 1，M0.2 断电；M0.2 的辅助触点为 M0.2 的保持条件。该梯形图对应的布尔代数式为：

$$M0.2=(I0.0+M0.2)\cdot\overline{I0.1}$$

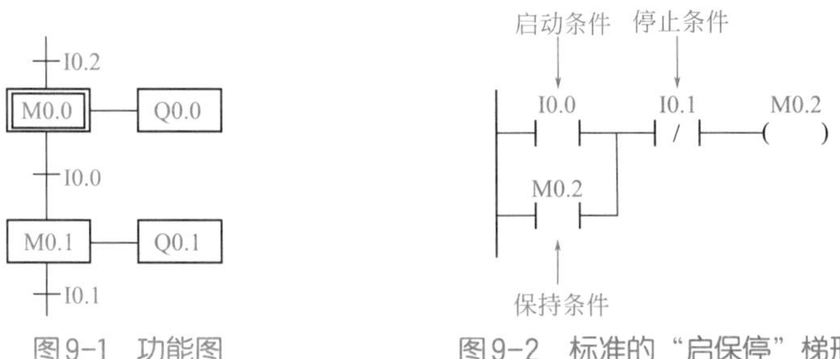

图9-1　功能图　　图9-2　标准的“启保停”梯形图

b. 顺序控制梯形图储存位对应的布尔代数式。如图 9-3（a）所示的功能图，M0.1 转换为活动步的条件是 M0.1 步的前一步是活动步，相应的转换条件（I0.0）得到满足，即 M0.1 的启动条件为 M0.0 • I0.0。当 M0.2 转换为活动步后，M0.1 转换为不活动步，因此，M0.2 可以看成 M0.1 的停止条件。由于大部分转换条件都是瞬时信号，即信号持续的时间比其激活的后续步的时间短，因此应当使用有记忆功能的电路控制代表步的储存位。在这种情况下，启动条件、停止条件和保持条件就全部都有了，就可以用启保停方法来设计顺序功能图的布尔代数式和梯形图。顺序控制功能图中储存位对应的布尔代数式如图 9-3（b）所示，参照如图 9-2 所示的标准“启保停”梯形图，就可以轻松地将如图 9-3 所示的顺序功能图转换为如图 9-4 所示的梯形图。

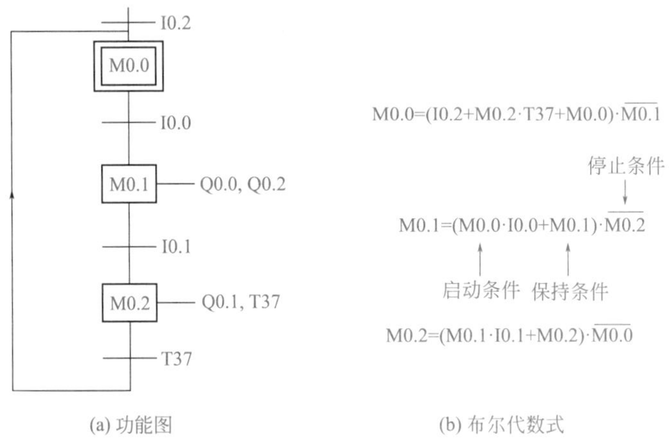

图9-3　顺序功能图和对应的布尔代数式

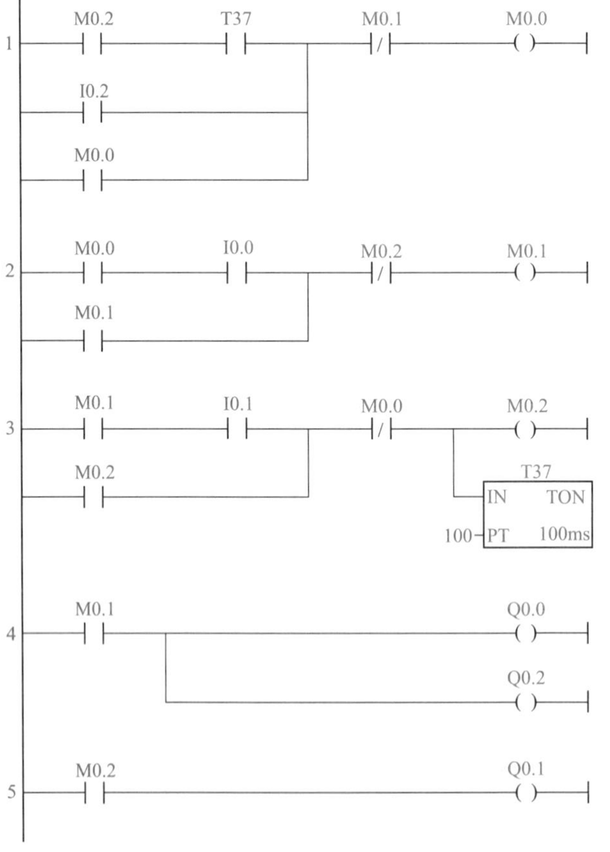

图9-4　梯形图

② 选择顺序　选择顺序是指某一步后有若干个单一顺序等待选择，称为分支，一般只允许选择进入一个顺序，转换条件只能标在水平线之下。选择顺序的结束称为合并，用一条水平线表示，水平线以下不允许有转换条件，如图 9-5 所示。

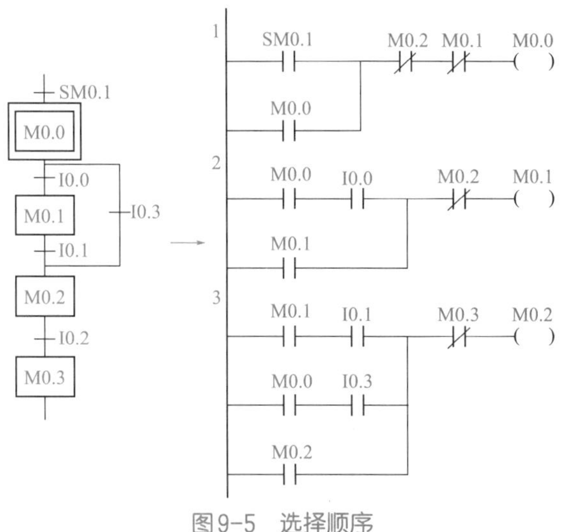

图9-5　选择顺序

③ 并行顺序　并行顺序是指在某一转换条件下同时启动若干个顺序，也就是说转换条件实现导致几个分支同时激活。并行顺序的开始和结束都用双水平线表示，如图 9-6 所示。

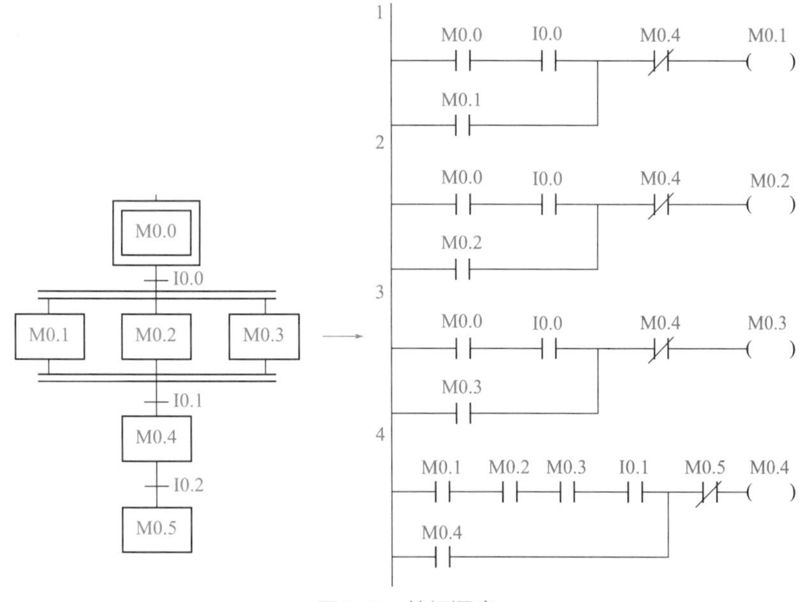

图9-6　并行顺序

④ 选择序列和并行序列的综合　如图 9-7 所示，步 M0.0 之后有一个选择序列的分支，设 M0.0 为活动步，当它的后续步 M0.1 或 M0.2 变为活动步时，M0.0 变为不活动步，即 M0.0 为 0 状态，所以应将 M0.1 和 M0.2 的常闭触点与 M0.0 的线圈串联。

步 M0.2 之前有一个选择序列合并，当步 M0.1 为活动步（即 M0.1 为 1 状态），并且转换条件 I0.1 满足，或者步 M0.0 为活动步，并且转换条件 I0.2 满足，步 M0.2 变为活动步，所以该步的存储器 M0.2 的启保停电路的启动条件为 M0.1 • I0.1+M0.0 • I0.2，对应的启动电路由两条并联支路组成。

步 M0.2 之后有一个并行序列分支，当步 M0.2 是活动步并且转换条件 I0.3 满足时，步 M0.3 和步 M0.5 同时变成活动步，这时用 M0.2 和 I0.3 常开触点组成的串联电路，分别作为 M0.3 和 M0.5 的启动电路来实现，与此同时，步 M0.2 变为不活动步。

步 M0.0 之前有一个并行序列的合并，该转换实现的条件是所有的前级步（即 M0.4 和 M0.6）都是活动步且转换条件 I0.6 满足。由此可知，应将 M0.4、M0.6 和 I0.6 的常开触点串联，作为控制 M0.0 的启保停电路的启动电路。如图 9-7 所示的功能图对应的梯形图如图 9-8 所示。

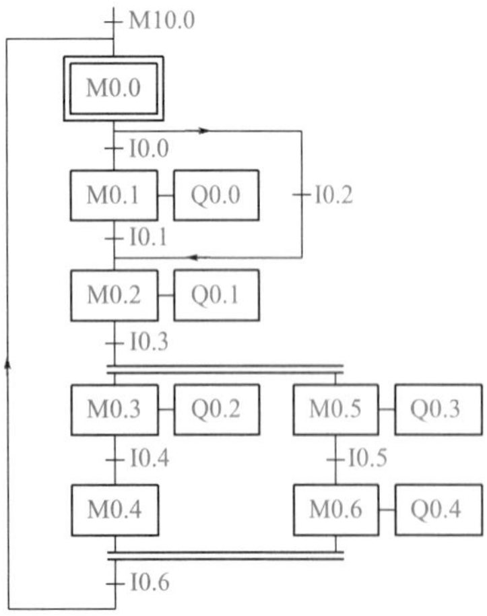

图9-7　选择序列和并行序列功能图

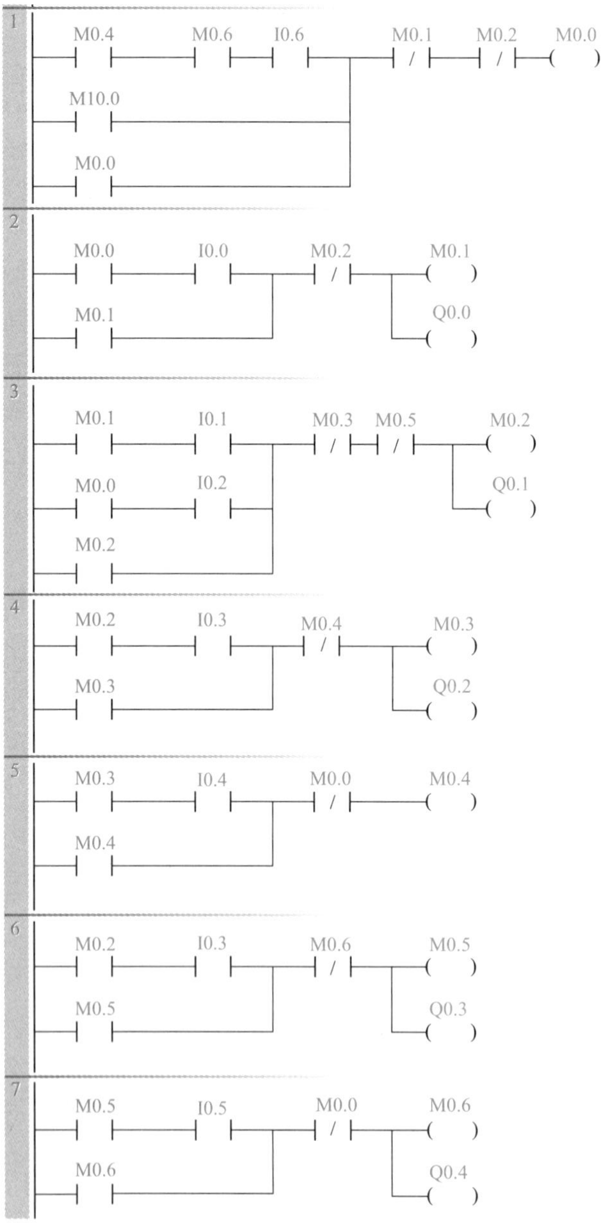

图9-8　梯形图

（5）功能图设计的注意点

① 状态之间要有转换条件。如图 9-9 所示，状态之间缺少“转换条件”是不正确的，应改成如图 9-10 所示的功能图。必要时转换条件可以简化，如将图 9-11 简化成图 9-12。

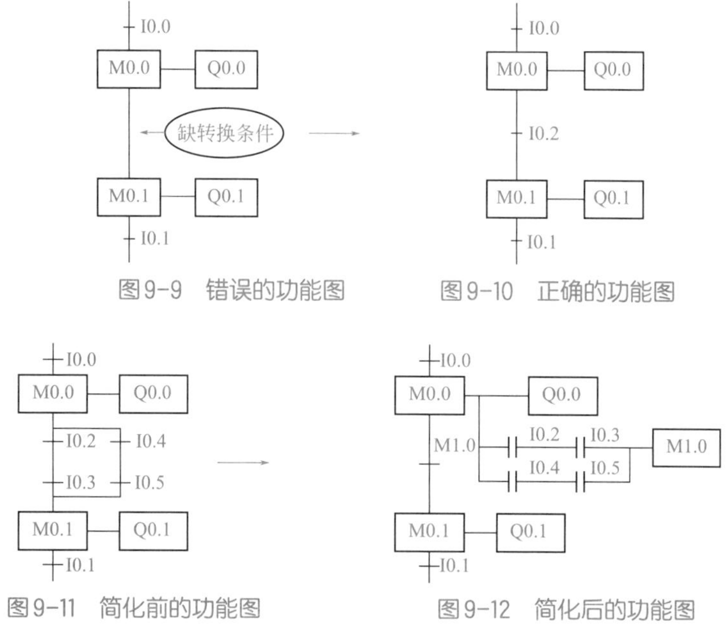

图9-9 错误的功能图　　图9-10 正确的功能图

图9-11 简化前的功能图　　图9-12 简化后的功能图

② 转换条件之间不能有分支。例如，图 9-13 应该改成图 9-14 所示的合并后的功能图，合并转换条件。

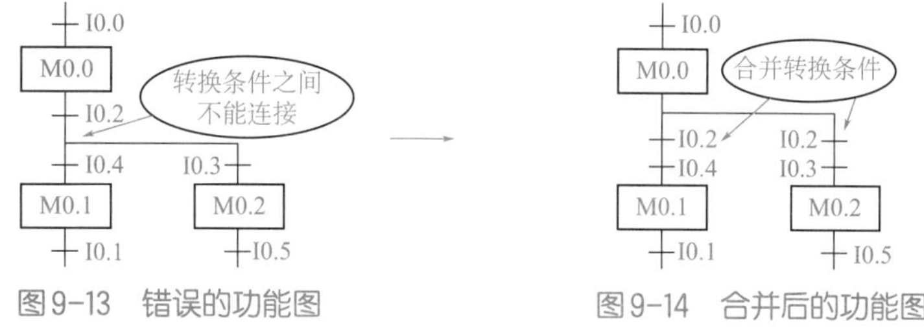

图9-13 错误的功能图　　图9-14 合并后的功能图

③ 顺序功能图中的初始步对应于系统等待启动的初始状态，初始步是必不可少的。

④ 顺序功能图中一般应有由步和有向连线组成的闭环。

9.1.2 梯形图编程的原则

尽管梯形图与继电器电路图在结构形式、元件符号及逻辑控制功能等方面相类似，但它们又有许多不同之处，梯形图有自己的编程规则。

① 每一逻辑行总是起于左母线，最后终止于线圈或右母线（右母线可以不画出），如图 9-15 所示。

图9-15 梯形图（1）

② 无论选用哪种机型的PLC，所用元件的编号必须在该机型的有效范围内。例如S7-300 PLC中没有M99000.0。

③ 梯形图中的触点可以任意串联或并联，但线圈只能并联而不能串联。

④ 触点的使用次数不受限制。例如，辅助继电器M0.0可以在梯形图中出现无限制的次数，而实物继电器的触点一般少于8对，只能用有限次。

⑤ 在梯形图中同一线圈只能出现一次。如果在程序中，同一线圈使用了两次或多次，称为“双线圈输出”。对于“双线圈输出”，有些PLC将其视为语法错误，绝对不允许（如三菱FX系列PLC）；有些PLC则将前面的输出视为无效，只有最后一次输出有效（如西门子PLC）；而有些PLC在含有跳转指令或步进指令的梯形图中允许双线圈输出。

⑥ 西门子PLC的梯形图中不能出现I线圈。

⑦ 对于不可编程的梯形图必须经过等效变换，变成可编程梯形图，如图9-16所示。

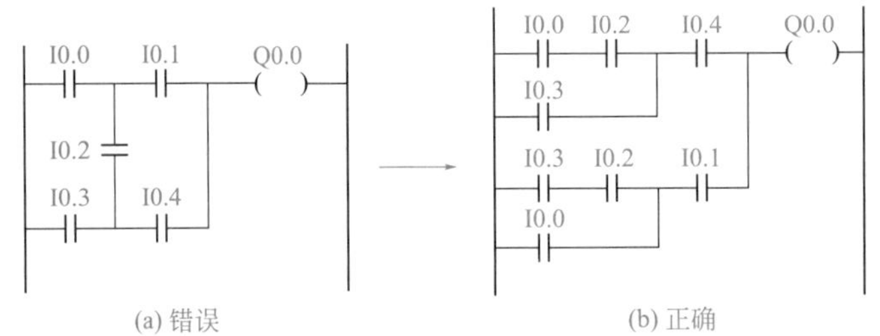

(a) 错误　　(b) 正确

图9-16　梯形图（2）

⑧ 在有几个串联电路相并联时，应将串联触点多的回路放在上方，归纳为“上多下少”的原则，如图9-17所示。在有几个并联电路相串联时，应将并联触点多的回路放在左方，归纳为“左多右少”的原则，如图9-18所示。因为这样所编制的程序简洁明了，语句较少。但要注意图9-17（a）和图9-18（a）的梯形图逻辑上是正确的。

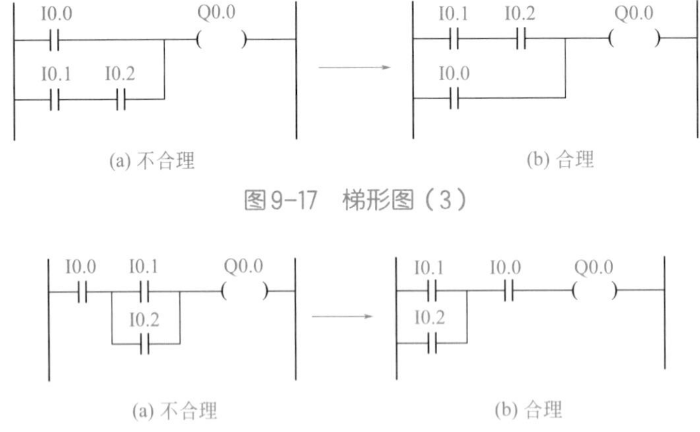

(a) 不合理　　(b) 合理

图9-17　梯形图（3）

(a) 不合理　　(b) 合理

图9-18　梯形图（4）

⑨ PLC的输入端所连的电气元件通常使用常开触点，即使与PLC对应的继电器－接触器系统原来使用的是常闭触点，改为PLC控制时也应转换为常开触点。图9-19所示为继电器－接触器系统控制的电动机的启/停控制图，图9-20所示为电动机的启/停控制的梯形图，图9-21所示为电动机启/停控制的原理图。可以看出：继电器－接触器系统原来使用常闭触点SB2和FR，改用PLC控制时，则在PLC的输入端变成了常开触点。

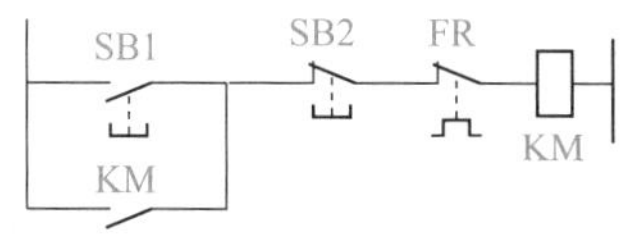

图9-19　电动机启/停控制图

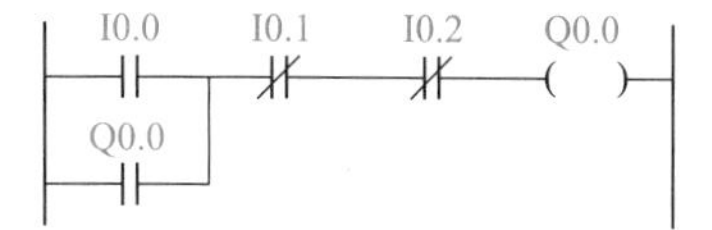

图9-20　电动机启/停控制的梯形图

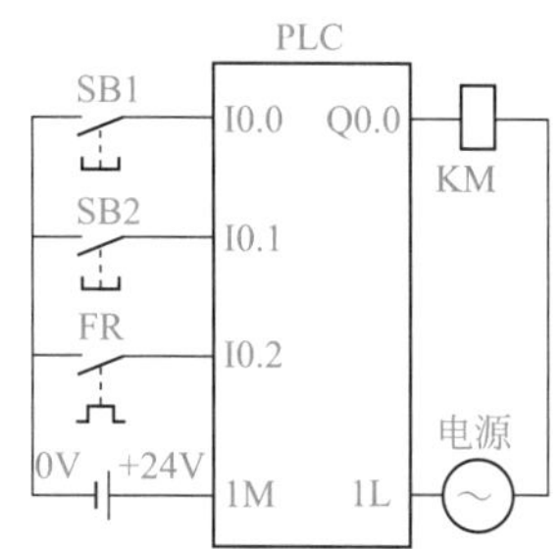

图9-21　电动机启/停控制的原理图

【关键点】 图 9-20 的梯形图中 I0.1 和 I0.2 用常闭触点，否则控制逻辑不正确。若要 PLC 的输入端的按钮为常闭触点接入也可以，但梯形图中 I0.1 和 I0.2 要用常开触点，对于急停按钮必须使用常闭触点，若一定要使用常开触点，从逻辑上讲是可行的，但在某些情况下，有可能急停按钮不起作用而造成事故，这是读者要特别注意的。另外，一般不推荐将热继电器的常开触点接在 PLC 的输入端，因为这样做占用了宝贵的输入点，最好将热继电器的常闭触点接在 PLC 的输出端，与 KM 的线圈串联。

9.2　逻辑控制的梯形图编程方法

相同的硬件系统，由不同的人设计，可能设计出不同的程序，有的人设计的程序简洁而且可靠，而有的人设计的程序虽然能完成任务，但较复杂。PLC 程序设计是有规律可循的，下面主要介绍两种方法：经验设计法和功能图设计法。

9.2.1　经验设计法

经验设计法就是在一些典型的梯形图的基础上，根据具体的对象对控制系统的具体要求，对原有的梯形图进行修改和完善。这种方法适合有一定工作经验的人，这些人有现成的资料，特别在产品更新换代时，使用这种方法比较节省时间。下面举例说明这种方法的思路。

【例 9-1】 图 9-22 为小车运输系统的示意图和 I/O 原理图，SQ1、SQ2、SQ3 和 SQ4 是限位开关，小车先左行，在 SQ1 处装料，10s 后右行，到 SQ2 后停止卸料，10s 后左行，碰到 SQ1 后停下装料，就这样不停循环工作，限位开关 SQ3 和 SQ4 的作用是当 SQ2 或者 SQ1 失效时，SQ3 和 SQ4 起保护作用，SB1 和 SB2 是启动按钮，SB3 是停止按钮。

【解】 小车左行和右行是不能同时进行的，因此有联锁关系，与电动机的正、反转的梯形图类似，因此先画出电动机正、反转控制的梯形图，如图 9-23 所示，再在这个梯形图的基础上进行修改，增加 4 个限位开关的输入，增加两个定时器，就变成了图 9-24 的梯形图。

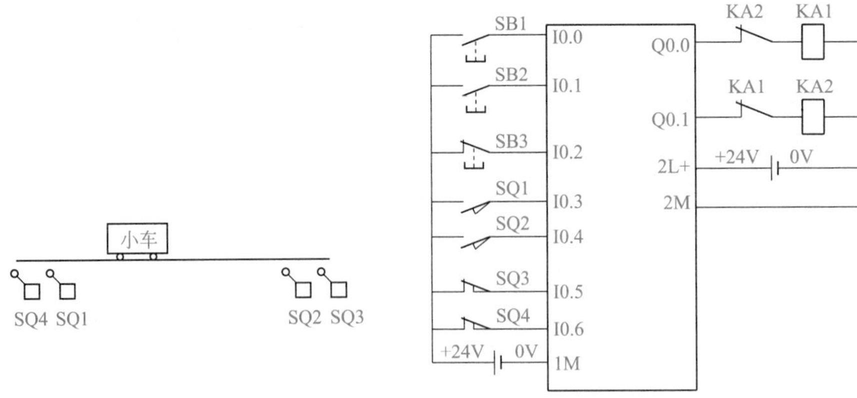

图9-22 小车运输系统的示意图和I/O原理图

1
I0.0 I0.2 Q0.1 Q0.0
Q0.0

2
I0.1 I0.2 Q0.0 Q0.1
Q0.1

图9-23 电动机正、反转控制的梯形图

1
I0.0 I0.2 I0.3 I0.5 I0.6 Q0.1 Q0.0
Q0.0
T38

2
I0.1 I0.2 I0.4 I0.5 I0.6 Q0.0 Q0.1
Q0.1
T37

3
I0.3 T37
IN TON
100- PT 100ms

4
I0.4 T38
IN TON
100- PT 100ms

图9-24 小车运输系统的梯形图

9.2.2 功能图设计法

功能图设计法也称为“启保停”设计法。对于比较复杂的逻辑控制，用经验设计法就不合适，适合用功能图设计法。功能图设计法无疑是应用最为广泛的设计方法。功能图就是顺序功能图，功能图设计法就是先根据系统的控制要求画出功能图，再根据功能图画梯形图，梯形图可以是基本指令梯形图，也可以是顺控指令梯形图和功能指令梯形图。因此，设计功能图是整个设计过程的关键，也是难点。“启保停”设计方法的基本步骤如下。

（1）绘制出顺序功能图

要使用“启保停”设计方法设计梯形图时，先要根据控制要求绘制出顺序功能图，其中顺序功能图的绘制在前面章节中已经详细讲解，在此不再重复。

（2）写出储存器位的布尔代数式

对应于顺序功能图中的每一个存储器位都可以写出如图 9-25 所示的布尔代数式。图中等号左边的 M_i 为第 i 个存储器位的状态，等号右边的 M_i 为第 i 个存储器位的常开触点，X_i 为第 i 个工步所对应的转换信号，M_{i-1} 为第 $i-1$ 个存储器位的常开触点，$\overline{M}_{i+1}$ 为第 $i+1$ 个存储器位的常闭触点。

$$M_i=(X_i\cdot M_{i-1}+M_i)\cdot\overline{M}_{i+1}$$

图9-25 存储器位的布尔代数式

（3）写出执行元件的逻辑函数式

执行元件为顺序功能图中的存储器位所对应的动作。一个步通常对应一个动作，输出和对应步的存储器位的线圈并联或者在输出线圈前串接一个对应步的存储器位的常开触点。当功能图中有多个步对应同一动作时，其输出可用这几个步对应的存储器位的“或”来表示，如图 9-26 所示。

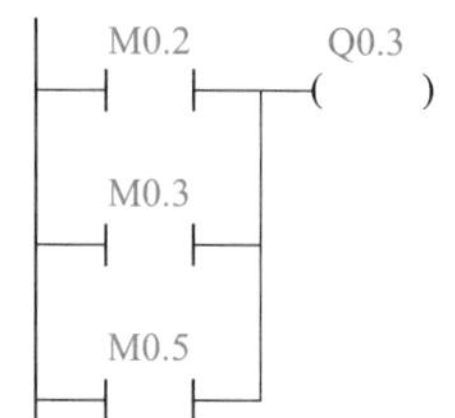

图9-26 多个步对应同一动作时的梯形图

（4）设计梯形图

在完成前三步的基础上，可以顺利设计出梯形图。

9.2.3 利用基本指令编写梯形图程序

用基本指令编写梯形图程序是最容易想到的方法，不需要了解较多的指令。采用这种方法编写程序的过程是：先根据控制要求设计正确的功能图，再根据功能图写出正确的布尔表达式，最后根据布尔表达式画基本指令梯形图。以下用一个例子讲解利用基本指令编写梯形图指令的方法。

【例 9-2】 某设备上有 4 个线圈。其控制要求如下：

① 按下启动按钮，线圈 A 通电，1s 后线圈 A、B 同时通电；再过 1s，线圈 B 通电，同时线圈 A 失电；再过 1s，线圈 B、C 同时通电……以此类推，其通电过程如图 9-27 所示。

② 有2种工作模式。工作模式1时，按下“停止”按钮，完成一个工作循环后，停止工作；工作模式2时，具有锁相功能，当压下“停止”按钮后，停止在通电的线圈上，下次压下“启动”按钮时，从上次停止的线圈开始通电工作。

③ 无论何种工作模式，只要压下“急停”按钮，系统所有线圈立即断电。

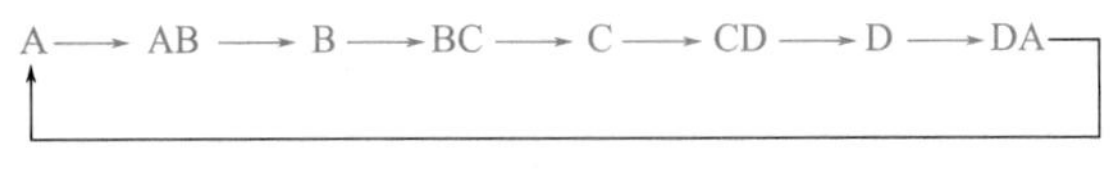

图9-27　通电过程

【解】

（1）以三菱FX系列PLC为例解题

原理图如图9-28所示，根据题意很容易画出功能图，如图9-29所示。根据功能图编写梯形图程序，如图9-30所示。

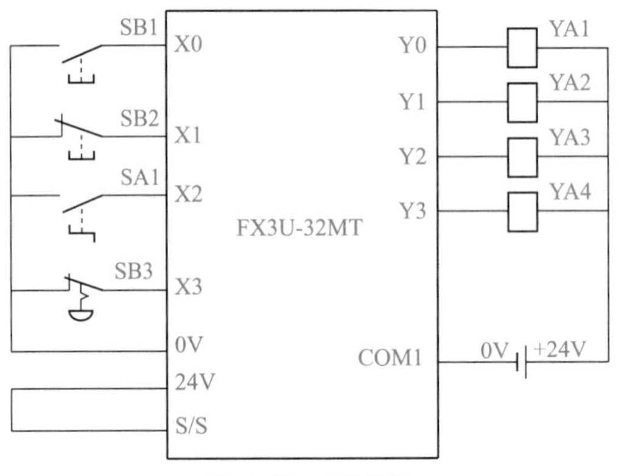

图9-28　原理图

X0
M0　Y0; T0　A得电
T0
M1　Y0; Y1; T1　AB得电
T1
M2　Y1; T2　B得电
T2
M3　Y1; Y2; T3　BC得电
T3
M4　Y2; T4　C得电
T4
M5　Y2; Y3; T5　CD得电
T5
M6　Y3; T6　D得电
T6
M7　Y3; Y0; T7　DA得电
T7

图9-29　功能图

```
0   X001(常闭) X000(常闭) X002 ——————————————— (M30)
    M30
5   X001(常闭) X000(常闭) X002(常闭) ——————————— (M31)
    M31
10  X002(常闭) ——————————————————— [PLF M32]
13  X003(常闭) ——————————————— [ZRST M0 M16]
    X002(上升沿)
    M32
    M8002
    M31 T7
22  X000 [= K4M0 K0] M1(常闭) M31(常闭) ——— (M0)
    M7 T7                         M30(常闭) — (T0 K10)
    M0
39  M0 T0 M2(常闭) ——————————————————— (M1)
    M1          M30(常闭) ————————————— (T1 K10)
48  M1 T1 M3(常闭) ——————————————————— (M2)
    M2          M30(常闭) ————————————— (T2 K10)
57  M2 T2 M4(常闭) ——————————————————— (M3)
    M3          M30(常闭) ————————————— (T3 K10)
66  M3 T3 M5(常闭) ——————————————————— (M4)
    M4          M30(常闭) ————————————— (T4 K10)
```

图9-30

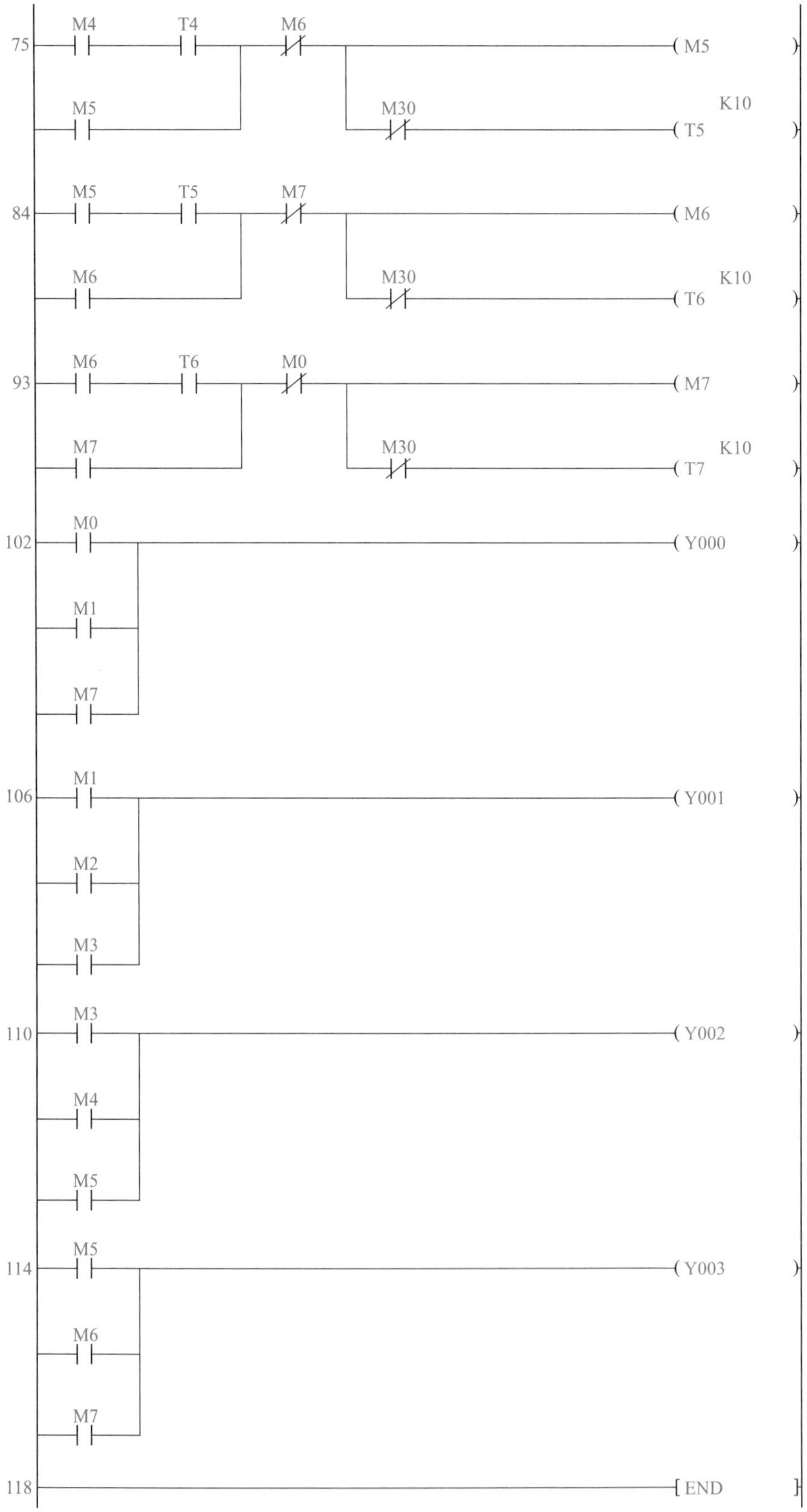

75 M4 T4 M6 (M5)
M5 M30 K10 (T5)

84 M5 T5 M7 (M6)
M6 M30 K10 (T6)

93 M6 T6 M0 (M7)
M7 M30 K10 (T7)

102 M0 (Y000)
M1
M7

106 M1 (Y001)
M2
M3

110 M3 (Y002)
M4
M5

114 M5 (Y003)
M6
M7

118 [END]

图9-30　梯形图

（2）以西门子 S7-200 SMART PLC 为例解题

原理图如图 9-31 所示，根据题意很容易画出功能图，如图 9-32 所示。根据功能图编写梯形图程序，如图 9-33 所示。

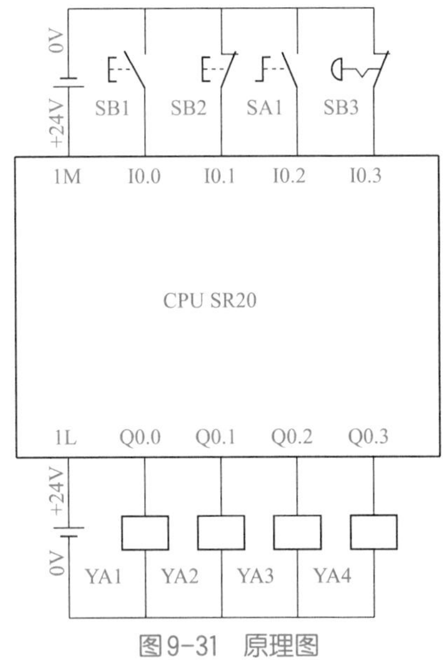

图9-31 原理图

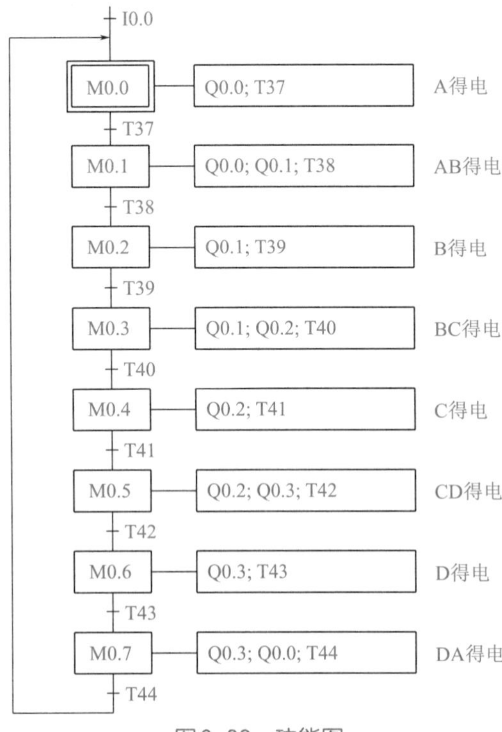

图9-32 功能图

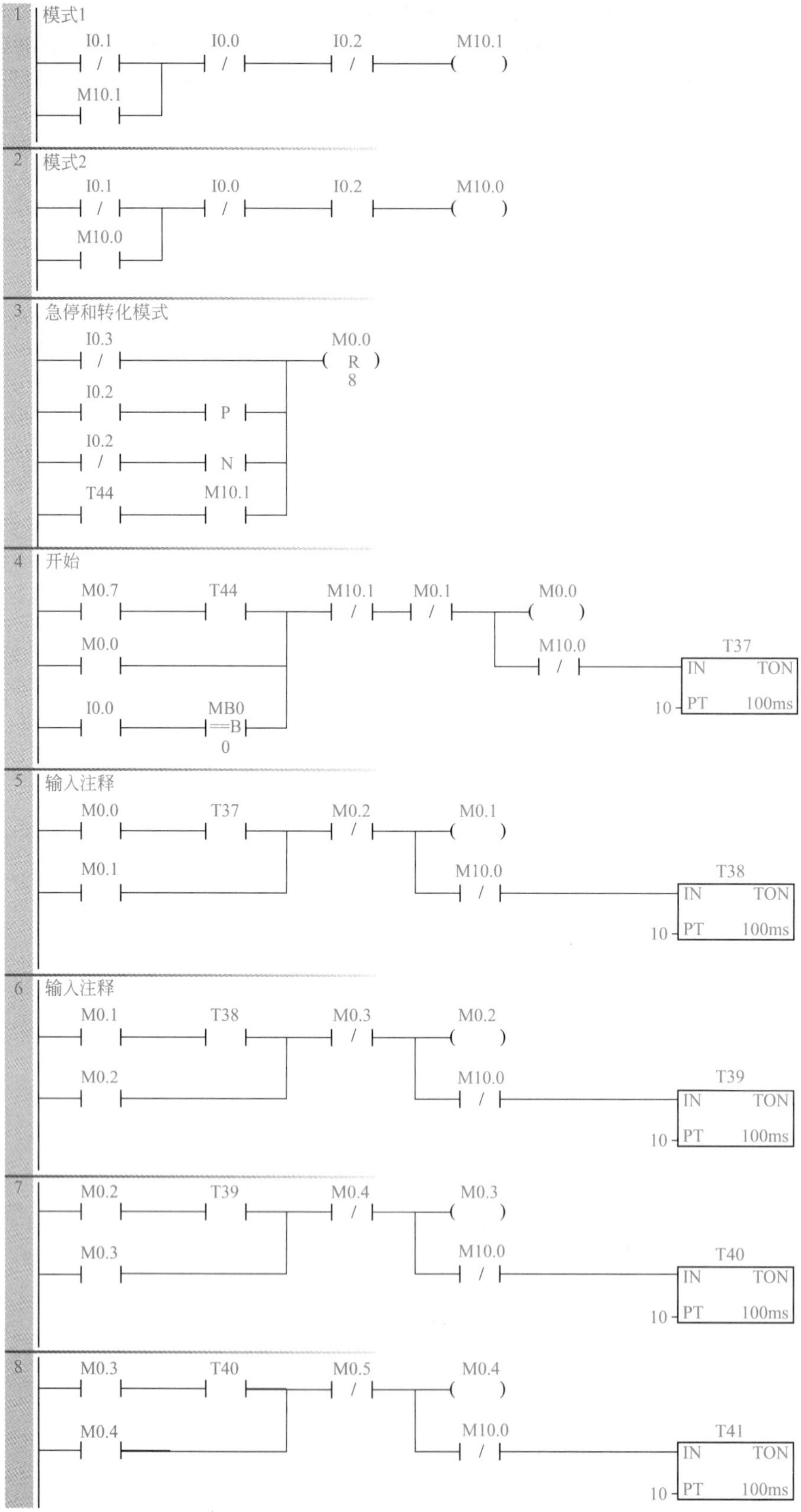

1 模式1

I0.1 I0.0 I0.2 M10.1
M10.1

2 模式2

I0.1 I0.0 I0.2 M10.0
M10.0

3 急停和转化模式

I0.3 M0.0 R 8
I0.2 P
I0.2 N
T44 M10.1

4 开始

M0.7 T44 M10.1 M0.1 M0.0
M0.0 M10.0 T37 IN TON
I0.0 MB0 ==B 0 10 PT 100ms

5 输入注释

M0.0 T37 M0.2 M0.1
M0.1 M10.0 T38 IN TON
10 PT 100ms

6 输入注释

M0.1 T38 M0.3 M0.2
M0.2 M10.0 T39 IN TON
10 PT 100ms

7

M0.2 T39 M0.4 M0.3
M0.3 M10.0 T40 IN TON
10 PT 100ms

8

M0.3 T40 M0.5 M0.4
M0.4 M10.0 T41 IN TON
10 PT 100ms

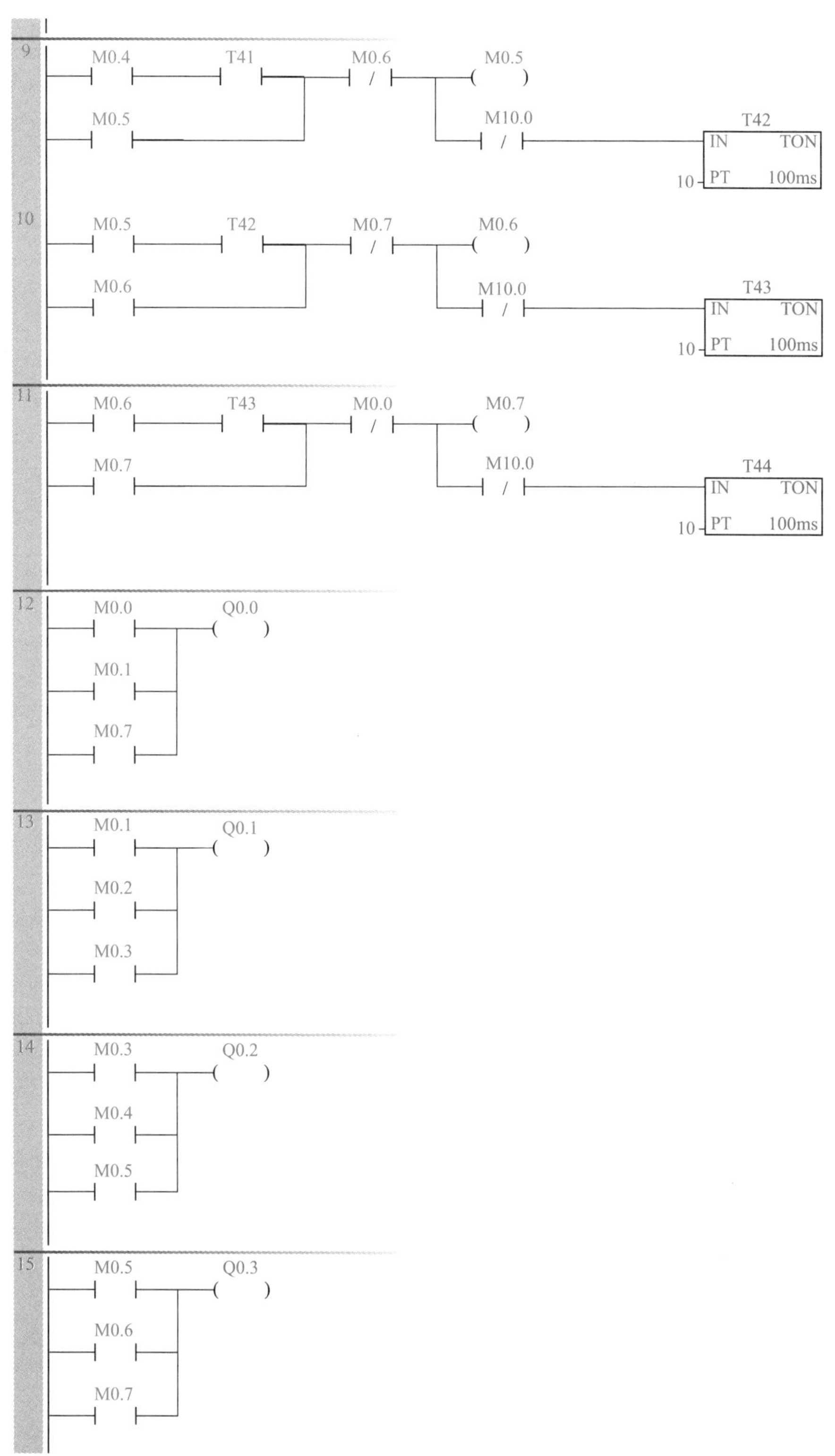
9
M0.4
T41
M0.6
M0.5
M0.5
M10.0
T42
IN TON
10 PT 100ms
10
M0.5
T42
M0.7
M0.6
M0.6
M10.0
T43
IN TON
10 PT 100ms
11
M0.6
T43
M0.0
M0.7
M0.7
M10.0
T44
IN TON
10 PT 100ms
12
M0.0
Q0.0
M0.1
M0.7
13
M0.1
Q0.1
M0.2
M0.3
14
M0.3
Q0.2
M0.4
M0.5
15
M0.5
Q0.3
M0.6
M0.7

图9-33　梯形图

9.2.4 利用功能指令编写逻辑控制程序

西门子的功能指令有许多特殊功能，其中移位指令和循环指令非常适合用于顺序控制，用这些指令编写程序简洁而且可读性强。以下用一个例子讲解利用功能指令编写逻辑控制程序。

【例 9-3】 用功能指令编写例 9-2 的程序。

【解】

（1）以三菱 FX 系列 PLC 为例解题

原理图如图 9-28 所示，根据题意很容易画出功能图，如图 9-29 所示。根据功能图编写梯形图程序，如图 9-34 所示。

```
0   X001(常闭) X000(常闭) X002 ---------------------------(M30 )
    M30
5   X001(常闭) X000(常闭) X002(常闭) ---------------------(M31 )
    M31
10  X002(常闭) ------------------------------[PLF M32 ]
13  X003(常闭) ------------------------------[ZRST M0 M16 ]
    X002(上升沿)
    M32
    M8002
    M31 T7
23  X000 [= K4M0 K0 ] M31(常闭) ----------[SET M0 ]
    M7 T7
34  M0 T0(上升沿) ------------------[SFTL M0 M0 K16 K1 ]
    M1 T1(上升沿)
    M2 T2(上升沿)
    M3 T3(上升沿)
    M4 T4(上升沿)
    M5 T5(上升沿)
    M6 T6(上升沿)
```

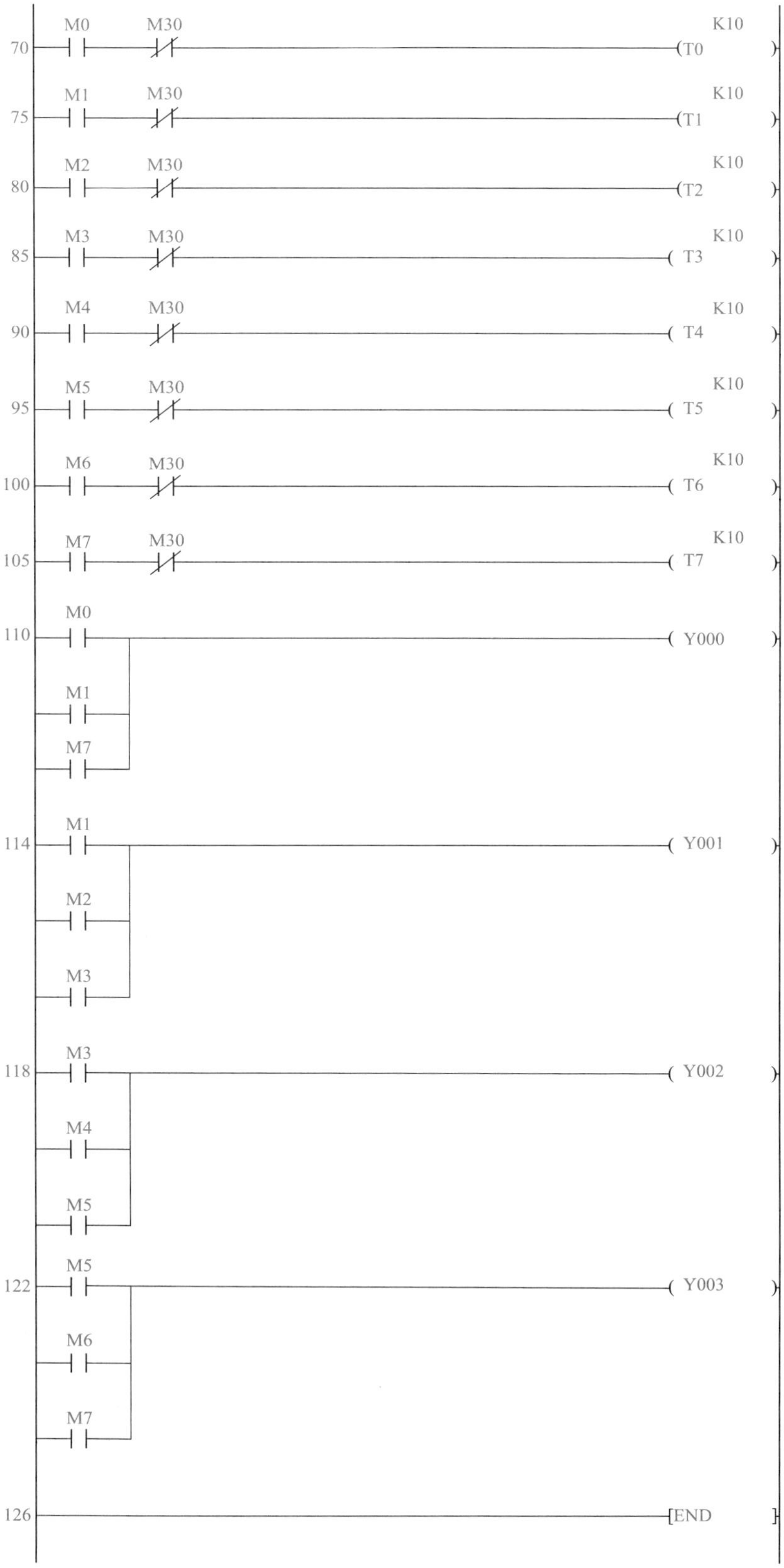

70 M0 M30 K10 T0
75 M1 M30 K10 T1
80 M2 M30 K10 T2
85 M3 M30 K10 T3
90 M4 M30 K10 T4
95 M5 M30 K10 T5
100 M6 M30 K10 T6
105 M7 M30 K10 T7
110 M0 M1 M7 Y000
114 M1 M2 M3 Y001
118 M3 M4 M5 Y002
122 M5 M6 M7 Y003
126 END

图9-34 梯形图

（2）以西门子 S7-200 SMART PLC 为例解题

梯形图如图 9-35 所示。

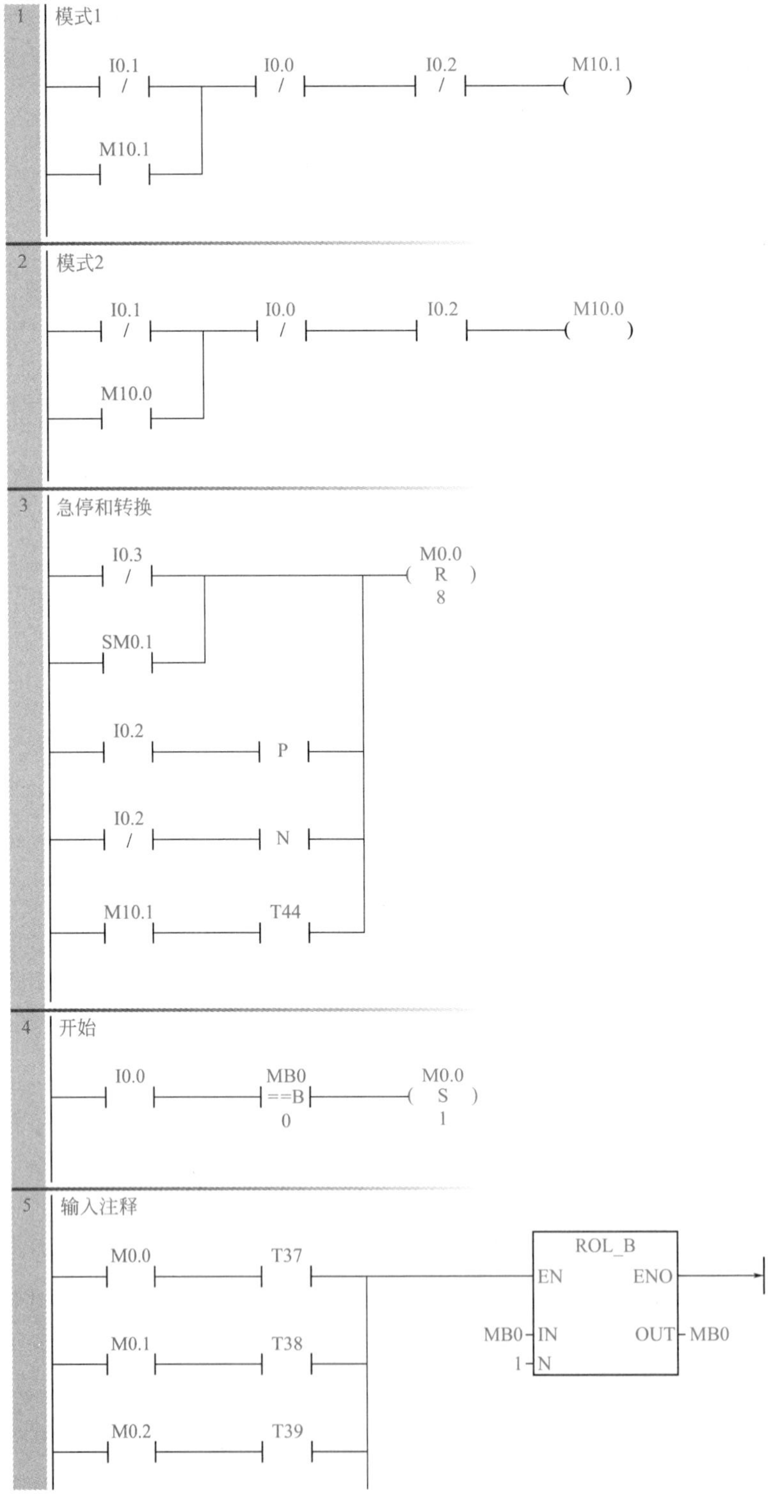

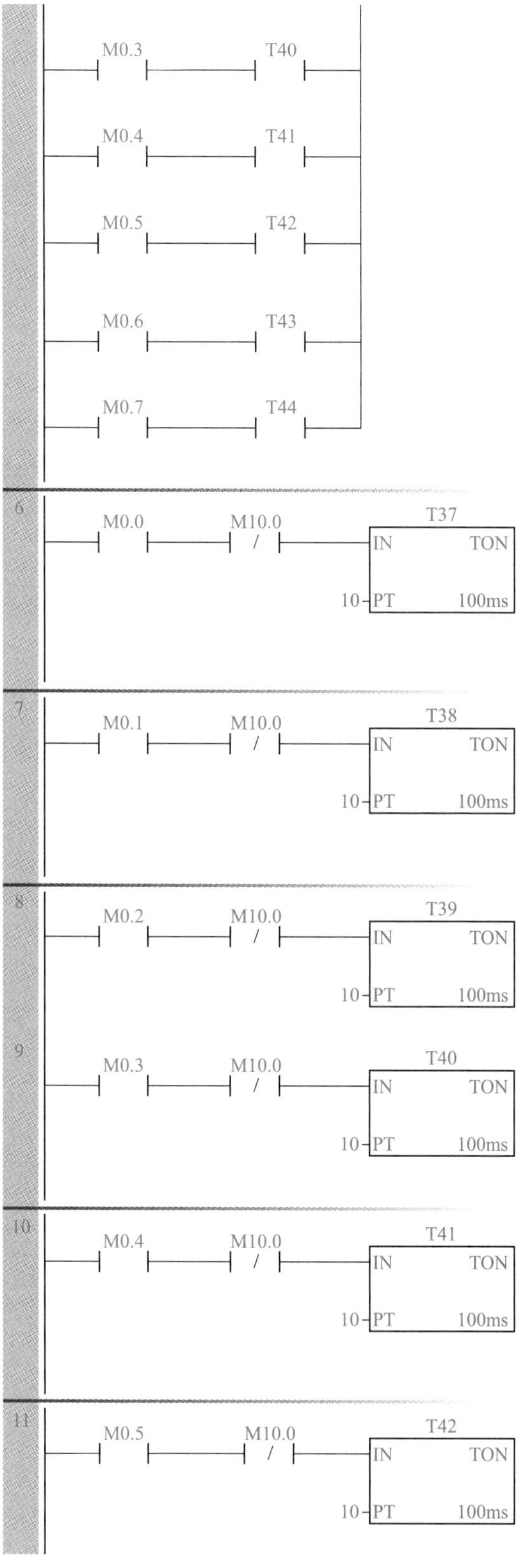

M0.3
T40
M0.4
T41
M0.5
T42
M0.6
T43
M0.7
T44
6
M0.0
M10.0
T37
IN
TON
10
PT
100ms
7
M0.1
M10.0
T38
IN
TON
10
PT
100ms
8
M0.2
M10.0
T39
IN
TON
10
PT
100ms
9
M0.3
M10.0
T40
IN
TON
10
PT
100ms
10
M0.4
M10.0
T41
IN
TON
10
PT
100ms
11
M0.5
M10.0
T42
IN
TON
10
PT
100ms

图9-35

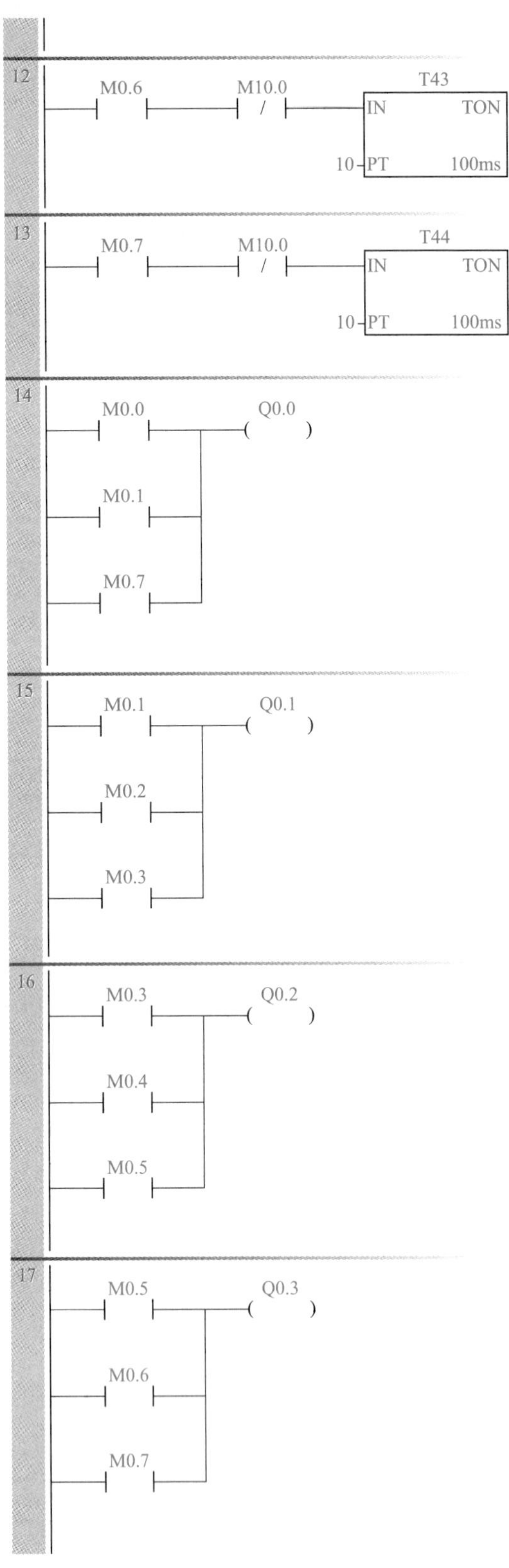
12
M0.6
M10.0
/
T43
IN
TON
10
PT
100ms
13
M0.7
M10.0
/
T44
IN
TON
10
PT
100ms
14
M0.0
Q0.0
M0.1
M0.7
15
M0.1
Q0.1
M0.2
M0.3
16
M0.3
Q0.2
M0.4
M0.5
17
M0.5
Q0.3
M0.6
M0.7

图9-35　梯形图

9.2.5 利用复位和置位指令编写逻辑控制程序

复位和置位指令是常用指令，用复位和置位指令编写程序简洁而且可读性强。以下用一个例子讲解利用复位和置位指令编写逻辑控制程序。

【例 9-4】 用复位和置位指令编写例 9-2 的程序。

【解】

（1）以三菱 FX 系列 PLC 为例解题

原理图如图 9-28 所示，根据题意很容易画出功能图，如图 9-29 所示。根据功能图编写梯形图程序，如图 9-36 所示。

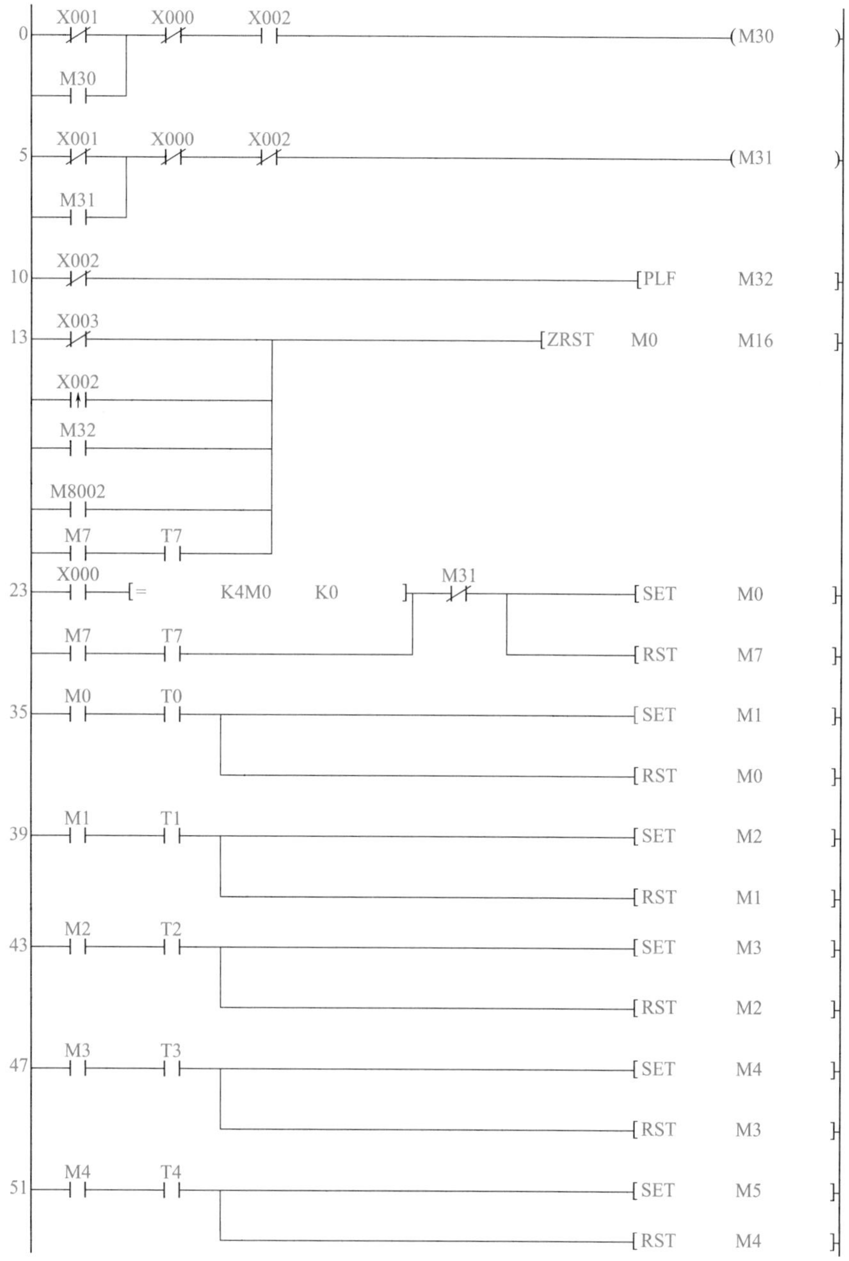

```
0   X001  X000  X002                         (M30 )
    M30
5   X001  X000  X002                         (M31 )
    M31
10  X002                                     [PLF   M32 ]
13  X003                                     [ZRST  M0   M16 ]
    X002
    M32
    M8002
    M7    T7
23  X000  [=  K4M0  K0 ]  M31                [SET   M0 ]
    M7    T7                                 [RST   M7 ]
35  M0    T0                                 [SET   M1 ]
                                             [RST   M0 ]
39  M1    T1                                 [SET   M2 ]
                                             [RST   M1 ]
43  M2    T2                                 [SET   M3 ]
                                             [RST   M2 ]
47  M3    T3                                 [SET   M4 ]
                                             [RST   M3 ]
51  M4    T4                                 [SET   M5 ]
                                             [RST   M4 ]
```

图 9-36

```
55   M5 ─┤ ├─ T5 ─┤ ├─┬─ [SET  M6]
                      └─ [RST  M5]
59   M6 ─┤ ├─ T6 ─┤ ├─┬─ [SET  M7]
                      └─ [RST  M6]
63   M0 ─┤ ├─ M30 ─┤/├─ (T0  K10)
68   M1 ─┤ ├─ M30 ─┤/├─ (T1  K10)
73   M2 ─┤ ├─ M30 ─┤/├─ (T2  K10)
78   M3 ─┤ ├─ M30 ─┤/├─ (T3  K10)
83   M4 ─┤ ├─ M30 ─┤/├─ (T4  K10)
88   M5 ─┤ ├─ M30 ─┤/├─ (T5  K10)
93   M6 ─┤ ├─ M30 ─┤/├─ (T6  K10)
98   M7 ─┤ ├─ M30 ─┤/├─ (T7  K10)
103  M0 ─┤ ├─┬─ (Y000)
     M1 ─┤ ├─┤
     M7 ─┤ ├─┘
107  M1 ─┤ ├─┬─ (Y001)
     M2 ─┤ ├─┤
     M3 ─┤ ├─┘
111  M3 ─┤ ├─┬─ (Y002)
     M4 ─┤ ├─┤
     M5 ─┤ ├─┘
115  M5 ─┤ ├─┬─ (Y003)
     M6 ─┤ ├─┤
     M7 ─┤ ├─┘
119  ──────────── [END]
```

图9-36　梯形图

（2）以西门子 S7-200 SMART PLC 为例解题

梯形图如图 9-37 所示。

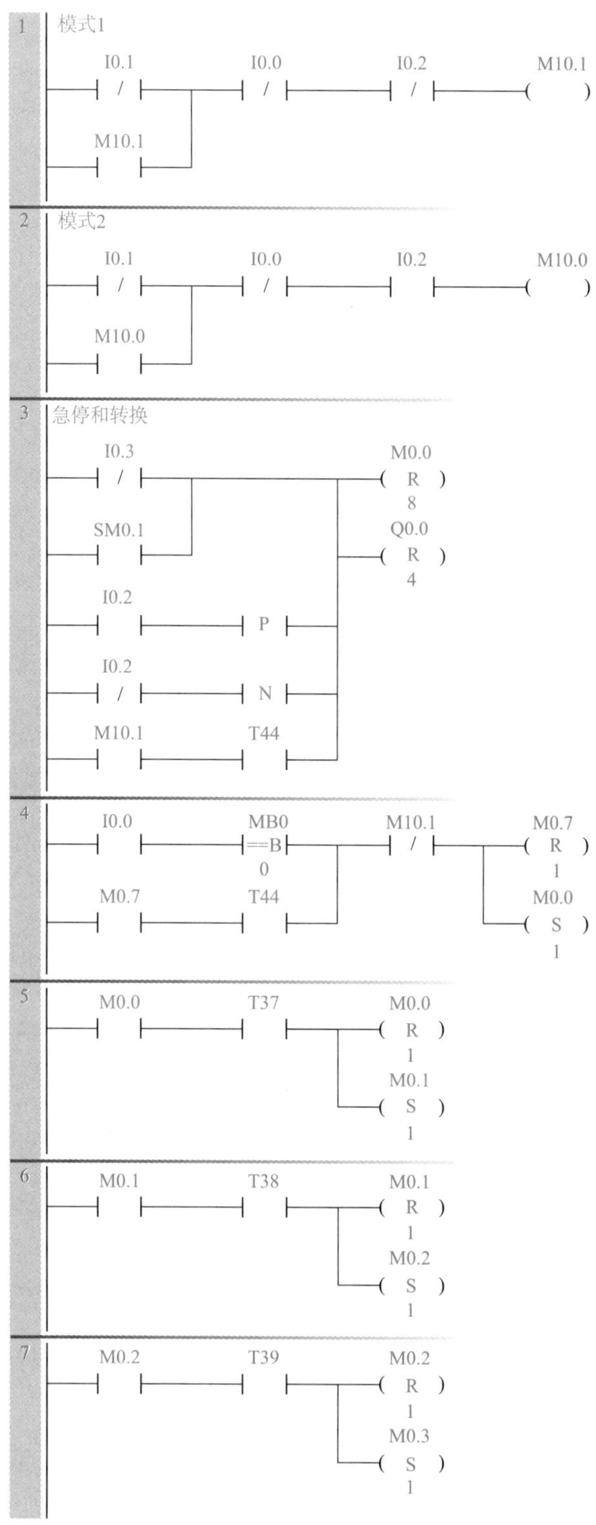

图9-37

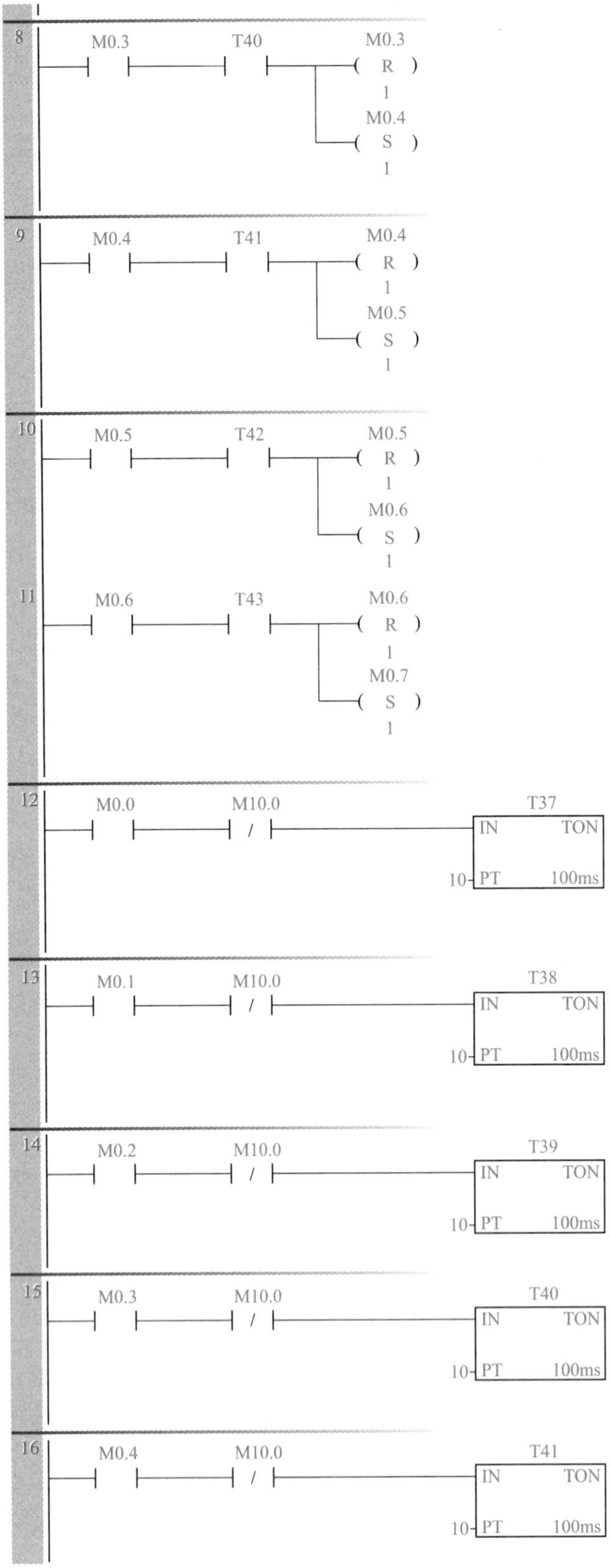

8
M0.3 T40 M0.3 (R) 1
M0.4 (S) 1

9
M0.4 T41 M0.4 (R) 1
M0.5 (S) 1

10
M0.5 T42 M0.5 (R) 1
M0.6 (S) 1

11
M0.6 T43 M0.6 (R) 1
M0.7 (S) 1

12
M0.0 M10.0 / T37 IN TON
10 PT 100ms

13
M0.1 M10.0 / T38 IN TON
10 PT 100ms

14
M0.2 M10.0 / T39 IN TON
10 PT 100ms

15
M0.3 M10.0 / T40 IN TON
10 PT 100ms

16
M0.4 M10.0 / T41 IN TON
10 PT 100ms

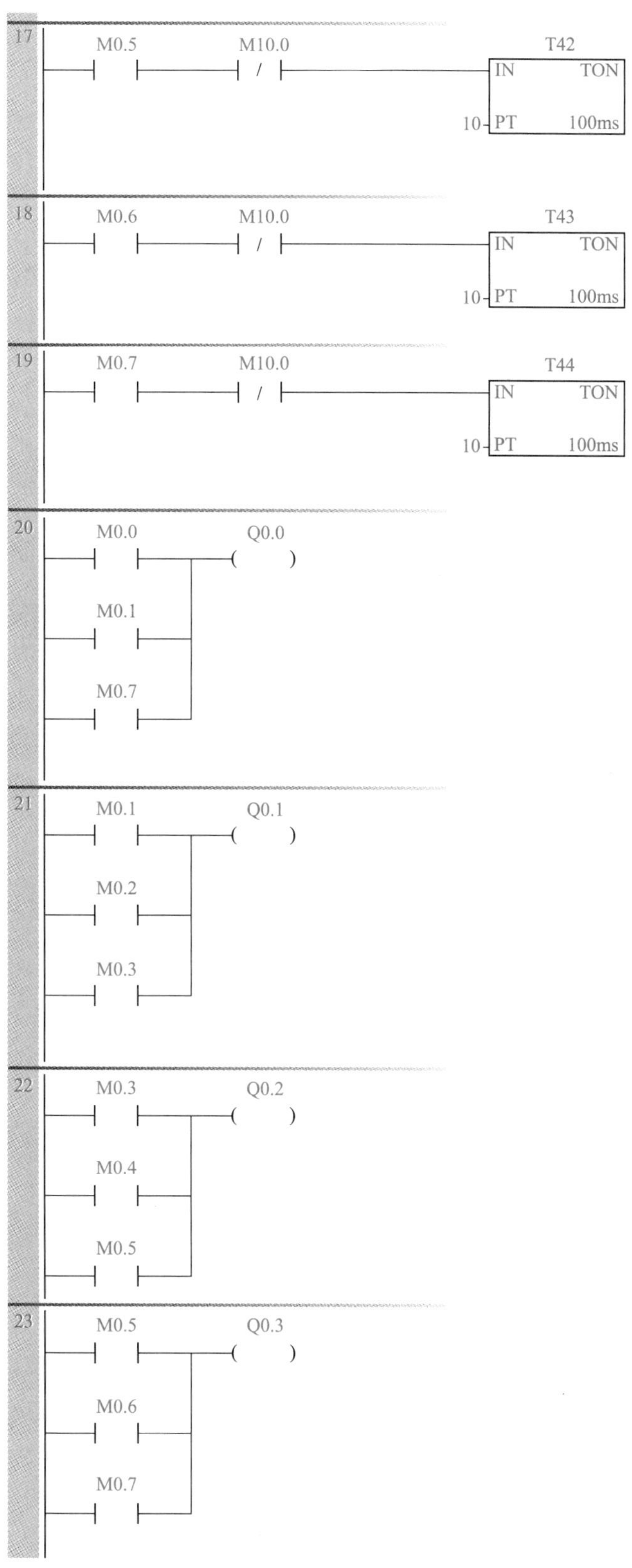
17
M0.5
M10.0
T42
IN
TON
10
PT
100ms
18
M0.6
M10.0
T43
IN
TON
10
PT
100ms
19
M0.7
M10.0
T44
IN
TON
10
PT
100ms
20
M0.0
Q0.0
M0.1
M0.7
21
M0.1
Q0.1
M0.2
M0.3
22
M0.3
Q0.2
M0.4
M0.5
23
M0.5
Q0.3
M0.6
M0.7

图9-37　梯形图

至此，同一个顺序控制的问题使用了基本指令、复位与置位指令和功能指令三种解决方案编写程序。三种解决方案的编程都有各自几乎固定的步骤，但有一步是相同的，那就是首先都要设计功能图。三种解决方案没有优劣之分，读者可以根据自己的喜好选用。

9.3 实例

初学者在进行 PLC 控制系统的设计时，往往不知从何入手，其实 PLC 控制系统的设计有一个相对固定的模式，只要读者掌握了前述章节的知识，再按照这个模式进行，一般不难设计出正确的控制系统。

以下再举 2 个例子说明逻辑控制的编程方法。

【例 9-5】 液体混合装置示意图如图 9-38 所示，上限位、下限位和中限位液位传感器被液体淹没时为 1 状态，电磁阀 A、B、C 的线圈通电时，阀门打开；电磁阀 A、B、C 的线圈断电时，阀门关闭。在初始状态时容器是空的，各阀门均关闭，各传感器均为 0 状态。按下启动按钮后，打开电磁阀 A，液体 A 流入容器，中限位开关变为 ON 时，关闭 A，打开阀 B，液体 B 流入容器。液面上升到上限位开关，关闭阀门 B，电动机 M 开始运行，搅拌液体，30s 后停止搅动，打开电磁阀 C，放出混合液体，当液面下降到下限位开关之后，过 3s，容器放空，关闭电磁阀 C，打开电磁阀 A，又开始下一个周期的操作。按停止按钮，当前工作周期结束后，才能停止工作，按急停按钮可立即停止工作。要求绘制功能图，设计梯形图程序。

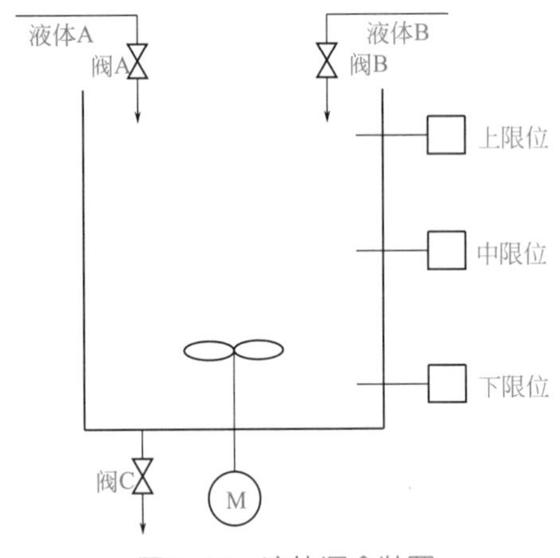

图 9-38　液体混合装置

【解】

（1）以三菱 FX 系列 PLC 为例解题

电气原理图如图 9-39 所示。

液体混合的 PLC 的 I/O 分配见表 9-1。

功能图如图 9-40 所示，梯形图如图 9-41 所示。

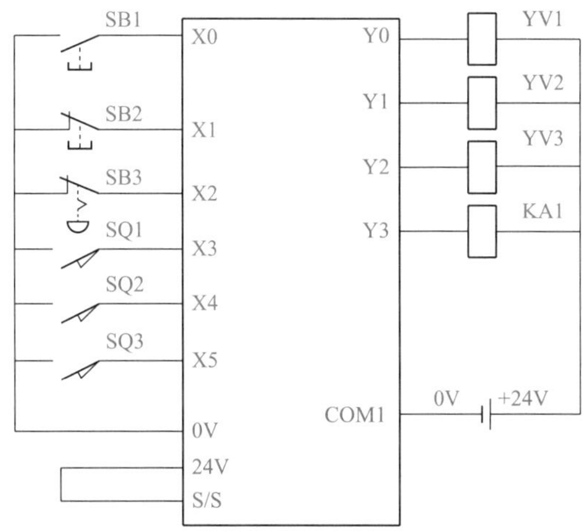

图9-39　电气原理图

表9-1　PLC的I/O分配表

输入			输出		
名称	符号	输入点	名称	符号	输出点
开始按钮	SB1	X000	电磁阀 A	YV1	Y000
停止按钮	SB2	X001	电磁阀 B	YV2	Y001
急停按钮	SB3	X002	电磁阀 C	YV3	Y002
上限位传感器	SQ1	X003	继电器	KA1	Y003
中限位传感器	SQ2	X004			
下限位传感器	SQ3	X005			

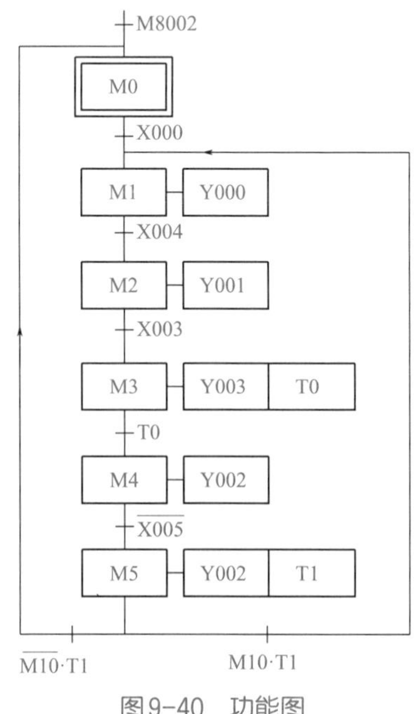

图9-40　功能图

```
0   X000  X001                         (M10)
    M10
4   M5  T1  M10(常闭)  M1(常闭)          (M0)
    M8002
    M0
11  M0  X000        M2(常闭)            (M1)
    M5  M10  T1                         (Y000)
    M1
21  M1  X004  M3(常闭)                  (M2)
    M2                                  (Y001)
27  M2  X003  M4(常闭)                  (M3)
    M3                                  (Y003)
                                        K300
                                        (T0)
36  M3  T0  M5(常闭)                    (M4)
    M4
41  M4  X005(常闭)  M0(常闭)  M1(常闭)   (M5)
    M5                                  K30
                                        (T1)
50  M4                                  (Y002)
    M5
53  X002(常闭)                [ZRST  Y000  Y003]
                              [ZRST  M0    M5]
64                                      [END]
```

图9-41　梯形图

（2）以西门子 S7-200 SMART PLC 为例解题

液体混合的 PLC 的 I/O 分配见表 9-2。

表 9-2　PLC 的 I/O 分配表

输入			输出		
名称	符号	输入点	名称	符号	输出点
开始按钮	SB1	I0.0	电磁阀 A	YV1	Q0.0
停止按钮	SB2	I0.1	电磁阀 B	YV2	Q0.1
急停按钮	SB3	I0.2	电磁阀 C	YV3	Q0.2
上限位传感器	SQ1	I0.3	继电器	KA1	Q0.3
中限位传感器	SQ2	I0.4			
下限位传感器	SQ3	I0.5			

电气系统的原理图如图 9-42 所示，功能图如图 9-43 所示，梯形图如图 9-44 所示。

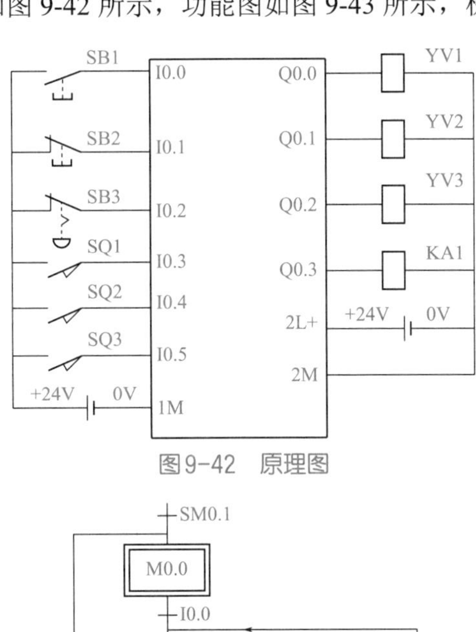

图9-42　原理图

图9-43　功能图

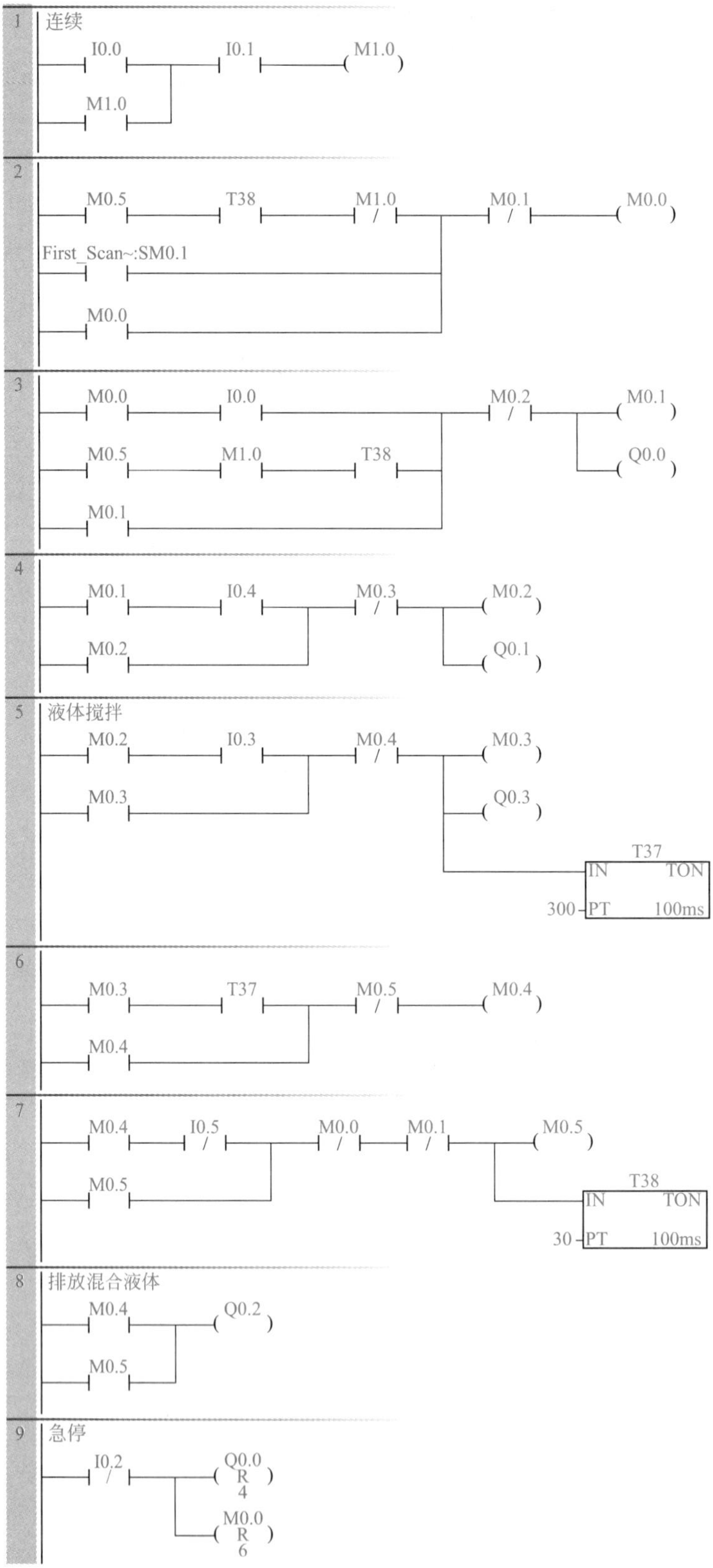

1 连续
I0.0 I0.1 M1.0
M1.0

2
M0.5 T38 M1.0 M0.1 M0.0
First_Scan~:SM0.1
M0.0

3
M0.0 I0.0 M0.2 M0.1
M0.5 M1.0 T38 Q0.0
M0.1

4
M0.1 I0.4 M0.3 M0.2
M0.2 Q0.1

5 液体搅拌
M0.2 I0.3 M0.4 M0.3
M0.3 Q0.3
T37
IN TON
300 PT 100ms

6
M0.3 T37 M0.5 M0.4
M0.4

7
M0.4 I0.5 M0.0 M0.1 M0.5
M0.5
T38
IN TON
30 PT 100ms

8 排放混合液体
M0.4 Q0.2
M0.5

9 急停
I0.2 Q0.0
R
4
M0.0
R
6

图9-44 梯形图

【例 9-6】 某钻床用 2 个钻头同时钻 2 个孔，开始自动运行之前，2 个钻头在最上面，上限位开关 SQ2 和 SQ4 为 ON。操作人员放好工件后，按启动按钮 SB1 后。工件被夹紧后，2 个钻头同时开始工作，钻到由限位开关 SQ1 和 SQ3 设定的深度时分别上行，回到由限位开关 SQ2 和 SQ4 设定的起始位置时，分别停止上行。当 2 个钻头都到起始位置后，工件松开，加工结束，系统回到初始状态。钻床的加工示意图如图 9-45 所示，要求设计功能图和梯形图程序。

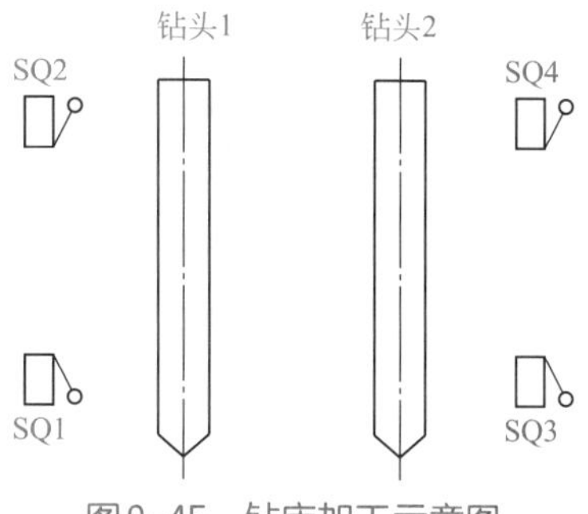

图9-45　钻床加工示意图

【解】

（1）以三菱 FX 系列 PLC 为例解题

钻床的 PLC 的 I/O 分配见表 9-3。

表 9-3　PLC 的 I/O 分配表

输入			输出		
名称	符号	输入点	名称	符号	输出点
开始按钮	SB1	X000	夹具夹紧	KA1	Y000
停止按钮	SB2	X001	钻头 1 下降	KA2	Y001
钻头 1 下限位开关	SQ1	X002	钻头 1 上升	KA3	Y002
钻头 1 上限位开关	SQ2	X003	钻头 2 下降	KA4	Y003
钻头 2 下限位开关	SQ3	X004	钻头 2 上升	KA5	Y004
钻头 2 上限位开关	SQ4	X005	夹具松开	KA6	Y005
夹紧限位开关	SQ5	X006			
松开下限位开关	SQ6	X007			

电气系统的原理图如图 9-46 所示，功能图如图 9-47 所示，梯形图如图 9-48 所示。

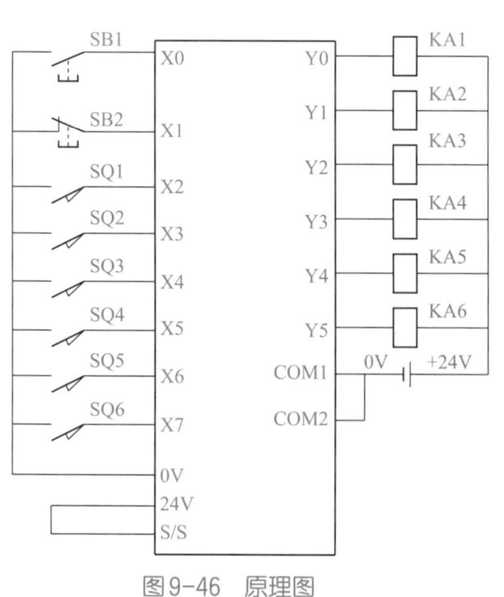

图9-46　原理图

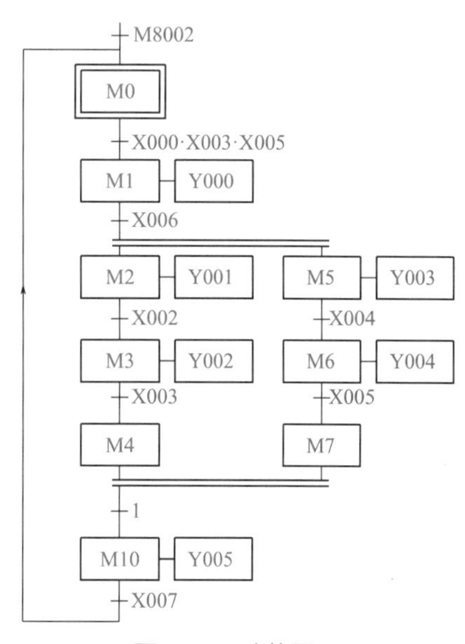

图9-47　功能图

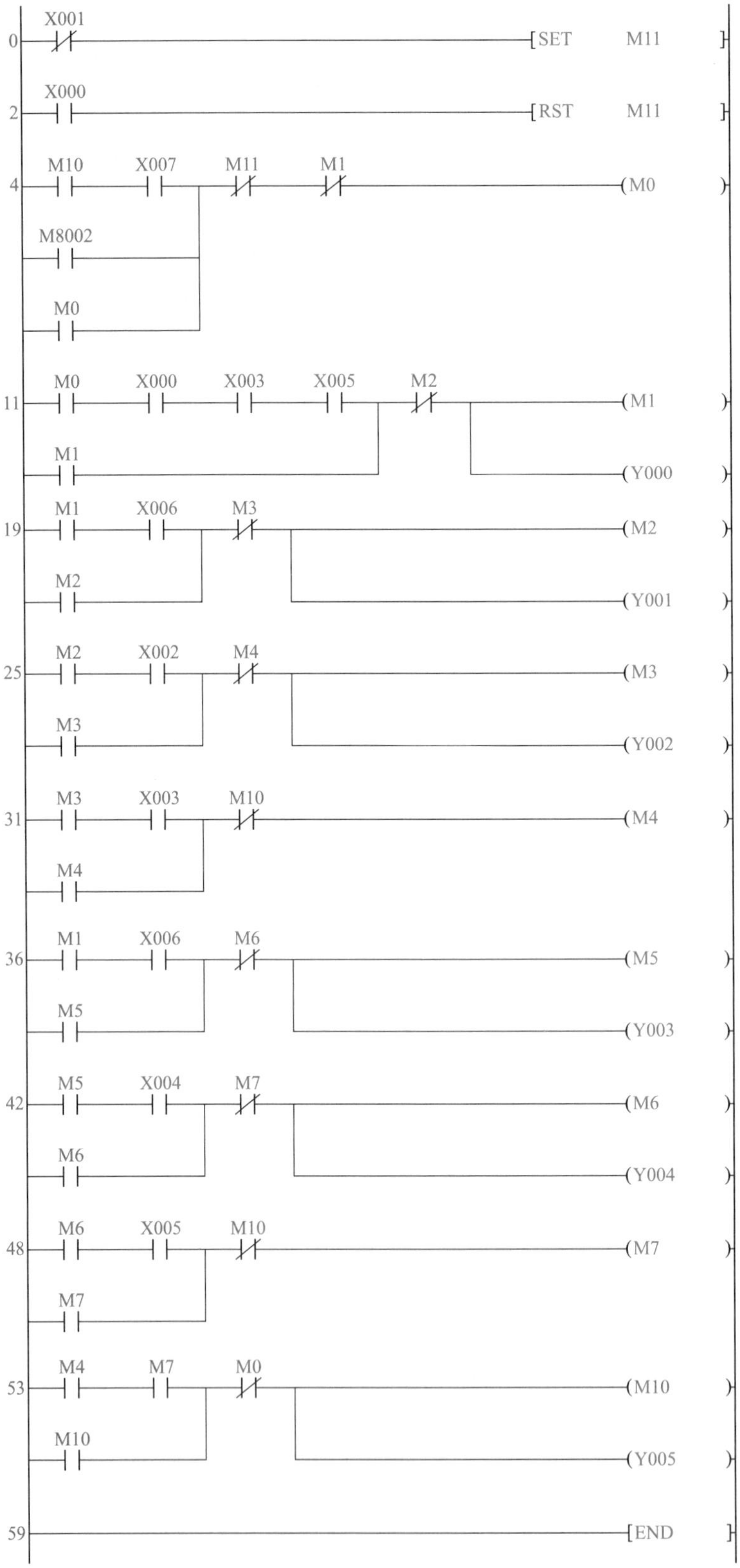

```
0   X001(常闭)                                   [SET  M11]
2   X000                                         [RST  M11]
4   M10  X007  M11(常闭)  M1(常闭)               (M0)
    M8002
    M0
11  M0  X000  X003  X005  M2(常闭)               (M1)
    M1                                           (Y000)
19  M1  X006  M3(常闭)                           (M2)
    M2                                           (Y001)
25  M2  X002  M4(常闭)                           (M3)
    M3                                           (Y002)
31  M3  X003  M10(常闭)                          (M4)
    M4
36  M1  X006  M6(常闭)                           (M5)
    M5                                           (Y003)
42  M5  X004  M7(常闭)                           (M6)
    M6                                           (Y004)
48  M6  X005  M10(常闭)                          (M7)
    M7
53  M4  M7  M0(常闭)                             (M10)
    M10                                          (Y005)
59                                               [END]
```

图9-48　梯形图

（2）以西门子 S7-200 SMART PLC 为例解题

钻床的 PLC 的 I/O 分配见表 9-4。

表 9-4 PLC 的 I/O 分配表

输入			输出		
名称	符号	输入点	名称	符号	输出点
开始按钮	SB1	I0.0	夹具夹紧	KA1	Q0.0
停止按钮	SB2	I0.1	钻头 1 下降	KA2	Q0.1
钻头 1 下限位开关	SQ1	I0.2	钻头 1 上升	KA3	Q0.2
钻头 1 上限位开关	SQ2	I0.3	钻头 2 下降	KA4	Q0.3
钻头 2 下限位开关	SQ3	I0.4	钻头 2 上升	KA5	Q0.4
钻头 2 上限位开关	SQ4	I0.5	夹具松开	KA6	Q0.5
夹紧限位开关	SQ5	I0.6			
松开下限位开关	SQ6	I0.7			

电气系统的原理图如图 9-49 所示，功能图如图 9-50 所示，梯形图如图 9-51 所示。

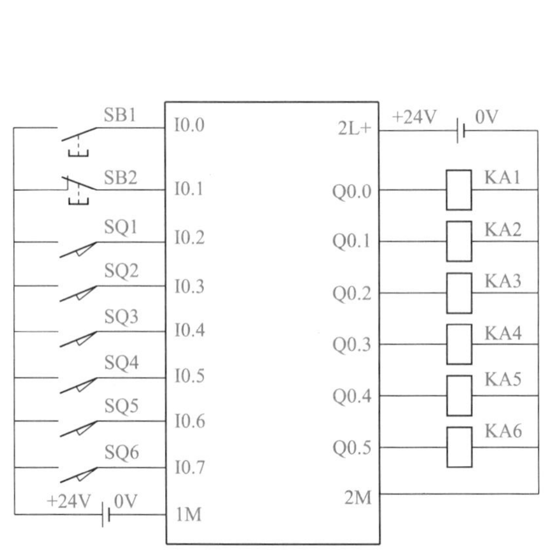

图9-49 原理图

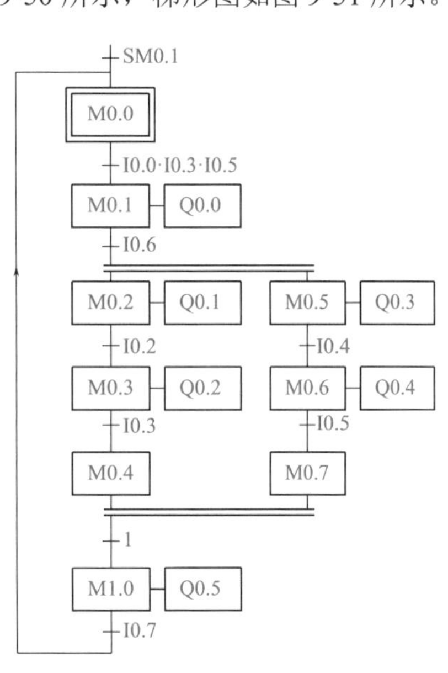

图9-50 功能图

1 停止
I0.1 M1.1 (S) 1

2 启动
I0.0 M1.1 (R) 1

图9-51

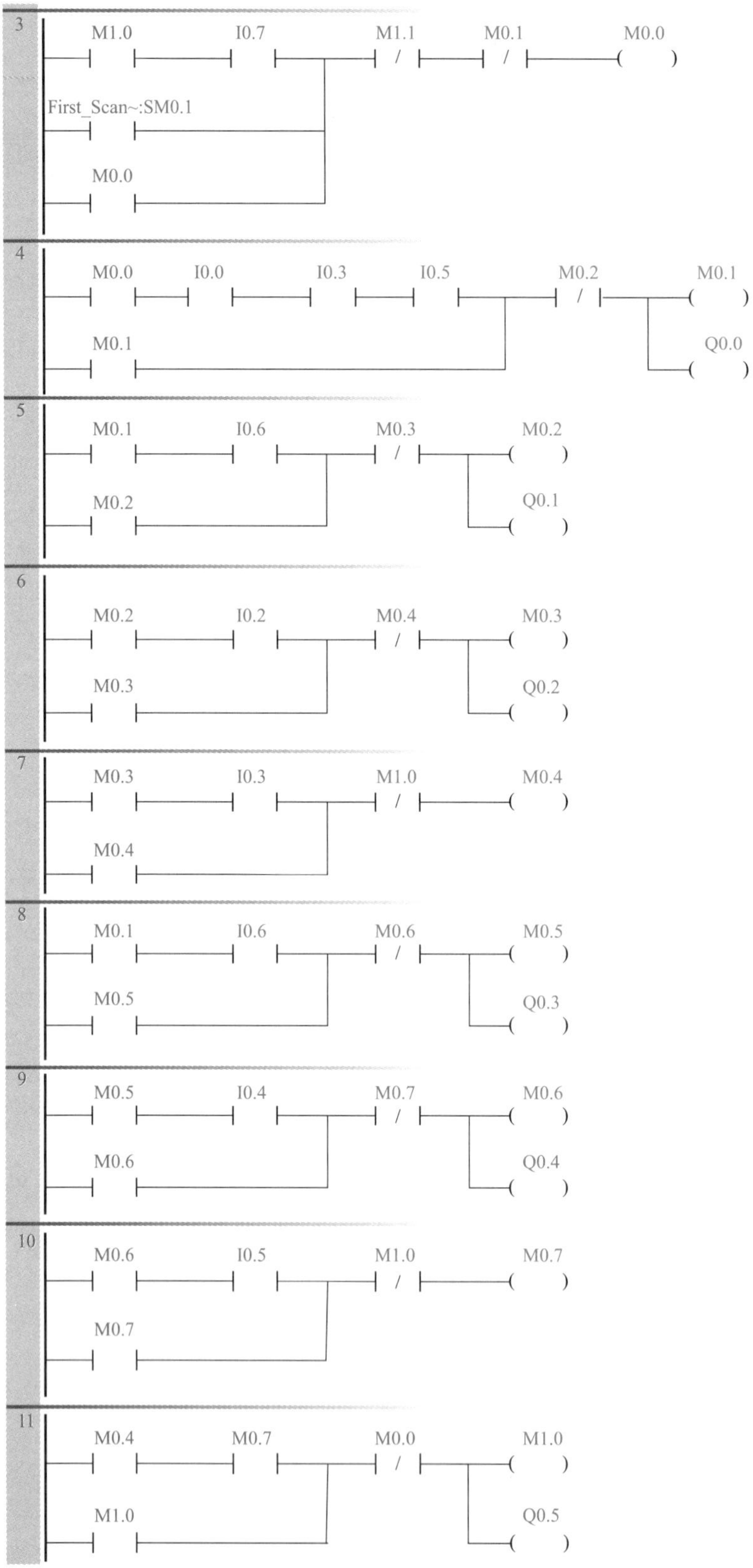

3
M1.0
I0.7
M1.1
M0.1
M0.0
First_Scan~:SM0.1
M0.0
4
M0.0
I0.0
I0.3
I0.5
M0.2
M0.1
M0.1
Q0.0
5
M0.1
I0.6
M0.3
M0.2
M0.2
Q0.1
6
M0.2
I0.2
M0.4
M0.3
M0.3
Q0.2
7
M0.3
I0.3
M1.0
M0.4
M0.4
8
M0.1
I0.6
M0.6
M0.5
M0.5
Q0.3
9
M0.5
I0.4
M0.7
M0.6
M0.6
Q0.4
10
M0.6
I0.5
M1.0
M0.7
M0.7
11
M0.4
M0.7
M0.0
M1.0
M1.0
Q0.5

图9-51　梯形图

第 10 章 PLC 的工艺功能及应用

本章介绍 PID 控制的基本原理以及 PID 控制在电炉温度控制中的应用，PLC 的高速输入功能（高数计数器）及其应用。

10.1 PID 控制简介

10.1.1 PID 控制原理简介

在过程控制中，按偏差的比例（P）、积分（I）和微分（D）进行控制的 PID 控制器（也称 PID 调节器）是应用最广泛的一种自动控制器。它具有原理简单、易于实现、适用面广、控制参数相互独立、参数选定比较简单和调整方便等优点；而且在理论上可以证明，对于过程控制的典型对象——“一阶滞后 + 纯滞后”与“二阶滞后 + 纯滞后”的控制对象，PID 控制器是一种最优控制。PID 调节是连续系统动态品质校正的一种有效方法，它的参数整定方式简便，结构改变灵活（如可为 PI 调节、PD 调节等）。长期以来，PID 控制器被广大科技人员及现场操作人员所采用，并积累了大量的经验。

PID 控制器根据系统的误差，利用比例、积分、微分计算出控制量来进行控制。当被控对象的结构和参数不能完全掌握、得不到精确的数学模型，或控制理论的其他技术难以采用时，系统控制器的结构和参数必须依靠经验和现场调试来确定，这时应用 PID 控制技术最为恰当。即当不完全了解一个系统和被控对象，或不能通过有效的测量手段来获得系统参数时，最适合采用 PID 控制技术。

（1）比例（P）控制

比例控制是一种最简单、最常用的控制方式，如放大器、减速器和弹簧等。比例控制器能立即成比例地响应输入的变化量。但仅有比例控制时，系统输出存在稳态误差（Steady-state Error）。

（2）积分（I）控制

在积分控制中，控制器的输出量是输入量对时间的累积。对于一个自动控制系统，如果在进入稳态后存在稳态误差，则称这个控制系统是有稳态误差的或简称有差系统（System with Steady-state Error）。为了消除稳态误差，在控制器中必须引入积分项。积分项对误差的运算取决于时间的积分，随着时间的增加，积分项会增大。所以即便误差很小，积分项也会随着时间的增加而加大，它推动控制器的输出增大，使稳态误差进一步减小，直到等于零。因此，采用比例＋积分（PI）控制器，可以使系统在进入稳态后无稳态误差。

（3）微分（D）控制

在微分控制中，控制器的输出与输入误差信号的微分（即误差的变化率）成正比关系。自动控制系统在克服误差的调节过程中可能会出现振荡甚至失稳。其原因是存在较大的惯性组件（环节）或滞后（delay）组件，这些组件具有抑制误差的作用，其变化总是落后于误差的变化。解决的办法是使抑制误差的作用变化“超前”，即在误差接近零时，抑制误差的作用就应该是零。这就是说，在控制器中仅引入比例项往往是不够的，比例项的作用仅是放大误差的幅值，而目前需要增加的是微分项，它能预测误差变化的趋势，这样具有比例＋微分的控制器就能够提前使抑制误差的控制作用等于零，甚至为负值，从而避免被控量的严重超调。所以对于有较大惯性或滞后的被控对象，比例＋微分（PD）控制器能改善系统在调节过程中的动态特性。

（4）闭环控制系统特点

控制系统一般包括开环控制系统和闭环控制系统。开环控制系统（Open-loop Control System）是指被控对象的输出（被控制量）对控制器（controller）的输出没有影响，在这种控制系统中不依赖将被控制量返送回来以形成任何闭环回路。闭环控制系统（Closed-loop Control System）的特点是系统被控对象的输出（被控制量）会返送回来影响控制器的输入，形成一个或多个闭环。闭环控制系统有正反馈和负反馈，若反馈信号与系统给定值信号相反，则称为负反馈（Negative Feedback）；若极性相同，则称为正反馈（Positive Feedback）。一般闭环控制系统均采用负反馈，又称负反馈控制系统。可见，闭环控制系统性能远优于开环控制系统。

（5）PID控制器的参数整定

PID控制器的参数整定是控制系统设计的核心内容。它是根据被控过程的特性，确定PID控制器的比例系数、积分时间和微分时间的大小。PID控制器参数整定的方法很多，概括起来有如下两大类。

① 理论计算整定法　它主要依据系统的数学模型，经过理论计算确定控制器参数。这种方法所得到的计算数据不可以直接使用，还必须通过工程实际进行调整和修改。

② 工程整定法　它主要依赖于工程经验，直接在控制系统的试验中进行，且方法简单、易于掌握，在工程实际中被广泛采用。PID控制器参数的工程整定方法，主要有临界比例法、反应曲线法和衰减法。这三种方法各有其特点，其共同点都是通过试验，然后按照工程经验公式对控制器参数进行整定。但无论采用哪一种方法所得到的控制器参数，都需要在实际运行中进行最后的调整与完善。

现在一般采用的是临界比例法。利用该方法进行PID控制器参数的整定步骤如下。

a. 首先预选择一个足够短的采样周期让系统工作。

b. 仅加入比例控制环节，直到系统对输入的阶跃响应出现临界振荡，记下这时的比例放大系数和临界振荡周期。

c. 在一定的控制度下通过公式计算得到PID控制器的参数。

（6）PID 控制器的主要优点

① PID 算法蕴含了动态控制过程中过去、现在、将来的主要信息，而且其配置几乎最优。其中，比例（P）代表了当前的信息，起纠正偏差的作用，使过程反应迅速。微分（D）在信号变化时有超前控制作用，代表将来的信息。在过程开始时强迫过程进行，过程结束时减小超调，克服振荡，提高系统的稳定性，加快系统的过渡过程。积分（I）代表了过去积累的信息，它能消除静差，改善系统的静态特性。此三种作用配合得当，可使动态过程快速、平稳、准确，收到良好的效果。

② PID 控制适应性好，有较强的鲁棒性，适用于各种工业场合，特别适用于“一阶惯性环节 + 纯滞后”和“二阶惯性环节 + 纯滞后”的过程控制对象。

③ PID 算法简单明了，各个控制参数相对较为独立，参数的选定较为简单，形成了完整的设计和参数调整方法，很容易为工程技术人员所掌握。

④ PID 控制根据不同的要求，针对自身的缺陷进行了不少改进，形成了一系列改进的 PID 算法。例如，为了克服微分带来的高频干扰的滤波 PID 控制，为克服大偏差时出现饱和超调的 PID 积分分离控制，为补偿控制对象非线性因素的可变增益 PID 控制等。这些改进算法在一些应用场合取得了很好的效果。随着智能控制理论的发展，又形成了许多智能 PID 控制方法。

（7）PID 的算法

PID 控制器调节输出，保证偏差（e）为零，使系统达到稳定状态，偏差是给定值（SP）和过程变量（PV）的差。PID 控制的原理基于以下公式：

$$M(t)=K_{\mathrm{C}} \cdot e+K_{\mathrm{C}}\int_0^1 e\mathrm{d}t+M_{\mathrm{initial}}+K_{\mathrm{C}} \cdot \frac{\mathrm{d}e}{\mathrm{d}t} \qquad (10\text{-}1)$$

式中 $M(t)$——PID 回路的输出；

K_{C}——PID 回路的增益；

e——PID 回路的偏差（给定值与过程变量的差）；

M_{initial}——PID 回路输出的初始值。

由于以上的算式是连续量，必须将连续量离散化才能在计算机中运算，离散处理后的算式如下：

$$M_n=K_{\mathrm{C}} \cdot e_n+K_{\mathrm{I}} \cdot \sum_{1}^{n} e_x+M_{\mathrm{initial}}+K_{\mathrm{D}} \cdot (e_n-e_{n-1}) \qquad (10\text{-}2)$$

式中 M_n——在采样时刻 n PID 回路输出的计算值；

K_{C}——PID 回路的增益；

K_{I}——积分项的比例常数；

K_{D}——微分项的比例常数；

e_n——采样时刻 n 的回路的偏差值；

e_{n-1}——采样时刻 $n-1$ 的回路的偏差值；

e_x——采样时刻 x 的回路的偏差值；

M_{initial}——PID 回路输出的初始值。

再对以上算式进行改进和简化，得出如下计算 PID 输出的算式：

$$M_n=MP_n+MI_n+MD_n \qquad (10\text{-}3)$$

式中 M_n——第 n 次采样时刻的计算值；

MP_n——第 n 次采样时刻的比例项的值；

MI_n——第 n 次采样时刻的积分项的值；

MD_n——第 n 次采样时刻微分项的值。

$$MP_n=K_C \cdot (SP_n-PV_n) \tag{10-4}$$

式中 K_C——PID 回路的增益；

SP_n——第 n 次采样时刻的给定值；

PV_n——第 n 次采样时刻的过程变量值。

很明显，比例项 MP_n 数值的大小和增益 K_C 成正比，增益 K_C 增加可以直接导致比例项 MP_n 的快速增加，从而直接导致 M_n 增加。

$$MI_n=K_C \cdot T_S/T_I \cdot (SP_n-PV_n)+MX \tag{10-5}$$

式中 K_C——PID 回路的增益；

T_S——回路的采样时间；

T_I——积分时间；

SP_n——第 n 次采样时刻的给定值；

PV_n——第 n 次采样时刻的过程变量值；

MX——第 $n-1$ 次采样时刻的积分项（也称为积分前项）。

很明显，积分项 MI_n 数值的大小随着积分时间 T_I 的减小而增加，T_I 的减小可以直接导致积分项 MI_n 数值的增加，从而直接导致 M_n 增加。

$$MD_n=K_C \cdot (PV_{n-1}-PV_n) \cdot T_D/T_S \tag{10-6}$$

式中 K_C——PID 回路的增益；

T_S——回路的采样时间；

T_D——微分时间；

PV_n——第 n 次采样时刻的过程变量值；

PV_{n-1}——第 $n-1$ 次采样时刻的过程变量。

很明显，微分项 MD_n 数值的大小随着微分时间 T_D 的增加而增加，T_D 的增加可以直接导致微分项 MD_n 数值的增加，从而直接导致 M_n 增加。

【关键点】 式（10-3）～式（10-6）是非常重要的。根据这几个公式，读者必须建立一个概念：增益 K_C 增加可以直接导致比例项 MP_n 的快速增加，T_I 的减小可以直接导致积分项 MI_n 数值的增加，微分项 MD_n 数值的大小随着微分时间 T_D 的增加而增加，从而直接导致 M_n 增加。理解了这一点，对于正确调节 P、I、D 三个参数是至关重要的。

10.1.2 PID控制器的参数整定

PID 控制器的参数整定是控制系统设计的核心内容。它是根据被控过程的特性，确定 PID 控制器的比例系数、积分时间和微分时间的大小。PID 控制器参数整定的方法很多，概括起来有如下两大类。

① 理论计算整定法。它主要依据系统的数学模型，经过理论计算确定控制器参数。这种方法所得到的计算数据未必可以直接使用，还必须通过工程实际进行调整和修改。

② 工程整定法。它主要依赖于工程经验，直接在控制系统的试验中进行，且方法简单、易于掌握，在工程实际中被广泛采用。PID 控制器参数的工程整定方法，主要有临界比例法、反应曲线法和衰减法。这三种方法各有特点，其共同点都是通过试验，然后按照工程经验公式对控制器参数进行整定。但无论采用哪一种方法所得到的控制器参数，都需要在实际运行中进行最后的调整与完善。

（1）整定的方法和步骤

现在一般采用的是临界比例法。利用该方法进行 PID 控制器参数的整定步骤如下。

① 首先预选择一个足够短的采样周期让系统工作。

② 仅加入比例控制环节，直到系统对输入的阶跃响应出现临界振荡，记下这时的比例放大系数和临界振荡周期。

③ 在一定的控制度下通过公式计算得到 PID 控制器的参数。

（2）PID 参数的经验值

在实际调试中，只能先大致设定一个经验值，然后根据调节效果修改，常见系统的经验值如下。

① 对于温度系统：P（%）20 ～ 60，I（min）3 ～ 10，D（min）0.5 ～ 3 。

② 对于流量系统：P（%）40 ～ 100，I（min）0.1 ～ 1。

③ 对于压力系统：P（%）30 ～ 70，I（min）0.4 ～ 3。

④ 对于液位系统：P（%）20 ～ 80，I（min）1 ～ 5。

（3）PID 参数的整定实例

PID 参数的整定对于初学者来说并不容易，不少初学者看到 PID 的曲线往往不知道是什么含义，当然也就不知道如何着手调节了，以下用几个简单的例子进行介绍。

【例 10-1】 某系统的电炉在进行 PID 参数整定，其输出曲线如图 10-1 所示，设定值和测量值重合（55℃），所以有人认为 PID 参数整定成功。试分析一下，并给出自己的见解。

【解】 在 PID 参数整定时，分析曲线图是必不可少的，测量值和设定值基本重合这是基本要求，并非说明 PID 参数整定就一定合理。

分析 PID 运算结果的曲线是至关重要的，如图 10-1 所示，PID 运算结果的曲线很平滑，但过于平坦，这样电炉在运行过程中，其抗干扰能力弱，也就是说，当负载对热量需要稳定时，温度能保持稳定，但当负载热量变化大时，测量值和设定值就未必处于重合状态了。这种 PID 运算结果的曲线说明 P 过小。

将 P 的数值设定为 80，如图 10-2 所示，整定就比较合理了。

【例 10-2】 某系统的电炉在进行 PID 参数整定，其输出曲线如图 10-3 所示，设定值和测量值基本重合（设定值为 75℃，测量值为 74.57℃），所以有人认为 PID 参数整定成功。试分析一下，并给出自己的见解。

【解】 如图 10-3 所示，虽然测量值和设定值基本重合，但 PID 参数整定不合理。

这是因为 PID 运算结果的曲线已经超出了设定的范围，实际就是超调，说明比例环节 P 过大。

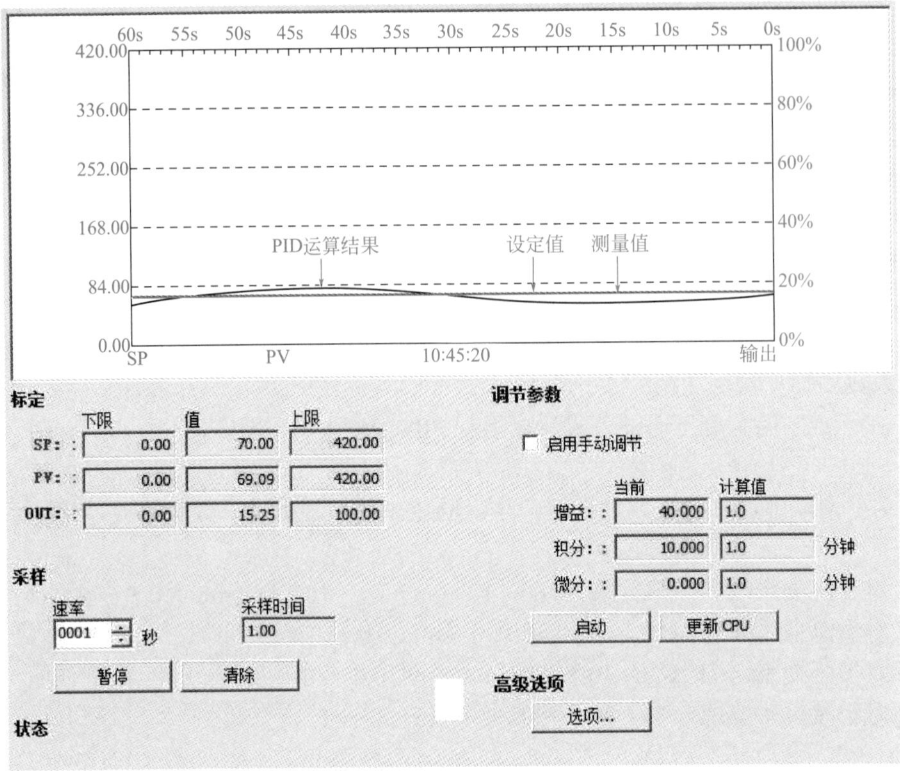

图10-1 PID曲线图（1）

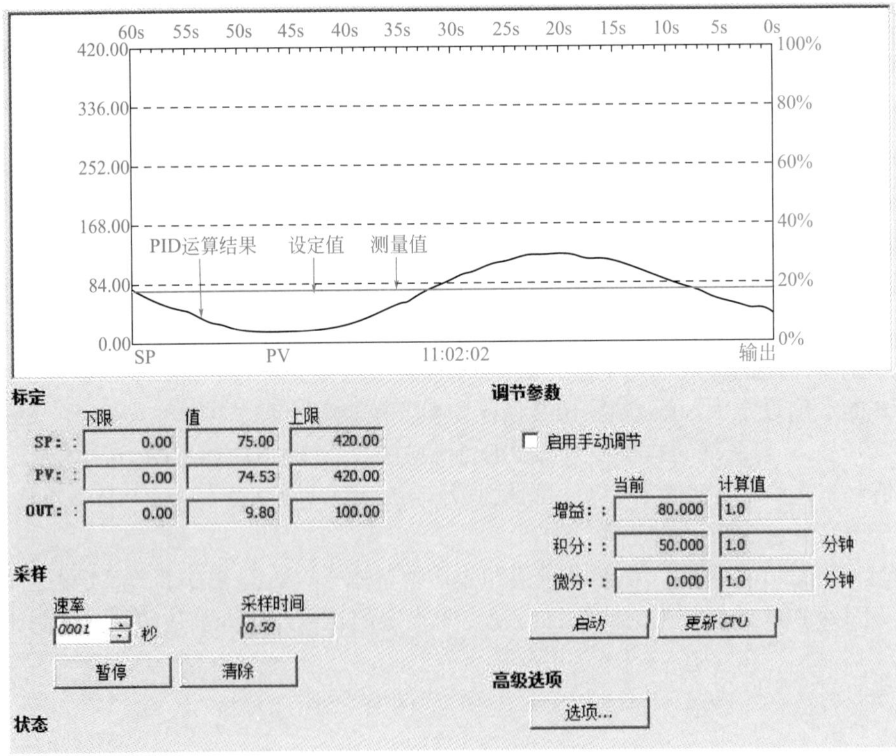

图10-2 PID曲线图（2）

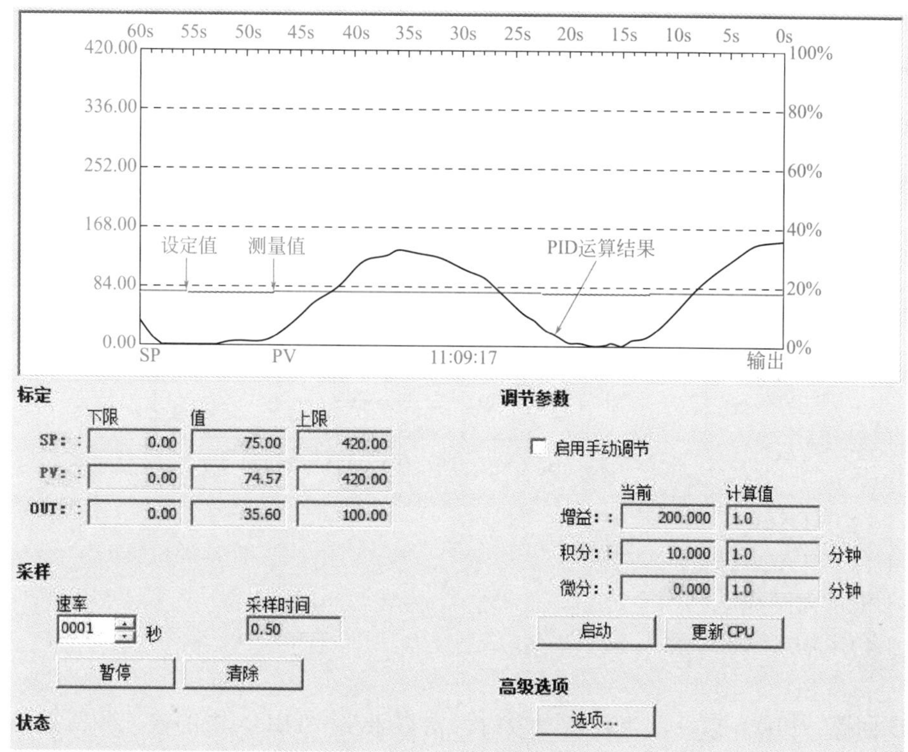

图10-3 PID曲线图（3）

10.1.3 利用西门子S7-200 SMART PLC进行电炉的温度控制

要求将一台电炉的炉温控制在一定的范围。电炉的工作原理如下。

当设定电炉温度后，S7-200 SMART PLC 经过 PID 运算后由模拟量输出模块 EM AQ02 输出一个电压信号送到控制板，控制板根据电压信号（弱电信号）的大小控制电热丝的加热电压（强电）的大小（甚至断开），温度传感器测量电炉的温度，温度信号经过控制板的处理后输入到模拟量输入模块 EM AE04，再送到 S7-200 SMART PLC 进行 PID 运算，如此循环。整个系统的硬件配置如图 10-4 所示，电气原理图如图 10-5 所示。

（1）主要软硬件配置

① 1 套 STEP7-Micro/WIN SMART V2.3。

② 1 台 CPU SR20。

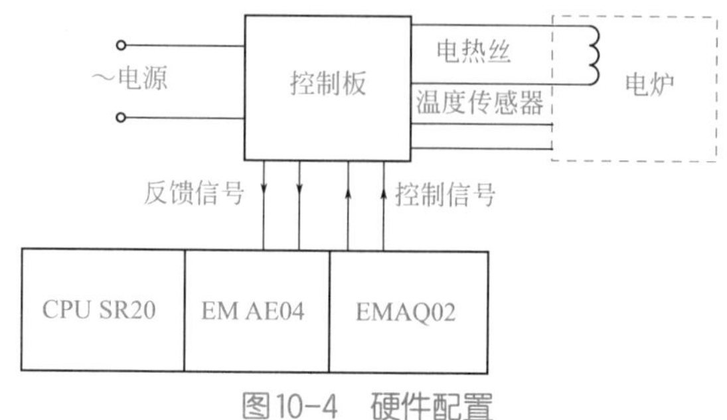

图10-4 硬件配置

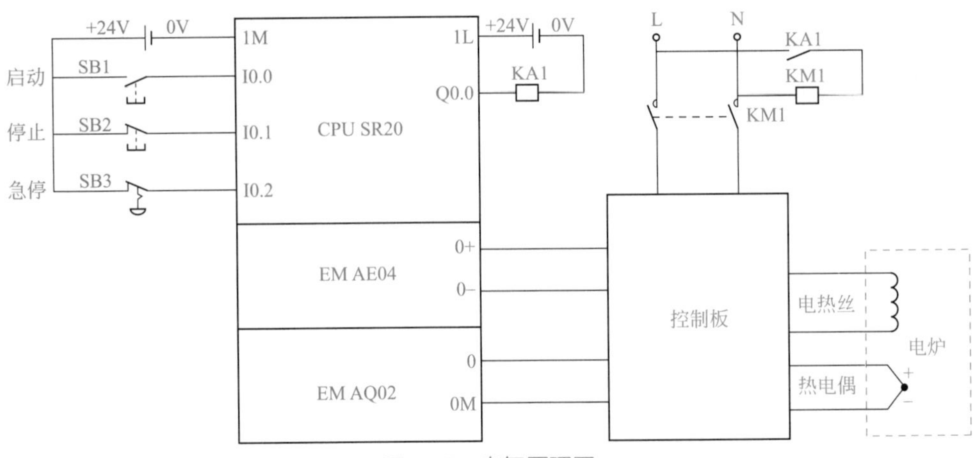

图10-5　电气原理图

③ 1 台 EM AE04。

④ 1 台 EM AQ02。

⑤ 1 根以太网线。

⑥ 1 台电炉（含控制板）。

（2）主要指令介绍

PID 回路（PID）指令，当使能有效时，根据表格（TBL）中的输入和配置信息对引用 LOOP 执行 PID 回路计算。PID 指令的格式见表 10-1。

表 10-1　PID 指令格式

LAD	输入 / 输出	含义	数据类型
PID EN　ENO TBL LOOP	EN	使能	BOOL
	TBL	参数表的起始地址	BYTE
	LOOP	回路号，常数范围 0 ～ 7	BYTE

PID 指令使用注意事项有以下几方面。

① 程序中最多可以使用 8 条 PID 指令，回路号为 0 ～ 7，不能重复使用。

② 必须保证过程变量和给定值积分项前值和过程变量前值在 0.0 ～ 1.0 之间。

③ 如果进行 PID 计算的数学运算时遇到错误，将设置 SM1.1（溢出或非法数值）并终止 PID 指令的执行。

在工业生产过程中，模拟信号 PID（由比例、积分和微分构成的闭合回路）调节是常见的控制方法。运行 PID 控制指令，S7-200 SMART PLC 将根据参数表中输入测量值、控制设定值及 PID 参数，进行 PID 运算，求得输出控制值。参数表中有 9 个参数，共占用 36 个字节，全部是 32 位的实数，部分保留给自整定用。PID 控制回路的参数表见表 10-2。

表 10-2　PID 控制回路参数表

偏移地址	参数	数据格式	参数类型	描述
0	过程变量 PV_n	REAL	输入 / 输出	必须在 0.0 ～ 1.0 之间
4	给定值 SP_n	REAL	输入	必须在 0.0 ～ 1.0 之间
8	输出值 M_n	REAL	输出	必须在 0.0 ～ 1.0 之间

续表

偏移地址	参数	数据格式	参数类型	描述
12	增益 K_C	REAL	输入	增益是比例常数，可正可负
16	采样时间 T_S	REAL	输入	单位为 s，必须是正数
20	积分时间 T_I	REAL	输入	单位为 min，必须是正数
24	微分时间 T_D	REAL	输入	单位为 min，必须是正数
28	上一次积分值 MX	REAL	输入 / 输出	必须在 0.0 ～ 1.0 之间
32	上一次过程变量 PV_{n-1}	REAL	输入 / 输出	最后一次 PID 运算过程变量值
36 ～ 76	保留自整定变量			

（3）编写电炉的温度控制程序

① 编写程序前，先要填写 PID 指令的参数表，参数见表 10-3。

表 10-3 电炉温度控制的 PID 参数表

地址	参数	描述
VD100	过程变量 PV_n	温度经过 A/D 转换后的标准化数值
VD104	给定值 SP_n	0.335（最高温度为 1，调节到 0.335）
VD108	输出值 M_n	PID 回路输出值
VD112	增益 K_C	0.15
VD116	采样时间 T_S	35
VD120	积分时间 T_I	30
VD124	微分时间 T_D	0
VD128	上一次积分值 MX	根据 PID 运算结果更新
VD132	上一次过程变量 PV_{n-1}	最后一次 PID 运算过程变量值

② 再编写 PLC 控制程序，程序如图 10-6 所示。

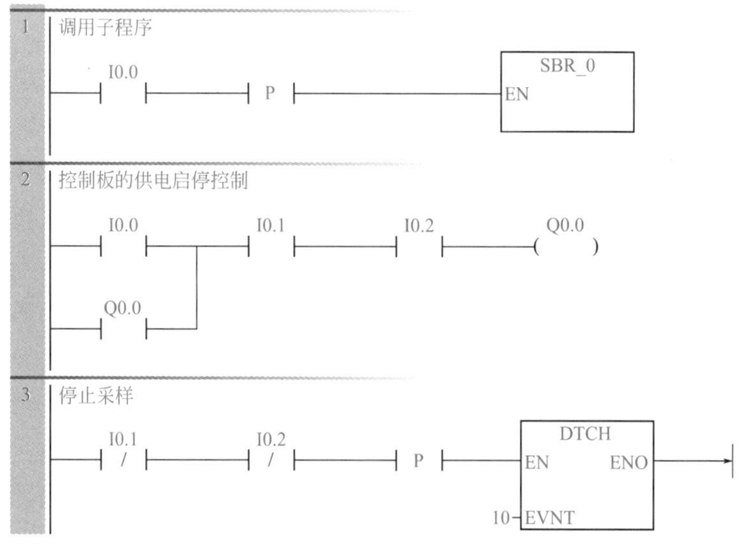

(a) 主程序

图10-6

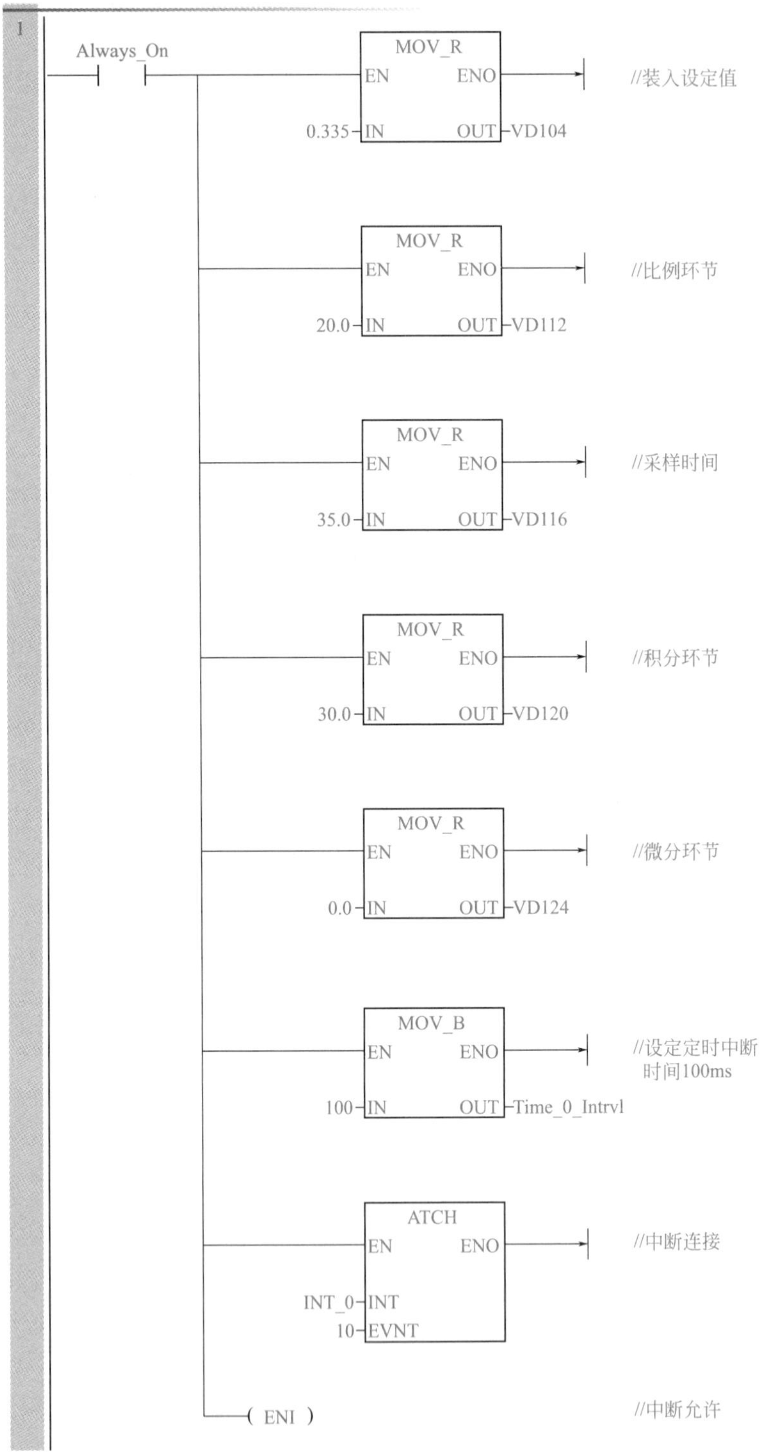
1
Always_On
MOV_R
EN ENO
0.335 IN OUT VD104
//装入设定值
MOV_R
EN ENO
20.0 IN OUT VD112
//比例环节
MOV_R
EN ENO
35.0 IN OUT VD116
//采样时间
MOV_R
EN ENO
30.0 IN OUT VD120
//积分环节
MOV_R
EN ENO
0.0 IN OUT VD124
//微分环节
MOV_B
EN ENO
100 IN OUT Time_0_Intrvl
//设定定时中断时间100ms
ATCH
EN ENO
INT_0 INT
10 EVNT
//中断连接
(ENI)
//中断允许

(b) 子程序

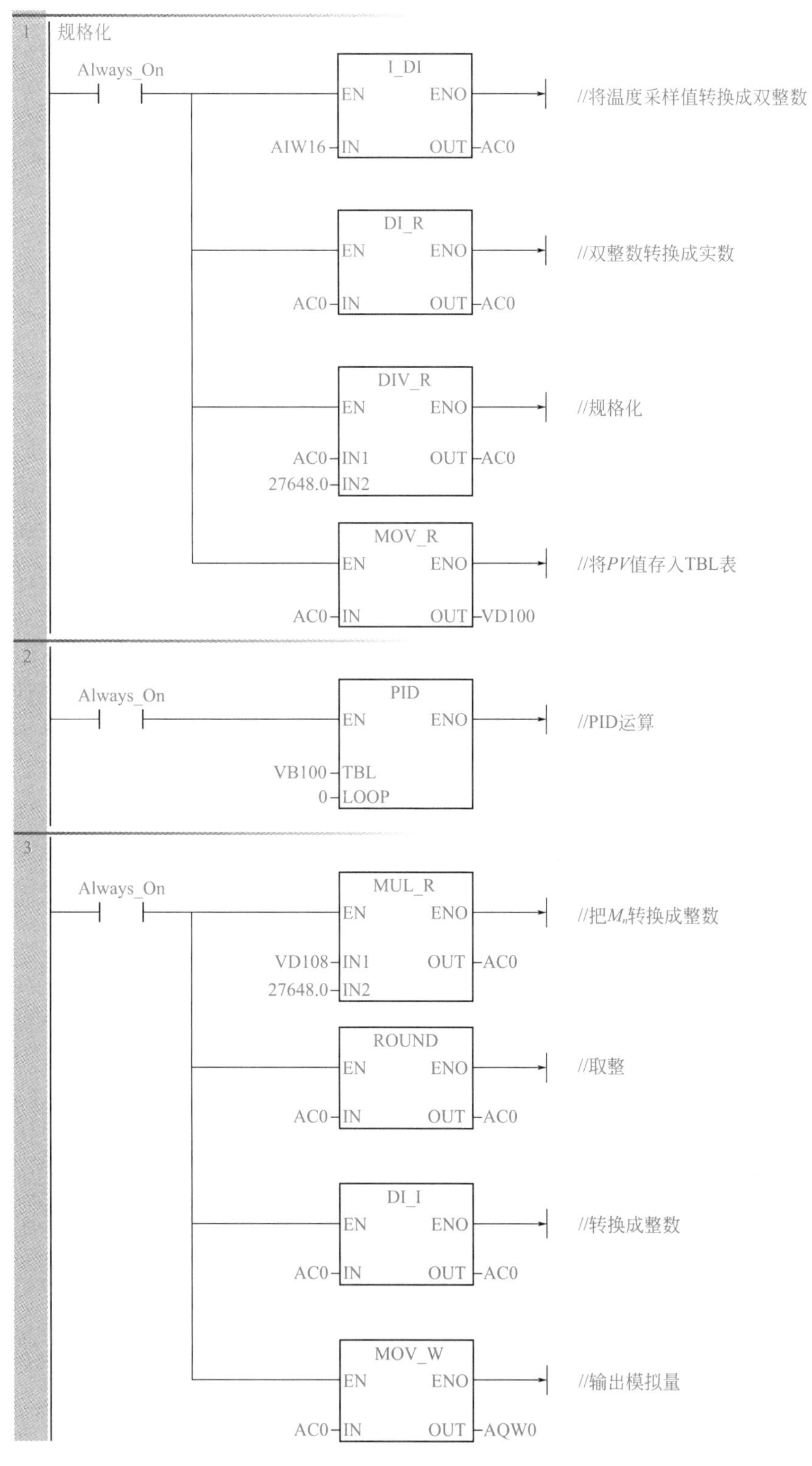

(c) 中断服务程序

图10-6 电炉PID控制程序

【关键点】 编写此程序首先要理解PID参数表中各个参数的含义，其次要理解数据类型的转换。要将整数转化成实数，必须先将整数转化成双整数，因为S7-200 SMART PLC中没有直接将整数转化成实数的指令。

10.2 高速计数器的应用

10.2.1 西门子S7-200 SMART PLC高速计数器的简介

对超出CPU普通计数器能力的脉冲信号进行测量。S7-200 SMART PLC提供了多个高速计数器（HSC0～HSC3）以响应快速脉冲输入信号。高速计数器的计数速度比PLC的扫描速度要快得多，因此高速计数器可独立于用户程序工作，不受扫描时间的限制。用户通过相关指令，设置相应的特殊存储器控制计数器的工作。高速计数器的一个典型的应用是利用光电编码器测量转速和位移。

（1）高速计数器的工作模式和输入

高速计数器有八种工作模式，每个计数器都有时钟、方向控制、复位启动等特定输入。对于双向计数器，两个时钟都可以运行在最高频率上，高速计数器的最高计数频率取决于CPU的类型。在正交模式下，可选择1×（1倍速）或者4×（4倍速）输入脉冲频率的内部计数频率。高速计数器有八种四类工作模式。

① 无外部方向输入信号的单/减计数器（模式0和模式1） 用高速计数器的控制字的第3位控制加减计数，该位为1时为加计数，为0时为减计数。高速计数器模式0和模式1工作原理如图10-7所示。

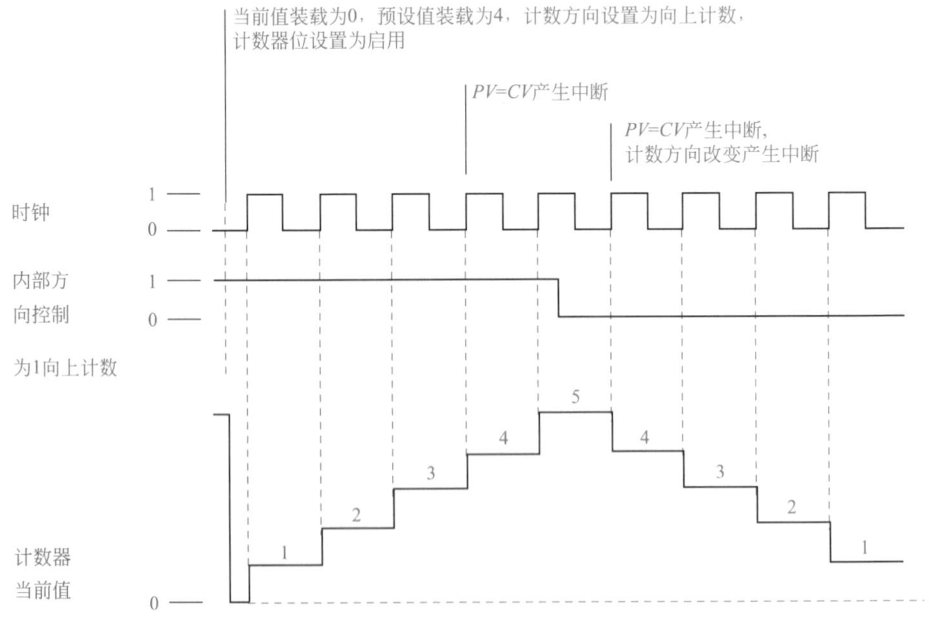

图10-7 高速计数器模式0和模式1工作原理

② 有外部方向输入信号的单/减计数器（模式3和模式4） 方向信号为1时，为加计数，方向信号为0时，为减计数。高速计数器模式3和模式4工作原理如图10-8所示。

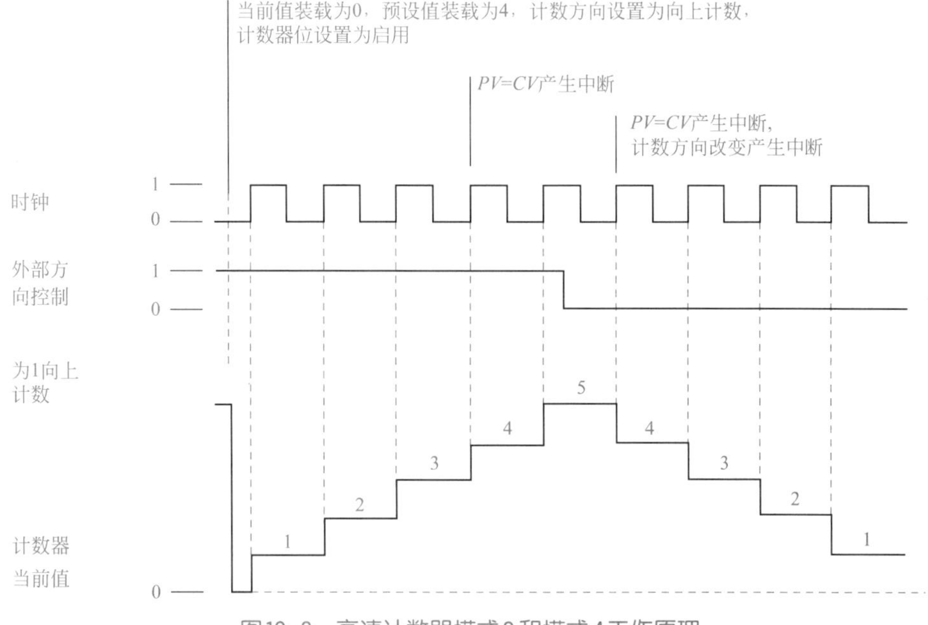

图10-8 高速计数器模式3和模式4工作原理

③ 有加计数时钟脉冲和减计数时钟脉冲输入的双相计数器（模式6和模式7） 若加计数脉冲和减计数脉冲的上升沿出现的时间间隔短，高速计数器认为这两个事件同时发生，当前值不变，也不会有计数方向变化的指示，否则高速计数器能捕捉到每一个独立的信号。高速计数器模式6和模式7工作原理如图10-9所示。

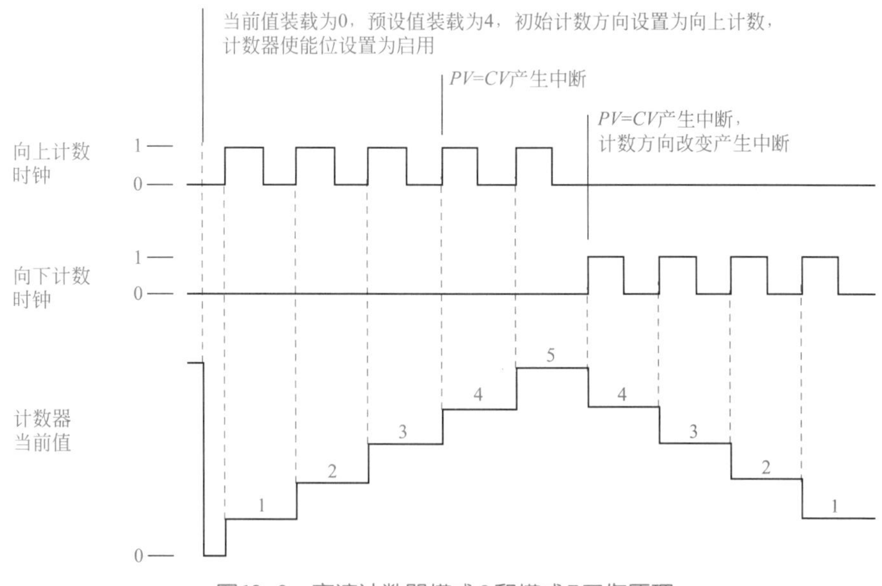

图10-9 高速计数器模式6和模式7工作原理

④ A/B相正交计数器（模式9和模式10） 它的两路计数脉冲的相位相差90°，正转时，A相时钟脉冲比B相时钟脉冲超前90°；反转时，A相时钟脉冲比B相时钟脉冲滞后

90°。利用这一特点，正转时加计数，反转时减计数。

高速计数器模式 9 和模式 10 就是 A/B 相正交计数器，又分为一倍频和四倍频，一倍频即高速计数器模式 9 和模式 10（A/B 正交相位 1×），工作原理如图 10-10 所示；四倍频即高速计数器模式 9 和 10（A/B 正交相位 4×），工作原理如图 10-11 所示。在相同的条件下，四倍频时的计数值是一倍频的四倍。

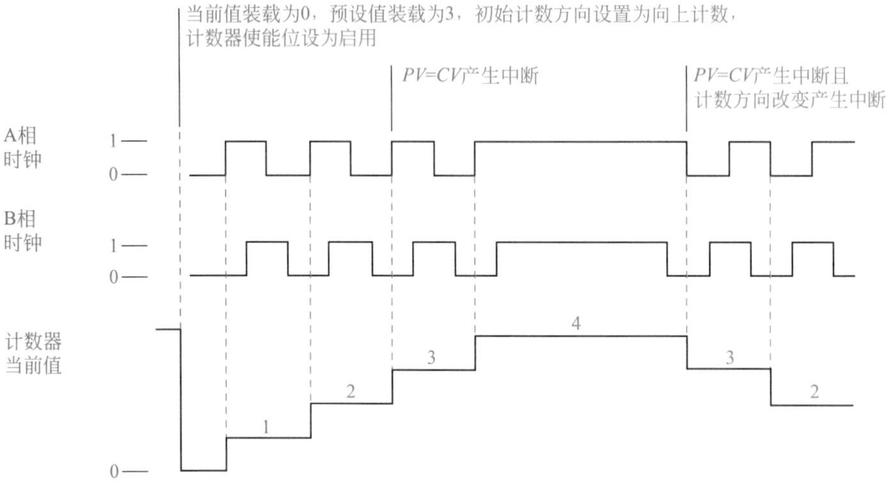

图10-10　高速计数器模式9和模式10（A/B正交相位1×）工作原理

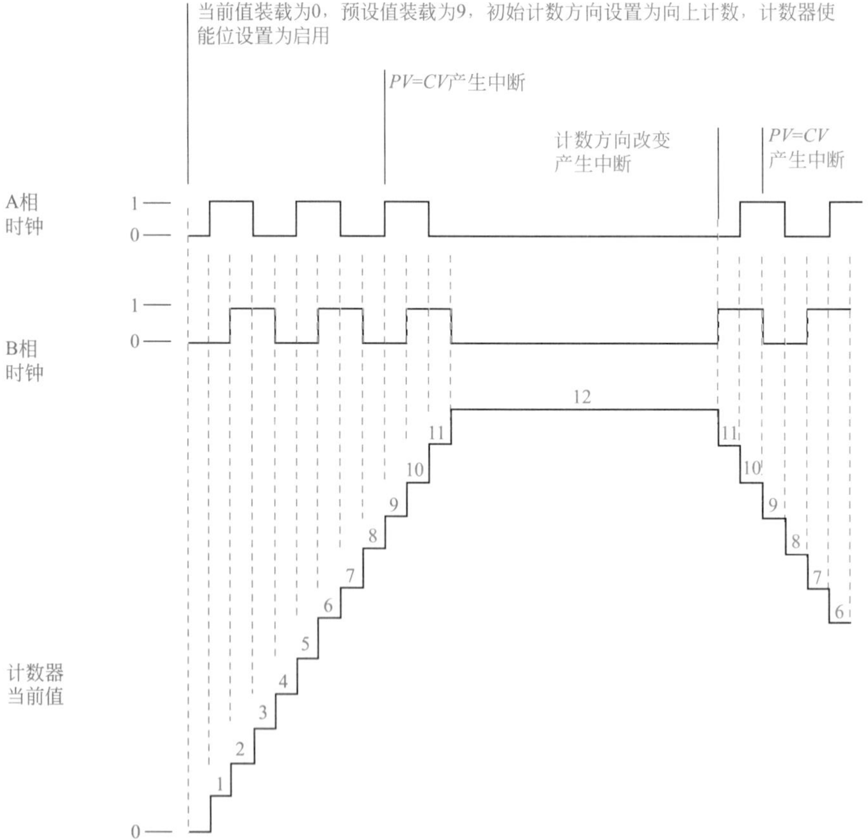

图10-11　高速计数器模式9和模式10（A/B正交相位4×）工作原理

高速计数器的输入分配和功能见表 10-4。

表 10-4 高速计数器的输入分配和功能

计数器	时钟 A	Dir/ 时钟 B	复位	单相最大时钟 / 输入速率	双相 / 正交最大时钟 / 输入速率
HSC0	I0.0	I0.1	I0.4	60kHz（S 型号 CPU） 30kHz（C 型号 CPU）	① 40kHz（S 型号 CPU） 最大 1 倍计数速率 =40kHz 最大 4 倍计数速率 =160kHz ② 20 kHz（C 型号 CPU） 最大 1 倍计数速率 =20kHz 最大 4 倍计数速率 =80kHz
HSC1	I0.1			60kHz（S 型号 CPU） 30kHz（C 型号 CPU）	
HSC2	I0.2	I0.3	I0.5	60kHz（S 型号 CPU） 30kHz（C 型号 CPU）	① 40kHz（S 型号 CPU） 最大 1 倍计数速率 =40kHz 最大 4 倍计数速率 =160kHz ② 20kHz（C 型号 CPU） 最大 1 倍计数速率 =20kHz 最大 4 倍计数速率 =80kHz
HSC3	I0.3			60kHz（S 型号 CPU） 30kHz（C 型号 CPU）	

【关键点】 S 型号 CPU 包括 SR20、SR40、ST40、SR60 和 ST60，C 型号 CPU 主要是 CR40。

高速计数器 HSC0 和 HSC2 支持八种计数模式，分别是模式 0、1、3、4、6、7、9 和 10。HSC1 和 HSC3 只支持一种计数模式，即模式 0。

高速计数器的硬件输入接口与普通数字量接口使用相同的地址。已经定义用于高速计数器的输入点不能再用于其他功能。但某些模式下，没有用到的输入点还可以用作开关量输入点。

S7-200 SMART PLC HSC 模式和输入分配见表 10-5。

表 10-5 S7-200 SMART PLC HSC 模式和输入分配

模式	中断描述	输入点		
	HSC0	I0.0	I0.1	I0.4
	HSC1	I0.1		
	HSC2	I0.2	I0.3	I0.5
	HSC3	I0.3		
0	具有内部方向控制的单相计数器	时钟		
1		时钟		复位
3	具有外部方向控制的单相计数器	时钟	方向	
4		时钟	方向	复位
6	带有 2 个时钟输入的双相计数器	加时钟	减时钟	
7		加时钟	减时钟	复位
9	A/B 正交计数器	时钟 A	时钟 B	
10		时钟 A	时钟 B	复位

（2）高速计数器的控制字和初始值、预置值

所有的高速计数器在S7-200 SMART PLC的特殊存储区中都有各自的控制字。控制字用来定义计数器的计数方式和其他一些设置，以及在用户程序中对计数器的运行进行控制。高速计数器的控制字的位地址分配见表10-6。

表10-6　高速计数器的控制字的位地址分配表

HSC0	HSC1	HSC2	HSC3	描述
SM37.0	不支持	SM57.0	不支持	复位有效控制，0=复位高电平有效，1=复位低电平有效
SM37.2	不支持	SM57.2	不支持	正交计数器速率选择，0=4×计数率，1=1×计数率
SM37.3	SM47.3	SM57.3	SM137.3	计数方向控制，0=减计数，1=加计数
SM37.4	SM47.4	SM57.4	SM137.4	向HSC中写入计数方向，0=不更新，1=更新
SM37.5	SM47.5	SM57.5	SM137.5	向HSC中写入预置值，0=不更新，1=更新
SM37.6	SM47.6	SM57.6	SM137.6	向HSC中写入初始值，0=不更新，1=更新
SM37.7	SM47.7	SM57.7	SM137.7	HSC允许，0=禁止HSC，1=允许HSC

高速计数器都有初始值和预置值，所谓初始值就是高速计数器的起始值，而预置值就是计数器运行的目标值，当前值（当前计数值）等于预置值时，会引发一个内部中断事件，初始值、预置值和当前值都是32位有符号整数。必须先设置控制字以允许装入初始值和预置值，并且初始值和预置值存入特殊存储器中，然后执行HSC指令使新的初始值和预置值有效。装载高速计数器的初始值、预置值和当前值的寄存器与计数器的对应关系见表10-7。

表10-7　装载初始值、预置值和当前值的寄存器与计数器的对应关系表

高速计数器	HSC0	HSC1	HSC2	HSC3
初始值	SMD38	SMD48	SMD58	SMD138
预置值	SMD42	SMD52	SMD62	SMD142
当前值	HC0	HC1	HC2	HC3

（3）指令介绍

高速计数器（HSC）指令根据HSC特殊内存位的状态配置和控制高速计数器。高速计数器定义（HDEF）指令选择特定的高速计数器（HSCx）的操作模式。模式选择定义高速计数器的时钟、方向、起始和复原功能。高速计数指令的格式见表10-8。

表10-8　高速计数指令格式

LAD	输入/输出	参数说明	数据类型
HDEF（EN、ENO、HSC、MODE）	HSC	高速计数器的号码，取值0、1、2、3	BYTE
	MODE	模式，取值为0、1、3、4、6、7、9、10	BYTE
HSC（EN、ENO、N）	N	指定高速计数器的号码，取值0、1、2、3	WORD

以下一个简单例子说明控制字和高速计数器指令的具体应用，如图10-12所示。

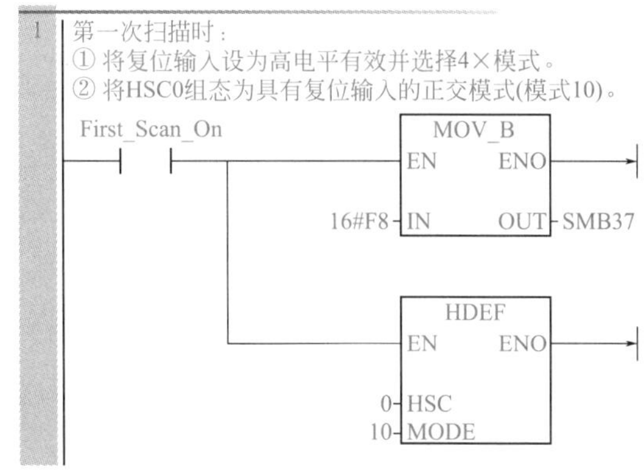

图10-12　梯形图

（4）滤波时间

S7-200 SMART PLC的数字量输入的默认滤波时间是6.4ms，可以测量最大的频率是78Hz，因此要测量高速输入信号时需要修改滤波时间，否则对于高于78Hz的信号，测量会产生较大的误差。HSC可检测到的各种输入滤波组态的最大输入频率见表10-9。

表10-9　HSC可检测到的各种输入滤波组态的最大输入频率

输入滤波时间	可检测到的最大频率	输入滤波时间	可检测到的最大频率
0.2μs	200kHz（S型号CPU） 100kHz（C型号CPU）	0.2ms	2.5kHz
0.4μs	200kHz（S型号CPU） 100kHz（C型号CPU）	0.4ms	1.25kHz
0.8μs	200kHz（S型号CPU） 100kHz（C型号CPU）	0.8ms	625Hz
1.6μs	200kHz（S型号CPU） 100kHz（C型号CPU）	1.6ms	312Hz
3.2μs	156kHz（S型号CPU） 100kHz（C型号CPU）	3.2ms	156Hz
6.4μs	78 kHz	6.4ms	78Hz
12.8 μs	39 kHz	12.8ms	39Hz

例如，如果要测量100kHz的高速输入信号的频率，则应把滤波时间修改为3.2μs或者更加小。先打开系统块，修改输入点I0.0和I0.1滤波时间的方法如图10-13所示，勾选“I0.0-I0.7”选项，用下拉菜单把I0.0和I0.1的滤波时间修改成3.2μs，并勾选“脉冲捕捉”选项，单击“确定”按钮即可。

10.2.2　三菱FX系列PLC高速计数器的简介

（1）高速计数器指令（HSCS、HSCR、HSZ）

高速计数器指令有3条指令（HSCS、HSCR、HSZ）。HSCS是满足条件时，目标元件置ON；HSCR是满足条件时，目标元件置OFF；HSZ是高速计数器区间比较。高速计数器指令参数见表10-10。

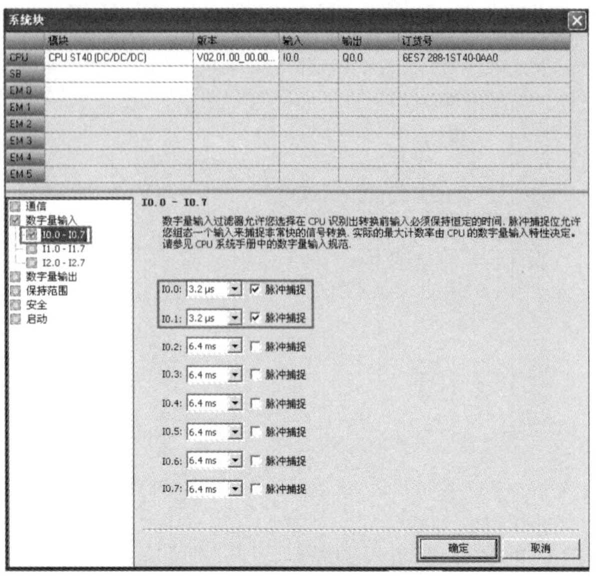

图10-13　修改滤波时间

表10-10　高速计数器指令参数表

指令名称	FNC NO.	[S1·]	[S2·]	[S3·]	[D·]
高速计数器比较置位	FNC53	K、H、KnX、KnY、KnM、KnS、T、C、D、VZ	C C=C235～C255	无	Y、S、M
高速计数器比较复位	FNC54	K、H、KnX、KnY、KnM、KnS、T、C、D、VZ	C C=C235～C255	无	Y、S、M、C
高速计数器区间比较	FNC55	K、H、KnX、KnY、KnM、KnS、T、C、D、VZ	K、H、KnX、KnY、KnM、KnS、T、C、D、VZ	C C=C235～C255	Y、S、M

① 高速计数器比较置位指令　用一个例子解释高速计数器比较置位指令的使用方法，如图10-14所示，当X0闭合时，如果C240从9变成10或者从11变成10，Y000立即置位。

② 高速计数器比较复位指令　用一个例子解释高速计数器比较复位指令的使用方法，如图10-15所示，当X0闭合时，如果C240从9变成10或者从11变成10，Y000立即复位。

图10-14　高速计数器比较置位指令的应用示例　　图10-15　高速计数器比较复位指令的应用示例

③ 高速计数器区间比较指令　用一个例子解释高速计数器区间比较指令的使用方法，如图10-16所示，当X0闭合时，如果C240的数据小于10，Y000立即置位；C240的数据介于10和20之间，Y001立即置位；如果C240的数据大于20，Y002立即置位。

图10-16　高速计数器区间比较指令的应用示例

（2）脉冲速度检测指令（SPD）

脉冲速度检测指令（SPD）就是在指定时间内，检测编码器的脉冲输入个数，并计算速度。[S1·]中指定输入脉冲的端子，[S2·]指定时间，单位是ms，结果存入[D·]。脉冲速度检测指令参数见表 10-11。

表 10-11　脉冲速度检测指令（SPD）参数表

指令名称	FNC NO.	[S1・]	[S2・]	[D・]
脉冲速度检测	FNC56	X0 ～ X5	K、H、KnX、KnY、KnM、KnS、T、C、D、VZ	T、C、D、VZ

用一个例子解释脉冲速度检测指令（SPD）的使用方法，如图 10-17 所示，当 X10 闭合时，D1 开始对 X0 由 OFF 向 ON 动作的次数计数，100ms 后，将其结果存入 D0 中。随后 D1 复位，再次对 X0 由 OFF 向 ON 动作的次数计数。D2 中用于检测剩余时间。

图 10-17　脉冲速度检测指令（SPD）的应用示例

【关键点】 D0 中的结果不是速度值，是 100ms 内的脉冲个数，与速度成正比；X0 用于测量速度后，不能再作输入点使用；当指定一个目标元件后，连续三个存储器被占用，如本例的 D0、D1、D2 被占用。

10.2.3　高速计数器的应用

以下用两个例子说明高速计数器的应用。

【例 10-3】 用高速计数器 HSC0 计数，当计数值达到 500 ～ 1000 时报警，报警灯 Q0.0 亮。

【解】 根据题意，报警有上位 1000 和下位 500，因此当高速计数达到计数值时，要两次执行中断程序。主程序如图 10-18 所示，中断程序 0 如图 10-19 所示，中断程序 1 如图 10-20 所示。

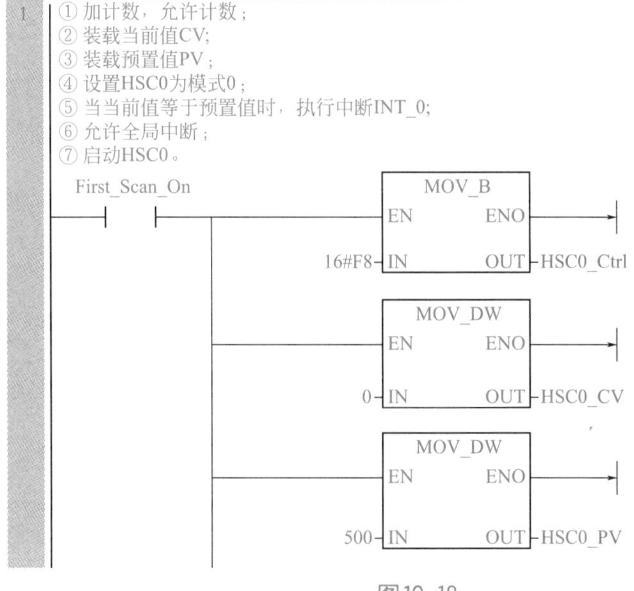

图 10-18

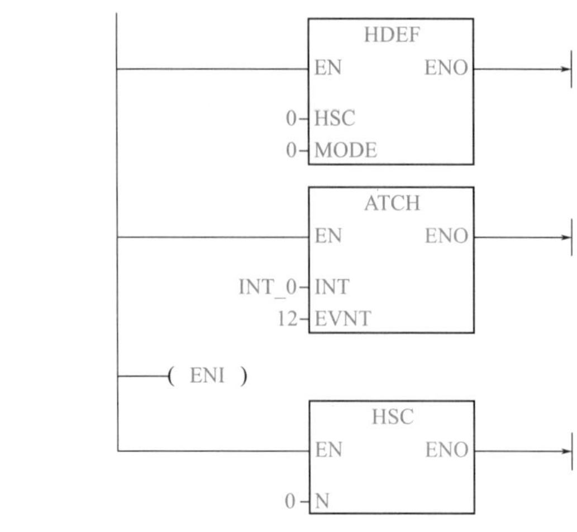

符号	地址	注释
First_Scan_On	SM0.1	仅在第一个扫描周期时接通
HSC0_Ctrl	SMB37	组态和控制HSC0
HSC0_CV	SMD38	HSC0新当前值
HSC0_PV	SMD42	HSC0新预设值
INT_0	INT0	中断例程注释

图10-18　主程序

1

①加计数，允许计数，写入新的预置值，不改变计数方向；
②装载预置值PV;
③当当前值等于预置值时，执行中断INT_1；
④启动HSC0；
⑤置位Q0.0。

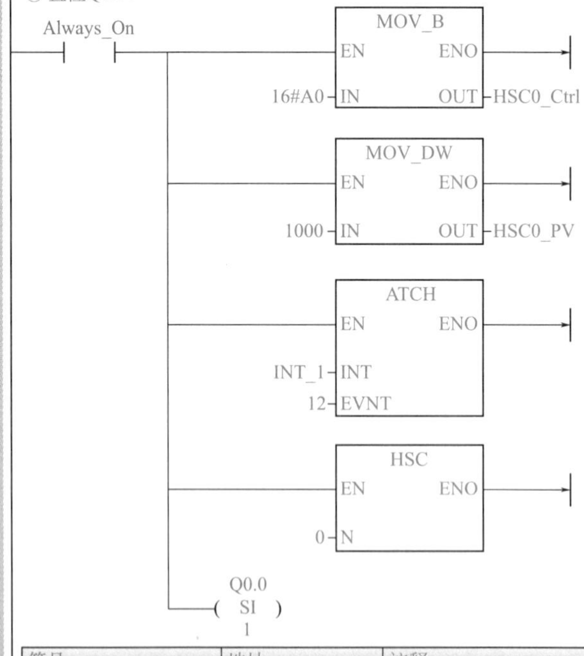

符号	地址	注释
Always_On	SM0.0	始终接通
HSC0_Ctrl	SMB37	组态和控制HSC0
HSC0_PV	SMD42	HSC0新预设值
INT_1	INT1	中断例程注释

图10-19　中断程序0

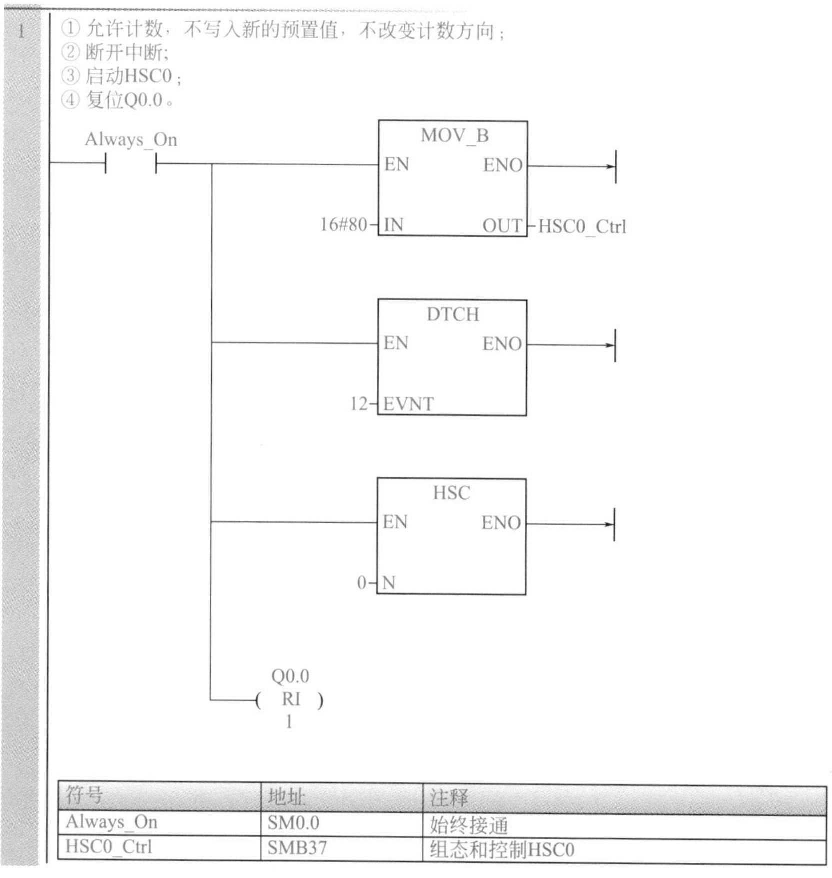

符号	地址	注释
Always_On	SM0.0	始终接通
HSC0_Ctrl	SMB37	组态和控制HSC0

图10-20 中断程序1

【例 10-4】 用高速计数器 HSC0 计数，开始计数值为 0，并为加计数，当计数值达到 100，为减计数，达到 0 时，又开始加计数。如此循环，任何时候，压下复位按钮，计数值为 0。

【解】 根据题意，可使用 HSC0 的模式 1。主程序如图 10-21 所示，子程序如图 10-22 所示，中断程序 0 如图 10-23 所示，中断程序 1 如图 10-24 所示，中断程序 2 如图 10-25 所示。

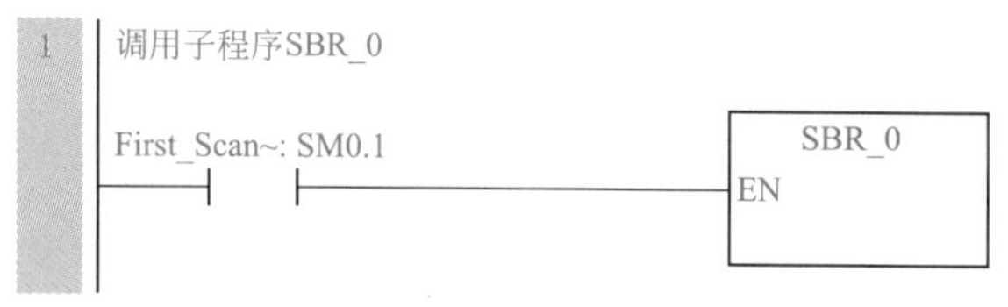

图10-21 主程序

10.2.4 高速计数器在转速测量中的应用

（1）光电编码器简介

利用 PLC 高速计数器测量转速，一般要用到光电编码器。光电编码器是集光、机、电技术于一体的数字化传感器，可以高精度测量被测物的转角或直线位移量。光电编码器通过测量被测物体的旋转角度或者直线距离，并将测量到的旋转角度转化为脉冲电信号输出。控制器（PLC 或者数控系统的 CNC）检测到这个输出的电信号即可得到速度或者位移。

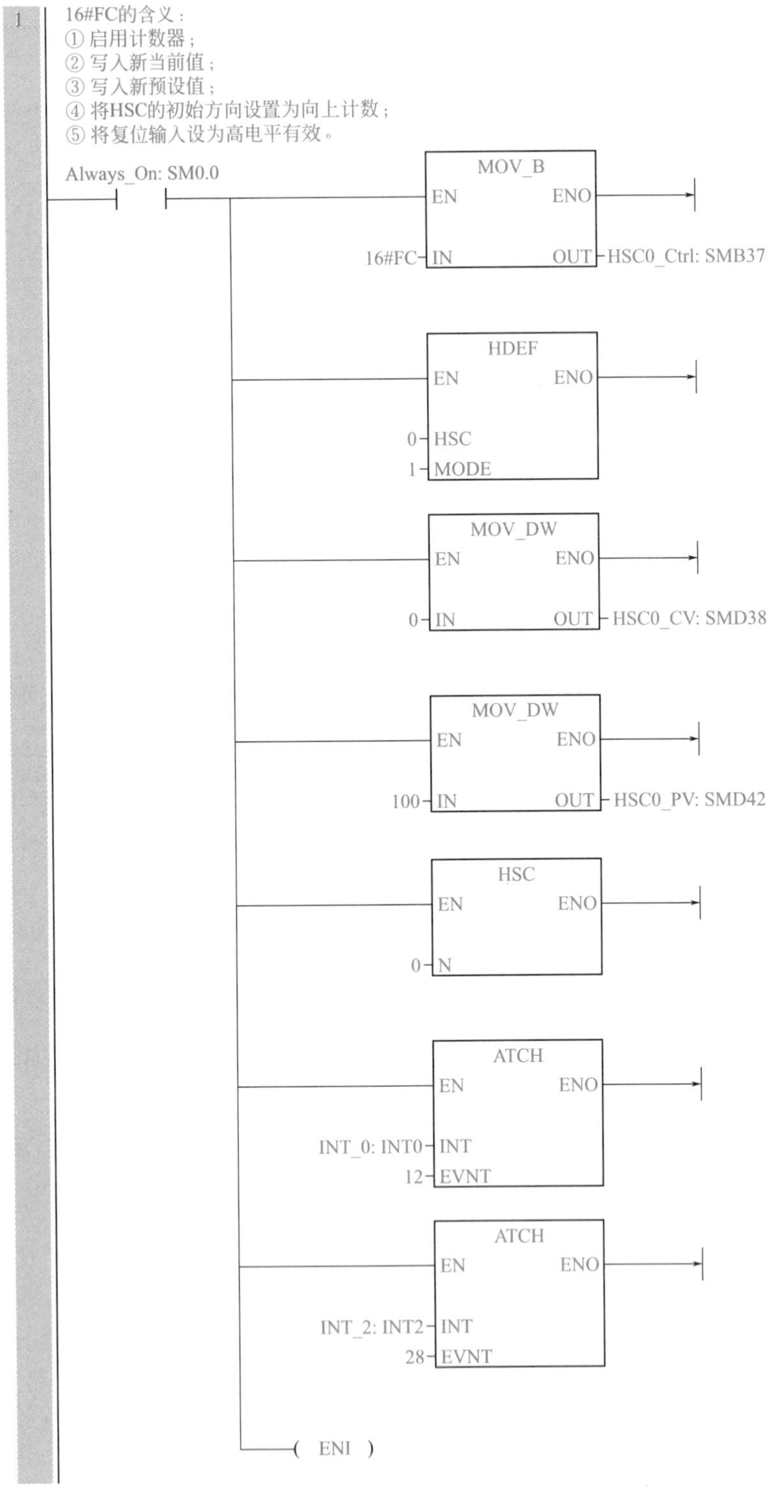

1

16#FC的含义：
① 启用计数器；
② 写入新当前值；
③ 写入新预设值；
④ 将HSC的初始方向设置为向上计数；
⑤ 将复位输入设为高电平有效。

Always_On: SM0.0

MOV_B: EN ENO; 16#FC - IN; OUT - HSC0_Ctrl: SMB37

HDEF: EN ENO; 0 - HSC; 1 - MODE

MOV_DW: EN ENO; 0 - IN; OUT - HSC0_CV: SMD38

MOV_DW: EN ENO; 100 - IN; OUT - HSC0_PV: SMD42

HSC: EN ENO; 0 - N

ATCH: EN ENO; INT_0: INT0 - INT; 12 - EVNT

ATCH: EN ENO; INT_2: INT2 - INT; 28 - EVNT

(ENI)

图10-22 子程序

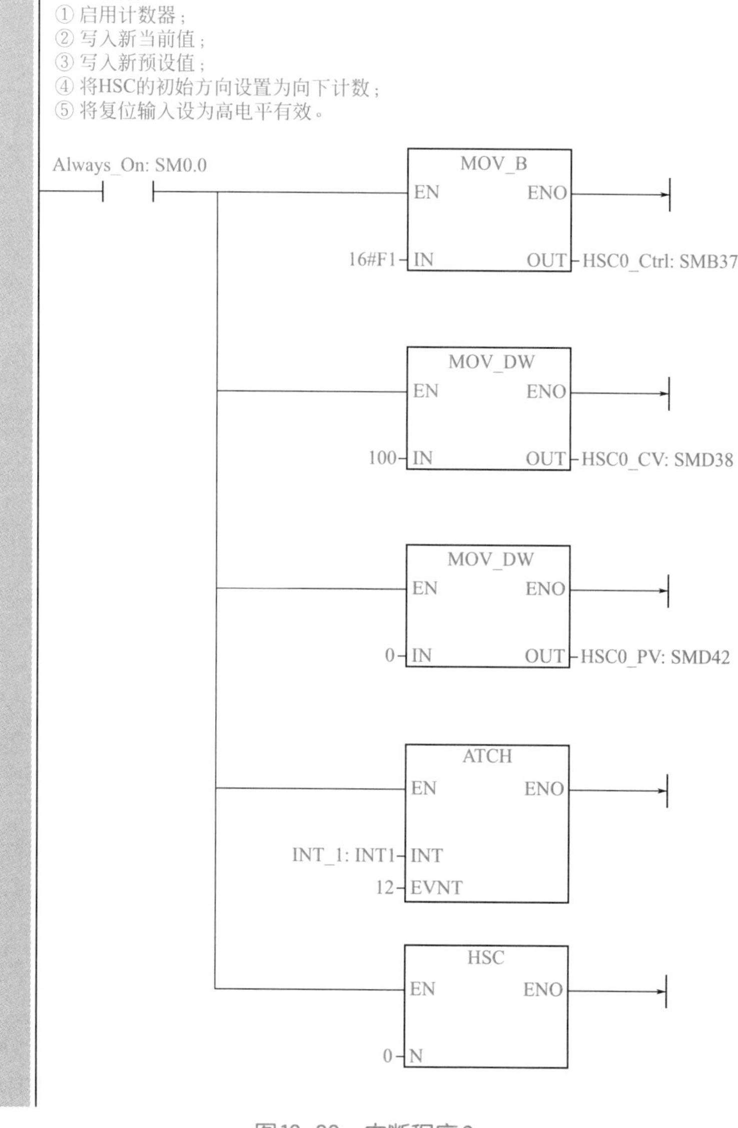

图10-23　中断程序0

图10-24　中断程序1

图10-25　中断程序2

① 光电编码器的分类　按测量方式，可分为旋转编码器、直尺编码器。按编码方式，可分为绝对式编码器、增量式编码器和混合式编码器。

② 光电编码器的应用场合　光电编码器在机器人、数控机床上得到广泛应用，一般而言只要用到伺服电动机，就可能用到光电编码器。

（2）应用实例

以下用一个例子说明高速计数器在转速测量中的应用。

【例 10-5】 一台电动机上配有一台光电编码器（光电编码器与电动机同轴安装），试用西门子 S7-200 SMART PLC 测量电动机的转速，要求正向旋转为正数转速，反向旋转为负数转速。

【解】 由于光电编码器与电动机同轴安装，所以光电编码器的转速就是电动机的转速。用高速计数器 A/B 正交计数器的模式 9 或者模式 10 测量，可以得到有正负号的转速。

方法一：直接编写程序

① 软硬件配置

a. 1 套 STEP7-Micro/WIN SMART V2.3。

b. 1 台 CPU ST40。

c. 1 台光电编码器（1024 线）。

d. 1 根以太网线。

接线如图 10-26 所示。

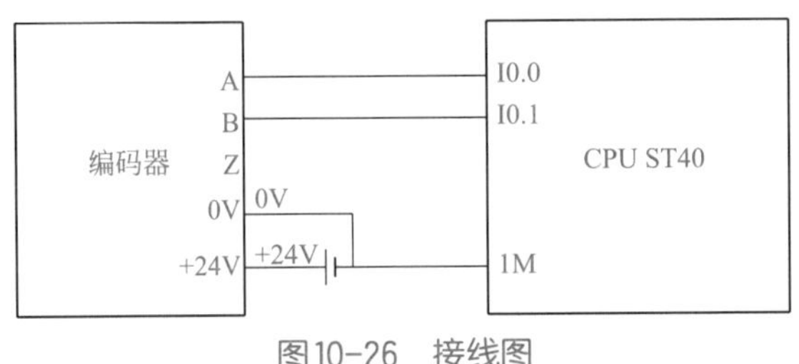

图10-26　接线图

【关键点】 光电编码器的输出脉冲信号有 +5V 和 +24V（或者 +18V），而多数 S7-200 SMART PLC 的输入端的有效信号是 +24V（PNP 接法时），因此，在选用光电编码器时要注意最好不要选用 +5V 输出的光电编码器。图 10-25 中的编码器是 PNP 型输出，这一点非常重要，涉及程序的初始化，在选型时要注意。此外，编码器的 0V 端子要与 PLC 的 1M 短接。否则不能形成回路。

那么若只有 +5V 输出的光电编码器是否可以直接用于以上回路测量速度呢？答案是不能，但经过晶体管升压后是可行的，具体解决方案请读者自行思考。

② 设置脉冲捕捉时间　打开系统块，选中“数字量输入”→“I0.0-I0.7”，将 I0.0 和 I0.1 的捕捉时间设置为 3.2μs，同时勾选“脉冲捕捉”，最后单击“确定”按钮，如图 10-27 所示。

（3）编写程序

本例的编程思路是先对高速计数器进行初始化，启动高速计数器，在 100ms 内高速计数器计数个数，转化成每分钟编码器旋转的圈数，就是光电编码器的转速，也就是电动机

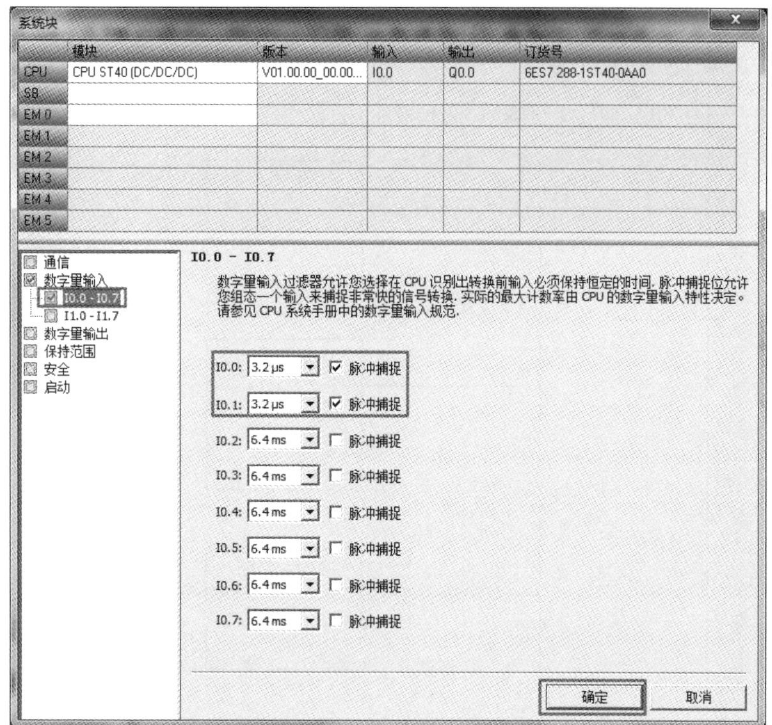

图10-27 设置脉冲捕捉时间

的转速。光电编码器为 1024 线，也就是说，高速计数器每收到 1024 个脉冲，电动机就转 1 圈。电动机的转速公式如下：

$$n=\frac{N\times10\times60}{1024}=\frac{N\times75}{2^7}$$

式中，n 为电动机的转速；N 为 100ms 内高速计数器计数个数（收到脉冲个数）。

特殊寄存器 SMB37 各位的含义如图 10-28 所示。梯形图如图 10-29 和图 10-30 所示。

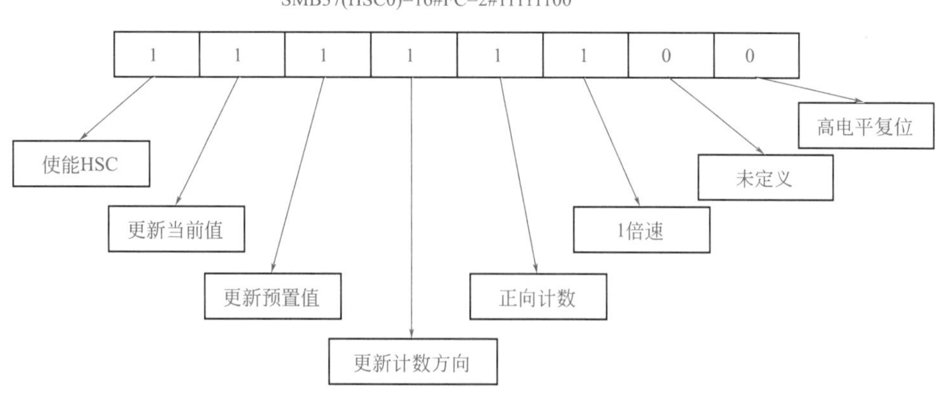

图10-28 特殊寄存器SMB37各位的含义

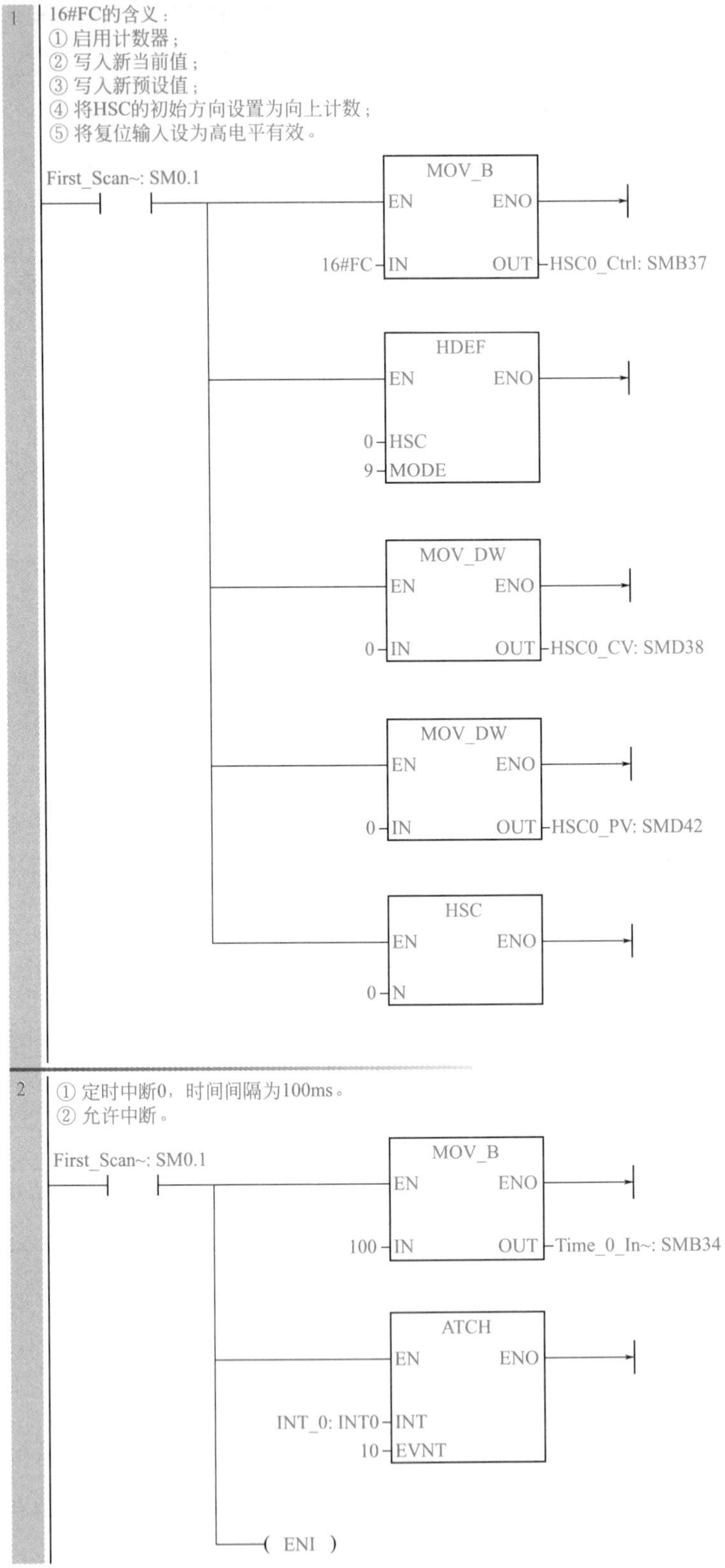

1

16#FC的含义：
① 启用计数器；
② 写入新当前值；
③ 写入新预设值；
④ 将HSC的初始方向设置为向上计数；
⑤ 将复位输入设为高电平有效。

First_Scan~: SM0.1

MOV_B: EN ENO; 16#FC - IN; OUT - HSC0_Ctrl: SMB37

HDEF: EN ENO; 0 - HSC; 9 - MODE

MOV_DW: EN ENO; 0 - IN; OUT - HSC0_CV: SMD38

MOV_DW: EN ENO; 0 - IN; OUT - HSC0_PV: SMD42

HSC: EN ENO; 0 - N

2

① 定时中断0，时间间隔为100ms。
② 允许中断。

First_Scan~: SM0.1

MOV_B: EN ENO; 100 - IN; OUT - Time_0_In~: SMB34

ATCH: EN ENO; INT_0: INT0 - INT; 10 - EVNT

(ENI)

图10-29　主程序

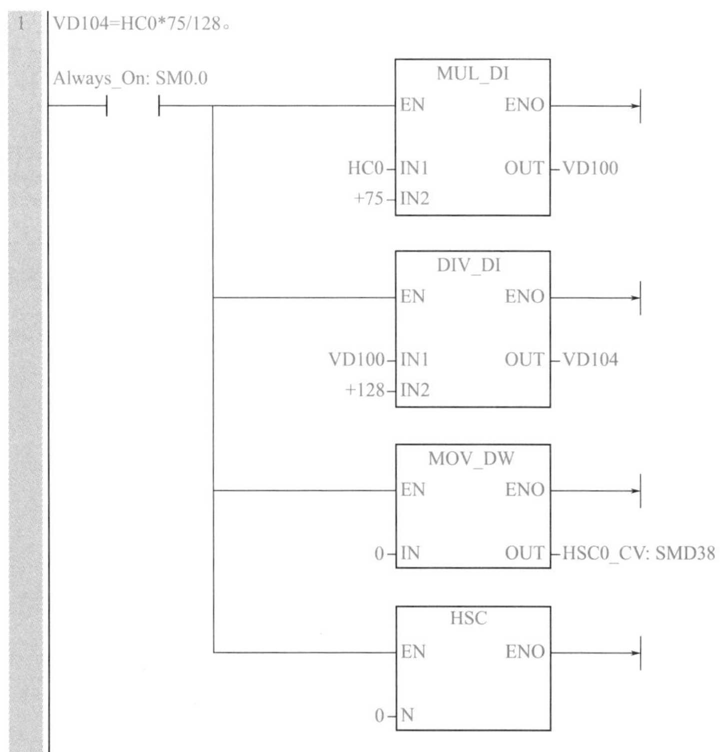

图10-30　中断程序INT_0

方法二：使用指令向导编写程序

初学者学习高速计数器是有一定难度的，STEP7-Micro/WIN SMART 软件内置的指令向导提供了简单方案，能快速生成初始化程序，以下介绍这一方法。

① 设置脉冲捕捉时间　设置脉冲捕捉时间与方法一相同。

② 打开指令向导　首先，单击菜单栏中的“工具”→“高速计数器”按钮，如图10-31 所示，弹出如图 10-32 所示的界面。

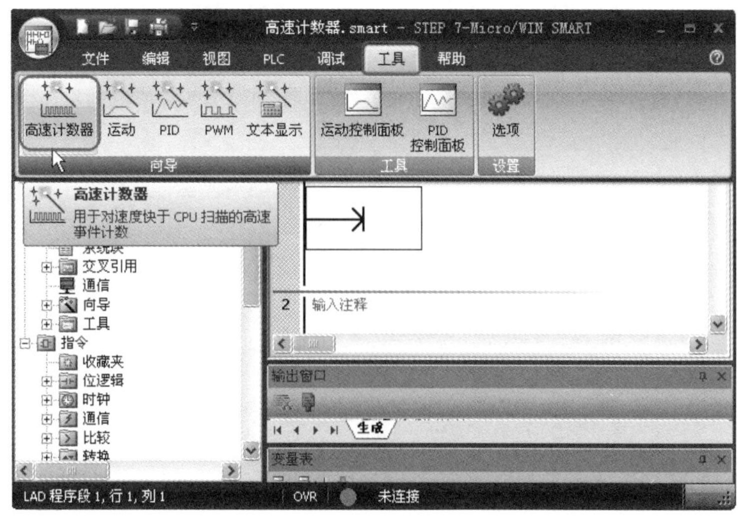

图10-31　打开“高速计数器”指令向导

③ 选择高速计数器　本例选择高速计数器0，也就是要勾选“HSC0”，如图10-32所示。选择哪个高速计数器由具体情况决定，单击“模式”选项或者单击“下一个”按钮，弹出如图10-33所示的界面。

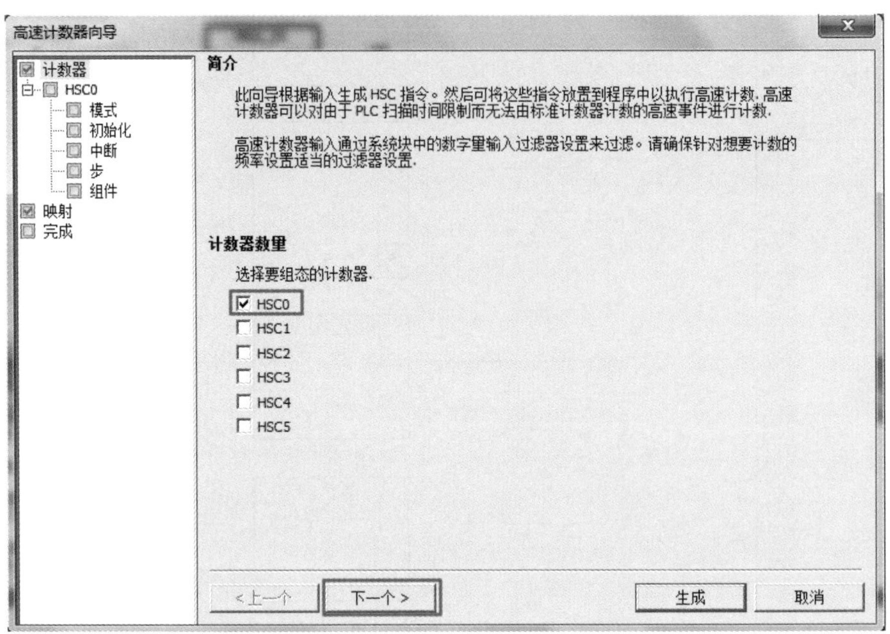

图10-32　选择“高速计数器”编号

④ 选择高速计数器的工作模式　如图10-33所示，在“模式”选项中，选择“模式9”（AB相正交模式），单击“下一个”按钮，弹出如图10-34所示的界面。

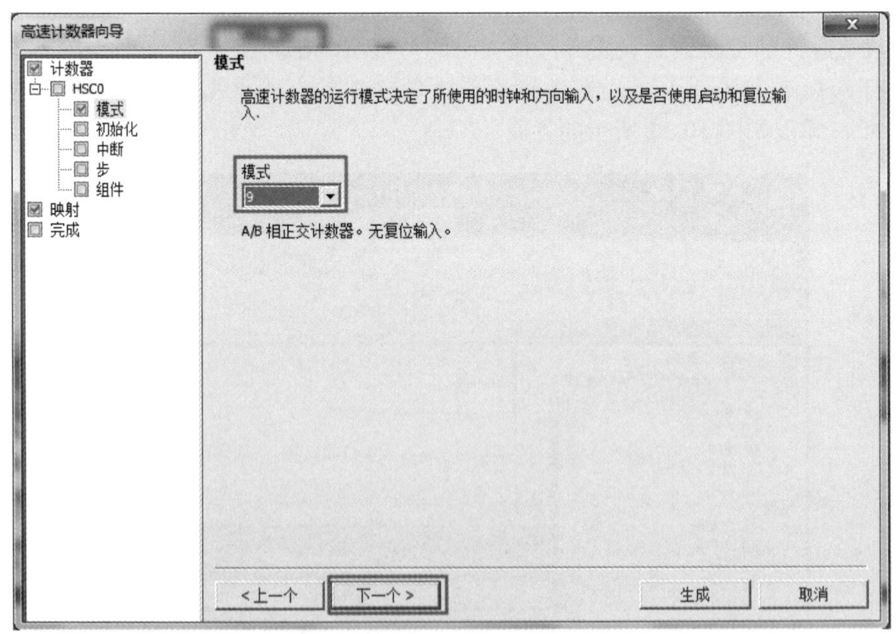

图10-33　选择“高速计数器”模式

⑤ 设置“高速计数器”参数　如图10-34所示，初始化程序的名称可以使用系统自动

生成的，也可以由读者重新命名，本例的预设值为“100”，当前值为“0”，输入初始计数方向为“上”，计数速率为“1×”。单击“下一个”按钮，弹出如图 10-35 所示的界面。

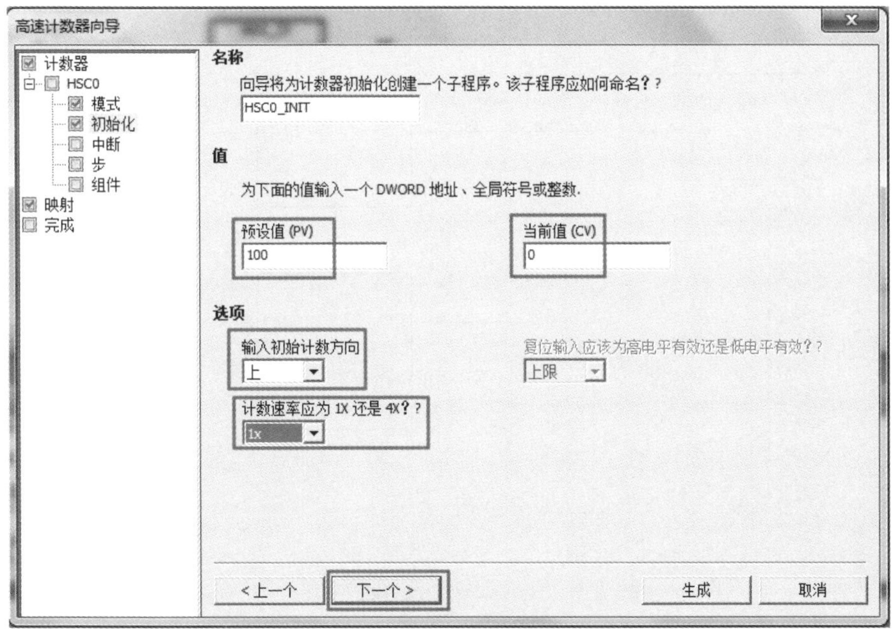

图10-34　设置“高速计数器”参数

⑥ 设置完成　本例不需要设置高速计数器中断、步和组件，因此单击“生成”按钮即可，如图 10-35 所示。

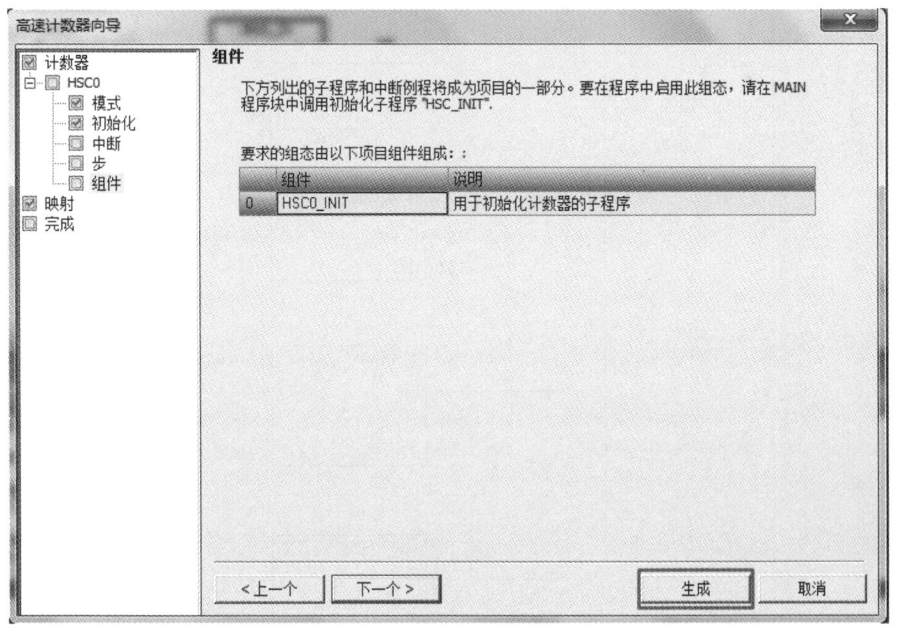

图10-35　设置“高速计数器”完成

高速计数器设置完成后，可以看到“指令向导”自动生成初始化程序“HSC0_INIT”。编写主程序如图 10-36 所示，中断程序如图 10-37 所示。

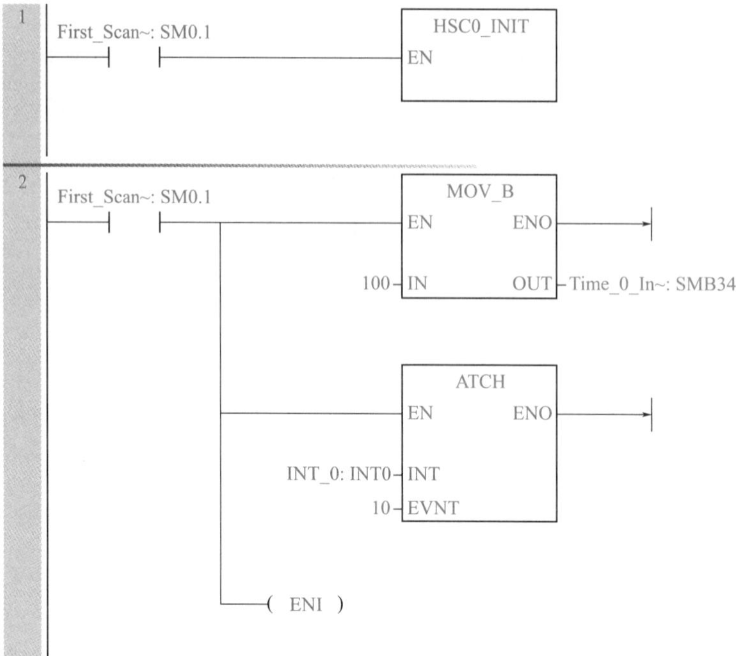

图10-36　主程序

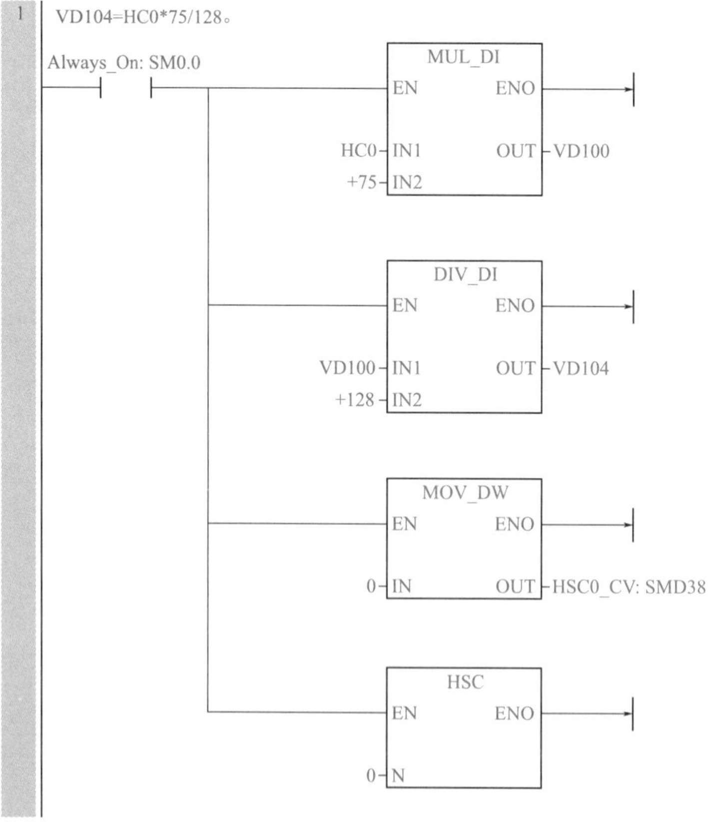

图10-37　中断程序INT_0

【关键点】 利用“指令向导”只能生成高速计数器的初始化程序，其余的程序仍然需要读者编写。

【例 10-6】 一台电动机上配有一台光电编码器（光电编码器与电动机同轴安装），试用三菱 FX3U PLC 测量电动机的转速（正向旋转），要求编写梯形图程序。

【解】 由于光电编码器与电动机同轴安装，所以光电编码器的转速就是电动机的转速。使用 SPD 指令，D0 中存储的是 100ms 的脉冲数，而光电编码器为 500 线，故其转速为：

$$n=\frac{D0\times10\times60}{500}=\frac{D0\times6}{5}\ (\mathrm{r/min})$$

① 软硬件配置

a. 1 套 GX Works3。

b. 1 台 FX3U-32MT。

c. 1 台光电编码器（500 线）。

d. 1 根以太网线。

接线如图 10-38 所示。

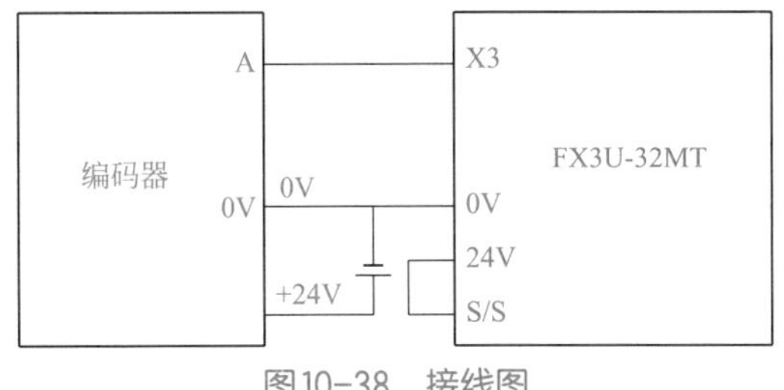

图10-38　接线图

② 编写程序　梯形图程序如图 10-39 所示。

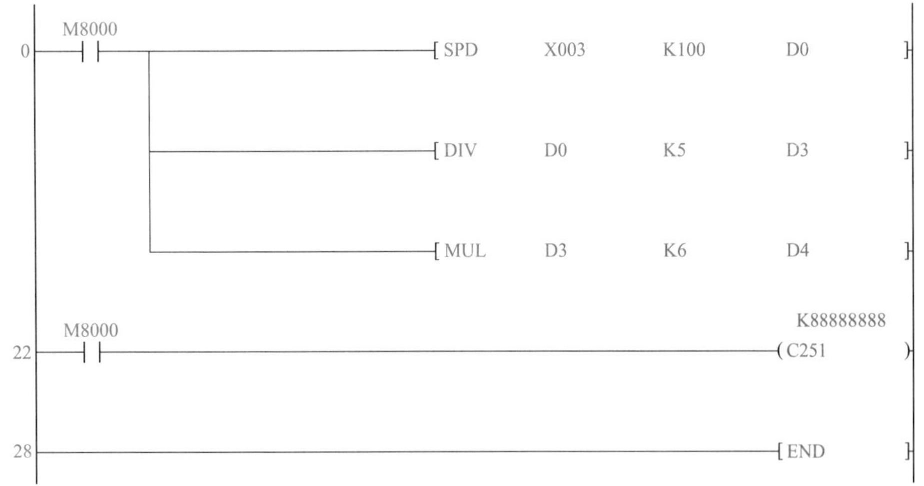

图10-39　梯形图

第 11 章 PLC 在运动控制中的应用

本章介绍西门子 S7-200 SMART PLC 和三菱 FX3U PLC 的高速输出点在运动控制中的应用。西门子 S7-200 SMART PLC 和三菱 FX3U PLC 的高速输出点可以直接对步进驱动系统和伺服驱动系统进行运动控制，读者可以根据实际情况对程序和硬件配置进行移植。

11.1　西门子 S7-200 SMART PLC 的运动控制及其应用

西门子 S7-200 SMART PLC 的运动控制一般是利用 PLC 高速输出点完成的，也可以利用 USS 和 Modbus 现场总线完成，但使用不如高速输出点广泛，因此不作介绍。

11.1.1　西门子 S7-200 SMART PLC 的运动控制基础

（1）S7-200 SMART 的开环运动控制介绍

S7-200 SMART PLC 提供如下两种方式的开环运动控制。

① 脉宽调制（PWM）：内置于 CPU 中，用于速度、位置或占空比的控制。

② 运动轴：内置于 CPU 中，用于速度和位置的控制。

CPU 提供了最多三个数字量输出（Q0.0、Q0.1 和 Q0.3），这三个数字量输出可以通过 PWM 向导组态为 PWM 输出，或者通过运动向导组态为运动控制输出。当作为 PWM 操作组态输出时，输出的周期是固定的，脉宽或脉冲占空比可通过程序进行控制。脉宽的变化可在应用中控制速度或位置。

运动轴提供了带有集成方向控制和禁用输出的单脉冲串输出。运动轴还包括可编程输入，允许将 CPU 组态为包括自动参考点搜索在内的多种操作模式。运动轴为步进电动机或伺服电动机的速度和位置开环控制提供了统一的解决方案。

（2）高速脉冲输出指令介绍

S7-200 SMART PLC 配有 2 ～ 3 个 PWM 发生器，它们可以产生一个脉冲调制波形。一个发生器输出点是 Q0.0，另外两个发生器输出点是 Q0.1 和 Q0.3。当 Q0.0、Q0.1 和 Q0.3 作为高速输出点时，其普通输出点被禁用，而当不作为 PWM 发生器时，Q0.0、Q0.1 和 Q0.3

可作为普通输出点使用。一般情况下，PWM 输出负载至少为 10% 的额定负载。经济型的 S7-200 SMART PLC 并没有高速输出点，标准型的 S7-200 SMART PLC 才有高速输出点，目前典型的两个型号是 CPU ST40 和 CPU ST60。CPU ST20 只有两个高速输出通道，即 Q0.0 和 Q0.1。

脉冲输出指令（PLS）配合特殊存储器用于配置高速输出功能，PLS 指令格式见表 11-1。

表 11-1 PLS 指令格式

LAD	说明	数据类型
PLS EN ENO Q0.X	Q0.X：脉冲输出范围，为 0 时 Q0.0 输出，为 1 时 Q0.1 输出，为 2 时 Q0.3 输出	WORD

PWM 提供三条通道，这些通道允许占空比可变的固定周期时间输出，如图 11-1 所示，PLS 指令可以指定周期时间和脉冲宽度。以 μs 或 ms 为单位指定脉冲宽度和周期。

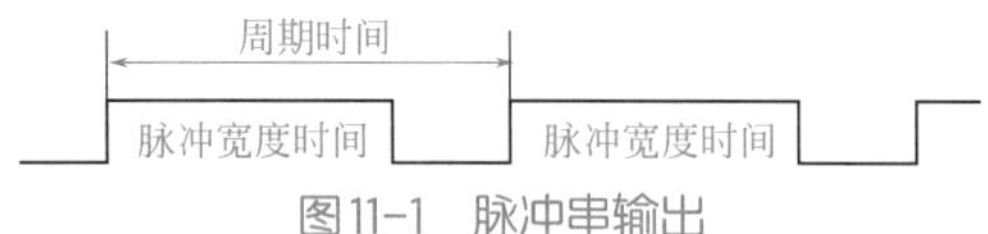

图11-1 脉冲串输出

PWM 的周期范围为 10 ～ 65535μs 或者 2 ～ 65535ms，PWM 的脉冲宽度时间范围为 10 ～ 65535μs 或者 2 ～ 65535ms。

（3）与 PLS 指令相关的特殊寄存器的含义

如果要装入新的脉冲宽度（SMW70 或 SMW80）和周期（SMW68 或 SMW78），应该在执行 PLS 指令前装入这些值和控制寄存器，然后 PLS 指令会从特殊存储器 SM 中读取数据，并按照存储数值控制 PWM 发生器。这些特殊寄存器分为三大类：PWM 功能状态字、PWM 功能控制字和 PWM 功能寄存器。这些寄存器的含义见表 11-2 ～表 11-4。

表 11-2 PWM 控制寄存器的 SM 标志

Q0.0	Q0.1	Q0.3	控制字节
SM67.0	SM77.0	SM567.0	PWM 更新周期值（0= 不更新，1= 更新周期值）
SM67.1	SM77.1	SM567.1	PWM 更新脉冲宽度值（0= 不更新，1= 更新）
SM67.2	SM77.2	SM567.2	保留
SM67.3	SM77.3	SM567.3	PWM 时间基准选择（0=1μs/ 格，1=1ms/ 格）
SM67.4	SM77.4	SM567.4	保留
SM67.5	SM77.5	SM567.5	保留
SM67.6	SM77.6	SM567.6	保留
SM67.7	SM77.7	SM567.7	PWM 允许（0= 禁止，1= 允许）

表 11-3 其他 PWM 寄存器的 SM 标志

Q0.0	Q0.1	Q0.3	控制字节
SMW68	SMW78	SMW568	PWM 周期值（范围：2 ～ 65535）
SMW70	SMW80	SMW570	PWM 脉冲宽度值（范围：0 ～ 65535）

表 11-4　PWM控制字节参考

控制寄存器（十六进制值）	启用	时基	脉冲宽度	周期时间
16#80	是	1μs/ 周期		
16#81	是	1μs/ 周期		更新
16#82	是	1μs/ 周期	更新	
16#83	是	1μs/ 周期	更新	更新
16#88	是	1ms/ 周期		
16#89	是	1ms/ 周期		更新
16#8A	是	1ms/ 周期	更新	
16#8B	是	1ms/ 周期	更新	更新

【关键点】 使用 PWM 功能相关的特殊存储器 SM 需要注意以下几点。

① 如果要装入新的脉冲宽度（SMW70 或 SMW80）或者周期（SMW68 或 SMW78），应该在执行 PLS 指令前装入这些数值到控制寄存器。

② 受硬件输出电路响应速度的限制，对于 Q0.0、Q0.1 和 Q0.3，从断开到接通为 1.0μs，从接通到断开为 3.0μs，因此最小脉宽不可能小于 4.0μs。最大的频率为 100kHz，因此最小周期为 10μs。

（4）PLS 高速输出指令应用

以下用一个例子介绍高速输出指令的应用。

【例 11-1】 用 CPU ST40 的 Q0.0 输出一串脉冲，周期为 100ms，脉冲宽度时间为 20ms，要求有启停控制。

【解】 梯形图如图 11-2 所示。

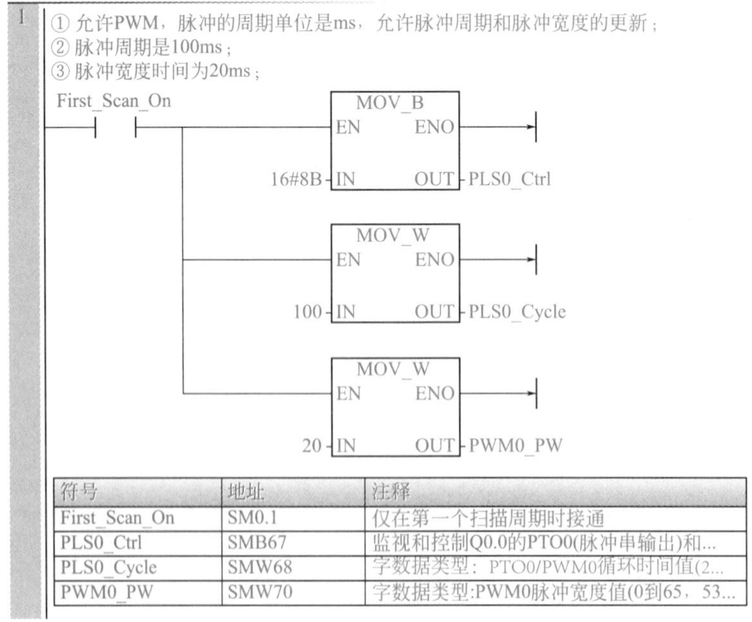

符号	地址	注释
First_Scan_On	SM0.1	仅在第一个扫描周期时接通
PLS0_Ctrl	SMB67	监视和控制Q0.0的PTO0(脉冲串输出)和...
PLS0_Cycle	SMW68	字数据类型：PTO0/PWM0循环时间值(2...
PWM0_PW	SMW70	字数据类型:PWM0脉冲宽度值(0到65，53...

图 11-2

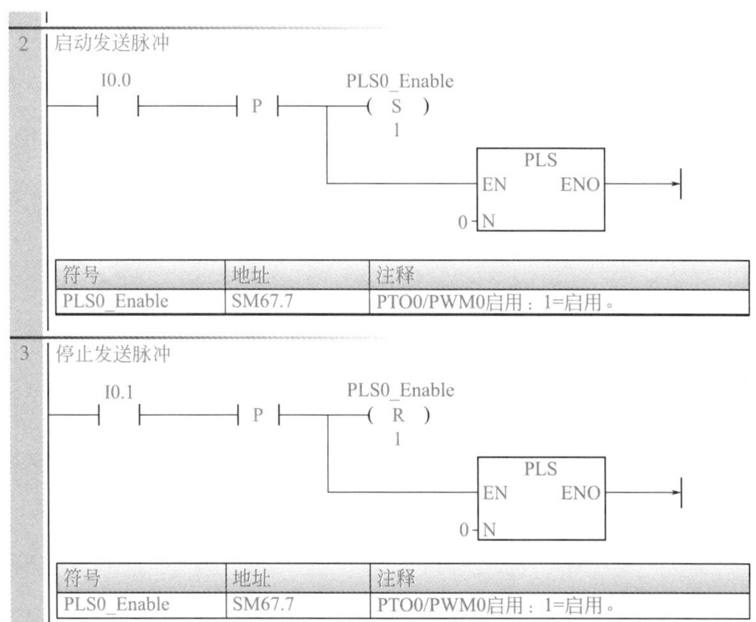

图11-2　梯形图

初学者往往对于控制字的理解比较困难，但西门子公司设计了指令向导功能，读者只要设置参数即可生成子程序，使得程序的编写变得简单。以下将介绍此方法。

① 打开指令向导　单击菜单栏的“工具”→“PWM”，如图11-3所示，弹出如图11-4所示的界面。

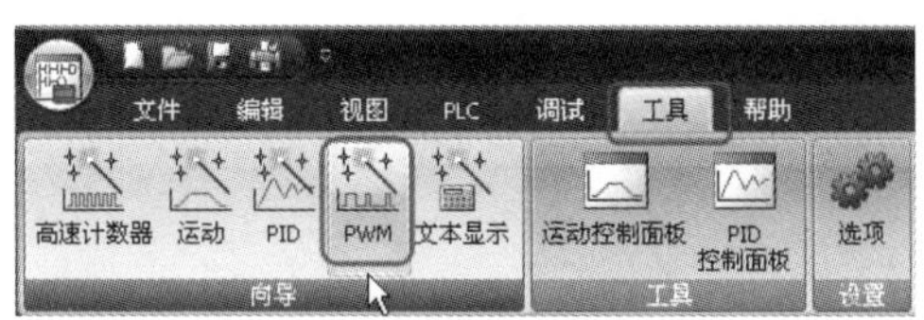

图11-3　打开指令向导

② 选择输出点　CPU ST40有三个高速输出点，本例选择Q0.0输出，也就是勾选“PWM0”选项。同理如果要选择Q0.1输出，则应勾选“PWM1”选项，单击“下一步”按钮，如图11-4所示。

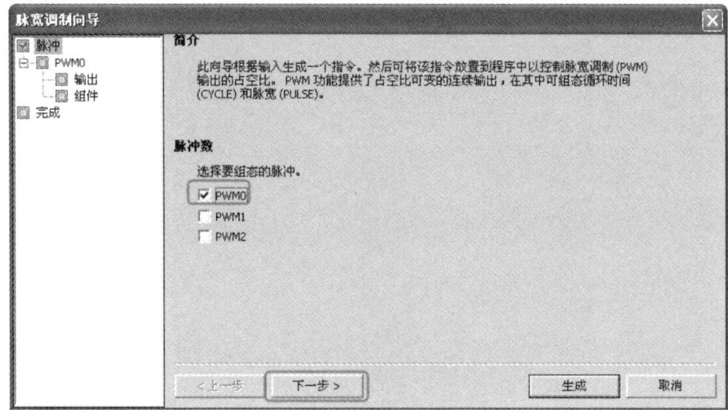

图11-4　选择输出点

③ 子程序命名　如图11-5所示，可对子程序命名，也可以使用默认的名称，单击“下一步”按钮。

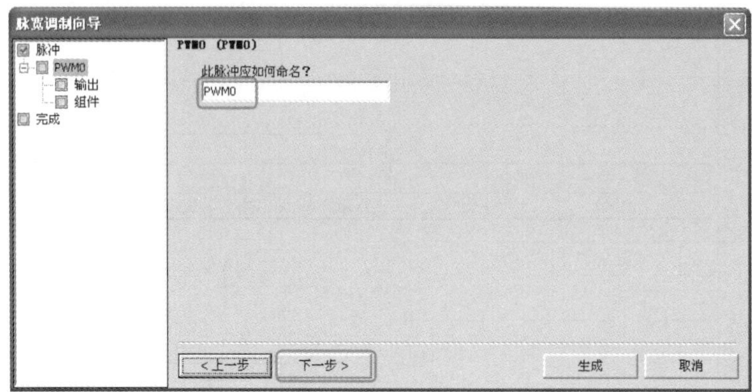

图11-5　子程序命名

④ 选择时间基准　PWM 的时间基准有“毫秒”和“微秒”，本例选择“毫秒”，如图 11-6 所示，单击“下一步”按钮。

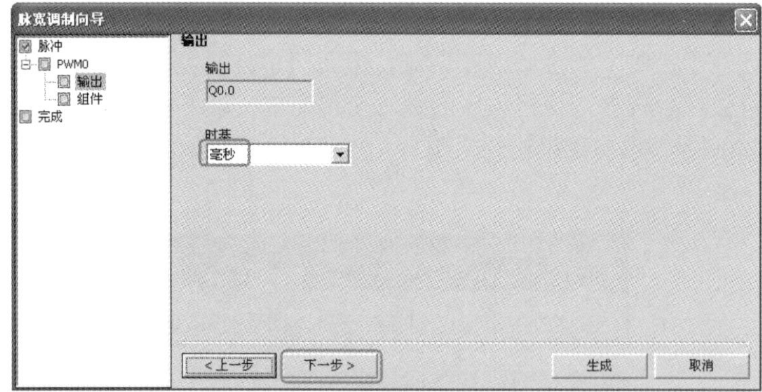

图11-6　选择时间基准

⑤ 完成向导　如图 11-7 所示，单击“下一步”按钮，弹出如图 11-8 所示的界面，单击“生成”按钮，完成向导设置，生成子程序“PWM0_RUN”，读者可以在“项目树”中的“调用子例程”中找到。

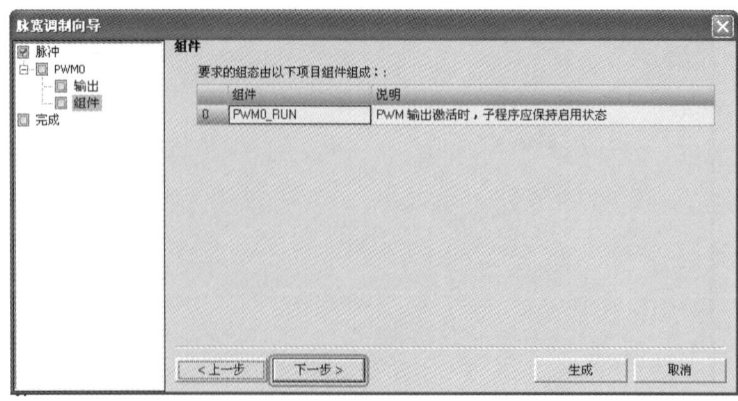

图11-7　完成向导（1）

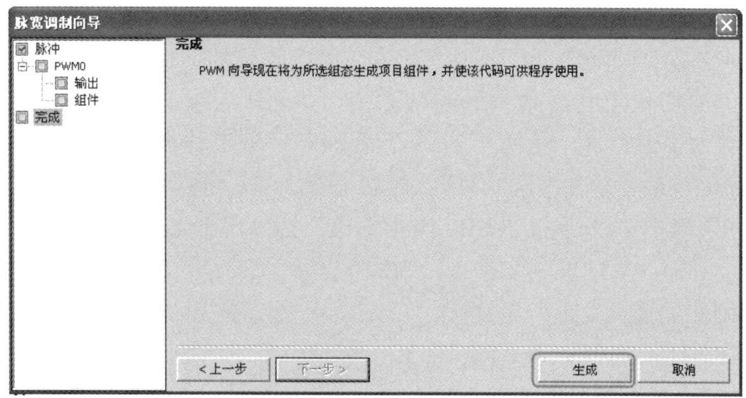

图11-8 完成向导（2）

⑥ 编写梯形图程序 梯形图如图 11-9 所示。其功能与图 11-2 的梯形图完全一样，但相比而言此梯形图更加简洁，也更加容易编写。

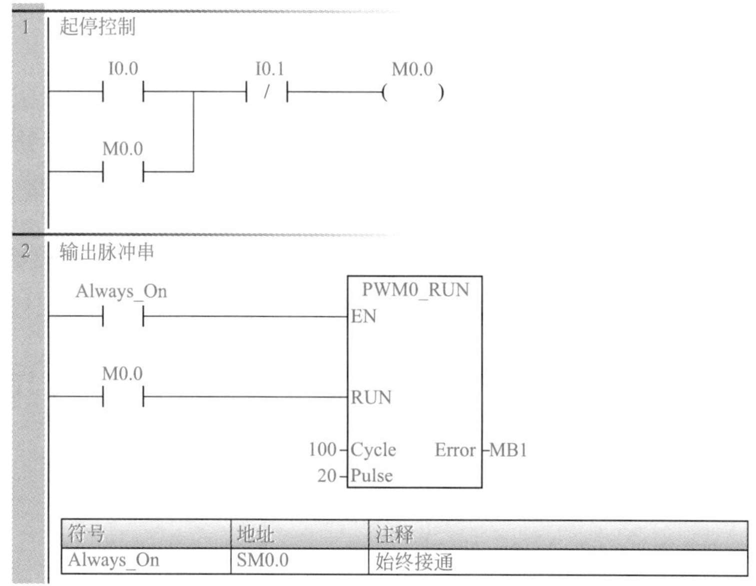

图11-9 梯形图

【关键点】 图 11-9 中的子程序“PWM0_RUN”中的 Cycle 指脉冲周期 100ms，Pulse 指脉冲宽度时间 20ms。

11.1.2 西门子S7-200 SMART PLC的高速输出点控制步进驱动系统

（1）步进电动机简介

步进电动机是一种将电脉冲转化为角位移的执行机构。一般电动机是连续旋转的，而步进电动机的转动是一步一步进行的。每输入一个脉冲电信号，步进电动机就转动一个角度。通过改变脉冲频率和数量，即可实现调速和控制转动的角位移大小，具有较高的定位精度，其最小步距角可达 0.75°，转动、停止、反转反应灵敏可靠。该电动机在开环数控系统中得到了广泛的应用。

（2）S7-200 SMART PLC 的高速输出点控制步进电动机

【例 11-2】 剪切机上有 1 套步进驱动系统，步进驱动器的型号为 SH-2H042Ma，步进电动机的型号为 17HS111，是两相四线直流 24V 步进电动机，用于送料，送料长度是 200mm，当送料完成后，停 1s 开始剪切，剪切完成 2s 后，再自动进行第二个循环。要求：按下按钮 SB1 开始工作，按下按钮 SB2 停止工作。请画出 I/O 原理图并编写程序。

【解】

① 主要软硬件配置

a. 1 套 STEP7-Micro/WIN SMART V2.3。

b. 1 台步进电动机，型号为 17HS111。

c. 1 台步进驱动器，型号为 SH-2H042Ma。

d. 1 台 CPU ST40。

② 步进电动机与步进驱动器的接线　本系统选用的步进电动机是两相四线的步进电动机，其型号是 17HS111，这种型号的步进电动机的出线接线如图 11-10 所示。其含义是：步进电动机的 4 根引出线分别是红色、绿色、黄色和蓝色；其中红色引出线应该与步进驱动器的 A+ 接线端子相连，绿色引出线应该与步进驱动器的 A− 接线端子相连，黄色引出线应该与步进驱动器的 B+ 接线端子相连，蓝色引出线应该与步进驱动器的 B− 接线端子相连。

③ PLC 与步进电动机、步进驱动器的接线　步进驱动器有共阴和共阳两种接法，这与控制信号有关系，通常西门子 PLC 输出信号是 +24V 信号（即 PNP 型接法），所以应该采用共阴接法，所谓共阴接法就是步进驱动器的 DIR− 和 CP− 与电源的负极短接，如图 11-10 所示。而三菱的 PLC 输出的是低电位信号（即 NPN 型接法），因此应该采用共阳接法。

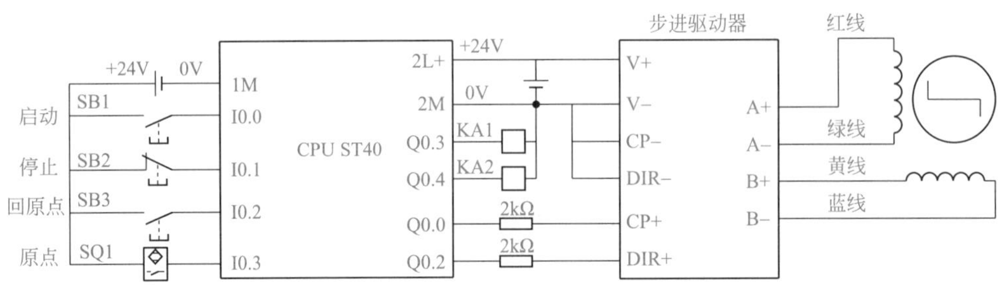

图 11-10　PLC 与驱动器和步进电动机原理图

那么 PLC 能否直接与步进驱动器相连接呢？一般情况下是不能的。这是因为步进驱动器的控制信号通常是 +5V，而西门子 PLC 的输出信号是 +24V，显然是不匹配的。解决问题的办法就是在 PLC 与步进驱动器之间串联一只 2kΩ 电阻，起分压作用，因此输入信号近似等于 +5V。有的资料指出串联一只 2kΩ 电阻是为了将输入电流控制在 10mA 左右，也就是起限流作用，在这里电阻的限流或分压作用本质上是相同的。CP+（CP−）是脉冲接线端子，DIR+（DIR−）是方向控制信号接线端子。PLC 原理图如图 11-10 所示。有的步进驱动器只能接“共阳接法”，如果使用西门子 S7-200 SMART PLC 控制这种类型的步进驱动器，则不能直接连接，必须将 PLC 的输出信号进行反相。另外，读者还要注意，输入端的接线采用的是 PNP 接法，因此两只接近开关是 PNP 型，若读者选用的是 NPN 型接近开关，那么接法就不同了。

【关键点】 步进驱动器的控制信号通常是+5V，但并不绝对，例如有的工控企业为了使用方便，特意到驱动器的生产厂家定制24V控制信号的驱动器。

④ 组态硬件 高速输出有PWM模式和运动轴模式，对于较复杂的运动控制显然用运动轴模式控制更加便利。以下将具体介绍这种方法。

a. 激活“运动控制向导”。打开STEP 7软件，在主菜单“工具”栏中单击“运动”选项，弹出装置选择界面，如图11-11所示。

图11-11 激活“运动控制向导”

b. 选择需要配置的轴。CPU ST40系列PLC内部有三个轴可以配置，本例选择“轴0”即可，如图11-12所示，再单击“下一步”按钮。

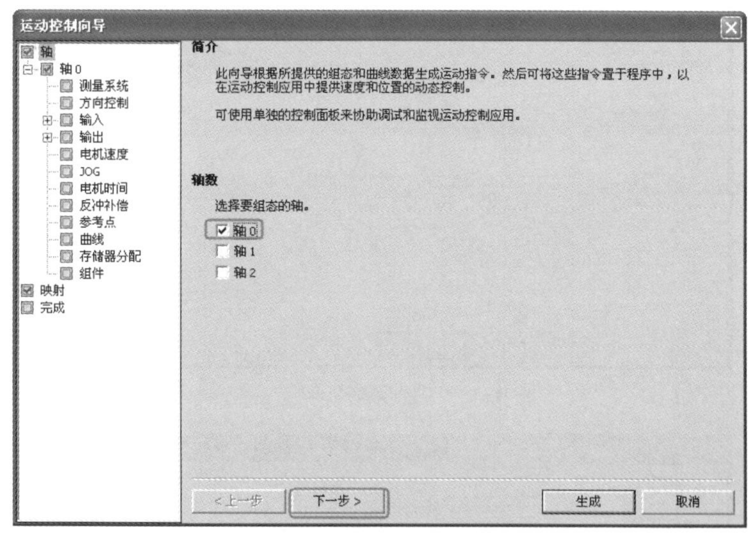

图11-12 选择需要配置的轴

c. 为所选择的轴命名。本例为默认的“轴0”，再单击“下一步”按钮，如图11-13所示。

d. 输入系统的测量系统。在“选择测量系统”选项中选择“工程单位”。由于步进电动机的步距角为1.8°，所以电动机转一圈需要200个脉冲，所以“电机一次旋转所需的脉冲数”设为“200”；“测量的基本单位”设为“mm”；“电机一次旋转产生多少mm的运动”为“10”。这些参数与实际的机械结构有关，再单击“下一步”按钮，如图11-14所示。

e. 设置脉冲方向输出。设置有几路脉冲输出，其中有单相（1个输出）、双向（2个输出）和正交（2个输出）三个选项，本例选择“单相（1个输出）”。再单击“下一步”按钮，如图11-15所示。

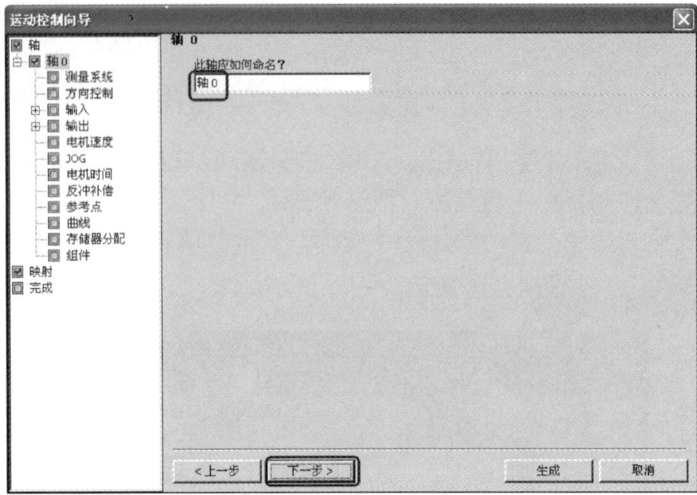

图11-13　为所选择的轴命名

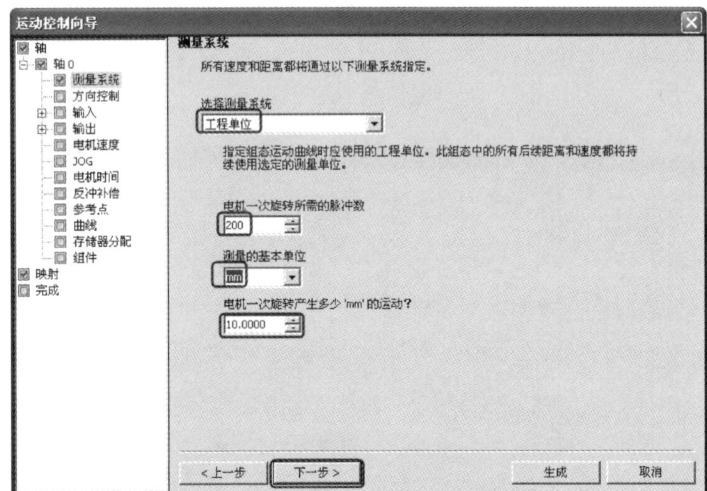

图11-14　输入系统的测量系统

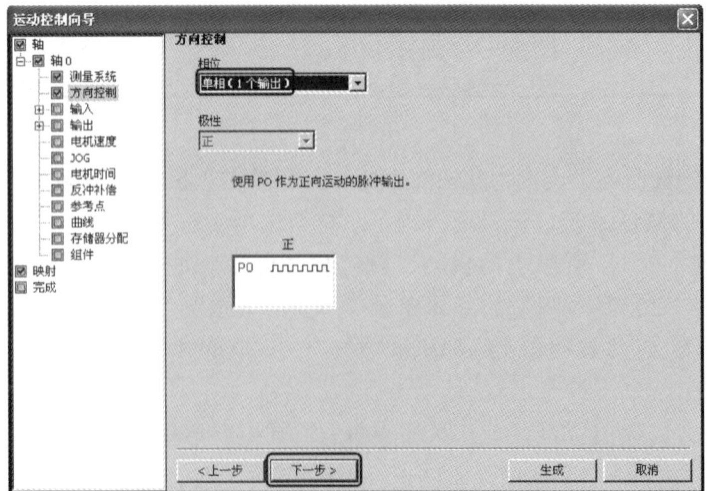

图11-15　设置脉冲方向输出

f. 分配输入点。本例中并不用到 LMT+（正限位输入点）、LMT-（负限位输入点）、RPS（参考点输入点）和 ZP（零脉冲输入点），所以可以不设置。直接选中“STP”（停止输入点），选择“启用”，停止输入点为“I0.1”，指定相应输入点有效时的响应方式为“减速停止”，指定输入信号有效电平为“低”电平有效（因为是常闭触点），再单击“下一步”按钮，如图 11-16 所示。

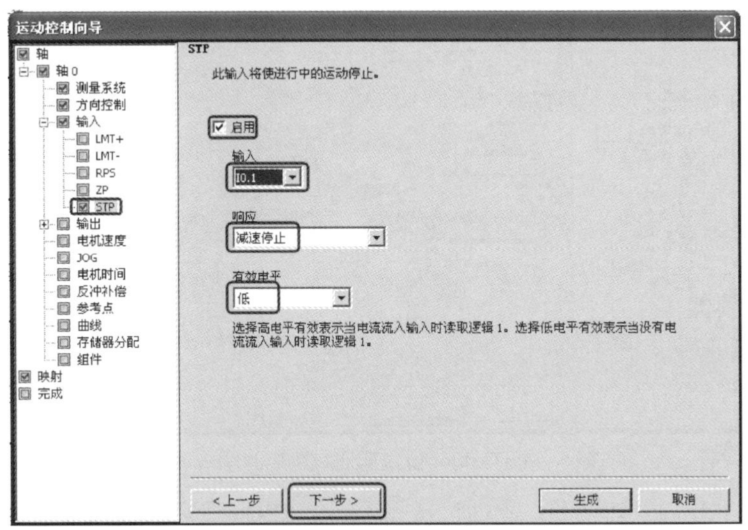

图11-16 分配输入点

g. 指定电动机速度。MAX_SPEED：定义电动机运动的最大速度。

SS_SPEED：根据定义的最大速度，在运动曲线中可以指定的最小速度。如果 SS_SPEED 数值过高，电动机可能在启动时失步，并且在尝试停止时，负载可能使电动机不能立即停止而多行走一段。停止速度也为 SS_SPEED。

设置如图 11-17 所示，在“1”“2”和“3”处输入最大速度、最小速度、启动和停止速度，再单击“下一步”按钮。

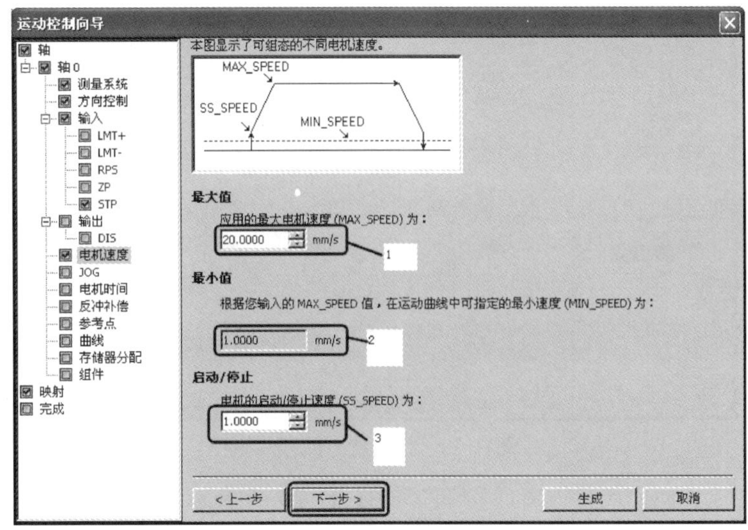

图11-17 指定电动机速度

h. 设置加速和减速时间。ACCEL_TIME（加速时间）：电动机从 SS_SPEED 加速至 MAX_SPEED 所需要的时间，默认值为 1000 ms（1s）。本例选默认值，如图 11-18 所示的“1”处。

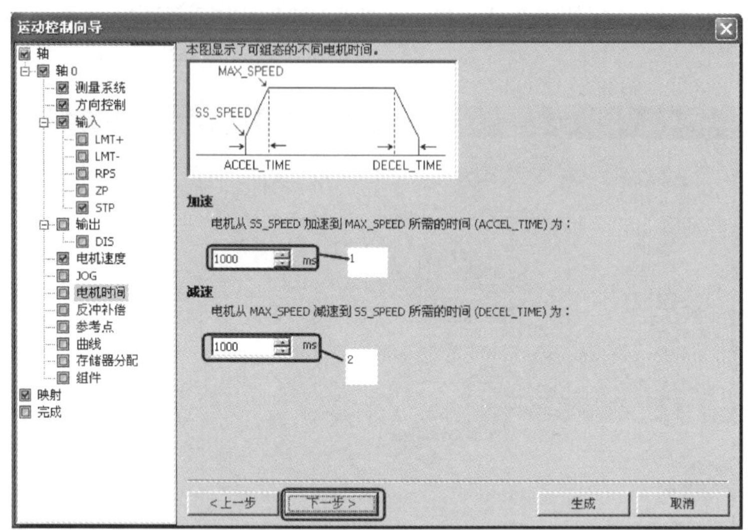

图11-18　设置加速和减速时间

DECEL_TIME（减速时间）：电动机从 MAX_SPEED 减速至 SS_SPEED 所需要的时间，默认值为 1000ms（1s）。本例选默认值，如图 11-18 所示的“2”处，再单击“下一步”按钮。

i. 为配置分配存储区。指令向导在 V 内存中以受保护的数据块页形式生成子程序，在编写程序时不能使用 PTO 向导已经使用的地址，此地址段可以由系统推荐，也可以人为分配，人为分配的好处是可以避开读者习惯使用的地址段。为配置分配存储区的 VB 内存地址如图 11-19 所示，本例设置为“VB1000 ～ VB1092”，再单击“下一步”按钮。

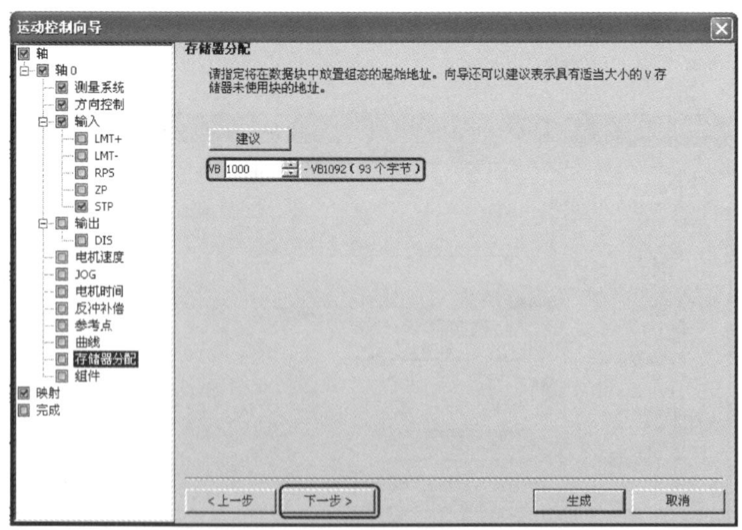

图11-19　为配置分配存储区

j. 完成组态。单击“下一步”按钮，如图 11-20 所示。弹出如图 11-21 所示的界面，单击“生成”按钮，完成组态。

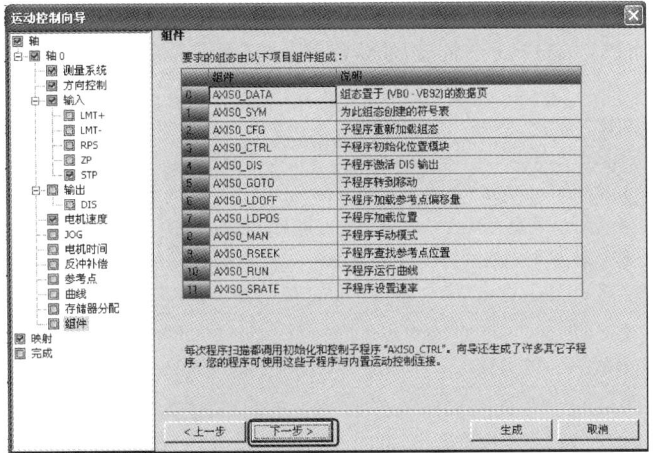

图11-20　完成组态

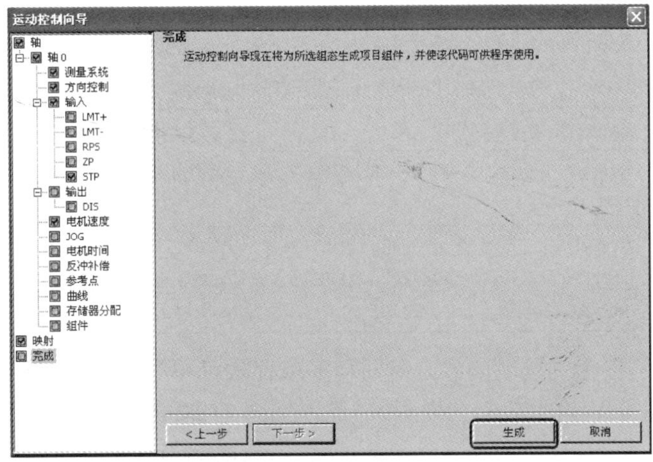

图11-21　生成程序代码

⑤ 子程序简介　AXISx_CTRL 子程序：（控制）启用和初始化运动轴，方法是自动命令运动轴，在每次 CPU 更改为 RUN 模式时，加载组态 / 包络表，每个运动轴使用此子例程一次，并确保程序会在每次扫描时调用此子例程。AXISx_CTRL 子程序的参数见表 11-5。

表 11-5　AXISx_CTRL 子程序的参数表

子程序	各输入 / 输出参数的含义	数据类型
AXIS0_CTRL EN MOD_EN Done Error C_Pos C_Spe~ C_Dir	EN：使能	BOOL
	MOD_EN：参数必须开启，才能启用其他运动控制子例程向运动轴发送命令	BOOL
	Done：当完成任何一个子程序时，Done 参数会开启	BOOL
	C_Pos：运动轴的当前位置。根据测量单位，该值是脉冲数（DINT）或工程单位数（REAL）	DINT/ REAL
	C_Speed：运动轴的当前速度。如果针对脉冲组态运动轴的测量系统，是一个 DINT 数值，其中包含脉冲数 /s。如果针对工程单位组态测量系统，是一个 REAL 数值，其中包含选择的工程单位数 /s（REAL）	DINT/REAL
	C_Dir：电动机的当前方向，0 代表正向，1 代表反向	BOOL
	Error：出错时返回错误代码	BYTE

AXISx_GOTO：其功能是命令运动轴转到所需位置，这个子程序提供绝对位移和相对位移 2 种模式。AXISx_GOTO 子程序的参数见表 11-6。

表 11-6　AXISx_GOTO 子程序的参数表

子程序	各输入 / 输出参数的含义	数据类型
AXIS0_GOTO EN START Pos　Done Speed　Error Mode　C_Pos Abort　C_Spe~	EN：使能，开启 EN 位会启用此子程序	BOOL
	START：开启 START 向运动轴发出 GOTO 命令。对于在 START 参数开启且运动轴当前不繁忙时执行的每次扫描，该例程向运动轴发送一个 GOTO 命令。为了确保仅发送一条命令，应以脉冲方式开启 START 参数	BOOL
	Pos：要移动的位置（绝对移动）或要移动的距离（相对移动）。根据所选的测量单位，该值是脉冲数（DINT）或工程单位数（REAL）	DINT/ REAL
	Speed：确定该移动的最高速度。根据所选的测量单位，该值是脉冲数 /s（DINT）或工程单位数 /s（REAL）	DINT/ REAL
	Mode：选择移动的类型。0 代表绝对位置，1 代表相对位置，2 代表单速连续正向旋转，3 代表单速连续反向旋转	BOOL
	Abort：命令位控模块停止当前轮廓并减速至电动机停止	BYTE
	Done：当完成任何一个子程序时，会开启 Done 参数	BOOL
	Error：出错时返回错误代码	BYTE
	C_Pos：运动轴的当前位置。根据测量单位，该值是脉冲数（DINT）或工程单位数（REAL）	DINT/ REAL
	C_Speed：运动轴的当前速度。如果针对脉冲组态运动轴的测量系统，是一个 DINT 数值，其中包含脉冲数 /s（DINT）。如果针对工程单位组态测量系统，是一个 REAL 数值，其中包含选择的工程单位数 /s（REAL）	DINT/ REAL

⑥ 编写程序　使用了运动向导，编写程序就比较简单了，但必须搞清楚两个子程序的使用方法，这是编写程序的关键，数据块的赋值如图 11-22 所示，梯形图如图 11-23 所示。

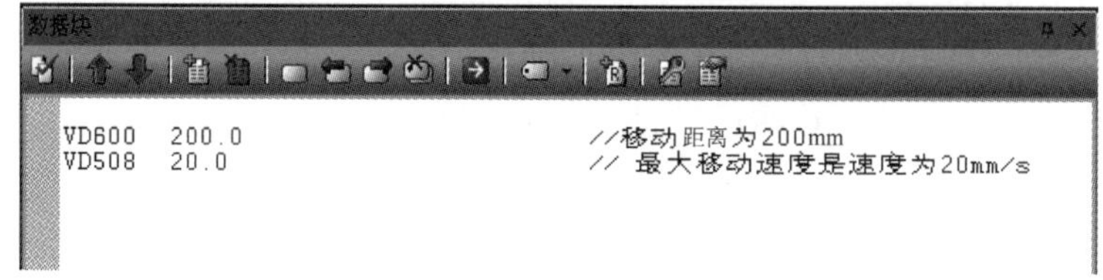

图 11-22　数据块的赋值

【关键点】 利用指令向导编写程序，其程序简洁、容易编写，特别是控制步进电动机加速启动和减速停止，非常方便，且能很好地避免步进电动机失步。

11.1.3　西门子 S7-200 SMART PLC 的高速输出点控制伺服系统

（1）伺服系统简介

① 伺服电动机与伺服驱动器的接线　伺服系统选用的是台达伺服系统，伺服电动机和伺服驱动器的连线比较简单，伺服电动机后面的编码器与伺服驱动器的连线是由台达公司提供的专用电缆，伺服驱动器端的接口是 CN2，这根电缆一般不会接错。伺服电动机上的电源线对应连接到伺服驱动器上的接线端子上，原理图如图 11-24 所示。

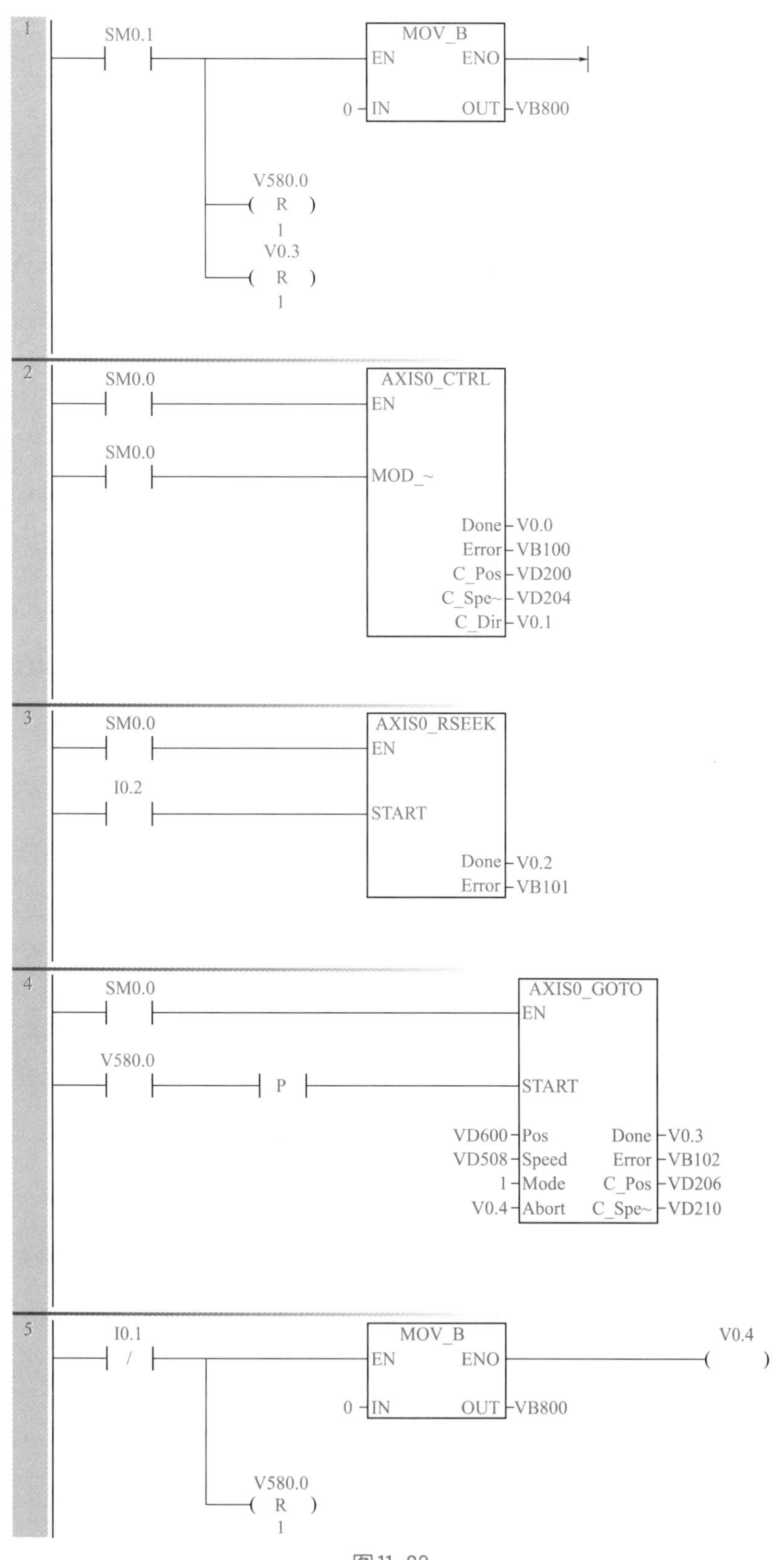
1
SM0.1
MOV_B
EN
ENO
0
IN
OUT
VB800
V580.0
R
1
V0.3
R
1
2
SM0.0
AXIS0_CTRL
EN
SM0.0
MOD_~
Done
V0.0
Error
VB100
C_Pos
VD200
C_Spe~
VD204
C_Dir
V0.1
3
SM0.0
AXIS0_RSEEK
EN
I0.2
START
Done
V0.2
Error
VB101
4
SM0.0
AXIS0_GOTO
EN
V580.0
P
START
VD600
Pos
Done
V0.3
VD508
Speed
Error
VB102
1
Mode
C_Pos
VD206
V0.4
Abort
C_Spe~
VD210
5
I0.1
MOV_B
EN
ENO
V0.4
0
IN
OUT
VB800
V580.0
R
1
图11-23

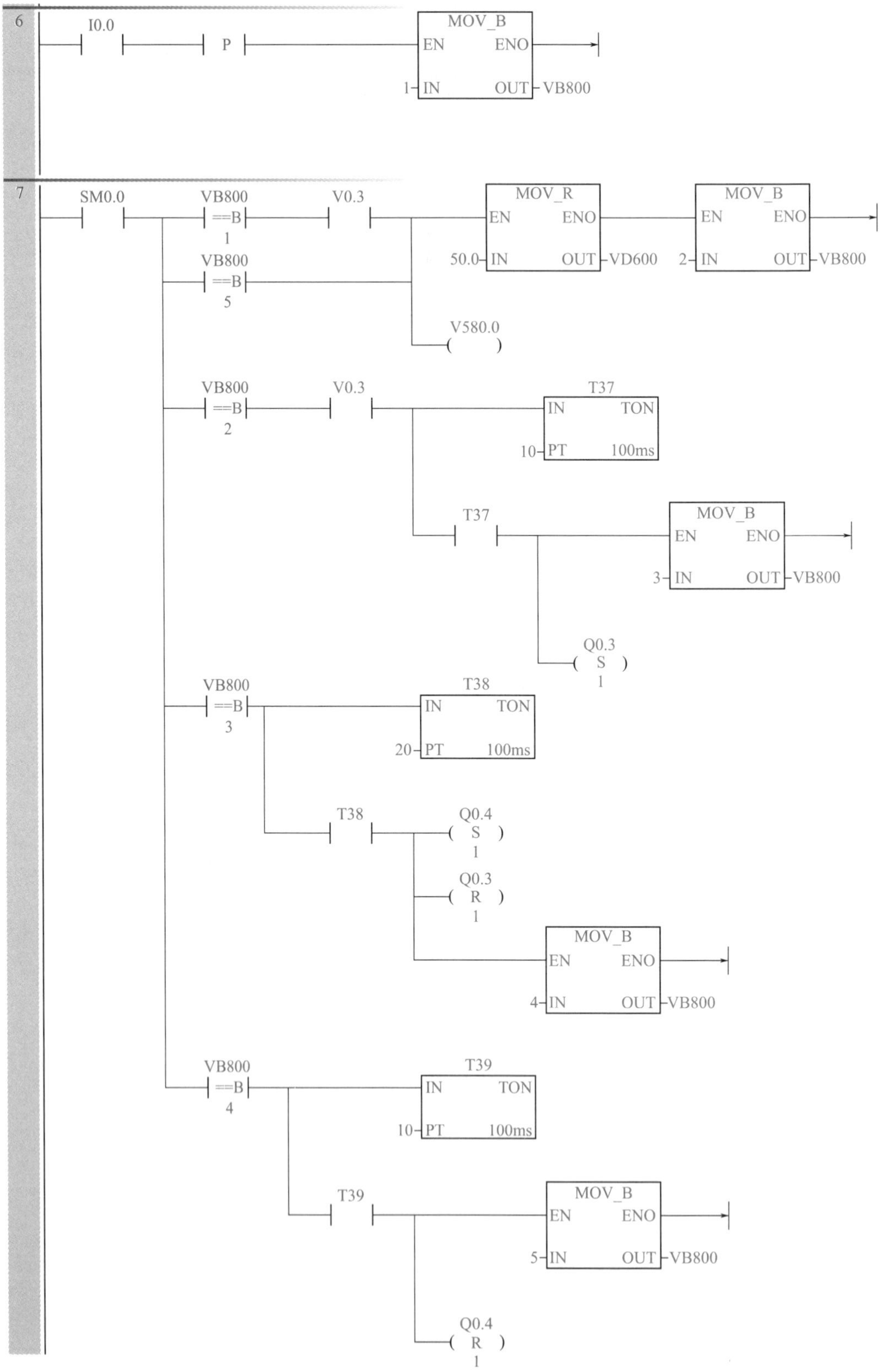
6
I0.0
P
MOV_B
EN
ENO
1
IN
OUT
VB800
7
SM0.0
VB800
==B
1
V0.3
MOV_R
EN
ENO
50.0
IN
OUT
VD600
MOV_B
EN
ENO
2
IN
OUT
VB800
VB800
==B
5
V580.0
VB800
==B
2
V0.3
T37
IN
TON
10
PT
100ms
T37
MOV_B
EN
ENO
3
IN
OUT
VB800
Q0.3
S
1
VB800
==B
3
T38
IN
TON
20
PT
100ms
T38
Q0.4
S
1
Q0.3
R
1
MOV_B
EN
ENO
4
IN
OUT
VB800
VB800
==B
4
T39
IN
TON
10
PT
100ms
T39
MOV_B
EN
ENO
5
IN
OUT
VB800
Q0.4
R
1

图11-23　梯形图

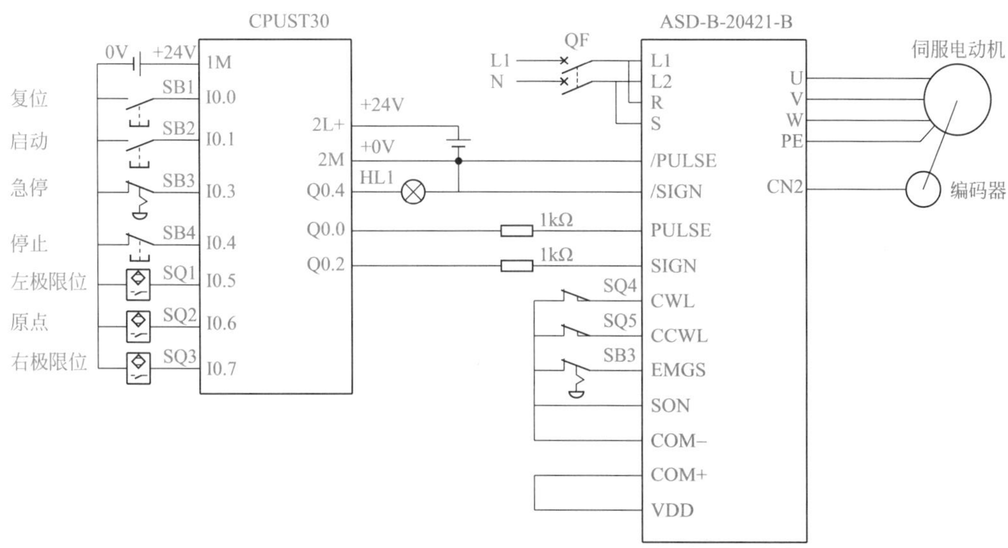

图11-24 PLC的高速输出点控制伺服电动机原理图

② 伺服电动机的参数设定

a. 控制模式。驱动器提供位置、速度、扭矩三种基本操作模式，可以用单一控制模式，即固定在一种模式控制，也可选择用混合模式来进行控制，每一种模式分两种情况，所以总共有11种控制模式。

b. 参数设置方式操作说明。ASD-B2伺服驱动器的参数共有187个，如P0-xx、P1-xx、P2-xx、P3-xx和P4-xx，可以在驱动器上的面板上进行设置。伺服驱动器可采用自动增益调整模式。伺服驱动器参数设置见表11-7。

表11-7 伺服驱动器参数设置

序号	参数		设置数值	功能和含义
	参数编号	参数名称		
1	P0-02	LED初始状态	00	显示电机反馈脉冲数
2	P1-00	外部脉冲列指令输入形式设定	2	2：脉冲列“+”符号
3	P1-01	控制模式及控制命令输入源设定	00	位置控制模式（相关代码Pt）
4	P1-44	电子齿轮比分子（N）	1	指令脉冲输入比值设定 指令脉冲输入 f_1 → $\frac{N}{M}$ → 位置指令 f_2　$f_2=f_1\times\frac{N}{M}$ 指令脉冲输入比值范围：$1/50<N/M<200$ 当P1-44分子设置为“1”、P1-45分母设置为“1”时，脉冲数为10000。 $一周脉冲数=\frac{P1-44分子=1}{P1-45分母=1}\times 10000=10000$
5	P1-45	电子齿轮比分母（M）	1	
6	P2-00	位置控制比例增益	35	位置控制增益值加大时，可提升位置应答性及缩小位置控制误差量。但若设定太大时易产生振动及噪声
7	P2-02	位置控制前馈增益	5000	位置控制命令平滑变动时，增益值加大可改善位置跟随误差量。若位置控制命令不平滑变动时，降低增益值可降低机构的运转振动现象
8	P2-08	特殊参数输入	0	10：参数复位

（2）使用 S7-200 SMART PLC 的高速输出点控制伺服系统

在前面的章节中介绍了直接使用 PLC 的高速输出点控制步进电动机，其实直接使用 PLC 的高速输出点控制伺服电动机的方法与之类似，只不过后者略微复杂一些，下面将用一个例子介绍具体的方法。

【例 11-3】 某设备上有一套伺服驱动系统，伺服驱动器的型号为 ASD-B-20421-B，伺服电动机的型号为 ECMA-C30604PS，是三相交流同步伺服电动机，控制要求如下。

① 压下复位按钮 SB1 时，伺服驱动系统回原点。

② 压下启动按钮 SB2 时，伺服电动机带动滑块向前运行 50ms，停 1s，再运行 50mm，停 1s，然后返回原点完成一个循环过程，周而复始，如此运行。

③ 压下急停按钮 SB3 时，系统立即停止。

④ 按下停止按钮 SB4，完成一个工作循环后停止。

⑤ 运行时，灯常亮，复位完成时闪亮。

要求设计原理图，并编写控制程序。

【解】

① 主要软硬件配置

a. 1 套 STEP7-Micro/WIN SMART V2.3。

b. 1 台伺服电动机，型号为 ECMA-C30604PS。

c. 1 台伺服驱动器的型号为台达 ASD-B-20421-B。

d. 1 台 CPUST30 。

② 组态硬件　高速输出有 PWM 模式和运动轴模式，对于较复杂的运动控制显然用运动轴模式控制更加便利。以下将具体介绍这种方法。

a. 激活“运动控制向导”。打开 STEP7-Micro/WIN SMART 软件，在主菜单“工具”中选中“运动”选项，并单击之，弹出装置选择界面，如图 11-25 所示。

图11-25　激活“运动控制向导”

b. 选择需要配置的轴。CPU ST30 系列 PLC 内部有三个轴可以配置，本例选择“轴 0”即可，如图 11-26 所示，再单击“下一个”按钮。

c. 为所选择的轴命名。为所选择的轴命名，本例为默认的“轴 0”，再单击“下一个”按钮，如图 11-27 所示。

d. 输入系统的测量系统。将“选择测量系统”选项选择“工程单位”。由于光电编码器为 10000 线，所以电动机转一圈需要 10000 个脉冲，所以“电机一次旋转所需的脉冲数”为“10000”；“测量的基本单位”设为“mm”；“电机一次旋转产生多少 mm 的运动”设为 4.0。这些参数与实际的机械结构有关，再单击“下一个”按钮，如图 11-28 所示。

e. 设置脉冲方向输出。设置有几路脉冲输出，其中有单相（1 个输出）、双向（2 个输出）和正交（2 个输出）三个选项，本例选择“单相（1 个输出）”。再单击“下一个”按钮，如图 11-29 所示。

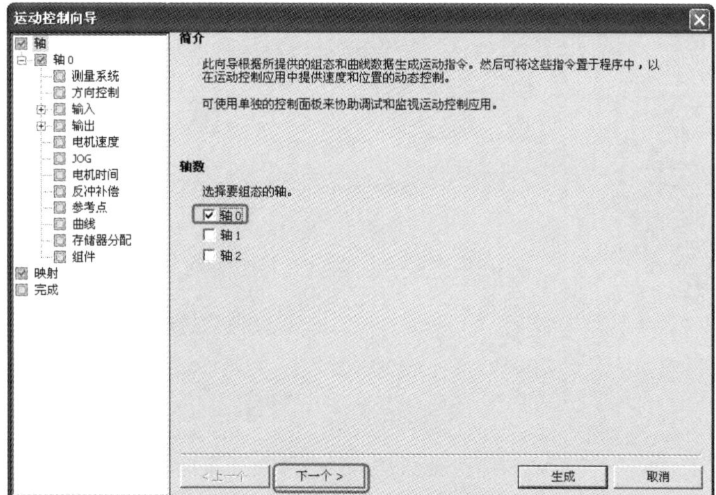

图11-26　选择需要配置的轴

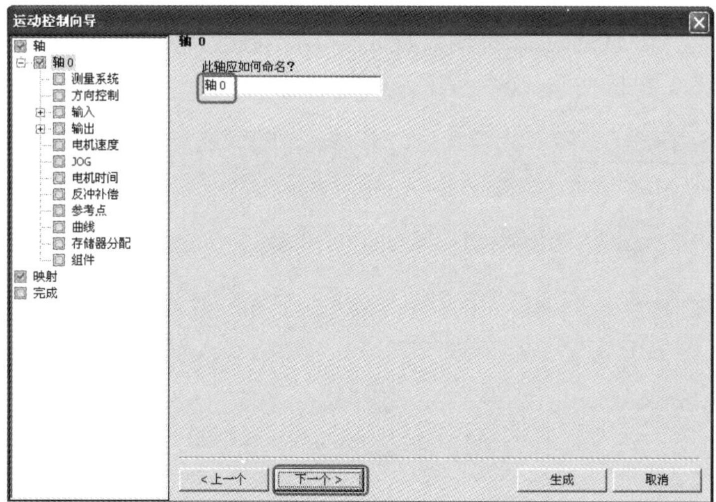

图11-27　为所选择的轴命名

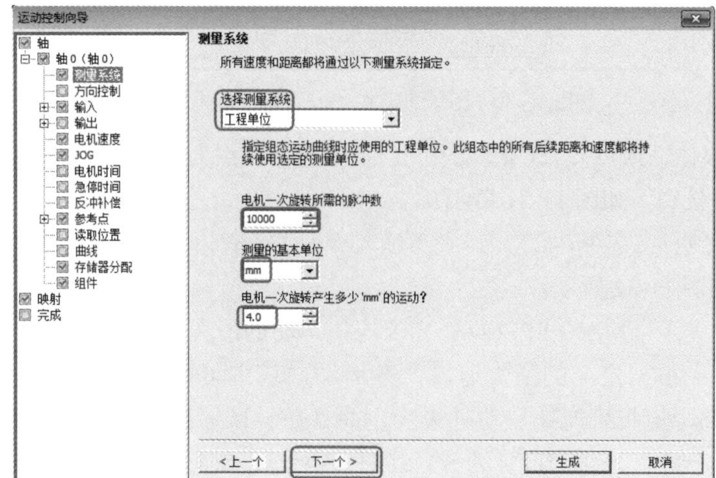

图11-28　输入系统的测量系统

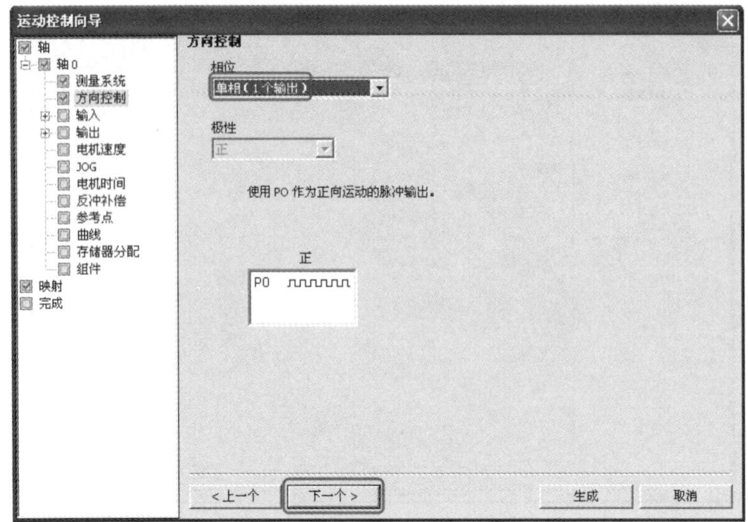

图11-29 设置脉冲方向输出

f. 分配输入点。LMT+（正限位输入点）：选中“启用”，正限位输入点为“I0.5”，有效电平为“上限”，单击“下一个”按钮，如图 11-30 所示。

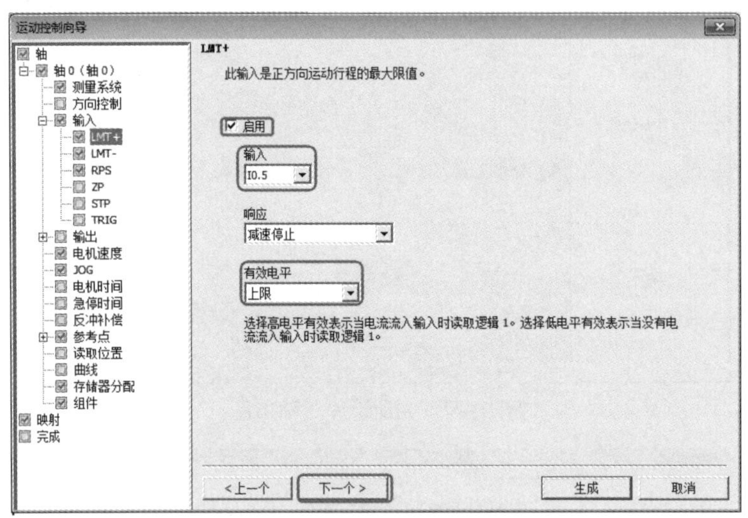

图11-30 分配输入点——正限位输入点

LMT-（负限位输入点）：选中“启用”，负限位输入点为“I0.7”，有效电平为“上限”，单击“下一个”按钮，如图 11-31 所示。

RPS（回参考点）：选中“启用”，参考输入点为“I0.6”，有效电平为“上限”，单击“下一个”按钮，如图 11-32 所示。

g. 指定电机速度。MAX_SPEED ：定义电机运动的最大速度。

SS_SPEED ：根据定义的最大速度，在运动曲线中可以指定的最小速度。如果 SS_SPEED 数值过高，电机可能在启动时失步，并且在尝试停止时，负载可能使电机不能立即停止而多行走一段。停止速度也为 SS_SPEED，设置如图 11-33 所示，再单击“下一个”按钮。

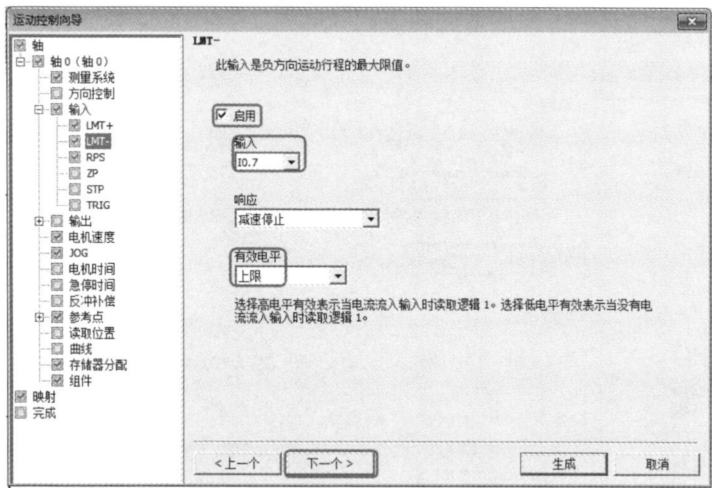

图11-31 分配输入点——负限位输入点

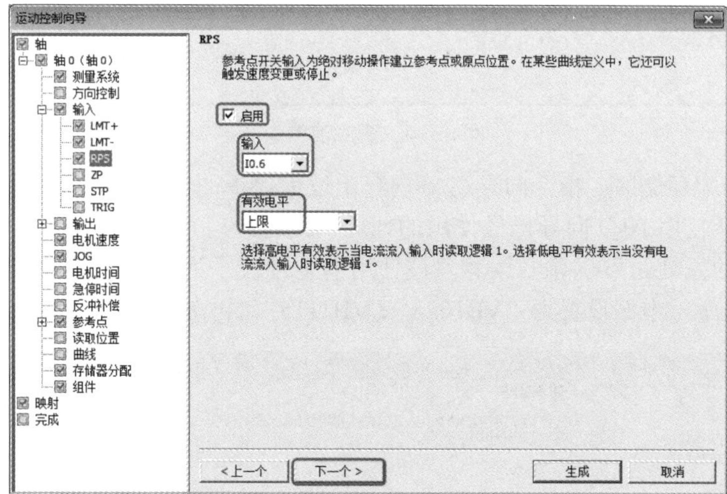

图11-32 分配输入点——回参考点

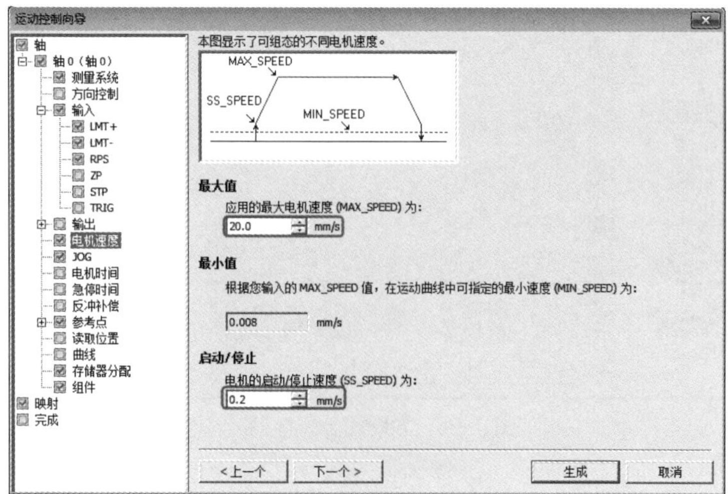

图11-33 指定电机速度

h. 查找参考点。查找参考点的速度和方向，如图11-34所示。再单击“下一个”按钮。

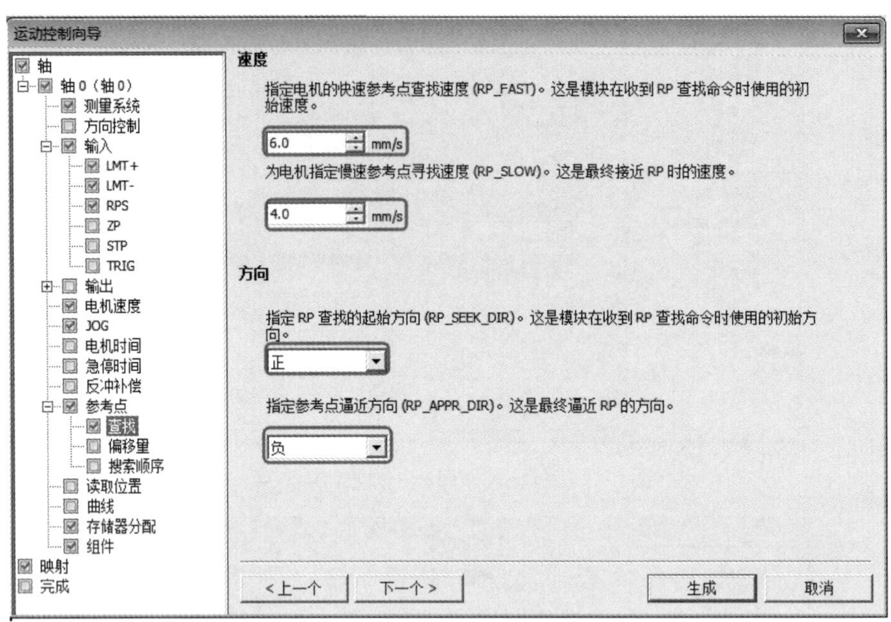

图11-34　查找参考点

i. 为配置分配存储区。指令向导在V内存中以受保护的数据块页形式生成子程序，在编写程序时不能使用PTO向导已经使用的地址，此地址段可以系统推荐，也可以人为分配，人为分配的好处是可以避开读者习惯使用的地址段。为配置分配存储区的V内存地址如图11-35所示，本例设置为“VB1023～VB1115”，再单击“下一个”按钮。

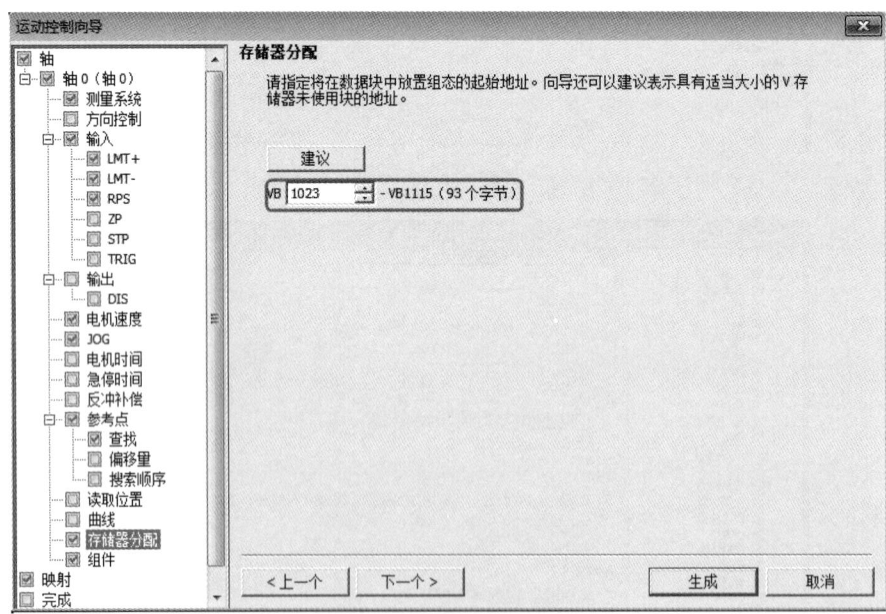

图11-35　为配置分配存储区

j. 完成组态。单击“下一个”按钮，如图 11-36 所示。弹出如图 11-37 所示的界面，单击“生成”按钮，完成组态。

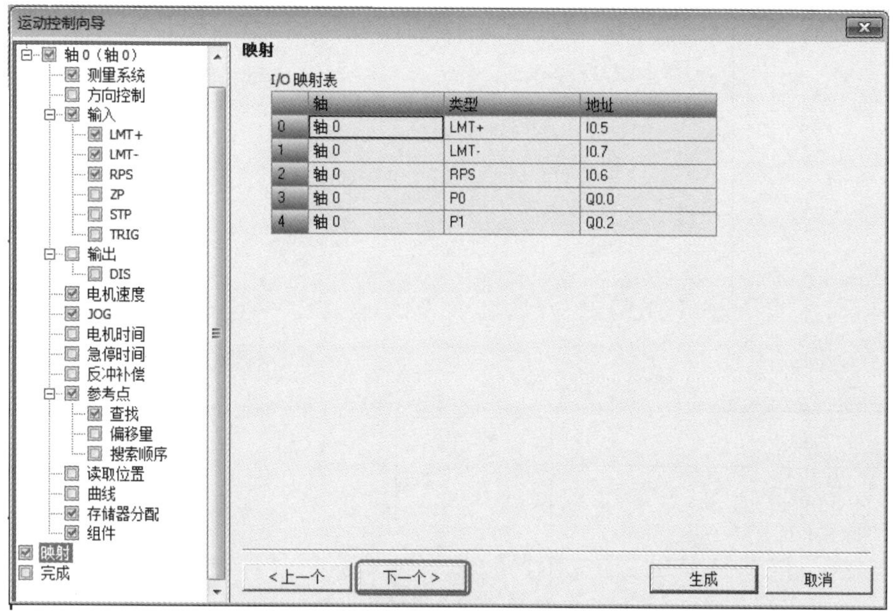

图11-36　完成组态

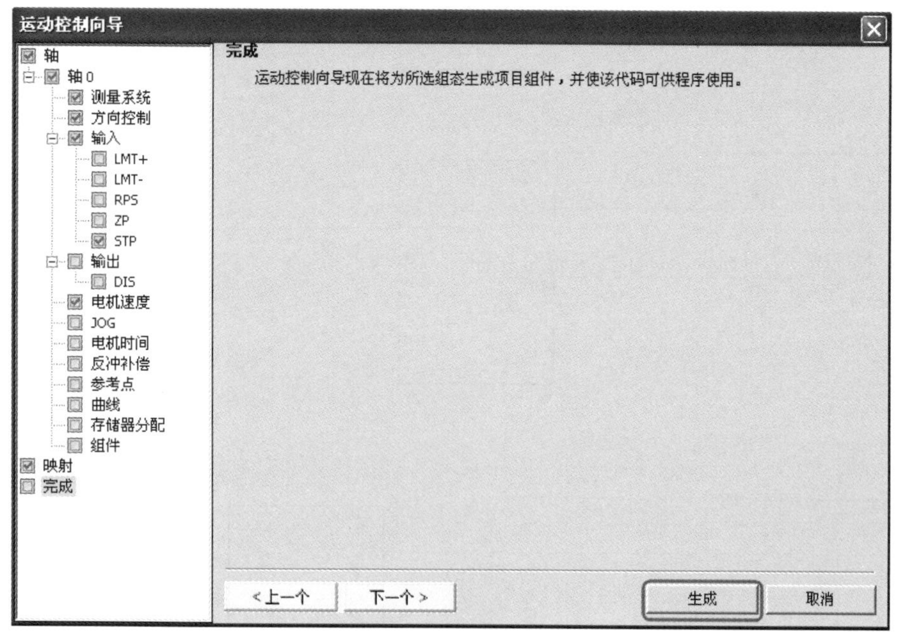

图11-37　完成向导

③ 控制程序的编写　梯形图如图 11-38 所示。

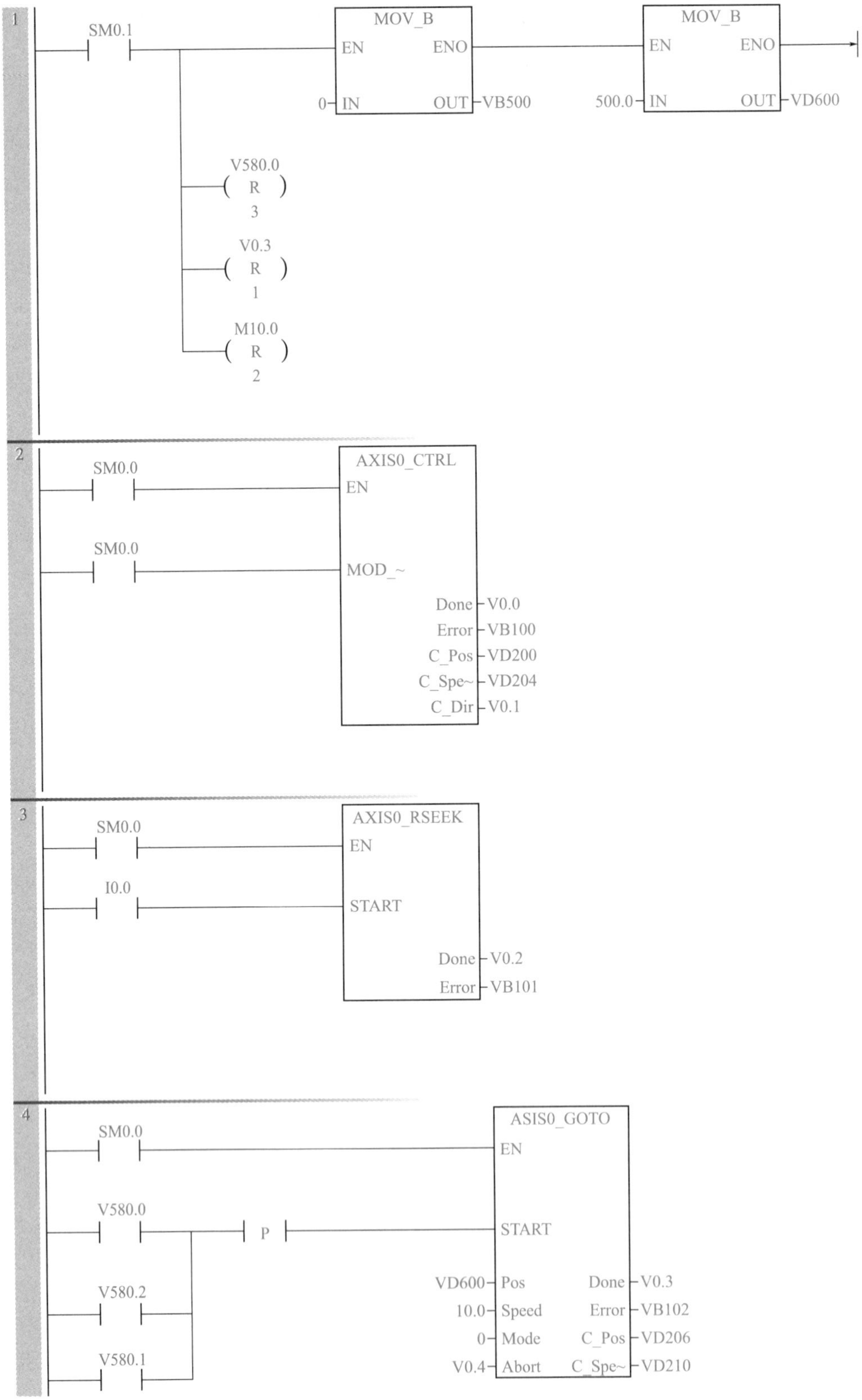

1
SM0.1
MOV_B
EN ENO
0 IN OUT VB500
MOV_B
EN ENO
500.0 IN OUT VD600
V580.0
R
3
V0.3
R
1
M10.0
R
2
2
SM0.0
AXIS0_CTRL
EN
SM0.0
MOD_~
Done V0.0
Error VB100
C_Pos VD200
C_Spe~ VD204
C_Dir V0.1
3
SM0.0
AXIS0_RSEEK
EN
I0.0
START
Done V0.2
Error VB101
4
SM0.0
ASIS0_GOTO
EN
V580.0
P
START
V580.2
V580.1
VD600 Pos Done V0.3
10.0 Speed Error VB102
0 Mode C_Pos VD206
V0.4 Abort C_Spe~ VD210

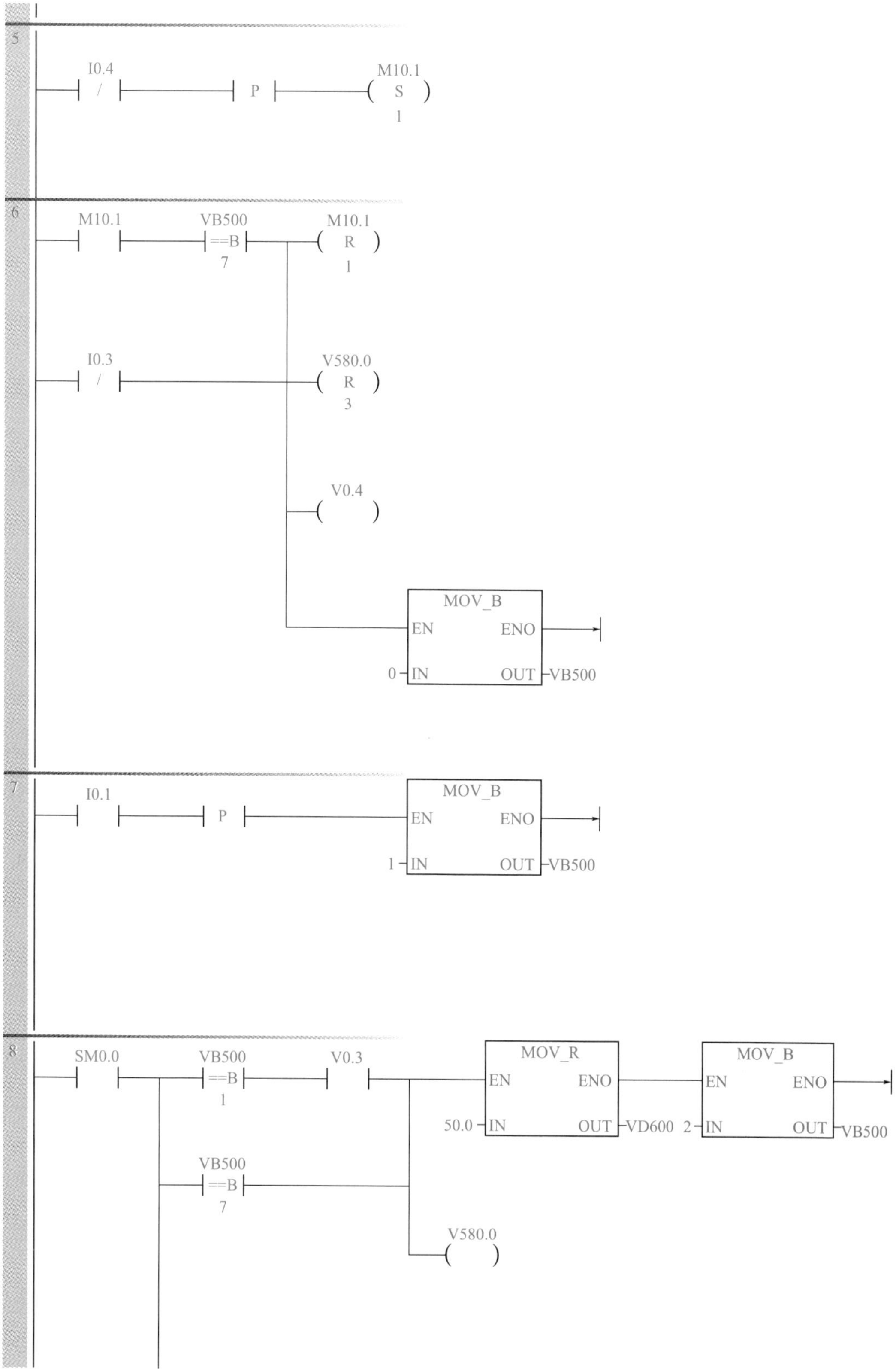

5
I0.4 / P M10.1 S 1

6
M10.1 VB500 ==B 7 M10.1 R 1
I0.3 / V580.0 R 3
V0.4
MOV_B EN ENO 0 IN OUT VB500

7
I0.1 P MOV_B EN ENO 1 IN OUT VB500

8
SM0.0 VB500 ==B 1 V0.3 MOV_R EN ENO 50.0 IN OUT VD600 MOV_B EN ENO 2 IN OUT VB500
VB500 ==B 7
V580.0

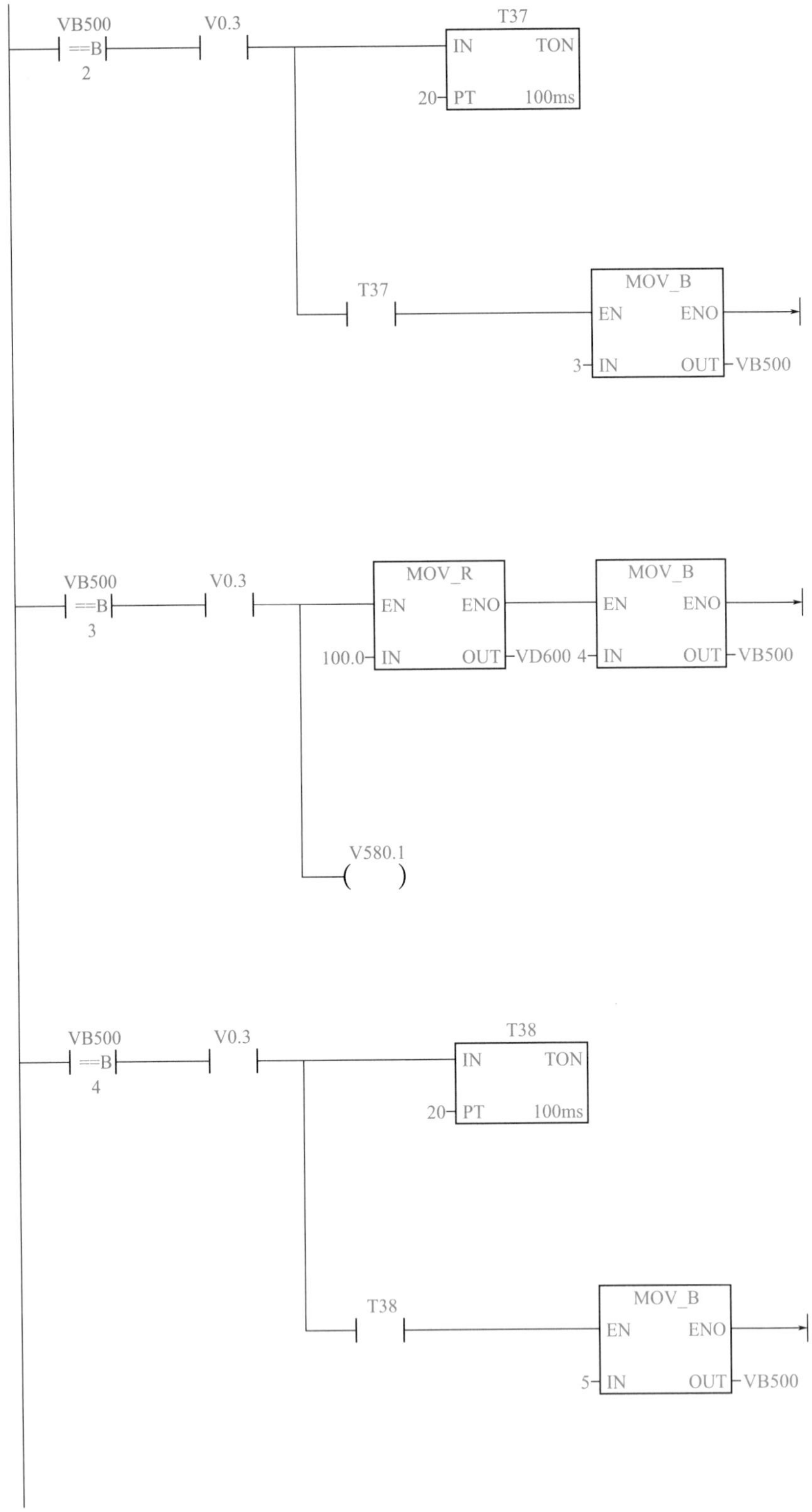

VB500 ==B 2 — V0.3 — T37 IN TON, 20-PT 100ms

T37 — MOV_B EN ENO, 3-IN OUT-VB500

VB500 ==B 3 — V0.3 — MOV_R EN ENO, 100.0-IN OUT-VD600 — MOV_B EN ENO, 4-IN OUT-VB500

V580.1 ( )

VB500 ==B 4 — V0.3 — T38 IN TON, 20-PT 100ms

T38 — MOV_B EN ENO, 5-IN OUT-VB500

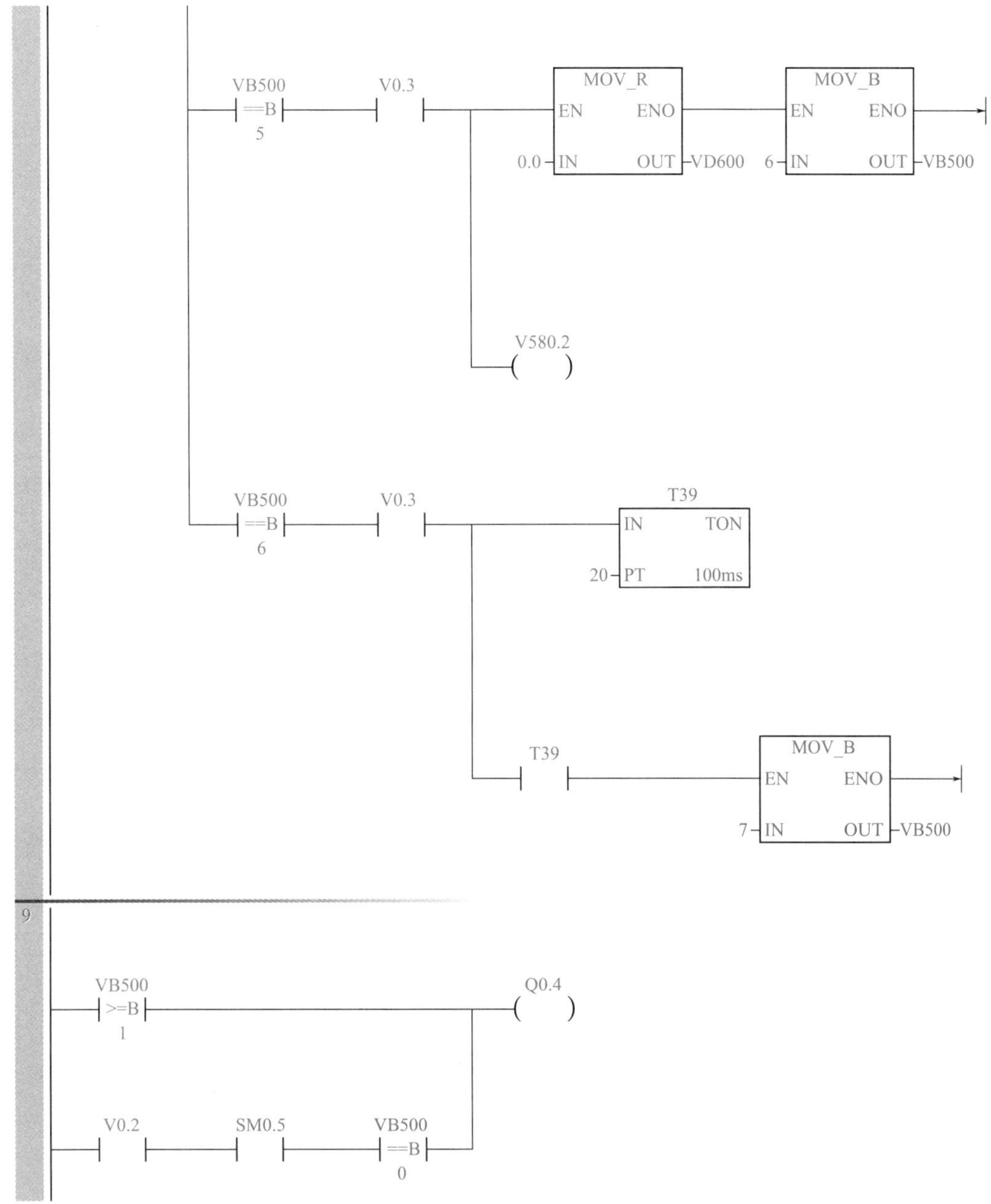

图11-38　梯形图

【例 11-4】 某设备上有一套伺服驱动系统，伺服驱动器的型号为 ASD-B-20421-B，伺服电动机的型号为 ECMA-C30604PS，是三相交流同步伺服电动机，控制要求如下。

① 压下复位按钮 SB3 时，高速计数器复位，伺服系统回原位。

② 当处于手动模式时，压下启动按钮 SB1，伺服电动机跟随手摇编码器运行，即用手摇编码器设定伺服电动机的旋转速度和方向。当处于自动模式时，压下启动按钮 SB1，按照设定位移和速度运行。

③ 压下停止按钮 SB2 时，系统立即停止，手摇编码器失效。

要求设计原理图，并编写控制程序。

【解】

① 主要软硬件配置

a. 1 套 STEP7-Micro/WIN SMART V2.3。

b. 1 台伺服电动机，型号为 ECMA-C30604PS。

c. 1 台伺服驱动器的型号为台达 ASD-B-20421-B。

d. 1 台 CPUST40。

e. 1 台手摇编码器。

设计原理图如图 11-39 所示。

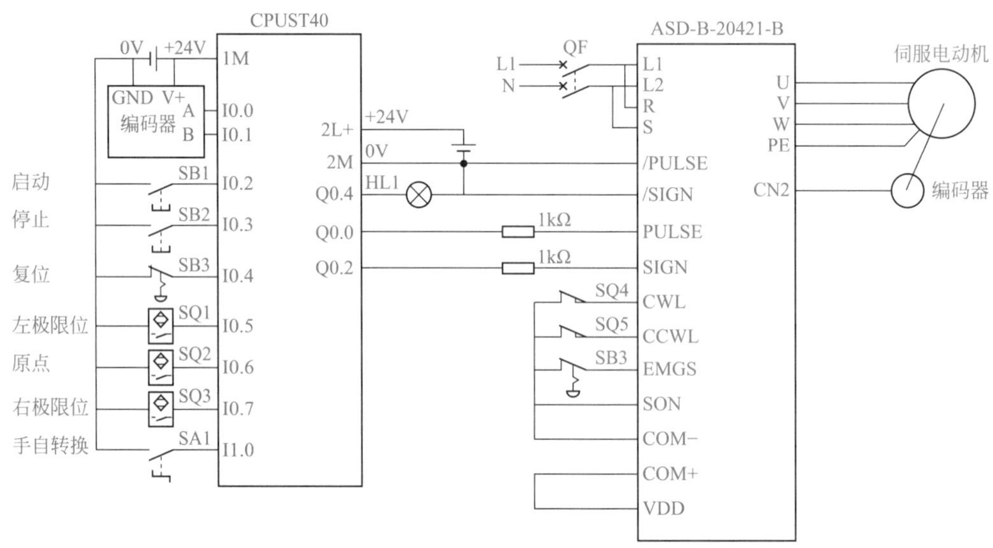

图11-39　原理图

② 组态硬件　先组态高速计数器，再组态运动控制。

a. 打开指令向导。首先，单击菜单栏中的“工具”→“高速计数器”按钮，如图 11-40 所示，弹出如图 11-41 所示的界面。

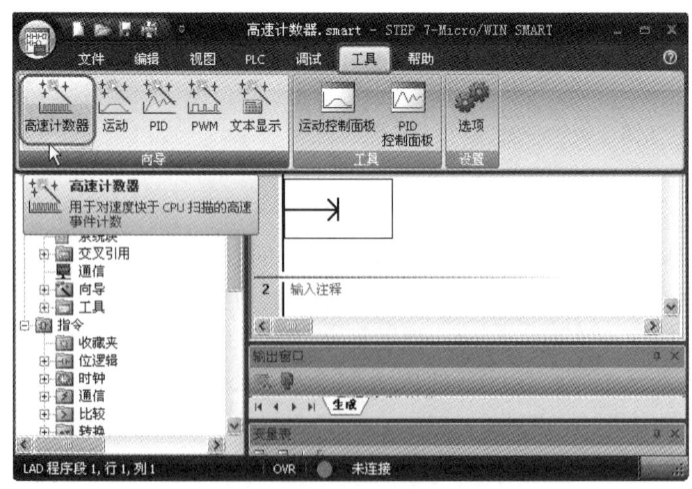

图11-40　打开“高速计数器”指令向导

b. 选择高数计数器。本例选择高数计数器 0，也就是要勾选“HSC0”，如图 11-41 所示。选择哪个高速计数器由具体情况决定，单击“模式”选项或者单击“下一个”按钮，弹出如图 11-42 所示的界面。

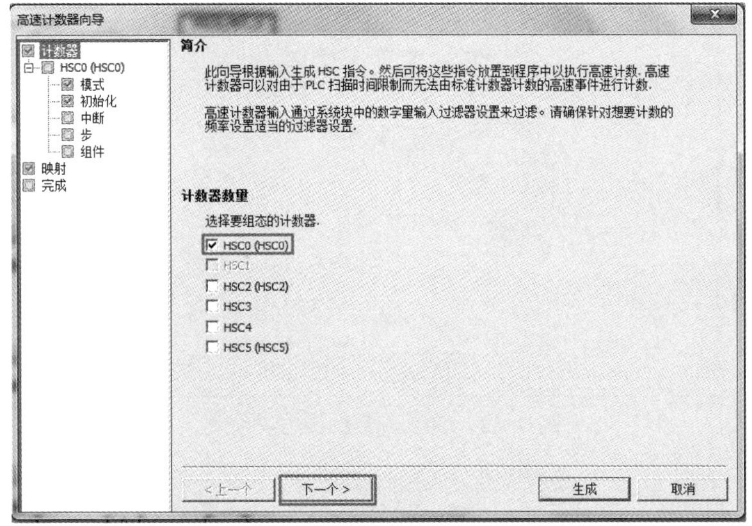

图11-41　选择“高速计数器”编号

c. 选择高速计数器的工作模式。如图 11-42 所示，在“模式”选项中，选择“模式 10”（AB 相正交模式），单击“下一个”按钮，弹出如图 11-43 所示的界面。

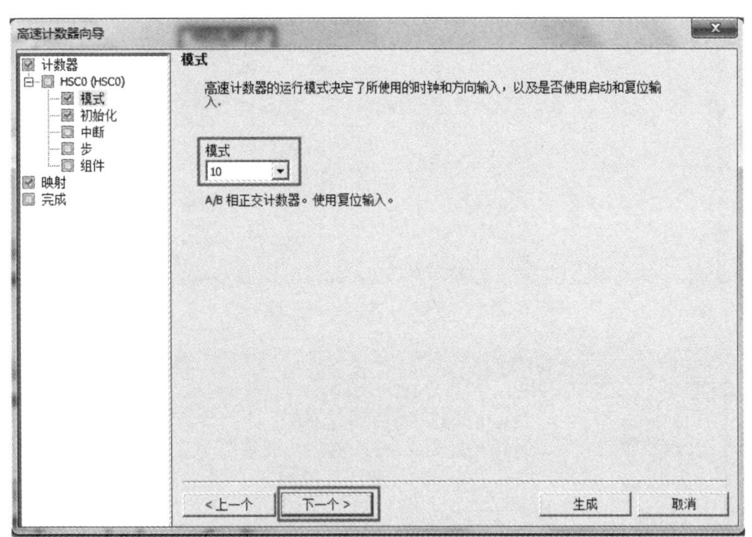

图11-42　选择“高速计数器”模式

d. 设置“高速计数器”参数。如图 11-43 所示，初始化程序的名称可以使用系统自动生成的，也可以由读者重新命名，本例的预设值为“100”，当前值为“0”，输入初始计数方向为“上”，计数速率为“1×”。单击“下一个”按钮，弹出如图 11-44 所示的界面。

e. 设置完成。本例不需要设置高速计数器中断、步和组件，因此单击“生成”按钮即可，如图 11-44 所示。

f. 打开运动控制向导。勾选“轴 0”，如图 11-45 所示，单击“下一个”按钮。

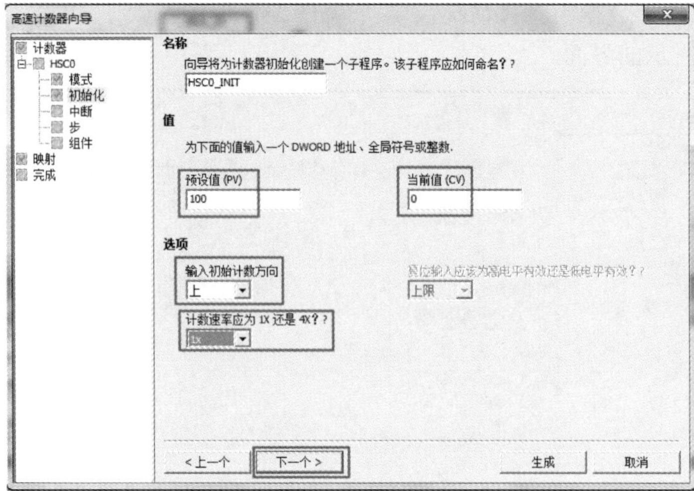

图11-43　设置“高速计数器”参数

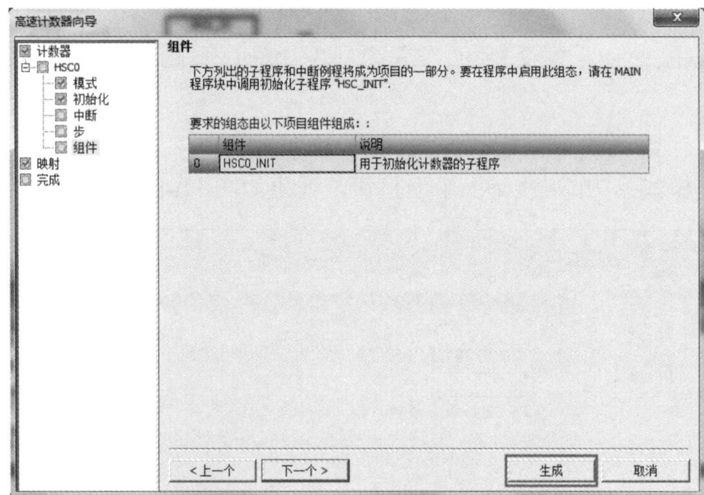

图11-44　设置“高速计数器”完成

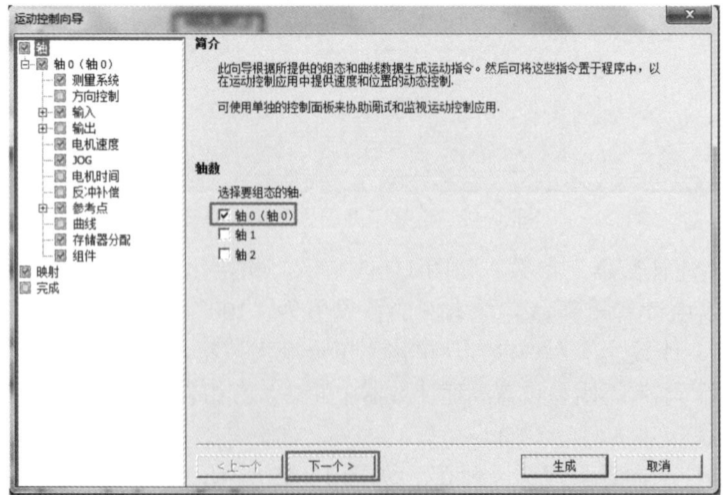

图11-45　打开运动控制向导

g. 设置测量系统参数。测量系统参数主要与伺服系统以及机械系统相关，本例的参数如图 11-46 所示，单击“下一个”按钮。

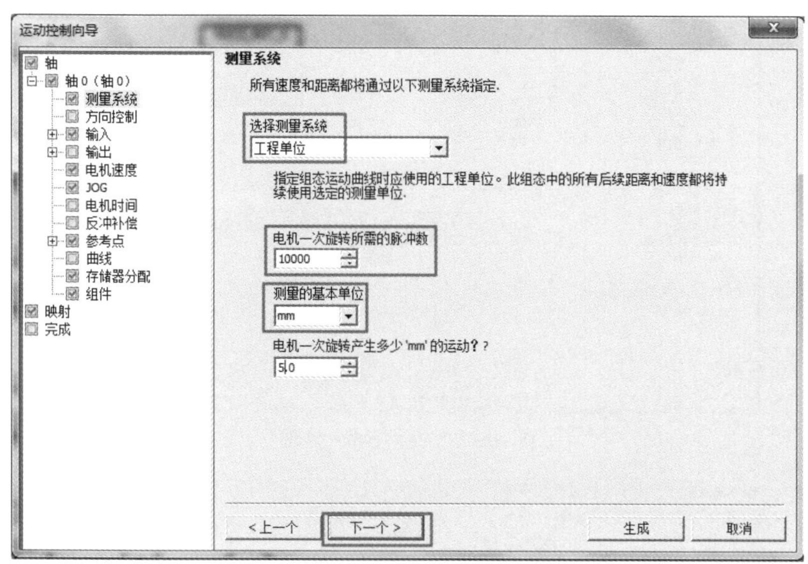

图 11-46　设置测量系统参数

h. 设置 LMT+ 参数。LMT+ 是正限位，因为接近开关是常开型，所以有效电平选择“上限”，如图 11-47 所示，单击“下一个”按钮。

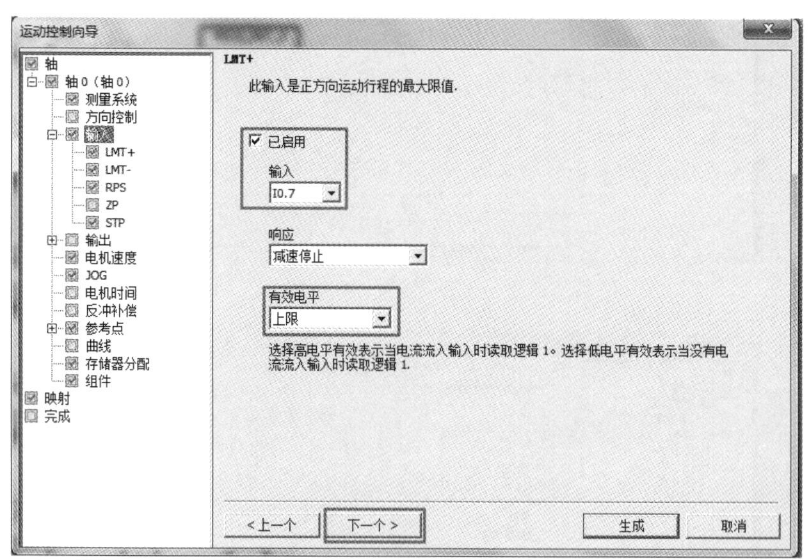

图 11-47　设置 LMT+ 参数

i. 设置 LMT− 参数。LMT− 是负限位，因为接近开关是常开型，所以有效电平选择“上限”，如图 11-48 所示，单击“下一个”按钮。

j. 设置 RPS 参数。RPS 是参考点，因为接近开关是常开型，所以有效电平选择“上限”，如图 11-49 所示，单击“下一个”按钮。

k. 设置 STP 参数。STP 是停止输入，因为接近开关是常闭型，所以有效电平选择“下限”，如图 11-50 所示，单击“下一个”按钮。

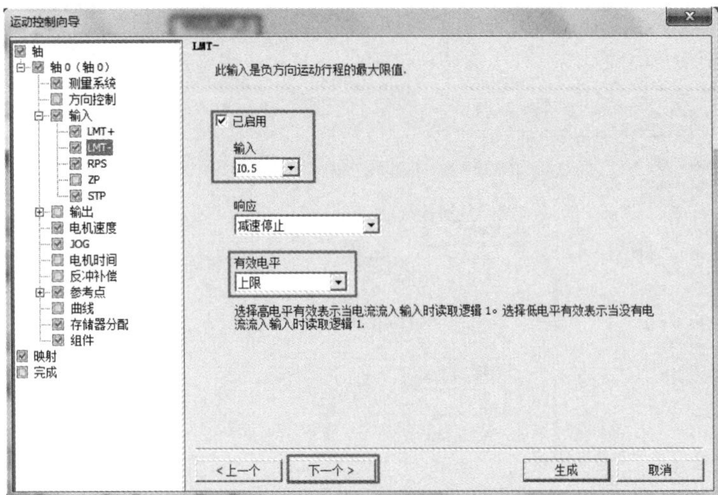

图11-48　设置LMT-参数

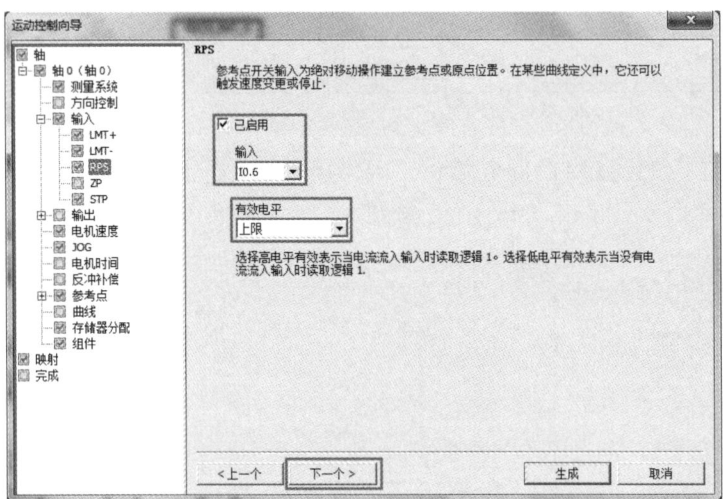

图11-49　设置RPS参数

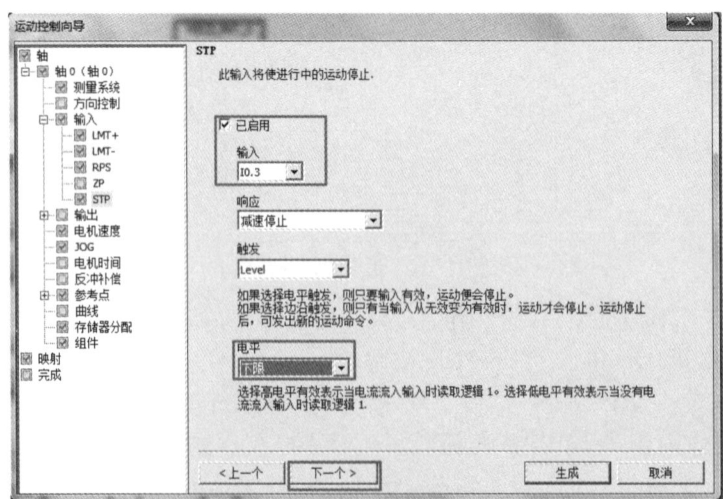

图11-50　设置STP参数

l. 设置电机速度。设置电机速度的最大值、最小值和启动/停止，如图 11-51 所示，单击“下一个”按钮。

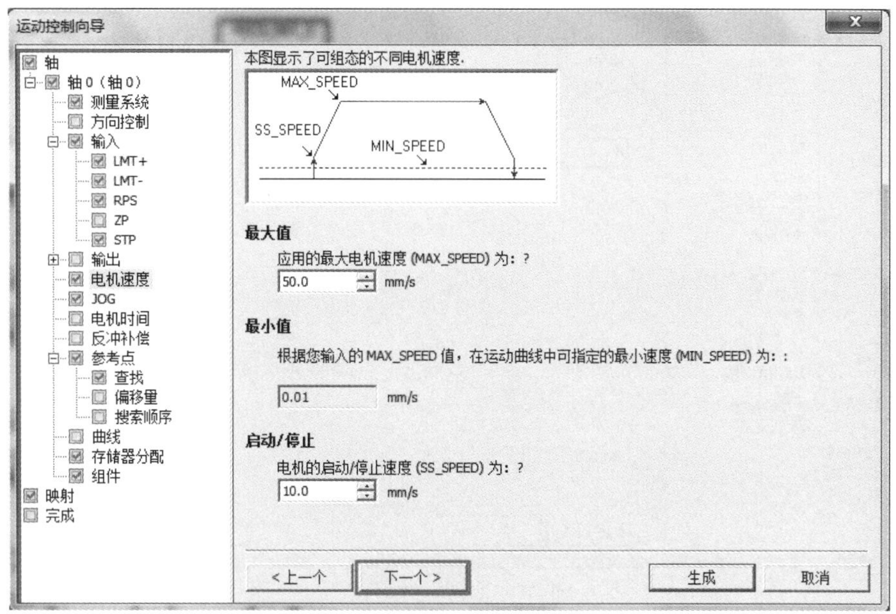

图11-51　设置电机速度

m. 设置参考点搜索顺序。选择“1”，如图 11-52 所示，单击“下一个”按钮。

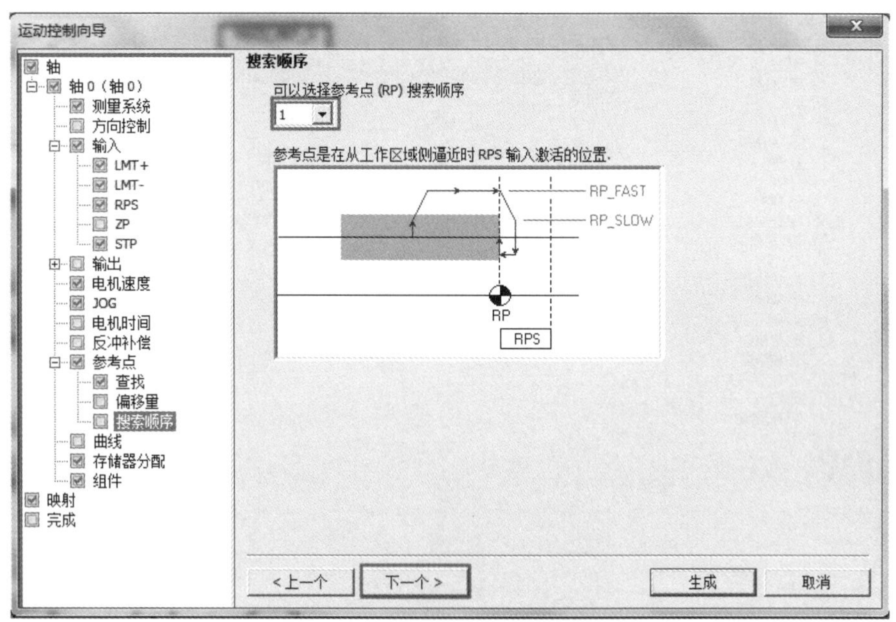

图11-52　设置参考点搜索顺序

n. 存储器分配。如图 11-53 所示，这个存储区是系统使用的，单击“下一个”按钮。

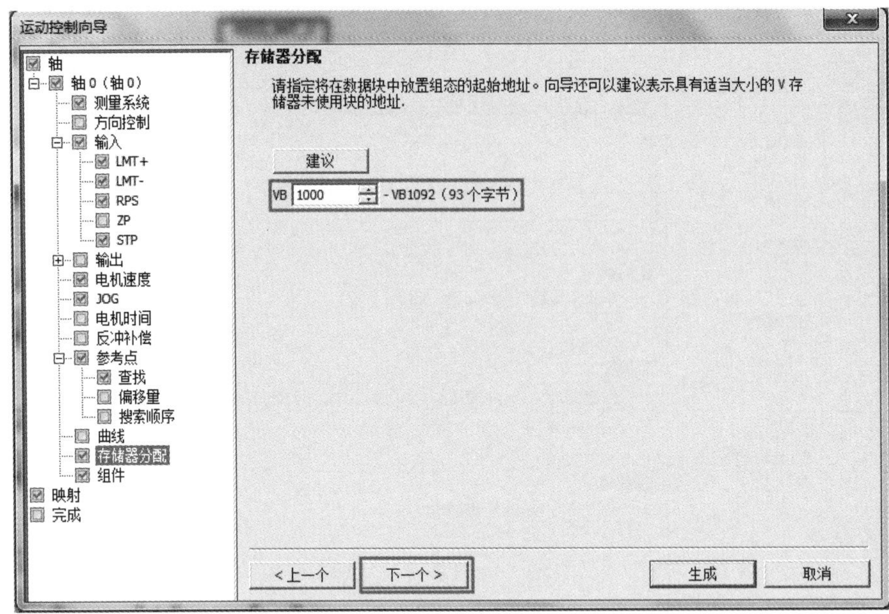

图11-53　存储器分配

o. 完成组态。如图 11-54 所示，单击“生成”按钮，运动控制向导组态完成。

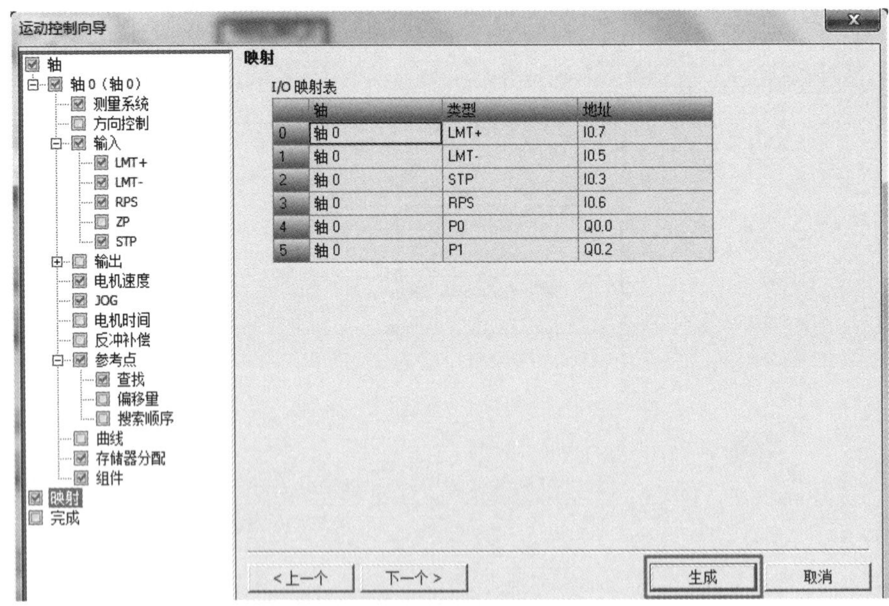

	轴	类型	地址
0	轴 0	LMT+	I0.7
1	轴 0	LMT-	I0.5
2	轴 0	STP	I0.3
3	轴 0	RPS	I0.6
4	轴 0	P0	Q0.0
5	轴 0	P1	Q0.2

图11-54　组态完成

③ 编写程序　程序如图 11-55 ～图 11-60 所示。

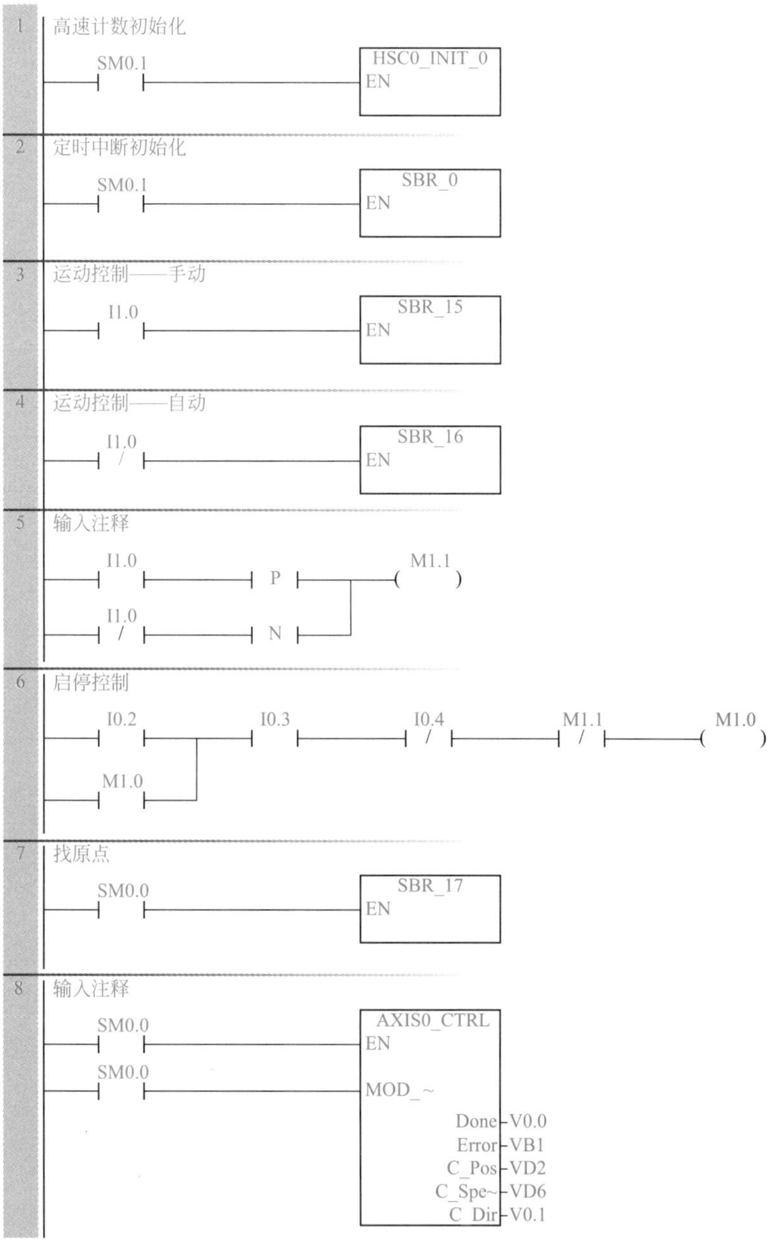

1 高速计数初始化
SM0.1
HSC0_INIT_0
EN

2 定时中断初始化
SM0.1
SBR_0
EN

3 运动控制——手动
I1.0
SBR_15
EN

4 运动控制——自动
I1.0
/
SBR_16
EN

5 输入注释
I1.0
P
M1.1
I1.0
/
N

6 启停控制
I0.2
I0.3
I0.4
/
M1.1
/
M1.0
M1.0

7 找原点
SM0.0
SBR_17
EN

8 输入注释
SM0.0
AXIS0_CTRL
EN
SM0.0
MOD_~
Done-V0.0
Error-VB1
C_Pos-VD2
C_Spe~-VD6
C_Dir-V0.1

图11-55　主程序

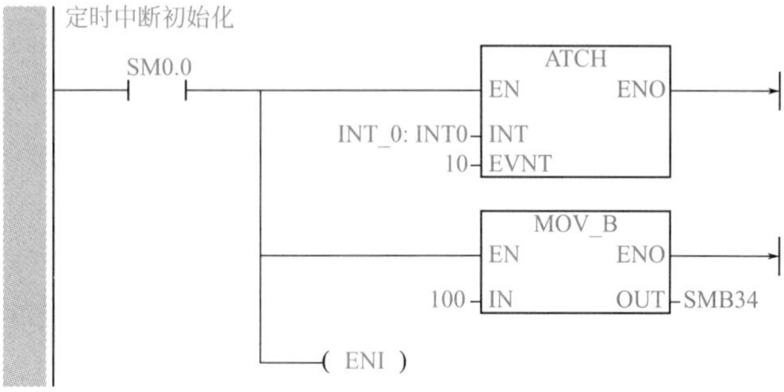

定时中断初始化
SM0.0
ATCH
EN　ENO
INT_0: INT0-INT
10-EVNT
MOV_B
EN　ENO
100-IN　OUT-SMB34
(ENI)

图11-56　子程序SBR_0

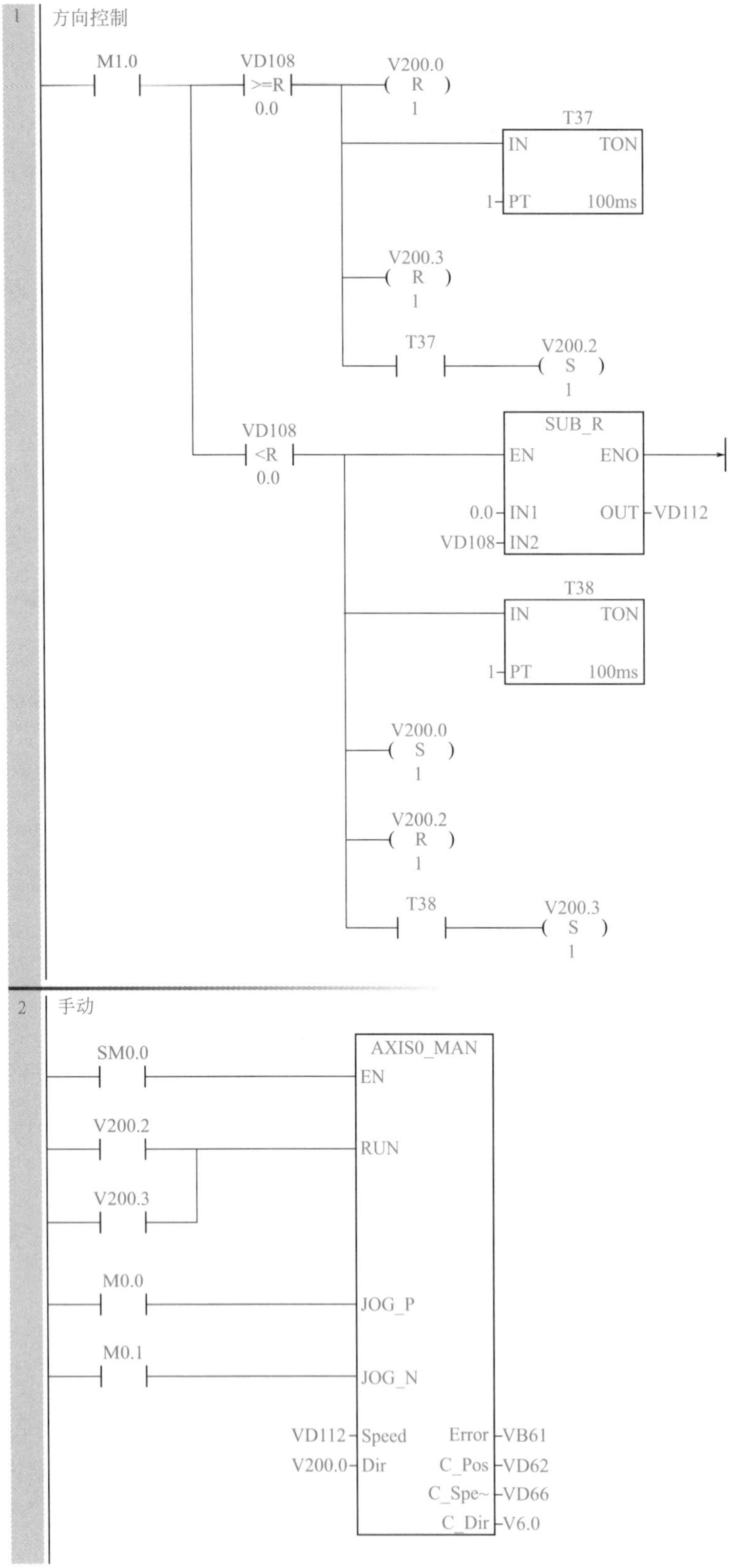

图11-57　子程序SBR_15

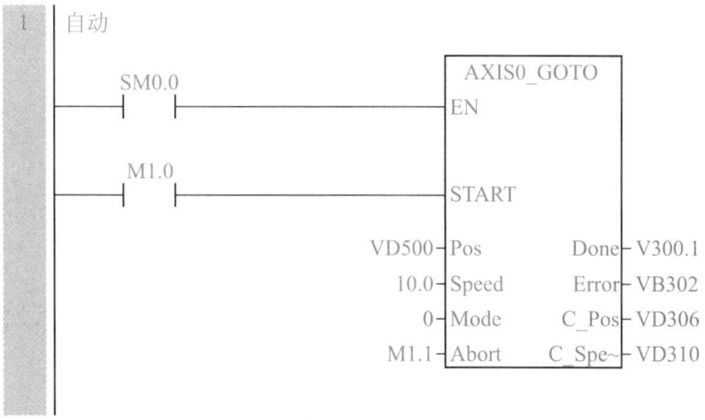

1 自动

SM0.0 —| |— AXIS0_GOTO EN

M1.0 —| |— START

VD500 - Pos Done - V300.1
10.0 - Speed Error - VB302
0 - Mode C_Pos - VD306
M1.1 - Abort C_Spe~ - VD310

图11-58 子程序SBR_16

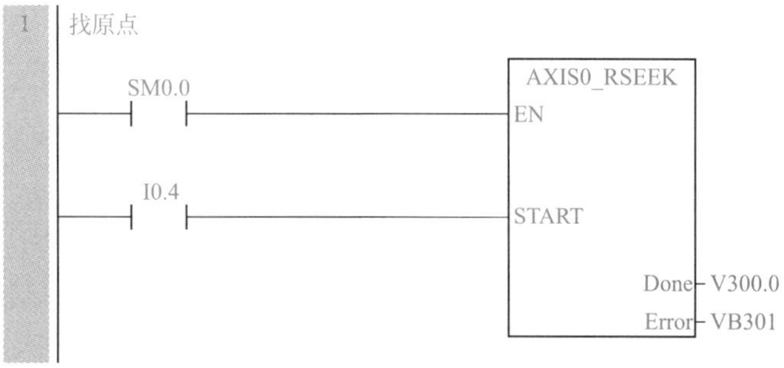

1 找原点

SM0.0 —| |— AXIS0_RSEEK EN

I0.4 —| |— START

Done - V300.0
Error - VB301

图11-59 子程序SBR_17

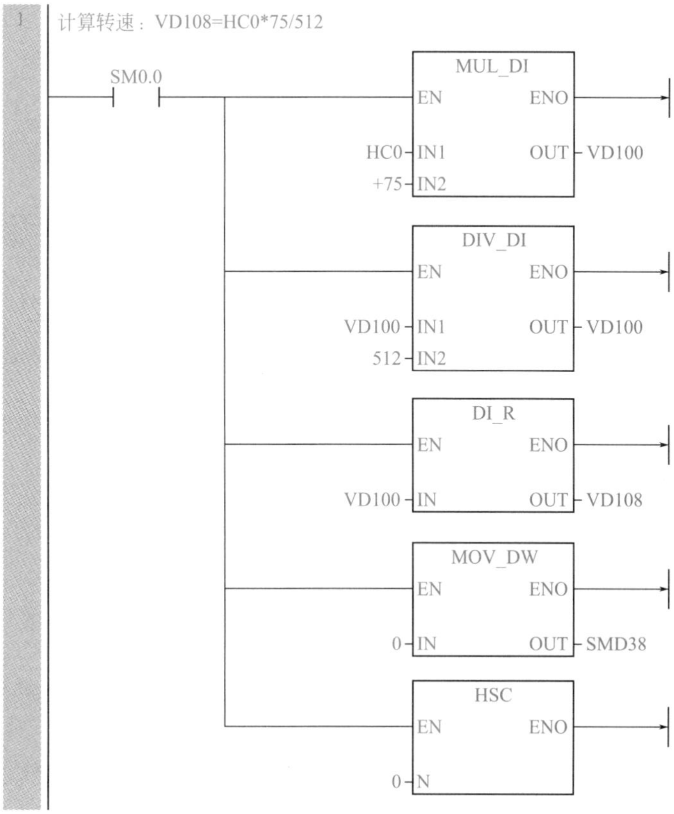

1 计算转速：VD108=HC0*75/512

SM0.0 —| |—

MUL_DI EN ENO
HC0 - IN1 OUT - VD100
+75 - IN2

DIV_DI EN ENO
VD100 - IN1 OUT - VD100
512 - IN2

DI_R EN ENO
VD100 - IN OUT - VD108

MOV_DW EN ENO
0 - IN OUT - SMD38

HSC EN ENO
0 - N

图11-60 中断程序INT_0

11.2 三菱 FX PLC 的运动控制及其应用

11.2.1 三菱 FX PLC 控制步进驱动系统

（1）高速脉冲输出指令介绍

高速脉冲输出功能即在 PLC 的指定输出点上实现脉冲输出和脉宽调制功能。三菱 FX 系列 PLC 配有两个高速输出点（从 FX3U 开始有 3 个高速输出点）。

脉冲输出指令（PLSY/DPLSY）的 PLS 指令格式见表 11-8。

表 11-8 脉冲输出指令（PLSY/DPLSY）的 PLS 指令参数表

指令名称	FNC NO.	[S1・]	[S2・]	[D・]
脉冲输出指令	FNC55	K、H、KnX、KnY、KnM、KnS、T、C、D、V、Z	K、H、KnX、KnY、KnM、KnS、T、C、D、V、Z	Y000、Y001

脉冲输出指令（PLSY/DPLSY）按照给定的脉冲个数和周期输出一串方波（占空比 50%，如图 11-1 所示）。该指令可用于指定频率、产生定量脉冲输出场合，实例如图 11-61 所示，[S1・] 用于指定频率，范围是 2 ～ 20kHz；[S2・] 用于指定产生脉冲的数量，16 位指令（PLSY）的指定范围是 1 ～ 32767，32 位指令（DPLSY）的指定范围是 1 ～ 2147483647；[D・] 用于指定输出的 Y 的地址，仅限于晶体管输出的 Y000 和 Y001（对于 FX2N 及以前的产品）。当 X1 闭合时，Y000 发出高速脉冲；当 X1 断开时，Y000 停止输出。输出脉冲存储在 D8137 和 D8136 中。

图11-61 PLSY的使用示例

（2）实例

【例 11-5】 某设备上有 1 套步进驱动系统，步进驱动器的型号为 SH-2H042Ma，步进电动机的型号为 17HS111，是两相四线直流 24V 步进电动机，要求：压下按钮 SB1 时，步进电动机带动 X 方向的机构复位，当 X 方向靠近接近开关 SQ1 时停止，复位完成。请画出 I/O 原理图并编写程序。

【解】

① 主要软硬件配置

a. 1 套 GX Works3。

b. 1 台步进电动机的型号为 17HS111。

c. 1 台步进驱动器的型号为 SH-2H042Ma。

d. 1 台 FX3U-32MT PLC。

② 步进电动机与步进驱动器的接线 PLC 与驱动器和步进电动机接线如图 11-62 所示。

> 【关键点】 三菱 FX3U 的晶体管的输出有 NPN 和 PNP 型，在选型时就要确定输出形式，FX2N 及以前的产品都是 NPN 输出。

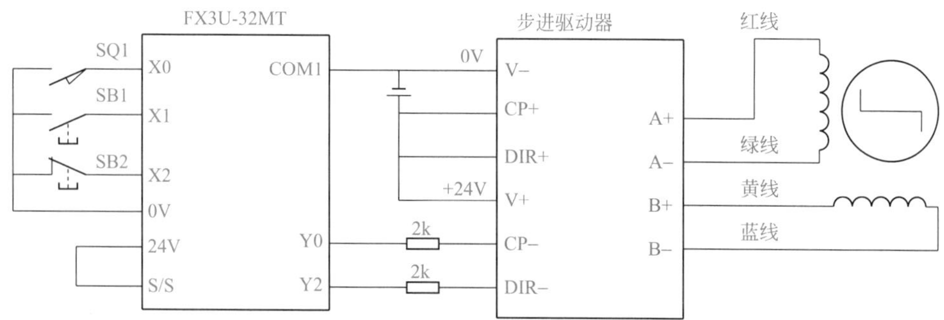

图11-62 PLC与驱动器和步进电动机接线图

③ 程序编写 程序如图 11-63 所示。

```
    M8002
 0 ─┤ ├──────────────────────────────[MOV   K6000   D0    ]
    X001
 6 ─┤ ├──────────────────────────────[SET           M0    ]
    M0
 8 ─┤ ├──┬───────────────────[PLSY   K2000   D0     Y000  ]
         └───────────────────────────────────(Y002        )
    X000
17 ─┤ ├──┬───────────────────────────[RST           M0    ]
    X002 │
   ─┤/├──┤
    M8029│
   ─┤ ├──┘
```

图11-63 程序

【关键点】 若读者不想在输出端接分压电阻，那么在 PLC 的 COM1 接线端子上接 +5V DC 也是可行的，但产生的问题是本组其他输出信号都为 +5V DC，因此读者在设计时要综合考虑利弊，从而进行取舍。

11.2.2 三菱 FX PLC 控制伺服驱动系统

在前面的章节中介绍了直接使用 PLC 的高速输出点控制步进电动机，其实直接使用 PLC 的高速输出点控制伺服电动机的方法与之类似，只不过后者略微复杂一些，下面将用两个例子介绍具体的方法。

【例 11-6】 某设备上有一套伺服驱动系统，伺服驱动器的型号为 MR-E-A，伺服电动机的型号为 HF-KE13W1-S100，要求：压下按钮 SB1 时，伺服电动机带动系统 X 方向移动，碰到 SQ1 停止，压下按钮 SB3 时，伺服电动机带动系统 X 负方向移动，碰到 SQ2 时停止，当压下 SB2 和 SB4，伺服系统停机。请画出 I/O 原理图并编写程序。

【解】

① 主要软硬件配置

a. 1 套 GX Works3。

b. 1 台伺服电动机，型号为 HF-KE13W1-S100。

c. 1 台伺服驱动器的型号为 MR-E-A。

d. 1 台 FX3U-32MT。

② 伺服电动机与伺服驱动器的接线　伺服系统选用的是三菱 MR 系列，伺服电动机和伺服驱动器的连线比较简单，伺服电动机后面的编码器与伺服驱动器的连线是由三菱公司提供专用电缆，伺服驱动器端的接口是 CN2，这根电缆一般不会接错。伺服电动机上的电源线对应连接到伺服驱动器上的接线端子上，原理图如图 11-64 所示。

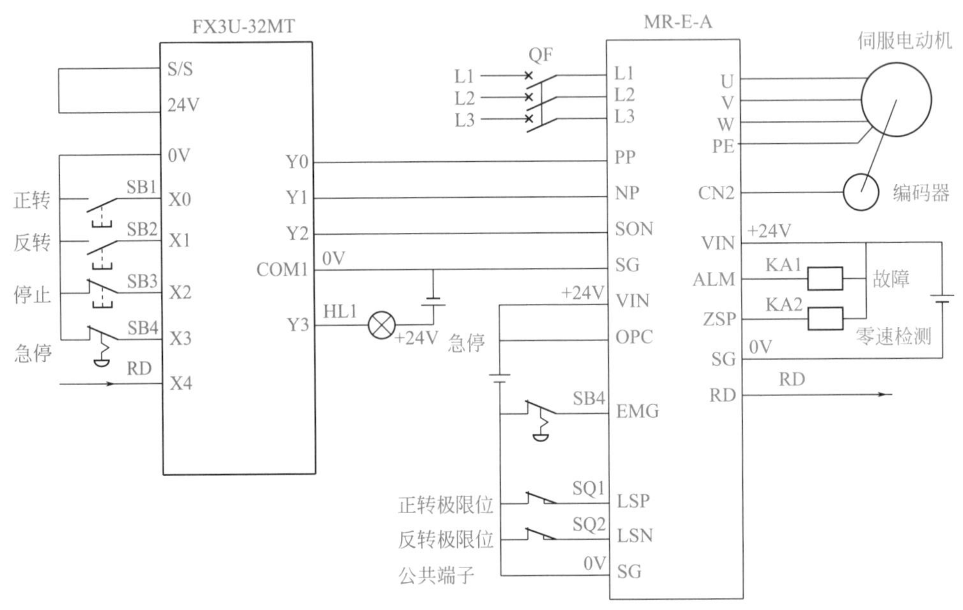

图11-64　PLC的高速输出点控制伺服电动机原理图

③ PLC 伺服驱动器的接线　本伺服驱动器的供电电源可以是三相交流 230V，也可以是单相交流 230V，本例采用单相交流 230V 供电，伺服驱动器的供电接线端子排是 CNP1。PLC 的高速输出点与伺服的 PP 端子连接，PLC 的输出和伺服驱动器的输入都是 NPN 型，因此是匹配的。PLC 的 COM1 必须和伺服驱动器的 SG 连接，达到共地的目的。

需要指出的是，若读者不使用中间继电器 KA1、KA2、KA3，也是可行的，可直接将 PLC 的 Y2、Y3、Y4 与伺服驱动器的 3、4、5 接线端子相连。

【关键点】 连线时，务必注意 PLC 与伺服驱动器必须共地，否则不能形成回路。此外，三菱的伺服驱动器只能接受 NPN 信号，因此在选择 PLC 时，要注意选用 NPN 输出的 PLC。

图 11-64 中，L1、L2、L3 的供电电压是 220V，而不是 380V。

④ 控制程序的编写　用 PLC 的高速输出点控制伺服电动机的程序与用 PLC 的高速输出点控制步进电动机的程序类似，这里不作过多的解释，其程序如图 11-65 所示。当完成系统接线、参数设定和程序下载后，当压下按钮 SB1 时，伺服电动机正转；当压下 SB3 或者 SB4 时，伺服电动机停转；当压下 SB2 按钮时，伺服电动机反转。当系统碰到行程开关 SQ1 或者 SQ2 时，伺服电动机也停止转动。

```
 0  ─┤ M8002 ├──────────────────────────[MOV   K6000  D0   ]
 6  ─┤ X000  ├──────────────────────────[RST   Y001        ]
 8  ─┤ X001  ├──────────────────────────[SET   Y001        ]
10  ─┤ X000  ├─┬────────────────────────[SET   M0          ]
    ─┤ X001  ├─┘                        [SET   Y002        ]
14  ─┤ M0 ├──┤ X004 ├──────[PLSY  K2000  D0    Y000        ]
23  ─┤/X002  ├─┬────────────────────────[RST   M0          ]
    ─┤/X003  ├─┤                        [RST   Y001        ]
    ─┤ M8029 ├─┘                        [RST   Y002        ]
29  ────────────────────────────────────[END               ]
```

图11-65 PLC的高速输出点控制伺服电动机主程序

【例 11-7】 某设备上有一套伺服驱动系统，伺服驱动器的型号为 MR-E-A，伺服电动机的型号为 HF-KE13W1-S100，当压下按钮 SB1 时，系统先回原位，向正向移动 20mm，停 1s，再向正向移动 20mm，停 1s，返回原点，往复执行以上运动。压下停止按钮 SB2，系统停止。要求设计原理图并编写程序。

【解】

① 主要软硬件配置

a. 1 套 GX Works3。

b. 1 台伺服电动机，型号为 HF-KE13W1-S100。

c. 1 台伺服驱动器，型号为 MR-E-A。

d. 1 台 FX3U-32MT。

电气原理图如图 11-66 所示。

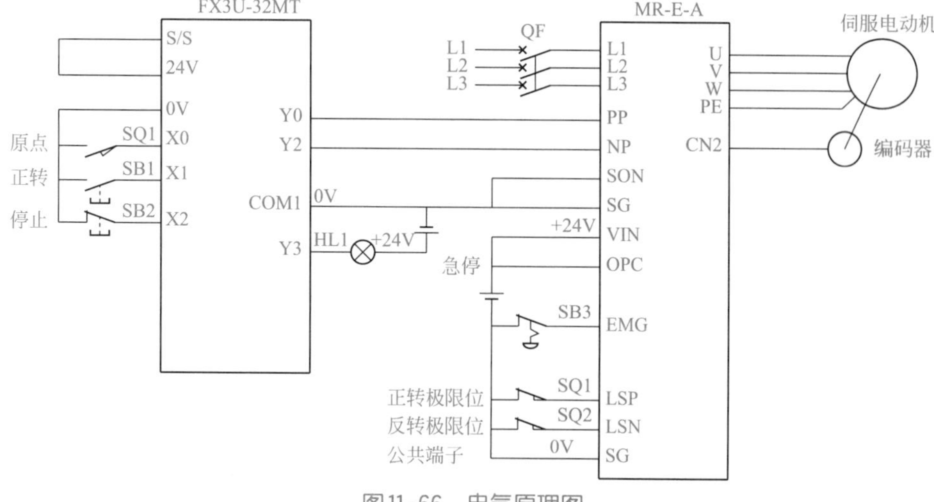

图11-66 电气原理图

② 编写程序　梯形图程序如图 11-67 所示。

```
0    M8002                                        [ZRST  S20    S30  ]
     T5 (上升沿)                                    [SET   S0        ]
                                                  [ZRST  T0     T100 ]
                                                  [ZRST  M0     M10  ]
20   X001  X002                                   (M80              )
     M80
24                                                [STL   S0         ]
25   M80                                          [DZRN  K5000  K1000  X000  Y000]
          M8029                                   [SET   S20        ]
46                                                [STL   S20        ]
47   M80                                          (T0   K20         )
          T0                                      [DRVA  K10000  K5000  Y000  Y002]
               M8029                              [SET   S21        ]
64                                                [STL   S21        ]
65   M80                                          (T2   K20         )
          T2                                      [DDRVA K20000  K5000  Y000  Y002]
               M8029                              [SET   S22        ]
90                                                [STL   S22        ]
91   M80                                          [T3   K20         ]
          T3                                      [DDRVA K10000  K5000  Y000  Y002]
               M8029                              [SET   S23        ]
116                                               [STL   S23        ]
117                                               (T5   K10         )
          T5                                      [SET   S0         ]
123                                               [RET              ]
124                                               [END              ]
```

图11-67　梯形图

第12章 PLC的通信及其应用

本章以西门子 S7-200 SMART PLC 和三菱 FX 系列 PLC 为例，介绍 PLC 通信的基础知识，并用实例介绍自由口、以太网通信、PROFIBUS 通信、Modbus 通信、N ：N 通信、无协议通信、CC-LINK 通信和 PLC 与变频器的通信。本章的内容既是重点也是难点。

12.1 通信基础知识

PLC 的通信包括 PLC 与 PLC 之间的通信、PLC 与上位计算机之间的通信以及 PLC 和其他智能设备之间的通信。PLC 与 PLC 之间通信的实质就是计算机的通信，使得众多独立的控制任务构成一个控制工程整体，形成模块控制体系。PLC 与计算机连接组成网络，将 PLC 用于控制工业现场，计算机用于编程、显示和管理等任务，构成“集中管理、分散控制”的分布式控制系统（DCS）。

12.1.1 通信的基本概念

（1）串行通信与并行通信

串行通信和并行通信是两种不同的数据传输方式。

串行通信就是通过一对导线将发送方与接收方进行连接，传输数据的每个二进制位，按照规定顺序在同一导线上依次发送与接收。例如，常用的 USB 接口就是串行通信。串行通信的特点是通信控制复杂，通信电缆少，因此与并行通信相比，成本低。串行通信是一种趋势，随着串行通信速率的提高，以往使用并行通信的场合，现在可完全或部分被串行通信取代，如打印机的通信，现在基本被串行通信取代；再如个人计算机硬盘的数据通信，也已经被串行通信取代。

并行通信就是将一个 8 位数据（或 16 位、32 位）的每一个二进制位采用单独的导线进行传输，并将传送方和接收方进行并行连接，一个数据的各个二进制位可以在同一时间内一次传送。例如，老式打印机的打印口和计算机的通信就是并行通信。并行通信的特点是一个周期里可以一次传输多位数据，但其连线的电缆多，因此长距离传送时成本高。

（2）异步通信与同步通信

异步通信与同步通信也称为异步传送与同步传送，这是串行通信的两种基本信息传送方式。从用户的角度上说，两者最主要的区别在于通信方式的“帧”不同。

异步通信方式又称起止方式。它在发送字符时，要先发送起始位，然后是字符本身，最后是停止位，字符之后还可以加入奇偶校验位。异步通信方式具有硬件简单、成本低的特点，主要用于传输速率低于 19.2Kbit/s 以下的数据通信。

同步通信方式在传递数据的同时，也传输时钟同步信号，并始终按照给定的时刻采集数据。其传输数据的效率高，硬件复杂，成本高，一般用于传输速率高于 20Kbit/s 以上的数据通信。

（3）单工、全双工与半双工

单工、双工与半双工是通信中描述数据传送方向的专用术语。

① 单工（Simplex）：指数据只能实现单向传送的通信方式，一般用于数据的输出，不可以进行数据交换。

② 全双工（Full Simplex）：也称双工，指数据可以进行双向数据传送，同一时刻既能发送数据，也能接收数据。通常需要两对双绞线连接，通信线路成本高。例如，RS422 就是全双工通信方式。

③ 半双工（Half Simplex）：指数据可以进行双向数据传送，同一时刻，只能发送数据或者接收数据。通常需要一对双绞线连接，与全双工相比，通信线路成本低。例如，RS485 只用一对双绞线时就是半双工通信方式。

12.1.2 RS485标准串行接口

（1）RS485 接口

RS485 接口是在 RS422 基础上发展起来的一种 EIA 标准串行接口，采用“平衡差分驱动”方式。RS485 接口满足 RS422 的全部技术规范，可以用于 RS422 通信。RS485 接口通常采用 9 针连接器。RS485 接口的引脚功能参见表 12-1。

表 12-1 RS485 接口的引脚功能

PLC 引脚	信号代号	信号功能
1	SG 或 GND	机壳接地
2	+24V 返回	逻辑地
3	RXD+ 或 TXD+	RS485 的 B，数据发送 / 接收 + 端
5	+5V 返回	逻辑地
6	+5V	+5V
7	+24V	+24V
8	RXD− 或 TXD−	RS485 的 A，数据发送 / 接收 − 端
9	不适用	10 位协议选择（输入）

（2）西门子的 PLC 连线

西门子 PLC 的 PPI 通信、MPI 通信和 PROFIBUS-DP 现场总线通信的物理层都是 RS485 通信，而且采用相同的通信线缆和专用网络接头。西门子提供两种网络接头，即标准网络接头和编程端口接头，可方便地将多台设备与网络连接，编程端口允许用户将编程站或

HMI 设备与网络连接，且不会干扰任何现有网络连接。编程端口接头通过编程端口传送所有来自 S7-200 SMART PLC 的信号（包括电源针脚），这对于连接由 S7-200 SMART PLC（例如 SIMATIC 文本显示）供电的设备尤其有用。标准网络接头的编程端口接头均有两套终端螺钉，用于连接输入和输出网络电缆。这两种接头还配有开关，可选择网络偏流和终端。图 12-1 显示了电缆接头的终端状况，将拨钮拨向右侧，电阻设置为“on”，而将拨钮拨向另一侧，则电阻设置为“off”，图中只显示了一个，若有多个也是这样设置。图 12-1 中拨钮在“off”一侧，因此终端电阻未接入电路。

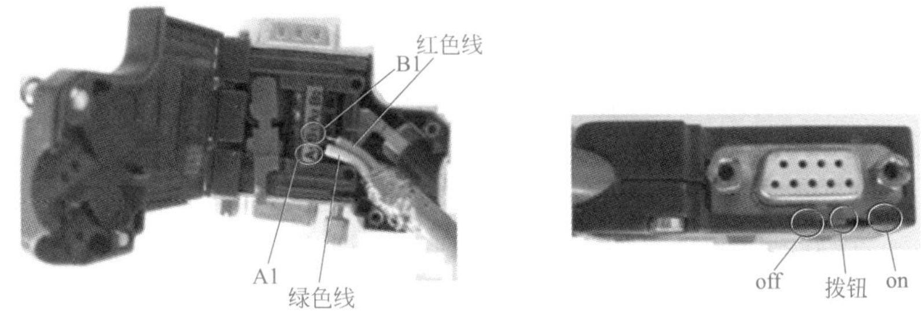

图12-1 网络接头的终端电阻设置图

【关键点】 西门子的专用 PROFIBUS 电缆中有两根线：一根为红色，上标有“B”；一根为绿色，上面标有“A”。这两根线只要与网络接头上相对应的“A”和“B”接线端子相连即可（如“A”线与“A”接线端相连）。网络接头直接插在 PLC 的 PORT 口上即可，不需要其他设备。注意：三菱的 FX 系列 PLC 的 RS485 通信要加 RS485 专用通信模块和终端电阻。

12.1.3 PLC 网络的术语解释

PLC 网络中的名词、术语很多，现将常用的予以介绍。

① 站（Station）：在 PLC 网络系统中，将可以进行数据通信、连接外部输入 / 输出的物理设备称为“站”。例如，由 PLC 组成的网络系统中，每台 PLC 可以是一个“站”。

② 主站（Master Station）：PLC 网络系统中进行数据链接的系统控制站，主站上设置了控制整个网络的参数，每个网络系统只有一个主站，主站号的固定为“0”，站号实际就是 PLC 在网络中的地址。

③ 从站（Slave Station）：PLC 网络系统中，除主站外，其他的站称为“从站”。

④ 远程设备站（Remote Device Station）：PLC 网络系统中，能同时处理二进制位、字的从站。

⑤ 本地站（Local Station）：PLC 网络系统中，带有 CPU 模块并可以与主站以及其他本地站进行循环传输的站。

⑥ 站数（Number of Station）：PLC 网络系统中，所有物理设备（站）所占用的“内存站数”的总和。

⑦ 网关（Gateway）：又称网间连接器、协议转换器。网关在传输层上实现网络互联，是最复杂的网络互联设备，仅用于两个高层协议不同的网络互联。网关的结构和路由器类似，不同的是互联层。网关既可以用于广域网互联，也可以用于局域网互联。网关是一种

充当转换重任的计算机系统或设备。在使用不同的通信协议、数据格式或语言，甚至体系结构完全不同的两种系统之间，网关是一个翻译器。例如 AS-I 网络的信息要传送到由西门子 S7-200 SMART PLC 组成的 PPI 网络，就要通过 CP243-2 通信模块进行转换，这个模块实际上就是网关。

⑧ 中继器（Repeater）：用于网络信号放大、调整的网络互联设备，能有效延长网络的连接长度。例如，以太网的正常传送距离是 500m，经过中继器放大后，可传输 2500m。

⑨ 网桥（Bridge）：网桥将两个相似的网络连接起来，并对网络数据的流通进行管理。网桥在延长网络跨度的功能上类似于中继器，它还能提供智能化连接服务，即根据帧的终点地址处于哪一网段来进行转发和滤除。

⑩ 路由器（Router）：所谓路由就是指通过相互连接的网络把信息从源地点移动到目标地点的活动。一般来说，在路由过程中，信息至少会经过一个或多个中间节点。

⑪ 交换机（Switch）：交换机是一种基于 MAC 地址识别，能完成封装转发数据包功能的网络设备。交换机可以“学习”MAC 地址，并把其存放在内部地址表中，通过在数据帧的始发者和目标接收者之间建立临时的交换路径，使数据帧直接由源地址到达目的地址。交换机通过直通式、存储转发和碎片隔离三种方式进行交换。交换机的传输模式有全双工、半双工、全双工 / 半双工自适应三种。

12.2 西门子 S7-200 SMART PLC 自由口通信

12.2.1 西门子 S7-200 SMART PLC 自由口通信介绍

西门子 S7-200 SMART PLC 的自由口通信是基于 RS485 通信基础的半双工通信，西门子 S7-200 SMART PLC 拥有自由口通信功能，即没有标准的通信协议，用户可以自己规定协议。第三方设备大多支持 RS485 串口通信，西门子 S7-200 SMART PLC 可以通过自由口通信模式控制串口通信。最简单的使用案例就是只用发送指令（XMT）向打印机或者变频器等第三方设备发送信息。不论任何情况，都通过 S7-200 SMART PLC 编写程序实现。

自由口通信的核心就是发送（XMT）和接收（RCV）两条指令，以及相应的特殊寄存器控制。由于 S7-200 SMART PLC 通信端口是 RS485 半双工通信口，因此发送和接收不能同时处于激活状态。RS485 半双工通信串行字符通信的格式可以包括 1 个起始位、7 位或 8 位字符（数据字节）、1 个奇 / 偶校验位（或者没有校验位）、1 个停止位。

标准的 S7-200 SMART PLC 只有一个串口（为 RS485），为 Port0 口，还可以扩展一个信号板，这个信号板由组态时设定为 RS485 或者 RS232，为 Port1 口。

自由口通信波特率可以设置为 1200bit/s、2400bit/s、4800bit/s、9600bit/s、19200bit/s、38400bit/s、57600bit/s 或 115200bit/s。凡是符合这些格式的串行通信设备，理论上都可以和 S7-200 SMART PLC 通信。自由口模式可以灵活应用。STEP 7-Micro/WIN SMART 的两个指令库（USS 和 Modbus RTU）就是使用自由口模式编程实现的。

S7-200 SMART PLC 使用 SMB30（对于 Port0）和 SMB130（对于 Port1）定义通信口的工作模式，控制字节的定义如图 12-2 所示。

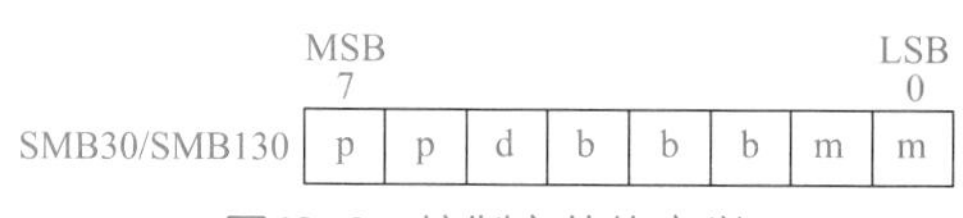

图12-2 控制字节的定义

① 通信模式由控制字的最低的两位“mm”决定。

• mm=00：PPI 从站模式（默认这个数值）。

• mm=01：自由口模式。

• mm=10：保留（默认 PPI 从站模式）。

• mm=11：保留（默认 PPI 从站模式）。

所以，只要将 SMB30 或 SMB130 赋值为 2#01，即可将通信口设置为自由口模式。

② 控制位的“pp”是奇偶校验选择。

• pp=00：无校验。

• pp=01：偶校验。

• pp=10：无校验。

• pp=11：奇校验。

③ 控制位的“d”是每个字符的位数。

• d=0：每个字符 8 位。

• d=1：每个字符 7 位。

④ 控制位的“bbb”是波特率选择。

• bbb=000：38400bit/s。

• bbb=001：19200bit/s。

• bbb=010：9600bit/s。

• bbb=011：4800bit/s。

• bbb=100：2400bit/s。

• bbb=101：1200bit/s。

• bbb=110：115200bit/s。

• bbb=111：57600bit/s。

（1）发送指令

以字节为单位，XMT 向指定通信口发送一串数据字符，要发送的字符以数据缓冲区指定，一次发送的字符最多为 255 个。

发送完成后，会产生一个中断事件，对于 Port0 口为中断事件 9，而对于 Port1 口为中断事件 26。当然也可以不通过中断，而通过监控 SM4.5（对于 Port0 口）或者 SM4.6（对于 Port1 口）的状态来判断发送是否完成，如果状态为 1，说明完成。XMT 指令缓冲区格式见表 12-2。

表 12-2 XMT指令缓冲区格式

序号	字节编号	内容
1	T+0	发送字节的个数
2	T+1	数据字节
3	T+2	数据字节
…	…	…
256	T+255	数据字节

（2）接收指令

以字节为单位，RCV 通过指定通信口接收一串数据字符，接收的字符保存在指定的数据缓冲区，一次接收的字符最多为 255 个。

接收完成后，会产生一个中断事件，对于 Port0 口为中断事件 23，而对于 Port1 口为中断事件 24。当然也可以不通过中断，而通过监控 SMB86（对于 Port0 口）或者 SMB186（对于 Port1 口）的状态来判断发送是否完成，如果状态为非零，说明完成。SMB86 和 SMB186 含义见表 12-3，SMB87 和 SMB187 含义见表 12-4。

表 12-3　SMB86 和 SMB186 含义

对于 Port0 口	对于 Port1 口	控制字节各位的含义
SM86.0	SM186.0	为 1 说明奇偶校验错误而终止接收
SM86.1	SM186.1	为 1 说明接收字符超长而终止接收
SM86.2	SM186.2	为 1 说明接收超时而终止接收
SM86.3	SM186.3	默认为 0
SM86.4	SM186.4	默认为 0
SM86.5	SM186.5	为 1 说明是正常收到结束字符
SM86.6	SM186.6	为 1 说明输入参数错误或者缺少起始和终止条件而结束接收
SM86.7	SM186.7	为 1 说明用户通过禁止命令结束接收

表 12-4　SMB87 和 SMB187 含义

对于 Port0 口	对于 Port1 口	控制字节各位的含义
SM87.0	SM187.0	默认为 0
SM87.1	SM187.1	1：使用中断条件　0：不使用中断条件
SM87.2	SM187.2	1：使用 SM92 或者 SM192 时间段结束接收 0：不使用 SM92 或者 SM192 时间段结束接收
SM87.3	SM187.3	1：定时器是消息定时器　0：定时器是内部字符定时器
SM87.4	SM187.4	1：使用 SM90 或者 SM190 检测空闲状态 0：不使用 SM90 或者 SM190 检测空闲状态
SM87.5	SM187.5	1：使用 SM89 或者 SM189 终止符检测终止信息 0：不使用 SM89 或者 SM189 终止符检测终止信息
SM87.6	SM187.6	1：使用 SM88 或者 SM188 起始符检测起始信息 0：不使用 SM88 或者 SM188 起始符检测起始信息
SM87.7	SM187.7	0：禁止接收　1：允许接收

与自由口通信相关的其他重要特殊控制字 / 字节见表 12-5。

表 12-5　其他重要特殊控制字 / 字节

对于 Port0 口	对于 Port1 口	控制字节或者控制字的含义
SMB88	SMB188	消息字符的开始
SMB89	SMB189	消息字符的结束
SMW90	SMW190	空闲线时间段，按 ms 设定。空闲线时间用完后接收的第一个字符是新消息的开始
SMW92	SMW192	中间字符 / 消息定时器溢出值，按 ms 设定。如果超过这个时间段，则终止接收消息
SMW94	SMW194	要接收的最大字符数（1 ～ 255 字节）。此范围必须设置为期望的最大缓冲区大小，即是否使用字符计数消息终端

RCV 指令缓冲区格式见表 12-6。

表 12-6 RCV 指令缓冲区格式

序号	字节编号	内容	序号	字节编号	内容
1	T+0	接收字节的个数	4	T+3	数据字节
2	T+1	起始字符（如果有）		…	…
3	T+2	数据字节	256	T+255	结束字符（如果有）

12.2.2 西门子 S7-200 SMART PLC 之间的自由口通信

以下以两台 S7-200 SMART PLC 之间的自由口通信为例介绍其编程实施方法。

【例 12-1】 有两台设备，控制器都是 CPU ST40，两者之间为自由口通信，要求实现设备 1 对设备 1 和设备 2 的电动机同时进行启停控制，请设计方案，编写程序。

【解】

（1）主要软硬件配置

① 1 套 STEP 7-Micro/WIN SMART V2.3。

② 2 台 CPU ST40。

③ 1 根 PROFIBUS 网络电缆（含 2 个网络总线连接器）。

④ 1 根以太网电缆。

自由口通信硬件配置如图 12-3 所示，两台 CPU 的接线如图 12-4 所示。

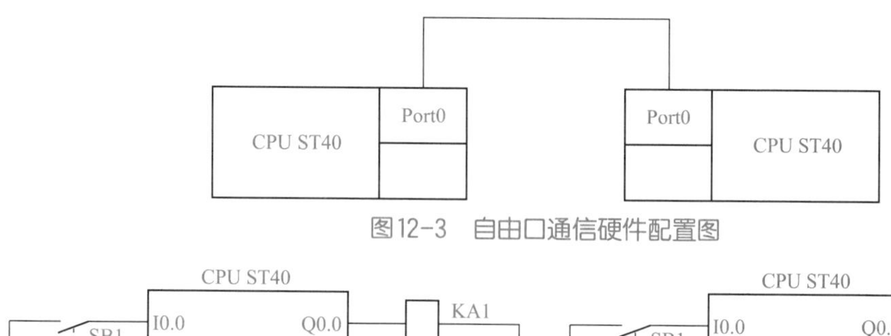

图12-3 自由口通信硬件配置图

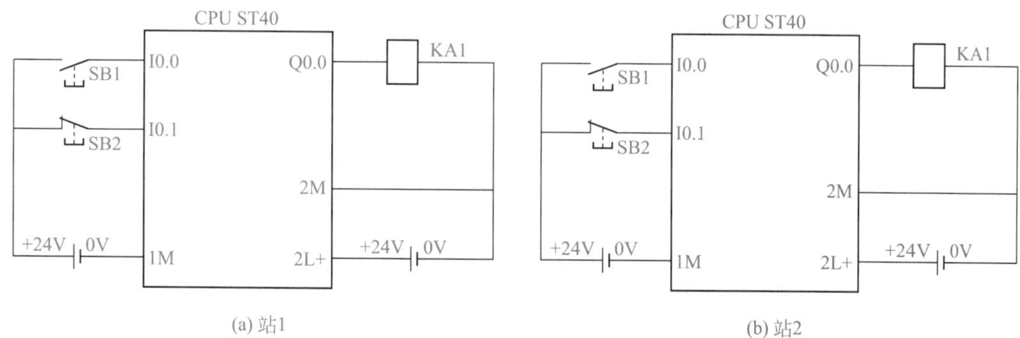

图12-4 原理图

【关键点】 自由口通信的通信线缆最好使用 PROFIBUS 网络电缆和网络总线连接器，若要求不高，为了节省开支可购买市场上的 DB9 接插件，再将两个接插件的 3 脚和 8 脚对连即可，如图 12-5 所示。

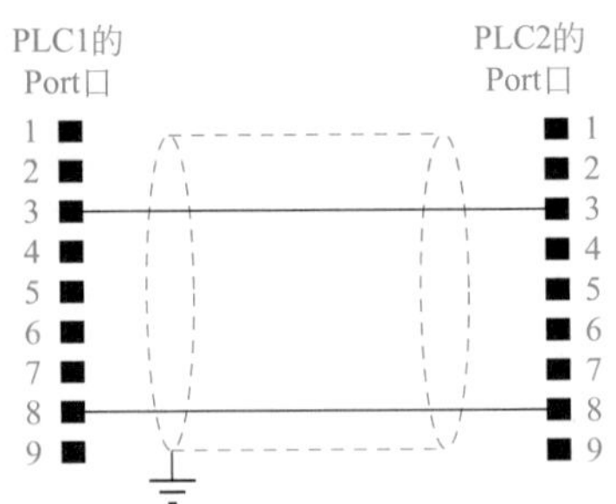

图12-5　自由口通信连线的另一种方案

（2）方法一

① 编写设备1的程序　设备1的主程序如图12-6所示，设备1的中断程序0如图12-7所示，设备1的中断程序1如图12-8所示。

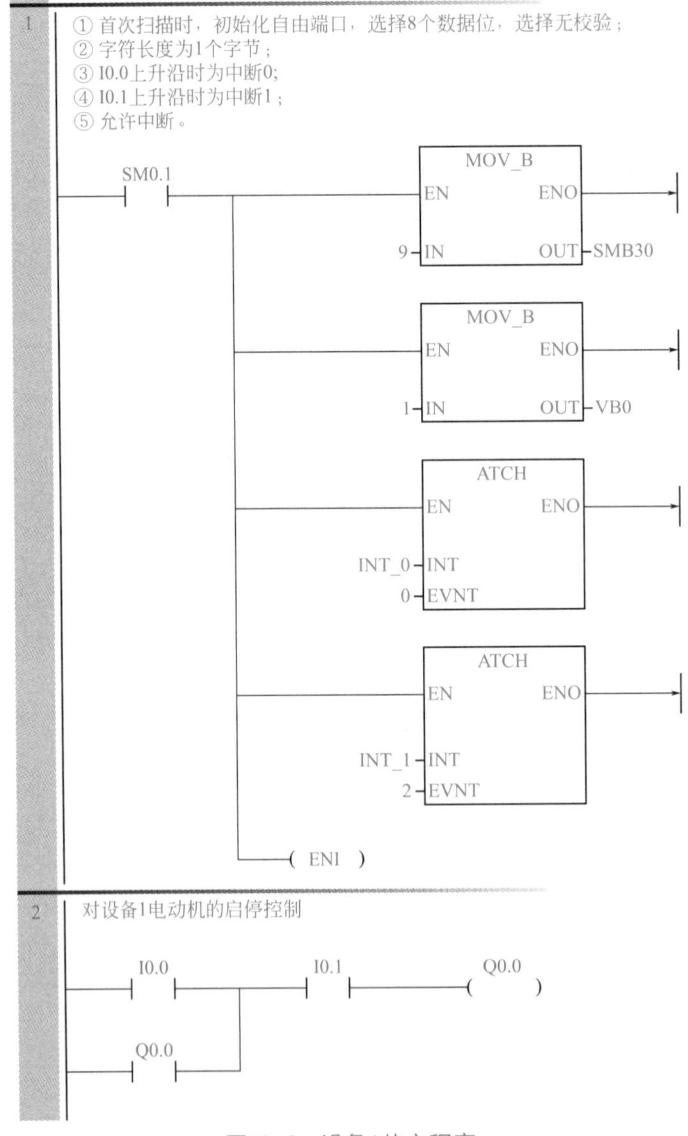

图12-6　设备1的主程序

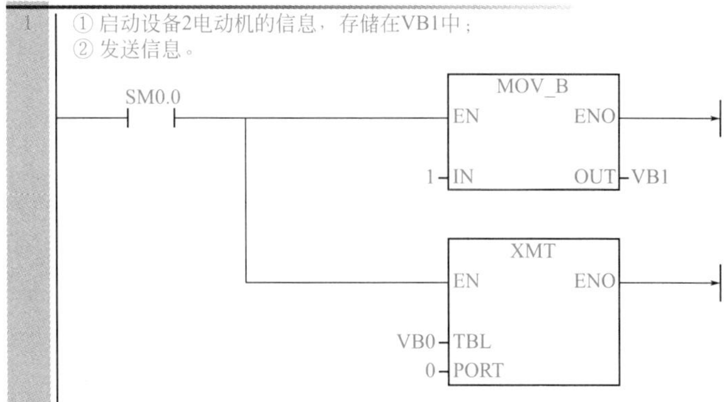

图12-7　设备1的中断程序0

1
① 停止设备2电动机的信息，存储在VB1中；
② 发送信息。
SM0.0
MOV_B
EN　ENO
0-IN　OUT-VB1
XMT
EN　ENO
VB0-TBL
0-PORT

图12-8　设备1的中断程序1

② 编写设备 2 的程序　设备 2 的主程序如图 12-9 所示，设备 2 的中断程序 0 如图 12-10 所示。

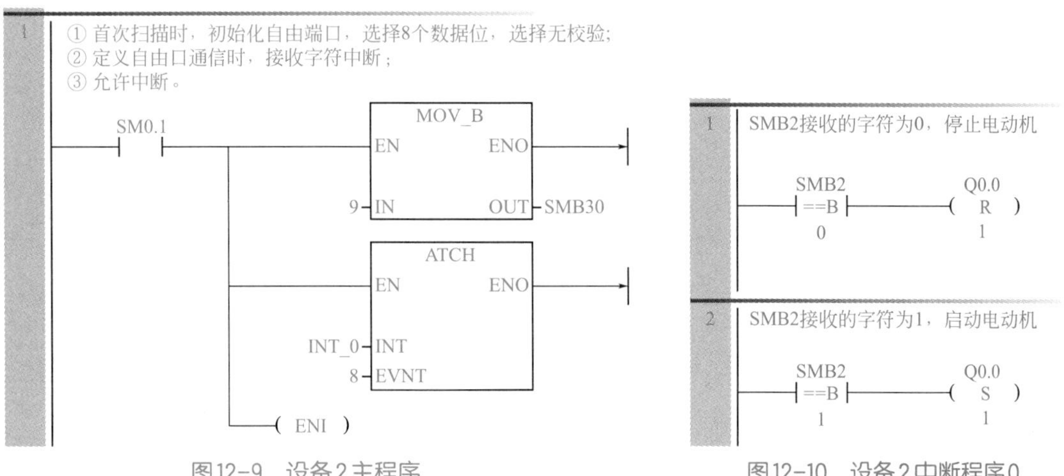

图12-9　设备2主程序

图12-10　设备2中断程序0

（3）方法2

① 设备1的程序　设备1的主程序如图12-11所示，设备1的子程序如图12-12所示，设备1的中断程序如图12-13所示。

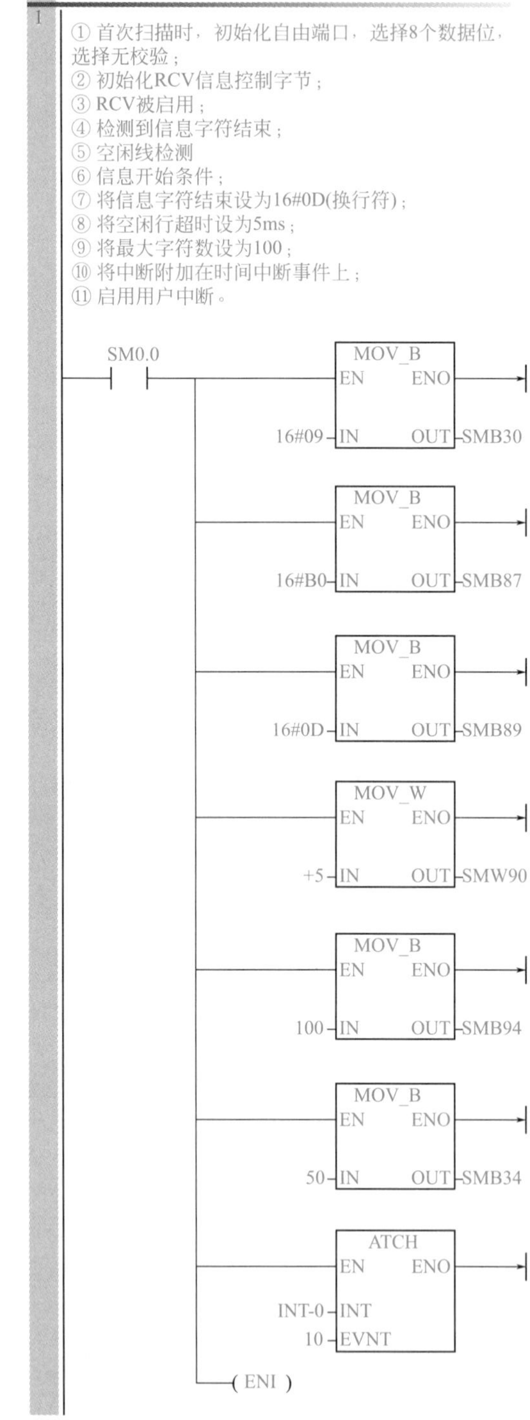

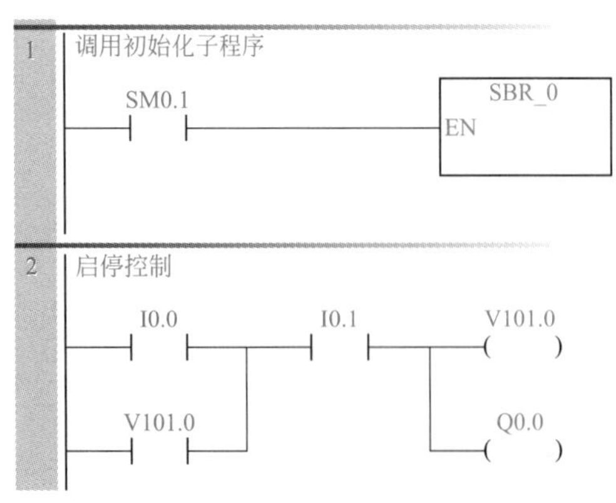

图12-11　设备1的主程序

图12-12　设备1的子程序

② 设备 2 的程序 设备 2 的主程序如图 12-14 所示，设备 2 的中断程序如图 12-15 所示。

1 ① 接收字节长度为2；
② 结束字符为16#0D；
③ 发送信息

SM0.0
MOV_B EN ENO 2-IN OUT-VB100
MOV_B EN ENO 16#0D-IN OUT-VB102
XMT EN ENO VB100-TBL 0-PORT

图12-13 设备1的中断程序

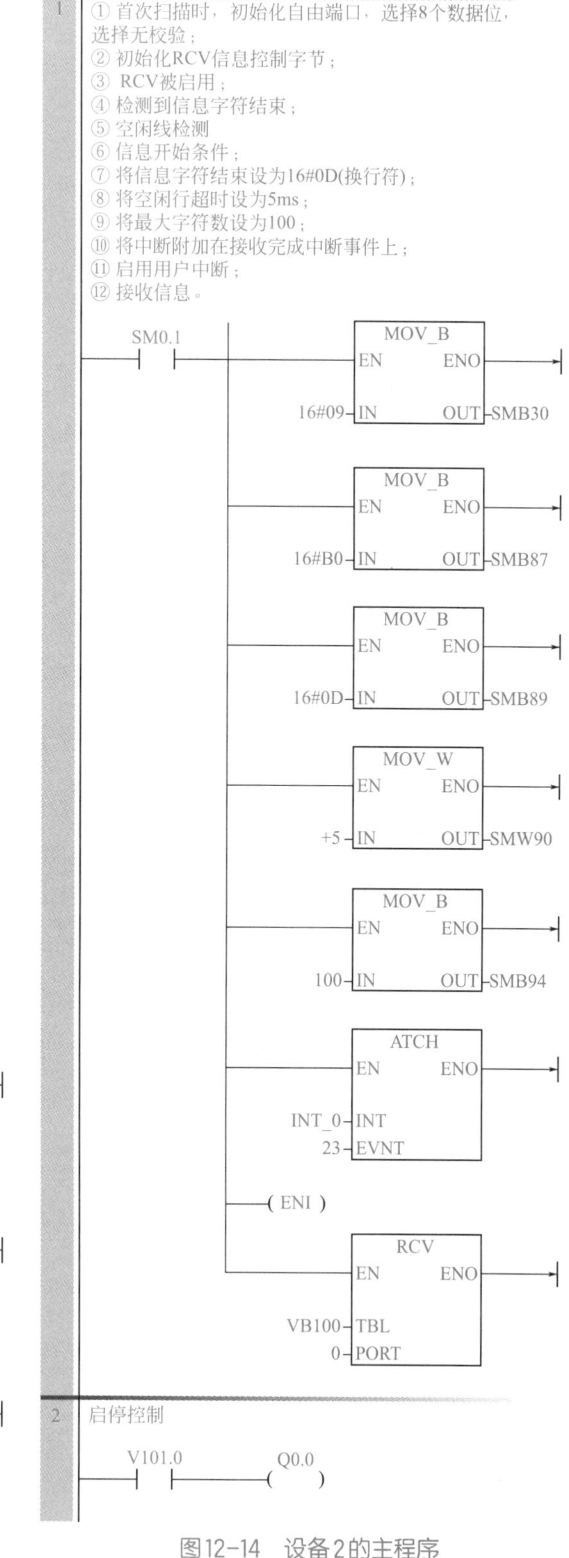

图12-14 设备2的主程序

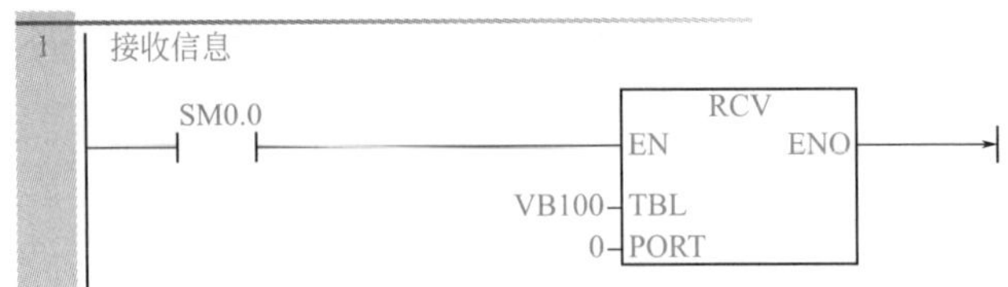

图12-15　设备2的中断程序

12.2.3　西门子S7-1200 PLC与S7-200 SMART PLC之间的自由口通信

S7-200 SMART PLC 的自带串口和通信板的串口都可以进行自由口通信，而 S7-1200 PLC 自身并无串口，要进行自由口通信，必须配置一个通信模块，如 CM1241 或者通信板 CB1241。以下用一个例子介绍 S7-1200 PLC 与 S7-200 SMART PLC 之间的自由口通信。

【例 12-2】 有两台设备，设备 1 控制器是 CPU 1214C，设备 2 控制器是 CPU ST40，两者之间为自由口通信，实现设备 2 上采集的模拟量传送到设备 1，请设计解决方案。

【解】

（1）主要软硬件配置

① 1 套 STEP 7-Micro/WIN SMART V2.3 和 1 套 STEP 7 Basic V14 SP1。

② 1 根 PROFIBUS 电缆（含两个网络总线连接器）和 1 根网线。

③ 1 台 CPU ST40。

④ 1 台 CPU 1214C。

⑤ 1 台 CM1241（RS485）。

硬件配置如图 12-16 所示。

图12-16　硬件配置

（2）编写 S7-200 SMART PLC 的程序

有关 S7-200 SMART PLC 自由口通信的内容在前面的章节已经讲解，主程序、中断程序分别如图 12-17、图 12-18 所示。

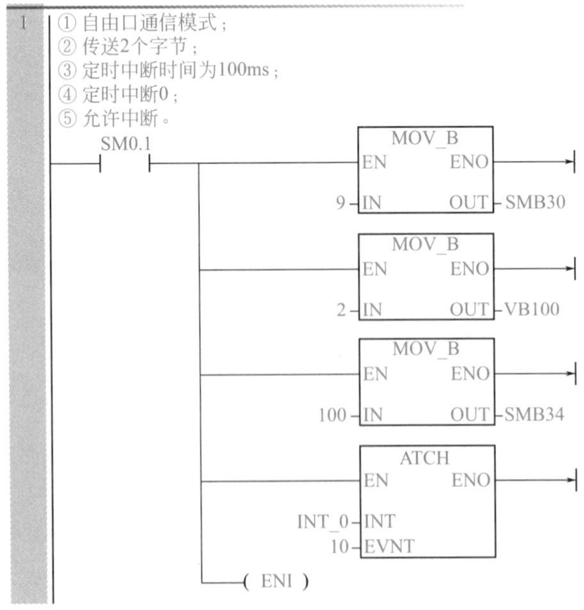

图12-17　主程序

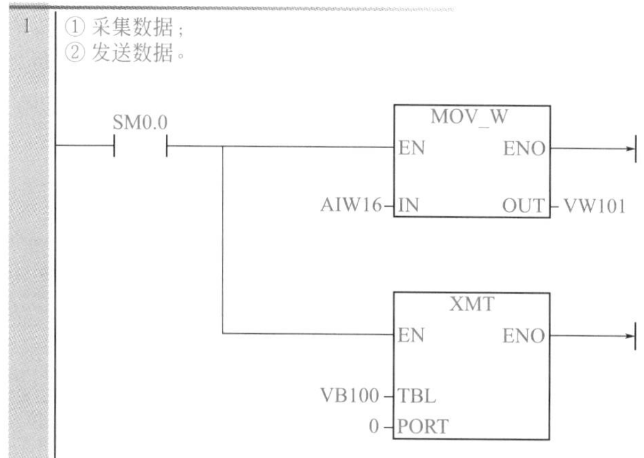

图12-18　中断程序

（3）S7-1200 PLC 硬件配置

① 新建项目　新建项目“PtP_s71200”，如图 12-19 所示，添加一台 CPU 1214C 和一台 CM1241（RS485）通信模块。

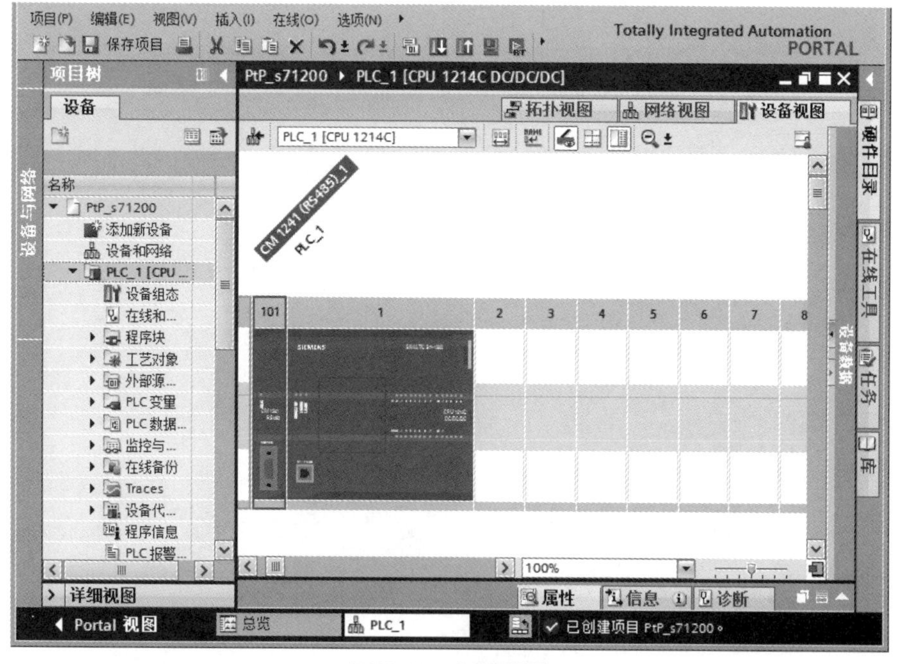

图12-19　新建项目

② 启用系统时钟　选中 PLC_1 中的 CPU1214C，再选中“系统和时钟存储器”，勾选“启用系统存储器字节”和“启用时钟存储器字节”，如图 12-20 所示。将 M0.0 设置成 10Hz 的周期脉冲。

③ 添加数据块　在 PLC_1 的项目树中，展开程序块，单击“添加新块”按钮，弹出界面如图 12-21 所示。选中数据块，命名为“DB1”，再单击“确定”按钮。

④ 创建数组　打开 PLC_1 中的数据块，创建数组 A[0...1]，数组中有两个字节 A[0] 和 A[1]，如图 12-22 所示。

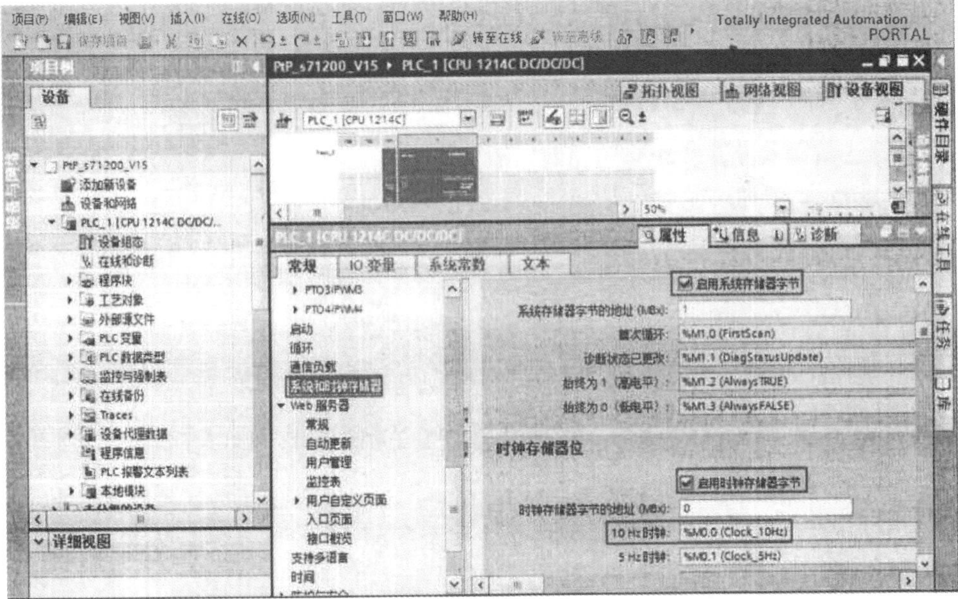

图12-20　启用系统时钟

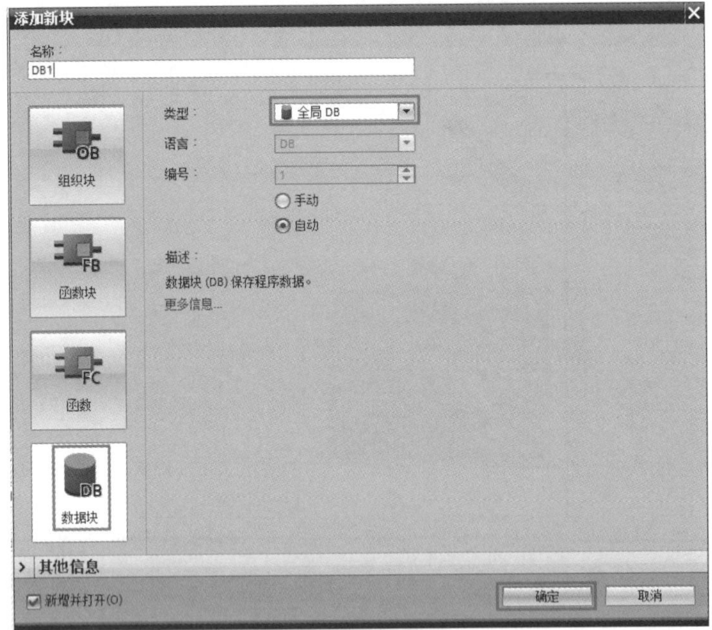

图12-21　添加数据块

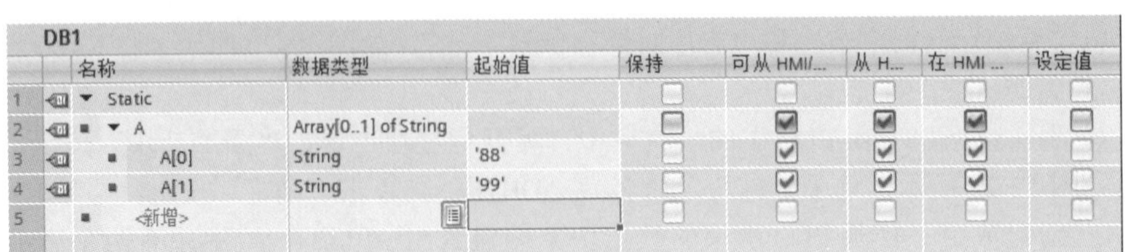

DB1

	名称	数据类型	起始值	保持	可从 HMI/...	从 H...	在 HMI ...	设定值
1	▼ Static			☐	☐	☐	☐	☐
2	▼ A	Array[0..1] of String		☐	☑	☑	☑	☐
3	A[0]	String	'88'	☐	☑	☑	☑	☐
4	A[1]	String	'99'	☐	☑	☑	☑	☐
5	<新增>			☐	☐	☐	☐	☐

图12-22　创建数组

（4）编写 S7-1200 PLC 的程序

① 指令简介 RCV_PTP 指令用于自由口通信，可启用已发送消息的接收。RCV _PTP 指令的参数含义见表 12-7。

表 12-7 RCV-PTP 指令的参数含义

LAD	输入 / 输出	说明	数据类型
RCV_PTP: EN, EN_R, PORT, BUFFER / ENO, NDR, ERROR, STATUS, LENGTH	EN	使能	BOOL
	EN_R	在上升沿启用接收	BOOL
	PORT	通信模块的标识符，有 RS232_1[CM] 和 RS485_1[CM]	PORT
	BUFFER	指向接收缓冲区的起始地址	VARIANT
	ERROR	是否有错	BOOL
	STATUS	错误代码	WORD
	LENGTH	接收的消息中包含字节数	UINT

② 编写程序 接收端的梯形图程序如图 12-23 所示。

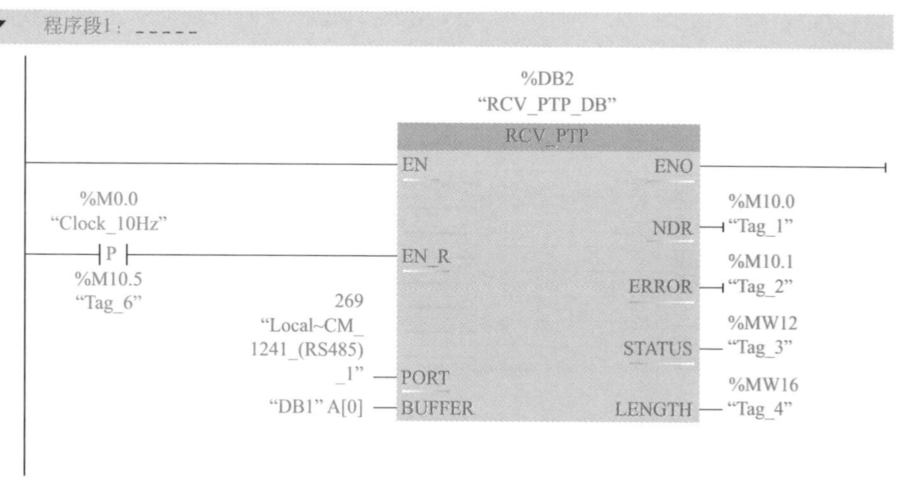

图12-23 接收端的梯形图程序

12.3 以太网通信

12.3.1 工业以太网通信简介

（1）初识工业以太网

所谓工业以太网，通俗地讲就是应用于工业的以太网，是指其在技术上与商用以太网（IEEE802.3 标准）兼容，但材质的选用、产品的强度和适用性方面应能满足工业现场的需要。工业以太网技术的优点表现在：以太网技术应用广泛，支持所有的编程语言；软硬件资源丰富；易于与因特网连接，实现办公自动化网络与工业控制网络的无缝连接；通信速度快；可持续发展的空间大等。

虽然以太网有众多的优点，但作为信息技术基础的以太网是为 IT 领域应用而开发的，在工业自动化领域只得到有限应用，主要有以下原因。

① 采用 CSMA/CD 碰撞检测方式，在网络负荷较重时，网络的确定性（Determinism）不能满足工业控制的实时要求。

② 所用的接插件、集线器、交换机和电缆等是为办公室应用而设计，不符合工业现场恶劣环境的要求。

③ 在工程环境中，以太网抗干扰（EMI）性能较差。若用于危险场合，以太网不具备本质安全性能。

④ 以太网还不具备通过信号线向现场仪表供电的性能。

随着信息网络技术的发展，上述问题正在迅速得到解决。为促进以太网在工业领域的应用，国际上成立了工业以太网协会（Industrial Ethernet Association，IEA）。

（2）网络电缆接法

用于以太网的双绞线有 8 芯和 4 芯两种，双绞线的电缆连线方式也有两种，即正线（标准 568B）和反线（标准 568A），其中正线也称为直通线，反线也称为交叉线。正线接线如图 12-24 所示，两端线序一样，从上至下线序是：白绿，绿，白橙，蓝，白蓝，橙，白棕，棕。反线接线如图 12-25 所示，一端为正线的线序，另一端为从上至下线序是：白橙，橙，白绿，蓝，白蓝，绿，白棕，棕。对于千兆以太网，用 8 芯双绞线，但接法不同于以上所述的接法，请参考有关文献。

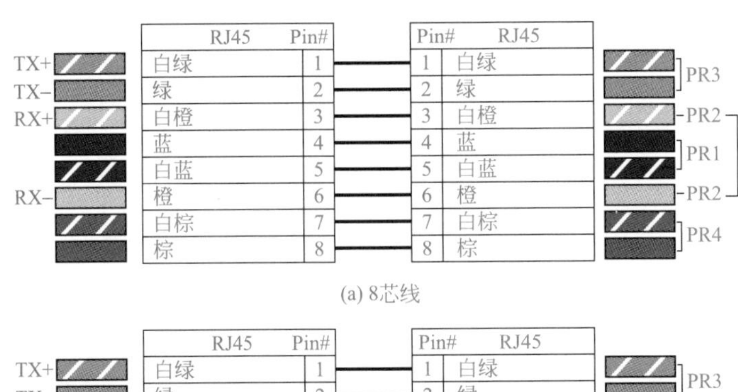

图12-24　双绞线正线接线图

对于 4 芯的双绞线，只用连接头（常称为水晶接头）上的 1、2、3、6 四个引脚。西门子的 PROFINET 工业以太网采用 4 芯的双绞线。

常见的采用正线连接的有：计算机（PC）与集线器（HUB）、计算机（PC）与交换机（SWITCH）、PLC 与交换机（SWITCH）、PLC 与集线器（HUB）。

常见的采用反线连接的有：计算机（PC）与计算机（PC）、PLC 与 PLC。

（3）S7-200 SMART PLC 支持的以太网通信方式

早期版本的 S7-200 SMART PLC 的 IE 口仅支持程序下载和 HMI 的以太网通信，之后增

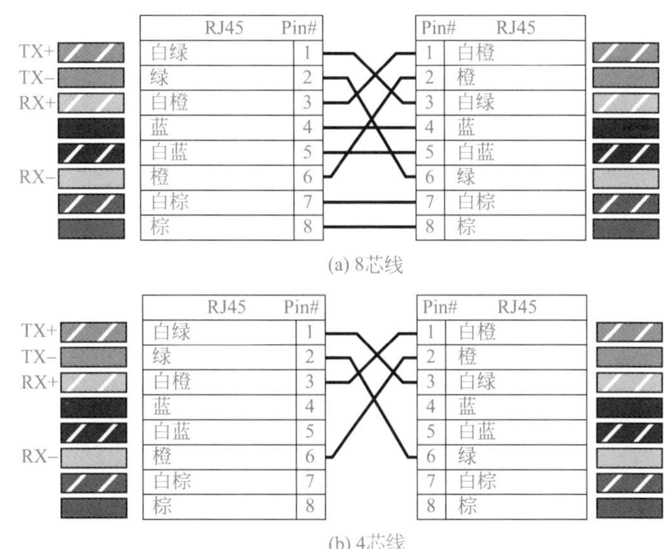

(a) 8芯线

(b) 4芯线

图12-25 双绞线反线接线图

加了 PLC 之间的 S7 通信方式。从 V2.2 版开始，S7-200 SMART PLC 可以支持 S7、TCP、TCP_on_ISO 和 Modbus_tcp 等通信方式，这样使得 S7-200 SMART PLC 的以太网通信变得十分便捷。

12.3.2 西门子S7-200 SMART PLC与HMI之间的以太网通信

S7-200 SMART PLC 自身带以太网接口（IE 口），西门子的部分 HMI 也有以太网口，但西门子的大部分带以太网口的 HMI 价格都比较高，虽然可以与 S7-200 SMART PLC 建立通信，但很显然高端 HMI 与低端的 S7-200 SMART PLC 相配是不合理的。为此，西门子公司设计了低端的 SMART LINE 系列 HMI，其中 SMART 700 IE 和 SMART 1000 IE 触摸屏自带以太网接口，可以很方便地与 S7-200 SMART PLC 进行以太网通信。以下用一个例子来介绍通信的实现步骤。

（1）通信举例

【例 12-3】 有一台设备上面配有 1 台 S7-200 SMART PLC 和 1 台 SMART 700 IE 触摸屏，要求建立两者之间的通信。

【解】 首先计算机中要安装 WinCC flexible 2008 SP4，因为低版本的 WinCC flexible 要安装 Smart 700 IE 触摸屏的升级包。具体步骤有以下几步。

① 创建新项目 打开软件 WinCC flexible 2008 SP4，弹出如图 12-26 所示的界面，单击“创建一个空项目”选项。

② 选择设备 选择触摸屏的具体型号，如图 12-27 所示，选择“Smart 700 IE”，再单击“确定”按钮。

③ 新建连接 建立 HMI 与 PLC 的连接。展开项目树，双击“连接”选项，如图 12-28 所示，弹出如图 12-29 所示的界面。先单击“1”处的空白，弹出“连接_1”；再选择“2”处的“SIMATIC S7 200 Smart”（即驱动程序）；在“3”处，选择“以太网”连接方式；“4”处的 IP 地址“192.168.2.88”是 HMI 的 IP 地址，这个 IP 地址必须在 HMI 中设置，这点务必注意；“5”处的 IP 地址是“192.168.2.1”是 PLC 的 IP 地址，这个 IP 地址必须

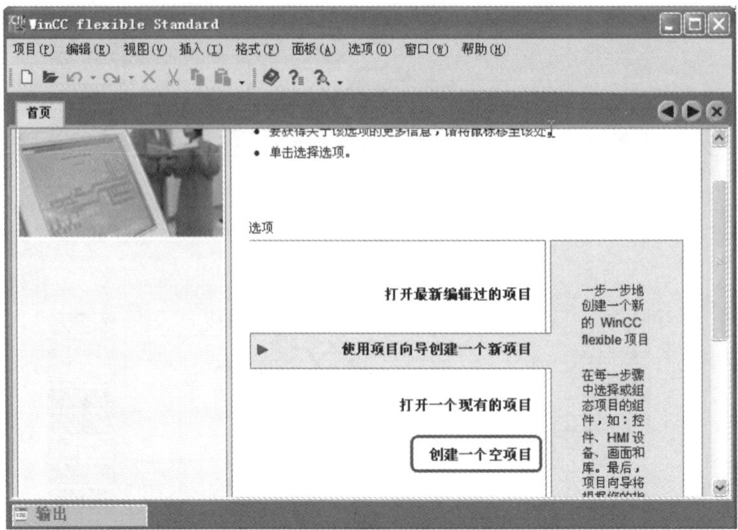

图12-26　创建一个空项目

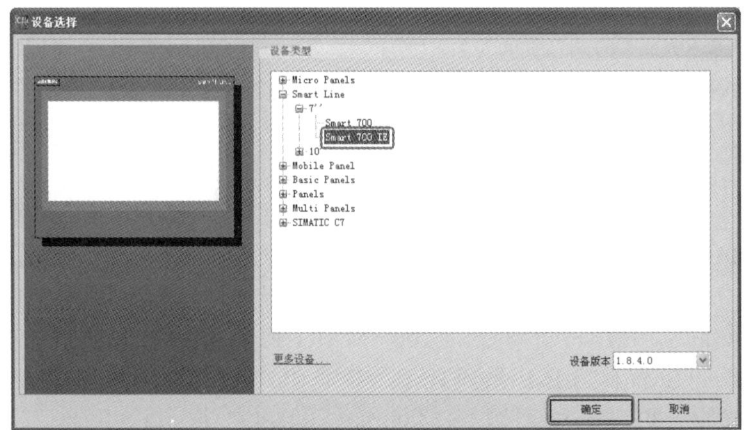

图12-27　选择设备

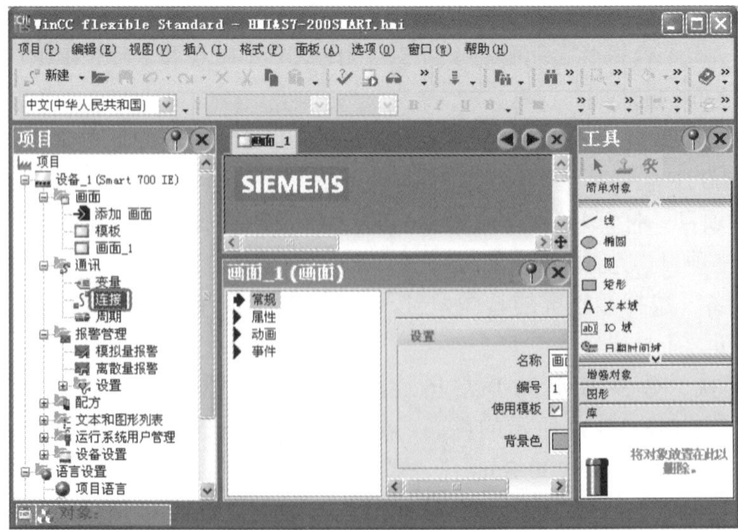

图12-28　新建连接（1）

在 PLC 的编程软件 STEP 7-Micro/WIN SMART 中设置，而且要下载到 PLC 才生效，这点也务必注意。

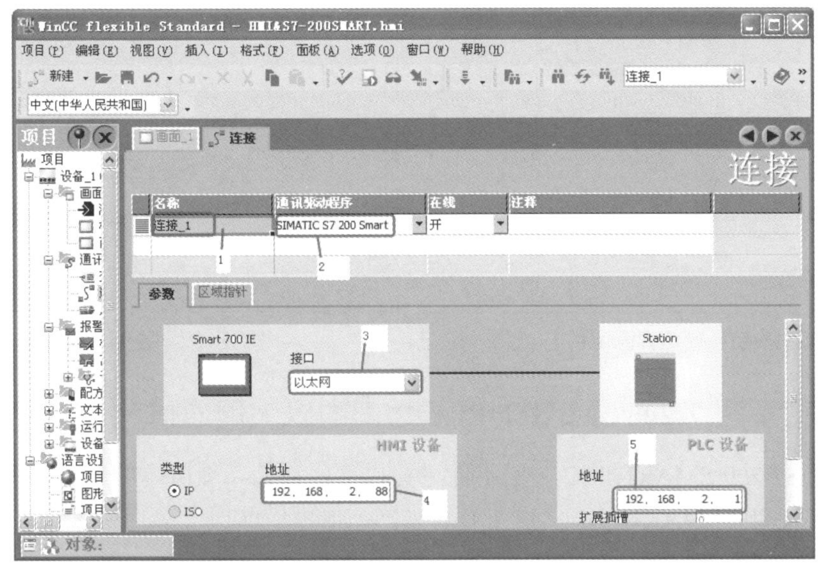

图12-29 新建连接（2）

保存以上设置即可以建立 HMI 与 PLC 的以太网通信，后续步骤不再赘述。

（2）修改 PLC 的 IP 地址的方法

① 如图 12-30 所示，双击“项目树”中的“通信”选项，弹出如图 12-31 所示的“通信”界面，图中显示的 IP 地址就是 PLC 的当前 IP 地址（本例为 192.168.2.1），此时的 IP 地址是灰色，不能修改。单击“编辑”按钮，弹出如图 12-32 所示的界面。

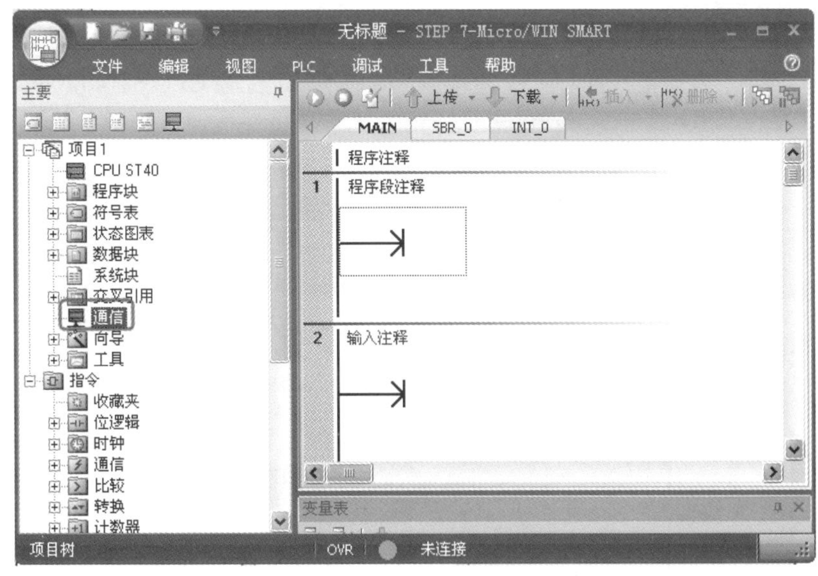

图12-30 打开通信界面

② 如图 12-32 所示，此时 IP 地址变为黑色，可以修改，输入新的 IP 地址（本例为 192.168.0.2），再单击“设置”按钮即可，IP 地址修改成功。

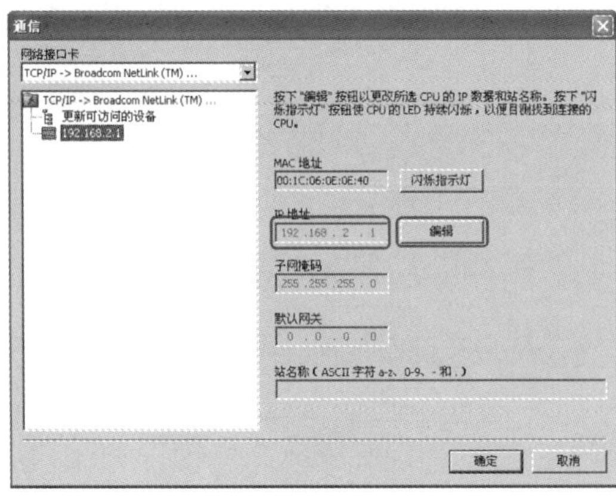
图12-31　通信界面（1）

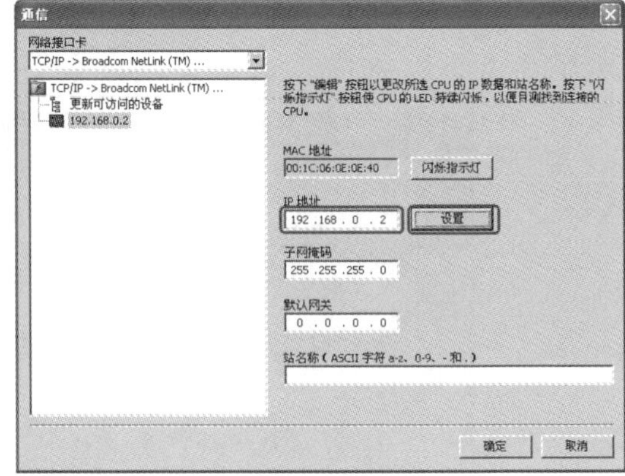
图12-32　通信界面（2）

12.3.3　西门子S7-200 SMART PLC之间的以太网通信

早期的S7-200 SMART PLC之间不能进行以太网通信，新版本的PLC增加了以太网通信功能。S7-200 SMART PLC之间进行以太网通信可借助指令向导实现，以下用一个例子进行介绍。

【例12-4】 有两台设备，控制器都是S7-200 SMART PLC，两者之间为以太网通信，实现从设备1的VB0～VB3发送信息到设备2的VB0～VB3，设计解决方案。

【解】

（1）主要软硬件配置

① 1套STEP 7-Micro/WIN SMART V2.3。

② 2台CPU ST40。

③ 1根网线电缆。

（2）硬件配置

① 新建项目，启动指令向导　新建项目“S7通信”，配置CPU ST 40，单击“向导”→“GET/PUT”，给“操作”命名为“Send”，单击“下一页”按钮，如图12-33所示。

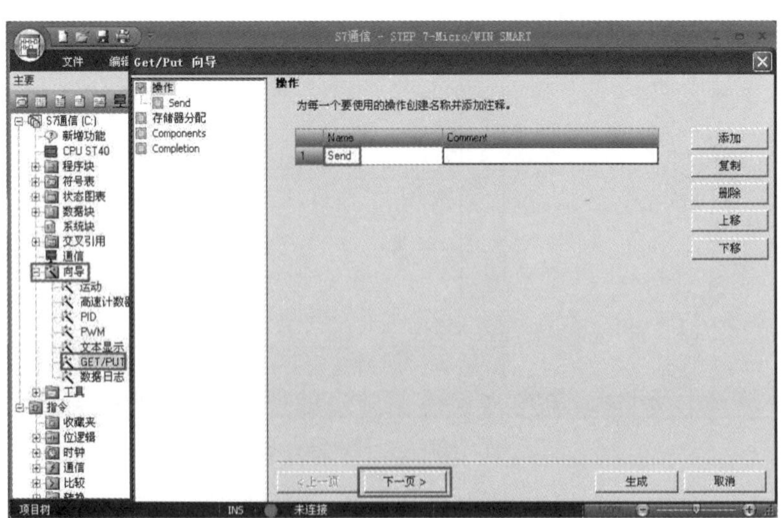
图12-33　启动指令向导

② 定义 PUT 操作　选择操作类型为 PUT，表示发送数据，传送大小为 4 个字节，远程 IP 为 192.168.0.2（本地 IP 为 192.168.0.1，是在组态时设置的），本地地址从 VB0 ～ VB3 是发送数据区域，远程地址 VB0 ～ VB3 是接收数据区域。这一步是组态最为关键的。单击“下一页”按钮，如图 12-34 所示。

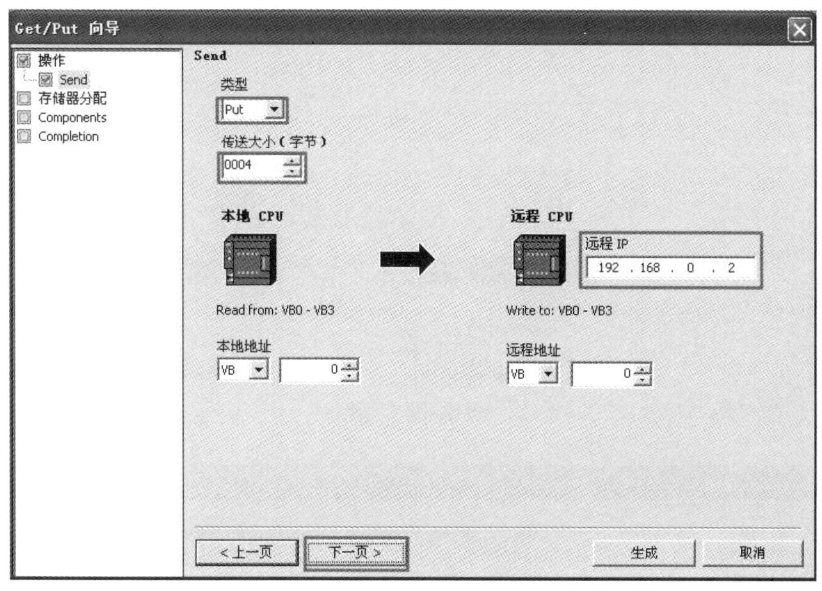

图12-34　定义PUT操作

③ 定义 GET/PUT 向导存储器地址分配　单击“建议”按钮，定义 GET/PUT 向导存储器地址分配。注意此地址不能与程序的其他部分的地址冲突。如图 12-35 所示，单击“下一页”按钮，弹出如图 12-36 所示的界面，单击“下一页”按钮，弹出如图 12-37 所示的界面，单击“生成”按钮，指令向导完成。

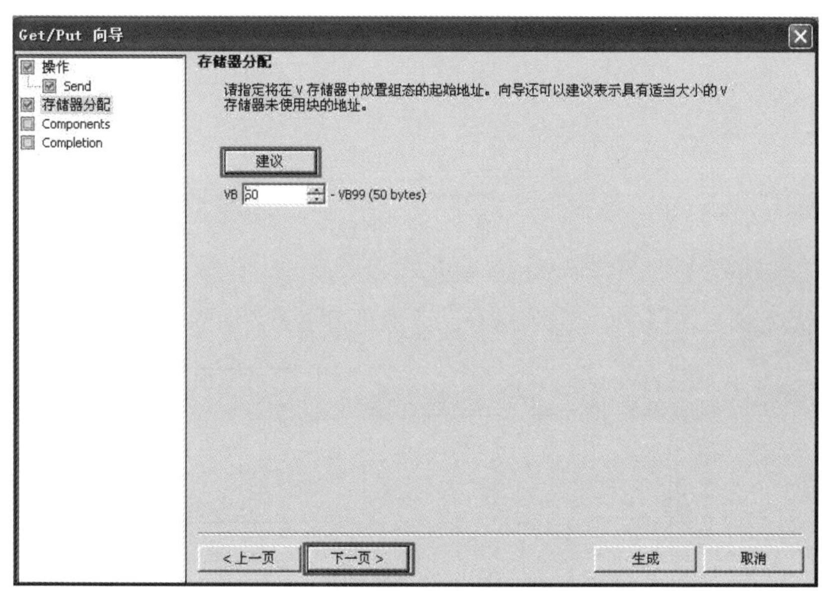

图12-35　定义GET/PUT向导存储器地址

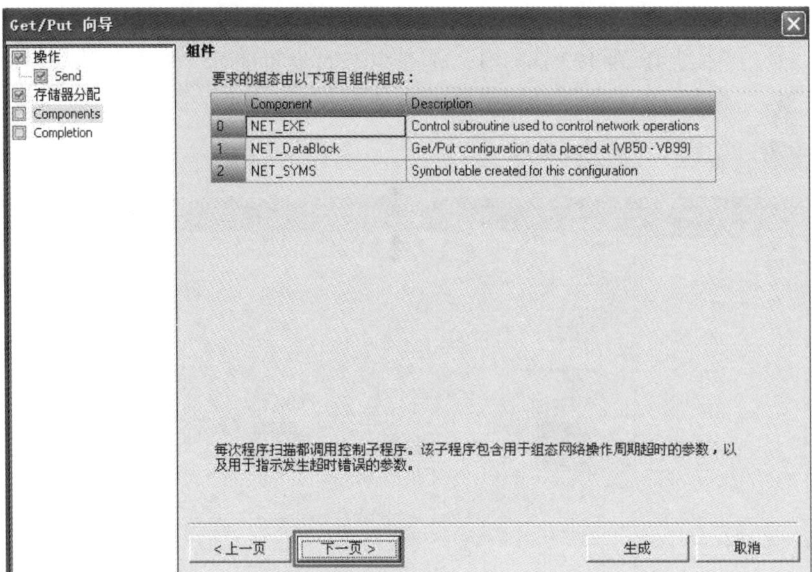

图12-36　组件

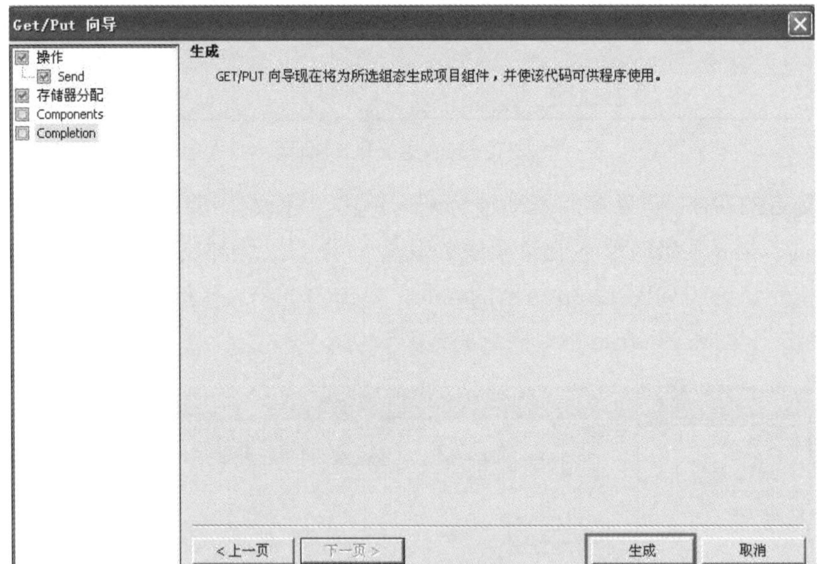

图12-37　完成

（3）编写程序

客户端编写梯形图程序如图 12-38 所示，服务器端无需编写程序。

图12-38　梯形图

12.4 Modbus通信

12.4.1 Modbus通信概述

（1）Modbus协议简介

Modbus协议是应用于电子控制器上的一种通用语言。通过此协议，控制器相互之间、控制器经由网络（例如以太网）和其他设备之间可以通信。它已经成为一种通用工业标准。有了它，不同厂商生产的控制设备可以连成工业网络，进行集中监控。

此协议定义了一个控制器能认识使用的消息结构，而不管它们是经过何种网络进行通信的。它描述了控制器请求访问其他设备的过程，如回应来自其他设备的请求，以及怎样侦测错误并记录。它制定了消息域格局和内容的公共格式。

当在一个Modbus网络上通信时，此协议决定了每个控制器需要知道它们的设备地址，识别按地址发来的消息，决定要产生何种行动。如果需要回应，控制器将生成反馈信息并用Modbus协议发出。在其他网络上，包含了Modbus协议的消息转换，在此网络上使用的帧或包结构。这种转换也扩展了根据具体的网络解决地址、路由路径及错误校验的方法。

（2）Modbus通信协议库

STEP 7-Micro/WIN SMART指令库包括专门为Modbus通信设计的预先定义的子程序和中断服务程序，使得与Modbus设备的通信变得更简单。通过Modbus协议指令，可以将S7-200 SMART PLC组态为Modbus主站或从站设备。可以在STEP 7-Micro/WIN SMART指令树的库文件夹中找到这些指令。当在程序中输入一个Modbus指令时，则程序将一个或多个相关的子程序添加到项目中。指令库在安装程序时自动安装，这点不同于S7-200的软件，S7-200的软件需要另外购置指令库并单独安装。

（3）Modbus的地址

Modbus地址通常是包含数据类型和偏移量的5个字符值。第一个字符确定数据类型，后面四个字符选择数据类型内的正确数值。

① 主站寻址　Modbus主站指令可将地址映射到正确功能，然后发送至从站设备。Modbus主站指令支持下列Modbus地址：

00001～09999是离散输出（线圈）。

10001～19999是离散输入（触点）。

30001～39999是输入寄存器（通常是模拟量输入）。

40001～49999是保持寄存器。

所有Modbus地址都是基于1，即从地址1开始第一个数据值。有效地址范围取决于从站设备。不同的从站设备将支持不同的数据类型和地址范围。

② 从站寻址　Modbus主站设备将地址映射到正确功能。Modbus从站指令支持以下地址：

00001～00256是映射到Q0.0～Q31.7的离散量输出。

10001～10256是映射到I0.0～I31.7的离散量输入。

30001～30056是映射到AIW0～AIW110的模拟量输入寄存器。

40001 ～ 49999 和 400001 ～ 465535 是映射到 V 存储器的保持寄存器。

所有 Modbus 地址都是从 1 开始编号的。表 12-8 为 Modbus 地址与 S7-200 SMART PLC 地址的对应关系。

表 12-8　Modbus 地址与 S7-200 SMART PLC 地址的对应关系

序号	Modbus 地址	S7-200 SMART PLC 地址	序号	Modbus 地址	S7-200 SMART PLC 地址
1	00001	Q0.0	3	30001	AIW0
	00002	Q0.1		30002	AIW1
	…	…		…	…
	00127	Q15.6		30056	AIW110
	00256	Q31.7	4	40001	HoldStart
2	10001	I0.0		40002	HoldStart+2
	10002	I0.1		…	
	…	…		4xxxx	HoldStart+2×（xxxx−1）
	10127	I15.6			
	10256	I31.7			

Modbus 从站协议允许对 Modbus 主站可访问的输入、输出、模拟输入和保持寄存器（V 区）的数量进行限定。例如，若 HoldStart 是 VB0，那么 Modbus 地址 40001 对应 S7-200 SMART PLC 地址的 VB0。

12.4.2　西门子 S7-200 SMART PLC 之间的 Modbus 串行通信

以下以两台 CPU ST40 之间的 Modbus 现场总线通信为例介绍 S7-200 SMART PLC 之间的 Modbus 现场总线通信。

【例 12-5】 某设备的主站为 S7-200 SMART PLC，从站为 S7-200 SMART PLC，主站发出开始信号（开始信号为高电平），从站接收信息，并控制从站的电动机的启停。

【解】

（1）主要软硬件配置

① 1 套 STEP 7-Micro/WIN SMART V2.3。

② 1 根以太网电缆。

③ 2 台 CPU ST40。

④ 1 根 PROFIBUS 网络电缆（含两个网络总线连接器）。

Modbus 现场总线硬件配置如图 12-39 所示。

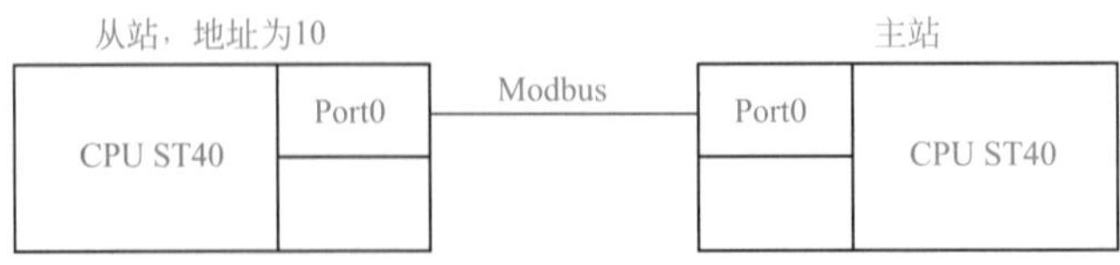

图 12-39　Modbus 现场总线硬件配置图

（2）相关指令介绍

① 主设备指令　初始化主设备指令 MBUS_CTRL 用于 S7-200 SMART PLC 端口 0（或用于端口 1 的 MBUS_CTRL_P1 指令），可初始化、监视或禁用 Modbus 通信。在使用

MBUS_MSG 指令之前，必须正确执行 MBUS_CTRL 指令，指令执行完成后，立即设定“完成”位，才能继续执行下一条指令。其各输入 / 输出参数见表 12-9。

表 12-9　MBUS_CTRL 指令的参数

子程序	输入 / 输出	说明	数据类型
MBUS_CTRL EN Mode Baud　Done Parity　Error Port Timeout	EN	使能	BOOL
	Mode	为 1 将 CPU 端口分配给 Modbus 协议并启用该协议；为 0 将 CPU 端口分配给 PPI 协议，并禁用 Modbus 协议	BOOL
	Baud	将波特率设为 1200、2400、4800、9600、19200、38400、57600 或 115200	DWORD
	Parity	0：无奇偶校验；1：奇校验；2：偶校验	BYTE
	Port	端口：使用 PLC 集成端口为 0，使用通信板时为 1	BYTE
	Timeout	等待来自从站应答的毫秒时间数	WORD
	Error	出错时返回错误代码	BYTE

MBUS_MSG 指令（或用于端口 1 的 MBUS_MSG_P1）用于启动对 Modbus 从站的请求，并处理应答。当 EN 输入和“首次”输入打开时，MBUS_MSG 指令启动对 Modbus 从站的请求。发送请求、等待应答并处理应答。EN 输入必须打开，以启用请求的发送，并保持打开，直到“完成”位被置位。此指令在一个程序中可以执行多次。其各输入 / 输出参数见表 12-10。

表 12-10　MBUS_MSG 指令的参数

子程序	输入 / 输出	说明	数据类型
MBUS_MSG EN First Slave　Done RW　Error Addr Count DataPtr	EN	使能	BOOL
	First	“首次”参数应该在有新请求要发送时才打开，进行一次扫描。“首次”输入应当通过一个边沿检测元素（例如上升沿）打开，这将保证请求被传送一次	BOOL
	Slave	“从站”参数是 Modbus 从站的地址。允许的范围是 0 ～ 247	BYTE
	RW	0：读；1：写	BYTE
	Addr	“地址”参数是 Modbus 的起始地址	DWORD
	Count	“计数”参数，读取或写入的数据元素的数目	INT
	DataPtr	S7-200 SMART PLC 的 V 存储器中与读取或写入请求相关数据的间接地址指针	DWORD
	Error	出错时返回错误代码	BYTE

【关键点】 指令 MBUS_CTRL 的 EN 要接通，在程序中只能调用一次，MBUS_MSG 指令可以在程序中多次调用，要特别注意区分 Addr、DataPtr 和 Slave 三个参数。

② 从设备指令　MBUS_INIT 指令用于启用、初始化或禁止 Modbus 通信。在使用 MBUS_SLAVE 指令之前，必须正确执行 MBUS_INIT 指令。指令完成后立即设定“完成”位，才能继续执行下一条指令。其各输入 / 输出参数见表 12-11。

表 12-11　MBUS_INIT 指令的参数

子程序	输入 / 输出	说明	数据类型
MBUS_INIT EN Mode　Done Addr　Error Baud Parity Port Delay MaxIQ MaxAI MaxHold HoldSt~	EN	使能	BOOL
	Mode	为 1 将 CPU 端口分配给 Modbus 协议并启用该协议；为 0 将 CPU 端口分配给 PPI 协议，并禁用 Modbus 协议	BYTE
	Baud	将波特率设为 1200、2400、4800、9600、19200、38400、57600 或 115200	DWORD
	Parity	0：无奇偶校验；1：奇校验；2：偶校验	BYTE
	Addr	“地址”参数是 Modbus 的起始地址	BYTE
	Port	端口：使用 PLC 集成端口为 0，使用通信板时为 1	BYTE
	Delay	“延时”参数，通过将指定的毫秒数增加至标准 Modbus 信息超时的方法，延长标准 Modbus 信息结束超时条件	WORD
	MaxIQ	参数将 Modbus 地址 0xxxx 和 1xxxx 使用的 I 和 Q 点数设为 0 ～ 128 之间的数值	WORD
	MaxAI	参数将 Modbus 地址 3xxxx 使用的字输入（AI）寄存器数目设为 0 ～ 32 之间的数值	WORD
	MaxHold	参数设定 Modbus 地址 4xxxx 使用的 V 存储器中的字保持寄存器数目	WORD
	HoldStart	参数是 V 存储器中保持寄存器的起始地址	DWORD
	Error	出错时返回错误代码	BYTE

MBUS_SLAVE 指令用于为 Modbus 主设备发出的请求服务，并且必须在每次扫描时执行，以便允许该指令检查和回答 Modbus 请求。在每次扫描且 EN 输入开启时，执行该指令。其各输入 / 输出参数见表 12-12。

表 12-12　MBUS_SLAVE 指令的参数

子程序	输入 / 输出	说明	数据类型
MBUS_SLAVE EN Done Error	EN	使能	BOOL
	Done	当 MBUS_SLAVE 指令对 Modbus 请求作出应答时，“完成”输出打开。如果没有需要服务的请求时，“完成”输出关闭	BOOL
	Error	出错时返回错误代码	BYTE

【关键点】 MBUS_INIT 指令只在首次扫描时执行一次，MBUS_SLAVE 指令无输入参数。

（3）编写程序

主站和从站的梯形图程序如图 12-40 和图 12-41 所示。

【关键点】 使用 Modbus 指令库（USS 指令库也一样），都要对库存储器的空间进行分配，这样可避免库存储器用了的 V 存储器让用户再次使用，以免出错。方法是选中“库”，单击鼠标右键，弹出快捷菜单，单击“库存储器”，如图 12-42 所示，弹出如图 12-43 所示的界面，单击“建议地址”，再单击“确定”按钮。图中的地址 VB570 ～ VB853 被 Modbus 通信占用，编写程序时不能使用。

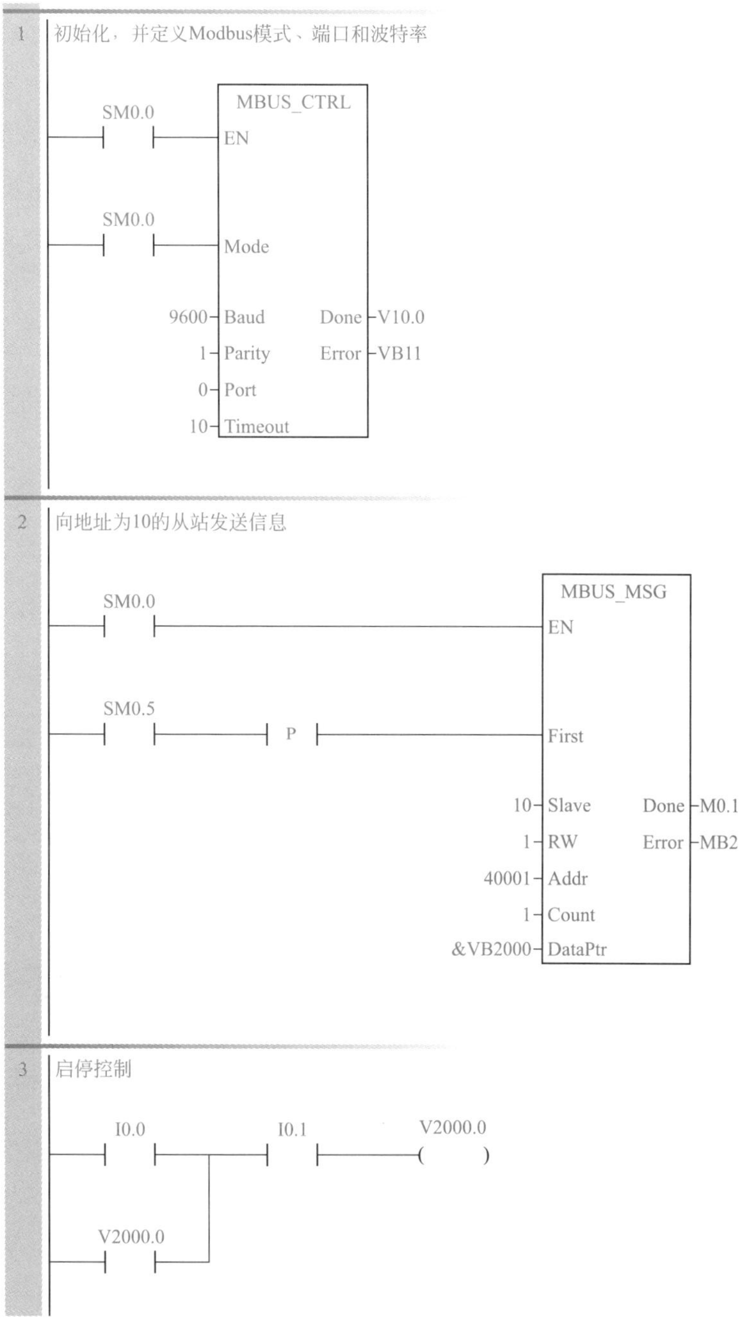

1 初始化，并定义Modbus模式、端口和波特率

SM0.0 — EN (MBUS_CTRL)
SM0.0 — Mode
9600 — Baud　Done — V10.0
1 — Parity　Error — VB11
0 — Port
10 — Timeout

2 向地址为10的从站发送信息

SM0.0 — EN (MBUS_MSG)
SM0.5 — P — First
10 — Slave　Done — M0.1
1 — RW　Error — MB2
40001 — Addr
1 — Count
&VB2000 — DataPtr

3 启停控制

I0.0　I0.1　V2000.0
V2000.0

图12-40　主站梯形图

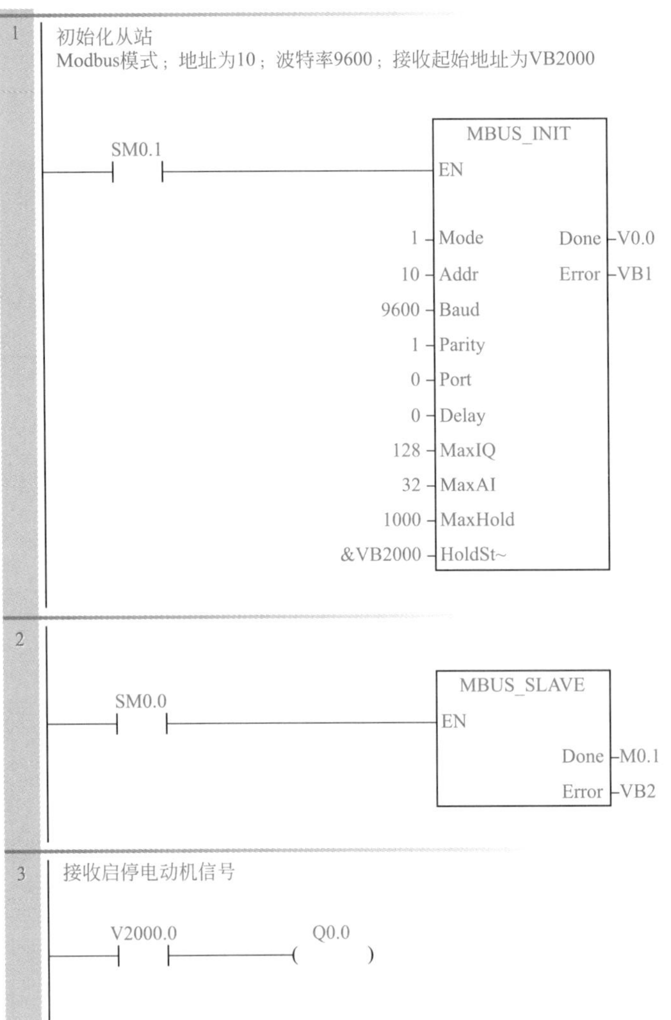

图12-41　从站梯形图

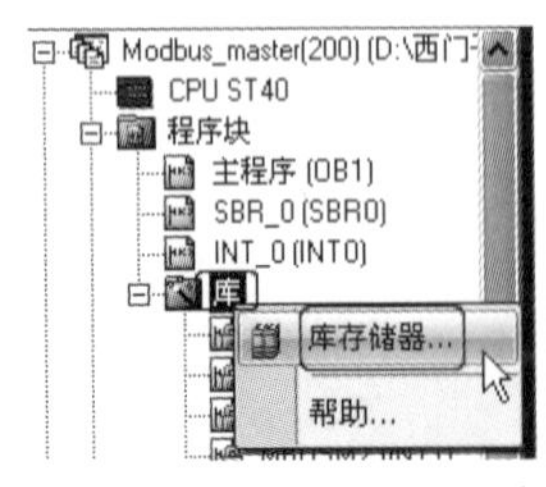

图12-42　库存储器分配（1）

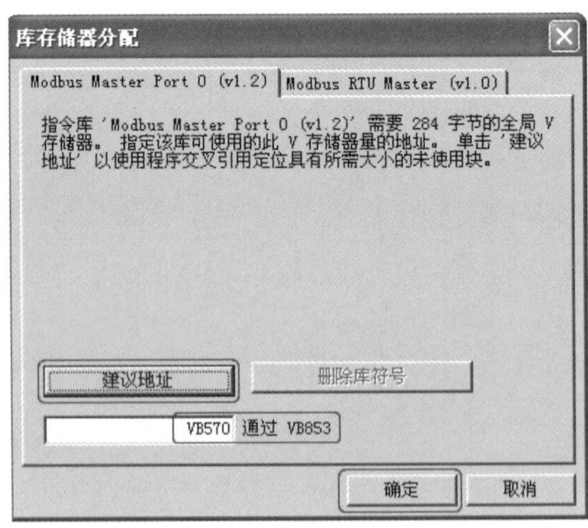

图12-43　库存储器分配（2）

12.4.3 西门子S7-200 SMART PLC之间的Modbus_TCP通信

Modbus_TCP是简单的、中立厂商的用于管理和控制自动化设备的Modbus系列通信协议的派生产品，它覆盖了使用TCP/IP协议的“Intranet”和“Internet”环境中Modbus报文的用途。协议的最常用的用途是为PLC、I/O模块以及连接其他简单域总线或I/O模块等的网关服务。

（1）Modbus_TCP的以太网参考模型

Modbus_TCP传输过程中使用了TCP/IP以太网参考模型的5层。

第一层：物理层，提供设备物理接口，与市售介质/网络适配器相兼容。

第二层：数据链路层，格式化信号到源/目的硬件地址数据帧。

第三层：网络层，实现带有32位IP地址的报文包。

第四层：传输层，实现可靠性连接、传输、查错、重发、端口服务和传输调度。

第五层：应用层，Modbus协议报文。

（2）Modbus_TCP数据帧

Modbus数据在TCP/IP以太网上传输，支持Ethernet II和802.3两种帧格式，Modbus_TCP数据帧包含报文头、功能代码和数据三部分，MBAP（Modbus Application Protocol，Modbus应用协议）报文头分4个域，共7个字节。

（3）Modbus_TCP使用的通信资源端口号

在Moodbus服务器中按缺省协议使用Port 502通信端口，在Modbus客户器程序中设置任意通信端口，为避免与其他通信协议冲突，一般建议端口号从2000开始可以使用。

（4）Modbus_TCP使用的功能代码

按照用途区分，共有三种类型。

① 公共功能代码：已定义的功能码，保证其唯一性，由Modbus.org认可。

② 用户自定义功能代码有两组，分别为65～72和100～110，无需认可，但不保证代码使用唯一性，如变为公共代码，需交RFC（Request For Comments，是一系列以编号排定的文件）认可。

③ 保留功能代码，由某些公司使用某些传统设备代码，不可作为公共用途。

按照应用深浅，可分为三个类别。

① 类别0，客户机/服务器最小许用子集：读多个保持寄存器（fc.3）；写多个保持寄存器（fc.16）。

② 类别1，可实现基本互易操作常用代码：读线圈（fc.1）；读开关量输入（fc.2）；读输入寄存器（fc.4）；写线圈（fc.5）；写单一寄存器（fc.6）。

③ 类别2，用于人机界面、监控系统例行操作和数据传送功能：强制多个线圈（fc.15）；读通用寄存器（fc.20）；写通用寄存器（fc.21）；屏蔽写寄存器（fc.22）；读写寄存器（fc.23）。

【例12-6】 某系统的控制器由两台S7-200 SMART PLC（CPU ST20和CPU ST40）组成，要将CPU ST40上的5个字传送到CPU ST20中，组态并编写相关程序。

【解】 本例有四种解决方案，分别采用S7、TCP、ISO_on-TCP和Modbus_TCP通信协议，以下介绍用Modbus_TCP通信方式实现通信。S7-200 SMART PLC进行Modbus_TCP通信，要在编程软件安装Modbus_TCP库，Modbus_TCP库包含服务器库文件和客户端库文件，都是需要付费使用的。

（1）主要软硬件配置

① 1 套 STEP 7-Micro/WIN SMART V2.3。

② 2 根网线。

③ 1 台 CPU ST 40。

④ 1 台 CPU ST 20。

（2）客户端的项目创建

① 创建新项目　创建项目，命名为 MODBUS_TCP_C，双击“CPU ST40”，弹出如图 12-44 所示的界面。

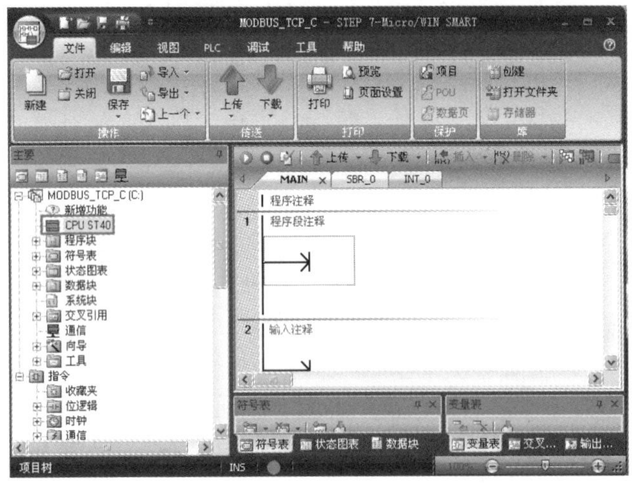

图12-44　新建项目

② 硬件组态　更改 CPU 的型号和版本号，勾选“IP 地址数值固定为下面的值，不能通过其他方式更改”选项，将 IP 地址和子网掩码设置为如图 12-45 所示的值。单击“确定”按钮。

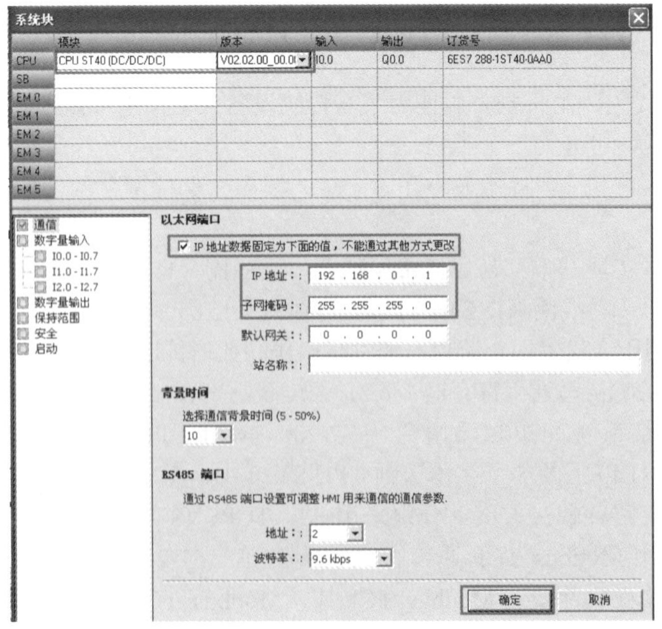

图12-45　硬件组态

③ 相关指令介绍 MB_Client 指令库包含 MBC_Connect 和 MBC_Msg 两个指令。MBC_Connect 指令用于建立或断开 Modbus_TCP 连接，该指令必须在每次扫描时执行。MBC_Connect 指令的参数含义见表 12-13。

表 12-13 MBC_Connect指令的参数含义

LAD 指令	输入 / 输出	说明
MBC_Connect_0 EN Connect Disconnect ConnID ConnectDone IPaddr1 Busy IPaddr2 Error IPaddr3 Status IPaddr4 RemPort LocPort	EN	必须保证每一扫描周期都被使能
	Connect	启动 TCP 连接建立操作
	Disconnect	断开 TCP 连接操作
	ConnID	TCP 连接标识
	IPaddr1 ~ IPaddr4	Modbus TCP 客户端的 IP 地址，IPaddr1 是 IP 地址的最高有效字节，IPaddr4 是 IP 地址的最低有效字节
	RemPort	Modbus TCP 客户端的端口号
	LocPort	本地设备上端口号
	ConnectDone	Modbus TCP 连接已经成功建立
	Busy	连接操作正在进行时
	Error	建立或断开连接时，发生错误
	Status	如果指令置位“Error”输出，Status 输出会显示错误代码

MBC_MSG 指令用于启动对 Modbus_TCP 服务器的请求和处理响应。MBC_MSG 指令的 EN 输入参数和 First 输入参数同时接通时，MBC_MSG 指令会向 Modbus 服务器发起 Modbus 客户端的请求；发送请求、等待响应和处理响应通常需要多个 CPU 扫描周期，EN 输入参数必须一直接通直到 Done 位被置 1。MBC_MSG 指令的参数含义见表 12-14。

表 12-14 MBC_MSG指令的参数含义

LAD 指令	输入 / 输出	说明
MBC_MSG_0 EN First RW Done Addr Error Count DataPtr	EN	同一时刻只能有一条 MB_Client_MSG 指令使能，EN 输入参数必须一直接通直到 MB_Client_MSG 指令 Done 位被置 1
	First	读写请求，每一条新的读写请求需要使用信号沿触发
	RW	读写请求，为 0 时，读请求；为 1 时，写请求
	Addr	读写 Modbus 服务器的 Modbus 地址：00001 ~ 0XXXX 为开关量输出线圈；10001 ~ 1XXXX 为开关量输入触点；30001 ~ 3XXXX 为模拟量输入通道；40001 ~ 4XXXX 为保持寄存器
	Count	读写数据的个数，对于 Modbus 地址 0XXXX、1XXXX，Count 按位的个数计算；对于 Modbus 地址 3XXXX、4XXXX，Count 按字的个数计算。一个 MB_Client_MSG 指令最多读取或写入 120 个字或 1920 个位数据
	DataPtr	数据指针，参数 DataPtr 是间接地址指针，指向 CPU 中与读 / 写请求相关的数据的 V 存储器地址。对于读请求，DataPtr 应指向用于存储从 Modbus 服务器读取的数据的第一个 CPU 存储单元。对于写请求，DataPtr 应指向要发送到 Modbus 服务器的数据的第一个 CPU 存储单元
	Done	完成位，读写功能完成或者出现错误时，该位会自动置 1
	Error	错误代码，只有在 Done 位为 1 时错误代码有效

④ 编写客户端程序 编写梯形图程序如图 12-46 所示，发送 5 个字，即 10 个字节到服务器端。

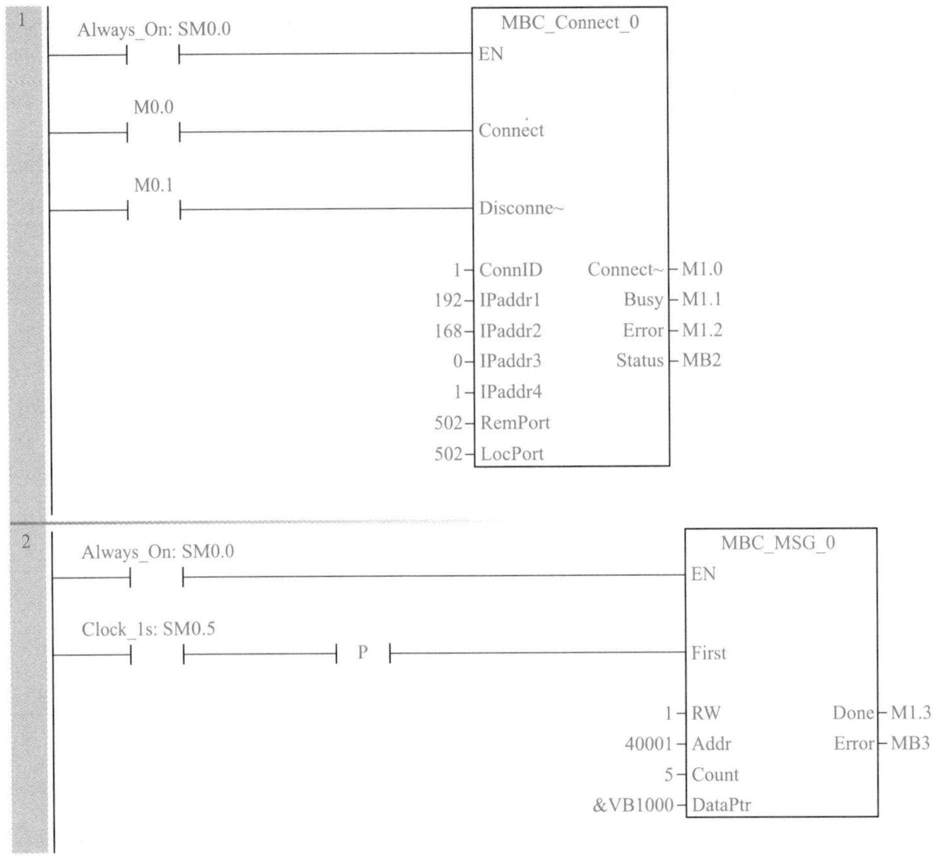

图12-46 梯形图

⑤ 库存储器分配在前面例子中已经讲解，在此不再赘述。

（3）服务器端的项目创建

① 创建新项目　创建项目，命名为MODBUS_TCP_S，双击“CPU ST40”，弹出如图12-47所示的界面。

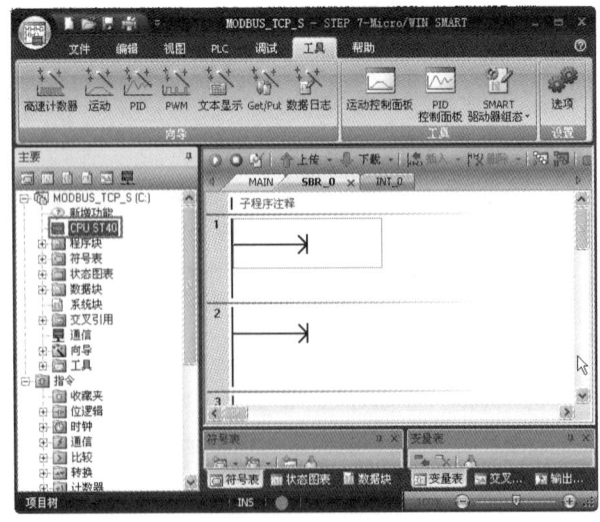

图12-47 新建项目

② 硬件组态　更改 CPU 的型号和版本号，勾选“IP 地址数值固定为下面的值，不能通过其他方式更改”选项，将 IP 地址和子网掩码设置为如图 12-48 所示的值。单击“确定”按钮。

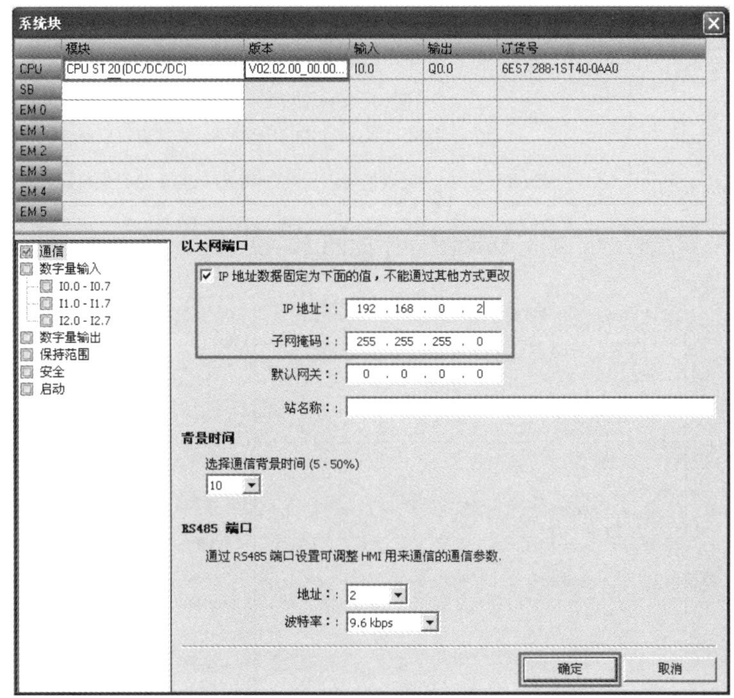

图12-48　硬件组态

③ 相关指令介绍　MB_Server 指令库包含 MBS_Connect 和 MBS_Slave 两个指令。MBS_Connect 指令用于建立或断开 Modbus_TCP 连接。MBS_Connect 指令的参数含义见表 12-15。

表 12-15　MBS_Connect指令的参数含义

LAD 指令	输入 / 输出	说明
MBS_Connect_0 EN Connect Disconnect ConnID　ConnectDone IPaddr1　Busy IPaddr2　Error IPaddr3　Status IPaddr4 LocPort MaxHold HoldStart	EN	必须保证每一扫描周期都被使能
	Connect	启动 TCP 连接建立操作
	Disconnect	断开 TCP 连接操作
	ConnID	TCP 连接标识
	IPaddr1 ～ IPaddr4	Modbus_TCP 客户端的 IP 地址，IPaddr1 是 IP 地址的最高有效字节，IPaddr4 是 IP 地址的最低有效字节
	MaxHold	用于设置 Modbus 地址 4xxxx 或 4yyyyy 可访问的 V 存储器中的字保持寄存器数
	HoldStart	间接地址指针，指向 CPU 中 V 存储器中保持寄存器的起始地址
	LocPort	本地设备上端口号
	ConnectDone	Modbus_TCP 连接已经成功建立
	Busy	连接操作正在进行时
	Error	建立或断开连接时，发生错误
	Status	如果指令置位“Error”输出，Status 输出会显示错误代码

MBS_Slave 指令用于处理来自 Modbus_TCP 客户端的请求，并且该指令必须在每次扫描时执行，以便检查和响应 Modbus 请求。MBS_Slave 指令的参数含义见表 12-16。

表 12-16　MBS_Slave 指令的参数含义

LAD 指令	输入 / 输出	说明
MBS_Slave_0 EN Done Error	EN	同一时刻只能有一条 MB_Client_MSG 指令使能
	Done	当 MB_Server 指令响应 Modbus 请求时，Done 完成位在当前扫描周期被设置为 1；如果未处理任何请求，Done 完成位为 0
	Error	错误代码，只有在 Done 位为 1 时错误代码有效

④ 编写服务器端程序　编写梯形图程序如图 12-49 所示。

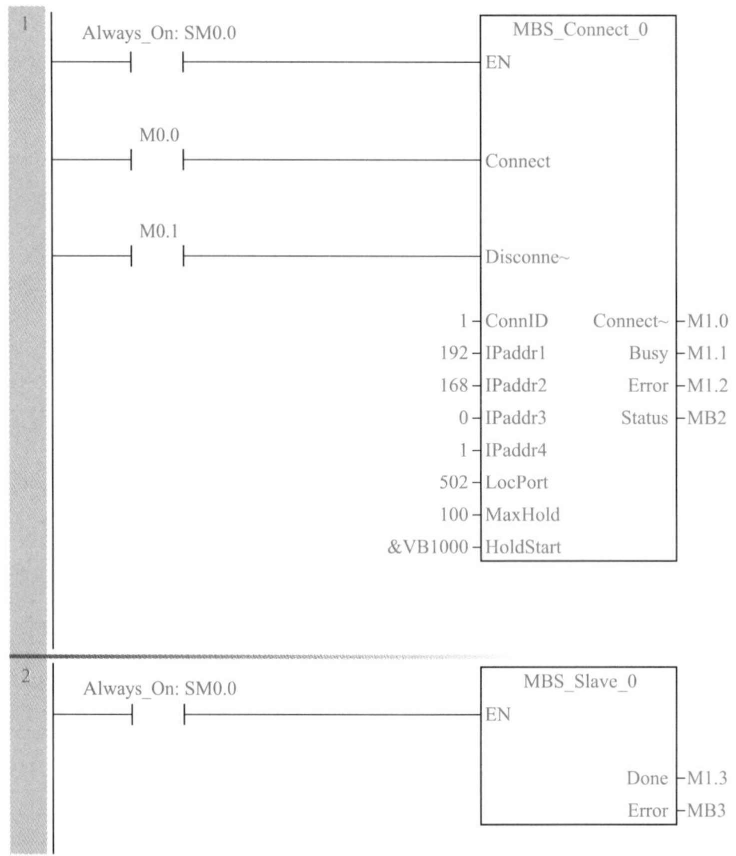

图12-49　梯形图

⑤ 库存储器分配在前面例子中已经讲解，在此不再赘述。

12.5　PROFIBUS 通信

12.5.1　PROFIBUS 通信概述

PROFIBUS 是西门子的现场总线通信协议，也是 IEC61158 国际标准中的现场总线标准之一。现场总线 PROFIBUS 满足了生产过程现场级数据可存取性的重要要求，一方面它覆盖了传感器 / 执行器领域的通信要求，另一方面又具有单元级领域所有网络级的通信功能。特别在“分散 I/O”领域，由于有大量种类齐全、可连接的现场总线可供选用，因此 PROFIBUS 已成为国际公认的标准。

（1）PROFIBUS 的结构和类型

从用户的角度看，PROFIBUS 提供三种通信协议类型：PROFIBUS-FMS、PROFIBUS-DP 和 PROFIBUS-PA。

① PROFIBUS-FMS（Fieldbus Message Specification，现场总线报文规范），使用了第一层、第二层和第七层。第七层（应用层）包含 FMS 和 LLI（底层接口），主要用于系统级和车间级的不同供应商的自动化系统之间传输数据，处理单元级（PLC 和 PC）的多主站数据通信。目前 PROFIBUS-FMS 已经很少使用。

② PROFIBUS-DP（Decentralized Periphery，分布式外部设备），使用第一层和第二层，这种精简的结构特别适合数据的高速传送，PROFIBUS-DP 用于自动化系统中单元级控制设备与分布式 I/O（例如 ET200）的通信。主站之间的通信为令牌方式（多主站时，确保只有一个起作用），主站与从站之间为主从方式（MS）以及这两种方式的混合。三种方式中，PROFIBUS-DP 应用最为广泛，全球有超过 3000 万的 PROFIBUS-DP 节点。

③ PROFIBUS-PA（Process Automation，过程自动化）用于过程自动化的现场传感器和执行器的低速数据传输，使用扩展的 PROFIBUS-DP 协议。

此外，对于西门子系统，PROFIBUS 提供了更为优化的通信方式，即 PROFIBUS-S7 通信。

PROFIBUS-S7（PG/OP 通信）使用了第一层、第二层和第七层，特别适合西门子 S7 系列 PLC 与 HMI 和编程器通信，也可以用于西门子 S7-1500 PLC 之间的通信。

（2）PROFIBUS 总线和总线终端器

① 最大电缆长度和传输速率的关系　PROFIBUS_DP 段的最大电缆长度和传输速率有关，传输的速率越快，则传输的距离越近，对应关系如图 12-50 所示。一般设置通信波特率不大于 500Kbps，电气传输距离不大于 400m（不加中继器）。

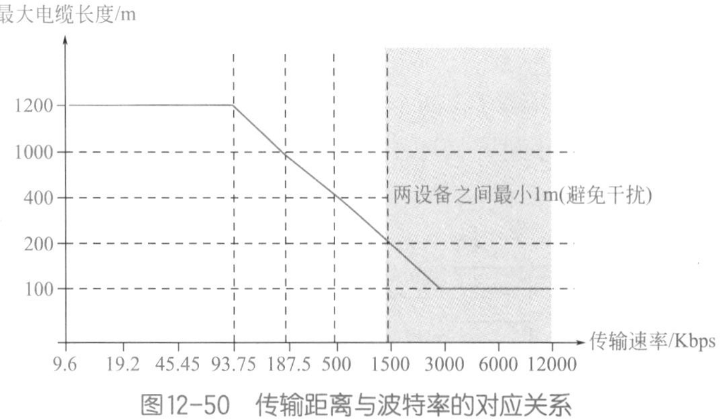

图12-50　传输距离与波特率的对应关系

② PROFIBUS-DP 电缆　PROFIBUS-DP 电缆是专用的屏蔽双绞线，其结构和功能如图 12-51 所示。外层是紫色绝缘层，编制护套层主要防止低频干扰，金属箔片层为防止高频干扰。最里面是 2 根信号线，红色为信号正，接总线连接器的第 8 脚；绿色为信号负，接总线连接器的第 3 脚。PROFIBUS-DP 电缆的屏蔽层“双端接地”。

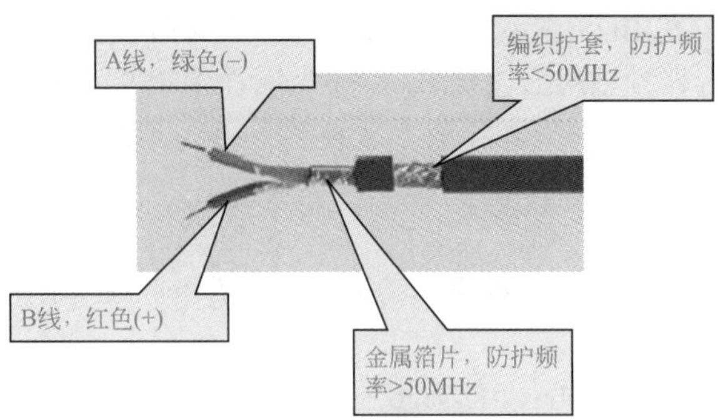

图12-51 PROFIBUS-DP电缆的结构和功能

12.5.2 西门子S7-200 SMART PLC与S7-300/400 PLC之间的PROFIBUS-DP通信

以前，S7-200 PLC 与 S7-300/400 PLC 之间的 PROFIBUS-DP 通信在工程中较为常见，随着 S7-200 PLC 的停产，这种解决方案逐渐被 S7-200 SMART PLC 与 S7-300/400 PLC 之间的 PROFIBUS-DP 通信所取代，以下用一个例子介绍这种通信。由于 S7-300/400 PLC 类似，因此仅介绍 S7-300 PLC。

【例 12-7】 某设备的主站为 CPU 314C-2DP，从站为 S7-200 SMART PLC 和 EM DP01 的组合，主站发出开始信号，从站接收信息，并使从站的指示灯以 1s 为周期闪烁。同理，从站发出开始信号（开始信号为高电平），主站接收信息，并使主站的指示灯以 1s 为周期闪烁。

（1）主要软硬件配置。

① 1 套 STEP 7-Micro/WIN V2.3。

② 1 套 STEP 7 V5.5 SP4。

③ 1 台 CPU ST20。

④ 1 台 EM DP01。

⑤ 1 台 CPU 314C-2DP。

⑥ 1 根编程电缆。

⑦ 1 根 PROFIBUS 网络电缆（含两个网络总线连接器）。

PROFIBUS 现场总线硬件配置如图 12-52 所示，PROFIBUS 现场总线通信 PLC 接线如图 12-53 所示。

图12-52 PROFIBUS现场总线硬件配置图

（2）CPU 314C-2DP 的硬件组态

① 打开 STEP 7 软件 双击桌面上的快捷键，打开 STEP 7 软件。当然也可以单击“开始”→“所有程序”→“SIMATIC”→“SIMATIC Manager”来打开 STEP 7 软件。

② 新建项目　单击“新建”按钮，弹出“新建项目”对话框，在“命名（M）”中输入一个名称，本例为“DP_SMART”，再单击“确定”按钮，如图 12-54 所示。

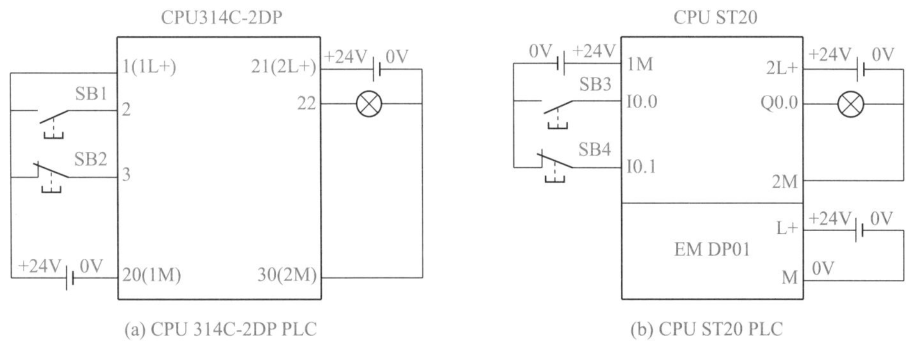

(a) CPU 314C-2DP PLC　　(b) CPU ST20 PLC

图12-53　PROFIBUS现场总线通信PLC原理图

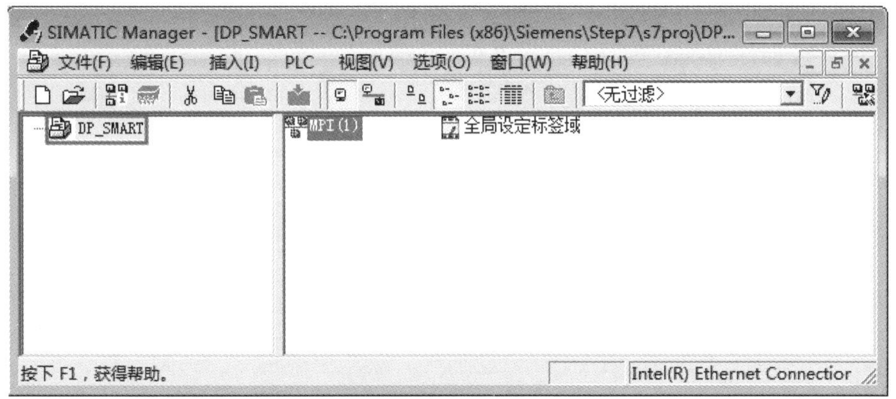

图12-54　新建项目

③ 插入站点　单击菜单栏“插入”菜单，再单击“站点”和“SIMATIC 300 站点”子菜单，如图 12-55 所示，这个步骤的目的主要是为了插入主站。将主站“SIMATIC 300（1）”重命名为“Master”，双击“硬件”，打开硬件组态界面，如图 12-56 所示。

④ 插入导轨　展开项目中的“SIMATIC 300”下的“RACK-300”，双击导轨“Rail”，如图 12-57 所示。硬件配置的第一步都是加入导轨，否则下面的步骤不能进行。

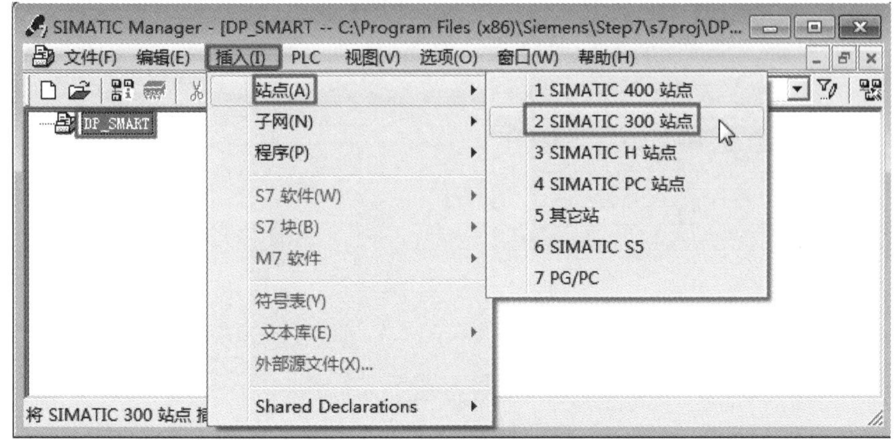

图12-55　插入站点

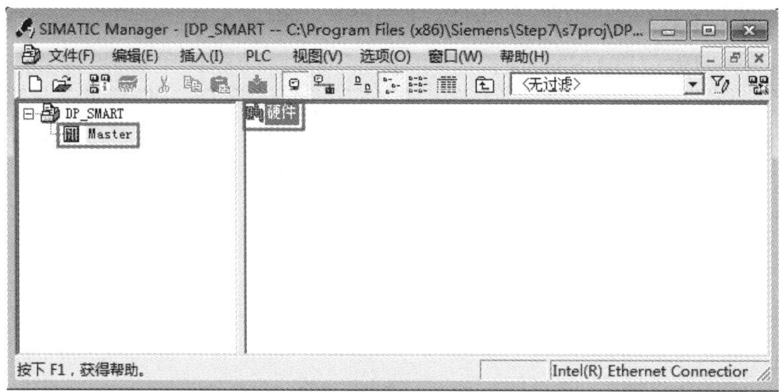

图12-56 打开硬件组态

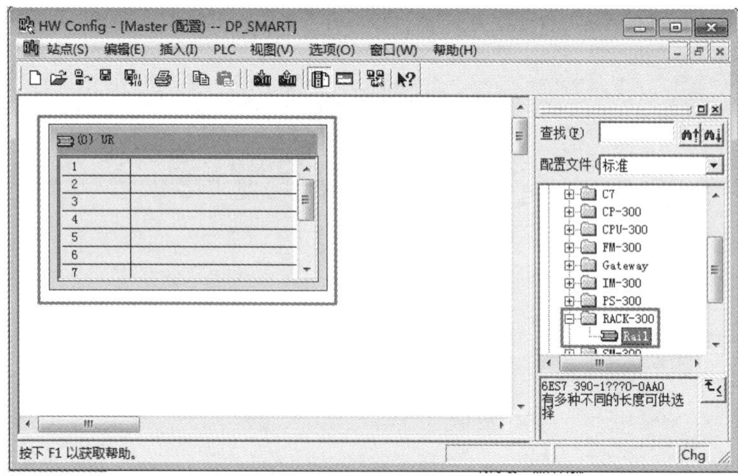

图12-57 插入导轨

⑤ 插入CPU 展开项目中的“SIMATIC 300”下的“CPU-300”，再展开“CPU 314C-2DP”下的“6ES7 314-6CG03-0AB0”，将“V2.6”拖入导轨的2号槽中，如图12-58所示。若选用了西门子的电源，在配置硬件时，应该将电源加入到第一槽，本例中使用的是开关电源，因此硬件配置时不需要加入电源，但第一槽必须空缺，建议读者最好选用西门子电源。

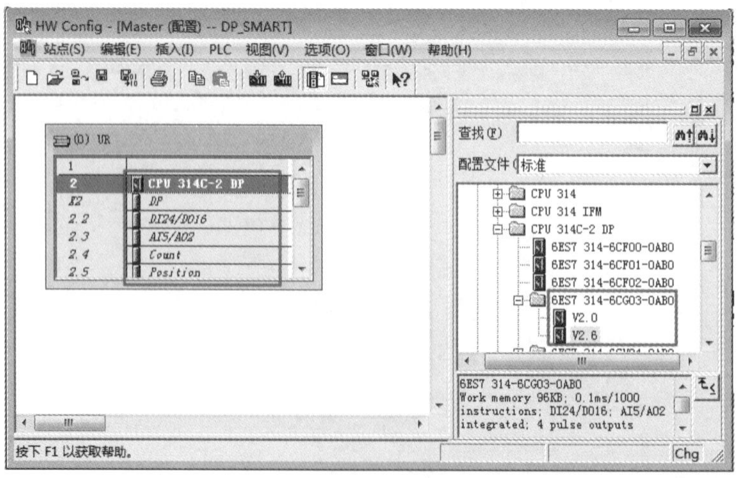

图12-58 插入CPU

⑥ 配置网络　双击 2 号槽中的“DP”，弹出“属性 -DP”对话框，单击“属性”按钮，再弹出“属性 -PROFIBUS 接口”对话框，如图 12-59 所示；单击“新建”按钮，再弹出“属性 - 新建子网 PROFIBUS”对话框，如图 12-60 所示；选定传输率为“1.5Mbps”，配置文件为“DP”，单击“确定”按钮，如图 12-61 所示。从站便可以挂在 PROFIBUS 总线上。

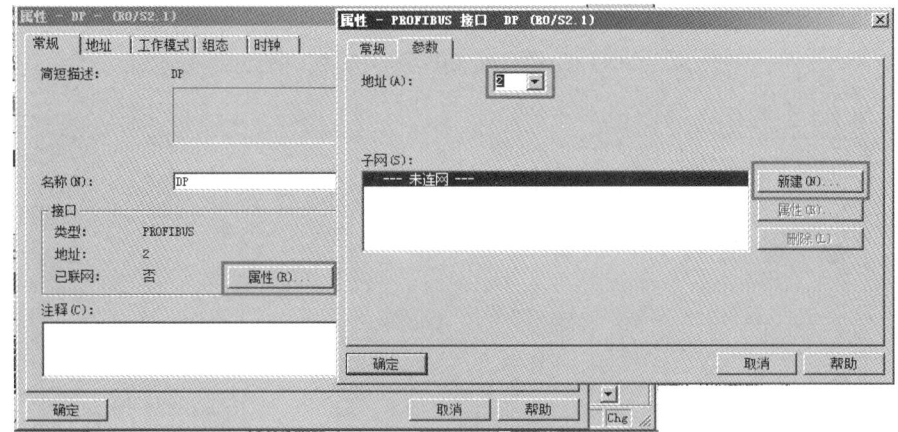

图12-59　新建网络

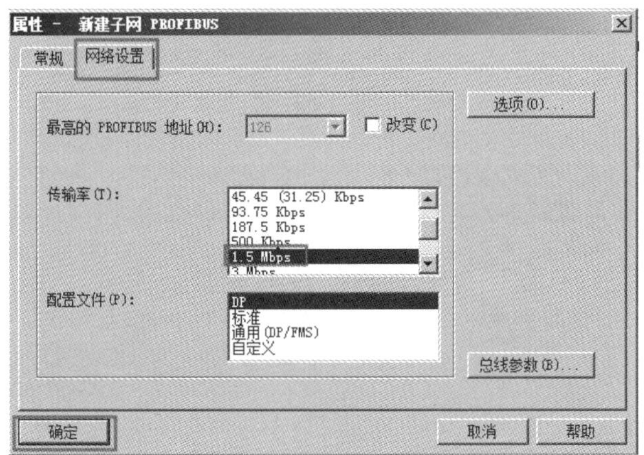

图12-60　设置通信参数

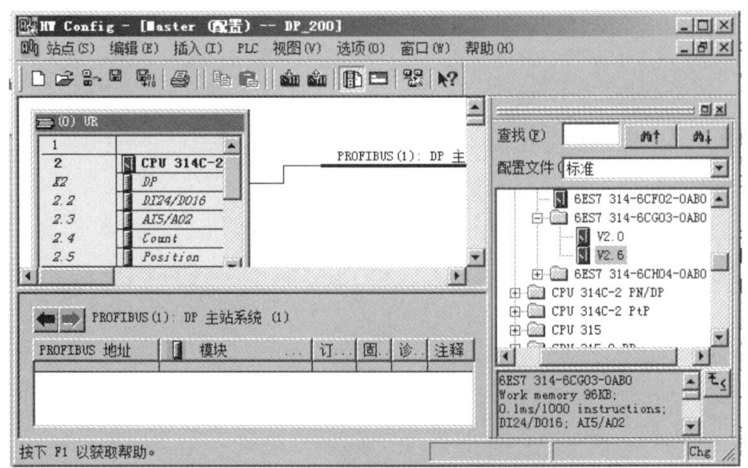

图12-61　配置网络

⑦ 修改 I/O 起始地址　双击 2 号槽中的“DI24/DO16”，弹出“属性 -DI24/DO16”对话框，如图 12-62 所示；去掉“系统默认”前的“ √”，在“输入”和“输出”的“开始”中输入“0”，单击“确定”按钮，如图 12-63 所示。这个步骤目的主要是为了使程序中输入和输出的起始地址都从“0”开始，这样更加符合工程的习惯，若没有这个步骤，也是可行的，但程序中输入和输出的起始地址都从“124”开始。

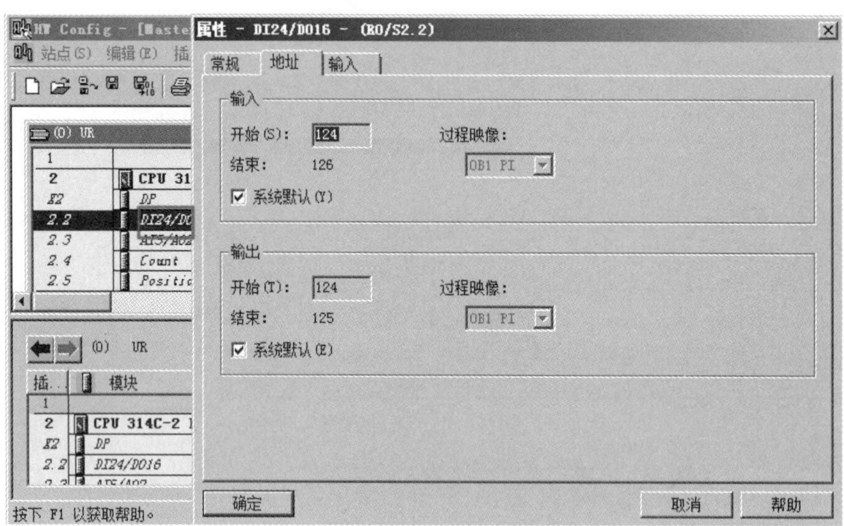

图12-62　修改I/O起始地址（1）

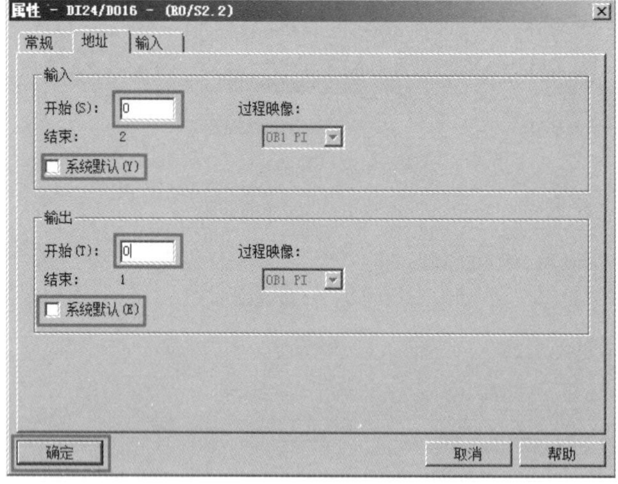

图12-63　修改I/O起始地址（2）

⑧ 配置从站地址　先选中“PROFIBUS”，再展开硬件目录，先后展开“PROFIBUS-DP”→“Additional Field Device”→“PLC”→“SIMATIC”，再双击“EM DP01 PROFIBUS-DP”，弹出“属性 -PROFIBUS 接口”对话框，将地址改为“3”，最后单击“确定”按钮，如图 12-64 所示。

⑨ 分配从站通信数据存储区　先选中 3 号站，展开项目“EM DP01 PROFIBUS-DP”，再双击“4 Byte In/Out”，如图 12-65 所示。当然也可以选其他的选项，这个选项的含义是：每次主站接收信息为 4 个字节，发送的信息也为 4 个字节。

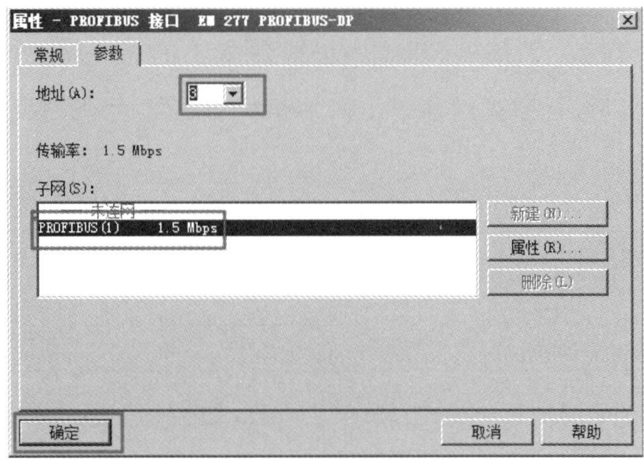

图12-64　配置从站地址

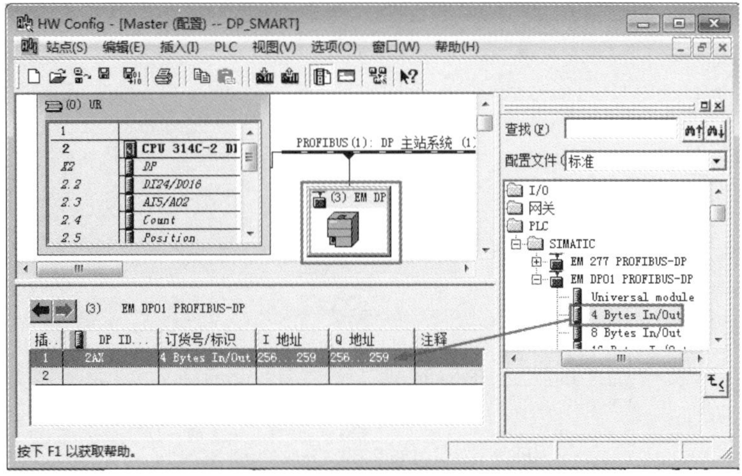

图12-65　分配从站通信数据存储区

⑩ 设置周期存储器　双击“CPU 214C-2DP”，打开属性界面，选中“周期/时钟存储器”选项卡，勾选“时钟存储器”，输入“100”，单击“确定”按钮即可，如图12-66所示。

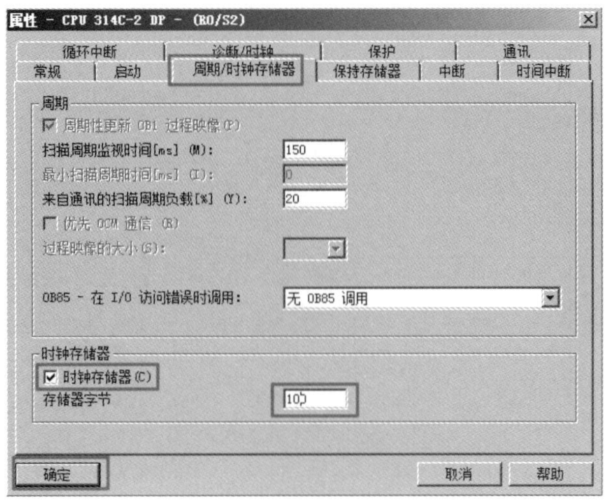

图12-66　设置周期存储器

（3）编写程序

① 编写主站的程序　按照以上步骤进行硬件组态后，主站和从站的通信数据发送区和接收数据区就可以进行数据通信了，主站和从站的发送区和接收数据区对应关系见表 12-17。

表 12-17　主站和从站的发送区和接收数据区对应关系

序号	主站 S7-300	对应关系	从站 S7-200 SMART
1	QD256	→	VD0
2	ID256	←	VD4

主站将信息存入 QD256 中，发送到从站的 VD0 数据存储区，那么主站的发送数据区为什么是 QD256 呢？因为 CPU 314C-2DP 自身是 16 点数字输出，占用了 QW0，因此不可能是 QD0（包含 QW0 和 QW2）。注意：务必要将组态后的硬件和编译后程序全部下载到 PLC 中。梯形图程序如图 12-67 所示。

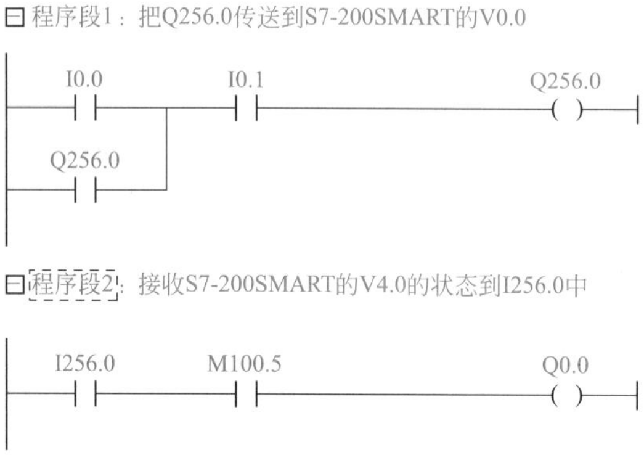

程序段1：把Q256.0传送到S7-200SMART的V0.0

I0.0　I0.1　Q256.0　Q256.0

程序段2：接收S7-200SMART的V4.0的状态到I256.0中

I256.0　M100.5　Q0.0

图12-67　CPU 314C-2DP的程序

② 编写从站程序　在桌面上双击快捷键，打开软件 STEP 7 MicroWin SMART，在梯形图中输入如图 12-68 所示的程序，再将程序下载到从站 PLC 中。

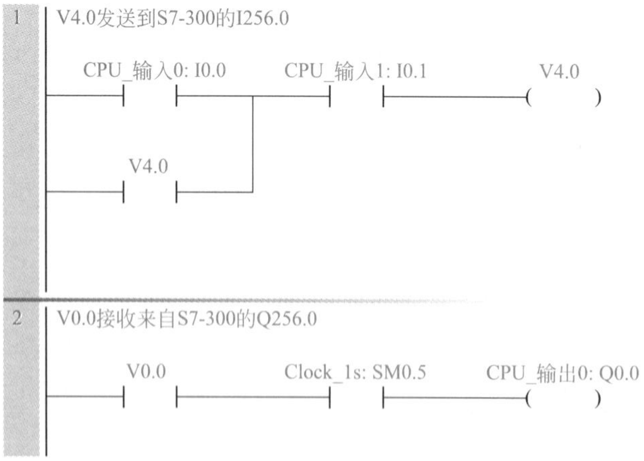

1　V4.0发送到S7-300的I256.0

CPU_输入0: I0.0　CPU_输入1: I0.1　V4.0　V4.0

2　V0.0接收来自S7-300的Q256.0

V0.0　Clock_1s: SM0.5　CPU_输出0: Q0.0

图12-68　CPU ST20的程序

（4）硬件连接

主站 CPU 314C-2DP 有两个 DB9 接口：一个是 MPI 接口，主要用于下载程序（也可用于MPI通信）；另一个DB9接口是DP口，PROFIBUS通信使用这个接口。从站为CPU ST20+EM DP01，EM DP01是PROFIBUS专用模块，这个模块上面DB9接口为DP口。主站的DP口和从站的DP口用专用的PROFIBUS电缆和专用网络接头相连，主站和从站的硬件连线如图12-52所示。

PROFIBUS电缆是二线屏蔽双绞线，两根线为A线和B线，电线塑料皮上印刷有A、B字母，A线与网络接头上的A端子相连，B线与网络接头上的B端子相连即可。B线实际与DB9的第3针相连，A线实际与DB9的第8针相连。

【关键点】在前述的硬件组态中已经设定从站为第三站，因此在通信前，必须要将EM DP01的“站号”选择旋钮旋转到“3”的位置，否则，通信不能成功。从站网络连接器的终端电阻应置于“on”，如图12-69所示。若要置于“off”，只要将拨钮拨向“off”一侧即可。

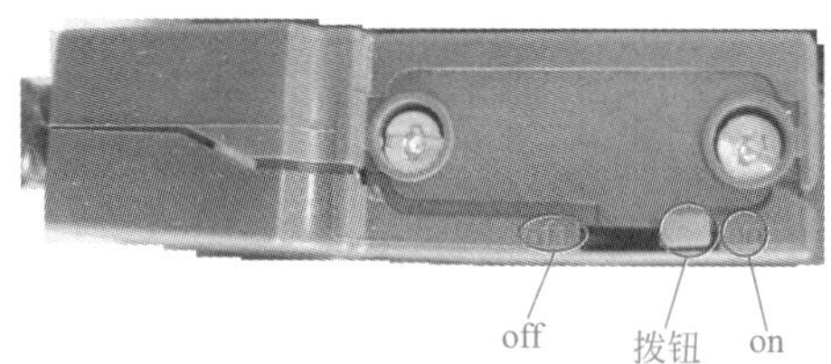

图12-69 网络连接器的终端电阻置于“on”

12.6 三菱FX系列PLC的N：N网络通信

N：N网络通信也叫简易PLC间链接，使用此通信网络通信，PLC能链接成一个小规模的系统数据，三菱FX系列的PLC最多可以8台PLC同时联网。

N：N网络通信的程序编写比较简单，以下以FX3U PLC为例讲解。

12.6.1 相关的标志和数据寄存器的说明

（1）M8038

M8038主要用于设置N：N网络参数，主站和从站都可响应。

（2）数据存储器

数据存储器的相应类型见表12-18。

表12-18 数据存储器的相应类型

数据存储器	站点号	描述	相应类型
D8176	站点号设置	设置自己的站点号	主站、从站
D8177	总从站点数设置	设置从站总数	主站
D8178	刷新范围设置	设置刷新范围	主站
D8179	重试次数设置	设置重试次数	主站
D8180	通信超时设置	设置通信超时	主站

12.6.2 参数设置

（1）设置站点（D8176）

主站的设置数值为0；从站设置数值为1～7，1表示1号从站，2表示2号从站。

（2）设置从站的总数（D8177）

设定数值为1～7，有几个从站则设定为几，如有1个从站则将主站中的D8177设定为1。从站不需要设置。

（3）设置刷新范围（D8178）

设定数值为0～2，共三种模式，若设定值为2，则表示为模式2。对于FX系列PLC，当设定为模式2时，位元件为64点，字元件为8点。从站不需要设置刷新范围。模式2的软元件分配见表12-19。

表12-19　FX2N、FX2NC、FX3U系列PLC模式2的软元件分配

站点号	软元件	
	位软元件（M）	字软元件（D）
	64点	8点
第0号	M1000～M1063	D0～D7
第1号	M1064～M1127	D10～D17
第2号	M1128～M1191	D20～D27
第3号	M1192～M1255	D30～D37
第4号	M1256～M1319	D40～D47
第5号	M1320～M1383	D50～D57
第6号	M1384～M1447	D60～D67
第7号	M1448～M1511	D70～D77

（4）设定重复次数（D8179）

设定数值范围是0～10，设置到主站的D8178数据寄存器中，默认值为3，从站不需要设置。

（5）设定通信超时（D8180）

设定数值的范围是5～255，设置到主站的D8179数据寄存器中，默认值为5，此值乘以10ms就是超时时间。例如设定值为5，那么超时时间就是50ms。

12.6.3 实例讲解

【例12-8】 有2台FX3U-32MR可编程控制器（带FX3U-485BD模块），其连线如图12-70所示，其中一台作为主站，另一台作为从站，当主站的X0接通后，从站的Y0控制的灯以1s为周期闪烁，从站的灯闪烁10s后熄灭，画出梯形图。

【解】 如图12-71所示，当X0接通，M1000线圈上电，信号送到从站。如图12-72所示，从站的M1000闭合，Y0控制的灯以1s为周期闪烁。定时10s后M1064线圈上电，信号送到主站，主站的M1064断开，从而使得主站的M1000线圈断电，进而从站的M1000触点也断开，Y0控制的灯停止闪烁。

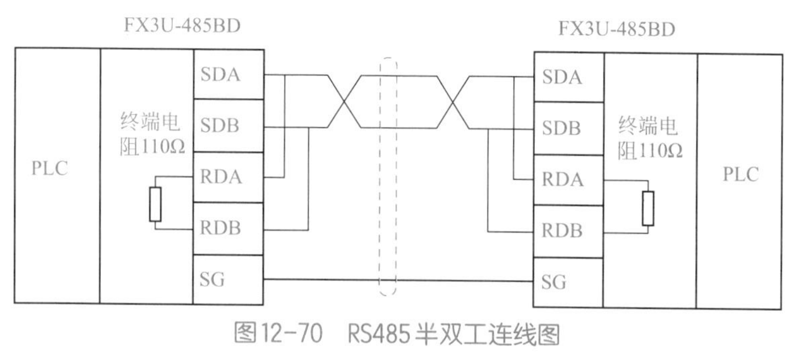

图12-70 RS485半双工连线图

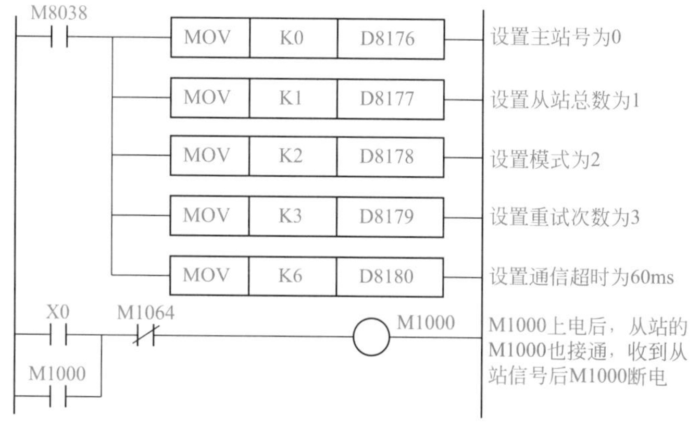

图12-71 主站梯形图

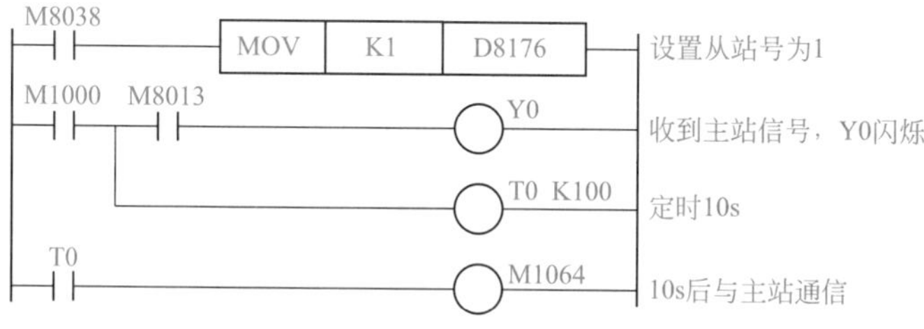

图12-72 从站梯形图

注意：① N ∶ N 网络只能用一对双绞线；

② 程序开始部分的初始化不需要执行，只要把程序编入开始位置，它将自动有效。

12.7 无协议通信

12.7.1 无协议通信基础

（1）无协议通信的概念

顾名思义，无协议通信就是没有标准协议的通信，用户可以自己规定协议，并非没有协议，有的 PLC 称之为“自由口”通信。

（2）无协议通信的功能

无协议通信主要用于 PLC 与打印机、条形码阅读器、变频器或者其他品牌的 PLC 等第三方设备间的通信。在三菱 FX 系列 PLC 中使用 RS 或者 RS2 指令执行该功能，其中 RS2 是 FX3U、FX3UC 可编程控制器的专用指令，通过指定通道，可以同时执行 2 个通道的通信。

① 无协议通信数据的点数允许最多发送 4096，最多接收 4096 点数据，但发送和接收的总数据量不能超过 8000 点；

② 采用无协议方式，连接支持串行设备，可实现数据的交换通信；

③ 使用 RS232C 接口时，通信距离一般不大于 15m；使用 RS485 接口时，通信距离一般不大于 500m，但若使用 485BD 模块时，最大通信距离是 50m。

（3）无协议通信简介

① RS 指令格式　RS 指令格式如图 12-73 所示。

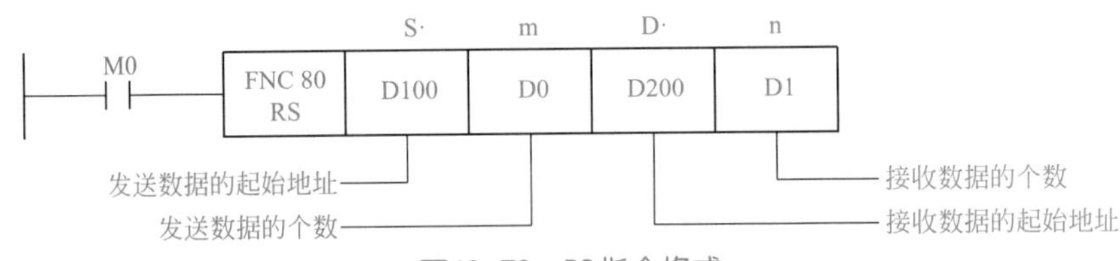

图12-73　RS指令格式

② 无协议通信中用到的软元件　无协议通信中用到的软元件见表 12-20。

表 12-20　无协议通信中用到的软元件

元件编号	名称	内容	属性
M8122	发送请求	置位后，开始发送	读 / 写
M8123	接收结束标志	接收结束后置位，此时不能再接收数据，需人工复位	读 / 写
M8161	8 位处理模式	在 16 位和 8 位数据之间切换接收和发送数据，ON 时为 8 位模式，OFF 时为 16 位模式	写

③ D8120 字的通信格式　D8120 的通信格式见表 12-21。

表 12-21　D8120 的通信格式

位编号	名称	内容	
		0（OFF）	1（ON）
b0	数据长度	7 位	8 位
b1b2	奇偶校验	b2,b1 （0,0）：无 （0,1）：奇校验（ODD） （1,1）：偶校验（EVEN）	
b3	停止位	1 位	2 位
b4b5b6b7	波特率（bps）	b7,b6,b5,b4 （0,0,1,1）：300 （0,1,0,0）：600 （0,1,0,1）：1200 （0,1,1,0）：2400	b7,b6,b5,b4 （0,1,1,1）：4800 （1,0,0,0）：9600 （1,0,0,1）：19200
b8	报头	无	有
b9	报尾	无	有

续表

<table>
<tr><th rowspan="2">位编号</th><th rowspan="2">名称</th><th colspan="3">内容</th></tr>
<tr><th colspan="2">0（OFF）</th><th>1（ON）</th></tr>
<tr><td rowspan="2">b10b11b12</td><td rowspan="2">控制线</td><td>无协议</td><td colspan="2">b12,b11,b10
（0,0,0）：无 <RS232C 接口 >
（0,0,1）：普通模式 <RS232C 接口 >（0,1,0）：相互链接模式 <RS232C 接口 ></td></tr>
<tr><td>计算机链接</td><td colspan="2">（0,1,1）：调制解调器模式 <RS232C 接口 >
（1,1,1）：RS485 通信 < RS485/RS422 接口 ></td></tr>
<tr><td>b13</td><td>和校验</td><td colspan="2">不附加</td><td>附加</td></tr>
<tr><td>b14</td><td>协议</td><td colspan="2">无协议</td><td>专用协议</td></tr>
<tr><td>b15</td><td>控制顺序（CR、LF）</td><td colspan="2">不使用 CR,LF（格式 1）</td><td>使用 CR,LF（格式 4）</td></tr>
</table>

12.7.2 西门子S7-200 SMART PLC与三菱FX系列PLC之间的无协议通信

除了西门子 S7-200 SMART PLC 之间可以进行自由口通信，S7-200 SMART PLC 还可以与其他品牌的 PLC、变频器、仪表和打印机等进行通信，要完成通信，这些设备应有 RS232C 或者 RS485 等形式的串口。西门子 S7-200 SMART PLC 与三菱 FX 系列 PLC 通信时，采用自由口通信，但三菱公司称这种通信为“无协议通信”，实际上内涵是一样的。

以下以 CPU ST40 与三菱 FX3U-32MR 间的自由口通信为例，讲解 S7-200 SMART PLC 与其他品牌 PLC 或者之间的自由口通信。

【例 12-9】 有两台设备，设备 1 的控制器是 CPU ST40，设备 2 的控制器是 FX3U-32MR，两者之间为自由口通信，实现设备 1 的 I0.0 启动设备 2 的电动机，设备 1 的 I0.1 停止设备 2 的电动机，设计解决方案。

【解】

（1）主要软硬件配置

① 1 套 STEP 7-Micro/WIN SMART V2.3 和 GX Works3。

② 1 台 CPU ST40 和 1 台 FX3U-32MR。

③ 1 根屏蔽双绞电缆（含 1 个网络总线连接器）。

④ 1 台 FX3U-485-BD。

⑤ 1 根网线电缆。

两台 CPU 的接线如图 12-74 所示。

【关键点】 网络的正确接线至关重要，具体有以下几方面。

① CPU ST40 的 X20 口可以进行自由口通信，其 9 针的接头中，1 脚接地，3 脚为 RXD+/TXD+（发送 +/ 接收 +）公用，8 脚为 RXD−/TXD−（发送 −/ 接收 −）公用；

② FX3U-32MR 的编程口不能进行自由口通信，因此本例配置了一块 FX3U-485-BD 模块，此模块可以进行双向 RS485 通信（可以与两对双绞线相连），但由于 CPU ST40 只能与一对双绞线相连，因此 FX3U-485-BD 模块的 RDA（接收 +）和 SDA（发送 +）短接，SDB（接收 −）和 RDB（发送 −）短接。

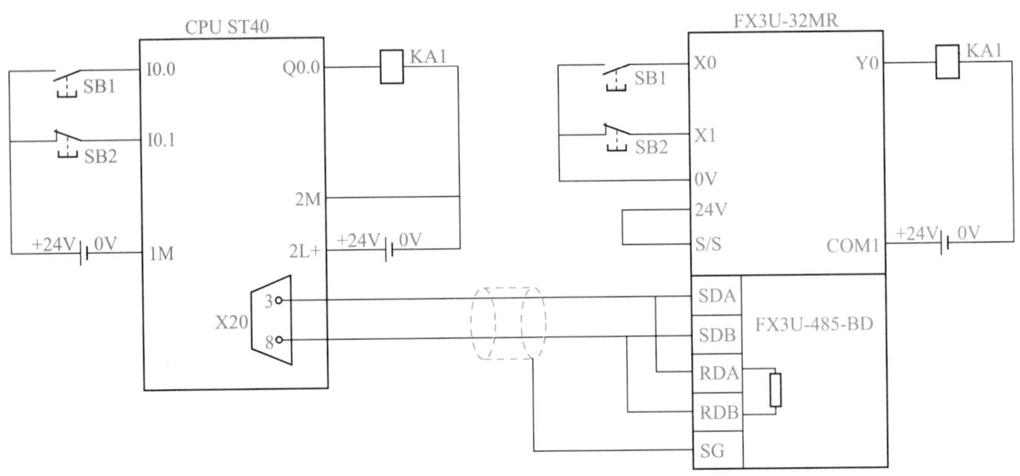

图12-74　原理图

③ 由于本例采用的是RS485通信，所以两端需要接终端电阻，均为110Ω，CPU ST40端未画出（由于和X20相连的网络连接器自带终端电阻），若传输距离较近时，终端电阻可不接入。

（2）编写CPU ST40的程序

CPU ST40中的主程序如图12-75所示，子程序如图12-76所示，中断程序如图12-77所示。

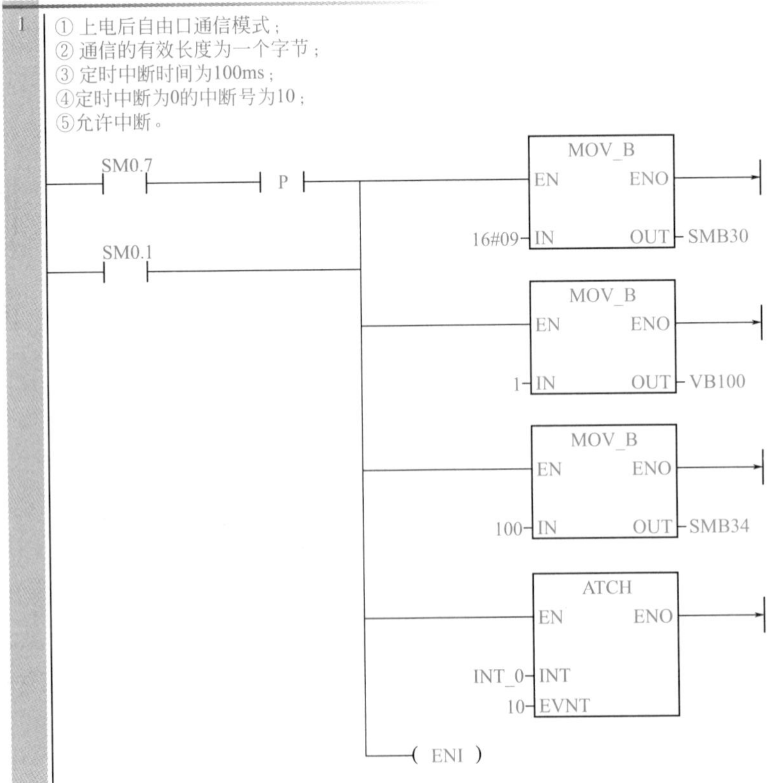

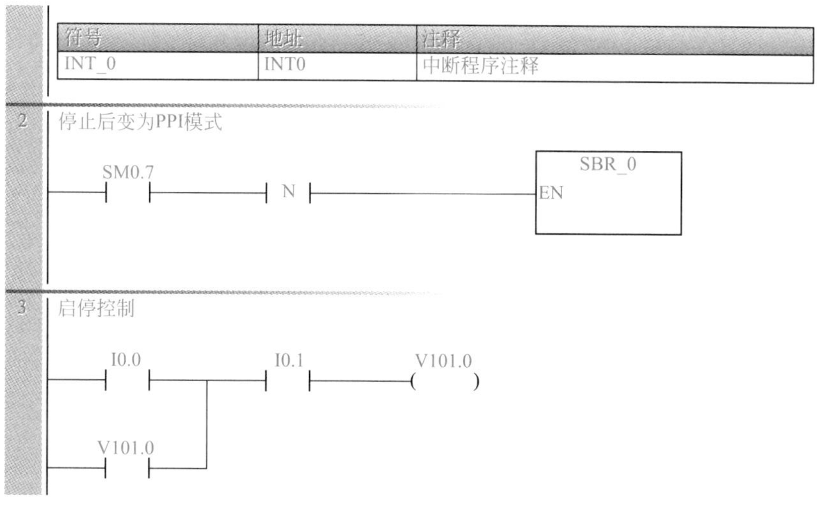

图12-75 主程序

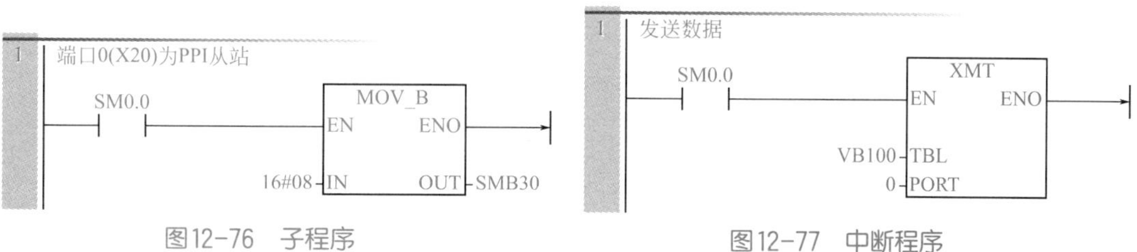

图12-76 子程序

图12-77 中断程序

【关键点】 自由口通信每次发送的信息最少是一个字节，本例中将启停信息存储在VB101的V101.0位发送出去。VB100存放的是发送有效数据的字节数。

（3）编写FX3U-32MR的程序

① 无协议通信简介 RS指令格式如图12-78所示。

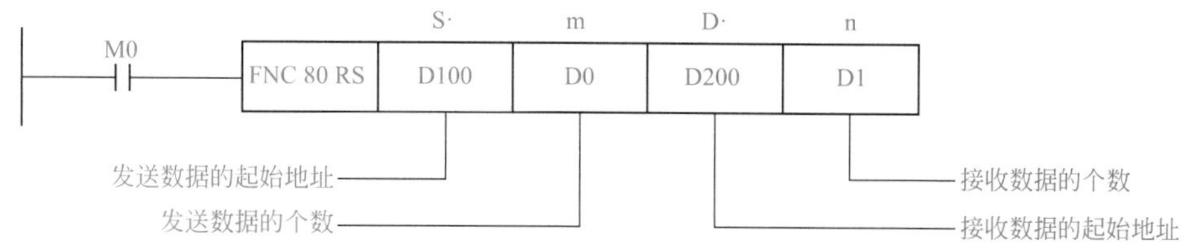

图12-78 RS指令格式

无协议通信中用到的软元件见表12-22。

表12-22 无协议通信中用到的软元件

元件编号	名称	内容	属性
M8122	发送请求	置位后，开始发送	读/写
M8123	接收结束标志	接收结束后置位，此时不能再接收数据，需人工复位	读/写
M8161	8位处理模式	在16位和8位数据之间切换接收和发送数据，ON时为8位模式，OFF时为16位模式	写

D8120 字的通信格式见表 12-23。

表 12-23　D8120 的通信格式

<table>
<tr><th rowspan="2">位编号</th><th rowspan="2">名称</th><th colspan="3">内容</th></tr>
<tr><th colspan="2">0（位 OFF）</th><th>1（位 ON）</th></tr>
<tr><td>b0</td><td>数据长度</td><td colspan="2">7 位</td><td>8 位</td></tr>
<tr><td>b1b2</td><td>奇偶校验</td><td colspan="3">b2,b1
（0,0）：无
（0,1）：奇校验（ODD）
（1,1）：偶校验（EVEN）</td></tr>
<tr><td>b3</td><td>停止位</td><td colspan="2">1 位</td><td>2 位</td></tr>
<tr><td>b4b5b6b7</td><td>波特率（bit/s）</td><td colspan="2">b7,b6,b5,b4
（0,0,1,1）：300
（0,1,0,0）：600
（0,1,0,1）：1200
（0,1,1,0）：2400</td><td>b7,b6,b5,b4
（0,1,1,1）：4800
（1,0,0,0）：9600
（1,0,0,1）：19200</td></tr>
<tr><td>b8</td><td>报头</td><td colspan="2">无</td><td>有</td></tr>
<tr><td>b9</td><td>报尾</td><td colspan="2">无</td><td>有</td></tr>
<tr><td rowspan="2">b10b11b12</td><td rowspan="2">控制线</td><td>无协议</td><td colspan="2">b12,b11,b10
（0,0,0）：无 <RS232C 接口 >
（0,0,1）：普通模式 <RS232C 接口 >（0,1,0）：相互链接模式 <RS232C 接口 ></td></tr>
<tr><td>计算机链接</td><td colspan="2">（0,1,1）：调制解调器模式 <RS232C 接口 >
（1,1,1）：RS485 通信 < RS485/RS422 接口 ></td></tr>
<tr><td>b13</td><td>和校验</td><td colspan="2">不附加</td><td>附加</td></tr>
<tr><td>b14</td><td>协议</td><td colspan="2">无协议</td><td>专用协议</td></tr>
<tr><td>b15</td><td>控制顺序（CR、LF）</td><td colspan="2">不使用 CR,LF（格式 1）</td><td>使用 CR,LF（格式 4）</td></tr>
</table>

② 编写程序　FX3U-32MR 中的程序如图 12-79 所示。

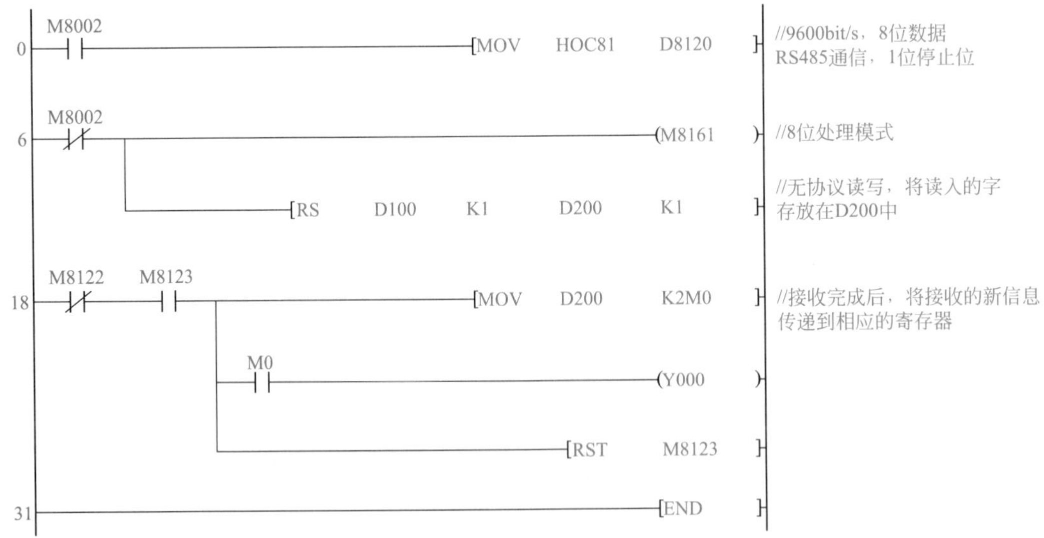

图 12-79　程序

实现不同品牌PLC之间的通信，确实比较麻烦，要求读者对两种品牌PLC的通信都比较熟悉。其中有两个关键点：一是一定要把通信线接对；二是与自由口（无协议）通信的相关指令必须要弄清楚，否则通信是很难成功的。

【关键点】 以上的程序是单向传递数据，即数据只从CPU ST40传向FX3U-32MR，因此程序相对而言比较简单，若要数据双向传递，则必须注意RS485通信是半双工的，编写程序时要保证在同一时刻同一个站点只能接收或者发送数据。

12.8 CC-Link通信

CC-Link是Control & Communication Link（控制与通信链路系统）的缩写，在1996年11月，由三菱电机为主导的多家公司推出，其增长势头迅猛，在亚洲占有较大份额，目前在欧洲和北美发展迅速。在此系统中，可以将控制和信息数据同时以10Mbit/s高速传送至现场网络，具有性能卓越、使用简单、应用广泛、节省成本等优点。其不仅解决了工业现场配线复杂的问题，同时具有优异的抗噪性能和兼容性。CC-Link是一个以设备层为主的网络，同时也可覆盖较高层次的控制层和较低层次的传感层。2005年7月CC-Link被中国国家标准委员会批准为中国国家标准指导性技术文件。

12.8.1 CC-Link家族

（1）CC-Link

CC-Link是一种可以同时高速处理控制和信息数据的现场网络系统，可以提供高效、一体化的工厂和过程自动化控制。在10Mbps的通信速率下传输距离达到100m，并能够连接64个站。其卓越的性能使之通过ISO认证成为国际标准，并且获得批准成为中国国家推荐标准GB/T 19760—2008，同时也已经取得SEMI标准。

（2）CC-Link/LT

CC-Link/LT是针对控制点分散、省配线、小设备和节省成本的要求和高响应、高可靠设计和研发的开放式协议，其远程点I/O除了有8点、16点外，还有1点、2点、4点，而且模块的体积小。其通信电缆为4芯扁平电缆（2芯为信号线，2芯为电源），其通信速度为最快为2.5Mbps，最多为64站，最大点数为1024点，最小扫描时间为1ms，其通信协议芯片不同于CC-Link。

CC-Link/LT可以用专门的主站模块或者CC-Link/LT网桥构造系统，实现无缝通信。CC-Link/LT的定位如图12-80所示。

（3）CC-Link Safety

CC-Link Safety是CC-Link实现安全系统架构的安全现场网络。CC-Link Safety能够实现与CC-Link一样的高速通信并提供实现可靠操作的RAS功能。因此，CC-Link Safety与CC-Link具有高度的兼容性，从而可以使用CC-Link电缆或远程站等既有资产和设备。

（4）CC-Link IE

CC-Link协会不断致力于源于亚洲的现场总线CC-Link的开放化推广。现在，除控制功

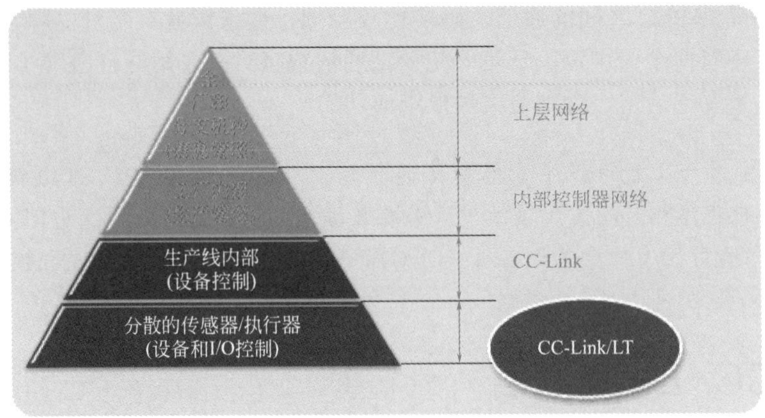

图12-80 CC-Link/LT的定位

能外，为满足通过设备管理（设定·监视）、设备保全（监视·故障检测）、数据收集（动作状态）功能实现系统整体的最优化这一工业网络的新需求，CC-Link 协会提出了基于以太网的整合网络构想，即实现从信息层到生产现场的无缝数据传送的整合网络“CC-Link IE”。

为降低从系统建立到维护保养的整体工程成本，CC-Link 协会通过整体的“CC-Link IE”概念，将这一亚洲首创的工业网络向全世界进一步开放扩展。

CC-Link 家族的应用示例如图 12-81 所示。

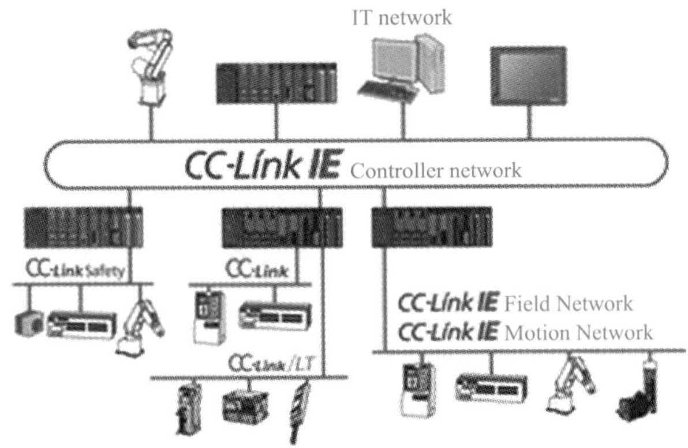

图12-81 应用示例

12.8.2 CC-Link通信的应用

尽管 CC-Link 现场总线应用不如 PROFIBUS 那样广泛，但一个系统如果确定选用三菱 PLC，那么 CC-Link 现场总线无疑是较好的选择，以下将用一个例子说明 2 台 FX3U-32MT 的 CC-Link 现场总线通信。

【例 12-10】 有一个控制系统，配有 2 台控制器，均为 FX3U-32MT，要求从主站 PLC 上发出控制信息，远程设备 PLC 接收到信息后，显示控制信息；同理，从远程设备 PLC 上发出控制信息，主站 PLC 接收到信息后，显示控制信息。

【解】

（1）软硬件配置

① 1 套 GX-Works3；

② 1 根编程电缆；

③ 2 台 FX3U-32MT；

④ 1 台电动机；

⑤ 1 台 FX2N-16CCL-M；

⑥ 1 台 FX2N-32CCL。

原理图如图 12-82 所示。

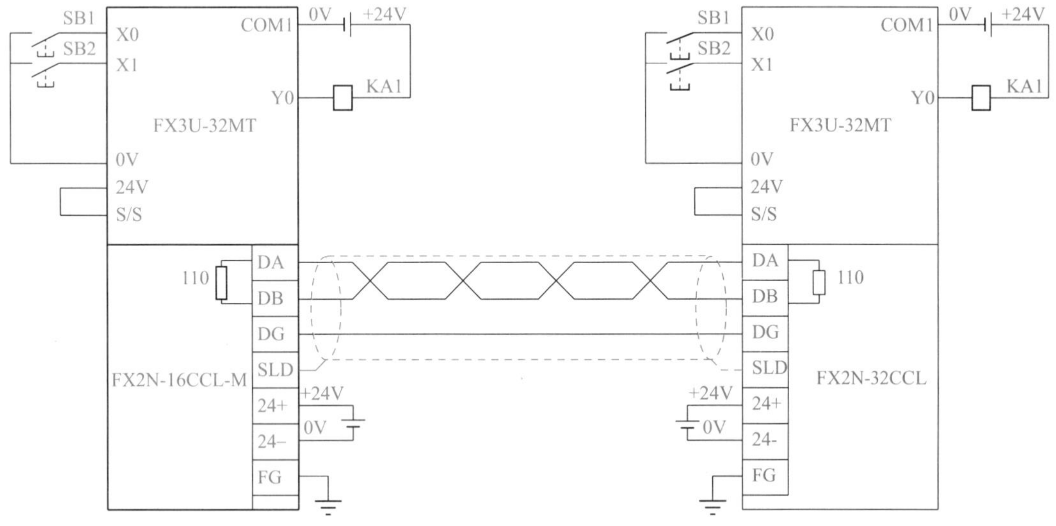

图12-82 原理图

【关键点】① CC-Link 的专用屏蔽线是三芯电缆，分别将主站的 DA、DB、DG 与从站对应的 DA、DB、DG 相连，屏蔽层的两端均与 SLD 连接。三菱公司推荐使用 CC-Link 专用屏蔽线电缆，但要求不高时，使用普通电缆也可以通信。

② 由于 CC-Link 通信的物理层是 RS485，所以通信的第一站和最末一站都要接一个终端电阻（超过 2 站时，中间站并不需要接终端电阻），本例为 110Ω 电阻。

（2）FX 系列 PLC 的 CC-Link 模块的设置

① 传送速度的设置 CC-Link 通信的传送速度与通信距离相关，传送距离越远，传送速度就越低。CC-Link 通信的传送速度与最大传送距离对应关系见表 12-24。

表 12-24 CC-Link通信的传送速度与最大通信距离对应关系

序号	传送速度	最大传送距离 /m	序号	传送速度	最大传送距离 /m
1	156Kbps	1200	4	5Mbps	150
2	625Kbps	600	5	10Mbps	100
3	2.5Mbps	200			

注意：以上数据是专用 CC-Link 电缆配 110Ω 终端电阻。

CC-Link 模块上有速度选择的旋转开关。当旋转开关指向 0 时，代表传送速度是 156Kbps；当旋转开关指向 1 时，代表传送速度是 625Kbps；当旋转开关指向 2 时，代表传送速度是 2.5Mbps；当旋转开关指向 3 时，代表传送速度是 5Mbps；当旋转开关指向

4时，代表传送速度是10Mbps。如图12-83所示，旋转开关指向0，要把传送速度设定为2.5Mbps时，只要把旋转开关旋向2即可。

② 站地址的设置　站号的设置旋钮有2个，如图12-84所示，左边一个是“×10”挡，右边的是“×1”挡，例如要把站号设置成12，则把“×10”挡的旋钮旋到1，把“×1”挡的旋钮旋到2，1×10+2=12，12即是站号。图12-84中的站号为2。

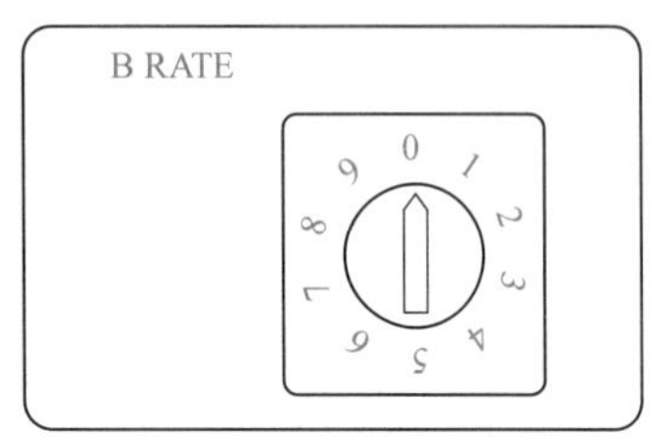

图12-83　传送速度设定图

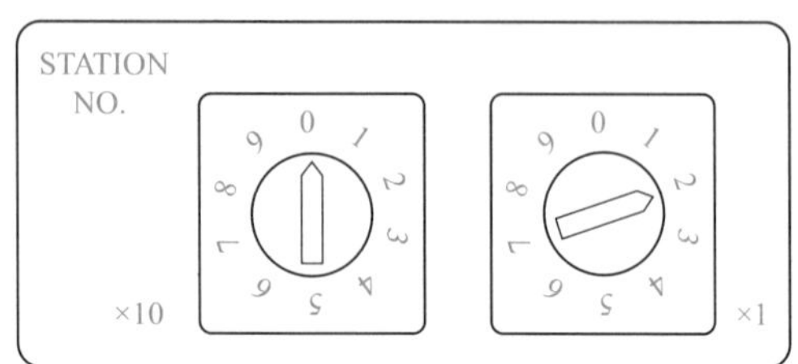

图12-84　站地址设定图

（3）程序编写

主站模块和PLC之间通过主站中的临时空间“RX/RY”进行数据交换，在PLC中，使用FROM/TO指令来进行读写，当电源断开的时候，缓冲存储的内容会恢复到默认值，主站和远程设备站（从站）之间的数据传送过程如图12-85所示。

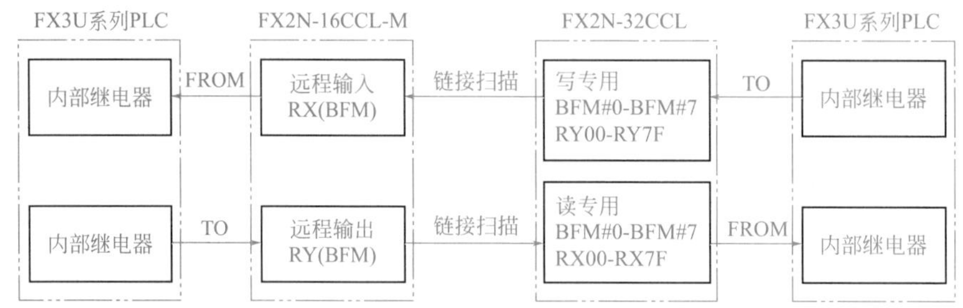

图12-85　主站和远程设备站（从站）之间的数据传送图

通信的过程是：远程PLC通过TO指令将PLC的要传输的信息写入远程设备站中的RY中，实际就是存储在FX2N-32CCL的BFM中，每次链接扫描远程设备站又将RY的信息传送到主站对应的RX中，实际就是存储在FX2N-16CCL-M的BFM中，主站的PLC通过FROM指令将信息读入到PLC的内部继电器中。

主站PLC通过TO指令将PLC的要传输的信息写入主站中的RX中，实际就是存储在FX2N-16CCL-M的BFM中，每次链接扫描远程设备站又将RX的信息传送到远程设备站的对应的RY中，实际就是存储在FX2N-32CCL的BFM中，远程设备站的PLC通过FROM指令将信息读入到PLC的内部继电器中。

从CC-Link的通信过程可以看到，BFM在通信过程中起到了重要的作用，以下介绍几个常用的BFM地址，见表12-25。

表12-25　常用的BFM地址与说明

BFM编号	内容	描述	备注
#01H	连接模块数量	设定所连接的远程模块的数量	默认8
#02H	重复次数	设定对于一个故障站的重试次数	默认3

续表

BFM 编号	内容	描述	备注
#03H	自动返回模块的数量	每次扫描返回系统中的远程站模块的数量	默认 1
#AH ~ #BH	I/O 信号	控制主站模块的 I/O 信号	
#E0H ~ #FDH	远程输入（RX）	存储一个来自远程站的输入状态	
#160H ~ #17DH	参数信息区	将输出状态存储到远程站中	
#600H ~ #7FFH	链接特殊寄存器（SW）	存储数据连接状态	

#AH 控制主站模块的 I/O 信号，在 PLC 向主站模块读入和写出时各位含义还不同，理解其含义是非常重要的，详见表 12-26 和表 12-27。

表 12-26　BFM 中#AH的各位含义（PLC读取主站模块时）

BFM 的读取位	说明
b0	模块错误，为 0 表示正常
b1	数据连接状态，为 1 表示正常
b8	为 1 表示通过 EEPROM 的参数启动数据链接正常完成
b15	模块准备就绪

表 12-27　BFM 中#AH的各位含义（PLC写入主站模块时）

BFM 的写入位	说明
b0	写入刷新，为 1 表示写入刷新
b4	要求模块复位
b8	为 1 表示通过 EEPROM 的参数启动数据链接正常完成

站号、缓冲存储器号和输入对应关系见表 12-28，站号、缓冲存储器号和输出对应关系见表 12-29。

表 12-28　站号、缓冲存储器号和输入对应关系

站号	BFM 地址	b0 ~ b15
1	E0H	RX0 ~ RXF
	E1H	RX10 ~ RX1F
2	E2H	RX20 ~ RX2F
	E3H	RX30 ~ RX3F
…	…	…
15	FCH	RX1C0 ~ RX1CF
	FDH	RX1D0 ~ RX1DF

表 12-29　站号、缓冲存储器号和输出对应关系

站号	BFM 地址	b0 ~ b15
1	160H	RY0 ~ RYF
	161H	RY10 ~ RY1F
2	162H	RY20 ~ RY2F
	163H	RY30 ~ RY3F
…	…	…
15	17CH	RY1C0 ~ RY1CF
	17DH	RY1D0 ~ RY1DF

主站程序如图 12-86 所示，设备站程序如图 12-87 所示。

步	触点	指令	注释
0	M8000 常开	FROM K0 H0A K4M20 K1	将BFM#AH读入到M20~M35
10	M20 常闭、M35 常开	PLS M0	
14	M0 常开	SET M1	
16	M1 常开	MOV K1 D0	连接模块个数
		MOV K5 D1	重试次数
		MOV K1 D2	自动恢复模块数
		MOV K0 D3	
		TO K0 H6 D3 K1	发送到主站模块
55	M1 常开	MOV H1301 D12	
		TO K0 H20 D12 K1	
		RST M1	
71	M8002 常开	SET M40	
73	M20 常闭、M35 常开	PLS M2	
77	M2 常开	SET M3	
79	M3 常开	SET M46	
81	M26 常开	RST M46	
		RST M3	
84	M27 常开	FROM K0 H668 D100 K1	读取错误代码
		RST M46	
		RST M3	
96	M20 常闭、M35 常开	PLS M4	
100	M4 常开	SET M5	
102	M5 常开	SET M50	
104	M30 常开	RST M50	
		RST M5	

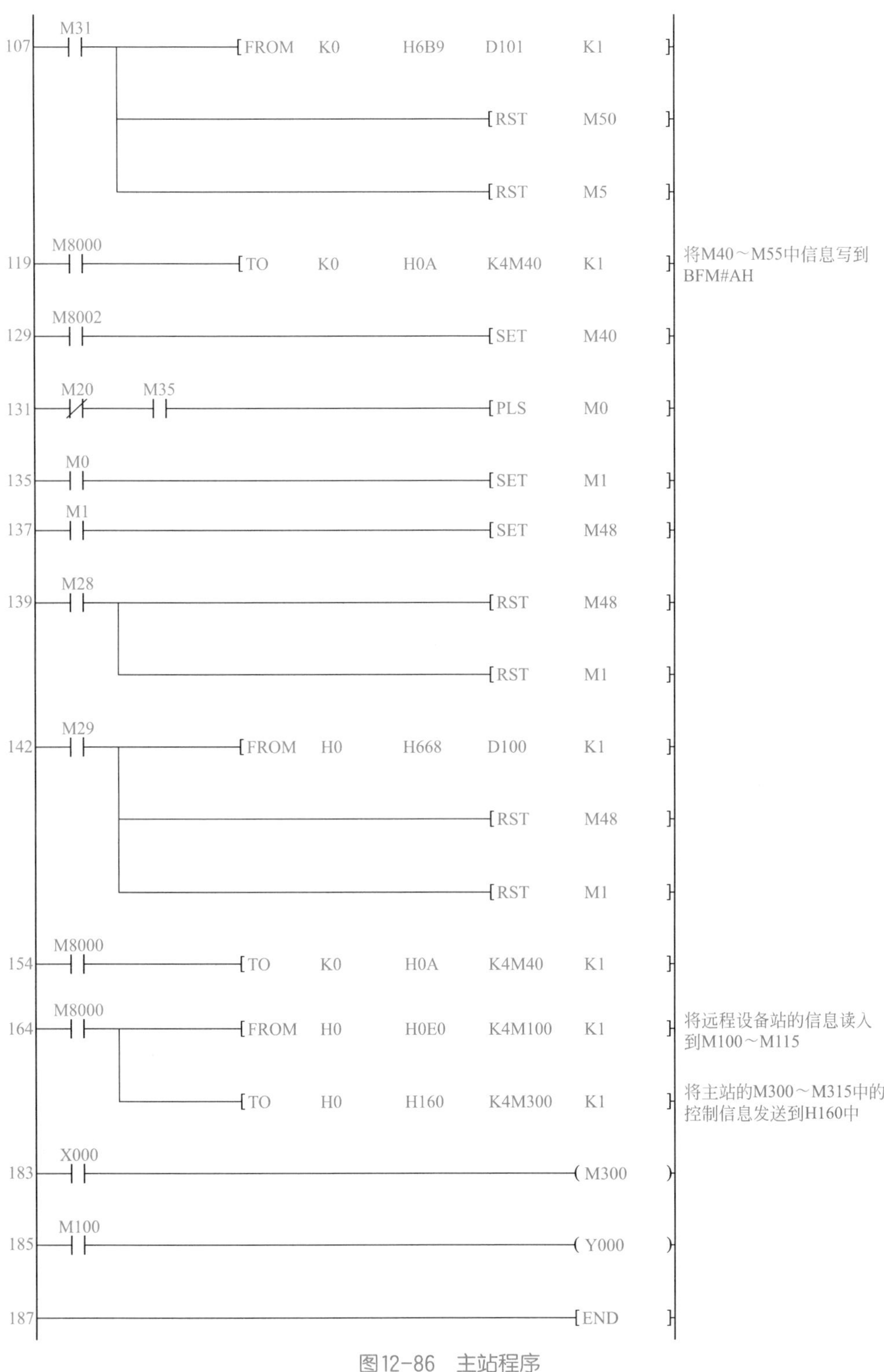

107 M31 FROM K0 H6B9 D101 K1
RST M50
RST M5
119 M8000 TO K0 H0A K4M40 K1
将M40～M55中信息写到BFM#AH
129 M8002 SET M40
131 M20 M35 PLS M0
135 M0 SET M1
137 M1 SET M48
139 M28 RST M48
RST M1
142 M29 FROM H0 H668 D100 K1
RST M48
RST M1
154 M8000 TO K0 H0A K4M40 K1
164 M8000 FROM H0 H0E0 K4M100 K1
将远程设备站的信息读入到M100～M115
TO H0 H160 K4M300 K1
将主站的M300～M315中的控制信息发送到H160中
183 X000 M300
185 M100 Y000
187 END

图12-86　主站程序

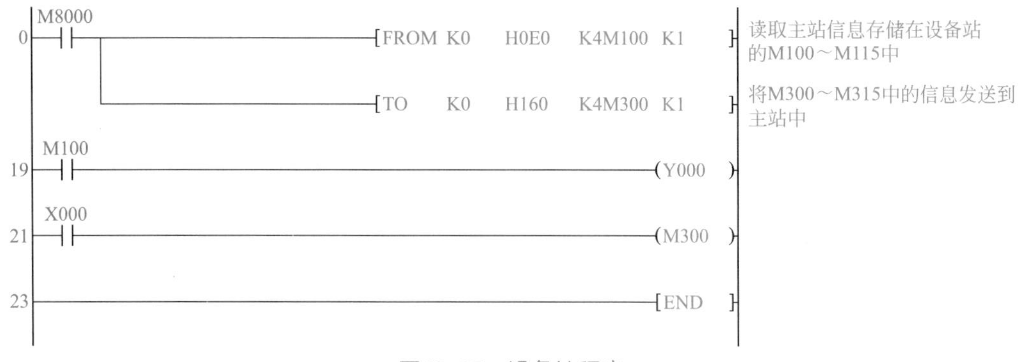

图12-87 设备站程序

12.9 PLC与变频器通信

12.9.1 西门子S7-200 SMART PLC与G120变频器之间的USS通信

（1）USS协议简介

USS协议（Universal Serial Interface Protocol，通用串行接口协议）是西门子公司所有传动产品的通用通信协议，它是一种基于串行总线进行数据通信的协议。USS协议是主-从结构的协议，规定了在USS总线上可以有1个主站和最多31个从站；总线上的每个从站都有一个站地址（在从站参数中设定），主站依靠它识别每个从站；每个从站也只对主站发来的报文作出响应并回送报文，从站之间不能直接进行数据通信。另外，还有一种广播通信方式，主站可以同时给所有从站发送报文，从站在接收到报文并作出相应的响应后，可不回送报文。

（2）USS通信的应用

以下用一个例子介绍USS通信的应用。

【例12-11】 用一台CPU SR20对变频器拖动的电动机进行USS无级调速，已知电动机的功率为0.06kW，额定转速为1440r/min，额定电压为380V，额定电流为0.35A，额定频率为50Hz。要求设计解决方案。

【解】

① 软硬件配置

a. 1套STEP7-Micro/WIN SMART V2.3。

b. 1台G120C变频器。

c. 1台CPU SR20。

d. 1台电动机。

e. 1根屏蔽双绞线。

接线如图12-88所示。

【关键点】 图12-88中，PLC串口的3脚与变频器串口的2脚相连，PLC串口的8脚与变频器的3脚相连，并不需要占用PLC的输出点。图12-88的USS通信连接是要求不严格时的方案，一般的工程中不宜采用，工程中的PLC端应使用专用的网络连接器，且终端电阻要接通，如图12-89所示。变频器上有终端电阻，要拨到“ON”一侧。还有一点必须指出：如果有多台变频器，则只有最末端的变频器需要接入终端电阻。

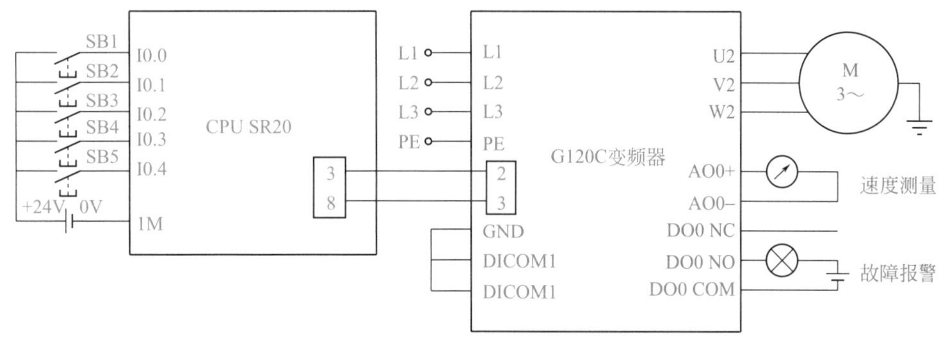

图12-88 原理图

② 相关指令介绍

a. 初始化指令。USS_INIT指令被用于启用和初始化或禁止驱动器通信。在使用任何其他USS协议指令之前，必须执行USS_INIT指令，且无错。一旦该指令完成，立即设置“完成”位，才能继续执行下一条指令。

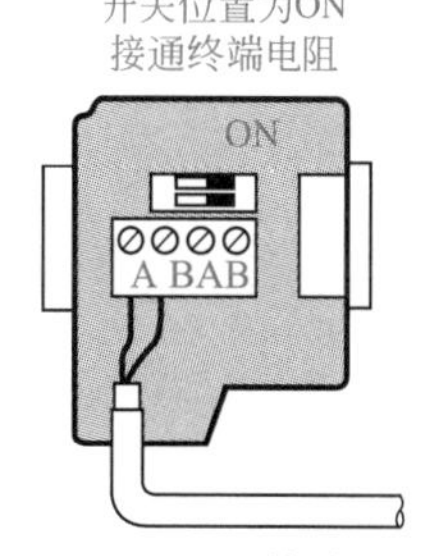

图12-89 网络连接器

EN输入打开时，在每次扫描时执行该指令。仅限为通信状态的每次改动执行一次USS_INIT指令。使用边缘检测指令，以脉冲方式打开EN输入。欲改动初始化参数，执行一条新USS_INIT指令。USS输入数值选择通信协议：输入值1将端口0分配给USS协议，并启用该协议；输入值0将端口0分配给PPI，并禁止USS协议。波特率设为1200bit/s、2400bit/s、4800bit/s、9600bit/s、19200bit/s、38400bit/s、57600bit/s或115200bit/s。

ACTIVE（激活）表示激活驱动器。当USS_INIT指令完成时，DONE（完成）输出打开。“错误”输出字节包含执行指令的结果。USS_INIT指令格式见表12-30。

表12-30 USS_INIT指令格式

LAD	输入/输出	含义	数据类型
USS_INIT EN Mode Done Baud Error Port Active	EN	使能	BOOL
	Mode	模式	BYTE
	Baud	通信的波特率	DWORD
	Active	激活驱动器	DWORD
	Port	设置物理通信端口（0：CPU中集成的RS485；1：信号板上的RS485或RS232）	BYTE
	Done	完成初始化	BOOL
	Error	错误代码	BYTE

站点号具体计算如下：

D31	D30	D29	D28	…	D19	D18	D17	D16	…	D3	D2	D1	D0
0	0	0	0		0	1	0	0		0	0	0	0

D0 ～ D31 代表 32 台变频器，要激活某一台变频器，就将该位置 1，上面的表格将 18 号变频器激活，其十六进制表示为 16#00040000。若要将所有 32 台变频器都激活，则 ACTIVE 为 16#FFFFFFFF。

b. 控制指令。USS_CTRL 指令被用于控制 ACTIVE（激活）驱动器。USS_CTRL 指令将选择的命令放在通信缓冲区中，然后送至编址的驱动器［DRIVE（驱动器）参数］，条件是已在 USS_INIT 指令的 ACTIVE（激活）参数中选择该驱动器。仅限为每台驱动器指定一条 USS_CTRL 指令。USS_CTRL 指令格式见表 12-31。

表 12-31　USS_CTRL 指令格式

LAD	输入 / 输出	含义	数据类型
USS_CTRL EN RUN OFF2 OFF3 F_ACK　Resp_R DIR　Error Status Drive　Speed Type　Run_EN Speed~　D_Dir Inhibit Fault	EN	使能	BOOL
	RUN	模式	BOOL
	OFF2	允许驱动器滑行至停止	BOOL
	OFF3	命令驱动器迅速停止	BOOL
	F_ACK	故障确认	BOOL
	DIR	驱动器应当移动的方向	BOOL
	Drive	驱动器的地址	BYTE
	Type	选择驱动器的类型	BYTE
	Speed_SP	驱动器速度	DWORD
	Resp_R	收到应答	BOOL
	Error	通信请求结果的错误字节	BYTE
	Status	驱动器返回的状态字原始数值	WORD
	Speed	全速百分比	DWORD
	D_Dir	表示驱动器的旋转方向	BOOL
	Inhibit	驱动器上的禁止位状态	BOOL
	Run_EN	驱动器运动时为 1，停止时为 0	BOOL
	Fault	故障位状态	BOOL

USS_CTRL 指令具体描述如下。

EN 位必须打开，才能启用 USS_CTRL 指令。该指令应当始终启用。RUN/STOP（运行 / 停止）表示驱动器是打开（1）还是关闭（0）。当 RUN（运行）位打开时，驱动器收到一条命令，按指定的速度和方向开始运行。为了使驱动器运行，必须符合三个条件，分别是 DRIVE（驱动器）在 USS_INIT 中必须被选为 ACTIVE（激活）；OFF2 和 OFF3 必须被设为 0；Fault（故障）和 Inhibit（禁止）必须为 0。

当 RUN（运行）关闭时，会向驱动器发出一条命令，将速度降低，直至电动机停止。OFF2 位被用于允许驱动器滑行至停止。OFF3 位被用于命令驱动器迅速停止。Resp_R（收到应答）位确认从驱动器收到应答。对所有的激活驱动器进行轮询，查找最新驱动器状态信息。每次 S7-200 SMART 从驱动器收到应答时，Resp_R 位均会打开，进行一次扫描，所有以下数值均被更新。F_ACK（故障确认）位被用于确认驱动器中的故障。当 F_ACK 从 0 转为 1 时，驱动器清除故障。DIR（方向）位表示驱动器应当移动的方向。Drive 是驱动器的地址，向该地址发送 USS_CTRL 命令，有效地址为 0 ～ 31。Type 是选择驱动器的类型。将 3（或更早版本）驱动器的类型设为 0，将 4 驱动器的类型设为 1。

Speed_SP（速度设定值）是作为全速百分比的驱动器速度。Speed_SP 的负值会使驱动器反向旋转。范围：−200.0% ～ 200.0%。假如在变频器中设定电动机的额定频率为 50Hz，Speed_SP=20.0，电动机转动的频率为 50Hz×20%=10Hz。

Error 是一个包含对驱动器最新通信请求结果的错误字节。

Status 是驱动器返回的状态字原始数值。

Run_EN（运行启用）表示驱动器是运行（1）还是停止（0）。

D_Dir 表示驱动器的旋转方向。

Inhibit 表示驱动器上的禁止位状态（0 表示不禁止，1 表示禁止）。欲清除禁止位，“故障”位必须关闭，RUN（运行）、OFF2 和 OFF3 输入也必须关闭。

Fault 表示故障位状态（0 表示无故障，1 表示故障）。驱动器显示故障代码。欲清除故障位，纠正引起故障的原因，并打开 F_ACK 位。

③ 设置变频器的参数 先查询 G120 变频器的说明书，再依次在变频器中设定表 12-32 中的参数。

表 12-32 变频器参数表

序号	变频器参数	设定值	单位	功能说明
1	P0003	3	—	权限级别，3 是专家级
2	P0010	1/0	—	驱动调试参数筛选。先设置为 1，当把 P15 和电动机相关参数修改完成后，再设置为 0
3	P0015	21	—	驱动设备宏指令
4	P0304	380	V	电动机的额定电压
5	P0305	0.35	A	电动机的额定电流
6	P0307	0.06	kW	电动机的额定功率
7	P0310	50.00	Hz	电动机的额定频率
8	P0311	1440	r/min	电动机的额定转速
9	P2020	6	—	USS 通信波特率，6 代表 9600bit/s
10	P2021	18	—	USS 地址
11	P2022	2	—	USS 通信 PZD 长度
12	P2023	127	—	USS 通信 PKW 长度
13	P2040	100	ms	总线监控时间

【关键点】 P2021 设定值为 18，与程序中的地址一致，P2020 设定值为 6，与程序中的 9600bit/s 也是一致的，所以正确设置变频器的参数是 USS 通信成功的前提。

变频器的 USS 通信和 PROFIBUS 通信二者只可选其一，不可同时进行，因此如果进行 USS 通信时，变频器上的 PROFIBUS 模块必须要取下，否则 USS 被封锁，是不能通信成功的。

当有多台变频器时，总线监控时间 100ms 不够，会造成通信不能建立，可将其设置为 0，表示不监控。这点初学者容易忽略，但十分重要。

一般参数设定完成后，重新上电使参数生效。

此外，要选用USS通信的指令，只要双击如图12-90所示的库中对应的指令即可。

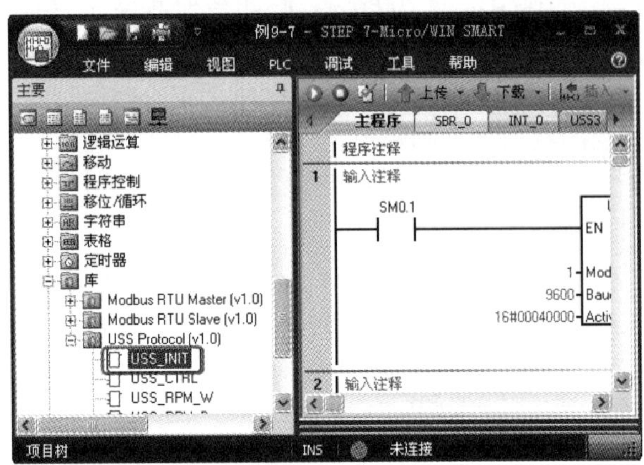

图12-90 USS指令库

④ 编写程序 程序如图12-91所示。

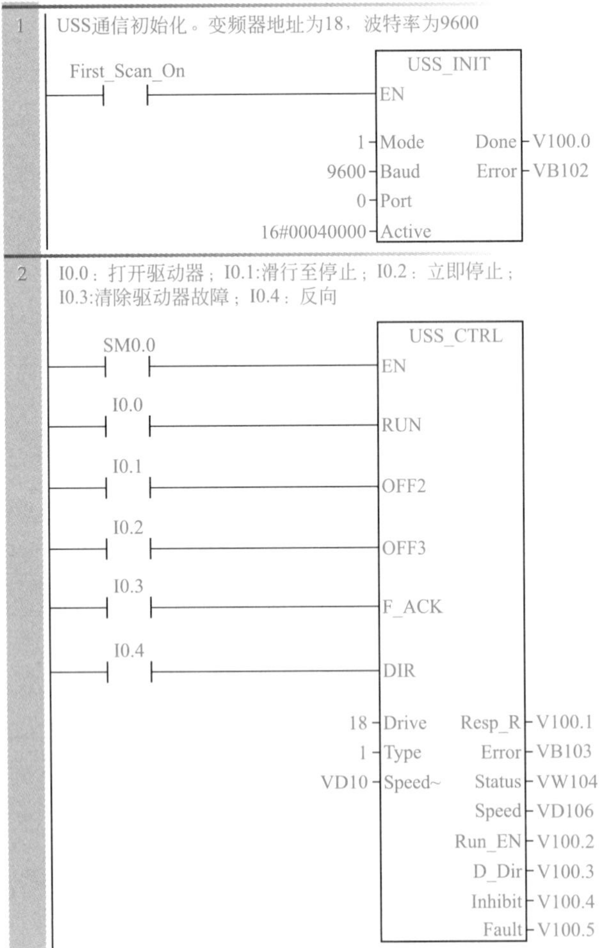

图12-91 程序

【关键点】 读者在运行以上程序时，VD0 中要先赋值，如赋值 10.0。

12.9.2 三菱 FX3U PLC 与 FR-E740 变频器之间的 PU 通信

（1）PU 通信简介

PU 通信是以 RS485 通信方式连接 FX 可编程控制器与变频器，最多可以对 8 台变频器进行运行监控，如 FX3U 通过 FX3U-485BD 的 RS485 接口与 E700 变频器的 PU 接口连接，进而监控变频器。

FX 系列 PLC 的 PU 通信支持的变频器有 F800、A800、F700、EJ700、A700、E700、D700、IS70、V500、F500、A500、E500 和 S500（带通信功能）系列。

（2）PU 通信的应用

以下用一个例子介绍 PU 通信的应用。

【例 12-7】 有 1 台 FX3U-32MR 和 E740 变频器，采用 PU 通信，要求实现正反转，正转频率为 25Hz，反转频率为 35Hz，要求编写此控制程序。

【解】

① 主要软硬件配置

a. 1 套 GX Works3。

b. 1 台 FX3U-32MR。

c. 1 台 FX3U-485-BD。

d. 1 台 E740 变频器。

e. 1 根网线电缆。

变频器 PU 接口端子定义见表 12-33。

表 12-33 变频器 PU 接口端子定义

PU 接口	插针编号	名称	含义
变频器主机(插座一侧)正视图 8 1 组合式插座	1	SG	接地
	2	—	参数单元电源
	3	RDA	变频器接收 +
	4	SDB	变频器发送 −
	5	SDA	变频器发送 +
	6	RDB	变频器接收 −
	7	SG	接地
	8	—	参数单元电源

② 相关指令介绍　与变频器控制相关的指令有 IVCK（FNC270）、IVDR（FNC271）、IVRD（FNC272）、IVWR（FNC273）、IVBWR（FNC274） 和 IVMC（FNC275） 等，指令格式如图 12-92 所示。

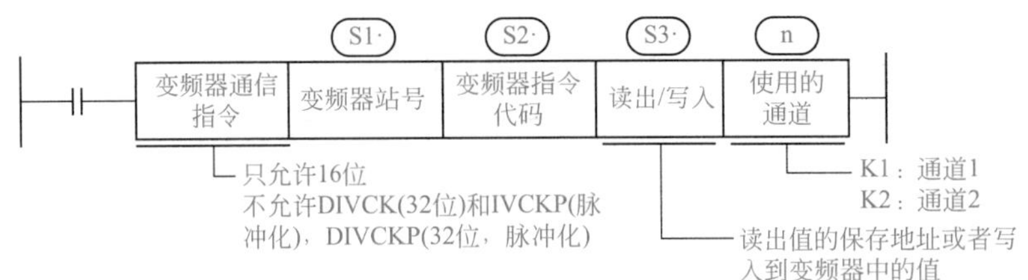

图12-92　指令格式

图 12-92 中的指令说明见表 12-34。

表 12-34　变频器通信指令说明

指令	功能	控制方向
IVCK（FNC270）	变频器的运行监视	可编程控制器← INV
IVDR（FNC271）	变频器的运行控制	可编程控制器→ INV
IVRD（FNC272）	读出变频器的参数	可编程控制器← INV
IVWR（FNC273）	写入变频器的参数	可编程控制器→ INV
IVBWR（FNC274）	变频器参数的成批写入	可编程控制器→ INV
IVMC（FNC275）	变频器的多个命令	可编程控制器→ INV

变频器指令中的指令代码见表 12-35。

表 12-35　变频器指令中的指令代码

S2 变频器指令码（16 进制数）	读出内容	对应变频器				
		F800,A800,F700,EJ700,A700,E700,	V500	F500,A500	E500	S500
H7B	运行模式	○	○	○	○	○
H6F	输出频率 [旋转数]	○	○	○	○	○
H70	输出电流	○	○	○	○	○
H71	输出电压	○	○	○	○	—
H72	特殊监控	○	○	○	—	—
H73	特殊监控的选择编号	○	○	○	—	—
H74	异常内容	○	○	○	○	○
H75	异常内容	○	○	○	○	○
H76	异常内容	○	○	○	○	—
H77	异常内容	○	○	○	○	—
H79	变频器状态监控（扩展）	○	—	—	—	—
H7A	变频器状态监控	○	○	○	○	○
H6E	读出设定频率（E^2PROM）	○	○	○	○	○
H6D	读出设定频率（RAM）	○	○	○	○	○
H7F	链接参数的扩展设定	在本指令中，不能用 S2 给出指令。 在 IVRD 指令中，通过指定「第 2 参数指定代码」会自动处理				
H6C	第 2 参数的切换					

③ 编写程序　编写控制程序如图 12-93 所示。

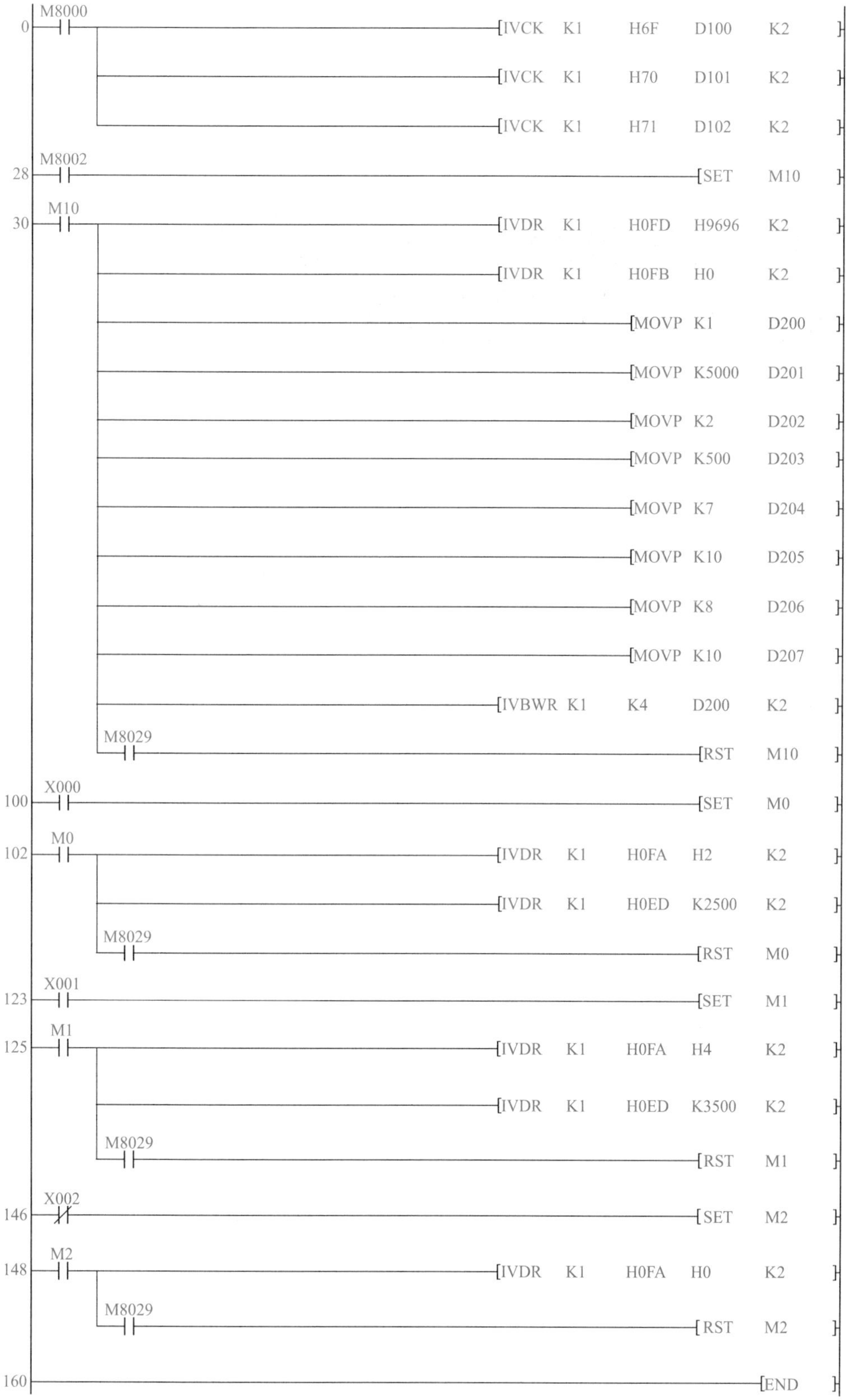

```
0    M8000 ─┤ ├─┬─[IVCK   K1   H6F    D100    K2 ]
            ├─[IVCK   K1   H70    D101    K2 ]
            └─[IVCK   K1   H71    D102    K2 ]
28   M8002 ─┤ ├───[SET    M10 ]
30   M10 ─┤ ├─┬─[IVDR   K1   H0FD   H9696   K2 ]
            ├─[IVDR   K1   H0FB   H0      K2 ]
            ├─[MOVP   K1      D200 ]
            ├─[MOVP   K5000   D201 ]
            ├─[MOVP   K2      D202 ]
            ├─[MOVP   K500    D203 ]
            ├─[MOVP   K7      D204 ]
            ├─[MOVP   K10     D205 ]
            ├─[MOVP   K8      D206 ]
            ├─[MOVP   K10     D207 ]
            ├─[IVBWR  K1   K4     D200    K2 ]
            └─ M8029 ─┤ ├───[RST    M10 ]
100  X000 ─┤ ├───[SET    M0 ]
102  M0 ─┤ ├─┬─[IVDR   K1   H0FA   H2      K2 ]
            ├─[IVDR   K1   H0ED   K2500   K2 ]
            └─ M8029 ─┤ ├───[RST    M0 ]
123  X001 ─┤ ├───[SET    M1 ]
125  M1 ─┤ ├─┬─[IVDR   K1   H0FA   H4      K2 ]
            ├─[IVDR   K1   H0ED   K3500   K2 ]
            └─ M8029 ─┤ ├───[RST    M1 ]
146  X002 ─┤/├───[SET    M2 ]
148  M2 ─┤ ├─┬─[IVDR   K1   H0FA   H0      K2 ]
            └─ M8029 ─┤ ├───[RST    M2 ]
160  ───[END ]
```

图12-93 梯形图

第13章 PLC、触摸屏、变频器和伺服系统工程应用

本章介绍5个典型可编程序控制器系统集成工程实例，工程实例涵盖逻辑控制、运动控制（变频器、伺服驱动和步进驱动系统）、通信和HMI，供读者模仿学习，本章是前面章节内容的综合应用，因此本章的例题都有一定的难度。

13.1 行车呼叫系统 PLC 控制

【例13-1】 图13-1为行车呼叫系统示意图。一部电动运输车提供8个工位使用。系统共有12个按钮。图中，SB1～SB8为每一工位的呼叫按钮。SB9、SB10为电动小车点动左行、点动右行按钮。SB11、SB12为启动和停止按钮。系统上电后，可以按下这两个按钮调整小车位置，使小车停于工位位置。SQ1～SQ8为每一工位信号。

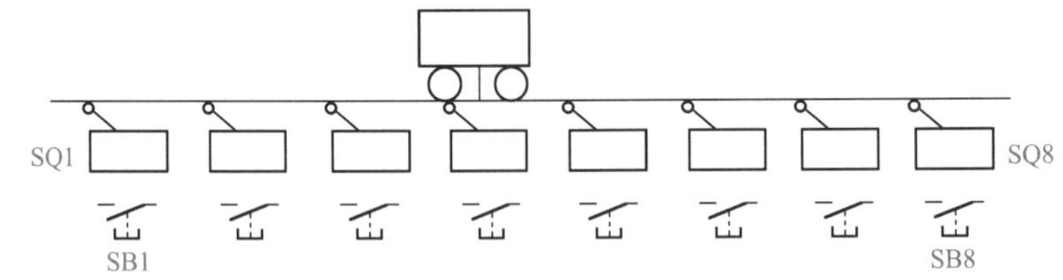

图13-1 行车呼叫示意图

正常工作流程：小车在某一工位，若无呼叫信号，除本工位指示灯不亮外，其余指示灯亮，表示允许呼叫。当某工位呼叫按钮按下，各工位指示灯全部熄灭，行车运动至该车位，运动期间呼叫按钮失效。呼叫工位号大于停车位时，小车右行，反之则左行。当小车停在某一工位后，停车时间为30s，以便处理该工位工作流程。在此段时间内，其他呼叫信号无效。从安全角度考虑，停电来电后，小车不允许运行。要求：

① 列出该系统的 I/O 配置表；

② 编写 PLC 程序并进行调试。

13.1.1 采用西门子 S7-200 SMART PLC 方案

（1）系统的软硬件配置

① 1 台 CPU SR60。

② 1 套 STEP7-Micro/WIN SMART V2.3。

③ 1 根网线。

（2）PLC 的 I/O 分配

PLC 的 I/O 分配见表 13-1。

表 13-1　PLC 的 I/O 分配表

名称	符号	输入点	名称	符号	输出点
1 号位置呼叫按钮	SB1	I0.0	电动机正转	KA1	Q0.0
2 号位置呼叫按钮	SB2	I0.1	电动机反转	KA2	Q0.1
3 号位置呼叫按钮	SB3	I0.2	指示灯	HL1	Q0.2
4 号位置呼叫按钮	SB4	I0.3			
5 号位置呼叫按钮	SB5	I0.4			
6 号位置呼叫按钮	SB6	I0.5			
7 号位置呼叫按钮	SB7	I0.6			
8 号位置呼叫按钮	SB8	I0.7			
行车位于 1 号位置	SQ1	I1.0			
行车位于 2 号位置	SQ2	I1.1			
行车位于 3 号位置	SQ3	I1.2			
行车位于 4 号位置	SQ4	I1.3			
行车位于 5 号位置	SQ5	I1.4			
行车位于 6 号位置	SQ6	I1.5			
行车位于 7 号位置	SQ7	I1.6			
行车位于 8 号位置	SQ8	I1.7			
点动按钮（正）	SB9	I2.0			
点动按钮（反）	SB10	I2.1			
启动按钮	SB11	I2.2			
停止按钮	SB12	I2.3			

（3）控制系统的接线

控制系统的原理图如图 13-2 所示。

（4）编写程序

系统的主程序如图 13-3 所示，子程序如图 13-4 所示。

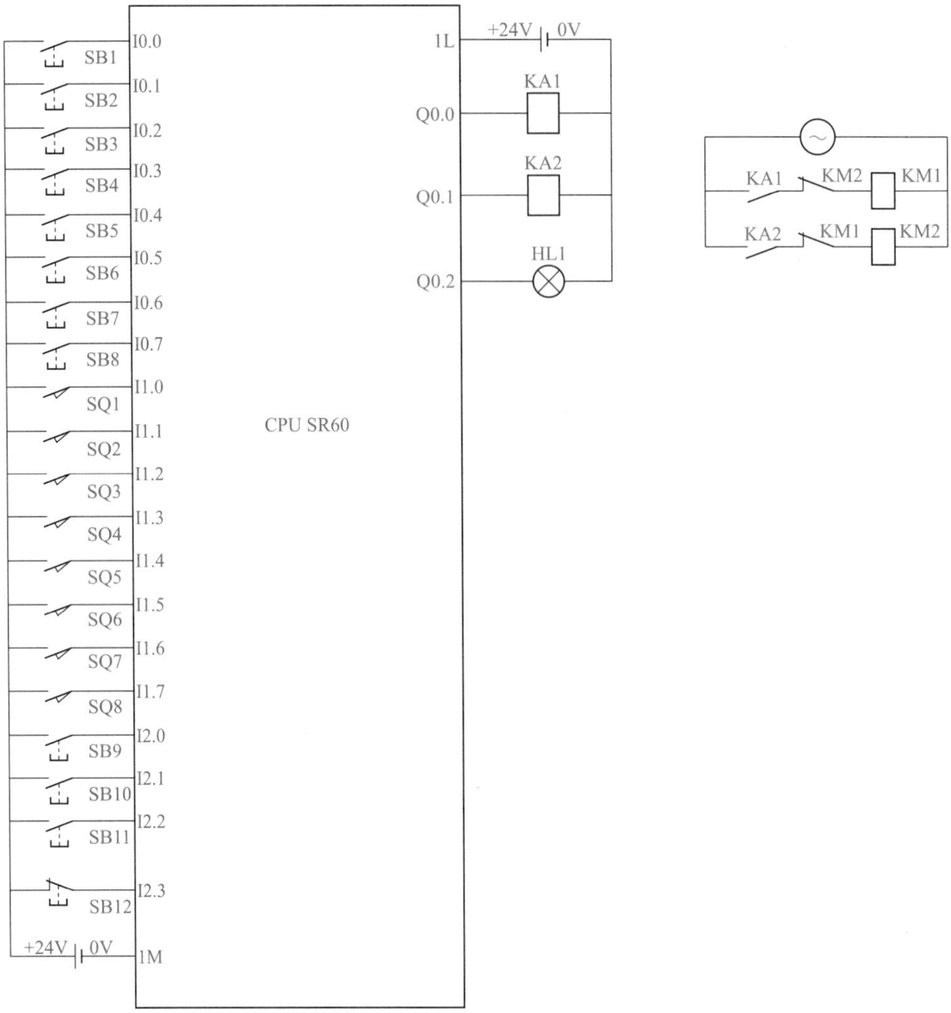

图13-2　原理图

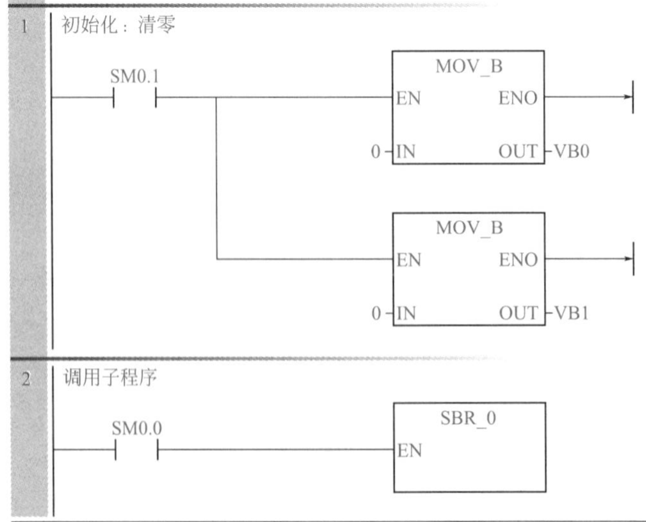

图13-3　主程序

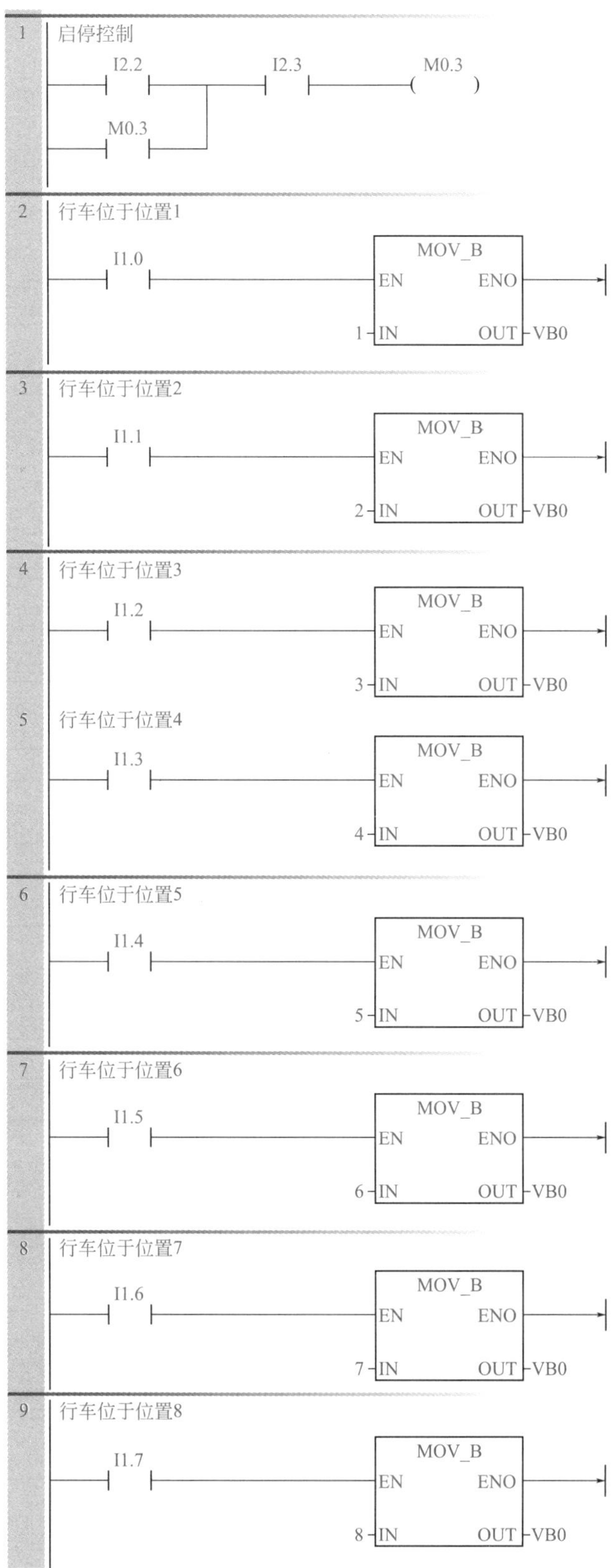

1
启停控制
I2.2
I2.3
M0.3
M0.3
2
行车位于位置1
I1.0
MOV_B
EN
ENO
1
IN
OUT
VB0
3
行车位于位置2
I1.1
MOV_B
EN
ENO
2
IN
OUT
VB0
4
行车位于位置3
I1.2
MOV_B
EN
ENO
3
IN
OUT
VB0
5
行车位于位置4
I1.3
MOV_B
EN
ENO
4
IN
OUT
VB0
6
行车位于位置5
I1.4
MOV_B
EN
ENO
5
IN
OUT
VB0
7
行车位于位置6
I1.5
MOV_B
EN
ENO
6
IN
OUT
VB0
8
行车位于位置7
I1.6
MOV_B
EN
ENO
7
IN
OUT
VB0
9
行车位于位置8
I1.7
MOV_B
EN
ENO
8
IN
OUT
VB0

图13-4

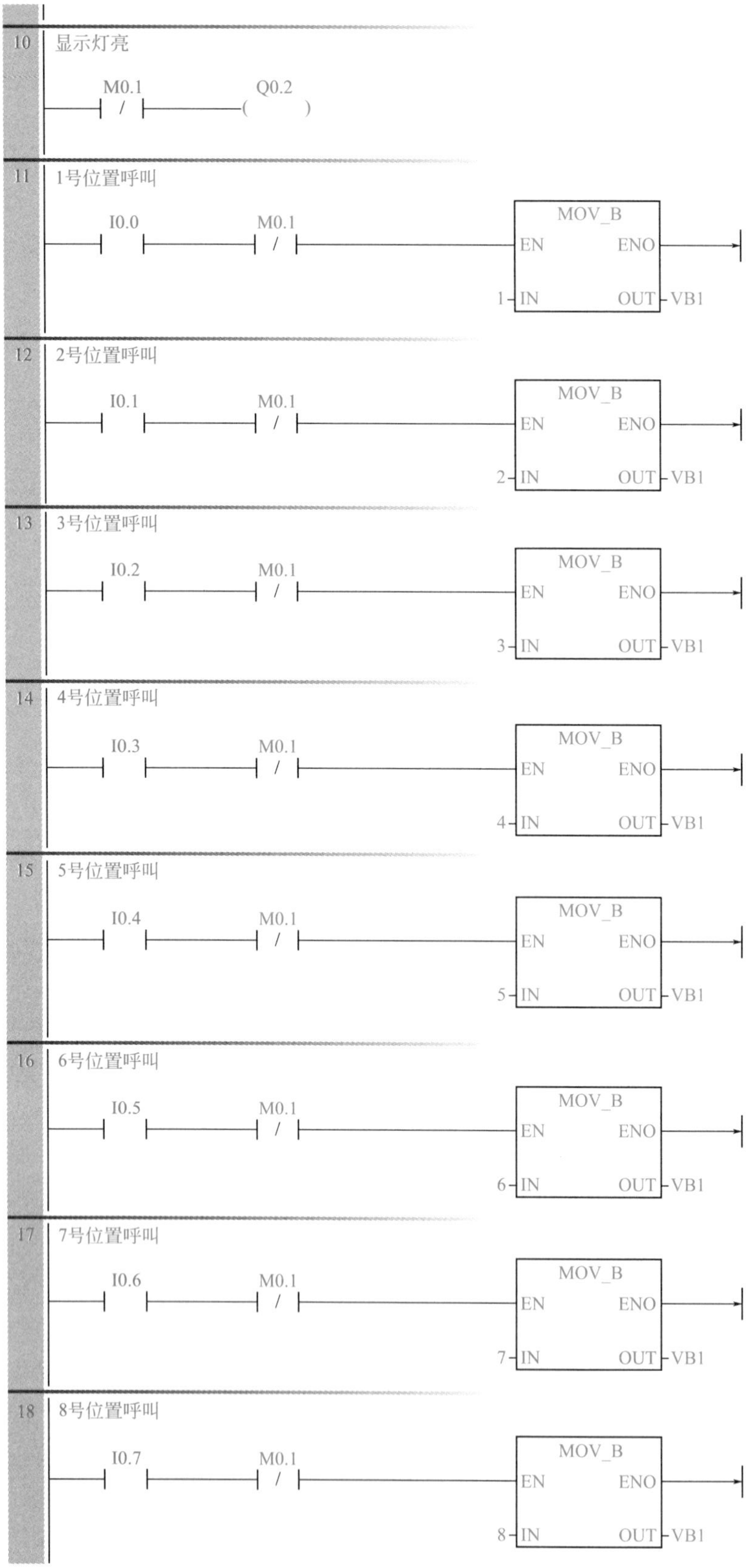

10 显示灯亮

M0.1 —|/|— Q0.2 —( )

11 1号位置呼叫

I0.0 —| |— M0.1 —|/|— MOV_B EN ENO; 1-IN OUT-VB1

12 2号位置呼叫

I0.1 —| |— M0.1 —|/|— MOV_B EN ENO; 2-IN OUT-VB1

13 3号位置呼叫

I0.2 —| |— M0.1 —|/|— MOV_B EN ENO; 3-IN OUT-VB1

14 4号位置呼叫

I0.3 —| |— M0.1 —|/|— MOV_B EN ENO; 4-IN OUT-VB1

15 5号位置呼叫

I0.4 —| |— M0.1 —|/|— MOV_B EN ENO; 5-IN OUT-VB1

16 6号位置呼叫

I0.5 —| |— M0.1 —|/|— MOV_B EN ENO; 6-IN OUT-VB1

17 7号位置呼叫

I0.6 —| |— M0.1 —|/|— MOV_B EN ENO; 7-IN OUT-VB1

18 8号位置呼叫

I0.7 —| |— M0.1 —|/|— MOV_B EN ENO; 8-IN OUT-VB1

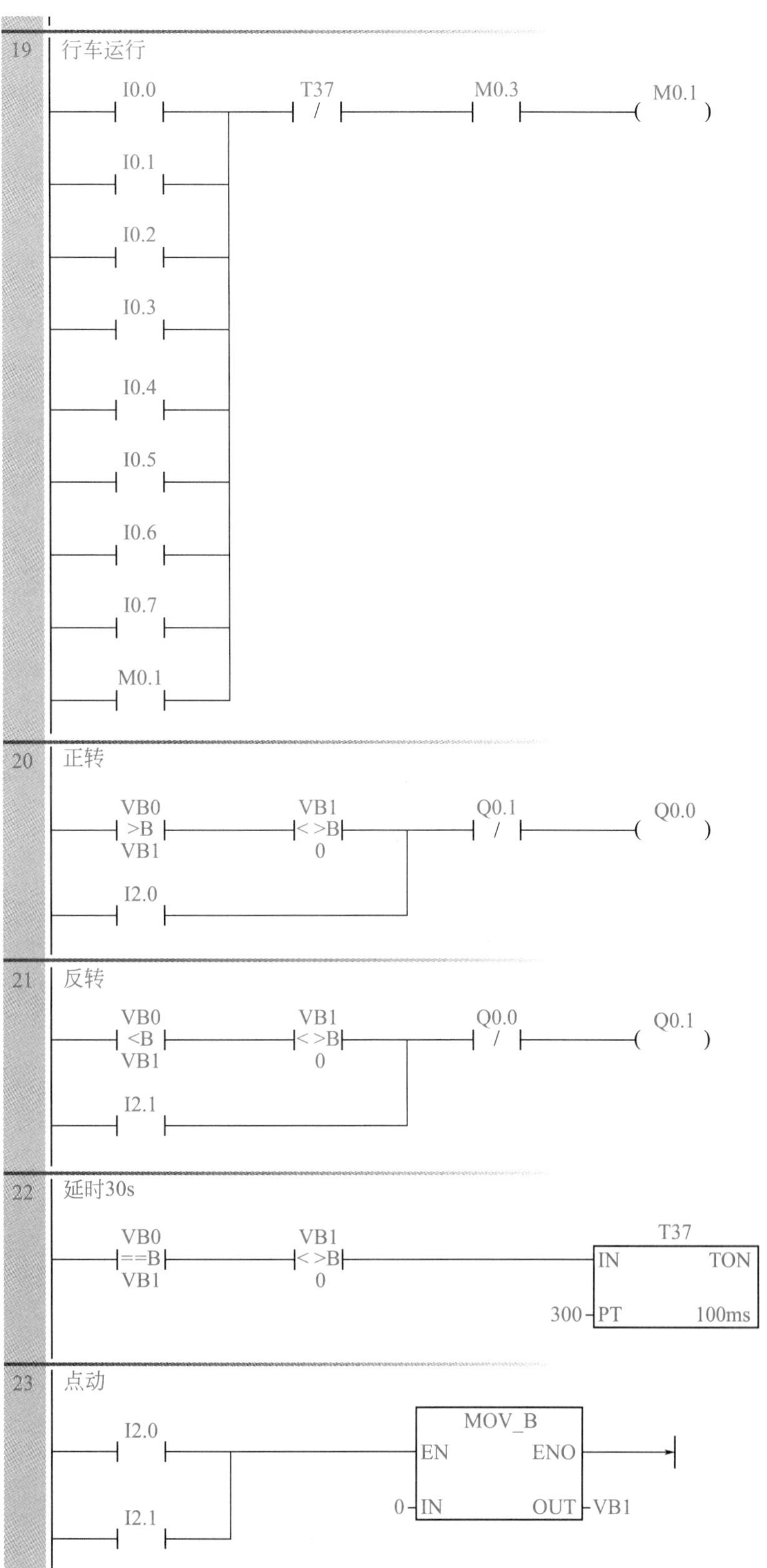
19
行车运行
I0.0
T37
M0.3
M0.1
I0.1
I0.2
I0.3
I0.4
I0.5
I0.6
I0.7
M0.1
20
正转
VB0
>B
VB1
VB1
< >B
0
Q0.1
Q0.0
I2.0
21
反转
VB0
<B
VB1
VB1
< >B
0
Q0.0
Q0.1
I2.1
22
延时30s
VB0
==B
VB1
VB1
< >B
0
T37
IN
TON
300
PT
100ms
23
点动
I2.0
MOV_B
EN
ENO
0
IN
OUT
VB1
I2.1

图13-4　子程序

13.1.2 采用三菱FX3U PLC方案

（1）系统的软硬件配置

① 1 台 FX3U-48MR。

② 1 套 GX Works3。

③ 1 根编程电缆。

（2）PLC 的 I/O 分配

PLC 的 I/O 分配见表 13-2。

表 13-2 PLC 的 I/O 分配表

名称	符号	输入点	名称	符号	输出点
1 号位置呼叫按钮	SB1	X0	电动机正转	KA1	Y1
2 号位置呼叫按钮	SB2	X1	电动机反转	KA2	Y3
3 号位置呼叫按钮	SB3	X2	指示灯	HL1	Y4
4 号位置呼叫按钮	SB4	X3			
5 号位置呼叫按钮	SB5	X4			
6 号位置呼叫按钮	SB6	X5			
7 号位置呼叫按钮	SB7	X6			
8 号位置呼叫按钮	SB8	X7			
行车位于 1 号位置	SQ1	X10			
行车位于 2 号位置	SQ2	X11			
行车位于 3 号位置	SQ3	X12			
行车位于 4 号位置	SQ4	X13			
行车位于 5 号位置	SQ5	X14			
行车位于 6 号位置	SQ6	X15			
行车位于 7 号位置	SQ7	X16			
行车位于 8 号位置	SQ8	X17			
点动按钮左行	SB9	X20			
点动按钮右行	SB10	X21			
启动按钮	SB11	X22			
停止按钮	SB12	X23			
手自转换开关	SA1	X24			

（3）控制系统的接线

控制系统的接线如图 13-5 所示。

【关键点】 电动机的驱动采用两级驱动，增加一级中间继电器，这比较符合工程实际。

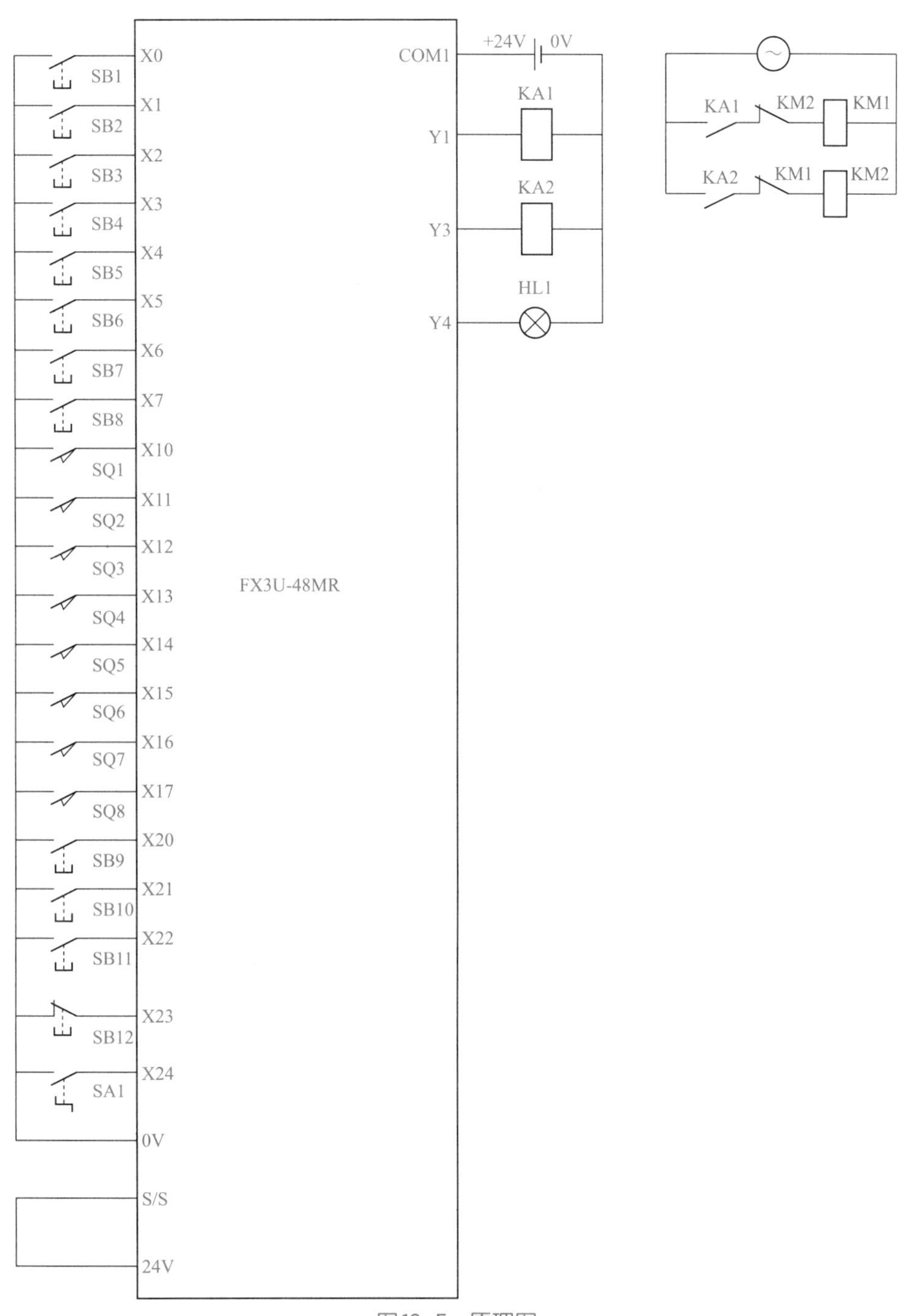

图13-5　原理图

（4）编写程序

系统的控制梯形图程序如图 13-6 所示。

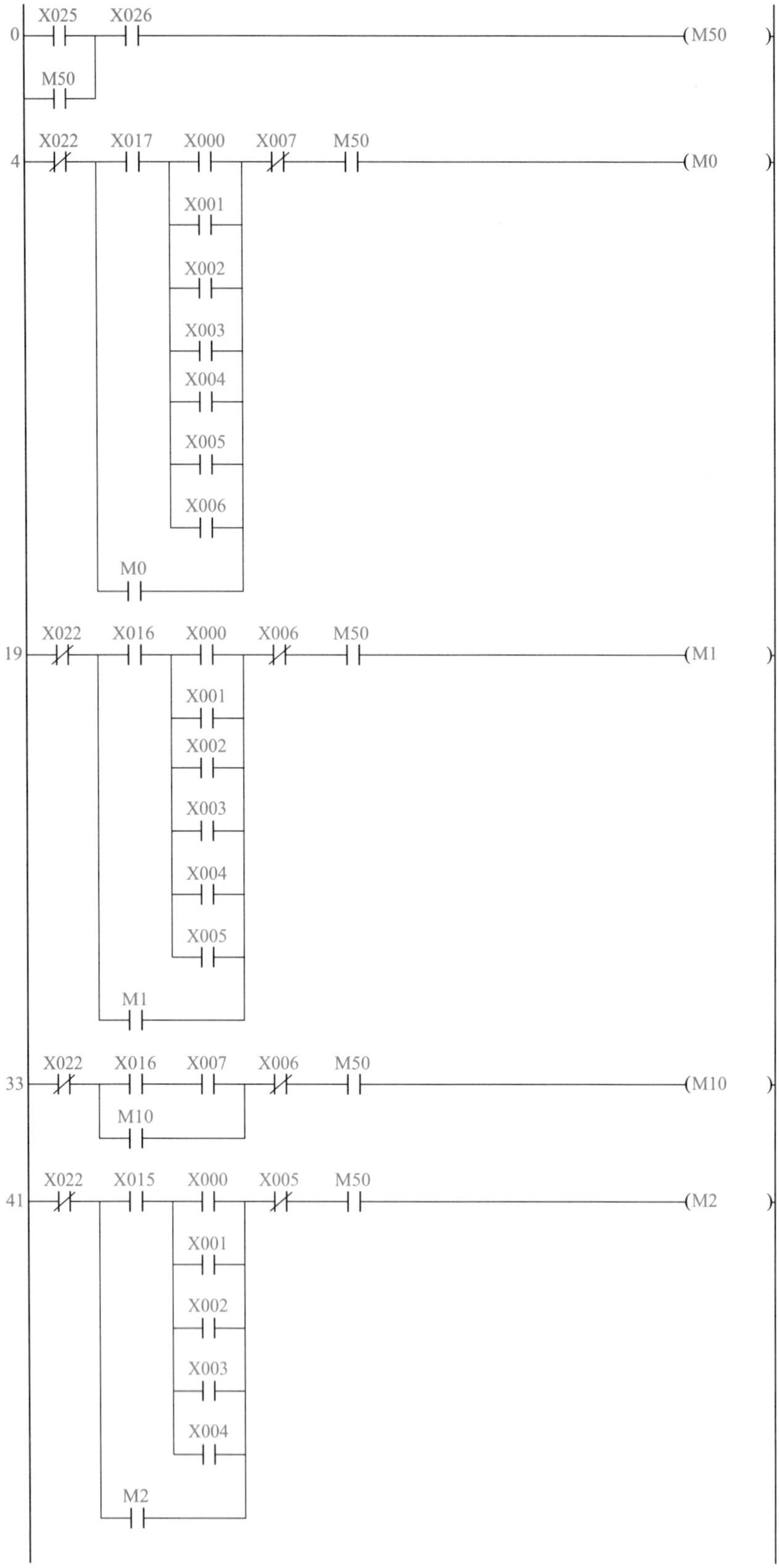

0 X025 X026 M50 (M50)

4 X022 X017 X000 X007 M50 (M0)
X001
X002
X003
X004
X005
X006
M0

19 X022 X016 X000 X006 M50 (M1)
X001
X002
X003
X004
X005
M1

33 X022 X016 X007 X006 M50 (M10)
M10

41 X022 X015 X000 X005 M50 (M2)
X001
X002
X003
X004
M2

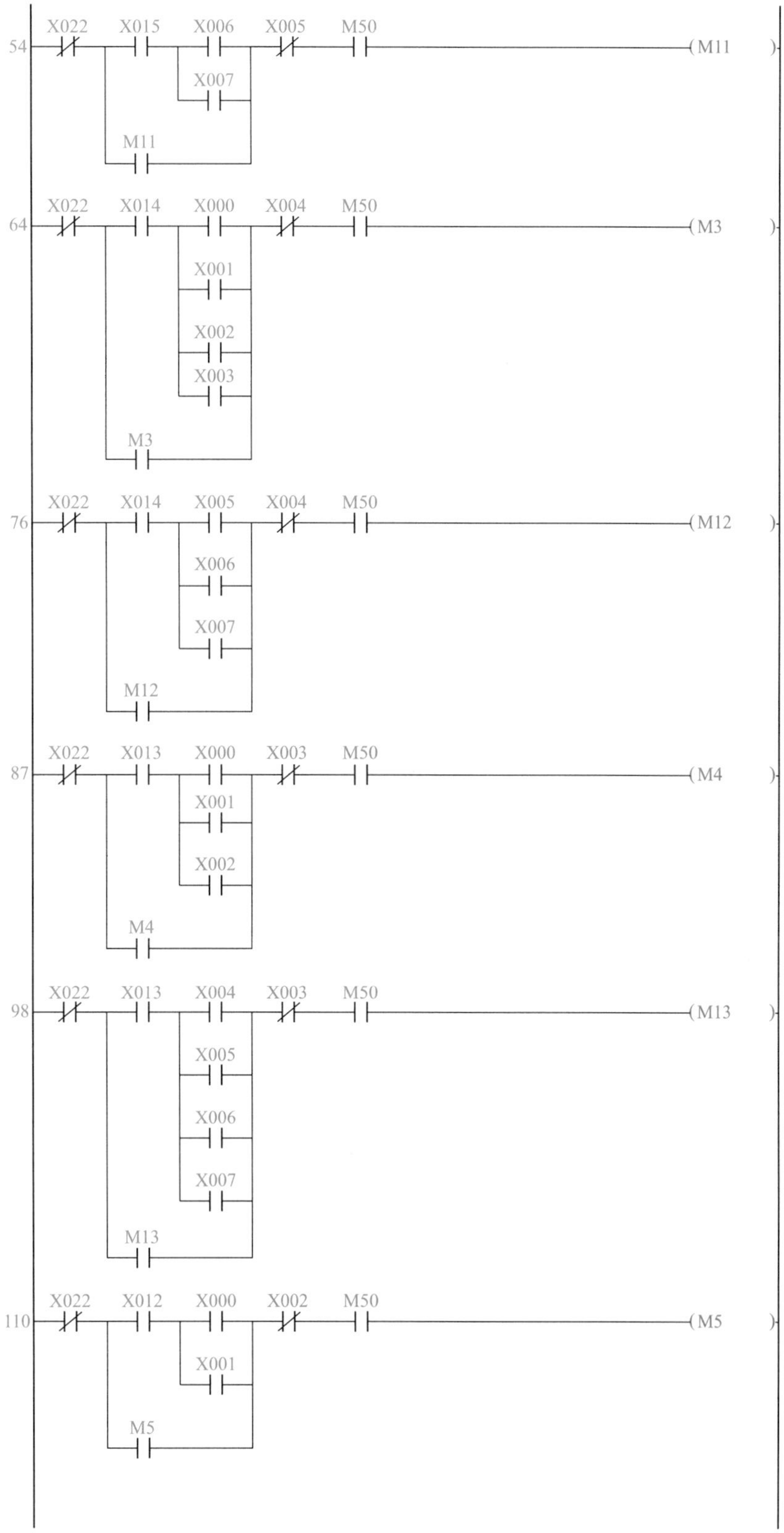

图13-6

```
120 ─X022(常闭)─X012─┬─X003─┬─X002(常闭)─M50─(M14)
                     │ X004 │
                     │ X005 │
                     │ X006 │
                     │ X007 │
         M14 ────────┘──────┘

133 ─X022(常闭)─┬─X011─X000─┬─X001(常闭)─M50─(M6)
               │ M6        │

141 ─X022(常闭)─X011─┬─X002─┬─X001(常闭)─M50─(M15)
                     │ X003 │
                     │ X004 │
                     │ X005 │
                     │ X006 │
                     │ X007 │
         M15 ────────┘──────┘

155 ─X022(常闭)─X010─┬─X001─┬─X000(常闭)─M50─(M16)
                     │ X002 │
                     │ X003 │
                     │ X004 │
                     │ X005 │
                     │ X006 │
                     │ X007 │
         M16 ────────┘──────┘
```

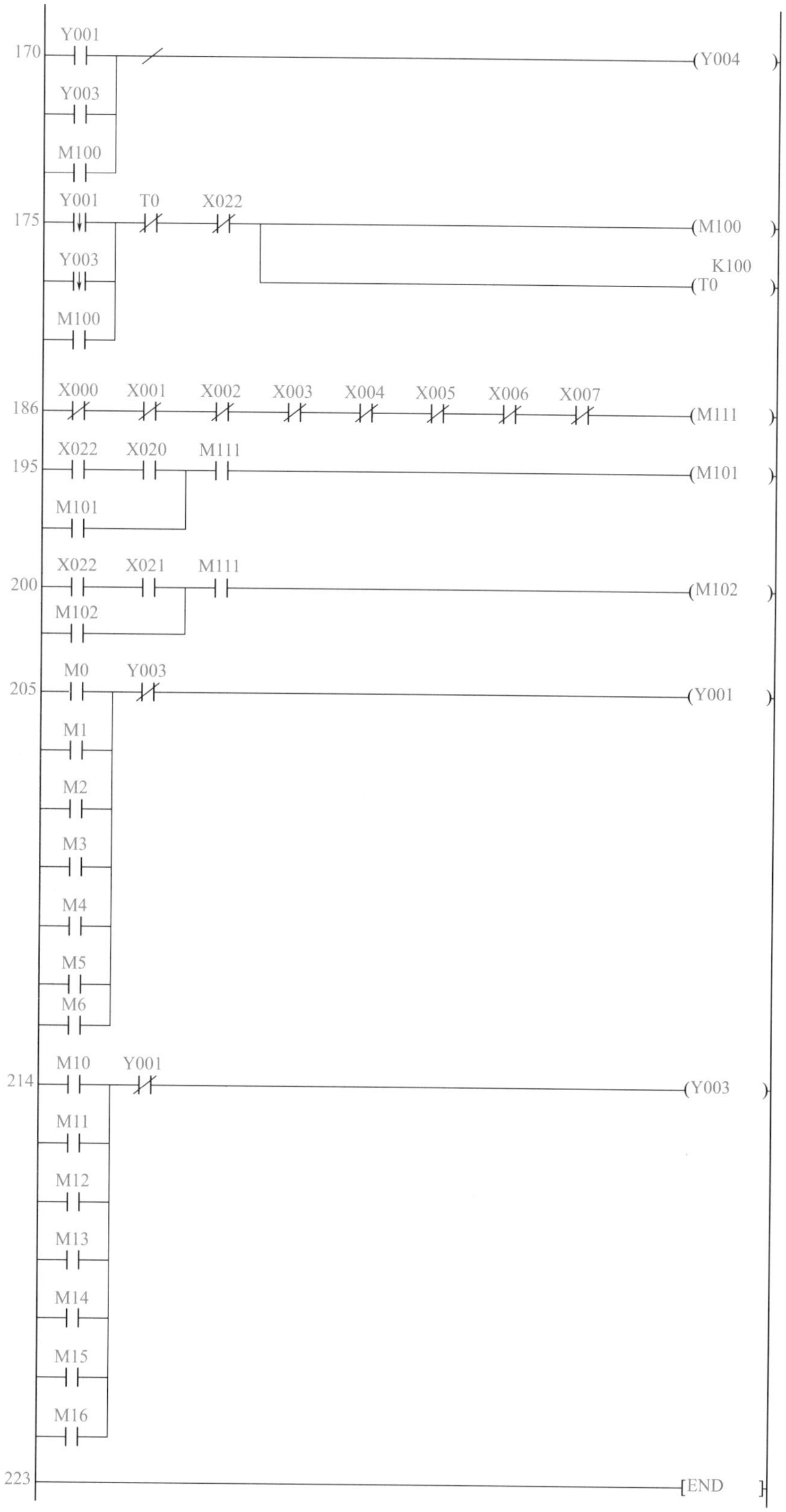

170 Y001 Y003 M100 (Y004)

175 Y001 T0 X022 Y003 M100 (M100) K100 (T0)

186 X000 X001 X002 X003 X004 X005 X006 X007 (M111)

195 X022 X020 M111 M101 (M101)

200 X022 X021 M111 M102 (M102)

205 M0 Y003 M1 M2 M3 M4 M5 M6 (Y001)

214 M10 Y001 M11 M12 M13 M14 M15 M16 (Y003)

223 [END]

图13-6　梯形图

13.2 送料小车自动往复运动的PLC控制

【例13-2】现有一套送料小车系统，分别在工位1、工位2、工位3这三个地方来回自动送料，小车的运动由一台交流电动机进行控制。在三个工位处，分别装置了三个传感器SQ1、SQ2、SQ3，用于检测小车的位置。在小车运行的左端和右端分别安装了两个行程开关SQ4、SQ5，用于定位小车的原点和右极限位点。

其结构示意图如图13-7所示。控制要求如下。

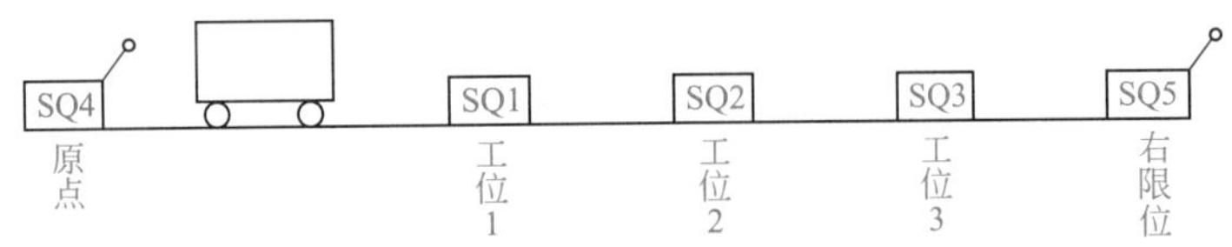

图13-7 结构示意图

① 当系统上电时，无论小车处于何种状态，首先回到原点准备装料，等待系统的启动。

② 当系统的手/自动转换开关打开自动运行挡时，按下启动按钮SB1，小车首先正向运行到工位1的位置，等待10s卸料完成后正向运行到工位2的位置，等待10s卸料完成后正向运行到工位3的位置，停止5s后接着反向运行到工位2的位置，停止5s后再反向运行到工位1的位置，停止5s后再反向运行到原点位置，等待下一轮的启动运行。

③ 当按下停止按钮SB2时系统停止运行，如果电动机停止在某一工位，则小车继续停止等待：当小车正运行在去往某一工位的途中，则当小车到达目的地后再停止运行。再次按下启动按钮SB1后，设备按剩下的流程继续运行。

④ 当系统按下急停按钮SB5时，小车立即要求停止工作，直到急停按钮取消时，系统恢复到当前状态。

⑤ 当系统的手/自动转换开关SA1打到手动运行挡时，可以通过手动按钮SB3、SB4控制小车的正/反向运行。

13.2.1 采用西门子S7-200 SMART PLC方案

（1）软硬件配置

① 1台CPU SR20。

② 1套STEP7-Micro/WIN SMART V2.3。

③ 1根PC/PPI电缆。

（2）PLC的I/O分配

PLC的I/O分配见表13-3。

表13-3 PLC的I/O分配表

名称	符号	输入点	名称	符号	输出点
启动	SB1	I0.0	电动机正转	KA1	Q0.0
停止	SB2	I0.1	电动机反转	KA2	Q0.1
左点动	SB3	I0.2			

续表

名称	符号	输入点	名称	符号	输出点
右点动	SB4	I0.3			
工位 1	SQ1	I0.4			
工位 2	SQ2	I0.5			
工位 3	SQ3	I0.6			
原点	SQ4	I0.7			
右限位	SQ5	I1.0			
手 / 自转换	SA1	I1.1			
急停	SB5	I1.2			

（3）控制系统的接线

原理图如图 13-8 所示。

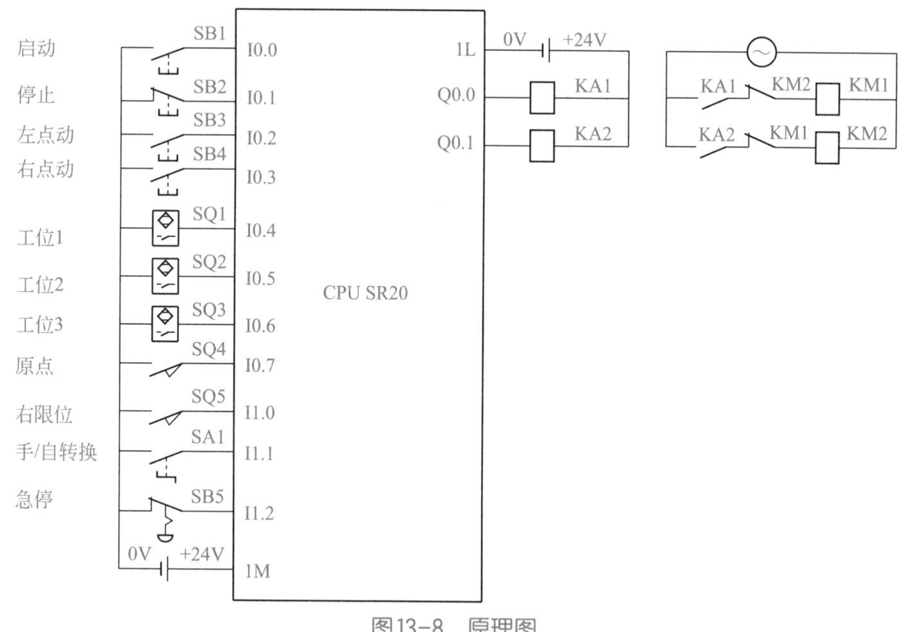

图13-8 原理图

（4）编写控制程序

编写程序如图 13-9 所示。

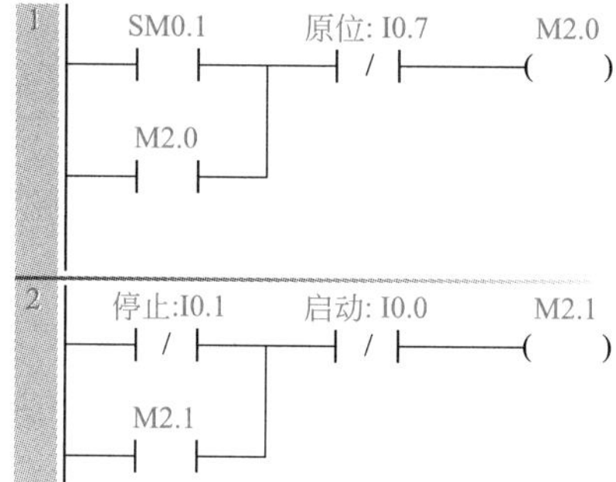

图13-9

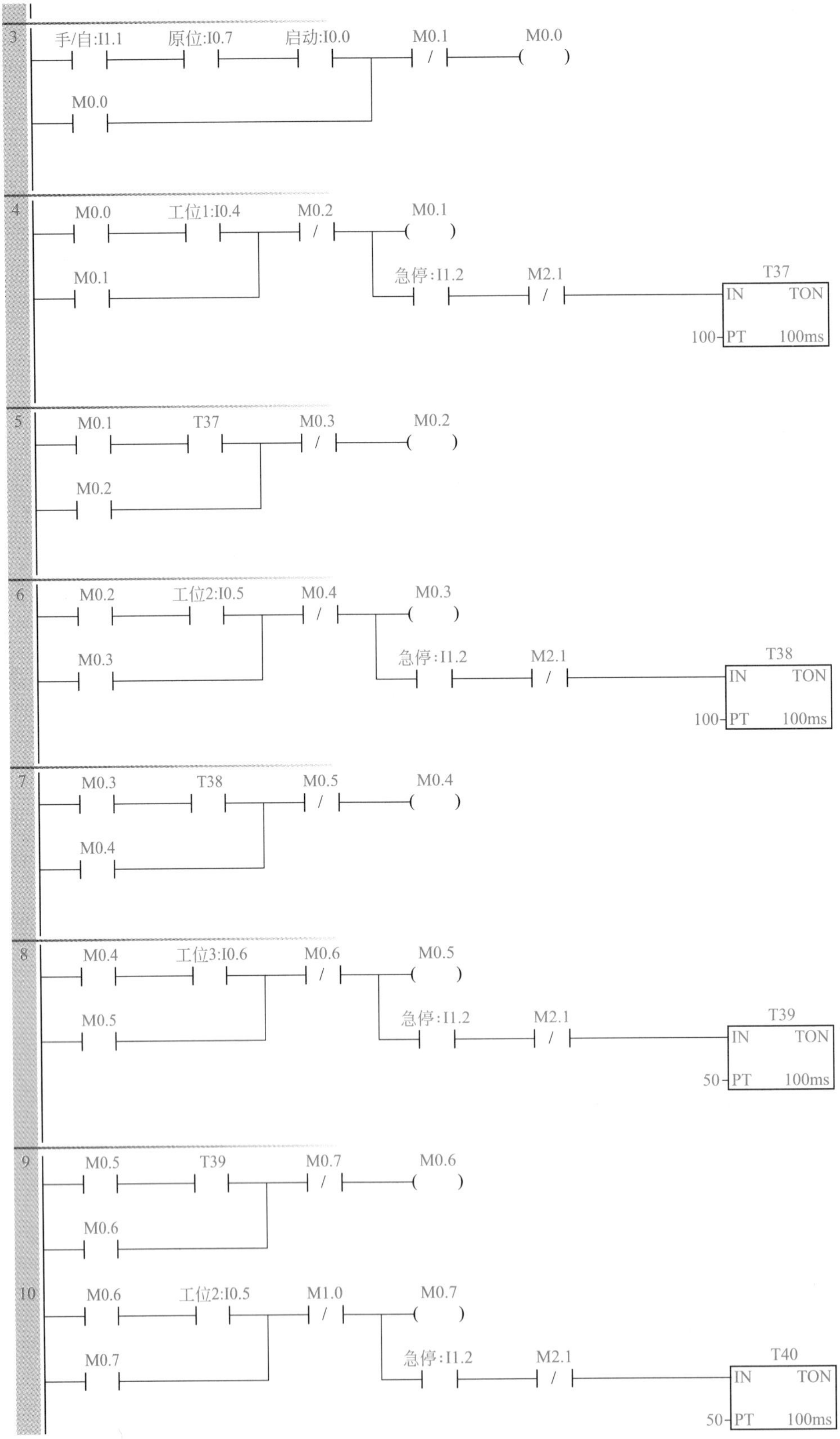

3
手/自:I1.1
原位:I0.7
启动:I0.0
M0.1
M0.0
M0.0
4
M0.0
工位1:I0.4
M0.2
M0.1
M0.1
急停:I1.2
M2.1
T37
IN
TON
100
PT
100ms
5
M0.1
T37
M0.3
M0.2
M0.2
6
M0.2
工位2:I0.5
M0.4
M0.3
M0.3
急停:I1.2
M2.1
T38
IN
TON
100
PT
100ms
7
M0.3
T38
M0.5
M0.4
M0.4
8
M0.4
工位3:I0.6
M0.6
M0.5
M0.5
急停:I1.2
M2.1
T39
IN
TON
50
PT
100ms
9
M0.5
T39
M0.7
M0.6
M0.6
10
M0.6
工位2:I0.5
M1.0
M0.7
M0.7
急停:I1.2
M2.1
T40
IN
TON
50
PT
100ms

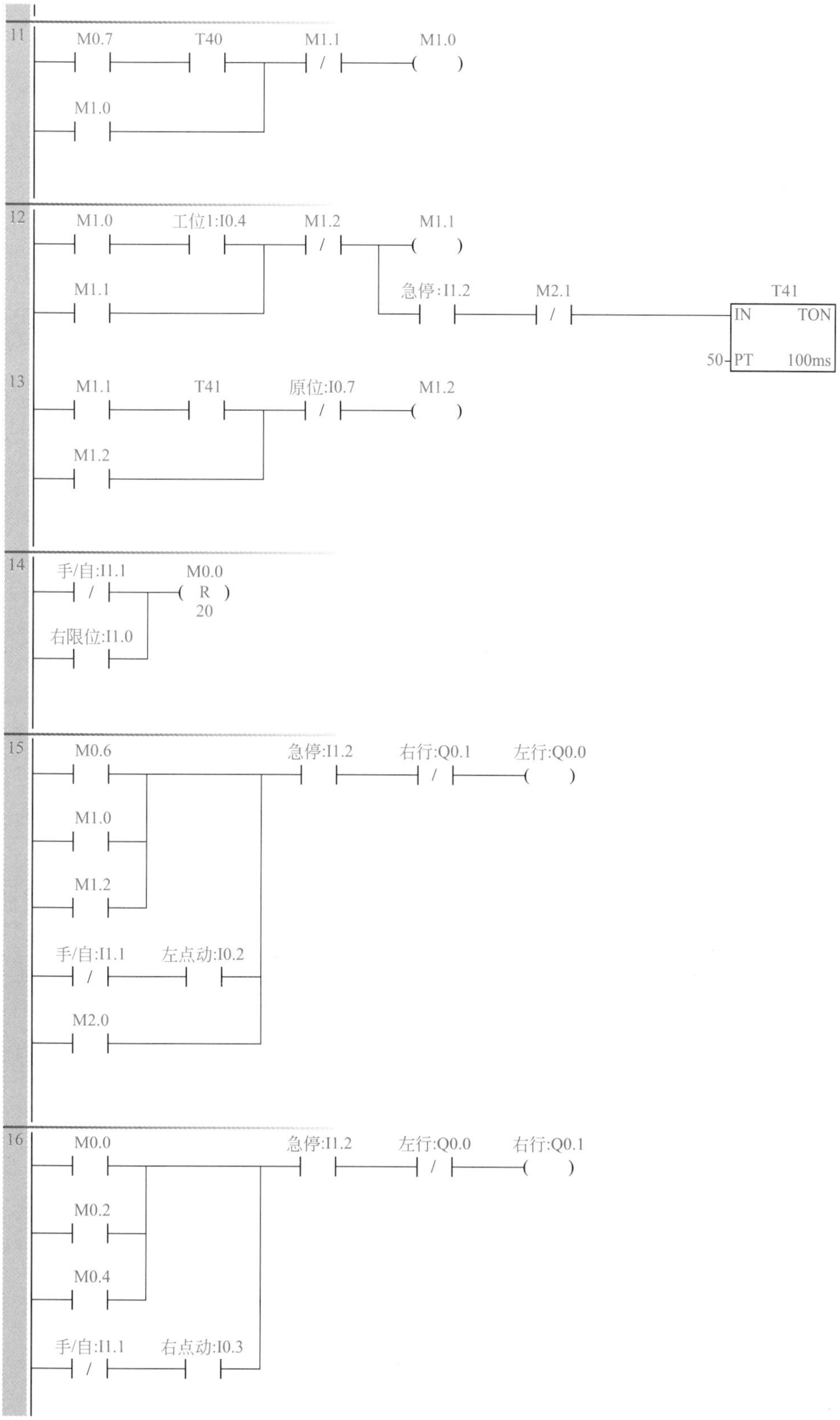

11
M0.7　T40　M1.1 /　M1.0 ( )
M1.0

12
M1.0　工位1:I0.4　M1.2 /　M1.1 ( )
M1.1
急停:I1.2　M2.1 /　T41
IN　TON
50-PT　100ms

13
M1.1　T41　原位:I0.7 /　M1.2 ( )
M1.2

14
手/自:I1.1 /　M0.0 (R) 20
右限位:I1.0

15
M0.6　急停:I1.2　右行:Q0.1 /　左行:Q0.0 ( )
M1.0
M1.2
手/自:I1.1 /　左点动:I0.2
M2.0

16
M0.0　急停:I1.2　左行:Q0.0 /　右行:Q0.1 ( )
M0.2
M0.4
手/自:I1.1 /　右点动:I0.3

图13-9　梯形图

13.2.2 采用三菱FX3U PLC方案

（1）系统的软硬件配置

① 1 台 FX3U-32MR。

② 1 套 GX Works3。

③ 1 根编程电缆。

（2）PLC 的 I/O 分配

PLC 的 I/O 分配见表 13-4。

表 13-4 PLC的I/O分配表

名称	符号	输入点	名称	符号	输出点
启动	SB1	X0	电动机正转	KA1	Y0
停止	SB2	X1	电动机反转	KA2	Y1
左点动	SB3	X2			
右点动	SB4	X3			
工位 1	SQ1	X4			
工位 2	SQ2	X5			
工位 3	SQ3	X6			
原位	SQ4	X7			
右限位	SQ5	X10			
手 / 自转换	SA1	X11			
急停	SB5	X12			

（3）控制系统的接线

按照图 13-10 所示原理图接线。

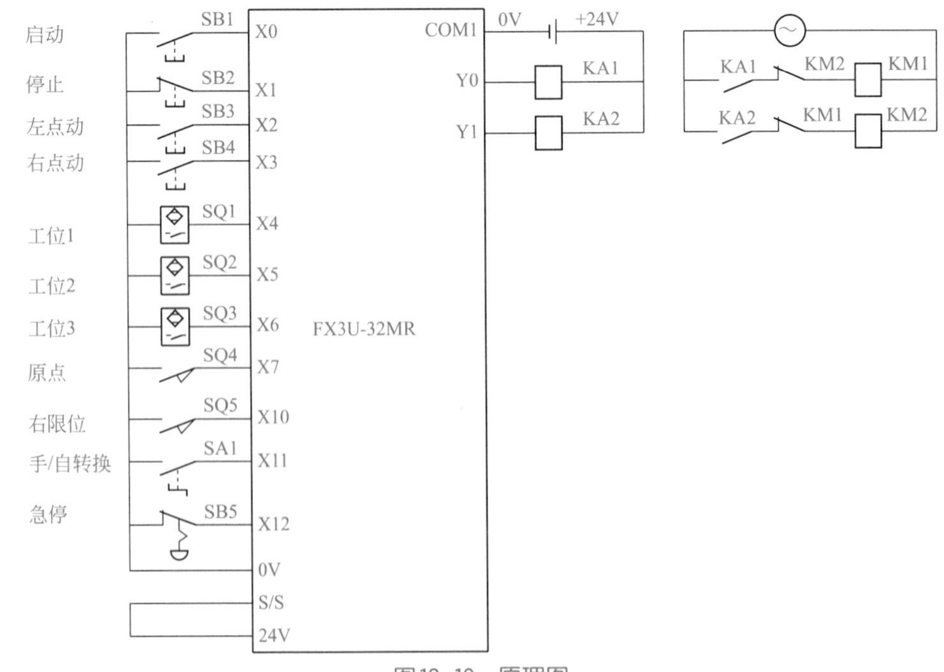

图13-10 原理图

（4）编写控制程序

编写梯形图程序如图 13-11 所示。

```
0   M8002  X007                         (M20)
    M20
4   X010                                [ZRST  M0  M30]
    X011
11  X001  X000                          (M21)
    M21
15  X011  X007  X000  M1                (M0)
    M0
21  M0  X004  M2                        (M1)
    M1            X012  M21       K100  (T0)
31  M1  T0  M3                          (M2)
    M2
36  M2  X005  M4                        (M3)
    M3            X012  M21       K100  (T1)
46  M3  T1  M5                          (M4)
    M4
51  M4  X006  M6                        (M5)
    M5            X012  M21       K50   (T2)
61  M5  T2  M7                          (M6)
    M6
66  M6  X005  M10                       (M7)
    M7            X012  M21       K50   (T3)
76  M7  T3  M11                         (M10)
    M10
```

图13-11

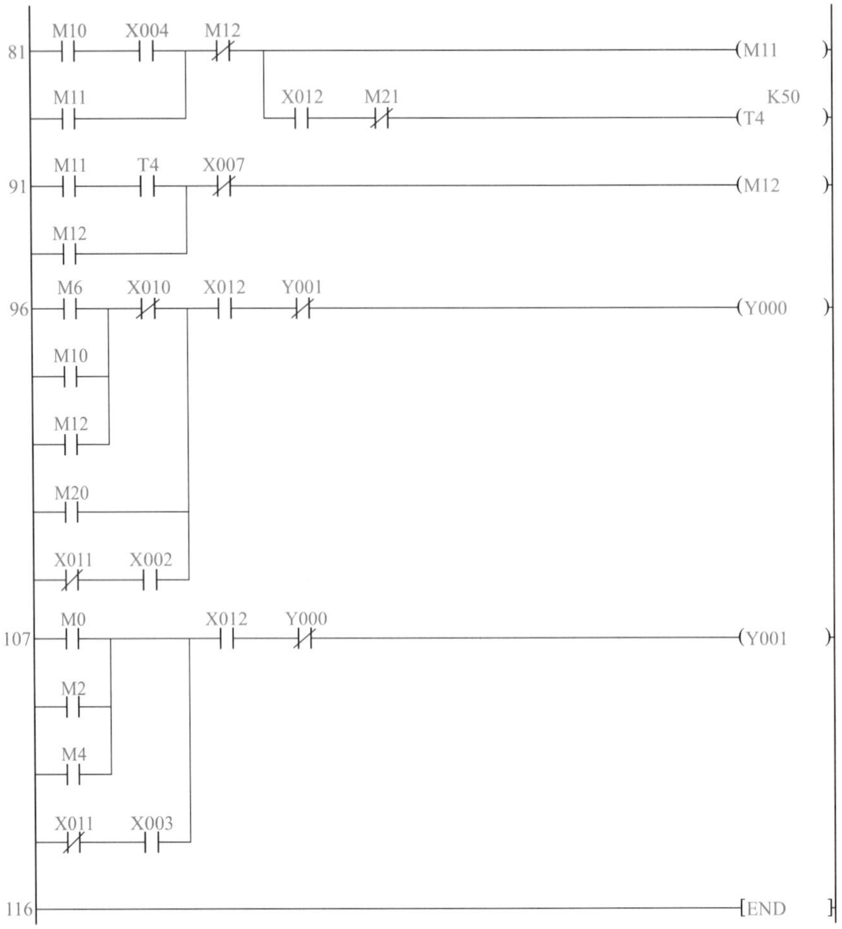

```
81   M10  X004  M12(常闭)                      (M11)
     M11
               X012  M21(常闭)             K50 (T4)
91   M11  T4  X007(常闭)                       (M12)
     M12
96   M6  X010(常闭)  X012  Y001(常闭)          (Y000)
     M10
     M12
     M20
     X011(常闭)  X002
107  M0  X012  Y000(常闭)                      (Y001)
     M2
     M4
     X011(常闭)  X003
116                                            [END]
```

图13-11　梯形图

13.3　步进电动机自动正反转 PLC 控制

【例 13-3】 用步进驱动器及步进电动机编制 PLC 程序，根据题意要求画出电路图并连线调试，完成以下功能。

① 根据提供的步进驱动器，设定细分步，并计算步进电动机转速与 PLC 给定脉冲之间的对应关系。

② 根据步进驱动器控制回路端子、电动机线圈端子等画出 PLC 控制步进电动机运行的电路图。

③ 步进电动机的运行过程：正转 3 圈，再反转 3 圈，如此往复 3 次。

④ 设置正向启动按钮、停止按钮。

13.3.1　采用西门子 S7-200 SMART PLC 方案

（1）软硬件配置

① 1 套 STEP7-Micro/WIN SMART V2.3。

② 1 台步进电动机，型号为 17HS111。

③ 1 台步进驱动器，型号为 SH-2H042Ma。

④ 1 台 CPU ST20。

（2）PLC 的 I/O 分配

PLC 的 I/O 分配见表 13-5。

表 13-5 PLC 的 I/O 分配表

名称	符号	输入点	名称	符号	输出点
启动按钮	SB1	I0.0	高速输出		Q0.0
停止按钮	SB2	I0.1	电动机正反转控制		Q0.2

（3）控制系统的接线

控制系统的原理图如图 13-12 所示。

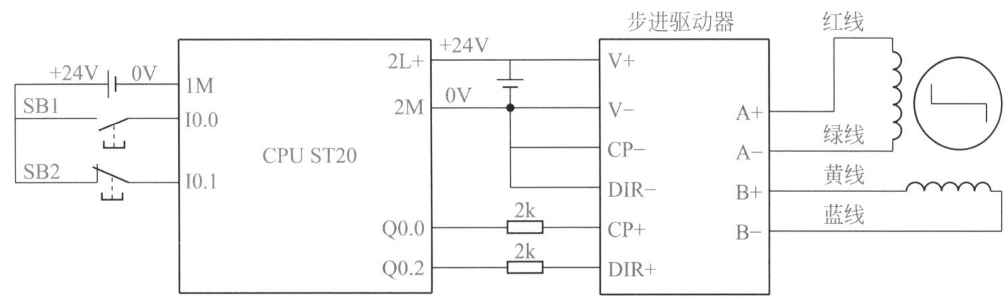

图 13-12 原理图

（4）运动轴组态

高速输出有 PWM 模式和运动轴模式，对于较复杂的运动控制显然用运动轴模式控制更加便利。以下将具体介绍这种方法。

① 激活“运动控制向导” 打开 STEP 7-Micro/WIN SMART 软件，在主菜单“工具”中单击“运动”按钮，弹出装置选择界面，如图 13-13 所示。

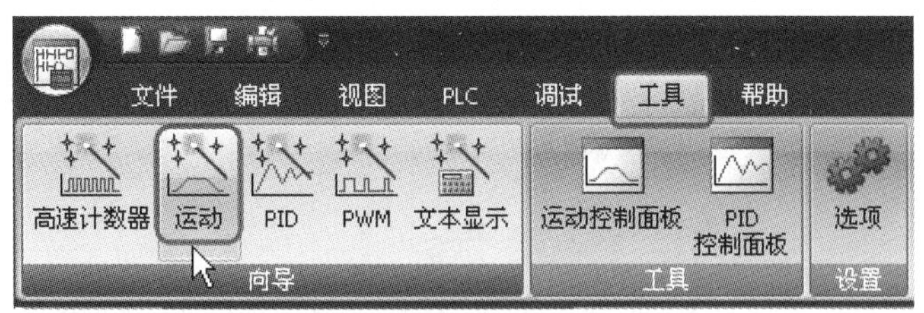

图 13-13 激活“运动控制向导”

② 选择需要配置的轴 CPU ST20 系列 PLC 内部有三个轴可以配置，本例选择“轴 0”即可，如图 13-14 所示，再单击“下一步”按钮。

③ 为所选择的轴命名 为所选择的轴命名，本例为默认的“轴 0”，再单击“下一步”按钮，如图 13-15 所示。

④ 输入系统的测量系统 在“选择测量系统”选项中选择“工程单位”。由于步进电动机的步距角为 1.8°，电动机转一圈需要 200 个脉冲，所以“电机一次旋转所需的脉冲数”为“200”；“测量的基本单位”设为“mm”；“电机一次旋转产生多少‘mm’运动”为“10.0000”。这些参数与实际的机械结构有关，再单击“下一步”按钮，如图 13-16 所示。

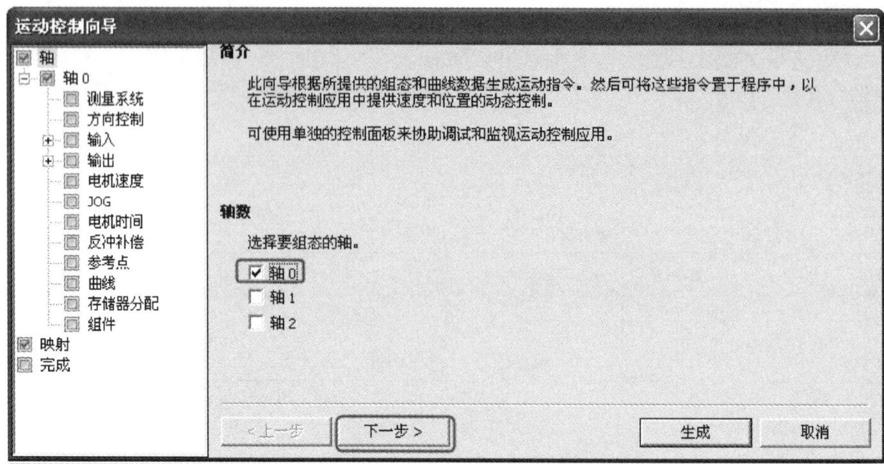

图13-14 选择需要配置的轴

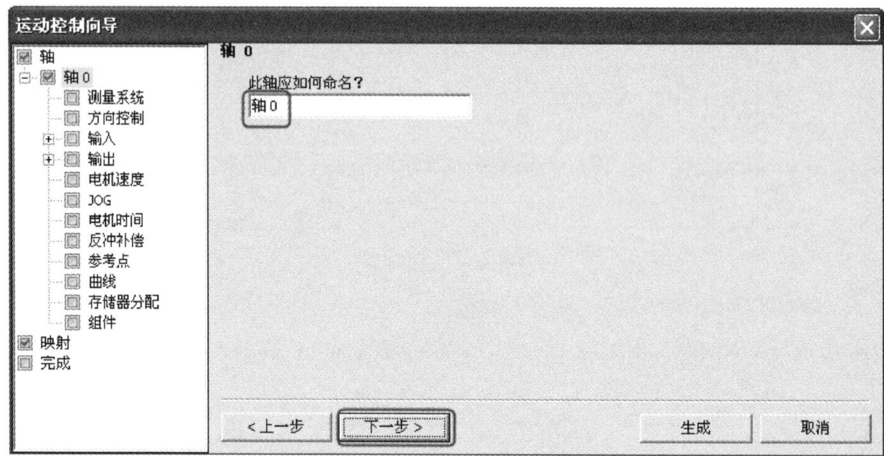

图13-15 为所选择的轴命名

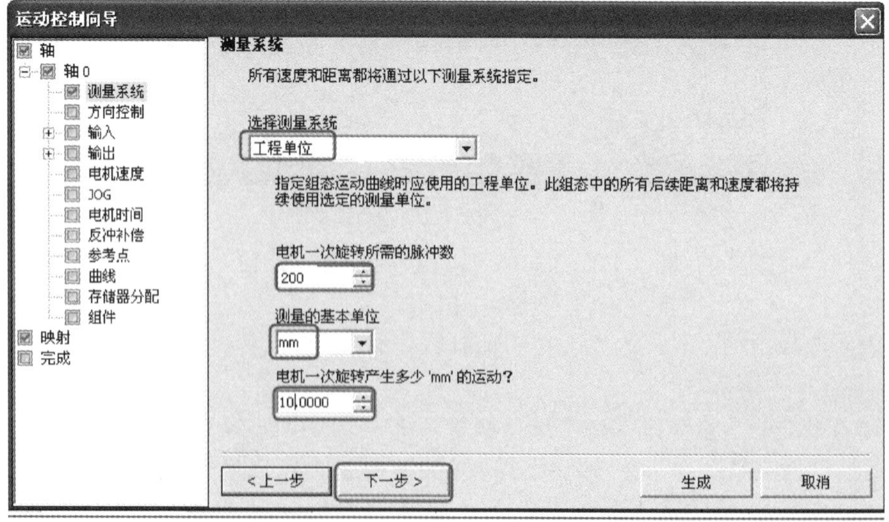

图13-16 输入系统的测量系统

⑤ 设置脉冲方向输出　设置有几路脉冲输出，其中有单相（1 个输出）、双向（2 个输出）和正交（2 个输出）三个选项，本例选择“单相（1 个输出）”，再单击“下一步”按钮，如图 13-17 所示。

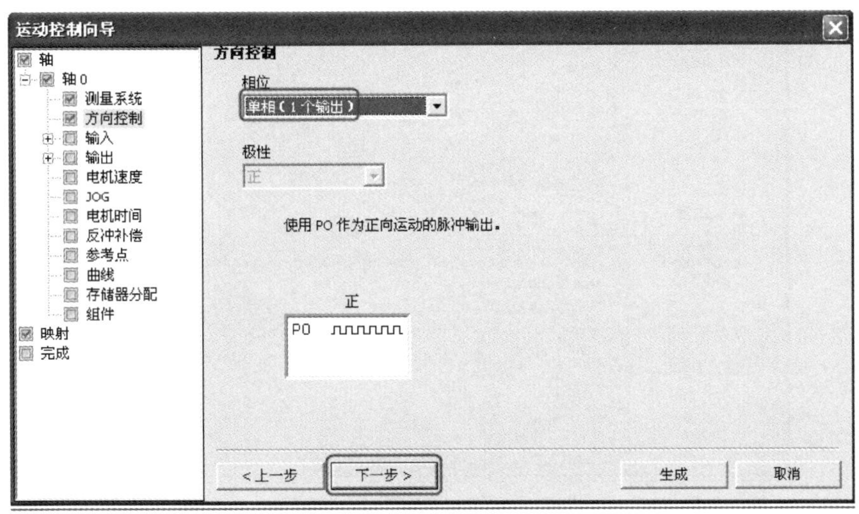

图 13-17　设置脉冲方向输出

⑥ 分配输入点　本例中并不用到 LMT+（正限位输入点）、LMT−（负限位输入点）、RPS（参考点输入点）和 ZP（零脉冲输入点），所以可以不设置。直接选中“STP”（停止输入点），选择“启用”，停止输入点为“I0.1”，指定相应输入点有效时的响应方式为“减速停止”，指定输入信号有效电平为“高”电平有效。再单击“下一步”按钮，如图 13-18 所示。

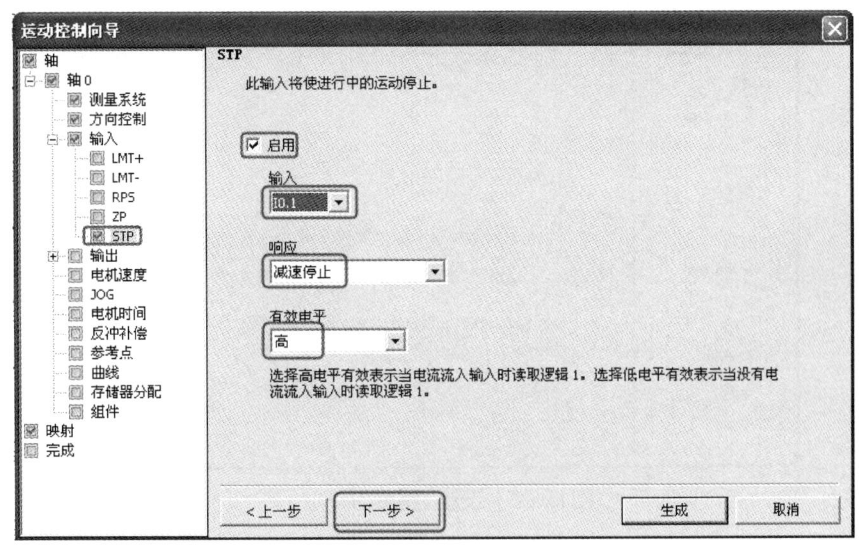

图 13-18　分配输入点

⑦ 指定电动机速度　MAX_SPEED：定义电动机运动的最大速度。

SS_SPEED：根据定义的最大速度，在运动曲线中可以指定的最小速度。如果 SS_SPEED 数值过高，电动机可能在启动时失步，并且在尝试停止时，负载可能使电动机不能立即停止而多行走一段。停止速度也为 SS_SPEED。

设置如图 13-19 所示，在“1”“2”和“3”处输入最大速度、最小速度、启动和停止速度，再单击“下一步”按钮。

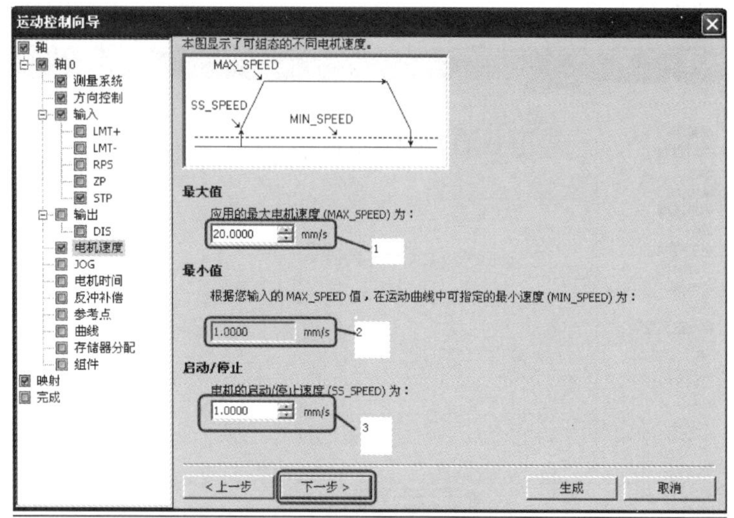

图13-19　指定电动机速度

⑧ 设置加速和减速时间　ACCEL_TIME（加速时间）：电动机从 SS_SPEED 加速至 MAX_SPEED 所需要的时间，默认值为 1000 ms（1s），本例选默认值，如图 13-20 所示的“1”处。

DECEL_TIME（减速时间）：电动机从 MAX_SPEED 减速至 SS_SPEED 所需要的时间，默认值为 1000ms（1s），本例选默认值，如图 13-20 所示的“2”处，再单击“下一步”按钮。

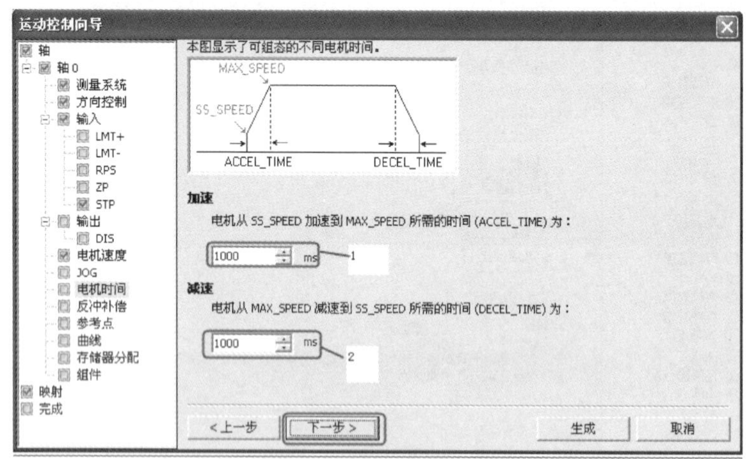

图13-20　设置加速和减速时间

⑨ 为配置分配存储区　指令向导在 V 内存中以受保护的数据块页形式生成子程序，在编写程序时不能使用 PTO 向导已经使用的地址，此地址段可以系统推荐，也可以人为分配，人为分配的好处可以避开读者习惯使用的地址段。为配置分配存储区的 V 内存地址如图 13-21 所示，本例设置为“VB0 ～ VB92”，再单击“下一步”按钮。

⑩ 完成组态　单击“下一步”按钮，如图 13-22 所示。弹出如图 13-23 所示的界面，单击“生成”按钮，完成组态。

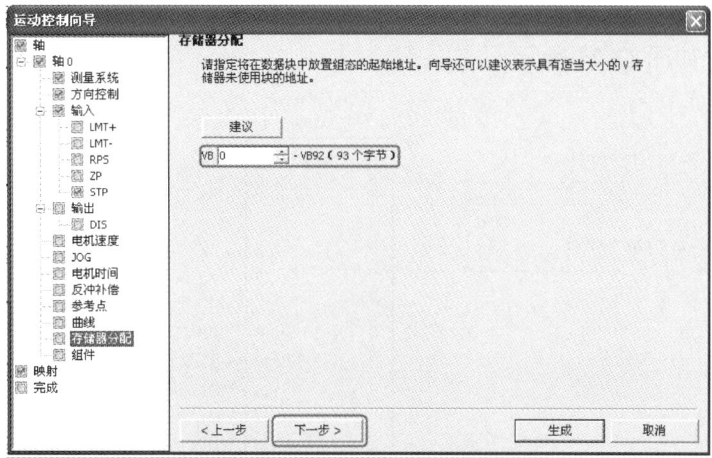

图13-21　为配置分配存储区

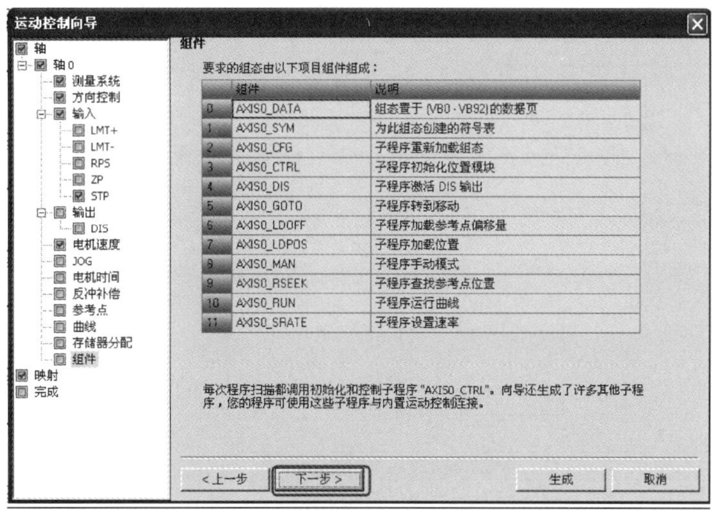

图13-22　完成组态

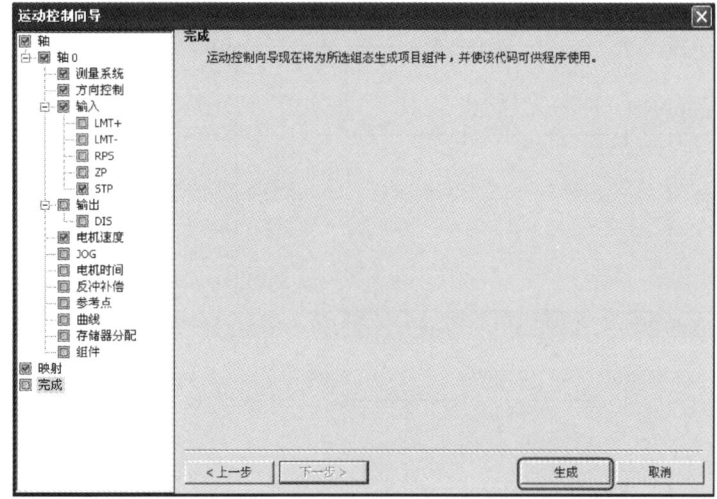

图13-23　生成程序代码

（5）编写程序

系统的程序如图 13-24 所示。

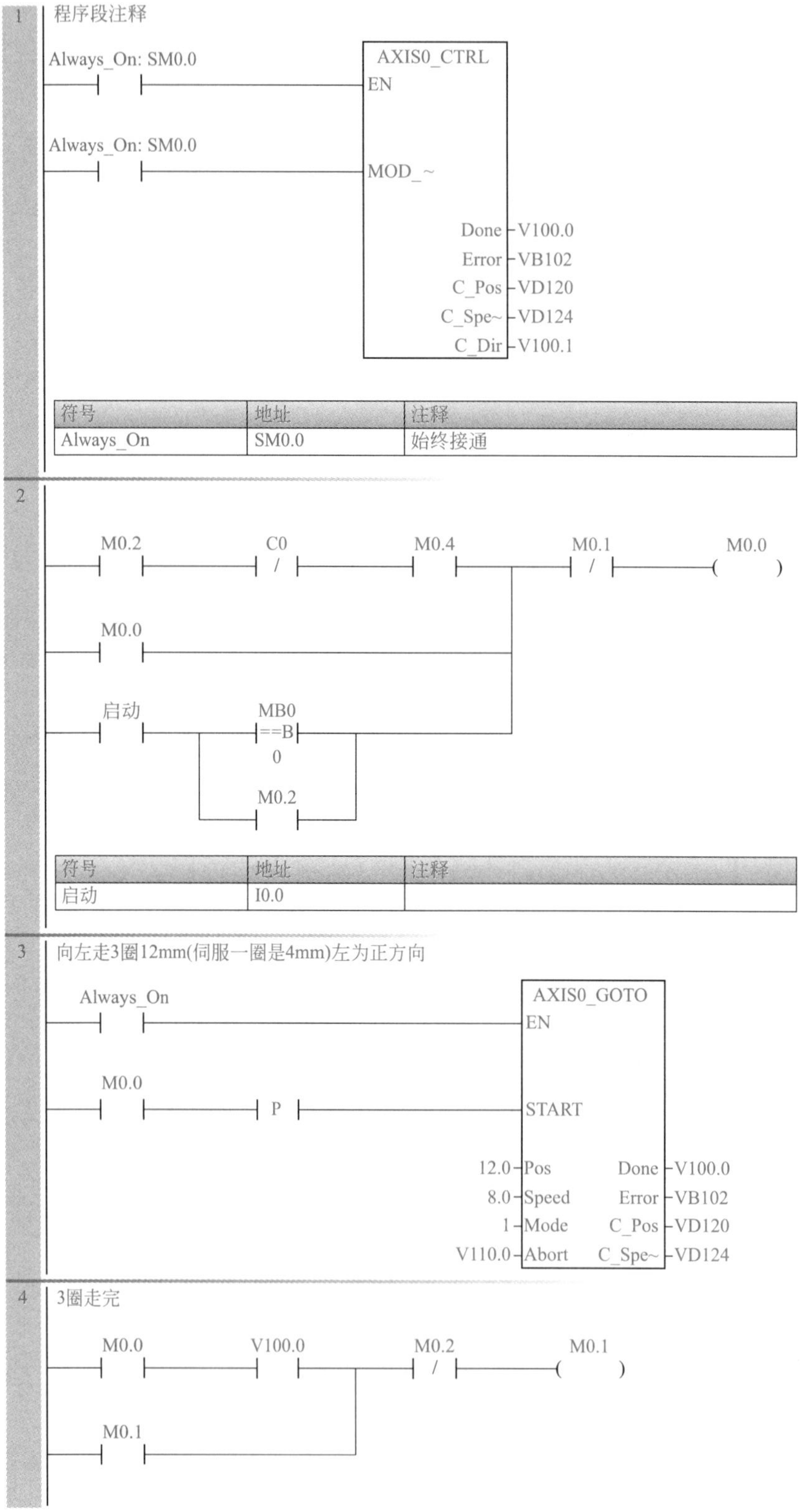

符号	地址	注释
Always_On	SM0.0	始终接通

符号	地址	注释
启动	I0.0	

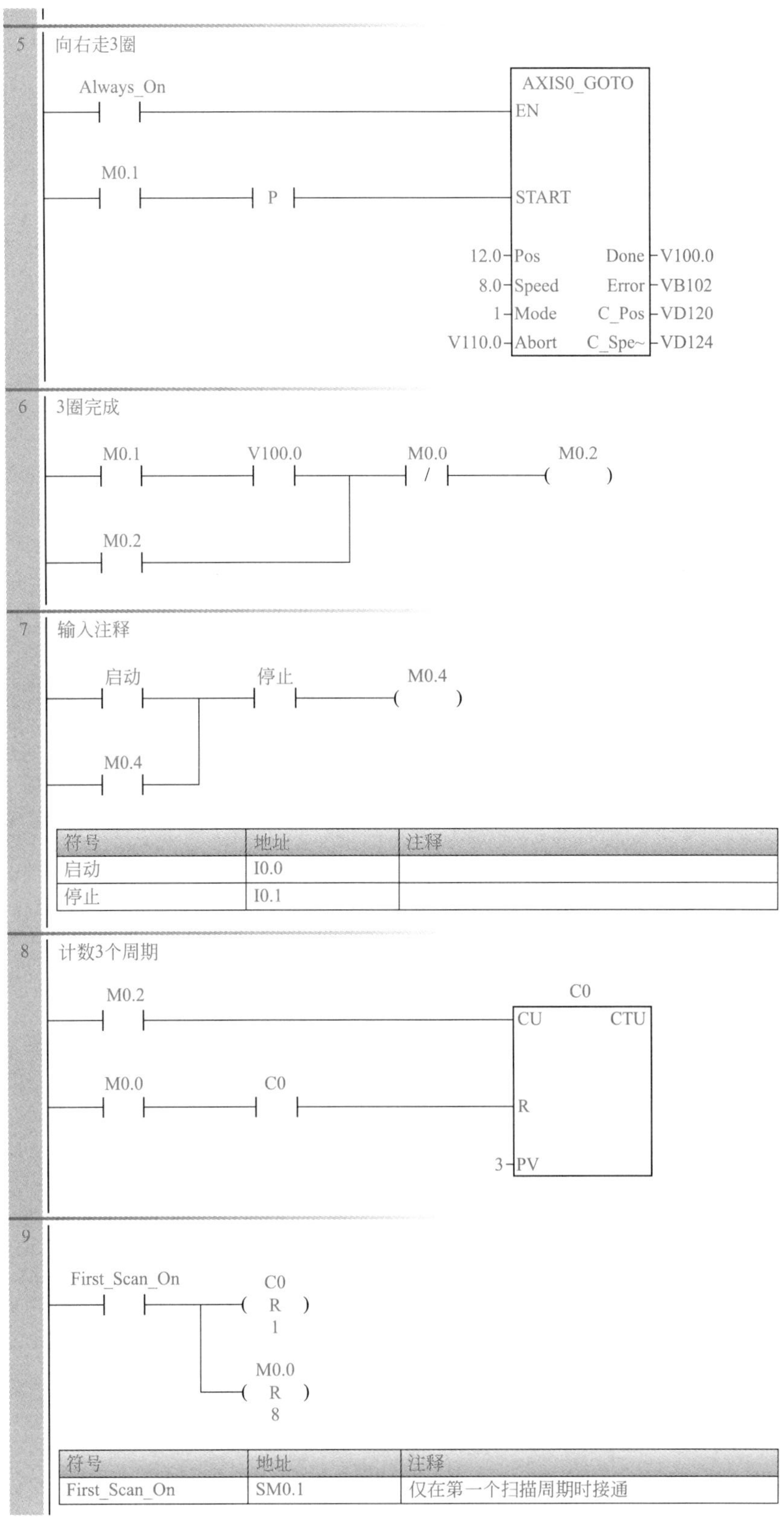

符号	地址	注释
启动	I0.0	
停止	I0.1	

符号	地址	注释
First_Scan_On	SM0.1	仅在第一个扫描周期时接通

图13-24 程序

13.3.2 采用三菱FX3U PLC方案

（1）系统的软硬件配置

① 1 台 FX3U-32MT。

② 1 套 GX Works3。

③ 1 根编程电缆。

（2）PLC 的 I/O 分配

搅拌机的 I/O 分配表见表 13-6。

表 13-6　I/O 分配表

名称	符号	输入点	名称	符号	输出点
启动	SB1	X0	高速输出		Y0
停止	SB2	X1	电动机反转		Y1
			指示灯		Y2

（3）设计电气原理图

根据 I/O 分配表和题意，设计原理图如图 13-25 所示。

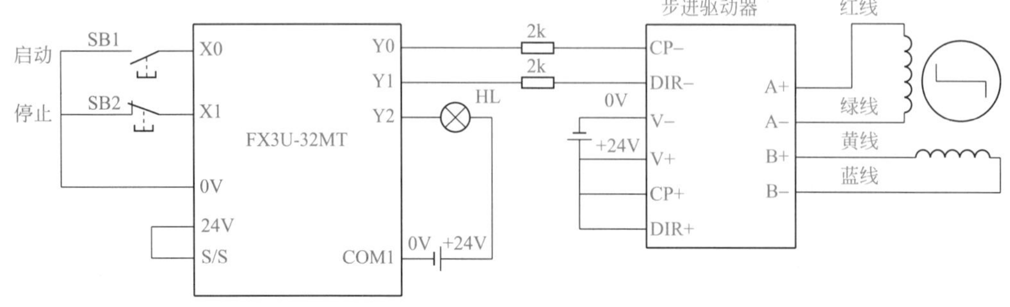

图13-25　原理图

【关键点】 图 13-25 的步进驱动器和 PLC 的负载是同一台电源。如果不是同一台电源，那么电源的 0V 要短接在一起。

（4）编写程序

编写搅拌机程序如图 13-26 所示。

```
    M8002
0   ─┤├─┬──────────────────────────[ZRST  S20   S200 ]
    X001│
    ─┤├─┼──────────────────────────[RST   C0         ]
    C0  │
    ─┤├─┘──────────────────────────[SET   S0         ]
    M8000
12  ─┤├─┬──────────────────────────[DEDIV K20   K200  D0 ]
        │
        ├──────────────────────────[DEMUL D0    K60   D2 ]
        │  Y001                                    K3
        └──┤↓├─────────────────────────────────────(C0   )
```

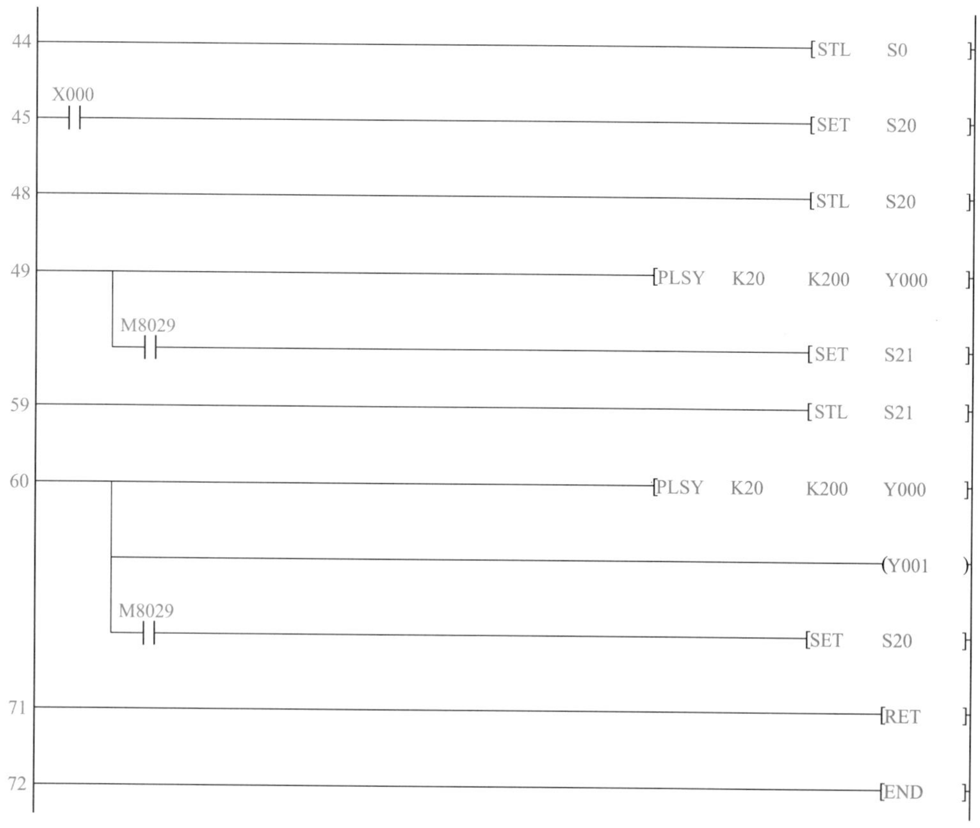

图13-26 搅拌机程序

13.4 定长剪切机 PLC 控制

【例 13-4】 用 PLC 实现钢板定长剪切机的控制。系统工作过程描述如下。

薄钢板定长剪切机的输送机由伺服系统控制输送长度，剪切机采用切刀切割。初始位置时，切刀在上方（即气缸活塞位于上极限位置），当输送机输送指定的长度后，切刀向下运动，完成切割并延时 0.5s 后，回到初始位置，完成一个工作循环。薄钢板定长剪切机的结构如图 13-27 所示。

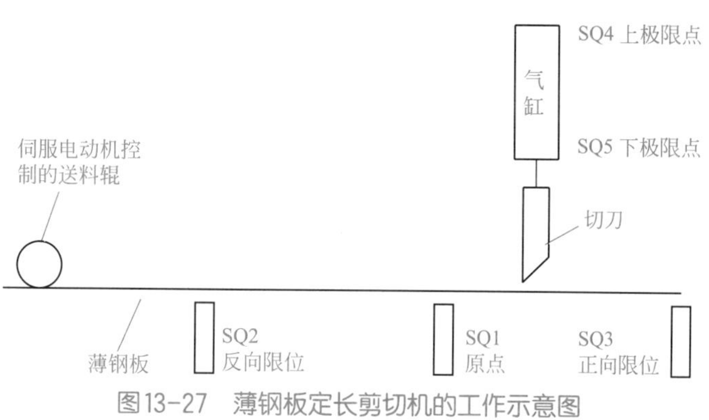

图13-27 薄钢板定长剪切机的工作示意图

其控制任务要求如下。

① 有手动 / 自动转换开关 SA1，手动模式时，可以手动对切刀进行上行和下行控制。手动按钮分别是 SB5 和 SB6。

② 自动模式时，当切刀在初始位置，压下“启动”按钮 SB1，输送机送料→送料完成→切刀下行到下极限位置延时 0.5s →回到初始位置，如此循环。

③ 在自动模式时，压下“复位”按钮 SB2，切刀回到初始位置，送料机构将料送到原点（SQ1），复位完成时，有指示灯闪亮。当压下“停止”按钮 SB3 时，系统完成一个循环后，停止到初始位置，当压下“急停”按钮 SB4 时，立即停止。

④ 每完成一次自动切割循环，计数值加 1。

（1）软硬件配置

① 1 台 CPU ST30。

② 1 台 ASD-B-20421-B 伺服驱动器。

③ 1 套 STEP7-Micro/WIN SMART V2.3。

④ 1 根网线。

（2）PLC 的 I/O 分配

PLC 的 I/O 分配见表 13-7。

表 13-7　PLC的I/O分配表

输入			输出		
名称	代号	地址	名称	代号	地址
原点	SQ1	I0.0	高速输出		Q0.0
反极限位	SQ2	I0.1	方向控制		Q0.2
正极限位	SQ3	I0.2	气缸下行	YV1	Q0.3
启动按钮	SB1	I0.3	气缸上行	YV2	Q0.4
复位按钮	SB2	I0.4	复位显示	HL1	Q0.5
停止按钮	SB3	I0.5			
手动 / 自动转换按钮	SA1	I0.6			
急停按钮	SB4	I0.7			
手动下行按钮	SB5	I1.0			
手动上行按钮	SB6	I1.1			
上向限位	SQ4	I1.2			
下向限位	SQ5	I1.3			

（3）控制系统的接线

控制系统的原理图如图 13-28 所示。

（4）编写程序

符号表如图 13-29 所示。梯形图程序如图 13-30 ～图 13-34 所示。

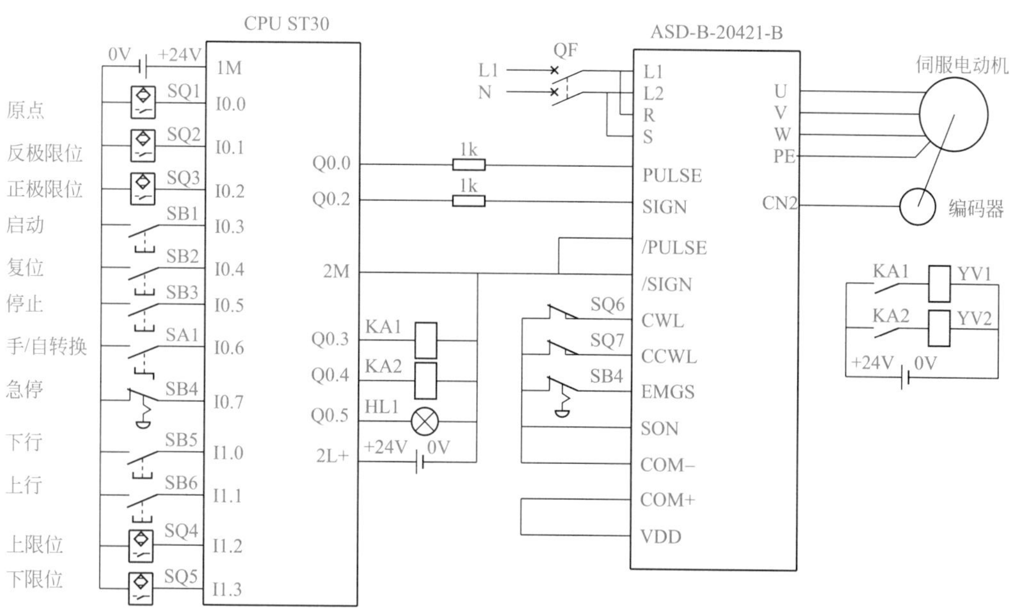

图13-28 原理图

符号表

			符号	地址	注释
1			反向限位	I0.1	SQ2
2			完成周期停止	V510.0	
3			正极限位	I0.2	SQ3
4			停止	I0.5	SB3
5			原点	I0.0	SQ1
6			复位	I0.4	SB2
7			急停	I0.7	SB4
8			切刀上行电磁阀	Q0.4	KA2
9			切刀下行电磁阀	Q0.3	KA1
10			进料速度	VD610	
11			伺服当前方向	V400.1	
12			伺服当前速度	VD426	
13			伺服当前位置	VD422	
14			伺服完成位	V400.3	
15			伺服停止位	V400.5	
16			伺服启动位	V400.4	
17			伺服给定模式	VB450	
18			伺服给定速度	VD440	
19			伺服给定位置	VD430	
20			工料长度	VD600	
21			启动按钮	I0.3	SB1
22			切刀上限位	I1.2	SQ4
23			切刀下限位	I1.3	SQ5
24			切刀上行	I1.1	SB6
25			切刀下行	I1.0	SB5
26			手自转换	I0.6	

图13-29 符号表

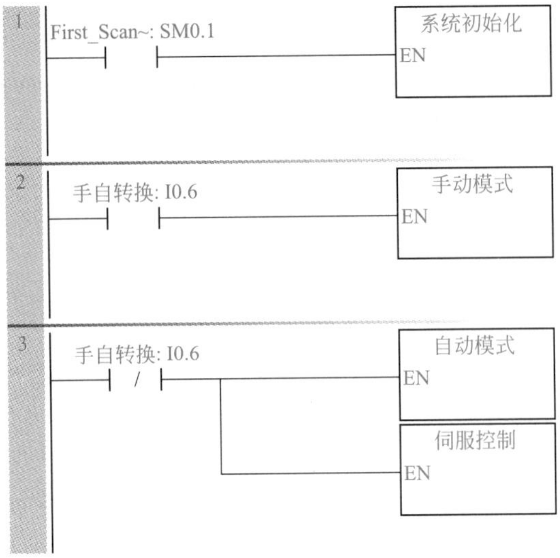

1
First_Scan~: SM0.1
系统初始化
EN
2
手自转换: I0.6
手动模式
EN
3
手自转换: I0.6
自动模式
EN
伺服控制
EN

图13-30　主程序

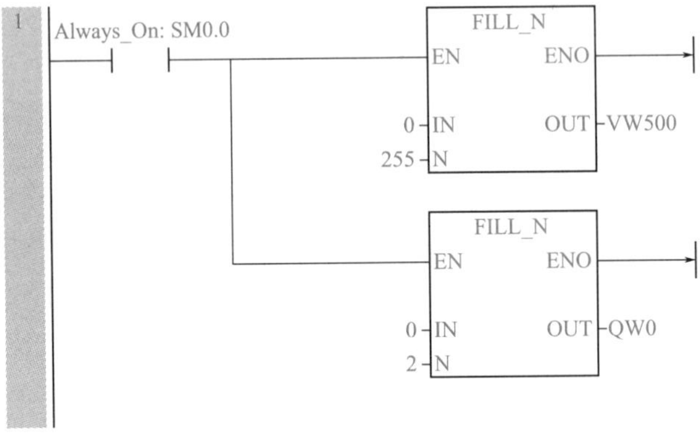

1
Always_On: SM0.0
FILL_N
EN ENO
0 IN OUT VW500
255 N
FILL_N
EN ENO
0 IN OUT QW0
2 N

图13-31　系统初始化程序

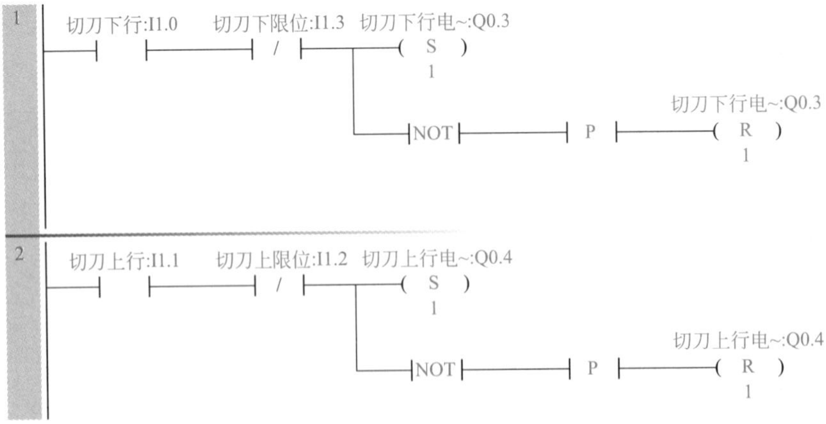

1
切刀下行:I1.0　切刀下限位:I1.3　切刀下行电~:Q0.3
S 1
NOT　P
切刀下行电~:Q0.3
R 1
2
切刀上行:I1.1　切刀上限位:I1.2　切刀上行电~:Q0.4
S 1
NOT　P
切刀上行电~:Q0.4
R 1

图13-32　手动程序

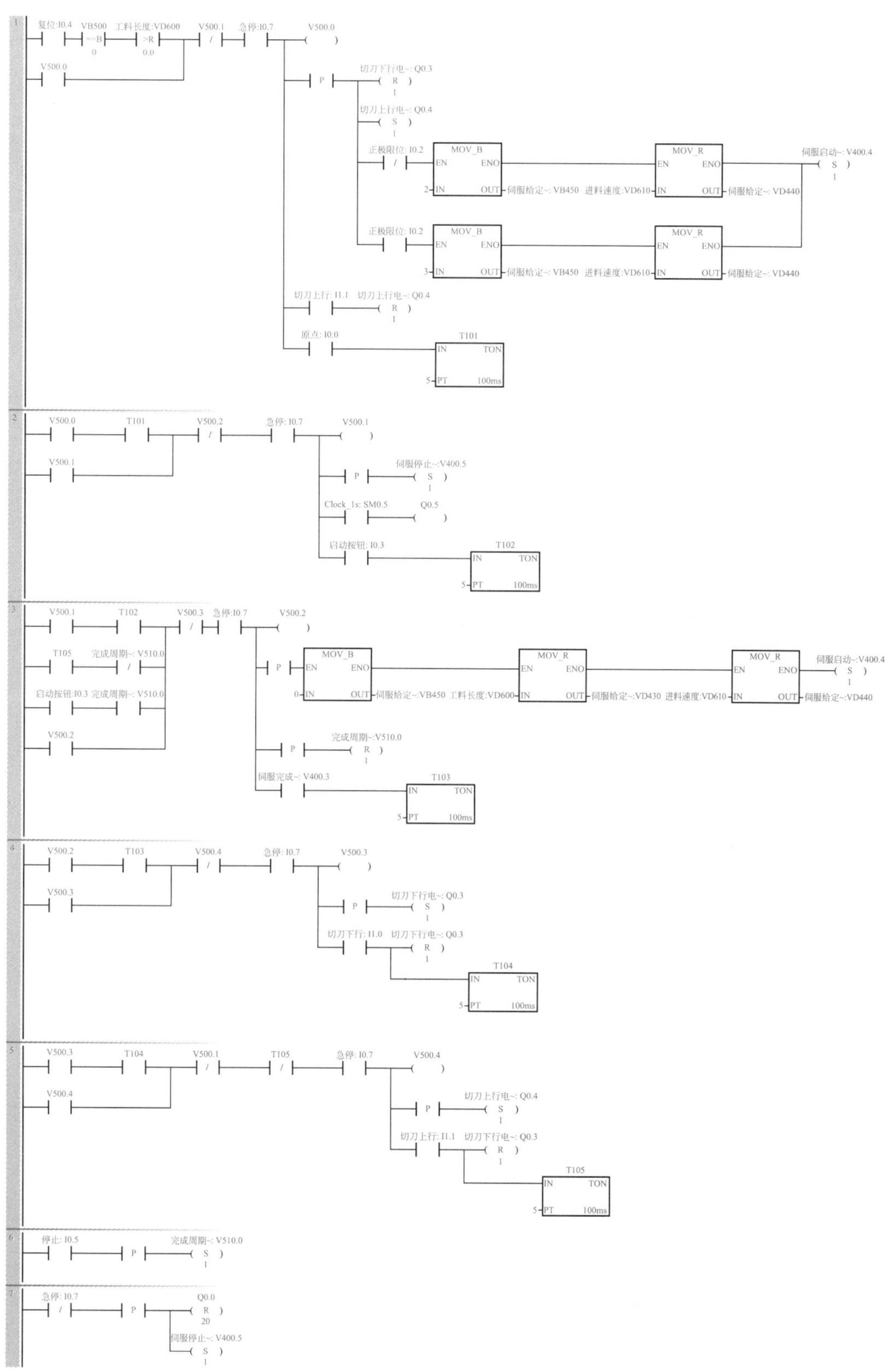

图13-33　自动程序

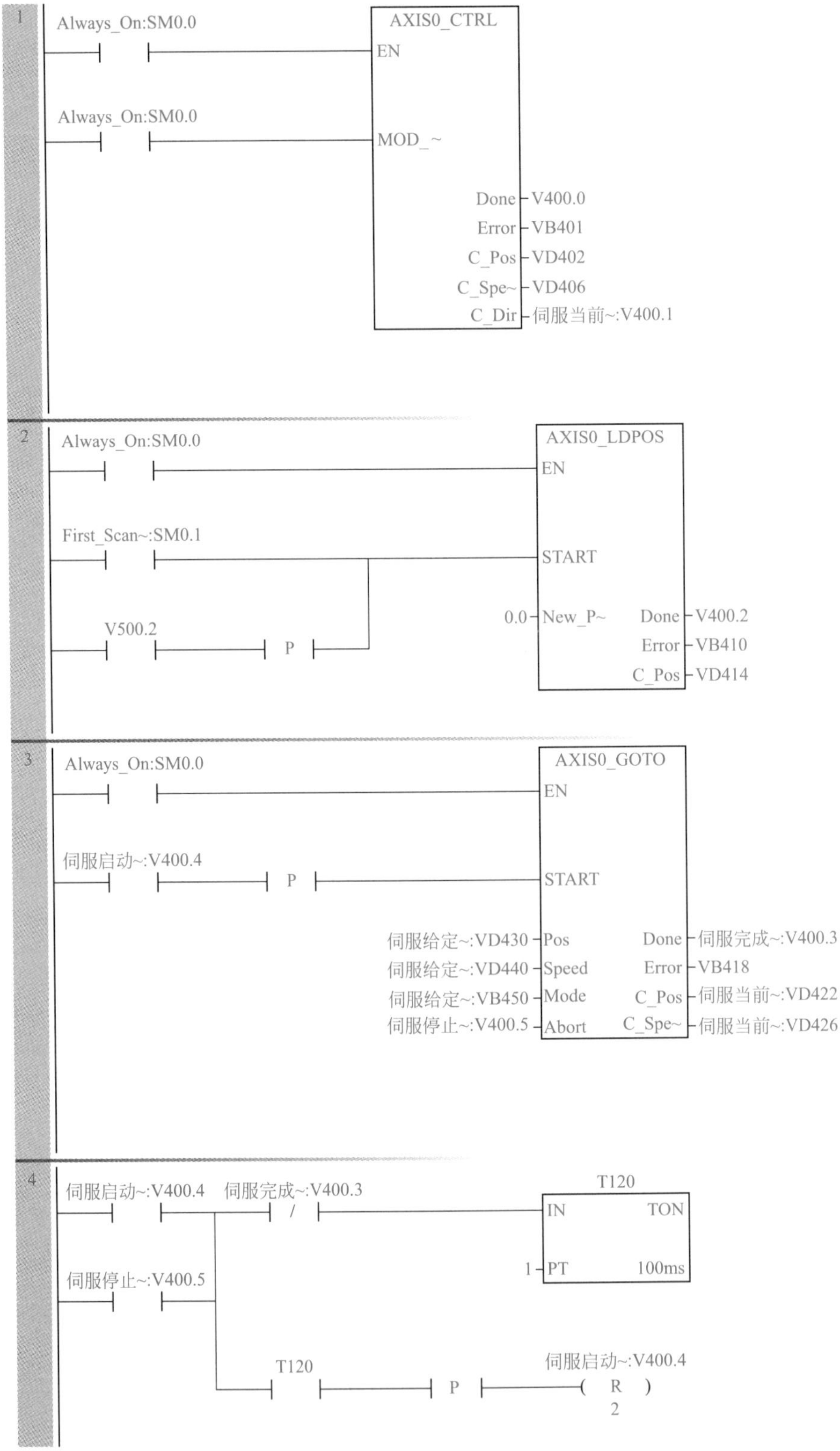

1
Always_On:SM0.0
AXIS0_CTRL
EN
Always_On:SM0.0
MOD_~
Done - V400.0
Error - VB401
C_Pos - VD402
C_Spe~ - VD406
C_Dir - 伺服当前~:V400.1

2
Always_On:SM0.0
AXIS0_LDPOS
EN
First_Scan~:SM0.1
START
V500.2
P
0.0 - New_P~
Done - V400.2
Error - VB410
C_Pos - VD414

3
Always_On:SM0.0
AXIS0_GOTO
EN
伺服启动~:V400.4
P
START
伺服给定~:VD430 - Pos
伺服给定~:VD440 - Speed
伺服给定~:VB450 - Mode
伺服停止~:V400.5 - Abort
Done - 伺服完成~:V400.3
Error - VB418
C_Pos - 伺服当前~:VD422
C_Spe~ - 伺服当前~:VD426

4
伺服启动~:V400.4
伺服完成~:V400.3
/
T120
IN TON
1 - PT 100ms
伺服停止~:V400.5
T120
P
伺服启动~:V400.4
(R)
2

图13-34　伺服程序

13.5 物料搅拌机的 PLC 控制

【例 13-5】 有一个物料搅拌机，主机由 7.5kW 的电动机驱动。根据物料不同，要求速度在一定的范围内无级可调，且要求物料太多或者卡死设备时系统能及时保护；机器上配有冷却水，冷却水温度不能超过 50℃，而且冷却水管不能堵塞，也不能缺水，堵塞和缺水将造成严重后果，冷却水的动力不在本设备上，水温和压力要可以显示。

13.5.1 硬件系统集成

（1）分析问题

根据已知的工艺要求，分析结论如下。

① 主电动机的速度要求可调，所以应选择变频器。

② 系统要求有卡死设备时能及时保护。当载荷超过一定数值时（特别是电动机卡死时），电流急剧上升，当电流达到一定数值时即可判定电动机是卡死的，而电动机的电流是可以测量的。因为使用了变频器，变频器可以测量电动机的瞬时电流，这个瞬时电流值可以用通信的方式获得。

③ 很显然这个系统需要一个控制器，PLC、单片机系统都是可选的，但单片机系统的开发周期长，单件开发并不划算，因此选用 PLC 控制，由于本系统并不复杂，所以小型 PLC 即可满足要求。

④ 冷却水的堵塞和缺水可以用压力判断，当水压力超过一定数值时，视为冷却水堵塞；当压力低于一定的数值时，视为缺水。压力一般要用压力传感器测量，温度由温度传感器测量。因此，PLC 系统要配置模拟量模块。

⑤ 要求水温和压力可以显示，所以需要触摸屏或者其他设备显示。

（2）硬件系统集成

① 硬件选型

a. 小型 PLC 都可作为备选，由于西门子 S7-200 SMART PLC 通信功能较强，而且性价比较高，所以初步确定选择 S7-200 SMART PLC，因为 PLC 要和变频器通信占用一个通信口，和触摸屏通信也要占用一个通信口，CPU SR20 有一个编程口（PN），用于下载程序和与触摸屏通信，另一个串口则可以作为 USS 通信用。

由于压力变送器和温度变送器的信号都是电流信号，所以要考虑使用专用的 AD 模块，两路信号使用 EM AE04 是较好的选择。

由于 CPU SR20 的 I/O 点数合适，所以选择 CPU SR20。

b. 选择 G120 变频器。G120 是一款功能比较强大的变频器，价格适中，可以与 S7-200 SMART PLC 很方便地进行 USS 通信

c. 选择西门子的 Smart 700 IE 触摸屏。

② 系统的软硬件配置

a. 1 台 CPU SR20。

b. 1 台 EM AE04。

c. 1 台 Smart 700IE 触摸屏。

d. 1 台 G120C 变频器。

e. 1 台压力传感器（含变送器）。

f. 1 台温度传感器（含变送器）。

g. 1 套 STEP7-Micro/WIN SMART V2.3。

h. 1 套 WinCC Flexible 2008 SP4。

③ 原理图　系统的原理图如图 13-35 所示。

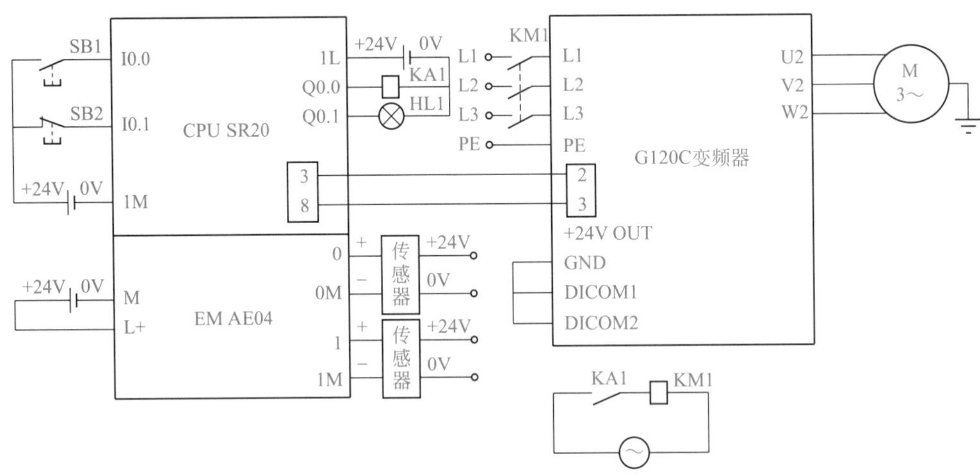

图13-35　原理图

④ 变频器参数设定　变频器的参数设定见表 13-8。

表 13-8　变频器的参数

序号	变频器参数	设定值	单位	功能说明
1	P0003	3	—	权限级别，3 是专家级
2	P0010	1/0	—	驱动调试参数筛选。先设置为 1，当把 P15 和电动机相关参数修改完成后，再设置为 0
3	P0015	21	—	驱动设备宏指令
4	P0304	380	V	电动机的额定电压
5	P0305	19.7	A	电动机的额定电流
6	P0307	7.5	kW	电动机的额定功率
7	P0310	50.00	Hz	电动机的额定频率
8	P0311	1400	r/min	电动机的额定转速
9	P2020	6	—	USS 通信波特率，6 代表 9600bit/s
10	P2021	18	—	USS 地址
11	P2022	2	—	USS 通信 PZD 长度
12	P2023	127	—	USS 通信 PKW 长度
13	P2040	100	ms	总线监控时间

13.5.2　编写 PLC 程序

（1）I/O 分配

PLC 的 I/O 分配见表 13-9。

表 13-9 PLC 的 I/O 分配表

序号	地址	功能	序号	地址	功能
1	I0.0	启动	8	AIW16	温度
2	I0.1	停止	9	AIW18	压力
3	I0.2	急停	10	VD0	满频率的百分比
4	M0.0	启 / 停	11	VD22	电流值
5	M0.3	缓停	12	VD50	转速设定
6	M0.4	启 / 停	13	VD104	温度显示
7	M0.5	快速停	14	VD204	压力显示

（2）编写程序

温度传感器最大测量量程是 0 ～ 100℃，其对应的数字量是 0 ～ 27648，所以 AIW16 采集的数字量除以 27648 再乘以 100（即 $\frac{\text{AIW16}\times 100}{27648}$）就是温度值；压力传感器的最大量程是 0 ～ 10000Pa，其对应的数字量是 0 ～ 27648，所以 AIW18 采集的数字量除以 27648 再乘以 10000（即 $\frac{\text{AIW18}\times 10000}{27648}$）就是压力值；程序中的 VD0 是满频率的百分比，由于电动机的额定转速是 1400r/min，假设电动机转速是 700 r/min，那么 VD0=50.0，所以 VD0=VD50÷1400×100（VD50÷14.0）。

梯形图程序如图 13-36 所示。

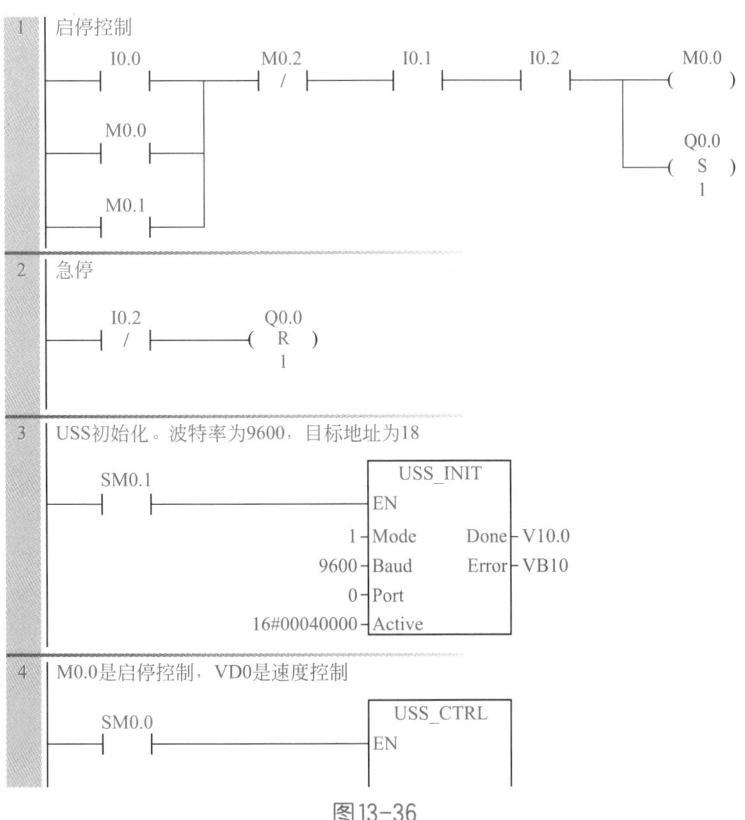

图13-36

M0.0 — RUN
M0.3 — OFF2
M0.0 (/) — OFF3
M0.4 — F_ACK
M0.5 — DIR
18 — Drive　Resp_R — V10.1
1 — Type　Error — VB12
VD0 — Speed~　Status — VW14
Speed — VD16
Run_EN — V10.2
D_Dir — V10.3
Inhibit — V10.4
Fault — V10.5

5 读取电流值

SM0.0 — USS_RPM_R EN
SM0.5 — P — XMT_~
18 — Drive　Done — V10.6
27 — Param　Error — VB20
0 — Index　Value — VD22
&VB1000 — DB_Ptr

6 温度显示

M0.0 — MUL (EN, ENO) — DIV_DI (EN, ENO)
AIW16 — IN1　OUT — VD100　VD100 — IN1　OUT — VD104
100 — IN2　+27648 — IN2

7 压力显示

M0.0 — MUL (EN, ENO) — DIV_DI (EN, ENO)
AIW18 — IN1　OUT — VD200　VD100 — IN1　OUT — VD204
10000 — IN2　+27648 — IN2

8 VD50转速设定

M0.0 — DIV_R (EN, ENO)
VD50 — IN1　OUT — VD0
14.0 — IN2

9　电流过大、压力过大和温度超限时报警并切断变频器电源

M0.0　VD22 >=R 40.0　Q0.0 (R) 1

VD104 >=D 80　SM0.5　Q0.1 ( )

VD204 >=D 8000

VD204 <=D 500

10　I0.0　M0.1 ( )

11　I0.1 / 　M0.2 ( )

图13-36　梯形图

13.5.3　设计触摸屏项目

本例选用西门子 Smart 700 IE 触摸屏，这个型号的触摸屏性价比很高，使用方法与西门子其他系列的触摸屏类似，以下介绍其工程的创建过程。

① 首先创建一个新项目，接着建立一个新连接，如图 13-37 所示。选择“SIMATIC S7 200 Smart”通信驱动程序，触摸屏与 PLC 的通信接口为“以太网”，设定 PLC 的 IP 地址为“192.168.0.1”，设定触摸屏的 IP 地址为“192.168.0.2”，这一步很关键。

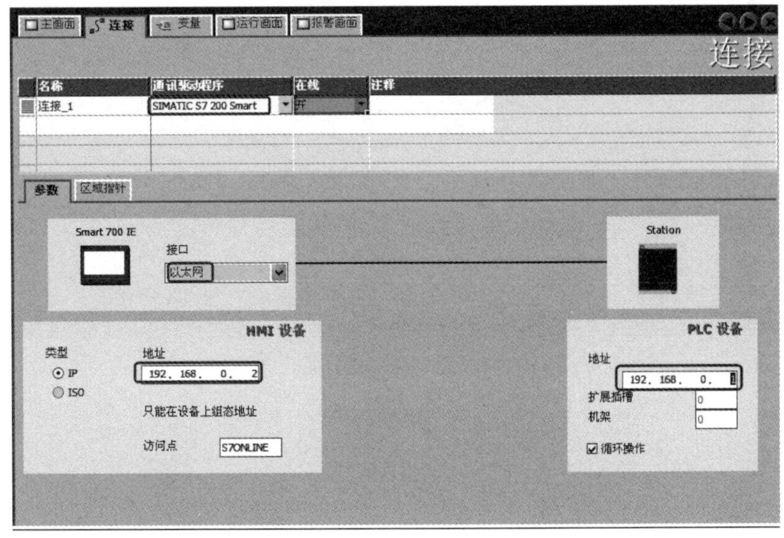

图13-37　新建连接

② 新建变量。变量是触摸屏与 PLC 交换数据的媒介。创建如图 13-38 所示的变量。

名称	连接	数据类型	地址	数组计数	采集周期	注释
VD50	连接_1	Real	VD50	1	100 ms	速度设定
VD 22	连接_1	Real	VD 22	1	100 ms	电流读取
VD104	连接_1	Real	VD 104	1	100 ms	温度显示
VD204	连接_1	Real	VD 204	1	100 ms	压力显示
M0	连接_1	Bool	M 0.0	1	100 ms	起停指示和控制
M1	连接_1	Bool	M 0.1	1	100 ms	起动
M2	连接_1	Bool	M 0.2	1	100 ms	停止

图13-38 新建变量

③ 组态报警。双击“项目树”中的“模拟量报警”，按照图 13-39 所示组态报警。

文本	编号	类别	触发变量	限制	触发模式
温度过高	1	警告	VD104	50	上升沿时
压力过低	2	警告	VD204	1000	下降沿时

图13-39 组态报警

④ 制作画面。本例共有 3 个画面，如图 13-40 ～图 13-42 所示。

⑤ 动画连接。在各个画面中，将组态的变量和画面连接在一起。

⑥ 保存、下载和运行工程，运行效果如图 13-40 ～图 13-42 所示。

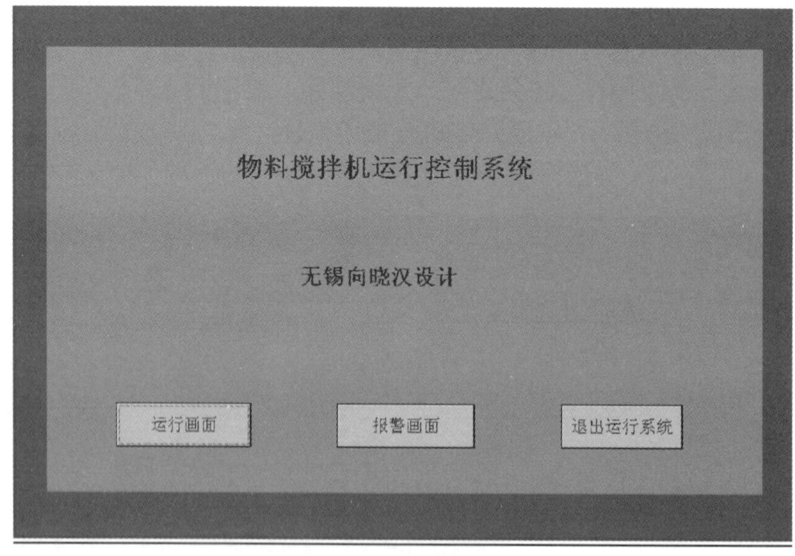

图13-40 主画面

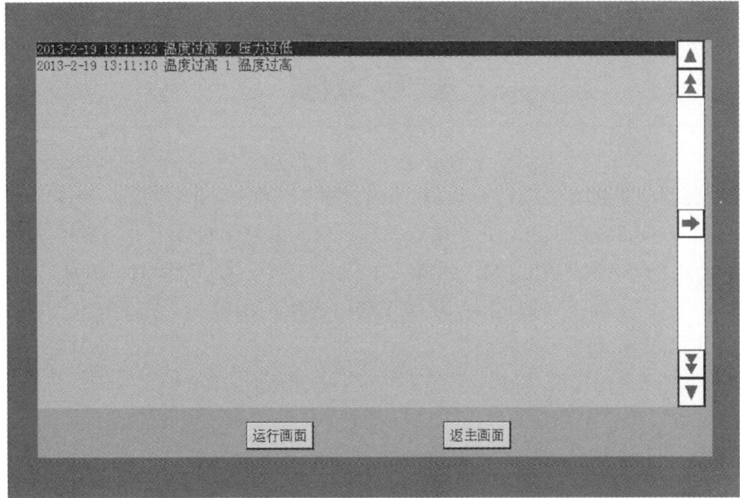

图13-41 报警画面

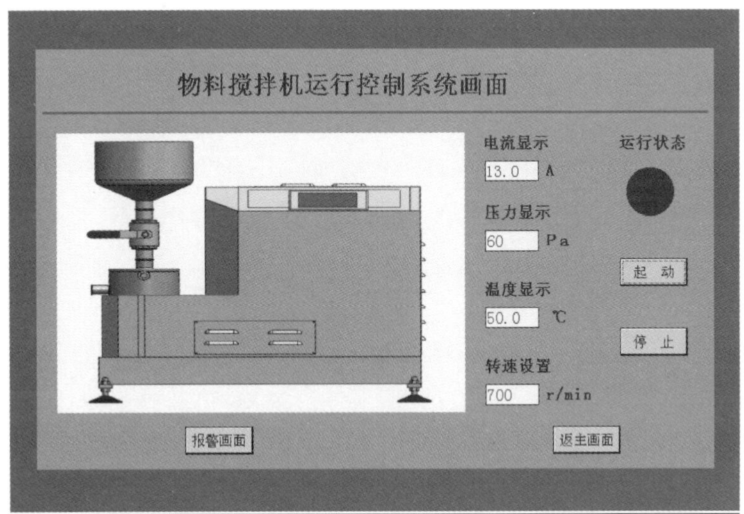

图13-42 运行画面

参考文献

[1] 向晓汉，奚茂龙. 西门子PLC完全精通教程［M］. 北京：化学工业出版社，2017.

[2] 向晓汉. 西门子S7-200 SMART PLC完全精通教程［M］. 北京：机械工业出版社，2013.

[3] 刘楷. 深入浅出西门子S7-300 PLC［M］. 北京：北京航空航天大学出版社，2004.

[4] 向晓汉. PLC技术实用手册［M］. 北京：化学工业出版社，2018.

[5] 向晓汉. 西门子PLC工业通信完全精通教程［M］. 北京：化学工业出版社，2013.

[6] 崔坚. 西门子工业网络通信指南［M］. 北京：机械工业出版社，2009.

[7] 向晓汉. 三菱FX系列PLC完全精通教程［M］. 北京：化学工业出版社，2012.